機械工学必携

馬場秋次郎・吉田嘉太郎 [編]

第9版

三省堂

はしがき

　この機械工学必携(第9版)は，1940年(昭和15年)に初版が刊行されて以来，半世紀以上も発行し続けているロングセラー書であります。各時代の動きに即応して改訂が行われ，今回は17回目の改訂になります。初版時の馬場秋次郎先生はじめ各執筆者の方々の意思を尊重し，教育的な見地から必須と思われる項目は残しながら，最新の技術は出来るだけ取り入れて，技術革新による変化に十分対応した内容になっていると思っております。

　編集上特に配慮したことの一つは，現在では見ることの少ないものでも，「ものづくり」の歴史的な流れを知るために大切な項目は残すように心掛けたことです。しかし一方，今までのデータ，とりわけJISなどの規格関係のデータは，最新の規格を可能な限り採用するように心掛けました。それは，国際化の進展によりJISのISOとの整合化を図ることが必要になり，JISが次々と新しい規格として発行されているからです。それに伴い，内容が大きく変化した規格，あるいはデータが変更された規格は，今回の改訂において全面的に更新を図りました。その際，読者の方々に，規格の内容を十分理解していただけるように，記述には十分注意するとともに，JIS規格番号についても出来るだけ多く記載して，利用しやすくするよう心掛けました。

　このように，今回の改訂では，初版以来の良き実用書という基本的な概念を踏襲するとともに，「ものづくり」に必要な情報は出来るだけ斬新に充実させて，教育的で実用的な，現代にマッチした機械工学必携になったものと信じております。本書をよりよい実用書とするために，読者各位のご教示を心よりお願い申し上げます。終わりに，改訂に当たり新たに導入した電子組み版の作成にご協力いただきました諸先生ならびに三省堂の関係各位のご努力に対しまして，厚くお礼申しあげます。

2008年2月

編者代表

「機械工学必携　第9版」編集委員

代表編者　**馬場秋次郎**（元千葉大学教授）
　　　　　吉田嘉太郎（千葉大学名誉教授）

編集委員　**新井淳一**（元千葉大学客員教授）　　1編～3編
　　　　　広橋光治（千葉大学教授）　　　　　4編
　　　　　石川義雄（埼玉大学名誉教授）　　　5編
　　　　　吉田嘉太郎　　　　　　　　　　　6編・10編・付録
　　　　　森吉泰生（千葉大学准教授）　　　　7編・8編
　　　　　植村八潮（東京電機大学出版局）　　9編
　　　　　吉田拓歩（東京電機大学出版局）　　9編

装丁　　　岡本　健

目　　次

1編　数学

1章　代数　　*1*

1.1. 恒等式 …………………… *1*
1.2. 順列，組合せ …………… *1*
1.3. 二項定理，二項係数 …… *1*
1.4. 指数，根，複素数 ……… *2*
1.5. 対数 ……………………… *2*

2章　三角関数　　*4*

2.1. 角度の表し方 …………… *4*
2.2. 三角関数の定義 ………… *4*
2.3. 三角関数の曲線 ………… *4*
2.4. 三角関数相互の関係 …… *4*
2.5. 和と差の三角関数 ……… *5*
2.6. 二倍角，三倍角の三角関数 …………………… *5*
2.7. 半角の三角関数 ………… *5*
2.8. 三角関数の和と差および積 …………………… *5*
2.9. 三角形の性質 …………… *6*
2.10. 逆三角関数 ……………… *6*
2.11. 逆三角関数の公式 ……… *7*

3章　数列および級数　　*8*

3.1. 数列と級数 ……………… *8*
3.2. 二項級数 ………………… *8*
3.3. 指数関数の級数展開 …… *8*
3.4. 対数関数の級数展開 …… *9*
3.5. 三角関数および逆三角関数の級数展開 ………… *9*

4章　微分・積分　　*10*

4.1. 微分係数 ………………… *10*
4.2. 微分公式 ………………… *10*
4.3. 主な関数の微分係数 …… *10*
4.4. 不定積分 ………………… *11*
4.5. 積分公式 ………………… *11*
4.6. 基礎積分公式 …………… *11*
4.7. 有理関数の積分公式 …… *11*
4.8. 無理関数の積分公式 …… *12*
4.9. 三角関数の積分公式 …… *12*
4.10. 逆三角関数の積分公式 … *12*
4.11. 定積分の一般公式 ……… *13*
4.12. 重要な定積分 …………… *13*
4.13. 微分方程式 ……………… *13*

5章　数式と図形　　*14*

5.1. 平面曲線 ………………… *14*
5.2. 直線 ……………………… *14*
5.3. 二次曲線 ………………… *15*
5.4. その他の平面曲線 ……… *16*

6章　平面図形の面積および立体の体積の表面積　　*18*

6.1. 平面図形の面積 A …… *18*
6.2. 立体の体積 V，表面積 S および側面積 M ………… *20*

7章　統計　　*23*

7.1. 統計の用語 ……………… *23*
7.2. 理論統計分布 …………… *24*
7.3. 信頼限界 ………………… *25*
7.4. 回帰分析 ………………… *26*

8章　代数方程式およびマトリックス　　*27*

8.1. 代数方程式 ……………… *27*
8.2. マトリックス …………… *27*
8.3. 行列式 …………………… *28*
8.4. マトリックスと連立方程式 …………………… *29*
8.5. 固有値と固有方程式 …… *29*

9章　数値解析　　*30*

9.1. 数値積分 ………………… *30*
9.2. 方程式の解の計算法 …… *30*
9.3. 有限要素法 ……………… *31*

2編 力学

1章 ベクトル　33

- 1.1. ベクトルとスカラー ……33
- 1.2. ベクトルの加減算 ………33
- 1.3. ベクトルの成分 …………34
- 1.4. ベクトルの掛け算 ………34
- 1.5. ベクトルの合成, 分解の算式 …………………35
- 1.6. モーメント ………………35

2章 力とモーメント　36

- 2.1. 力 …………………………36
- 2.2. 力のモーメント …………36
- 2.3. 偶力のモーメント ………36
- 2.4. 力の移動 …………………36

3章 つりあいの条件　37

- 3.1. 一点に作用する力のつりあいの条件 …………37
- 3.2. 着力点を異にする力のつりあい条件 ……………37
- 3.3. つりあいの条件を利用した解析 …………………37

4章 重心　39

- 4.1. 重心と図心 ………………39
- 4.2. 図心の位置 ………………39
- 4.3. ガルダイナスの定理 ……41

5章 運動および運動の法則　42

- 5.1. 直線運動 …………………42
- 5.2. 円運動 ……………………42
- 5.3. 放物体の運動 ……………42
- 5.4. 曲線上の運動 ……………43
- 5.5. 運動の法則 ………………43

6章 仕事およびエネルギ　44

- 6.1. 仕事 ………………………44
- 6.2. 動力 ………………………44
- 6.3. エネルギ …………………44

7章 回転体　45

- 7.1. 回転力のする仕事 ………45
- 7.2. 回転体のもつエネルギおよび慣性モーメント　45
- 7.3. 慣性モーメントに関する定理 …………………45
- 7.4. 慣性モーメントの値 ……46
- 7.5. 平面運動をする物体がもつ運動エネルギ ……46
- 7.6. 求心力および回転体のつりあい ………………46

8章 摩擦　49

- 8.1. 滑り摩擦 …………………49
- 8.2. 転がり摩擦 ………………49
- 8.3. 機械効率 …………………50

9章 輪軸と滑車　51

- 9.1. 輪軸と滑車 ………………51

10章 振動　52

- 10.1. 自由振動 …………………52
- 10.2. 減衰振動 …………………52
- 10.3. 強制振動 …………………52
- 10.4. 多質点振動系の共振周波数の求め方 …………53
- 10.5. 回転軸の横振動 …………55
- 10.6. 各種のばね定数 …………56

3編 材料力学

1章 応力およびひずみ　58

- 1.1. 荷重, 応力およびひずみの種類 …………………58
- 1.2. 応力-ひずみ線図 …………59
- 1.3. 弾性係数 …………………60

- 1.4. 応力 …………………………60
- 1.5. 平面応力 …………………62
- 1.6. 熱応力 ……………………63
- 1.7. 落下荷重による応力と
  変形 ……………………………63
- 1.8. 弾性エネルギ ……………64
- 1.9. 応力集中 …………………64
- 1.10. 応力測定法 ………………64
- 1.11. 塑性変形 …………………68
- 1.12. 材料の強さ ………………68

2章 材料試験 72

- 2.1. 引張試験 …………………72
- 2.2. 硬さ試験 …………………72
- 2.3. 衝撃試験 …………………74
- 2.4. 各種の硬さ値と引張強さ
  の概略比較 …………………74

3章 はり 76

- 3.1. はりの反力・せん断力・
  曲げモーメント ………76
- 3.2. 曲げ応力 …………………77
- 3.3. はりのたわみ角とたわ
  み ……………………………78
- 3.4. 各種のはりの反力・せ
  ん断力および曲げモ
  ーメント …………………78
- 3.5. 断面二次モーメント・断
  面係数 ……………………78
- 3.6. 連続はり …………………79
- 3.7. 平等強さのはり …………82
- 3.8 曲りはり …………………82
- 付表1～3 ………………………83

4章 柱 100

- 4.1. 短柱 ………………………100
- 4.2. 長柱の座屈 ………………101

5章 ねじり 104

- 5.1. 丸棒のねじり ……………104
- 5.2. 各種断面の棒のねじり …104
- 5.3. ねじりと曲げを同時に
  受ける軸 …………………106

6章 円筒・球および板 107

- 6.1. 円筒 ………………………107
- 6.2. 薄肉球 ……………………107
- 6.3. 円板 ………………………107
- 6.4. 回転円板 …………………109
- 6.5. 単位面積当たりqの分
  布荷重を受ける長方
  形の板 ……………………109

7章 各種ばねの応力とたわみ 110

- 7.1. 板ばねの応力，たわ
  みの計算式 ………………110
- 7.2. ねじりばねの応力，た
  わみの計算式 ……………111
- 7.3. ねじり棒ばねの応力，
  たわみの計算式 …………112
- 7.4. コイルばね(筒型)の応
  力，たわみの計算
  式 …………………………113
- 7.5. コイルばね(円すい型)の
  応力,たわみの計算式 114
- 7.6. 皿ばねの応力とたわみ …115

4編 機械用工業材料

1章 金属および合金の一般的性質 116

- 1.1. 金属および合金の組織 …116
- 1.2. 状態の変化 ………………116
- 1.3. 加工 ………………………118

2章 鉄および鉄合金 119

- 2.1. 純鉄の性質 ………………119
- 2.2. 炭素鋼 ……………………119
- 2.3. 特殊鋼 ……………………136
- 2.4. 鋳鉄 ………………………167
- 2.5. 表面硬化法 ………………176

2.6. 鋼の鑑別と検査………179	6.1. 純チタン………………231
3 章 銅および銅合金 181	6.2. チタン合金………………232
3.1. 純銅………………………181	**7 章 ニッケルとその合金** 237
3.2. 銅–亜鉛(Cu-Zn)系合金 182	7.1. 純ニッケル………………237
3.3. 銅–すず(Cu-Sn)系合金 192	7.2. ニッケル合金……………238
3.4. 特殊青銅………………197	7.3. 電磁気用Ni合金 ………239
3.5. その他の銅合金…………197	**8 章 低融点金属とその合金** 242
4 章 アルミニウムとその合金 200	8.1. 亜鉛とその合金…………242
4.1. アルミニウム……………200	8.2. すずとその合金…………243
4.2. アルミニウム合金………203	8.3. 鉛とその合金……………244
	8.4. 軸受用ホワイトメタル …244
5 章 マグネシウムとその合金 224	8.5. 活字合金…………………245
5.1. 純マグネシウム…………224	8.6. 低融点合金………………245
5.2. マグネシウム合金………225	**9 章 特殊金属とその合金** 246
6 章 チタンとその合金 231	9.1. 貴金属とその合金………246
	9.2. 高融点金属とその合金…247

5編 機械要素設計

1 章 機械製図　251

1.1. 設計・製図 ………………251
1.2. 図面の大きさ ……………251
1.3. 投影法 ……………………251
1.4. 尺度 ………………………252
1.5. 線および文字……………253
1.6. 図形の表し方……………255
1.7. 慣用的図示………………256
1.8. 断面………………………257
1.9. 文字記入…………………259
1.10. 寸法記入…………………260
1.11. 寸法公差およびはめあい…264
1.12. 表面性状と図示方法……277
1.13. 幾何公差表示方法………284
1.14. 標準数……………………301

2 章 ねじおよびボルト・ナット　304

2.1. ねじ………………………304
2.2. ねじの種類および用途…307
2.3. 六角ボルト………………323
2.4. 六角ナット………………335
2.5. 小ねじ……………………348
2.6. 中心距離の許容差………351
2.7. ボールねじ………………351

3 章 リベット継手　355

3.1. リベット…………………355
3.2. リベット継手……………355
3.3. リベット継手の強さ・効率………………………357

4 章 軸および軸継手　358

4.1. 軸の種類…………………358
4.2. 軸の材料…………………358
4.3. 軸の設計上の注意………358
4.4. 軸の強さ…………………359
4.5. 軸の剛さ…………………361
4.6. 回転軸の危険速度………362
4.7. 回転軸の直径の寸法……364
4.8. 軸受間距離………………365

4.9. 回転軸の高さ……………*365*	7.14.円筒歯車—精度等級……*453*
4.10. 軸継手………………………*366*	7.15.かさ歯車……………………*457*
4.11. かみあいクラッチ………*373*	7.16.ウォームギヤ……………*459*
4.12. 摩擦継手…………………*374*	7.17.ねじ歯車…………………*460*
	7.18.遊星歯車装置……………*461*
5章 キーとピン *375*	7.19.差動歯車装置……………*462*
5.1. キー………………………*375*	7.20.歯車製図…………………*462*
5.2. ボールスプライン………*384*	7.21.歯車の騒音………………*465*
5.3. ピン………………………*385*	7.22.プラスチック歯車………*470*
6章 ジャーナルと軸受 *889*	**8章 ベルト伝動装置** *476*
6.1. ジャーナルの種類………*389*	8.1. 巻掛け伝動装置…………*476*
6.2. ラジアルジャーナルの 計算………………………*389*	8.2. ベルト伝動………………*476*
6.3. 軸受の種類………………*392*	8.3. 平ベルトの伝達動力……*478*
6.4. ジャーナル滑り軸受の 負荷特性…………………*394*	8.4. Vベルトの伝達動力……*479*
6.5. 軸受材料…………………*395*	8.5. 細幅Vベルト……………*485*
6.6. 滑り軸受用ブシュ………*396*	8.6. Vリブドベルト…………*486*
6.7. 潤滑剤……………………*401*	**9章 チェーン伝動装置** *488*
6.8. 転がり軸受………………*401*	9.1. チェーン伝動……………*488*
6.9. 転がり軸受の主要寸法 および呼び番号…………*408*	9.2. ローラチェーン…………*488*
6.10.転がり軸受の寿命と 基本定格荷重……………*410*	9.3. ローラチェーンの呼び 番号………………………*488*
6.11.転がり軸受と滑り軸受 との比較…………………*412*	9.4. スプロケット……………*492*
6.12.密封装置(シール)………*419*	9.5. 注油方法…………………*493*
	9.6. チェーン速度と伝達動 力…………………………*494*
7章 歯車伝動装置 *430*	**10章 リンク装置** *496*
7.1. 歯車一般…………………*430*	10.1. リンク……………………*496*
7.2. 歯車の種類………………*431*	10.2. 四節回転機構……………*496*
7.3. 標準歯車の各部の名称…*432*	10.3. スライダクランク機 構…………………………*496*
7.4. 標準モジュール値………*436*	10.4. 往復スライダクラン ク機構……………………*497*
7.5. 標準ラックの歯形………*436*	10.5. 早戻り機構………………*498*
7.6. 標準平歯車の寸法………*438*	10.6. 平行運動機構……………*498*
7.7. 標準平歯車のかみ合い率…*441*	**11章 カム** *499*
7.8. 転位歯車…………………*443*	11.1. カム一般…………………*499*
7.9. 歯車各部の寸法割合……*448*	11.2. カムの種類………………*499*
7.10.歯車の強さおよび伝 達動力……………………*448*	11.3. カムの変位線図…………*500*
7.11.面圧強さ…………………*450*	11.4. 板カムの解法……………*501*
7.12.はすば歯車………………*451*	**12章 ばねおよびブレーキ** *502*
7.13.平歯車およびはすば歯 車の歯厚…………………*453*	

(8) 目 次

12.1. 円筒コイルばね……………502
12.2. 皿ばね………………………507
12.3. ブレーキ……………………510
12.4. 単ブロックブレーキ………510
12.5. 複ブロックブレーキ………511
12.6. 帯ブレーキ…………………512
12.7. 帯ブレーキのレバーに働く力………………513

13 章 管および管継手 514

13.1. 鋼管の種類と用途例………514
13.2. 配管用炭素鋼鋼管の寸法…………………516
13.3. 非鉄金属管…………………516
13.4. たわみ管(メタルホース)……………………516
13.5. 合成樹脂管…………………516
13.6. 管継手………………………517

14 章 各種形鋼の標準断面寸法と断面特性 517

6編 機械工作法

1 章 成形加工(鋳造法) 522

1.1. 鋳造概説……………………522
1.2. 模型製作法…………………523
1.3. 鋳型の種類および製作法…………………527
1.4. 鋳物用材料…………………530
1.5. 溶解と鋳造法………………531
1.6. 特殊鋳造法…………………534
1.7. 精密鋳造法…………………537
1.8. 鋳物の精度および欠陥とその対策…………537

2 章 成形加工(鍛造) 540

2.1. 鍛造概説……………………540
2.2. 材料の変形…………………540
2.3. 鍛造の条件…………………542
2.4. 鍛造用工具…………………543
2.5. 鍛造用機械…………………544
2.6. 加熱炉………………………545
2.7. 特殊鍛造……………………546
2.8. その他の鍛造法……………546
2.9. 鍛造処理後の工作物形状の精度…………547

3 章 成形加工(プレス加工) 548

3.1. プレス加工の特徴と分類…………………548
3.2. せん断加工…………………548
3.3. 曲げ加工……………………550
3.4. 絞り加工……………………553
3.5. プレス機械およびプレス用金型………………555
3.6. 特殊加工(単一型による加工)…………………563
3.7. 高エネルギ速度加工………564
3.8. 粉末や(冶)金………………565

4 章 その他の成形加工 568

4.1. 圧延加工……………………568
4.2. 引抜き加工…………………569
4.3. 転造加工……………………572
4.4. 管材加工……………………573

5 章 付加加工(溶接) 575

5.1. 付加加工……………………575
5.2. 溶融接合(ガス溶接)………575
5.3. 溶融接合(テルミット溶接)……………………578
5.4. 溶融接合(アーク溶接)……578
5.5. 溶接記号……………………585
5.6. 溶接部の性質………………587
5.7. 溶接継手の検査および試験法……………………592

6 章 付加加工(固相接合ほか) 597

6.1. 抵抗溶接(圧接)……………597
6.2. 固相接合(鍛接法)…………599
6.3. 固相接合(摩擦圧接法)……599

目次

6.4. その他の固相接合········600
6.5. ろう付け·················600
6.6. 接着剤による接合········601

7章 切断　604

7.1. ガス切断···············604
7.2. アーク切断···············604
7.3. その他の切断方法········605

8章 除去加工（切削・研削加工）の基礎　606

8.1. 除去加工とは···············606
8.2. 切削加工···············606
8.3. 研削加工···············609
8.4. 切削・研削剤···············610
8.5. 切削の標準作業条件········611
8.6. 加工面性状···············613

9章 切削・研削加工用工具　614

9.1. 切削工具材料···············614
9.2. 切削工具···············618
9.3. 研削といし···············627
9.4. ツーリングシステム······638

10章 工作機械一般　639

10.1. 工作機械の総説···············639
10.2. 工作機械の駆動機構········639
10.3. 工作機械の切削仕事と効率···············641
10.4. 工作機械の各要素········642

11章 工作機械各論　651

11.1. 工作機械の基本···············651
11.2. 施盤···············656
11.3. ボール盤···············667
11.4. 中ぐり盤···············669
11.5. 平削り盤···············670
11.6. 形削り盤および立て削り盤···············671
11.7. フライス盤···············673
11.8. ブローチ加工とブローチ盤···············676
11.9. 歯切り盤···············676
11.10. 研削盤···············684
11.11. 表面仕上げ加工···············696
11.12. 特殊工作機械（ユニット工作機械も含む）···701
11.13. 工作機械の自動化········702
11.14. 数値制御工作機械········705
11.15. 基礎と据え付け···············711

12章 特殊加工　713

12.1. 放電加工（EDM）········713
12.2. 電子ビーム加工（EBM）···············714
12.3. イオンビーム加工，分子・原子ビーム加工···714
12.4. レーザビーム加工······715
12.5. 電解加工（ECM）········716
12.6. 化学的加工···············716
12.7. その他の加工法········717
12.8. 光造形法···············717
12.9. 表面処理···············717

13章 工作機械の試験方法および検査　720

13.1. 試験・検査法の概要······720
13.2. 試験・検査方法の考え方···············720
13.3. 受取り検査（工作機械の評価法）···············720
13.4. 日本工業規格（JIS）の今後···············742

14章 測定法　744

14.1. 測定の基礎知識···············744
14.2. 長さの測定···············745
14.3. 角の測定···············754
14.4. 面の測定···············757
14.5. ねじの測定···············761
14.6. 平歯車の測定···············762
14.7. その他の測定用機器······764

7編 流体力学および流体機械

1章 流体力学の基礎 765

1.1. 圧力と密度 …………… 765
1.2. 水の圧力 ……………… 765
1.3. 圧力の伝達 …………… 765
1.4. 圧力計 ………………… 766
1.5. 浮力と浮揚体の安定 … 766
1.6. 流体の流れ …………… 767
1.7. 流体の粘性 …………… 769
1.8. 層流と乱流 …………… 770
1.9. 円管内の流れ ………… 770
1.10. 落差および揚程 ……… 770
1.11. 管内の圧力の伝播と水撃作用 ………………… 772
1.12. 水路の流れ …………… 773
1.13. 穴, せきの流れ ……… 774
1.14. 流体中の物体の抵抗 … 777
1.15. 翼と翼列 ……………… 779

2章 水車およびポンプ 782

2.1. 水力発電の設備 ……… 782
2.2. 水車一般 ……………… 782
2.3. ポンプ ………………… 784
2.4. 往復ポンプおよび回転ポンプ ……………… 791
2.5. 流体伝動装置 ………… 793

3章 送風機および圧縮機 796

3.1. 空気機械 ……………… 796
3.2. 遠心送風機および圧縮機 …………………… 797
3.3. 軸流送風機および圧縮機 …………………… 798
3.4. 容積形送風機および圧縮機 …………………… 799

8編 熱力学および熱エネルギ変換

1章 熱および温度 802

1.1. 温度と熱量の単位 …… 802
1.2. 融点と沸点 …………… 803
1.3. 熱膨張係数 …………… 804
1.4. 各種材料の熱的性質 … 804
1.5. 熱放射 ………………… 805
1.6. 熱伝導 ………………… 811
1.7. 熱伝達 ………………… 813
1.8. 熱通過 ………………… 814

2章 熱力学の基本則 818

2.1. 熱力学第一法則 ……… 818
2.2. 熱力学第二法則 ……… 819
2.3. 理想気体 ……………… 821
2.4. 蒸気 …………………… 824
2.5. 気体の流れ …………… 825
2.6. ガスによるサイクル … 838
2.7. 蒸気によるサイクル … 840

3章 ボイラおよび蒸気原動機 842

3.1. ボイラの種類 ………… 842
3.2. 丸ボイラ ……………… 842
3.3. 水管ボイラ …………… 843
3.4. 蒸気機関 ……………… 847
3.5. 蒸気タービンの動作方式および分類 ………… 847
3.6. 蒸気タービンの効率 … 849
3.7. 蒸気タービンの主要部 … 850
3.8. 復水装置 ……………… 851

4章 内燃機関 853

4.1. 内燃機関の種類 ……… 853
4.2. 燃料および燃焼 ……… 853
4.3. 潤滑および冷却 ……… 855
4.4. 掃気および過給 ……… 856
4.5. ガソリン機関 ………… 857
4.6. ディーゼル機関 ……… 859

4.7. 内燃機関の性能 ………… *861*
  4.8. ガスタービン・ジェットエンジン ………… *862*

5 章 燃料電池 865

  5.1. 原理と種類 ………… *865*
  5.2. 燃料電池の用途 ………… *866*

6 章 冷凍機 867

  6.1. 冷凍機の種類 ………… *867*
  6.2. 冷凍サイクルおよび冷凍能力 ………… *867*
  6.3. 冷媒 ………… *868*
  6.4. 蒸気圧縮冷凍機 ………… *868*
  6.5. 吸収冷凍機 ………… *870*
  6.6. 空気調和 ………… *870*

9編 メカトロニクス

1 章 電気・磁気の基礎 873

  1.1. 直流回路 ………… *873*
  1.2. 磁気と静電気 ………… *875*
  1.3. 電磁誘導 ………… *878*
  1.4. 交流回路 ………… *879*
  1.5. 電子回路 ………… *881*

2 章 センサ 883

  2.1. センサの基本と分類 ………… *883*
  2.2. 機械量を検出するセンサ ………… *883*
  2.3. 温度を知るセンサ ………… *886*
  2.4. 磁気を検出するセンサ ………… *887*
  2.5. 光を検出するセンサ ………… *887*
  2.6. ロボット用のセンサ ………… *888*

3 章 アクチュエータ 889

  3.1. アクチュエータの種類と特徴 ………… *889*
  3.2. 電気機器 ………… *890*
  3.3. ステッピングモータ ………… *894*
  3.4. サーボモータ ………… *895*
  3.5. DDモータ ………… *895*
  3.6. エアーシリンダ ………… *895*
  3.7. 油圧シリンダ ………… *895*

4 章 メカトロニクスと制御 896

  4.1. メカトロニクスと制御の基礎 ………… *896*
  4.2. シーケンス制御 ………… *897*
  4.3. フィードバック制御 ………… *902*
  4.4. ロボットの分類 ………… *905*

10編 機械などの安全性

1 章 機械類の安全性 908

  1.1. 安全性の基本は ………… *908*
  1.2. 機械類の安全規格について ………… *909*
  1.3. 危険源の評価と個別機械の安全規格(C規格) *912*

2 章 その他の関連法規と規格類 915

付　録

単位 ····································· *916*

  1.1. 国際単位系 ······················ *916*
  1.2. 量記号・単位記号 ············ *919*
  1.3. 工学単位 ························· *923*
  1.4. メートル系単位の換算 ··· *923*
  1.5. ヤードポンド系単位の
       一例 ······························ *925*
  1.6. 各種換算表 ····················· *926*

●素引 ··································· *928*

1編

数　学

1章　代数

1.1. 恒等式

(1) $a^2-b^2=(a+b)(a-b)$

(2) $a^3\pm b^3=(a\pm b)(a^2\mp ab+b^2)$

(3) $a^n-b^n=(a-b)(a^{n-1}+a^{n-2}b+\cdots\cdots+ab^{n-2}+b^{n-1})$

　　ただし，n は正の整数

(4) $(x+a)(x+b)=x^2+(a+b)x+ab$

(5) $(ax+b)(cx+d)=acx^2+(bc+ad)x+bd$

(6) $(x+a)(x+b)(x+c)=x^3+(a+b+c)x^2+(bc+ca+ab)x+abc$

(7) $(a\pm b)^2=a^2\pm 2ab+b^2$

(8) $(a\pm b)^3=a^3\pm 3a^2b+3ab^2\pm b^3$

(9) $(a+b+c)^2=a^2+b^2+c^2+2bc+2ca+2ab$

(10) $(a^2+ab+b^2)(a^2-ab+b^2)=a^4+a^2b^2+b^4$

1.2. 順列，組合せ

1.2.1. 階乗　$n!=1\cdot 2\cdot 3\cdot 4\cdot 5\cdot 6\cdot 7\cdots(n-2)\cdot(n-1)\cdot n$　ただし，$0!=1$

Excel 関数では，**FACT (*n*)** で計算できる。

1.2.2. 順列　n 個の物のうちから r 個を取り出して並べるときの，すべての並べ方の数（たとえば，3個の物 x, y, z のうちから2個を取り出し，並べる順序が異なればそれを1通りとして並べると，xy, xz, yx, yz, zx, zy の6通りがある。）

$$_nP_r=n(n-1)(n-2)\cdots(n-r+1)=\frac{n!}{(n-r)!}$$

1.2.3. 組合せ　n 個の物のうちから r 個を取り出して並べるとき，取り出した r 個の構成要素が同じであれば，これを1通りと数えたときの並びの数（上例では，xy, xz, yz の3通り。）

$$_nC_r=\frac{_nP_r}{r!}=\frac{n(n-1)(n-2)\cdots(n-r+1)}{r!}=\frac{n!}{r!(n-r)!}$$

1.3. 二項定理，二項係数

n を正の整数とすると，

$$(a+b)^n=a^n+{}_nC_1a^{n-1}b+\cdots+{}_nC_r a^{n-r}b^r+\cdots{}_nC_{n-1}ab^{n-1}+b^n$$

が成り立つ。これを二項定理といい，また，右辺の各項の係数を二項係数という。

1.4. 指数, 根, 複素数

1.4.1. 指数 a を n 個掛け合わせた数を a^n と書く。n を指数という。$a^0 = 1$ である。

Excel 関数では, **Power (a, n)** で計算できる。

(1) $(\pm a)^n = (\pm 1)^n a^n$
(2) $a^m a^n = a^{m+n}$
(3) $a^m b^m = (ab)^m$
(4) $(a^m)^n = a^{mn}$
(5) $\dfrac{a^m}{b^n} = a^{m-n} = \dfrac{1}{a^{n-m}}$
(6) $\dfrac{a^m}{b^m} = \left(\dfrac{a}{b}\right)^m$
(7) $a^{-m} = \dfrac{1}{a^m}$

1.4.2. 根 $a^b = c$, すなわち $a = c^{\frac{1}{b}}$ のとき a は c の b 乗根であるといい, $a = \sqrt[b]{c}$ のように書く。

(1) $a^{\frac{m}{n}} = \left(\sqrt[n]{a}\right)^m = \sqrt[n]{a^m}$
(2) $\sqrt[m]{ab} = \sqrt[m]{a}\sqrt[m]{b}$
(3) $\sqrt[m]{\dfrac{a}{b}} = \dfrac{\sqrt[m]{a}}{\sqrt[m]{b}}$
(4) $\sqrt[m]{a^n} = \sqrt[mp]{a^{np}} = \sqrt[\frac{m}{q}]{a^{\frac{n}{q}}}$
(5) $\sqrt[m]{\sqrt[n]{a}} = \sqrt[n]{\sqrt[m]{a}} = \sqrt[mn]{a}$
(6) $\sqrt[-m]{a^n} = \sqrt[m]{a^{-n}}$
(7) $a\sqrt[m]{b} = \sqrt[m]{a^m b}$
(8) $\sqrt[m]{a}\sqrt[n]{a} = \sqrt[mn]{a^{m+n}}$
(9) $\sqrt{a} + \sqrt{b} = \sqrt{a+b+2\sqrt{ab}}$
(10) $\sqrt{a} - \sqrt{b} = \pm\sqrt{a+b+2\sqrt{ab}}$ ただし, $a \geq b$ のとき +, $a < b$ のとき -。
(11) $^{2n+1}\!\!\sqrt{\pm a} = \pm a^{\frac{1}{2n+1}}$
(12) $^{2n}\!\!\sqrt{+a} = \pm a^{\frac{1}{2n}}$
(13) $^{2n}\!\!\sqrt{-a} = ^{2n}\!\!\sqrt{a}\sqrt{-1}$, 実数の根はない。$\sqrt{-1}$ をとくに虚数と呼び i で表す。

1.4.3. 複素数 $a + bi$ のように, 実数と虚数の和を複素数という。

(1) $(a+bi) \pm (c+di) = (a \pm c) + (b \pm d)i$
(2) $(a+bi)(c+di) = (ac-bd) + (bc+ad)i$
(3) $\dfrac{a+bi}{c+di} = \dfrac{(a+bi)(c-di)}{(c+di)(c-di)} = \dfrac{ac+bd}{c^2+d^2} + \dfrac{bc-ad}{c^2+d^2}i$, ただし, $c+di \neq 0$
(4) $(\cos\theta_1 + i\sin\theta_1)(\cos\theta_2 + i\sin\theta_2) = \cos(\theta_1+\theta_2) + i\sin(\theta_1+\theta_2)$
(5) $\dfrac{\cos\theta_1 + i\sin\theta_1}{\cos\theta_2 + i\sin\theta_2} = \cos(\theta_1-\theta_2) + i\sin(\theta_1-\theta_2)$
(6) $(\cos\theta + i\sin\theta)^n = \cos n\theta + i\sin n\theta$, ただし, n は整数。
(7) $e^{i\theta} = \cos\theta + i\sin\theta$

1.5. 対数

1.5.1. 対数の定義 $b^a = c\ (>0)$ のとき $a = \log_b c$ を, b を底とする c の対数という。定義から,

(1) $\log_b b = 1$
(2) $\log_b 1 = 0$
(3) $\log_b d = (\log_b c)(\log_c d)$
(4) $(\log_a b)(\log_b a) = 1$

1.5.2. 常用対数と自然対数　10を底とする対数を常用対数といい，$a=\log_{10} c$ または単に $a=\log c$ と書く。一方 $e=2.718281828\cdots$ を底とする対数を自然対数といい，$a=\log_e c$ または $a=\ln c$ と書く。

自然対数と常用対数との間には次の関係がある。
$$\log x = (0.434294482\cdots)\ln x$$
$$\ln x = (2.302585093\cdots)\log x$$

Excel 関数では，常用対数を **LOG10**（数値），自然対数を **LN**（数値）で計算する。

1.5.3. 対数の公式　以下の等式は，自然対数，常用対数のいずれでも成り立つ。

(1) $\log(ab) = \log a + \log b$
(2) $\log(a/b) = \log a - \log b$
(3) $\log a^n = n \log a$
(4) $\log \sqrt[n]{a} = \dfrac{1}{n}\log a$

1.5.4. 対数から真数への変換　対数 x に対応する真数は，常用対数の場合 10^x，自然対数の場合 e^x で求める。

Excel 関数では，常用対数へは **POWER**（10, 対数），自然対数へは **EXP**（対数）で計算する。

2章 三角関数

2.1. 角度の表し方

円周を1回転する角度を360°とする度数法、2π rad（ラジアン）とする弧度法、400 grad とするグラード単位が用いられる。

度数とラジアンおよびグラードは、次式で変換できる。
$$360° = 2\pi \text{ rad} = 400 \text{ grad}$$

2.2. 三角関数の定義

図 2-1 の直角三角形において、

$\sin \theta = \dfrac{b}{r}$,　　$\cos \theta = \dfrac{a}{r}$,　　$\tan \theta = \dfrac{b}{a}$,

$\sec \theta = \dfrac{r}{a} = \dfrac{1}{\cos \theta}$,　　$\mathrm{cosec}\, \theta = \dfrac{r}{b} = \dfrac{1}{\sin \theta}$,

$\cot \theta = \dfrac{a}{b} = \dfrac{1}{\tan \theta}$

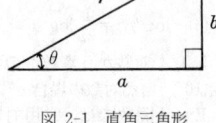

図 2-1　直角三角形

Excel の関数として **SIN (θ), COS (θ), TAN (θ)** が用意されている。なお、この場合の θ の単位は rad であることに注意すること。

2.3. 三角関数の曲線

三角関数の値を図示すると図 2-2 および図 2-3 のようになる。

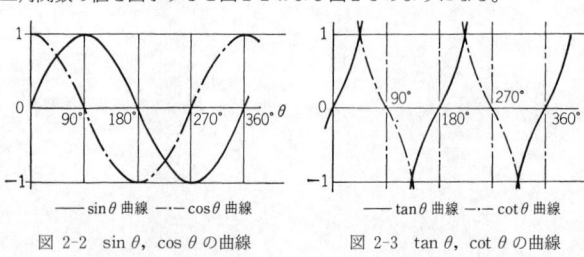

図 2-2　$\sin \theta$, $\cos \theta$ の曲線　　　図 2-3　$\tan \theta$, $\cot \theta$ の曲線

2.4. 三角関数相互の関係

(1) 三角関数相互の関係
$$\sin^2 \theta + \cos^2 \theta = 1, \qquad \frac{\sin \theta}{\cos \theta} = \tan \theta$$

(2) $\sin \theta$ のみを用いて表す。
$$\cos \theta = \sqrt{1 - \sin^2 \theta}, \qquad \tan \theta = \frac{\sin \theta}{\sqrt{1 - \sin^2 \theta}}$$

(3) $\cos\theta$ のみを用いて表す。
$$\sin\theta=\sqrt{1-\cos^2\theta}, \quad \tan\theta=\frac{\sqrt{1-\cos^2\theta}}{\cos\theta}$$

(4) $\tan\theta$ のみを用いて表す。
$$\sin\theta=\frac{\tan\theta}{\sqrt{1+\tan^2\theta}}, \quad \cos\theta=\frac{1}{\sqrt{1+\tan^2\theta}}$$

2.5. 和と差の三角関数

(1) $\sin(\alpha\pm\beta)=\sin\alpha\cos\beta\pm\cos\alpha\sin\beta$
(2) $\cos(\alpha\pm\beta)=\cos\alpha\cos\beta\mp\sin\alpha\sin\beta$
(3) $\tan(\alpha\pm\beta)=\dfrac{\tan\alpha\pm\tan\beta}{1\mp\tan\alpha\tan\beta}$

2.6. 二倍角, 三倍角の三角関数

(1) $\sin 2\alpha=2\sin\alpha\cos\alpha$ (1′) $\sin\alpha=2\sin\dfrac{\alpha}{2}\cos\dfrac{\alpha}{2}$

(2) $\cos 2\alpha=\cos^2\alpha-\sin^2\alpha$ (2′) $\cos\alpha=\cos^2\dfrac{\alpha}{2}-\sin^2\dfrac{\alpha}{2}$
$\qquad\quad=2\cos^2\alpha-1$ $\qquad\qquad\qquad\quad=2\cos^2\dfrac{\alpha}{2}-1$
$\qquad\quad=1-2\sin^2\alpha$ $\qquad\qquad\qquad\quad=1-2\sin^2\dfrac{\alpha}{2}$

(3) $\tan 2\alpha=\dfrac{2\tan\alpha}{1-\tan^2\alpha}$ (3′) $\tan\alpha=\dfrac{2\tan\dfrac{\alpha}{2}}{1-\tan^2\dfrac{\alpha}{2}}$

(4) $\sin 3\alpha=3\sin\alpha-4\sin^3\alpha$
(5) $\cos 3\alpha=4\cos^3\alpha-3\cos\alpha$
(6) $\tan 3\alpha=\dfrac{3\tan\alpha-\tan^3\alpha}{1-3\tan^2\alpha}$

2.7. 半角の三角関数

(1) $\sin\dfrac{\alpha}{2}=\sqrt{\dfrac{1}{2}(1-\cos\alpha)}$ (1′) $\sin\alpha=\sqrt{\dfrac{1}{2}(1-\cos 2\alpha)}$

(2) $\cos\dfrac{\alpha}{2}=\sqrt{\dfrac{1}{2}(1+\cos\alpha)}$ (2′) $\cos\alpha=\sqrt{\dfrac{1}{2}(1+\cos 2\alpha)}$

(3) $\tan\dfrac{\alpha}{2}=\sqrt{\dfrac{1-\cos\alpha}{1+\cos\alpha}}$ (3′) $\tan\alpha=\sqrt{\dfrac{1-\cos 2\alpha}{1+\cos 2\alpha}}$

2.8. 三角関数の和と差および積

(1) $\sin\alpha\pm\sin\beta=2\sin\dfrac{\alpha\pm\beta}{2}\cos\dfrac{\alpha\mp\beta}{2}$

(2) $\cos\alpha+\cos\beta=2\cos\dfrac{\alpha+\beta}{2}\cos\dfrac{\alpha-\beta}{2}$

(3) $\cos\alpha-\cos\beta=-2\sin\dfrac{\alpha+\beta}{2}\sin\dfrac{\alpha-\beta}{2}$

(4) $\sin \alpha \cos \beta = \frac{1}{2}\{\sin(\alpha+\beta)+\sin(\alpha-\beta)\}$

(5) $\cos \alpha \cos \beta = \frac{1}{2}\{\cos(\alpha-\beta)+\cos(\alpha+\beta)\}$

(6) $\sin \alpha \sin \beta = \frac{1}{2}\{\cos(\alpha-\beta)-\cos(\alpha+\beta)\}$

2.9. 三角形の性質

三角形 ABC (図 2-4) において a, b, c を三角形の各辺の長さ, α, β, γ を三角形の各頂角とし, $s=(a+b+c)/2$ とおけば,

(1) $\alpha+\beta+\gamma=180°$

(2) $\dfrac{a}{\sin \alpha}=\dfrac{b}{\sin \beta}=\dfrac{c}{\sin \gamma}=D$,

ただし D は三角形の外接円の直径。

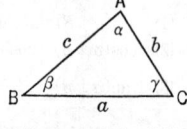

図 2-4 三角形の性質

(3) $a^2=b^2+c^2-2bc\cos \alpha$, $\quad b^2=c^2+a^2-2ca\cos \beta$, $\quad c^2=a^2+b^2-2ab\cos \gamma$

(4) $\sin \dfrac{1}{2}\alpha = \sqrt{\dfrac{(s-b)(s-c)}{bc}}$, $\quad \sin \dfrac{1}{2}\beta = \sqrt{\dfrac{(s-c)(s-a)}{ca}}$,

$\sin \dfrac{1}{2}\gamma = \sqrt{\dfrac{(s-a)(s-b)}{ab}}$

(5) $\cos \dfrac{1}{2}\alpha = \sqrt{\dfrac{s(s-a)}{bc}}$, $\quad \cos \dfrac{1}{2}\beta = \sqrt{\dfrac{s(s-b)}{ca}}$, $\quad \cos \dfrac{1}{2}\gamma = \sqrt{\dfrac{s(s-c)}{ab}}$

(6) $\tan \dfrac{1}{2}\alpha = \sqrt{\dfrac{(s-b)(s-c)}{s(s-a)}}$, $\quad \tan \dfrac{1}{2}\beta \sqrt{\dfrac{(s-c)(s-a)}{s(s-b)}}$,

$\tan \dfrac{1}{2}\gamma = \sqrt{\dfrac{(s-a)(s-b)}{s(s-c)}}$

(7) 三角形の面積を S とすると

$S = \dfrac{1}{2}bc\sin \alpha = \dfrac{1}{2}ca\sin \beta = \dfrac{1}{2}ab\sin \gamma = \sqrt{s(s-a)(s-b)(s-c)}$

2.10. 逆三角関数

a が与えられたとき, $\sin \theta = a$ ($-1 \leq a \leq 1$) となるような角 θ を表す関数を逆三角関数といい, $\theta = \arcsin a$ または $\theta = \sin^{-1} a$ のように表す。

実はこの関数を満たす θ の値は無限に存在するので, 次の範囲の角度を主値という。Excel の関数は主値を単位 rad で示す。

(1) $\theta = \sin^{-1} a$ (ただし $-1 \leq a \leq 1$)

の主値の範囲は, $-\dfrac{\pi}{2}$ (または $-90°$)

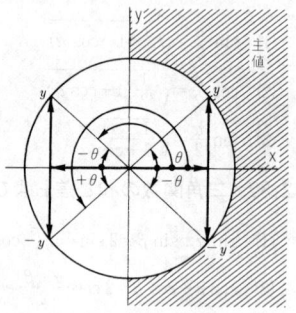

図 2-5 $\theta = \tan^{-1}\left(\dfrac{y}{x}\right)$

から $\frac{\pi}{2}$ (または90°) である。Excelの関数は **ASIN(a)**。

(2) $\theta = \cos^{-1} a$ (ただし $-1 \leq a \leq 1$) の主値の範囲は，0から π (または180°) である。Excelの関数は **ACOS(a)**。

(3) $\theta = \tan^{-1} a$ (ただし $-\infty \leq a \leq \infty$) の主値の範囲は，$-\frac{\pi}{2}$ (または $-90°$) から $\frac{\pi}{2}$ (または90°) である。Excelの関数は **ATAN(a)**。

(4) とくに $\theta = \tan^{-1}\left(\frac{y}{x}\right)$ は直交座標と極座標との変換に用いられ，0°から360°間での対応する角度を求めることができる（図 **2-5** 参照）。

すなわち，$x \geq 0$ であれば，上記(3)で述べた主値が求める角度である。また，$x < 0$ であれば，(3)で述べた主値に180°を加えたものが求める角度である。

Excelの関数 **ATAN2(x座標値, y座標値)** は，この計算を行う。

2.11．逆三角関数の公式

(1) $\sin^{-1} a = \cos^{-1} \sqrt{1-a^2} = \tan^{-1} \dfrac{a}{\sqrt{1-a^2}}$

(2) $\cos^{-1} a = \sin^{-1} \sqrt{1-a^2} = \tan^{-1} \dfrac{\sqrt{1-a^2}}{a}$

(3) $\tan^{-1} a = \sin^{-1} \dfrac{a}{\sqrt{1+a^2}} = \cos^{-1} \dfrac{1}{\sqrt{1+a^2}} = \dfrac{\pi}{2} - \tan^{-1} \dfrac{1}{a}$

(4) $\sin^{-1} a + \cos^{-1} a = \dfrac{\pi}{2}$　　　(5) $\sin^{-1}(-a) = -\sin^{-1} a$

(6) $\cos^{-1}(-a) = \pi - \cos^{-1} a$　　　(7) $\tan^{-1}(-a) = -\tan^{-1} a$

(8) $\sin^{-1} x \pm \sin^{-1} y = \sin^{-1}(x\sqrt{1-y^2} \pm y\sqrt{1-x^2})$,

ただし $-\dfrac{\pi}{2} \leq \sin^{-1} x \pm \sin^{-1} y \leq \dfrac{\pi}{2}$

(9) $\cos^{-1} x \pm \cos^{-1} y = \cos^{-1}(xy \mp \sqrt{1-x^2}\sqrt{1-y^2})$,

ただし $0 \leq \cos^{-1} x \pm \cos^{-1} y \leq \pi$

(10) $\tan^{-1} x \pm \tan^{-1} y = \tan^{-1}\left(\dfrac{x \pm y}{1 \mp xy}\right)$,

ただし $-\dfrac{\pi}{2} < \tan^{-1} x \pm \tan^{-1} y < \dfrac{\pi}{2}$

3章 数列および級数

3.1. 数列と級数

一定の法則にしたがって並べた数の列を数列という。また，数列の各項を加算記号で結んだものを級数という。

3.1.1. 等差数列と等差級数 第 i 項と第 $i+1$ 項の差が一定（この差を公差と呼び，d で表す）であるような数列を等差数列という。等差数列の各項の総和をとると，

$$a+(a+d)+(a+2d)+\cdots+[a+(n-1)d]=na+\frac{n(n-1)d}{2}$$

これを等差級数と呼ぶ。

3.1.2. 等比数列と等比級数 第 i 項と第 $i+1$ 項の比が一定（この差を公比と呼び，r で表す）であるような数列を等比数列という。等比数列の各項の総和をとると，

$$a+ar+ar^2+\cdots+ar^{n-1}=\frac{a(1-r^n)}{1-r}$$

これを等比級数と呼ぶ。

3.2. 二項級数

1章1.3.で示した二項定理を n が正の整数でない場合に拡張すると，次の無限級数が得られる。

$$(1+x)^n=1+nx+\frac{n(n-1)}{2!}x^2+\cdots+\frac{n(n-1)\cdots(n-i+1)}{i!}x^i+\cdots$$

この級数は，二項級数と呼ばれ，$x \ll 1$（または $x \gg 1$）の場合の近似式を得るのに用いられる。

(1) $\dfrac{1}{1\pm x}=(1\pm x)^{-1}=1 \mp x+x^2 \mp x^3+\cdots$ $\quad (-1<x<1)$

(2) $\dfrac{1}{1+x}=(1+x)^{-1}=\dfrac{1}{x}-\dfrac{1}{x^2}+\dfrac{1}{x^3}\cdots+\dfrac{(-1)^{i+1}}{x^i}\cdots$ $\quad (|x|>1)$

(3) $\sqrt{1+x}=(1+x)^{\frac{1}{2}}=1+\dfrac{1}{2}x-\dfrac{1}{8}x^2+\dfrac{1}{16}x^3-\dfrac{5}{128}x^4+\cdots$ $\quad (-1<x<1)$

(4) $\dfrac{1}{\sqrt{1+x}}=(1+x)^{-\frac{1}{2}}=1-\dfrac{1}{2}x+\dfrac{3}{8}x^2-\dfrac{5}{16}x^3+\dfrac{35}{128}x^4-\cdots$ $\quad (-1<x<1)$

3.3. 指数関数の級数展開

(1) $e=1+\dfrac{1}{1!}+\dfrac{1}{2!}+\dfrac{1}{3!}+\cdots+\dfrac{1}{(n-1)!}+\cdots=2.71828182\cdots$

(2) $e^x=1+\dfrac{x}{1!}+\dfrac{x^2}{2!}+\dfrac{x^3}{3!}+\cdots+\dfrac{x^{n-1}}{(n-1)!}+\cdots$

(3) $a^x = 1 + \dfrac{\ln a}{1!}x + \dfrac{(\ln a)^2}{2!}x^2 + \dfrac{(\ln a)^3}{3!}x^3 + \cdots + \dfrac{(\ln a)^{n-1}}{(n-1)!}x^{n-1} + \cdots$

3.4. 対数関数の級数展開

(1) $\ln(1+x) = x - \dfrac{x^2}{2} + \dfrac{x^3}{3} - \dfrac{x^4}{4} + \cdots + (-1)^{n-1}\dfrac{x^n}{n} + \cdots$ ただし $-1 < x \leq 1$

(2) $\ln\left(\dfrac{1}{1+x}\right) = -x + \dfrac{x^2}{2} - \dfrac{x^3}{3} + \dfrac{x^4}{4} - \cdots + (-1)^n \dfrac{x^n}{n} \cdots$ ただし $-1 < x \leq 1$

(3) $\ln\left(\dfrac{1+x}{1-x}\right) = 2\left(x + \dfrac{x^3}{3} + \dfrac{x^5}{5} + \cdots + \dfrac{x^{2n-1}}{2n-1} + \cdots\right)$ ただし $-1 < x < 1$

(4) $\ln x = 2\left\{\dfrac{x-1}{x+1} + \dfrac{1}{3}\left(\dfrac{x-1}{x+1}\right)^3 + \cdots + \dfrac{1}{2n-1}\left(\dfrac{x-1}{x+1}\right)^{2n-1} + \cdots\right\}$ ただし $x > 0$

(5) $\ln(a+x) = \ln a + 2\left\{\dfrac{x}{2a+x} + \dfrac{1}{3}\left(\dfrac{x}{2a+x}\right)^3 + \cdots \right.$
$\left. + \dfrac{1}{2n-1}\left(\dfrac{x}{2a+x}\right)^{2n-1} + \cdots\right\}$ ただし $a > 0,\ x > -a$

3.5. 三角関数および逆三角関数の級数展開 (a はラジアン)

(1) $\sin a = \dfrac{a}{1!} - \dfrac{a^3}{3!} + \dfrac{a^5}{5!} + \cdots + (-1)^{n+1}\dfrac{a^{2n-1}}{(2n-1)!} + \cdots$ ただし $-\infty < a < \infty$

(2) $\cos a = 1 - \dfrac{a^2}{2!} + \dfrac{a^4}{4!} - \dfrac{a^6}{6!} + \cdots + (-1)^n\dfrac{a^{2n}}{(2n)!} + \cdots$ ただし $-\infty < a < \infty$

(3) $\tan^{-1} a = a - \dfrac{a^3}{3} + \dfrac{a^5}{5} - \dfrac{a^7}{7} + \cdots + (-1)^{n-1}\dfrac{a^{2n-1}}{2n-1} + \cdots$ ただし $-1 \leq a \leq$

4章　微分・積分

4.1. 微分係数

x の関数 $y=f(x)$ において x の増分を Δx とすれば，y の増分は $\Delta y = f(x+\Delta x)-f(x)$ となる。

$\Delta y/\Delta x$ の Δx を限りなく 0 に近づけたときの極限値

$$\frac{dy}{dx}=\lim_{\Delta x \to 0}\frac{\Delta y}{\Delta x}=\lim_{\Delta x \to 0}\frac{f(x+\Delta x)-f(x)}{\Delta x}$$

を微分係数あるいは微分商という。また微分係数は x の関数になるから $f(x)$ の導関数ともいい，$f'(x)$ で表す。

4.2. 微分公式

u, v を x の関数，a を定数とする。

(1) $\dfrac{d}{dx}(a+u)=\dfrac{du}{dx}$　　　(2) $\dfrac{d}{dx}(au)=a\dfrac{du}{dx}$

(3) $\dfrac{d}{dx}(u\pm v)=\dfrac{du}{dx}\pm\dfrac{dv}{dx}$　　　(4) $\dfrac{d}{dx}(uv)=v\dfrac{du}{dx}+u\dfrac{dv}{dx}$

(5) $\dfrac{d}{dx}\left(\dfrac{u}{v}\right)=\left(v\dfrac{du}{dx}-u\dfrac{dv}{dx}\right)\dfrac{1}{v^2}$

(6) $y=f(u)$, $u=\varphi(x)$ のとき　$\dfrac{dy}{dx}=\dfrac{dy}{du}\cdot\dfrac{du}{dx}$

(7) $y=f(x)$, $x=\varphi(y)$ のとき　$\dfrac{dy}{dx}=1\bigg/\dfrac{dx}{dy}$

(8) $x=\phi(t)$, $y=\varphi(t)$ のとき　$\dfrac{dy}{dx}=\dfrac{d\varphi}{dt}\bigg/\dfrac{d\phi}{dt}$

4.3. 主な関数の微分係数

(1) $\dfrac{d}{dx}(x^n)=nx^{n-1}$　　　(2) $\dfrac{d}{dx}(\sqrt{x})=\dfrac{1}{2}\dfrac{1}{\sqrt{x}}$

(3) $\dfrac{d}{dx}\left(\dfrac{1}{x}\right)=-\dfrac{1}{x^2}$　　　(4) $\dfrac{d}{dx}(e^x)=e^x$

(5) $\dfrac{d}{dx}(a^x)=a^x\ln a$　　　(6) $\dfrac{d}{dx}(\ln x)=\dfrac{1}{x}$

(7) $\dfrac{d}{dx}\log_a x=\dfrac{1}{x}\log_a e$　　　(8) $\dfrac{d}{dx}(\sin x)=\cos x$

(9) $\dfrac{d}{dx}(\cos x)=-\sin x$　　　(10) $\dfrac{d}{dx}(\tan x)=\dfrac{1}{\cos^2 x}$

(11) $\dfrac{d}{dx}(\sin^{-1} x)=\dfrac{1}{\sqrt{1-x^2}}$　　　(12) $\dfrac{d}{dx}(\cos^{-1} x)=\dfrac{-1}{\sqrt{1-x^2}}$

(13) $\dfrac{d}{dx}(\tan^{-1} x)=\dfrac{1}{1+x^2}$

4.4. 不定積分

$F(x)$ の導関数が $f(x)$ のとき,$f(x)$ を与えてもとの関数 $F(x)$ を求めることを,x について積分するといい,これを $F(x)=\int f(x)\,dx+C$ で表す。ここで C を積分定数といい,$F(x)$ を $f(x)$ の不定積分という。

4.5. 積分公式

u, v は x の関数,a は定数,積分定数は省略する。

(1) $\int au\,dx = a\int u\,dx$ 　　　　(2) $\int(u\pm v)dx = \int u\,dx \pm \int v\,dx$

(3) $\int u\,dv = uv - \int v\,du$ 　　　(部分積分法)

(4) $x=\varphi(z)$ のとき $dx=\varphi'(z)dz$ より

$\int f(x)dx = \int f[\varphi(z)]\,\varphi'(z)dz$ 　　(変数置換法)

(5) $\int \dfrac{u'}{u}\,dx = \ln u$ 　　　　(6) $\int \dfrac{u'}{\sqrt{au+b}}\,dx = \dfrac{2}{a}\sqrt{au+b}$

4.6. 基礎積分公式

(1) $\int x^n\,dx = \dfrac{x^{n+1}}{n+1}$ 　$(n\neq -1)$ 　(2) $\int\left(\dfrac{dx}{x}\right) = \ln x$

(3) $\int e^x\,dx = e^x$ 　　　　　　　　(4) $\int \sin x\,dx = -\cos x$

(5) $\int \cos x\,dx = \sin x$ 　　　　　(6) $\int \dfrac{dx}{\sin^2 x} = -\cot x$

(7) $\int \dfrac{dx}{\cos^2 x} = \tan x$ 　　　　(8) $\int \dfrac{dx}{\sqrt{1-x^2}} = \sin^{-1} x$

(9) $\int \dfrac{dx}{1+x^2} = \tan^{-1} x$ 　　(10) $\int a^x\,dx = \dfrac{a^x}{\ln a}$,　$(a>0,\ a\neq 1)$

(11) $\int \ln x\,dx = x\ln x - x$

4.7. 有理関数の積分公式

(1) $\int (a+bx)^n\,dx = \dfrac{(a+bx)^{n+1}}{(n+1)b}$ 　$(n\neq -1,\ b\neq 0)$

(2) $\int \dfrac{dx}{a+bx} = \dfrac{1}{b}\ln|a+bx|$ 　　　$(b\neq 0)$

(3) $\int \dfrac{dx}{1-x^2} = \dfrac{1}{2}\ln\dfrac{1+x}{1-x}$ 　　(4) $\int \dfrac{dx}{x^2-1} = \dfrac{1}{2}\ln\dfrac{x-1}{x+1}$

(5) $\int \dfrac{dx}{a+bx^2} = \dfrac{1}{\sqrt{ab}}\tan^{-1}\left(\sqrt{\dfrac{b}{a}}x\right)$ 　$(ab>0)$

(6) $\int \dfrac{dx}{a-bx^2} = \dfrac{1}{2\sqrt{ab}}\ln\dfrac{\sqrt{ab}+bx}{\sqrt{ab}-bx}$ 　$(ab>0)$

(7) $\int \dfrac{dx}{a+2bx+cx^2} = \dfrac{1}{\sqrt{ac-b^2}} \tan^{-1} \dfrac{b+cx}{\sqrt{ac-b^2}}$ $\qquad (ac-b^2>0)$

$\qquad\qquad\qquad\quad = \dfrac{1}{2\sqrt{b^2-ac}} \ln \dfrac{b+cx-\sqrt{b^2-ac}}{b+cx+\sqrt{b^2-ac}}$ $\qquad (b^2-ac>0)$

$\qquad\qquad\qquad\quad = -\dfrac{1}{b+cx}$ $\qquad\qquad\qquad\qquad\qquad (b^2-ac=0)$

4.8. 無理関数の積分公式

(1) $\int \sqrt{a+bx}\, dx = \dfrac{2}{3b}(\sqrt{a+bx})^3$ $\qquad$ (2) $\int \dfrac{dx}{\sqrt{a+bx}} = \dfrac{2}{b}\sqrt{a+bx}$

(3) $\int \dfrac{dx}{\sqrt{a^2-x^2}} = \sin^{-1} \dfrac{x}{a}$

(4) $\int \dfrac{dx}{\sqrt{x^2 \pm a^2}} = \ln |x+\sqrt{x^2 \pm a^2}|$

(5) $\int \sqrt{x^2 \pm a^2}\, dx = \dfrac{x}{2}\sqrt{x^2 \pm a^2} \pm \dfrac{a^2}{2}\ln|x+\sqrt{x^2 \pm a^2}|$

(6) $\int \sqrt{a^2-x^2}\, dx = \dfrac{x}{2}\sqrt{a^2-x^2} + \dfrac{a^2}{2}\sin^{-1}\dfrac{x}{a}$

4.9. 三角関数の積分公式

(1) $\int \sin^2 x\, dx = \dfrac{1}{2}x - \dfrac{1}{4}\sin 2x$ $\qquad$ (2) $\int \cos^2 x\, dx = \dfrac{1}{2}x + \dfrac{1}{4}\sin 2x$

(3) $\int \sin mx\, dx = -\dfrac{1}{m}\cos mx$ $\qquad$ (4) $\int \cos mx\, dx = \dfrac{1}{m}\sin mx$

(5) $\int \tan x\, dx = -\ln(\cos x)$

(6) $\int \dfrac{dx}{\sin x} = \ln\left(\tan \dfrac{x}{2}\right)$ $\qquad$ (7) $\int \dfrac{dx}{\cos x} = \ln\left[\tan\left(\dfrac{\pi}{4}+\dfrac{x}{2}\right)\right]$

(8) $\int \sin^n x\, dx = -\dfrac{\cos x \sin^{n-1} x}{n} + \dfrac{n-1}{n}\int \sin^{n-2} x\, dx$

(9) $\int \cos^n x\, dx = \dfrac{\sin x \cos^{n-1} x}{n} + \dfrac{n-1}{n}\int \cos^{n-2} x\, dx$

(10) $\int \tan^n x\, dx = \dfrac{\tan^{n-1} x}{n-1} - \int \tan^{n-2} x\, dx$

4.10. 逆三角関数の積分公式

(1) $\int \sin^{-1} x\, dx = x\sin^{-1} x + \sqrt{1-x^2}$

(2) $\int \cos^{-1} x\, dx = x\cos^{-1} x - \sqrt{1-x^2}$

(3) $\int \tan^{-1} x\, dx = x\tan^{-1} x - \dfrac{1}{2}\ln(1+x^2)$

4.11. 定積分の一般公式

$f(x)$ の不定積分を $F(x)$ とすれば $\int_a^b f(x)\,dx = F(b) - F(a)$

(1) $\int_a^b f(x)\,dx = \int_a^c f(x)\,dx + \int_c^b f(x)\,dx$

(2) $\int_a^b f(x)\,dx = -\int_b^a f(x)\,dx$

(3) $\int_a^b \{f(x) + \varphi(x)\}\,dx = \int_a^b f(x)\,dx + \int_a^b \varphi(x)\,dx$

(4) $f(-x) = -f(x)$ ならば $\int_{-a}^a f(x)\,dx = 0$

(5) $f(-x) = f(x)$ ならば $\int_{-a}^a f(x)\,dx = 2\int_0^a f(x)\,dx$

4.12. 重要な定積分

(1) $\int_0^a \dfrac{dx}{\sqrt{a^2 - x^2}} = \dfrac{\pi}{2}$

(2) $\int_0^\infty \dfrac{dx}{a^2 + x^2} = \dfrac{\pi}{2a}$

(3) $\int_0^\infty \dfrac{dx}{(a^2 + x^2)^{n+1}} = \dfrac{1 \cdot 3 \cdot 5 \cdots (2n+1)}{2 \cdot 4 \cdot 6 \cdots 2n} \cdot \dfrac{\pi}{2a^{2n+1}}$

(4) $\int_0^\infty \dfrac{\sin x}{x}\,dx = \int_0^\infty \dfrac{\tan x}{x}\,dx = \dfrac{1}{2}\pi$

(5) $\int_0^\pi \ln \sin x\,dx = \int_0^\pi \ln \cos x\,dx = -\pi \ln 2$

(6) $\int_0^{\frac{\pi}{2}} \sin^{2n-1} x\,dx = \int_0^{\frac{\pi}{2}} \cos^{2n-1} x\,dx = \dfrac{2 \cdot 4 \cdot 6 \cdots (2n-2)}{1 \cdot 3 \cdot 5 \cdots (2n-1)}$

(7) $\int_0^{\frac{\pi}{2}} \sin^{2n} x\,dx = \int_0^{\frac{\pi}{2}} \cos^{2n} x\,dx = \dfrac{\pi}{2} \cdot \dfrac{1 \cdot 3 \cdot 5 \cdots (2n-1)}{2 \cdot 4 \cdot 6 \cdots 2n}$

4.13. 微分方程式

$y = f(x)$ の微分係数 $\dfrac{dy}{dx}$, $\dfrac{d^2y}{dx^2}$ などを含む方程式を微分方程式という。以下に簡単な微分方程式とその解を示す。なお、A, B, C などは積分定数。

(1) $\dfrac{dy}{dx} = f(x)$ 　　解　$y = \int f(x)\,dx + C$

(2) $\dfrac{dy}{dx} = f(y)$ 　　解　$x = \int \dfrac{dy}{f(y)} + C$

(3) $\dfrac{dy}{dx} + P(x)y = Q(x)$ 　　解　$y = e^{-\int p\,dx}\left\{\int Q e^{\int p\,dx}\,dx + C\right\}$
(線形方程式)

(4) $\dfrac{d^2y}{dx^2} = f(x)$ 　　解　$y = \int dx \int f(x)\,dx + C_1 x + C_2$

(5) $\dfrac{d^2y}{dx^2} + n^2 y = 0$ 　　解　$y = C_1 \sin nx + C_2 \cos nx$

(6) $\dfrac{d^2y}{dx^2} - n^2 y = 0$ 　　解　$y = C_1 e^{nx} + C_2 e^{-nx}$

5章 数式と図形

5.1. 平面曲線

5.1.1. 接線と法線　平面曲線 $y=f(x)$ 上の1点 (x, y) における接線の方程式は，$Y-y=\dfrac{dy}{dx}(X-x)$，また法線の方程式は，$Y'-y=-\dfrac{(X'-x)}{\dfrac{dy}{dx}}$

5.1.2. 漸近線　平面曲線 $y=f(x)$ 上の点が，x を無限に遠ざけるときにある直線に限りなく近づくとき，この直線を漸近線という。

5.1.3. 曲率および曲率半径（図5-1）　平面曲線 $y=f(x)$ 上の3点P, Q, Rを通る円をつくり，Q, RをかぎりなくPに近づけたとき，この円を曲率円といい，その円の半径を曲率半径，曲率半径の逆数を曲率という。曲率半径を ρ とすると，

$$\rho=\dfrac{ds}{d\theta}=\dfrac{\left[1+\left(\dfrac{dy}{dx}\right)^2\right]^{\frac{3}{2}}}{\dfrac{d^2y}{dx^2}}$$

5.1.4. 平面曲線の長さ　平面曲線 $y=f(x)$ （図5-2）の $x=a$ から $x=b$ までの曲線の長さ s は

$$s=\int_a^b\sqrt{1+\left(\dfrac{dy}{dx}\right)^2}\,dx$$

5.1.5. 平面曲線に囲まれる面積　平面曲線 $f(x)$ と $x=a$, $x=b$ および x 軸との間に囲まれる図形（図5-3）の面積は

$$A=\int_a^b f(x)\,dx$$

5.2. 直線

直線は次のような式で表すことができる。

5.2.1. 直交座標　図5-4のように，y 軸と交わる点の y 座標の値が b（切片と呼ぶ）のとき，

(1) 直線が x 軸と α の角をなす場合の直線の方程式は，

$y=mx+b$ ただし，m：勾配（$=\tan\alpha$），b：切片

(2) 直線が x 軸と交わる点の x 座標の値が a のとき，直線の方程式は，

$$\dfrac{x}{a}+\dfrac{y}{b}=1$$

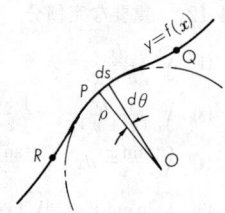

図 5-1　曲率および曲率半径

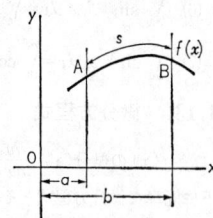

図 5-2　平面曲線の長さ

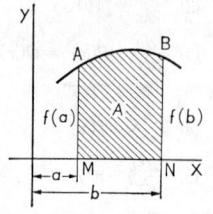

図 5-3　曲線に囲まれる面積

5.2.2. 極座標 図 5-5 のように原点からの動径 p と角度 θ を用いると，直線の方程式は，
$$x \cos \theta + y \sin \theta = p$$

5.3. 二次曲線

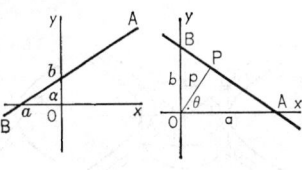

図 5-4 直交座標　　図 5-5 極座標

x, y に関する二次方程式が
$$ax^2 + 2bxy + cy^2 + 2dx + 2ey + f = 0$$
で与えられるとき，$D = ac - b^2$ とすると，

$D > 0$ ならば　だ円，　　$D = 0$ ならば　放物線，
$D < 0$ ならば　双曲線

となる。

これらの曲線を総称して二次曲線，または円すいを平面で切るときの切り口がこれらの曲線のいずれかに当たるところから円すい曲線という。

5.3.1. 円 (図 5-6)

(1) (a, b) を中心とする半径 r の円の方程式
$$(x-a)^2 + (y-b)^2 = r^2$$

(2) 原点を中心とする円の方程式　$x^2 + y^2 = r^2$

(3) 円の一般方程式　$x^2 + y^2 + ax + by + c = 0$

において，

図 5-6 円

中心の座標：$\left(-\dfrac{a}{2}, -\dfrac{b}{2}\right)$，　半径：$= \sqrt{\dfrac{(a^2+b^2)}{4} - c}$

5.3.2. だ円 (図 5-7)

(1) $OA = OA_1 = a$, $OB = OB_1 = b$ とおけば，だ円の方程式は，
$$\dfrac{x^2}{a^2} + \dfrac{y^2}{b^2} = 1$$

ここに，AA_1 を長径，BB_1 を短径という。

(2) F, F_1 をだ円の焦点とすれば，
$$OF = OF_1 = \sqrt{a^2 - b^2}$$

また，P をだ円上の任意の点とすれば，
$$PF + PF_1 = 2a$$

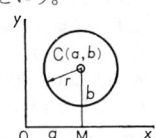

図 5-7 だ円とその焦点

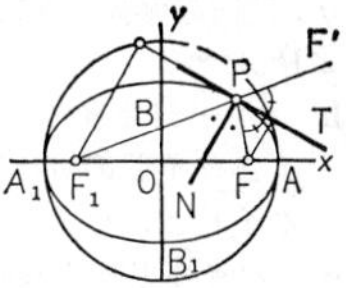

(3) 図 5-8 で PT, PN を点 P における接線，法線とすれば，
$$\angle FPT = \angle F'PT, \quad \angle FPN = \angle F_1PN$$

5.3.3. 双曲線 (図 5-9)

(1) $OA = OA' = a$ とおけば，双曲線の方程式は，

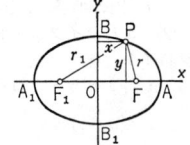

図 5-8 だ円の接線および法線

$$\dfrac{x^2}{a^2} - \dfrac{y^2}{b^2} = 1 \quad (a > b)$$

上式の a, b を置き換えて得られる $\dfrac{x^2}{b^2} - \dfrac{y^2}{a^2} = 1$ (ただし，$OB = OB' = b$)

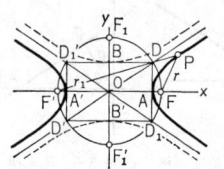

図 5-9 双曲線(1)　　図 5-10 双曲線(2)　　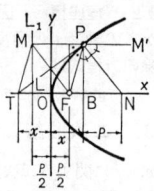

図 5-11 放物線

を共役双曲線という。

(2) 図 5-9 の F, F′ を双曲線の焦点とすれば　　$OF=OF'=\sqrt{a^2+b^2}$
P を双曲線上の任意の点とすれば　　$|PF-PF'|=2a$

(3) 図 5-10 の PT, PN を点 P の接線, 法線とすれば, $\angle FPT=\angle F'PT$, $\angle FPN=\angle T'PN$

5.3.4. 放物線（図 5-11）

(1) 放物線の方程式は $y^2=2px$ 。F を放物線の焦点とし, 任意の点 P から準線 LL_1 に垂線 PM を引けば, $PM=PF$

(2) PT を接線, PN を法線とすれば, $\angle MPT=\angle TPF$, $\angle FPN=NPM'$

5.4. その他の平面曲線

(1) サイクロイド（図 5-12）
$x=a(\theta-\sin\theta)$, $y=a(1-\cos\theta)$
a：円の半径, $\angle PCB=\theta$

(2) エピサイクロイドおよびハイポサイクロイド

a. エピサイクロイド（図 5-13）

$x=(a+b)\cos\dfrac{b}{a}\theta-b\cos\dfrac{a+b}{a}\theta$

$y=(a+b)\sin\dfrac{b}{a}\theta-b\sin\dfrac{a+b}{a}\theta$

a：定円の半径, b：転動円の半径, $\angle PCB=\theta$

b. カージオイド（図 5-14）　エピサイクロイドの $a=b$ の場合を, カージオイドという。

c. ハイポサイクロイド（図 5-15）

$x=(a-b)\cos\dfrac{b}{a}\theta+b\cos\dfrac{a-b}{a}\theta$

$y=(a-b)\sin\dfrac{b}{a}\theta-b\sin\dfrac{a-b}{a}\theta$

a：定円の半径, b：転動円の半径, $\angle PCB=\theta$

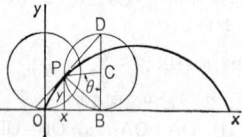

図 5-12 サイクロイド

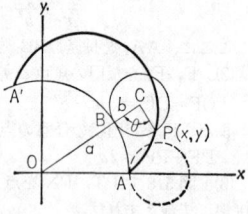

図 5-13 エピサイクロイド

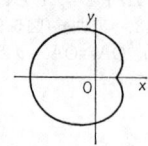

図 5-14 カージオイド

d. アストロイド（図 5-16） ハイポサイクロイドの $a=4b$ の場合，
$$x^{\frac{2}{3}}+y^{\frac{2}{3}}=a^{\frac{2}{3}}$$

(3) 円のインボリュート（図 5-17）
$$x=a(\cos\theta+\theta\sin\theta)$$
$$y=a(\sin\theta-\theta\cos\theta)$$
a：円の半径，$\angle AOT=\theta$

(4) アルキメデスのうず巻線（図 5-18）
$$\rho=a\theta$$

(5) 対数うず巻線（図 5-19）
$$\rho=a^\theta \quad (OA=1)$$

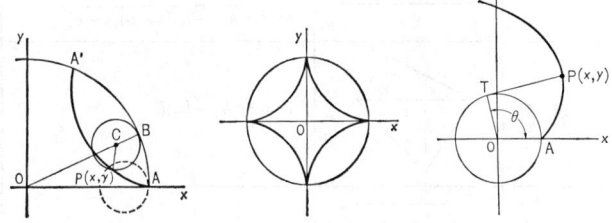

図 5-15 ハイポサイクロイド　図 5-16 アストロイド　図 5-17 円のインボリュート

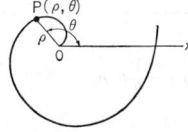 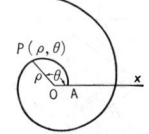

図 5-18 アルキメデスのうず巻線　　図 5-19 対数うず巻線

6章 平面図形の面積および立体の体積と表面積

6.1. 平面図形の面積 A(その1)　$\pi = 3.14159265358979323\cdots\cdots$

名　称	図　形	面積A，その他
三 角 形		$A = \dfrac{1}{2}ah = \dfrac{1}{2}ab\sin\gamma$ $s = (a+b+c)/2$ とおけば $A = \sqrt{s(s-a)(s-b)(s-c)}$
四 辺 形		$A = \dfrac{1}{2}(h_1+h_2)l$
平行四辺形		$A = bh_1 = ah_2 = ab\sin\alpha$
ひ し 形		$A = a^2\sin\alpha = \dfrac{1}{2}h_1h_2$
台 　 形		$A = \dfrac{1}{2}(a+b)h$
円		$A = \pi r^2 = \dfrac{1}{4}\pi d^2$ C(円周の長さ)$= 2\pi r$ 　　　　　　 $= \pi d$

6章 平面図形の面積および立体の体積と表面積

6.1. 平面図形の面積 A（その2）

名　称	図　形	面積 A，その他
円分（扇形）		$A = \pi r^2 \dfrac{\alpha°}{360°} = \dfrac{1}{2} rl$ $l = 2\pi r \dfrac{\alpha°}{360°}$
割円（弓形）		$A = \dfrac{1}{2} r^2 \left(\pi \dfrac{\alpha°}{180} - \sin \alpha° \right)$ $c = 2r \sin \dfrac{\alpha°}{2}$ $h = r \left(1 - \cos \dfrac{\alpha°}{2} \right)$
円　環	$t = R - r$	$A = \pi(R^2 - r^2) = \dfrac{\pi}{4}(D^2 - d^2)$ $= \pi(R + r)t$ $= \dfrac{\pi}{2}(D + d)t$
だ　円		$A = \pi ab$ S（周の長さ） $= \pi \sqrt{2(a^2 + b^2)}$
放物線		$A = \dfrac{2}{3} bh$

6.2. 立体の体積 V,表面積 S および側面積 M(その1)

名 称	図 形	体積および表面積
角 柱		$V = Ah$ A:底面積,h:高さ
角 す い		$V = \dfrac{1}{3}Ah$ A:底面積,h:高さ
頭を切った 角 す い		$V = \dfrac{1}{3}h(A_1 + A_2 + \sqrt{A_1 A_2})$ A_1, A_2:平行な底の面積, h:高さ
直 円 柱		$V = \pi r^2 h$ $M = 2\pi r h$ r:底面の半径,h:高さ
斜 切 円 柱		$V = \dfrac{1}{2}\pi r^2 (h_1 + h_2)$ $M = \pi r(h_1 + h_2)$ h_1:最大母線の長さ h_2:最小母線の長さ
ひずめ形	$\angle \text{FMB} = \varphi°$	$V = \dfrac{h}{3a}\left\{\dfrac{1}{2}b(3r^2 - \dfrac{1}{4}b^2)\right.$ $\left. + 3r^2(a-r)\dfrac{\pi}{180°}\varphi°\right\}$ $M = \dfrac{2hr}{a}\left\{(a-r)\dfrac{\pi}{180°}\varphi° + \dfrac{1}{2}b\right\}$ 半径 $= r$

6.2. 立体の体積 V, 表面積 S および側面積 M (その2)

名　称	図　形	体積および表面積
中空円柱		$V=\pi h(R^2-r^2)=\pi ht(2R-t)$ $=\pi ht(2r+t)$ 　r：底面の内半径, 　R：底面の外半径, h：高さ, 　t（厚さ）$=R-r$
円　す　い		$V=\dfrac{1}{3}\pi r^2 h$ $M=\pi r\sqrt{r^2+h^2}=\pi rl$ 　l（母線の長さ）$=\sqrt{r^2+h^2}$ 　r：底面の半径, h：高さ
頭を切った 円　す　い		$V=\dfrac{1}{3}\pi h(R^2+Rr+r^2)$ $=\dfrac{1}{4}\pi h\left(\sigma^2+\dfrac{1}{3}\delta^2\right)$ 　$\delta=R-r$, $\sigma=R+r$ $M=\pi l(R+r)$ 　l（母線の長さ）$=\sqrt{h^2+\delta^2}$ 　R, r：両底面の半径, h：高さ
球		$V=\dfrac{4}{3}\pi r^3=\dfrac{1}{6}\pi d^3$ $S=4\pi r^2=\pi d^2$ 　r：半径, d：直径
中空の球		$V=\dfrac{4}{3}\pi(R^3-r^3)=\dfrac{1}{6}\pi(D^3-d^3)$ 　r：内半径, R：外半径 　d：内径, D：外径
球　冠		$V=\dfrac{\pi h}{6}(3a^2+h^2)=\dfrac{\pi h^2}{3}(3r-h)$ $M=2\pi rh=\pi(a^2+h^2)$ $a^2=h(2r-h)$ 　r：球の半径, a：底円の半径 　h：球冠の高さ

6.2. 立体の体積 V, 表面積 S および側面積 M (その3)

名　称	図　形	体積および表面積
球　帯		$V=\dfrac{1}{6}\pi h(3a^2+3b^2+h^2)$ $M=2\pi rh$ $r^2=a^2+\dfrac{(a^2-b^2-h^2)^2}{(2h)^2}$ a, b：両底円の半径, r：球の半径, h：高さ
球　分		$V=\dfrac{2}{3}\pi r^2 h$ $S=\pi r(2h+a)$ $a=\sqrt{h(2r-h)}$ r：球の半径, h：球分の高さ a：球分の底面の半径
トーラス (立体環)		$V=2\pi^2 Rr^2$ $=\dfrac{1}{4}\pi^2 Dd^2$ $S=4\pi^2 Rr$ $=\pi^2 Dd$
回転だ円体		$V=\dfrac{4}{3}\pi ab^2$ a：回転軸の半径
回転放物体		$V=\dfrac{1}{2}\pi r^2 h$ r：底円の半径, h：高さ

7章 統計

7.1. 統計の用語

7.1.1. 度数分布 多くの観測値が得られたとき，その観測値を適当な範囲に分け，各々の範囲に入る観測値の度数を数え上げて表にしたものを度数分布表，図に表したものを度数分布図（図 7-1）という。

7.1.2. 累積度数分布 観測値の範囲の代表値（範囲の中央値をとることが多い）を，小さいほう（あるいは大きいほう）から並べたとき，ある範囲より小さい（あるいは大きい）観測値の度数の総計を図にしたものを，累積度数分布図（図 7-2）という。

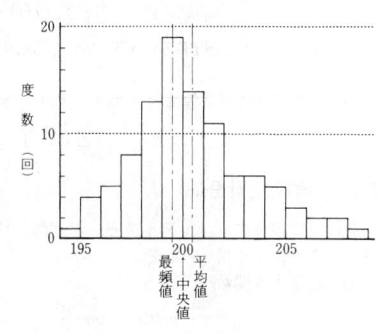

図 7-1 度数分布（確率密度分布）

7.1.3. 中央値 ある観測値よりも大きい観測値の度数の総計と，小さい観測値の度数の総計が等しいとき，その観測値を中央値という。

Excel 関数には，**MEDIAN**（観測値1, 観測値2, 観測値3, …）が用意されている。

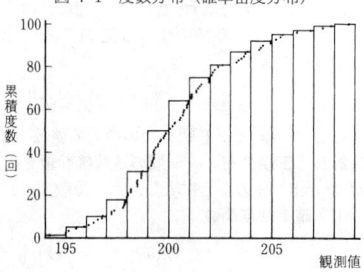

図 7-2 累積度数分布

7.1.4. 最頻値 ある範囲に含まれる観測値の総計が最大のとき，その範囲の代表値を最頻値という。

7.1.5. 平均値

(1) 平均値 $\bar{x}$ を求めるには，次式を用いる。

$$\bar{x} = \frac{1}{n}\sum_{i=1}^{n}x(i)$$

ここに，$x(i)$：i 番目の観測値，n：観測値の総数

Excel 関数には，**AVERAGE**（観測値1, 観測値2, 観測値3, …）が用意されている。

(2) 度数分布表から平均値 $\bar{X}$ を求めるには，次式を用いる。

$$\bar{X} = \frac{1}{n}\sum_{i=1}^{m}X(i)f(i)$$

ここに，$X(i)$：i 番目の範囲の代表値,
$f(i)$：i 番目の範囲に含まれる観測値の度数,
m：範囲の数，n：観測値の度数

7.1.6. 標本標準偏差

(1) 標本標準偏差 s は，次式を用いて求める。

$$s^2 = \frac{1}{n-1} \sum_{i=1}^{n} (x(i) - \bar{x})^2$$

Excel 関数には，**STDEV**（観測値1，観測値2，観測値3，…）が用意されている。

(2) 度数分布表から標本標準偏差 s を求めるには，次式を用いる。

$$s^2 = \frac{1}{n-1} \sum_{i=1}^{m} (X(i) - \bar{X})^2 f(i)$$

7.2. 理論統計分布

7.2.1. 二項分布（ベルヌイ分布） 度数分布表で表されるような離散統計量を扱うのによく用いられる。

(1) 確率密度関数

$$f(x) = \frac{n!}{x!(n-x)!} p^x q^{n-x}$$

ここに，n：試行の数，x：事象の生じる回数,
p：事象の生じる確率，q：事象の生じない確率（$=1-p$）

(2) 分布関数

$$F(x) = \sum_{k \leq [x]} \frac{n!}{x!(n-x)!} p^k q^{n-k}$$

ここに，$[x]$：x を超えない最大の整数

7.2.2. 正規分布 一般の連続統計量を扱うのに最もよく用いられる。なお，e^x を $\exp(x)$ のように表し，σ^2：分散，μ：平均値 とすれば，

(1) 確率密度関数

$$f(x) = \frac{1}{\sqrt{2\pi}\,\sigma} \exp\left(-\frac{(x-\mu)^2}{2\sigma^2}\right)$$

(2) 分布関数

$$F(x) = \int_{-\infty}^{x} \frac{1}{\sqrt{2\pi}\,\sigma} \exp\left(-\frac{(x-\mu)^2}{2\sigma^2}\right) dx$$

7.2.3. ポアソン分布 二項分布の度数の非常に大きい場合を表すのに用いられる。非常に小さな確率でランダムに発生する事象を統計的に扱うのに用いられる。

(1) 確率密度関数

$$f(x) = \frac{\mu^x}{x!} e^{-\mu} \quad (x \geq 0 \text{ のとき})$$

$$f(x) = 0 \quad (x < 0 \text{ のとき})$$

(2) 分布関数

$$F(x) = e^{-\mu} \sum_{k \leq x} \frac{\mu^k}{k!} \quad (x \geq 0 \text{ のとき})$$

$$F(x)=0 \quad (x<0 \text{のとき})$$

ここに，x は 0, 1, 2… の整数，μ は平均値

7.2.4. その他の分布関数 このほか統計量の検定のために，次のような分布関数が用いられる。

(1) **t 分布**

正規分布をする標本の平均値の推定の正しさ，2つの標本の平均値が等しいかどうかの検定に用いられる。

(2) **F 分布**

正規分布をする2つの標本の分散が等しいかどうかを検定するのに用いられる。

(3) **χ（カイ）二乗分布**

観測度数と期待度数とが，どの程度一致しているかどうか，標本がある分布関数で表されるかどうかの検定に用いられる。

7.3. 信頼限界

観測値の代表値として平均値が用いられるが，その平均値がどのくらい確からしいかを知りたいことがある。図 7-2 を例にとると，累積度数の5回から95回までの範囲に入る観測値はだいたい195から205の範囲に入る。すなわち，90％の観測値が 200±5 の範囲にある。このような範囲を 90％信頼限界

表 7-1 標準正規分布（両側確率）表（抜粋）

α \ $\Delta\alpha$	.000	.002	.004	.006	.008
.05	1.960	1.943	1.927	1.911	1.896
.06	1.881	1.866	1.852	1.836	1.825
.07	1.812	1.799	1.787	1.774	1.762
.08	1.751	1.739	1.728	1.717	1.706
.09	1.695	1.685	1.675	1.665	1.655
.10	1.645	1.635	1.625	1.616	1.607
.11	1.598	1.589	1.580	1.572	1.563
.12	1.555	1.546	1.538	1.530	1.522
.13	1.514	1.506	1.499	1.491	1.483
.14	1.476	1.468	1.461	1.454	1.447
.15	1.440	1.433	1.426	1.419	1.412

表の値は，標準正規分布の曲線と横軸が囲む面積を1としたとき，両裾の合計面積（両側確率）が α となる横軸の値 $A(\alpha)$ を与える（右図参照）。

すなわち，標準偏差 σ がわかっているとき，全統計値の $100\times(1-\alpha)$ パーセントのデータが $\pm\sigma A(\alpha)$ の範囲にある。

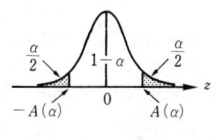

なお片側確率が β となる横軸の値は，$A(2\beta)$ として求める。

Excel 関数では，**NORMSINV$(1-\alpha/2)$** として求める。

と呼ぶ。

一般には，度数分布が正規分布をすると仮定して，平均値 x と標準偏差 s と表 1-1 から求めた f の値を用い，信頼限界を $x \pm fs$ として求める。たとえば 90％信頼限界の f の値は，$1-\alpha=0.9$ すなわち $\alpha=0.1$ のときの値 1.645 となる。

この値を用いて，図 7-2 の場合について 90％信頼限界を計算してみると，200 ± 4.77 となる。

7.4. 回帰分析

実験を行って x_i に対する y_i の値が，図 7-3 のように得られたとき，x と y との間には直線関係があるとして，$y = ax + b$（x に関する y の回帰直線）で表すには，$R = \sum(y_i - ax_i - b)^2$ が最小になるように a, b を定めればよい。

それには，R を a および b で偏微分した式を 0，すなわち，$\dfrac{\partial R}{\partial a} = 0$ および $\dfrac{\partial R}{\partial b} = 0$ として連立方程式を解けばよい。この方法を最小二乗法という。

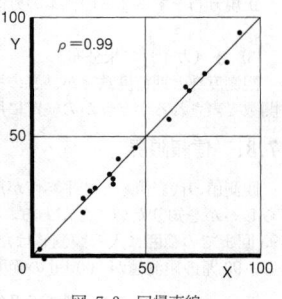

図 7-3 回帰直線

いま，平均値 $\bar{x} = \dfrac{1}{n} \sum X_i$,

$\bar{y} = \dfrac{1}{n} \sum Y_i$,

分散 $\sigma_x^2 = \dfrac{1}{n} \sum X_i^2 - (\bar{x})^2$,

$\sigma_y^2 = \dfrac{1}{n} \sum Y_i^2 - (\bar{y})^2$,

共分散 $\sigma_{xy} = \dfrac{1}{n} \sum X_i Y_i - \bar{x}\bar{y}$

が計算されていれば，x に関する y の回帰直線の係数 a, b は

$a = \sigma_{xy} / \sigma_x^2$, $b = \bar{y} - a\bar{x}$

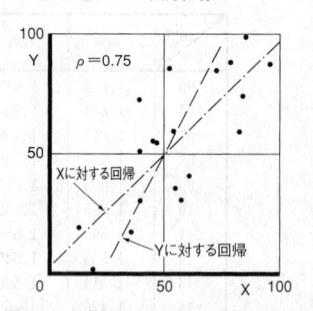

図 7-4 回帰直線（ばらつきのある場合）

また，y に関する x の回帰直線 $x = a'y + b'$ の係数は，

$a' = \sigma_{xy} / \sigma_y^2$, $b' = \bar{x} - a'\bar{y}$

から求めることができる。

図 7-4 はばらつきの多いデータの例で，x に関する回帰直線と，y に関する回帰直線は大きな角度で交差している。

$\rho = \dfrac{\sigma_{xy}}{\sigma_x \sigma_y}$ $(-1 \leq \rho \leq 1)$ を相関係数と呼び，この値の絶対値が 1 に近いほど相関が大きいといい，直線式により y が狂いなく推定できることを示す。

8章　代数方程式およびマトリックス

8.1.　代数方程式

8.1.1.　一次方程式
$ax+b=0$　のとき　$x=-b/a$

8.1.2.　二次方程式
$$ax^2+bx+c=0 \quad a\neq 0 \quad のとき, \quad x=\frac{-b\pm\sqrt{b^2-4ac}}{2a}$$

$D=\sqrt{b^2-4ac}$ を判別式といい，$D>0$ のとき相異なる実数解，$D=0$ のとき等しい実数解，$D<0$ のとき相異なる虚数解をもつ。

8.1.3.　連立一次方程式
$\left.\begin{array}{l}ax+by+c=0\\a'x+b'y+c'=0\end{array}\right\}$　のとき　$x=\dfrac{bc'-b'c}{ab'-a'b},\quad y=\dfrac{ca'-c'a}{ab'-a'b}$

8.2.　マトリックス

8.2.1.　定義

(1)　図 8-1 に示すように，$n\times m$ 個の要素からなる配列を，マトリックスまたは行列という。

(2)　行列の垂直に並んだ一列を，列マトリックスあるいは単に列という。また，水平に並んだ一列を，行マトリックスあるいは単に行という（図 8-2）。

$$\begin{pmatrix} a_{11} & a_{12} & \cdots & a_{1(n-1)} & a_{1n} \\ a_{21} & a_{22} & \cdots & a_{2(n-1)} & a_{2n} \\ \cdots & \cdots & \cdots & \cdots & \cdots \\ a_{m1} & a_{m2} & \cdots & a_{m(n-1)} & a_{mn} \end{pmatrix} \quad \begin{pmatrix} a_1 \\ a_2 \\ \cdots \\ a_m \end{pmatrix} \quad \begin{pmatrix} a_1 & a_2 & a_3 & \cdots & a_{n-1} & a_n \end{pmatrix}$$

図 8-1　マトリックス（行列）　　図 8-2　列マトリックスと行マトリックス

行マトリックス，列マトリックスをベクトルと呼ぶことがある。

(3)　行と列の要素の数が等しいマトリックスを，正方マトリックスという。

(4)　正方マトリックスの要素が，$a_{ij}=a_{ji}$ の条件を満たすとき，この正方マトリックスを対称マトリックスという。また，正方マトリックスの要素が，$a_{ij}=-a_{ji}$ の条件を満たすとき，この正方マトリックスを反対称マトリックスという。

(5)　対角線要素が 1 で，その他の要素が 0 であるような正方マトリックスを単位マトリックスといい，I と書く。

(6)　行と列の要素がすべて 0 であるようなマトリックスを，ゼロマトリックスといい，**0** と書く。

(7)　あるマトリックス M の行と列を入れ替えたマトリックスを転置マトリックスといい，M^T と書く。

8.2.2. マトリックスの演算

(1) **マトリックスの和と差** 同数の行と同数の列をもつマトリックス A, B の要素をそれぞれ a_{ij}, b_{ij} とするとき，マトリックス A, B と同数の行と列をもち，その要素が $c_{ij}=a_{ij}\pm b_{ij}$ であるマトリックス C をマトリックス A, B の和あるいは差と定義する。すなわち $C=A\pm B$。また，$C=B\pm A$。

(2) **マトリックスの定数倍** マトリックスの定数倍は，マトリックスのすべての要素を定数倍して得られる。

(3) **マトリックスどうしの積** マトリックス A の行の数とマトリックス B の列の数が等しいときに，A の i 行の各要素に B の j 行の各要素を掛けた値の総和を要素とするマトリックス C をマトリックス A, B の積と定義する。なお，掛ける順序が変わると答も変わる。すなわち，積 AB と積 BA とは異なる。あるマトリックスに単位マトリックスを掛けても，マトリックスは変わらない。

Excel 関数には **MMULT**（配列1，配列2）が用意されている。

(4) **マトリックス演算の性質** マトリックスの演算には，次の性質がある。

$A(B+C)=AB+AC$, $(A+B)C=AC+BC$ （分配法則）
$(AB)C=A(BC)$ （結合法則）
$AI=IA$
$(AC)^T=C^T A^T$

(5) **逆マトリックス** 正方マトリックス A と B との積が単位マトリックスになるとき，B を A の逆マトリックスという。A の逆マトリックスを A^{-1} と書く。単位マトリックスを I とすると $AA^{-1}=I$。なお，行列式（次項 8.3. 参照）の値が 0，すなわち $\det A=0$ のとき A の逆マトリックスは存在しない。

Excel 関数には **MINVERSE**（配列）が用意されている。

8.3. 行列式

8.3.1. 行列式の値
正方マトリックス A の行列式を $\det A$, あるいは $|A|$ と書き，次のように定義される。

$$\det A=|A|=\sum \pm a_{1p_1}a_{2p_2}\cdots a_{np_n}$$

ここで，添え字 p_1, p_2, $\cdots p_n$ は 1, 2, $\cdots n$ のあらゆる順列で，$\pm$ の符号は，順列をつくるときに偶数回もとの数字を並べ替えたときには $+$, 奇数回なら $-$ をとる。

特別な場合として，2×2 の行列式の値は，$\begin{vmatrix} a_{11} & a_{12} \\ a_{21} & a_{22} \end{vmatrix} = a_{11}a_{22}-a_{12}a_{21}$

また，3×3 の行列式の値は，$\begin{vmatrix} a_{11} & a_{12} & a_{13} \\ a_{21} & a_{22} & a_{23} \\ a_{31} & a_{32} & a_{33} \end{vmatrix} = a_{11}a_{22}a_{33}+a_{12}a_{23}a_{31}+a_{13}a_{21}a_{32} - a_{13}a_{22}a_{31}-a_{12}a_{21}a_{33}-a_{11}a_{23}a_{32}$

Excel 関数には **MDETERM**（配列）が用意されている。

8.3.2. 行列式の性質

(1) 行列式のある1行あるいは1列の要素をすべて k 倍すると，行列式の値は k 倍になる。

(2) 行列式のある行またはある列の要素が，他の行または列の要素に比例するとき，行列式の値は 0 である。
(3) マトリックスを転置しても行列式の値は変わらない。

8.4. マトリックスと連立方程式

連立方程式 $\begin{matrix} a_{11}x+a_{12}y+a_{13}z=P \\ a_{21}x+a_{22}y+a_{23}z=Q \\ a_{31}x+a_{32}y+a_{33}z=R \end{matrix}\Bigg\}$ は，マトリックスを用いて次のように書ける。

$$\begin{pmatrix} a_{11} & a_{12} & a_{13} \\ a_{21} & a_{22} & a_{23} \\ a_{31} & a_{32} & a_{33} \end{pmatrix} \begin{pmatrix} x \\ y \\ z \end{pmatrix} = \begin{pmatrix} P \\ Q \\ R \end{pmatrix}$$

$\begin{pmatrix} a_{11} & a_{12} & a_{13} \\ a_{21} & a_{22} & a_{23} \\ a_{31} & a_{32} & a_{33} \end{pmatrix}$ の逆マトリックス $\begin{pmatrix} a_{11} & a_{12} & a_{13} \\ a_{21} & a_{22} & a_{23} \\ a_{31} & a_{32} & a_{33} \end{pmatrix}^{-1}$ を両辺に掛けると

$$\begin{pmatrix} a_{11} & a_{12} & a_{13} \\ a_{21} & a_{22} & a_{23} \\ a_{31} & a_{32} & a_{33} \end{pmatrix}^{-1} \begin{pmatrix} a_{11} & a_{12} & a_{13} \\ a_{21} & a_{22} & a_{23} \\ a_{31} & a_{32} & a_{33} \end{pmatrix} \begin{pmatrix} x \\ y \\ z \end{pmatrix} = \begin{pmatrix} a_{11} & a_{12} & a_{13} \\ a_{21} & a_{22} & a_{23} \\ a_{31} & a_{32} & a_{33} \end{pmatrix}^{-1} \begin{pmatrix} P \\ Q \\ R \end{pmatrix}$$

マトリックスとその逆マトリックスの積は単位マトリックスになるから省略すると，上式は，

$\begin{pmatrix} x \\ y \\ z \end{pmatrix} = \begin{pmatrix} a_{11} & a_{12} & a_{13} \\ a_{21} & a_{22} & a_{23} \\ a_{31} & a_{32} & a_{33} \end{pmatrix}^{-1} \begin{pmatrix} P \\ Q \\ R \end{pmatrix}$ となり，逆マトリックスが求まれば，連立方程式が解けたことになる。

問題の式で右辺の値だけが異なる場合は，逆マトリックスにその値を掛けるだけで，答が求まる。

8.5. 固有値と固有方程式

マトリックス A，実数値 λ および列ベクトル x が，$Ax=\lambda x$ の関係を満たすとき，$x(\neq 0)$ を A の固有ベクトルといい，λ を A の固有値という。

上式を書き直すと $(\lambda I-A)x=0$ となり，x が 0 でない解をもつためには行列 $(\lambda I-A)$ の行列式の値(8.3.参照)が 0，すなわち $\det(\lambda I-A)=0$ でなければならない。この方程式を固有方程式と呼ぶ。

マトリックス A が $n\times n$ のマトリックスであれば，固有方程式は n 次の高次方程式となり，固有値は複素数を含む n 個が求まる。ただし，実数解の中には重解があるのと，工学上では複素数は意味をもたないので，利用できる解の数はさらに少なくなる。また，列ベクトル x は，比の形でしか得られない。

固有方程式は多質点系の振動計算に利用され，「2 編力学 10.4.多質点振動系の共振周波数の求め方」に実用上の解法を示してある。

9章　数値解析

9.1. 数値積分

関数 $f(x)$ が図 9-1 の A から B までの曲線を描くとき，この関数の積分は，曲線 AB と x 軸に囲まれる面積になる。数値積分は曲線 AB と x 軸に囲まれる面積を，幅 h の短冊に切り分けて面積を計算する方法で，曲線を折れ線で近似する台形公式と，二次曲線で近似するシンプソンの公式がある。

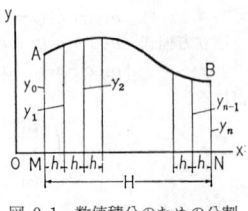

図 9-1　数値積分のための分割

台形公式

$$A = h\left(\frac{1}{2} y_0 + y_1 + y_2 + \cdots + y_{n-1} + \frac{1}{2} y_n\right)$$

シンプソンの公式　n を偶数として，

$$A = \frac{1}{3} h\{y_0 + 4(y_1 + y_2 + \cdots + y_{n-1}) + 2(y_2 + y_4 + \cdots + y_{n-2}) + y_n\}$$

ここに　h：刻み幅

関数式が与えられ，上記の公式を用いてコンピュータで計算する場合には，まず適当な刻み幅 h で計算を行い，次に刻み幅 h を $\frac{1}{2}$ にして再試行し，前回の答との差が必要な精度以下になるまで，さらに刻み幅を $\frac{1}{2}$ にして繰り返すという方法をとる。

刻み幅を固定した計算では，シンプソンの公式のほうが台形公式より精度が勝る。

9.2. 方程式の解の計算法

方程式 $f(x)=0$ の解を数値的に求めるには，次のようにする。

(1)　x の値を適当に定めて式の値を計算する。

(2)　もしこの値が 0 でなければ，x の値を若干増減して式の値を計算する。式の値が前回計算した値より 0 に近くなることを確認しながらこれを繰り返す。

(3)　最後の計算に用いた x の値を x_1，もう一つの x の値を x_2 とし，これに対応する式の値を y_1，y_2 とすると，解の推定値 x_0 は，

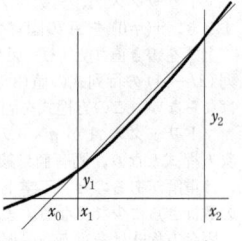

$$x_0 = x_1 - \frac{(x_2 - x_1) y_1}{y_2 - y_1}$$ として求まる（図 9-2）。

図 9-2　ニュートン法の説明

(4) x_0 を式に代入して式の値を求め，十分 0 に近い値が得られたら，この x_0 の値を解とする。

(5) そうでなければ x_0 を x_1 または x_2 と置き換えて，(3)から繰り返す。

この方法はニュートン法と呼ばれる。

9.3. 有限要素法

応力，変形などを正確に知るために，理論計算を行おうとしても，機械部品の形状は目的，用途に応じてさまざまな形状，材質が選ばれるため，理論式がつくれない，あるいは理論式が得られても解が得られないなどの理由で計算できないことが多い。これに対し，有限要素法は，複雑な形状の物体を，理論的に正確な解の得られている小さな要素に分解し，隣り合う要素とは数個の接点だけで結合しているものと考え，接点ごとに隣り合う要素の変位が等しいとして方程式をつくり，連立方程式を解くことによって各接点の変形量を求め，この値から要素内のひずみあるいは応力を計算する方法である。どのような形状にも対応でき，要素ごとに材料特性が異なるモデルがつくれること，また利用者は解法の詳細を知らなくても容易に答が得られるという利点があり，最近は流体の問題や熱伝達その他の分野でも広く用いられている。

二次元問題を例にとると，図 9-3 に示したように，いちばん簡単な引張り・圧縮のみを受け持つ棒要素，各頂点を接点とする 3 接点の三角形要素，各辺の中央にも接点をもつ 6 接点の三角形要素，各頂点を接点とする四角形要素，および各辺の中央部にも接点をもつ 8 接点の四辺形要素など，分解数が少なくてもより高い精度が得られる要素が，数多く提案され実用化されている。

現在，多くの既製ソフトが利用可能であり，自動分割や，計算結果の図示などの機能が備わっているので，これに頼ることとして，ここでは利用上の注意点を二，三挙げるにとどめる。

(1) 要素の形状があまりに扁平な形のとき，計算結果の誤差が大きくなる。答を知りたい要素の形は極端に扁平にならないように注意する。

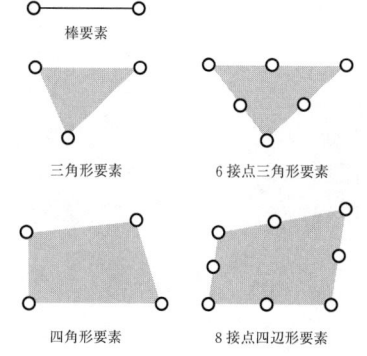

図 9-3 要素の種類

(2) 支点あるいは着力点近傍の要素の計算結果には，思わぬ誤差が生じることが多い。近傍の分割数を増やして対応するか，支点あるいは着力点を分散させるなどの対策をする。

(3) モデルの中の少なくとも一つの支点は x，y 方向に拘束し，またその他の支点でモデルが回転をしないように拘束を与えないと計算ができない。

(4) 平面要素を用いて計算した結果，圧縮応力が著しく大きいときは，別途

座屈（3編1章1.1参照）についての検討をすること。

図 9-4 に要素分割の一例として，半円状の切り欠きのある板の応力を $\frac{1}{4}$ のモデルで計算する場合を示した。なお，下端の部分の拘束は上下対称であることを考慮して，上下方向の応力によりポアソン比の分だけ横方向に変形できるように縦方向だけの拘束とし，横方向に自由に動けるようにしてある。また，左側の縦線部分は中央線に相当し，上下方向にのみ変形が可能としている。

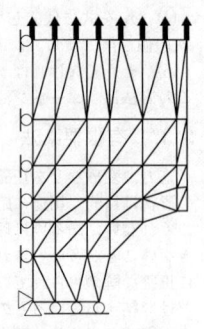

図 9-4 要素分割の例

2編

力 学

1章 ベクトル

1.1. ベクトルとスカラー

力・速度のように大きさと方向をもつ量をベクトルといい，時間・温度・体積などのように大きさのみをもつ量をスカラーという。

ベクトルは図 1-1 のように，大きさと方向を表す直線に向きを表す矢印をつけて図示する。ベクトルの延長線を作用線ということがある。

ベクトルを表すには，A, B などの太字を用いるか，$\overrightarrow{PQ}, \overrightarrow{RS}$ のように表す。

ベクトル A, B の方向，向き，大きさがすべて等しいとき A と B は等しいといい，$A=B$ と書く。

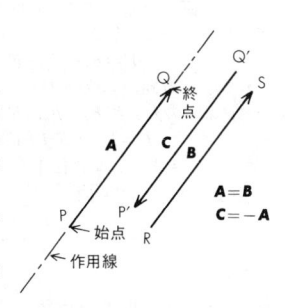

図 1-1 ベクトル

方向，大きさは等しいけれども，向きが反対のベクトルを負のベクトルといい，$C=-A$ と書く。

とくにベクトルの大きさだけを示したいときは $|A|$ のように書くか，A のように細字を用いる。

1.2. ベクトルの加減算

1.2.1. ベクトルの加算 ベクトル A にベクトル B を加えるには，図 1-2 に示すように任意の一点 O からベクトル A の矢印を描き，さらにその終点からベクトル B を描く。このとき A の始点から B の終点を結ぶベクトルを描くと，これが求める和のベクトルであり，$C=A+B$ と記す。C を A と B の合ベクトル，あるいは合成ベクトルという。

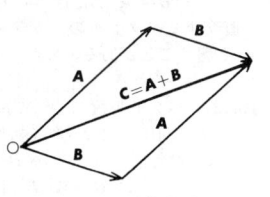

図 1-2 交換法則

1.2.2. ベクトルの減算 ベクトル C からベクトル B を減ずるとは，ベクトル C にベクトル B の負のベクトルを加えることをいう。

$$C-B=C+(-B)$$

1.2.3. ベクトルの加法法則

(1) 交換法則 $A+B=B+A$ （図 1-2）

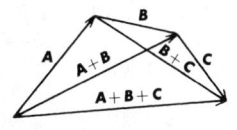

図 1-3 結合法則

(2) 結合法則　　$(A+B)+C=A+(C+B)$　　（図1-3）
(3) 分配法則　　$n(A+B)=nA+nB$　　（図1-4）

1.3. ベクトルの成分

直交座標上のベクトル F_x, F_y の和がベクトル F に等しいとき（図1-5），F_x, F_y をベクトル F の x 成分，y 成分という。これらの間には $F_x=F\cos\alpha$, $F_y=F\cos\beta$ の関係がある。$\cos\alpha$, $\cos\beta$ を方向余弦という。

三次元直交座標上にベクトル F があり，その成分が F_x, F_y, F_z であるとき，
$$F=F_x+F_y+F_z$$
x, y, z 方向の単位ベクトル i, j, k と各成分ベクトルの大きさ F_x, F_y, F_z を用いて
$$F=F_x i+F_y j+F_z k$$
と書くこともある。なお図1-6で，
$$F=\sqrt{F_x^2+F_y^2+F_z^2}$$
$$\cos\alpha=\frac{F_x}{F},\ \cos\beta=\frac{F_y}{F},\ \cos\gamma=\frac{F_z}{F}$$
である。

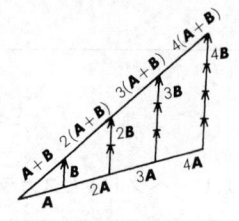

図1-4 分配法則

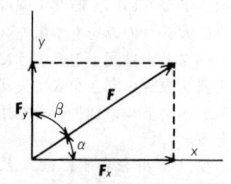

図1-5 ベクトルの成分

1.4. ベクトルの掛け算

1.4.1. スカラー積　ベクトル A, B（図1-7）があるとき，A に B の A 方向成分を掛けたものをスカラー積または内積といい，$A\cdot B$ のように表す。結果はスカラー量になる。
$$A\cdot B=|A||B|\cos\theta=|A|\cos\theta|B|$$
直交するベクトルのスカラー積は 0。$A\cdot A$ を A^2 と書くことがある。スカラー積は仕事の計算などに用いられる。

1.4.2. ベクトル積　ベクトル A にベクトル B の A 方向に直角な成分を掛けたものをベクトル積または外積といい，$A\times B$ で表す。
$$A\times B=|A||B|\sin\theta$$
結果はベクトル量で，その向きは A, B のベクトルがつくる平面に直角である。

ベクトル積では，計算の順序を変えると結果が変わる。すなわち
$$A\times B=-B\times A$$
ベクトル積はモーメントの計算などに用いられる。

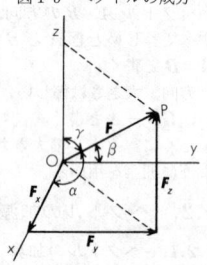

図1-6 ベクトルの三次元表現

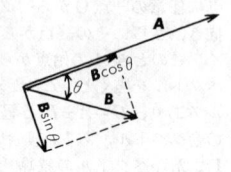

図1-7 ベクトルの積

1.4.3. 三次元ベクトルの掛け算　$F=F_x i+F_y j+F_z k$ と $G=G_x i+G_y j+G_z k$ があるとき

スカラー積　　　$\boldsymbol{F}\cdot\boldsymbol{G}=F_xG_x+F_yG_y+F_zG_z$
ベクトル積　　　$\boldsymbol{F}\times\boldsymbol{G}=(F_yG_z-F_zG_y)\boldsymbol{i}+(F_zG_x-F_xG_z)\boldsymbol{j}+(F_xG_y-F_yG_x)\boldsymbol{k}$

1.5. ベクトルの合成，分解の算式

1.5.1. 二つのベクトルの合成　ベクトル A, B の合成ベクトル C の大きさは，
$$C=\sqrt{A^2+B^2+2AB\cos\theta}$$
で，方向は A に対し
$$\varphi=\tan^{-1}\frac{B\sin\theta}{A+B\cos\theta}$$
の角度をなす（図 1-8 参照）。

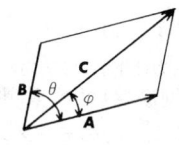

図 1-8　ベクトルの合成

1.5.2. 三つ以上のベクトルの合成　二つのベクトル合成を繰り返して合ベクトルを得ることができる。

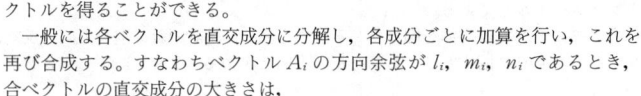

一般には各ベクトルを直交成分に分解し，各成分ごとに加算を行い，これを再び合成する。すなわちベクトル A_i の方向余弦が l_i, m_i, n_i であるとき，合ベクトルの直交成分の大きさは，
$$F_x=A_1l_1+A_2l_2+\cdots+A_il_i+\cdots=\sum_i A_il_i$$
$$F_y=A_1m_1+A_2m_2+\cdots+A_im_i+\cdots=\sum_i A_im_i$$
$$F_z=A_1n_1+A_2n_2+\cdots+A_in_i+\cdots=\sum_i A_in_i$$

であり，合ベクトルの大きさは
$$F=\sqrt{F_x^2+F_y^2+F_z^2},$$
方向余弦は　$l=\dfrac{F_x}{F}$, $m=\dfrac{F_y}{F}$, $n=\dfrac{F_z}{F}$
となる。

1.5.3. ベクトルの分解

ベクトルは任意の二つの方向のベクトルに分解できる。すなわち図 1-9 においてベクトル $\boldsymbol{F}$ は，
$$R_1=-F\frac{\sin(\theta_2-\phi)}{\sin(\theta_1-\theta_2)},\quad R_2=F\frac{\sin(\theta_1-\phi)}{\sin(\theta_1-\theta_2)}$$
の大きさのベクトルに分解できる。

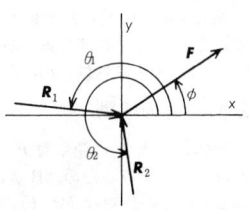

図 1-9　ベクトルの分解

1.6. モーメント

ベクトル $\boldsymbol{F}$ の起点の位置ベクトル $\boldsymbol{r}$ と $\boldsymbol{F}$ の外積をモーメントという（図 1-10 参照）。

ベクトル $\boldsymbol{F}$ の点 O に関するモーメント $\boldsymbol{M}$ の大きさは，ベクトル $\boldsymbol{F}$ の大きさと点 O からベクトル $\boldsymbol{F}$ におろした垂線の長さとの積である。また，x 方向の正のベクトルに y 方向の正のベクトルを掛けて得られるモーメントを z 軸方向の正のベクトルと定める。

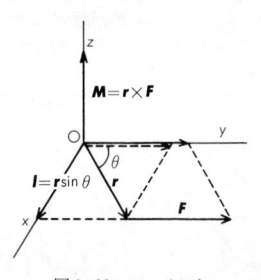

図 1-10　モーメント

2章　力とモーメント

2.1. 力

力は作用する方向と大きさをもつベクトルであり，1 kg の質量の物体を力の向きに $1 \mathrm{m/s^2}$ で加速するのに要する力を 1 N（ニュートン）とする。

2.2. 力のモーメント

点 O から距離 r の点 P に，OP に直角な力 F が作用するとき，Fr を O 点に関する力のモーメント，または単にモーメントという。単位は Nm（ニュートン・メートル）である。

力のモーメントは物体を回転させる能力を表し，時計の針の進む方向と反対，すなわち左回りに回すとき，これを正の方向と定める（1章　1.6.モーメント参照）。

2.3. 偶力のモーメント

着力点を異にする二つの平行力が，大きさが等しく向きが反対の場合に，この一組の力を偶力という。

偶力が剛体に働くと，剛体は回転する。力の大きさを F，二力の作用線間の距離を d とすれば，偶力のモーメント（回転モーメント，あるいはトルクという。）の大きさは，Fd で表される。d を偶力の腕ということがある。

2.4. 力の移動

物体の一点 A に働く力 F がその作用線外の点 B に及ぼす作用をみるため，B 点に F と平行で，大きさが等しく向きが反対な F_1，F_2 があると仮定してみる（図 2-1）。F_1，F_2 はつりあっているから，物体には何の影響も与えない。結果として点 B には，F と F_2 による大きさ Fd の偶力と F_1 の力が作用していることになる。

軸に中心からの距離 d に働く力 F によって回転が与えられているときは，軸の中心には同時に F の力が作用していることになる。

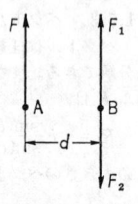

図 2-1　力の移動

3章 つりあいの条件

3.1. 一点に作用する力のつりあいの条件

物体が多数の力を受けてその位置を変えずに静止の状態を保っているとき，物体に働く力がつりあいの状態にあるという。つりあいの条件は次のとおりである。

(1) 一点に多数の力が作用してつりあいを保つとき，これらの力の多角形は閉じる(図3-1)。

(2) 一点に多数の力が作用してつりあいを保つときは，これらの力の直交する二方向の成分の代数和はそれぞれ0になる。

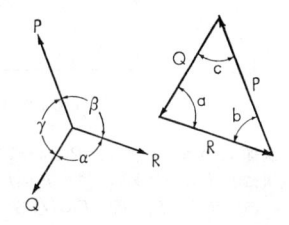

図3-1 力のつりあい

すなわち $\sum F_i \cos \theta_i = 0$, $\sum F_i \sin \theta_i = 0$

(3) 一点に作用してつりあう三力の間には次の関係がある。

$$\frac{P}{\sin a} = \frac{Q}{\sin b} = \frac{R}{\sin c} \quad \text{あるいは} \quad \frac{P}{\sin \alpha} = \frac{Q}{\sin \beta} = \frac{R}{\sin \gamma}$$

ここに $\alpha = 180° - a$, $\beta = 180° - b$, $\gamma = 180° - c$

3.2. 着力点を異にする力のつりあい条件

着力点を異にする多数の力がつりあいを保つには，これらの力の多角形は閉じなければならず，同時に任意の点に関するそれぞれの力のモーメントの代数和は0でなければならない。

3.2.1. 平面上の力のつりあい
$\sum F_i \cos \theta_i = 0$, $\sum F_i \sin \theta_i = 0$, $\sum M_i = 0$

3.2.2. 三次元内の力のつりあい
力 F_i の成分を (X_i, Y_i, Z_i), 原点から各力の着力点までの距離ベクトル r_i の成分を (x_i, y_i, z_i) とすると

$$\sum_i X_i = 0, \quad \sum_i Y_i = 0, \quad \sum_i Z_i = 0 \quad \text{で},$$

かつ，$\sum_i (y_i Z_i - z_i Y_i) = 0$, $\sum_i (z_i X_i - x_i Z_i) = 0$, $\sum_i (x_i Y_i - y_i X_i) = 0$

のとき，これらの力はつりあいの状態にある。

3.3. つりあいの条件を利用した解析

力はベクトルであることから，一点に作用するいくつかの力を合成して，ある方向の力で代表させることができる。また，力は任意の二方向の力に分解することができる。

例題1. 図3-2に示すA，E点で支持された，すべての部材がピンで結合された構造の部材にかかる力を求めよ。(この構造では部材には軸方向の力しかかからない。これをトラス構造という。)

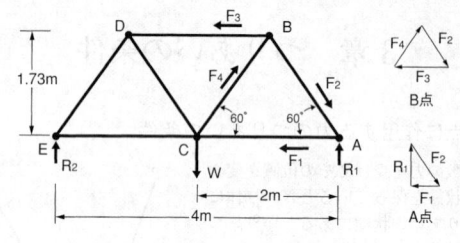

図 3-2 例題1（トラス構造）

例題 1.の解　まず，$R_1 \times 4 = W \times 2$，$R_2 \times 4 = W \times 2$ から，$R_1 = R_2 = W/2$。次に A 点のつりあいから，$F_1 = R_1/\tan 60°$，$F_2 = R_1/\sin 60°$。さらに B 点のつりあいから，$F_3 = F_4 = F_2$ となる。なお，W のところに質量 M が吊るしてあるとすると，$W = M \times g$（ただし，g は重力加速度）。

例題 2.　図 3-3 に示す C，D 点で支持された，すべての部材がピンで結合された構造の部材にかかる力を求めよ。

例題 2.の解　A 点のつりあいから，部材 AB に平行な力 F_2 とこれに垂直な力 F_1 を求めると，$F_1 = W \times \cos 60°$，$F_2 = W \times \sin 60°$。

次に，B 点に働く部材 AB に垂直な力 F_3 は，モーメントのつりあいから，$1 \times F_3 = 3 \times F_1 = 3W \times \cos 60° = 1.5W$。次に B 点のつりあいから $F_4 = F_3/\sin 60°$，$F_6 = F_3/\tan 60° = 1.5W/\tan 60°$ が求まる。

一方，水平軸に対するモーメントのつりあいから，$R_1 = W \times 0.5$，$R_2 = 1.5W$。

C 点のつりあいから，$F_4 = R_2/\sin 60° = 1.5W/\sin 60°$。$F_5 = R_2/\tan 60° = 1.5W/\tan 60°$。

また，BD 間に働く力は，$F_2 - F_6$ となる。なお，部材 ABD には曲げモーメントが働く。

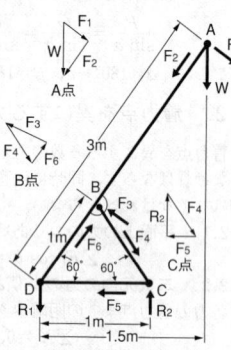

図 3-3 例題2（クレーン）

強度を検討するときは，はりとしての強度と，3編 **1.1.** で述べる座屈も検討する必要がある。

4章　重心

4.1. 重心と図心

物体は多くの質点の集まりから成り，各質点はその質量に比例する重力の作用を受ける。各質点に作用する重力はすべて平行とみなせるから，この平行力の合力を考え，これを物体の重量という。この平行力の合力は物体の姿勢の如何にかかわらずある一点を通る。この点を重心という。

各質点の任意の直角座標上の座標を x, y, z, 各質点の質量を dm, 物体全体の質量を $M = \int dm$ とすると，物体の重心の位置 $(\bar{x}, \bar{y}, \bar{z})$ は次の式で示される。

$$\bar{x} = \frac{1}{M}\int x\,dm, \quad \bar{y} = \frac{1}{M}\int y\,dm, \quad \bar{z} = \frac{1}{M}\int z\,dm$$

均質の物体の重心をとくに図心という。図心の位置は，dv を物体内の微小体積，V を物体全体の体積とすると，

$$\bar{x} = \frac{1}{V}\int x\,dv, \quad \bar{y} = \frac{1}{V}\int y\,dv, \quad \bar{z} = \frac{1}{V}\int z\,dv$$

なお，不均質の物体では重心と図心は一致しない。

4.2. 図心の位置

4.2.1. 線の図心　角度はラジアン（rad）。

名称	図形	図心の位置
直線		直線の中点
円弧		図心の位置 OG は $y_g = \dfrac{rd}{l} = r\dfrac{\sin\alpha}{\alpha}$ 円：$y_g = 0$ 半円：$y_g = 2r/\pi$ 四半円：$y_g = 2\sqrt{2}\,r/\pi$ 六分の一円：$y_g = 3r/\pi$
三角形の周		図心の位置：各辺の中点を結んでできる三角形の内接円の中心 図心の高さ y_g は， $y_g = \dfrac{1}{2}\dfrac{a+c}{a+b+c}h_a$
平行四辺形の周		対角線の交点

4.2.2. 平面形の図心 角度はラジアン (rad)。

名称	図形	図心の位置
円分 (扇形)		$y_g = \dfrac{2rd}{3l} = \dfrac{2}{3}\dfrac{r\sin\alpha}{\alpha}$ 半円:$y_g = \dfrac{4r}{3\pi}$ 四半円:$y_g = \dfrac{4\sqrt{2}}{3\pi}r$ 六分の一円:$y_g = \dfrac{2r}{\pi}$
割円 (弓形)		$y_g = \dfrac{4}{3}\dfrac{r\sin^3\alpha}{2\alpha - \sin 2\alpha}$
台形		平行する二辺の中点を結ぶ直線上の二辺から h_g, h_g' の点 $h_g = \dfrac{2}{3}\dfrac{b + a/2}{a + b}\cdot h$ $h_g' = \dfrac{2}{3}\dfrac{a + b/2}{a + b}\cdot h$
放物線 (1)		$x_g = \dfrac{3}{5}a, \quad y_g = \dfrac{3}{8}b$
放物線 (2)		$x_g = \dfrac{3}{4}a, \quad y_g = \dfrac{1}{4}b$
長方形の組合せ		A, B, C を各長方形の面積とすると、 $x_g = \dfrac{a_x A + b_x B + c_x C}{A + B + C}$ $y_g = \dfrac{a_y A + b_y B + c_y C}{A + B + C}$

4.2.3. 立体形の図心　角度はラジアン (rad)。

名称	図形	図心の位置
割球		$y_g = \dfrac{3}{4} \dfrac{(2r-h)^2}{(3r-h)}$ 半球：$y_g = \dfrac{3}{8} r$
三角すい 円すい		頂点と底面の図心を結ぶ直線上の頂点から 3/4 の点

4.3. ガルダイナスの定理

4.3.1. 回転体の表面積　図 4-1 の曲線 AB が軸 O y のまわりを回転してできる回転体の表面積 S は，曲線の長さ l とその図心が回転によって描いた円周の長さとの積に等しい。軸から曲線の図心までの距離を r とすると　$S = 2\pi r l$。

4.3.2. 回転体の体積　図 4-2 の平面形 ABNM が軸 O y のまわりを回転してできる回転体の体積 V は，図形の面積 A とその図心が回転によって描いた円周の長さとの積に等しい。　$V = 2\pi r A$

図 4-1　表面積

この関係を用いて，回転体の体積と，この回転体をつくった平面形の表面積から，この平面形の図心を求めることができる。

例　半円形の面積は $\dfrac{1}{2}\pi r^2$，この半円形を直径を軸として回転してできる球体の体積は $\dfrac{4}{3}\pi r^3$ である。

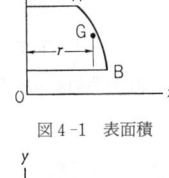

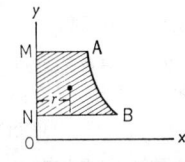

図 4-2　体積

したがって，図心の位置を x とすると，

$$\frac{4}{3}\pi r^3 = 2\pi x \times \frac{1}{2}\pi r^2 \quad \therefore x = \frac{4r}{3\pi} = 0.424 r$$

5章　運動および運動の法則

5.1.　直線運動

5.1.1.　等速直線運動　　質点が一直線上を動くときの速度を v, 時刻 $t=0$ における質点の位置を S_0 とすれば, t 秒後には

変位：$S = S_0 + vt$,

等速度：$v = \dfrac{S - S_0}{t}$

5.1.2.　等加速度直線運動　　時刻 $t=0$ における質点の位置を S_0, そのときの速度を v_0, 加速度を a とすれば,

$$変位：S = S_0 + v_0 t + \dfrac{1}{2} a t^2, \quad 速度：v = v_0 + at$$

$$等加速度：a = \dfrac{v - v_0}{t}, \quad v^2 - v_0^2 = 2aS$$

落体の運動においては a に重力加速度 g を代入し, $S_0 = 0$ として

$$S = v_0 t + \dfrac{1}{2} g t^2, \quad v = v_0 + gt, \quad v^2 - v_0^2 = 2gS$$

5.2.　円運動

5.2.1.　等角速度運動　　質点が半径 r の円周上を運動するとき, 等角速度を ω, 時刻 $t=0$ における質点の位置を θ_0 とすると, t 秒後には

$$角変位：\theta = \theta_0 + \omega t, \quad 角速度：\omega = \dfrac{\theta - \theta_0}{t}$$

線速度 v は周方向に $v = r\omega$, 線加速度 α は半径方向に $\alpha = r\omega$

5.2.2.　等角加速度運動　　時刻 $t=0$ における質点の位置を θ_0, 角速度を ω_0, 角加速度を α とすると,

$$角変位：\theta = \theta_0 + \omega_0 t + \dfrac{1}{2} \alpha t^2, \quad 角速度：\omega = \omega_0 + \alpha t$$

$$等角加速度：\alpha = \dfrac{\omega - \omega_0}{t}, \quad \omega^2 - \omega_0^2 = 2\alpha(\theta - \theta_0)$$

毎分の回転数を N とすれば,

$$\omega = \dfrac{2\pi N}{60} = \dfrac{\pi N}{30} = 0.10472 N \ (\mathrm{rad/s})$$

5.3.　放物体の運動

質点が θ の投射角で初速度 v_0 をもって投射されると（図 5-1）, 投射から t 秒後の質点の位置は,

$$x = v_0 t \cos\theta, \quad y = v_0 t \sin\theta - \dfrac{1}{2} g t^2$$

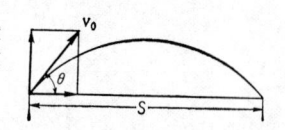

図 5-1　放物体の運動

質点の軌道の方程式は
$$y = x \tan\theta - \frac{g}{2v_0^2} \cdot \frac{x^2}{\cos^2\theta}$$

質点の到達距離：$S = \dfrac{v_0^2}{g} \sin 2\theta$

質点の落下するまでの必要時間：$t = \dfrac{2v_0}{g} \sin\theta$

5.4. 曲線上の運動

曲線上を移動する質点の速度 v が時間 t の関数であるとき，質点の加速度は，

接線方向の加速度　　$a_t = dv/dt$
半径方向の加速度　　$a_r = v^2/\rho$

である。ここで ρ は曲率半径。

5.5. 運動の法則

5.5.1. ニュートンの法則

(1) 物体は外力が作用しない限り静止するか，または等速直線運動を続ける。すなわち，物体は外力の作用がないといつまでもその状態を保とうとする。このような性質を慣性という。 (慣性の法則)

(2) 物体に力が作用すると，力の作用する方向に加速度を生じ，その大きさは力の大きさに比例する。外力を F，加速度を a とすると，$F \propto a$ あるいは **$F = ma$**　ただし m は物体の質量。 (運動の法則)

(3) 二物体に相互に働く力は，その大きさ・方向は等しく，向きは反対である。 (作用反作用の法則)

5.5.2. 運動量および力積
速度 v_0 で直線運動をしている質量 m の物体に，運動方向に力 F が時間 t だけ働いて，結果として速度が v になったとすると，加速度 a は $\dfrac{v - v_0}{t}$ で，ニュートンの法則の(2)から

$$F = m \frac{v - v_0}{t} \quad \text{あるいは} \quad Ft = mv - mv_0$$

質量と速度の積を運動量，力と作用した時間の積を力積という。

上式から，極めて短い時間で速度変化を生じさせようとすると，大きな力が必要であることがわかる。短時間に働く力を衝撃力または撃力という。

衝突の際の大きな衝撃を避けるには，ばねを用いて作用時間を長引かせる方法，緩衝材を用いる方法などがある。

5.5.3. 衝突
質量が m_1 および m_2 の二つの物体が衝突するとき，各物体の衝突前の速度を v_1, v_2，衝突後の速度を v_1', v_2' とすると，両物体のもつ運動量の総和は変わらない。

すなわち，　　$m_1 v_1 + m_2 v_2 = m_1 v_1' + m_2 v_2'$

一般に衝突の際に接点部分の局部変形などによってエネルギが失われるので，衝突前後の相対速度は変化する。衝突前後の両物体の相対速度の比を反発係数

といい，e で表す．すなわち，
$$e = \frac{v_1' - v_2'}{v_1 - v_2}$$
$e=1$ のとき完全弾性衝突，$e=0$ のとき完全非弾性衝突と呼ぶ．

6章　仕事およびエネルギ

6.1. 仕事

一定の大きさの力 F が物体に働き，物体が力の方向に S だけ動くとき，力は仕事をしたという．その仕事量 E は次式で表される．
$$E = F \cdot S$$
力の方向と物体の動く方向とが θ の角度をなすときは，仕事量は
$$E = F \cos \theta \cdot S$$
すなわち，力のベクトル $\boldsymbol{F}$ が働いて位置ベクトル $\boldsymbol{r}$ が生じるとき，力 $\boldsymbol{F}$ のした仕事 E は，力のベクトル $\boldsymbol{F}$ と変位ベクトル $\boldsymbol{r}$ のスカラ積 $\boldsymbol{F} \cdot \boldsymbol{r}$ となる．

6.2. 動力

単位時間に力がする仕事を動力といい，単位は W（ワット）が用いられる．
$$\text{動力} = \frac{F \cdot S}{t} = F \cdot v$$

6.3. エネルギ

6.3.1. 位置のエネルギ　　質量 m の物体が地上 h の高さにあるとき，これが落下すると mgh の仕事をするから，位置のエネルギ E_p は次式で表される．ただし，g は重力の加速度．
$$E_p = mgh$$

6.3.2. 運動のエネルギ　　質量 m の物体が力の作用を受けて動き出し，その変位が S のときの物体の速度を v とすれば，物体のもつ運動エネルギ E_k は
$$E_k = \frac{mv^2}{2}$$

6.3.3. エネルギ保存の法則　　外部からの影響がないとき，質点のもつ運動エネルギと位置エネルギの総和は一定に保たれる．

6.3.4. ばねがたくわえるエネルギ　　ばね定数 k のばねを x だけ変位させるには，kx の力を長さ x だけ作用させて，$\frac{1}{2}kx^2$ の仕事をする必要がある．すなわち，x だけ変位したばねには $\frac{1}{2}kx^2$ のエネルギがたくわえられる．このエネルギも位置の関数であるから，位置のエネルギの一つである．

7章 回転体

7.1. 回転力のする仕事

回転力 F によって物体が半径 r の円周上を毎分 N 回転するとき，回転力のした仕事は，

$$E = FS = F \cdot 2\pi r N = (Fr) 2\pi N$$

ここに Fr は回転力 F の回転中心に関するモーメントで，これをトルクという。

この場合の動力は　　$動力 = \dfrac{(Fr) 2\pi N}{60}$

7.2. 回転体のもつエネルギおよび慣性モーメント

質量 m の物体が軸のまわりを角速度 ω で回転するとき，回転体のもつ運動エネルギ E_k は

$$E_k = \frac{1}{2} \omega^2 \int r^2 dm$$

ここに，r は物体内の任意の微小質量 dm の回転軸までの距離を示す。$\int r^2 dm$ を慣性モーメントといい，普通 J の記号で表す。

$$E_k = \frac{1}{2} J\omega^2 \quad (単位\ \text{Nm})$$

回転軸から k の距離に質量 m の質点があるとし，それが角速度 ω で軸のまわりに回転するときにもつエネルギが，上記のエネルギに等しいとすると次式が成立する。

$$\frac{m}{2} k^2 \omega^2 = \frac{1}{2} J\omega^2 \quad \therefore k = \sqrt{\frac{J}{m}}$$

ここに k を回転半径あるいは慣性半径という。

7.3. 慣性モーメントに関する定理

7.3.1. 平行軸の定理　質量 M の物体の重心を通過する軸に関する慣性モーメントが J_g で，この軸から e を隔てた平行軸に関する慣性モーメントを J とすると，次の関係がある。

$$J = J_g + Me^2$$

同様にそれらの軸に関する回転半径を k_g および k とすると

$$k^2 = k_g^2 + e^2$$

7.3.2. 直角座標軸 x, y, z に関する慣性モーメント（図7-1）　互いに直角に交わる二軸 x, y に関する慣性モーメントを J_x, J_y, 軸 x および軸 y に直角な軸 z に関する慣性モーメントを

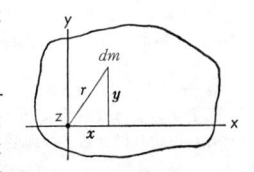

図7-1　極慣性モーメント

J_z とすると, J_x, J_y, J_z の間には次の関係がある。

$$J_z = \int r^2 dm = \int (x^2+y^2) dm = \int x^2 dm + \int y^2 dm$$

$$J_z = J_x + J_y$$

ここに, J_z を極慣性モーメントという。

7.3.3. 慣性モーメントの合成 物体が多数の部分から成り, 同一軸に関する慣性モーメントをそれぞれ J_1, J_2, J_3, ··· とすると, 物体全体の慣性モーメントは

$$J = J_1 + J_2 + J_3 + \cdots$$

7.4. 慣性モーメントの値

表 7-1 に主な図形の慣性モーメントを示す。

7.5. 平面運動をする物体がもつ運動エネルギ

物体が直線運動と回転運動とを同時に行うときは, その運動のエネルギは直線運動に基づくエネルギと回転運動に関するエネルギとに分けて考えなければならない。

平面を角速度 ω で転がる質量 M の円柱のもつ運動のエネルギ E は, 重心の速度を v とすると,

$$E = \frac{M}{2} v^2 + \frac{J}{2} \omega^2 = \frac{M}{2} v^2 + \frac{M}{4} r^2 \omega^2 = \frac{3M}{4} v^2$$

図 7-2 転がる円柱

7.6. 求心力および回転体のつりあい

7.6.1. 求心力 物体が半径 r の円周上を運動するときは, 常に中心に向かう加速度 a を受ける。線速度を v, 角速度を ω とすると, その大きさは,

$$a = \frac{v^2}{r} = r\omega^2$$

したがって, 物体の質量を M とすると, 物体は次の大きさの求心力 (向心力) を受ける。

$$F = M\frac{v^2}{r} = Mr\omega^2$$

物体は慣性により直線上を運動するが, 求心力は物体を曲線上にとどめておくための力で, 物体にはその反力として遠心力が作用する。

7.6.2. 回転体のつりあい 図 7-3 のように回転体の重心が軸線と一致しないときは, $F = Mr\omega^2$ の遠心力が生じ, 両端の軸受に反力 $R_A = \frac{b}{a+b} F$, $R_B = \frac{a}{a+b} F$ を生じる。

図 7-4 のような場合に $F_1 = -F_2$ となるようにおもりを取り付けると, 軸受反力として

$$R_A = -R_B = \frac{b}{l} F = \frac{b}{l} Mr\omega^2$$

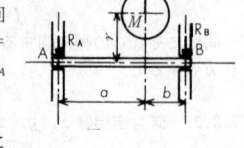

図 7-3 回転体のつりあい

表 7-1 主な図形の慣性モーメント

(M は全体の質量)

名称	図形	J_x, J_y, J_z
棒		$J_y = \dfrac{1}{12} Ml^2$
薄い長方形 (矩形板)		$J_x = \dfrac{1}{12} Mb^2$ $J_y = \dfrac{1}{12} Ma^2$ $J_z = \dfrac{1}{12} M(a^2 + b^2)$
薄い円板		$J_x = J_y = \dfrac{1}{4} Mr^2$ $J_z = \dfrac{1}{2} Mr^2$
角柱		$J_x = \dfrac{1}{12} M(b^2 + c^2)$ $J_y = \dfrac{1}{12} M(c^2 + a^2)$ $J_z = \dfrac{1}{12} M(a^2 + b^2)$
直円柱		$J_x = \dfrac{1}{2} Mr^2$ $J_y = J_z = M\left(\dfrac{r^2}{4} + \dfrac{l^2}{12}\right)$
球		$J_x = J_y = J_z = \dfrac{2}{5} Mr^2$

が働く。この力は回転数が大きくなるとその2乗で大きくなり,振動・騒音の原因になる。

この力をなくすためには $b=0$ とすればよい。このように遠心力のつくるモーメントを0にするようなつりあいを動的なつりあいという。

通常の機械では $b=0$ になるようなところにおもりを付加することは不可能な場合が多いので,図7-5のように回転体の前後端におもりを付けて動的なつりあいをとる。

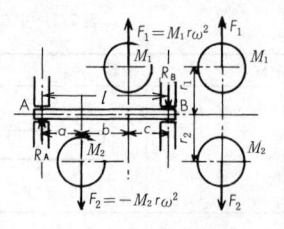

図7-4 動的な不つりあい

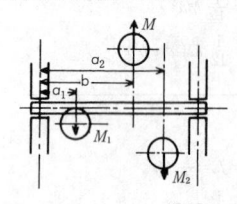

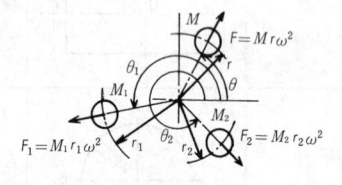

図7-5 動的なつりあいのとり方

このときの動的つりあいの条件は,
$Mr\omega^2 \cos \theta = M_1 r_1 \omega^2 \cos \theta_1 + M_2 r_2 \omega^2 \cos \theta_2$
$Mr\omega^2 \sin \theta = M_1 r_1 \omega^2 \sin \theta_1 + M_2 r_2 \omega^2 \sin \theta_2$
$bMr\omega^2 \cos \theta = M_1 a_1 r_1 \omega^2 \cos \theta_1 + M_2 a_2 r_2 \omega^2 \cos \theta_2$
$bMr\omega^2 \sin \theta = M_1 a_1 r_1 \omega^2 \sin \theta_1 + M_2 a_2 r_2 \omega^2 \sin \theta_2$

をすべて満足することである。この連立方程式は左辺の値が与えられ,つりあわせおもりの取り付け面の位置 a_1, a_2, 取り付け半径 r_1, r_2 が与えられると,M_1, M_2, θ_1, θ_2 の4つの未知数について解くことができる。

8章 摩擦

8.1. 滑り摩擦

8.1.1. 静止摩擦（図8-1） 水平面上の質量 M の物体に水平力 F を加えて，これを動かそうとするとき，はじめ力 F の小さい間は，物体は動かない。これは接触面に外力と同じ大きさで向きが反対の力が作用するからで，この現象を摩擦といい，この抵抗力を摩擦力という。これは接触平面の微小な凹凸のかみ合いとか，両面の凝着から起こる現象といわれている。

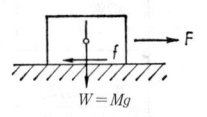

図8-1 静止摩擦

この摩擦力は，ある限界に達すると突然減少し物体が動き出す。この限界の摩擦力 f_0 を最大静止摩擦力という。

実験によると最大静止摩擦力 f_0 は摩擦面に垂直に働く垂直力 W の大きさに正比例し，単位面積に及ぼす圧力がある範囲内では接触面の大小には関係がない。よって次の式が成立する。

$$f_0 = \mu_0 W$$

ここに μ_0 は接触面の状態（潤滑剤の有無・温度・面の粗さ）によって異なる定数で，これを静止摩擦係数という。

図8-2において $\tan \phi_0 = \dfrac{f_0}{W} = \dfrac{\mu_0 W}{W} = \mu_0$ の関係がある。ϕ_0 を静止摩擦角という。

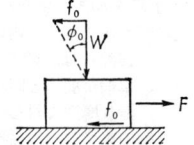

図8-2 静止摩擦角 (1)

図8-3のように物体を斜面上に置き，斜面を次第に傾け，ついに物体が滑り始めるときの傾斜角を θ とし，斜面に対する W の垂直成分を P，平行成分を F とすれば，

$P = W \cos \theta, \ F = W \sin \theta = \mu_0 P$ から

$$\tan \theta = \frac{F}{P} = \frac{W \sin \theta}{W \cos \theta} = \frac{\mu_0 P}{P} = \mu_0$$

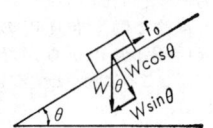

図8-3 静止摩擦角 (2)

となり，$\phi_0 = \theta$ の関係が得られる。

8.1.2. 動摩擦 物体が他の物体と接触しながら運動するときも，接触面に運動を妨げる摩擦が生じ，これを動摩擦という。垂直力を P，摩擦力を f_k とすれば，$f_k = \mu P$ が成り立つ。μ を動摩擦係数といい，一般に $\mu < \mu_0$ である。静摩擦係数 μ_0 と動摩擦係数 μ とを総称して滑り摩擦係数という。表8-1にその概略値を示す。

8.2. 転がり摩擦

転がり摩擦については現象が複雑で，まだ定説がない。ここでは従来の説を紹介するにとどめる。

表 8-1 滑り摩擦係数 (低い面圧の場合)

物 体	表面の状態	静止摩擦係数 μ_0	動摩擦係数 μ
鋳鉄と鋳鉄	乾燥	—	0.21
鋳鉄と青銅	潤滑油少量	0.16	0.15
	湿潤	—	0.31
鍛鉄と鍛鉄	乾燥	—	0.44
	潤滑油少量	0.13	—
鍛鉄と鋳鉄	乾燥	0.19	0.18
鍛鉄と青銅	潤滑	—	0.16
軟鋼と軟鋼	乾燥	0.15	—
青銅と青銅	乾燥	—	0.20

車輪が滑ることなく回転しながら等速運動を続けるためには,車輪に絶えず力を加えて回転モーメント Fr を与える必要がある。

いま,水平面上に置かれた重量 W の車輪の心棒に水平の力 F を加えた場合を考えよう。もし車輪と水平面との間に摩擦がまったく無いとすると,車輪は回らないはずである。実際には車輪と水平面との間に摩擦力 f が生じるから,車輪が前進と同時に回転する。このような場合の摩擦を,滑り摩擦に対して,転がり摩擦という。転がり摩擦は車輪の重量のために接触面に変形を生じることによって起こると考えられている。

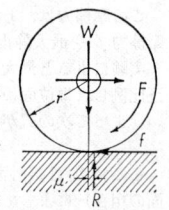

車輪に働く重力 W の反力 $R(=W)$ が W から μ' だけ隔てたところに働くとすると (図 8-4),

図 8-4 転がり摩擦

表 8-2 転がり摩擦係数

材料	μ' の値 (cm)
堅い木と堅い木	0.05〜0.08
鋳鉄と鋳鉄	0.002〜0.005
軟鋼と軟鋼	0.002〜0.005
焼入れ鋼球と鋼軸受	0.0005〜0.001

$$Fr = W\mu', \quad \mu' = \frac{F}{W}r$$

μ' を転がり摩擦係数という。μ' の単位は長さであり,滑り摩擦係数とは本質的に異なる。表 8-2 に転がり摩擦係数の概略値を示す。

8.3. 機械効率

機械とは外部からのエネルギを受けて他に有効な仕事をするものである。しかし主として摩擦のためにエネルギの一部は無駄に消費され,その残りが有効な仕事となる。この有効な仕事量を外部から投入された仕事量で除した値を機械効率という。すなわち

$$\mu\,(機械効率) = \frac{有効動力}{有効動力 + 損失動力}$$

9章　輪軸と滑車

9.1. 輪軸と滑車

9.1.1. 定滑車（図9-1） 力の方向を変えるのに用いる。$P=W$

9.1.2. 動滑車（図9-2） ロープの一端を固定し，これに力を分担させるので半分の力ですむ。 $P=\dfrac{W}{2}$

9.1.3. 輪軸（図9-3） 力の方向を変えると同時に，力の大きさを変えるのに用いる。$P=\dfrac{r}{R}W$

9.1.4. 差動滑車（図9-4） 定滑車と動滑車および輪軸の組合せ。
$P=\dfrac{R-r}{2R}W$

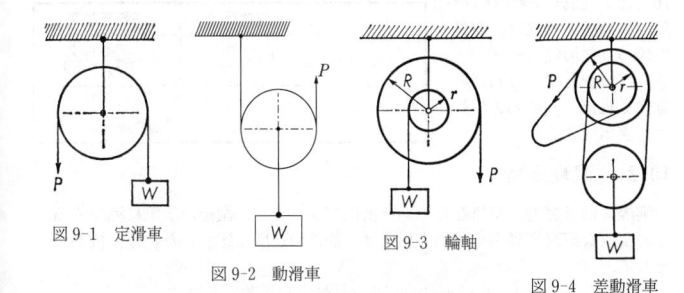

図9-1　定滑車

図9-2　動滑車

図9-3　輪軸

図9-4　差動滑車

9.1.5. 定滑車と動滑車の組合せ
図9-5に定滑車と動滑車の組合せの例を示す。

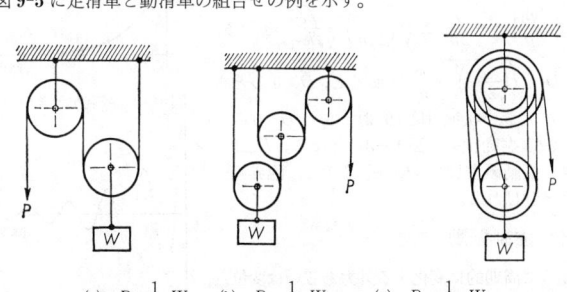

(a) $P=\dfrac{1}{2}W$　　(b) $P=\dfrac{1}{2^n}W$　　(c) $P=\dfrac{1}{2n}W$

図9-5　定滑車と動滑車の組合せ　ここに，nは動滑車の数。

10章 振動

10.1. 自由振動

10.1.1. 単振動 質量 m の物体とばね定数 k のばねから成る振動系(図 10-1)の運動方程式は,
$$m\ddot{x} + kx = 0$$

この運動方程式の解は, $\omega^2 = k/m$ とおくと
$x = A\sin\omega t + B\cos\omega t$ A, B は積分定数

図 10-1 ばね-質量系

または, $x = a\sin(\omega t + \varphi)$ $a = \sqrt{A^2 + B^2}$, $\varphi = \tan^{-1}(A/B)$

この振動系は, いったん振動を始めると, 周波数 $f = \dfrac{\omega}{2\pi} = \dfrac{1}{2\pi}\sqrt{\dfrac{k}{m}}$ で振動を続ける。

10.1.2. 回転運動系の振動 前項の運動方程式は, 質量の代わりに慣性モーメントを, ばねをねじりばねに置き換えれば, 回転系の振動にも適用できる。

表 10-1 直線運動系と回転運動系

	直線運動系	回転運動系
ばね定数	$k = \dfrac{力}{変位}$	$k_T = \dfrac{トルク}{ねじれ角}$
質量	m 質量	mr^2 慣性モーメント

10.2. 減衰振動

実際には摩擦力, 空気などの粘性抵抗が働くので, 振幅が次第に減少する。このような減衰振動系の運動方程式は, 物体の速度に比例した粘性抵抗が働くとして,

$$m\ddot{x} + c\dot{x} + kx = 0 \quad (c は粘性減衰係数) \quad となる。$$

この運動方程式の解は, $x = Ae^{\mu_1 t} + Be^{\mu_2 t}$ A, B は積分定数。

ここに $\begin{matrix}\mu_1\\\mu_2\end{matrix} = -\dfrac{c}{2m} \pm \sqrt{\left(\dfrac{c}{2m}\right)^2 - \dfrac{m}{k}}$ となる。

いま, $D = \sqrt{\left(\dfrac{c}{2m}\right)^2 - \dfrac{k}{m}}$ とおくと, $D > 0$ のときは減衰の大きい状態 (図 10-2), また $D < 0$ のときは減衰振動状態 (図 10-3) となる。$D = 0$ のときは振動の生じない極限値を示し, 臨界減衰状態と呼ばれる。

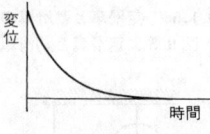

図 10-2 減衰が大きいとき

10.3. 強制振動

振動系に周期的に変化する外力あるいは変位を加えて振動させるとき, これを強制振動という。

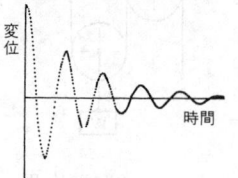

図 10-3 減衰振動

10章 振動

粘性減衰を考えに入れて運動方程式をつくると，
$$m\ddot{x} + c\dot{x} + kx = F\cos\omega t$$
となる。この運動方程式の定常解は，
$$x = \frac{F\cos(\omega t - \phi)}{\sqrt{(k - m\omega^2)^2 + (c\omega)^2}}, \quad \tan\phi = \frac{c\omega}{k - m\omega^2}$$
となる。
$\sqrt{(k - m\omega^2)^2 + (c\omega)^2}$ を機械インピーダンスまたはメカニカルインピーダンスという。

図 10-4 に減衰比の異なる共振曲線を示す。

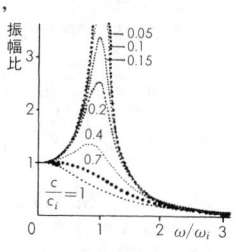

図 10-4 共振曲線

10.4. 多質点振動系の共振周波数の求め方

10.4.1. 運動方程式の一般的な形　多数の質点がばねで結ばれている系の振動は，個々の質点ごとに運動方程式をつくり，これを連立微分方程式として解くことで求まる。

個々の質点の運動方程式は（図 10-5 参照），
$$m_i\ddot{x}_i + k_{i-1}(x_i - x_{i-1}) - k_i(x_{i+1} - x_i) + k_i'x_i$$
$$+ c_{i-1}(\dot{x}_i - \dot{x}_{i-1}) - c_i(\dot{x}_{i+1} + \dot{x}_i) + c_i'\dot{x}_i = f_i$$

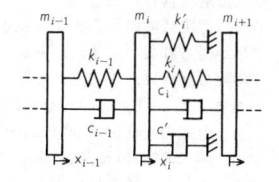

図 10-5 振動系モデル

ここに，m：質点の質量，k：質点と質点を結ぶばねのばね定数，k'：質点と固定点を結ぶばねのばね定数，c：質点と質点の相対変位によって生じる減衰の係数，c'：質点と固定点との相対変位によって生じる減衰の係数，f：外力　となる。

10.4.2. 減衰が無視できる場合　図 10-4 に示したように，共振によって振幅の最大になる周波数は減衰がある程度以下であればあまり変わらない。そこで共振時の振幅は必要ないが，共振振動数が知りたいという場合には減衰を無視して計算を行う。この場合は前項で示した運動方程式の c，c' および f の項が不要になるので，$x = X\cos\omega t$ を代入して書き直した
$$-m_i\omega^2 X_i + k_{i-1}(X_i - X_{i-1}) - k_i(X_{i+1} - X_i) + k_i'X_i = 0$$
を用いる。

以下図 10-6 の振動系を例にとって解法を説明する。

各質点ごとに 10.2. で示した運動方程式をつくると，次の三つの方程式が得られる。

$$m_1\ddot{x}_1 - k_1(x_2 - x_1) = 0$$
$$m_2\ddot{x}_2 + k_1(x_2 - x_1) - k_2(x_3 - x_2) = 0$$
$$m_3\ddot{x}_3 + k_2(x_3 - x_2) + k_3x_3 = 0$$

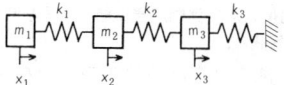

図 10-6 減衰のない振動系

これらの式に，予想される $x = X\cos\omega t$ とその二階微分 $\ddot{x} = -X\omega^2\cos\omega t$ を代入して整理すると，

$$(-m_1\omega^2 + k_1)X_1 - k_1X_2 = 0 \quad \text{(a)}$$
$$-k_1X_1 + (-m_2\omega^2 + k_1 + k_2)X_2 - k_2X_3 = 0 \quad \text{(b)}$$
$$-k_2X_2 + (-m_3\omega^2 + k_2 + k_3)X_3 = 0 \quad \text{(c)}$$

の3式が得られる。

これをマトリックスを用いて書き直すと，

$$\begin{pmatrix} \omega^2 & 0 & 0 \\ 0 & \omega^2 & 0 \\ 0 & 0 & \omega^2 \end{pmatrix} \begin{pmatrix} X_1 \\ X_2 \\ X_3 \end{pmatrix} - \begin{pmatrix} -\dfrac{k_1}{m_1} & \dfrac{k_1}{m_1} & 0 \\ \dfrac{k_1}{m_2} & \dfrac{-(k_1+k_2)}{m_2} & \dfrac{k_2}{m_2} \\ 0 & \dfrac{k_2}{m_3} & \dfrac{-(k_2+k_3)}{m_3} \end{pmatrix} \begin{pmatrix} X_1 \\ X_2 \\ X_3 \end{pmatrix} = 0$$

となり，$\lambda=\omega^2$，右辺の係数行列を A，変位ベクトルを X と置き換えてみると，$(\lambda I - A)X = 0$ となる。

これは固有方程式であり，行列式 $|\lambda I - A|$ の値が0になるような λ が実数解（重解を含む）と虚数解を合わせて式の数だけあることが知られており，そのうちの実数解の平方根が共振振動数である。なお $X(X_1, X_2, X_3)$ は比の形でしか得られない。また，共振周波数は $\omega/2\pi$ として求める。

実際の計算は，次に述べる繰り返し法で行う。

まず，$X_1=1.0$，ω の値を0以外の適切な値 ω_a にとる。

(1) 上式の最初の式(a)にこの値を代入して，X_2 の値を計算する。
(2) 第二の式(b)に ω_a，X_1，X_2 を代入して，X_3 を求める。
(3) これらの値を使い第三の式(c)の左辺の値（仮に R とする）を計算する。
(4) R の値は0でなければならないので，0でなければ ω_a の値を変えて(1)から計算を繰り返す。

図10-7に $\lambda_a=\omega^2$ と R の関係を模式的に示したので参考にされたい。

図10-8はこの方法で求めた共振周波数と共振時の質点の変位振幅比を示したもので，このような変位振幅図をモード線図と呼ぶ。

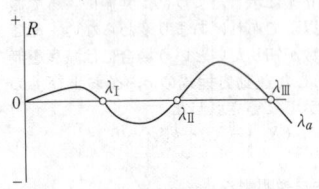

図10-7 λ_a と残差 R との関係

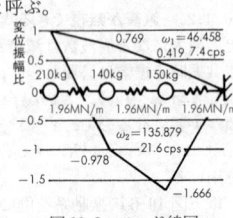

図10-8 モード線図

10.4.3. 強制減衰振動 強制減衰振動の場合には，**10.4.1.** で示した運動方程式に，

$x = X e^{j\omega t}$ および $f = F e^{j\omega t}$ ($j=\sqrt{-1}$) を代入して書き直した次式を用いる。

$$-m\omega^2 X_i + k_{i-1}(X_i - X_{i-1}) - k(X_{i+1} - X_i) + k_i' X_i$$
$$+ j\omega c_{i-1}(X_i - X_{i-1}) - j\omega c_i(X_{i+1} - X_i) + j\omega c_i' X_i = F$$

解法は減衰のない場合と同じであるから省略する。なお k'，c' のような拘束のない系の場合には $\sum_i m_i X_i \omega^2 = -\sum_i F_i$ の関係を用いて，実変位を計算することができる。

10.5. 回転軸の横振動

10.5.1. 1個の物体が固定された回転軸

図 **10-9** に示すように回転軸に物体が固定し、その重心が軸の中心線から e だけ偏心しているとき、軸が回転すると遠心力を生じ、ω を軸の角速度、δ を軸のたわみとすれば、次式が成立する。

$$M(\delta+e)\omega^2 = k\delta$$

ここに、k は軸のたわみによるばね定数(表 **10-3** 参照)。

図 10-9 1個の物体が固定された回転軸

上式より、$\delta = \dfrac{e\omega^2}{\left(\dfrac{k}{M}-\omega^2\right)}$、したがって角速度 $\omega=\sqrt{k/M}$ のとき分母が 0 になり、軸のたわみは無限大になる。この角速度を軸の毎分回転数に換算して、$n = \dfrac{30}{\pi}\sqrt{\dfrac{k}{M}}$ (1/min) を危険回転数と呼ぶ。

10.5.2. n個の物体が固定された回転軸

ダンカレーは、図 **10-10** に示すように複数の集中質量がついた軸の危険回転数 n は、それぞれの集中質量が単独についた軸の危険回転数を n_i とすると、$\dfrac{1}{n^2} = \sum_i \dfrac{1}{n_i{}^2}$ で推定できるとした。ただし、この推定値は若干高めに算出されることがわかっている。

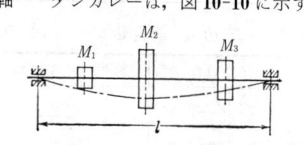

図 10-10 n 個の物体が固定された回転軸

表 10-2 集中質量をもつ一様断面のはりの共振周波数

表中で E は、はりの材料の縦弾性係数、I は、はりの断面二次モーメント、m_s は軸の質量、m は集中質量。

	振動系	共振周波数
一端固定の片持はり	EI, m_s, m, l	$\dfrac{1}{2\pi}\sqrt{\dfrac{3EI}{(m+0.23m_s)l^3}}$
両端支持はり	EI, m_s, m, l_1, l_2, l	$\dfrac{1}{2\pi}\sqrt{\dfrac{3EIl}{(m+0.49m_s)l_1{}^2 l_2{}^2}}$
両端固定はり	EI, m_s, m, l_1, l_2, l	$\dfrac{1}{2\pi}\sqrt{\dfrac{3EIl^3}{(m+0.186m_s)l_1{}^3 l_2{}^3}}$

10.5.3. 集中質量をもつ一様断面のはりの横振動

表 10-2 に集中質量をもつ一様断面のはりが横振動するときの共振周波数の計算式を示す。

10.6. 各種のばね定数

表 10-3 はりの横振動のばね定数　E：縦弾性係数，I：軸の断面二次モーメント

片持はり	両端支持はり	両端固定はり
$k = \dfrac{3EI}{l^3}$	$k = \dfrac{3lEI}{l_1^2 l_2^2}$ $l_1 = l_2 = \dfrac{1}{2} l$ のとき $k = \dfrac{48EI}{l^3}$	$k = \dfrac{3l^3 EI}{l_1^3 l_2^3}$ $l_1 = l_2 = \dfrac{1}{2} l$ のとき $k = \dfrac{192EI}{l^3}$

表 10-4 組合せコイルばねのばね定数　G：ばね材の横弾性係数

コイルばね	直列コイルばね	並列コイルバネ	分配コイルばね
$k = \dfrac{Gd^4}{64nR^3}$ n：有効巻数 d：ばねの径	$k = \dfrac{k_1 k_2}{k_1 + k_2}$	$k = k_1 + k_2$	$k = \dfrac{k_1 k_2 l^2}{k_1 l_1^2 + k_2 l_2^2}$ 荷重点は垂直にしか動かないものとする。

10章 振動

表 10-5 ねじり振動の定数　G：横弾性係数，J：慣性モーメント

先端に円板をもつ軸	両端に円板をもつ軸	歯車系軸
$k_t = \dfrac{GI_p}{l}$	$k_t = \dfrac{GI_p}{l}$, $J = \dfrac{J_1 J_2}{J_1 + J_2}$ 節点の位置 $l_1 = \dfrac{J_2}{J_1 + J_2} l$, $l_2 = \dfrac{J_1}{J_1 + J_2} l$	$\dfrac{1}{k_1} = \dfrac{1}{k_{t1}} + \dfrac{1}{k_{t2}} n^2$ $\dfrac{1}{J} = \dfrac{1}{J_1} + \dfrac{1}{n^2} J_2$ n：J_2 の J_1 に対する回転比

3編

材料力学

1章　応力およびひずみ

1.1.　荷重，応力およびひずみの種類

1.1.1.　引張り・圧縮　図1-1および図1-2に示すように棒の中心に荷重をかけて引っ張り，または圧縮するとき，軸に直角な任意の断面には外力につりあう内力が生じ，棒は伸び，または縮む。

棒の断面積を A，外力を P とすれば，棒の内部には単位面積当たり $\sigma = P/A$（MPa：メガパスカル，Pa=N/m²）の内力が働く。この内力を引張応力あるいは圧縮応力と呼び，圧縮応力には負号をつけて表す。

また，はじめの長さ l の棒が外力によって δ だけ伸び，または縮んだとすると，単位長さ当たりの伸びまたは縮みは

$$\varepsilon = \delta/l$$

で示される。これを引張りひずみまたは圧縮ひずみと呼び，圧縮ひずみは負号をつけて表す。

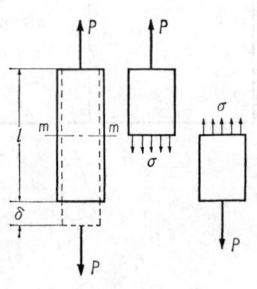

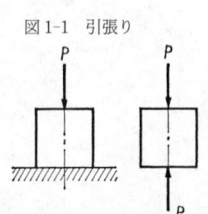

図1-1　引張り

図1-2　圧縮

1.1.2.　せん断　図1-3のように，軸に直角な平行平面AB，CDに二つの平行荷重が作用し，CDがABに対し相対的に滑るとき，これをせん断という。荷重を P，棒の断面積を A，両荷重平行平面間の距離を l，滑った距離を λ とすると $\tau = P/A$ をせん断応力，また，$\gamma = \lambda/l$ をせん断ひずみと呼ぶ。λ が l に比べて十分小さい場合には $\gamma = \tan\phi \fallingdotseq \phi$ となり，γ は滑りの傾斜角に等しくなる。

1.1.3.　曲げ　図1-4または図1-5のように棒を両端でささえ，あるいは一端を固定して棒の軸に直角に荷重をかけると棒は弓形に曲がる。これを曲げと呼ぶ。

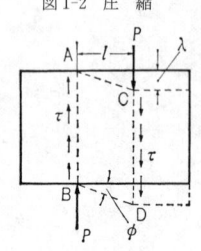

図1-3　せん断

1.1.4.　座屈　図1-6のように長さが太さに比して非常に長い柱（これを長柱という。）を圧縮すると柱は図のように曲がり，圧縮応力と曲げ応力の両方

1章 応力およびひずみ

が生じる。これを座屈という。

1.1.5. ねじり 図1-7のように丸棒の軸のまわりに偶力が作用すると、棒はねじれてABがACに移る。これをねじりという。この場合、棒の断面には面に平行な回転滑りが生じ、せん断応力を生じる。

1.2. 応力－ひずみ線図

試験片に荷重をかけていくときに生じるひずみを横軸にとり、相当する応力を縦軸にとって図示したものを応力－ひずみ線図という。

図1-8は引張りの場合について二、三の材料の応力－ひずみ線図を示したものである。このように材料によって応力－ひずみ線図の形は異なる。

1.2.1. 比例限度 図1-9は試験片を引張って破断に至るまでの、ひずみと引張応力の関係を模式的に示したもので、A点までは直線で応力とひずみの間に比例関係があり、このときA点の応力を比例限度という。

1.2.2. 弾性限度 荷重を除々に取り去って応力を0とするとき、いままで生じていたひずみが完全に消え去る応力の限度を弾性限度（図1-9のB点）という。実際に弾性限度をこの定義どおり決めることはむずかしいので、永久ひずみ0.001～0.01％を生じる応力を弾性限度とするのが普通である。

1.2.3. 降伏点 図1-9において比例限度Aを超えてさらに荷重を増加すると、応力が増加せずにひずみだけが急激に増加する。この点を降伏点（図1-9 CDEの部分）といい、C点を上降伏点、DEを下降伏点として区別する。JISでは上降伏点を降伏点と規定している。

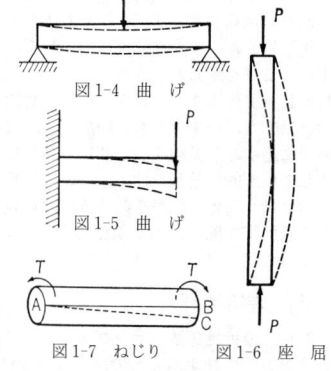

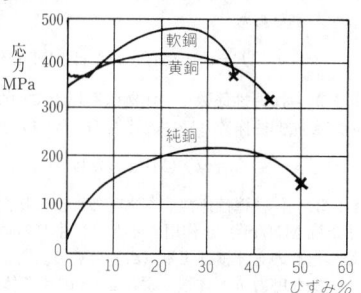

図1-4 曲げ

図1-5 曲げ

図1-7 ねじり　図1-6 座屈

図1-8 応力－ひずみ線図の例

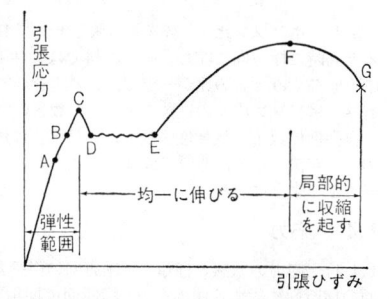

図1-9 応力－ひずみ線図（模式図）

また図 **1-10** のように降伏点が明瞭に表れない場合には，0.2％の永久ひずみを生じるときの応力を降伏点の代わりに用い，これを耐力という。

1.2.4. 引張強さ さらに荷重を増加すれば応力，ひずみともに増加し，最大荷重に達すると試験片の一部にくびれを生じて局部的に著しく伸び，ついに破断する。最大荷重を試験を始める前の試験片の断面積で除した値を引張強さ（図 1-9 および図 1-10 の F 点）という。

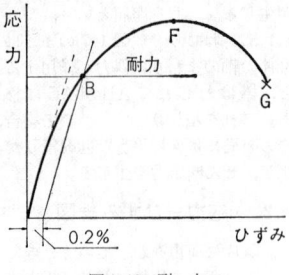

図 1-10 耐 力

1.3. 弾性係数

1.3.1. 縦弾性係数（ヤング率） 引張試験の比例限度以下の範囲の応力 σ とその方向のひずみ ε との比を縦弾性係数またはヤング率といい，普通 E で表す。すなわち

$$E = \sigma/\varepsilon \, (\text{MPa または MN/m}^2) \quad \text{あるいは} \quad \sigma = \varepsilon E$$

1.3.2. 横弾性係数 比例限度以下でのせん断応力 τ とせん断ひずみ γ との比を横弾性係数といい，普通 G で表す。すなわち

$$G = \tau/\gamma \, (\text{MPa または MN/m}^2) \quad \text{あるいは} \quad \tau = \gamma G$$

1.3.3. 体積弾性係数 水圧のように弾性体の全表面に一様な応力 p（MPa または MN/m²）が作用するときに生じる体積の変化 ΔV をもとの体積 V で除したものを体積ひずみ（ε_V）という。

一様な応力 p と体積ひずみ ε_V との比を体積弾性係数といい普通 K で表す。

$$K = p/\varepsilon_V \, (\text{MPa または MN/m}^2)$$

1.3.4. ポアソン比 棒を引っ張ると，図 1-1 に示したように縦方向に伸びると同時に横方向に縮む。同一材料では弾性限度の範囲で横方向ひずみ ε_1 と縦方向ひずみ ε との比が一定で，この比をポアソン比 ν と呼ぶ。すなわち $\nu = \varepsilon_1/\varepsilon$。ポアソン比 ν の逆数をポアソン数といい m で表す。

縦弾性係数 E，横弾性係数 G，体積弾性係数 K およびポアソン比 ν のうちの二つが決まると，他の二つは自然に決まる。これらの弾性係数の間の関係は表 **1-1** のようになる。

1.4. 応力

1.4.1. 応力の状態と種類 軸方向の引張力 P を受ける棒において，斜断面の横断面に対する傾きを θ，横断面の面積を A とすれば（図 **1-11**），斜断面の面積は $A/\cos\theta$ であるから，この斜断面に分布する軸方向の応力 s は

$$s = \frac{P}{A/\cos\theta} = \frac{P}{A}\cos\theta = \sigma\cos\theta$$

1章 応力およびひずみ

表 1-1 弾性係数間の関係

	E, ν	G, ν
E	E	$2G(1+\nu)$
ν	ν	ν
G	$\dfrac{E}{2(1+\nu)}$	G
K	$\dfrac{E}{3(1-2\nu)}$	$\dfrac{2G(1+\nu)}{3(1-2\nu)}$

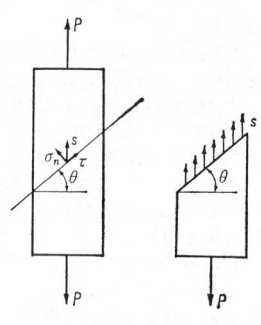

図 1-11 応 力

で示される。この s をさらに斜断面に直角および平行の成分に分けてみると，斜断面に直角の成分は引張りの応力 σ_n となり，また平行の成分は，面を滑らそうとするせん断応力 τ になる。

これらはそれぞれ

$$\sigma_n = s\cos\theta = \sigma\cos^2\theta = \frac{1}{2}\sigma(1+\cos 2\theta) \qquad \cdots (1)$$

$$\tau = s\sin\theta = \sigma\cos\theta\sin\theta = \frac{1}{2}\sigma\sin 2\theta \qquad \cdots (2)$$

で示される。

ある点の応力状態は，物体の一部から切り出した図 1-12 のような立方体を考えると，各面に働く垂直応力とせん断応力とによって表される。しかし，普通は表面の応力状態が問題になることが多いので，図 1-12 中に示した四つの面の応力のみを扱う。このような応力状態を平面応力状態という。

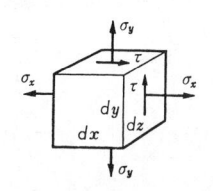

1.4.2. モールの応力円 応力状態を知るためにはモールの応力円を書くのが便利である。

図 1-12 立体の応力

単純引張りを受ける物体から図 1-13 のような四辺形 ABCD を切り出してみると，辺 AB, CD に働く応力は前項で述べたとおり

$$\sigma_x = \sigma\cos^2\theta, \quad \tau_{xy} = \frac{1}{2}\sigma\sin 2\theta$$

で表される。一方，辺 BD, CA に働く応力は，(1), (2)式の θ の代わりに $-(\theta-90°)$ を代入すれば

$$\sigma_y = \sigma\cos^2(\theta-90°) = \sigma\sin^2\theta = \frac{1}{2}\sigma(1-\sin 2\theta)$$

$$\tau_{yx} = \sigma\cos(\theta-90°)\sin(\theta-90°)$$
$$= \sigma\sin\theta(-\cos\theta) = \frac{-1}{2}\sigma\sin 2\theta = -\tau_{xy}$$

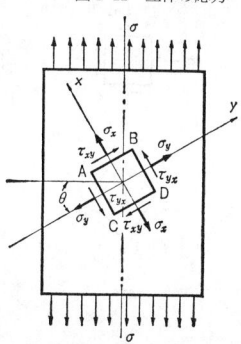

図 1-13 平面応力

となる。

なお、τ につけられた最初の添え字はその軸に直角な面を、第二の添え字はその軸の方向を表す。τ_{xy} と τ_{yx} は絶対値が等しく符号が異なる。

次に図1-14に示すように横に σ 軸、縦に τ 軸をとり、σ 軸上の原点Oから σ の距離に点Aをとって OA を直径とする円を描くと、これが単純引張りの場合のモールの応力円である。これから応力状態を知るには、A点から反時計回りに角 2θ だけ傾いた直径を引き、円との交点をC、Eとし、これらの点から下ろした垂線の σ 軸との交点をD、Fとすると、σ_x は OD、σ_y は OF、τ_{xy} は CD、τ_{yx} は EF で表される。

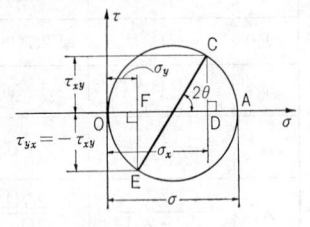

図1-14 モールの応力円

1.5. 平面応力

図1-15(1)に示すように x、y 軸に直角な面に、それぞれ垂直応力 σ_x、σ_y、およびせん断応力 τ_z、$-\tau_z$ が存在する場合、法線が x 軸と θ の傾きを示す面 AB、および $-(90°-\theta)$ の傾きを示す面 AD に発生する直角応力 σ_n、σ_n'、およびせん断応力 τ は次式で示される。

$$\sigma_n = \frac{1}{2}(\sigma_x + \sigma_y) + \frac{1}{2}(\sigma_x - \sigma_y)\cos 2\theta + \tau_z \sin 2\theta$$

$$\sigma_n' = \frac{1}{2}(\sigma_x + \sigma_y) - \frac{1}{2}(\sigma_x - \sigma_y)\cos 2\theta - \tau_z \sin 2\theta$$

$$\tau = \frac{1}{2}(\sigma_x + \sigma_y)\sin 2\theta - \tau_z \cos 2\theta$$

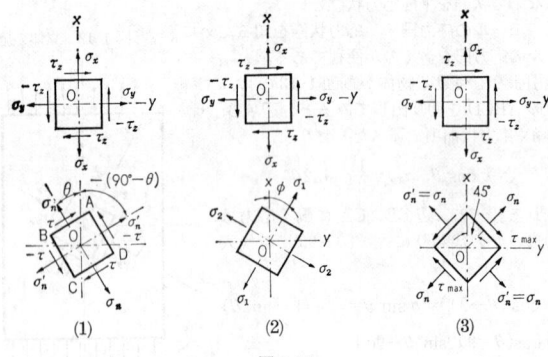

図1-15

1.5.1. 主応力

$\tan 2\theta = \dfrac{2\tau_z}{\sigma_x - \sigma_y}$ の傾きの面で，垂直応力は最大，最小値をとり，τ は 0 となる（図 1-15 (2)）。この最大，最小垂直応力を主応力といい，σ_1，σ_2 とおけば，

$$\sigma_1, \sigma_2 = \frac{1}{2}\left\{(\sigma_x+\sigma_y) \pm \sqrt{(\sigma_x-\sigma_y)^2 + 4\tau_z^2}\right\}$$

1.5.2. 最大せん断応力

$\theta = 45°$ の面に最大せん断応力を生じ（図 1-15 (3)），その値はモール円の半径に等しい。

$$\tau_{\max} = \frac{1}{2}\sqrt{(\sigma_x-\sigma_y)^2 + 4\tau_z^2}$$

1.5.3. 主応力とモール円

主応力 σ_1，σ_2 は次のように作図して求められる。いま，$\sigma_x > 0$，$\sigma_y > 0$，$\sigma_x > \sigma_y$ の場合を例にとると，図 1-16 において OF=σ_x，OF'=σ_y，これに直角に FD=τ_z，F'D'=$-\tau_z$ になるように F，F'，D，D' をとり，DD' を直径とする円を描き，円と σ 軸との交点を A，B とすれば，OA=σ_1，OB=σ_2 となる。

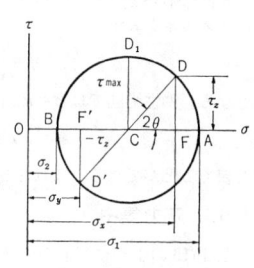

図 1-16 モールの円

1.6. 熱応力

棒の両端を固定し棒の温度を上昇すれば，熱膨張によって生じる伸びが妨げられるから材料内に圧縮応力を生じる。このように温度の変化によって生じる応力を熱応力という。

l：棒の長さ，α：棒材料の線膨張係数，E：ヤング率，t_0：初温度，t：最終温度とすれば，温度上昇 $(t-t_0)$ によって生じる熱応力は

$$\sigma = \varepsilon E = \alpha(t-t_0)E$$

で示される。

1.7. 落下荷重による応力と変形

図 1-17 のように，質量 M kg のおもりが高さ h mm のところから落下すると，同じおもりが弾性体の上に静かに置かれた場合の $\left(1+\sqrt{1+\dfrac{2h}{\delta_{st}}}\right)$ 倍の応力・ひずみを生じる。ここに δ_{st} は静的なひずみである。

この式に $h=0$ を代入してみるとこの倍率は 2 となり，衝撃荷重によって，静的荷重の 2 倍の応力・ひずみを生じることになる。

この式は慣性力の効果が正しく評価されていないこと，また実際には弾性波の反射・干渉も衝撃応力に大きく影響することから，単なる参考値と考えたほうがよい。

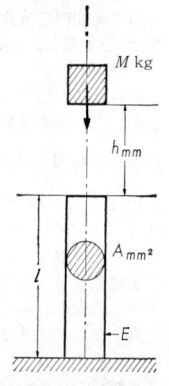

図 1-17 落下荷重

1.8. 弾性エネルギ

弾性体の棒を徐々に荷重を増して引っ張るとき，荷重は棒に仕事をし，そのエネルギは棒にたくわえられる。これを弾性エネルギという。弾性エネルギ U は荷重 P のときの棒の伸びを δ とすれば，$U=P\delta/2$ で示される。荷重－伸び線図（図 1-18）において弾性エネルギ U は，三角形 OAB の面積に等しい。

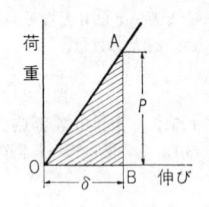

同様に応力とひずみを用いて単位体積当たりの弾性エネルギを表すと

$$u=\frac{U}{Al}=\frac{1}{2}\frac{P\delta}{Al}=\frac{1}{2}\sigma\varepsilon$$

図 1-18 弾性エネルギ

となる。弾性範囲では $\sigma=E\varepsilon$ の関係が成り立つから，上式は

$$u=\frac{1}{2}E\varepsilon^2$$

と書くことができる。これをひずみエネルギと呼ぶ。

1.9. 応力集中

図 1-19 のようにV形の切込みのある板を引っ張って応力分布を調べてみると，切込みの底の部分に局部的に大きな応力を生じる。このように局部的に応力が増加することを応力集中という。機械の部品に油穴，切込み，段（これらを総称して切欠きという）がついている場合には，この部分に必ず応力集中を生じる。

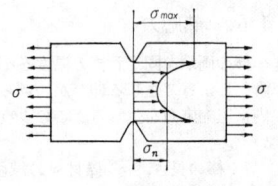

図 1-19 応力集中

弾性範囲内で局部的に生じる最大応力を σ_{max}，最小断面に対する平均応力を σ_n とすると，σ_{max} と σ_n との比を応力集中係数といい，

$$\alpha_k=\sigma_{max}/\sigma_n$$

で表される。図 1-20（次ページ）に主な切欠き形状についての応力集中係数を示す。応力集中係数を形状係数と呼ぶことも多い。

1.10. 応力測定法

1.10.1. 抵抗線ひずみ計（ひずみゲージまたはストレンゲージ）

(1) 抵抗線ひずみ計は取扱いが容易で，計測値が電気信号として得られるために，ひずみあるいは応力の計測用としてだけでなく，変位，圧力，荷重，加速度，トルクなどのセンサーとしても利用されている。

抵抗線ひずみ計は，絶縁台紙（ポリエステル，

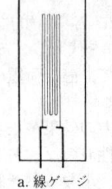

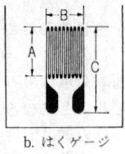

図 1-21 抵抗線ひずみ計

(1) 丸穴のある丸棒の曲げ係数

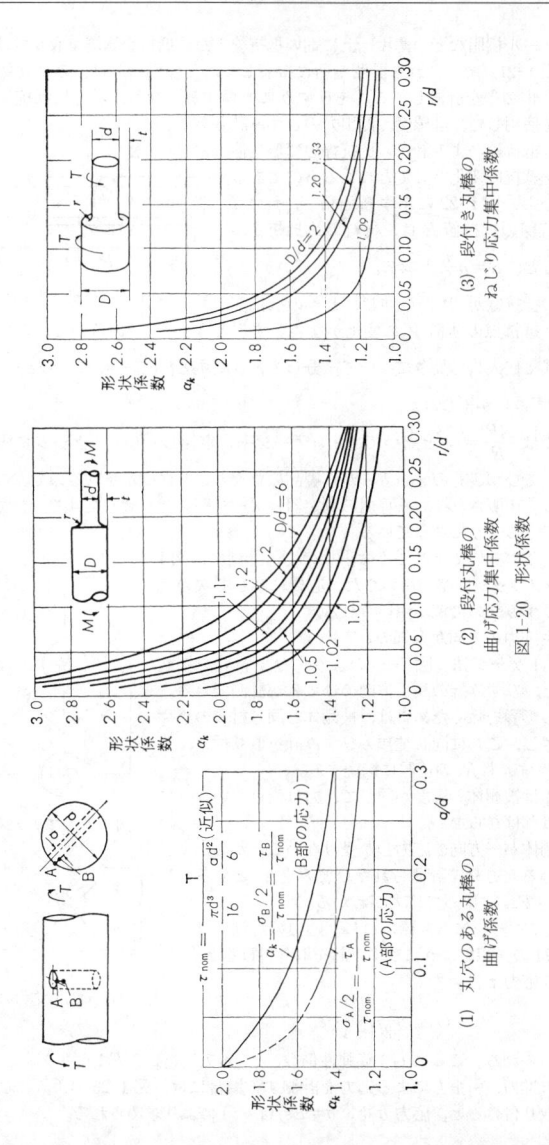

$$\tau_{nom} = \frac{T}{\frac{\pi d^3}{16} - \frac{ad^2}{6}} (近似)$$

$$\alpha_k = \frac{\sigma_{B/2}}{\tau_{nom}} = \frac{\tau_B}{\tau_{nom}} \quad (B部の応力)$$

$$\frac{\sigma_A/2}{\tau_{nom}} = \frac{\tau_A}{\tau_{nom}} \quad (A部の応力)$$

(2) 段付丸棒の曲げ応力集中係数

(3) 段付き丸棒のねじり応力集中係数

図 1-20 形状係数

フェノール樹脂などの薄片）上に細い抵抗線または抵抗金属箔を取り付けたもの（図1-21）で，これを計測箇所に接着して，その場所のひずみに比例した抵抗変化 ΔR を計測し，これをひずみに換算する。なお，最近は抵抗体に半導体を使用した，高感度，高出力のひずみ計もある。

(2) 抵抗線ひずみ計は，抵抗線の変形（伸縮）を抵抗の変化としてとらえるものである。すなわち，図1-22に示す断面積 S，長さ l の抵抗線の抵抗値 R は，材料の比抵抗を ρ とすると，$R = \rho \dfrac{l}{S}$ となる。

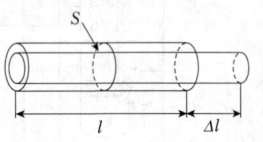

図1-22 抵抗線の変形

この抵抗線が Δl だけ伸びたときの抵抗変化は，抵抗線の体積 V に変化がないとすると $V = Sl$ であるから，この関係を上式に代入して長さについて微分して書き直すと，$\dfrac{\Delta R}{R} = 2\dfrac{\Delta l}{l} = 2\varepsilon$（ただし，$\varepsilon$：ひずみ）が得られる。

実際は $\dfrac{\Delta R}{R} = k\varepsilon$ と書いて，k をゲージ率と定義し，ひずみゲージに固有な値としてひずみ計のメーカーから製品のロットごとに提示されるので，これを用いる。市販されている専用の測定器はゲージ率を合わせるだけで，ひずみが直読できるようになっている。

(3) この抵抗変化はごく微小なので，計測には図1-23のブリッジ回路が用いられ，必要に応じて次のようなひずみ計の接続が用いられる。

a. 主応力の方向が既知のとき

(1) **1ゲージ法** 図1-23のようにひずみ計を接続すると，ひずみ計の長手方向のひずみが計測できる。温度の影響を除くためには，被測体と同じ材質の小片を用意し，これに同じ種類のひずみ計を取り付け，これを R_2 または R_3 の位置に接続する。

小片は被測体と温度が同じで，力は受けないようにしなければならない。

被測体が一方向の応力しか受けないことがわかっているときは，計測されたひずみを ε_m とすると $\sigma_m = E\varepsilon_m$ によって応力がわかる。

図1-23 ブリッジ回路

(2) **2ゲージ法** 丸棒のねじり応力の計測には図1-24の実線のようにひずみ計を取り付けると，ねじり応力 τ は，

$$\tau = G\varepsilon_m = \dfrac{E}{2(1+\nu)}\varepsilon_m$$

図1-24 ねじり応力の計測

で求められる。ここに G：横弾性係数，ν：ポアソン比，E：ヤング率。

軸の推力，引張力による応力を計測する場合には，図1-25のようにひずみ計を取り付けると，応力 σ は，$\sigma = E\varepsilon/(1+\nu)$ により求められる。

2ゲージ法には温度の補償が行われているという利点もある。なお，図1-24，図1-25中に点線で示したようにひずみ計を追加すると，それぞれ2倍の出力が得られる。

板の曲げ応力の計測には図1-26のようにすると1枚だけの場合の2または4倍の出力が得られる。

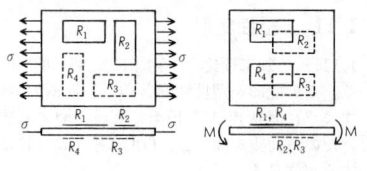

図1-25 引張応力　　図1-26 曲げ応力

b. 主応力の方向が不明な場合　被測体の局所的なひずみを計測する場合には主応力方向が予測できない場合がある。このような場合には一か所に3方向のひずみ計を取り付け，それぞれの方向のひずみ値から主ひずみの値とその方向を知ることができる。また主ひずみの値がわかると

$$\sigma_1 = \frac{E}{1-\nu^2}(\varepsilon_1 + \nu\varepsilon_2), \quad \sigma_2 = \frac{E}{1-\nu^2}(\nu\varepsilon_1 + \varepsilon_2)$$

により主応力が求められる。

(1) 図1-27 a.のようにひずみ計を45°ずつ傾けて取り付けた場合の主ひずみ ε_1, ε_2 は

$$\begin{Bmatrix}\varepsilon_1\\ \varepsilon_2\end{Bmatrix} = \frac{1}{2}\Big\{\varepsilon_{45} + \varepsilon_{-45} \\ \pm\sqrt{(2\varepsilon_0 - \varepsilon_{45} - \varepsilon_{-45})^2 + (\varepsilon_{45} - \varepsilon_{-45})^2}\Big\}$$

$$\phi = \frac{1}{2}\tan^{-1}\frac{\varepsilon_{-45} - \varepsilon_{45}}{2\varepsilon_0 - \varepsilon_{45} - \varepsilon_{-45}}$$

(2) 図1-27 b.のように60°ずつ傾けてひずみ計を取り付けた場合の主ひずみは，

$$\begin{Bmatrix}\varepsilon_1\\ \varepsilon_2\end{Bmatrix} = \frac{1}{3}\Big\{\varepsilon_0 + \varepsilon_{60} + \varepsilon_{-60} \\ \pm\sqrt{(2\varepsilon_0 - \varepsilon_{60} - \varepsilon_{-60})^2 + 3(\varepsilon_{60} - \varepsilon_{-60})^2}\Big\}$$

$$\phi = \frac{1}{2}\tan^{-1}\frac{\sqrt{3}(\varepsilon_{-60} - \varepsilon_{60})}{2\varepsilon_0 - \varepsilon_{60} - \varepsilon_{-60}}$$

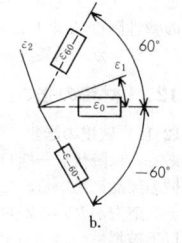

図1-27 3方向のひずみ計

1.10.2. その他の応力測定法

(1) **光弾性法**　変形により偏光を生じる透明な人工樹脂を用いて機械部品の模型を作り，光学的に応力状態を調べるもので，複雑な形状の部品の応力集中係数を求めたり，応力分布を知るのに便利である。

(2) **X線応力測定法**　X線により原子の格子間距離の伸びを測定するもので，局部応力の計測，残留応力の計測に利用される。

(3) **応力塗料**　もろい塗料を測定箇所に塗り，ひずみによって塗料に入る裂の様子から引張主応力の方向と大きさを知るもので，複雑な形状の部品の最大応力を知りたい場合に用いられる。

1.11. 塑性変形

1.11.1. 加工硬化　物休に弾性限度を超えて荷重を増すと永久変形を生じる。この変形を塑性変形という。軟鋼の塑性変形を例にとると，図1-28に示すように降伏点Aを超えて荷重を増すと塑性変形が始まる。D点まで引っ張ったのち荷重を除くと，OAに平行にDEに沿ってひずみが減りOEの残留ひずみが生じる。

Bに達すると試験片の一か所に滑りが生じ，BからCに進むにしたがい試験片の全面に滑りが進行し，Cに達するとすべての部分に滑りが生じる。Cからさらに荷重を増すと滑りに対する抵抗が増し変形しにくくなる。これを加工硬化という。CからDに進むにしたがい加工硬化によりますます大きい力が必要となる。

いったん塑性変形を起こした材料は荷重を除いた後，再び同方向に荷重をかけると弾性限度が上がる。

図1-28 塑性変形

1.11.2. バウシンガー効果　図1-29に示すように，材料の弾性限度を超えてBまで引っ張った後BCのように荷重を取り去り，さらに圧縮荷重を加えると，圧縮のときの弾性限度Dは，引張りのときの弾性限度Aよりはるかに低下する。この現象をバウシンガー効果という。

1.12. 材料の強さ

1.12.1. 破損の学説　機械が破損（ここでは破壊あるいは降伏を一括して破損という）するのは，機械の部品に用いられている材料の破損応力よりも大きな応力がかかるからである。

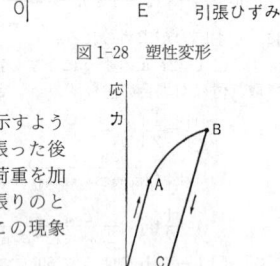

図1-29 バウシンガー効果

以下破損についての主な学説を挙げる。

(1) **最大主応力説**　最大主応力が，材料固有の一定の値を超えたときに破壊が起こるとする説で，鋳鉄のようなもろい材料の破断を考える場合に用いられる。

(2) **最大せん断応力説**　最大せん断応力が，材料固有の一定の値を超えたときに破損が起こるとする説で，軟鋼や銅のような延性材料の降伏を考える場合に用いられ，トレスカの条件とも呼ばれる。この説は次に述べるせん断ひずみエネルギ説の近似と考えることもできる。

(3) **せん断ひずみエネルギ説**　せん断ひずみエネルギの等価応力

$$\sigma_e = \frac{1}{2}\sqrt{(\sigma_1-\sigma_2)^2+(\sigma_2-\sigma_3)^2+(\sigma_3-\sigma_1)^2}$$

がある一定値を超えるとき破損が起こるとするもので，延性材料の降伏を考える場合に実験結果を最も良く説明できる（ミゼスの仮説とも呼ばれる）。

1.12.2. 材料の破壊　材料の破壊には，延性破壊とぜい性破壊とがある。

静荷重を増していくとき，大きな変形をともなって（滑りを生じ，塑性変形をした上で）破壊するとき，これを延性破壊という。一般の機械材料，たとえば軟鋼，銅合金，アルミ合金は延性破壊を起こす延性材料である。

同様に静荷重を増していくとき，伸びなどの変形なしに急に破壊するとき，これをぜい性破壊という。軟鋼を低温で使用するときや，高硬度鋼に生じやすい。軟鋼などの延性材料でも鋭い切欠きや，後に述べる疲労によるき裂があるとき，高い応力がかかるとぜい性的な破壊をする。このような破壊は，ぜい性破壊と区別するために急速破壊と呼ばれ，上述の鋭い切欠きがある場合のように変形の拘束される場合，とくに厚板の部材に生じる。

応力腐食割れは材料に比較的に低い静荷重が作用し，しかも長時間腐食環境にさらされている場合に，ほとんど変形なしに破壊する現象で，高強度鋼，ばね鋼，高力黄銅などによく発生する。この破壊は粒界に沿って進む。

1.12.3. 疲れ強さ　材料にかかる応力の大きさが周期的に変化するとき，材料が比較的に低い応力で破断することがある。この現象を疲れという。

試験片にかかる応力の最大値を σ_{max}，最小値を σ_{min} とすれば，$\sigma_m = (\sigma_{max} + \sigma_{min})/2$ を平均応力，$S = (\sigma_{max} - \sigma_{min})/2$ を応力振幅，また $R = \sigma_{min}/\sigma_{max}$ を応力比という（図1-30）。

試験片に応力振幅 S の変動応力が N 回繰り返して作用してついに破壊したとき，応力振幅 S を縦軸に，繰返し数 N の対数を横軸にとって図示すると，図1-31のような線図が得られる。これを $S-N$ 曲線という。

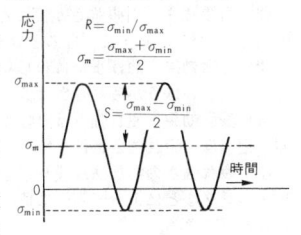

図1-30　変動応力

図1-31で炭素鋼の $S-N$ 曲線は S のある値で水平となり，これ以下の応力振幅では，いくら繰返し数を増してもほとんど永久に破壊しないことを示す。

この限界の応力振幅を疲れ強さ，または疲れ限度といい，σ_w で表す。一方銅の $S-N$ 曲線はかなり低い応力振幅でも繰返し数を増せば破断し，疲れ限度は現れない。このような場合は，たとえば繰返し数 10^7 のときの疲れ強さなどと呼び，$\sigma_w(10^7)$ などと書く。

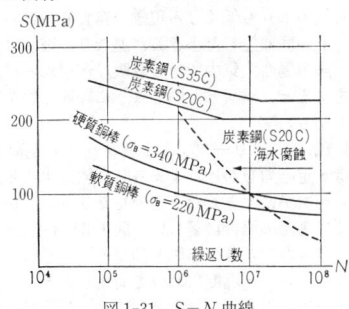

図1-31　$S-N$ 曲線

1.12.4. 疲れ強さに影響を及ぼす因子　疲れ強さに影響を及ぼす因子を次に列挙する。

(1) **切欠き効果**　切欠き部をもつ試験片の疲れ強さ（切欠き底部の公称応力で表す）を σ_k，表面の平滑な試験片の疲れ強さを σ_0 とすると，$\beta = \sigma_0/\sigma_k$ を

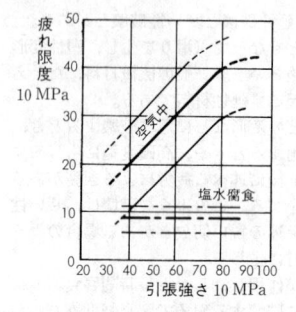

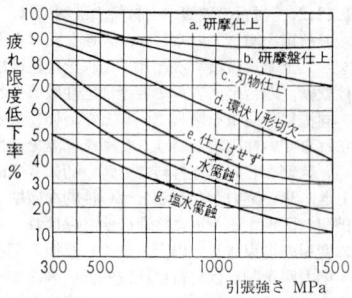

図 1-32　引張強さと疲れ限度

図 1-33　表面効果

切欠き係数と呼ぶ。応力集中係数 α_k が小さいときは $\alpha_k \fallingdotseq \beta$, α_k の大きいところでは $\alpha_k > \beta$ となる。

(2) **引張強さ**　引張強さが高くなると疲れ強さも増す傾向がある（図 **1-32** 参照）。ただし，必ずこうなるという保証はない。

(3) **寸法効果**　曲げまたはねじり疲れ強さは試験片の大きさによって異なり，寸法の大きいほうが疲れ強さは低い。

(4) **表面効果**　疲れ強さは試験片表面の仕上げの状態によっても異なり，表面が粗いほど疲れ強さは低下する（図 **1-33**）。

(5) **疲れ強さの増加法**　疲れ強さは高周波焼入，窒化，表面圧延，ショットピーニングなどによって表面に負の残留応力を生じさせることにより上昇させることができる。

(6) **腐食環境**　腐食環境下で材料に繰り返し応力が作用すると，疲れ強さが大気中よりも低くなる現象を腐食疲労という。表面に生じるたくさんの腐食ピットの底に生じた小き裂が連なり，破壊に至る現象である。

鋼の場合大気中では疲れ限度が現れるが，海水その他の腐食液中で疲れ試験をすると，銅などと同じように繰返し数を増せば破断し，疲れ強さが次第に低下する。

1.12.5. クリープ　金属材料に一定荷重または一定応力をかけたまま長時間放置すると，ひずみが次第に大きくなる現象をクリープと呼び，とくに高温の場合に著しい。図 **1-34** はその一例で，一定温度のときの時間と伸びの関係を示している。すなわち一定温度において荷重が大きいと，時間の経過に対し伸びは大となるが，荷重が小さくなるにしたがい伸びの進行が小さくなり，ある荷重以下になると，時間が経過してもひずみが増加しなくなる。

このように材料を長時間一定荷重状態の下におくと，はじめは時間とともに変形が進むが，次第

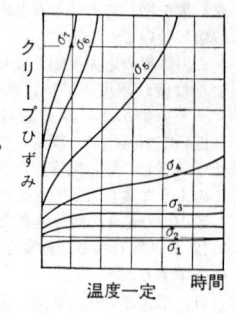

図 1-34　クリープ

にその速度を減じ，ついにクリープが起こらなくなる。この最後の応力をクリープ限度という。

1.12.6. 応力拡大係数 き裂の先端の応力の集中の仕方を表すのに応力拡大係数が用いられる。応力拡大係数 K はき裂の半長を a，応力を σ とすると（図 1-35），

$$K = f\sigma\sqrt{\pi a} \quad (\mathrm{MPa}\sqrt{\mathrm{m}})$$

で表される。ここで f は材料の形状，応力のかかり方で定まる定数である。

応力拡大係数範囲 ΔK を

$$\Delta K = f(\sigma_{\max} - \sigma_{\min})\sqrt{\pi a}$$

とすると，疲労き裂が1回の応力繰返しの間に進展する長さ，すなわち疲労き裂進展速度 da/dN との間に

$$da/dN = C(\Delta K)^m$$

の関係がある（パリスの法則）。

ただし，ここに C, m は材料によって定まる定数である。なおこの関係は，き裂が非常に小さいとき，あるいは非常に大きいときは成立しないので注意すること。

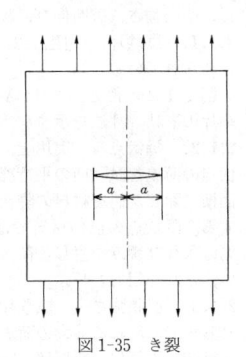

図 1-35 き裂

2章　材料試験

材料の機械的性質を調べるための試験を一般に材料試験という。

2.1. 引張試験

材料試験のうち最も一般に行われる試験で，試験片を徐々に引っ張って降伏点，引張強さ，破断伸び，絞りを求めるものである。

2.1.1. 試験片　JIS Z 2201 : 98 に材料の性質，形状に応じた試験片形状が定められている。

図 2-1 に一例として 14 A 号試験片の形状，寸法を示す。

2.1.2. 降伏点　実用上，上降伏点の荷重を試験前の平行部の断面積で除した値を材料の降伏点とする。降伏点の無い材料では 0.2 %の永久ひずみを生じる荷重を用い，これを耐力と呼ぶ。

2.1.3. 引張強さ　試験片が切れるまでに現れる最大の荷重を，試験前の平行部の断面積で除した値を引張強さという。

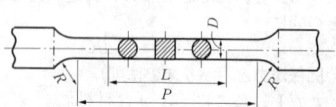

標点距離 L	平行部の長さ P	肩部の半径 R
$5.65\sqrt{A}$	$5.5D \sim 7D$	15 以上

A：平行部の断面積　　（単位 mm）

図 2-1　14 A 号試験片

2.1.4. 破断伸び　l：標点距離，l'：破断した後の標点間距離とすると，

$$\varepsilon = \frac{l'-l}{l} \times 100 \ (\%)$$

を伸び率，略して単に伸びという。

2.1.5. 絞り　試験片の試験前の断面積を A，破断した後の最もくびれたところの断面積を A' とすると，

$$\varphi = \frac{A-A'}{A} \times 100 \ (\%)$$

φ を絞りという。

2.1.6. その他　標点間の標点距離の中央 1/2 の範囲にある位置以外で破断した場合は再試験をする。なお，破断伸び，絞りは材料の展延性を示す重要な値である。

2.2. 硬さ試験

硬さは材料試験の一項目として規定されているほか，機械的性質を簡易に推定するのにも用いられる。なお，硬さ試験では試料があまり薄いと支持台の影響が出て，正確な値が得られないので注意が必要である。

2.2.1. ブリネル硬さ（JIS Z 2243 : 98）　直径 D (mm) の超硬合金球（圧子という）を，材料に一定の力 F (N) で押し込んだあとにできるくぼみの直径 d (mm) から，次式で計算される。

$$HBW = 0.102 \frac{2F}{\pi D(D-\sqrt{D^2-d^2})}$$

圧子は直径 10 ϕmm のほか 5, 2.5, 1 ϕmm, 押し込み力は 29.42 kN のほか, 係数 $0.102 F/D^2$ の値が 30, 15, 10, 5, 2.5, 1 となる値が選ばれる。

表 2-1 は材質と硬さからどの係数を選択したらよいかを示している。ブリネル硬さは, HBW の記号で示すが, 使用する鋼球の径や押し込み力によって異なる値が得られるので, 使用した圧子の径および押し込み荷重を付記する。また従来から使用されている鋼球圧子による値は, 超硬合金圧子の値とは若干異なるため HB の記号をつけて区別する。

表 2-1 材質による係数の選択（ブリネル硬さ）

材 質	ブリネル硬さ HBW	係数 $0.102 F/D^2$
鋼, ニッケル合金, チタン合金		30
鋳鉄（1 ϕmm の圧子は使用不可）	<140 ≧140	10 30
銅および銅合金	<35 35～200 >200	5 10 30
軽金属および軽合金	<35 35～80 >80	2.5 5, 10, 15 10, 15
鉛, すず		1

2.2.2. ビッカース硬さ（JIS Z 2244 : 03） 対面角 136°の正四角すい（錐）形ダイヤモンドを, 材料に一定の力 F (N) で押し込み, 10～15 秒間保持したのち除荷し, できたくぼみの対角線の平均長さ d (mm) から次式で計算される。

$$HV = 0.1891 F/d^2$$

押し込み力は, 9.807N のほか, 用途によって 0.09807N から 980.7N まで広範囲に替えて使用され, 結果は上式の値に HV と重力単位で表した押込み力を添えて, たとえば××HV 10 のように表記する。

2.2.3. ロックウェル硬さ（JIS Z 2245 : 05） 先端の曲率半径 0.2mm で頂角 120°の円すい（錐）形ダイヤモンド, または鋼球（以下, 圧子）を用い, 圧子を初期荷重で押し込んでこの位置を基準に定め, 次に全荷重を加えて数秒保持した後に基準荷重に戻し, このときの永久変形量 h mm から硬さを計算

表 2-2 ロックウェル硬さの定義と硬さ記号（抜粋）

スケール	硬さ記号	圧子	初期荷重 N	全荷重 N	硬さの定義式 h は押込み量	適用範囲
C	HRC	先端曲率半径 0.2mm で頂角 120°のダイヤモンド	98.07	1471	$100-500h$	10～70
B	HRB	1.5875 ϕmm の鋼または超硬合金の球		980.7	$130-500h$	20～100

する。ロックウェル硬さでは圧子と押し込み荷重の組合せをスケールと呼ぶ。表 2-2 に代表的な C および B スケールの計算式を示す。

このほかに 7 種のスケールの定義と，ロックウェルスーパーフィシャルの 6 種のスケールがあり，使い分ける。

2.2.4. ショア硬さ（JIS Z 2246：00） 先端に球形のダイヤモンドを付けた小さい落下錘を一定の高さ h_0 から試験片に落下し，そのはね上がりの高さが h のとき，ショア硬さ HS は次式によって計算する。有効な範囲は 5 から 105 である。

$$HS = \frac{10000}{65} \frac{h}{h_0}$$

この硬さ測定法は非常に簡単で，しかも材料にほとんどきずを残さないから工業的にしばしば用いられる。しかしこの硬さの値には材料の弾性係数が大きな影響を与えるので，弾性係数の異なる材料のショア硬さ値の比較は意味がない。

2.2.5. 硬さ値と機械的性質との関係 硬さ値とほかの機械的性質との関係は必ずしも明確ではない。ただ，鋼については表 2-3 のような関係が確認されている。

2.3. 衝撃試験

衝撃試験は材料のもろさを判断する試験で，切込みのある試験片をただ 1 回の衝撃で破壊し，このときに消費されるエネルギ（これを吸収エネルギと呼ぶ）が小さいほどもろいと判断する。

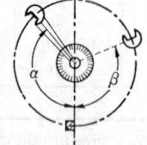

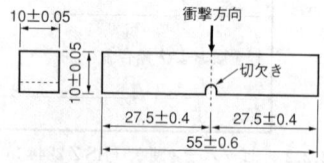

図 2-2 衝撃試験機　　図 2-3 シャルピー衝撃試験片

図 2-2 はシャルピー衝撃試験機（JIS B 7722：99）の略図で，重い振子を一定の高さから振り落とし，図 2-3 に示す試験片（JIS Z 2242：05）を打ち折り，反対に振り上がった高さとの差から破壊に要したエネルギを計算する。

W を振子（ハンマという）の回転軸まわりのモーメント（Nm），α をハンマの持ち上げ角度，β を試験片破断後のハンマの振り上がり角度とすると，吸収エネルギは，$E = W(\cos\beta - \cos\alpha)$（J）で求められる。

また，吸収エネルギを切欠き部の断面積で除した値を衝撃値（J/cm²）と呼ぶ。

なお，シャルピー試験片の切欠き形状は，先端半径が 0.25mm で深さ 2mm の V 形，先端半径が 1mm で深さが 5mm の U 形の 2 種があり，材料規格で指定される。

2.4. 各種の硬さ値と引張強さの概略比較

表 2-3 は各種硬さ値と引張強さの関係を実験的に求めたもので，概略値を推定するのに便利である。

表2-3 各種硬さ値および引張強さの概略換算表

ロックウェルCスケール硬さ	ビッカース硬さ	ブリネル硬さ 10mm球・荷重29.4kN 標準球	ブリネル硬さ 10mm球・荷重29.4kN タングステンカーバイド球	ロックウェル硬さ Aスケール 荷重0.6kN ダイヤモンド円錐圧子	ロックウェル硬さ Bスケール 荷重0.98kN 径1.6mm	ロックウェル硬さ Dスケール 荷重0.98kN ダイヤモンド円錐圧子	ショア硬さ	引張強さ(近似値) MPa
58	653	—	615	80.1	—	69.2	78	—
57	633	—	595	79.6	—	68.5	76	—
56	613	—	577	79.0	—	67.7	75	—
55	595	—	560	78.5	—	66.9	74	2075
54	577	—	543	78.0	—	66.1	72	2015
53	560	—	525	77.4	—	65.4	71	1950
52	544	(500)	512	76.8	—	64.6	69	1880
51	528	(487)	496	76.3	—	63.8	68	1820
50	513	(475)	481	75.9	—	63.1	67	1760
49	498	(464)	469	75.2	—	62.1	66	1695
48	484	451	455	74.7	—	61.4	64	1635
47	471	442	443	74.1	—	60.8	63	1580
46	458	432	432	73.6	—	60.0	62	1530
45	446	421	421	73.1	—	59.2	60	1480
44	434	409	409	72.5	—	58.5	58	1435
43	423	400	400	72.0	—	57.7	57	1385
42	412	390	390	71.5	—	56.9	56	1340
41	402	381	381	70.9	—	56.2	55	1295
40	392	371	371	70.4	—	55.4	54	1250
39	382	362	362	69.9	—	54.6	52	1215
38	372	353	353	69.4	—	53.8	51	1180
37	363	344	344	68.9	—	53.1	50	1160
36	354	336	336	68.4	(109.0)	52.3	49	1115
35	345	327	327	67.9	(108.5)	51.5	48	1080
34	336	319	319	67.4	(108.0)	50.8	47	1055
33	327	311	311	66.8	(107.5)	50.0	46	1025
32	318	301	301	66.3	(107.0)	49.2	44	1000
31	310	294	294	65.8	(106.0)	48.4	43	980
30	302	286	286	65.3	(105.5)	47.7	42	950
29	294	279	279	64.7	(104.5)	47.0	41	930
28	286	271	271	64.3	(104.0)	46.1	41	910
27	279	264	264	63.8	(103.0)	45.2	40	880
26	272	258	258	63.3	(102.5)	44.6	38	860
25	266	253	253	62.8	(101.5)	43.8	38	840
24	260	247	247	62.4	(101.0)	43.1	37	825
23	254	243	243	62.0	100.0	42.1	36	805
22	248	237	237	61.5	99.0	41.6	35	785
21	243	231	231	61.0	98.5	40.9	35	770
20	238	226	226	60.5	97.8	40.1	34	760
(18)	230	219	219	—	96.7	—	33	730
(16)	222	212	212	—	95.5	—	32	705
(14)	213	203	203	—	93.9	—	31	675
(12)	204	194	194	—	92.3	—	29	650
(10)	196	187	187	—	90.7	—	28	620
(8)	188	179	179	—	89.5	—	27	600
(6)	180	171	171	—	87.1	—	26	580
(4)	173	165	165	—	85.5	—	25	550
(2)	166	158	158	—	83.5	—	24	530
(0)	160	152	152	—	81.7	—	24	515

( )内の数値は参考値。ASTM から引用。

3章 はり

3.1. はりの反力・せん断力・曲げモーメント

3.1.1. 反力
両端A, Bで水平にささえられ, 横荷重を受ける棒をはりという。この棒が外力を受けてつりあうために, 支点A, Bには反力が作用する。

図 3-1 (a)において, P_1, P_2 を集中する横荷重, l_1, l_2 を左の支点Aから P_1, P_2 までの距離, l を支点AB間の距離, R_1, R_2 を支点A, Bの反力とすれば, つりあいの条件から

$$R_1 = \frac{P_1(l-l_1) + P_2(l-l_2)}{l},$$

$$R_2 = \frac{P_1 l_1 + P_2 l_2}{l}, \quad R_1 + R_2 = P_1 + P_2$$

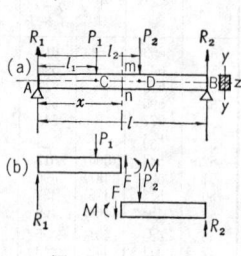

図 3-1 はりの反力

3.1.2. せん断力およびせん断力図
支点Aから任意の距離 x の位置に断面 mn をとると, この断面の左右の部分がつりあうために, せん断力 F が作用しなければならない。

図 3-1 においてせん断力の大きさは,

- AC間では $F = R_1$
- CD間では $F = R_1 - P_1$
- DB間では $F = R_1 - P_1 - P_2 = -R_2$

で, 各断面位置でのせん断力の変化を図示すると図 3-2 (b)のようになる。これをせん断力図という。せん断力は図 3-3 に示すように, 断面の右側が左側に対し下に滑るときを正とし, その逆を負とする。

3.1.3. 曲げモーメントおよび曲げモーメント図
断面 mn (図 3-2) には外力のモーメントにつりあうモーメント M を生じ, その大きさは,

- AC間では $M = R_1 x$
- CD間では $M = R_1 x - P_1(x - l_1)$
- DB間では $M = R_1 x - P_1(x - l_1) - P_2(x - l_2)$

である。この外力のモーメントは, はりを曲げる原因であるから, とくにこれを曲げモーメントという。

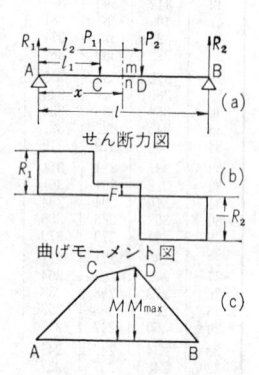

図 3-2 せん断力図および曲げモーメント図

各断面の曲げモーメントの大きさを図示すると図 3-2 (c)のようになり, こ

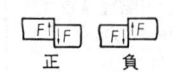

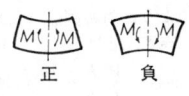

れを曲げモーメント図という。曲げモーメントは図3-4のように下方に湾曲する方向を正とし、その逆を負とする。最大曲げモーメントはせん断力が0なる断面に生じる。

図 3-3 せん断力の正負　図 3-4 曲げモーメントの正負

例題 図 3-5 に示すはりで $P_1=300$ N, $P_2=700$ N, $P_3=1200$ N であるときのせん断力図および曲げモーメント図を描け。

解 (1) 反力
$$R_1=\frac{300\times1100+700\times800+1200\times300}{1500}=833 \text{ N}$$

$R_1+R_2=P_1+P_2+P_3=2300$ N から $R_2=1367$ N

(2) せん断力
R_1P_1 間の断面では
　$F=R_1=833$ N
P_1P_2 間の断面では
　$F=R_1-P_1=833-300=533$ N
P_2P_3 間の断面では
　$F=R_1-P_1-P_2=833-300-700$
　$=-167$ N
P_3R_2 間の断面では
　$F=R_1-P_1-P_2-P_3=-R_2$
　$=-1367$ N

(3) 曲げモーメント　各荷重下の断面の曲げモーメントはそれぞれ
$M_1=R_1\times0.4=833\times0.4$
　　$=333.2$ Nm
$M_2=R_1\times0.7-P_1\times0.3$
　　$=833\times0.7-300\times0.3$
　　$=583.1-90.0=493.1$ Nm
$M_3=R_2\times0.3=1367\times0.3$
　　$=410.1$ Nm

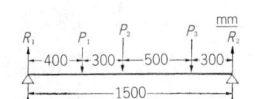

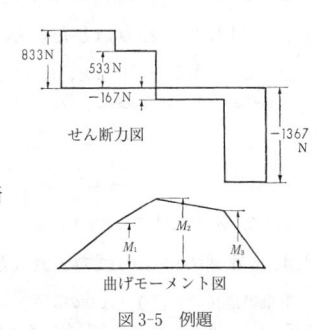

図 3-5　例題

3.2. 曲げ応力

はりに荷重が加えられてたわむとき、曲げモーメントによりはりの垂直断面に中立面を境として引張応力、圧縮応力を生じる。これを曲げ応力という。

はりの曲げ応力 σ_b の大きさは、M を断面の曲げモーメント、I を断面の中立軸に関する断面二次モーメント（3.5 断面二次モーメントおよび断面係数に詳述）、y を中立軸から求める曲げ応力が生じる層までの距離とすれば

$$\sigma_b=\frac{M}{I}y$$

すなわち曲げ応力は中立軸からの距離 y に比例する。したがって、絶対値が最大の応力は上下面に生じる。これを表皮応力ともいう。たとえば長方形断

面のように対称図形（図3-6）の場合，hを
その高さ，曲げモーメントをMとすれば，

$$\sigma_{\max}=\frac{M}{I}\frac{h}{2}=\frac{M}{Z} \text{（引張応力）}$$

$$\sigma_{\min}=\frac{M}{I}\left(-\frac{h}{2}\right)=-\frac{M}{Z} \text{（圧縮応力）}$$

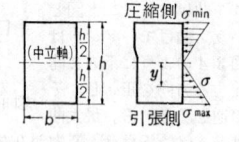

ここに$Z=I/(h/2)$で，これを断面係数という。

図3-6 対称断面のはりの曲げ応力

対称図形でない場合（図3-7）には，中立軸から上下面までの距離をそれぞれe_1，e_2とすれば

$$\sigma_{\max}=\frac{M}{I}e_1=\frac{M}{Z_1} \text{（引張応力）}$$

$$\sigma_{\min}=-\frac{M}{I}e_2=-\frac{M}{Z_2} \text{（圧縮応力）}$$

図3-7 非対称断面のはりの曲げ応力

ここに$Z_1=I/e_1$を引張断面係数，$Z_2=I/e_2$を圧縮断面係数という。

3.3. はりのたわみ角とたわみ

曲げモーメントを受けると，はりはたわむ。このとき，はりの断面の図心がつくる曲線をたわみ曲線という。たわみ角をi，たわみをyとすると，

$$i\fallingdotseq\tan i=\frac{dy}{dx}=\mp\int_0^x \frac{M}{EI}dx+c_1$$

$$y=\mp\int_0^x\left(\int_0^x \frac{M}{EI}dx\right)dx+c_1 x+c_2$$

ここでEIを曲げこわさという。

3.4. 各種のはりの反力・せん断力および曲げモーメント

本章の最後の付表1（はりの図表）に，代表的なはりの反力，せん断力，曲げモーメント，たわみおよびたわみ角の計算式を示す。

3.5. 断面二次モーメント・断面係数

図形の中心を通る中立軸xに関する断面二次モーメントI_xは$I_x=\int_A y^2 dA$で求められる（図3-8）。

図3-8 断面二次モーメント

図3-9 中立軸と異なる軸に関する断面二次モーメント

また，断面の中立軸からaだけ離れた軸に関する断面二次モーメントI'は，断面の面積をAとすると，$I'=I+a^2 A$で求められる（図3-9）。

断面の中心を通り断面に直角な軸に関する二次モーメントを断面二次極モーメントという。断面二次極モーメントをI_pとすると，$I_p=I_x+I_y$の関係がある。

図形が図 3-10 のように共通な中立軸をもつ二つの図形に分けられるとき，その断面二次モーメントは，各々の図形の断面二次モーメントの和（中空のときは差）となる。

本章の最後の付表 2 に，各種の断面形状について，断面積 A，断面二次モーメント I，断面係数 Z および中立軸から上下面までの距離 e，断面二次半径 k を示す。

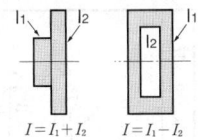

図 3-10 共通な中立軸をもつ二つの図形に分けられる場合

なお，付表 2 の番号 2 と 4 を比較してみるとわかるように，断面二次モーメントが同じでも番号 4 の断面係数が小さい。すなわち，中立軸から上下端までの距離が大きいと最大応力は大きくなる。

例題 図 3-11 に示す断面で，長さ 3.6 m の両端支持の水平のはりがある。最大許容曲げ応力が 63.0 MN/m² のとき，はりの中央にのせられる質量の最大値と，最大たわみを求めよ。ただし，材料の縦弾性係数は 2.1×10^5 MN/m² とする。

解 断面二次モーメント I は，付表 2 の番号 11 に図 3-11 の値を代入して求める。

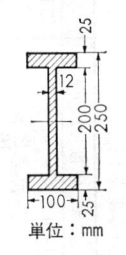

図 3-11 I 型断面

$$I = \frac{1}{12}(100 \times 250^3 - 88 \times 200^3)$$
$$= 7.154 \times 10^7 \text{ (mm}^4) = 7.154 \times 10^{-5} \text{ (m}^4)$$

また断面係数 Z は，

$$Z = \frac{I}{h/2} = \frac{7.154 \times 10^7}{250/2}$$
$$= 5.72 \times 10^5 \text{ (mm}^3) = 5.72 \times 10^{-4} \text{ (m}^3)$$

$\sigma_{max} = M/Z$ だから，許容曲げモーメント M は，
$$M = 63.0 \times 5.72 \times 10^{-4} = 3.60 \times 10^{-2} \text{(MNm)} = 3.60 \times 10^4 \text{(Nm)}$$

中央に荷重をかけた両端支持の水平はりの式は，付表 1 の番号 4 に示してある。ここから最大曲げモーメント M_{max} は中央に生じ，$M_{max} = (1/4)Pl$ であることがわかる。

のせる質量を Q とすると中央にかかる力 P は，$P = Qg$ (g は重力の加速度，ここでは $g = 9.8$ m/s² とする）であるから，これを上式に代入すれば，
$$4 \times 3.60 \times 10^4 = 9.8 \times Q \times 3.6$$

したがって，のせることのできる質量 Q は，$Q = 4082$ kg $= 4.082$ ton となる。

同様に，このときの最大たわみは，付表 1 の番号 4 のたわみの欄を見て
$$\delta_{max} = \frac{Pl^3}{48EI} = \frac{4082 \times 9.8 \times 3.6^3}{48 \times 2.1 \times 10^{11} \times 7.154 \times 10^{-5}}$$
$$= 2.59 \times 10^{-3} \text{ m} = 2.59 \text{ mm}$$

3.6. 連続はり

3.6.1. 連続はり 3 個以上の支点でささえたはりを連続はりという。表 3-1 に支点間の距離の等しい 3 支点の連続はりの反力，せん断力および曲げモーメントを示す。

表3-3 支点間の距離の等しい3支点の連続はり

番号	はりのせん断力図および曲げモーメント図	反力 R	せん断力 F	曲げモーメント M
1		$R_1 = \dfrac{5}{16}P$ $R_2 = \dfrac{11}{8}P$ $R_3 = \dfrac{5}{16}P$	1–m : $F = \dfrac{5}{16}P$ m–2 : $F = -\dfrac{11}{16}P$ 2–n : $F = \dfrac{11}{16}P$ n–3 : $F = -\dfrac{5}{16}P$	点1 : $M = 0$ 点m : $M = \dfrac{5}{32}Pl$ 点2 : $M = -\dfrac{3}{16}Pl$ 点n : $M = \dfrac{5}{32}Pl$ 点3 : $M = 0$
2		$R_1 = \dfrac{3}{8}ql$ $R_2 = \dfrac{10}{8}ql$ $R_3 = \dfrac{3}{8}ql$	支点1の右 : $F_1 = \dfrac{3}{8}ql$ 支点2の左 : $F_{-2} = -\dfrac{5}{8}ql$ 支点2の右 : $F_2 = \dfrac{5}{8}ql$ 支点3の左 : $F_{-3} = -\dfrac{3}{8}ql$	点1 : $M = 0$ 点2 : $M = -\dfrac{1}{8}ql^2$ 点3 : $M = 0$

3.6.2. 連続はりの解き方　3個あるいはそれ以上の支点でささえられるはりの，任意の n 番目の支点について力のつりあい方程式は，その前後の支点の情報を含めて次のように書くことができる（図 **3-12** 参照）。

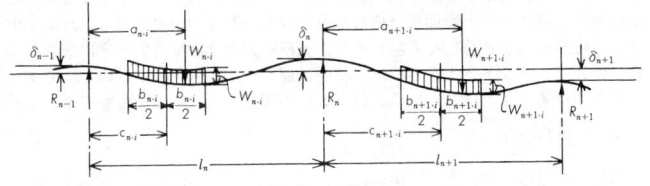

図 3-12　連続はり

M_n：支点 n における曲げモーメント
I_n, E_n：支点 $n-1$ と支点 n の間のはりの断面二次モーメントおよび縦弾性係数
$W_{n,i}$：支点 $n-1$ と支点 n の間にかかる荷重
$w_{n,i}$：支点 $n-1$ と支点 n の間にかかる長さ当たりの分布荷重
$a_{n,i}$：支点 $n-1$ から上記荷重までの距離
$b_{n,i}$：上記分布荷重の分布する長さ
$c_{n,i}$：上記分布荷重の分布の中心から支点 $n-1$ までの距離

$$\frac{l_n}{E_n I_n} M_{n-1} + 2\left(\frac{l_n}{E_n I_n} + \frac{l_{n+1}}{E_{n+1} I_{n+1}}\right) M_n + \frac{l_{n+1}}{E_{n+1} I_{n+1}} M_{n+1}$$
$$+ 6\left(\frac{\delta_{n-1} - \delta_n}{l_n} + \frac{\delta_{n+1} - \delta_n}{l_{n+1}}\right)$$
$$+ \frac{\sum_i W_{n,i}\, a_{n,i}(l_n^2 - a_{n,i}^2)}{E_n I_n l_n} + \frac{\sum_i \{W_{n+1,i}\, a_{n+1,i}(l_{n+1} - a_{n+1,i})(2l_{n+1} - a_{n+1,i})\}}{E_{n+1} I_{n+1} l_{n+1}}$$
$$+ \frac{\sum_i [w_{n,i}\, b_{n,i}\, c_{n,i}\{4(l_n^2 - c_{n,i}^2) - b_{n,i}^2\}]}{4 E_n I_n l_n}$$
$$+ \frac{\sum_i [w_{n+1,i}\, b_{n+1,i}(l_{n+1} - c_{n+1,i})\{4(2l_{n+1} - c_{n+1,i})\, c_{n+1,i} - b_{n+1,i}^2\}]}{4 E_{n+1} I_{n+1} l_{n+1}} = 0$$

この方程式は3個の支点の曲げモーメントを含むので，3モーメント方程式と呼ばれる。

多数の支点でささえられる連続はりの曲げモーメントを求めるには，支点の数だけの3モーメント方程式をつくり，連立方程式として解けばよい。

支点における曲げモーメントが求まると，n 番目の支点の反力は，

$$R_n = \frac{M_{n+1} - M_n}{l_{n+1}} - \frac{M_n - M_{n-1}}{l_n} + \frac{\sum_i W_n a_{n,i}}{l_n} + \frac{\sum_i W_{n+1,i}(l_{n+1} - a_{n+1,i})}{l_{n+1}}$$
$$+ \frac{\sum_i w_{n,i}\, b_{n,i}\, c_{n,i}}{l_n} + \frac{\sum_i w_{n+1,i}\, b_{n+1,i}(l_{n+1} - c_{n+1,i})}{l_{n+1}}$$

として求められる。

支点が弾性支持されている連続はりの曲げモーメントは，この支点反力に支点のばね定数をかけて上の3モーメントの式の支点のたわみ δ に代入すると求められる。なお，この場合は5モーメントの方程式を解くことになる。

3.7. 平等強さのはり

はりの軸に沿って曲げモーメント M の大きさが変わる場合が多い。曲げモーメントが最大となる危険断面の表皮応力が材料の許容応力以下になるように断面係数を定めると，断面が一様なはりでは他の断面の表皮応力はこれより小さい。軽量化，省資源化を考慮すると，表皮応力が全長でほぼ一定になるように，曲げモーメントの大きさに応じて断面係数を変化させればよい。このようなはりを平等強さのはりという。付表 3 に平等強さのはりの図表を示す。

3.8. 曲りはり

3.8.1. 曲りはりの応力　中心軸が平面曲線であり，はりの断面が対称軸をもつとき，このはりを曲りはりという。

図 3-13 は，曲りはりの微小部分を示す。曲りはりの中立軸は中心軸から e だけ離れたところにあり，内部応力は双曲線状に変化する。

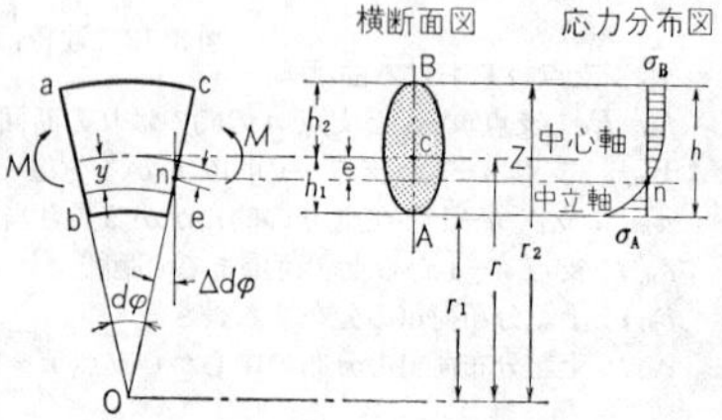

曲りはりの中心軸から y の距離の曲げ応力 σ_x は，M：曲げモーメント，A：断面積，R：はりの曲率半径とすると，$\sigma_x = \dfrac{M}{AR}\left\{1 + \dfrac{y}{\kappa(R+y)}\right\}$ となる。

図 3-13　曲りはり

ここで，κ は曲りはりの断面係数で $\kappa = -\dfrac{1}{A}\displaystyle\int_A \dfrac{y}{R+y}\,dA$ で与えられ，断面の寸法が R に比べて小さいときは，ほとんど無視できる無次元の正の整数である。はりの上面の応力は　$\sigma_B = \dfrac{M}{AR}\left\{1 + \dfrac{h_2+e}{\kappa(R-h_1)}\right\}$，下面の応力は
$\sigma_A = \dfrac{M}{AR}\left\{1 - \dfrac{h_1-e}{\kappa(R-h_2)}\right\}$ となる。

3.8.2. 曲りはりの断面係数
主な断面形状の曲りはりの断面係数 κ を示す (図 3-14)。

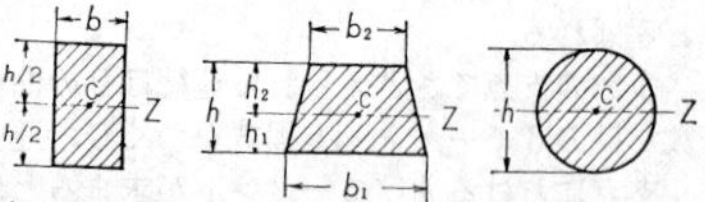

(1) 矩形　$\kappa = \dfrac{R}{h}\log_e \dfrac{2R+h}{2R-h} - 1$

(2) 台形　$\kappa = \dfrac{2R}{h(b_1+b_2)}\left[\left\{b_1 + \dfrac{b_2-b_2}{h}(R+h_2)\right\}\log_e \dfrac{R+h_2}{R-h_1} - (b_2-b_1)\right] - 1$

ただし，$h_1 = \dfrac{h}{3}\dfrac{2b_1+b_1}{b_1+b_2}$，$h_2 = \dfrac{h}{3}\dfrac{b_1+2b_2}{b_1+b_2}$

(3) 円形　$\kappa = \dfrac{2}{(r/R)^2}\left[1 - \sqrt{1-(r/R)^2}\right] - 1$

図 3-14　曲りはりの断面形状
(a) 矩形　(b) 台形　(c) 円形

3編 3章 付表1 はりの図表(1)

番号	曲げモーメント図、せん断力図および弾性曲線	反力 R、せん断力 F	曲げモーメント M	たわみ δ	たわみ角 i
1		$R = P$ $F = -P$	$M = -Px$ $x = l$: $M_{max} = -Pl$	$\delta = \dfrac{Pl^3}{3EI}$ $\times \left(1 - \dfrac{3x}{2l} + \dfrac{x^3}{2l^3}\right)$ $x = 0$: $\delta_{max} = \dfrac{Pl^3}{3EI}$	$i = \dfrac{Pl^2}{2EI}\left(1 - \dfrac{x^2}{l^2}\right)$ $x = 0$: $i_{max} = \dfrac{Pl^2}{2EI}$
2		$R = P$ $0 \leq x < l_1$: $F = 0$ $l_1 < x < l$: $F = -P$	$0 \leq x \leq l_1$: $M = 0$ $l_1 \leq x \leq l$: $M = -P(x - l_1)$ $x = l$: $M_{max} = -Pl_2$	$l_1 \leq x \leq l$: $\delta = \dfrac{Pl_2^3}{3EI}\left\{1 - \dfrac{3(x - l_1)}{2l_2}\right.$ $\left. + \dfrac{(x - l_1)^3}{2l_2^3}\right\}$ $x = 0$: $\delta_{max} = \dfrac{Pl_2^3}{3EI}\left(1 + \dfrac{3l_1}{2l_2}\right)$ $x = l_1$: $\delta = \dfrac{Pl_2^3}{3EI}$	$l_1 \leq x \leq l$: $i = \dfrac{Pl_2^2}{2EI}$ $\times \left\{1 - \dfrac{(x - l_1)^2}{l_2^2}\right\}$ $0 \leq x \leq l_1$: $i = \dfrac{Pl_2^2}{2EI}$

3 編 3 章　付表 1　はりの図表 (2)

番号	曲げモーメント図, せん断力図および弾性曲線	反力 R, せん断力 F	曲げモーメント M	たわみ δ	たわみ角 i
3		$R = ql$ $F = -qx$ $x = l:$ $F_{max} = -ql$	$M = -\dfrac{1}{2}qx^2$ $x = l:$ $M_{max} = -\dfrac{1}{2}ql^2$	$\delta = \dfrac{ql^4}{8EI}\left(1 - \dfrac{4x}{3l} + \dfrac{x^4}{3l^4}\right)$ $x = 0:$ $\delta_{max} = \dfrac{ql^4}{8EI}$	$i = -\dfrac{ql^3}{6EI}\left(1 - \dfrac{x^3}{l^3}\right)$ $x = 0:$ $i_{max} = -\dfrac{ql^3}{6EI}$
4		$R_1 = R_2 = \dfrac{P}{2}$ $0 \leq x < \dfrac{l}{2}:$ $F = \dfrac{P}{2}$ $\dfrac{l}{2} < x \leq l:$ $F = -\dfrac{P}{2}$	$0 \leq x \leq \dfrac{l}{2}:$ $M = \dfrac{P}{2}x$ $\dfrac{l}{2} \leq x \leq l:$ $M = \dfrac{P}{2}(l-x)$ $x = \dfrac{1}{2}l:$ $M_{max} = \dfrac{1}{4}Pl$	$0 \leq x \leq \dfrac{l}{2}:$ $\delta = \dfrac{Pl^3}{48EI}\left(\dfrac{3x}{l} - \dfrac{4x^3}{l^3}\right)$ $x = \dfrac{l}{2}:$ $\delta_{max} = \dfrac{Pl^3}{48EI}$	$0 \leq x \leq \dfrac{l}{2}:$ $i = \dfrac{Pl^2}{16EI}\left(1 - \dfrac{4x^2}{l^2}\right)$ $x = 0:$ $i = \dfrac{Pl^2}{16EI}$ $x = l:$ $i = -\dfrac{Pl^2}{16EI}$

3章 はり

	5	6
図	(図: 単純ばりに集中荷重P、支点A,B、R_1, R_2、位置 l_1, l_2、たわみδ_c、せん断力図$\frac{l_2}{l}P$, $-\frac{l_1}{l}P$、曲げモーメント図$\frac{l_1l_2}{l}P$)	(図: 単純ばりに区間等分布荷重q、支点C,D、R_1, R_2、δ_1, δ_2、せん断力図$\frac{ql_2}{2}$、曲げモーメント図 $-\frac{1}{2}ql_1^2$, $\frac{ql_2^2}{8}\left(\frac{l_1}{l}-\frac{1}{4}\right)$)
反力	$R_1 = \frac{l_2}{l}P$ $R_2 = \frac{l_1}{l}P$	$R_1 = R_2 = \frac{1}{2}ql$
せん断力	$0 \leq x \leq l_1$: $F = \frac{l_2}{l}P$ $l_1 < x \leq l$: $F = -\frac{l_1}{l}P$	$0 < x < l_1$: $F = -qx$ $l_1 < x < l_1+l_2$: $F = -q\left(x - \frac{1}{2}l\right)$ $x=0, x = \frac{1}{2}l, x = l$: $F = 0$
曲げモーメント	$0 \leq x \leq l_1$: $M = \frac{l_2}{l}Px$ $l_1 \leq x \leq l$: $M = \frac{Pl_1(l-x)}{l}$ $x = l_1$: $M_{\max} = \frac{Pl_1l_2}{l}$	$0 \leq x \leq l_1$: $M = -\frac{1}{2}qx^2$ $l_1 \leq x \leq l_1+l_2$: $M = -\frac{q}{2}$ $\times \{x(x-l) + l_1l\}$ $x = l_1$: $M = -\frac{1}{2}ql_1^2$ $x = \frac{1}{2}l$: $M = \frac{ql}{8}(4l_1 - l)$
たわみ	$0 \leq x \leq l_1$: $\delta = \frac{Pl_1^2l_2^2}{6EIl}$ $\times \left(\frac{2x}{l_1} + \frac{x^3}{l_2} - \frac{x^3}{l_1^2l_2}\right)$ $l_1 > l_2$: $x = \left(\frac{l^2-l_2^2}{3}\right)^{\frac{1}{2}}$ の位置で $\delta_{\max} = \frac{Pl_2(l^2-l_2^2)^{\frac{3}{2}}}{9\sqrt{3}EIl}$	$x = 0$: $\delta_1 = \frac{ql_1}{24EI}(3l_1^3 + 6l_1^2l_2 - l_2^3)$ $x = \frac{l}{2}$: $\delta_2 = \frac{ql_2^2}{384EI}$ $\times (5l_2^2 - 24l_1^2)$
たわみ角	$0 \leq x \leq l_1$: $i = \frac{Pl_1l_2^2}{6EIl}$ $\times \left(2 + \frac{l_1}{l_2} - \frac{3x^2}{l_1l_2}\right)$ $x = 0$: $i = \frac{Pl_2(l^2-l_2^2)}{6EIl}$ $x = l$: $i = -\frac{Pl_1(l^2-l_1^2)}{6EIl}$ $x = l_1$: $i = -\frac{Pl_1l_2(l_1-l_2)}{3EIl}$	—

3編 3章 付表1 はりの図表(3)

番号	曲げモーメント図,せん断力図および弾性曲線	反力 R,せん断力 F	曲げモーメント M	たわみ δ	たわみ角 i
7		$R_1 = R_2 = P$ $0 \leq x \leq l_1:$ $F = -P$ $l_1 \leq x \leq l_1 + l_2:$ $F = 0$ $l_1 + l_2 \leq x \leq l:$ $F = P$	$0 \leq x \leq l_1:$ $M = -Px$ $l_1 \leq x \leq l_1 + l_2:$ $M = -Pl_1$ $l_1 + l_2 \leq x \leq l:$ $M = -P(l - x)$	$x = 0,\ x = l:$ $\delta_1 = \dfrac{Pl_1^3}{6EI}\left(\dfrac{3l_2}{l_1} + 2\right)$ $x = \dfrac{l}{2}:$ $\delta_2 = \dfrac{Pl_1 l_2}{8EI}$	$x = 0:$ $i = -\dfrac{Pl_1(l_1 + l_2)}{2EI}$ $x = l_1:$ $i = -\dfrac{Pl_1 l_2}{2EI}$
8		$R_1 = R_2 = \dfrac{1}{2}ql$ $F = q\left(\dfrac{1}{2}l - x\right)$ $x = 0:$ $F_{\max} = \dfrac{1}{2}ql$ $x = l:$ $F_{\min} = -\dfrac{1}{2}ql$ $x = \dfrac{l}{2}:$ $F = 0$	$M = \dfrac{qx}{2}(l - x)$ $x = \dfrac{l}{2}:$ $M_{\max} = \dfrac{ql^2}{8}$	$\delta = \dfrac{ql^4}{24EI}\left(\dfrac{x}{l} - \dfrac{2x^3}{l^3} + \dfrac{x^4}{l^4}\right)$ $x = \dfrac{l}{2}:$ $\delta_{\max} = \dfrac{5}{384}\dfrac{ql^4}{EI}$	$i = \dfrac{ql^3}{24EI}\left(1 - \dfrac{6x^2}{l^2} + \dfrac{4x^3}{l^3}\right)$ $x = 0:$ $i_{\max} = \dfrac{ql^3}{24EI}$ $x = l:$ $i_{\min} = -\dfrac{ql^3}{24EI}$

3章 はり

9

図：両端固定はり、中央集中荷重 P、支点 M_a, M_b、反力 $R_1=P/2$, $R_2=P/2$、中央たわみ δ_{max}。せん断力図：$P/2$, $-P/2$。曲げモーメント図：M、最大値 $-Pl/8$、$+\frac{1}{8}Pl$。

$R_1 = R_2 = \dfrac{P}{2}$

$0 \leq x \leq \dfrac{l}{2}:$

$F = \dfrac{P}{2}$

$\dfrac{l}{2} \leq x \leq l:$

$F = -\dfrac{P}{2}$

$0 \leq x \leq \dfrac{l}{2}:$

$M = -\dfrac{Pl}{2}\left(\dfrac{1}{4} - \dfrac{x}{l}\right)$

$\dfrac{l}{2} \leq x \leq l:$

$M = -\dfrac{Pl}{2}\left(\dfrac{x}{l} - \dfrac{3}{4}\right)$

$x = 0,\ x = l:$

$M_{min} = -\dfrac{1}{8}Pl$

$x = \dfrac{l}{2}:\ M_{max} = \dfrac{1}{8}Pl$

$0 \leq x \leq \dfrac{l}{2}:$

$\delta = \dfrac{Pl^3}{16EI}$

$\times \left(\dfrac{x^2}{l^2} - \dfrac{4x^3}{3l^3}\right)$

$x = \dfrac{l}{2}:$

$\delta_{max} = \dfrac{Pl^3}{192EI}$

$0 \leq x \leq \dfrac{l}{2}:$

$i = \dfrac{Pl^2}{8EI}\left(\dfrac{x}{l} - \dfrac{2x^2}{l^2}\right)$

$x = 0,\ x = \dfrac{l}{2},\ x = l:$

$\quad i = 0$

$x = \dfrac{l}{4}:$

$i_{max} = \dfrac{Pl^2}{64EI}$

10

図：両端固定はり、偏心集中荷重 P、支点 M_a, M_b、l_1, l_2、たわみ δ_1、反力 R_1, R_2。せん断力図と曲げモーメント図 M_1, M_2, M_3。

$R_1 = \dfrac{Pl_2^2(3l_1 + l_2)}{l^3}$

$R_2 = \dfrac{Pl_1^2(l_1 + 3l_2)}{l^3}$

$0 \leq x \leq l_1:$

$F = \dfrac{Pl_2^2(3l_1 + l_2)}{l^3}$

$l_1 \leq x \leq l:$

$F = -\dfrac{Pl_1^2(l_1 + 3l_2)}{l^3}$

$0 \leq x \leq l_1:$

$M = -\dfrac{Pl_2^2}{l^2}$

$\times \left\{l_1 - \dfrac{x(3l_1 + l_2)}{l}\right\}$

$l_1 \leq x \leq l:$

$M = \dfrac{Pl_1^2}{l^2}(l_1 + 2l_2)$

$\qquad - \dfrac{x}{l}(l_1 + 3l_2)$

$x = 0:$

$M_1 = -\dfrac{Pl_1l_2^2}{l^2}$

$x = l:$

$M_2 = -\dfrac{Pl_1^2l_2}{l^2}$

$x = l_1:$

$\delta_1 = \dfrac{Pl_1^3l_2^3}{3EIl^3}$

$l_1 > l_2:$

$x = \dfrac{2l_1l}{3l_1 + l_2}$ のとき

$\delta_{max} = \dfrac{2Pl_1^3l_2^2}{3EI(3l_1+l_2)^2}$

$x = l_1:$

$i_2 = \dfrac{Pl_1^2l_2^2(l_2-l_1)}{2EIl^3}$

$x = l_1:$

$M_3 = \dfrac{2Pl_1^2l_2^2}{l^3}$

3編 3章 付表1 はりの図表(4)

番号	曲げモーメント図, せん断力図および弾性曲線	反力 R, せん断力 F	曲げモーメント M	たわみ δ	たわみ角 i
11		$R_1 = R_2 = \dfrac{1}{2}ql$ $F = \dfrac{1}{2}q(l-2x)$ $x=0:$ $F = \dfrac{ql}{2}$ $x=l:$ $F = -\dfrac{ql}{2}$	$M = -\dfrac{ql^2}{2}\left(\dfrac{1}{6} - \dfrac{x}{l} + \dfrac{x^2}{l^2}\right)$ $x=0,\ x=l:$ $M_{\min} = -\dfrac{1}{12}ql^2$ $x = l/2:$ $M_{\max} = \dfrac{1}{24}ql^2$	$\delta = \dfrac{ql^4}{24EI}\left(\dfrac{x^2}{l^2} - \dfrac{2x^3}{l^3} + \dfrac{2x^4}{l^4}\right)$ $x = \dfrac{l}{2}:$ $\delta_{\max} = \dfrac{ql^4}{384EI}$	$i = -\dfrac{ql^3}{12EI}\left(\dfrac{x}{l} - \dfrac{3x^2}{l^2} + \dfrac{2x^3}{l^3}\right)$
12		$R_1 = \dfrac{5}{16}P$ $R_2 = \dfrac{11}{16}P$ $0 \leq x < \dfrac{l}{2}:$ $F = -\dfrac{5}{16}P$ $\dfrac{l}{2} < x \leq l:$ $F = \dfrac{11}{16}P$	$0 \leq x \leq \dfrac{l}{2}:$ $M = \dfrac{5}{16}Px$ $\dfrac{l}{2} \leq x \leq l:$ $M = -Pl\left(\dfrac{11x}{16l} - \dfrac{1}{2}\right)$ $x = \dfrac{l}{2}:\ M = \dfrac{5}{32}Pl$ $x = l:\ M = -\dfrac{3}{16}Pl$	$x = \dfrac{1}{\sqrt{5}}:$ $\delta = \dfrac{7}{768}\dfrac{Pl^3}{EI}$ $x = \dfrac{1}{\sqrt{5}}:$ $\delta_{\max} = \dfrac{Pl^3}{48\sqrt{5}EI}$	$0 \leq x \leq \dfrac{l}{2}:$ $i = -\dfrac{Pl^2}{32EI}$ $\times \left(1 - \dfrac{5x^2}{l^2}\right)$ $\dfrac{l}{2} \leq x \leq l:$ $i = -\dfrac{Pl^2}{32EI}$ $\times \left(5 - \dfrac{16x}{l} + \dfrac{11x^2}{l^2}\right)$

3章 はり

13

$R_1 = \dfrac{Pl_2^2}{2l^3}(3l_1 + 2l_2)$

$R_2 = \dfrac{Pl_1^2}{2l^3}(2l_1 + 6l_1 l_2 + 3l_2^2)$

$F_1 = -R_1$

$F_2 = R_2$

$0 \leq x \leq l_1:$
$M = \dfrac{Pl_2^2(3l_1 + 2l_2)x}{2l^3}$

$l_1 \leq x \leq l:$
$M = \dfrac{Pl_2^2(3l_1 + 2l_2)x}{2l^3} - P(x - l_1)$

$x = l:$
$M_2 = -\dfrac{Pl_1 l_2}{2l^2}(2l_1 + l_2)$

$x = l_1:$
$M_3 = \dfrac{Pl_1 l_2^2}{2l^3}(3l_1 + 2l_2)$

$x = l_1:$
$\delta = \dfrac{Pl_1^2 l_2^3(4l_1 + 3l_2)}{12EIl^3}$

14

$R_1 = \dfrac{3}{8}ql$

$R_2 = \dfrac{5}{8}ql$

$F = q\left(\dfrac{3l}{8} - x\right)$

$x = 0:$
$F = \dfrac{3}{8}ql$

$x = l:$
$F = -\dfrac{5}{8}ql$

$M = -\dfrac{qlx}{2}\left(\dfrac{x}{l} - \dfrac{3}{4}\right)$

$x = l:$
$M_{\min} = -\dfrac{1}{8}ql^2$

$x = \dfrac{3}{8}l:$
$M_{\max} = \dfrac{9}{128}ql^2$

$\delta = \dfrac{ql^4}{48EI}\left(\dfrac{x}{l} - \dfrac{3x^3}{l^3} + \dfrac{2x^4}{l^4}\right)$

$x = \dfrac{l}{2}: \quad \delta = \dfrac{ql^4}{192EI}$

$x = \dfrac{8}{8}l:$
$\delta = \dfrac{ql^4}{187.2EI}$

$i = \dfrac{ql^3}{48EI} \times \left(1 - \dfrac{9x^2}{l^2} + \dfrac{8x^3}{l^3}\right)$

$x = 0:$
$i_{\max} = \dfrac{ql^3}{48EI}$

$x = \dfrac{1+\sqrt{33}}{16}l$
$= 0.4215l:$
$\delta_{\max} = \dfrac{ql^4}{184.6EI}$

3編 3章 付表 2 各種断面の断面積 A, 断面二次モーメント I, 断面係数 Z, 断面二次半径 k (1)

番号	断面形	A	I	Z	k^2
1		bh	$\dfrac{1}{12}bh^3$	$e=\dfrac{1}{2}h$ $\dfrac{1}{6}bh^2$	$\dfrac{1}{12}h^2$
2		a^2	$\dfrac{1}{12}a^4$	$e=\dfrac{1}{2}a$ $\dfrac{1}{6}a^3$	$\dfrac{1}{12}a^2$
3		$a^2-a_1^2$	$\dfrac{1}{12}(a^4-a_1^4)$	$e=\dfrac{1}{2}a$ $\dfrac{1}{6}\cdot\dfrac{a^4-a_1^4}{a}$	$\dfrac{1}{12}(a^2+a_1^2)$
4		a^2	$\dfrac{1}{12}a^4$	$e=\dfrac{1}{\sqrt{2}}a$ $\dfrac{\sqrt{2}}{12}a^3$	$\dfrac{1}{12}a^2$

	断面	A	I	$e, Z = I/e$
5	(正方形内の正方形, 辺 a, 内辺 a_1, 対角 $\sqrt{2}a$)	$a^2 - a_1^2$	$\dfrac{1}{12}(a^4 - a_1^4)$	$e = \dfrac{a}{\sqrt{2}}$ $\dfrac{\sqrt{2}}{12} \cdot \dfrac{a^4 - a_1^4}{a}$	$\dfrac{1}{12}(a^2 + a_1^2)$
6	(三角形, 底 b, 高さ h, $e_1 = \frac{2}{3}h$, $e_2 = \frac{1}{3}h$)	$\dfrac{1}{2}bh$	$\dfrac{1}{36}bh^3$	$e_1 = \dfrac{2}{3}h,\ e_2 = \dfrac{1}{3}h$ $Z_1 = \dfrac{I}{e_1} = \dfrac{1}{24}bh^2$ $Z_2 = \dfrac{I}{e_2} = \dfrac{1}{12}bh^2$	$\dfrac{1}{18}h^2$
7	(正六角形, 対辺 $\sqrt{3}a$, 辺 a)	$\dfrac{3\sqrt{3}}{2}a^2$	$\dfrac{5\sqrt{3}}{16}a^4$	$e = \dfrac{\sqrt{3}}{2}a$ $\dfrac{5}{8}a^3$	$\dfrac{5}{24}a^2$
8	(正六角形, 対角 $2a$, 辺 a)			$e = a$ $\dfrac{5\sqrt{3}}{16}a^3$	

3編 3章 付表 2 各種断面の断面積 A, 断面二次モーメント I, 断面係数 Z, 断面二次半径 k (2)

番号	断 面 形	A	I	Z	k^2
9		$\left(b+\dfrac{1}{2}b_1\right)h$	$\dfrac{6b^2+6bb_1+b_1^2}{36(2b+b_1)}h^3$	$e_1=\dfrac{1}{3}\cdot\dfrac{3b+2b_1}{2b+b_1}h$ $Z_1=\dfrac{6b^2+6bb_1+b_1^2}{12(3b+2b_1)}h^2$	$\dfrac{6b^2+6bb_1+b_1^2}{18(2b+b_1)^2}h^2$
10		$b_2h_2-b_1h_1$	$\dfrac{1}{12}(b_2h_2^3-b_1h_1^3)$	$e=\dfrac{h_2}{2}$ $\dfrac{1}{6}\cdot\dfrac{b_2h_2^3-b_1h_1^3}{h_2}$	$\dfrac{1}{12}\cdot\dfrac{b_2h_2^3-b_1h_1^3}{b_2h_2-b_1h_1}$
11					
12					

13	(図)	$b_1h_1 + b_2h_2$	$\dfrac{1}{12}(b_1h_1^3 + b_2h_2^3)$	$\dfrac{1}{12} \cdot \dfrac{b_1h_1^3 + b_2h_2^3}{b_1h_1 + b_2h_2}$
14	(図)			$e = \dfrac{h_2}{2}$ $\dfrac{1}{6} \cdot \dfrac{b_1h_1^3 + b_2h_2^3}{h_2}$
15	(図)			
16	(図)		$\dfrac{1}{3}(b_3e_2^3 - b_1h_3^3 + b_2e_1^3)$	$e_2 = \dfrac{b_1h_1^2 + b_2h_2^2}{2(b_1h_1 + b_2h_2)}$ $e_1 = h_2 - e_2$ $\dfrac{1}{3} \cdot \dfrac{b_3e_2^3 - b_1h_3^3 + b_2e_1^3}{b_1h_1 + b_2h_2}$

3 編 3 章 付表 2 各種断面の断面積 A, 断面二次モーメント I, 断面係数 Z, 断面二次半径 k (3)

番号	断 面 形	A	I	Z	k^2
17		$b_1h_1 + b_2h_2$	$\dfrac{1}{3}(b_3e_2{}^3 - b_1h_3{}^3 + b_2e_1{}^3)$	$e_2 = \dfrac{b_1h_1{}^2 + b_2h_2{}^2}{2(b_1h_1 + b_2h_2)}$ $e_1 = h_2 - e_2$	$\dfrac{1}{3} \dfrac{b_3e_2{}^3 - b_1h_3{}^3 + b_2e_1{}^3}{b_1h_1 + b_2h_2}$
18					
19		$b_1h_1 + b_2h_2 + b_3h_3$	$\dfrac{1}{3}(b_4e_1{}^3 - b_1h_5{}^3 + b_5e_2{}^3 - b_3h_4{}^3)$	$e_2 = \dfrac{b_2h_2{}^2 + b_3h_3{}^2 + b_1h_1(2h_2 - h_1)}{2(b_1h_1 + b_2h_2 + b_3h_3)}$ $e_1 = h_2 - e_2$	
20					

21	(circle, diameter d)	$\dfrac{\pi}{4}d^2$	$\dfrac{\pi}{64}d^4$	$e=\dfrac{d}{2}$ $\dfrac{\pi}{32}d^3$	$\dfrac{1}{16}d^2$
22	(hollow circle, D, d)	$\dfrac{\pi}{4}(D^2-d^2)$	$\dfrac{\pi}{64}(D^4-d^4)$	$e=\dfrac{D}{2}$ $\dfrac{\pi}{32}\dfrac{D^4-d^4}{D}$	$\dfrac{1}{16}(D^2+d^2)$
23	(semicircle, radius r)	$\dfrac{\pi}{2}r^2$	$\left(\dfrac{\pi}{8}-\dfrac{8}{9\pi}\right)r^4$ $=0.1098r^4$	$e_1=0.5756r$ $e_2=0.4244r$ $Z_1=\dfrac{I}{e_1}=0.1908r^3$ $Z_2=\dfrac{I}{e_2}=0.2587r^3$	$\dfrac{9\pi^2-64}{36\pi^2}r^2$ $=0.0697r^2$ $k=0.264r$
24	(semi-annulus, R, r)	$\dfrac{\pi}{2}(R^2-r^2)$	$0.1098(R^4-r^4)$ $-\dfrac{0.283R^2r^2(R-r)}{R+r}$	$e_2=\dfrac{4(R^2+Rr+r^2)}{3\pi(R+r)}$ $e_1=R-e_2$	$\fallingdotseq 0.096 r_m{}^2$ $(k\fallingdotseq 0.31 r_m)$ $r_m=\dfrac{R+r}{2}$

3編 3章 付表2 各種断面の断面積 A、断面二次モーメント I、断面係数 Z、断面二次半径 k (4)

番号	断 面 形	A	I	Z	k^2
25	だ円	πab	$\dfrac{\pi}{4} a^3 b$	$e = a$ $\dfrac{\pi}{4} a^2 b$	$\dfrac{1}{4} a^2$
26	中空だ円	$\pi(a_2 b_2 - a_1 b_1)$	$\dfrac{\pi}{4}(a_2^3 b_2 - a_1^3 b_1)$	$e = a_2$ $\dfrac{\pi}{4} \cdot \dfrac{a_2^3 b_2 - a_1^3 b_1}{a_2}$	$\dfrac{1}{4} \dfrac{a_2^3 b_2 - a_1^3 b_1}{a_2 b_2 - a_1 b_1}$ $\fallingdotseq \dfrac{1}{4} \dfrac{a_2^2(a_2 + 3b_2)}{a_2 + b_2}$
27	半だ円	$\dfrac{\pi}{2} ab$	$0.10975 a^3 b$	$e_1 = 0.4244a$ $e_2 = 0.5756a$ $Z_1 = 0.2586 a^2 b$ $Z_2 = 0.1907 a^2 b$	—

3編 3章 付表 3 平等強さのはり(1) 自由端に集中荷重 P を受ける片持はり

番号	はりの形状	断面の形状	上面側面の形状	公式
1	(a), (b) 破線は近似形状	長方形 幅 b 一定	上面：長方形 側面： (a) 上部は直線 下部は放物線 (b) 上下ともに放物線	$h=\sqrt{\dfrac{6Px}{b\sigma_b}}$ $h_0=\sqrt{\dfrac{6Pl}{b\sigma_b}}$ $\delta_f=\dfrac{8P}{bE}\left(\dfrac{l}{h_0}\right)^3$
2		長方形 高さ h 一定 弾性曲線：円弧	上面：三角形 側面：長方形	$b=\dfrac{6Px}{h^2\sigma_b}$ $b_0=\dfrac{6Pl}{h^2\sigma_b}$ $\delta_f=\dfrac{6P}{bE}\left(\dfrac{l}{h}\right)^3$
3	破線は近似形状	円形	側面：三次放物線	$d=\sqrt[3]{\dfrac{32Px}{\pi\sigma_b}}$ $d_0=\sqrt[3]{\dfrac{32Pl}{\pi\sigma_b}}$

3編 3章 付表3 平等強さのはり(2) 全長に等分布荷重 q を受ける片持はり

番号	はりの形状	断面の形状	上面側面の形状	公式
4		長方形 幅 b 一定 等分布荷重 q を受ける。 $(P=ql)$	上面：長方形 側面：三角形	$h = x\sqrt{\dfrac{3P}{bl\sigma_b}}$ $h_0 = \sqrt{\dfrac{3Pl}{b\sigma_b}}$ $\delta_f = \dfrac{6P}{bE}\left(\dfrac{l}{h_0}\right)^3$
5		長方形 高さ h 一定 等分布荷重 q を受ける。 $(P=ql)$	上面：自由端を頂点とする二つの放物線 側面：長方形	$b = \dfrac{3P}{l\sigma_b}\left(\dfrac{x}{h}\right)^2$ $b_0 = \dfrac{3Pl}{h^2\sigma}$ $\delta_f = \dfrac{3P}{bE}\left(\dfrac{l}{h}\right)^3$
6	破線は近似形状	円形 等分布荷重 q を受ける。 $(P=ql)$	三次放物線	$d = \sqrt[3]{\dfrac{16Px^2}{\pi l \sigma_b}}$ $d_0 = \sqrt[3]{\dfrac{16Pl}{\pi\sigma_b}}$

3編 3章 付表3 平等強さのはり(3) 両端支持はり σ_b：材料の許容応力，E：材料の縦弾性係数，δ_c：中央のたわみ

番号	は り の 形 状	断 面 の 形 状	上面側面の形状	公 式
7		長 方 形 幅 b 一 定	上面：長方形 側面：支点を頂点とする放物線	$h=\sqrt{\dfrac{3Px}{b\sigma_b}},\ h_0=\sqrt{\dfrac{3Pl}{2b\sigma_b}}$ $\delta_\sigma=\dfrac{P}{2bE}\left(\dfrac{l}{h_0}\right)^3$
8		長 方 形 高さ h 一 定	上面：ひし形 側面：長方形	$b=\dfrac{3Px}{h^2\sigma_b},\ b_0=\dfrac{3Pl}{2h^2\sigma_b}$ $\delta_c=\dfrac{3P}{8bE}\left(\dfrac{l}{h}\right)^3$
9	等分布荷重 破線は近似形状	長 方 形 幅 b 一 定 等分布荷重 q を受ける。 $(P=ql)$	上面：長方形 側面：半だ円	$\dfrac{x^2}{\left(\dfrac{l}{2}\right)^2}+\dfrac{h^2}{\dfrac{3Pl}{4b\sigma_b}}=1$ $h_0=\sqrt{\dfrac{3Pl}{4b\sigma_b}}$ $\delta_c=\dfrac{3(\pi-2)}{16}\dfrac{P}{bE}\left(\dfrac{l}{h_0}\right)^3$

4章 柱

4.1. 短柱

断面積に対して長さの比較的短い柱を短柱という。

4.1.1. 2種類の材料を軸に対称に組み合わせた短柱 (図4-1) P を軸方向の圧縮荷重，E_1, E_2 を各材料の縦弾性係数，A_1, A_2 を各材料の断面積，σ_1, σ_2 を各材料の圧縮応力とすると，両材料の変形が等しいことから，

$$A = A_1 + A_2, \quad E_1/E_2 = n \text{ とおけば}$$
$$\sigma_2 = \frac{P}{A_2 + nA_1} = \frac{P}{A + (n-1)A_1}$$
$$\sigma_1 = n\sigma_2$$

図4-1 2種類の材料の短柱

例題 $P = 0.4$ MN, $d_1 = 200\,\phi$ mm, $d_2 = 100\,\phi$ mm, $E_1 = 2.15 \times 10^5$ MPa, $E_2 = 1.15 \times 10^5$ MPa であるとき，それぞれの圧縮応力を求めよ。

解 $n = \dfrac{E_1}{E_2} = \dfrac{2.15 \times 10^5}{1.15 \times 10^5} = 1.87$

$$\sigma_2 = \frac{0.4}{\dfrac{\pi}{4} \times 0.2^2 + (1.87-1) \times \dfrac{\pi}{4}(0.2^2 - 0.1^2)} = 7.7 \text{ MPa}$$

$$\sigma_1 = 1.87 \times 7.7 = 14.4 \text{ MPa}$$

4.1.2. 軸方向に偏心荷重を受ける短柱 短柱の断面の一つの対称軸上に図4-2のように偏心圧縮荷重が作用するとき，P を偏心圧縮荷重，e を偏心距離，A を短柱の断面積，I を荷重が作用する対称軸に直交する対称軸に関する断面二次モーメント，k を断面二次半径 $= \sqrt{I/A}$ (3編3章付表2参照) とすれば，材料は荷重 P による圧縮と，偶力 Pe による曲げの作用を同時に受けるから，断面には圧縮応力 σ_c と曲げ応力 σ_b との合成応力 σ を生じる。

$$\sigma_c = -\frac{P}{A} \quad (\text{図4-2(b)})$$

$$\sigma_b = \pm \frac{Pe}{I} \cdot \frac{h}{2} \quad (\text{図4-2(c)})$$

したがって，

$$\sigma = \sigma_c + \sigma_b = -\frac{P}{A} \pm \frac{Pe}{I} \cdot \frac{h}{2} = -\frac{P}{A}\left(1 \mp \frac{e}{k^2} \cdot \frac{h}{2}\right)$$

で，右側の圧縮荷重が偏った側に最大の圧縮応力を生じ (図4-2(d))，その大きさは

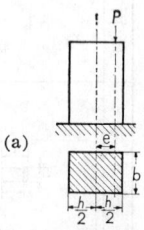

図4-2 短柱

$\sigma_1 = -\dfrac{P}{A}\left(1+\dfrac{e}{k^2}\cdot\dfrac{h}{2}\right)$, また，左側には $\sigma_2 = -\dfrac{P}{A}\left(1-\dfrac{e}{k^2}\cdot\dfrac{h}{2}\right)$ を生じる。

いま，部材に圧縮応力のみの作用する限界として $\sigma_2=0$ となる場合を考えてみる。上の式で $\sigma_2=0$ とおくと，$e=2k_2/h$ が得られる。長方形断面の場合 $k_2 = h_2/12$ （3編3章付表2，番号1参照）から，$e = h/6$ となり，$e \leq h/6$ であれば，部材には圧縮応力だけが作用し，安定である。

表4-1に圧縮力によって柱に圧縮応力のみを生じる限界の範囲を斜線で示した（この部分を核ということがある）。

表4-1　　　　　////// の範囲に荷重がかかれば座屈が起こらない。

番号	図　　形	核　の　寸　法
1		$m=\dfrac{1}{6}h$ $n=\dfrac{1}{6}b$
2		$m=\dfrac{1}{6}\cdot\dfrac{b_1 h_1{}^3 - b_2 h_2{}^3}{h_1(h_1 b_1 - h_2 b_2)}$ $n=\dfrac{1}{6}\cdot\dfrac{b_1{}^3 h_1 - b_2{}^3 h_2}{b_1(h_1 b_1 - h_2 b_2)}$
3		$m=\dfrac{1}{4}r$
4		$m=\dfrac{1}{4}\cdot\dfrac{r_1{}^2 + r_2{}^2}{r_1}$

4.2. 長柱の座屈

長い柱の場合，単に圧縮力のみが作用していても曲げ変形が生じやすい。このような現象を座屈という。

座屈の評価式を次に示す。なお，P_{cr}：座屈を生じる限界の圧縮力，A：部材の断面積，σ_{cr}：座屈強度（$=P_{cr}/A$），I：部材の断面二次モーメントの最小値，k：部材の断面二次半径の最小値，E：部材の縦弾性係数，l：柱の長さとする。

4.2.1. オイラーの理論公式　オイラーは，次式の σ_{cr} が材料の降伏点（または比例限度）を超えると座屈を起こすとした。この式は $l/k \geq 90$ の範囲で成立する。

$$P_{cr} = n\pi^2 \frac{EI}{l^2}, \quad \text{または} \quad \sigma_{cr} = \frac{P_{cr}}{A} = n\pi^2 E\left(\frac{k}{l}\right)^2$$

ただし n は，表 4-2 に示す定数で，両端の支持の方法によって異なる。

表 4-2　n の値

両端の条件	両端回転	両端固定	一端固定他端回転	一端固定他端自由
長柱の図				
n の値	1	4	2.045	0.25

4.2.2. ランキンの実験式　ランキンの実験式は，表 4-3 に示す σ_d と a，および表 4-2 の n の値を用いて，$\sigma_{cr} = \dfrac{\sigma_d}{\left\{1 + \left(\dfrac{l}{k}\right)^2 \cdot \dfrac{a}{n}\right\}}$ で示される。

表 4-3　ランキンの実験式中の定数 σ_d と a

材料／定数	軟鋼	硬鋼	木材
σ_d (MPa)	333	480	49
a	$\dfrac{1}{7500}$	$\dfrac{1}{5000}$	$\dfrac{1}{750}$
l/k の適用範囲	<90	<85	<60

4.2.3. テトマイヤーの実験式　テトマイヤーの実験式は，表 4-4 に示す σ_d と a を用いて，次式で示される。

$$\sigma_{cr} = \sigma_d\left(1 - a\frac{l}{k}\right)$$

4.2.4. ジョンソンの実験式

$$\sigma_{cr} = \sigma_y - \frac{\sigma_y^2}{4\pi^2 E}\left(\frac{l}{k}\right)^2$$

4章 柱

表 4-4 テトマイヤーの公式の定数

定数＼材料	軟 鋼	硬 鋼	木 材
σ_d(MPa)	304	328	287
a	0.00368	0.00185	0.00626
l/k の適用範囲	<105	<90	<100

ここに，σ_y は材料の降伏強度を示す。

この式は，両端回転の柱に限定され，適用範囲は $\sigma_y > \sigma_{cr} > \sigma_y/2$ である。

4.2.5. 理論公式および実験式の比較　縦弾性係数 E が 2.1×10^5 MPa，降伏強度 σ_y が 300 MPa の材料を例にとって，各公式から算出される両端回転の柱の σ_{cr} と l/k を比較してみると，図 4-3 のようになる。

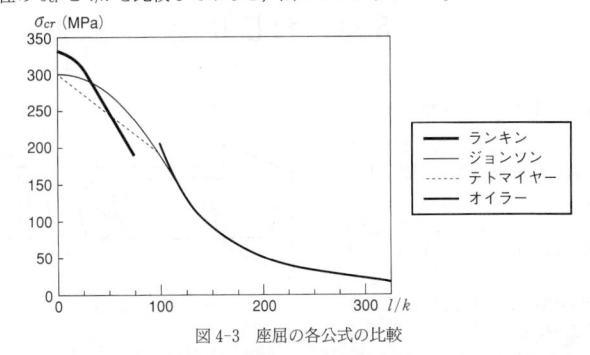

図 4-3 座屈の各公式の比較

4.2.6. 計算例　両端回転の長さ 1.6 m の軟鋼丸棒が 200 kN の軸力を受けるとき，必要な直径を上述した各式を用いて求めてみる。ただし，安全率を 5 とする。なお，この材料の縦弾性係数 E は 2.1×10^5 MPa，降伏強度 σ_y は 300 MPa とする。

安全率が 5 であるから，軸荷重が 5×200 kN $= 1$ MN に耐える直径を求める。また，丸棒の断面二次半径 k は 3 編 3 章付表 2 の (21) によって $d/4$ である。

(1) オイラーの理論式　オイラー式の後ろの式に，$A = \pi d^2/4$ と，$k = d/4$ を代入して整理すると，$d^4 = \dfrac{4 \times 4^2 \times P_{cr} l^2}{n \pi^3 E}$ となる。この式に与えられた値を代入すると，$d \fallingdotseq 0.071$ ϕm$= 71$ ϕmm が得られ，このときの l/k の値は 90.1，また σ_{cr} は 253 MPa となる。

(2) ランキンの実験式　$\sigma_{cr} = P_{cr}/A$ とおき，オイラーの場合と同様に式を書き換えると，

$$\sigma_d d^4 - \frac{4 P_{cr}}{\pi} d^2 - \frac{4 \times 4^2 P_{cr} l^2 a}{\pi n} = 0$$

となる。これに与えられた値を代入して，まず，d^2 についての二次方程式と

して解き、さらにその平方根をとると、$d=0.083\,\phi\mathrm{m}=83\,\phi\mathrm{mm}$ となる。このときの l/k の値は 77.3、また σ_{cr} は 185 MPa となる。

(3) テトマイヤーの実験式 同様に式を書き換えると、
$$\sigma_d d^2 - 4al\sigma_d d - 4P_{cr}/\pi = 0$$
となる。

これに上記の値を代入して d について二次方程式を解くと、$d=0.0782\,\phi\mathrm{m}=78.2\,\phi\mathrm{mm}$ となり、l/k の値は 81.8、また σ_{cr} は 208 MPa となる。

(4) ジョンソンの実験式 同様に式を書き換えると、
$$d^2 = \frac{4\sigma_y l^2}{\pi^2 E} + \frac{4P_{cr}}{\pi \sigma_y}$$
が得られ、これに上記の値を代入して、$d=0.0757\,\phi\mathrm{m}=75.7\,\phi\mathrm{mm}$ を得る。l/k の値は 84.5、また σ_{cr} は 222 MPa となる。

5章 ねじり

5.1. 丸棒のねじり

丸棒の端に偶力を加えてねじると（図5-1）、横断面にせん断応力を生じる。

いま、直径 d、長さ l の丸棒に、偶力（ねじりモーメントあるいはトルクという）T が作用するとき、丸棒の半径 r の位置に生じるせん断応力は、

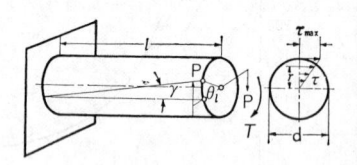

図5-1 丸棒のねじり

$$\tau = \frac{T}{I_p}r = \frac{32T}{\pi d^4}r$$

ただし、I_p は軸心に関する断面二次極モーメントで、丸棒の場合 $\frac{\pi}{32}d^4$。

最大せん断応力 τ_{max} は、$r=d/2$ の最外周に生じ、その大きさは
$$\tau_{max} = \frac{T}{I_p}\cdot\frac{d}{2} = \frac{16}{\pi d^3}T \fallingdotseq 5\frac{T}{d^3}$$

丸棒のせん断弾性係数を G とすれば、外周面のせん断ひずみ（ラジアン）：γ、単位長のねじれ角（ラジアン）：θ、全ねじれ角（ラジアン）：θ_l はそれぞれ、

$$\gamma = \frac{\tau_{max}}{G}, \quad \theta = \frac{T}{GI_p} = \frac{32}{\pi d^4}\frac{T}{G}, \quad \theta_l = \frac{T}{GI_p}l = \frac{32}{\pi d^4}\frac{T}{G}l$$

5.2. 各種断面の棒のねじり

表5-1 に各種断面の棒の端にトルク T を加えたときのせん断応力、ねじれ角を示す。

表5-1 棒のねじり　　G：横弾性係数

断面形	せん断応力 τ (MPa)	単位長のねじれ角 θ (rad/m)
1　円（直径 d）	$\dfrac{16}{\pi d^3} T$	$\dfrac{32}{\pi d^4} \dfrac{T}{G} = \dfrac{2}{d} \dfrac{\tau}{G}$
2　中空円（外径 D，内径 d）	$\dfrac{16 D}{\pi (D^4 - d^4)} T$	$\dfrac{32}{\pi (D^4 - d^4)} \dfrac{T}{G} = \dfrac{2}{D} \dfrac{\tau}{G}$
3　楕円（$2a \times 2b$, $a > b$）	$\tau_{\max} = \dfrac{2}{\pi a b^2} T$ 短径の両端に生じる。	$\dfrac{a^2 + b^2}{\pi a^3 b^3} \dfrac{T}{G} = \dfrac{a^2 + b^2}{2 a^2 b} \cdot \dfrac{\tau_{\max}}{G}$
4　中空楕円（$2a_1, 2a_2, 2b_1, 2b_2$）	$\tau_{\max} = \dfrac{2}{\pi} \dfrac{b_2}{a_2 b_2^3 - a_1 b_1^3} T$ 短径の両端に生じる。	$\dfrac{1}{\pi} \dfrac{b_2(a_2^2 + b_2^2)}{a_2^3(b_2^4 - b_1^4)} \dfrac{T}{G}$ $= \dfrac{a_2^2 + b_2^2}{2 a_2^2 b_2} \dfrac{\tau_{\max}}{G}$
5　正方形（一辺 a）	$\tau_{\max} = \dfrac{1}{0.2082} \dfrac{T}{a^3}$ 各辺の中点に生じる。	$7.114 \dfrac{T}{a^4 G} = \dfrac{1.481}{a} \dfrac{\tau_{\max}}{G}$
6　長方形（$h \times b$, $\dfrac{h}{b} = n > 1$）	$\tau_{\max} = \dfrac{1}{k_1} \dfrac{T}{h b^2}$ 長辺の中点に生じる。 k_1 は付表(次頁)参照。	$\dfrac{1}{k_2} \dfrac{1}{h b^3} \dfrac{T}{G}$ k_2 は付表(次頁)参照。

表5-1 棒のねじり 付表 k_1, k_2 の値

h/b	1.0	1.2	1.5	2.0	2.5	3.0
k_1	0.208	0.219	0.231	0.246	0.258	0.267
k_2	0.140	0.166	0.196	0.229	0.249	0.263
h/b	4.0	5.0	6.0	8.0	10.0	∞
k_1	0.282	0.291	0.299	0.307	0.313	0.333
k_2	0.281	0.291	0.299	0.307	0.313	0.333

5.3. ねじりと曲げを同時に受ける軸

ねじりモーメント（トルク）と曲げモーメントを同時に受ける軸では、ねじりモーメントによるせん断応力と曲げモーメントによる曲げ応力の合成応力を受ける。

いま、T：ねじりモーメント、M：曲げモーメント、d：丸軸の外径、Z：断面係数 $=\dfrac{\pi d^3}{32}$ とすれば、

曲げモーメントによる曲げ応力　　$\sigma_b = \dfrac{M}{Z} = \dfrac{32M}{\pi d^3}$,

ねじりモーメントによるせん断応力　$\tau = \dfrac{T}{2Z} = \dfrac{16T}{\pi d^3}$

合成応力を受ける場合、破損に関する軸の強さを検討するときには「**1.12. 材料の強さ**」で述べたように、軟鋼など延性のある材料の場合には最大せん断応力説が、また鋳鉄のようなもろい材料の場合には最大主応力説が用いられる。

(1) 最大主応力説

$$\sigma_1 = \dfrac{1}{2}(\sigma_b + \sqrt{\sigma_b{}^2 + 4\tau^2}) = \dfrac{1}{2Z}(M + \sqrt{M^2 + T^2})$$

ここで、$M_e = \dfrac{1}{2}(M + \sqrt{M^2 + T^2})$ とおくと　$\sigma_1 = \dfrac{M_e}{Z}$　で、M_e を相当曲げモーメントと呼ぶ。

(2) 最大せん断応力説

$$\tau_{\max} = \dfrac{1}{2}\sqrt{\sigma_b{}^2 + 4\tau^2} = \dfrac{1}{2Z}\sqrt{M^2 + T^2}$$

ここで、$T_e = \sqrt{M^2 + T^2}$ とおくと　$\tau_{\max} = \dfrac{T_e}{2Z}$ で、T_e を相当ねじりモーメントと呼ぶ。

6章　円筒・球および板

6.1. 円筒

σ_t：接線方向応力，σ_r：半径方向応力，σ_z：軸方向応力，E：縦弾性係数，ν：ポアソン比，r_1：内半径，r_2：外半径，p_1：内圧，p_2：外圧，t：肉厚とする。

6.1.1. 薄肉円筒 (図 6-1)

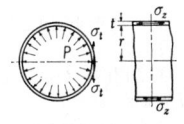

内圧を受ける場合　　$\sigma_t = \dfrac{p_1 r_1}{t}$, $\sigma_z = \dfrac{p_1 r_1}{2t}$

円筒が耐えうる限界外圧力は，$p_2 = \dfrac{E}{4(1-\nu^2)}\left(\dfrac{t}{r_2}\right)^3$

図 6-1　薄肉円筒

6.1.2. 厚肉円筒 (図 6-2)

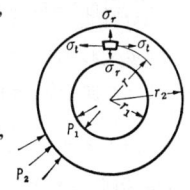

(1) 内圧のみを受ける場合，半径 r における応力は，

$$\sigma_t = \dfrac{r_1^2(r_2^2+r^2)}{r^2(r_2^2-r_1^2)}p_1, \quad \sigma_r = \dfrac{r_1^2(r^2-r_2^2)}{r^2(r_2^2-r_1^2)}p_1$$

最大接線応力は内壁に生じ，$(\sigma_t)_{\max} = \dfrac{r_2^2+r_1^2}{r_2^2-r_1^2}p_1$

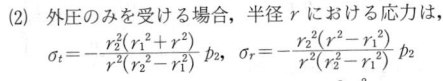

(2) 外圧のみを受ける場合，半径 r における応力は，

$$\sigma_t = -\dfrac{r_2^2(r_1^2+r^2)}{r^2(r_2^2-r_1^2)}p_2, \quad \sigma_r = -\dfrac{r_2^2(r^2-r_1^2)}{r^2(r_2^2-r_1^2)}p_2$$

最大接線応力は内壁に生じ，$(\sigma_t)_{\max} = -\dfrac{2r_2^2}{r_2^2-r_1^2}p_2$

図 6-2　厚肉円筒

この式は，円筒が比較的長い場合に用いられる。

6.1.3. 同じ材料による組合せ円筒および焼きばめ (図 6-3)

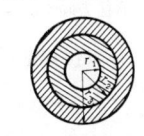

両円筒の接触面に生じる圧力を p_m とすると，

$$p_m = E\dfrac{\delta(r_2^2-r_1^2)(r_3^2-r_2^2)}{r_2^3(r_3^2-r_1^2)}$$

ここで，r_1：内側円筒の内半径，r_2：内側円筒の外半径，r_3：外側円筒の外半径，δ：焼きばめ代。

図 6-3　焼きばめ

6.2. 薄肉球

r：内半径，t：肉厚，p：内圧とすると，内圧を受ける薄肉球に生じる接線応力は，　　$\sigma_t = \dfrac{pr}{2t}$

6.3. 円板

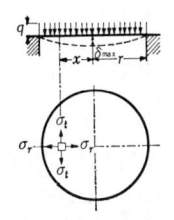

6.3.1. 周囲をささえられた円板

(1) 全面に圧力 q を受ける場合 (図 6-4)

図 6-4　全面に圧力 q を受ける周囲をささえられた円板

半径 x における応力は，

円周方向：$\sigma_t = \mp \dfrac{3q}{8t^2}\{(3+\nu)r^2-(1+3\nu)x^2\}$

直径方向：$\sigma_r = \mp \dfrac{3q}{8t^2}(3+\nu)(r^2-x^2)$

中心 ($x=0$) において，

応力は，$(\sigma_t)_{max} = (\sigma_r)_{max} = \mp \dfrac{3(3+\nu)qr^2}{8t^2}$

たわみは，$\delta_{max} = \dfrac{3(1-\nu)(5+\nu)}{16Et^3}qr^4$

(2) 中央同心円上だけに圧力 q を受ける場合，(図 6-5)

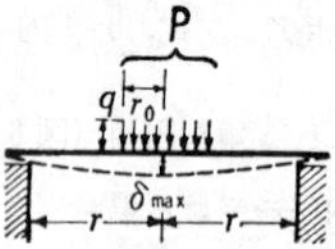

同心円内にかかる圧力の総和を P とすると，
$P = \pi r_0^2 q$

中心の応力は，$(\sigma_t)_{max} = (\sigma_r)_{max}$
$= \mp \dfrac{3P\nu}{2\pi t^2}\left[\left(1+\nu\ln\dfrac{r}{r_0}+\dfrac{1}{r}-\dfrac{(1-\nu)r_0^2}{4r^2}\right)\right]$

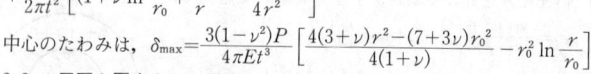

図 6-5 中央同心円上に圧力 q を受ける周囲をささえられた円板

中心のたわみは，$\delta_{max} = \dfrac{3(1-\nu^2)P}{4\pi Et^3}\left[\dfrac{4(3+\nu)r^2-(7+3\nu)r_0^2}{4(1+\nu)}-r_0^2\ln\dfrac{r}{r_0}\right]$

6.3.2. 周囲を固定された円板

(1) 全面に圧力 q を受ける場合（図 6-6）

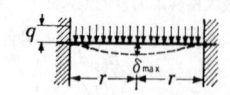

半径 x における応力は，

円周方向：$\sigma_t = \mp \dfrac{3q}{8t^2}\{(1+\nu)r^2-(1+3\nu)x^2\}$

直径方向：$\sigma_r = \mp \dfrac{3q}{8t^2}[(1+\nu)r^2-(3+\nu)x^2]$

図 6-6 全面に圧力を受ける周囲を固定された円板

中心から半径 r の位置で，応力は円周方向に $\sigma_t = \mp \dfrac{3qr^2\nu}{4t^2}$，

半径方向に $(\sigma_r)_{max} = \pm \dfrac{3qr^2}{4t^2}$

中心 ($x=0$) において，応力は $(\sigma_t)_{max} = \sigma_r = \pm \dfrac{3(1+\nu)qr^2}{8t^2}$

たわみは $\delta_{max} = \dfrac{3(1-\nu^2)}{16Et^3}qr^4$

(2) 中央同心円上だけに圧力 q を受ける場合（図 6-7）

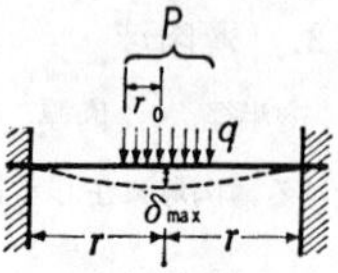

外周 ($x=r$) における応力は
$\sigma_t = \pm \dfrac{3P\nu}{2\pi t^2}\left(1-\dfrac{r_0^2}{2r^2}\right)$, $\sigma_r = \pm \dfrac{3P}{2\pi t^2}\left(1-\dfrac{r_0^2}{2r^2}\right)$

中心 ($x=0$) において，応力は
$\sigma_t = \sigma_r = \mp \dfrac{3(1+\nu)P}{2\pi t^2}\left(\ln\dfrac{r}{r_0}+\dfrac{r_0^2}{4r^2}\right)$

図 6-7 中央同心円上に圧力を受ける周囲を固定された円板

たわみは最大になり，$\delta_{max} = \dfrac{3(1+\nu^2)P}{4\pi Et^3}\left(r^2-\dfrac{3}{4}r_0^2-r_0^2\ln\dfrac{r}{r_0}\right)$

6.4. 回転円板

6.4.1. 薄肉回転円輪
円輪の肉厚 t が平均半径 r に比べて小さいときは、円周方向の応力 $\sigma_t = r^2 \omega^2 \gamma$、応力 σ_t を生じる円周速度 $u = \sqrt{\dfrac{\sigma_t}{\gamma}}$

ここに、γ は材料の単位体積の質量（密度）を示し、σ_t は t に無関係に $u = r\omega$ によって決まる。

6.4.2. 中心に穴のある肉厚一様な回転円板
円板の厚さがその直径に比べて小さいときは、r_1 を内径、r_2 を外径、γ を密度、ν をポアソン比とすると、

$$\sigma_t = \frac{3+\nu}{8}\left\{(r_2{}^2 + r_1{}^2) + \frac{r_1{}^2 r_2{}^2}{r^2} - \frac{1+3\nu}{3+\nu} r^2\right\}\gamma\omega^2$$

$$\sigma_r = \frac{3+\nu}{8}\left\{(r_2{}^2 + r_1{}^2) - \frac{r_1{}^2 r_2{}^2}{r^2} - r^2\right\}\gamma\omega^2$$

$r = r_1$ において $(\sigma_t)_{\max} = \dfrac{3+\nu}{4}\left(r_2{}^2 + \dfrac{1-\nu}{3+\nu} r_1{}^2\right)\gamma\omega^2$

$r = \sqrt{r_1 r_2}$ において $(\sigma_r)_{\max} = \dfrac{3+\nu}{8(1-\nu)}(r_2 - r_1)^2 \gamma\omega^2$

6.5. 単位面積当たり q の分布荷重を受ける長方形の板

6.5.1. 周囲をささえられた板（図6-8）

中央の x 方向の応力が最大になり、$(\sigma_x)_{\max} = \dfrac{\alpha_1 q b^2}{t^2}$

また、たわみは中央で最大になり、$\delta_{\max} = \dfrac{\beta_1 q b^4}{E t^3}$

なお、α_1, β_1 は表 6-1 に示す a/b によって変わる値。

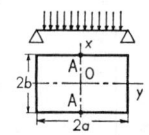

図 6-8 周囲をささえられた板

6.5.2. 周囲を固定された板（図6-9）

中央の x 方向の応力が最大になり、$(\sigma_x)_{\max} = \dfrac{\alpha_2 q b^2}{t^2}$

また、たわみは中央で最大になり、$\delta_{\max} = \dfrac{\beta_2 q b^4}{E t^3}$

なお、α_2, β_2 は表 6-2 に示す a/b によって変わる値。

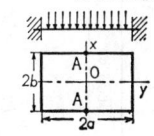

図 6-9 周囲を固定された板

表 6-1 α_1, β_1 の値

a/b	1.0	1.5	2.0	3.0	4.0	∞
α_1	1.150	1.950	2.440	2.850	2.960	3.000
β_1	0.709	1.350	1.770	2.140	2.240	2.280

表 6-2 α_2, β_2 の値

a/b	1.0	1.5	2.0	∞
α_2	1.231	1.817	1.990	2.000
β_2	0.221	0.384	0.443	0.454

7章　各種ばねの応力とたわみ

7.1. 板ばねの応力, たわみの計算式

表7-1 板ばね

種類と形状	応力 σ	ばね定数 k	たわみ δ
平板ばね (1)	$\sigma = \dfrac{6Pl}{bh^2} = \dfrac{3}{2}\dfrac{hE\delta}{l^2}$	$k = \dfrac{P}{\delta} = \dfrac{bh^3 E}{4l^3}$	$\delta = \dfrac{4l^3 P}{bh^3 E} = \dfrac{2l^2 \sigma}{3hE}$
平板ばね (2)	$\sigma = \dfrac{6Pl}{bh^2} = \dfrac{hE\delta}{l^2}$	$k = \dfrac{P}{\delta} = \dfrac{bh^3 E}{6l^3}$	$\delta = \dfrac{6l^3 P}{bh^3 E} = \dfrac{l^2 \sigma}{hE}$
重ね板ばね	$\sigma = \dfrac{6Pl}{nbh^2} = \dfrac{hE\delta}{l^2}$ (n：重ね板の枚数)	$k = \dfrac{P}{\delta} = \dfrac{nbh^3 E}{6l^3}$	$\delta = \dfrac{6l^3 P}{nbh^3 E} = \dfrac{l^2 \sigma}{hE}$

7.2. ねじりばねの応力,たわみの計算式

表 7-2 ねじりばね

l:ばね材の全長

種類と形状	応力 σ	ばね定数 k	たわみ角 θ
コイルばね (1) 長方形断面	$\sigma = \dfrac{6RP}{bh^2} = \dfrac{1}{2}\dfrac{hE\delta}{lR}$	$k = \dfrac{T}{\theta} = \dfrac{bh^3 E}{12l}$	$\theta = \dfrac{12lR^2 P}{bh^3 E} = \dfrac{2lR\sigma}{hE}$
コイルばね (2) 円形断面	$\sigma = \dfrac{32RP}{\pi d^3} = \dfrac{1}{2}\dfrac{dE\delta}{lR}$	$k = \dfrac{T}{\theta} = \dfrac{\pi d^4 E}{64l}$	$\theta = \dfrac{64lR^2 P}{\pi d^4 E} = \dfrac{2lR\sigma}{dE}$
うずまきばね	$\sigma = \dfrac{6RP}{bh^2} = \dfrac{1}{2}\dfrac{hE\delta}{lR}$	$k = \dfrac{T}{\theta} = \dfrac{bh^3 E}{12l}$	$\theta = \dfrac{12lR^2 P}{bh^3 E} = \dfrac{2lR\sigma}{hE}$

7.3. ねじり棒ばねの応力,たわみの計算式

表 7-3 ねじり棒ばね　　k_1, k_2 は5章の表5-1の付表の値を使用する。

種類と形状	応力 τ	ばね定数 k	たわみ角 θ
丸棒	$\tau = \dfrac{16RP}{\pi d^3} = \dfrac{1}{2}\dfrac{dG\delta}{lR}$	$k = \dfrac{T}{\theta} = \dfrac{\pi d^4 G}{32l}$	$\theta = \dfrac{32lR^2 P}{\pi d^4 G} = \dfrac{2lR\tau}{dG}$
板	$\tau = \dfrac{RP}{k_1 h b^2} = \dfrac{k_2 b G \delta}{k_1 lR}$	$k = \dfrac{T}{\theta} = \dfrac{k_2 h b^3 G}{l}$	$\theta = \dfrac{lR^2 P}{k_2 h b^3 G} = \dfrac{k_1 lR\tau}{k_2 bG}$

7.4. コイルばね(筒型)の応力, たわみの計算式

表 7-4 コイルばね(筒型)　　k_1, k_2 は 5 章の表 5-1 の付表の値を使用する。

種類と形状	応力 τ	ばね定数 k	たわみ δ
針金：	$\tau = \dfrac{16rP}{\pi d^3} = \dfrac{dG\delta}{4\pi n r^2}$ (n：コイルの巻数)	$k = \dfrac{P}{\delta} = \dfrac{d^4 G}{64\pi n r^3}$	$\delta = \dfrac{64\pi r^3 P}{d^4 G}$ $= \dfrac{4\pi n r^2 \tau}{dG}$
細板(条)： 長方形断面：	$\tau = \dfrac{rP}{k_1 h b^2} = \dfrac{k_2 b G \delta}{2\pi k_1 n r^2}$	$k = \dfrac{P}{\delta} = \dfrac{k_2 h b^3 G}{2\pi n r^3}$	$\delta = \dfrac{2\pi r^3 P}{k_2 h b^3 G}$ $= \dfrac{2\pi k_1 n r^2 \tau}{k_2 b G}$
正方形断面： ($h = b = a$)	$\tau = \dfrac{rP}{0.2082 a^3}$ $= \dfrac{aG\delta}{2.96\pi n r^2}$	$k = \dfrac{P}{\delta} = \dfrac{a^4 G}{14.23\pi n r^3}$	$\delta = \dfrac{14.23\pi n r^3 P}{a^4 G}$ $= \dfrac{2.96\pi n r^2 \tau}{aG}$

7.5. コイルばね(円すい型)の応力,たわみの計算式

表 7-5 コイルばね(円すい型)　　k_1, k_2 は 5 章の表 5-1 の付表の値を使用する。

種類と形状	応力 τ	ばね定数 k	たわみ δ
針金：	$\tau = \dfrac{16rP}{\pi d^3} = \dfrac{dG\delta}{\pi n r^2}$	$k = \dfrac{P}{\delta} = \dfrac{d^4 G}{16 n r^3}$	$\delta = \dfrac{16 n r^3 P}{d^4 G}$ $= \dfrac{\pi n r^2 \tau}{dG}$
細板(条)：	$\tau = \dfrac{rP}{k_1 b^2 h} = \dfrac{2k_2 bG\delta}{\pi k_1 n r^2}$	$k = \dfrac{P}{\delta} = \dfrac{2 k_2 b h^3 G}{\pi n r^3}$	$\delta = \dfrac{\pi n r^3 P}{2 k_2 h b^3 G}$ $= \dfrac{\pi k_1 n r^2 \tau}{2 k_2 bG}$

7.6. 皿ばねの応力とたわみ

δ をたわみ，ν をポアソン比とし，A, B, C を表 7-6 に示す $r=r_2/r_1$ によって定まる定数とすると，皿ばねの上面には圧縮応力

$$\sigma_+ = \frac{E\delta}{(1-\nu^2)Ar_2^2}\left[B\left(h-\frac{\delta}{2}\right)+Cb\right]$$

また，下面には引張応力

$$\sigma_- = \frac{E\delta}{(1-\nu^2)Ar_2^2}\left[B\left(h-\frac{\delta}{2}\right)-Cb\right]$$

を生じる。

図 7-1 皿ばね

また，力 P と変形 δ の関係は

$$P = \frac{E\delta}{(1-\nu^2)Ar_2^2}\left[(h-\delta)\left(h-\frac{\delta}{2}\right)b+b^3\right]$$

となる。

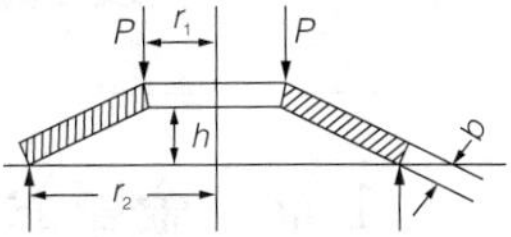

表7-6 皿ばねの定数

r	1.2	1.5	1.8	2.0	2.2	2.4	2.6
A	0.292	0.524	0.645	0.694	0.728	0.752	0.768
B	1.016	1.098	1.173	1.220	1.264	1.307	1.348
C	1.048	1.178	1.300	1.378	1.453	1.527	1.599

r	2.8	3.0	3.4	3.8	4.2	4.6	5.0
A	0.800	0.788	0.797	0.800	0.799	0.796	0.792
B	1.388	1.426	1.500	1.570	1.637	1.701	1.763
C	1.669	1.738	1.873	2.003	2.129	2.253	2.373

4編

機械用工業材料

1章　金属および合金の一般的性質

1.1.　金属および合金の組織

　金属とは常温では水銀を除いて固体で結晶構造をもち，一般に電気および熱の良導体で，展延性(塑性)に富み，比較的硬くて強く，比重の大きい元素の総称である。また金属に他の金属または非金属元素を添加してなお金属としての特性を失わないものを合金という。

　金属および合金は，それぞれ特定の温度(融点)以上に熱すると溶融して多くは均一な溶液(液相)となるが，凝固状態(固相)では一般に化学的に同じか，または異なった多くの結晶粒が互いに結合した多結晶体となる。これらの結晶粒は凝固時に発生する多くの結晶核から発達成長したもので，それぞれその成分特有の規則的な成分配列をもった結晶構造を構成している。金属および合金の基本的性質はこの結晶構造に大きく依存する。表1-1に主要な金属の結晶構造とその性質の一部を示す。同じ結晶構造の金属には類似性が認められる。

　工業材料としては高強度と高加工性を重視し，純金属そのものよりも合金として使用される場合が多い。合金の組織はそれぞれ各合金状態図によって示されるが，合金中の相は(1)溶融状態と同様に凝固後においても溶け合う場合(固溶体)，(2)互いにまったく溶け合わずに機械的に混合している場合，(3)金属間化合物を形成する場合，などがある。固溶体には置換型(原子位置を交換)と侵入型(原子間に侵入)とがあるが，温度によって溶解度が変わるため固溶体として凝固した場合の鋳塊は，通常均一な組織にはならない。すなわち，(a)最初に凝固した鋳塊近傍は溶融点の高い結晶組織から成り，最後に凝固した鋳塊中心または中心に近い部分は溶融点の低い組織から成る(鋳造偏析)。ときには青銅のように溶融点の低い組織が初晶近傍に生じる逆偏析が起こる場合もある。また，(b)個々の結晶粒においては最初に凝固する核の部分から周辺部にかけて濃度の差が生じる(結晶偏析)のが一般的である。これらのうち，(b)の場合は焼なましにより取り除けるが，(a)の場合は簡単には取り除けない。

　合金にはある定まった組成および温度で共晶(層状組織)として凝固するものが多い。この際，共晶組成の凝固点は合金中最も低く，共晶組成以外の合金は共晶温度より高い温度で凝固し始め共晶温度で凝固し終るため，鋳造偏析が発生しやすく，冷却速度が極端に遅い場合などには，共晶組織の部分が球状(球状化)になることがある。また，ある定まった組成で金属と金属，金属と非金属元素などの間に生じる化合物(金属間化合物や中間相)は，硬くてもろい。

1.2.　状態の変化

1章 金属および合金の一般的性質

表1-1 主要金属の結晶構造と性質

名称	記号	結晶構造(室温)	密度 (Mg/m³)	融点 (K)	沸点 (K)	電気抵抗率 (×10⁻⁸ Ω·m)	熱伝導率 (W/m·K)	線膨張係数 ×10⁻⁶/K(293〜313 K)	縦弾性係数 (GPa)	引張強さ (MPa)
アルミニウム	Al	立方心面	2.70	933	2793	2.65	238	23.5	70.6	49〜88
金	Au	立方心面	19.3	1337	3133	2.2	315.5	14.1	78.5	98〜127
銀	Ag	立方心面	10.5	1235	2473	1.63	425	19.1	82.7	127〜157
銅	Cu	立方心面	8.9	1357	2855	1.69	397	17.0	129.8	255
白金	Pt	立方心面	21.45	2045	4373	10.58	73.4	9.0	170	127〜167
ニッケル	Ni	立方心面	8.9	1726	3183	6.9	88.5	13.3	199.5	451〜725
鉛	Pb	立方心面	11.34	600.5	2030	20.6	34.9	29.0	16.1	11〜20
α-鉄	Fe	立方体心	7.87	1811	3143	10.1	78.2	12.1	211.4	176〜274
クロム	Cr	立方体心	7.19	2163	2945	13.0	91.3	6.5	279	461〜608
モリブデン	Mo	立方体心	10.2	2903	4883	5.7	137	5.1	324.8	480〜764
タングステン	W	立方体心	19.3	3563	5828	5.4	174.3	4.5	411	412
バナジウム	V	立方体心	6.1	2108	3683	26.0	31.6	8.3	127.6	372
タンタル	Ta	立方体心	16.6	3263	5643	13.5	58	6.5	185.7	343〜490
すず	Sn	立方体心	7.3	505	2553	12.6	73.2	23.5	49.9	10〜20
ニオブ	Nb	立方体心	8.57	2793	5013	14.5	54.1	7.2	104.9	294
マグネシウム	Mg	六最密	1.74	923	1378	4.2	155.5	26.0	44.7	82
チタン	Ti	六最密	4.51	1941	3558	54	21.6	8.9	120.2	343〜686
亜鉛	Zn	六最密	7.13	692.6	1179	5.96	119.5	31	104.5	98〜127
ベリリウム	Be	六最密	1.84	1562	2743	3.3	194	12	318	314〜490
ジルコニウム	Zr	六最密	6.50	2125	4673	44	22.6	5.9	98	294〜490
コバルト	Co	六最密	8.9	1768	3203	6.34	96	12.5	211	245
カドミウム	Cd	六最密	8.65	594	1040	7.3	103	31	62.6	7
アンチモン	Sb	りょう面体	6.68	904	1863	40.1	23.8	8〜11	77.9	—
ビスマス	Bi	りょう面体	9.80	544.5	1833	117	9.2	13.4	34.0	—
マンガン	Mn	複雑立方	7.42	1519	2333	160	7.8	23	191	—
けい素	Si	ダイヤモンド立方	2.33	1687	3543	10⁻³〜10⁶	138.5	7.6	113	—
水銀	Hg	六方	13.54	234	630	95.9	8.65	61	—	—

金属または合金では凝固した後にも冷却または加熱に際し，結晶構造が変化して変態する場合があり，これにともなって性質も変化する場合がある。このような変態を同素変態というが，その変態点は急速冷却によりその変化を遅らせたり(過冷)，阻止することができる(鋼の焼入れ)。また溶解度変化と過冷を利用して過飽和固溶体を得ることができる。このように急冷して得た組織は不安定なため，焼入れ温度以下で再加熱すれば漸次内部組織は変化して析出が起こる。この際に粘り強さは増すが硬さを減じ，多少軟化する場合(鋼の焼戻し)と硬化する場合(時効硬化または析出硬化という。例:ジュラルミン，ベリリウム銅などの時効)とがある。状態図は溶融，凝固，および変態温度ならびに平衡する相が温度と組成の変化にともなっていかに変化するかを示したものである。

1.3. 加工

一部の複雑な形状の機械部品は，溶融状態から鋳込みによってその形が鋳物やダイキャストなどとして与えられる。また金属・合金は圧延，鍛造，押出しなどの塑性加工は容易で，これを再結晶温度以上に加熱した状態で加工することを熱間加工という。一方，常温または再結晶温度以下で線引きまたは圧延・プレスなどの冷間加工されることも多い。後者の場合には加工にともない，硬さ，強さを増すが，伸び値が減少し加工硬化する。この冷間加工材は材料の種類と加工度に従い，加熱すれば回復・再結晶が起こり，図 1-1 に示すとおり，焼なまし温度の上昇とともに軟化し，図 1-2, 表 1-2 に示すように加工度が大きいほど，また純金属では高純度であるほど再結晶温度は一般的に低い。

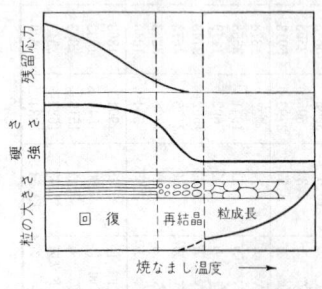

図 1-1 冷間加工材の焼なましによる変化

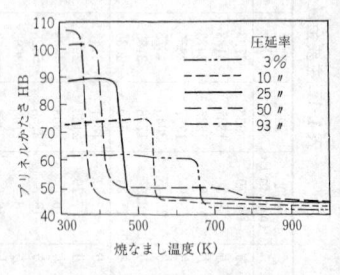

図 1-2 純銅冷間加工材の焼なましによる軟化 (Metals Hand book)

表 1-2 最低の再結晶温度 (近似値)

金　　　　属	再結晶温度(K)	金　　　　属	再結晶温度(K)
錫	室 温 以 下	鉄 ・ 白 金	720
鉛	室 温 以 下	ニ ッ ケ ル	930
亜　　　　鉛	室　　温	チ　タ　ン	970
カ ド ミ ウ ム	室　　温	モ リ ブ デ ン	1170
ア ル ミ ニ ウ ム	420	タ ン タ ル	1270
金 ・ 銀 ・ 銅	470	タ ン グ ス テ ン	1470

2章　鉄および鉄合金

2.1. 純鉄の性質

　純鉄といっても表 2-1 に示すように極微量の炭素およびその他の不純物を含有している。純鉄には図 2-1 のように温度によって強磁性体から常磁性体に変わる磁気変態点(キュリー点)A_2 (1043 K) と，結晶構造を異にする同素変態点 A_3(1185 K) および A_4(1667 K) が存在する。とくに $α$ 鉄⇄$γ$ 鉄の A_3 変態は後に述べる鋼の熱処理に大きな影響を及ぼす。純鉄は磁気的特性として透磁率が大きく，抗磁力および履歴損失が小さいので，主に磁心材料として用いられる。またよく焼なまされた純鉄は冷間加工性に優れ，溶接性も優れているが，一般に高価であり強さも低いので構造材としてはあまり用いられない。

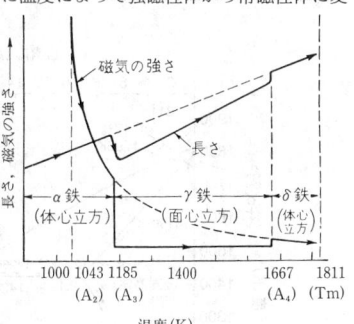

図 2-1　鉄の変態

表 2-1　純鉄の種類と不純物含有量　(重量%)

種　　類	C (%)	Si (%)	Mn (%)	P (%)	S (%)	Cu (%)
錬　　鉄	0.02	0.13	0.10	0.24	0.002	0.06
アームコ鉄	0.023	0.007	0.025	0.007	0.02	—
電　解　鉄	0.002	0.001	0.002	0.0001	0.000	0.01
カーボニル鉄	0.0007					

2.2. 炭素鋼

　炭素鋼とは鉄と炭素とを主成分とする合金であって，その組成は C 0.03〜1.7 %，Mn 0.2〜0.8 %，Si<0.3 %，P<0.06 %，Fe 残部から成る。炭素量の増加にともない硬さ・強さなどが増加し，また延性は低下するなど，各種の性質が変化する。したがって，炭素含有量によって用途は大きく異なり，炭素含有量が 0.6 % C 以下の構造用鋼，炭素含有量が 0.6 %〜1.5 %C の工具用鋼を含む特殊用途鋼および合金鋼に大別される。また炭素量により表 2-2 のように分類されることもある。

2.2.1. 炭素鋼の組織

炭素鋼の標準組織は図 2-2 の Fe-Fe₃C(セメンタイト) 系準安定平衡状態図 (実線) と安定な Fe-黒鉛系 (破線) の複平衡状態図によって示される。A_3 および A_{cm} 変態線以上の温度範囲では，$γ$ 鉄中に炭素がすべて固溶してオーステナイトと呼ばれる $γ$ 固溶体 (面心立方晶) になる。

表 2-2 炭素鋼の分類

鋼 材 名 称	炭素含有量 重量%	引張強さ MPa	伸 び %
極 軟 鋼	0.03～0.20	400 以下	25 以上
軟 鋼	0.20～0.35	400～500	20 〃
半 軟 鋼	0.35～0.50	500～600	16 〃
硬 鋼	0.50～0.70	600～700	14 〃
極 硬 鋼	0.70 以上	700 以上	8 〃

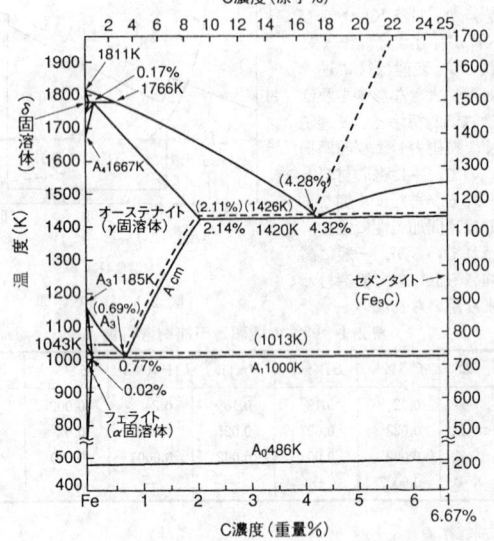

図 2-2 Fe-C系平衡状態図 (実線: Fe-Fe₃C系, 点線: Fe-黒鉛系)

このγ固溶体を徐々に冷却すると, 0.02%C以下ではそのほとんどがA_3変態によってα鉄に炭素が固溶したフェライトと呼ばれるα固溶体 (体心立方晶) になるが, 炭素量の増加にともないA_3変態により粒界に析出した初析フェライトの粒間にA_1変態点 (1000 K) で, 鉄と炭素との化合物であるセメンタイト (Fe_3C) とフェライトとの微細な共析層状組織であるパーライトを析出 ($\gamma_{0.77} \rightarrow \alpha_{0.02} + Fe_3C$) する。一般には炭素量の増加とともにパーライト量が増加し, 硬さと強さが増加して伸びが減少し, 約 0.77%C で組織は全部パーライトとなり, 強さは最大となる。この共析組成以上に炭素が増加すれば, A_{cm}変態による網目状初析セメンタイトとパーライトの混在した組織となり,

硬さは著しく増加していくが，引張強さは逆に減少して，伸びはほとんど皆無となり，冷間加工は困難になる。

以上は各変態時において炭素の拡散が十分に行われた場合の組織変化であるが，冷却速度が大きくなると炭素の拡散が不十分となり，変態温度は降下して過冷状態となり，変態の阻止などによって組織の変化が起こる。

図 2-3 は，共析鋼の恒温変態曲線（TTT曲線）を，図 2-4 は同じ鋼の冷却速度の差による熱膨張率の変化を模式的に示したもので，変態温度と冷却速度により組織は大きく変化し，機械的特性も変化する。その変化は定性的に図 2-4 に示すように，冷却速度の増加とともに過冷度が大になり A_1 変態点は次第に降下し（Ar'点），これにともないパーライト (P) の層状組織もソルバイト (S)，トルースタイト (T) と微細化するが，本質的にはフェライトと Fe_3C の層状組織に変わりはない。この Ar'（共析）変態は，ある臨界冷却速度以上になると阻止され，オーステナイト (γ) はそのまま過冷却され，Ms 温度において炭素を固溶したまま過飽和な α' 固溶体（体心正方晶）へ変態（Ar"点）する。普通この変態は阻止できない。この場合大きな

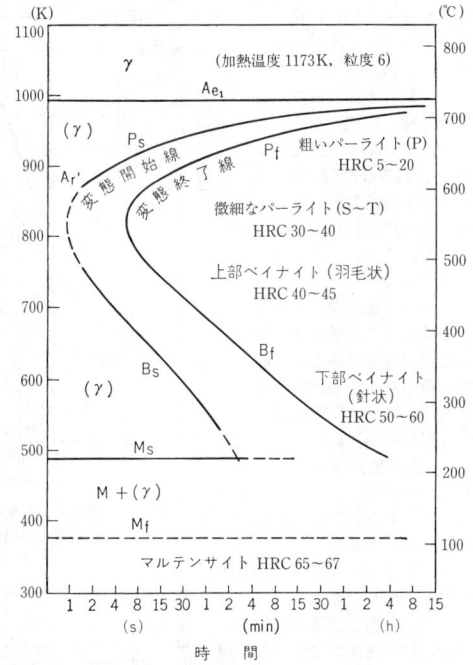

図 2-3 炭素鋼の恒温変態曲線の一例
(0.77 % C, 0.76 % Mn)

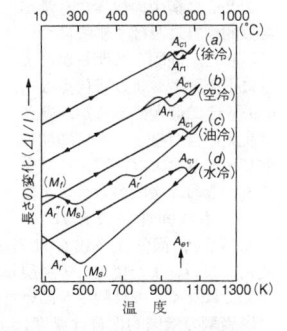

図 2-4 共析鋼の冷却速度による熱膨張率の変化

膨張をともない，針状または笹の葉状に結晶が発達する。この組織をマルテンサイト (M) と称し準安定な極めて硬い組織となる。このマルテンサイトは加熱すると，約 500 K 付近から炭化物を析出し始め，フェライトと炭化物に分かれる。

また，オーステナイト状態より各温度に急冷してその温度を一定に保持すると，図 2-3 のような熱処理上重要な恒温変態曲線とその組織が得られる。通称鼻と呼ばれている Ar'変態の凸出部(臨界冷却速度に対応する)と Ar"変態の開始点 Ms との間にベイナイト (B) と称する中間組織が現れる。一見マルテンサイトに似ているが，すでに微細な炭化物を析出した粘り強い組織である。この恒温変態を利用して各種の熱処理法が考えられ，機械的特性の改善がなされている。

2.2.2. 炭素鋼の機械的性質

図 2-5 に鋼中の炭素含有量が機械的性質に及ぼす影響について示した。同図から明らかなように引張強さおよび降伏点は約 0.9 % C で最大であるが，硬さは炭素の含有量とともに増加し，伸び・絞りおよび衝撃値は減少する。なお，炭素の含有量が異なっても縦弾性係数 E は 200

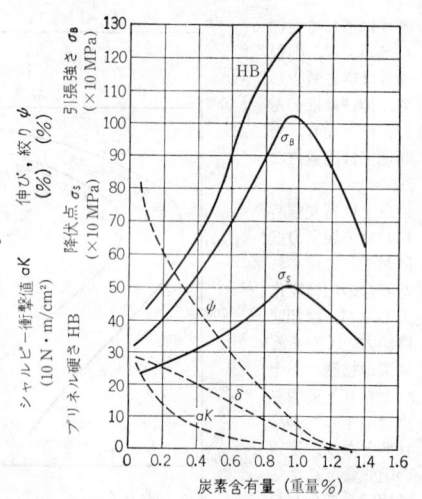

図 2-5 炭素鋼の機械的性質と炭素含有量との関係

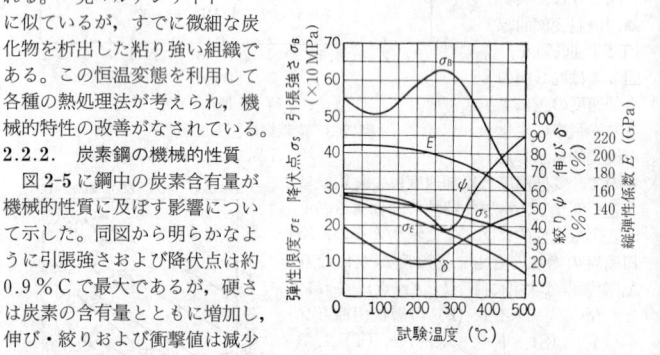

図 2-6 炭素鋼 (C 約 0.4 %) の機械的性質と加熱温度との関係

〜220 GPa, 横弾性係数 G は 77〜84 GPa, ポアソン比 ν は 0.28 とほとんど変化しない。また焼入れ・焼戻した鋼が強い弾性を示すのは弾性係数が大きいためではなく，弾性限度が高いためである。

炭素鋼の機械的性質は温度により変化する。図 2-6 に一例として 0.4 % C の炭素鋼を加熱した際の機械的性質の変化を示した。温度の上昇とともに降伏点，弾性限度，弾性係数等は単調に減少するが，200〜300℃で引張強さは極大

に，伸び，絞りは極小となり，この温度付近で常温よりももろくなっていることを示している。これを青熱もろさ(青熱ぜい性)といい，炭素含有量の少ない軟鋼の場合に著しく，また外力が鍛造・圧延などの場合のように速い場合にはこのもろい温度の範囲は500℃付近に上昇する。

また炭素鋼の機械的性質は熱間および冷間加工の影響を受けて変化する。熱間加工の温度範囲は材質と加工速度によって異なるが，鍛造の場合にはほぼ1050～1250℃から約850℃の範囲である。それ以下に材料の温度が下がったならば，加工を中止して再加熱したほうがよい。この場合，鍛造比（熱間加工後の断面積／最初の断面積）によって図 2-7 に示すように機械的性質が変化する。一般に構造用鋼は鍛造比を 4 以上に，工具鋼は少なくとも 6 以上にとることが望ましい。

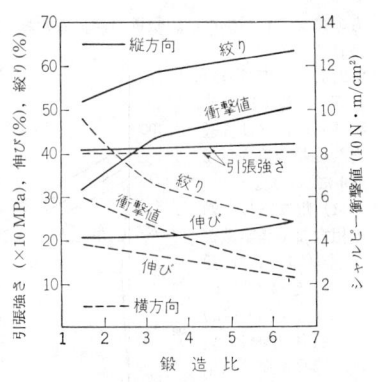

図 2-7 炭素鋼（C 約 0.15 %）の鍛造比と機械的性質（岡本：鉄鋼材料）

一方，冷間加工の場合には著しい加工硬化が生じる。図 2-8 は炭素鋼の加工度と機械的性質との関係の一例であり，図 2-9 には加工度の相当大きい鋼材の焼なまし温度と機械的性質および再結晶温度との関係を示した。軟鋼の場合には加工度約 7～18 %，焼なまし温度700～850℃の場合に再結晶粒が著しく粗大となって材質不良となるから注意が肝要である。

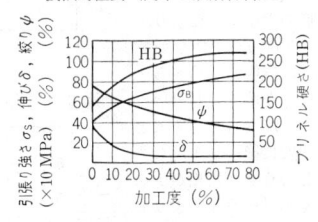

図 2-8 炭素鋼の加工度と機械的性質との関係

一般に完全焼なました軟鋼は降伏点伸びが大きいために，張

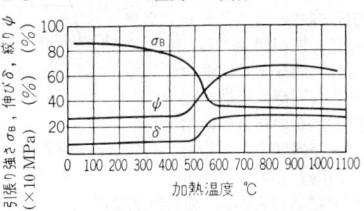

図 2-9 炭素鋼の焼なまし温度と機械的性質との関係

出し加工などの場合に縞状のしわ（ストレッチャーストレイン）が発生する。これを防ぐにはあらかじめ数％程度の冷間圧延した板材を用いればよいが，このような加工材も時間の経過とともに再び降伏点伸びが現れ始める。この現象をひずみ時効と称し，時効の進行とともに降伏点，引張強さは増加するが，もろくなって伸びおよび衝撃値が低下する。ひずみ時効は脱酸不十分なリムド鋼に起きやすく，十分脱酸を行ったキルド鋼，とくに Al，Ti などで強脱酸した

ものにはこれが少ない。微量の含有酸素および窒素などの影響によるものといわれている。

2.2.3. 炭素鋼の熱処理 炭素鋼の各種熱処理における適当な加熱温度を図2-10に示した。

(1) 焼ならし 鋼の粗大な結晶組織を調整（均一，微細化）し機械的性質の向上などを図る目的で，亜共析鋼はA_3線，過共析鋼はA_{cm}線よりも少し高い温度（20〜60℃）に，形の大小などにより30〜60分加熱した後，空中に放冷する操作を焼ならしという。焼ならしをすると，一般に後述する焼なましよりも初析相が少なく，パーライトよりも層状の層間が微細なソルバイト組織が得られ，引張強さの増加とともにじん性が向上する。

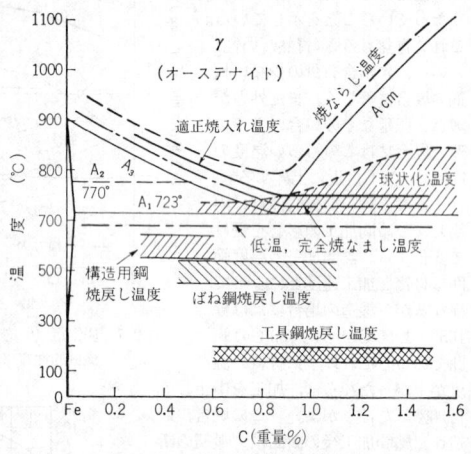

図 2-10 炭素鋼の炭素量と各種熱処理温度との関係

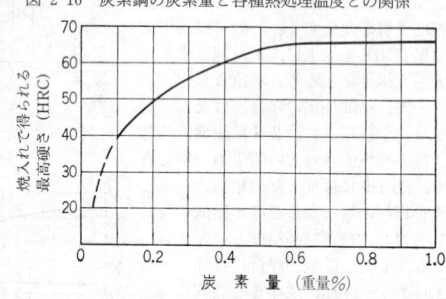

図 2-11 炭素鋼および合金鋼における炭素量と焼入れ最高硬さの関係 (G.T. Williams)

(2) 焼なまし 焼ならしと同様に組織を調整し，かつ材質の軟化および内部応力の除去を目的として，亜共析鋼ではA_3線上部，過共析鋼ではA_1変態点直上（20〜60℃）の温度に加熱後，炉中または灰中で徐々に冷却する操作を完全焼なましという。そのほか，単に残留応力の除去および軟化を目的とするA_1点以下で行うひずみ取り焼なまし，または低温焼なましや加工の途中で行う中間焼なまし，工具鋼などの過共析鋼に必要な炭化物の球状化焼なまし（図2-10に示す温度に加熱徐冷するか，A_1点の上下に加熱冷却を繰り返すかする）など，目的に応じた各種の焼なまし方法がある。焼なましにより炭素鋼の引張強さ・降伏点などは降下し，伸び・絞りは上昇する。

(3) 焼入れ 鋼を硬化または強化する目的で，A_3線（亜共析鋼）またはA_1

(過共析鋼)温度よりも 20〜60°C高めの適性焼入れ温度に加熱した後,急冷してオーステナイト(γ)の変態を全部または一部阻止する操作を焼入れという。焼入れによってオーステナイトの大部分はマルテンサイト(過飽和γ固溶体)組織となり著しく硬さを増す。図 **2-11** に焼入れによって得られるマルテンサイトの最高硬さを示した。この結果から,高炭素鋼においては,ある程度以上の炭素は耐摩耗性に富む粒状セメンタイトとしてマルテンサイト組織の中に残したほうがよい。過共析鋼の焼入れ温度はこのことから決められたものである。

ここで,焼入れ性に影響する因子を挙げると,(1) C 含有量(多→良好),(2) 結晶(γ)粒径(大きすぎると焼割れなどが発生しやすいが,γ 粒径大→良好),(3) 合金元素は種類が多く,量も多く添加したほうが良好(実際には他の要因があり成分量が限定される),(4) 異相(γ 相に対して亜共析鋼の α, 過共析鋼の Fe_3C など)の存在は悪化,など材種と加熱条件によって大きく異なる。基本的な硬さ値は図 2-11 に示したように C 量によって異なり,合金元素は恒温変態曲線を右に移動させて焼入れ臨界冷却速度を小さくさせ,マルテンサイト量を多くして焼入れ性を改善するが,マルテンサイトの硬さ値には影響しない。

なお焼入れ性を数式化して円柱または球状の物体の中心まで焼きが入ることを前提とすると,その臨界直径 D_1^* は式(1)で表される。

$D_1^* = H \cdot D_1 \cdot f_{Mn} \cdot f_{Cr} \cdots$ ……(1)

ここで,D_1 は図 **2-12** に示すように,C のみの一般炭素鋼としての焼入れできる基本となる臨界直径,f_{Mn}, f_{Cr} などはそれぞれの添加元素の焼入れ性倍数で図 **2-13** に示すように1以上の数値である。図 2-12 の中のオーステナイト結晶粒度番号 N は,実物 1 mm³ 中の粒数を n としたとき式(2)で表される(JIS G 0551:05)値である。

$n = 2^{N+3}$ ……(2)

したがって,N が小さいほど結晶粒は粗大となり,同じ C 量の素材でも臨界直径は大となる。一方,合金鋼の場合には,図 2-13 の金属元素の種類と添加量によって焼入れ性倍数 f が式(1)に乗ぜられ,焼入れ性は良くなる。さらに急冷度 H は冷却剤の種類と温度によって表 **2-3** に示すように異なる。また同じ冷却剤でも 18°C の静止した水の急冷度を 1 とする

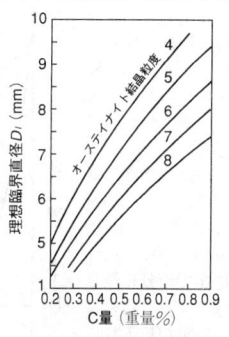

図 2-12 焼入れ理想直径に及ぼす C 量 (Metals handbook)

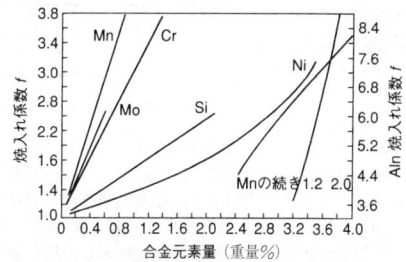

図 2-13 鋼の焼入れ性に及ぼす合金元素の焼入れ性倍数

と，撹拌あるいは噴射させる方式とすれば6程度にもなる。いずれにしても，その鋼の臨界冷却速度以上で冷却しなければ焼入れの効果はない。また図2-14に焼割れ，焼ひずみを防止または性質向上のための恒温変態を利用した各種焼入れ法を図解した。浸炭鋼に対しては浸炭層および心部をオーステナイト化して組織を均一微細化する一次焼入れと，表面浸炭量に応じた二次焼入れを施すのが普通である。

一般に炭素鋼は低炭素ほど臨界冷却速度が大きく，直径20 mmを超えると，心部まで十分に焼きが入らない。このように質量が焼入れに影響を及ぼすことを質量効果といい，焼入れ性に影響する5番目の因子となる。また高炭素鋼になると残留オーステナイトが残り，硬さの低

表2-3 各種焼入れ液の急冷度 H

焼入液の種類	720〜600℃間の値	200℃における値
10% NaOH水溶液	2.06	1.36
10% H_2SO_4水溶液	1.22	1.49
0℃ の 水	1.06	1.02
18℃ の 水	1.00	1.00
水 銀	0.78	0.62
25℃ の 水	0.72	1.11
種 油	0.30	0.055
50℃ の 水	0.17	0.95
100℃ の 水	0.044	0.71
液 体 空 気	0.039	0.033
空 冷	0.028	0.007

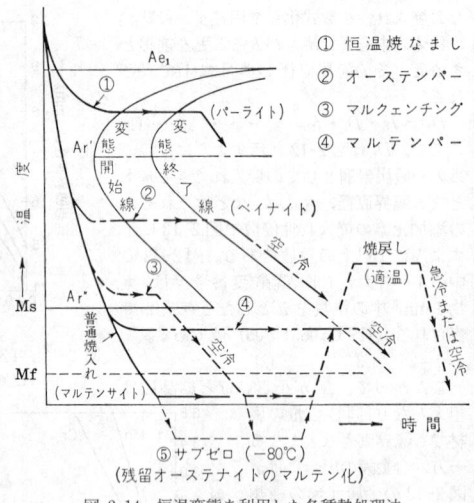

図 2-14 恒温変態を利用した各種熱処理法

① 恒温焼なまし
② オーステンパー
③ マルクェンチング
④ マルテンパー
⑤ サブゼロ（−80℃）（残留オーステナイトのマルテン化）

下および寸法の経年変化を起こすので，焼入れ直後さらに，M_f点（マルテンサイト変態完了温度）以下，一般的には−80℃付近に冷却して，十分にマルテンサイト化する必要がある。この処理をサブゼロまたは深冷処理といっている。

(4) 焼戻し 焼入れしたままの鋼は硬いがもろいので，A_1変態点以下の適当な温度に再加熱して残留応力を除去し，粘り強さを回復する焼戻し処理が必要である。焼戻しによる組織の変化には三つの段階があり，まず100℃付近よりマルテンサイト中の過飽和固溶炭素が擬炭化物（$Fe_{2\sim3}C$）として析出する

(体積収縮と硬さが上昇)。次いで250℃付近において残留オーステナイトが分解し(膨張)、針状組織が次第に崩壊する。さらに300℃付近になると炭化物のFe$_3$C化とその凝集が起こり(著しい収縮と硬さの低下)、その後は温度の上昇とともに炭化物の粒状化が促進する。この場合粒状化の程度に従って、順に焼戻しまたは2次トルースタイト(約400℃前後のもの)→同ソルバイト(約600℃前後)→粒状パーライト組織(A$_1$点直下)と呼び、冷却時に生じる各組織と区別している。したがって焼戻し温度は目的により異なり、硬さを犠牲にしても粘り強さの大きいことを望む場合(構造用鋼)には温度を高く、粘り強さの点では劣るが硬さの低下をなるべく防ぎたい場合(工具鋼)には低くする(図2-10参照)。一例として焼戻し時間は数十分程度で、その後普通空中放冷される。ただし、構造用炭素鋼および合金鋼、とくにクロム鋼やニッケルクロム鋼では焼戻し加熱後徐冷するともろくなるから(焼戻しぜい性)、焼入れ同様水または油に浸漬して急冷する。図2-15に焼入れした炭素鋼

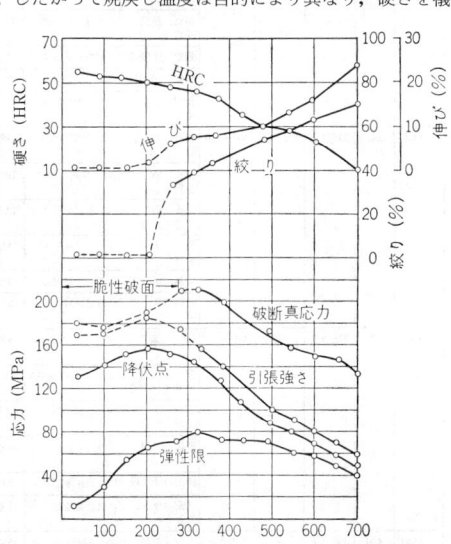

図2-15 焼戻し温度(℃)にともなう機械的性質の変化
(0.41% C, 0.72% Mn, 0.15% Si) 843℃油焼入れ

(S 40 C)の焼戻し温度による機械的性質の変化を示した。

2.2.4. 炭素鋼の種類と用途

(1) **一般構造用圧延鋼材** 建築・橋・船舶・鉄道車両その他各種装置、機械器具類などの構造部分に用いられる棒鋼、鋼板、鋼帯、平鋼および形鋼などがこれに含まれる。使用量が最も大きく、多くはリムド鋼よりつくられ、一般に引抜き、圧延状態のまま熱処理を行わずに使用される。炭素量はとくに規定されていないが、いずれも軟鋼程度のもので、機械的性質によって表2-4(JIS G 3101:04)のように規定されている。その他使用目的に応じてとくに組成を規定した、ボイラ用圧延鋼材(JIS G 3103:03)、溶接構造用圧延鋼材(JIS G 3106:06)などがある。

(2) **機械構造用炭素鋼材** 炭素鋼中でもとくにP、S、その他不純物の少ない高級鋼で、JISでは機械構造用炭素鋼材として表2-5(1)のように化学組成

表2-4 一般構造用圧延鋼材の機械的性質 (JIS G 3101:04)

種類の記号	降伏点又は耐力 N/mm² 鋼材の厚さ(¹) mm 16以下	16を超え40以下	40を超えるもの	引張強さ N/mm²	鋼材の厚さ(¹) mm	引張試験片	伸び %	曲げ性 曲げ角度	内側半径	試験片
SS330	205以上	195以上	175以上	330〜430	鋼板,鋼帯,平鋼の厚さ5以下	5号	26以上	180°	厚さの0.5倍	1号
					鋼板,鋼帯の厚さ5を超え16以下	1A号	21以上			
					鋼板,鋼帯の厚さ16を超え50以下	1A号	26以上			
					鋼板,平鋼の厚さ40を超えるもの	4号	28以上			
					棒鋼の径,辺又は対辺距離25以下	2号	25以上	180°	径,辺又は対辺距離の0.5倍	2号
					棒鋼の径,辺又は対辺距離25を超えるもの	3号	30以上			
SS400	245以上	235以上	215以上	400〜510	鋼板,鋼帯,形鋼の厚さ5以下	5号	21以上	180°	厚さの1.5倍	1号
					鋼板,鋼帯,形鋼の厚さ5を超え16以下	1A号	17以上			
					鋼板,鋼帯,形鋼の厚さ16を超え50以下	1A号	21以上			
					鋼板,平鋼,形鋼の厚さ40を超えるもの	4号	23以上			
					棒鋼の径,辺又は対辺距離25以下	2号	20以上	180°	径,辺又は対辺距離の1.5倍	2号
					棒鋼の径,辺又は対辺距離25を超えるもの	3号	24以上			
SS490	285以上	275以上	255以上	490〜610	鋼板,鋼帯,形鋼の厚さ5以下	5号	19以上	180°	厚さの2.0倍	1号
					鋼板,鋼帯,形鋼の厚さ5を超え16以下	1A号	15以上			
					鋼板,鋼帯,形鋼の厚さ16を超え50以下	1A号	19以上			
					鋼板,平鋼,形鋼の厚さ40を超えるもの	4号	23以上			
					棒鋼の径,辺又は対辺距離25以下	2号	18以上	180°	径,辺又は対辺距離の2.0倍	2号
					棒鋼の径,辺又は対辺距離25を超えるもの	3号	21以上			
SS540	400以上	390以上	—	540以上	鋼板,鋼帯,形鋼の厚さ5以下	5号	16以上	180°	厚さの2.0倍	1号
					鋼板,鋼帯,形鋼の厚さ5を超え16以下	1A号	13以上			
					鋼板,鋼帯,形鋼の厚さ16を超え50以下	1A号	17以上			
					棒鋼の径,辺又は対辺距離25以下	2号	13以上	180°	径,辺又は対辺距離の2.0倍	2号
					棒鋼の径,辺又は対辺距離25を超えるもの	3号	17以上			

注(1) 形鋼の場合,鋼材の厚さは図1の試験片採取位置の厚さとする。
棒鋼の場合,丸鋼は径,角鋼は辺,六角鋼などの多角鋼は,対辺距離の寸法とする。

が規定され,主として強じん性を必要とする機械部品やその他の重要な構造用部品に使用される。一般的には普通 0.3%C 以下は焼ならし,それ以上は焼ならしか多くの場合強じん性を増すための焼入れ・焼戻しを行って使用する。表2-5(2),(3)には機械的諸性質および熱処理を JIS 解説書から参考値として引用して示した。炭素量により 20 段階に分けられ,一般に炭素鋼は合金鋼に比較して焼入れ性が小さく(臨界冷却速度が大)質量効果が大きいので,主に

2章 鉄および鉄合金

表2-5 (1) 機械構造用炭素鋼鋼材 (JIS G 4051:05 抜粋)

1. 鋼材はキルド鋼塊から製造する。　2. 鋼材は鋼塊からの鍛練成形比4S以上に該当する圧延または鍛造などしなければならない。　3. 鋼材は特に指定のない限り、圧延又は鍛造のままとする。

記号	C	Si	Mn	P	S	用途例
S 10 C	0.08～0.13	0.15～0.35	0.30～0.60	0.030 以下	0.035 以下	ケルメット裏金
S 12 C	0.10～0.15	0.15～0.35	0.30～0.60	0.030 以下	0.035 以下	リベット
S 15 C	0.13～0.18	0.15～0.35	0.30～0.60	0.030 以下	0.035 以下	ボルト・ナット
S 17 C	0.15～0.20	0.15～0.35	0.30～0.60	0.030 以下	0.035 以下	ボルト・ナット
S 20 C	0.18～0.23	0.15～0.35	0.30～0.60	0.030 以下	0.035 以下	リベット
S 22 C	0.20～0.25	0.15～0.35	0.30～0.60	0.030 以下	0.035 以下	ボルト・ナット
S 25 C	0.22～0.28	0.15～0.35	0.30～0.60	0.030 以下	0.035 以下	ボルト・ナット モータ軸
S 28 C	0.25～0.31	0.15～0.35	0.60～0.90	0.030 以下	0.035 以下	ボルト・ナット
S 30 C	0.27～0.33	0.15～0.35	0.60～0.90	0.030 以下	0.035 以下	小物部品
S 33 C	0.30～0.36	0.15～0.35	0.60～0.90	0.030 以下	0.035 以下	ロッド・レバー類・小物部品
S 35 C	0.32～0.38	0.15～0.35	0.60～0.90	0.030 以下	0.035 以下	連接棒
S 38 C	0.35～0.41	0.15～0.35	0.60～0.90	0.030 以下	0.035 以下	継手・軸類
S 40 C	0.37～0.43	0.15～0.35	0.60～0.90	0.030 以下	0.035 以下	クランク軸・軸・ロッド類・高周波焼入部品
S 43 C	0.40～0.46	0.15～0.35	0.60～0.90	0.030 以下	0.035 以下	
S 45 C	0.42～0.48	0.15～0.35	0.60～0.90	0.030 以下	0.035 以下	
S 48 C	0.45～0.51	0.15～0.35	0.60～0.90	0.030 以下	0.035 以下	キー・ピン
S 50 C	0.47～0.53	0.15～0.35	0.60～0.90	0.030 以下	0.035 以下	軸類
S 53 C	0.50～0.56	0.15～0.35	0.60～0.90	0.030 以下	0.035 以下	
S 55 C	0.52～0.58	0.15～0.35	0.60～0.90	0.030 以下	0.035 以下	キー・ピン類
S 58 C	0.55～0.61	0.15～0.35	0.60～0.90	0.030 以下	0.035 以下	
S 09 CK	0.07～0.12	0.10～0.35	0.30～0.60	0.025 以下	0.025 以下	すじローラ(紡機の)
S 15 CK	0.13～0.18	0.15～0.35	0.30～0.60	0.025 以下	0.025 以下	だ焼カム軸・ピン
S 20 CK	0.18～0.23	0.15～0.35	0.30～0.60	0.025 以下	0.025 以下	用 ストンピン

(2) 機械的性質 (焼ならしの場合)

種類	焼ならし ℃	降伏点 N/mm²	引張強さ N/mm²	伸び %	硬さ HB
S 10 C	900～950	206 以上	314 以上	33 以上	109～156
S 15 C	880～930	235 以上	373 以上	30 以上	111～167
S 20 C	870～920	245 以上	402 以上	28 以上	116～174
S 25 C	860～910	265 以上	441 以上	27 以上	123～183
S 30 C	850～900	284 以上	471 以上	25 以上	137～197
S 35 C	840～890	304 以上	510 以上	23 以上	149～207
S 40 C	830～880	324 以上	539 以上	22 以上	156～217
S 45 C	820～870	343 以上	569 以上	20 以上	167～229
S 50 C	810～860	363 以上	608 以上	18 以上	179～235
S 55 C	800～850	392 以上	647 以上	15 以上	183～255

備考
1. Crは0.20％を超えてはならない。ただし、受渡当事者間の協定によって0.30％未満としてもよい。
2. S 09 CK、S 15 CK及びS 20 CKは不純物としてCu 0.25％、Ni 0.20％、Ni+Cr 0.30％(受渡当事者間の協定により0.40％未満)を、その他の種類はCu 0.30％、Ni 0.20％、Ni+Cr 0.35％(協定により0.45％未満)を超えてはならない。
3. 注文者の要求で製品分析を行う場合、許容変動値はJIS G 0321付表3による。

(3) 機械的性質 (焼入れ焼戻しの場合)

種類	焼入れ ℃	焼戻し ℃	降伏点 N/mm²	引張強さ N/mm²	伸び %	絞り %	衝撃値シャルピ J/cm²	硬さ HB	有効直径 mm
S 30 C	850～900 水冷	550～650 急冷	333 以上	539 以上	23 以上	57 以上	108 以上	152～212	30
S 35 C	840～890 水冷	550～650 急冷	392 以上	569 以上	22 以上	55 以上	98.1 以上	167～235	32
S 40 C	830～880 水冷	550～650 急冷	441 以上	608 以上	20 以上	50 以上	88 以上	179～255	35
S 45 C	820～870 水冷	550～650 急冷	490 以上	686 以上	17 以上	45 以上	78 以上	201～269	37
S 50 C	810～860 水冷	550～650 急冷	539 以上	735 以上	15 以上	40 以上	69 以上	212～277	40
S 55 C	800～850 水冷	550～650 急冷	588 以上	785 以上	14 以上	35 以上	59 以上	229～285	42
S 09 CK	1次 880～920 油(水)冷 2次 750～800 水冷	150～200 空冷	245 以上	392 以上	23 以上	55 以上	137 以上	121～179	
S 15 CK	1次 870～920 油(水)冷 2次 750～800 水冷	150～200 空冷	343 以上	490 以上	20 以上	50 以上	118 以上	143～235	

小物に適用される。なお，完全な焼入れ組織でないものを焼戻しても十分な強じん性は得られない。また焼戻しぜい性が現れる鋼も幾分あるので，焼戻し後は急冷する必要がある。このほか浸炭用として3種類のはだ焼鋼が規定されている。鋼材には主に棒鋼（丸・角・六角）および線材があり，前者を冷間引抜加工後，切削，研削したみがき棒鋼（JIS G 3123：03）など径5～80 mm程度のものが市販されている。太物およびさらに強じん性を要求する重要な部品には，焼入れ性の優れた質量効果の小さい構造用合金鋼が使用される。

(3) 鋼板　通常鋼板（厚さ1～14 mm）には熱間圧延軟鋼板（表2-6），冷間圧延鋼板（表2-7）および鋼帯などがある。またこれらを素材として各種表面処理鋼板がつくられている。熱間圧延鋼板は表面状態，品質などが劣るが，重ね圧延（Si，Pが多いのはこの場合の滑りとはく離を容易にする）など製造が容易であるため，表面の美麗さをあまり要求しない一般構造用に用いられる。冷間圧延鋼板は品質の良い熱間圧延板をさらに冷間で圧延（圧延率40 %以上）したもので，表面が平滑で寸法精度が良く，主として外板および深絞り加工を必要とするものに用いられる。深絞り用にはとくにストレッチャーストレイン防止のための調質圧延（0.5 %～2 %加工）が施される，このほか自動車用としてとくに非時効性で，優れた超深絞り用冷延板（APC 3 S，4 Sなど）も製造されている。

表 2-6　熱間圧延軟鋼板および鋼帯（JIS G 3131：05）

(1) 種類の記号と化学成分(%)

種類の記号	C	Mn	P	S	適用厚さ mm	備　考
SPHC	0.15以下	0.60以下	0.050以下	0.050以下	1.2以上14以下	一般用
SPHD	0.10以下	0.50以下	0.040以下	0.040以下	1.2以上14以下	絞り用
SPHE	0.10以下	0.50以下	0.030以下	0.035以下	1.2以上 8以下	深絞り用
SPHF	0.08以下	0.50以下	0.025以下	0.025以下	1.4以上 8以下	深絞り用特殊キルド処理

(2) 機械的性質

種類の記号	引張強さ N/mm²	伸び % 厚さ1.2 mm以上1.6 mm未満	厚さ1.6 mm以上2.0 mm未満	厚さ2.0 mm以上2.5 mm未満	厚さ2.5 mm以上3.2 mm未満	厚さ3.2 mm以上4.0 mm未満	厚さ4.0 mm以上	引張試験片	曲げ性 曲げ角度	内側半径 厚さ3.2 mm未満	厚さ3.2 mm以上	曲げ試験片
SPHC	270以上	27以上	29以上	29以上	29以上	31以上	31以上	5号試験片圧延方向	180°	密着	厚さの0.5倍	3号試験片圧延方向
SPHD	270以上	30以上	32以上	33以上	35以上	37以上	39以上			—	—	
SPHE	270以上	31以上	32以上	35以上	37以上	39以上	41以上			—	—	
SPHF	270以上	37以上	38以上	39以上	39以上	40以上	42以上			—	—	

2章 鉄および鉄合金

表 2-7 冷間圧延鋼板および鋼帯 (JIS G 3141：05)

(1) 種類の記号と化学成分(%)

種類の記号	C	Mn	P	S	備 考
SPCC	0.15以下	0.60以下	0.100以下	0.050以下	一般用
SPCD	0.12以下	0.50以下	0.040以下	0.040以下	絞り用
SPCE	0.10以下	0.45以下	0.030以下	0.030以下	深絞り用
SPCF	0.08以下	0.45以下	0.030以下	0.030以下	非時効性深絞り用
SPCG[(1)]	0.02以下	0.25以下	0.020以下	0.020以下	非時効性超深絞り用

注(1) 受渡当事者間の協定によって，Mn, P または S の上限値を変えてもよい。

(2) 引張特性

種類の記号	降伏点又は耐力 N/mm²	引張強さ N/mm²	伸び% 呼び厚さによる区分 mm							引張試験片
	呼び厚さによる区分 mm		0.25以上 0.30未満	0.30以上 0.40未満	0.40以上 0.60未満	0.60以上 1.0未満	1.0以上 1.6未満	1.6以上 2.5未満	2.5以上	
	0.25以上	0.25以上								
SPCC	—	—	—	—	—	—	—	—	—	5号試験片圧延方向
SPCCT[(2)]	—	270以上	28以上	31以上	34以上	36以上	37以上	38以上	39以上	
SPCD	(240以下)	270以上	30以上	33以上	36以上	38以上	39以上	40以上	41以上	
SPCE	(220以下)	270以上	32以上	35以上	38以上	40以上	41以上	42以上	43以上	
SPCF	(210以下)	270以上	—	—	40以上	42以上	43以上	44以上	45以上	
SPCG	(190以下)	270以上	—	—	42以上	44以上	45以上	46以上	—	

注(2) SPCC のうち，引張強さおよび伸びを保証するもの。

表面処理鋼板には従来より広く用いられている溶融亜鉛めっき鋼板 (JIS G 3302：98)，ぶりき (JIS G 3303：02) のほか，表 2-8 に示す各種の鋼板が近年盛んに用いられるようになった。鋼帯は普通幅 500 mm 以下の鋼板で，熱間圧延鋼板 (JIS G 3131：05) (表 2-6)，冷間圧延鋼板 (JIS G 3141：05) (表 2-7)，などが JIS に規定されている。熱間圧延鋼板 (SPHC-E) は 0.15 % C 以下の熱間圧延板で，このほかに溶接鋼管に用いる鋼管用熱間圧延炭素鋼鋼帯 (JIS G 3132：05) がある。みがき鋼板 (SPC 1-3 種) は冷間圧延したもので，厚さは 0.25 mm から 3.15 mm 程度までのものが作られている。とくに寸法精度が厳しく，また表面は美しい光沢があるので広範な用途がある。

(4) 軽量形鋼　鋼板または鋼帯から冷間でロール成形法により製造されたもので，一般の引抜き形鋼にくらべて薄肉軽量なことから，JIS G 3350：05 に一般構造用軽量形鋼 (SSC 400) として規定されている。その種類，断面形状および機械的性質を表 2-9 に示した。溶接性を考慮して 0.25 % C 以下としている。

(5) 鋼管　鋼管には各種配管用炭素鋼管と構造用炭素鋼管とがある。それぞれ JIS で用途別に規定されているので，適応したものを選ぶ必要がある。製造法により，継目無，電縫 (電気抵抗溶接)，鍛接鋼管などがある。表 2-10 に

表 2-8 各種特殊表面処理鋼板の特性と用途

種類	打抜加工	曲げ加工	絞り加工	溶接性	耐食性	耐候性	耐熱性	塗装性	衝撃性	用途
塩化ビニール被覆鋼板	良	良	良	可 スポット	良	良	不良		良	建築用, 家具事務器, 自動車, 車両, 日用品, 雑貨
着色プラスチック塗装亜鉛板	良	良	良	可	良	良	不良		良	同上, (従来の亜鉛鉄板の使用範囲をこえる)
燐酸塩処理鋼板 (浸酸法と電解法とがある)	良 きずがつきやすい	良	良	良 ハンダ不可	良 <200℃	良	良	良		塗装下地用として広く適する。(そのままでは皮膜が弱い。)
クロム酸処理鋼板 (同上)	良 きずがつきやすい	良	良	良	良	良	良		良	同上, (そのまま仕上板として利用できるが皮膜が薄い。)
アルミナイズド鋼板 (Al中に浸漬する)	良	可	可 加熱後は不良	不良	良	良	優良			耐熱性: 排気管, 各種耐熱板, 煙突 耐食性: 建築用材料
ホーロー鋼板	不良	不良	不良	不良	良	良	優良		可	建築用外壁板, 道路標識, 看板, 浴槽, 流し, レンジ
アスファルト積層鋼板	不良	不良	不良	不良	良	良 熱軟化温度を			良	屋根板, 外壁材

配管用鋼管の主なものを示した。また構造用鋼管には一般構造用炭素鋼鋼管 (JIS G 3444:04, 記号 STK) と機械構造用炭素鋼鋼管 (JIS G 3445:04, 記号 STKM A, B, C) とがある。前者は主として土木・建築・鉄塔・足場, その他の構造物に, 後者は品質, 寸法精度がともに良いので自動車・自転車・航空機などの機械部分に用いられる。

表 2-9 一般構造用軽量鋼 (抜粋) (JIS G 3350:05)

種類	断面形状記号	種類	断面形状記号
軽溝形鋼	⊏	リップ溝形鋼	⊏
軽Z形鋼	Z	リップZ形鋼	Z
軽山形鋼	L	ハット形鋼	⊓

種類の記号	降伏点 N/mm²	引張強さ N/mm²	伸び		
			厚さmm	試験片	%
SSC 440	245以上	400〜540	5以上	5号	21以上
			5を超えるもの	1A号	17以上

(6) 鋼線 鋼線類には鉄(軟鋼)線 (0.25％C以下), 硬鋼線 (0.24〜0.86％C) およびピアノ線 (0.60〜0.95％C) などがある。いずれもある太さの線材から冷間引抜き加工により伸線されたもので, 焼なまし線のほかは線径が小さいほど加工度が大きく, 引張強さが高い。表 2-11 にこれらの JIS 抜粋を示した。

表 2-10 配管用炭素鋼鋼管 (JIS 抜粋)

規 格 別	種 類	適 用 範 囲	鋼 質	製 管 法	化 学 成 分 (%) C	Si	Mn	熱 処 理
JIS G 3452：04 配管用炭素鋼鋼管	SGP (黒管、白管)	使用圧力の比較的低い蒸気、水、油、ガス、空気などの配管用	リムド セミキルド キルド	継目無 電気鍛接	—	—	—	熱間の場合そのまま 冷間の場合焼なまし
JIS G 3454：05 圧力配管用炭素鋼鋼管	STPG 370 STPG 410	350℃ 以下で使用する圧力配管用	同 上	継 目 無 電 気 目	<0.25 <0.30	<0.35 〃	0.30~0.90 0.30~1.00	〃
JIS G 3455：05 高圧配管用炭素鋼鋼管	STS 370 STS 410 STS 480	350℃ 以下で使用圧力の高い高圧配管用	キルド	継 目 無	<0.25 <0.30 <0.33	0.10~0.35 〃 〃	0.30~0.90 0.30~1.00 〃	冷間の場合 焼なましまたは焼ならし 焼なましまたは焼ならし
JIS G 3456：04 高温配管用炭素鋼鋼管	STPT 370 STPT 410 STPT 480	350℃ をこえる温度で使用する配管用	粗キルド	継 目 無 電 気 目 継 目 無	<0.25 <0.30 <0.33	0.10~0.35 〃 〃	0.30~0.90 0.30~1.00 〃	熱間の場合そのまま 冷間の場合焼なましまたは焼ならし
JIS G 3457：05 配管用アーク溶接炭素鋼鋼管	STPY 400	使用圧力の比較的低い蒸気、水、油、ガス、空気などの配管用アーク溶接鋼管	リムド セミキルド キルド	自動サブマージドアーク溶接	P<0.04 S<0.04 C<0.25			原則として行わない
JIS G 3442：04 水配管用亜鉛めっき鋼管	SGPW	静水頭 100m 以下の上下水道で、主として給水用配管	同 上	継 目 無 電 気 目	—	—	—	

備考 種類欄中記号の数字は引張強さの最低値を表す。伸びは約 35〜25% (管状のまま)。

表 2-11 各種鋼(鉄)線 (JIS G 3521：91, JIS G 3522：91 抜粋)

	種類	記号	線径 mm	引張強さ N/mm²	用途
鉄線	普通鉄線	SWM-B	0.10～18.0	1270～320	一般用, 金網用
	くぎ用鉄線	SWM-N	1.50～6.65	1270～490	くぎ用
	なまし用鉄線	SWM-A	0.10～18.0	1590～260	一般用, 金網用
	亜鉛めっき鋼線	SWGF-(1～6)	0.80～6.0	1230～780	〃
硬鋼線	A 種	SW-A	0.08～10.0	930～2450	ねじ類, 鋼より線 ワイヤーロープ, ばね スポーク, 消傘骨 タイヤ心, 紡織針 メリヤス針, 針布
	B 種	SW-B	0.08～13.0	1030～2790	
	C 種	SW-C		1230～3140	
ピアノ線	A 種	SWP-A	0.08～10.0	1420～3190	主としてばね用
	B 種	SWP-B	0.08～7.0	1620～3480	
	V 種	SWP-V	1.0～6.0	1520～2210	弁ばね用

表 2-12 炭素鋼鋳鋼品 (JIS G 5101：91)

種類の記号	化学成分 C%	機械的性質				摘要
		降伏点又は耐力 N/mm²	引張強さ N/mm²	伸び%	絞り%	
SC 360	0.20 以下	175 以上	360 以上	23 以上	35 以上	電動機部品用
SC 410	0.30 以下	205 以上	410 以上	21 以上	35 以上	一般構造用
SC 450	0.35 以下	225 以上	450 以上	19 以上	30 以上	一般構造用
SC 480	0.40 以下	245 以上	480 以上	17 以上	25 以上	一般構造用

備考 各種とも P<0.04%, S<0.04% とする。

表 2-13 炭素鋼鍛鋼品 (JIS G 3201：88)

種類の記号	降伏点 N/mm²	引張強さ N/mm²	伸び % 14 A号試験片		絞り %		硬さ[1] HB
			軸方向	切線方向	軸方向	切線方向	
SF 340 A	175 以上	340～440	27 以上	23 以上	50 以上	38 以上	90 以上
SF 390 A	195 以上	390～490	25 以上	21 以上	45 以上	35 以上	105 以上
SF 440 A	225 以上	440～540	24 以上	19 以上	45 以上	35 以上	121 以上
SF 490 A	245 以上	490～590	22 以上	17 以上	40 以上	30 以上	134 以上
SF 540 A	275 以上	540～640	20 以上	16 以上	35 以上	26 以上	152 以上
SF 590 A	295 以上	590～690	18 以上	14 以上	35 以上	26 以上	167 以上

注 (1) 同一ロットの鍛鋼品の硬さのばらつきは, HB 30 以下とし, 1個の鍛鋼品の硬さのばらつきは, HB 30 以下とする。

表 2-14 炭素工具鋼材 (JIS G 4401：00)

種類の記号	化学成分(%)					用途例(参考)
	C	Si	Mn	P	S	
SK 140 (SK 1)	1.30〜1.50	0.10〜0.35	0.10〜0.50	0.030 以下	0.030 以下	刃やすり・紙やすり
SK 120 (SK 2) (TC 120)	1.15〜1.25	0.10〜0.35	0.10〜0.50	0.030 以下	0.030 以下	ドリル・小形ポンチ・かみそり・鉄工やすり・刃もの・ハクソー・ぜんまい
SK 105 (SK 3) (TC 105)	1.00〜1.10	0.10〜0.35	0.10〜0.50	0.030 以下	0.030 以下	ハクソー・たがね・ゲージ・ぜんまい・プレス型・治工具・刃物
SK 95 (SK 4)	0.90〜1.00	0.10〜0.35	0.10〜0.50	0.030 以下	0.030 以下	木工用きり・おの・たがね・ぜんまい・ペン先・チゼル・スリッターナイフ・プレス型・ゲージ・メリヤス針
SK 90 (TC 90)	0.85〜0.95	0.10〜0.35	0.10〜0.50	0.030 以下	0.030 以下	プレス型・ぜんまい・ゲージ・針
SK 85 (SK 5)	0.80〜0.90	0.10〜0.35	0.10〜0.50	0.030 以下	0.030 以下	刻印・プレス型・ぜんまい・帯のこ・治工具・刃物・丸のこ・ゲージ・針
SK 80 (TC 80)	0.75〜0.85	0.10〜0.35	0.10〜0.50	0.030 以下	0.030 以下	刻印・プレス型・ぜんまい
SK 75 (SK 6)	0.70〜0.80	0.10〜0.35	0.10〜0.50	0.030 以下	0.030 以下	刻印・スナップ・丸のこ・ぜんまい・プレス型
SK 70 (TC 70)	0.65〜0.75	0.10〜0.35	0.10〜0.50	0.030 以下	0.030 以下	刻印・スナップ・ぜんまい・プレス型
SK 65 (SK 7)	0.60〜0.70	0.10〜0.35	0.10〜0.50	0.030 以下	0.030 以下	刻印・スナップ・プレス型・ナイフ
SK 60	0.55〜0.65	0.10〜0.35	0.10〜0.50	0.030 以下	0.030 以下	刻印・スナップ・プレス型

備考 各種とも不純物として Cu は 0.25%，Cr は 0.30%，Ni は 0.25% を超えてはならない。

参考 1. SK 75 および SK 65 は 5 年後の見直し時削除される予定。
    2. 括弧書きの(SKxx)は，旧 JIS の鋼種記号を，(TCxx)は，ISO/FDIS 4957：1998 の対応する鋼種記号を示す。

(7) 鍛鋼品および鋳鋼品 キルド鋼塊から鍛造によって成形されたものを炭素鋼鍛鋼品として，また溶鋼から鋳造されたものを炭素鋼鋳鋼品として区別している。このような製品は比較的多い。いずれもそのままでは結晶組織が粗大化し内部応力が存在しているので，焼なまし，焼ならし，または焼入れ・焼戻しなどの熱処理を施す必要がある。これらの JIS を**表 2-12** および**表 2-13** に示した。

(8) 炭素工具鋼 切削用,耐衝撃用,耐摩耗用および測定用各種工具材料として用いられるもので,良質なキルド鋼塊から製造される。炭素量は 0.6〜1.5％の範囲内にあり,用途により表 2-14 のように分けられている。工具以外にもよく用いられ,構造用鋼・特殊用途鋼などが工具用に用いられる場合もある。みがき特殊帯鋼 (JIS G 3311:04) は工具鋼を冷間圧延したもので,ぜんまいばね,帯のこ,ハクソー,傘骨,あるいはカミソリ替刃などに供される。炭素工具鋼は幅広く用いられているが,一般に焼入れ性が小さく,耐熱性,耐摩耗性もあまり良好とはいえない。また各種工具鋼の諸性質早見表を表 2-24 (151 ページ) に示したが,適応する範囲において使用することが肝要である。なお,焼入れ前に炭化物の球状化処理を施す必要がある。

2.3. 特殊鋼

炭素鋼の性質を改善する目的で,各種合金元素を添加した鋼を一般に特殊鋼といい,用途により構造用合金鋼,合金工具鋼,特殊用途鋼とに分けている。

2.3.1. 構造用合金鋼

(1) 低合金高張力鋼 一般に需要の多い構造用鋼材の大半は非調質鋼として,焼ならしか圧延または鍛造状態のまま使用される。またその多くは溶接が行われるので,溶接部のぜい化を避けるために低炭素鋼を使用しなければならない。したがってフェライトを強化して強度を高める必要があるが,この種の鋼に従来から安価な Mn を添加元素とするデュコール鋼 (0.15〜0.25％C, 1.0〜2.5％ Mn) およびハイテン (HT 500〜600) と呼ばれる Mn-Si 系の鋼などがある。溶接構造用圧延鋼材 (JIS G 3106:04) の SM 400〜SM 570 などがこれに該当する。一例を示すと SM 490 の厚さ 50 mm 以下の板は C<

表 2-15 鋼の焼入れ性試験方法（一端焼入れ方法）
　　　　　（JIS G 0561：98）

化学成分の規格値または規格値の最大値			焼ならし温度 ℃	焼入れ温度 ℃
Ni %	C %			
3.00以下	0.25以下		925	925
	0.26以上0.36以下		900	870
	0.37以上		870	845
3.00を超えるもの	0.25以下		925	845
	0.26以上0.36以下		900	815
	0.37以上		870	800
JIS G 4801のSUP6, SUP7, SUP9, SUP9A, SUP10, SUP11A			900	870
JIS G 4202アルミニウムクロムモリブデン鋼			980	925

備考 1. 上記温度の許容量は±5℃とする。
　　 2. 試験片は焼入れ温度に30〜40分間で昇温し,その温度に30分間保った後,5秒以内に試験片支持台に載せ,冷却（少くとも10分間以上）する。
　　 3. 冷却した試験片は互に180°隔てた相対応する両面を,全長にわたり厚さ約0.4 mmを研摩して除き,その両面の硬さをその中心に沿って測定し,その平均値をとる。

0.20％, Mn＜1.60％, Si＜0.55％で引張強さ 490～610 N/mm², 伸びは 22％以下となっている。このほか多くの元素（Al, Cr, Cu, Mn, Ni, P, Si など）を含む各種の低合金高張力鋼があるが，いずれも多くはフェライト中に固溶してこれを強化している。

(2) **強じん鋼** 鋼に十分な強さと伸びを与えるには焼入れ焼戻しを行う必要がある。普通炭素鋼は質量効果が大きく，太物では完全な焼入れ組織を得ることが難しい。また，焼戻しによる強さおよび硬さの低下も大きい。したがって，炭素鋼の改良に重要なことは第一に焼入れ性を向上させ，第二に高温焼戻しの場合の軟化に対する抵抗性を大きくすることである。この二つのねらいから各種元素を添加して，強くて粘い性質を与えたのが強じん鋼である。

鋼の焼入れ性については JIS G 0561 : 98 にその試験法が規定されている。表 2-15 にその方法を示したが，一端焼入れを行った試験片について，焼入れ端からの距離と硬さの関係（ジョミニー曲線）および組織を求めることにより，その鋼の焼入れ性を知ることができる。図 2-16 に，ジョミニー曲線の数例を示したが，同じ炭素量でも添加元素の種類と量によって著しく焼入れ性を異にする。この場合，試験片各部の冷却速度がすでに知られているので，その鋼材の臨界冷却速度，最大焼入れ直径（図 2-17 よ

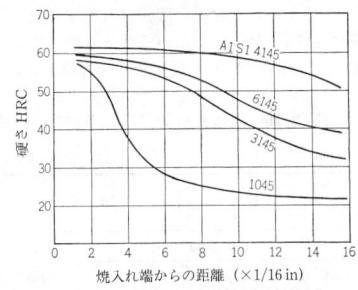

AISI 番号	化　学　組　成　(％)					
	C	Mn	Si	Ni	Cr	Mo
1045	0.43～0.50	0.60～0.90	—	—	—	—
3145	0.43～0.48	0.70～0.90	0.20～0.35	1.10～1.40	0.70～0.90	—
4145	〃	0.75～1.00	〃	—	0.80～1.10	0.15～0.25
6145	〃	0.70～0.90	〃	—	0.80～0.90	V＞0.15

図 2-16　各種の鋼のジョミニー曲線

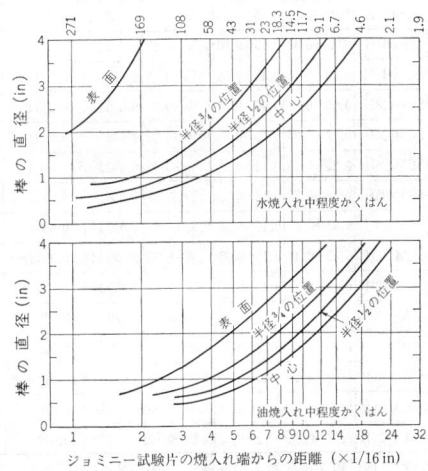

図 2-17　ジョミニー試験結果と同程度の硬さおよび組織を得る丸棒（同質鋼材）の直径

り）およびその他の焼入れ条件を求めることができる。しかし同じ鋼種でもオーステナイト結晶粒度により焼入れ性に大きな差を生じるので，強じん鋼の中にはジョミニー曲線が限定された上限と下限の許容範囲（Hバンド）内に入らなければならないという焼入れ性を保証した鋼種（H鋼という）が規定されている。**表 2-16** に焼入れ性を保証した構造用鋼の化学成分(1)，および参考

表 2-16 焼入れ性を保証した構造用鋼鋼材（H 鋼）（JIS G 4052：03）

(1) 化学成分(%)

種類の記号	C	Si	Mn	P	S	Ni	Cr	Mo
SMn420H	0.16～0.23	0.15～0.35	1.15～1.55	0.030 以下	0.030 以下	0.25 以下	0.35 以下	—
SMn433H	0.29～0.36	0.15～0.35	1.15～1.55	0.030 以下	0.030 以下	0.25 以下	0.35 以下	—
SMn 438 H	0.34～0.41	0.15～0.35	1.30～1.70	0.030 以下	0.030 以下	0.25 以下	0.35 以下	—
SMn 443 H	0.39～0.46	0.15～0.35	1.30～1.70	0.030 以下	0.300 以下	0.25 以下	0.35 以下	—
SMnC 420 H	0.16～0.23	0.15～0.35	1.15～1.55	0.030 以下	0.030 以下	0.25 以下	0.35～0.70	—
SMnC443H	0.39～0.46	0.15～0.35	1.30～1.70	0.030 以下	0.030 以下	0.25 以下	0.35～0.70	—
SCr 415 H	0.12～0.18	0.15～0.35	0.55～0.95	0.030 以下	0.030 以下	0.25 以下	0.85～1.25	—
SCr 420 H	0.17～0.23	0.15～0.35	0.55～0.95	0.030 以下	0.030 以下	0.25 以下	0.85～1.25	—
SCr 430 H	0.27～0.34	0.15～0.35	0.55～0.95	0.030 以下	0.030 以下	0.25 以下	0.85～1.25	—
SCr 435 H	0.32～0.39	0.15～0.35	0.55～0.95	0.030 以下	0.030 以下	0.25 以下	0.85～1.25	—
SCr 440 H	0.37～0.44	0.15～0.35	0.55～0.95	0.030 以下	0.030 以下	0.25 以下	0.85～1.25	—
SCM415H	0.12～0.18	0.15～0.35	0.55～0.95	0.030 以下	0.030 以下	0.25 以下	0.85～1.25	0.15～0.30
SCM418H	0.15～0.21	0.15～0.35	0.55～0.95	0.030 以下	0.030 以下	0.25 以下	0.85～1.25	0.15～0.30
SCM420H	0.17～0.23	0.15～0.35	0.55～0.95	0.030 以下	0.030 以下	0.25 以下	0.85～1.25	0.15～0.30
SCM425H	0.23～0.28	0.15～0.35	0.55～0.95	0.030 以下	0.030 以下	0.25 以下	0.85～1.25	0.15～0.30
SCM435H	0.32～0.39	0.15～0.35	0.55～0.95	0.030 以下	0.030 以下	0.25 以下	0.85～1.25	0.15～0.35
SCM440H	0.37～0.44	0.15～0.35	0.55～0.95	0.030 以下	0.030 以下	0.25 以下	0.85～1.25	0.15～0.35
SCM445H	0.42～0.49	0.15～0.35	0.55～0.95	0.030 以下	0.030 以下	0.25 以下	0.85～1.25	0.15～0.35
SCM822H	0.19～0.25	0.15～0.35	0.55～0.95	0.030 以下	0.030 以下	0.25 以下	0.85～1.25	0.35～0.45
SNC 415 H	0.11～0.18	0.15～0.35	0.30～0.70	0.030 以下	0.030 以下	1.95～2.50	0.20～0.55	—
SNC 631 H	0.26～0.35	0.15～0.35	0.30～0.70	0.030 以下	0.030 以下	2.45～3.00	0.55～1.05	—
SNC 815 H	0.11～0.18	0.15～0.35	0.30～0.70	0.030 以下	0.030 以下	2.95～3.50	0.55～1.05	—
SNCM220H	0.17～0.23	0.15～0.35	0.60～0.95	0.030 以下	0.030 以下	0.35～0.75	0.35～0.65	0.15～0.30
SNCM420H	0.17～0.23	0.15～0.35	0.40～0.70	0.030 以下	0.030 以下	1.55～2.00	0.35～0.65	0.15～0.30

備考 1. 表2のすべての鋼種は，不純物としてCuが，0.30％を超えてはならない。
　　 2. 受渡当事者間の協定によって，鋼材の製品分析を行う場合の表2の溶鋼分析規制値に対する許容変動値は，JIS G 0321 の付表4による。

(2) 焼入れ端からの距離と硬さ (HRC) および熱処理温度 (°C)

記号	硬さHRC	1.5	3	5	7	9	11	13	15	20	25	30	35	40	45	50	焼ならし	焼入れ
SMn 420 H	上限	48	46	42	36	30	27	25	24	21	—	—	—	—	—	—	925	925
	下限	40	36	21	—	—	—	—	—	—	—	—	—	—	—	—		
SMn 433 H	上限	57	56	53	49	42	36	33	30	27	27	24	23	22	21	21	900	870
	下限	50	46	34	26	23	20	—	—	—	—	—	—	—	—	—		
SMn 438 H	上限	59	59	57	54	51	46	41	39	35	33	31	30	29	28	27	870	845
	下限	52	49	43	34	28	24	22	21	—	—	—	—	—	—	—		
SMn 443 H	上限	62	61	60	59	57	54	50	45	37	34	32	31	30	29	28	870	845
	下限	55	53	49	39	33	29	27	26	23	22	20	—	—	—	—		
SMnC 420 H	上限	48	48	45	41	37	33	31	29	26	24	23	—	—	—	—	925	925
	下限	40	30	33	27	23	20	—	—	—	—	—	—	—	—	—		
SMnC 443 H	上限	62	62	61	60	59	58	56	55	50	46	42	41	40	39	38	870	845
	下限	55	54	53	51	48	44	39	35	29	26	25	24	23	22	21		
SCr 415 H	上限	46	45	41	35	31	28	27	26	23	20	—	—	—	—	—	925	925
	下限	39	34	26	21	—	—	—	—	—	—	—	—	—	—	—		
SCr 420 H	上限	48	48	46	40	36	34	32	31	29	27	26	24	23	23	22	925	925
	下限	40	37	32	28	25	22	21	—	—	—	—	—	—	—	—		
SCr 430 H	上限	56	55	53	51	48	45	42	39	35	33	31	30	28	26	25	900	870
	下限	49	46	42	37	33	30	28	26	21	—	—	—	—	—	—		
SCr 435 H	上限	58	57	56	55	53	51	47	44	39	37	35	34	33	32	31	870	845
	下限	51	49	46	42	37	32	29	27	23	21	—	—	—	—	—		
SCr 440 H	上限	60	60	59	58	57	55	54	52	46	41	39	37	37	36	35	870	845
	下限	53	52	50	48	45	41	37	34	29	26	24	22	—	—	—		
SCM 415 H	上限	46	45	42	38	34	31	29	28	26	25	24	24	23	23	22	925	925
	下限	39	36	29	24	21	20	—	—	—	—	—	—	—	—	—		
SCM 418 H	上限	47	47	45	41	38	35	33	32	30	28	27	27	26	26	25	925	925
	下限	39	37	31	27	24	22	21	20	—	—	—	—	—	—	—		
SCM 420 H	上限	48	48	47	44	42	39	37	35	33	31	30	30	29	29	28	925	925
	下限	40	39	35	32	29	25	23	20	—	—	—	—	—	—	—		
SCM 435 H	上限	58	58	57	56	55	54	53	51	48	45	43	41	39	38	37	870	845
	下限	51	50	49	47	45	42	39	37	32	30	28	27	27	26	26		
SCM 440 H	上限	60	60	60	59	58	58	57	56	55	53	51	49	47	46	44	870	845
	下限	53	53	52	51	50	48	46	43	38	35	33	31	29	28	27		
SCM 445 H	上限	63	63	62	62	61	61	61	60	59	58	57	56	55	55	54	870	845
	下限	56	55	55	54	53	52	52	51	47	43	39	37	35	35	34		
SCM 822 H	上限	50	50	50	49	48	46	43	41	39	38	37	36	36	36	36	925	925
	下限	43	42	41	39	34	29	26	24	24	23	22	22	21	—	—		
SNC 415 H	上限	45	44	39	35	31	28	26	24	21	—	—	—	—	—	—	925	925
	下限	37	32	24	—	—	—	—	—	—	—	—	—	—	—	—		
SNC 631 H	上限	57	57	56	56	55	55	55	54	53	51	49	47	45	44	43	900	870
	下限	49	48	47	45	43	41	39	35	31	29	28	27	27	26	26		
SNC 815 H	上限	46	46	46	46	45	44	43	41	38	35	34	34	33	33	32	925	845
	下限	38	37	36	34	31	29	27	26	24	22	22	22	21	21	21		
SNCM 220 H	上限	48	47	44	40	35	32	30	29	26	24	23	23	23	22	22	925	925
	下限	41	38	30	25	22	20	—	—	—	—	—	—	—	—	—		
SNCM 420 H	上限	48	47	46	42	39	36	34	32	29	26	25	24	24	24	24	925	925
	下限	41	38	34	30	27	25	23	22	—	—	—	—	—	—	—		

値としての熱処理温度と硬さ(2)を示した。焼入れ性を主眼としているので組成範囲はやや広くとられている。一般に焼入れ性を良くする元素としては，Mn, Mo, Cr, Si, Ni, Cu などが順に挙げられる。中でも Mn, Mo, Cr の効果が著しい。

また第二の焼戻しに対する抵抗性としては，炭素の拡散および炭化物の凝集を防ぐような元素が選ばれる。これには Mo, Cr, Si, Ti, V などで，この中でとくに炭化物をつくりやすい元素がその効果を発揮する。Mn, Ni などはこの効果が小さく，むしろ粘さおよびフェライトを強化する効果のほうが大きい。

そのほか強じん鋼の大きな欠点として，焼戻しぜい性がある。とくに Ni-Cr 鋼で著しい。図 2-18 にその傾向を示した。

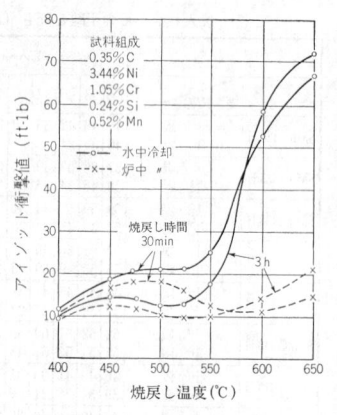

図 2-18 Ni-Cr 鋼の焼戻しぜい性

焼戻し温度は普通 550～680℃間が選ばれるが，軟化した状態とはいえ，これを徐冷すると著しく衝撃値が低下するから，必ず急冷しなければならない。とくに 550℃以下では徐冷，急冷ともに衝撃値が低いから絶対に避けねばならない。焼戻しぜい性は Mo の添加によって小さくすることができるが完全と

表 2-17 機械構造用合金鋼鋼材（JIS G 4053：03）

(1) 種類と記号

種類の記号	分類	種類の記号	分類	種類の記号	分類	種類の記号	分類
SMn 420	マンガン鋼	SCr 445	クロム鋼	SCM 445	クロムモリブデン鋼	SNCM 431	ニッケルクロムモリブデン鋼
SMn 433				SCM 822		SNCM 439	
SMn 438		SCM 415	クロムモリブデン鋼	SNC 236	ニッケルクロム鋼	SNCM 447	
SMn 433		SCM 418		SNC 415		SNCM 616	
SMnC420	マンガンクロム鋼	SCM 420		SNC 631		SNCM 625	
SMnC443		SCM 421		SNC 815		SNCM 630	
SCr 415	クロム鋼	SCM 425		SNC 836		SNCM 815	
SCr 420		SCM 430					
SCr 430		SCM 432		SNCM 220	ニッケルクロムモリブデン鋼		
SCr 435		SCM 435		SNCM 240			
SCr 440		SCM 440		SNCM 415			
				SNCM 420			

備考 SMn 420, SMnC 420, SCr 415, SCr 420, SCM 415, SCM 418, SCM 420, SCM 421, SCM 425, SCM 822, SNC 415, SNC 815, SNCM 220, SNCM 415, SNCM 420, SNCM 616 および SNCM 815 は，主として，はだ焼用に使用する。

(2) 化学成分(%)

種類の記号	C	Si	Mn	P	S	Ni	Cr	Mo
SMn 420	0.17〜0.23	0.15〜0.35	1.20〜1.50	0.030 以下	0.030 以下	0.25 以下	0.35 以下	—
SMn 433	0.30〜0.36	0.15〜0.35	1.20〜1.50	0.030 以下	0.030 以下	0.25 以下	0.35 以下	—
SMn 438	0.35〜0.41	0.15〜0.35	1.35〜1.65	0.030 以下	0.030 以下	0.25 以下	0.35 以下	—
SMn 443	0.40〜0.46	0.15〜0.35	1.35〜1.65	0.030 以下	0.030 以下	0.25 以下	0.35 以下	—
SMnC 420	0.17〜0.23	0.15〜0.35	1.20〜1.50	0.030 以下	0.030 以下	0.25 以下	0.35〜0.70	—
SMnC 443	0.40〜0.46	0.15〜0.35	1.35〜1.65	0.030 以下	0.030 以下	0.25 以下	0.35〜0.70	—
SCr 415	0.13〜0.18	0.15〜0.35	0.60〜0.90	0.030 以下	0.030 以下	0.25 以下	0.90〜1.20	—
SCr 420	0.18〜0.23	0.15〜0.35	0.60〜0.90	0.030 以下	0.030 以下	0.25 以下	0.90〜1.20	—
SCr 430	0.28〜0.33	0.15〜0.35	0.60〜0.90	0.030 以下	0.030 以下	0.25 以下	0.90〜1.20	—
SCr 435	0.33〜0.38	0.15〜0.35	0.60〜0.90	0.030 以下	0.030 以下	0.25 以下	0.90〜1.20	—
SCr 440	0.38〜0.43	0.15〜0.35	0.60〜0.90	0.030 以下	0.030 以下	0.25 以下	0.90〜1.20	—
SCr 445	0.43〜0.48	0.15〜0.35	0.60〜0.90	0.030 以下	0.030 以下	0.25 以下	0.90〜1.20	—
SCM 415	0.13〜0.18	0.15〜0.35	0.60〜0.90	0.030 以下	0.030 以下	0.25 以下	0.90〜1.20	0.15〜0.25
SCM 418	0.16〜0.21	0.15〜0.35	0.60〜0.90	0.030 以下	0.030 以下	0.25 以下	0.90〜1.20	0.15〜0.25
SCM 420	0.18〜0.23	0.15〜0.35	0.60〜0.90	0.030 以下	0.030 以下	0.25 以下	0.90〜1.20	0.15〜0.25
SCM 421	0.17〜0.23	0.15〜0.35	0.70〜1.00	0.030 以下	0.030 以下	0.25 以下	0.90〜1.20	0.15〜0.25
SCM 425	0.23〜0.28	0.15〜0.35	0.60〜0.90	0.030 以下	0.030 以下	0.25 以下	0.90〜1.20	0.15〜0.30
SCM 430	0.28〜0.33	0.15〜0.35	0.60〜0.90	0.030 以下	0.030 以下	0.25 以下	0.90〜1.20	0.15〜0.30
SCM 432	0.27〜0.37	0.15〜0.35	0.30〜0.60	0.030 以下	0.030 以下	0.25 以下	1.00〜1.5	0.15〜0.30
SCM 435	0.33〜0.38	0.15〜0.35	0.60〜0.90	0.030 以下	0.030 以下	0.25 以下	0.90〜1.20	0.15〜0.30
SCM 440	0.38〜0.43	0.15〜0.35	0.60〜0.90	0.030 以下	0.030 以下	0.25 以下	0.90〜1.20	0.15〜0.30
SCM 445	0.43〜0.48	0.15〜0.35	0.60〜0.90	0.030 以下	0.030 以下	0.25 以下	0.90〜1.20	0.15〜0.30
SCM 822	0.20〜0.25	0.15〜0.35	0.60〜0.90	0.030 以下	0.030 以下	0.25 以下	0.90〜1.20	0.35〜0.45
SNC 236	0.32〜0.40	0.15〜0.35	0.50〜0.80	0.030 以下	0.030 以下	1.00〜1.50	0.50〜0.90	—
SNC 415	0.12〜0.18	0.15〜0.35	0.35〜0.65	0.030 以下	0.030 以下	2.00〜2.50	0.20〜0.50	—
SNC 631	0.27〜0.35	0.15〜0.35	0.35〜0.65	0.030 以下	0.030 以下	2.50〜3.00	0.60〜1.00	—
SNC 815	0.12〜0.18	0.15〜0.35	0.35〜0.65	0.030 以下	0.030 以下	3.00〜3.50	0.60〜1.00	—
SNC 836	0.32〜0.40	0.15〜0.35	0.35〜0.65	0.030 以下	0.030 以下	3.00〜3.50	0.60〜1.00	—
SNCM 220	0.17〜0.23	0.15〜0.35	0.60〜0.90	0.030 以下	0.030 以下	0.40〜0.70	0.40〜0.60	0.15〜0.25
SNCM 240	0.38〜0.43	0.15〜0.35	0.70〜1.00	0.030 以下	0.030 以下	0.40〜0.70	0.40〜0.60	0.15〜0.30
SNCM 415	0.12〜0.18	0.15〜0.35	0.40〜0.70	0.030 以下	0.030 以下	1.60〜2.00	0.40〜0.60	0.15〜0.30
SNCM 420	0.17〜0.23	0.15〜0.35	0.40〜0.70	0.030 以下	0.030 以下	1.60〜2.00	0.40〜0.60	0.15〜0.30
SNCM 431	0.27〜0.35	0.15〜0.35	0.60〜0.90	0.030 以下	0.030 以下	1.60〜2.00	0.60〜1.00	0.15〜0.30
SNCM 439	0.36〜0.43	0.15〜0.35	0.60〜0.90	0.030 以下	0.030 以下	1.60〜2.00	0.60〜1.00	0.15〜0.30
SNCM 447	0.44〜0.50	0.15〜0.35	0.60〜0.90	0.030 以下	0.030 以下	1.60〜2.00	0.60〜1.00	0.15〜0.30
SNCM 616	0.13〜0.20	0.15〜0.35	0.80〜1.20	0.030 以下	0.030 以下	2.80〜3.20	1.40〜1.80	0.40〜0.60
SNCM 625	0.20〜0.30	0.15〜0.35	0.35〜0.60	0.030 以下	0.030 以下	3.00〜3.50	1.00〜1.50	0.15〜0.30
SNCM 630	0.25〜0.35	0.15〜0.35	0.35〜0.60	0.030 以下	0.030 以下	2.50〜3.50	2.50〜3.50	0.30〜0.70
SNCM 815	0.12〜0.18	0.15〜0.35	0.30〜0.60	0.030 以下	0.030 以下	4.00〜4.50	0.70〜1.00	0.15〜0.30

備考 1. 表2のすべての鋼材は,不純物としてCuが,0.30％を超えてはならない。
    2. 受渡当事者間の協定によって,鋼材の製品分析を行う場合の表2の溶鋼分析規制値に対する許容変動値は,JIS G 0321の付表4による。

はいえない。これら合金鋼は，その組成から表 2-17(1)に示す種類に分類される。同表(2)に化学成分を示す。

(a) ニッケルクロム鋼 Ni は炭化物を形成せずフェライト中に固溶して強じん性を増加するが，単独では焼入れ性および焼戻しの抵抗性が不十分なため，これを Cr で補足したもので，強じん鋼中最も歴史の古い鋼種である。表 2-18(1)に参考値としての熱処理・機械的性質を示した。質量効果が小さく，耐磨耗・耐食・耐熱および低温における耐衝撃性に富んでいる。また，オースフォーミングといって図 2-19 に示すような，過冷オーステナイト域での加工熱処理により加工硬化と組織の微細化ならびに焼入れ硬化とを組み合わせることによって，優れた機械的性質を得ることができる。この方法は TTT 曲線(121 ページ参照)において広い過冷オーステナイト域をもつ他の鋼種にも応用されている。

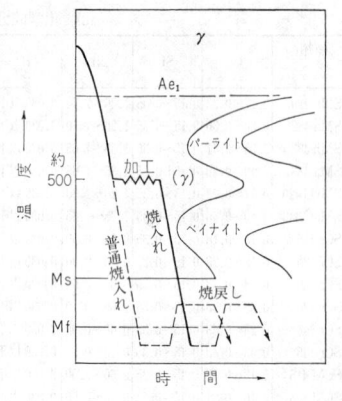

図 2-19 オースフォーミングの熱処理模形図

表 2-18 構造用合金鋼の熱処理と機械的性質
(1) ニッケルクロム鋼

種類の記号	参考 旧記号	熱処理 ℃ 焼入れ	熱処理 ℃ 焼戻し	降伏点 N/mm²	引張強さ N/mm²	伸び %	絞り %	衝撃値 (シャルピー) J/cm²	硬さ HB
SNC 236	SNC 1	820～880 油冷	550～650 急冷	590以上	740以上	22以上	50以上	118以上	212～255
SNC 631	SNC 2	820～880 油冷	550～650 急冷	685以上	830以上	18以上	50以上	118以上	248～302
SNC 836	SNC 3	820～880 油冷	550～650 急冷	785以上	930以上	15以上	45以上	78以上	269～321
SNC 415	SNC 21	1次 850～900 油冷 740～790 水冷 2次 780～830 油冷	150～200 空冷	—	780以上	17以上	45以上	88以上	235～341
SNC 815	SNC 22	1次 830～880 油冷 2次 750～800 油冷	150～200 空冷	—	980以上	12以上	45以上	78以上	285～388

(2) ニッケルクロムモリブデン鋼

種類の記号	参考 旧記号	熱処理 ℃ 焼入れ	熱処理 ℃ 焼戻し	引張試験 降伏点 N/mm²	引張試験 引張強さ N/mm²	引張試験 伸び %	引張試験 絞り %	衝撃試験 衝撃値(シャルピー) J/cm²	硬さ試験 硬さ HB
SNCM431	SNCM 1	820～870 油冷	580～680 急冷	685以上	830以上	20以上	55以上	98以上	248～302
SNCM625	SNCM 2	820～870 油冷	570～670 急冷	835以上	930以上	18以上	50以上	78以上	269～321
SNCM630	SNCM 5	850～950 空冷(油冷)	550～650 急冷	885以上	1080以上	15以上	45以上	78以上	302～352
SNCM240	SNCM 6	820～870 油冷	580～680 急冷	785以上	880以上	17以上	50以上	69以上	255～311
SNCM439	SNCM 8	820～870 油冷	580～680 急冷	885以上	980以上	16以上	45以上	69以上	293～352
SNCM447	SNCM 9	820～870 油冷	580～680 急冷	930以上	1030以上	14以上	40以上	59以上	302～363
SNCM220	SNCM21	1次850～900 油冷 2次800～850 油冷	150～200 空冷	—	830以上	17以上	40以上	59以上	248～341
SNCM415	SNCM22	1次850～900 油冷 2次780～830 油冷	150～200 空冷	—	880以上	16以上	45以上	69以上	255～341
SNCM420	SNCM23	1次850～900 油冷 2次770～820 油冷	150～200 空冷	—	980以上	15以上	40以上	69以上	293～375
SNCM815	SNCM25	1次830～880 油冷(空冷) 2次750～800 油冷	150～200 空冷	—	1080以上	12以上	40以上	69以上	311～375
SNCM616	SNCM26	1次850～900 空冷(油冷) 2次770～830 空冷	100～200 空冷	—	1180以上	14以上	40以上	78以上	341～415

備考 上表の数値は JIS G 0303（鋼材の検査通則）に規定する 25 mm の標準供試材を上表に示す温度範囲内の適当な温度を選定して熱処理を施し試験した値である。

Ni-Cr 鋼は前にも述べたように焼戻しぜい性が著しいから，焼戻し後に急冷することが肝要である。また白点（水素ガスによる鋼材内部の割れ）が生じやすい。なお SNC 415 と SNC 815 は浸炭用はだ焼鋼として用いられる。

(b) ニッケルクロムモリブデン鋼 前記 Ni-Cr 鋼に Mo を添加して焼戻しぜい性の防止と，その焼入れ性および焼戻しの軟化抵抗性をさらに高めたもので，構造用鋼中最も強じん性をもつ鋼種で，はだ焼用 5 種類を含めて 12 種類に及んでいる。その中 SNCM 630 は Ni, Cr, Mo 量がともに高く，自硬性（空冷でも焼入れ硬化）が極めて大きいので，焼入れひずみを少なくしたい場合または大物の焼入れに適する。Mo 量が高いから焼戻し後の冷却は必ずしも急冷を要しない。この鋼種もまたオースフォーミングが可能で，伸びおよび衝撃値は表 2-18(2) に示すとおり，あまり低下しない。

表 2-18（つづき）　　(3) クロム鋼

種類の記号	参考 旧記号	熱処理 ℃ 焼入れ	熱処理 ℃ 焼戻し	引張試験 降伏点 N/mm²	引張試験 引張強さ N/mm²	引張試験 伸び %	引張試験 絞り %	衝撃試験 衝撃値(シャルピー) J/cm²	硬さ試験 硬さ HB
SCr 430	SCr 2	830～880 油冷	580～680 急冷	635以上	780以上	18以上	55以上	88以上	229～285
SCr 435	SCr 3	830～880 油冷	580～680 急冷	735以上	880以上	15以上	50以上	69以上	255～311
SCr 440	SCr 4	830～880 油冷	580～680 急冷	785以上	930以上	13以上	45以上	59以上	269～321
SCr 445	SCr 5	830～880 油冷(水冷)	580～680 急冷	835以上	980以上	12以上	40以上	49以上	285～341
SCr 415	SCr21	1次850～900 油冷 2次800～850 油冷(水冷)	150～200 空冷	—	780以上	15以上	40以上	59以上	217～302
SCr 420	SCr22	1次850～900 油冷 2次800～850 油冷(水冷)	150～200 空冷	—	830以上	14以上	35以上	49以上	235～321

(4) クロムモリブデン鋼

種類の記号	参考 旧記号	熱処理 ℃ 焼入れ	熱処理 ℃ 焼戻し	引張試験 降伏点 N/mm²	引張試験 引張強さ N/mm²	引張試験 伸び %	引張試験 絞り %	衝撃試験 衝撃値(シャルピー) J/cm²	硬さ試験 硬さ HB
SCM 432	SCM 1	830～880 油冷	550～650 急冷	735以上	880以上	16以上	50以上	88以上	255～321
SCM 430	SCM 2	830～880 油冷	550～650 急冷	685以上	830以上	18以上	55以上	108以上	241～293
SCM 435	SCM 3	830～880 油冷	550～650 急冷	785以上	930以上	12以上	50以上	78以上	269～321
SCM 440	SCM 4	830～880 油冷	550～650 急冷	835以上	980以上	12以上	45以上	59以上	285～341
SCM 445	SCM 5	830～880 油冷	550～650 急冷	885以上	1030以上	12以上	40以上	39以上	302～363
SCM 415	SCM 21	1次850～900 油冷 2次800～850 油冷	150～200 空冷	—	830以上	16以上	40以上	69以上	235～321
SCM 418	—	1次850～900 油冷 2次800～850 油冷	150～200 空冷	—	880以上	15以上	40以上	69以上	248～331
SCM 420	SCM 22	1次850～900 油冷 2次800～850 油冷	150～200 空冷	—	930以上	14以上	40以上	59以上	262～341
SCM 421	SCM 23	1次850～900 油冷 2次800～850 油冷	150～200 空冷	—	980以上	14以上	35以上	59以上	285～363
SCM 822	SCM 24	1次850～900 油冷 2次800～850 油冷	150～200 空冷	—	1030以上	12以上	30以上	59以上	302～415

備考 上表の数値は JIS G 0303（鋼材の検査通則）に規定する 25mm の標準供試材を上表に示す温度範囲内の適当な温度を選定して熱処理を施し試験した値である。

(c) **クロム鋼** Cr はフェライトを強化する効果は少ないが炭化物をつくりやすく,単独添加でも鋼の焼入れ性および焼戻しの軟化抵抗性を向上させる。炭素鋼には約 1% 前後添加され,Ni-Cr 鋼の Ni を節約した安価な鋼種として,あまり大きくない部品 (径 60 mm 以下) に広く用いられる。焼戻しぜい性が大きいから焼戻し後は急冷する。Cr 含有鋼は窒化による硬化能があり,また高周波焼入れにも適する。その機械的性質を表 2-18(3) に示す。

(d) **クロムモリブデン鋼** Cr 鋼に Mo (0.15〜0.35 %) を添加して,さらにその焼入れ性と焼戻しに対する抵抗性を向上し,同時に焼戻しぜい性を少なくした鋼種で,強じん鋼中最も広く活用されている。表面の仕上りが美しく,板・管類にも作られている。また,溶接性がよくその信頼性も高い上に,高温クリープ特性もよいので高温高圧容器にも適する。Cr-Mo 鋼は Ni-Cr 鋼の代用鋼として考えられたものであるが,表 2-18(4) に示す機械的性質は Ni-Cr 鋼に劣らない。Cr 鋼同様窒化および高周波焼入れにも適し,耐摩耗性も大きい。

一般に,強じん鋼のように焼入れ後 550〜680°C で高温度焼戻しを行った各種構造用鋼の機械的性質は,図 2-20 のような関係であり,同じ硬さならば同じ程度の引張強さおよびその他の値が得られる。この場合焼戻し温度が高いほど伸び,絞りは大きい。これらの関係はいずれも完全な焼入れ組織を焼戻した場合であって,不完全焼入れ組織の場合は,一般に降伏比 (降伏点/引張強さ) および衝撃値が低下する。したがって,この

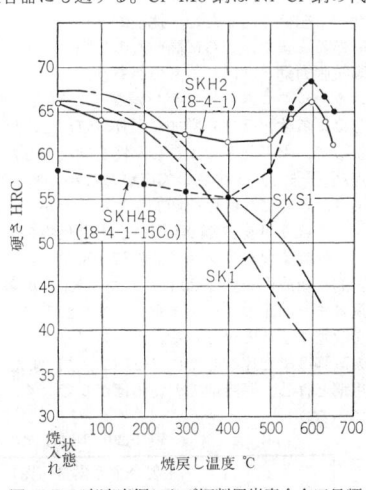

図 2-20 高速度鋼および切削用炭素合金工具類の焼戻し硬さ曲線

表 2-19 マルテンサイト鋼の例と機械的性質

鋼 名	化 学 成 分 (%)							耐 力 (0.2%) (MPa)	引張強さ (MPa)	伸び (%)	絞り (%)
	C	Si	Mn	Cr	Mo	Ni	V				
4130	0.28〜0.33	0.20〜0.35	0.40〜0.60	0.80〜1.10	0.15〜0.25	—	—	—	1510〜1650		
4340	0.38〜0.43	0.20〜0.35	0.60〜0.80	0.70〜1.90	0.20〜0.30	1.65〜2.00	—	1470	1760	8	30
300-M	0.40	1.60	0.70	0.90	0.45	1.90	0.07	1670	1920〜2060	10	34
D6A	0.46	0.22	0.75	1.0	1.0	0.55	—	1720	1960	7.5	27
Hy-Tuf	0.25	1.50	1.30	—	0.40	1.80	—	1320	1620	14	50
Super Hy-Tuf	0.40	2.3	1.3	1.4	0.35	—	0.20	1660	1980	10	35

ような点からも焼入れ性が重要視される。

(3) その他の構造用鋼　上記の強じん鋼よりもさらに高い高抗張力鋼の一つにマルテンサイト鋼がある。その一例を表 2-19 に示した。とくに目新しいものではなく，焼入れ性のよい低炭素の低合金鋼を焼入れした後，これを 100～200℃ の低温度において焼戻したものである。低炭素鋼であり，低温で焼戻したマルテンサイト組織であるため，比較的伸びもある。また，さらに高いものに超高抗張力鋼と呼ばれるものがあり，

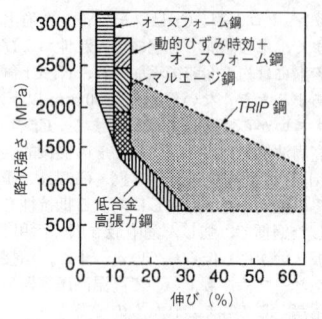

図 2-21 各種高強度鋼の強度―伸びバランス

ニッケルクロムモリブデン鋼などの Si 量を高めてフェライトの強化と，焼戻しによる軟化抵抗の増加を図り，焼戻し温度を 300℃ 近くまで上げ得ることによって，引張強さおよびじん性を向上させたものである。一般に降伏比（降伏点/引張強さ）が小さい欠点があるが，ある程度常温加工することにより引張強さ，とくに降伏比を増加させることができる。

このほか低炭素鋼 Ni 鋼に析出硬化性の元素 Ti, Al, Co, Mo などを添加し，低炭素マルテンサイトの時効硬化をねらったマルエージ鋼がある。その代表的な組成例を表 2-20 に示した。Ni 量が高いので低温特性もよい。これらの鋼はまた前記のオースフォーミング法を併用することにより，さらにその性質を改善することができる。オースフォーミング鋼の降伏強さと伸びの関係を他の高強度鋼と比較して図 2-21 に示す。また −10℃ 以下で使用される鋼を低温用鋼と称し，寒冷地での使用ばかりでなく，工業の発展とともに需要が増加している。

表 2-20　18 Ni マルエージ鋼

鋼　種	主要合金元素量 (%)					引張強さ (MPa)	伸び (%)	絞り (%)
	Ni	Co	Mo	Ti	Al			
200 ksi 級	18.0	8.0	5.0	0.25	0.10	1372	13	57
250 ksi 級	18.0	8.0	5.0	0.50	0.10	1715	12	55
300 ksi 級	18.0	8.0	5.0	0.75	0.10	2058	12	55
350 ksi 級	18.0	12.0	4.5	1.50	0.10	2352	10	50

一般に鋼は低温になるとぜい性的になるが，低炭素にして Ni を多くすることは低温ぜい性せん移温度を下げる効果がある。たとえば，9% Ni 鋼，アンバー合金（Fe-36 Ni）やオーステナイト系ステンレス鋼は，LNG の貯蔵タンクなどに用いられる。構造用としては熱膨張率や熱疲労も考慮する必要がある。

(4) はだ焼鋼　浸炭により低炭素鋼の表面の炭素量を増し，これを焼入れ硬化して耐摩耗性を与え，同時に心部のじん性を生かして，耐衝撃性にも備えたのがはだ焼鋼である。これらの鋼種，熱処理および用途については，すでに

機械構造用炭素鋼および強じん鋼において示してある。心部の強さ，部品の大小による質量効果などを考慮して選択すればよい。とくに SNCM 815 と 616 は自硬性があり，大形部品または精密部品に適する。熱処理については表面浸炭部と心部の両方を考慮した一次，二次焼入れおよび焼戻しを行う必要がある。各種歯車・カム・ローラ・軸類・ピンおよび軸受など，耐摩耗性を必要とする構造部材に広く用いられる。

(5) 窒化鋼 鋼の表面を窒化によって硬化するには，Al, Cr などを含有しないとその効果は十分でない。窒化鋼として JIS G 4202：05 アルミニウムクロムモリブデン鋼 (SACM 645) が規格化されている (表 2-21)。その焼入れ (880～930℃)，焼戻し (680～720℃) 後にガス窒化 (500℃前後で 30～100 時間) または液体窒化 (550℃前後で数時間) 処理をしてそのまま使用する。窒化温度が焼戻しぜい性範囲にあるので Mo によりこれを防止している。硬化層は薄い (0.2～0.5 mm 程度) が，表面硬さは HV 900～1100 程度を示し，耐摩耗性に優れている。

表 2-21 アルミニウムクロムモリブデン鋼の化学成分 (JIS G 4202：05)

種類の記号	化 学 成 分 (%)								用 途 例
	C	Si	Mn	P	S	Cr	Mo	Al	
SACM 645	0.40～0.50	0.15～0.50	0.60以下	0.030以下	0.030以下	1.30～1.70	0.15～0.35	0.70～1.20	表面窒化用

備考 不純物として Ni 0.20%，Cu 0.30% を超えてはならない。

表 2-22 合金工具鋼の化学成分と用途例 (JIS G 4404：00)

(1) 切削工具鋼

種類の記号	化学成分(%)								用途例(参考)
	C	Si	Mn	P	S	Ni	Cr	W	V	
SKS11	1.20～1.30	0.35以下	0.50以下	0.030以下	0.030以下		0.20～0.50	3.00～4.00	0.10～0.30	バイト・冷間引抜ダイス・センタドリル
SKS2	1.00～1.10	0.35以下	0.80以下	0.030以下	0.030以下		0.50～1.00	1.00～1.50	(1)	タップ・ドリル・カッタ・プレス型
SKS21	1.00～1.10	0.35以下	0.50以下	0.030以下	0.030以下		0.20～0.50	0.50～1.00	0.10～0.25	ねじ切ダイス
SKS 5	0.75～0.85	0.35以下	0.50以下	0.030以下	0.030以下	0.70～1.30	0.20～0.50	—	—	丸のこ・帯のこ
SKS51	0.75～0.85	0.35以下	0.50以下	0.030以下	0.030以下	1.30～2.00	0.20～0.50			
SKS7	1.10～1.20	0.35以下	0.15以下	0.030以下	0.030以下		0.20～0.50	2.00～2.50	(1)	ハクソー
SKS81	1.10～1.30	0.35以下	0.50以下	0.030以下	0.030以下		0.20～0.50	—	—	替刃，刃物，ハクソー
SKS8	1.30～1.50	0.35以下	0.50以下	0.030以下	0.030以下		0.20～0.50	—	—	刃やすり，組やすり

注 (1) SKS2 および SKS7 は，V 0.20% 以下を添加することができる。

備考 各種とも不純物として Ni は 0.25%(SKS5 および SKS51 を除く)，Cu は 0.25% を超えてはならない。

表 2-22（つづき）　　(2) 耐衝撃工具用

種類の記号	化学成分(%)								用途例(参考)
	C	Si	Mn	P	S	Cr	W	V	
SKS 4	0.45～0.55	0.35以下	0.50以下	0.030以下	0.030以下	0.50～1.00	0.50～1.00	—	たがね・ポンチ・シャー刃
SKS41	0.35～0.45	0.35以下	0.50以下	0.030以下	0.030以下	1.00～1.50	2.50～3.50	—	
SKS43	1.00～1.10	0.10～0.30	0.10～0.40	0.030以下	0.030以下	—	—	0.10～0.20	さく岩機用ピストン・ヘッディングダイス
SKS44	0.80～0.90	0.25以下	0.30以下	0.030以下	0.030以下			0.10～0.25	たがね・ヘッディングダイス

備考　1. 各種とも不純物として Ni は 0.25 %，Cu は 0.25 %を超えてはならない。
　　　2. 不純物として SKS43 および SKS44 の Cr 0.20 %を超えてはならない。

(3) 冷間金型用

種類の記号	化学成分(%)									用途例(参考)
	C	Si	Mn	P	S	Cr	Mo	W	V	
SKS3	0.90～1.00	0.35以下	0.90～1.20	0.030以下	0.030以下	0.50～1.00		0.50～1.00	—	ゲージ・シャー刃・プレス型・ねじ切ダイス
SKS31	0.95～1.05	0.35以下	0.90～1.20	0.030以下	0.030以下	0.80～1.20		1.00～1.50		ゲージ・プレス型・ねじ切ダイス
SKS93	1.00～1.10	0.50以下	0.80～1.10	0.030以下	0.030以下	0.20～0.60			—	シャー刃・ゲージ・プレス型
SKS94	0.90～1.00	0.50以下	0.80～1.10	0.030以下	0.030以下	0.20～0.60				
SKS95	0.80～0.90	0.50以下	0.80～1.10	0.030以下	0.030以下	0.20～0.60				
SKD1	1.90～2.20	0.10～0.60	0.20～0.60	0.030以下	0.030以下	11.00～13.00		—	(2)	綿引ダイス・プレス型・れんが型・粉末成形型
SKD2	2.00～2.30	0.10～0.40	0.30～0.60	0.030以下	0.030以下	11.00～13.00		0.60～0.80		
SKD10	1.45～1.60	0.10～0.60	0.20～0.60	0.030以下	0.030以下	11.00～13.00	0.70～1.00		0.70～1.00	
SKD11	1.40～1.60	0.40以下	0.60以下	0.030以下	0.030以下	11.00～13.00	0.80～1.20		0.20～0.50	ゲージ・ねじ転造ダイス・金型刃物・ホーミングロール・プレス型
SKD12	0.95～1.05	0.10～0.40	0.40～0.80	0.030以下	0.030以下	4.80～5.50	0.90～1.20	—	0.15～0.35	

注 (2) SKD1 は，V 0.30 %以下を添加することができる。

2章 鉄および鉄合金

(4) 熱間金型用

種類の記号	化学成分(%)											用途例(参考)
	C	Si	Mn	P	S	Ni	Cr	Mo	W	V	Co	
SKD4	0.25~0.35	0.40以下	0.60以下	0.030以下	0.020以下	—	2.00~3.00	—	5.00~6.00	0.30~0.50	—	プレス型・ダイカスト型・押出工具・シャーブレード
SKD5	0.25~0.35	0.10~0.40	0.15~0.45	0.030以下	0.020以下	—	2.50~3.20	—	8.50~9.50	0.30~0.50	—	
SKD6	0.32~0.42	0.80~1.20	0.50以下	0.030以下	0.020以下	—	4.50~5.50	1.00~1.50	—	0.30~0.50	—	
SKD61	0.35~0.42	0.80~1.20	0.25~0.50	0.030以下	0.020以下	—	4.80~5.50	1.00~1.50	—	0.80~1.15	—	
SKD62	0.32~0.40	0.80~1.20	0.20~0.50	0.030以下	0.020以下	—	4.75~5.50	1.00~1.60	1.00~1.60	0.20~0.50	—	プレス型・押出工具
SKD7	0.28~0.35	0.10~0.40	0.15~0.45	0.030以下	0.020以下	—	2.70~3.20	2.50~3.00	—	0.40~0.70	—	プレス型・押出工具
SKD8	0.35~0.45	0.15~0.50	0.20~0.50	0.030以下	0.020以下	—	4.00~4.70	0.30~0.50	3.80~4.50	1.70~2.10	4.00~4.50	プレス型・ダイカスト型・押出工具
SKT3	0.50~0.60	0.35以下	0.60以下	0.030以下	0.020以下	0.25~0.60	0.90~1.20	0.30~0.50	—	(3)	—	鍛造型・プレス・押出工具
SKT4	0.50~0.60	0.10~0.40	0.60~0.90	0.030以下	0.020以下	1.50~1.80	0.80~1.20	0.35~0.55	—	0.05~0.15	—	
SKT6	0.40~0.50	0.10~0.40	0.20~0.50	0.030以下	0.020以下	3.80~4.30	1.20~1.50	0.15~0.35	—	—	—	

注(3) SKT 3 は，V 0.20 %以下を添加することができる．

2.3.2. 合金工具鋼 前記の炭素工具鋼は一般に焼入れ性が小さく，耐摩耗性，耐衝撃性および耐熱性に欠けている．これを改善するために使用目的に適した各種元素 Ni, Cr, Mo, W, V などを添加したのが合金工具鋼である．それぞれ使用目的にしたがって分類されている．いずれも焼入れ前に十分な炭化物の球状化処理が必要である．

(1) 切削用 表 2-22(1)に JIS 規定のものを示したが，使用目的から比較的炭素量の高いものが用いられる．添加元素としての Ni は帯のこなどじん性を必要とするものに，W, V は極めて硬い特殊炭化物をつくるので，とくに耐摩耗性を必要とするものに添加されている．V は焼入れ性，焼戻しの軟化抵抗性を高め耐熱性を増加する．Cr は主として焼入れ性を向上させるためのものですべてに含まれるが，複炭化物をつくり耐摩耗性にも役立っている．焼戻し温度は普通 150~200°C であるが，木工用丸のこ，帯のこなどとくにじん性を必要とするものは 400~500°C としている．

(2) 耐衝撃用 じん性と耐摩耗性を兼備したもので，前者より比較的炭素量の低いものが用いられる．表 2-22(2)にその JIS を示した．炭素量の高い SKS 43, 44 はとくに Si, Mn 量を低めにし，V のみとしているのは，焼入れ

表 2-23 合金工具鋼の焼入れ焼戻し硬さ (JIS G 4404：00)

区分	種類の記号	熱処理温度°C		焼入焼戻し硬さ HRC
		焼入れ	焼戻し	
切削工具用	SKS 11	790　水冷	180　空冷	62 以上
	SKS 2	860　油冷	180　空冷	61 以上
	SKS 21	800　水冷	180　空冷	61 以上
	SKS 5	830　油冷	420　空冷	45 以上
	SKS 51	830　油冷	420　空冷	45 以上
	SKS 7	860　油冷	180　空冷	62 以上
	SKS 81	790　水冷	180　空冷	63 以上
	SKS 8	810　水冷	180　空冷	63 以上
耐衝撃工具用	SKS 4	800　水冷	180　空冷	56 以上
	SKS 41	880　油冷	180　空冷	53 以上
	SKS 43	790　水冷	180　空冷	63 以上
	SKS 44	790　水冷	180　空冷	60 以上
冷間金型用	SKS 3	830　油冷	180　空冷	60 以上
	SKS 31	830　油冷	180　空冷	61 以上
	SKS 93	820　油冷	180　空冷	63 以上
	SKS 94	820　油冷	180　空冷	61 以上
	SKS 95	820　油冷	180　空冷	59 以上
	SKD 1	970　空冷	180　空冷	62 以上
	SKD 2	970　空冷	180　空冷	62 以上
	SKD 10	1 020　空冷	180　空冷	61 以上
	SKD 11	1 030　空冷	180　空冷	58 以上
	SKD 12	970　空冷	180　空冷	60 以上
熱間金型用	SKD 4	1 080　油冷	600　空冷	42 以上
	SKD 5	1 150　油冷	600　空冷	48 以上
	SKD 6	1 050　空冷	550　空冷	48 以上
	SKD 61	1 020　空冷	550　空冷	50 以上
	SKD 62	1 020　空冷	550　空冷	48 以上
	SKD 7	1 040　空冷	550　空冷	46 以上
	SKD 8	1 120　空冷	600　空冷	48 以上
	SKT 3	850　油冷	500　空冷	42 以上
	SKT 4	850　油冷	500　空冷	42 以上
	SKT 6	850　油冷	180　空冷	52 以上

備考 焼なましが行われていない鋼材については，表6の焼なましを行った後，焼入焼戻しを行う。

性を小さくして表面硬化をねらい，心部にじん性を与えるためのものである。いずれも 150～200°Cに焼戻して使用する。

(3) 冷間金型用　耐摩耗性と同時に，経年変化のない安定性を要するゲージ・ダイスなどに用いるもので，表2-22(3)にその JIS を示した。とくに SKD

表 2-24 各種工具鋼の性能早見表（JIS工具鋼解説より）

鋼種記号	使用硬さHRC	切削能力	耐摩耗性	耐衝撃性	不収縮不変形性	硬化の深さ	高温硬さ	焼入れ容易さ	被切削性焼なまし	脱炭に対する抵抗	経済性
SK 1	56〜65	D	D	C	D	浅	D	D	A	A	A
〃 2	〃	D	D	C	D	浅	D	D	A	A	A
〃 3	〃	D	D	B	D	浅	D	D	A	A	A
〃 4	〃	D	D	B	D	浅	D	D	A	A	A
〃 5	〃	E	D	B	D	浅	D	D	A	A	A
〃 6	54〜60	E	E	B	D	浅	D	D	A	A	A
〃 7	〃	E	E	B	D	浅	D	D	A	A	A
SKS 11	58〜62	C	C	C	C	浅	C	C	C	C	B
〃 2	〃	C	C	C	C	浅	C	C	C	C	B
〃 21	〃	C	C	C	C	浅	C	C	C	C	B
SKS 5	48〜60	D	D	B	C	中	D	C	C	C	C
〃 51	〃	D	D	B	C	中	D	C	C	C	C
SKS 7	56〜60	C	C	C	C	中	C	C	C	B	C
〃 8	58〜65	C	C	C	C	浅	C	D	A	A	A
SKS 4	45〜58	E	D	B	C	中	C	C	C	C	B
〃 41	45〜57	D	D	B	C	中	C	C	C	D	B
〃 43	56〜65	D	D	B	D	浅	D	D	C	C	B
〃 44	〃	D	D	B	D	浅	D	D	C	C	B
SKS 3	58〜62	C	C	C	D	深	C	B	B	C	B
〃 31	〃	C	C	C	D	深	C	B	B	C	B
SKD 1	58〜62	B	A	E	A	深	B	B	E	D	C
〃 11	58〜60	C	B	E	B	深	C	A	D	D	C
〃 12	57〜60	C	B	D	B	深	C	A	D	D	C
SKD 4	43〜51	D	B	C	C	深	B	B	B	B	B
〃 5	〃	D	B	C	C	深	B	B	B	B	B
SKD 6	43〜51	E	B	C	C	深	B	B	B	B	B
〃 61	〃	E	B	C	C	深	B	B	B	B	B
SKT 3	25〜50	E	C	C	C	中	D	D	B	B	B
〃 4	〃	E	C	B	C	中	D	D	B	B	B
SKH 2	63〜65	B	B	E	C	深	B	C	D	C	D
〃 3	〃	A	A	E	C	深	A	D	D	E	E
〃 4	〃	A	A	E	C	深	A	D	D	E	E
〃 51	〃	B	B	C	C	深	B	D	D	E	D

備考　表中 A, B, C, D, E の記号は A が最もその性質が良く, B, C……と, しだいに性質が悪くなることを示す。

系に属するものはCおよびCr量が高く，Mo, Vなども加わるのでいずれも自硬性（空冷状態で焼きが入る）をもち，焼入れひずみが小さく，Crその他の炭化物により耐摩耗性も良い。この場合残留オーステナイトが存在すると寸法変化を起こすので，焼入れ直後に深冷処理（−80℃）を行い，十分にマルテ

ンサイト化しなければならない。その後 150～200°C の低温焼戻しを行って使用する。

(4) 熱間金型用 高温成形用のプレス型およびダイカスト用ダイス押出しダイスあるいは熱間鍛造用型鋼に使用されるもので表 2-22(4) にこれらの JIS を示した。前者には Cr 量の多い SKD 系が用いられる。繰返し加熱冷却にともなう熱疲労を考慮して，いずれも炭素量を低くし，代わりに W 量を高めるか，または Mo, V による焼戻しの抵抗性を高めて，耐熱および耐摩耗性を与えている。焼入れは空冷とし，600°C 前後の高温焼戻しを行って使用する。後者の熱間鍛造用型鋼には，前者より Cr 量が低いが C および Mn 量のやや高い SKT 系が用いられ，Ni, Mo, V を添加してじん性と焼戻しによる抵抗性の増加を図っている。各種工具鋼の焼入れ焼戻し熱処理温度と硬さを表 2-23 に，簡便的な性能を表 2-24 にまとめて示した。また，これらの合金工具鋼はオースフォーミングによって強化することが可能である。

2.3.3. 高速度工具鋼 切削用合金工具鋼においても，刃先温度が 300°C を超えると図 2-20(145 ページ)のように軟化して切削能が急激に低下する。この軟化温度を 600°C まで高めて，高速重切削にもよく耐えるようにしたのが高速度鋼(ハイス)である。その標準組成は SKH 2 で C 0.8, W 18.0, Cr 4.0, V 1.0 %, 残 Fe で，一般に 18-4-1 型と呼んでいる。これを溶融点直下（約1300°C）に加熱して焼入れ焼戻しを行うと，図 2-20 のように 600°C 付近において特殊炭化物の析出による第二次硬化現象が起こる。これに Co を添加すると溶融点が上昇し，それだけ焼入れ温度が高められ炭化物の固溶度が増して，焼入れ後の硬さは低いが二次硬化量が大きく，それだけ性能が向上する。高速度工具鋼の JIS を表 2-25(1) および (2) に示した。SKH 50 番台は W の半量を

表 2-25 高速度工具鋼 (JIS G 4403:00)
(1) 種類の記号

種類の記号	分類	種類の記号	分類
SKH2(HS18-0-1) SKH3 SKH4 SKH10	タングステン系高速度工具鋼鋼材	SKH50(HS1-8-1) SKH51(HS6-5-2) SKH51(HS6-5-2) SKH52(HS6-6-2) SKH53(HS6-5-3) SKH54(HS6-5-4) SKH55(HS6-5-2-5) SKH56 SKH57(HS10-4-3-10) SKH58(HS2-9-2) SKH59(HS2-9-1-3)	モリブデン系高速度工具鋼鋼材
SKH40(HS6-5-3-8)	粉末や(冶)金工程モリブデン系高速度工具鋼鋼材		

備考 表(1)の種類の記号の欄で括弧に記載した記号は，その JIS 鋼種と同等の ISO/FDIS 4957 に規定された ISO 鋼種記号を示す。

(2) 化学成分

種類の記号	C	Si	Mn	P	S	Cr	Mo	W	V	Co	用途例(参考)
SKH2	0.73～0.83	0.45以下	0.40以下	0.030以下	0.030以下	3.80～4.50	—	17.20～18.70	1.00～1.20	—	一般切削用その他各種工具
SKH3	0.73～0.83	0.45以下	0.40以下	0.030以下	0.030以下	3.80～4.50	—	17.00～19.00	0.80～1.20	4.50～5.50	高速重切削用その他各種工具
SKH4	0.73～0.83	0.45以下	0.40以下	0.030以下	0.030以下	3.80～4.50	—	17.00～19.00	1.00～1.50	9.00～11.00	難削材切削用その他各種工具
SKH10	1.45～1.60	0.45以下	0.40以下	0.030以下	0.030以下	3.80～4.50	—	11.50～13.50	4.20～5.20	4.20～5.20	高難削材切削用その他各種工具
SKH40	1.23～1.33	0.45以下	0.40以下	0.030以下	0.030以下	3.80～4.50	4.70～5.30	5.70～6.70	2.70～3.20	8.00～8.80	硬さ,じん性,耐摩耗性を必要とする一般切削用,その他各種工具
SKH50	0.77～0.87	0.70以下	0.45以下	0.030以下	0.030以下	3.50～4.50	8.00～9.00	1.40～2.00	1.00～1.40	—	じん性を必要とする一般切削用その他各種工具
SKH51	0.80～0.88	0.45以下	0.40以下	0.030以下	0.030以下	3.80～4.50	4.70～5.20	5.90～6.70	1.70～2.10	—	
SKH52	1.00～1.10	0.45以下	0.40以下	0.030以下	0.030以下	3.80～4.50	5.50～6.50	5.90～6.70	2.30～2.60	—	比較的じん性を必要とする高硬度材切削用その他各種工具
SKH53	1.15～1.25	0.45以下	0.40以下	0.030以下	0.030以下	3.80～4.50	4.70～5.20	5.90～6.70	2.70～3.20	—	
SKH54	1.25～1.40	0.45以下	0.40以下	0.030以下	0.030以下	3.80～4.50	4.20～5.00	5.20～6.70	3.70～4.20	—	高難削材削用その他各種工具
SKH55	0.87～0.95	0.45以下	0.40以下	0.030以下	0.030以下	3.80～4.50	4.70～5.20	5.90～6.70	1.70～2.10	4.50～5.00	比較的じん性を必要とする高速重切削用その他各種工具
SKH56	0.85～0.95	0.45以下	0.40以下	0.030以下	0.030以下	3.80～4.50	4.70～5.20	5.90～6.70	1.70～2.10	7.00～9.00	
SKH57	1.20～1.35	0.45以下	0.40以下	0.030以下	0.030以下	3.20～4.50	3.20～3.90	9.00～10.00	3.00～3.50	9.50～10.50	高難削材切削用その他各種工具
SKH58	0.95～1.05	0.70以下	0.40以下	0.030以下	0.030以下	3.50～4.50	8.20～9.20	1.50～2.10	1.70～2.20	—	じん性を必要とする一般切削用その他各種工具
SKH59	1.05～1.15	0.70以下	0.40以下	0.030以下	0.030以下	3.50～4.50	9.00～10.00	1.20～1.90	0.90～1.30	7.50～8.50	比較的じん性を必要とする高速重切削用その他各種工具

注(1) 表(2)に規定のない元素は,受渡当事者間の協定がない限り,溶鋼を仕上げる目的以外に意図的に添加してはならない。
(2) 各種類とも不順物としてCuは,0.25%を超えてはならない。

Moで代用したもので,安価な上にSKH2以上の性能がある。同工具鋼の熱処理温度と硬さは表 2-26 に示した。

表 2-26 高速度工具鋼の熱処理と硬さ (JIS G 4403:00)

種類の記号	熱処理温度 °C 焼入れ	熱処理温度 °C 焼戻し	焼入焼戻し硬さ HRC
SKH2	1 260 油冷	560 空冷	63 以上
SKH3	1 270 油冷	560 空冷	64 以上
SKH4	1 270 油冷	560 空冷	64 以上
SKH10	1 230 油冷	560 空冷	64 以上
SKH40	1 180 油冷	560 空冷	65 以上
SKH50	1 190 油冷	560 空冷	63 以上
SKH51	1 220 油冷	560 空冷	64 以上
SKH52	1 200 油冷	560 空冷	64 以上
SKH53	1 200 油冷	560 空冷	64 以上
SKH54	1 210 油冷	560 空冷	64 以上
SKH55	1 210 油冷	560 空冷	64 以上
SKH56	1 210 油冷	560 空冷	64 以上
SKH57	1 230 油冷	560 空冷	66 以上
SKH58	1 200 油冷	560 空冷	64 以上
SKH59	1 190 油冷	550 空冷	66 以上

備考 各種とも焼戻しは,2回繰り返す。

2.3.4. その他の工具材料 鋼とはいえないが、高融点の極めて硬い炭化物 WC, TiC, TaC などの微細な粉末を Co の粉末とともに圧縮成形し、約 1400℃に加熱焼結したものを超硬合金という。その硬さは HV 約 1600 以上に達し (参考:高速度鋼は HV 約 900),1000℃でも硬さはあまり低下しないので、さらに高速重切削によく耐え、工具寿命が長い。一般には圧縮力には強いが耐衝撃性が小さい。主としてバイト,カッタ

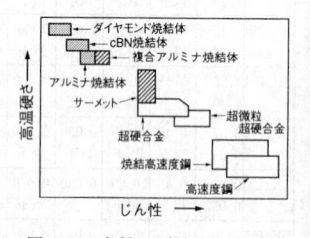

図 2-22 各種工具材料の高温硬さとじん性の関係

表2-27 各種硬質材料の室温性質 (金属便覧)

材料	焼結高速鋼	超硬合金	サーメット	セラミックス(Al_2O_3系)	ダイヤモンド焼結体	cBN焼結体
硬さ(ヌープまたはビッカース)	750~940	1200~1800	1300~1800	1800~2100	6000~8000	2800~4000
抗折力 [GPa]	2.5~4.2	1.0~4.0	1.0~3.2	0.4~0.9	1.3~2.2	0.8
圧縮強さ [GPa]	2.2~3.6	3.0~6.0	4.0~5.0	3.0~5.0	6.9	8.8
破壊じん性 [MPa·m$^{1/2}$]	12~15	8~20	8~10	3~4	—	5~9
弾性率 [GPa]	210~220	460~670	420~430	300~400	560	—
ポアソン比	0.3~0.4	0.21~0.25	—	0.2	—	0.14
熱膨張係数 [K^{-1}]	9~12×10^{-6}	5~6×10^{-6}	4~5×10^{-6}	7.8×10^{-6}	5.9×10^{-6}	4.7×10^{-6}
熱伝導率 [W/m·K]	17~31	20~80	8~12	17~21	100	200
最高使用温度 [K]	~800	~1300	~1400	~2000	900~1600	1600~1800

一の刃先部分，線引ダイス，抜型ダイスなどに広く用いられる。近年，超硬合金の表面に数 μm 程度の TiC, TiN, Al₂O₃, A1N, あるいは人工ダイヤモンドなどを単層または複層(CVD または PVD 法)被覆することによって，工具寿命を向上させている。さらにセラミック工具として Al₂O₃(アルミナ)系，Si₃N₄(サイアロン)系, cBN 系, TiC, TiN (サーメット) 系などの工具が開発されている。その高温硬さとじん性の関係を模式的に示したのが図 2-22 であり，それら各種材料の室温特性を表 2-27 に示した。

2.3.5. 特殊用途鋼

(1) ステンレス鋼 鉄にクロムを合金化すると固溶して常温ではフェライトになるが，図 2-23 に示すように 12～13 % Cr 以上になると，大気中および海水噴霧中に長時間放置しても侵されなくなる。また図 2-24 のように硝酸に対しても不動態化して同様の傾向を示すが，塩酸，硫酸などには逆に侵されやすい。

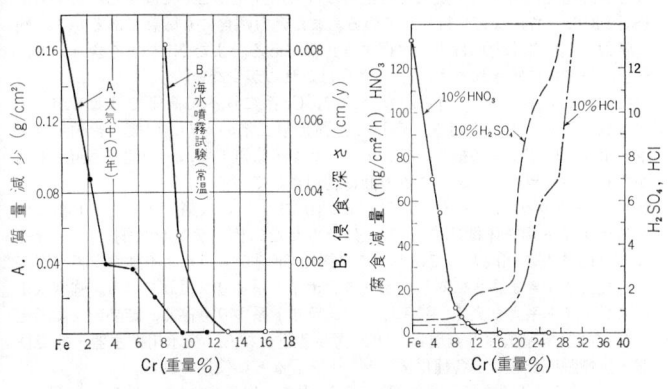

図 2-23 Fe-Cr 合金の耐食性

図 2-24 Fe-Cr 合金の耐酸性

しかし，これに Ni を加えてオーステナイト組織にすると，これらの酸にも侵されにくくなる。このような性質から考え出されたのがステンレス鋼で，その成分から Cr 系および Cr-Ni 系に，またその組織から JIS では表 2-28 に示すようにオーステナイト系，フェライト系，マルテンサイト系，析出硬化系などのステンレス鋼に分けられている。表 2-29 に JIS による熱処理を，表 2-30 にその機械的性質を示した。一般に炭素量が低いほど耐食性が良い。炭素が存在すると Cr を多く含んだ炭化物をつくるために，固溶体中の Cr 量が減じ，また炭化物自体が局部電池を構成して耐食性を低下させる。しかし，強さおよび硬さを必要とする場合にはある程度の炭素量を許容している。

(a) オーステナイト系ステンレス鋼 常温でオーステナイト組織を示す組成範囲の Cr-Ni 系がこれに属する。代表的な 18-8 鋼 (18 % Cr, 8 % Ni) はこ

の範囲でのNiの最低限界値に近い組成のものであるが,これを約1100°Cに加熱して炭化物の溶体化処理を行うと,Cr系に比較して一段と優れた耐食耐酸性を示す。じん性・延性にも優れ冷間加工も容易であるが,準安定オーステナイトであるので,加工によって一部がマルテンサイト化するため加工硬化性が大きい。これを利用したのがSUS 301の17-7鋼で,強加工すると引張強さが約 2000 N/mm² にも達する。この場合耐食性は減退する。Niの高いものはオーステナイトが安定化するために加工硬化性が小さく,冷間加工性および耐食性が向上する。またMo,Cuなどを添加したものは耐食耐酸性および耐孔食性が良く,Cr,Niをともに増加したものは耐酸・耐熱性が大きい。

この系の大きな欠点は,加熱(500〜900°C)によって粒界にCrを主成分とする $M_{23}C_6$ 炭化物が析出しやすく,そのため粒界近傍のCr固溶量が減じて粒界腐食を起こすことである。とくに溶接する場合はこれが避けられない。これを防止するには,炭素量をできるだけ小さくするか(SUS 304 L),Ti,Nbなどを加えてあらかじめ炭素を安定なこれらの炭化物として固定しておく方法(SUS 316, 347)などが行われている。また応力腐食にも敏感であるから,残留応力など局部応力には十分注意する必要がある。またNiを多く含むので,Sを含むガスに侵されやすい。Cr系にはこれらが少ない。

なお,この系はNi含有量が多いので,Cr系に比べて高価ではあるが,用途は広く,それぞれの特性に応じて各種化学工業のほか,建築・船舶・自動車・車両・航空機・各種エンジン・タービン・家電機器,その他家庭厨房用品から原子炉材料に至るあらゆる方面に利用されている。

(b) オーステナイト・フェライト(二相)ステンレス鋼　フェライト相にオーステナイト相を体積比で1:1に分散させた二相ステンレス鋼は,25 Cr-5 Ni-2 Moを基本組成としている。この鋼はCr量が多いため不動態皮膜が安定で,孔食やすきま腐食に対してオーステナイト系よりも優れている。強度はオーステナイト系より高く,じん性はフェライト系よりも高く,結晶粒を微細化すれば高温で超塑性も発現し,加工性も良好となる。海水用復水器・熱交換器・排煙脱硫装置など各種化学プラント装置などに使用される。

(c) フェライト系ステンレス鋼　高Cr側では炭素量を低くするとオーステナイト域が無くなり焼入れ硬化性を失うが,地がほとんどフェライトで耐食性の良いものが得られる。耐食性はオーステナイト系に劣るが,組織が安定で冷間加工性および溶接性が良い。SUS 405はAlの添加により溶接時の自硬性を減少している。一般にCr量が増加すると強さ・耐食・耐熱・耐クリープ性が向上するが,伸び・衝撃値を減じ,475°C前後でぜい化(15 % Cr以上)が起こる。これらは主に耐食・耐熱性を必要とする化学工業用装置,器具その他に用いられる。とくにSUS 430は一般家庭用品にまで広い用途をもっている。

(d) マルテンサイト系ステンレス鋼　Crを11%以上にし,炭素量をある程度増してオーステナイト相からの焼入れ硬化性をもたせた鋼種で,耐食性はフェライト系よりも劣るが,焼戻しにより常温における機械的性質の良好なものが得られる。焼戻し温度が550〜650°Cの範囲は耐食性が著しく低下するので,刃物など硬さを必要とするものは100〜300°C,構造用など強じん性を望む場

表 2-28 ステンレス鋼板の種類と基本質量（JIS G 4310：99）

(単位 kg/mm・m^2)

種類の記号	基本質量	分 類	種類の記号	基本質量	分 類
SUS301	7.93	オーステナイト系	SUS321	7.93	オーステナイト系
SUS301L	7.93		SUS347	7.98	
SUS301J1	7.93		SUSXM7	7.93	
SUS302	7.93		SUSXM15J1	7.75	
SUS302B	7.93		SUS329J1	7.80	オーステイト・フェライト系
SUS303	7.93		SUS329J3L	7.80	
SUS304	7.93		SUS329J4L	7.80	
SUS304L	7.93		SUS405	7.75	フェライト系
SUS304N1	7.93		SUS410L	7.75	
SUS304N2	7.93		SUS429	7.70	
SUS304LN	7.93		SUS430	7.70	
SUS304J1	7.93		SUS430LX	7.70	
SUS304J2	7.93		SUS430J1L	7.70	
SUS305	7.93		SUS434	7.70	
SUS309S	7.98		SUS436L	7.70	
SUS310S	7.98		SUS436J1L	7.70	
SUS315J1	7.98		SUS444	7.75	
SUS315J2	7.98		SUS445J1	7.69	
SUS316	7.98		SUS445J2	7.73	
SUS316L	7.98		SUS447J1	7.64	
SUS316N	7.98		SUSXM27	7.67	
SUS316LN	7.98		SUS403	7.75	マルテンサイト系
SUS316J1	7.98		SUS410	7.75	
SUS316J1L	7.98		SUS410S	7.75	
SUS316Ti	7.98		SUS420J1	7.75	
SUS317	7.98		SUS420J2	7.75	
SUS317L	7.98		SUS429J1	7.70	
SUS317LN	7.97		SUS440 A	7.70	
SUS317J1	8.00		SUS630	(1)	析出硬化系
SUS317J2	7.98		SUS631	7.93	
SUS317J3L	7.98				
SUS836L	8.06				
SUS890L	8.05				

合は 650〜750°C（急冷）で焼戻すとよい。Mo を添加した SUS410J1 は強さおよび耐クリープ性が良く，高 Cr の SUS 431 は Ni 約 2 ％の添加により焼入れ硬化性が増し，この系では最も良いじん性と耐食性を示す。これらは比較的安価で強さ，硬さを必要とする一般機械部品・刃物，その他耐食性，耐摩耗性を必要とする機械部品に広く用いられる。またこの系の鋼種はオースフォーミング（加工熱処理）による強化が可能である。

表 2-29 ステンレス鋼の熱処理 (JIS G 4303：05)

(1) オーステナイト系

種類の記号	固溶化熱処理°C	種類の記号	固溶化熱処理°C
SUS201	1 010～1 120 急冷	SUS316L	1 010～1 150 急冷
SUS202	1 010～1 120 急冷	SUS316N	1 010～1 150 急冷
SUS301	1 010～1 150 急冷	SUS316LN	1 010～1 150 急冷
SUS302	1 010～1 150 急冷	SUS316Ti	920～1 150 急冷
SUS303	1 010～1 150 急冷	SUS316J1	1 010～1 150 急冷
SUS303Se	1 010～1 150 急冷	SUS316J1L	1 010～1 150 急冷
SUS303Cu	1 010～1 150 急冷	SUS316F	1 010～1 150 急冷
SUS304	1 010～1 150 急冷	SUS317	1 010～1 150 急冷
SUS304L	1 010～1 150 急冷	SUS317L	1 010～1 150 急冷
SUS304N1	1 010～1 150 急冷	SUS317LN	1 010～1 150 急冷
SUS304N2	1 010～1 150 急冷	SUS317J1	1 030～1 180 急冷
SUS304LN	1 010～1 150 急冷	SUS836L	1 030～1 180 急冷
SUS304J 3	1 010～1 150 急冷	SUS890L	1 030～1 180 急冷
SUS305	1 010～1 150 急冷	SUS321	920～1 150 急冷
SUS309S	1 030～1 150 急冷	SUS347	980～1 150 急冷
SUS310S	1 030～1 180 急冷	SUSXM7	1 010～1 150 急冷
SUS316	1 010～1 150 急冷	SUSXM15J1	1 010～1 150 急冷

(2) オーステナイト・フェライト系

種類の記号	固溶化熱処理°C
SUS329J1	950～1 100 急冷
SUS329J3L	950～1 100 急冷
SUS329J4L	950～1 100 急冷

(3) フェライト系

種類の記号	焼なまし°C
SUS 405	780～ 830 空冷又は徐冷
SUS 410 L	700～ 820 空冷又は徐冷
SUS 430	780～ 850 空冷又は徐冷
SUS 430 F	680～ 820 空冷又は徐冷
SUS 434	780～ 850 空冷又は徐冷
SUS 447 J 1	900～1 050 急冷
SUSXM 27	900～1 050 急冷

(e) 析出硬化系ステンレス鋼　ステンレス鋼の耐食性を失わず，強度を高める方法として合金元素を添加し，焼戻しによる特殊化合物の析出硬化を利用した析出硬化性ステンレス鋼がある。この系には固溶組織によりマルテンサイト系 (SUS 630)，オーステナイト系 (SUS 631) の2種類があり，固溶化処理後に焼戻すと最大引張強さ 1300 N/mm^2 程度のものが得られている。主としてジェットエンジン部品，航空機やロケットなどの構造用あるいは高級ばねなど，強さと耐食性・耐熱性を必要とするものに用いられる。

表 2-29 (つづき)   (4) マルテンサイト系

種類の記号	熱処理 °C		
	焼なまし	焼入れ	焼戻し
SUS403	800～900 徐冷又は約 750 急冷	950～1 000 油冷	700～750 急冷
SUS410	800～900 徐冷又は約 750 急冷	950～1 000 油冷	700～750 急冷
SUS410J1	830～900 徐冷又は約 750 急冷	970～1 020 油冷	650～750 急冷
SUS410F2	800～900 徐冷又は約 750 急冷	950～1 000 油冷	700～750 急冷
SUS416	800～900 徐冷又は約 750 急冷	950～1 000 油冷	700～750 急冷
SUS420J1	800～900 徐冷又は約 750 空冷	920～ 980 油冷	600～750 急冷
SUS420J2	800～900 徐冷又は約 750 空冷	920～ 980 油冷	600～750 急冷
SUS420F	800～900 徐冷又は約 750 空冷	920～ 980 油冷	600～750 急冷
SUS420F2	800～900 徐冷又は約 750 空冷	920～ 980 油冷	600～750 急冷
SUS431	一次約 750 急冷，二次約 650 徐冷	1 000～1 050 油冷	630～700 急冷
SUS440A	800～920 徐冷	1 010～1 070 油冷	100～180 空冷
SUS440B	800～920 徐冷	1 010～1 070 油冷	100～180 空冷
SUS440C	800～920 徐冷	1 010～1 070 油冷	100～180 空冷
SUS440F	800～920 徐冷	1 010～1 070 油冷	100～180 空冷

(5) 析出硬化系

種類の記号	熱処理		
	種類	記号	条件
SUS630	固溶化熱処理	S	1 020～1 060°C急冷
	析出硬化熱処理	H900	S 処理後　470～490°C空冷
		H1025	S 処理後　540～560°C空冷
		H1075	S 処理後　570～590°C空冷
		H1150	S 処理後　610～630°C空冷
SUS631	固溶化熱処理	S	1 000～1 100°C急冷
	析出硬化熱処理	RH950	S 処理後 955±10°Cに 10 分保持，室温まで空冷，24 時間以内に−73±6°Cに 8 時間保持，510+10°Cに 60 分保持後，空冷。
		TH1050	S 処理後 760±15°Cに 90 分保持，1 時間以内に 15°C以下に冷却，30 分保持，565±10°Cに 90 分保持後，空冷。

表 2-30 ステンレス鋼の熱処理後の機械的性質 (JIS G 4303：05)
(1) オーステナイト系 (固溶化熱処理状態)

種類の記号	耐力 N/mm²	引張強さ N/mm²	伸び %	絞り(4) %	硬さ HB	硬さ HRB	硬さ HV
SUS201	275 以上	520 以上	40 以上	45 以上	241 以下	100 以下	253 以下
SUS202	275 以上	520 以上	40 以上	45 以上	207 以下	95 以下	218 以下
SUS301	205 以上	520 以上	40 以上	60 以上	207 以下	95 以下	218 以下
SUS302	205 以上	520 以上	40 以上	60 以上	187 以下	90 以下	200 以下
SUS303	205 以上	520 以上	40 以上	50 以上	187 以下	90 以下	200 以下
SUS303Se	205 以上	520 以上	40 以上	50 以上	187 以下	90 以下	200 以下
SUS303Cu	205 以上	520 以上	40 以上	50 以上	187 以下	90 以工	200 以下
SUS304	205 以上	520 以上	40 以上	60 以上	187 以下	90 以下	200 以下
SUS304L	175 以上	480 以上	40 以上	60 以上	187 以下	90 以下	200 以下
SUS304N1	275 以上	550 以上	35 以上	50 以上	217 以下	95 以下	220 以下
SUS304N2	345 以上	690 以上	35 以上	50 以上	250 以下	100 以下	260 以下
SUS304LN	245 以上	550 以上	40 以上	50 以上	217 以下	95 以下	220 以下
SUS304J3	175 以上	480 以上	40 以上	60 以上	187 以下	90 以下	200 以下
SUS305	175 以上	480 以上	40 以上	60 以上	187 以下	90 以下	200 以下
SUS309S	205 以上	520 以上	40 以上	60 以上	187 以下	90 以下	200 以下
SUS310S	205 以上	520 以上	40 以上	50 以上	187 以下	90 以下	200 以下
SUS316	205 以上	520 以上	40 以上	60 以上	187 以下	90 以下	200 以下
SUS316L	175 以上	480 以上	40 以上	60 以上	187 以下	90 以下	200 以下
SUS316N	275 以上	550 以上	35 以上	50 以上	217 以下	95 以下	220 以下
SUS316LN	245 以上	550 以上	40 以上	50 以上	217 以下	95 以下	220 以下
SUS316Ti	205 以上	520 以上	40 以上	50 以上	187 以下	90 以下	200 以下
SUS316J1	205 以上	520 以上	40 以上	50 以上	187 以下	90 以下	200 以下
SUS316J1L	175 以上	480 以上	40 以上	60 以上	187 以下	90 以下	200 以下
SUS316F	205 以上	520 以上	40 以上	50 以上	187 以下	90 以下	200 以下
SUS317	205 以上	520 以上	40 以上	60 以上	187 以下	90 以下	200 以下
SUS317L	175 以上	480 以上	40 以上	60 以上	187 以下	90 以下	200 以下
SUS317LN	245 以上	550 以上	40 以上	50 以上	217 以下	95 以下	220 以下
SUS317J1	175 以上	480 以上	40 以上	45 以上	187 以下	90 以下	200 以下
SUS836L	205 以上	520 以上	35 以上	40 以上	217 以下	96 以下	230 以下
SUS890L	215 以上	490 以上	35 以上	40 以上	187 以下	90 以下	200 以下
SUS321	205 以上	520 以上	40 以上	50 以上	187 以上	90 以下	200 以下
SUS347	205 以上	520 以上	40 以上	50 以上	187 以下	90 以下	200 以下
SUSXM7	175 以上	480 以上	40 以上	60 以上	187 以下	90 以下	200 以下
SUSXM15J1	205 以上	520 以上	40 以上	60 以上	207 以下	95 以下	218 以下

(2) オーステナイト・フェライト系（固溶化熱処理）

種類の記号	耐力 N/mm²	引張強さ N/mm²	伸び %	絞り(5) %	硬さ HB	硬さ HRC	硬さ HV
SUS329J1	390 以上	590 以上	18 以上	40 以上	277 以下	29 以下	292 以下
SUS329J3L	450 以上	620 以上	18 以上	40 以上	302 以下	32 以下	320 以下
SUS329J4L	450 以上	620 以上	18 以上	40 以上	302 以下	32 以下	320 以下

(3) フェライト系（焼なまし状態）

種類の記号	耐力 N/mm²	引張強さ N/mm²	伸び %	絞り(6) %	シャルピー衝撃値 J/cm²	硬さ HB
SUS405	175 以上	410 以上	20 以上	60 以上	98 以上	183 以下
SUS410L	195 以上	360 以上	22 以上	60 以上	—	183 以下
SUS430	205 以上	450 以上	22 以上	50 以上	—	183 以下
SUS430F	205 以上	450 以上	22 以上	50 以上	—	183 以下
SUS434	205 以上	450 以上	22 以上	60 以上	—	183 以下
SUS447J1	295 以上	450 以上	20 以上	45 以上	—	228 以下
SUSXM27	245 以上	410 以上	20 以上	45 以上	—	219 以下

(4) マルテンサイト系（焼入れ焼戻し状態）

種類の記号	耐力 N/mm²	引張強さ N/mm²	伸び %	絞り(7) %	シャルピー衝撃値 J/cm²	硬さ HB	硬さ HRC
SUS403	390 以上	590 以上	25 以上	55 以上	147 以上	170 以上	—
SUS410	345 以上	540 以上	25 以上	55 以上	98 以上	159 以上	—
SUS410J1	490 以上	690 以上	20 以上	60 以上	98 以上	192 以上	—
SUS410F2	345 以上	540 以上	18 以上	50 以上	98 以上	159 以上	—
SUS416	345 以上	540 以上	17 以上	45 以上	69 以上	159 以上	—
SUS420J1	440 以上	640 以上	20 以上	50 以上	78 以上	192 以上	—
SUS420J2	540 以上	740 以上	12 以上	40 以上	29 以上	217 以上	—
SUS420F	540 以上	740 以上	8 以上	35 以上	29 以上	217 以上	—
SUS420F2	540 以上	740 以上	5 以上	35 以上	29 以上	217 以上	—
SUS431	590 以上	780 以上	15 以上	40 以上	39 以上	229 以上	—
SUS440A	—	—	—	—	—	—	54 以上
SUS440B	—	—	—	—	—	—	56 以上
SUS440C	—	—	—	—	—	—	58 以上
SUS440F	—	—	—	—	—	—	58 以上

表 2-30（つづき）　　　　(5) 析出硬化系

種類の記号	熱処理記号	耐力 N/mm²	引張強さ N/mm²	伸び %	絞り(8) %	硬さ HBS又はHBW	硬さ HRC
SUS630	S	—	—	—	—	363 以下	38 以下
	H900	1 175 以上	1 310 以上	10 以上	40 以上	375 以上	40 以上
	H1025	1 000 以上	1 070 以上	12 以上	45 以上	331 以上	35 以上
	H1075	860 以上	1 000 以上	13 以上	45 以上	302 以上	31 以上
	H1150	725 以上	930 以上	16 以上	50 以上	277 以上	28 以上
SUS631	S	380 以下	1 030 以下	20 以上	—	229 以下	
	RH950	1 030 以上	1 230 以上	4 以上	10 以上	388 以上	
	TH1050	960 以上	1 140 以上	5 以上	25 以上	363 以上	

(2) **耐熱鋼**　耐熱鋼の基本的条件は，高温において化学的および組織的に安定であり，機械的性質とくに耐クリープ性が大きいことにある。表 2-31 に組成，表 2-32，表 2-33 にその熱処理と機械的性質を示したが，オーステナイト系，フェライト系およびマルテンサイト系があり，耐酸化性および耐熱性の大きいステンレス鋼を基調とし，多少 C, Si, Cr, Ni 量を増加してその特性を高めている。図 2-25 は主にボイラ管に用いられる各種耐熱鋼の 10 万時間クリープ破断強さと温度の関係を示したもので，低炭素鋼に比較して Cr-Mo 鋼は高温まで使用可能であり，18 Cr-8 Ni 鋼，あるいは Nb を添加したステンレス鋼はさらに高温での耐食性も改善される。このほか鋼の域を脱した各種耐熱合金（超合金）がある。高温における強度は常温の機械的性質から予測はできず，実際に各温度で長時間試験を行った結果でないと求められない。図 2-26 に各種耐熱鋼と比較しての耐熱合金の各温度における 1000 時間破壊強度を示した。

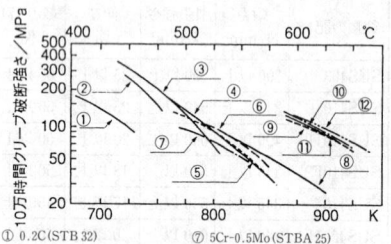

① 0.2C (STB 32)
② 0.5Mo (STBA 12)
③ 0.5Cr-0.5Mo (STBA 20)
④ 1Cr-0.5Mo (STBA 22)
⑤ 1.25Cr-0.5Mo-Si (STBA 23)
⑥ 2.25Cr-1Mo (STBA 24)
⑦ 5Cr-0.5Mo (STBA 25)
⑧ 9Cr-1Mo (STBA 26)
⑨ 18Cr-8Ni (SUS 304 HTB)
⑩ 18Cr-12Ni-Mo (SUS 316 HTB)
⑪ 18Cr-8Ni-Ti (SUS 321 HTB)
⑫ 18Cr-12Ni-Nb (SUS 347 HTB)

図 2-25　各種耐熱鋼の 10 万時間クリープ破断強さ
[田中良平：西山記念技術講座，日本鉄鋼協会]

(3) **ばね**　ばね鋼として要求される性質は，弾性限度および疲労限度が高く，疲労，クリープ，リラクゼーションに対する抵抗が大きく，切欠き感受性の小さいことである。普通小形ばね類には，冷間加工によって弾性限度を高めた硬鋼線・ピアノ線および帯鋼などをそのまま成形して用いる。この場合，

表 2-31 耐熱鋼棒・耐熱鋼板の組成（JIS G 4311, 4312：91）

(1) オーステナイト系の化学成分

単位 %

種類の記号	C	Si	Mn	P	S	Cr	Ni	Mo	W	Co	V	N	その他
SUH31	0.35～0.45	1.50～2.50	0.60 以下	0.040 以下	0.030 以下	14.00～16.00	13.00～15.00	—	2.00～3.00	—	—	—	—
SUH35	0.48～0.58	0.35 以下	8.00～10.00	0.040 以下	0.030 以下	20.00～22.00	3.25～4.50	—	—	—	—	0.35～0.50	—
SUH36	0.48～0.58	0.35 以下	8.00～10.00	0.040～0.090	0.030 以下	20.00～22.00	3.25～4.50	—	—	—	—	0.35～0.50	—
SUH37	0.15～0.25	1.00 以下	1.00～1.60	0.040 以下	0.030 以下	20.50～22.50	10.00～12.00	—	—	—	—	0.15～0.30	—
SUH38	0.25～0.35	1.00 以下	1.20～2.50	0.18～0.25	0.030 以下	19.00～21.00	10.00～12.00	1.80～2.50	—	—	—	—	—
SUH309	0.20 以下	1.00 以下	2.00 以下	0.040 以下	0.030 以下	22.00～24.00	12.00～15.00	—	—	—	—	—	B 0.001～0.010
SUH310	0.15 以下	1.50 以下	2.00 以下	0.040 以下	0.030 以下	24.00～26.00	19.00～22.00	—	—	—	—	—	—
SUH330	0.15 以下	1.50 以下	2.00 以下	0.040 以下	0.030 以下	14.00～17.00	33.00～37.00	—	—	—	—	—	—
SUH660	0.08 以下	1.00 以下	2.00 以下	0.040 以下	0.030 以下	13.50～16.00	24.00～27.00	1.00～1.50	—	—	0.10～0.50	—	Ti 1.90～2.35, Al 0.35 以下, B 0.0001～0.010
SUH661	0.08～0.16	1.00 以下	1.00～2.00	0.040 以下	0.030 以下	20.00～22.50	19.00～21.00	2.50～3.50	2.00～3.00	18.50～21.00	—	0.10～0.20	Nb 0.75～1.25

(2) フェライト系の化学成分

単位 %

種類の記号	C	Si	Mn	P	S	Cr	N
SUH446	0.20 以下	1.00 以下	1.50 以下	0.040 以下	0.030 以下	23.00～27.00	0.25 以下

(3) マルテンサイト系の化学成分

単位 %

種類の記号	C	Si	Mn	P	S	Ni	Cr	Mo	W	V	N	Nb
SUH1	0.40～0.50	3.00～3.50	0.60 以下	0.030 以下	0.030 以下	(1)	7.50～9.50	—	—	—	—	—
SUH3	0.35～0.45	1.80～2.50	0.60 以下	0.030 以下	0.030 以下	(1)	10.00～12.00	0.70～1.30	—	—	—	—
SUH4	0.75～0.85	1.75～2.25	0.20～0.60	0.030 以下	0.030 以下	1.15～1.65	19.00～20.50	—	—	—	—	—
SUH11	0.45～0.55	1.00～2.00	0.60 以下	0.030 以下	0.030 以下	(1)	7.50～9.50	—	—	—	—	—
SUH600	0.15～0.20	0.50 以下	0.50～1.00	0.040 以下	0.030 以下	0.50～1.00	10.00～13.00	0.30～0.90	—	0.10～0.40	0.50～0.10	0.20～0.60
SUH616	0.20～0.25	0.50 以下	0.50～1.00	0.040 以下	0.030 以下	0.50～1.00	11.00～13.00	0.75～1.25	0.75～1.25	0.20～0.30	—	—

備考 注(1) Niは0.60％以下を含有してもよい。
Cuは0.30％以下を含有してもよい。

表 2-32 耐熱鋼（オーステナイト系）（JIS G 4311：91）

(1) 熱処理

種類の記号	固溶化熱処理°C	時効処理°C
SUH31	950～1 050 急冷	—
SUH35	1 100～1 200 急冷	730～780 空冷
SUH36	1 100～1 200 急冷	730～780 空冷
SUH37	1 050～1 150 急冷	750～800 空冷
SUH38	1 120～1 150 急冷	730～760 空冷
SUH309	1 030～1 150 急冷	—
SUH310	1 030～1 180 急冷	—
SUH330	1 030～1 180 急冷	—
SUH660	885～915 急冷又は 965～995 急冷	700～760×16 h 空冷又は徐冷
SUH661	1 130～1 200 急冷	780～830×4 h 空冷又は徐冷

(2) 熱処理後の機械的性質

種類の記号	熱処理 種類	記号	耐力 N/mm²	引張強さ N/mm²	伸び %	絞り %	硬さ HB	適用寸法 mm 径，辺若しくは対辺距離又は厚さ
SUH31	固溶化熱処理	S	315以上	740以上	30以上	40以上	248以下	25以下
			315以上	690以上	25以上	35以上	248以下	25を超え180以下
SUH35	固溶化熱処理後時効処理	H	560以上	880以上	8以上	—	302以下	25以下
SUH36			560以上	880以上	8以上	—	302以下	25以下
SUH37			390以上	780以上	35以上	35以上	248以下	25以下
SUH38			490以上	880以上	20以上	25以上	269以下	25以下
SUH309	固溶化熱処理	S	205以上	560以上	45以上	50以上	201以下	180以下
SUH310			205以上	590以上	40以上	50以上	201以下	180以下
SUH330			205以上	560以上	40以上	50以上	201以下	180以下
SUH660	固溶化熱処理後時効処理	H	590以上	900以上	15以上	18以上	248以下	180以下
SUH661	固溶化熱処理	S	315以上	690以上	35以上	35以上	248以下	180以下
	固溶化熱処理後時効処理	H	345以上	760以上	30以上	30以上	192以下	75以下

加工による残留応力を除去して弾性および疲労限度を高めるため，300～350°Cにおいて応力除去焼なましを行う。この処理をブルーイングといっている。大形の板ばね，コイルばねには表 2-34 および表 2-35 に示した JIS による各種のばね鋼が使用されるが，多くは普通炭素鋼およびこれらに Si，Mn，Cr，V，B などを添加して焼入れ性および焼戻しに対する抵抗を高め，弾性および疲労

2章 鉄および鉄合金

表 2-33 耐熱鋼(マルテンサイト系)の熱処理と機械的性質(JIS G 4311：91)

(1) 熱処理

種類の記号	熱処理°C		
	焼なまし	焼入れ	焼戻し
SUH 1	800〜900 徐冷	980〜1 080 油冷	700〜850 急冷
SUH 3	800〜900 徐冷	980〜1 080 油冷	700〜800 急冷
SUH 4	800〜900 徐冷又は約 720 空冷	1 030〜1 080 油冷	700〜800 急冷
SUH 11	750〜850 徐冷	1 000〜1 050 油冷	650〜750 急冷
SUH 600	850〜950 徐冷	1 100〜1 170 油冷又は空冷	600 以上空冷
SUH 616	830〜900 徐冷	1 020〜1 070 油冷又は空冷	600 以上空冷

(2) 機械的性質

種類の記号	耐力 N/mm²	引張強さ N/mm²	伸び %	絞り %	シャルピー衝撃値 J/cm²	硬さ HB	適用寸法 mm 径,辺若しくは対辺距離又は厚さ
SUH 1	685 以上	930 以上	15 以上	35 以上	—	269 以上	75 以下
SUH 3	685 以上	930 以上	15 以上	35 以上	20 以上	269 以上	25 以下
	635 以上	880 以上	15 以上	35 以上	20 以上	262 以上	25 を超え 75 以下
SUH 4	685 以上	880 以上	10 以上	15 以上	10 以上	262 以上	75 以下
SUH 11	685 以上	880 以上	15 以上	35 以上	20 以上	262 以上	25 以下
SUH 600	685 以上	830 以上	15 以上	30 以上	—	321 以下	75 以下
SUH 616	735 以上	880 以上	10 以上	25 以上	—	341 以下	75 以下

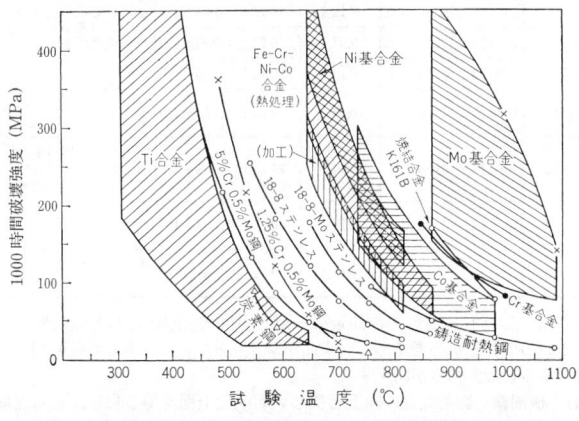

図 2-26 各種耐熱材料の各温度における 1000 時間破壊強度 (金属便覧)

表 2-34 ばね鋼の化学成分と熱処理 (JIS G 4801:00) (参考値)

種類の記号	C	Si	Mn	Cr	その他	焼入れ ℃	焼戻し ℃
SUP 6	0.56～0.64	1.50～1.80	0.70～1.00	—	—	830～860 油冷	480～530
SUP 7	0.56～0.64	1.80～2.20	0.70～1.00	—	—	830～860 油冷	490～540
SUP 9	0.52～0.60	0.15～0.35	0.65～0.95	0.65～0.95	—	830～860 油冷	460～510
SUP 9 A	0.56～0.64	0.15～0.35	0.70～1.00	0.70～1.00	—	830～860 油冷	460～520
SUP 10	0.47～0.55	0.15～0.35	0.65～0.95	0.80～1.10	V 0.15～0.25	840～870 油冷	470～540
SUP 11 A	0.56～0.64	0.15～0.35	0.70～1.00	0.70～1.00	B 0.0005以上	830～860 油冷	460～520
SUP 12	0.51～0.59	1.20～1.60	0.60～0.90	0.60～0.90	—	830～860 油冷	510～570
SUS 13	0.56～0.64	0.15～0.35	0.70～1.00	0.70～0.90	Mo 0.25～0.35	830～860 油冷	510～570

表 2-35 ばね鋼の機械的性質 (参考表 JIS G 4801:00) (参考値)

種類の記号	耐力0.2% N/mm²	引張強さ N/mm²	伸び % 4号試験片又は7号試験片	絞り % 4号試験片	硬さ HB	摘 要
SUP 6	1080以上	1230以上	9以上	20以上	363～429	主として重ね板ばね，コイルばね及びトーションバーに使用する。
SUP 7	1080以上	1230以上	9以上	20以上	363～429	
SUP 9	1080以上	1230以上	9以上	20以上	363～429	
SUP 9 A	1080以上	1230以上	9以上	20以上	363～429	
SUP 10	1080以上	1230以上	10以上	30以上	363～429	主としてコイルばね及びトーションバーに使用する。
SUP 11 A	1080以上	1230以上	9以上	20以上	363～429	主として大形の重ね板ばね，コイルばね及びトーションバーに使用する。
SUP 12	1080以上	1230以上	9以上	20以上	363～429	主としてコイルばねに使用する。
SUP 13	1080以上	1230以上	10以上	30以上	363～429	主として大形の重ね板ばね，コイルばねに使用する。

限度を向上したものである。Si 量の多い SUP 6 や SUP 12 は熱処理時に脱炭しやすいので注意が必要である。表面をショットピーニングして圧縮残留応力を付与すると疲労強度が向上する。

 (4) 快削鋼 切削能率の向上と美しい切削仕上面を得るには，ある程度鋼質をもろくして被削性を良くする必要がある。このために S, P, Pb などを

わずかに添加して切削性を改善したのが快削鋼である。JIS に硫黄および硫黄複合快削鋼（JIS G 4804：99, SUM 11〜43）があるが，普通炭素鋼（0.45％C 以下）に S を 0.1〜0.2％添加したものである。S は Fe と FeS をつくり，Fe と共晶反応して 985℃で融解し，赤熱ぜい性が起こる。これに Mn を加え MnS として快削性を与えている。P（0.15％以下）を加えるとさらに切削性が良くなるが，炭素量が高いと著しくぜい化するので，0.15％C 以下の場合にのみ許されている。これらに比べて Pb を 0.10〜0.30％添加した Pb 快削鋼は機械的性質の劣化（とくに粘さの低下）が少ないので，各種の基本鋼種に Pb を添加したものが盛んに使用されている。硫黄快削鋼は主にあまり強さを要求しないボルト・ナットなどに，Pb 快削鋼は加工能率の向上と経済性その他加工精度を要求する場合などに用いられていたが，昨今の Pb フリー化の傾向から新たな快削鋼の開発が盛んである。

(5) 軸受鋼　ころがり軸受に使用される鋼材は，高荷重の繰返しによく耐える耐疲労性と耐摩耗性が要求される。表 2-36 にその JIS を示したが，単に組成ばかりでなく，よく鍛錬し，周到な熱処理によって，炭化物を均一微細化するなど，とくに組織に重点を置く必要がある。このため炭化物の球状化処理は必ず行わなければならない。SUJ 1 は主として球材に，SUJ 2 は Cr 量が高く焼入れ性が良いので，大型の球材やローラ材に，SUJ 3 は Mn 量が高くさらに焼入れ性が良いので，大型の軸受鋼として用いられる。焼入れ後は十分残留オーステナイトをマルテンサイト化するためにサブゼロ処理を行い，その後に焼戻しをして使用する。参考例として 800〜850℃から油焼入れし，150〜180℃で 60〜90 分焼戻す処理などが行われている。

表 2-36　高炭素クロム軸受鋼の化学成分（JIS G 4805：04）

種類の記号	化学成分 (%)							
	C	Si	Mn	P	S	Cr	Mo
SUJ 1	0.95〜1.10	0.15〜0.35	0.50 以下	0.025 以下	0.025 以下	0.90〜1.20	—
SUJ 2	0.95〜1.10	0.15〜0.35	0.50 以下	0.025 以下	0.025 以下	1.30〜1.60	—
SUJ 3	0.95〜1.10	0.40〜0.70	0.90〜1.15	0.025 以下	0.025 以下	0.90〜1.20	—
SUJ 4	0.95〜1.10	0.15〜0.35	0.50 以下	0.025 以下	0.025 以下	1.30〜1.60	0.10〜0.25
SUJ 5	0.95〜1.10	0.40〜0.70	0.90〜1.15	0.025 以下	0.025 以下	0.90〜1.20	0.10〜0.25

2.4. 鋳鉄

先に示した図 2-2(120 ページ)の鉄―炭素系状態図において，2.1％C 以上を鋳鉄というが，実際には鉄鉱石を高炉で溶解還元して得られる高炭素高けい素のいわゆる銑鉄のうち，とくに鋳物用（ほかに製鋼用がある）に適したものが鋳鉄として用いられる。溶解鋳造に際しては，鋳物用銑に必要に応じてくず鉄などを配合し，C および Si 量を調節している。安価であり，溶融点が低く，優れた可鋳性をもっているので，鋼に比較して一般に機械的性質は劣るが，鋼

にない特徴もあって古くから広く活用されている。近年鋼に匹敵する各種高級鋳鉄が開発され，ますますその需要が広まっている。

2.4.1. 鋳鉄の組織 鋳鉄の組織は一般にCおよびSi量，ならびに冷却速度によって大きく変化する。図2-27は冷却速度を一定とした場合のCおよびSi量による組織変化を示したもので，これより冷却速度が小さい場合は，各組織の境界線が右に移動し，大きいと左に移動する。これを肉厚（冷却速度に対応）の変化によって示したのが図2-28である。Iの範囲はセメンタイト＋パーライト組織で，極めて硬くてもろく，破面が白いことから白鋳鉄と呼ばれている。IIの範囲は黒鉛＋パーライト組織でパーライト鋳鉄といい，最も良い機械的性質を示す。またIIIの範囲は黒鉛＋フェライト組織でフェライト鋳鉄といい，黒

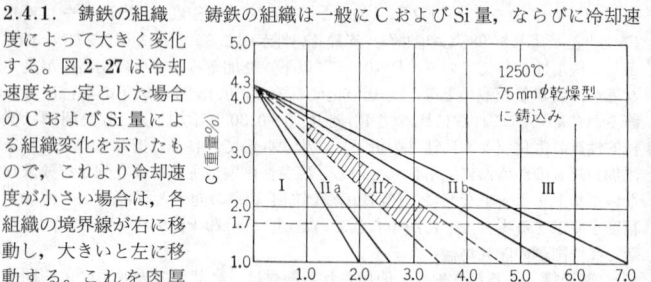

図 2-27 鋳鉄の組織図（マウラー）

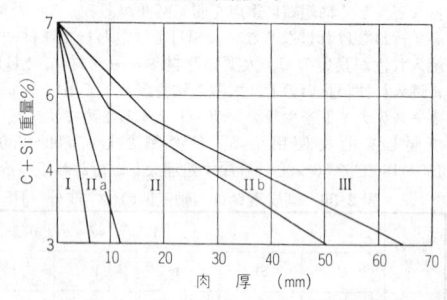

図 2-28 肉厚（冷却速度）による組織図

鉛が片状に大きく発達し，軟質で強さが極めて小さい。IIaおよびIIbはそれぞれI〜II，II〜IIIの混合組織範囲で，前者をまだら鋳鉄，後者をねずみまたは灰鋳鉄と呼んでいる。IはFe-C系複平衡状態図の準安定系，IIIは安定系，IIa〜II〜IIbの範囲は両系の反応によって生じた組織である。これからわかるようにCおよびSi量が少ないか，冷却速度が大きいと白銑化し，その逆の場合は黒鉛化する。とくにSiは黒鉛化を促進する作用がある。鋳鉄としてはII〜IIbの組織範囲が選ばれるが，とくにIIの斜線を施した部分は引張強さ350 N/mm² 以上の高級鋳鉄が得られる範囲である。この場合黒鉛が湾曲して細かく一様に分布した菊目組織のものが良いが，冷却速度の影響が大きいので一様な菊目組織を得ることは容易でない。一般に鋳鉄は片状に黒鉛が発達しやすく，切欠き感受性が高く機械的性質を低下させる原因となっている。したがって，これを球状化すれば著しく性質が改善される。

2.4.2. 鋳鉄の性質

(1) **物理的性質** 鋳鉄の物理的性質は同じ組成でもその組織によって変化し，

組織中に存在する各相の量比に関係するので，各値はある幅をもって示される。主なものを表 2-37 に示した。

(2) 機械的性質

鋳鉄の機械的性質もまた組成のほかにその組織，とくに黒鉛の大きさ・形状・分布状態によって異なり，同じ冷却条件でもその値には相当のばらつきがある。

(a) 弾性係数　鋳鉄は相当低荷重でも塑性変形を起こし，応力とひずみとが比例しないので，弾性係数 E は荷重開始点における切線の傾斜，または曲げ試験から算出される。

表 2-37　鋳鉄の物理的性質（金属講座）

項　目	状　態	数　値
比　重	灰　鋳　鉄	約 7.2
	白　鋳　鉄	約 7.5
	組織内の各相	
	フェライト	7.85〜7.92
	Fe_3C	7.66
	黒　　　鉛	2.20〜2.55
	(パーライト)	7.74
比　熱	常　　温	約 0.13
	溶融状態	約 0.23
熱伝導率 Cal/s.cm.℃	灰　鋳　鉄 (10〜200℃)	0.11〜0.15
比抵抗 $\mu\Omega/cm^3$		80〜100
抗磁力 Oe		10〜15
最大導磁率 gauss		200〜400
飽和磁気 gauss		1700〜1800
残留磁気 gauss		4000〜6000

その値は灰鋳鉄で 75〜140 GPa 程度で，黒鉛の量およびその分布状態で大きく異なる。

(b) 引張強さ　素地の組織と黒鉛の形状および分布状態によって異なるが，冷却条件が一定と仮定すると，炭素飽和度 S_c と引張強さ R_m とは図 2-29 のように直線関係がある。なお，S_c は式(3)で共晶を C 4.3 % として $S_c<1$ は亜共晶，$S_c>1$ は過共晶組成に相当する。

$$S_c = C(\%) / \left(4.3 - \frac{1}{3}Si\%\right) \quad \cdots\cdots (3)$$

ここで，図中径が小さいほど冷却速度が大きく，引張強さの高いものが得られているが，炭素飽和度の小さいほうでは白鉄化する恐れがある。おおむね $S_c=$ 0.8〜0.9 程度が，引張強さの高い，良い組織の高級鋳鉄が得られるといわれている。

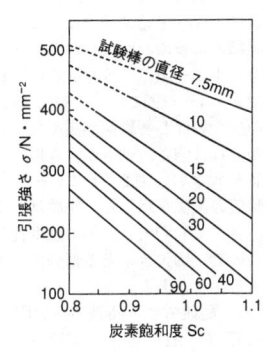

図 2-29　ねずみ鋳鉄の引張強さに対する炭素飽和度および試験棒直径の影響

(c) 曲げ強さ　鋳鉄は伸びが極めて小さいので，粘さを曲げ試験におけるたわみ量から判断している。曲げ強さ R_b は引張強さ R_m にほぼ比例する。

$R_b = 1.2(R_m + 14)$　　(Mackenie)
　　……(4)

(d) **圧縮強さ**　鋳鉄は一般に引張強さ R_m は小さいが，圧縮には比較的強く，圧縮強さ R_c は引張強さの 3～4 倍もある．その関係は式(5)で表される．

$R_m = (R_c/17.6)^{1.43}$　　……(5)

ここで，高級鋳鉄ほどその倍率が小さい（鋼は約 2 倍程度）．

(e) **硬さ**　鋳鉄の硬さは，鋼とは逆に，C および Si が多いほど黒鉛化が促進されるので低くなる．炭素飽和度 S_c と硬さ (HB) の関係を図 **2-30** に示した．またねずみ鋳鉄は組織が粗いので圧痕面積の大きいブリネル硬さ HB を用いるが，その HB と引張強さ R_m (MPa) の間には式(6)が成立する．

$HB = 100 + 0.44 R_m$　　……(6)

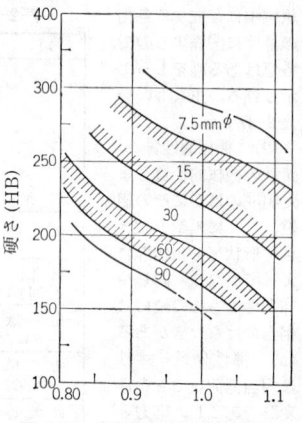

図 2-30　炭素飽和度と硬さの関係

一方，R_m/HB 値はじん性の目安に用いられ，たとえば鋼で 3.5，球状黒鉛鋳鉄で 3.0，ねずみ鋳鉄の FC 350 で 1.4，FC 100 で 0.7 程度に低下する．

(f) **衝撃値**　鋳鉄の衝撃値が小さいのは，片状黒鉛の発達によってすでに組織的に多くの切欠きがあるからで，シャルピー値は 7.8 J/cm² 以下が普通である．一般に C, Si が低く黒鉛量の少ないほど衝撃値が高くなる．いいかえれば強さ，硬さが大きいほど衝撃値が大きい．図 **2-31** に C+Si ％と衝撃値の関係を示した．鋳鉄は衝撃値が小さくても切欠き効果の感受性が小さいので，切欠きのある部分には逆に適する場合がある．

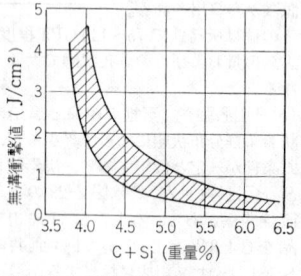

図 2-31　衝撃値と (C+Si)％の関係

(g) **耐疲労性**　鋳鉄の疲労限は普通 90～230 MPa 程度（引張強さの 0.35～0.65）で一般に低いが，切欠きによる疲労限の低下は極めて小さいので，切欠きに対する感受性の大きい鋼よりも，結果的には逆に効果のある場合がある．切込みの多いクランク軸やカム軸にも鋳鉄が使用されているのはこの理由による．

2.4.3.　その他の諸性質

(a) **減衰能**　黒鉛は振動吸収能が大きく，ねずみ鋳鉄＞球状黒鉛鋳鉄＞鋼，の順に減衰能が大きい．そこで，強さは大きいが減衰能の小さい鋼よりも工作機械のベッドなどに使用されるとその効果を発揮する．自動車エンジンのクランク軸などが，その良い例である．これは切欠き効果の感受性が小さいこととあわせて，鋳鉄の最も大きな特長の一つである．図 **2-32** にねずみ鋳鉄の減衰

能を鋼と比較して示した。減衰能は第1回目と第2回目の振動エネルギの差を百分率で表したものである。

(b) 耐摩耗性　鋳鉄の耐摩耗性が良いのは、組織中に含まれる黒鉛の潤滑作用と油の保持にあり、古くから耐摩耗性部品としてシリンダやピストンなどに使用されている。しかし素地がフェライト組織のものはあまり良くなく、パーライト組織のものに限られる。とくに相手金属との硬度差が小さいほど耐摩耗性が良い。耐摩耗性を高める元素としてはCr, P, Cu, Mo, V などがある。この中 P はりん化物を形成したり、P を含む硬い炭化物を素地に分散させたりするとその効果が大きい。また表面部分だけを白銑化 (チル) する方法などもとられる。

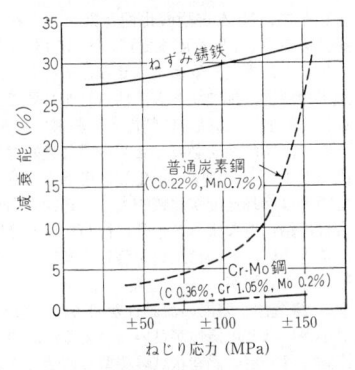

図 2-32　鋳鉄と鋼の減衰能比率

(c) 耐食性　鋳鉄の酸に対する耐食性は一般に良くないが、それは黒鉛が素地組織と局部電池を構成するためで、黒鉛の細かいものほどその作用が大きい。Cu をわずかに添加(0.4～0.5 %)すると耐酸性が著しく改善される。また Ni, Cr, Si なども耐酸性を増す。アルカリに対する耐食性は一般に良い。総合的に鋼と変わらないが、鋳造時の黒皮を残したままだと耐候性は優れる。

(d) 耐熱性および鋳鉄の成長　鋳鉄の耐熱性は 500℃まではかなり良い成績を示すが、それ以上になると急激に強度が低下し、600℃以上になると単なる熱膨張だけでなく、永久変形的な膨張が起こる。とくに A_1, A_3 変態通過時に著しい。

図 2-33 に繰り返し加熱冷却によるその変化を示した。これを鋳鉄の成長といい、その原因としては(1)セメンタイトの黒鉛化による膨張、(2)フェライトおよびその固溶元素、主として Si の酸化による膨張、(3) A_1 および A_3 変態時の体積変化にともなって生じる微細なクラックによる膨張、(4)不均一加熱にともなう熱応力によるクラックの発生、などが挙げられる。この成長を防止するには(1)組織をち密にすること、(2)Cr, Mn など白銑化元素を添加してセメンタイトを安定化すること、(3)酸化しやすい Si などをなるべく低

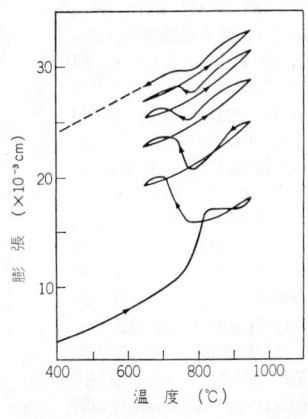

図 2-33　鋳鉄の成長

めにして，Niなど耐酸化性元素を加えるとよい。とくにCrの添加およびSiを低める（1.1％程度まで）ことは効果がある。鋳鉄はこのような膨張を防ぐためにも，性質を安定化させるためにも鋳造後に室温放置による自然枯らしか，適当な温度に加熱する人工枯らしが必要である。

(e) **切削性**　鋳鉄の切削性は，組織中の黒鉛が潤滑作用と切粉の細分を兼ねるので，切削油を必要とせず一般に良好である。しかし，まだら鋳鉄となって硬点が生じると極端に悪化し，白鋳鉄ともなると切削加工が困難になる。白銑化組織は冷却速度が比較的大きい鋳物表面や薄肉部分に生じやすいが，この場合は黒鉛化焼なましを十分に行わなければ切削が困難である。また鋳はだに砂が焼きついたものは工具を著しく摩耗するので，酸洗いなどによりあらかじめ取り除く必要がある。

(f) **鋳造性**　溶湯の流動性が良く，鋳巣や偏析が少なく，凝固時の容積変化が小さいほど可鋳性が良いといえるが，中でも湯切れの良否が大きく影響する。流動性は一定の渦巻状試験鋳型に鋳込んだときの長さによって比較されるが，一般に鋳込み温度が高いほど，またC，Si，Mnの多いほど良く，とくにPを添加すると，980℃でFe₃P（りん化鉄）＋Fe＋Fe₃C（または黒鉛）の三元共晶（ステダイト）が生じるので，著しく流動性が増すとともに，その凝固熱により黒鉛化が進行して収縮量も小さくなる。普通，鋳鉄にはPを約0.5％前後許容しているが，それ以上はもろくなるので，主に強さを必要としない美術鋳物（1.5％P以下）などに利用される。また流動性を害する元素にはS，Oなどがあり，とくにSはほかに白銑化を助長し，硬点，逆チルなどを併起するので少ないほどよい。

また鋳巣は凝固時発生するガスが気泡として残留するとか，湯の引けに対して押し湯が十分でない場合に起こるが，湯流れが良く収縮量が小さいC，Si量の多いものでも，粗大な片状黒鉛が発達すると湯の引けを妨げるので，厚肉部によく引け巣が生じる。これらの鋳巣の発生防止には冷却速度を大きくしたほうがよい。

また凝固時の容積変化は成分および冷却条件によって大きく変化する。図2-34にその例を示した。一般に普通鋳鉄は凝固時の黒鉛の晶出によって一時膨張し，その後も黒鉛化と変態によって収縮が緩和されるので約1％前後の収縮にとどまる。これらをとも

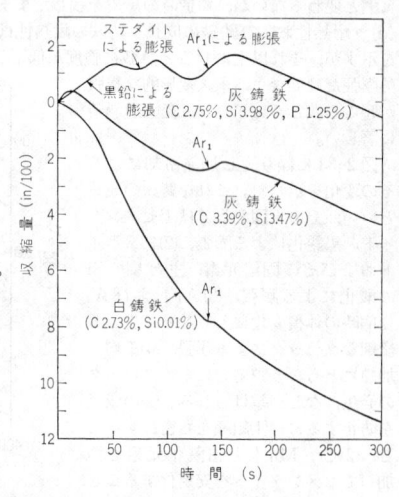

図 2-34　凝固による体積変化

なわない白鋳鉄などは収縮量が極めて大きい。偏析については凝固が表面より開始し，心部に及ぶために心部に不純物が集まりやすいが，それよりも低 Si 側にも白鋳鉄化する恐れが少なく，肉厚の不同に対する質量効果の影響が小さい。また P，S の多いものは心部がかえって白銑化する逆チル現象を起こしやすい。

(g) 内部応力の発生　鋳物の各部は冷却速度が異なるので収縮量に差が生じ，これによって内部応力が発生する。とくに薄肉部は厚肉部の影響を受けてその作用が大きく，凝固冷却の過程でよく変形または割れが生じる。強さおよび伸びが小さいだけに，鋳型をはじめ，鋳造応力の発生には十分注意しなければならない。また冷却後もかなりの残留応力が存在するので，一般に 500〜550°C で数時間の応力除去焼なましを行って使用する。これ以上の温度では体積膨張をともなった成長を起こして逆にもろくなるから注意を要する。

2.4.4. 鋳鉄の種類と用途

(1) 普通鋳鉄　前記図 2-27 に示した II b の範囲のねずみ鋳鉄に属するもので，表 2-38 のように JIS の機械的性質が規定されている。その組成については別に規定はなく，鋳物用銑に目的に応じてくず鉄などを配合して使用する。とくに Si 量は肉厚に応じて加減する必要がある。一般用として極めて広い用途をもっている。

表 2-38　ねずみ鋳鉄品の機械的性質
(JIS G 5501 : 95)

種類の記号	引張強さ N/mm²	硬さ HB
FC 100	100 以上	201 以下
FC 150	150 以上	212 以下
FC 200	200 以上	223 以下
FC 250	250 以上	241 以下
FC 300	300 以上	262 以下
FC 350	350 以上	277 以下

(2) 高級鋳鉄　一般に引張強さ 300 N/mm² 以上のものをとくに高級鋳鉄といい，その例を表 2-39 に示す。II の範囲のパーライト鋳鉄に属し，FC 300, 350 がこれに相当する。その組成は各種あるが，おおむね C 2.8〜3.2 %, Si 1.0〜2.3 %, Mn 0.6〜1.0 %, P 0.1〜0.2 %, S 0.8〜0.14 % で，いずれ

表 2-39　各種高級鋳鉄の組成例（参考）

名　　称	化 学 組 成 (%)					引張強さ N/mm²
	C	Si	Mn	P	S	
ランツパーライト鋳鉄	3.0 〜 3.3	0.6 〜 1.1	0.5 〜 1.0	0.1 〜 0.25	0.08 〜 0.13	280 〜 350
エ ン メ ル 鋳 鉄	2.5 〜 3.0	2.0 〜 2.5	0.8 〜 1.1	0.1 〜 0.2	0.1 〜 0.5	300 〜 350
ピオワルスキー鋳鉄	2.7 〜 3.0	1.6 〜 2.7	−	−	−	300 〜 400
コ ル サ リ 鋳 鉄	約 2.8	2.0 〜 2.5	−	−	−	350 〜 390
クルップステルン鋳鉄	3.5 〜 2.8	1.9 〜 2.3	0.6 〜 1.0	0.1 〜 0.25	0.08 〜 0.13	350 〜 400
石川菊目組織鋳鉄	2.8 〜 3.2	1.2 〜 2.5	0.3 〜 0.6	0.1 〜 0.3	0.08	約 270
松 浦 高 Mn 鋳 鉄	3.0 〜 3.2	1.6 〜 1.8	1.8 〜 2.4	0.1 〜 0.2	0.10	300 〜 360
堀 切 鋳 鉄	2.5 〜 2.8	2.0 〜 3.1	1.5 〜 2.5		0.08	330 〜 380
ミーハナイト鋳鉄 I	3.0	0.8 〜 1.0	1.4		0.1	300 〜 380
〃　　　　II	3.0	0.8 〜 1.4	1.0		0.1	(熱処理用)

もくず鉄を多量に配合してCおよびSi量を調節している。菊目組織のパーライト鋳鉄を得るには高温溶解（約1500°C）して，十分に黒鉛核を消失させた後に適当な温度から鋳込まれるが，白銑化しやすいので鋳型を予熱するなど冷却速度を加減する必要がある。しかし単に冷却速度を加減するだけでは各部均一な組織を得ることは困難で，多くは取鍋中に黒鉛核の接種剤としてけい化カルシウム，フェロシリコンなどの粉末を添加し，黒鉛の発生および形状をある程度人工的に調整するミーハナイト法を採用している。この接種法によると，低C低Si側でも白鋳鉄化する恐れが少なく，肉厚の不同に対する質量効果も小さいので，黒鉛が細かく一様に分布した均質ち密な耐摩耗性に富む強じんな鋳鉄を得ることができる。これらをミーハナイト鋳鉄と呼んでいる。機械用鋳物としてシリンダー・同ライナー・ピストンリング・工作機械・各種機械部品などに広く活用されている。

(3) 可鍛鋳鉄　鋳放し状態でぜい弱な片状黒鉛を晶出させることなく白鋳組織とし，これを高温に加熱して組織中の不安定なFe_3Cを分解または脱炭させることにより，組織の改良を図ったものを可鍛鋳鉄と呼び，黒心，白心，およびパーライトの3種の可鍛鋳鉄がある。その組成および熱処理は製造業者の自由選択となるが，機械的性質は表2-40に適合するように保証しなければな

表 2-40　可鍛鋳鉄品の機械的性質（JIS G 5705 : 00 抜粋）

種類	記号	試験片の直径 mm	引張強さ N/mm^2	0.2%耐力 N/mm^2	伸び %	硬さ HB
黒心可鍛	FCMB 27-05	12 又は 15	270 以上	165 以上	5 以上	163 以下
	FCMB 30-60	12 又は 15	300 以上	—	6 以上	150 以下
	FCMB 35-10	12 又は 15	350 以上	200 以上	10 以上	150 以下
	FCMB 35-10 S[1]	12 又は 15	350 以上	200 以上	10 以上	150 以下
白心可鍛	FCMW 35-04	9 12 15	340 以上 350 以上 360 以上	— — —	5 以上 4 以上 3 以上	280
	FCMW 38-12[2]	9 12 15	320 以上 380 以上 400 以上	170 以上 200 以上 210 以上	15 以上 12 以上 8 以上	200
	FCMW 40-05	9 12 15	360 以上 400 以上 420 以上	200 以上 220 以上 230 以上	8 以上 5 以上 4 以上	220
	FCMW 45-07	9 12 15	400 以上 450 以上 480 以上	230 以上 260 以上 280 以上	10 以上 7 以上 4 以上	220
パーライト可鍛	FCMP 45-04	12 又は 15	450 以上	270 以上	6 以上	150～200
	FCMP 55-04	12 又は 15	550 以上	340 以上	4 以上	180～230
	FCMP 65-02	12 又は 15	650 以上	430 以上	2 以上	210～260
	FCMP 70-02	12 又は 15	700 以上	530 以上	2 以上	240～290

らない。同表中の記号例 FCMB 27-05 は黒心可鍛鋳鉄で最小引張強さが 270 N/mm^2，最小伸びが 5 ％であることを表示し，いずれも普通鋳鉄と比較して鋼に近い値をもっている。

黒心可鍛鋳鉄は白鋳鉄品を焼なまし箱中に入れ，850～950℃に数 10 時間加熱して γ+C（第 1 段黒鉛化）とした後，そのまま徐冷するか，または A$_{r1}$ 点直下に保持して，さらにパーライト中の Fe$_3$C を塊状黒鉛（第 2 段黒鉛化）としたものである。前者はパーライト組織に，後者はフェライト組織中に粒状の焼なまし炭素が散在した組織となる。破面を見ると表面は脱炭して白いが，心部が黒く，また伸びがあることからその名がつけられている。とくに前者をパーライト可鍛鋳鉄と呼んでいる。

白心可鍛鋳鉄は同じく白鋳鉄品を赤鉄鉱などの酸化鉄中に埋め，900～1000℃に数 10 時間加熱し，黒鉛化と同時に強制的に脱炭させてフェライト組織にしたものである。厚肉物は心部まで脱炭することは少なく，完全な白心を得るには 3～5 mm の薄肉物に限られる。なお脱炭は酸化性のガス中で行う場合もある。

(4) 球状黒鉛鋳鉄 鋳造過程で黒鉛を球状化することは，可鍛鋳鉄のように熱処理に多大な時間を要せずに，鋳鉄のぜい弱さを一挙に解決するものとして古くから試みられてきたが，近年ようやく溶湯中に Mg（その他 Ce，Ca など）をわずかに含有させると，けい化鉄などの接種によって黒鉛が球状化することが発見され，実用の域に達した。球状化に適した鋳鉄の組成は，一般に白銑化を促進する元素は球状化を妨げるので少ないほどよく，とくに S，P は低いことが要求される。その他 Al，As，Bi，Pb，Sb，Ti などはごく微量でも球状化を妨げるので，用銑は厳選する必要がある。Mg の添加は一般に Mg-Si-Fe（20：60：20）あるいは Mg-Ni（20：80）合金として用いられる。歩溜りが悪いので，S 量および酸化消費量を見越し，処理後に 0.04～0.08 ％残

表 2-41　球状黒鉛鋳鉄品の機械的性質　（JIS G 5502：01）

種類の記号	引張強さ N/mm^2	0.2 % 耐力 N/mm^2	伸び %	シャルピー吸収エネルギー 試験温度 ℃	3個の平均値 J	個々の値 J	硬さ HB	主要基地組織
FCD 350-22	350 以上	220 以上	22 以上	23±5	17 以上	14 以上	150 以下	
FCD 350-22L				−40±2	12 以上	9 以上		
FCD 400-18	400 以上	250 以上	18 以上	23±5	14 以上	11 以上	130～180	フェライト
FCD 400-18L				−20±2	12 以上	9 以上		
FCD 400-15			15 以上					
FCD 450-10	450 以上	280 以上	10 以上				140～210	
FCD 500-7	500 以上	320 以上	7 以上	―	―	―	150～230	フェライト＋パーライト
FCD 600-3	600 以上	370 以上	3 以上	―	―	―	170～270	パーライト＋フェライト
FCD 700-2	700 以上	420 以上	2 以上	―	―	―	180～300	パーライト
FCD 800-2	800 以上	480 以上		―	―	―	200～330	パーライト又は焼戻しマルテンサイト

留するように添加される。

接種には主にけい化鉄粉末を溶湯の流れに絶え間なく添加するのが効果的といわれているが，実際の作業にあたっては相当の技術と熟練が必要である。

球状黒鉛鋳鉄は表2-41に示すように鋼に近い性質が得られ，熱処理が可能であり，火炎焼入れ，高周波焼入れなどで表面焼入れによって耐摩耗性をさらに向上させることができる。また加熱による成長が少ないなど普通鋳鉄に比較して優れた点が多いが，減衰能はやや小さく，切欠き感度が大きい（普通鋳鉄と鋼の中間）。なお切削性・耐食性は大差ない。クランク軸・カム軸・歯車など粘さを必要とするものに好適である。

(5) チルド鋳物　表面部分を白鋳鉄化し，内部を灰鋳鉄として耐摩耗性とじん性を与えたものである。チルしやすいようにとくにSi量を低くしてあるが，鋳物の大きさに応じて調節する必要がある。なおチル部の鋳型には金型を使用する。主として各種ロール・車輪，砕鉱機の歯部などに用いられる。表2-42にその組成例を示した。またNi，Cr，Moなどを添加し，パーライト部をマルテンサイト組織としてさらに耐摩耗性を向上させたものもある。

表2-42　チルド鋳物の組成

種　類	化　学　組　成　(%)						表面かたさ(HS)
	C	Si	Mn	P	S	その他	
チルドロール	3.05	0.64	0.49	0.482	0.069		65.4
合金チルドロール	3.30	0.40～0.50	0.18～0.25	0.35	0.08～0.12	Cr 0.7～1.0 Ni 3.5～4.5 Mo 0.25	80
製粉ロール	3.5～3.8	0.50～0.90	0.60～1.20	0.3～0.5			
チルド車輪	3.4～3.8	0.5 ～0.8	0.5 ～0.7	0.1～0.25	0.06～0.08		
ボールミル裏板	3.5～3.8	0.8 ～1.0	0.8 ～0.15	0.3～0.6			

(6) 合金鋳鉄　鋳鉄にも特殊鋼と同様に各種特殊元素を加え，それぞれの使用目的に応じてその特性を高めた合金鋳鉄がある。これらは主として機械的性質の向上を目的とする低合金鋳鉄と，特殊用途を目的とした高合金鋳鉄とに大別される。これらの種類とその組成および特徴を一括して表2-43に示した。

2.5. 表面硬化法

鋼の表面だけを硬化させ，耐摩耗性，耐衝撃性，耐疲労性などを向上させる処理を表面硬化処理といい，分類すると，(1) 表面の化学組成（C，N，Bなど）を変える方法，(2) 母材の化学組成を変えないで表面だけ焼入れする表面焼入れ（高周波，炎など）法，(3) 表面にショットピーニングなどによって塑性ひずみを与える方法，(4) その他PVD法やCVD法などによって硬質皮膜で表面を被覆する方法，などがある。

2.5.1. 浸炭法　浸炭による表面硬化法は低炭素鋼または合金鋼を浸炭剤中でA_1点以上に加熱して，鋼の表面から炭素を浸入拡散させて表面層に高炭素部分をつくって浸炭を施した後，焼入れによって表面にマルテンサイトの硬化層を生じさせ，心部は低炭素鋼のままでじん性を保たせることができる。浸炭硬化法では適当な浸炭鋼を選択する。浸炭剤には固体・液体・気体の種類があり，液体による浸炭は一般に窒化も同時に行われるので浸炭窒化法という。

2章 鉄および鉄合金

表 2-43 各種合金鋳鉄の種類および性質(参考)

種類		C	Si	化 学 組 成 (%) Mn	Ni	Cr	その他	引張強さ N/mm²	かたさ HB	性 状
高力低合金鋳鉄	自動車鋳物	3.0~3.4	2.0~2.3	0.6~0.8	<1.5	0.3~0.5	Mo<0.5	240~300	200~220	Niは黒鉛化、チル防止、組織の微細化、切削性向上、Crはメンタイトの安定化、白鋳化、耐摩耗性の向上(1.0%以下)、Moは白鋳化するが、強さ片ちを向上(1.5%以下)
	工作機械鋳物	3.0~3.25	1.0~2.0	0.5~0.9	1~1.5	<0.6		250~350	200~250	
	耐摩耗鋳物	2.8~3.0	1.0~2.0	0.7~0.9	1~2.0	0.2~0.5	Mo0.5~1.0	340~400	250~300	
	クランク軸(米) 〃 (独) ビストンリング	1.35~1.60 2.70 3.56	0.85~1.10 1.95 2.85	0.6~0.8 0.7 0.69	— — 0.40	0.4~0.5 0.3 0.46	Cu1.5~2.0 Mo 0.45	700~800 540	270 245	Cuは湯流水と球状化作用、いずれもパーライト鋳鉄
耐摩耗性鋳鉄	ニ ハ ー ド	3.0~3.6	0.4~0.7	0.4~0.6	4.25~4.75	1.4~2.5		280~350 (350~420) 320~390 (420~530)	550~650 (600~725) 525~625 (575~725)	マルテンサイト地の白銑組織でかたくもろい。低Cのものは幾分かたさが劣る。(中は金型鋳造の場合)
	<2.9	0.5~1.0								
	X alloy	約 3.0	0.5~1.5	0.5~1.25	4.0		B1.0	210~320	800~950	組織は上と同じ、更にかたく脆い、内張(遠心鋳造)用
	アシキュラー鋳鉄	約 3.0	1.6~2.0	0.6~0.9	0.5~4.0	<0.3	Mo0.7~1.5 Cu<1.5	450~650	300	ベイナイト地に黒鉛が分布した組織、切削性もよい。
耐食耐熱性鋳鉄	ニレジスト (モネル)	約 3.0	1.25~2.0	1.0~1.5	12~15	2~3.5	Cu5~7	80~150	120~170	オーステナイト黒鉛組織、耐塩酸に耐える、耐硝酸不可、耐熱性もよい。Cuは食品用器には用いない。
	ニクロシラール	2.0	5~6	<1.0	18	2~5				オーステナイト黒鉛組織に耐熱性あり。特
	高クロム鋳鉄	1~2	0.8~1.2	0.5~1.0		25~30		300~360	250~350	硝酸に耐える、或、塩酸には不可、耐熱性もよい、非成長
	高 Si 鋳鉄	0.2~1.3	13~16							高鋳鉄ジュリコン、コロシ13Cと呼ばれている耐酸性がよい。
	ノマグ	2.5~3.5	2.0~2.5	5~6	9~10			導磁率 (μ) 1.03	比抵抗 mΩ/cm³ 150	オーステナイト黒鉛組織、非磁性鋳鉄。

(1) **浸炭操作** 浸炭部分は焼なまし,焼ならしたものを 0.1〜0.2 mm の研削しろを残して加工仕上げを行い,硬化を望まない部分には浸炭防止処理を施した後に,浸炭剤で包んで浸炭箱に納めて加熱浸炭する。次いで浸炭層の不必要な部分は削り去ってから焼入れ硬化し,最後に精密さを要するものは硬化層を研削仕上げする。

浸炭防止する部分には,粘土と水ガラスの混合物で塗装するか,銅めっきを施す。浸炭箱は鋼板か耐熱鋼板を溶接したもので,箱の形状は浸炭部分の形状に応じ,その外側に各 5〜7 cm の余地のある大きさがよい。常に一様な結果を得るためには部品の周囲に 20〜26 mm ほどの厚さに新しい浸炭剤を詰める。

(2) **浸炭材料** 木炭粉を主成分とした固形のものが最も多く用いられ,促進剤として $BaCO_3$ または Na_2CO_3 が混入される。

a. 固体浸炭剤

　木炭 70〜60 %,　　$BaCO_3$ 20〜30 %,　Na_2CO_3 10 %以下
　石灰窒素 80〜85 %,　　$BaCO_3$ 20〜15 %

b. 液体浸炭剤

青化カリ・青化ソーダ・フェロシアン化カリなどを炭酸カリ・炭酸ソーダ・塩化ソーダなどに混入し,鋼製のつぼで溶解する。次に配合の一例を示すが,処理にあたって NaCN や KCN は猛毒なので注意が必要である。青化ソーダは蒸発しやすく,酸化による劣化も激しいので,不揮発性の食塩を微量添加して蒸気圧を低下させると効果がある。この液体浸炭法では窒化も同時に進行するので浸炭窒化法と呼ばれ,優れた耐食性も示す。

　　NaCN 54 %,　　Na_2CO_3 44 %,　　残り NaCl など 2 %

(3) **浸炭時間と浸炭の深さとの関係**
浸炭は鋳物あるいは鋼製の箱に材料を入れて浸炭剤でおおい,外部から長時間加熱を行うが,浸炭の深さはおよそ図 2-35 のとおりである。

(4) **浸炭作業時間と温度** 一般に要求される浸炭の深さは 0.8〜1.5 mm 程度で,その所要時間は約 900°C で 4 時間加熱,炭素の含有量は 0.5〜0.9 % になる。普通鋼の場合は 850〜900°C,合金鋼の場合には深さに応じて時間を短縮する。

(5) **浸炭後の熱処理** 浸炭作業:そのままいったん徐冷してから一次焼入れによって心部の組織を微細化し,二次焼入れにより浸炭層を硬化して最後に焼戻しを行う。

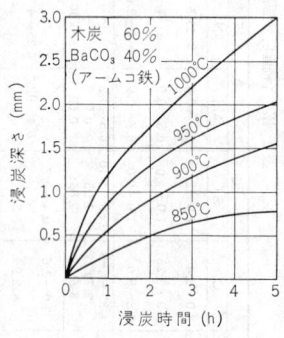

図 2-35　固体浸炭法による浸炭深さ

一次焼入れ:浸炭処理中,部品を 900〜1000°C の高温に長時間さらすために心部の組織が粗大化する。したがって,この部分の結晶粒を微細化するためには A_3 または A_{cm} 点以上 30°C 程度高めに加熱し,水または油焼入れする。ニッケル鋼,ニッケルクロム鋼は浸炭加熱によって粗大化しないから,一次焼入れを必ずしも必要としない。

二次焼入れ：表面の浸炭部を硬化するために，A_3〜A_1点以上に加熱して水または油焼入れを行っている。

焼戻し：浸炭部品で高い硬さを要するものは150〜200℃間の低温で，多くは油中で約1時間前後加熱焼戻しをする。後日ひずみの生じるおそれのあるものはサブゼロ処理を施した後，焼戻しをすればよい。

2.5.2. 窒化法

(1) **方法** 鋼を焼入れ焼戻し処理した後に表面に窒素を浸透させて硬化させる方法で，一般にはアンモニアガスを用いたガス窒化法が採られるが，前述の液体浸炭法でも窒化が促進される。また窒化処理後は焼入れの必要がなく，比較的低い温度で窒化できるのでひずみが生じにくい。

(2) **窒化操作** 十分窒化させるために，表面を研磨し，酸洗いしてさびや油を取り除く必要がある。窒化炉は，自動的に一定温度に保たれるような電気炉内に，耐熱鋼で作られた気密の窒化箱を設置したもので，この中に試片または部品を入れ，箱内をアンモニアガスで満たした後温度500〜550℃くらいでそのまま窒化層が一定の深さに達するまで約50〜100時間保持し，さらに冷却した後アンモニアの送入をやめる。一般にはアンモニアガスの量は70％程度とする。窒化層の深さは，表2-44に示すように処理時間によって異なる。なお，窒化を必要としない箇所では，すずの被覆を作っておき，窒化操作完了後取り除けばよい。

表2-44 標準窒化鋼における窒化層深さ

処理時間 h	10	20	50	80	100
窒化層深さ mm	0.15	0.30	0.50	0.65	0.70

2.6. 鋼の鑑別と検査

2.6.1. 化学成分の鑑別法
最も簡単で原子的な鑑別法は，火花鑑別法である。これは試料を乾式でグラインダーといしに一定の力で押しつけたときに生じる火花の形態，すなわち流線の色，形，長さおよび破裂花の形状，数，色彩などを観察して材質を検査する方法で，まさにエキスパートシステムのために個人差が現れるので，最近は蛍光X線分析，X線マイクロアナライザーなどの分析機器により定性・定量分析される。(JIS G 0566：80参照)

2.6.2. 金属組織の検査法
金属組織は表面を機械研磨または電解研磨により鏡面とした後，材料により所定の酸で腐食し，光学または走査型電子顕微鏡などで調べるのが普通である。電子顕微鏡などではとくに腐食をせずに観察が可能であるが，超微細組織や点欠陥・転位の観察には透過型電子顕微鏡などによらねばならない。鉄鋼の腐食液の例を参考として表2-45に示す。

2.6.3. 非破壊検査法
鉄鋼材料の表面あるいは内部の欠陥の有無を調べる際，製品を傷つけたりしないで健全性・信頼性を検査することを非破壊試験といい，以下の検査方法がある。

(a) 表面の欠陥を検査する場合

目視，光学顕微鏡，あるいは走査型電子顕微鏡などで直接観察するほかに，
1) 酸洗いによる方法，2) 砂吹き油浸法，3) 浸透探傷法，4) 渦電流探傷法，5) 電気抵抗法，6) 磁粉探傷法，など。

表 2-45 鉄鋼ミクロ腐食液例

名　称	組　成	条　件	用途と特長
硝酸アルコール溶液（ナイタル液）	エチルまたはメチルアルコール (95%) 100 ml 硝酸 (1.40) 1～10 ml	数秒～数分	純鉄，炭素鋼，合金鋼，ねずみ鉄などに最もよく使われる。偏析は異なった侵食を受ける。
塩酸アルコール溶液	エチルまたはメチルアルコール (95%) 100 ml 塩酸 (1.19) 20 ml（濃度可変）	5～30分 新しい液を使用。場合により過酸化水素 (30%) を添加。	立方品と正方品のマルテンサイトの識別，Niを含む Cr 鋼，耐熱鋼
ピクリン酸アルコール溶液（ピクラール液）	エチルアルコール (96%) 100 ml ピクリン酸 2～4 g（濃度可変） またはナイタル液とピクラール液を 1:1 に混合	数秒～数分	一般に鉄および熱処理された鋼，パーライト，マルテンサイト，ベイナイト。ナイタル液ほどコントラストは良くない。偏析も一様に腐食される。Fe$_3$C は淡黄に着色。
	メチルまたはエチルアルコール (96%) 100 ml 硝酸 (1.40) 0.2 ml ピクリン酸 0.3 g	数秒～数分	コントラストはピクラール液よりも良く，ナイタル液によるような不均一な侵食はしばしば避けられる。
	エチルまたはメチルアルコール (95%) 85 ml 塩酸 (1.19) 1～10 ml 硝酸 (1.40) 1～5 ml	数分以内	熱処理された工具鋼の粒境界 Cr 合金鋼
	エチルアルコール (99%) 80 ml 硝酸 (1.40) 10 ml 塩酸 (1.19) 10 ml ピクリン酸 1 g 場合により界面活性剤 (洗剤)	数秒～数分	マルテンサイト組織の粒境界
	蒸留水 75 ml 水酸化ナトリウム 25 g ピクリン酸 2 g	3～15分 50℃に加熱。	Cr 10% 以下の合金鋼ではセメンタイト (Fe$_3$C) は黒色，Cr がそれ以上になると着色しない。(Fe, Cr)$_7$C$_3$, (Fe, Cr)$_{23}$C$_6$, WC, VC は着色しない。
フライ液	蒸留水 30 ml エチルまたはメチルアルコール (95%) 25 ml 塩酸 (1.19) 40 ml 塩化銅(II) 5 g	数秒～数分 腐食前に 150～200℃ 加熱。	標準化された低炭素で窒素を含む鋼において，変形を受けていない領域に接している変形を受けた領域が区別される。鍛造試料の加工像

(b) 内部の欠陥を検査する場合

1) 超音波探傷法，2) X線による探傷法，3) AE（アコースティックエミッション）法，など。

3章　銅および銅合金

3.1. 純銅

3.1.1. 純銅の種類　銅は原鉱中に主に硫化銅（Cu_2S）の形で存在し、これから99.8％程度の転炉粗銅（乾式法）あるいは沈でん銅（湿式法）をつくる。これらを電解精錬によって99.96％以上に純度を高めたものが電気銅地金（電解銅）である。JISではその化学成分を表3-1のように規定している。これを再溶解して酸素精錬を行い、H、Sその他の不純物を取り除き、過剰の酸素をポーリングといって松丸太などを投入することにより除いて、酸素量を0.02〜0.04％くらいに調節したのが電気銅（タフピッチ銅）で、一般に広く用いられる。多少酸素を残したほうが不純物の固溶を妨げ電気伝導度をよくする。このほか用途によりさらにPなどで脱酸した脱酸銅、および還元性ガス中または真空溶解による無酸素銅などがつくられている。

表3-1　電気銅地金（JIS H 2121：01）

(単位%)

Cu	As	Sb	Bi	Pb	S	Fe
99.96以上	0.003以下	0.005以下	0.001以下	0.005以下	0.010以下	0.01以下

3.1.2. 物理的性質　表3-2に純銅の物理的性質を示した。純銅は電気伝導度が高いために電気工業関連に広く利用されるが、この特性は微量の不純物によって著しく阻害される。国際標準規格として焼なまし軟銅線に対し電気抵抗率（20℃）$1.69 \times 10^{-8} \Omega \cdot m$を採用しているが、これを導電率100として不純物の影響を見ると図3-1のようになる。

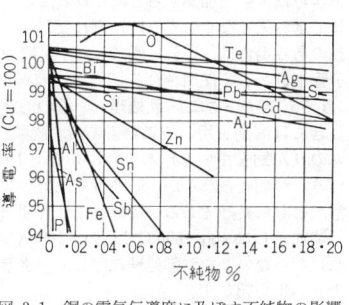

図3-1　銅の電気伝導度に及ぼす不純物の影響

3.1.3. 機械的性質　純銅は鋳造状態では表3-3に示すように非常に弱いが、常温加工度が大になると硬化す

表3-2　純銅の物理的性質（99.95％、20℃）

元素記号	Cu	比重	8.92	線膨張係数	17.0×10^{-6}/K
原子番号	29	融点	1357 K (1084℃)	熱伝導率	397 W/m·K
原子量	63.55	沸点	2855 K (2582℃)	電気抵抗率	$1.69 \times 10^{-8} \Omega \cdot m$
結晶格子	面心立方格子	溶融潜熱	13.3 kJ/mol	抵抗温度係数	0.0042
格子定数	$a = 0.3608$ nm	熱容量	24.5 J/K·mol		$\Omega \cdot m$/K

表 3-3 純銅の機械的性質 (99.95 %)

	引張強さ MPa	弾性限度 MPa	伸び %	絞り %	ヤング率 GPa
鋳 造 状 態	150～200	70	15～20	60	約 77
圧 延 状 態 (40%)	300	140	5	8	約110
圧延後焼なまし状態	210～240	40～60	40～60	40～70	約100

る。硬化した銅は 200～300°C で再結晶して軟化する。表 3-4 に一般に広く用いられる銅板の JIS を示した。また図 3-2 に高温度における機械的性質を示した。

3.1.4. 化学的性質 銅は常温付近の大気中では侵されないが、高温度においては酸化が著しく、赤色酸化銅 Cu_2O をつくって離脱する。しかし空気・水などにも相当の二酸化炭素が含まれているので、これと作用すると塩基性炭酸銅 $Cu_2(OH)_2CO_3$ すなわち緑青を生じる。酸、アルカリなどに対する耐食性はあまり良好ではない。一般に銅の腐食は酸素の含有によって著しく助長される。また水素を含むガス中で加熱すると、これと反応

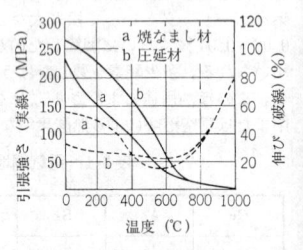

図 3-2 銅の高温強さ

して水蒸気となり粒界 (内) 割れなど水素ぜい化を起こすので、このような恐れのある場合は、十分に脱酸した不純物の少ない無酸素銅が化学工業および電子管用材として使用される。

3.1.5. 溶解・加工・熱処理 銅の溶解に際しては普通、木炭被覆を行うが、ときには溶剤を用いることもある。脱酸剤としては 0.01～0.05 % P (10～15 % のりん銅を用いる) あるいは 0.02～0.075 % Si (10～35 % のけい素銅を用いる) が加えられるが、脱酸後に残留しないことが望ましい。加工性は高温・常温ともに良好である。高温加工は普通 750～850°C で行われる。

焼なましは 400～600°C で行い、1000°C 近くの高温度に加熱することは避けねばならない。なお熱処理に際して、水素を多量に含むガス中で加熱すると水素ぜい化を起こす。

3.2. 銅－亜鉛 (Cu-Zn) 系合金

亜鉛は溶解時に蒸発損失を招いたり、化学分析時にも酸化亜鉛が蒸発するので、表 3-5 (JIS H 3100 : 00) では亜鉛の組成は残部として表現される。銅は亜鉛の添加とともに図 3-3 に示すように直線的に融点が低下し、同時に強度が増加するので伸銅品として大いに多く用いられる。常温で銅は 35 % まで亜鉛を固溶して単相の α 相となり、伸びは図 3-4 に示すように 30 % 亜鉛で最大になる。これは 7-3 黄銅とも呼ばれ展伸用に多用される。これ以上に Zn を添加すると α 相と β' 相の 2 相から成り、6-4 黄銅系に属する。β' 相は硬くてもろいが、

3章 銅および銅合金

表 3・4 銅板の種類と組成および機械的性質（JIS H 3100：00 抜粋）

名称	番号	純度 % Cu	P	質別	記号	引張試験 厚さ mm	引張強さ N/mm²	伸び %	曲げ試験 厚さ mm	曲げ角度	内側半径	硬さ試験 厚さ mm	ビッカース硬さ HV	特色及び用途例（参考）
無酸素銅	C1020	99.96 以上	—	O	C1020P-O	0.3以上30以下	195以上	35以上	2以下	180°	密着	—	—	電気、熱の伝導性、展延性、絞りの加工性に優れ、溶接性・耐食性・耐候性がよい。還元性雰囲気中で高温に加熱しても水素ぜい化を起こすおそれがない。電気用、化学工業用など。
				¼H	C1020P-¼H	0.3以上30以下	215~275	25以上	2以下	180°	厚さの0.5倍	0.3以上	55~100	
				½H	C1020P-½H	0.3以上20以下	245~315	15以上	2以下	180°	厚さの1倍	0.3以上	75~120	
				H	C1020P-H	0.3以上10以下	275以上	—	2以下	180°	厚さの1.5倍	0.3以上	80以上	
タフピッチ銅	C1100	99.90 以上	—	O	C1100P-O	0.5以上30以下	195以上	35以上	2以下	180°	密着	—	—	電気、熱の伝導性に優れ、展延性・絞りの加工性・耐食性・耐候性がよい。電気用、蒸留がま、建築用、化学工業用、ガスケット、器物など。
				¼H	C1100P-¼H	0.5以上30以下	215~275	25以上	2以下	180°	厚さの0.5倍	0.3以上	55~100	
				½H	C1100P-½H	0.5以上20以下	245~315	15以上	2以下	180°	厚さの1倍	0.3以上	75~120	
				H	C1100P-H	0.5以上10以下	275以上	—	2以下	180°	厚さの1.5倍	0.3以上	80以上	
りん脱酸銅	C1201	99.90 以上	0.004~0.015	O	C1201P-O C1220P-O C1221P-O	0.3以上30以下	195以上	35以上	2以下	180°	密着	—	—	展延性・絞りの加工性・溶接性・耐食性・熱の伝導性がよい。C1220は還元性雰囲気中で高温に加熱しても水素ぜい化を起こすおそれがない。C1201は、C1220及びC1221より電気の伝導性がよい。ふろがま、湯沸器、ガスケット、建築用、化学工業用など。
	C1220	99.90 以上	0.015~0.04	¼H	C1201P-¼H C1220P-¼H C1221P-¼H	0.3以上30以下	215~275	25以上	2以下	180°	厚さの0.5倍	0.3以上	55~100	
				½H	C1201P-½H C1220P-½H C1221P-½H	0.3以上20以下	245~315	15以上	2以下	180°	厚さの1倍	0.3以上	75~120	
	C1221	99.75 以上	0.004~0.04	H	C1201P-H C1220P-H C1221P-H	0.3以上10以下	275以上	—	2以下	180°	厚さの1.5倍	0.3以上	80以上	

備考 1. 形状は板P、条R、押出棒BE、引抜棒BD、線Wの区分を合金番号に続ける。
2. 質別記号、-O、-¼H、-½H、-Hなどを形状に続ける（例、C1100 P-O）。

表 3-5 銅-亜鉛系合金板の種類と化学成分 (JIS H 3100 : 00 抜粋)

名称	合金番号	化学成分 %						特色及び使用途例 (参考)
		Cu	Pb	Fe	Sn	Zn	Mn	P	その他	

名称	合金番号	Cu	Pb	Fe	Sn	Zn	Mn	P	その他	特色及び使用途例 (参考)
丹銅	C 2100 P	94.0~96.0	0.05以下	0.05以下	—	残部	—	—	—	色沢が美しく、展延性・絞り加工性・耐食性がよい。建築用、装身具、化粧品ケースなど。
	C 2200 P	89.0~91.0	0.05以下	0.05以下	—	残部	—	—	—	
	C 2300 P	84.0~86.0	0.05以下	0.05以下	—	残部	—	—	—	
	C 2400 P	78.5~81.5	0.05以下	0.05以下	—	残部	—	—	—	
	C 2600 P	68.5~71.5	0.05以下	0.05以下	—	残部	—	—	—	展延性・絞り加工性に優れ、めっき性がよい。自動車用ラジエータなど
	C 2680 P	64.0~68.0	0.05以下	0.05以下	—	残部	—	—	—	展延性・絞り加工性・めっき性がよい。スナップボタン、カメラ、まほうびんなどの深絞り用、自動車用ラジエータ、配線器具など。
黄銅	C 2720 P	62.0~64.0	0.07以下	0.07以下	—	残部	—	—	—	展延性・絞り加工性がよい。浅絞り用など。
	C 2801 P	59.0~62.0	0.10以下	0.07以下	—	残部	—	—	—	強度が高く、展延性もあり、打ち抜いたまま又は折り曲げて使用する配線器具部品、ネームプレート、計器板など。
	C 3560 P	61.0~64.0	2.0~3.0	0.10以下	—	残部	—	—	—	特に被削性に優れ、打抜性もよい。時計部品、歯車、製楽用スリシーンなど。
	C 3561 P	57.0~61.0	2.0~3.0	0.10以下	—	残部	—	—	—	
	C 3710 P	58.0~62.0	0.6~1.2	0.10以下	—	残部	—	—	—	特に打抜性に優れ、被削性もよい。時計部品、歯車など。
	C 3713 P	58.0~62.0	1.0~2.0	0.10以下	—	残部	—	—	—	
すず入り黄銅	C 4250 P	87.0~90.0	0.05以下	0.05以下	1.5~3.0	残部	—	0.35以下	—	耐応力腐食性がよい。ばね性がよい。副爾耗低、各種注油部品など、スイッチ、リレー、各種注油部品など。
アドミラルティ黄銅	C 4430 P	70.0~73.0	0.05以下	0.05以下	0.9~1.2	残部	—	—	As0.02~0.06	耐食性、特に耐海水性がよい。復物は熱交換器用管板、熱交換器、ガス配管用溶接管など。
ネーバル黄銅	C 4621 P	61.0~64.0	0.20以下	0.10以下	0.7~1.5	残部	—	—	—	耐食性、特に耐海水性がよい。復物は熱交換器用管板、船舶海水取入口管など(C 4621はユロイド船級用、NK船級用、C 4640はAB船級用)。
	C 4640 P	59.0~62.0	0.20以下	0.10以下	0.50~1.0	残部	—	—	—	
楽器弁用黄銅	C 6711 P	61.0~65.0	0.10~1.0	—	0.7~1.5	残部	0.05~1.0	—	Fe+Al+Si 1.0以下	打抜性、耐疲労性がよい。ハーモニカ、オルガン、アコーディオンの弁など。
	C 6712 P	58.0~62.0	0.10~1.0	—	—	残部	0.05~1.0	—	Fe+Al+Si 1.0以下	

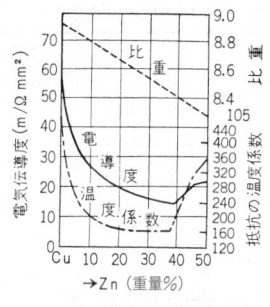

図 3-3 黄銅の物理的性質

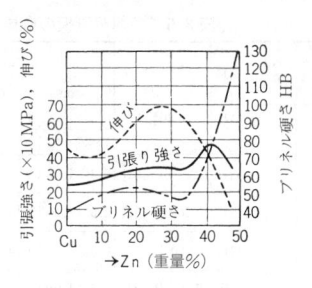

図 3-4 黄銅の機械的性質

450～470℃の高温域では軟らかい β 相となり加工も容易になる。表 3-5 に銅一亜鉛系合金板の種類と化学成分を示した。

3.2.1. 加工用銅合金

(1) 丹銅(4～20% Zn)　Tombac ともいい，JIS H 3100：00 の C 2100～C 2400 が相当し，色沢が美しく主に模造金として装飾用に用いられ，亜鉛含有量の高いものはとくに延性に富むために，代用金箔その他深絞り加工用・建築・装身具などに用いられる。機械的性質は純銅と大差ないため，構造用にはあまり用いられない。

(2) 7-3 黄銅 (25～35 % Zn) 板材の圧延および圧延後十分焼なました標準状態の機械的性質は表 3-6 に，高温強さは図 3-5 に示す。図に見るように，伸び率は常温で最大である。したがって常温加工によって複雑な形状のものを作るのに適する。加工によって延性を大きく減少させずに比較的大きな強度と硬さが得られるが，そのためには不純物の少ない良質材を用いる必要がある。図 3-6 は加工度による機械的性質の変化を示す。

(3) 6-4 黄銅（35～45 % Zn）機械的性質は同じく表 3-6，図 3-5，図 3-6 に示す。冷間加工性は

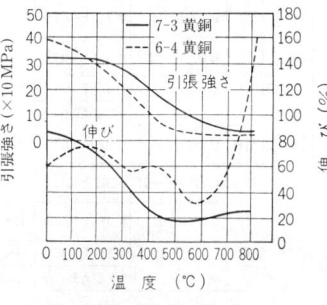

図 3-5 黄銅の高温強さ

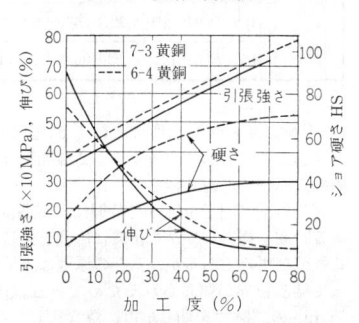

図 3-6 黄銅の常温加工の影響

表 3-6 各種黄銅板の機械的性質 (JIS H 3100：00 抜粋)

名称	合金番号	質別	記号	引張試験 厚さ mm	引張強さ N/mm²	伸び %	曲げ試験 厚さ mm	曲げ角度	内側半径	硬さ試験 厚さ mm	ビッカース硬さHV
黄	C 2600	O	C2600P-O	0.3以上 1以下	275以上	40以上	2以下	180°	密着	—	—
				1を超え30以下	275以上	50以上					
		¼H	C2600P-¼H	0.3以上30以下	325～410	35以上	2以下	180°	厚さの0.5倍	0.3以上	75～125
		½H	C2600P-½H	0.3以上20以下	355～440	28以上	2以下	180°	厚さの1倍	0.3以上	85～145
		H	C2600P-H	0.3以上10以下	410～540	—	2以下	180°	厚さの1.5倍	0.3以上	105～175
		EH	C2600P-EH	0.3以上10以下	520以上	—				0.3以上	145以上
	C 2680	O	C2680P-O	0.3以上 1以下	275以上	40以上	2以下	180°	密着	—	—
				1を超え30以下	275以上	50以上					
		¼H	C2680P-¼H	0.3以上30以下	325～410	35以上	2以下	180°	厚さの0.5倍	0.3以上	75～125
		½H	C2680P-½H	0.3以上20以下	355～440	28以上	2以下	180°	厚さの1倍	0.3以上	85～145
		H	C2680P-H	0.3以上10以下	410～540	—	2以下	180°	厚さの1.5倍	0.3以上	105～175
		EH	C2680P-EH	0.3以上10以下	520以上	—				0.3以上	145以上
	C 2720	O	C2720P-O	0.3以上 1以下	275以上	40以上	2以下	180°	密着	—	—
				1を超え30以下	275以上	50以上					
		¼H	C2720P-¼H	0.3以上30以下	325～410	35以上	2以下	180°	厚さの0.5倍	0.3以上	75～125
		½H	C2720P-½H	0.3以上20以下	355～440	28以上	2以下	180°	厚さの1倍	0.3以上	85～145
		H	C2720P-H		410以上	—	2以下	180°	厚さの1.5倍	0.3以上	105以上
銅	C 2801	O	C2801P-O	0.3以上 1以下	325以上	35以上	2以下	180°	厚さの1倍	—	—
				1を超え30以下	325以上	40以上					
		¼H	C2801P-¼H	0.3以上30以下	345～440	25以上	2以下	180°	厚さの1.5倍	0.3以上	85～145
		½H	C2801P-½H	0.3以上20以下	410～490	15以上	2以下	180°	厚さの1.5倍	0.3以上	105～160
		H	C2801P-H	0.3以上10以下	470以上	—	2以下	90°	厚さの1倍	0.3以上	130以上

7-3黄銅に劣るが高温度において β' 相は β 相となり，またその量が増すので高温加工性が著しく良くなる。高温加工は 700～750℃ で行われる。市販の板・棒の大部分を占めている。

著しい常温加工を行った黄銅は，時期割れ (season cracking) といって，ある時期を経過してから自然に亀裂を生じることがある。その主因は加工による残留ひずみであるが，直接の原因は大気中のアンモニアおよびその塩類によって結晶粒界が腐食されるためである。JIS では水銀試験として「棒より長さ75 mm の試験片を切り取り，焼なまししないままで第一硝酸水銀水溶液中に15 分間浸しても，その表面にさけきずを生じてはならない」と規定している。

表 3-7 特殊黄銅板の機械的性質 (JIS H 3100：00 抜粋)

名称	合金番号	質別	記号	引張試験 厚さ mm	引張強さ N/mm²	伸び %	曲げ試験 厚さ mm	曲げ角度	内側半径	硬さ試験 厚さ mm	ビッカース硬さ HV
快削黄銅	C 3560	¼H	C 3560P-¼H	0.3以上10以下	345～430	15以上	—	—	—	—	—
		½H	C 3560P-½H	0.3以上10以下	375～460	10以上	—	—	—	—	—
		H	C 3560P-H	0.3以上10以下	420以上	—	—	—	—	—	—
	C 3561	¼H	C 3561P-¼H	0.3以上10以下	375～460	15以上	—	—	—	—	—
		½H	C 3561P-½H	0.3以上10以下	420～510	8以上	—	—	—	—	—
		H	C 3561P-H	0.3以上10以下	470以上	—	—	—	—	—	—
	C 3710	¼H	C 3710P-¼H	0.3以上10以下	375～460	20以上	—	—	—	—	—
		½H	C 3710P-½H	0.3以上10以下	420～510	18以上	—	—	—	—	—
		H	C 3710P-H	0.3以上10以下	470以上	—	—	—	—	—	—
	C 3713	¼H	C 3713P-¼H	0.3以上10以下	375～460	18以上	—	—	—	—	—
		½H	C 3713P-½H	0.3以上10以下	420～510	10以上	—	—	—	—	—
		H	C 3713P-H	0.3以上10以下	470以上	—	—	—	—	—	—
すず入り黄銅	C 4250	O	C 4250P-O	03以上30以下	295以上	35以上	1.6以下	180°	厚さの1倍	—	—
		¼H	C 4250P-¼H	0.3以上30以下	335～420	25以上	1.6以下	180°	厚さの1.5倍	0.3以上	80～140
		½H	C 4250P-½H	0.3以上20以下	390～480	15以上	1.6以下	180°	厚さの2倍	0.3以上	110～170
		¾H	C 4250P-¾H	0.3以上20以下	420～510	5以上	1.6以下	180°	厚さの2.5倍	0.3以上	120～180
		H	C 4250P-H	0.3以上10以下	480～570	—	1.6以下	180°	厚さの3倍	0.3以上	140～200
		EH	C 4250P-EH	0.3以上10以下	520以上	—	—	—	—	0.3以上	150以上
AB	C 4430	F	C 4430P-F	30以下	315以上	35以上	—	—	—	—	—
		O	C 4430R-O	0.3以上 3以下			—	—	—	—	—
ネーバル黄銅	C 4621	F	C 4621P-F	0.8以上20以下	375以上	20以上	—	—	—	—	—
				20を超え40以下	345以上	25以上	—	—	—	—	—
				40を超え125以下	315以上	25以上	—	—	—	—	—
	C 4640	F	C 4640P-F	0.8以上20以下	375以上	20以上	—	—	—	—	—
				20を超え40以下	345以上	25以上	—	—	—	—	—
				40を超え125以下	315以上	25以上	—	—	—	—	—

* AB：アドミラルティ黄銅

時期割れを防ぐには，7-3 黄銅ならば 200～230℃，6-4 黄銅ならば 180～200℃に加熱して，再結晶の起こらない程度で内部ひずみを除去する．また塗装やクロムめっきを行い，粒界腐食を防止することも有効である．

また黄銅は大気中での耐食性は良いが，海水中では Zn のみが良く溶解して脱亜鉛作用を起こす．これには Sn を 1％程度添加すると著しく改善される．

3.2.2. 特殊黄銅　　Zn 以外の各種元素を添加して，黄銅の強さ，耐食性その他の性質を改善したものに各種の特殊黄銅がある．表 3-7 にその機械的性質を示す．

表 3-8 銅および銅合金鋳物 (JIS H 5120：97)

種類	記号 (旧記号)	合金系	鋳造法の区分	参考 合金の特色	参考 用途例
銅鋳物1種	CAC101 (CuC1)	Cu系	砂型鋳造 金型鋳造 遠心鋳造 精密鋳造	鋳造性がよい。導電性，熱伝導性および機械的性質がよい。	羽口，大羽口，冷却板，熱風弁，電極ホルダー，一般機械部品など。
銅鋳物2種	CAC102 (CuC2)	Cu系		CAC 101より導電性及び熱伝導性がよい。	羽口，電気用ターミナル，分岐スリーブ，コンタクト，導体，一般電気部品など。
銅鋳物3種	CAC103 (CuC3)	Cu系		銅鋳物の中では導電性および熱伝導性が最もよい。	熱炉用ランスノズル，電気用ターミナル，分岐スリーブ，通電サポート，導体，一般電気部品など。
黄銅鋳物1種	CAC201 (YBsC1)	Cu-Zn系		ろう付けしやすい。	フランジ類，電気部品，装飾用品など。
黄銅鋳物2種	CAC202 (YBsC2)	Cu-Zn系		黄銅鋳物の中で比較的鋳造が容易である。	電気部品，計器部品，一般機械部品など。
黄銅鋳物3種	CAC203 (YBsC3)	Cu-Zn系		CAC 202よりも機械的性質がよい。	給排水金具，電気部品，建築用金具，一般機械部品，日用品・雑貨品など。
高力黄銅鋳物1種	CAC301 (HBsC1)	Cu-Zn-Mn -Fe-Al系		強さ，硬さが高く，耐食性，じん性がよい。	船用プロペラ，プロペラボンネット，軸受，弁座，弁棒，軸受保持器，レバー，アーム，ギヤ，船舶用ぎ装品など。
高力黄銅鋳物2種	CAC302 (HBsC2)	Cu-Zn-Mn -Fe-Al系	砂型鋳造 金型鋳造 遠心鋳造 精密鋳造	強さが高く，耐摩耗性がよい。硬さはCAC 301より高く，剛性がある。	船用プロペラ，軸受，軸受保持器，スリッパー，エンドプレート，弁座，弁棒，特殊シリンダ，一般機械部品など。
高力黄銅鋳物3種	CAC303 (HBsC3)	Cu-Zn-Al -Mn-Fe系		とくに強さ，硬さが高く，高荷重の場合にも耐摩耗性がよい。	低速高荷重のしゅう(摺)動部品，大形バルブ，ステム，ブシュ，ウォームギヤ，スリッパー，カム，水圧シリンダ部品など。
高力黄銅鋳物4種	CAC304 (HBsC4)	Cu-Zn-Al -Mn-Fe系		高力黄銅鋳物の中で特に強さ，硬さが高く，高荷重の場合にも耐摩耗性がよい。	低速高荷重のしゅう(摺)動部品，橋りょう(梁)用支承板，軸受，ブシュ，ナット，ウォームギヤ，耐摩耗板など。
青銅鋳物1種	CAC401 (BC1)	Cu-Zn-Pb -Sn系		湯流れ，被削性がよい。	軸受，銘板，一般機械部品など。
青銅鋳物2種	CAC402 (BC2)	Cu-Sn -Zn系		耐圧性，耐摩耗性，耐食性がよく，かつ，機械的性質もよい。	軸受，スリーブ，ブシュ，ポンプ胴体，羽根車，バルブ，歯車，船用丸窓，電動機器部品など。

表 3-8 (つづき)

種類	記号(旧記号)	合金系	鋳造法の区分	合金の特色	用途例
青銅鋳物3種	CAC403 (BC3)	Cu-Sn-Zn系	砂型鋳造 金型鋳造 遠心鋳造 精密鋳造	耐圧性、耐摩耗性、機械的性質がよく、かつ、耐食性がCAC 402よりもよい。	軸受、スリーブ、ブシュ、ポンプ胴体、羽根車、バルブ、歯車、船用丸窓、電動機器部品、一般機械部品など。
青銅鋳物6種	CAC406 (BC6)	Cu-Sn-Zn-Pb系		耐圧性、耐摩耗性、被削性、鋳造性がよい。	バルブ、ポンプ胴体、羽根車、給水栓、軸受、スリーブ、ブシュ、一般機械部品、景観鋳物、美術鋳物など。
青銅鋳物7種	CAC407 (BC7)	Cu-Sn-Zn-Pb系		機械的性質がCAC 406よりよい。	軸受、小形ポンプ部品、バルブ、燃料ポンプ、一般機械部品など。
りん青銅鋳物2種A	CAC502A (PBC2)	Cu-Sn-P系		耐食性、耐摩耗性がよい。	歯車、ウォームギヤ、軸受、ブシュ、スリーブ、羽根車、一般機械部品など。
りん青銅鋳物2種B	CAC502B (PBC2B)	Cu-Sn-P系	金型鋳造 遠心鋳造		
りん青銅鋳物3種A	CAC503A	Cu-Sn-P系	砂型鋳造 遠心鋳造 精密鋳造	硬さが高く、耐摩耗性がよい。	しゅう(摺)動部品、油圧シリンダ、スリーブ、歯車、製紙用各種ロールなど。
りん青銅鋳物3種B	CAC503B (PBC3B)	Cu-Sn-P系	金型鋳造 遠心鋳造		
鉛青銅鋳物2種	CAC602 (LBC2)	Cu-Sn-Pb系	砂型鋳造 金型鋳造 遠心鋳造 精密鋳造	耐圧性、耐摩耗性がよい。	中高速・高荷重用軸受、シリンダ、バルブなど。
鉛青銅鋳物3種	CAC603 (LBC3)	Cu-Sn-Pb系		面圧の高い軸受に適し、なじみ性がよい。	中高速・高荷重用軸受、大形エンジン用軸受など。
鉛青銅鋳物4種	CAC604 (LBC4)	Cu-Sn-Pb系		CAC 603よりなじみ性がよい。	中高速・中荷重用軸受、車両用軸受、ホワイトメタルの裏金など。
鉛青銅鋳物5種	CAC605 (LBC5)	Cu-Sn-Pb系	砂型鋳造 金型鋳造 遠心鋳造 精密鋳造	鉛青銅鋳物の中でなじみ性、耐焼付性がとくによい。	中高速・低荷重用軸受、エンジン用軸受など。
アルミニウム青銅鋳物1種	CAC701 (AlBC1)	Cu-Al-Fe系		強さ、じん性が高く、曲げにも強い。耐食性、耐熱性、耐摩耗性、低温特性がよい。	耐酸ポンプ、軸受、ブシュ、歯車、バルブシート、プランジャ、製紙用ロールなど。
アルミニウム青銅鋳物2種	CAC702 (AlBC2)	Cu-Al-Fe-Ni-Mn系		強さが高く、耐食性、耐摩耗性がよい。	船用小形プロペラ、軸受、歯車、ブシュ、バルブシート、羽根車、ボルト、ナット、安全工具、ステンレス鋼用軸受など。

表 3-8 (つづき)

種類	記号(旧記号)	合金系	鋳造法の区分	合金の特色	用途例
アルミニウム青銅鋳物3種	CAC703 (AlBC3)	Cu-Al-Fe-Ni-Mn系	砂型鋳造金型鋳造遠心鋳造精密鋳造	大形鋳物に適し、強さがとくに高く、耐食性、耐摩耗性がよい。	船用プロペラ、羽根車、バルブ、歯車、ポンプ部品、化学工業用機器部品、ステンレス鋼用軸受、食品加工用機械部品など。
アルミニウム青銅鋳物4種	CAC704 (AlBC4)	Cu-Al-Mn-Fe-Ni系		単純形状の大形鋳物に適し、強さがとくに高く、耐食性、耐摩耗性がよい。	船用プロペラ、スリーブ、歯車、化学用機械部品など。
シルジン青銅鋳物1種	CAC801 (SzBC1)	Cu-Si-Zn系		湯流れがよい。強さが高く、耐食性がよい。	船舶用ぎ装品、軸受、歯車など。
シルジン青銅鋳物2種	CAC802 (SzBC2)	Cu-Si-Zn系		CAC 801より強さが高い。	船舶用ぎ装品、軸受、歯車、ボート用プロペラなど。
シルジン青銅鋳物3種	CAC803 (SzBC3)	Cu-Si-Zn系		湯流れがよい。焼きなましい性が少ない。強さが高く、耐食性がよい。	船舶用ぎ装品、水力機械部品など。

(1) 鉛入黄銅　Pb はほとんど素地に固溶せず，微細粒子として分散しているので，切削時に潤滑材とチップブレーカの役割をして，切削性を良好にし，仕上面を美しく，精度を高め，ばりを無くす。一方，0.4％以上になると粒界に析出して熱間加工性を低下させる。しかし近年 Pb の有毒性からほとんど製造されなくなっている。

(2) すず入黄銅　黄銅にすず Sn 1％を加えると強さを増し，とくに耐海水性に富むためにプロペラ軸など船舶用に広く用いられる。6-4 黄銅を母体にしているのがネーバル黄銅であり，7-3 黄銅に Sn を添加したものはとくにアドミラリティ黄銅とも呼ばれている。

3.2.3. 銅－亜鉛（Cu－Zn）系合金鋳造　銅および銅合金鋳物は，表 3-8 (JIS H 5120：97) に示すように各種合金系が統合規格化され，砂型，金型，遠心，精密鋳造などによって製造される。表 3-9 には化学成分，表 3-10 には機械的性質を示す。

(1) 黄銅鋳物　黄銅は一般に鋳造性が良好なのでどの鋳造方法も適用でき，安価な鋳物として用途が広い。CAC 201 は丹銅鋳物で赤色を示し，他は黄色味を帯びている。表 3-9 で Pb は可鋳性を，Sn は強さや耐食性，とくに耐海水性を高める目的で添加している。

(2) 高力黄銅鋳物　$\alpha+\beta$ 型黄銅に表 3-9 に示すように Mn, Fe, Al, Sn, Ni などを添加してとくに鋳物だけ（板材などは無い）に開発された，高力耐摩耗性をもち，耐食性の良い合金である。

表3-9 銅および銅合金鋳物の化学成分
（JIS H 5120：97 抜粋）

(単位%)

名称	記号	記号(旧記号)	主要成分					
			Cu	Sn	Pb	Zn	Fe	Ni	P
銅	CAC101(CuC1)	99.5以上	—	—	—	—	—	—
	CAC103(CuC3)	99.9以上	—	—	—	—	—	—
黄銅	CAC201(YBsC1)	83.0~88.0	—	—	11.0~17.0	—	—	—
	CAC202(YBsC2)	65.0~70.0	—	0.5~3.0	24.0~34.0	—	—	—
	CAC203(YBsC3)	58.0~64.0	—	0.5~3.0	30.0~41.0	—	—	—
高力黄銅	CAC301(HBsC1)	55.0~60.0	—	—	33.0~42.0	0.5~1.5	—	—
	CAC304(HBsC4)	60.0~65.0	—	—	22.0~28.0	2.0~4.0	—	—
青銅	CAC401(BC1)	79.0~83.0	2.0~4.0	3.0~7.0	8.0~12.0	—	—	—
	CAC402(BC2)	86.0~90.0	7.0~9.0	—	3.0~5.0	—	—	—
	CAC406(BC6)	83.0~87.0	4.0~6.0	4.0~6.0	4.0~6.0	—	—	—
りん青銅	CAC502A(PBC2)	87.0~91.0	9.0~12.0	—	—	—	—	0.05~0.20
	CAC503B(PBC3B)	84.0~88.0	12.0~15.0	—	—	—	—	0.15~0.50
鉛青銅	CAC602(LBC2)	82.0~86.0	9.0~11.0	4.0~6.0	—	—	—	—
	CAC605(LBC5)	70.0~76.0	6.0~8.0	16.0~22.0	—	—	—	—
アルミニウム青銅	CAC701(AlBC1)	85.0~90.0	—	—	—	1.0~3.0	0.1~1.0	—
	CAC703(AlBC3)	78.0~85.0	—	—	—	3.0~6.0	3.0~6.0	—
シルジン青銅	CAC801(SzBC1)	84.0~88.0	—	—	9.0~11.0	—	—	—
	CAC803(SzBC3)	80.0~84.0	—	—	13.0~15.0	—	—	—

名称	記号	主要成分			残余成分								
	記号(旧記号)	Al	Mn	Si	Sn	Pb	Zn	Fe	Sb	Ni	P	Al	Mn	Si
銅	CAC101(CuC1)	—	—	—	0.4	—	—	—	—	—	0.07	—	—
	CAC103(CuC3)	—	—	—	—	—	—	—	—	—	0.04	—	—
黄銅	CAC201(YBsCa)	—	—	—	0.1	0.5	—	0.2	—	0.2	—	0.2	—
	CAC202(YBsC2)	—	—	—	1.0	—	—	0.8	—	1.0	—	0.5	—
	CAC203(YBsC3)	—	—	—	1.0	—	—	0.8	—	1.0	—	0.5	—
高力黄銅	CAC301(HBsC1)	0.5~1.5	0.1~1.5	—	1.0	0.4	—	—	—	1.0	—	—	0.1
	CAC304(HBsC4)	5.0~7.5	2.5~5.0	—	0.2	0.2	—	—	—	0.5	—	—	0.1
青銅	CAC401(BC1)	—	—	—	—	—	—	0.35	0.2	1.0	0.05	0.01	0.01
	CAC402(BC2)	—	—	—	—	1.0	—	0.2	0.2	1.0	0.05	0.01	0.01
	CAC406(BC6)	—	—	—	—	—	—	0.3	0.2	1.0	0.05	0.01	0.01
りん青銅	CAC502A(PBC2)	—	—	—	—	0.3	0.3	0.2	0.05	1.0	—	0.01	0.01
	CAC503B(PBC3B)	—	—	—	—	0.3	0.3	0.2	0.05	1.0	—	0.01	0.01
鉛青銅	CAC602(LBC2)	—	—	—	—	—	1.0	0.3	0.3	1.0	0.1	0.01	0.01
	CAC605(LBC5)	—	—	—	—	—	1.0	0.3	0.5	1.0	0.1	0.01	0.01
アルミニウム青銅	CAC701(AlBC1)	8.0~10.0	0.1~1.0	—	0.1	0.1	0.5	—	—	—	—	—	—
	CAC703(AlBC3)	8.5~10.5	0.1~1.5	—	0.1	0.1	0.5	—	—	—	—	—	—
シルジン青銅	CAC801(SzBC1)	—	—	3.5~4.5	—	0.1	—	—	—	—	—	0.5	—
	CAC803(SzBC3)	—	—	3.2~4.2	—	0.2	—	0.3	—	—	—	0.3	0.2

(3) シルジン青銅 丹銅程度のものにSiを3.2~5.0％添加したもので可鋳性が良く，強じんで耐食性・耐海水性が強く，船舶用部品，鉄道その他一般水力機械部品の鋳物として広く用いられる。鋳引けが少なく鋳造性は良好であるが，500℃前後で焼なましぜい性を示す欠点がある。

表 3-10 銅および銅合金鋳物の機械的・電気的性質
(JIS H 5120：97 抜粋)

名称	記号（旧記号）	導電率試験 導電率 % IACS	引張試験 引張強さ N/mm²	引張試験 伸び %	硬さ試験 ブリネル硬さ HB	引張試験（参考）0.2%耐力 N/mm²
銅	CAC101(CuC1)	50以上	175以上	35以上	35以上(10/ 500)	—
銅	CAC103(CuC3)	80以上	135以上	40以上	30以上(10/ 500)	—
黄銅	CAC201(YBsC1)	—	145以上	25以上		
黄銅	CAC202(YBsC2)	—	195以上	20以上		
黄銅	CAC203(YBsC3)	—	245以上	20以上		
高力黄銅	CAC301(HBsC1)		430以上	20以上	90以上(10/1000)	140以上
高力黄銅	CAC304(HBsC4)		755以上	12以上	200以上(10/3000)	410以上
青銅	CAC401(BC1)		165以上	15以上		
青銅	CAC402(BC2)		245以上	20以上		
青銅	CAC406(BC6)		195以上	15以上		
りん青銅	CAC502A(PBC2)		195以上	5以上	60以上(10/1000)	120以上
りん青銅	CAC503B(PBC3B)		265以上	3以上	90以上(10/1000)	145以上
鉛青銅	CAC602(LBC2)		195以上	10以上	65以上(10/ 500)	100以上
鉛青銅	CAC605(LBC5)		145以上	5以上	45以上(10/ 500)	60以上
アルミニウム青銅	CAC701(AlBC1)		440以上	25以上	80以上(10/1000)	—
アルミニウム青銅	CAC703(AlBC3)		590以上	15以上	150以上(10/3000)	245以上
シリジン青銅	CAC801(SzBC1)		345以上	25以上		
シリジン青銅	CAC803(SzBC3)		390以上	20以上		

3.3. 銅―すず (Cu-Sn) 系合金

普通の冷却状態では銅は常温で約14%のすず(Sn)を固溶できるが、一般にこの範囲の銅とすず、またはすずの一部を他金属で置換した合金を青銅(bronze)と呼んでいる。各種の青銅が表 3-8 に示されている。黄銅に比較して可鋳性、耐食性は良いが、伸びが小さいので主に鋳造用合金として用いられる。図 3-7 は鋳造のままおよびそれを十分焼なました青銅の機械的性質を示したもので、Sn 6～10％の範囲のものが広く用いられ、低温加工によって強さを増すこともできる。

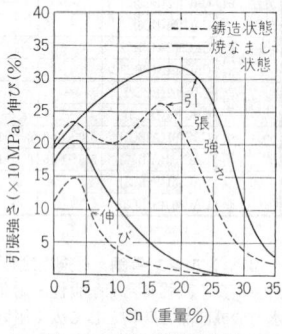

図 3-7 青銅の機械的性質

表 3-11 ばね用銅合金板および条 (JIS H 3130：00)

(1) 種類および記号

種類		記号	参考	
合金番号	形状		名称	特色および用途例
C 1700	板	C 1700 P	ばね用ベリリウム銅	耐食性がよく, 時効硬化処理前は展延性に富み, 時効硬化処理後は耐疲労性, 導電性が増加する. ミルハードン材を除き, 時効硬化処理は成形加工後に行う. 高性能ばね, 継電器用ばね, 電器機器用ばね, マイクロスイッチ, タイヤフラム, ベロー, ヒューズクリップ, コネクタ, ソケットなど.
	条	C 1700 R		
C 1720	板	C 1720 P		
	条	C 1720 R		
C 1990	板	C 1990 P	ばね用チタン銅	時効硬化型銅合金のミルハードン材で, 展延性・耐食性・耐摩耗性, 耐疲労特性がよく, とくに応力緩和特性・耐熱性に優れた高性能ばね材である. 電子・通信・情報・電機・計測器などのスイッチ, コネクタ, ジャック, リレーなど.
	条	C 1990 R		
C 5210	板	C 5210 P	ばね用りん青銅	展延性・耐疲労性・耐食性がよい. とくに低温焼なましを施してあるので, 高性能ばね材に適する. 質別 SH はほとんど曲げ加工を施さない板ばねに用いる. 電子・通信・情報・電気・計測機器内のスイッチ, コネクタ, リレーなど.
	条	C 5210 R		
C 7701	板	C 7701 P	ばね用洋白	光沢が美しく, 展延性・耐疲労性・耐食性がよい. とくに低温焼なましを施してあるので高性能ばね材に適する. 質別 SH はほとんど曲げ加工を施さない板ばねに用いる. 電子・通信・情報・電気・計測機器用のスイッチ, コネクタ, リレーなど.
	条	C 7701 R		

(2) 化学成分 (単位%)

合金番号	Cu	Pb	Fe	Sn	Zn	Be	Mn	Ni(2)	Ni+Co	Ni+Co+Fe	P	Ti	Cu+Sn+P	Cu+Be+Ni+Co+Fe	Cu+Ti
C1700	—	—	—	—	—	1.60~1.79	—	—	0.20以上	0.6以下	—	—	—	99.5以上	—
C1720	—	—	—	—	—	1.80~2.00	—	—	0.20以上	0.6以下	—	—	—	99.5以上	—
C1990	—	—	—	—	—	—	—	—	—	—	—	2.9~3.5	—	—	99.5以上
C5210	—	0.05以下	0.10以下	7.0~9.0	0.20以下	—	—	—	—	—	0.03~0.35	—	99.7以上	—	—
C7701	54.0~58.0	0.10以下	0.25以下	—	残部	—	0~0.50	16.5~19.5	—	—	—	—	—	—	—

注(2) C 7701 中の Co は, Ni として取り扱う.

表 3-11 (つづき)　(3) ばね用ベリリウム銅の素材と時効硬化処理後の機械的性質

<table>
<tr><th rowspan="3">合金番号</th><th rowspan="3">質別</th><th rowspan="3">記号</th><th colspan="7">素　材</th><th colspan="4">時効硬化処理後</th></tr>
<tr><th colspan="3">引張試験</th><th colspan="3">曲げ試験</th><th colspan="3">引張試験</th><th colspan="2">ばね限界値</th><th colspan="2">硬さ試験</th></tr>
<tr><th>厚さ mm</th><th>引張強さ N/mm²</th><th>伸び %</th><th>厚さ mm</th><th>曲げ角度</th><th>内側半径</th><th>厚さ mm</th><th>引張強さ N/mm²</th><th>伸び %</th><th>厚さ mm</th><th>ばね限界値 ($Kb_{0.075}$) N/mm²</th><th>厚さ mm</th><th>ビッカース硬さ HV</th></tr>
<tr><td rowspan="8">C1700</td><td>O</td><td>C1700 P-O
C1700 R-O</td><td>0.16 以上</td><td>410~540</td><td>35 以上</td><td>1.6 以下</td><td>180°</td><td>密着</td><td>0.16 以上</td><td>1030 以上</td><td>3 以上</td><td>0.2 以上
1.6 以下</td><td>685 以上</td><td>0.16 以上
1.6 以下</td><td>310~370</td></tr>
<tr><td>1/4H</td><td>C1700 P-1/4H
C1700 R-1/4H</td><td>0.16 以上</td><td>510~620</td><td>10 以上</td><td>1.6 以下</td><td>180°</td><td>厚さの1倍</td><td>0.16 以上</td><td>1100 以上</td><td>2 以上</td><td>0.2 以上
1.6 以下</td><td>785 以上</td><td>0.16 以上
1.6 以下</td><td>330~410</td></tr>
<tr><td>1/2H</td><td>C1700 P-1/2H
C1700 R-1/2H</td><td>0.16 以上</td><td>590~695</td><td>5 以上</td><td>1.6 以下</td><td>180°</td><td>厚さの3倍</td><td>0.16 以上</td><td>1180 以上</td><td>―</td><td>0.2 以上
1.6 以下</td><td>835 以上</td><td>0.16 以上
1.6 以下</td><td>345~420</td></tr>
<tr><td>H</td><td>C1700 P-H
C1700 R-H</td><td>0.16 以上</td><td>685~835</td><td>2 以上</td><td>―</td><td>―</td><td>―</td><td>0.16 以上</td><td>1230 以上</td><td>―</td><td>0.2 以上
1.6 以下</td><td>885 以上</td><td>0.16 以上
1.6 以下</td><td>360~430</td></tr>
<tr><td colspan="14"></td></tr>
<tr><td colspan="14"></td></tr>
<tr><td colspan="14"></td></tr>
<tr><td colspan="14"></td></tr>
<tr><td rowspan="4">C1720</td><td>O</td><td>C1720 P-O
C1720 R-O</td><td>0.16 以上</td><td>410~540</td><td>35 以上</td><td>1.6 以下</td><td>180°</td><td>密着</td><td>0.16 以上</td><td>1100 以上</td><td>3 以上</td><td>0.2 以上
1.6 以下</td><td>735 以上</td><td>0.16 以上
1.6 以下</td><td>325~400</td></tr>
<tr><td>1/4H</td><td>C1720 P-1/4H
C1720 R-1/4H</td><td>0.16 以上</td><td>510~620</td><td>10 以上</td><td>1.6 以下</td><td>180°</td><td>厚さの1倍</td><td>0.16 以上</td><td>1180 以上</td><td>2 以上</td><td>0.2 以上
1.6 以下</td><td>835 以上</td><td>0.16 以上
1.6 以下</td><td>350~430</td></tr>
<tr><td>1/2H</td><td>C1720 P-1/2H
C1720 R-1/2H</td><td>0.16 以上</td><td>590~695</td><td>5 以上</td><td>1.6 以下</td><td>180°</td><td>厚さの3倍</td><td>0.16 以上</td><td>1240 以上</td><td>―</td><td>0.2 以上
1.6 以下</td><td>885 以上</td><td>0.16 以上
1.6 以下</td><td>300~440</td></tr>
<tr><td>H</td><td>C1720 P-H
C1720 R-H</td><td>0.16 以上</td><td>685~835</td><td>2 以上</td><td>―</td><td>―</td><td>―</td><td>0.16 以上</td><td>1270 以上</td><td>―</td><td>0.2 以上
1.6 以下</td><td>930 以上</td><td>0.16 以上
1.6 以下</td><td>380~450</td></tr>
</table>

表 3-11（つづき）　(4)　ばね用りん青銅とばね用洋白の機械的性質

種類 合金番号	質別	記号	引張試験 厚さ mm	引張強さ N/mm²	伸び %	曲げ試験 厚さ mm	曲げ角度	右側半径	ばね限界値試験 厚さ mm	ばね限界値 ($K'b_0$) N/mm²	硬さ試験 厚さ mm	ビッカース硬さ HV
ばね用りん青銅 C 5210	1/2H	C 5210 P-1/2H C 5210 R-1/2H	0.2 以上	470〜610	27 以上	1.6 以下	180° 又はW	厚さの1倍	0.2 以上 1.6 以下	245 以上	0.15 以上	140〜205
	H	C 5210 P-H C 5210 R-H	0.2 以上	590〜705	20 以上	1.6 以下	180° 又はW	厚さの1.5倍	0.2 以上 1.6 以下	390 以上	0.15 以上	185〜235
	EH	C 5210 P-EH C 5210 R-EH	0.2 以上	685〜785	11 以上	1.6 以下	180° 又はW	厚さの3倍	0.2 以上 1.6 以下	460 以上	0.15 以上	210〜260
	SH	C 5210 P-SH C 5210 R-SH	0.2 以上	735〜835	9 以上	—	—	—	0.2 以上 1.6 以下	510 以上	0.15 以上	230〜270
ばね用洋白 C 7701	1/2H	C 7701 P-1/2H	0.2 以上 0.7 以下	540〜655	8 以上	1.6 以下	180° 又はW	厚さの1.5倍	0.2 以上 1.6 以下	390 以上	0.15 以上	150〜210
		C 7701 R1/2H	0.7 を超えるもの	540〜655	11 以上							
	H	C 7701 P-H	0.2 以上 0.7 以下	630〜735	4 以上	1.6 以下	180° 又はW	厚さの2倍	0.2 以上 1.6 以下	480 以上	0.15 以上	180〜240
		C 7701 R-H	0.7 を超えるもの	630〜735	6 以上							
	EH	C 7701 P-EH C 7701 R-EH	0.2 以上	705〜805	—	1.6 以下	90°	厚さの3倍	0.2 以上 1.6 以下	560 以上	0.15 以上	210〜260
	SH	C 7701 P-SH C 7701 R-SH	0.2 以上	765〜865	—	—	—	—	0.2 以上 1.6 以下	620 以上	0.15 以上	230〜270

青銅鋳物は偏析がはなはだしく，Sn 5 % 以上で $\alpha+\delta$ の共析組織が現れてもろくなる．鋳込みのままの材料は鋳型および鋳込み温度などによって著しくその性質が異なるが，650〜700℃に焼なましすれば容易に均一な α 相となって強じん性は回復する．なお 14 % 以上の Sn を含有する青銅鋳物は焼なまし後も δ 相が存在するが，同じ焼なまし温度域より焼入れすることによって，引張強さと伸びを同時に増大することができる．

3.3.1. 青銅　青銅は Sn のみでなく，Zn, Pb, Ni, Fe などを加えると鋳造性が増し，機械的性質も改善される．これらは古くから砲身として用いられたことから単に砲金またはアドミラルティ砲金（10 % Sn, 2 % Zn）などと呼ぶ実用青銅が多く使用されている．

3.3.2. りん青銅（Cu-Sn-P 合金）　青銅にりん（P）を加えて脱酸したものを一般にりん青銅という．したがって，製品にはPの含まれないものもある．鋳造性・機械的性質・耐食性ともに良好で，とくに冷間加工性が良くなる．また多少Pを残したものは耐摩耗性（硬い Cu_3P の析出による）がさらに良く，広く用いられる．とくに冷間加工硬化材（200〜300℃焼なまし）は高弾性ばね材料として広く用いられている．これらを表 **3-11** に示す．

3.3.3. 鉛青銅（軸受用青銅）（Cu-Sn-Pb 合金）　鉛（Pb）を 4〜22 % 添加した鉛青銅は，主に軸受用合金として，とくに中高速・高荷重軸受として用いられる．青銅またはりん青銅の軸受合金よりも柔らかく，軸とよくなじみ，

かつ摩擦を減ずるために効果がある。しかし，ここでも鉛フリー化により製造されなくなっている。

表 3-12 アルミニウム青銅板の化学成分と機械的性質
(JIS H 3100：00 抜粋)

(1) 化学成分

合金番号	Cu	Pb	Fe	Zn	Al	Mn	Ni	P	その他
C 6140	88.0~92.5	0.01以下	1.5~3.5	0.20以下	6.0~8.0	1.0以下	—	0.015以下	Cu+Pb+Fe+Zn+Mn+Al+P 99.5以上
C 6161	83.0~90.0	—	2.0~4.0	—	7.0~10.0	0.50~2.0	0.50~2.0		Cu+Al+Fe+Ni+Mn 99.5以上
C 6280	78.0~85.0	—	1.5~3.5	—	8.0~11.0	0.50~2.0	4.0~7.0		Cu+Al+Fe+Ni+Mn 99.5以上
C 6301	77.0~84.0	—	3.5~6.0	—	8.5~10.5	0.50~2.0	4.0~6.0		Cu+Al+Fe+Ni+Mn 99.5以上

(2) 機械的性質

質別	記号	厚さ mm	引張強さ N/mm²	伸び %	厚さ mm	曲げ角度	内側半径
F	C 6140 P-F	50以下	480以上	35以下	—	—	—
		50を超え 125以下	450以上	35以上	—	—	—
O	C 6140 P-O	4以上 50以下	480以上	35以上	—	—	—
		50を超え 125以下	450以上	35以上	—	—	—
H	C 6140 P-H	4以上 12以下	550以上	25以上	—	—	—
		12を超え 25以下	480以上	30以上	—	—	—
O	C 6161 P-O	0.8以上 50以下	490以上	35以上	2以下	180°	厚さの1倍
		50を超え 125以下	450以上	35以上	—	—	—
½H	C 6161 P-½H	0.8以上 50以下	635以上	25以上	2以下	180°	厚さの2倍
		50を超え 125以下	590以上	20以上	—	—	—
H	C 6161 P-H	0.8以上 50以下	685以上	10以上	2以下	180°	厚さの3倍
F	C 6280 P-F	0.8以上 50以下	620以上	10以上	—	—	—
		50を超え 90以下	590以上	10以上	—	—	—
		90を超え 125以下	550以上	10以上	—	—	—
F	C 6301 P-F	0.8以上 50以下	635以上	15以上	—	—	—
		50を超え 125以下	590以上	12以上	—	—	—

3.4. 特殊青銅

3.4.1. アルミニウム青銅（Cu-Al合金） 工業的には6〜11％のAlを含む銅合金をアルミニウム青銅といい，鍛錬材・鋳造品として高力かつ耐食性に富むが，鋳引けが大きく鋳造操作が難しいのが欠点である．展延性は良好で，板・棒・管その他箔にも作られる．

鋳物に関しては表3-9に化学成分を，表3-10に機械的性質を示したが，ここでは板材のJISを表3-12に示した．この合金系で，7.5〜9.5％Al合金は常温では均一な α 相であるが，高温度では β 相（Al 12％，565°Cで $\beta \to \alpha + \gamma_2$ の共析変態をもつ）が現れるために熱処理によってその機械的性質が変えられる．アルミニウム青銅はAlの含有によって軽量化もされることから耐摩耗性，耐海水性が要求される機械部品，化学工業，船舶用などに多用される．

3.4.2. ベリリウム銅（Cu-Be合金） 図3-8にCu-Be系状態図を示した．図に示すように，Beは800°CでCu中に約2％しか固溶しないが，焼入れ焼戻しによる析出硬化性は銅合金中最も大きい．普通1〜2.5％Beを含むものが使用される．表3-11(3)にばね用のJISを示した．表に見るように高強度，高弾性率を示し，また耐摩耗性，耐疲労性，耐食性に優れ，電気および熱の伝導度の高いことが特長で，一般ばね材・ダイヤフラム・ベロー・テンプ・バルブ・電気接点その他の電気部品に用いられる．熱処理は普通800°Cでの溶体化処理後に焼入れた後300〜350°Cで焼戻しを行うが，とくに溶体化処理後常温加工したものは，焼戻しにより引張強さがさらに増加する．

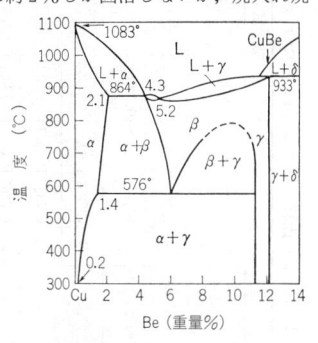

図 3-8 Cu-Be系状態図

3.5. その他の銅合金

3.5.1. 白銅（Cu-Ni合金） Ni 9〜33％を含む古くからある銅合金で，キュプロ・ニッケルと呼ばれる．深絞り加工が容易で耐食性に富み，高温性能も良いので復水管・熱交換器用管・コイン貨幣などに用いられる．表3-13に白銅板および洋白板のJISを示した．

3.5.2. 洋白（Ni-Cu-Zn合金） Ni 8.5〜19.5％, Zn 15〜30％を含む銅合金で，ほぼ均一な α 固溶体範囲にあり，表3-13に示したとおり，美しい銀白色を呈し機械的性質・耐熱性・耐食性ともに良好で，とくにばね特性はほかの非鉄ばね材料より優秀でまた抵抗温度係数も小さい．装飾品・食器・家具・楽器・光学機械部品・医療機器・ばね・電流調節用抵抗材料・耐熱材料・電気接触片・温度調節用バイメタルなどに広く用いられる．

表 3-13 白銅板 (JIS H 3100 抜粋) および洋白 (JIS H 3270:00 抜粋)

種類	番号	化学成分 % Pb	Fe	Zn	Mn	Ni	その他	質別	記号	引張試験 厚さ mm	引張強さ N/mm²	伸び %	硬さ試験 厚さ mm	ビッカース硬さ HV	特色及び用途例
白銅	C7060	0.05以下	1.0～1.8	0.50以下	0.20～1.0	9.0～11.0	Cu+Ni+Fe+Mn 99.5以上	F	C7060 P-F	0.5以上50以下	275以上	30以上	—	—	耐食性、特に耐海水性がよく、比較的高温の使用に適する。熱交換器用管板、溶接管など。
	C7150	0.05以下	0.40～1.0	0.50以下	0.20～1.0	29.0～33.0	Cu+Ni+Fe+Mn 99.5以上	F	C7150 P-F	0.5以上50以下	345以上	35以上	—	—	
	C7351	0.10以下	0.25以下	残部	0～0.50	16.5～19.5	Cu 70.0～75.0	O	C7351 P-O	0.2以上5以下	325以上	20以上	—	—	
								½H	C7351 P-½H	0.2以上5以下	390～510	5以上	0.15以上	105～155	
	C7451	0.10以下	0.25以下	残部	0～0.50	8.5～11.0	Cu 63.0～67.0	O	C7451 P-O C7451 R-O	0.2以上5以下	325以上	20以上	—	—	光沢が美しく、展延性・耐疲労性・耐食性がよい。C7351・C7521は、絞り性に富む。水晶発振子ケース、トランジスタキャップ、ポリウム用しゅう動片、がね、装飾品、洋食器、医療機器、建築用、管楽器など。
								½H	C7451 P-½H	0.2以上5以下	390～510	5以上	0.15以上	105～155	
洋白	C7521	0.10以下	0.25以下	残部	0～0.50	16.5～19.5	Cu 62.0～66.0	O	C7521 P-O C7521 R-O	0.2以上5以下	375以上	20以上	—	—	
								½H	C7521 P-½H	0.2以上5以下	440～570	5以上	0.15以上	120～180	
								H	C7521 P-H	0.2以上5以下	540以上	3以上	0.15以上	150以上	
	C7541	0.10以下	0.25以下	残部	0～0.50	12.5～15.5	Cu 60.0～64.0	O	C7541 P-O	0.2以上5以下	355以上	20以上	—	—	
								½H	C7541 P-½H	0.2以上5以下	410～540	5以上	0.15以上	110～170	
								H	C7541 P-H	0.2以上5以下	490以上	3以上	0.15以上	135以上	

3.5.3. オイルレスベアリング　Cu, Fe, Sn, Pb, 黒鉛などの粉末を各種の割合で混合・圧縮成形して，これを適当な温度に加熱焼結した後，その粒子間の空間に潤滑油を吸蔵させたもので，無給油軸受として給油の困難なところに用いる。OA 機器に組み込まれる各種小型モーター・家庭用電気器具・アナログ時計・自動車・車両・船舶などの軸受に用いられる。

3.5.4. 銅マンガン合金（Cu-Mn 系合金）　銅は約 20 % まで Mn を固溶する。マンガンの増加にともなって引張強さが増加するが，とくに高温度でその強さを減じないのが特長である。また Cu 84-Mn 12-Ni 4 % の標準抵抗用合金マンガニンは電気抵抗率が 41.5×10^{-8} Ω·m であまり大きくはないが，抵抗温度係数が小さく (0.0001)，また 145℃ ぐらいに加熱して時効を終らせたものは，数 10 年の使用中少しも抵抗が変化しない。

4章 アルミニウムとその合金

4.1. アルミニウム

4.1.1. アルミニウム地金　アルミニウム (Al) の原鉱はボーキサイト (50〜60%の Al_2O_3 を含む) が主であるが，わが国ではほとんど輸入に頼っている。これら原鉱から精錬したアルミナ(Al_2O_3)を溶融した氷晶石 (Na_3AlF_6) 中に混合溶解し，950°C前後で炭素電極により溶融塩電解を行い，得られた溶融 Al からさらにガスや酸化物を除いてインゴットにする。これを普通アルミ

表 4-1　アルミニウム地金

種類		色別	化 学 成 分 %					
			Al	Si	Fe	Cu	Mn	Ti+V
アルミニウム地金 (JIS H 2102-68)	特1種	空色	99.90以上	0.05以下	0.07以下	0.01以下	Ti, Mn おのおの 0.01以下	
	特2種	緑	99.85以上	0.08以下	0.12以下	0.01以下	Ti, Mn おのおの 0.01以下	
	1種	黒	99.70以上	0.15以下	0.20以下	0.02以下	Ti, Mn おのおの 0.02以下	
	2種	白	99.50以上	0.25以下	0.40以下	0.02以下	Ti, Mn おのおの 0.02以下	
	3種	赤	99.00以上	0.50以下	0.80以下	0.03以下	Ti, Mn おのおの 0.03以下	
精製アルミニウム地金 (JIS H 2111-68)	特種	桃色	99.995以上	0.002以下	0.002以下	0.002以下	—	
	1種	みかん色	99.990以下	0.005以下	0.005以下	0.005以下	—	
	2種	ふじ色	99.950以下	0.020以下	0.020以下	0.010以下	—	
電気用アルミニウム地金 (JIS H 2110-68)		—	99.65以上	0.10以下	0.25以下	0.005以下	0.005以下	0.005以下

表 4-2　アルミニウムの物理的性質

性　　質		高純度 99.996% Al	普通純度 99.5% Al
原子番号		13	
原子量		26.98	
格子定数	(面心立方格子)20°C [nm]	4.0494	4.0404
密　度	20°C [10^3kg/m³]	2.698	2.71
融　点	[K]	933	〜930
沸　点	[K]	2793	—
線膨張係数	20°C〜100°C [10^{-6}/K]	24.6	23.5
〃	20°C〜300°C [10^{-6}/K]	25.4	25.6
凝固収縮	(体積) [%]	—	6.6
熱容量	20°C [J/K·mol]	24.3	25.4
熱伝導率	20〜400°C [W/(m·K)]	238	234
導電率	(%/IACS)	64.94	59(軟質), 57(硬質)
電気抵抗率	20°C [10^{-8}Ω·m]	2.69	2.92(軟質), 3.02(硬質)
縦弾性係数	[GPa]	70.6	70.6

ニウム地金といい，JIS H 2102：68 では純度に応じて**表4-1**に示すように分類している。さらに再電解精製すると 99.99% 以上またはこれに近い純度のものが得られるが，これを同表のようにとくに精製アルミニウム地金 JIS H 2111：68 として区別している。

また導電材の原材料としてとくに電導性を害するチタンなどを規定した電気用 Al 地金がある。これを表 4-1 中に JIS H 2110：68 として示した。このほか，展伸材および脱酸に用いる Al 二次地金については JIS H 2103：65 に規定されている。

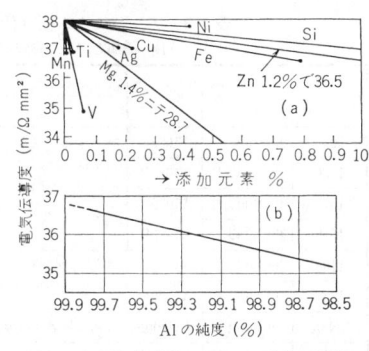

図 4-1 電気伝導度に及ぼす不純物の影響

4.1.2. 物理的性質 Al の物理的性質はその純度に著しく影響される。たとえば比重は Si によってはあまり変化しないが，Fe および Cu が加わると増大する。図 4-1 に電気伝導度に対する不純物の影響を示した。同図(a)は最高純度 99.997% Al を基とした実験結果で，主な不純物 Fe，Si による電気伝導度の減少は比較的小さい。同図(b)は主に Fe，Si を不純物として含む Al の純度と電気伝導度の関係を示す。表 4-2 に Al の高純度および普通純度における物理的性質を示した。

4.1.3. 化学的性質 Al は活性な金属であるが耐食性が良いのは，表面に生成されるち密な酸化皮膜の絶縁作用によるもので，一般に大気中でほとんど腐食されず，水溶液中でも pH 5～8 の間では良好な耐食性を示す。例外として pH 4 以下でも強酸化性の濃硝酸などにはかえって侵されず，pH 値の高いアンモニア水（pH 13）にもよく耐える。また酢酸およびアルコールなど各種有機物溶液に対しても一般に耐食性は良好であるが，酸化皮膜を溶解するようなアルカリ，塩酸および塩化物などハロゲン化物溶液には極めて侵されやすい。

また耐食性は高純度のものほど良く，不純物または添加元素として Fe，Cu，Ni などを含むものは耐食性が悪く，Mg，Mn などはあまり害がない。

4.1.4. 機械的性質 Al の機械的性質は純度により著しく異なり，純度の高いものほど軟質となる。Al は常温加工・高温加工ともに良好で，高温圧延・押出し・焼なましなどは 400～500℃ で行われるが，いずれにしても純 Al は引張強さが小さく，高純度 Al で 55 N/mm^2，これを強加工しても 120 N/mm^2 以下であり，耐力はそれ以下であるので，強度を必要とする構造材には適さないが，加工が容易で軽量，さらに耐食性に富むことからその用途は極めて広い。表 4-3 に Al 板の JIS による Al 純度および機械的性質を示した。

4.1.5. 用途 Al は比重が小さいという特性から，主に軽合金として宇宙航空機・船舶・自動車その他一般機械部品に用いられる。純 Al としても強さおよび耐力は小さいが，銅に次いで電気伝導度・熱伝導度が大きいこと，展延

表4-3 アルミニウム板 (JIS H 4000:98)

(1) 種類とAlの成分および特性

種類 合金番号	化学成分 Al%	記号	参考 特性及び用途例
1085	99.85以上	A1085P	純アルミニウムのため強度は低いが、成形性、溶接性、耐食性がよい。
1080	99.80以上	A1080P	
1070	99.70以上	A1070P	反射板、照明器具、装飾品、化学工業用タンク、導電材など。
1050	99.50以上	A1050P	
1100	99.00以上	A1100P	強度は比較的低いが、成形性、溶接性、耐食性が良い。一般器物、建築用材、電気器具、各種容器、印刷板など。
1200	99.00以上	A1200P	
1N00	99.00以上	A1N00P	1100より若干強度が高く、成形性も優れる。日用品など。
1N30	99.30以上	A1N30P	展延性、耐食性が良い。アルミニウムはく地など。

(2) 機械的性質 (抜粋)

記号	質別	厚さ mm	引張強さ N/mm²	耐力 N/mm²	伸び %	曲げ試験 厚さ mm	内側半径
A1085P A1080P A1070P	H112	4以上 6.5以下	75以上	35以上	13以上	—	—
		6.5を超え 13以下	70以上	35以上	15以上		
		13を超え 25以下	60以上	25以上	20以上		
		25を超え 50以下	55以上	20以上	25以上		
		50を超え 75以下	55以上	15以上	25以上		
	O	0.2以上 0.3以下	55以上 95以下	—	15以上	0.2以上6以下	密着
		0.3を超え 0.5以下		—	20以上		
		0.5を超え 0.8以下		—	25以上		
		0.8を超え 1.3以下		15以上	30以上		
		1.3を超え 13以下		15以上	35以上		
		13を超え 50以下		15以上	30以上		
	H12 H22	0.2以上 0.3以下	70以上 110以下	—	2以上	0.2以上6以下	密着
		0.3を超え 0.5以下		—	3以上		
		0.5を超え 0.8以下		—	4以上		
		0.8を超え 1.3以下		55以上	6以上		
		1.3を超え 2.9以下		55以上	8以上		
		2.9を超え 12以下		55以上	9以上		
	H14 H24	0.2以上 0.3以下	85以上 120以下	—	1以上	0.2以上0.8以下 0.8を超え6以下	厚さの0.5倍 厚さの1倍
		0.3を超え 0.5以下		—	2以上		
		0.5を超え 0.8以下		—	3以上		
		0.8を超え 1.3以下		65以上	4以上		
		1.3を招え 2.9以下		65以上	5以上		
		2.9を超え 12以下		65以上	6以上		
A1050P	H112	4以上 6.5以下	85以上	45以上	10以上	—	—
		6.5を超え 13以下	80以上	45以上	10以上		
		13を超え 25以下	70以上	35以上	16以上		
		25を超え 50以下	65以上	30以上	22以上		
		50を超え 75以下	65以上	20以上	22以上		
	O	0.2以上 0.5以下	60以上 100以下	—	15以上	0.2以上6以下	密着
		0.5を超え 0.8以下		—	20以上		
		0.8を超え 1.3以下		20以上	25以上		
		1.3を超え 6.5以下		20以上	30以上		
		6.5を超え 50以下		20以上	28以上		

表 4-3 (つづき) (2) 機械的性質 (抜粋)

記号	質別	引張試験 厚さ mm	引張強さ N/mm²	耐力 N/mm²	伸び %	曲げ試験 厚さ mm	内側半径
	H 12 H 22	0.2 以上　0.3 以下 0.3 を超え　0.5 以下 0.5 を超え　0.8 以下 0.8 を超え　1.3 以下 1.3 を超え　2.9 以下 2.9 を超え　12　以下	80 以上 120 以下	— — — 65 以上 65 以上 65 以上	2 以上 3 以上 4 以上 6 以上 8 以上 9 以上	0.2 以上 0.8 以下 0.8 を超え 6 以下	密着 厚さの 0.5 倍
	H 14 H 24	0.2 以上　0.3 以下 0.3 を超え　0.5 以下 0.5 を超え　0.8 以下 0.8 を超え　1.3 以下 1.3 を超え　2.9 以下 2.9 を超え　12　以下	95 以上 125 以下	— — — 75 以上 75 以上 75 以上	1 以上 2 以上 3 以上 4 以上 5 以上 6 以上	0.2 以上 0.8 以下 0.8 を超え 6 以下	厚さの 0.5 倍 厚さの 1 倍
A 1100 P A 1200 P A 1 N 00 P A 1 N 30 P	H 112	4　以上　6.5 以下 6.5 を超え　13　以下 13　を超え　50　以下 50　を超え　75　以下	95 以上 90 以上 85 以上 80 以上	50 以上 50 以上 35 以上 25 以上	9 以上 9 以上 14 以上 20 以上	—	—
	O	0.2 以上　0.5 以下 0.5 を超え　0.8 以下 0.8 を超え　1.3 以下 1.3 を超え　6.5 以下 6.5 を超え　75　以下	75 以上 110 以下	— — 25 以上 25 以上 25 以上	15 以上 20 以上 25 以上 30 以上 28 以上	0.2 以上 6 以下	密着
	H 12 H 22	0.2 以上　0.3 以下 0.3 を超え　0.5 以下 0.5 を超え　0.8 以下 0.8 を超え　1.3 以下 1.3 を超え　2.9 以下 2.9 を超え　12　以下	95 以上 125 以下	— — — 75 以上 75 以上 75 以上	2 以上 3 以上 4 以上 5 以上 8 以上 9 以上	0.2 以上 6 以下 6 以上	厚さの 0.5 倍
	H 14 H 24	0.2 以上　0.3 以下 0.3 を超え　0.5 以下 0.5 を超え　0.8 以下 0.8 を超え　1.3 以下 1.3 を超え　2.9 以下 2.9 を超え　12　以下	120 以上 145 以下	— — — 95 以上 95 以上 95 以上	1 以上 2 以上 3 以上 4 以上 5 以上 6 以上	0.2 以上 6 以下	厚さの 1 倍

性に富み加工および溶接が容易で，かつ仕上面が美しく，反射率が高いこと，ならびに耐食性が優秀なことなどから極めて広範囲の用途をもっている。すなわち，化学工業・醸造・電気・照明・熱交換・光学・紡績・医療・薬品・衛生・酪農用各種機具器材・チューブ容器および建築・機械・船舶・車両用各部品，その他食器類・家具類・工芸品などに用いられるほか，線としてはモータ巻線・架空送電線，箔としては食料品・たばこ・写真乾板などの包装用，粉末としては塗料・テルミット・爆薬などの特殊目的にそれぞれ純度に応じて用いられる。

4.2. アルミニウム合金

4.2.1. アルミニウム合金の番号　アルミニウムとその合金は種類が多いが，JIS ではわが国独自の接頭語として A を付し，これに続く 4 桁の合金番号は国際登録番号である。国際番号はその 4 桁目が 1000 番台は純度 99.00 % 以上の純 Al で，非熱処理型として Al-Mn 系の 3000 番台，Al-Si 系の 4000 番台，

表 4-4 アルミニウム，マグネシウムおよび合金の質別記号 (JIS H 0001：98)

(1) 基本記号

基本記号	定　義	意　味
F[1]	製造のままのもの	加工硬化又は熱処理について特別の調整をしない製造工程から得られたままのもの。
O	焼なましたもの	展伸材については，最も軟らかい状態を得るように焼なましたもの。鋳物については，伸びの増加又は寸法安定化のために焼なましたもの。
H[2]	加工硬化したもの	適度の軟らかさにするための追加熱処理の有無にかかわらず，加工硬化によって強さを増加したもの。
W	溶体化処理したもの	溶体化処理後常温で自然時効する合金だけに適用する不安定な質別。
T	熱処理によってF・O・H以外の安定な質別にしたもの	安定な質別にするため，追加加工硬化の有無にかかわらず，熱処理したもの。

注 (1)展伸材については，機械的性質を規定しない。 (2)展伸材だけに適用する。

(2) HXの細分記号およびその意味

記号	意　味
H1	加工硬化だけのもの： 所定の機械的性質を得るために追加熱処理を行わずに加工硬化だけしたもの。
H2	加工硬化後適度に軟化熱処理したもの： 所定の値以上に加工硬化した後に適度の熱処理によって所定の強さまで低下したもの。常温で時効軟化する合金については，この質別はH3質別とほぼ同等の強さをもつもの。そのほかの合金については，この質別は，H1質別とほぼ同等の強さをもつが，伸びは幾分高い値を示すもの。
H3	加工硬化後安定化したもの： 加工硬化した製品を低温加熱によって安定化処理したもの。また，その結果，強さは幾分低下し，伸びは増加するもの。 この安定化処理は，常温で徐々に時効軟化するマグネシウムを含むアルミニウム合金だけに適用する。
H4	加工硬化後塗装したもの： 加工硬化した製品が塗装の加熱によって部分焼なましされたもの。

(3) HXYの細分記号およびその意味

記号	意　味	参考
HX1	引張強さがOとHX2の中間のもの。	1/8硬質
HX2 (HXB)	引張強さがOとHX4の中間のもの。	1/4硬質
HX3	引張強さがHX2とHX4の中間のもの。	3/8硬質
HX4 (HXD)	引張強さがOとHX8の中間のもの。	1/2硬質
HX5	引張強さがHX4とHX6の中間のもの。	5/8硬質
HX6 (HXF)	引張強さがHX4とHX8の中間のもの。	3/4硬質
HX7	引張強さがHX6とHX8の中間のもの。	7/8硬質
HX8 (HXH)	通常の加工で得られる最大引張強さのもの。引張強さの最小規格値は原則としてその合金の焼なまし質別の引張強さの最小規格値を基準に表4によって決定される。	硬質
HX9 (HXJ)	引張強さの最小規格値がHX8より10 N/mm² 以上超えるもの。	特硬質

備考 （ ）内は対応ISO記号であり，これを用いてもよい。

(4) TX の細分記号およびその意味

記号	意味
T1 (TA)	高温加工から冷却後自然時効させたもの： 押出材のように高温の製造工程から冷却後積極的に冷間加工を行わず，十分に安定な状態まで自然時効させたもの。したがって，矯正してもその冷間加工の効果が小さいもの。
T2 (TC)	高温加工から冷却後冷間加工を行い，更に自然時効させたもの： 押出材のように高温の製造工程から冷却後強さを増加させるため冷間加工を行い，更に十分に安定な状態まで自然時効させたもの。
T3 (TD)	溶体化処理後冷間加工を行い，更に自然時効させたもの： 溶体化処理後強さを増加させるため冷間加工を行い，更に十分に安定な状態まで自然時効させたもの。
T4 (TB)	溶体化処理後自然時効させたもの： 溶体化処理後冷間加工を行わず，十分に安定な状態まで自然時効させたもの。したがって矯正してもその冷間加工の効果が小さいもの。
T5 (TE)	高温加工から冷却後人工時効硬化処理したもの： 鋳物又は押出材のように高温の製造工程から冷却後積極的に冷間加工を行わず，人工時効硬化処理したもの。したがって矯正してもその冷間加工の効果が小さいもの。
T6 (TF)	溶体化処理後人工時効硬化処理したもの： 溶体化処理後積極的に冷間加工を行わず，人工時効硬化処理したもの。したがって矯正してもその冷間加工の効果が小さいもの。
T7 (TM)	溶体化処理後安定化処理したもの： 溶体化処理後特別の性質に調整するため，最大強さを得る人工時効硬化処理条件を超えて過時効処理したもの。
T8 (TH)	溶体化処理後冷間加工を行い，更に人工時効硬化処理したもの： 溶体化処理後強さを増加させるため冷間加工を行い，更に人工時効硬化処理したもの。
T9 (TL)	溶体化処理後人工時効硬化処理を行い，更に冷間加工したもの： 溶体化処理後人工時効硬化処理を行い，強さを増加させるため，更に冷間加工したもの。
T10 (TG)	高温加工から冷却後冷間加工を行い，更に人工時効硬化処理したもの： 押出材のように高温の製造工程から冷却後強さを増加させるため冷間加工を行い，更に人工時効硬化処理したもの。

備考　（　）内は対応 ISO 記号であり，これを用いてもよい。

Al-Mg 系の 5000 番台を，熱処理型として Al-Cu-Mg 系の 2000 番台，Al-Mg-Si-(Cu) 系の 6000 番台，Al-Zn-Mg-(Cu) 系の 7000 番台を定め，さらにこれら以外の系統の 8000 番台が規定されている。

次にその番号に続けて，形状や加工法などが付けられる。たとえば，P：板，R：条，PC：合せ板，B：棒，BE：押出棒，BD：引抜棒，W：引抜線，などが付され，さらにその形状などにハイフンで続けて質別記号（マグネシウムと共通で JIS H 0001：98）を付けて表示する。たとえば，A 7075 P-T 6 材とは超々ジュラルミン 7075 合金の板材で溶体化処理後に人工時効硬化した材料を示す。（表 4-4）

4.2.2. アルミニウム合金の強化機構　Al に各種の元素を合金化する主な目的は，軽量で耐食性が良いという Al の特性をなるべく失わずにその強度を高めることにあるが，それには，(1) 単に Al 中に固溶（多くは過飽和に固溶）してこれを強化する，(2) 過飽和固溶体をつくりその時効硬化現象により強化する，(3) 組織中に Al と共存してその機械的性質を改善する，(4) これらを加工硬化してさらに強度を増す，などがある。

(1) の単に Al 中に固溶してこれを強化する合金には，Al-Mg 系，Al-Mn 系および Al-Mg-Mn 系などがあり，これらはまた耐食性非熱処理型合金として知られている。図 4-2，図 4-3 にこれら合金状態図の一部を示したが，第 2

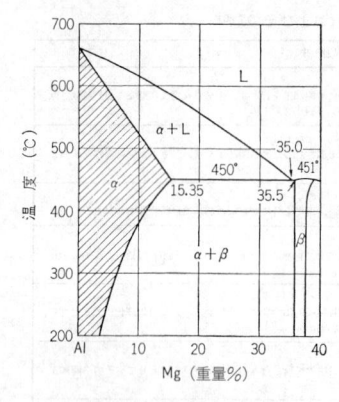

図 4-2 Al-Mg系状態図

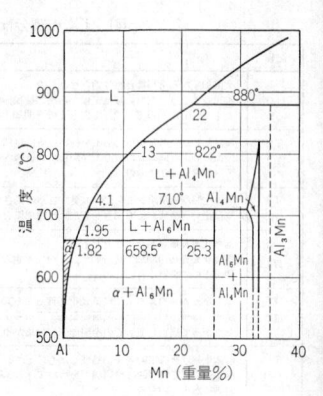

図 4-3 Al-Mn系状態図

相が晶出または析出すると著しく耐食性を減ずるので，合金量はいずれもAl側固溶体範囲に限られている。これら固溶体の溶解度変化は比較的大きいが時効硬化性に乏しいので，多くは過飽和固溶体としてその強度を高めている。また必要に応じてこれを加工硬化しさらに強化している。図 **4-4** に一例として Al-Mg 系合金の機械的性質を示した。固溶体範囲では Mg の固溶量とともに強さを増加し，その割に伸びを減じないが，固溶限を超えると強さ，伸びともに急激に低下する。また Al-Mn 系含金はこれを液相状態よ

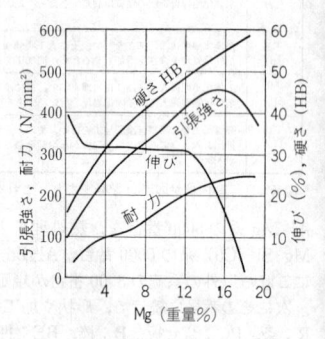

図 4-4 Al-Mg 合金の機械的性質

り急冷すると，固溶限(1.82 % Mn)を超えた強制過飽和固溶体として約 9 % Mn 近くまでの固溶体が得られている。

(2) の時効硬化型高力合金には Al-Cu 系，Al-Cu-Mg 系 (ジュラルミン) の 2000 系，および Al-Zn-Mg 系 (超々ジュラルミン) の 7000 系がある。図 **4-5** ～図 **4-8** にこれら合金系の平衡および切断状態図の一部を示した。いずれも Al 側に溶解度変化をもつ固溶体範囲があり，その溶解度曲線以上の温度に加熱して，均一な固溶体とした後に急冷 (焼入れ) すると，それ自体ある程度の強さをもった過飽和固溶体が得られる (この操作を溶体化処理という) が，これをさらに常温に長く放置するか (これを常温または自然時効 T 4 という)，または適当な温度にある時間加熱して焼戻しすると (これを人工時効 T 6 という) 著しく硬化してさらに強力なものが得られる。この時効硬化はマトリックスと整合な GP ゾーン，半整合な中間相 (準安定相)，あるいは非整合な安

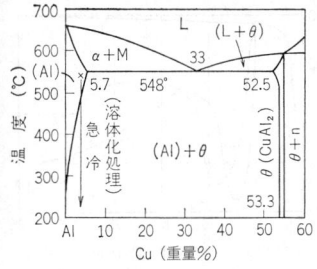

図 4-5 Al-Cu 系状態図

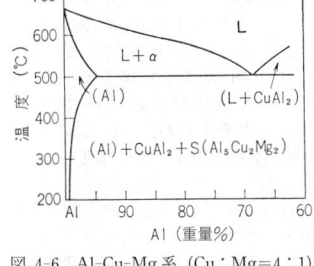

図 4-6 Al-Cu-Mg 系 (Cu:Mg=4:1) 切断状態図

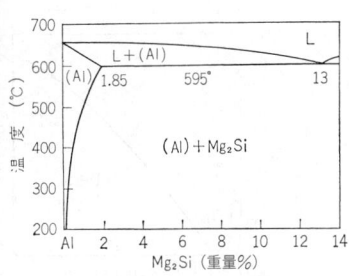

図 4-7 Al-Mg-Si 擬二元系状態図

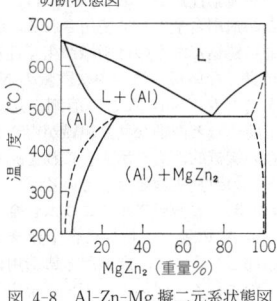

図 4-8 Al-Zn-Mg 擬二元系状態図

定相の析出によって硬化するといわれている。この場合，焼戻し温度が高過ぎたり，加熱時間が長過ぎたりすると析出が完了して軟化する。これを過時効といい，時効処理上最も注意しなければならない。**図 4-9** に一例として Al-Mg-Si 系合金の焼戻し時効硬化曲線を示した。また常温時効硬化したものを約150〜250℃に加熱すると，その初期にいったん焼入れ直後と同じ程度にまで軟化して，その後再び時効硬化を繰り返すという現象が起こる。これを復元現象といい，GP ゾーンが一時消滅することによって生ずるといわれている。**図 4-10** にその一例を示す。これら時効性合金は冷間加工を組み合わせてさらに強化できる。

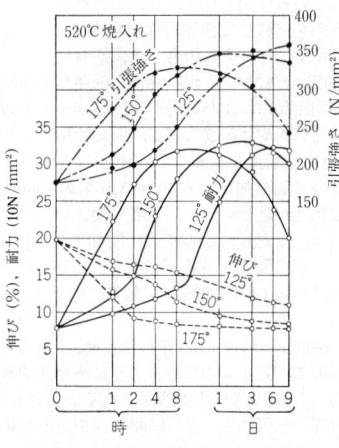

図 4-9 Al-1.6% Mg-0.6% Si 合金の人工時効硬化曲線

(3)の場合としては，Al-Si系（シルミン）およびNiを添加した耐熱性各種合金がある。図4-11にAl-Si系状態図を示した。SiはAl中に共晶温度で1.65％固溶するが，これによる固溶体強化および熱処理効果は小さく，主として共晶組成に近いものを用い，Alと共晶組織をつくることによってこれを強化している。冷間加工性は悪いが流動性が良いので，もっぱら鋳造用合金として使用される。普通に鋳込んだものは組織が粗く性質が良くないが，溶湯中に微量のNaを含むか，NaFなどの溶剤を用いて鋳込むと微細な共晶組織が得られ，良い機械的性質を示す。これをシルミンの改良処理といっている。

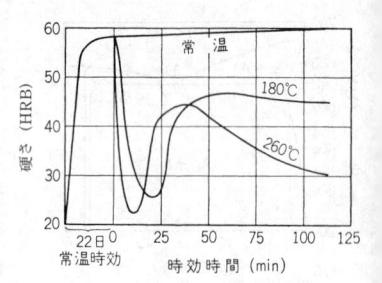

図 4-10 ジュラルミンの復元現象

4.2.3. 展伸用アルミニウム合金

純Alの優れた特性に合金元素を添加した合金は，展伸用と鋳造用に区別される。展伸用にJISに規定されている種類と化学成分，および板と条を例にして機械的性質を表4-5に示す。それぞれの合金は，耐食性，

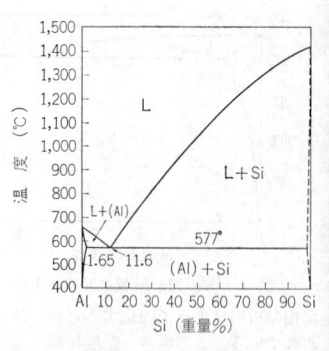

図 4-11 Al-Si系状態図

強度などに加えて耐摩耗性，低熱膨張率などの機能を付与させて身近な生活・家庭用品に，また軽量かつ比強度が大であることを活用して航空機，自動車，鉄道車両や建築物など広範囲に使用されている。

(1) 耐食アルミニウム合金　MgやMnはAlに固溶して耐食性を損なわないで固溶強化する。Al-Mn系の3000系とAl-Mg系の5000系合金は時効硬化性が乏しいので，強度や硬さを要求する場合には冷間加工硬化して用いられる。ただし，この種の冷間加工材は経年変化してβ相の析出により耐食性および引張強さが低下することがある。これを防止するために加工後に150℃前後に約1時間加熱して安定化処理（前記表4-4(2)のH3nまたはH2n）を行っている。

6000系のAl-Mg-Si系合金は，Mg_2Siの析出による時効硬化性も付与したもので，表4-4(4)にあるように溶体化処理後，常温時効（T4）または人工時効（T6）して強度が高められる。これらの耐食合金は陽極処理（アルマイト処理）が可能で，さらに耐食性を向上させることができる。

表4-5 アルミニウム合金 (JIS H 4000：99)
(1) 種類と特性

合金番号	特性及び用途例
2014	強度が高い熱処理合金である。合せ板は、表面に6003をはり合わせ耐食性を改善したものである。航空機用材、各種構造材など。
2017	熱処理合金で強度が高く、切削加工性もよい。航空機用材、各種構造材など。
2219	強度が高く、耐熱性、溶接性もよい。航空宇宙機器など。
2024	2017より強度が高く、切削加工性もよい。合せ板は、表面に1230をはり合わせ、耐食性を改善したものである。航空機用材、各種構造材など。
3003 3203	1100より若干強度が高く、成形性、溶接性もよい。 一般用器物、建築用材、船舶用材、フィン材、各種容器など。
3004 3104	3003より強度が高く、成形性に優れ、耐食性もよい。飲料缶、屋根板、ドアパネル材、カラーアルミ、電球口金など。
3005	3003より強度が高く、耐食性もよい。建築用材、カラーアルミなど。
3105	3003より若干強度が高く、成形性、耐食性がよい。建築用材、カラーアルミ、キャップなど。
5005	3003と同程度の強度があり、耐食性、溶接性、加工性がよい。建築内外装材、車両内装材など。
5052	中程度の強度をもった代表的な合金で、耐食性、成形性、溶接性がよい。船舶・車両・建築用材・飲料缶など。
5652	5052の不純物元素を規制して過酸化水素の分解を抑制した合金で、その他の特性は5052と同程度である。過酸化水素容器など。
5154	5052と5083の中程度の強度をもった合金で、耐食性、成形性、溶接性がよい。船舶・車両用材・圧力容器など。
5254	5154の不純物元素を規制して過酸化水素の分解を抑制した合金で、その他の特性は5154と同程度である。過酸化水素容器など。
5454	5052より強度が高く、耐食性、成形性、溶接性がよい。自転車用ホイールなど。
5082 5182	5083とほぼ同程度の強度があり、成形性、耐食性がよい。 飲料缶など。
5083	非熱処理合金中で最高の強度があり、耐食性、溶接性がよい。 船舶・車両用材、低温用タンク、圧力容器など。
5086	5154より強度が高く、耐食性の優れた溶接構造用合金である。 船舶用材、圧力容器、磁気ディスクなど。
5N01	3003と同程度の強度をもち、化学又は電解研磨などの光輝処理後の陽極酸化処理で高い光輝性が得られる。成形性、耐食性がよい。装飾品、台所用品、銘板など。
6061	耐食性が良好で、主にボルト・リベット接合の構造用材として用いられる。船舶・車両・陸上構造物など。
7075	アルミニウム合金中最高の強度をもつ合金の一つであるが、合せ板は、表面に7072をはり合わせ、耐食性を改善したものである。航空機用材、スキーなど。
7N01	強度が高く、耐食性も良好な溶接構造用合金である。車両その他の陸上構造物など。
8021 8079	1N30より強度が高く、展延性、耐食性がよい。アルミニウムはく地など。装飾用、電気通信用、包装材など。

表 4-5 (つづき) (2) 化学成分 (%)

単位 %

合金番号	合せ材	Si	Fe	Cu	Mn	Mg	Cr	Zn	Zr, Zr+Ti, Ga, V	Ti	その他 個々	その他 合計	Al
2014	-	0.50~1.2	0.7 以下	3.9~5.0	0.40~1.2	0.20~0.8	0.10 以下	0.25 以下	Zr+Ti 0.20 以下	0.15 以下	0.05 以下	0.15 以下	残部
2014 合せ板	心材	0.50~1.2	0.7 以下	3.9~5.0	0.40~1.2	0.20~0.8	0.10 以下	0.25 以下	Zr+Ti 0.20 以下	0.15 以下	0.05 以下	0.15 以下	残部
	皮材[6003]	0.35~1.0	0.6 以下	0.10 以下	0.8 以下	0.8~1.5	0.35 以下	0.20 以下	-	0.10 以下	0.05 以下	0.15 以下	残部
2017	-	0.20~08	0.7 以下	3.5~4.5	0.40~1.0	0.40~0.8	-	0.25 以下	Zr+Ti 0.20 以下	0.15 以下	0.05 以下	0.15 以下	残部
2219	-	0.20 以下	0.30 以下	5.8~6.8	0.20~0.40	0.02 以下	-	0.10 以下	V 0.05~0.15, Zr 0.10~0.25	0.02~0.10	0.05 以下	0.15 以下	残部
2024	-	0.50 以下	0.50 以下	3.8~4.9	0.30~0.9	1.2~1.8	0.10 以下	0.25 以下	Zr+Ti 0.20 以下	0.15 以下	0.05 以下	0.15 以下	残部
2024 合せ板	心材	0.50 以下	0.50 以下	3.8~4.9	0.30~0.9	1.2~1.8	0.10 以下	0.25 以下	Zr+Ti 0.20 以下	0.15 以下	0.05 以下	0.15 以下	残部
	皮材[1230]	Si+Fe 0.70 以下		0.10 以下	0.05 以下	0.05 以下	-	0.10 以下	V 0.05 以下	0.03 以下	0.03 以下	-	99.30 以上
3003	-	0.6 以下	0.7 以下	0.05~0.20	1.0~1.5	-	-	0.10 以下	-	-	0.05 以下	0.15 以下	残部
3203	-	0.6 以下	0.7 以下	0.05 以下	1.0~1.5	-	-	0.10 以下	-	-	0.05 以下	0.15 以下	残部
3004	-	0.30 以下	0.7 以下	0.25 以下	1.0~1.5	0.8~1.3	-	0.25 以下	-	-	0.05 以下	0.15 以下	残部
3104	-	0.6 以下	0.8 以下	0.05~0.25	0.8~1.4	0.8~1.3	-	0.25 以下	Ga 0.05 以下, V 0.05 以下	0.10 以下	0.05 以下	0.15 以下	残部
3005	-	0.6 以下	0.7 以下	0.30 以下	1.0~1.5	0.20~0.6	0.10 以下	0.25 以下	-	0.10 以下	0.05 以下	0.15 以下	残部
3105	-	0.6 以下	0.7 以下	0.30 以下	0.30~0.8	0.20~0.8	0.20 以下	0.40 以下	-	0.10 以下	0.05 以下	0.15 以下	残部
5005	-	0.30 以下	0.7 以下	0.20 以下	0.20 以下	0.50~1.1	0.10 以下	0.25 以下	-	-	0.05 以下	0.15 以下	残部

4章 アルミニウムとその合金

合金番号	合せ材	Si	Fe	Cu	Mn	Mg	Cr	Zn	Zr, Zr+Ti, Ga, V	Ti	その他 個々	その他 合計	Al
5052	-	0.25 以下	0.40 以下	0.10 以下	0.10 以下	2.2～2.8	0.15～0.35	0.10 以下	-	-	0.05 以下	0.15 以下	残部
5652	-	Si+Fe 0.40 以下		0.04 以下	0.01 以下	2.2～2.8	0.15～0.35	0.10 以下		-	0.05 以下	0.15 以下	残部
5154	-	0.25 以下	0.40 以下	0.10 以下	0.10 以下	3.1～3.9	0.15～0.35	0.20 以下	-	0.20 以下	0.05 以下	0.15 以下	残部
5254	-	Si+Fe 0.45 以下		0.05 以下	0.01 以下	3.1～3.9	0.15～0.35	0.20 以下	-	0.05 以下	0.05 以下	0.15 以下	残部
5454	-	0.25 以下	0.40 以下	0.10 以下	0.50～1.0	2.4～3.0	0.05～0.20	0.25 以下	-	0.20 以下	0.05 以下	0.15 以下	残部
5082	-	0.20 以下	0.35 以下	0.15 以下	0.15 以下	4.0～5.0	0.15 以下	0.25 以下	-	0.10 以下	0.05 以下	0.15 以下	残部
5182	-	0.20 以下	0.35 以下	0.15 以下	0.20～0.50	4.0～5.0	0.10 以下	0.25 以下	-	0.10 以下	0.05 以下	0.15 以下	残部
5083	-	0.40 以下	0.40 以下	0.10 以下	0.40～1.0	4.0～4.9	0.05～0.25	0.25 以下	-	0.15 以下	0.05 以下	0.15 以下	残部
5086	-	0.40 以下	0.50 以下	0.10 以下	0.20～0.7	3.5～4.5	0.05～0.25	0.25 以下	-	0.15 以下	0.05 以下	0.15 以下	残部
5N01	-	0.15 以下	0.25 以下	0.20 以下	0.20 以下	0.20～0.6	-	0.03 以下	-	-	0.05 以下	0.10 以下	残部
6061	-	0.40～0.8	0.7 以下	0.15～0.40	0.15 以下	0.8～1.2	0.04～0.35	0.25 以下	-	0.15 以下	0.05 以下	0.15 以下	残部
7075	-	0.40 以下	0.50 以下	1.2～2.0	0.30 以下	2.1～2.9	0.18～0.28	5.1～6.1	Zr+Ti 0.25 以下	0.20 以下	0.05 以下	0.15 以下	残部
7075 合せ板	心材	0.40 以下	0.50 以下	1.2～2.0	0.30 以下	2.1～2.9	0.18～0.28	5.1～6.1	Zr+Ti 0.25 以下	0.20 以下	0.05 以下	0.15 以下	残部
	皮材 [7072]	Si+Fe 0.7 以下		0.10 以下	0.10 以下	0.10 以下	-	0.8～1.3	-	-	0.05 以下	0.15 以下	残部
7N01	-	0.30 以下	0.35 以下	0.20 以下	0.20～0.7	1.0～2.0	0.30 以下	4.0～5.0	V0.10 以下, Zr 0.25 以下	0.20 以下	0.05 以下	0.15 以下	残部
8021	-	0.15 以下	1.2～1.7	0.05 以下	-	-	-	-	-	-	0.05 以下	0.15 以下	残部
8079	-	0.05～0.30	0.7～1.3	0.05 以下	-	-	-	0.10 以下	-	-	0.05 以下	0.15 以下	残部

注 その他の元素は、存在が予知される場合又は通常の分析過程において規定を超える兆候が見られる場合に限り分析を行う。

表 4-5（つづき） (3) 板，条および円板の機械的性質（抜粋）

記号	質別	引張試験 厚さ mm	引張強さ N/mm²	耐力 N/mm²	伸び %	曲げ試験 厚さ mm	内側半径
A2014P	O(⁴)	0.4 以上　0.5 以下 0.5 を超え 13 以下 13 を超え 25 以下	215 以下	110 以下 — —	16 以上 16 以上 10 以上	0.4 以上 1.6 以下 1.6 を超え 2.9 以下 2.9 を超え 6 以下	厚さの 0.5 倍 厚さの 1 倍 厚さの 1.5 倍
	T3	0.4 以上　0.5 以下 0.5 を超え 6 以下	410 以上	— 245 以上	14 以上	0.4 以上 0.5 以下 0.5 を超え 1.6 以下 1.6 を超え 2.9 以下 2.9 を超え 6 以下	厚さの 1.5 倍 厚さの 2.5 倍 厚さの 3 倍 厚さの 3.5 倍
	T4	0.4 以上　0.5 以下 0.5 を超え 6 以下	410 以上	— 245 以上	14 以上	0.4 以上 0.5 以下 0.5 を超え 1.6 以下 1.6 を超え 2.9 以下 2.9 を超え 6 以下	厚さの 1.5 倍 厚さの 2.5 倍 厚さの 3 倍 厚さの 3.5 倍
	T6	0.4 以上　0.5 以下 0.5 を超え 1 以下 1 を超え 6 以下	440 以上 440 以上 460 以上	— 390 以上 400 以上	6 以上 6 以上 7 以上	0.4 以上 0.5 以下 0.5 を超え 1.6 以下 1.6 を超え 2.9 以下 2.9 を超え 6 以下	厚さの 3 倍 厚さの 3.5 倍 厚さの 4.5 倍 厚さの 5 倍
A2017P	O	0.4 以上　0.5 以下 0.5 を超え 25 以下	215 以下	— 110 以下	12 以上	0.4 以上 1.6 以下 1.6 を超え 2.9 以下 2.9 を超え 6 以下	厚さの 0.5 倍 厚さの 1 倍 厚さの 1.5 倍
	T3	0.4 以上　0.5 以下 0.5 を超え 1.6 以下 1.6 を超え 2.9 以下 2.9 を超え 6 以下	375 以上	— 215 以上 215 以上 215 以上	12 以上 15 以上 17 以上 15 以上	0.4 以上 0.5 以下 0.5 を超え 1.6 以下 1.6 を超え 2.9 以下 2.9 を超え 6 以下	厚さの 1.5 倍 厚さの 2.5 倍 厚さの 3 倍 厚さの 3.5 倍
	T4	0.4 以上　0.5 以下 0.5 を超え 1.6 以下 1.6 を超え 2.9 以下 2.9 を超え 6 以下	355 以上	— 195 以上 195 以上 195 以上	12 以上 15 以上 17 以上 15 以上	0.4 以上 0.5 以下 0.5 を超え 1.6 以下 1.6 を超え 2.9 以下 2.9 を超え 6 以下	厚さの 1.5 倍 厚さの 2.5 倍 厚さの 3 倍 厚さの 3.5 倍
A2219P	O(⁴)	0.5 以上　13 以下 13 を超え 50 以下	220 以下	— 110 以下	12 以上 11 以上	0.5 以上 6.5 以下 6.5 を超え 13 以下 13 を超え 25 以下	厚さの 2 倍 厚さの 3 倍 厚さの 4 倍
	T31	0.5 以上　1 以下 1 を超え 6.5 以下	315 以上	200 以上 195 以上	8 以上 10 以上	—	
	T37	0.5 以上　1 以下 1 を超え 12.5 以下 12.5 を超え 60 以下 60 を超え 80 以下 80 を超え 100 以下	340 以上 340 以上 340 以上 325 以上 310 以上	260 以上 255 以上 255 以上 250 以上 240 以上	6 以上 6 以上 5 以上 5 以上 3 以上		
	T87	0.5 以上　1 以下 1 を超え 12.5 以下 12.5 を超え 60 以下 60 を超え 80 以下 80 を超え 100 以下	440 以上 440 以上 440 以上 440 以上 425 以上	360 以上 350 以上 350 以上 350 以上 345 以上	5 以上 5 以上 7 以上 6 以上 5 以上	—	—

(3) 板，条および円板の機械的性質（抜粋）

記号	質別	引張試験 厚さ mm	引張強さ N/mm²	耐力 N/mm²	伸び %	曲げ試験 厚さ mm	内側半径
A2024P	O	0.4 以上 0.5 以下 0.5 を超え 13 以下 13 を超え 25 以下	215 以下	95 以下 − −	12 以上	0.4 以上 0.5 以下 0.5 を超え 1.6 以下 1.6 を超え 2.9 以下 2.9 を超え 6 以下	密着 厚さの 0.5 倍 厚さの 2 倍 厚さの 3 倍
	T3	0.4 以上 0.5 以下 0.5 を超え 6.5 以下	440 以上	− 295 以上	12 以上 15 以上	0.4 以上 0.5 以下 0.5 を超え 2.9 以下 2.9 を超え 6.5 以下	厚さの 2 倍 厚さの 3 倍 厚さの 4 倍
	T4	0.4 以上 0.5 以下 0.5 を超え 6 以下	430 以上	− 275 以上	12 以上 15 以上	0.4 以上 0.5 以下 0.5 を超え 2.9 以下 2.9 を超え 6 以下	厚さの 2 倍 厚さの 3 倍 厚さの 4 倍
	T861	0.4 以上 0.5 以下 0.5 を超え 1.6 以下 1.6 を超え 6.5 以下 6.5 を超え 12 以下	480 以上 480 以上 490 以上 480 以上	− 430 以上 460 以上 440 以上	3 以上 3 以上 4 以上 4 以上	−	−
A3003P A3203P	O	0.2 以上 0.3 以下 0.3 を超え 0.8 以下 0.8 を超え 1.3 以下 1.3 を超え 6.5 以下 6.5 を超え 75 以下	95 以上 125 以下	− − 35 以上 35 以上 35 以上	18 以上 20 以上 23 以上 25 以上 23 以上	0.2 以上 6 以下	密着
	H12 H22	0.2 以上 0.3 以下 0.3 を超え 0.5 以下 0.5 を超え 0.8 以下 0.8 を超え 1.3 以下 1.3 を超え 2.9 以下 2.9 を超え 4 以下 4 を超え 6.5 以下 6.5 を超え 12 以下	120 以上 155 以下	− − − 85 以上 85 以上 85 以上 85 以上 85 以上	3 以上 3 以上 4 以上 5 以上 6 以上 7 以上 8 以上 9 以上	0.2 以上 6 以下	厚さの 0.5 倍
	H14 H24	0.2 以上 0.3 以下 0.3 を超え 0.5 以下 0.5 を超え 0.8 以下 0.8 を超え 1.3 以下 1.3 を超え 2.9 以下 2.9 を超え 4 以下 4 を超え 6.5 以下 6.5 を超え 12 以下	135 以上 175 以下	− − − 120 以上 120 以上 120 以上 120 以上 120 以上	1 以上 2 以上 3 以上 4 以上 5 以上 6 以上 7 以上 8 以上	0.2 以上 2.9 以下 2.9 を超え 6 以下	厚さの 1 倍 厚さの 1.5 倍
	H16 H26	0.2 以上 0.5 以下 0.5 を超え 0.8 以下 0.8 を超え 1.3 以下 1.3 を超え 4 以下	165 以上 205 以下	− − 145 以上 145 以上	1 以上 2 以上 3 以上 4 以上	0.2 以上 1.3 以下 1.3 を超え 2.9 以下 2.9 を超え 4 以下	厚さの 2 倍 厚さの 2.5 倍 厚さの 3 倍
A3004P A3104P	O	0.2 以上 0.5 以下 0.5 を超え 0.8 以下 0.8 を超え 1.3 以下 1.3 を超え 3 以下	155 以上 195 以下	− − 60 以上 60 以上	10 以上 14 以上 16 以上 18 以上	0.2 以上 0.8 以下 0.8 を超え 3 以下	密着 厚さの 0.5 倍

表 4-5（つづき） (3) 板，条および円板の機械的性質（抜粋）

記号	質別	引張試験 厚さ mm	引張強さ N/mm²	耐力 N/mm²	伸び %	曲げ試験 厚さ mm	内側半径
A3105P	H12 H22	0.3 以上　　0.8 以下 0.8 を超え 1.6 以下	125 以上 175 以下	－ 110 以上	1 以上 2 以上	0.3 以上 1.6 以下	厚さの1倍
	H14 H24	0.3 以上　　0.8 以下 0.8 を超え 1.6 以下	155 以上 195 以下	－ 125 以上	1 以上 2 以上	0.3 以上 0.8 以下 0.8 を超え 1.6 以下	厚さの1.5倍 厚さの2倍
	H16 H26	0.3 以上　　0.8 以下 0.8 を超え 1.6 以下	175 以上 225 以下	－ 145 以上	1 以上 2 以上	0.3 以上 0.5 以下 0.5 を超え 1.6 以下	厚さの2倍 厚さの3倍
A5005P	O	0.5 以上　　0.8 以下 0.8 を超え 1.3 以下 1.3 を超え 2.9 以下 2.9 を超え 75　以下	110 以上 145 以下	－ 35 以上 35 以上 35 以上	18 以上 20 以上 21 以上 22 以上	0.5 以上 6 以下	密着
	H12 H22 H32	0.5 以上　　0.8 以下 0.8 を超え 1.3 以下 1.3 を超え 2.9 以下 2.9 を超え 4　以下 4　を超え 6.5 以下 6.5 を超え 12　以下	120 以上 155 以下	－ 85 以上 85 以上 85 以上 85 以上 85 以上	3 以上 4 以上 6 以上 7 以上 8 以上 9 以上	0.5 以上 6 以下	厚さの0.5倍
	H14 H24 (?) H34	0.5 以上　　0.8 以下 0.8 を超え 1.3 以下 1.3 を超え 2.9 以下 2.9 を超え 4　以下 4　を超え 6.5 以下 6.5 を超え 12　以下	135 以上 175 以下	－ 110 以上 110 以上 110 以上 110 以上 110 以上	1 以上 2 以上 3 以上 5 以上 6 以上 8 以上	0.5 以上 2.9 以下 2.9 を超え 6 以下	厚さの1倍 厚さの1.5倍
	H16 H26 H36	0.5 以上　　0.8 以下 0.8 を超え 1.3 以下 1.3 を超え 4　以下	155 以上 195 以下	－ 125 以上 125 以上	1 以上 2 以上 3 以上	0.5 以上 1.3 以下 1.3 を超え 2.9 以下 2.9 を超え 4 以下	厚さの2倍 厚さの2.5倍 厚さの3倍
A5052P A5652P	O	0.2 以上　　0.3 以下 0.3 を超え 0.5 以下 0.5 を超え 0.8 以下 0.8 を超え 1.3 以下 1.3 を超え 2.9 以下 2.9 を超え 6.5 以下 6.5 を超え 75　以下	175 以上 215 以下	－ － － 65 以上 65 以上 65 以上 65 以上	14 以上 15 以上 16 以上 18 以上 19 以上 20 以上 18 以上	0.2 以上 0.8 以下 0.8 を超え 2.9 以下 2.9 を超え 6 以下	密着 厚さの0.5倍 厚さの1倍
	H16 H26 H36	0.2 以上　　0.8 以下 0.8 を超え 4　以下	255 以上 305 以下	－ 205 以上	3 以上 4 以上	0.2 以上 0.8 以下 0.8 を超え 1.3 以下 1.3 を超え 4 以下	厚さの2倍 厚さの2.5倍 厚さの3倍
A5154P A5254P	O	0.5 以上　　0.8 以下 0.8 を超え 1.3 以下 1.3 を超え 2.9 以下 2.9 を超え 75　以下	205 以上 285 以下	－ 75 以上 75 以上 75 以上	12 以上 14 以上 16 以上 18 以上	0.5 以上 0.8 以下 0.8 を超え 2.9 以下 2.9 を超え 6 以下	厚さの1倍 厚さの1.5倍 厚さの2倍
	H12 H22 H32	0.5 以上　　0.8 以下 0.8 を超え 1.3 以下 1.3 を超え 6.5 以上 6.5 を超え 12　以下	255 以上 295 以下	－ 175 以上 175 以上 175 以上	5 以上 8 以上 8 以上 12 以上	0.5 以上 0.8 以下 0.8 を超え 2.9 以下 2.9 を超え 6 以下	厚さの1.5倍 厚さの2倍 厚さの2.5倍
	H14 H24 H34	0.5 以上　　0.8 以下 0.8 を超え 1.3 以下 1.3 を超え 4　以下 4　を超え 6.5 以下 6.5 を超え 12　以下	275 以上 315 以下	－ 205 以上 205 以上 205 以上 205 以上	4 以上 4 以上 6 以上 7 以上 10 以上	0.5 以上 0.8 以下 0.8 を超え 2.9 以下 2.9 を超え 6 以下	厚さの1倍 厚さの2.5倍 厚さの3倍

(3) 板，条および円板の機械的性質（抜粋）

記号	質別	厚さ mm	引張強さ N/mm²	耐力 N/mm²	伸び %	厚さ mm	内側半径
	H16 H26 H36	0.5 以上　　0.8 以下 0.8 を超え　1.3 以下 1.3 を超え　2.9 以下 2.9 を超え　4　以下	295 以上 335 以下	－ 225 以上 225 以上 225 以上	3 以上 3 以上 4 以上 5 以上	0.5 以上 0.8 以下 0.8 を超え 1.3 以下 1.3 を超え 4 以下	厚さの3倍 厚さの3.5倍 厚さの4倍
A5454P	O	0.5 以上　　0.8 以下 0.8 を超え　1.3 以下 1.3 を超え　2.9 以下 2.9 を超え　50　以下	215 以上 285 以下	85 以上	12 以上 14 以上 16 以上 18 以上	－	－
A5082P	H18	0.2 以上　　0.5 以下	335 以上	－	1 以上	－	－
	H19	0.2 以上　　0.5 以下	355 以上	－	1 以上	－	－
A5182P	H18	0.2 以上　　0.5 以下	345 以上	－	1 以上	－	－
	H19	0.2 以上　　0.5 以下	365 以上	－	1 以上	－	－
A5083P	O	0.5 を超え　　0.8 以下 0.8 を超え　40　以下 40　を超え　80　以下 80　を超え 100　以下	275 以上 355 以下 275 以上 355 以下 275 以上 345 以下 265 以上	 125 以上 195 以下 120 以上 195 以下 110 以上	16 以上	0.5 以上 12 以下	厚さの2倍
	H22 H32	0.5 以上　　0.8 以下 0.8 を超え　2.9 以下 2.9 を超え　12　以下	315 以上 375 以下 315 以上 375 以下 305 以上 380 以下	－ 235 以上 305 以下 215 以上 295 以下	8 以上 8 以上 12 以上	0.5 以上 1.3 以下 1.3 を超え 2.9 以下 2.9 を超え 6.5 以下 6.5 を超え 12 以下	厚さの2.5倍 厚さの3倍 厚さの4倍 厚さの5倍
	H321	4 以上　　13　以下 13　を超え　40　以下 40　を超え　80　以下	305 以上 385 以下 305 以上 385 以下 285 以上 385 以下	215 以上 295 以下 215 以上 295 以下 200 以上 295 以下	12 以上 11 以上 11 以上		
A5083PS	O	6.5 以上　　40　以下 40　を超え　80　以下 80　を超え 100　以下	275 以上 355 以下 275 以上 345 以下 275 以下	135 以上 195 以下 125 以上 195 以下 120 以上	16 以上	6.5 を超え 12 以下	厚さの2倍
A5086P	H112	4 以上　　6.5 以下 6.5 を超え　13　以下 13　を超え　25　以下 25　を超え　50　以下 50　を超え　75　以下	255 以上 245 以上 245 以上 245 以上 235 以上	125 以上 125 以上 110 以上 100 以上 100 以上	7 以上 8 以上 10 以上 14 以上 14 以上	－	－
	O	0.5 以上　　1.3 以下 1.3 を超え　6.5 以下 6.5 を超え　50　以下	245 以上 305 以下	100 以上	15 以上 18 以上 16 以上	0.5 以上 0.8 以下 0.8 を超え 2.9 以下 2.9 を超え 12 以下	厚さの1.5倍 厚さの2倍 厚さの2.5倍

表 4-5（つづき） (3) 板，条および円板の機械的性質（抜粋）

記号	質別	引張試験 厚さ mm	引張強さ N/mm²	耐力 N/mm²	伸び %	曲げ試験 厚さ mm	内側半径
A5N01P	O	0.2 以上　　0.3 以下 0.3 を超え　0.5 以下 0.5 を超え　1.3 以下 1.3 を超え　6　以下	85 以上 125 以下	–	10 以上 15 以上 20 以上 25 以上	0.2 以上 6 以下	密着
	H18	0.2 以上　　0.5 以下 0.5 を超え　0.8 以下 0.8 を超え　1.3 以下 1.3 を超え　3　以下	165 以上	–	1 以上 2 以上 3 以上 4 以上	–	–
A6061P	O	0.4 以上　　0.5 以下 0.5 を超え　2.9 以下 2.9 を超え　13　以下 13 を超え　25　以下 25 を超え　75　以下	145 以下	– 85 以下 85 以下	14 以上 16 以上 18 以上 18 以上 16 以上	0.4 以上 0.5 以下 0.5 を超え 2.9 以下 2.9 を超え 6.5 以下 6.5 を超え 12 以下	密着 厚さの 0.5 倍 厚さの 1 倍 厚さの 1.5 倍
	T4	0.4 以上　　0.5 以下 0.5 を超え　6.5 以下	205 以上	– 110 以上	14 以上 16 以上	0.4 以上 0.5 以下 0.5 を超え 6 以下	厚さの 1 倍 厚さの 1.5 倍
	T6	0.4 以上　　0.5 以下 0.5 を超え　6.5 以下	295 以上	– 245 以上	8 以上 10 以上	0.4 以上 0.5 以下 0.5 を超え 1.6 以下 1.6 を超え 2.9 以下 2.9 を超え 6 以下	厚さの 1.5 倍 厚さの 2 倍 厚さの 2.5 倍 厚さの 3 倍
	T62	0.4 　以上　　0.5 　以下 0.5 を超え　13　以下 13 を超え　25　以下 25 を超え　50　以下 50 を超え　75　以下	295 以上	– 245 以上 245 以上 240 以上 240 以上	8 以上 10 以上 9 以上 8 以上 6 以上		
A7075P	O(⁴)	0.4 　以上　　0.5 　以下 0.5 を超え　13　以下 13 を超え　25　以下 25 を超え　50　以下	275 以下	145 以下	10 以上	0.4 以上 0.5 以下 0.5 を超え 1.6 以下 1.6 を超え 2.9 以下 2.9 を超え 6 以下	厚さの 0.5 倍 厚さの 1 倍 厚さの 2 倍 厚さの 2.5 倍
	T6	0.4 　以上　　0.5 　以下 0.5 を超え　1　以下 1 を超え　2.9 以下 2.9 を超え　6.5 以下	530 以上 530 以上 540 以上 540 以上	460 以上 470 以上 480 以上	7 以上 7 以上 8 以上 8 以上	0.4 以上 0.5 以下 0.5 を超え 1.6 以下 1.6 を超え 2.9 以下 2.9 を超え 6 以下	厚さの 3.5 倍 厚さの 4 倍 厚さの 5 倍 厚さの 5.5 倍
	T62	0.4 　以上　　0.5 　以下 0.5 を超え　1　以下 1 を超え　2.9 以下 2.9 を超え　6.5 以下 6.5 を超え　13　以下 13 を超え　25　以下 25 を超え　50　以下	530 以上 530 以上 540 以上 540 以上 540 以上 540 以上 530 以上	460 以上 470 以上 480 以上 460 以上 470 以上 460 以上	7 以上 7 以上 8 以上 8 以上 9 以上 7 以上 6 以上		
A7N01P	O	1.5 以上　　75 以下	245 以上	145 以上	12 以上	1.5 以上 2.9 以下 2.9 を超え 6.5 以下 6.5 を超え 12 以下	厚さの 2 倍 厚さの 2.5 倍 厚さの 3 倍
	T4	1.5 以上　　75 以下	315 以上	195 以上	11 以上	1.5 以上 2.9 以下 2.9 を超え 6.5 以下 6.5 を超え 12 以下	厚さの 2.5 倍 厚さの 3 倍 厚さの 4.5 倍

表4-6 アルミニウム合金の熱処理
(参考値)

種類	質別	焼 な ま し	溶体化処理	時効硬化
2014	O	340～410℃ 空冷または炉冷	—	—
	T3, T4	—	495～505℃ 水冷	—
	T6	—	495～505℃ 水冷	170～180℃ 8～12時間
2017	O	340～410℃ 空冷または炉冷	—	—
	T3, T4	—	495～510℃ 水冷	—
2024	O	340～410℃ 空冷または炉冷	—	—
	T3, T4	—	490～500℃ 水冷	—
	T861	—	490～500℃ 水冷	190～195℃ 約16時間
3003	O	340～410℃ 空冷または炉冷	—	—
5005 5052	O	340～410℃ 空冷または炉冷	—	—
6061	O	340～410℃ 空冷または炉冷	—	—
	T4	—	515～550℃ 水冷	—
	T6	—	515～550℃ 水冷	170～180℃ 約8時間
7075	O	340～410℃ 空冷または炉冷	—	—
	T6	—	460～470℃ 水冷	115～125℃ 22時間以上
5N01	O	340～410℃ 空冷または炉冷	—	—
7N01	O	約410℃ 炉冷	—	—
	T4	—	約450℃ 空冷または水冷	—
	T6	—	約450℃ 空冷または水冷	約120℃ 約24時間

表4-7 アルミニウムおよびアルミニウム合金はく
(JIS H 4160：94)

種類 合金番号	質別	化学成分 Al%	用途例 (参考)	種類 合金番号	質別	化学成分 %	用途例 (参考)
1085	O	99.85 以上	電気通信用, 電解コンデンサ用, 冷暖房用	3003	O	1.0<Cu <1.5	容器用, 冷暖房用
	H18				H18		
1070	O	99.70 以上		3004	O		
	H18				H18		
1050	O	99.50 以上		8021	O	1.2<Fe <1.7	装飾用, 電気通信用, 建材用, 包装用, 冷暖房用
	H18				H18		
1N30	O	99.30 以上	装飾用, 電気通信用, 建材用, 包装用, 冷暖房用	8079	O	0.7<Fe <1.3	
	H18				H18		
1100	O	99.00 以上					
	H18						

(2) 高力アルミニウム合金　高力 Al 合金は Al-Cu 系合金を基礎としたもので，$CuAl_2$ や Mg_2Si などの析出による時効硬化合金 2000 系の 2014 や 2017 合金の普通ジュラルミンから発展してきた。その後 Al-Cu-Mg 系の 2024 合金は $CuAl_2$ に加えて S 化合物（$Al_5Cu_3Mg_2$）の析出硬化による硬化能が大きい超ジュラルミンとして開発され，7000 系の Al-Zn-Mg 系合金の超々ジュラルミンへとさらに高強度化が図られている。これら合金の熱処理方法を表 4-6 に参考として示したが，溶体化処理温度や時効硬化処理時間は部材の肉厚や加工度によって異なる。またその硬化処理後の引張強さも表 4-5(3)に示すように寸法効果があるので注意を要する。

これらの高力合金を変形加工する場合は溶体化焼入れ直後に行うのが普通で，その後の時効硬化も良いほうに期待できる。時効は低温に保持することによって停止または抑制できる。また高力 Al 合金は高強度ではあるが，一般には耐食性が劣るのでその表面に純 Al または Al-Mg 系のはくを合わせ材（アルクラッド材）としてクラッドして耐熱・耐食性の改善も図られている。

(3) 展伸アルミニウム合金　アルミニウムおよびアルミニウム合金は展延性に優れているので板（P）以外に条（R），棒（B），線（W），管（T）などに加工されているが，基本となる化学成分などは表 4-5 に準ずる。厚さ 0.006〜0.2 mm のアルミニウムとアルミニウム合金はく（JIS H 4160：94）が規定（表 4-7）されているが，ここでは IN 30 という記号の純度 99.30 % 以上の純 Al も加えられている。

4.2.4. 鋳造用アルミニウム合金

(1) アルミニウム合金鋳物（砂型，金型用）　表 4-8(1)，(2)に JIS によるその種類と組成および機械的性質を示した。3 種 A，7 種 A は非熱処理型の合金で，その他はいずれも熱処理が可能な合金である。8 種および 9 種は金型用であるが，それ以外のものは砂型，金型のいずれにも使用できる。

1 種 B は 4.5 % Cu を含む最も基本的な Al-Cu 系合金で，時効硬化性があり，機械的性質が良く切削性も良好であるが，Cu 量が多いために耐食性や鋳造性が悪い。一方偏析も起こしやすく Al の結晶粒界に共晶組織（Al-$CuAl_2$）が晶出し，鋳巣や鋳割れも多く，また溶体化処理に長時間を要する。用途としては自動車部品や架線部品などがある。

2 種 A，B は 1 種 A の Cu を減じてこれに Si を加えた Al-Cu-Si 系合金（ラウタル）で，鋳造性，気密性，溶接性が良く，伸びがやや小さいが T 6 処理による時効硬化性もあって，車のクランクケースなど一般に広く用いられている。

3 種 A は Cu を 0.25 % 以下にし，10〜13 % Si を含む Al-Si 系の共晶合金（シルミン）で，Na の微量添加により組織が微細化されて機械的性質が改善される。流動性はアルミニウム合金中で最も優れ，薄物および複雑な鋳物に適する。熱間ぜい性がなく，不純物が少なければ耐食性も良いが，砂型鋳造の場合に水分と反応して水素を吸収し，耐気密性に欠ける点がある。また非時効性で強さも十分ではない。

表4-8 アルミニウム合金鋳物 (JIS H 5202 : 99)

(1) 種類と化学成分

種類の記号	対応ISO記号	化学成分 (%)											
		Cu	Si	Mg	Zn	Fe	Mn	Ni	Ti	Pb	Sn	Cr	Al
AC1B	Al-Cu4MgTi	4.2~5.0	0.30 以下	0.15~0.35	0.10 以下	0.35 以下	0.10 以下	0.05 以下	0.05~0.35	0.05 以下	0.05 以下	0.05 以下	残部
AC2A	—	3.0~4.5	4.0~6.0	0.25 以下	0.55 以下	0.8 以下	0.55 以下	0.30 以下	0.20 以下	0.15 以下	0.05 以下	0.15 以下	残部
AC2B	—	2.0~4.0	5.0~7.0	0.50 以下	1.0 以下	1.0 以下	0.50 以下	0.35 以下	0.20 以下	0.20 以下	0.10 以下	0.20 以下	残部
AC3A	—	0.25 以下	10.0~13.0	0.15 以下	0.30 以下	0.8 以下	0.35 以下	0.10 以下	0.20 以下	0.10 以下	0.10 以下	0.15 以下	残部
AC4A	—	0.25 以下	8.0~10.0	0.30~0.6	0.25 以下	0.55 以下	0.30~0.6	0.10 以下	0.20 以下	0.10 以下	0.05 以下	0.15 以下	残部
AC4B	—	2.0~4.0	7.0~10.0	0.50 以下	1.0 以下	1.0 以下	0.50 以下	0.35 以下	0.20 以下	0.20 以下	0.10 以下	0.20 以下	残部
AC4C	Al-Si7Mg (Fe)	0.20 以下	6.5~7.5	0.20~0.4	0.3 以下	0.5 以下	0.6 以下	0.05 以下	0.20 以下	0.05 以下	0.05 以下	—	残部
AC4D	Al-Si5CuMg	1.0~1.5	4.5~5.5	0.4~0.6	0.5 以下	0.6 以下	0.5 以下	0.3 以下	0.2 以下	0.1 以下	0.1 以下	—	残部
AC5A	Al-Cu4Ni2Mg2	3.5~4.5	0.7 以下	1.2~1.8	0.1 以下	0.7 以下	0.6 以下	1.7~2.3	0.2 以下	0.05 以下	0.05 以下	0.2 以下	残部
AC7A	—	0.10 以下	0.20 以下	3.5~5.5	0.15 以下	0.30 以下	0.6 以下	0.05 以下	0.20 以下	0.05 以下	0.05 以下	0.15 以下	残部
AC8A	—	0.8~1.3	11.0~13.0	0.7~1.3	0.15 以下	0.8 以下	0.15 以下	0.8~1.5	0.20 以下	0.05 以下	0.05 以下	0.10 以下	残部
AC8B	—	2.0~4.0	8.5~10.5	0.50~1.5	0.50 以下	1.0 以下	0.50 以下	0.10~1.0	0.20 以下	0.10 以下	0.10 以下	0.10 以下	残部
AC8C	—	2.0~4.0	8.5~10.5	0.50~1.5	0.50 以下	1.0 以下	0.50 以下	0.50 以下	0.20 以下	0.10 以下	0.10 以下	0.10 以下	残部
AC9A	—	0.50~1.5	22~24	0.50~1.5	0.20 以下	0.8 以下	0.50 以下	0.50~1.5	0.20 以下	0.10 以下	0.10 以下	0.10 以下	残部
AC9B	—	0.50~1.5	18~20	0.50~1.5	0.20 以下	0.8 以下	0.50 以下	0.50~1.5	0.20 以下	0.10 以下	0.10 以下	0.10 以下	残部

表 4-8（つづき）　(2) 機械的性質

種類の記号	金型鋳物 質別	引張試験 引張強さ N/mm²	伸び %	参考 ブリネル硬さ HBS 10/500	砂型鋳物 質別	引張試験 引張強さ N/mm²	伸び %	参考 ブリネル硬さ HBS 10/500
AC1B	T4	330 以上	8 以上	約 95	T4	290 以上	4 以上	約 90
AC2A	F	180 以上	2 以上	約 75	F	150 以上	−	約 70
	T6	270 以上	1 以上	約 90	T6	230 以上	−	約 90
AC2B	F	150 以上	1 以上	約 70	F	130 以上	−	約 60
	T6	240 以上	1 以上	約 90	T6	190 以上	−	約 80
AC3A	F	170 以上	5 以上	約 50	F	140 以上	2 以上	約 45
AC4A	F	170 以上	3 以上	約 60	F	130 以上	−	約 45
	T6	240 以上	2 以上	約 90	T6	220 以上	−	約 80
AC4B	F	170 以上	−	約 80	F	140 以上	−	約 80
	T6	−	−	約 100	T6	210 以上	−	約 100
AC4C	F	150 以上	3 以上	約 55	F	140 以上	2 以上	約 55
	T5	170 以上	3 以上	約 65	T5	150 以上	−	約 55
	T6	230 以上	2 以上	約 85	T6	210 以上	1 以上	約 75
AC4D	F	160 以上	−	約 70	F	130 以上	−	約 60
	T5	190 以上	−	約 75	T5	170 以上	−	約 65
	T6	290 以上	−	約 95	T6	220 以上	1 以上	約 80
AC5A	O	180 以上	−	約 65	O	150 以上	−	約 65
	T6	260 以上	−	約 100	T6	220 以上	−	約 90
AC7A	F	210 以上	12 以上	約 60	F	140 以上	6 以上	約 50
AC8A	F	170 以上	−	約 85				
	T5	190 以上	−	約 90				
	T6	270 以上	−	約 110				
AC8B	F	170 以上	−	約 85				
	T5	190 以上	−	約 90				
	T6	270 以上	−	約 110				
AC8C	F	170 以上	−	約 85				
	T5	180 以上	−	約 90				
	T6	270 以上	−	約 110				
AC9A	T5	150 以上	−	約 90				
	T6	190 以上	−	約 125				
	T7	170 以上	−	約 95				
AC9B	T5	170 以上	−	約 85				
	T6	270 以上	−	約 120				
	T7	200 以上	−	約 90				

4種のうち，3種Aの欠点を補うためにSi量をやや減じ，MgまたはCuを加えて時効硬化性を与えたものが4種A，Bで，AはAl-Si-Mg系合金（ガンマー・シルミン），BがAl-Si-Cu系合金（含銅シルミン）である。前者は流動性，耐震性が良く，後者は鋳造性，溶接性が良い。いずれもT6（人工時効）処理により強さを増すことができる。また4種CはAよりもSiおよび

4章 アルミニウムとその合金

表4-9 アルミニウム合金ダイカストの種類（JIS H 5302 : 00）と機械的性質（参考）

種類	記号	合金系	合金の特色	使用部品例	引張強さ MPa	耐力 MPa	伸び%	HB	HRB
アルミニウム合金ダイカスト 1種	ADC1	Al-Si系	耐食性、鋳造性がよく、耐力が幾分低い。	自動車メインフレーム、フロントパネル；自動製パン器内釜	250	172	1.7	71.2	36.2
アルミニウム合金ダイカスト 1種C	ADC1C (Al-Si12CuFe)	Al-Si系	ADC1より耐食性が若干劣る。鋳造性がよく、耐力が幾分低い。						
アルミニウム合金ダイカスト 2種	ADC2 (Al-Si12Fe)	Al-Si系	耐食性がADC6に次いでよく、鋳造性もよく、じん性が大きい。						
アルミニウム合金ダイカスト 3種	ADC3	Al-Si-Mg系	衝撃値と耐力が高く、耐食性もADC1とほぼ同等で、鋳造性がADC1より若干劣る。	自動車ホイールキャップ；三輪車クランクケース；自転車ホイール；船外機プロペラ	279	179	2.7	71.4	36.7
アルミニウム合金ダイカスト 5種	ADC5	Al-Mg系	耐食性が最もよく、伸び、衝撃値が高い反面、鋳造性が悪い。	農機具アーム；船舶機プロペラ；釣具レバー、スプール（糸巻き）	(213)	(145)	—	(66.4)	(30.1)
アルミニウム合金ダイカスト 6種	ADC6	Al-Mg-Mn系	耐食性はADC5に次いでよく、鋳造性はADC5より若干劣る。	三輪ハンドルレバー、ウインカーホルダー；船外機プロペラ、ケース、ウォーターポンプ；磁気ディスク装置	266	172	3.2	64.7	27.3
アルミニウム合金ダイカスト 7種	ADC7 (Al-Si5Fe)	Al-Si系	ADC1よりじん性、耐食性、かしめ性がよいが、鋳造性が若干劣る。						

表 4-9 (つづき)

種類	記号	合金系	合金の特色	使用部品例	引張強さ MPa	耐力 MPa	伸び%	HB	HRB
アルミニウム合金ダイカスト 8種	ADC8 (Al-Si6Cu4Fe)	Al-Si-Cu-Mn系	ADC10より強度があるが、鋳造性がADC10より若干劣る。						
アルミニウム合金ダイカスト 10種	ADC10	Al-Si-Cu系	機械的性質、被削性、鋳造性がよい。	自動車エンジン部品；二輪車用ショックアブソーバー、エンジン部品、ケース類；農機具用ケース類、シリンダーヘッド、シリンダーブロック；VTRフレーム；カメラ本体；電動工具；ミシン部品；釣具；ガス器具；床板；エスカレーター部品；その他のアルミニウム製品のほとんどすべての物に用いられている。(ADC11を除く)	241	157	1.5	73.6	39.4
アルミニウム合金ダイカスト 10種Z	ADC10Z	Al-Si-Cu系	ADC10より耐鋳造割れ及び耐食性が劣る。						
アルミニウム合金ダイカスト 11種	ADC11 (Al-Si8Cu3Fe)	Al-Si-Cu系	機械的性質、被削性、鋳造性がよいが、かしめ性がADC10より若干劣る。						
アルミニウム合金ダイカスト 12種	ADC12	Al-Si-Cu系	機械的性質、被削性、鋳造性がよい。	自動車自動変速機用オイルポンプボディー；二輪車用インサート、ハウジングクラッチ	228	154	1.4	74.1	40.0
アルミニウム合金ダイカスト 12種Z	ADC12Z	Al-Si-Cu系	ADC12より耐鋳造割れ及び耐食性が劣る。						
アルミニウム合金ダイカスト 14種	ADC14	Al-Si-Cu-Mg系	耐摩耗性がよく、湯流れ性がよく、耐力が高く、伸びが劣る。		193	188	0.5	76.8	43.1

備考 1. 記号の項の括弧内は、ISO規格で規定したダイカストを示す。
2. ADC5の機械的性質はおすすめのデータの平均値である。

Mg 量を少なくしたもので,強さはやや減ずるが,鋳造性,溶接性に優れ,気密性,耐震性,耐食性も良い。T6のほかT5(鋳造後焼戻し)処理も行われる。4種Dは,これにCuを加えたAl-Si-Cu-Mg系合金でもっぱらT6処理をして用いられる。

5種Aは Ni を含む耐熱性 Al-Cu-Ni-Mg 系合金(Y合金)で,主にS化合物($Al_5Cu_3Mg_2$)による時効硬化性をもつ。

7種Aは耐食性 Al-Mg 系合金(ヒドロナリウム)で,Mg(3.5〜5.5%)を含み鋳造のままで溶体化が行われ,時効性はあまり無いが強さ・伸びがともに良く,優れた機械的性質を示す。

また8種 A,B は Al-Si-Cu-Ni-Mg 系(ローエックス)の耐熱合金で,Si 量が多く鋳造性が良い。とくに熱膨張率が小さいので,Y合金同様ピストン材として用いられる。ともに時効性がありT6のほかT5処理も行われる。

さらに9種 A,B は Si 含有量を多くした過共晶合金鋳物で,過共晶組成では初晶 Si が主構成相となる。Si 量の増加とともに熱膨張係数は低下し,硬さと耐摩耗性が増加する。自動車用ピストン,プーリ,軸受などに開発された鋳物である。

(2) ダイカスト用アルミニウム合金 表4-9にアルミニウム合金ダイカストの種類と機械的性質の JIS を示すが,Al-Si 系,Al-Si-Mg 系,Al-Mg 系および Al-Cu-Si 系のものがあり,そのほかに純アルミニウムが用いられる。

これらダイカスト合金の化学成分としては Fe の許容量を 1.3% 以下と高くしているが,これはダイスへの粘着性と溶湯がダイスを腐食する傾向を防止するためのもので,ダイカスト合金の特徴ともいえる。なお,Fe を多く含有するダイカスト合金では,Mn が存在すると Al-Fe-Mn 系化合物(硬点)を形成して機械的性質や切削性を低下させるから,ダイカスト合金に対してはできるだけ添加しないほうがよい。そこで Al-Si 系合金に対して健全なダイカストを得るためには,Mg は 0.1% 以下に抑えるのがよい。また,導電性を必要とするものは純度の良い Al が使用されている。

1種は Al-Si 系の共晶合金(シルミン)に相当するもので,実際の凝固範囲は10℃内外であるから,この合金では熱間割れがないが,Si 量が増すと重力偏析が起こりやすく,ダイス中心付近で収縮しやすくなり,収縮孔の原因となる。流動性が良く複雑な形状の鋳物に適するが,組織が粗大となり,切削性が悪く,しだいに使用されなくなっている。

3種は Al-Si-Mg 系合金で Si 量を下げて,Mg を加えたものである。5,6種は Al-Mg 系の耐食性合金で,とくに5種は Mg 量が高く機械的性質に優れているが,流動性が劣り複雑な形状のものができにくい。7種は Si 量を1種に比べて半減したものであり,10,12種は Al-Si-Cu 系で輸送機器などの部材として幅広く利用されている。

5章 マグネシウムとその合金

5.1. 純マグネシウム

マグネシウム(Mg)の製法としては、主に酸化物還元蒸留法による乾式精錬および塩化マグネシウム($MgCl_2$)を主剤とした溶融塩電解法などがある。表5-1にJISによるマグネシウム地金を示した。還元蒸留法のほうが純度の高いものが得られる。

表 5-1 マグネシウムとその地金 (JIS H 2150：98)

種類	記号	化学成分(%)									
		Al	Mn	Zn	Si	Cu	Fe	Ni	Pb	Sn	その他元素の合計(1)	Mg(2)
マグネシウム地金特1種	MIS 1	0.004以下	0.002以下	0.005以下	0.003以下	0.0005以下	0.002以下	0.0005以下	0.005以下	0.005以下	—(3)	99.98
マグネシウム地金1種	MI 1	0.01以下	0.01以下	0.01以下	0.01以下	0.005以下	0.003以下	0.001以下	0.005以下	0.005以下	0.01以下	99.95
マグネシウム地金2種	MI 2	0.01以下	0.01以下	0.05以下	0.01以下	0.01以下	0.05以下	0.001以下	—	—	0.01以下	99.90
マグネシウム地金3種	MI 3	0.05以下	0.1以下	—	0.05以下	0.02以下	0.05以下	0.002以下	—	—	0.05以下	99.8

注 (1) 任意のその他元素は、マグネシウム地金中に存在する可能性のある元素の最大含有量を規定する。
(2) 規定不純物元素の含有量を100から差し引いた値をマグネシウムの含有量とする。
(3) 特1種については、受渡当事者間でその他元素の取扱いについて協議する。

表5-2にMgの物理的性質を示した。Mgは実用金属中最も比重が小さいが、構造材としてはそのほとんどが純Mgとしてではなく、合金として用いられる。また、Mgは最密六方格子であるため冷間加工性が悪く10～20％程度が限度で、加工による方向性も著しいが、再結晶温度以上の熱間加工性は良く、普通250～400℃で各種の成形が行われる。

Mgは一般に耐食性は不良で、無機および有機の酸、塩類の水溶液に反応して腐食されるが、アルカリ水溶液には比較的耐食性が良い。耐食性はとくに不純物の影響が大きく、Fe、Ni、Cuは極めて有害で、Mnは比較的その害が少ない。とくにFeによる有害作用はMnの少量添加により改善される。

Mgの用途としては各種合金用添加元素、チタン還元用・電気防食用陽極、そのほか脱水剤、脱酸剤、閃光剤、花火などに用いられるが、耐食性と塑性加工性を改善したマグネシウム合金は軽量性、比強度、放熱性、振動吸収能、切削性などを考慮して航空機、自動車、船舶、電気機器、光学機器やデジタルビデオカメラ・ノートパソコン・携帯電話等の筐体など、身近な生活部品、スポーツ用品などとして昨今多方面に多く使用されている。

5.2. マグネシウム合金

5.2.1. Mg 合金の一般的性質

現在 JIS に指定されている Mg 合金は，Mg 自身の比重が小さい特性を損なわないように合金元素としては比重の小さい Al が主で，これに耐食性を与えるために少量の Mn を，また強さを増すために 3 ％以下の Zn を加えた Mg-Al-Zn 系合金が主体であり，一部に Mg-Mn 系も規定されている。最近では Li, Th, Zr そのほか希土類元素（Y など）を添加元素とする各種の Mg 合金が開発され，強度と塑性加工性を備えた実用合金も多く開発されている。

Mg 合金は母相となる Mg が六方晶であるため常温塑性加工が著しく困難で，やむを得ず行う場合はしばしば 300～350℃で焼なましをしなければならない。高温加工もその温度範囲が非常にわずかであるため，加工の際に使用する機械類を同程度に暖める必要がある。したがって Al 合金のように常温加工によって強さを増すことは困難で，もっぱら合金の組成によってその改良を図っている。

表 5-2 マグネシウムの物理的性質

	Mg
原子量	24.31
原子番号	12
比重 (20℃)	1.74
融点 (K)	923
沸点 (K)	1378
溶融潜熱 (kJ/mol)	9.2
熱容量 (20℃) (J/K·mol)	24.7
線膨張係数 (20℃～100℃)(1/K)	25.6×10^{-6}
熱伝導率 (W/(m·K))	155
導電率 (% IACS)	39
電気抵抗率 ($10^{-8}\Omega\cdot$m)	4.2
抵抗温度係数 $\Omega\cdot$m/K	0.01784
空間格子	最密六方型
格子定数 (nm)	$a=0.32095$ $c=0.52107$ $c/a=1.6235$
縦弾性係数 (GPa)	44.7

一例として図 5-1 に Mg-Al 系状態図を示した。Al 合金の場合と同様，Mg 側固溶体の溶解度変化を利用して，Al 5～12 ％を含むものは溶体化処理後，$Mg_{17}Al_{12}$ による時効硬化が可能である。図 5-2 に Mg-10 ％ Al 合金の時効温度による硬化曲線を示した。これに Zn を添加すると，さらに $Mg_3Al_2Zn_3$ の析出による時効硬化性が生じる。

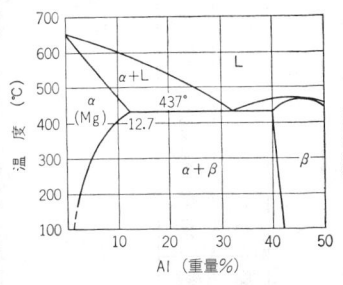

図 5-1 Mg-Al 系状態図

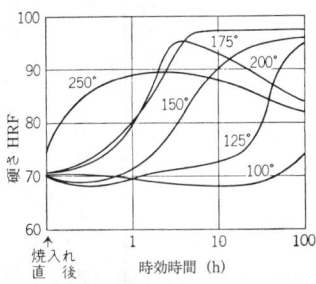

図 5-2 Mg-10 ％ Al 合金の時効硬化曲線

表 5-3 マグネシウム合金板の記号と化学成分および用途例(参考) (JIS H 4201:05)

種類	記号	対応ISO記号	相当ASTM	化学成分(%)										用途(参考)
					Mg	Al	Zn	Mn	Fe	Si	Cu	Ni	Ca	その他の元素	その他の元素合計	
1種B	MP1B	MgAl3Zn1(A)	AZ31B	残	2.4~3.6	0.50~1.5	0.15~1.0	0.005以下	0.10以下	0.05以下	0.005以下	0.04以下	0.05以下	0.30以下	成形用、電極板
1種C	MP1C	MgAl3Zn1(B)	—	残	2.4~3.6	0.50~1.5	0.05~0.4	0.05以下	0.10以下	0.05以下	0.005以下	—	0.05以下	0.30以下	食刻板、印刷板など
7種	MP7	—	—	残	15~2.4	0.50~1.5	0.05~0.6	0.010以下	0.10以下	0.10以下	0.005以下	—	0.05以下	0.30以下	成形用、食刻版、印刷板など
9種	MP9	MgZn2Mn1	—	残	0.1以下	1.75~2.3	0.6~1.3	0.06以下	0.10以下	0.1以下	0.005以下	—	0.05以下	0.30以下	成形用

表 5-4 マグネシウム合金棒の記号と化学成分 (JIS H 4203:05)

種類	記号	対応 ISO 記号	相当 ASTM	化学成分(%)											
				Mg	Al	Zn	Mn	RE(1)	Zr	Y	Li	Fe	Si	Cu	Ni	Ca	その他の元素	その他の元素合計
1種B	MB1B	MgAl3Zn1(A)	AZ31B	残	2.4~3.6	0.50~1.5	0.15~1.0	—	—	—	—	0.005 以下	0.10 以下	0.05 以下	0.005 以下	0.04 以下	0.05 以下	0.30 以下
1種C	MB1C	MgAl3Zn1(B)	—	残	2.4~3.6	0.50~1.5	0.05~0.4	—	—	—	—	0.05 以下	0.1 以下	0.05 以下	0.005 以下	—	0.05 以下	0.30 以下
2種	MB2	MgAl6Zn1	AZ61A	残	5.5~6.5	0.50~1.5	0.15~1.0	—	—	—	—	0.005 以下	0.10 以下	0.05 以下	0.005 以下	—	0.05 以下	0.30 以下
3種	MB3	MgAl8Zn	AZ80A	残	7.8~9.2	0.20~0.8	0.12~	—	—	—	—	0.005 以下	0.10 以下	0.05 以下	0.005 以下	—	0.05 以下	0.30 以下
5種	MB5	MgZn3Zr	—	残	—	2.5~4.0	—	—	0.45~0.8	—	—	—	—	—	—	—	0.05 以下	0.30 以下
6種	MB6	MgZn6Zr	ZK60A	残	—	4.8~6.2	—	—	0.45~0.8	—	—	—	—	—	—	—	0.05 以下	0.30 以下
8種	MB8	MgMn2	—	残	—	—	1.75~2.3	—	—	—	—	—	0.10 以下	0.05 以下	0.01 以下	—	0.05 以下	0.30 以下
9種	MB9	MgZn2Mn1	—	残	0.1 以下	1.75~2.3	0.9~1.3	—	—	—	—	0.06 以下	0.10 以下	0.1 以下	0.005 以下	—	0.05 以下	0.30 以下
10種	MB10	MgZn7Cu1	ZC71A	残	0.2 以下	6.0~7.0	0.5~1.0	—	—	—	—	0.05 以下	0.10 以下	1.0~1.5	0.01 以下	—	0.05 以下	0.30 以下
11種	MB11	MgY5RE4Zr	WE54A	残	—	0.20 以下	0.03 以下	1.5~4.0	0.4~1.0	4.75~5.5	0.2 以下	0.010 以下	0.01 以下	0.02 以下	0.005 以下	—	0.01 以下	0.30 以下

5.2.2. 加工用 Mg 合金

Mg 合金の加工性の悪いことは前述のとおりであるが，とくに Al ％が大きいほど著しい。したがって圧延材としては 7 ％ Al 以下の α 固溶体範囲に限られる。さらに Al が増加して 10～12 ％になると鍛造も容易ではない。

表 5-3, 5-4 に加工用 Mg 合金の一例として，マグネシウム合金板と棒の JIS を示した。1 種および 2 種はともにエレクトロンと呼ばれる Mg-Al-Zn 系合金で，Al 6.5 ％以下としている。1 種は Al 量を単に 2 種の 1/2 としているにすぎない。Mg 合金の ASTM 相当番号では，この Al と Zn の含有量で 1 種を AZ 31 などと称している。ほかに，継目無管（T）および押出形材（S）がある。また JIS 表中，たとえば 6 種は T S 処理（焼入れ後常温加工してから焼戻す）して時効硬化により引張強さを向上させたものであり，JIS には無い AZ 91 合金（Al 9 ％, Zn 1 ％）では結晶粒径を微細化させて超塑性を発現させるなど，Mg 合金の展伸材は現在著しく発展しており，強度と加工性の改善が図られている。

5.2.3. 鋳造用 Mg 合金

JIS では Mg 合金鋳物を表 5-5 のように規定している。1～3 種はいずれも Mg-Al-Zn 系合金で加工用に比較して Al 量が多い。1 種は Al を比較的低くして Zn を多くし，2, 3 種は Al を増加して Zn を下げている。鋳造用 Mg 合金の機械的性質はほとんど普通の Al 合金鋳物に匹敵する程度で，しかも比重が 2/3 と小さいので，広く航空機・エンジン用部品（クランク室・ピストン・歯車箱）・タイプライター・レーサー用自動車部品などに用いられているが，今後さらに幅広く利用されるであろう。

Mg 鋳造用合金はいずれも時効硬化性があり，T 4, T 5, T 6 などの処理を行い強さを補っている (p.205)。各種添加元素の効果として，Zr は結晶の微細化作用があり，希土類元素は耐熱強度を高める。しかし，これら希土類元素を含む 8～10 種は，比較的高価になるためにまだ特殊用途用に限られている。

表 5-5 マグネシウム合金鋳物種類と用途例 (JIS H 5203 : 00)

種類	記号	対応 ISO 記号	鋳型の区分	ASTM 相当合金	合金の特色	用途例
鋳物 1 種	MC1	—	砂型 精密	AZ63A	強度とじん性がある。鋳造性はやや劣る。比較的単純形状の鋳物に適する。	一般用鋳物，テレビカメラ用部品，機械用部品など。
鋳物 2 種C	MC2C	—	砂型 金型 精密	AZ91C	じん性があって鋳造性もよく耐圧用鋳物としても適する。	一般用鋳物，クランクケース，トランスミッションケース，ギヤボックス，テレビカメラ用部品，工具用ジグ，電動工具など。
鋳物 2 種E	MC2E	—	砂型 金型 精密	AZ91E	MC2A より耐食性がよい。その他の性質は MC 2A と同等。	
鋳物 3 種	MC3	MgAl9Zn2	砂型 金型 精密	AZ92A	強度はあるが，じん性はやや劣る。鋳造性はよい。	一般用鋳物，エンジン用部品など。

5章 マグネシウムとその合金

表 5-5 (つづき)

種類	記号	対応 ISO 記号	鋳型の区分	参考 ASTM相当合金	合金の特色	用途例
鋳物5種	MC5	—	砂型 金型 精密	AM100A	強度とじん性があり、耐圧用鋳物としても適する。	一般用鋳物、エンジン用部品など。
鋳物6種	MC6	MgZn5Zr	砂型	ZK51A	強度とじん性が要求される場合に用いられる。	高力鋳物、レーサ用ホイールなど。
鋳物7種	MC7	MgZn6Zr	砂型	ZK61A	強度とじん性が要求される場合に用いられる。	高力鋳物、インレットハウジングなど。
鋳物8種	MC8	—	砂型 金型 精密	EZ33A	鋳造性、溶接性、耐圧性がある。常温の強度は低いが、高温までの強度の低下が少ない。	耐熱用鋳物、エンジン用部品、ギヤボックス、コンプレッサケースなど。
鋳物9種	MC9	MgAg3RE2Zr	砂型 金型 精密	QE22A	強度とじん性があって鋳造性がよい。高温強度が優れる。	耐熱用鋳物、耐圧用鋳物ハウジング、ギヤボックスなど。
鋳物10種	MC10	MgZn4REZr	砂型 金型	ZE41A	鋳造性、溶接性、耐圧性があり高温での強度低下が少ない。	耐圧用鋳物、耐熱用鋳物ハウジング、ギヤボックスなど。
鋳物11種	MC11	—	砂型 金型 精密	ZC63A	MC10と類似した特性をもつ。鋳造性も同等。	シリンダーブロック、オイルパンなど。
鋳物12種	MC12	—	砂型 金型 精密	WE43A	200℃以上で使用でき高温に長時間保持しても強度低下が少ない。	航空宇宙用部品。ヘリコプターのトランスミッションなど。
鋳物13種	MC13	—	砂型 金型 精密	WE54A	現状のマグネシウム合金の中で、最も高温強度が高い。	レージング部品。特に、シリンダーブロック、ヘッド・バルブカバーなど。
鋳物ISO 1種	—	MgAl6Zn3	砂型	—	MC1よりAl、Znの成分範囲を幅広くしている。	一般用鋳物。
鋳物ISO 2種A	—	MgAl8Zn1	砂型	—	種々の用途に適合させるため厳密に成分範囲を規定する必要がない。	一般用鋳物。
鋳物ISO 2種B	—	MgAl8Zn	砂型	—	MgAl8Zn1より成分範囲を管理した合金。	
鋳物ISO 3種	—	MgAl9Zn	砂型 金型	—	MC2CよりAl、Znの成分範囲を幅広くしている。	一般用鋳物。
鋳物ISO 4種	—	MgRE2Zn2Zr	砂型	—	MC8よりZnの成分範囲を幅広くしている。	耐熱用鋳物部品。

鋳物には一般に肉厚の差異その他によって内部ひずみが存在するが，Mg 合金のように軟化温度の低いものはこれによるくるいが相当大きなものとなる。機械的性質を害せずに内部ひずみを除去するためには，260°C前後の低温度で長時間安定化焼なましをする(FS，TS 処理)が，さらに安全を期するためには 400°Cに 15 時間加熱後空中放冷し，再び 170〜200°Cに 15 時間加熱するなどの方法が採られている。また鋳物の熱処理にともなう酸化防止として，250°C以上に加熱するときは 0.1〜1.0 % SO_2 を含有する雰囲気とするとよい。

溶解鋳造には Mg の燃焼を避けるために，フラックス（たとえば KCl 20 %，$MgCl_2$ 50 %，MgO 15 %，CaF_2 15 %）を使用する。少量の Be, Ca を添加すると溶湯の酸化燃焼防止に効果がある。なお Mg 合金鋳物の製造には，鋳物用 Mg 合金地金が JIS H 2221：00 に規定されている。

5.2.4. Mg 合金の防食処理法　Mg 合金は一般的に耐食性が悪く，とくに海水に対する耐食性が著しく悪い。Mn を加えることによって若干耐食性は改善されるが，組成の変化による十分な防食は不可能である。現在は，化学的処理によって防食被膜をつくるか，表面にめっきあるいは塗料を施して使用されている。

6章 チタンとその合金

6.1. 純チタン

チタン(Ti)は軽く,強く,耐熱および耐食性の優れた新しい金属として,化学工業および航空,宇宙関係方面からめがねフレームなど民製品まで,その用途が広まっている。原料も Al,Fe,Mg に次いで豊富であり,製錬技術にやや難があるが,工業生産化が盛んに行われている。しかしまだ生産単価が高く,多量生産の段階までには至っていない。

6.1.1. 製法 製法は主に酸化チタン(TiO_2)を塩素と反応させて四塩化チタン($TiCl_4$)とし,これをアルゴンのような不活性ガスの雰囲気中において Mg で還元し,スポンジチタンを得るクロール法が採用されている。得られたスポンジチタンはさらに真空または不活性ガス中にアーク溶解し,鋳塊として一般の金属と同様に圧延,鍛造工程を経て製品化される。チタンの特性は純度の影響が大きく,不純物として H,O,N,C,Fe などがわずかに混入しても硬くもろくなる。とくに O,N,H の影響が大きい。

6.1.2. 物理的性質 表 6-1 にチタンの物理的性質を示した。密度が $4.51\ Mg/m^3$ とアルミニウムの 2.7,鉄の $7.8\ Mg/m^3$ の中間にあり,比強度は大きく,弾性係数が小さいことに特長がある。融点は 1941 K と高く,1158 K に同素変態点があり,それ以下では α 型の最密六方格子,それ以上では β 型の体心立方格子となる。

表 6-1 チタンの物理的性質

原子番号	22
原子量	47.88
密度 (Mg/m³)	4.51
融点 (K)	1941
線膨張係数 (1/K)	8.9×10^{-6}
熱容量 (J/K·mol)	25.0
熱伝導率 (W/m·K)	21.6
電気抵抗率 ($\times10^{-8}\Omega\cdot m$)	54
縦弾性係数 (GPa)	120.2

6.1.3. 化学的性質 チタンは活性な金属であるが,酸化性水溶液中では TiO_2 の保護膜による不動態化が起こって,ステンレスよりも優れた耐食性を示す。侵されるものとしては,ふっ化水素酸および乾燥した塩素ガスにはなはだ弱く,また濃い塩酸・硫酸の単液,有機ではしゅう酸・ぎ酸・トリクロル酢酸の高濃度液,塩類では塩化アルミニウム・塩化亜鉛の高温高濃度水溶液などに侵されるが,その他の強酸,強アルカリおよび塩化物溶液にはほとんど侵されない。また粒界および応力腐食,孔食,エロージョンなどにも極めて強い。

空気中では 900℃以上の高温に加熱すると酸化して TiO,Ti_2O_3,TiO_2 などの層状スケールが生成される。この際湿気があると水素を吸収し,また O,N の吸収固溶も起こって表面がぜい化する。600℃以下ではあまり酸化は起こらない。しかし雰囲気によっては 300℃程度から水素ぜい化が起こり始める。

6.1.4. 機械的性質 チタンおよびチタン合金の機械的特性は純度や合金元素によって大きく変わるが,他の金属・合金に比較して比強度(引張強さ/比

重）が高く，伸びが大きいことに特徴がある。しかし加工硬化率が大きく，冷間加工性は最密六方晶であるだけに悪いが，高温の体心立方晶のβ相にすれば加工性は良好となる。図 6-1 に冷間加工度と機械的性質の関係を示した。また純度の良いものは疲労限が大きく（引張強さの約 1/2），低温衝撃値も高い。板，条のほかに配管用・熱交換器用管，および棒，線などがある。

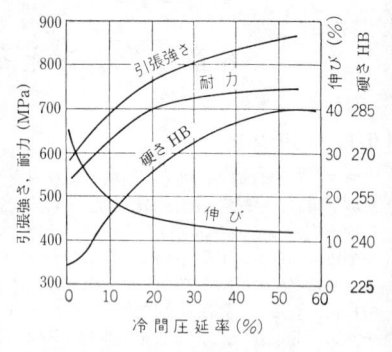

図 6-1 チタン圧延材の加工度と機械的性質の関係

6.2. チタン合金

6.2.1. チタン合金の強化 純チタンはその比強度から，それ自体すでに普通鋼に匹敵する機械的強度と優れた耐食性を備えている。さらに適当な元素を合金化することによって優れた性質の開発が行われている。この場合，Ti の同素変態（α ⇄ β）に及ぼす各種元素の反応をその状態図から区別すると，図 6-2 に示すように 4 つに分類できる。

(a)の α 相安定型は高温度まで組織が安定であり耐熱性が良く，再加熱による再生組織が性質にあまり影響しないので溶接性も良いが，それだけに熱処理効果に乏しく，熱間加工性も悪い。これに対して(b)～(d)の β 型は鋼と同様に熱処理による強化が可能であり，また β 相とすることによって熱間加工性が良くなるが，溶接などの場合に組織の変化が起こって安定性が悪い。実用合金にはこれらの欠点を互いに補うために，両型の元素を含む各種の α+β 型合金がつくられている。

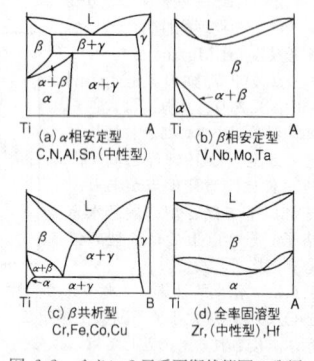

図 6-2 チタン 2 元系平衡状態図の分類
(和泉 修：非鉄材料，日本金属学会，1993)

6.2.2. Ti 合金の熱処理 α+β 型合金は溶体化処理や時効によって組成が大きく変化し，特性も大きく変化する。一般に β 相から急冷してこれを α′（マルテンサイト）としても著しい硬化は起こらず，その後の焼戻しにおいても単に α′→α+β に変化するだけで，この場合もあまり軟化が見られない。しかしさらに急冷して残留 β 相のみにし，低温で焼戻した場合には中間相の析出が起こってぜい化する。このような場合には適当な温度において十分に焼戻

しを行い，一種の過時効状態にして微細な $\alpha+\beta$ 組織とすると，強じん性が得られると同時に高温で超塑性も発現する。その代表例が60種 Ti-6Al-4V 合金である。なお焼入れの場合，β 相領域まで加熱すると結晶が粗大化し，酸化も著しくなるので，β 相よりも少し低い温度に加熱して焼入れることが行われている。

6.2.3. 実用チタン合金

表6-2に各種 Ti 合金の JIS と特色および用途と化学成分を示した。JIS 記号では，チタン合金のTの次には板はP，条はRで表示し，次の数字でおおよその引張強さ(MPa)がわかり，末尾には仕上方法が表示される。JIS とは別個に新規 Ti 合金は現在も開発されている。

α 型においては，α 安定化元素として主に Al を含有しているが，Al は容易に Ti に固溶し，じん性を害することなく高温強さを増すが，添加量は普通 Ti₃Al を生じない範囲としている。Sn は単独ではあまり強化作用はないが，Al とともに合金化すると同様にじん性を害さず強さが向上する。Ti-5Al-2.5Sn がこれである。熱処理効果は無いが，すでに相当の強さをもち，溶接性，耐熱，耐クリープ性および低温におけるじん性も優れている。Al 量がこれ以上になるとかえって Ti をぜい化させるので，これを緩和するために図 6-2(b) の型に属する β 安定化元素を添加している（表 6-3）。

図 6-3 a〜c にチタン合金の高温における機械的性質の数例を示した。いずれも 500℃付近までは良い耐熱性をもっている。なおこれらの値は短時間の引張試験結果より得られたもので，実際にはクリープを考慮する必要がある。

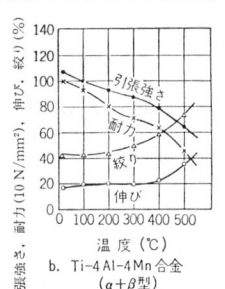

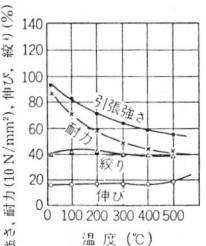

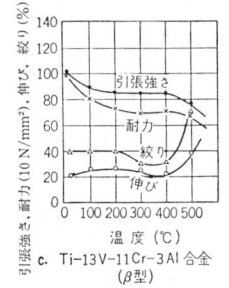

図 6-3 各種チタン合金の高温における機械的性質

a. Ti-5Al-2.5Sn 合金 (α 型)

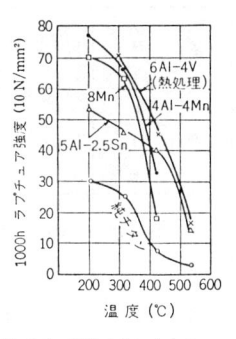

b. Ti-4Al-4Mn 合金 ($\alpha+\beta$ 型)

c. Ti-13V-11Cr-3Al 合金 (β 型)

図 6-4 各種チタン合金の 1000 h ラプチュア強さ

図 6-4 に一定荷重下での 1000 時間クリープ破壊強度を示した。また純チタンよりは劣るが，低温における機械的性質も比較的優れており，ことに α 型は極低温においてもじん性はあまり低下しない。

表 6-2 チタンおよびチタン合金の板および条 (JIS H 4600：01 抜粋)

種類	仕上方法 (熱間-H, 冷間-C)	記号 (板 TP-, 条 TR-)	参考 特色および用途例	主なる化学成分 Fe	Al
1 種	H, C	TP270H	耐食性，とくに耐海水性がよい。化学蒸着，石油精製装置，パルプ製紙工業装置など。	0.20 以下	—
2 種	H, C	TP340H		0.25 以下	—
3 種	H, C	TP480H		0.30 以下	—
4 種	H, C	TP550H		0.50 以下	—
11 種	H, C	TP270PdH	耐食性，とくに耐すきま腐食性がよい。化学蒸着，石油精製装置，パルプ製紙工業装置など。	0.20 以下	—
12 種	H, C	TP340PdH		0.25 以下	—
13 種	H, C	TP480PdH		0.30 以下	—
14 種	H, C	TP345NPRCH		0.30 以下	—
15 種	H, C	TP450NPRCH		0.30 以下	—
16 種	H, C	TP343TaH		0.15 以下	—
17 種	H, C	TP240PdH		0.20 以下	—
18 種	H, C	TP345PdH		0.30 以下	—
19 種	H, C	TP345PCoH		0.30 以下	—
20 種	H, C	TP450PCoH		0.30 以下	—
21 種	H, C	TP275RNH		0.20 以下	—
22 種	H, C	TP410RNH		0.30 以下	—
23 種	H, C	TP483RNH		0.30 以下	—
60 種	H	TAP6400H	高強度で耐食性がよい。化学工業，機械工業，輸送機器などの構造材。	0.40 以下	5.50〜6.75
60 E 種	H	TAP6400EH	高強度で耐食性に優れ，極低温までじん性を保つ。低温，極低温用にも使える構造材。	0.25 以下	5.50〜6.50
61 種	H, C	TAP3250H	中強度で耐食性，溶接性，成形性がよい。冷間加工性に優れる。	25 以下	2.50〜3.50
61 F 種	H	TAP350FH	中強度で耐食性，熱間加工性がよい。切削性に優れる。	0.30 以下	2.70〜3.50
80 種	H, C	TAP8000H	高強度で耐食性に優れ，冷間加工性がよい。	1.00 以下	3.50〜4.50

種類	主たる化学成分(%)						
	V	Ru	Pd	Ta	Co	Cr	Ni
1種	—	—	—	—	—	—	—
2種	—	—	—	—	—	—	—
3種	—	—	—	—	—	—	—
4種	—	—	—	—	—	—	—
11種	—	—	0.12〜0.25	—	—	—	—
12種	—	—	0.12〜0.25	—	—	—	—
13種	—	—	0.12〜0.25	—	—	—	—
14種	—	0.02〜0.04	0.01〜0.02	—	—	0.1〜0.2	0.35〜0.55
15種	—	0.02〜0.04	0.01〜0.02	—	—	0.1〜0.2	0.35〜0.55
16種	—	—	—	4.0〜6.0	—	—	—
17種	—	—	0.04〜0.08	—	—	—	—
18種	—	—	0.04〜0.08	—	—	—	—
19種	—	—	0.04〜0.08	—	0.20〜0.80	—	—
20種	—	—	0.04〜0.08	—	0.20〜0.80	—	—
21種	—	0.04〜0.06	—	—	—	—	0.4〜0.6
22種	—	0.04〜0.06	—	—	—	—	0.4〜0.6
23種	—	0.04〜0.06	—	—	—	—	0.4〜0.6
60種	3.50〜4.50	—	—	—	—	—	—
60E種	3.50〜4.50	—	—	—	—	—	—
61種	2.00〜3.00	—	—	—	—	—	—
61F種	1.60〜3.40	—	—	—	—	—	—
80種	20.00〜23.00	—	—	—	—	—	—

表 6-3 各種チタン合金とその機械的性質 (参考値)

組織	組成 (%)	密度 (Mg/m³)	熱処理	引張強さ (N/mm²)	耐力 (N/mm²)	伸び (%)
α 型	Ti-5Al-2.5Sn	4.5	焼なまし	880	840	18
	Ti-8Al-1Mo-1V		982℃, 5min 空冷 593℃, 8h 空冷	1030	950	16
	Ti-8Al-2Nb-1Ta	4.4	焼なまし (899℃, 1h 空冷)	880	840	17
α+β型	Ti-8Mn	4.7	焼なまし	970	880	15
	Ti-2Fe-2Cr-2Mo	4.7	焼なまし	960	880	18
			804℃, 1h 水冷 482℃, 24h 空冷	1253	1200	13
	Ti-5Al-2.7Cr-1.3Fe	4.5	焼なまし	1090	950	14
			802℃, 6min 水冷 480℃, 5h 空冷	1370	1160	6
	Ti-4Al-3Mo-1V		焼なまし	930	860	10
			885℃, 2.5min 水冷 492℃, 12h 空冷	1370	1170	6
	Ti-4Al-4Mn	4.5	焼なまし	1040	930	16
			788℃, 2h 水冷 482℃, 24h 空冷	1130	980	9
	Ti-6Al-4V	4.4	焼なまし	950	880	13~17
			871℃, 2h 水冷 482℃, 2h 空冷	1120	980	8~12
			760℃, 3min 水冷 593℃, 8h 空冷	1140	1070	13
			926℃, 30min 水冷 482℃, 2h 空冷	1390	1260	9
			843℃, 1h 水冷 538℃, 24h 空冷	1040	1020	20
			954℃, 1h 水冷 538℃, 24h 空冷	1180	1100	16
β 型	Ti-13V-11Cr-3Al		焼なまし	930	910	21
			788℃, 30min 空冷 482℃, 48h 空冷	1470	1270	9
			788℃, 30min 空冷 482℃, 72h 空冷	1530	1410	

6.2.4. チタン合金の応用　チタン合金は高比強度，高耐食性をもつと同時に生体適合性が良く，歯科用，整形外科用などの生体材料としても最近は広く用いられている。また高温では $\alpha+\beta$ 型超塑性を利用して加工性が改善された材料も開発されており，次世代の材料として注目されている。

さらにチタン合金は配管あるいは熱交換器用の管や棒材，線材として，またパラジウムを添加したチタン・パラジウム合金なども盛んに開発されている。

7章　ニッケルとその合金

7.1. 純ニッケル

7.1.1. ニッケル地金　ニッケル(Ni)の原鉱はFe，Cuを同時に含む硫化鉱が主で，これより溶鉱炉および転炉精錬を行ってCu＋Ni 80％ぐらいのマットをつくる。これからCuを硫酸で抽出し，残った酸化Niを還元して純Niを精製するが，その方法により種々の地金が得られる。とくに高純度のものは溶融還元地金をさらに電解精錬してつくられる。表7-1にニッケル地金のJIS規格を示した。

表7-1　ニッケル地金（JIS H 2104：97）

種類	記号	化学成分（％）								
		Fe	Cu	Pb	Mn	C	S	Si	Co	Ni
特種	N 0	0.005以下	0.002以下	0.001以下	0.001以下	0.01以下	0.001以下	0.001以下	0.01以下	99.98以上
1種	N 1	0.02以下	0.02以下	0.004以下	0.004以下	0.03以下	0.01以下	0.004以下	0.15以下	99.80以上
2種	N 2	0.04以下	0.03以下	—	—	0.03以下	0.05以下	—	—	98.00以上

7.1.2. 物理的・化学的性質　純Niの金属光沢は鉄と類似の銀白色を呈しているが，優れた耐食性と耐熱性をもち，展延性も優れている。たとえば大気中では500℃以下の場合はほとんど酸化されず，1000℃に15日間加熱した場合でも酸化膜の厚さはわずかに0.007 mm程度である。しかし，酸素は高温度では結晶粒界に沿って内部に進行するために機械的性質を害し，加工を困難に

表7-2　ニッケルの物理的性質

物 理 的 性 質			
原 子 番 号	28	熱 容 量　J/K·mol	26.1
原 子 量	58.69	線膨張係数　1/K	13.3×10^{-6}
密　度　Mg/m³(20℃)	8.902	熱 伝 導 率　W/(m·K)	88.5
融　点　K	1726	電気抵抗率　$10^{-8}\Omega\cdot m$	6.9
磁気変態点　K	626	抵抗温度係数　Ω·m/K	0.0047
空 間 格 子	面心立方	縦弾性係数　GPa	199.5
格子定数　nm(20℃)	0.3517		

する。海水やアルカリなどにはほとんど侵されない。硝酸には相当溶解するが，塩酸，硫酸に対しては大きな耐食性をもっている。

7.1.3. Ni の用途　純 Ni の用途はニッケルめっき用極板および電子管用材料が主で，大部分の Ni は各種合金用添加成分として，また Ni を主成分とする耐食性合金，耐熱用合金，電磁気材料その他硬貨などにも用いられる。

7.2. ニッケル合金

表 7-3 にニッケル合金の板材に関する JIS を用途例とともに示したが，時効硬化性のある NW 5500 以外は冷間加工のままあるいは焼なまして使用する。その組成から 30 ％程度の Cu を含むモネル（Monel），15 ％以上の Cr を含むインコネル（Inconel），20 ％以上の Mo を含むハステロイ（Hastelloy）やニクロムなどは，耐熱合金として広く用いられている。

表 7-3　ニッケルおよびニッケル合金板の種類と用途例（JIS H 4551：00）

種類及び記号		参　考			
合金番号	合金記号	従来の種類及び記号 (JIS H 4551：1991)		密度 Mg/m^3	用途例
		種類	記号		
NW2200	Ni99.0	常炭素ニッケル板	NNCP	8.9	水酸化ナトリウム製造装置，電子・電気部品など。
NW2201	Ni99.0・LC	低炭素ニッケル板	NLCP	8.9	海水淡水化装置，製塩装置，原油蒸留塔など。
NW4400	NiCu30	ニッケル—銅合金板 ニッケル—銅合金条	NCuP NCuR	8.8	
NW4402	NiCu30・LC	—		8.8	
NW5500	NiCu30A13Ti	ニッケル—銅—アルミニウム—チタン合金板	NCuATP	8.5	海水淡水化装置，製塩装置，原油蒸留塔などで高強度を必要とする機器材など。
NW0001	NiMo30Fe5	ニッケル—モリブデン合金1種板	NM1P	9.2	塩酸製造装置，尿素製造装置，エチレングリコール製造装置やクロロプレンモノマー製造装置など。
NW0665	NiMo28	ニッケル—モリブデン合金2種板	NM2P	9.2	
NW0276	NiMo16Cr15Fe$_6$W4	ニッケル—モリブデン—クロム合金板	NMCrP	8.9	酸洗装置，公害防止装置，石油化学産業装置，合成繊維産業装置など。
NW6455	NiCr16Mo16Ti	—		8.6	
NW6022	NiCr21Mo13Fe4W3	—		8.7	
NW6007	NiCr22Fe20Mo6 -Cu2Nb	ニッケル—クロム—鉄—モリブデン—銅合金1種板	NCrFMCu1P	8.3	りん酸製造装置，ふっ化水素酸製造装置，公害防止装置など。
NW6985	NiCr22Fe20Mo7 -Cu2	ニッケル—クロム—鉄—モリブデン—銅合金2種板	NCrFMCu2P	8.3	
NW6002	NiCr21Fe18Mo9	ニッケル—クロム—モリブデン—鉄合金板	NCrMFP	8.2	工業用炉，ガスタービンなど。

耐食性Ni合金の主なものにNi-Cu合金がある。同合金系は全率固溶体をつくるが、これら全率固溶体の特性として、図7-1のように中間において凸または凹の物理的および機械的諸性質を示す。またNi合金は電子管陰極に用いるニッケル板(表7-4)が規定されており、電子管・電球・放電ランプ等の封入部に用いるジュメット線については表7-5に示すJISが規定されている。

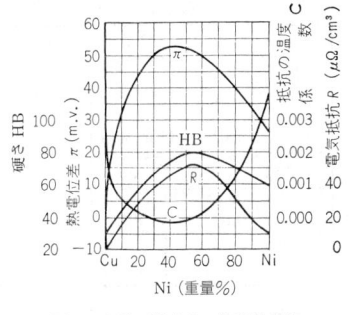

図 7-1 Cu-Ni 合金の物理的性質

7.3. 電磁気用 Ni 合金

7.3.1. 熱電対用 Ni 合金

熱電対として使用されるNi合金を表7-6に示す。一般に用いられているのはクロメル-アルメル、Fe-コンスタンタン、Cu-コンスタンタンなどの組合せで、前者は1000℃ぐらいまで、後者の2種は300℃以下の低温度に用いられる。起電力はPt-白金ロジウム系よりはるかに大である。

表 7-4 ニッケルおよびニッケル合金板および条の結晶粒度

種類および記号		質別	厚さ mm	結晶粒度番号	平均結晶粒径 mm
合金番号	合金記号				
NW2200	Ni99.0	冷間圧延 深絞り用条	0.25以下	7.5 又はこれより細粒	0.027 以下
			0.25を超え0.5以下	6 又はこれより細粒	0.045 以下
			0.5を超え3.0以下	4 又はこれより細粒	0.09 以下
		冷間圧延 深絞り用薄板	0.25を超え0.5以下	6 又はこれより細粒	0.045 以下
			0.5を超えるもの	4 又はこれより細粒	0.09 以下
NW2201	Ni99.0・LC	冷間圧延 深絞り用条	0.25以下	7.5 又はこれより細粒	0.027 以下
			0.25を超え0.5以下	6 又はこれより細粒	0.045 以下
			0.5を超え3.0以下	4 又はこれより細粒	0.09 以下
		冷間圧延 深絞り用薄板	0.25を超え0.5以下	6 又はこれより細粒	0.045 以下
			0.5を超えるもの	4 又はこれより細粒	0.09 以下
NW4400	NiCu30	冷間圧延 深絞り用条	0.25以下	7.5 又はこれより細粒	0.027 以下
			0.25を超え0.5以下	6 又はこれより細粒	0.045 以下
			0.5を超え3.0以下	4 又はこれより細粒	0.09 以下
		冷間圧延 深絞り用薄板	0.25を超え0.5以下	6 又はこれより細粒	0.045 以下
			0.5を超えるもの	4 又はこれより細粒	0.09 以下

備考 結晶粒度番号は ASTM EI12 による

表 7-5 ジュメット線 (JIS H 4541：97)

種別	記号	Ni	C	Mn	Si	S
1種1	DW1-1	41.0〜43.0	0.10 以下	0.75〜1.25	0.30 以下	0.02 以下
1種2	DW1-2	41.0〜43.0	0.10 以下	0.75〜1.25	0.30 以下	0.02 以下
2種	DW2	46.0〜48.0	0.10 以下	0.20〜1.25	0.30 以下	0.02 以下

(つづき)	P	Fe	参考用途例
1種1	0.02 以下	残部	電子管，電球，放電ランプなどの管球類
1種2	0.02 以下	残部	電子管，電球，放電ランプなどの管球類
2種	0.02 以下	残部	ダイオード，サーミスタなどの半導体デバイス

表 7-6 熱電対用 Ni 合金

合金	Ni	Cr	Fe	Cu	Mn	Al	Si	比抵抗 $\mu\Omega/cm^3$	抵抗温度係数
コンスタンタン (Constantan)	40〜45			55〜60				50	0.000005
クロメル (Chromel) A	80	20						104	0.00011
〃 C	64	11	25					109	0.00018
〃 P	90	10						70	0.00540
ニクロム (Nichrome)	60	12	26		1.5			109	0.00018
アルメル (Alumel)	94		0.5		2.5	2	1	33	0.00120

表 7-7 電熱用合金線および帯 (JIS C 2520：99)
(1) 種類および記号

種類			記号	参考 特性および用途
電熱用ニッケルクロム	線	1種	NCHW1	電熱用ニッケルクロム線および帯1種 耐酸化性良好で高温強度も大きいが，硫化性ガス，高温多湿の還元性雰囲気中での使用は避けることが望ましい。加工性は，高温加熱後もぜい化することがなく冷間加工性も良好である。最高使用温度は約1100℃(発熱体表面)で高温用発熱体に広く適する。
		2種	NCHW2	
		3種	NCHW3	
	帯	1種	NCHRW1	電熱用ニッケルクロム線および帯2種 電熱用ニッケルクロムの線および帯1種に比べて耐酸化性並びに高温強度がやや劣る。最高使用温度は約1000℃(発熱体表面)で高温用発熱体に適する。
		2種	NCHRW2	電熱用ニッケルクロム線および帯3種 電熱用ニッケルクロムの線および帯2種に比べて耐酸化性はやや劣るが耐硫化性は優れている。最高使用温度は約800℃(発熱体表面)程度の発熱体に適する。
		3種	NCHRW3	

(1) 種類および記号（つづき）

種類			記号	参考 特性および用途
電熱用鉄クロム	線	1種	FCHW1	**電熱用鉄クロム線および帯1種** 特に高温度の使用を目的としたもので，耐酸化性は良好であるが，電熱用ニッケルクロムの線および帯に比べて，高温強度が小さいので注意が必要である。冷間加工困難なものでは温間(100〜300℃)加工を必要とする場合がある。 しかし，高温度使用後の加工は避けることが望ましい。最高使用温度は約1250℃(発熱体表面)で高温用発熱体に適する。
		2種	FCHW2	
	帯	1種	FCHRW1	**電熱用鉄クロム線および帯2種** 電熱用ニッケルクロムの線および帯1種より冷間加工がやや容易であるが，電熱用ニッケルクロム線および帯に比べ高温強度が小さいこと並びに高温度使用後の加工に適さないことは電熱用鉄クロムの線および帯1種と同様に注意すること。最高使用温度は約1100℃(発熱体表面)で高温用発熱体に適する。
		2種	FCHRW2	

(2) 化学成分

種類	化学成分 %(m/m)							体積抵抗力 $\mu\Omega\cdot m$
	Ni	Cr	Al	C	Si	Mn	Fe	基準値
電熱用ニッケルクロム線1種 電熱用ニッケルクロム帯1種	77 以上	19 〜21	-	0.15 以下	0.75 〜1.6	2.5 以下	1.0 以下	1.08
電熱用ニッケルクロム線2種 電熱用ニッケルクロム帯2種	57 以上	15 〜18	-	0.15 以下	0.75 〜1.6	1.5 以下	残部	1.12
電熱用ニッケルクロム線3種 電熱用ニッケルクロム帯3種	34 〜37	18 〜21	-	0.15 以下	1.0 〜3.0	1.0 以下	残部	1.01
電熱用鉄クロム線1種 電熱用鉄クロム帯1種	-	23 〜26	4 〜6	0.10 以下	1.5 以下	1.0 以下	残部	1.42
電熱用鉄クロム線2種 電熱用鉄クロム帯2種	-	17 〜21	2 〜4	0.10 以下	1.5 以下	1.0 以下	残部	1.23

表7-8 結晶質金属・合金材料の磁気特性

材料名 (成分[mass %]，残 Fe)	比透磁率	保磁力 $[A\cdot m^{-1}]$	飽和磁束密度 $[T]$	磁心損失 $[W\cdot Kg^{-1}]$	キュリー温度 $[K]$	比抵抗 $[\mu\Omega\cdot m]$	磁気異方性定数 $[kJ\cdot m^{-3}]$	飽和磁歪 $[10^{-6}]$
鉄 (0.2 不純物)	150	80	2.15	-	1043	0.10	48	-4.4
ケイ素鋼 (3 Si)	500	40	2.00	2.5 (50 Hz, 1.5 T)	1013	0.47	36	6.8
方向性ケイ素鋼 (3 Si)	1500	8	2.00	1.0 (50 Hz, 1.7 T)	1013	0.47	36	6.8
78 パーマロイ (78.5 Ni)	10000	4	1.03		873	0.16	-0.2	3.6
高硬度パーマロイ (79 Ni, 9)	125000	1.6	0.60		623	0.75	0	0.4
スーパーマロイ (70.7 Ni, 5.1 Mo, 0.7 Mn)	160000	0.4	0.73		667	0.68	0	0
センダスト (9.6 Si, 5.4 Al)	35000	1.6			773	0.81	0	0

(金属便覧)

7.3.2. 電熱用 Ni 合金 表7-7 に JIS に規定されている電熱用合金線を Fe-Cr 系も含めて示した。ニクロム線の1～3種は高温耐酸化性が良好で1種は1000℃，2種は1100℃，3種は800℃程度までの発熱体に適する。

7.3.3. 磁性材料 Fe-(35～80 %) Ni 合金はパーマロイと呼ばれ，表7-8 に示すとおり，ほかの材料に比較して透磁率が大きく，ヒステリシス損の小さい磁心材料として，純鉄およびけい素鋼板とともに広く用いられている。弱磁界用には 70～80 % Ni 合金が，強磁界用には磁束密度(B)の大きい 45～50 % Ni 合金が適し，交番磁界では比抵抗の大きい 30～40 % Ni 合金が適当である。これらは適当な熱処理を施して最も性能の良い状態で使用されている。

8章 低融点金属とその合金

アルカリ金属・水銀・ガリウムなどは典型的な低融点金属であるが，本章では主として構造材としての特性をもつ表8-1に示す金属について取り扱う。

表8-1 代表的な低融点金属の特性値　　　　　　　　　　(金属便覧)

性質	亜鉛 Zn	鉛 Pb	すず Sn	インジウム In	ビスマス Bi
原子番号	30	80	50	49	83
融点[K]	693	600.5	505	430	544.5
沸点[K]	1 179	2 028	2 553	2 286	1 833
溶解潜熱[10^3J/mol]	7.12	4.87	7.0	3.265	11.3
平均比熱[4.18 kJ/kg·K]	0.094	0.0310	0.054	0.058	0.0298
密度[Mg/m³] (293 K)	7.13	11.336	7.3(正方晶) 5.769(立方晶)	7.28	9.80
線膨張係数[10^{-6}/K] (273～373 K)	∥：61.5 ⊥：15.0	29.0	23.5	24.8	∥：13.4 ⊥：10.84
熱伝導率[W/m·K] (273～373 K)	119.5	34.9	73	84	9.2
電気抵抗率[10^{-8}Ω·m] (293 K)	5.92	20.6	12.8		116
抵抗の温度係数[10^{-11}Ω·m/K] (273～373 K)	4.2	3.36	4.2	4.7	4.2
結晶構造と格子定数[nm] (293～298 K)	六方細密格子 $a=0.26649$ $c=0.49468$	面心立方格子 $a=0.49505$	β：正方晶系 $a=0.58312$ $c=0.31819$ α：立方晶系，ダイヤモンド型構造 $a=0.64890$ $\beta \leftrightarrow \alpha$ 変態点 (286 K)	歪んだ面心立方格子 $a=0.4588$ $c=0.4938$	ひし型構造 $a=0.47459$ $\alpha=57°14.2'$

8.1. 亜鉛とその合金

亜鉛(Zn)は大気中ではすぐに酸化して変色するが，それ以上の酸化は進行

しない。そのために鉄板その他に亜鉛めっきを行うが、これに使用される亜鉛の量は多い。合金としては黄銅が主なものである。亜鉛を主成分とする合金に軸受合金、ダイカスト用鋳物合金などがある。表 8-2 にダイカスト用亜鉛合金の JIS を示した。これらは Zn-Al-Cu-(Mg) 系合金でザマック (Zamak) と呼ばれている。Mg の添加は図 8-1 に示した Zn-Al 二元合金に存在する $\beta \to \beta'$ + (Zn) の偏析反応および β' の溶解度変化の進行にもとづく枯化現象 (漸進的な収縮) 防止に無くてはならないものである。Pb、Cd、Sn などの不純物が多いとその効果を失うので、Zn 地金は 99.99 % の高純度のものを用いる必要がある。

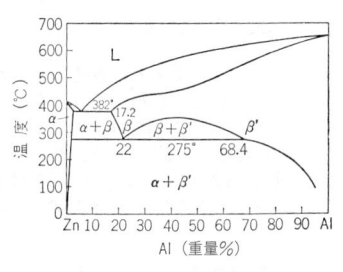

図 8-1

図 8-1 で Zn-22 % Al 共析合金は β 相より焼入れした後に焼戻すと微細な $\alpha + \beta'$ 2 相粒状組織となり、超塑性現象を示す代表的な合金となる。

表 8-2 亜鉛合金ダイカスト (JIS C 5301:90)
種類および記号

種類	記号	参考			
		合金系	類似合金	合金の特色	使用部品例
亜鉛合金ダイカスト 1 種	ZDC1	Zn-Al-Cu 系	ASTM	機械的性質および耐食性が優れている。	自動車ブレーキピストン・シートベルト巻取金具、キャンバスプライヤー
			AC41A		
亜鉛合金ダイカスト 2 種	ZDC2	Zn-Al 系	ASTM	鋳造性およびめっき性が優れている。	自動車ラジエータグリルモール・キャブレター、VTR ドラムベース・テープヘッド・CP コネクタ
			AG40A		

8.2. すずとその合金

すず (Sn) は展延性に富み、0.01 mm ぐらいまでの箔にすることもできる。純粋なすずは主にブリキ板用めっき材として、また板・箔・チューブなどにして包装用にも使われる。

またすずは凝固収縮が少なく、湯流れが良好なことから、鋳造用としても適しており、Sn-13 % Sb-5 % Cu 合金は適当な硬さをもつことから器物装飾用合金としても利用されている。すず合金としてはんだへの用途は欠かせなかったが、最近は鉛が人体に有害な影響をもつことが問題視され、鉛を含まないはんだの開発が急務となっている。

8.3. 鉛とその合金

鉛(Pb)は化学的に安定な金属であるが，非常に柔軟なために As，Ca，Sb などを加えて硬化して使用される．しかし，最近は鉛のもつ毒性の問題から鉛フリー化がすべての分野で進行している．過去における主なる用途は水道管，ケーブル被覆（2～3％ Sb を含む），蓄電池用鉛板（0.2％ As），同鉛板枠（4％ Sb），散弾(0.3～1.0％ As），硫酸用弁・栓，その他の器具(6～8％ Sb) などである．合金としては，活字合金・軸受合金・はんだなどに用いられていた．

8.4. 軸受用ホワイトメタル

軸受用ホワイトメタルは，主として Sn-Sb 系（Sn 台）および Sn-Sb-Pb 系（Pb 台）合金に少量の Cu を含む鋳物用合金で，これら合金の組織はその組成によって異なるが，そのねらいとするところは，軟質の Sn，Pb を素地とする組織中に，硬質の SbSn 化合物 β 相（方形）および Cu_3Sb または Cu_3Sn 化合物（針状），あるいは Sb などが初晶または二次晶として混在するもので，これら硬質の化合物相が耐摩耗性を受け持ち，軟質の共晶地が軸とのなじみと潤滑油の保持を受け持つことによって，軸受としての特性を備えるものである．表 8-3 にホワイトメタルの JIS を示した．

表 8-3 ホワイトメタル (JIS H 5401 : 58)

種類	記号	化学成分 %						不純物							適用
		Sn	Sb	Cu	Pb	Zn	As	Pb	Fe	Zn	Al	Bi	As	Cu	
1 種	WJ1	残部	5.0~7.0	3.0~5.0	—	—	—	0.50以下	0.08以下	0.01以下	0.01以下	0.08以下	0.10以下	—	高速高荷重軸受用
2 種	WJ2	残部	8.0~10.0	5.0~6.0	—	—	—	0.50以下	0.08以下	0.01以下	0.01以下	0.08以下	0.10以下	—	
2 種 B	WJ2 B	残部	7.5~9.5	7.5~8.5	—	—	—	0.50以下	0.08以下	0.01以下	0.01以下	0.08以下	0.10以下	—	
3 種	WJ3	残部	11.0~12.0	4.0~5.0	3.0以下	—	—	—	0.10以下	0.01以下	0.01以下	0.08以下	0.10以下	—	高速中荷重軸受用
4 種	WJ4	残部	11.0~13.0	3.0~5.0	13.0~15.0	—	—	—	0.10以下	0.01以下	0.01以下	0.08以下	0.10以下	—	中速中荷重軸受用
5 種	WJ5	残部	—	2.0~3.0	—	28.0~29.0	—	—	0.10以下	—	—	0.05以下	—	—	
6 種	WJ6	44.0~46.0	11.0~13.0	1.0~3.0	残部	—	—	—	0.10以下	0.05以下	—	—	0.20以下	—	高速小荷重軸受用
7 種	WJ7	11.0~13.0	13.0~15.0	1.0以下	残部	—	—	—	0.10以下	0.05以下	—	—	0.20以下	—	中速中荷重軸受用
8 種	WJ8	6.0~8.0	16.0~18.0	1.0以下	残部	—	—	—	0.10以下	0.05以下	—	—	0.20以下	—	
9 種	WJ9	5.0~7.0	9.0~11.0	—	残部	—	—	—	0.10以下	0.05以下	—	—	0.20以下	0.30以下	中速小荷重軸受用
10 種	WJ10	0.8~1.2	14.0~15.5	0.1~0.5	残部	—	0.75~1.25	—	0.10以下	0.05以下	—	—	—	—	

8.4.1. すず台軸受合金　すず台軸受合金は表 8-3 中の 1～4 種のすずを主成分とするもので，鉛軸受合金（6～10 種）よりも硬く，摩擦係数が小さく，かつ衝撃・振動などに耐えるために，高速度高荷重用に用いられる．そのほか，

熱伝導度が大きく，高温度においてもあまり強さを減少せず，耐食性も大きいなど軸受合金としては優秀な性質をもっているが，Sn を主成分とするために高価である。

8.4.2. 鉛台軸受合金　鉛を主成分とする表 8-3 中の 7～10 種の軸受合金は軸になじみやすく摩擦係数が小さいなどの特長をもっている。安価なものではあるが，温度の上昇する部分または激しい衝撃や振動のある部分の使用には適さない。この欠点を補うために Sn の量を増大してすず台軸受合金との中間的性質をもたせた 6 種または Sn–Zn 系の 5 種などがある。

8.5. 活字合金

活字合金としては凝固の際，常温までの冷却に際して収縮率の小さいことが必要である。Sb は凝固に際して普通の金属と反対に膨張するために，活字合金として有効に使用されるが，近年プリント方式の変革とともにその使用量は著しく減少している。

8.6. 低融点合金

低融点合金は，Bi を主成分とする溶融点の極めて低い合金で，電気工業用ヒューズ，過熱防止安全用ヒューズ，模型用合金などに用いられる。表 8-4 にその化学成分および溶融点を示す。この種の合金は溶融温度と作動温度が異なり，その作動温度は経年変化と誤差の少ないことが要求される。

表 8-4　低融点合金

合　　　　金	Bi	Cd	Pb	Sn	その他	溶融点 ℃
アナトニカル合金 (Anatonical alloy)	53.5		17	19	Hg10.5	60
リポヴィッツ合金 (Lipowitz alloy)	50	10	26.7	13.3		68
ウッドメタル (Wood's metal)	50	12.5	25	12.5		60.5
三元共晶 Bi·Cd·Pb	51.6	8.1	40.2			91.5
ニュートン合金 (Newton's alloy)	50		31.2	18.8		94
三元共晶 Bi·Pb·Sn	52.5		32	15.5		96
ローズ合金 (Rose's alloy)	50		28	22		100
三元共晶 Bi·Cd·Sn	54	20		26		103
二元共晶 Bi·Pb	56.5		43.5			125
〃　　 Bi–Sn	58			42		137
〃　　 Bi–Cd	61.5	38.5				144
三元共晶 Cd·Pb·Sn		18	32	50		145
—	44.7	5.3	22.6	8.3	In 19.1	46.7

9章 特殊金属とその合金

9.1. 貴金属とその合金

貴金属とは8〜11族の5周期および6周期の8種の元素を総称したものである。その物理的性質を表9-1に，主な元素の機械的性質を表9-2に示す。またその合金の用途例を表9-3に示す。

表9-1 貴金属元素の物理的性質

元 素	原子番号	原子量	密度 Mg/m³	融点 K	沸点 K	引張強さ 焼なまし MPa	引張強さ 加工 MPa	縦弾性係数 GPa
ルテニウム Ru	44	101.07	12.37	2 583	4 173	540	—	413
ロジウム Rh	45	102.9055	12.41	2 239	4 000	951	2 068	293
パラジウム Pd	46	106.42	12.02	1 825	3 413	206	324	112
銀 Ag	47	107.88	10.50	1 235.08	2 485	125	350	71
オスミウム Os	76	190.23	22.59	3 327	5 300	—	—	560
イリジウム Ir	77	192.22	22.56	2 683	4 403	1 240	2 480	517
白 金 Pt	78	195.08	21.45	2 045	4 100	123	—	147
金 Au	79	197.0	19.32	1 337.58	3 080	131	220	78

(Metals Handbook)

表9-2 貴金属元素の機械的性質（参考値）

	処 理	引張強さ N/mm²	伸び %	ブリネル硬さHB
Au	鋳 物	100〜145		33
	圧 延 材	270		
	圧延焼なまし	100〜140	50	18.5
Ag	鋳 物	75		
	圧 延 材	290		
	圧延焼なまし	130〜160	50	25
Pt	引 抜 き 線	340〜400		90
	焼 な ま し 線	190〜240	50〜60	35
Pd	引 抜 き 線	270〜380		（鋳物）
	焼 な ま し 線	210	55	49

9.1.1. 金とその合金 金（Au）は化学的に非常に安定な元素で，王水以外の塩酸・硫酸・硝酸やアルカリ類にはほとんど侵されない。大気中ではいかなる高温度でも酸化せず，光輝ある黄金色を保持している。純金は柔軟すぎるためにCu, Agとの合金にして，装飾品，貨幣，歯科用合金に用いられる。純金の主な用途は金めっき・金箔・金粉・金糸などである。

表 9-3　特殊用途の貴金属合金

合 金 の 化 学 成 分 ％										用　途
Pt	Pd	Ir	Rh	Au	Ag	Os	Ru	Cu	Ni	
95			5							るつぼ用材
87〜90			10〜13							熱　電　対
80〜90		10〜20								電 気 接 点
70〜75		25〜30								化学用るつぼ
70		30								注　射　用
41.6	33.4			25						歯　科　用
25	25.6				75					〃
5			10			85				金ペン先端
	90				10					歯　科　用
	38				62					〃
	40			60						熱　電　対
	10〜40			60〜90						白金代用品
	12.5			37.5	22.9			27.1		軸受合金
	10.3			31	19			39.7		〃
								39〜40	60〜61	金ペン先端

9.1.2. 銀とその合金　　銀（Ag）は白色の光輝ある金属で常温では酸化しないが，大気中で温度を上げると曇りを生じる。ただし，硫化水素を含んだ大気に触れると容易に硫化銀をつくって黒色になる。また酸に対しても比較的腐食されやすい。用途としては銀めっき・化学用器具などが主なものであるが，その他 Au，Cu，Al などと合金化して接点および導電材料・装飾用品・食器・貨幣などに用いられる。

9.1.3. 白金とその合金　　白金（Pt）は溶融点が高く，耐熱，耐食性が強いことから貴金属中最も工業的価値の大きいものである。化学的方面の用途としては，蒸発皿・るつぼ・蒸留器などに作られるほか種々の触媒にも用いられる。電気用材料としては加熱線や熱電対（Pt-PtRh 10〜13％），その他各種接点に用いられ，とくにガラスと同程度の線膨張係数をもつことからガラスに封じ込んで電気接点に利用される。その他一般に装身具や歯科用合金などの需要も大である。

9.1.4. その他の貴金属合金　　金，銀以外の貴金属も種々な元素と合金化して装飾品・美術工芸品などに用いられるが，とくに工業的用途をもつ合金の数例を示すと表 9-3 のとおりである。

9.2. 高融点金属とその合金

バナジウム（V）よりも融点の高い金属を高融点金属と総称するが，主な金属の性質を表 9-4 に示す。これら金属の性質は温度依存性が大きいものもあるが，室温（20℃）での特性を表示した。

表 9-4 主な高融点金属の熱的および電気的性質と弾性率

元　素		原子番号	密度 Mg/m³	融点 K	熱伝導率 W/(m·K)	電気抵抗率 $10^{-8}\Omega\cdot m$	縦弾性係数 GPa
バナジウム	V	23	6.1	2108	32	26.0	130
クロム	Cr	24	7.2	2163	91	12.9	250
ニオブ	Nb	41	8.6	2793	54	14.5	100
モリブデン	Mo	42	10.2	2903	140	5.7	320
タンタル	Ta	73	16.6	3263	58	13.5	180
タングステン	W	74	19.3	3563	175	5.5	400

9.2.1. タングステン タングステン (W) は溶融点が実用金属元素中最も高いためにこれを溶融鋳造することは極めて困難であるが, W の粉末を圧縮して加熱焼結した後, 高温圧延を繰り返すことによって棒または線, 条などに加工することができる. 主な用途は電球のフィラメント, 真空管・X 線管の対陰極, 電気炉加熱線などで, 表 9-5 に線材の JIS 規定を示す. また合金元素として特殊鋼には不可欠のもので, 構造用鋼をはじめ高速度鋼・磁石鋼などは相当量の W を添加している. また特殊工具材料としてのステライト, 超硬

表 9-5 照明および電子機器用タングステン線 (JIS H 4461：02)

(1) 種類, 仕上げ区分および記号

種 類	化学成分 w%	仕上げ区分	記 号	用 途 例
1種	99.95 以上	線引のまま	VWW1D	フィラメント, ヒータ, グリッド, 放電カットワイヤ, 真空蒸着用ヒータ
		化学処理	VWW1C	
		電解研磨	VWW1E	
		熱処理	VWW1H	
2種	99.90 以上	線引のまま	VWW2D	スプリング, アンカー, サポートなど
		化学処理	VWW2C	
		電解研磨	VWW2E	
		熱処理	VWW2H	

(2) 線の引張強さ

種 類	太　さ		VWW1,2のD,C,E	VWW1,2のH
	径 μm	MG	引張強さ N/mm²	引張強さ N/mm²
1種及び2種	25 未満	1.9 未満	3 000～4 500	1 700～3 600
	25 以上　50 未満	1.9 以上　7.5 未満	2 400～4 000	1 500～3 400
	50 以上　70 未満	7.5 以上　14.8 未満	2 300～3 800	1 100～3 000
	70 以上　130 未満	14.8 以上　51.0 未満	2 100～3 600	1 100～3 000
	130 以上　180 未満	51.0 以上　97.7 未満	1 900～3 400	1 100～3 000
	180 以上　260 未満	97.7 以上　204 未満	1 900～3 400	—

合金,その他電気接点として W-Cu, W-Ag 焼結合金（エルコン）などがある。このエルコンは消耗率の小さい放電加工用電極材料としても用いられ,その用途は広範囲にわたっている。

9.2.2. タンタル　タンタル (Ta) は密度,融点ともに W に次いで高い金属で,機械的性質も表 9-6 の JIS に規定されているように良好なので,熱しゃ断料やヒータなどの耐熱材料,あるいは耐食性も優れていることから化学プラントのライナー材などとしても使われている。

表 9-6　タンタル板の機械的性質（JIS H 4701 : 01 抜粋）

質　別	記　号	寸法 mm	引張強さ N/mm²	伸　び %
軟　質	TaP-O	厚さ 0.2 以上	245 以上	25 以上
$\frac{1}{4}$ 硬質	TaP$\frac{1}{4}$H		343 以上	20 以上
$\frac{1}{2}$ 硬質	TaP$\frac{1}{2}$H		373 以上	8 以上
硬　質	TaP-H		490 以上	2 以上

（参考）　Ta の純度は 99.80% 以上

9.2.3. モリブデン　モリブデン (Mo) は W と同様に高融点をもち,加工性も良好なので焼結圧延によって成形され,電気炉加熱線などに用いられる。炭素鋼に対しては合金元素として添加して構造用鋼に多く用いられる。高速度鋼などにも W の代用添加元素としてしばしば用いられているが,高温度における酸化が激しいために不活性ガス雰囲気中で使われる。

9.2.4. ニオブ　ニオブ (Nb) は耐熱金属の中では密度が中程度で小さく,耐熱性および熱伝導率も高く,耐食性も良好なので原子炉材料として用いたり,各種金属に添加して結晶粒微細化や高温強度の低下を防止する役割も果たしている。

9.2.5. クロム　クロム (Cr) は密度が小さく耐食性も良好であるが,低温 (573 K 以下) でもろいため,単体としての用途はほとんど無い。しかし Cr めっきや,添加元素として構造用鋼・耐熱鋼・ニクロム・ステライトなど広範囲の用途をもっている。

9.2.6. バナジウム　バナジウム (V) は Ti や Cr と同程度の耐食性があり,加工性や溶接性も良いので耐熱合金の基材として用いられる。近年は核融合炉の低放射下構造材料の一つにもなっている。また各種金属に添加して結晶粒微細化,あるいは高温での粒成長抑止のための効果が研究されている。

9.2.7. その他の金属　ジルコニウム (Zr) の融点は 2125 K とバナジウムよりも高く,密度もチタンより多少大きい 6.57 Mg/m³ 程度で,比強度も大きい。常温では最密六方格子であるが,1135 K以上では同素変態して体心立方格子になる。表 9-7 に JIS に規定されているその合金管の例を示した。

融点はそれほど高くはないが,ゲルマニウム (Ge) は単体として半導体特性が優れており,トランジスタなどに幅広く利用されている。またシリコン

表 9-7 ジルコニウム合金管の種類と機械的性質 (JIS H 4751:98)

種　類	記号	質別	引　張　試　験		
			引張強さ N/mm²	耐力 N/mm²	伸び %
Sn-Fe-Cr-Ni 系ジルコニウム合金管	ZrTN 802 D	O	413 以上	241 以上	20 以上
		SR	受渡当事者間の協定による。		
Sn-Fe-Cr 系ジルコニウム合金管	ZrTN 804 D	O	413 以上	241 以上	20 以上
		SR	受渡当事者間の協定による。		

(Si) は合金元素としても極めて有用で欠かせない金属である。

その他, 最近は希土類元素なども重要で, 添加元素として活用し熱電材料など各種応用材料開発も盛んに行われている。また金属ではないが, セラミックス材料も今後重要な機械材料として活用されるであろう。表 9-8 に構造材料として可能性のあるセラミックス材料の機械的性質を示した。

表 9-8 構造材料セラミックスの性質 (金融便覧)

	比重	熱伝導率 W/m・K	熱膨張係数 10^{-6}/K	縦弾性係数 GPa	強　度　MPa		破壊じん性 MN/m³/²
					室温	1 473 K	
SiC	3.2	81	4.3	430	850	750	5.1
Si_3N_4	3.15	23	3.1	310	1 000	800	7.2
Al_2O_3	3.95	17	7.8	390	500	350	5
高靱性 ZrO_2	6	3.2	10.1	210	1 200	200	10
MAS	2.2	1.6	1.5	20	18	15	ND
AT	3	1.3	1.2	5	20	30	ND
ZrB_2	4.4	41	6.9	430	900	350	4.7
MoB-Ni 複合材	9.4	14	8.7	350	2 100	2 100 (1073 K)	17.5

MAS: $2MgO・Al_2O_3・5SiO_2$, 　AT: $Al_2O_3・TiO_2$, 　ND: データなし

5編

機械要素設計

1章　機械製図

1.1. 設計・製図

　機械は普通 (1) 設計・製図，(2) 材料の準備，(3) 加工，(4) 組立ての順序で製作される。このうち設計・製図は機械製作の基礎となるべきものである。
　一般に設計とは機械が使用目的に対して十分の性能をもつように各部分の構造・形状・材質・大きさ等を算定することをいい，製図とは設計された物体を誤りなく製作するために一定の規約（JIS B 0001：00 機械製図，JIS Z 8310：84 製図総則）に従って作図し，寸法・仕上げ方法等を記入することをいう。
　製品の優劣や製作の難易等は設計および製図の良否によることが大きい。

1.2. 図面の大きさ　（JIS Z 8311：98）

　図面の大きさはA0～A4とする(表1-1)。ただし，とくに長い図面を必要とする場合には，長手方向に延長することができる（特別延長サイズ）。
　図面に輪郭をつける場合は（図1-1），表1-1の寸法による。

表1-1　紙の大きさと図面の輪郭　(単位mm)

大きさの呼び方	寸法 $a \times b$	c (最小)	d(最小) とじない場合	d(最小) とじる場合
A 0	841×1189	20	20	20
A 1	594× 841			
A 2	420× 594	10	10	
A 3	297× 420			
A 4	210× 297			

輪郭線は太さ0.5mm以上の実線とする。
図面の位置決めに便利なように4個の中心マークを設ける(図1-1)。
図面を折りたたむときの大きさは原則としてA4とする。

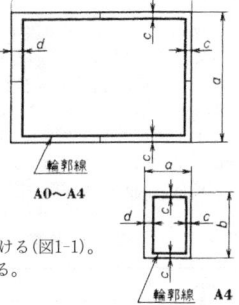

図 1-1　図面の輪郭と中心マーク

1.3. 投影法

　JIS規格中の図は第三角法(図1-2)による。ただし必要な場合には，第一角法(図1-3)によることができる。ISO規格中の図は主として第一角法による。
　第三角法か第一角法かの区別を必要とする場合には，図面内の適当な位置に第三角法または第一角法と記入する。ただし，文字の代わりに記号（図1-4，図1-5）を使用してもよい。

図 1-2　第三角法

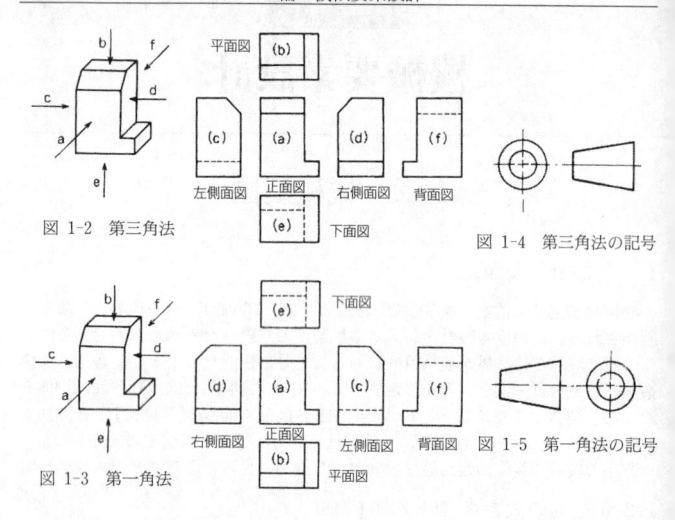

図 1-4　第三角法の記号

図 1-3　第一角法

図 1-5　第一角法の記号

同一図面では第三角法と第一角法を混用しない。とくに必要がある場合は局部的にこれを混用することができる。この場合はその部分には投影の方向を記入する。

1.4. 尺度

製図の尺度はA：Bで表す。

ここに，A：描いた図形での対応する長さ
　　　　B：対象物の実際の長さ

現尺の場合　1：1
倍尺の場合　5：1
縮尺の場合　1：2

なお，現尺の場合にはA：Bをともに1，倍尺の場合にはBを1，縮尺の場合にはAを1として示す。尺度の値は表 1-2 による。

尺度は，図面の表題欄に記入する。同一図面中に異なる尺度の図があるとき

表 1-2　推奨尺度

現尺	1：1		
倍尺	50：1	20：1	10：1
	5：1	2：1	
縮尺	1：2	1：5	1：10
	1：20	1：50	1：100
	1：200	1：500	1：1000
	1：2000	1：5000	1：10000

(備考) やむを得ず推奨尺度を適用できない場合には，中間の尺度を選んでもよい。なお，この場合には，JIS Z 8314:98の附属書1（規定）に規定する尺度を選ぶことが望ましい。
(例)　1：$\sqrt{2}$　1：1.5
1：2.5　1：3　1：4
1：6　1：15　など

1章 機械製図

は必要に応じて図の付近に尺度を記入する。写真により縮小または拡大する場合,元になる図面には必要なときは用いた尺度の目盛を記入する。

1.5. 線および文字 (JIS Z 8312:99)

線は,その断続形式によって分類すれば,主要なものは次の4種類となる。
(1) 実　　線 ——— 連続した線。
(2) 破　　線 ……… 一定の間隔で短い線の要素が規則的に繰り返される線。
(3) 一点鎖線 —-— 長短2種類の長さの線の要素が交互に繰り返される線。
(4) 二点鎖線 —--— 長短2種類の長さの線の要素が長・短・短・長・短・短の順に繰り返される線。

注 一点鎖線および二点鎖線は,長い方の線の要素で始まり,終るように描く。ほかに点鎖線があり,破線は跳び破線,鎖線は一点,二点,三点の長(短)鎖線がある。

線の種類を太さの比率によって分類すると,表1-3(a)に示す3種類となる。また,図面の大小,用途などにより,同一図面においては,それぞれの線の太さ(数列の公比 $\sqrt{2}\fallingdotseq 1.4$ 倍)を選定して,その組合せによって図面を描く。

線の種類による主な用法を表1-3(b)に,線の用途の一例を図1-6に示す。

表1-3(a)　線の太さの比率および同一図面による線の太さの組合せ

線の太さの比率による種類	太さの比率	同一図面による線の太さの組合せ (mm)			
細　　線	1	0.18	0.25	0.35	0.5
太　　線	2	0.35	0.5	0.7	1
極 太 線	4	0.7	1	1.4	2

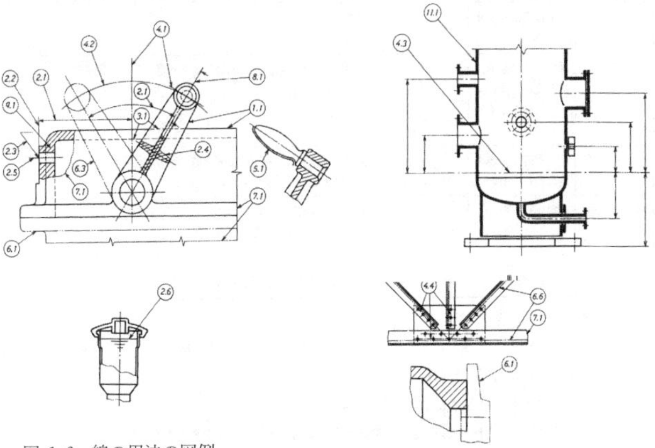

図 1-6　線の用法の図例

表1-3(b) 線の種類および用途　　(JIS B 0001：00)

用途による名称	線の種類(6)	線の用途	図3の照合番号
外形線	太い実線	対象物の見える部分の形状を表すのに用いる。	1.1
寸法線	細い実線	寸法を記入するのに用いる。	2.1
寸法補助線		寸法を記入するために図形から引き出すのに用いる。	2.2
引出線		記述・記号などを示すために引き出すのに用いる。	2.3
回転断面線		図形内にその部分の切り口を90度回転して表すのに用いる。	2.4
中心線		図形に中心線(4.1)を簡略に表すのに用いる。	2.5
水準面線(4)		水面，液面などの位置を表すのに用いる。	2.6
かくれ線	細い破線又は太い破線	対象物の見えない部分の形状を表すのに用いる。	3.1
中心線	細い一点鎖線	a) 図形の中心を表すのに用いる。 b) 中心が移動する中心軌跡を表すのに用いる。	4.1 4.2
基準線		特に位置決定のよりどころであることを明示するのに用いる。	4.3
ピッチ線		繰返し図形のピッチをとる基準を表すのに用いる。	4.4
特殊指定線	太い一点鎖線	特殊な加工を施す部分など特別な要求事項を適用すべき範囲を表すのに用いる。	5.1
想像線(5)	細い二点鎖線	a) 隣接部分を参考に表すのに用いる。 b) 工具，ジグなどの位置を参考に示すのに用いる。 c) 可動部分を，移動中の特定の位置又は移動の限界の位置で表すのに用いる。 d) 加工前又は加工後の形状を表すのに用いる。 e) 図示された断面の手前にある部分を表すのに用いる。	6.1 6.2 6.3 6.4 6.5
重心線		断面の重心を連ねた線を表すのに用いる。	6.6
破断線	不規則な波形の細い実線又はジグザグ線	対象物の一部を破った境界，又は一部を取り去った境界を表すのに用いる。	7.1
切断線	細い一点鎖線で，端部及び方向の変わる部分を太くしたもの(7)	断面図を描く場合，その断面位置を対応する図に表すのに用いる。	8.1
ハッチング	細い実線で，規則的に並べたもの	図形の限定された特定の部分を他の部分と区別するのに用いる。例えば，断面図の切り口を示す。	9.1
特殊な用途の線	細い実線	a) 外形線及びかくれ線の延長を表すのに用いる。 b) 平面であることを示すのに用いる。 c) 位置を明示又は説明するのに用いる。	10.1 10.2 10.3
	極太の実線	薄肉部の単線図示を明示するのに用いる。	11.1

注(4) JIS Z 8316 には，規定されていない。

(5) 想像線は，投影法上では図形に現れないが，便宜上必要な形状を示すのに用いる。また，機能上・工作上の理解を助けるために，図形を補助的に示すためにも用いる。

(6) その他の線の種類は，JIS Z 8312 によるのがよい。

(7) 他の用途と混用のおそれがないときは，端部および方向の変わる部分を太くする必要はない。

備考 細線，太線および極太線の線の太さの比率は，1：2：4とする。

1.6. 図形の表し方 (JIS Z 8316 : 99)

(1) 図面は，品物の形状や機能を最も明りょうに表す面を正面図に選び，これをもとにして左側面図，右側面図，平面図，下面図，背面図などを描くが，これらの図の配置は，図1-2, 図1-3による。

(2) 左側面図，右側面図，平面図，下面図，背面図などの補足の図の数は，できるだけ少なくし，正面図だけで表せるものは他の図は描かない（図**1-7**）。

(3) 製作図においては，その品物の加工量の多い工程を基準にして，その加工の際におかれる状態と同じ向きに描くのがよい。たとえば，旋削する品物ではその中心線を水平にするとか（図1-8(a), (b)），平削りする品物では，その長手方向を水平にし，加工面を図の表面になるように（図1-8(c)）描くのがよい。

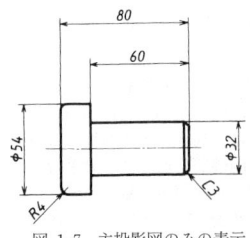

図 1-7 主投影図のみの表示

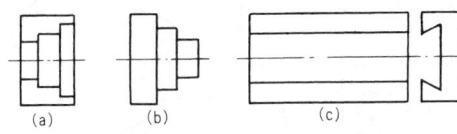

図 1-8 加工の際の状態を考えて図示

(4) 品物の一局部の形だけを図示して足りる場合には，その必要部分を局部投影図として表す（図**1-9**）。

(5) 品物の斜面の実形を図示する必要のある場合には，その斜面に対向する位置に必要部分だけを補助投影図として表す（図**1-10**）。

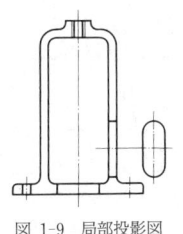

図 1-9 局部投影図 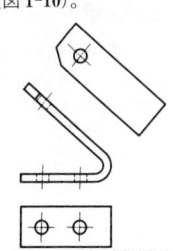 　　　　 図 1-10 補助投影図

(6) ボスからある角度で腕が出ているような品物は，その部分を回転して，回転投影図で描けば，その実長を図示することができる（図**1-11**）。

(7) 互いに関連する図の配列は，なるべくかくれ線を用いなくてすむようにする（図**1-12**）。ただし，比較参照することが不便な場合にはこの限りでない（図**1-13**）。

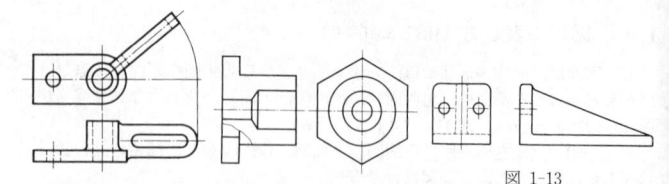

図 1-11 回転投影図　図 1-12 かくれ線を用いない図　図 1-13 比較参照が不便な場合

(8) 図形が対称形状の場合には，対称中心線の片側の図形だけを描き，その対称中心線の両端部に短い2本の平行細線（対称図示記号）を付ける（図1-14）。ただし，まぎらわしい場合には，対称中心線を越えて外形線を少し延長する（図1-15）。

(9) 二つの面の交わり部に丸みをもつ場合で，対応する図にこの丸みの部分を表す必要があるときは，交わり部が丸みをもたない場合の交線の位置に太い実線で表す（図1-16）。

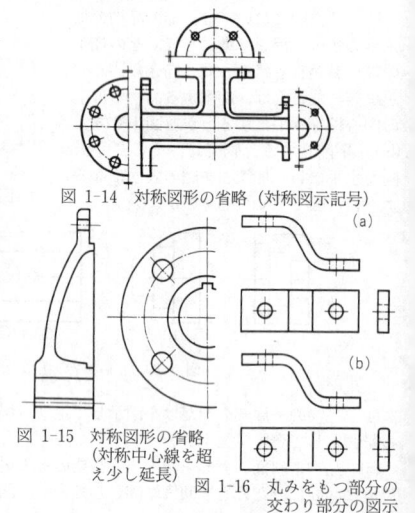

図 1-14 対称図形の省略（対称図示記号）

図 1-15 対称図形の省略（対称中心線を超え少し延長）

図 1-16 丸みをもつ部分の交わり部分の図示

1.7. 慣用的図示

図面には，各種の慣用的省略の図示の方法が用いられている。

(1) かくれ線は，理解を妨げない場合には，これを省略する。

(2) 円柱が他の円柱または角柱と交わる部分の線は，正しい投影法によらないで，直線または円弧で表すのがよい（図1-17）。

図 1-17 相貫線の簡略図示

(3) 同種のリベット穴・ボルト穴・管穴，その他同種同形のものが連続して多数並ぶ場合は，その両端部または要所だけを図示し，他は中心線の交点によって示す（図1-18）。

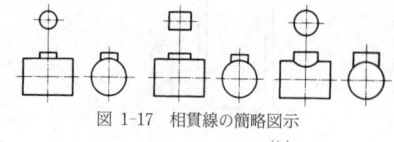

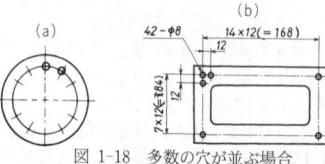

図 1-18 多数の穴が並ぶ場合

(4) 軸・棒・管・形鋼・テーパ軸，その他同一断面形の部分またはテーパ部分が長い場合には，その中間部分を切り去って短縮して図示することができる。この場合切り去った端部は，破断線で示す（図 **1-19**）。

(5) 面が平面であることを示す必要がある場合は，細い対角線を記入する（図 **1-20**）。

(6) 品物の一部に特殊な加工を施す場合には，その範囲を，外形線に平行にわずかに離して引いた太い一点鎖線によって示す。なお，この場合特殊な加工に関する必要事項を指示する（図 **1-21**）。

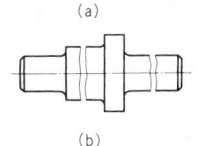

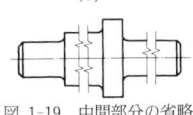

図 1-19 中間部分の省略

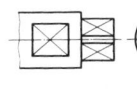

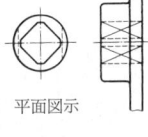

図 1-20 平面図示

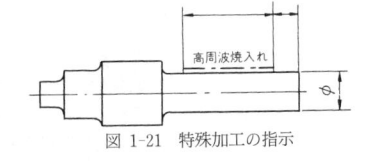

図 1-21 特殊加工の指示

1.8. 断面

(1) 断面は，原則として基本中心線で切断した面で表す。この場合切断線は記入しない。基本中心線でないところで切断してもよい。この場合，切断線によって切断の位置を示す（図 **1-22**）。

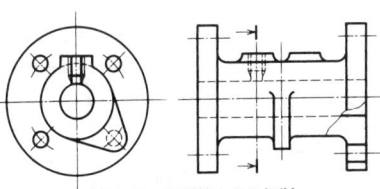

図 1-22 切断線による切断

(2) 切断は必ずしも一直線によらないで段階状に切断することができる。この場合，切断線によって切断の位置を示す（図 **1-23**）。

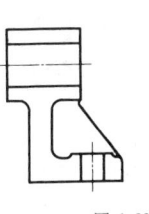

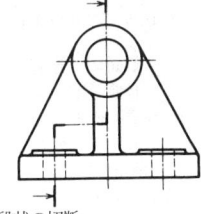

(3) 対称な形状またはこれに近い品物の場合には，その片側を投影面に平行に切断し，他の側を投影面とある角度をもって切断することができる。この場合は，その角度だけ投影のほうに回転して図示する（図 **1-24**）。

図 1-23 階段状の切断

(4) 切断したために理解を妨げるもの（歯車の歯，アーム，リブなど），または切断しても意味がないもの（軸，ピン，ボルト，ナット，座金，小ねじ，リベット，キーなど）は，長手方向に切断しない（図 **1-25**）。

(5) ハンドル，車のアームやリム・リブ・フック等の断面は，切断箇所または切断線の延長線上で表してもよい。このときに断面形状を図形内に直接表す場合には，細い実線で描く（図1-26）。

(6) パッキン・薄板・形鋼のように薄いものは1本の極太の実線で表すことができる。これらが隣接している場合は，断面を表す線の間に薄いすきまをおく（図1-27）。

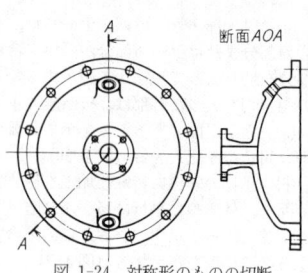

図 1-24 対称形のものの切断

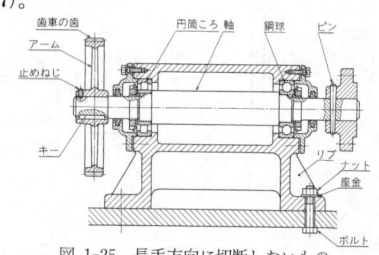

図 1-25 長手方向に切断しないもの

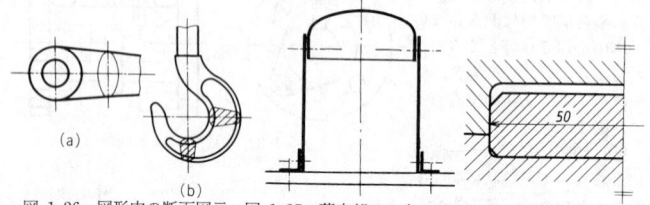

図 1-26 図形内の断面図示　図 1-27 薄肉部は1本の極太実線で表示　図 1-28 断面のハッチング

(7) 断面には普通ハッチングを施さないが，とくに必要な場合はこれを施すか，または周辺をうすく塗るスマッジングを施す。

(8) ハッチングは材質に関係なく，中心線または基線に対して45°（必要に応じて他の角度を用いる）傾いた細い実線（0.2 mm以下）で，断面の大きさに応じて間隔を適当にし，隣り合う断面のハッチングは線の方向または角度を異にするか，間隔を異にして区別する（図1-28）。

(9) 非金属材料の断面でとくに材料を示す必要のある場合には，原則として図1-29の

図 1-29 非金属材料の断面の表示

1章 機械製図

表示方法による。

1.9. 文字 (JIS Z 8313:98)

(1) 漢字および漢字の使い方は常用漢字表による。ただし，16画以上の漢字は，できるだけ仮名書きとする。

表 1-4 製図用文字 (JIS Z 8313-1:98)

(I) ローマ字，数字及び記号

① A形書体 ($d = h/14$)

区分	比率	寸法						(mm)
大文字の高さ h	$(14/14)h$	2.5*	3.5	5	7	10	14	20
小文字の高さ c	$(10/14)h$	—	2.5	3.5	5	7	13	14
文字の線の太さ d	$(1/14)h$	0.18	0.25	0.35	0.5	0.7	1	1.4

*ある種の複写方法では，この大きさは適さない。特に鉛筆書きの場合は注意する
(以下同じ)

② B形書体 ($d = h/10$)

区分	比率	寸法						(mm)
大文字の高さ h	$(10/10)h$	2.5*	3.5	5	7	10	14	20
小文字の高さ c	$(7/10)h$	—	2.5	3.5	5	7	10	2
文字の線の太さ d	$(1/10)h$	0.25	0.35	0.5	0.7	1	1.4	2

(II) 平仮名，片仮名及び漢字

種類	文字の大きさの呼び (mm)	線の太さ d
漢字	3.5* 5 7 10 14 20	$(1/14)h$
平仮名 片仮名	2.5* 3.5 5 7 10 14 20	$(1/10)h$

ABCDEFGHIJKLMNOP
QRSTUVWXYZ
aabcdefghijklmnopq
rstuvwxyz
0123456789IVX

ABCDEFGHIJKLMNOP
QRSTUVWXYZ
aabcdefghijklmnopq
rstuvwxyz
0123456789IVX

(a) A形直立体文字　　　　　　(b) B形斜体文字

図 1-30 A形 (直立体)，B形 (斜体) 文字

(2) 仮名は，片仮名または平仮名のいずれかを用い，一連の図面において混用はしない。ただし，外来語の表記に片仮名を用いることは，混用とはみなさない。

(3) 文字の大きさ（高さ），線の太さを表 1-4 に示す。ローマ字，数字の A 形書体に比べ B 形書体は，同じ文字高さでも文字の線がやや太目である（図 1-30）。

(4) 斜体文字は右へ 15° 傾斜させる。

(5) 図面中の一連の記述に用いる文字の大きさの比率は，漢字：仮名：（ローマ字，数字および記号）＝1.4：1.0：1.0 のようにするのが望ましい。他の漢字や仮名に小さく添える「や，ゅ，よ，つ」など小書きにする仮名の大きさは，この比率において 0.7 とする。

1.10. 寸法記入 （JIS Z 8317：99）

(1) 寸法はとくに明示しない限り仕上がり寸法を示す。また，寸法はなるべく主投影図に集中する。

(2) 単位は mm で，mm の記号を省く。mm 以外の単位を用いる場合は必ず単位を明示する。なお mm の小数点は下付きの点とし，数字を適当に離して，その中間に大きめに書く。

(3) 長さの寸法を記入するには，寸法線を中断しないで，水平方向の寸法線に対しては上向きに，垂直方向の寸法線に対しては左向きに，寸法線の上側にこれに沿って寸法数字を寸法線からわずか離して書く。また斜め方向の寸法線に対してもこれに準じて書く（図 1-31）。

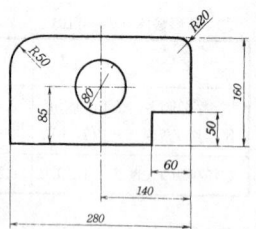

図 1-31 寸法線・寸法補助線

ただし，寸法補助線の間が狭くて寸法数字を記入する余地がないときは，引出し線を用いるか，寸法線の上側あるいは下側に寸法数字を記入する（図 1-32）。または詳細図を描いてこれに記入する（図 1-33）。

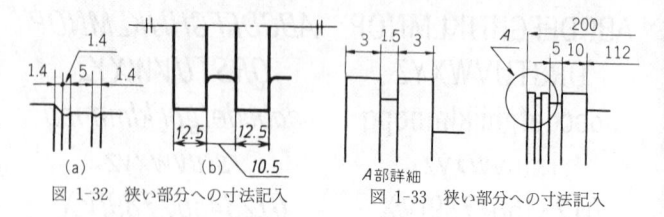

図 1-32 狭い部分への寸法記入   図 1-33 狭い部分への寸法記入

(4) 寸法補助線は寸法線に直角に引き，寸法線をわずかに越えるまで延長する。寸法記入の関係上とくに必要な場合には，寸法線に対し適当な角度に寸法補助線を引くことができる。

(5) 寸法線の両端には矢印を付ける。ただし，寸法補助線の間が狭く矢印を付ける余地がないときは，矢印の代わりに黒丸を用いる（図 **1-32**(a)）。

(6) 角度を記入する寸法線は角度をなす二辺またはその延長線の交点を中心として両辺またはその延長線の間に引いた円弧で表す（図 **1-34**）。

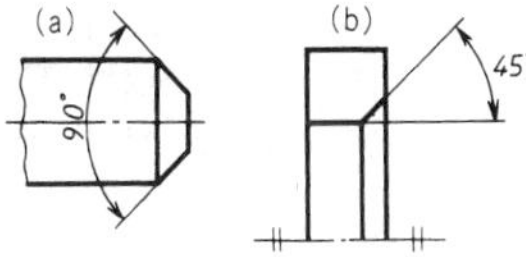

図 1-34 角度の記入

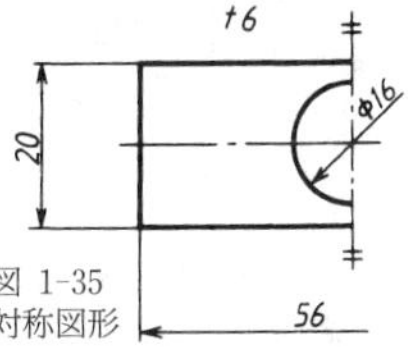

図 1-35 対称図形

(7) 対称の図形で中心線の片側だけを表した図では，寸法線は原則としてその中心線を越えて延長する。この場合，延長した寸法線の端には矢を付けない（図 **1-35**）。

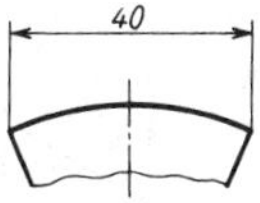

(8) 弦の長さおよび弧の長さを示すには，それぞれ図 **1-36**，図 **1-37** の例による。

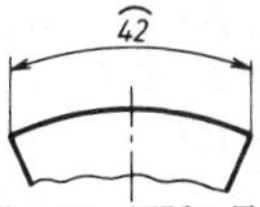

図 1-36 弦の長さ　　図 1-37 円弧の長さ

(9) 円弧の半径を示す寸法線には，弧の側に矢印を付け，中心の側には付けない（図 **1-38**）。とくに中心を示す場合には，黒丸または＋字で示す。

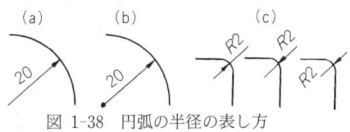

図 1-38 円弧の半径の表し方

(10) 直径・半径および正方形の記号にはそれぞれ ϕ（まる），R（あーる），□（かく）を用い，寸法数字の前に寸法数字と同じ大きさで記入する（図 **1-39**）。

球面を示す場合は，寸法数字の前に寸法数字と同じ大きさで $S\phi$（えすまる）または SR（えすあーる）と記入する（図 **1-40**）。

ただし，明らかな場合にはこれを省略してもよい（図 **1-31**，図 **1-38**(a)(b)）。

(11) 円弧の中心が弧から遠いときは図 **1-41** の例による。

(12) 曲線は図 **1-41** のように構成する円弧の半径とその中心または円弧の接線の位置で表すか，図 **1-42** の例による。

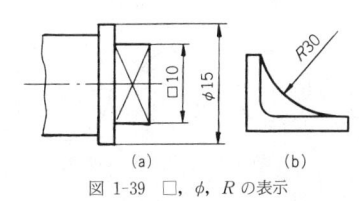

図 1-39 □，ϕ，R の表示 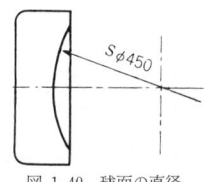　　図 1-40 球面の直径

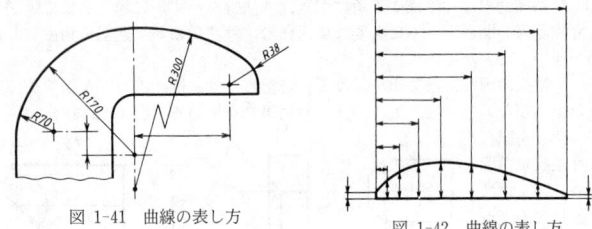

図 1-41 曲線の表し方

図 1-42 曲線の表し方

(13) 角度を記入するには寸法線を中断しないで，角の頂点を通り水平線を引いたとき，記入文字の位置がこの線の上側にあるときは外向きに，下側にあるときは中心向きに，寸法線の上側に沿って角度を表す数字を寸法線からわずか離して書く（図 1-43(a)）。なお必要がある場合には角度を表す数字を上向きに記入してもよい（図 1-43(b)）。

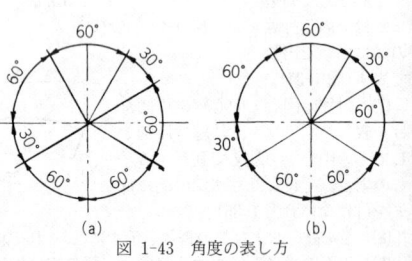

図 1-43 角度の表し方

(14) 面取りの寸法記入は図 1-44 によるが，45°の面取りは図 1-45 による。

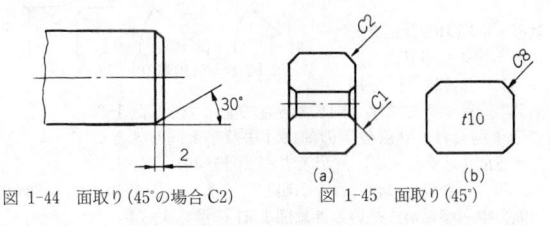

図 1-44 面取り(45°の場合 C2)　　図 1-45 面取り(45°)

(15) きり穴・リーマ穴・打抜き穴・いぬき穴など穴の区別を示すときは，図 1-46, 1-47 の例による。

(16) 同一間隔で連続する同一寸法の穴の配置方法は図 1-48 による。

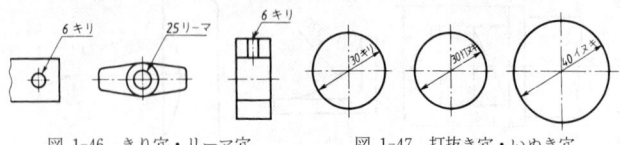

図 1-46 きり穴・リーマ穴　　図 1-47 打抜き穴・いぬき穴

(17) 板の厚さは板の面またはその付近に寸法数字の前に t と記入する（図 1-45(b)）。

(18) 形鋼の形状寸法表示は表 1-5 による。

(19) テーパは，原則として中心線に沿って（図 1-49(a)），こう配は，原則として辺に沿って（図 1-49(b)）記入する。テーパまたはこう配の割合と向きをとくに明らかに示す必要がある場合には，別に図示する（図 1-49(c)）。

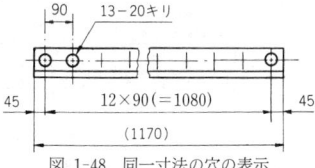

図 1-48 同一寸法の穴の表示

表 1-5 形鋼の種類および形状寸法の表示

種 類	断面形状	表示方法	種 類	断面形状	表示方法
等辺山形鋼		L $A \times B \times t$-L	軽 Z 形鋼		㇗$H \times A \times B \times t$-$L$
不等辺山形鋼		L $A \times B \times t$-L	リップ溝形鋼		⊏ $H \times A \times C \times t$-$L$
不等辺不等厚山 形 鋼		L $A \times B \times t_1 \times t_2$-$L$	リップ Z 形鋼		㇗$H \times A \times C \times t$-$L$
I 形 鋼		I $H \times B \times t$-L	ハット形鋼		⊓ $H \times A \times B \times t$-$L$
溝 形 鋼		⊏$H \times B \times t_1 \times t_2$-$L$	丸　　鋼 （普通）		ϕA-L
球平形鋼		J $A \times t$-L	鋼　　管		$\phi A \times t$-L
T 形 鋼		T $B \times H \times t_1 \times t_2$-$L$	角 鋼 管		□ $A \times B \times t$-L
H 形 鋼		H $H \times A \times t_1 \times t_2$-$L$	角　　鋼		□ A-L
軽溝形鋼		⊏$H \times A \times B \times t$-$L$	平　　鋼		▭ $B \times A$-L

備　考　L は長さを表す。

図 1-49 テーパ，こう配の表示

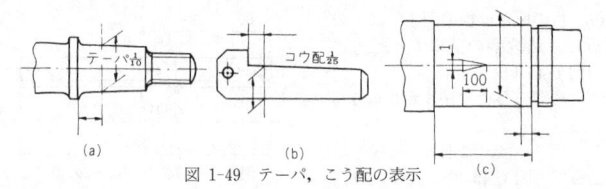

(20) 寸法は品物の形状を最も明らかに表すのに必要で十分なものを記入し，なるべく重複を避け，かつ計算する必要がないようにする。ただし，正面図と平面図などのように関連する図では，理解しやすくするためにある程度重複して記入することはさしつかえない。

(21) 加工または組立ての際，基準とすべき箇所がある場合には，寸法はその箇所をもととして記入する（図 1-50）。

(22) 一部の図形がその寸法値に比例しないときには，寸法数字の下に太い実線を引く（図 1-51）。

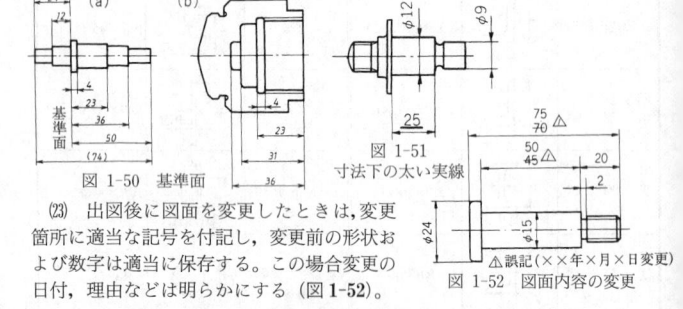

図 1-50 基準面

図 1-51 寸法下の太い実線

(23) 出図後に図面を変更したときは，変更箇所に適当な記号を付記し，変更前の形状および数字は適当に保存する。この場合変更の日付，理由などは明らかにする（図 1-52）。

図 1-52 図面内容の変更

1.11. 寸法公差およびはめあい (JIS B 0401-1：98)

この規格は，500 mm 以下の機械部品の許容限界寸法，および互いにはめあわされる穴と軸の組合せ，ならびに 500 mm を超える 3150 mm 以下の許容限界寸法について定めている。

1.11.1. はめあい用語

この規格では次のような言葉が用いられている（表 1-6）。

(1) 実寸法 (actual size) 測定によって得られた形体の寸法。

(2) 許容限界寸法 (limits of size) 実寸法がその間におさまるように定められた大小二つの許される寸法の限界を表す寸法。

(3) 最大許容寸法 (max. limit of size) 実寸法に対して許される最大寸法。

(4) 最小許容寸法 (least limit of size) 実寸法に対して許される最小寸法。

(5) 基準寸法 (basic size) 許容限界寸法の基準となる寸法。

(6) 寸法許容差 (limit deviation) 許容限界寸法からその基準寸法を引いた値。まぎらわしくない場合は，単に許容差といってもよい。

(7) **上の寸法許容差**(upper deviation)　最大許容寸法から基準寸法を引いた値。
(8) **下の寸法許容差**(lower devi.)　最小許容寸法から基準寸法を引いた値。
(9) **基準線**(zero line)　許容限界寸法とはめあいを図示するとき寸法許容差の基準となる線。基準線は寸法許容差 0 の直線で，基準寸法を表すのに用いる。
(10) **寸法公差**(size tolerance)　最大許容寸法と最小許容寸法の差，すなわち上の寸法許容差と下の寸法許容差の差。まぎらわしくない場合は，単に公差といってもよい。
(11) **すきま**(clearance)　穴の寸法が軸の寸法より大きいときの寸法差。
(12) **しめしろ**(interference)　穴の寸法が軸の寸法より小さいときの寸法差。

表 1-6　許容寸法と寸法公差および許容寸法差の例　(単位 mm)

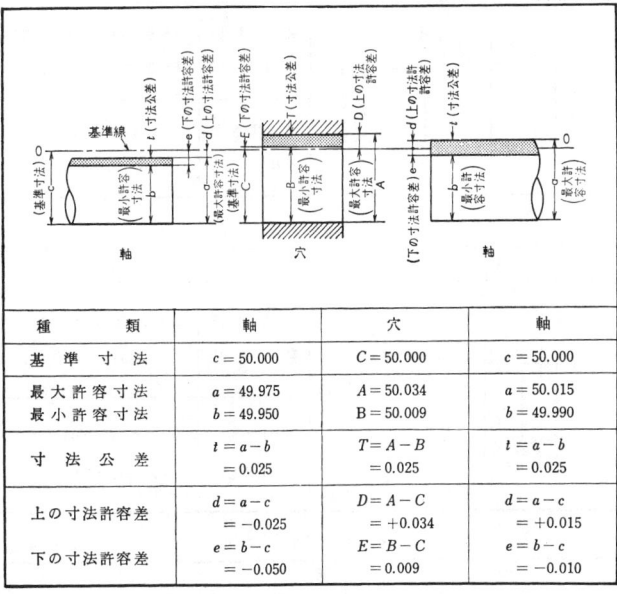

種　　類	軸	穴	軸
基　準　寸　法	$c = 50.000$	$C = 50.000$	$c = 50.000$
最大許容寸法 最小許容寸法	$a = 49.975$ $b = 49.950$	$A = 50.034$ $B = 50.009$	$a = 50.015$ $b = 49.990$
寸　法　公　差	$t = a - b$ $= 0.025$	$T = A - B$ $= 0.025$	$t = a - b$ $= 0.025$
上の寸法許容差 下の寸法許容差	$d = a - c$ $= -0.025$ $e = b - c$ $= -0.050$	$D = A - C$ $= +0.034$ $E = B - C$ $= 0.009$	$d = a - c$ $= +0.015$ $e = b - c$ $= -0.010$

1.11.2. はめあいの種類

穴と軸のはめあいには次の 3 種類がある。
(1) **すきまばめ**(clearance fit)　常にすきまのあるはめあい(表 1-7)。
(2) **しまりばめ**(interference fit)　常にしめしろのあるはめあい(表 1-8)。
(3) **中間ばめ**(transition)　それぞれ許容限界寸法に仕上げられた穴と軸とをはめあわせるとき，その実寸法によってすきまができることもあり，しめしろのできるときもあるはめあい(表 1-9)。

すきまばめにおいて，穴の最小許容寸法から軸の最大許容寸法を引いた値を

最小すきま，すきまばめあるいは中間ばめにおいて，穴の最大許容寸法から軸の最小許容寸法を引いた値を**最大すきま**という。

しまりばめにおいて，組立て前に軸の最小許容寸法から穴の最大許容寸法を引いた値を**最小しめしろ**，しまりばめあるいは中間ばめにおいて組立て前に軸の最大許容寸法から穴の最小許容寸法を引いた値を**最大しめしろ**という。

1.11.3. 穴基準はめあいと軸基準はめあい

はめあいには穴基準はめあい方式と軸基準はめあい方式の2種類がある。

(1) 穴基準はめあい方式 各種類の軸を単一の種類の穴にはめあわせること

表1-7 すきまばめの例
(単位 mm)

名称	穴	軸
最大寸法	$A=50.025$	$a=49.975$
最小寸法	$B=50.000$	$b=49.950$
最大すきま	$A-b=0.075$	
最小すきま	$B-a=0.025$	

表1-8 しまりばめの例
(単位 mm)

名称	穴	軸
最大寸法	$A=50.025$	$a=50.050$
最小寸法	$B=50.000$	$b=50.034$
最大しめしろ	$a-B=0.050$	
最小しめしろ	$b-A=0.009$	

表1-9 中間ばめの例
(単位 mm)

名称	穴	軸
最大寸法	$A=50.025$	$a=50.011$
最小寸法	$B=50.000$	$b=49.995$
最大しめしろ	$a-B=0.011$	
最大すきま	$A-b=0.030$	

によって，すきまやしめしろの異なる種々のはめあいを得る方式である。穴基準はめあいの基準となる穴を基準穴という。

(2) **軸基準はめあい方式** 各種類の穴を単一の種類の軸にはめあわせることによって，すきまやしめしろの異なる種々のはめあいを得る方式である。軸基準はめあいの基準となる軸を基準軸という。穴基準はめあいと軸基準はめあいには，それぞれ一長一短があるが一般に穴基準はめあいが多く採用されている。

1.11.4. IT基本公差

寸法公差は，基準寸法に許される寸法のばらつきの範囲を示すものであり，その大きさは基準寸法の精密さを表すものとなる。同じ精密さを保つ場合には基準寸法の大きさに応じて寸法公差も当然異なる値になる。IT は International Tolerance（公差）の略であり，IT 基本公差の等級は 550 mm 以下の寸法に対しては，**表1-10**に示すように，IT 01（01級），IT 0（0級），IT 1（1級）～IT 18（18級）の20等級に分けられているが，IT 1～IT 18 の等級が一般的に使用されている。

表1-10 3150 mm までの基準寸法に対する公差等級ITの数値（JIS B 0401-1 : 98）

基準寸法 mm		公差等級																		
		IT1	IT2	IT3	IT4	IT5	IT6	IT7	IT8	IT9	IT10	IT11	IT12	IT13	IT14	IT15	IT16	IT17	IT18
を超え	以下	公差																	
		μm											mm						
—	3	0.8	1.2	2	3	4	6	10	14	25	40	60	0.1	0.14	0.25	0.4	0.6	1	1.4
3	6	1	1.5	2.5	4	5	8	12	18	30	48	75	0.12	0.18	0.3	0.48	0.75	1.2	1.8
6	10	1	1.5	2.5	4	6	9	15	22	36	58	90	0.15	0.22	0.36	0.58	0.9	1.5	2.2
10	18	1.2	2	3	5	8	11	18	27	43	70	110	0.18	0.27	0.43	0.7	1.1	1.8	2.7
18	30	1.5	2.5	4	6	9	13	21	33	52	84	130	0.21	0.33	0.52	0.84	1.3	2.1	3.3
30	50	1.5	2.5	4	7	11	16	25	39	62	100	160	0.25	0.39	0.62	1	1.6	2.5	3.9
50	80	2	3	5	8	13	19	30	46	74	120	190	0.3	0.46	0.74	1.2	1.9	3	4.6
80	120	2.5	4	6	10	15	22	35	54	87	140	220	0.35	0.54	0.87	1.4	2.2	3.5	5.4
120	180	3.5	5	8	12	18	25	40	63	100	160	250	0.4	0.63	1	1.6	2.5	4	6.3
180	250	4.5	7	10	14	20	29	46	72	115	185	290	0.46	0.72	1.15	1.85	2.9	4.6	7.2
250	315	6	8	12	16	23	32	52	81	130	210	320	0.52	0.81	1.3	2.1	3.2	5.2	8.1
315	400	7	9	13	18	25	36	57	89	140	230	360	0.57	0.89	1.4	2.3	3.6	5.7	8.9
400	500	8	10	15	20	27	40	63	97	155	250	400	0.63	0.97	1.55	2.5	4	6.3	9.7
500	630[1)	9	11	16	22	32	44	70	110	175	280	440	0.7	1.1	1.75	2.8	4.4	7	11
630	800[1)	10	13	18	25	36	50	80	125	200	320	500	0.8	1.25	2	3.2	5	8	12.5
800	1 000[1)	11	15	21	28	40	56	90	140	230	360	560	0.9	1.4	2.3	3.6	5.6	9	14
1 000	1 250[1)	13	18	24	33	47	66	105	165	260	420	660	1.05	1.65	2.6	4.2	6.6	10.5	16.5
1 250	1 600[1)	15	21	29	39	55	78	125	195	310	500	780	1.25	1.95	3.1	5	7.8	12.5	19.5
1 600	2 000[1)	18	25	35	46	65	92	150	230	370	600	920	1.5	2.3	3.7	6	9.2	15	23
2 000	2 500[1)	22	30	41	55	78	110	175	280	440	700	1 100	1.75	2.8	4.4	7	11	17.5	28
2 500	3 150[1)	26	36	50	68	96	135	210	330	540	860	1 350	2.1	3.3	5.4	8.6	13.5	21	33

(i) 500 mm を超える基準寸法に対する公差等級IT1〜IT5の数値は，実験的使用のために含める。

(ii) 公差等級IT14〜IT18は，1 mm以下の基準寸法に対して使用しない。

1.11.5. 常用するはめあい

図1-53に，寸法許容差の公差域を示す。**図1-54**にはめあいの図式表示，**図1-55**に軸基準および穴基準のはめあい方式を示す。

常用するはめあいにおける穴・軸の種類と等級，その組合せとはめあい図を**表1-11**，**表1-12**に示す。**表1-13**，**表1-14**は常用するはめあいの穴の寸法許容差，軸の寸法許容差を示す。

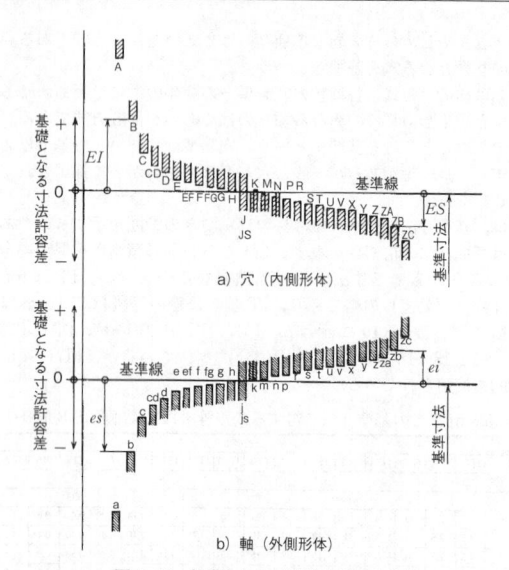

図 1-53 基礎となる寸法許容差の公差域

a) 穴（内側形体）

b) 軸（外側形体）

図 1-54 はめあいの図式表示

すきまばめ　　しまりばめ　　中間ばめ

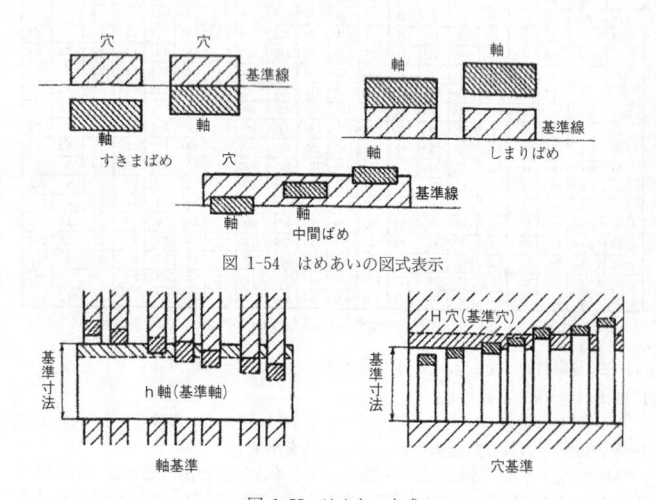

図 1-55 はめあい方式

軸基準　　穴基準

1章 機械製図

表1-11 多く用いられる穴基準はめあい (JIS B 0401-1：98)

基準穴	軸の公差域クラス													
	すきまばめ						中間ばめ			しまりばめ				
H6					g5	h5	js5	k5	m5					
				f6	g6	h6	js6	k6	m6	n6[(1)]	p6[(1)]			
H7				f6	g6	h6	js6	k6	m6	n6	p6[(1)]	r6[(1)]	s6	t6	u6	x6
			e7	f7		h7	js7							
H8				f7		h7								
			e8	f8		h8								
		d9	e9											
H9		d8	e8			h8								
	c9	d9	e9			h9								
H10	b9	c9	d9											

注(1) これらのはめあいは，寸法の区分によっては例外を生じる。

付図　常用する穴基準はめあい図（図は，寸法30 mm の場合を示す。）

表 1-12 多く用いられる軸基準はめあい (JIS B 0401-1:98)

基準軸	穴の公差域クラス															
	すきまばめ					中間ばめ				しまりばめ							
h5						H6	JS6	K6	M6	N6[(2)]	P6					
h6				F6	G6	H6	JS6	K6	M6	N6	P6[(2)]					
				F7	G7	H7	JS7	K7	M7	N7	P7[(2)]	R7	S7	T7	U7	X7
h7			E7	F7		H7										
				F8		H8										
h8		D8	E8	F8		H8										
		D9	E9			H9										
h9		D8		F8		H8										
	C9	D9	E9			H9										
B10	C10	D10														

注(2) これらのはめあいは，寸法の区分によっては例外を生じる．

付図　常用する軸基準はめあい図（図は，寸法 30 mm の場合を示す．）

1章 機械製図

表1-13 常用するはめあいの穴の寸法許容差 (JIS B 0401-2：98)

寸法の区分 (mm) をこえ	以下	B10	C9	C10	D8	D9	D10	E7	E8	E9	F6	F7	F8	G6	G7	H5	H6	H7	H8	H9	H10
−	3	+180 +140	+85 +60	+100 +60	+34 +20	+45 +20	+60 +20	+24 +14	+28 +14	+39 +14	+12 +6	+16 +6	+20 +6	+8 +2	+12 +2	+4 0	+6 0	+10 0	+14 0	+25 0	+40 0
3	6	+188 +140	+100 +70	+118 +70	+48 +30	+60 +30	+78 +30	+32 +20	+38 +20	+50 +20	+18 +10	+22 +10	+28 +10	+12 +4	+16 +4	+5 0	+8 0	+12 0	+18 0	+30 0	+48 0
6	10	+208 +150	+116 +80	+138 +80	+62 +40	+76 +40	+98 +40	+40 +25	+47 +25	+61 +25	+22 +13	+28 +13	+35 +13	+14 +5	+20 +5	+6 0	+9 0	+15 0	+22 0	+36 0	+58 0
10	18	+220 +150	+138 +95	+165 +95	+77 +50	+93 +50	+120 +50	+50 +32	+59 +32	+75 +32	+27 +16	+34 +16	+43 +16	+17 +6	+24 +6	+8 0	+11 0	+18 0	+27 0	+43 0	+70 0
18	30	+244 +160	+162 +110	+194 +110	+98 +65	+117 +65	+149 +65	+61 +40	+73 +40	+92 +40	+33 +20	+41 +20	+53 +20	+20 +7	+28 +7	+9 0	+13 0	+21 0	+33 0	+52 0	+84 0
30	40	+270 +170	+182 +120	+220 +120	+119 +80	+142 +80	+180 +80	+75 +50	+89 +50	+112 +50	+41 +25	+50 +25	+64 +25	+25 +9	+34 +9	+11 0	+16 0	+25 0	+39 0	+62 0	+100 0
40	50	+280 +180	+192 +130	+230 +130																	
50	65	+310 +190	+214 +140	+260 +140	+146 +100	+174 +100	+220 +100	+90 +60	+106 +60	+134 +60	+49 +30	+60 +30	+76 +30	+29 +10	+40 +10	+13 0	+19 0	+30 0	+46 0	+74 0	+120 0
65	80	+320 +200	+224 +150	+270 +150																	
80	100	+360 +220	+257 +170	+310 +170	+174 +120	+207 +120	+260 +120	+107 +72	+126 +72	+159 +72	+58 +36	+71 +36	+90 +36	+34 +12	+47 +12	+15 0	+22 0	+35 0	+54 0	+87 0	+140 0
100	120	+380 +240	+267 +180	+320 +180																	
120	140	+420 +260	+300 +200	+360 +200																	
140	160	+440 +280	+310 +210	+370 +210	+208 +145	+245 +145	+305 +145	+125 +85	+148 +85	+185 +85	+68 +43	+83 +43	+106 +43	+39 +14	+54 +14	+18 0	+25 0	+40 0	+63 0	+100 0	+160 0
160	180	+470 +310	+330 +230	+390 +230																	
180	200	+525 +340	+355 +240	+425 +240																	
200	225	+565 +380	+375 +260	+445 +260	+242 +170	+285 +170	+355 +170	+146 +100	+172 +100	+215 +100	+79 +50	+96 +50	+122 +50	+44 +15	+61 +15	+20 0	+29 0	+46 0	+72 0	+115 0	+185 0
225	250	+605 +420	+395 +280	+465 +280																	
250	280	+690 +480	+430 +300	+510 +300	+271 +190	+320 +190	+400 +190	+162 +110	+191 +110	+240 +110	+88 +56	+108 +56	+137 +56	+49 +17	+69 +17	+23 0	+32 0	+52 0	+81 0	+130 0	+210 0
280	315	+750 +540	+460 +330	+540 +330																	
315	355	+830 +600	+500 +360	+590 +360	+299 +210	+350 +210	+440 +210	+182 +125	+214 +125	+265 +125	+98 +62	+119 +62	+151 +62	+54 +18	+75 +18	+25 0	+36 0	+57 0	+89 0	+140 0	+230 0
355	400	+910 +680	+540 +400	+630 +400												10 0					
400	450	+1010 +760	+595 +440	+690 +440	+327 +230	+385 +230	+480 +230	+198 +135	+232 +135	+290 +135	+108 +68	+131 +68	+165 +68	+60 +20	+83 +20	+27 0	+40 0	+63 0	+97 0	+155 0	+250 0
450	500	+1090 +840	+635 +480	+730 +480																	

備考　表中の各段で，上側の数値は上の寸法許容差(ES)，下側の数値は下の寸法許容差(EI)を示す。

表 1-13（つづき）　常用するはめあいの穴の寸法許容差

（単位 μm＝0.001 mm）

Js 5	Js 6	Js 7	K 5	K 6	K 7	M 5	M 6	M 7	N 6	N 7	P 6	P 7	R 7	S 7	T 7	U 7	X 7	寸法の区分 (mm) をこえ	以下
±2	±3	±5	0/−4	0/−6	0/−10	−2/−6	−2/−8	−2/−12	−4/−10	−4/−14	−6/−12	−6/−16	−10/−20	−14/−24	−	−18/−28	−20/−30	−	3
±2.5	±4	±6	0/−5	+2/−6	+3/−9	−3/−8	−1/−9	0/−12	−5/−13	−4/−16	−9/−17	−8/−20	−11/−23	−15/−27	−	−19/−31	−24/−36	3	6
±3	±4.5	±7.5	+1/−5	+2/−7	+5/−10	−4/−10	−3/−12	0/−15	−7/−16	−4/−19	−12/−21	−9/−24	−13/−28	−17/−32	−	−22/−37	−28/−43	6	10
±4	±5.5	±9	+2/−6	+2/−9	+6/−12	−4/−12	−4/−15	0/−18	−9/−20	−5/−23	−15/−26	−11/−29	−16/−34	−21/−39	−	−26/−44	−30/−51, −38/−56	10, 14	14, 18
±4.5	±6.5	±10.5	+1/−8	+2/−11	+6/−15	−5/−14	−4/−17	0/−21	−11/−24	−7/−28	−18/−31	−14/−35	−20/−41	−27/−48	−33/−54, −54/−61	−40/−61, −56/−77	18, 24	24, 30
±5.5	±8	±12.5	+2/−9	+3/−13	+7/−18	−5/−16	−4/−20	0/−25	−12/−28	−8/−33	−21/−37	−17/−42	−25/−50	−34/−59	−39/−64, −45/−70	−51/−76, −61/−86	−71/−96, −88/−113	30, 40	40, 50
±6.5	±9.5	±15	+3/−10	+4/−15	+9/−21	−6/−19	−5/−24	0/−30	−14/−33	−9/−39	−26/−45	−21/−51	−30/−60, −32/−62	−42/−72, −48/−78	−55/−85, −64/−94	−76/−106, −91/−121	−111/−141, −135/−165	50, 65	65, 80
±7.5	±11	±17.5	+2/−13	+4/−18	+10/−25	−8/−23	−6/−28	0/−35	−16/−38	−10/−45	−30/−52	−24/−59	−38/−73, −41/−76	−58/−93, −66/−101	−78/−113, −91/−126	−111/−146, −131/−166	−165/−200, −197/−232	80, 100	100, 120
±9	±12.5	±20	+3/−15	+4/−21	+12/−28	−9/−27	−8/−33	0/−40	−20/−45	−12/−52	−36/−61	−30/−68	−48/−88, −50/−90, −53/−93	−77/−117, −85/−125, −93/−133	−107/−147, −119/−159, −131/−171	−155/−195, −175/−215, −195/−235	−233/−273, −265/−305, −295/−335	120, 140, 160	140, 160, 180
±10	±14.5	±23	+2/−18	+5/−24	+13/−33	−11/−31	−8/−37	0/−46	−22/−51	−14/−60	−41/−70	−33/−79	−60/−106, −63/−109, −67/−113	−105/−151, −113/−159, −123/−169	−149/−195, −163/−209, −179/−225	−219/−265, −241/−287, −267/−313	−333/−379, −368/−414, −408/−454	180, 200, 225	200, 225, 250
±11.5	±16	±26	+3/−20	+5/−27	+16/−36	−13/−36	−9/−41	0/−52	−25/−57	−14/−66	−47/−79	−36/−88	−74/−126, −78/−130	−138/−190, −150/−202	−198/−250, −220/−272	−295/−347, −330/−382	−455/−507, −505/−557	250, 280	280, 315
±12.5	±18	±28.5	+3/−22	+7/−29	+17/−40	−14/−39	−10/−46	0/−57	−26/−62	−16/−73	−51/−87	−41/−98	−87/−144, −93/−150	−169/−226, −187/−244	−247/−304, −273/−330	−369/−426, −414/−471	−569/−626, −639/−696	315, 355	355, 400
±13.5	±20	±31.5	+2/−25	+8/−32	+18/−45	−16/−43	−10/−50	0/−63	−27/−67	−17/−80	−55/−95	−45/−108	−103/−166, −109/−172	−209/−272, −229/−292	−307/−370, −337/−400	−467/−530, −517/−580	−717/−780, −797/−860	400, 450	450, 500

1章 機械製図

表1-14 常用するはめあいの軸の寸法許容差（JIS B 0401-2：98）

寸法の区分 (mm)		b	c	d		e			f			g			h					
		9	9	8	9	7	8	9	6	7	8	4	5	6	4	5	6	7	8	9
をこえ	以下																			
−	3	−140 / −165	−60 / −85	−20 / −34	−20 / −45	−14 / −24	−14 / −28	−14 / −39	−6 / −12	−6 / −16	−6 / −20	−2 / −5	−2 / −6	−2 / −8	0 / −3	0 / −4	0 / −6	0 / −10	0 / −14	0 / −25
3	6	−140 / −170	−70 / −100	−30 / −48	−30 / −60	−20 / −32	−20 / −38	−20 / −50	−10 / −18	−10 / −22	−10 / −28	−4 / −8	−4 / −9	−4 / −12	0 / −4	0 / −5	0 / −8	0 / −12	0 / −18	0 / −30
6	10	−150 / −186	−80 / −116	−40 / −62	−40 / −76	−25 / −40	−25 / −40	−25 / −61	−13 / −22	−13 / −28	−13 / −35	−5 / −9	−5 / −11	−5 / −14	0 / −4	0 / −6	0 / −9	0 / −15	0 / −22	0 / −36
10	18	−150 / −193	−95 / −138	−50 / −77	−50 / −93	−32 / −50	−32 / −59	−32 / −75	−16 / −27	−16 / −34	−16 / −43	−6 / −11	−6 / −14	−6 / −17	0 / −5	0 / −8	0 / −11	0 / −18	0 / −27	0 / −43
18	30	−160 / −212	−110 / −162	−65 / −98	−65 / −117	−40 / −61	−40 / −73	−40 / −92	−20 / −33	−20 / −41	−20 / −53	−7 / −13	−7 / −16	−7 / −20	0 / −6	0 / −9	0 / −13	0 / −21	0 / −33	0 / −52
30	40	−170 / −232	−120 / −182	−80 / −119	−80 / −142	−50 / −75	−50 / −90	−50 / −112	−25 / −41	−25 / −50	−25 / −64	−9 / −16	−9 / −20	−9 / −25	0 / −7	0 / −11	0 / −16	0 / −25	0 / −39	0 / −62
40	50	−180 / −242	−130 / −192																	
50	65	−190 / −264	−140 / −214	−100 / −146	−100 / −174	−60 / −90	−60 / −106	−60 / −134	−30 / −49	−30 / −60	−30 / −76	−10 / −18	−10 / −23	−10 / −29	0 / −8	0 / −13	0 / −19	0 / −30	0 / −46	0 / −74
65	80	−200 / −274	−150 / −224																	
80	100	−220 / −307	−170 / −257	−120 / −174	−120 / −207	−72 / −107	−72 / −126	−72 / −159	−36 / −58	−36 / −71	−36 / −90	−12 / −22	−12 / −27	−12 / −34	0 / −10	0 / −15	0 / −22	0 / −35	0 / −54	0 / −87
100	120	−240 / −327	−180 / −267																	
120	140	−260 / −360	−200 / −300	−145 / −208	−145 / −245	−85 / −125	−85 / −148	−85 / −185	−43 / −68	−43 / −83	−43 / −106	−14 / −26	−14 / −32	−14 / −39	0 / −12	0 / −18	0 / −25	0 / −40	0 / −63	0 / −100
140	160	−280 / −380	−210 / −310																	
160	180	−310 / −410	−230 / −330																	
180	200	−340 / −455	−240 / −355	−170 / −242	−170 / −285	−100 / −146	−100 / −172	−100 / −215	−50 / −79	−50 / −96	−50 / −122	−15 / −29	−15 / −35	−15 / −44	0 / −14	0 / −20	0 / −29	0 / −46	0 / −72	0 / −115
200	225	−380 / −495	−260 / −375																	
225	250	−420 / −535	−280 / −395																	
250	280	−480 / −610	−300 / −430	−190 / −271	−190 / −320	−110 / −162	−110 / −191	−110 / −240	−56 / −88	−56 / −108	−56 / −137	−17 / −33	−17 / −40	−17 / −49	0 / −16	0 / −23	0 / −32	0 / −52	0 / −81	0 / −130
280	315	−540 / −670	−330 / −460																	
315	355	−600 / −740	−360 / −500	−210 / −299	−210 / −350	−125 / −182	−125 / −214	−125 / −265	−62 / −98	−62 / −119	−62 / −151	−18 / −36	−18 / −43	−18 / −54	0 / −18	0 / −25	0 / −36	0 / −57	0 / −89	0 / −140
355	400	−680 / −820	−400 / −540																	
400	450	−760 / −915	−440 / −595	−230 / −327	−230 / −385	−135 / −198	−135 / −232	−135 / −290	−68 / −108	−68 / −131	−68 / −165	−20 / −40	−20 / −47	−20 / −60	0 / −20	0 / −27	0 / −40	0 / −63	0 / −97	0 / −155
450	500	−840 / −995	−480 / −635																	

備　考　表中の各段で，上側の数値は上の寸法許容差（es），下側の数値は下の寸法許容差（ei）を示す。

表 1-14(つづき)　常用するはめあいの軸の寸法許容差
(単位 μm＝0.001 mm)

js 4	js 5	js 6	js 7	k 4	k 5	k 6	m 4	m 5	m 6	n 6	p 6	r 6	s 6	t 6	u 6	x 6	寸法の区分 (mm) をこえ	以下
±1.5	±2	±3	±5	+2 0	+4 0	+6 0	+5 +2	+6 +2	+8 +2	+10 +4	+12 +6	+16 +10	+20 +14	—	+24 +18	+26 +20	—	3
±2	±2.5	±4	±6	+5 +1	+6 +1	+9 +1	+8 +4	+9 +4	+12 +4	+16 +8	+20 +12	+23 +15	+27 +19	—	+31 +23	+36 +28	3	6
±2	±3	±4.5	+7.5	+5 +1	+7 +1	+10 +1	+10 +6	+12 +6	+15 +6	+19 +10	+24 +15	+28 +19	+32 +23	—	+37 +28	+43 +34	6	10
±2.5	±4	±5.5	±9	+6 +1	+9 +1	+12 +1	+12 +7	+15 +7	+18 +7	+23 +12	+29 +18	+34 +23	+39 +28	—	+44 +33	+51 +40	10	14
																+56 +45	14	18
±3	±4.5	±6.5	±10.5	+8 +2	+11 +2	+15 +2	+14 +8	+17 +8	+21 +8	+28 +15	+35 +22	+41 +28	+48 +35	—	+54 +41	+67 +54	18	24
														+54 +41	+61 +48	+77 +64	24	30
±3.5	±5.5	±8	±12.5	+9 +2	+13 +2	+18 +2	+16 +9	+20 +9	+25 +9	+33 +17	+42 +26	+50 +34	+59 +43	+64 +48	+76 +60	+96 +80	30	40
														+70 +54	+86 +70	+113 +97	40	50
±4	±6.5	±9.5	±15	+10 +2	+15 +2	+21 +2	+19 +11	+24 +11	+30 +11	+39 +20	+51 +32	+60 +41 +62 +43	+72 +53 +78 +59	+85 +66 +94 +75	+106 +87 +121 +102	+141 +122 +165 +146	50	65
																	65	80
±5	±7.5	±11	±17.5	+13 +3	+18 +3	+25 +3	+23 +13	+28 +13	+35 +13	+45 +23	+59 +37	+73 +51 +76 +54	+93 +71 +101 +79	+113 +91 +126 +104	+146 +124 +166 +144	+200 +178 +232 +210	80	100
																	100	120
±6	±9	±12.5	+20	+15 +3	+21 +3	+28 +3	+27 +15	+33 +15	+40 +15	+52 +27	+68 +43	+88 +63 +90 +65	+117 +92 +125 +100	+147 +122 +159 +134	+195 +170 +215 +190	+273 +248 +305 +280	120	140
																	140	160
												+93 +68	+133 +108	+171 +146	+235 +210	+335 +310	160	180
±7	±10	±14.5	+23	+18 +4	+24 +4	+33 +4	+31 +17	+37 +17	+46 +17	+60 +31	+79 +50	+106 +77 +109 +80	+151 +122 +159 +130	+195 +166 +209 +180	+265 +236 +287 +258	+379 +350 +414 +385	180	200
																	200	225
												+113 +84	+169 +140	+225 +196	+313 +284	+454 +425	225	250
±8	±11.5	±16	±26	+20 +4	+27 +4	+36 +4	+36 +20	+43 +20	+52 +20	+66 +34	+88 +56	+126 +94 +130 +98	+190 +158 +202 +170	+250 +218 +272 +240	+347 +315 +382 +350	+507 +475 +557 +525	250	280
																	280	315
±9	±12.5	±18	±28.5	+22 +4	+29 +4	+40 +4	+39 +21	+46 +21	+57 +21	+73 +37	+98 +62	+144 +108 +150 +114	+226 +190 +244 +208	+304 +268 +330 +294	+426 +390 +471 +435	+626 +590 +696 +660	315	355
																	355	400
±10	±13.5	±20	±31.5	+25 +5	+32 +5	+45 +5	+43 +23	+50 +23	+63 +23	+80 +40	+108 +68	+166 +126 +172 +132	+272 +232 +292 +252	+370 +330 +400 +360	+530 +490 +580 +540	+780 +740 +860 +820	400	450
																	450	500

1.11.6. 寸法公差・はめあいの表示

寸法公差・はめあいを図面に表示するには,次の方法による。

(1) 寸法公差を数値で表す場合には,基準寸法の次に上・下の寸法許容差を付記して示すか(図 1-56),または許容限界寸法を記入する(図 1-57)。ただし,上・下の寸法許容差を付記する場合,両側公差で上の寸法許容差と下の寸法許容差が等しいときは,寸法許容差の数値を一つに記入する(図 1-58)。

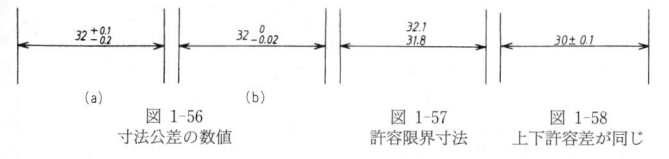

(a) (b)			
$32^{+0.1}_{-0.2}$	$32^{\ 0}_{-0.02}$	$\dfrac{32.1}{31.8}$	30 ± 0.1

図 1-56　　　　　　　　　　　図 1-57　　　　　　図 1-58
寸法公差の数値　　　　　　　　許容限界寸法　　　上下許容差が同じ

(2) 同一基準寸法に対して,穴および軸に対する上・下の寸法許容差を併記する必要がある場合には,穴の基準寸法およびその寸法許容差を寸法線の上側に,軸の基準寸法およびその寸法許容差を寸法線の下側に記入して,穴の基準寸法の前に"穴",軸の基準寸法の前に"軸"と付記する(図 1-59)。

上側の寸法線を省略し,基準寸法を共通にして,図 1-60 に示すように記入してもよい。

(3) はめあいによる寸法許容差は,基準寸法の次に,はめあいの種類の記号および等級を記入して示す。この場合に記号文字の大きさは,基準寸法を示す数字の大きさと同じ大きさにする(図 1-61)。

なお,必要な場合には,はめあいの種類を表す記号および等級と上・下の寸法許容差を併記してもよい(図 1-62)。

(4) 同一基準寸法に対し,穴および軸に対するはめあいの種類の記号および等級を併記する場合には,図 1-63 に示すように記入する。

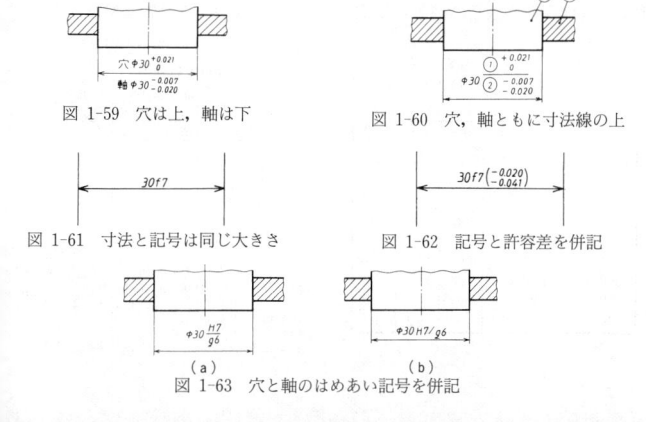

図 1-59　穴は上,軸は下　　　　　図 1-60　穴,軸ともに寸法線の上

図 1-61　寸法と記号は同じ大きさ　　図 1-62　記号と許容差を併記

図 1-63　穴と軸のはめあい記号を併記

1.11.7. 穴基準におけるはめあいの一例

はめあい方式においては，H穴（下の寸法許容差が0になる穴）を基準穴とする穴基準はめあいと，h軸（上の寸法許容差が0になる軸）を基準軸とする軸基準はめあいの2種の方式があるが，両方式を混用する方が有利な場合もある。

穴基準，軸基準のいずれを主とするかは製品の構造，素材の形状，その他加工費などから定められるが，一般に穴は軸より加工方法の種類が少なく，加工精度も得られにくいので，先に穴の加工方法を決めるようにする。軸の加工は容易であるから，普通，穴基準式が用いられている。この場合，穴の公差等級は軸の公差等級よりも一段低くなるようにするとよい。これに対して，同一寸法の軸にベルト車，軸継手，軸受などが取り付けられる場合には軸基準式が便利である。

表1-15に穴基準におけるはめあい例を示す。

表1-15 穴基準におけるはめあい例

H11/e9	H9/e9	H9/e7	H8/f7	H8/f6	H7/g7	H7/g6	H6/h6	H7/p6
特に緩い静止可動はめあい・すきまが大きい・経済的生産	一般の可動はめあい・静止はめあい	正しく潤滑を目的とする可動はめあい・幅の緩い可動はめあい	潤滑されたジャーナル軸受など，常態で一般的される可動はめあい	上級の可動はめあい	低速の可動又は位置きめ可動はめあい	精級のがたのない可動又は位置きめ可動はめあい	精級の押込はめあい・位置きめ正確・組立て容易・生産費高い	一般用圧入はめあい・必要により抜取分解可能

1.11.8 普通許容差

表1-16に削り加工寸法の普通許容差を示す。また，表1-17にねずみ鋳鉄品および球状黒鉛鋳鉄品の長さおよび肉厚の鋳放し寸法の普通許容差を示す。

表1-16 削り加工寸法の普通許容差（JIS B 0405：91）

単位 mm

等級 寸法の区分	精級 (12級)	中級 (14級)	粗級 (16級)
0.5以上3以下	±0.05	±0.1	±0.2
3を超え6以下			±0.3
6を超え30以下	±0.1	±0.2	±0.5
30を超え120以下	±0.15	±0.3	±0.8
120を超え400以下	±0.2	±0.5	±1.2
400を超え1000以下	±0.3	±0.8	±2
1000を超え2000以下	±0.5	±1.2	±3
2000を超え4000以下	—	±2	±4

表1-17 鋳鉄品普通許容差（JIS B 0403：95）

(1) 長さの普通許容差 単位 mm

材料	ねずみ鋳鉄品		球状黒鉛鋳鉄品	
寸法の区分 等級	精級	並級	精級	並級
120以下	±1	±1.5	±1.5	±2
120を超え250以下	±1.5	±2	±2	±2.5
250を超え400以下	±2	±3	±2.5	±3
400を超え800以下	±3	±4	±4	±5
800を超え1600以下	±4	±6	±5	±7
1600を超え3150以下	—	±10	—	±10

(2) 肉厚の普通許容差 単位 mm

材料	ねずみ鋳鉄品		球状黒鉛鋳鉄品	
寸法の区分 等級	精級	並級	精級	並級
10以下	±1	±1.5	±1.2	±2
10を超え18以下	±1.5	±2	±1.5	±2.5
18を超え30以下	±2	±3	±2	±3
30を超え50以下	±2	±3.5	±2.5	±4

1.12. 表面性状と図示方法

1.12.1. 表面性状

加工された表面は，その工作方法によって異なる微小な凹凸が生じる。JIS B 0601：01「製品の幾何特性仕様（GPS）―表面性状：輪郭曲線方式―用語，定義及び表面性状パラメータ」では製品の表面性状，パラメータなどについて規定している。

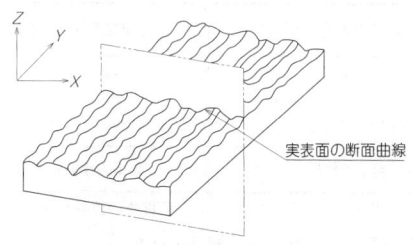

図 1-64 実表面の断面曲線

図 1-64 に示す実表面の断面曲線において，座標系の各軸を下記とする。
X 軸：平均線（mean line）に一致する触針の測定方向
Y 軸：X 軸に直角で実表面上の軸
Z 軸：外側方向（物体側から周囲の空間側への方向）
この測定断面曲線に低域フィルタを用いて断面曲線が得られる（図 1-65）。また，断面曲線から高域フィルタによって長波長成分を遮断して輪郭曲線（粗さ曲線）が得られる。これは意図的に修正された曲線である。

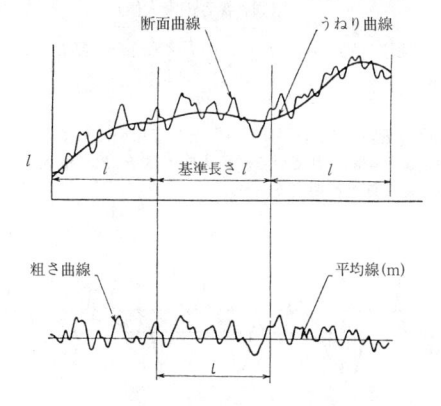

図 1-65 うねり曲線と粗さ曲線

輪郭曲線(粗さ曲線,うねり曲線,断面曲線)方式による加工部品の表面性状(surface texture)パラメータの主なものを下記に示す。
(1) 粗さ(roughness)パラメータ(R):粗さ曲線から計算されたパラメータ
(2) うねり(waviness)パラメータ(W):うねり曲線から計算されたパラメータ
(3) 断面曲線(profile)パラメータ(P):断面曲線から計算されたパラメータ
表1-18に表面性状パラメータの記号を示す。

表1-18 表面性状パラメータの記号 (JIS B 0601:01)

輪郭曲線が粗さ曲線の場合	輪郭曲線がうねり曲線の場合
R_a: 算術平均粗さ	W_a:算術平均うねり
R_z: 最大高さ粗さ	W_z:最大高さうねり
R_q: 二乗平均平方根粗さ	W_q:二乗平均平方根うねり

備考:パラメータ記号の最初の大文字は,輪郭曲線の種類を表す。

異なった輪郭曲線の基準長さ(X軸方向の長さ)は,次の記号が用いられる。l_r(粗さ曲線用),l_w(うねり曲線用),l_p(断面曲線用)断面曲線用基準長さl_pは評価長さl_nに等しい。

基準長さにおける輪郭曲線について,任意の位置xでの軸郭曲線の高さを$Z(x)$とすると,各パラメータは,下記の式により求められる。

(算術平均) $R_a, W_a, P_a = \dfrac{1}{l}\int_0^l |Z(x)|dx$ (l は l_r, l_w または l_p)

(最大高さ) $R_z, W_z, P_z = Z_p + Z_v$
= (平均線からの山高さの最大値)
+ (同谷深さの最大値)

(二乗平均平方根) $R_q, W_q, P_q = \sqrt{\dfrac{1}{l}\int_0^l Z^2(x)dx}$ (l は l_r, l_w または l_p)

$\begin{pmatrix}輪郭曲線素の\\平均高さ\end{pmatrix}$ $R_c, W_c, P_c = \dfrac{1}{m}\sum_{i=1}^{m} Z_{t_i}$

備考:旧規格のR_zは"十点平均粗さ"として用いられてきたが,現在は国際規格より削除されている。新規格ではR_zは"最大高さ粗さ"に変わったので注意を要する。

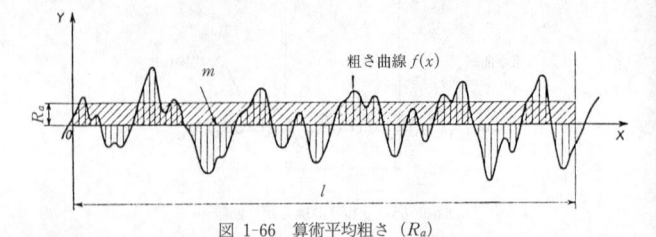

図 1-66 算術平均粗さ (R_a)

(1) 算術平均粗さ (R_a)

図 1-66 に示すような粗さ曲線において,平均線 (m) の下側部分を平均線で折り返し,斜線部分の面積 $\int_0^l |Z(x)|dx$ を基準長さ l_r で除した値である。R_a の単位は μm である。断面曲線から所定の波長より長い表面うねり成分をカットオフした曲線が粗さ曲線であるが,この所定の波長をカットオフ値という。表 1-19 に R_a を求める場合のカットオフ値および評価長さの標準値を示す。評価長さは,一つ以上の基準長さを含む。R_a によって表面粗さを表示する場合は,一般に表 1-20 の標準数列を用いる。

表 1-19　R_a を求める場合のカットオフ値および評価長さの標準値

R_a の範囲 (μm)		カットオフ値	評価長さ
を超え	以　下	λ_c(mm)	l_n(mm)
(0.006)	0.02	0.08	0.4
0.02	0.1	0.25	1.25
0.1	2.0	0.8	4
2.0	10.0	2.5	12.5
10.0	80.0	8	40

(　)内は,参考値である。

表 1-20　R_a の標準数列　　　　　　(単位 μm)

0.008				
0.010				
0.012	0.125	1.25	**12.5**	125
0.016	0.160	**1.60**	16.0	160
0.020	**0.20**	2.0	20	**200**
0.025	0.25	2.5	**25**	250
0.032	0.32	**3.2**	32	320
0.040	**0.40**	4.0	40	**400**
0.050	0.50	5.0	**50**	
0.063	0.63	**6.3**	63	
0.080	**0.80**	8.0	80	
0.100	1.00	10.0		

備考　太字で示す公比 2 の数列を使用することが望ましい。

(2) 最大高さ粗さ (R_z)

粗さ曲線から基準長さを抜き取った部分を,平均線に平行な 2 直線(山頂線と谷底線)で挟んだとき,この 2 直線の間隔を粗さ曲線の縦倍率の方向に測定して μm の単位で表した値で示す。この標準数列は 0.025 から 1600 の範囲とし,R_a に比べ 500, 630, 800, 1000, 1250, 1600 μm が付加される。

なお,R_z を求める場合の基準長さおよび評価長さの標準化(研削加工面の例)は,JIS B 0633 : 01 に示されている。

1.12.2.　図示方法　　JIS B 0031 : 03「製品の幾何特性仕様 (GPS)*—表面性状の図示方法」では製品技術文書(たとえば,図面,仕様書,契約書,報告書

など)に,図示記号および文書表現によって表面性状を指示する方法について規定している。　　＊ Geometrical product specifications

図 1-67 に表面性状の図示記号を示す。また,図 1-68〜図 1-79 に表面性状の要求事項の指示位置,表面性状の簡略図示,参照指示などについて示した。

a) 除去加工の有無を問わない場合　**b)** 除去加工をする場合　**c)** 除去加工をしない場合

図 1-67　表面性状の図示記号

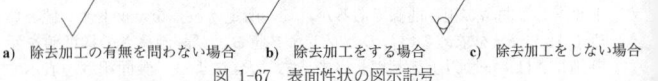

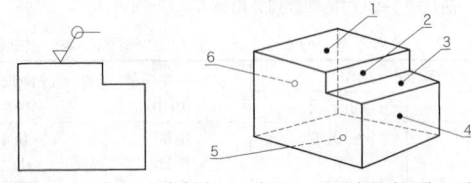

参考 図形に外形線によって表された全表面とは,部品の三次元表現(右図)で示されている6面ある(正面及び背面を除く)。

図 1-68　部品の外形線一周の全周面の表面性状の図示記号(丸記号)

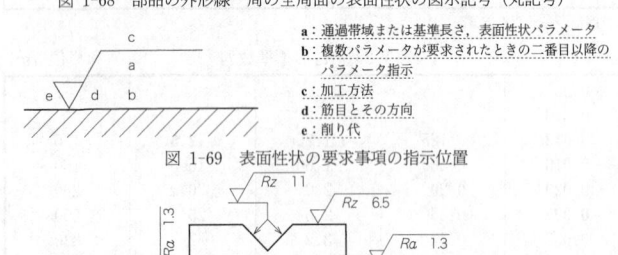

a：通過帯域または基準長さ,表面性状パラメータ
b：複数パラメータが要求されたときの二番目以降のパラメータ指示
c：加工方法
d：筋目とその方向
e：削り代

図 1-69　表面性状の要求事項の指示位置

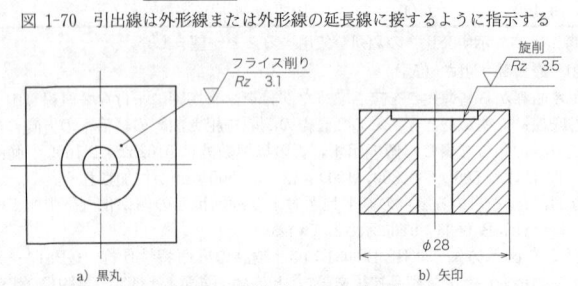

図 1-70　引出線は外形線または外形線の延長線に接するように指示する

a) 黒丸　　b) 矢印

図 1-71　引出線の二つの使い方

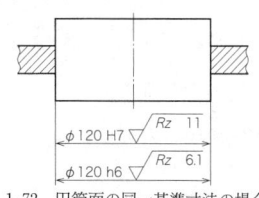

図 1-72 円筒面の同一基準寸法の場合は寸法線に併記して指示する

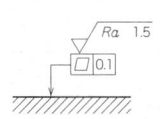

図 1-73 対象面は平面であり幾何公差記入枠の上例に指示する

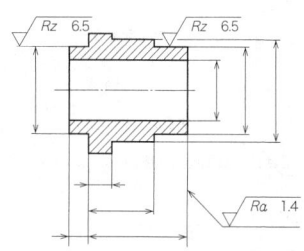

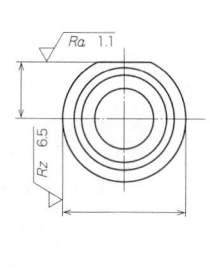

図 1-74 寸法補助線に指示する

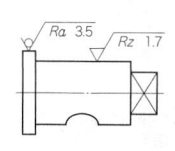

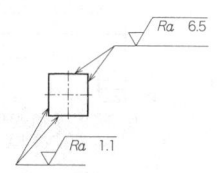

図 1-75 円筒および角柱の表面の表面性状の指示

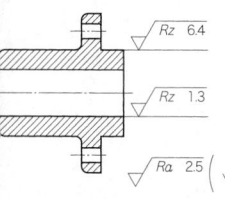

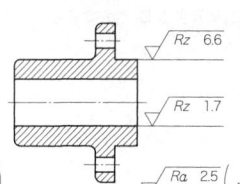

(a) ( )内に何も付けない。

(b) ( )内に一部異なった表面性状を付ける。

図 1-76 大部分が同じ表面性状である場合の簡略図示

図 1-77 指示スペースが限られた場合の表面性状の参照指示

$$\sqrt{z} = \sqrt{\begin{array}{l} U\,Ra\ 1.7 \\ =L\,Ra\ 0.9 \end{array}}$$

$$\sqrt{y} = \sqrt{Ra\ 3.1}$$

加工法を問わない

除去加工をする

除去加工をしない

図 1-78 図示記号だけによる簡略参照指示

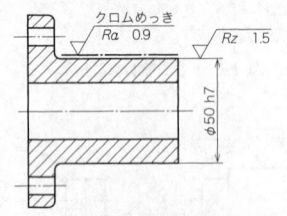

図 1-79 表面処理前後の表面性状の要求事項の指示

　図面，工程法などに表示する加工方法記号を表 1-21 に示す。また，加工工具の刃先によって生じる筋目とその方向は，表 1-22 に示す記号を用いて，表面性状の図示記号に指示することができる。

1章　機械製図

表1-21　加工方法記号　(JIS B 0122:78)
(金属に対し一般に使用する二次加工以降の加工方法)

加工方法	記号	加工方法	記号
(鋳造 C Casting)		超音波加工	SPU
砂型鋳造	CS	電子ビーム加工	SPEB
金型鋳造	CM	レーザ加工	SPLB
精密鋳造	CP	(手仕上げ F Finishing[Hand])	
ダイカスト	CD	やすり仕上げ	FF
連続鋳造	CCN	ラップ仕上げ	FL
(塑性加工 P Plastic Working)		リーマ仕上げ	PR
(鍛造 F Forging)		きさげ仕上げ	FS
自由鍛造	FF	(溶接 W Welding)	
型鍛造	FD	アーク溶接	WA
(プレス加工 P Press Working)		抵抗溶接	WR
せん断 (切断)	PS	ガス溶接	WG
プレス抜き	PP	ろう付け	WB
曲げ	PB	はんだ付け	WS
プレス絞り (絞り)	PD	(熱処理 H Heat Treatment)	
フォーミング	PF	焼ならし	HNR
スタンピング (圧縮成形)	PC	焼なまし	HA
(スピニング S Spinning)		焼入れ	HQ
絞りスピニング	SSM	焼もどし	HT
(転造 RL Rolling)		サブゼロ処理	HSZ
ねじ転造	RLTH	浸炭	HC
歯車転造	RLT	窒化	HNT
(圧延 R Rolling)		浸硫	HSL
(押出し E Extruding)		(表面処理 S Surface Treatment)	
(引抜き D Drawing)		洗浄	SC
(機械加工 M Machining)		研摩	SP
旋削	L	バフ研摩	SPBF
穴あけ (きりもみ)	D	バレル研摩	SPBR
リーマ仕上げ	DR	化学研摩	SPC
タップ立て	DT	電解研摩	SPE
中ぐり	B	液体ホーニング	SPLH
フライス削り	M	ショットピーニング	SHS
平削り	P	エッチング	SET
形削り	SH	金属溶射法	SM
立削り	SL	塗装	SPA
ブローチ削り	BR	めっき	SPL
歯切り	TC	スパッタリング	SSP
(研削 G Grinding)		蒸着	SVD
円筒研削	GE	(組付け A Assembly)	
内面研削	GI	結合	AFS
平面研削	GS	ねじ締め	AFST
ねじ研削	GTH	リベット結合	AFSR
歯車研削	GT	はめ込み	AFT
ラッピング	GL	圧入	AFTP
超仕上げ	GSP	焼ばめ	AFTS
(特殊加工 SP Special Processing)		バランシング	AB
放電加工	SPED	現物合せ	AG
電解加工	SPEC	配線	AW
		配管	APP

表 1-22　筋目方向の記号 (JIS B 0031：03)

記号	説明図及び解釈
=	筋目の方向が，記号を指示した図の投影面に平行 例　形削り面，旋削面，研削面
⊥	筋目の方向が，記号を指示した図の投影面に直角 例　形削り面，旋削面，研削面
X	筋目の方向が，記号を指示した図の投影面に斜めで2方向に交差 例　ホーニング面
M	筋目の方向が，多方向に交差 例　正面フライス削り面，エンドミル削り面
C	筋目の方向が，記号を指示した面の中心に対してほぼ同心円状 例　正面旋削面
R	筋目の方向が，記号を指示した面の中心に対してほぼ放射状 例　端面研削面
P	筋目が，粒子状のくぼみ，無方向又は粒子状の突起 例　放電加工面，超仕上げ面，ブラスチング面

備考　これらの記号によって明確に表すことのできない筋目模様が必要な場合には，図面に"注記"としてそれを指示する。

1.13. 幾何公差表示方法

機械部品はしだいに高度なもの，さらに一段と高い互換性と精度が要求されるようになった。そして，寸法公差だけでなく，形状，姿勢，位置および振れ精度についても図面に明確に指示しておくことが必要である。このため JIS B 0021（幾何公差表示方式）に，幾何特性に用いる記号（表 1-23）と，幾何公差の公差域の定義および指示方法（表 1-24）が規定されている。

1章　機械製図

表 1-23　幾何特性に用いる記号　　　　(JIS B 0021：98)

公差の種類	特性	記号	データム指示	参照*
形状公差	真直度	—	否	1
	平面度	⌒	否	2
	真円度	○	否	3
	円筒度	⌭	否	4
	線の輪郭度	⌒	否	5
	面の輪郭度	⌒	否	7
姿勢公差	平行度	//	要	9
	直角度	⊥	要	10
	傾斜度	∠	要	11
	線の輪郭度	⌒	要	6
	面の輪郭度	⌒	要	8
位置公差	位置度	⊕	要・否	12
	同心度(中心点に対して)	◎	要	13
	同軸度(軸線に対して)	◎	要	13
	対称度	=	要	14
	線の輪郭度	⌒	要	6
	面の輪郭度	⌒	要	8
振れ公差	円周振れ	↗	要	15
	全振れ	⌿	要	16

注　＊参照番号は表 1-24 の各公差の番号を示す。

データム (datum)：形体には単独形体と関連形体があるが，関連形体に幾何公差を指示するときに，その公差域を規制するために設定した理論的に正確な幾何学的基準

形体：表面，穴，溝，ねじれ，面取り部分または輪郭のような加工物の特定の特性の部分であり，現実に存在しているものまたは派生したもの (軸線または中心平面) である。

表 1-24 幾何公差の公差域の定義および指示方法 (JIS B 0021:98)

(単位 mm)

記号	公差域の定義	指示方法及び説明
—	**1 真直度公差**	
	対象とする平面内で,公差域は t だけ離れ,指定した方向に,平行二直線によって規制される。 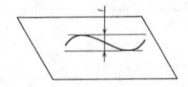	上側表面上で,指示された方向における投影面に平行な任意の実際の(再現した)線は,0.1 だけ離れた平行二直線の間になければならない。 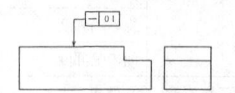
	公差域は, t だけ離れた平行二平面によって規制される。 **備考** この意味は,旧 JIS B 0021 とは異なる。 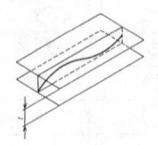	円筒表面上の任意の実際の(再現した)母線は,0.1 だけ離れた平行二平面の間になければならない。 **備考** 母線についての定義は,標準化されていない。 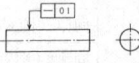
	公差値の前に記号 ϕ を付記すると,公差域は直径 t の円筒によって規別される。 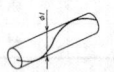	公差を適用する円筒の実際の(再現した)軸線は,直径 0.08 の円筒公差域の中になければならない。 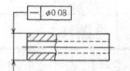
$\Box$	**2 平面度公差**	
	公差域は,距離 t だけ離れた平行二平面によって規制される。 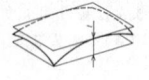	実際の(再生した)表面は,0.08 だけ離れた平行二平面の間になければならない。 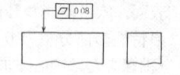
	3 真円度公差	
	対象とする横断面において,公差域は同軸の二つの円によって規制される。	円筒及び円すい表面の任意の横断面において,実際の(再現した)半径方向の線は半径距離で 0.03 だけ離れた共通平面上の同軸の二つ円の間になければならない。

1章 機械製図

表 1-24（つづき 1）

記号	公差域の定義	指示方法及び説明
◯		円すい表面の任意の横断面内において，実際の(再現した)半径方向の線は半径距離で 0.1 だけ離れた共通平面上の同軸の二つの円の間になければならない。 **備考** 半径方向の線に対する定義は，標準化されていない。
⌭	**4 円筒度公差** 公差域は，距離 t だけ離れた同軸の二つの円筒によって規制される。	実際の(再現した)円筒表面は，半径距離で 0.1 だけ離れた同軸の二つの円筒の間になければならない。
⌒	**5 データムに関連しない線の輪郭度公差(ISO 1660)** 公差域は，直径 t の各円の二つの包絡線によって規制され，それらの円の中心は理論的に正確な幾何学形状をもつ線上に位置する。	指示された方向における投影面に平行な各断面において，実際の(再現した)輪郭線は直径 0.04 の，そしてそれらの円の中心は理論的な幾何学形状をもつ線上に位置する円の二つの包絡線の間になければならない。

表 1-24 (つづき 2)

記号	公差域の定義	指示方法及び説明
	6 データムに関連した線の輪郭度公差(ISO 1660)	
⌒	公差域は，直径 t の各円の二つの包絡線によって規制され，それらの円の中心はデータム平面A及びデータム平面Bに関して理論的に正確な幾何学形状をもつ線上に位置する。	指示された方向における投影面に平行な各断面において，実際の(再現した)輪郭線は直径 0.2 の，そしてそれらの円の中心はデータム平面A及びデータム平面Bに関して理論的な幾何学輪郭をもつ線上に位置する円の二つの包絡線の間になければならない。
	7 データムに関連しない輪郭度公差(ISO 1660)	
⌒	公差域は，直径 t の各球の二つの包絡線によって規制され，それらの球の中心は理論的に正確な幾何学形状をもつ線上に位置する。	実際の(再現した)表面は，直径 0.02 の，それらの球の中心が理論的に正確な幾何学形状をもつ表面上に位置する各球の二つの包絡面の間になければならない。
	8 データムに関連した面の輪郭度公差(ISO 1660)	
⌒	公差域は，直径 t の各球の二つの包絡面によって規制され，それらの球の中心はデータム平面Aに関して理論的に正確な幾何学形状をもつ表面上に位置する。	実際の(再現した)表面は，直径 0.1 の，それらの球の二つの等間隔の包絡面の間にあり，その球の中心はデータム平面Aに関して理論的に正確な幾何学形状をもつ表面上に位置する。

1章 機械製図

表 1-24 (つづき 3)

記号	公差域の定義	指示方法及び説明
//	**9 平行度公差** **9.1 データム直線に関連した線の平行度公差** 公差域は，距離 t だけ離れた平行二平面によって規制される。それらの平面は，データムに平行で，指示された方向にある。 (データム A, データム B の図) (データム A, データム B の図) 公差域は，距離 t_1 及び t_2 だけ離れ，互いに直角な平行二平面によって規制され，それらの平面はデータム軸直線に平行で，指示された方向にある。 (データム A, データム B の図 a)) (データム A, データム B の図 b))	実際の(再現した)軸線は，0.1 だけ離れ，データム軸直線Aに平行で，指示された方向にある平行二平面の間になければならない。 (// 0.1 A B の指示図) 実際の(再現した)軸線は，0.1 だけ離れ，データム軸直線A(データム軸線)に平行で，指示された方向にある平行二平面の間になければならない。 (// 0.1 A B の指示図) 実際の(再現した)軸線は，それぞれ指示された方向に互いに直角な平行二平面が 0.2 及び 0.1 だけ離れた間になければならない。平行二平面は，データム軸直線Aに平行でなければならない。 (// 0.2 A B, // 0.1 A B の指示図) (// 0.2 A B, // 0.1 A B の指示図)

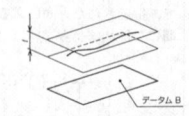

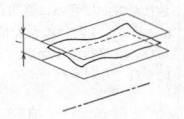

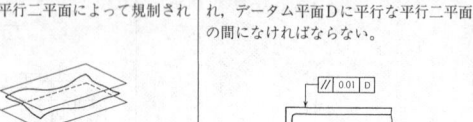

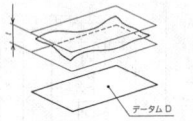

表 1-24 (つづき 4)

記号	公差域の定義	指示方法及び説明
//	**9.1 データム直線に関連した線の平行度公差**(続き) もし，公差値の前に記号 ϕ が付記されると，公差域はデータムに平行な直径 t の円筒によって規制される。	実際の(再現した)軸線は，データム軸直線Aに平行な直径0.03の円筒公差域の中になければならない。 `// φ0.03 A`
	9.2 データム平面に関連した線の平行度公差 公差域は，踊離 t だけ離れ，データム平面Bに平行な平行二平面によって規制される。	実際の(再現した)軸線は，0.01だけ離れ，データム平面Bに平行な平行二平面の間になければならない。 `// 0.01 B`
	9.3 データム直線に関連した表面の平行度公差 公差域は，距離 t だけ離れ，データム軸直線に平行な平行二平面によって規制される。	実際の(再現した)表面は，0.1だけ離れ，データム軸直線Cに平行な平行二平面の間になければならない。 `// 0.1 C`
	9.4 データム平面に関連した表面の平行度公差 公差域は，距離 t だけ離れ，データム平面に平行な平行二平面によって規制される。	実際の(再現した)表面は，0.01だけ離れ，データム平面Dに平行な平行二平面の間になければならない。 `// 0.01 D`

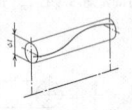

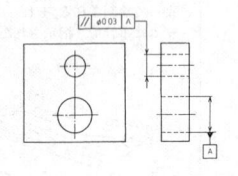

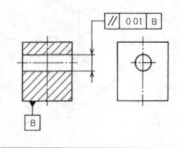

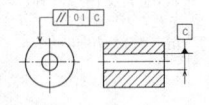

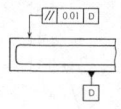

1章 機械製図

表 1-24（つづき 5）

記号	公差域の定義	指示方法及び説明
//	**9.5 データム平面に関連した線要素の平行度公差** 公差域は、距離 t だけ離れ、データム平面Aに平行で、データム平面Bに直角な平行二直線によって制限される。	実際の(再現した)表面は、0.02だけ離れ、データム平面Aに平行で、データム平面Bに直角な平行二直線の間になければならない。
	10 直角度公差	
⊥	**10.1 データム軸直線に関連した線の直角度公差** 公差域は、距離 t だけ離れ、データムに直角な平行二平面によって規制される。	実際の(再現した)軸線は、0.06だけ離れ、データム軸直線Aに直角な平行二平面の間になければならない。
	10.2 データム平面に関連した線の直角度公差 公差域は、距離 t だけ離れ、平行二平面によって規制される。この平面は、データムに直角である。	円筒の実際の(再現した)軸線は、0.1だけ離れ、データム平面Aに直角な平行二平面の間になければならない。

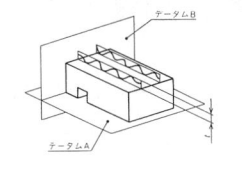

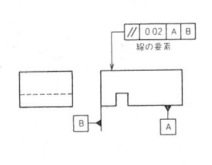

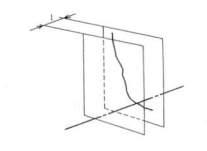

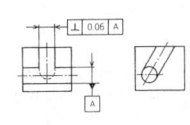

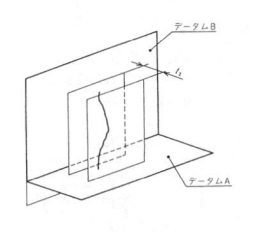

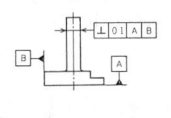

表 1-24 (つづき 6)

記号	公差域の定義	指示方法及び説明
⊥	**10.2 データム平面に関連した線の直角度公差**(続き)	
	公差域は,距離 t_1 及び t_2 だけ離れ,互いに直角な二対の平行二平面によって規制される。その平面は,データムに直角で,指示された方向にある。 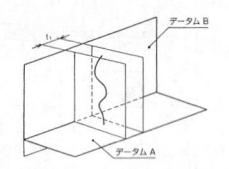 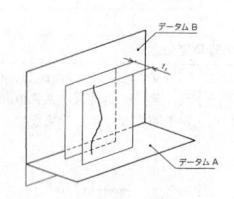	円筒の実際の(再現した)軸線は,0.1 及び 0.2 だけ離れ,指示された方向で,互いに直角な二対の平行二平面の間になければならない。二対の平行二平面は,データム平面 A に直角でなければならない。 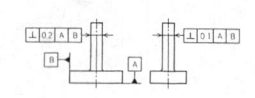
	公差値の前に記号 ϕ が付記されると,公差域はデータムに直角な直径 t の円筒によって規制される。 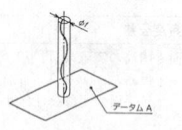	円筒の実際の(再現した)軸線は,データム平面 A に直角な直径 0.1 の円筒公差域の中になければならない。 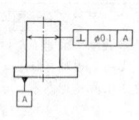
	10.3 データム直線に関連した表面の直角度公差	
	公差域は,距離 t だけ離れ,データムに直角な平行二平面によって制限される。 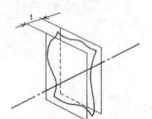	実際の(再現した)表面は,0.08 だけ離れ,データム軸直線Aに直角な平行二平面の間になければならない。 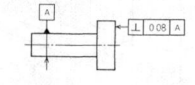

1章 機械製図

表 1-24（つづき 7）

記号	公差域の定義	指示方法及び説明
⊥	**10.4 データム平面に関連した表面の直角度公差** 公差域は，距離 t だけ離れ，データムに直角な平行二平面によって規制される。	実際の（再現した）表面は，0.08 だけ離れ，データム平面Aに直角な平行二平面の間になければならない。
∠	**11 傾斜度公差** **11.1 データム直線に関連した直線の傾斜度公差** **a）同一平面内における線及びデータム直線** 公差域は，距離 t だけ離れ，データム直線に対して指定された角度で傾斜した平行二平面によって制限される。	実際の（再現した）軸線は，データム軸直線 A-B に対して理論的に正確に 60°傾き，0.08 だけ離れた平行二平面の間になければならない。
	b）異なった平面における線及びデータム直線 公差域は，t だけ離れ，データムに対して指示した角度で傾斜した平行二平面によって規制される。もし，対象とした線及びデータムが同じ平面内にない場合には，公差域はデータムを含み，対象とした線に平行な平面上に対象とした線を投影して適用する。 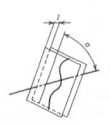	データム軸直線を含む一平面上に投影した実際の（再現した）軸線は，共通データム軸直線 A-B に対して理論的に正確に 60°傾斜し，0.08 だけ離れた平行二平面の中になければならない。 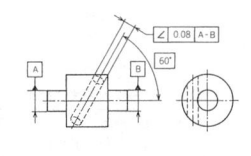

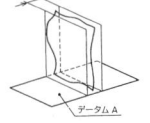

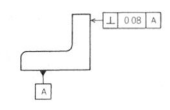

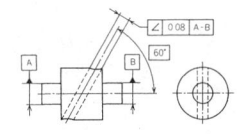

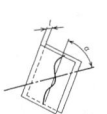

表 1-24（つづき 8）

記号	公差域の定義	指示方法及び説明
∠	**11.2 データム平面に関連した直線の傾斜度公差**	
	公差域は，距離 t だけ離れ，データムに対して指定された角度で傾いた平行二平面によって規制される。 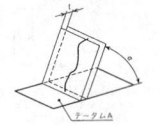	実際の(再現した)軸線は，互いに直角なデータムA及びデータムBに直角で，データム平面Aに対して理論的に正確に 60° 傾き，0.08 だけ離れた平行二平面の間になければならない。 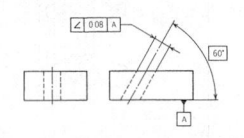
	公差値に記号 ϕ が付いた場合には，公差域は直径 t の円筒によって規制される。円筒公差域は，一つのデータムに平行で，データムAに対して指定された角度で傾いている。 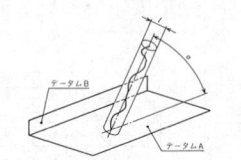	実際の(再現した)軸線は，データムBに対して平行で，データム平面Aに対して理論的に正確に 60° 傾いた直径 0.1 の円筒公差域の中になければならない。 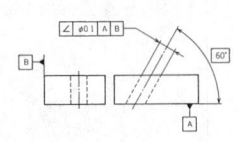
	11.3 データム直線に関連した平面の傾斜度公差	
	公差域は，距離 t だけ離れ，データムに対して指定した角度で傾斜した平行二平面によって規制される。 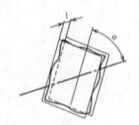	実際の(再現した)表面は，0.1 だけ離れ，データム軸直線Aに対して理論的に正確に 75° 傾いた平行二平面の間になければならない。 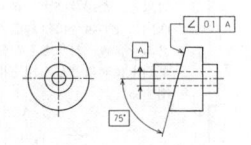
	11.4 データム平面に関連した平面の傾斜度公差	
	公差域は，距離 t だけ離れ，データムに対して指定した角度で傾いた平行二平面によって規制される。	実際の(再現した)表面は，0.08 だけ離れ，データム平面Aに対して理論的に正確に 40° 傾斜した平行二平面の間になければならない。

1章 機械製図

表1-24 (つづき9)

記号	公差域の定義	指示方法及び説明
∠	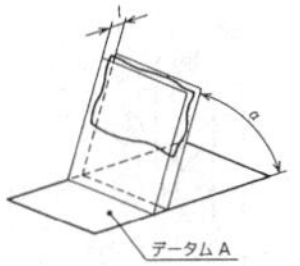 (データムA を基準とする傾斜度公差の図)	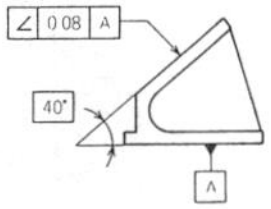 ∠ 0.08 A / 40° / A

12 位置度公差

12.1 点の位置度公差

公差域の定義	指示方法及び説明
公差値に記号 Sϕ が付いた場合には、その公差域は直径 t の球によって規制される。球形公差域の中心は、データム A、B 及び C に関して理論的に正確な寸法によって位置付けられる。	球の実際の(再現した)中心は、直径 0.3 の球形公差域の中になければならない。その球の中心は、データム平面 A、B 及び C に関して球の理論的に正確な位置に一致しなければならない。

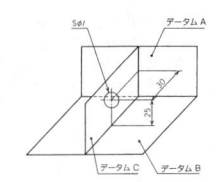

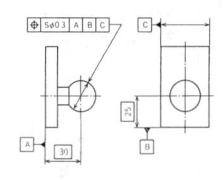

12.2 線の位置度公差

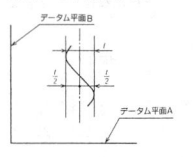

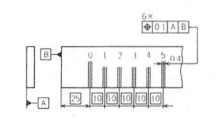

公差域の定義	指示方法及び説明
公差域は、距離 t だけ離れ、中心線に対称な平行二直線によって規制される。その中心線は、データム A に関して理論的に正確な寸法によって位置付けられる。公差は、一方向にだけ指示する。 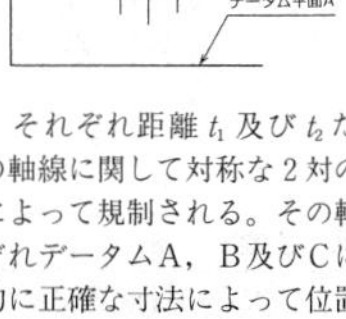	それぞれの実際の(再現した)けがき線は、0.1 だけ離れ、データム平面 A 及び B に関して対象とした線の理論的に正確な位置について対称に置かれた平行二直線の間になければならない。 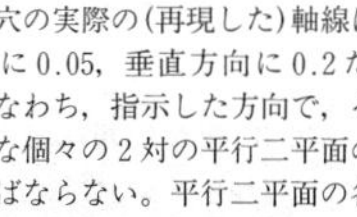
公差域は、それぞれ距離 t_1 及び t_2 だけ離れ、その軸線に関して対称な2対の平行二平面によって規制される。その軸線は、それぞれデータム A、B 及び C に関して理論的に正確な寸法によって位置付けられる。公差は、データムに関して互いに直角な二方向で指示される。	個々の穴の実際の(再現した)軸線は、水平方向に 0.05、垂直方向に 0.2 だけ離れ、すなわち、指示した方向で、それぞれ直角な個々の2対の平行二平面の間になければならない。平行二平面の各対は、データム系に関して正しい位置に置かれ、データム平面 C、A 及び B に関して対象とする穴の理論的に正確な位置に対して対称に置かれる。

表 **1-24**(つづき 10)

記号	公差域の定義	指示方法及び説明
⌖	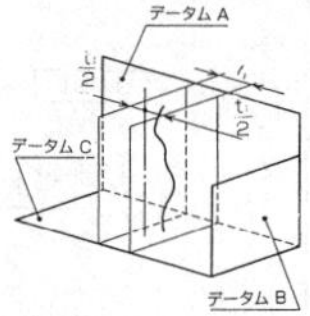 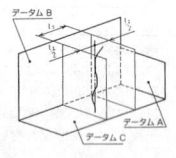 公差値に記号 ϕ が付けられた場合には,公差域は直径 t の円筒によって規制される。その軸線は,データム C,A 及び B に関して理論的に正確な寸法によって位置付けられる。 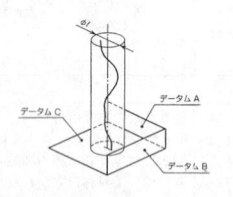	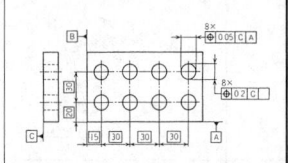 実際の(再現した)軸線は,その穴の軸線がデータム平面 C,A 及び B に関して理論的に正確な位置にある直径 0.08 の円筒公差域の中になければならない。 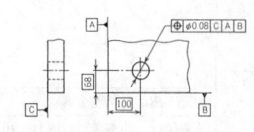 個々の穴の実際の(再現した)軸線は,データム平面 A,B 及び C に関して理論的に正確な位置にある 0.1 の円筒公差域の中になければならない。 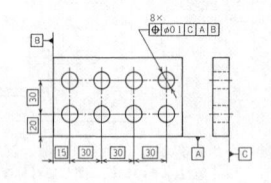
	12.3 平たん(坦)な表面又は中心平面の位置度公差	
	公差域は,t だけ離れ,データム A 及びデータム B に関して理論的に正確な寸法によって位置付けられた理論的に正確な位置に対称に置かれた平行二平面によって規制される。	実際の(再現した)表面は,0.05 だけ離れ,データム軸直線 B 及びデータム平面 A に関して表面の理論的に正確な位置に対して対称に置かれた平行二平面の間になければならない。

1章 機械製図

表 1-24（つづき 11）

記号	公差域の定義	指示方法及び説明
⊕	（データム平面A、データム軸直線Bを示す図）	実際の(再現した)中心平面は、0.05だけ離れ、データム軸直線Aに対して中心平面の理論的に正確な位置に対して対称に置かれた平行二平面の間になければならない。

13 同心度公差及び同軸度公差

13.1 点の同心度公差

公差値に記号 ϕ が付けられた場合には、公差域は、直径 t の円によって規制される。円形公差域の中心は、データム点Aに一致する。	外側の円の実際の(再現した)中心は、データム円Aに同心の直径 0.1 の円の中になければならない。

13.2 軸線の同軸度公差

公差値に記号 ϕ が付けられた場合には、公差域は直径 t の円筒によって規制される。円筒公差域の軸線は、データムに一致する。	内側の円筒の実際の(再現した)軸線は、共通データム軸直線 A-B に同軸の直径 0.08 の同軸公差域の中になければならない。

表 1-24 (つづき 12)

記号	公差域の定義	指示方法及び説明
=	**14 対称度公差** **14.1 中心平面の対称度公差** 公差域は，t だけ離れ，データムに関して中心平面に対称な平行二平面によって規制される。	実際の(再現した)中心平面は，データム中心平面Aに対称な 0.08 だけ離れた平行二平面の間になければならない。 実際の(再現した)中心平面は，共通データム中心平面 A-B に対称で，0.08 だけ離れた平行二平面の間になければならない。
↗	**15 円周振れ公差** **15.1 円周振れ公差—半径方向** 公差域は，半径が t だけ離れ，データム軸直線に一致する同軸の二つの円の軸線に直角な任意の横断面内に規制される。 通常，振れは軸のまわりに完全回転に適用されるが，1回転の一部分に適用するために規制することができる。	回転方向の実際の(再現した)円周振れは，データム軸直線Aのまわりを，そしてデータム平面Bに同時に換触させて回転する間に，任意の横断面において0.1以下でなければならない。 実際の(再現した)円周振れは，共通データム軸直線 A-B のまわりに1回転させる間に，任意の横断面において0.1以下でなければならない。

1章 機械製図

表 1-24 (つづき 13)

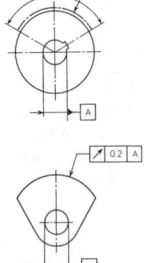

記号	公差域の定義	指示方法及び説明
		回転方向の実際の(再現した)円周振れは,データム軸直線Aのまわりに回転させる間公差を指示した部分を測定するときに,任意の横断面において0.2以下でなければならない。
	15.2 円周振れ公差—軸方向	
	公差域は,その軸線がデータムに一致する円筒断面内にある t だけ離れた二つの円によって任意の半径方向の位置で規制される。 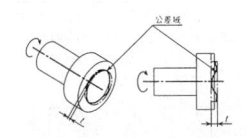	データム軸直線Dに一致する円筒軸において,軸方向の実際の(再現した)線は0.1離れた,二つの円の間になければならない。 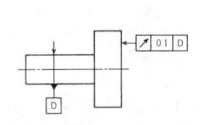
	15.3 任意の方向における円周振れ公差	
	公差域は, t だけ離れ,その軸線がデータムに一致する任意の円すいの断面の二つの円の中に規制される。 特に指示した場合を除いて,測定方向は表面の形状に垂直である。 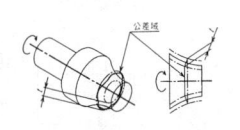	実際の(再現した)振れは,データム軸直線Cのまわりに1回転する間に,任意の円すいの断面内で0.1以下でなければならない。 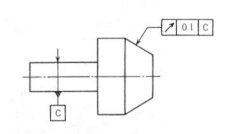 曲面の実際の(再現した)振れは,データム軸直線Cのまわりに1回転する間に,

表 1-24 (つづき 14)

記号	公差域の定義	指示方法及び説明
		円すいの任意の断面内で 0.1 以下でなければならない。
	15.4 指定した方向における円周振れ公差	
	公差域は、t だけ離れ、その軸線がデータムに一致する二つの円によって、指定した角度の任意の測定円すい内で規制される。	指定した方向における実際の(再現した)円周振れは、データム軸直線Cのまわりに 1 回転する間に、円すいの任意の断面内で 0.1 以下でなければならない。
	16 全振れ公差	
	16.1 円周方向の全振れ公差	
	公差域は、t だけ離れ、その軸線はデータムに一致した二つの同軸円筒によって規制される。	実際の(再現した)表面は、0.1 の半径の差で、その軸線が共通データム軸直線A-Bに一致する同軸の二つの円筒の間になければならない。
	16.2 軸方向の全振れ公差	
	公差域は、t だけ離れ、データムに直角な平行二平面によって規制される。	実際の(再現した)表面は、0.1 だけ離れ、データム軸直線Dに直角な平行二平面の間になければならない。

1.14. 標準数 (JIS Z 8601:54)

1. 適用範囲 この規格は工業標準化,設計などにおいて,数値を定める場合に,選定の基準として用いる標準数について規定する。

2. 標準数の定義 標準数とは表 1-25 に示す数値であって,10 の正または負の整数べきを含み,公比が $\sqrt[5]{10}$, $\sqrt[10]{10}$, $\sqrt[20]{10}$, $\sqrt[40]{10}$, および $\sqrt[80]{10}$ である等比数列の各項の値を,実用上便利な数値に整理したものである。これらの数列を R5, R10, R20, R40 および R80 の記号で表す。

3. 用語の意味 この規格で用いる主要な用語の意味は次のとおりとする。

(1) 基本数列 R5, R10, R20, R40 の数列。
(2) 特別数列 R80 の数列。
(3) 理論値 10 の正または負の整数べきを含み,公比がそれぞれ $\sqrt[5]{10}$, $\sqrt[10]{10}$, $\sqrt[20]{10}$, $\sqrt[40]{10}$, $\sqrt[80]{10}$ である等比数列の各項の値。
(4) 計算値 理論値を有効数字 5 けたを整理して求めた数値。
(5) 増加率 標準数の各数列における数値から次の数値に移るときの増加する割合。

4. 標準数の使用方法

(1) 工業標準化,設計などにおいて,段階的に数値を決める場合には標準数を用い,単一の数値を定める場合でも標準数を選ぶようにする。

(2) 選ぶべき標準数は,基本数列の中で増加率の大きい数列から採る。すなわち R5, R10, R20, R40 の順に用いる。基本数列によらない場合にだけ特別数列 R80 を用いる。

(3) 標準数の適用に際して,ある数列をそのまま用いることができないときは,次のようにして用いる。

いくつかの数列を併用する:ある範囲全部を同一の数列から採ることができない場合には,その範囲を必要に応じて,いくつかに分け,それぞれの範囲に対し最も適した数列を選んで用いる。

(a) 誘導数列として用いる。ある数列のある数値から二つめ,三つめ,… p 個ごとに採って用いる。この場合の数列を誘導数列という。なお 2, 3, … p をピッチ数という。

(b) 変位数列として用いる。ある数列によって決められた特性に関係ある他の特性の数値を,同じ数列から採ることができないときに,この特性に適した数値を含む他の数列を選び,これを元の特性に等しい増加率をもつ誘導数列にしたものを用いる。この場合の数列を変位数列という。

(c) 計算値を用いる。標準数よりさらに正確な数値を必要とする場合には,これに対応する計算値を用いる。

5. 数列の記号

(1) 標準数列の記号:範囲を示す必要のないものは,数列の記号(R5, R10, R20, R40, R80)をそのまま用い,範囲を示す必要のある場合は数列記号の次に( )を付けてその範囲を示す。

例:R10 (1.25…) R10 数列で 1.25 以上のもの。
　　R20 (…45) R20 数列で 45 以下のもの。

表1-25 標 準 数 （JIS Z 8601 : 54）

基本数列の標準数				配 列 番 号			計算値	特別数列の標準数	計算値
R5	R10	R20	R40	0.1以上1未満	1以上10未満	10以上100未満		R80	
1.00	1.00	1.00	1.00	−40	0	40	1.0000	1.00 1.03	1.0292
			1.06	−39	1	41	1.0593	1.06 1.09	1.0902
		1.12	1.12	−38	2	42	1.1220	1.12 1.15	1.1548
			1.18	−37	3	43	1.1885	1.18 1.22	1.2232
	1.25	1.25	1.25	−36	4	44	1.2589	1.25 1.28	1.2957
			1.32	−35	5	45	1.3335	1.32 1.36	1.3725
		1.40	1.40	−34	6	46	1.4125	1.40 1.45	1.4538
			1.50	−33	7	47	1.4962	1.50 1.55	1.5399
1.60	1.60	1.60	1.60	−32	8	48	1.5849	1.60 1.65	1.6312
			1.70	−31	9	49	1.6788	1.70 1.75	1.7278
		1.80	1.80	−30	10	50	1.7783	1.80 1.85	1.8302
			1.90	−29	11	51	1.8836	1.90 1.95	1.9387
	2.00	2.00	2.00	−28	12	52	1.9953	2.00 2.06	2.0235
			2.12	−27	13	53	2.1153	2.12 2.18	2.1752
		2.24	2.24	−26	14	54	2.2387	2.24 2.30	2.3041
			2.36	−25	15	55	2.3714	2.36 2.43	2.4406
2.50	2.50	2.50	2.50	−24	16	56	2.5119	2.50 2.58	2.5852
			2.65	−23	17	57	2.6607	2.65 2.72	2.7384
		2.80	2.80	−22	18	58	2.8184	2.80 2.90	2.9007
			3.00	−21	19	59	2.9854	3.00 3.07	3.0726
	3.15	3.15	3.15	−20	20	60	3.1623	3.15 3.25	3.2546
			3.35	−19	21	61	3.3497	3.35 3.45	3.4475
		3.55	3.55	−18	22	62	3.5481	3.55 3.65	3.6517
			3.75	−17	23	63	3.7584	3.75 3.87	3.8681
4.00	4.00	4.00	4.00	−16	24	64	3.9811	4.00 4.12	4.0973
			4.25	−15	25	65	4.2170	4.25 4.37	4.3401
		4.50	4.50	−14	26	66	4.4668	4.50 4.62	4.5978
			4.75	−13	27	67	4.7315	4.75 4.87	4.8697
	5.00	5.00	5.00	−12	28	68	5.0119	5.00 5.15	5.1582
			5.30	−11	29	69	5.3088	5.30 5.45	5.4639
		5.60	5.60	−10	30	70	5.6234	5.60 5.80	5.7876
			6.00	− 9	31	71	5.9566	6.00 6.15	6.1306
6.30	6.30	6.30	6.30	− 8	32	72	6.3096	6.30 6.50	6.4938
			6.70	− 7	33	73	6.6834	6.70 6.90	6.8786
		7.10	7.10	− 6	34	74	7.0795	7.10 7.30	7.2862
			7.50	− 5	35	75	7.4989	7.50 7.75	7.7179
	8.00	8.00	8.00	− 4	36	76	7.9433	8.00 8.25	8.1752
			8.50	− 3	37	77	8.4140	8.50 8.75	8.6596
		9.00	9.00	− 2	38	78	8.9125	9.00 9.25	9.1728
			9.50	− 1	39	79	9.4406	9.50 9.75	9.7163

R40（75…300）R40 数列で 75 以上 300 以下のもの。

(2) 誘導数列の記号：誘導数列を求めた元の数列記号/ピッチ数。

例：R10/3（…80…）R10 数列から三つめごとに採ったもので，80 を含むもの，すなわち…10，20，40，80，160…をいう。

R5/2（1…100）R 5 数列を二つめごとに採ったもので，1 以上 100 以下のもの。

(3) 変位数列の記号：誘導数列の記号に準ずる。

例：R20/4（1.12…）R20 数列から四つめごとに採った 1.12, 1.8, 2.8, 4.5, 7.1, 11.2 をいい，増加率は R5 に等しい。

R80/8（25.8…165）R80 の数列から八つめごとに採った 25.8 以上 165 以下のもの，すなわち，25.8, 32.5, 41.2…128, 165 をいい，増加率は R 10 に等しい。

工学上主として用いられる数列は表 1-26 に示す。

表 1-26　基本数列および主な誘導数列

数列の種類	記　号	公比(約)	増加率(%)	数列の種類	記　号	公比(約)	増加率(%)
誘導数列	R5/3	4	300	基本数列	R10	1.25	25
誘導数列	R5/2	2.5	150	誘導数列	R40/3	1.18	18
誘導数列	R10/3	2	100	基本数列	R20	1.12	12
基本数列	R5	1.6	60	誘導数列	R80/3	1.09	9
誘導数列	R20/3	$1.4 \fallingdotseq \sqrt{2}$	40	基本数列	R40	1.06	6

標準数（preferred numbers）は直訳すれば"優先する数"または"選択した数"となる。標準数を考えたのは，19 世紀末期にフランスの軍人 Cherles Renarl（ルナール）であるが，当時の気球のロープ径の寸法が等差数列であり種類が多かったのを，等比数列として単純化したもので，"ルナール数"ともいわれる。等比数列のため，任意の標準数の積や商がまた標準数に含まれる。また，工業上多く用いられる諸定数に近似した値が標準数の中に含まれている。すなわち，

$\sqrt{2} \fallingdotseq 1.4$, $\pi \fallingdotseq 3.15$, $2\pi \fallingdotseq 6.3$, $\dfrac{\pi}{4} \fallingdotseq 0.8$, $\dfrac{\pi}{32} \fallingdotseq \dfrac{1}{10}$, $l'' \fallingdotseq 25$ mm, $g \fallingdotseq 10$ m/s^2

などがある。

2章 ねじおよびボルト・ナット

2.1. ねじ

ねじに関する基本,ねじ部品およびその製作・検査については,JIS B 0101:94 ねじ用語に規定されているが,基本に関する主な用語について説明する。

(1) リード ねじのつる巻線に沿って軸のまわりを一周するとき軸方向に進む距離をいう。

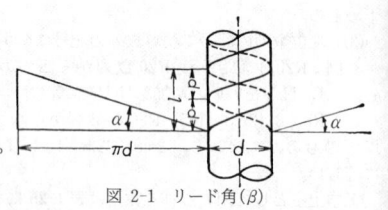

図 2-1 リード角(β)

(2) ピッチ 隣り合うねじ山間の距離をピッチといい,リード間にあるねじ山の数によって二条,三条ねじという。l:リード,p:ピッチ,n:条数とすれば,$l=np$ の関係がある(図 2-1)。(一条ねじでは,リード=ピッチ)

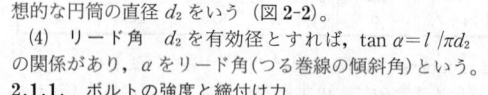

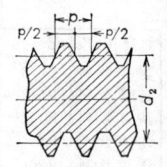

(3) 有効径 ねじのみぞの幅とねじ山の幅が等しい仮想的な円筒の直径 d_2 をいう(図 2-2)。

(4) リード角 d_2 を有効径とすれば,$\tan\alpha=l/\pi d_2$ の関係があり,α をリード角(つる巻線の傾斜角)という。

図 2-2 有効径

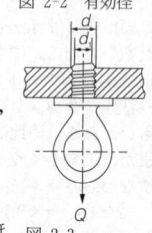

2.1.1. ボルトの強度と締付け力

(1) ボルトの軸方向のみに力が作用する場合

図 2-3 に示すようなアイボルトに荷重 Q が作用する場合,ボルトの谷断面に生じる引張応力 σ_t は,d_1 を谷径とすると

$$\sigma_t = \frac{Q}{(\pi/4)d_1^2}$$

(2) 軸方向の力を受けつつねじられる場合

締付けボルトやねじジャッキでは,大きな軸方向荷重のほかに,この荷重によってねじ接触面に大きな摩擦力が生じる。

図 2-3 アイボルト

このため,軸方向荷重 Q を受けながら,ねじを締め付けるのに必要なモーメント T は $T=Qr\tan(\alpha+\rho')$, $r=d_2/2$ (d_2:ねじ有効径), $\tan\rho'=\mu'$ (ρ':ねじ面の摩擦角,μ':ねじ面の摩擦係数)とすると,ボルト谷径面の外周に生じるせん断応力 τ は次式で表せる。

$$\tau = \frac{T}{Z_p} = \tan(\alpha+\rho')\frac{d_2}{2}\frac{Q}{\pi d_1^3/16} = \tan(\alpha+\rho')\frac{d_2}{d_1}\frac{2Q}{(\pi/4)d_1^2}$$

$$= 2\sigma_t\frac{d_2}{d_1}\tan(\alpha+\rho') \fallingdotseq 0.6\sigma_t{}^*$$

(Z_p:極断面係数,σ_t:谷断面に生じる引張応力)

* JIS 並目ねじでは,$\alpha=2°\sim3°$,$\tan(\alpha+\rho')\fallingdotseq 0.25$,$d_2/d_1\fallingdotseq 1.05\sim1.20$ であるので,このように近似的に表せる。

ボルトねじ部の谷断面の外周では,軸引張力 Q による σ_t と τ が同時に作用

しているから，最大主応力 σ_{max} と最大せん断応力 τ_{max} が生じる。

$$\sigma_{max}=\frac{\sigma_t}{2}+\sqrt{\left(\frac{\sigma_t}{2}\right)^2+\tau^2}, \quad \tau_{max}=\sqrt{\left(\frac{\sigma_t}{2}\right)^2+\tau^2}$$

簡単化のため，$\tau \fallingdotseq 0.6\sigma_t$ とすれば，$\sigma_{max} \fallingdotseq 1.3\sigma_t$，$\tau_{max} \fallingdotseq 0.8\sigma_t$ となり，これより，軸方向の荷重の 4/3 倍が作用するものとして計算してもよい。（許容引張応力を 75% にとればよい。）

(3) ボルトの締付け力

ボルトを締め付けるとき（図 2-4），ボルト頭やナット座面［平均直径 $(d+B)/2$］の摩擦も考慮すると次式となる。$d_2/d \fallingdotseq 0.92$ として

$$T=Q\frac{d_2}{2}\tan(\alpha+\rho')+Q\mu\frac{1}{2}\cdot\frac{d+B}{2}=KQd$$

(K：トルク係数)

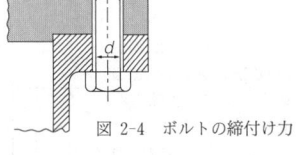

図 2-4 ボルトの締付け力

ところで，JIS メートルねじのリード角 $\alpha=2°\sim3°$ であり，ねじ部と座面部の摩擦係数 $\mu=0.15$，$B=1.5d$ とすると

$$T=0.2Qd$$

と簡単な式で示すことができる。(μ がともに 0.2 の場合は $T=0.25Qd$ となる。)

このモーメントを加えるために，ボルトを締め付けるのに有効長さ L のスパナを用いるとすると，スパナに加える力 F は，$F=T/L$ となる。

(4) ボルト軸に直角方向の力を受ける場合

2 枚の鋼板を締め付けた 1 本のボルト軸部に直角方向に荷重 F が作用する場合（図 2-5）には，ボルト軸部に生じるせん断力と，板の締付けによって板の滑りに対する摩擦力とが抵抗するから

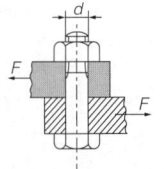

$$F \leq \frac{\pi}{4}d^2\tau+\mu Q$$

図 2-5 ボルト軸に直角方向の力を受ける場合

ここで，$Q=(\pi/4)d_1^2\sigma_t$ である。もし，ボルトと穴との間にすきまがあり $F>\mu Q$ であると，板が滑り，ボルトには曲げモーメントが生じて危険である。このためリーマボルトを用いる。

(5) ねじ山側面の接触圧

q：ねじの許容接触圧力（表 2-1），d：おねじ外径，n：有効ねじ山数，D_1：めねじ内径，t：ねじ山のひっかかり高さ，H：ナットの高さ（接触ねじ部の長さ）とすると

$$n=\frac{Q}{\pi d_2 tq}=\frac{Q}{(\pi/4)(d^2-D_1^2)q}$$

$H=np$（p：ピッチ）より

表 2-1 ねじの許容接触圧力 q
(単位 N/mm²)

おねじ・めねじ	締結用	伝動用
軟鋼どうし	30	10
硬鋼どうし	40	1.3
硬鋼・鋳鉄	15	5

$$H = \frac{4Qp}{\pi(d^2 - D_1^2)q}$$

(6) 必要なねじ山数（ねじのはめあい部の長さ）

植込みボルトの植込み深さやナットの高さは表 2-2 による。

表 2-2 ナットの高さおよび植込み深さ

ボルト	ナット	ナットの高さ	植込み深さ
炭素鋼	炭素鋼	0.8 d	$d \sim 1.5 d$
	鋳鉄	—	
	アルミ合金	—	$2d \sim 3d$
	銅合金	—	

(7) 締付けボルトに作用する力

圧力容器のふたをボルトで締め付けるときには，ある大きさの締付け力 Q_0 が必要である。このとき，図 2-6 のように，ボルトには引張力が働き，ボルトの伸びは λ_0，ふたのフランジには圧縮力が働き，その縮みは δ_0 となる。いま，容器内の圧力が上昇したときには，ボルト 1 本について P の力がふたを持ち上げるように働いたとすると，ボルトに追加される力は P_b で，これによるボルトの伸び

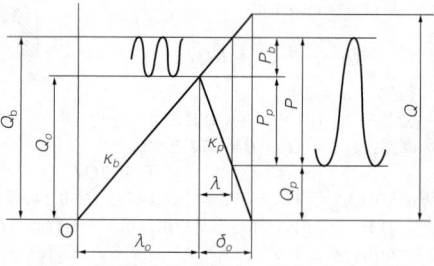

図 2-6 締付けボルトに作用する荷重と伸びの関係

は λ，同様に締め付けられているフランジの縮み量の回復は λ となる。よって，締付け力は $P - P_b$ だけ減少して Q_p となる。

ここで，ボルトとフランジのばね定数を k_b, k_p とすると

$$k_b = \frac{Q_0}{\lambda_0} = \frac{P_b}{\lambda}, \quad k_p = \frac{Q_0}{\delta_0} = \frac{P_p}{\lambda}$$

図より $\quad P = \lambda(k_b + k_p), \quad P_b = k_b \lambda$

$$\therefore P_b = \frac{k_b}{k_b + k_p} P = \phi l \, (\phi : \text{ボルトの内力係数}), \quad P_p = \frac{k_p}{k_b + k_p} P$$

P が繰返し荷重で $0 \sim P$ まで変動するものとすると，ボルトは Q_0 から $Q_0 + P_b$ までの片振りの繰返し荷重を受けることになる。したがって，これを小さくするため，ばね定数 k_b の小さいボルトで，ばね定数 k_p の大きいものを締め付けると，ボルトに作用する応力振幅は小さくなる。また，P が Q より大きくなると，締付け力はなくなり容器内部から漏れる。よって，漏れないためには $Q_p > 0$，すなわち最初に必要な締付け力 Q_0 の大きさは

$$Q_0 > \frac{k_p}{k_b + k_p} P$$

とする。

この場合，ボルトの適正締付け応力 σ は，材料の降伏限度を σ_y とすると，$\sigma = 0.6 \sigma_y$ とされている。

2.2. ねじの種類および用途

表2-3（次ページ）に，ねじの種類および用途を示す。
図2-7に，締付けボルトの使用法を示す。
表2-4に，ねじの規格番号と名称を示す。
表2-5は，ねじを表す記号と，ねじの呼びの表し方の例である。
表2-6に，ねじの等級の表し方を示す（必要がない場合には，省略してよい）。

JIS B 0205-1 一般用メートルねじ—第1部では，ピッチ $p=0.2$ mm〜8 mm までの各ピッチにおけるねじの基準山形の H, $(5/8)H$, $(3/8)H$, $H/4$, $H/8$ の値が示されている（表2-7）。

第2部では，呼び径 (D, d) に対するピッチの値が示されている。並目ねじでは，呼び径が1 mm〜68 mm の範囲で示され，細目ねじでは，呼び径が1 mm〜300 mm の範囲で，いくつかのピッチが示されている（表2-9に記述）。

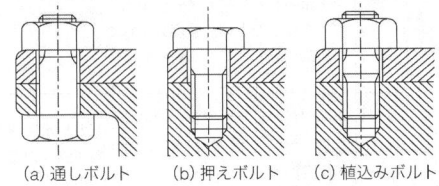

(a) 通しボルト　(b) 押えボルト　(c) 植込みボルト

図 2-7　締付けボルトの使用法

表 2-4　ねじの規格番号と名称

規格番号	名　称	規格番号	名　称
JIS B 0205-1：01	一般用メートルねじ 第1部：基準山形	JIS B 0202：99	管用平行ねじ
		JIS B 0203：99	管用テーパねじ
JIS B 0205-2：01	第2部：全体系	JIS B 0216：87	メートル台形ねじ
JIS B 0205-3：01	第3部：ねじ部品用に選択したサイズ	JIS B 0206：73	ユニファイ並目ねじ
		JIS B 2608：73	ユニファイ細目ねじ
JIS B 0205-4：01	第4部：基準寸法	JIS B 0225：60	自転車ねじ
JIS B 0123：99	ねじの表し方	JIS B 7141：03	顕微鏡対物ねじ

表 2-5　ねじの種類を表す記号およびねじの呼びの表し方の例

区分	ねじの種類		ねじの種類を表す記号	ねじの呼びの表し方の例	引用規格
ピッチをmmで表すねじ	メートル並目ねじ		M	M 8	JIS B 0205
	メートル細目ねじ			M 8×1	JIS B 0207
	ミニチュアねじ		S	S 0.5	JIS B 0201
	メートル台形ねじ		Tr	Tr 10×2	JIS B 0216
ピッチを山数で表すねじ	管用テーパねじ	テーパおねじ	R	R 3/4	JIS B 0203
		テーパめねじ	Rc	Rc 3/4	
		平行めねじ	Rp	Rp 3/4	
	管用平行ねじ		G	G 1/2	JIS B 0202
	ユニファイ並目ねじ		UNC	3/8−16 UNC	JIS B 0206
	ユニファイ細目ねじ		UNF	No.8−36 UNF	JIS B 0208

表 2-3 ねじの種類と用途

ねじ形状	名称	特　　長	備　　考
	三角ねじ	ねじ山の断面形状が三角形。締付け用ねじとして適し、最も広く用いられる。	メートルねじ、メートル細目ねじ、ユニファイねじ、管用ねじ（平行ねじ、テーパねじ）（肉厚の薄い管に用いるねじ、気密性あり。）
	角ねじ	ねじ山の断面が正方形に近い形。摩擦が少なく、移動用ねじとして適する。工作が困難、JIS に規定されていない。	プレスなどに用いる。
	台形ねじ	角ねじを修正して断面を台形にしたもの。強度大、移動用ねじとして用いられる。	旋盤の親ねじなどに用いる。
	のこ歯ねじ	四角ねじと台形ねじの形状の長所を併有したもの。一方向の力を支持、JIS に規定されていない。	万力や水圧機のように一方向に強い力を伝えるところに用いる。
	丸ねじ	ねじ山の頂と谷底とに丸みをつけたねじ。砂などに異物が混入するところに使用。電球の口金やガラス・陶磁器用ねじ。	精度は他のねじよりは問題にしない。
	ボールねじ	おねじとめねじの接触面に鋼球を介在させて転がり接触とし、摩擦を極めて小さくしたもので、精密機器やロボットなどの移動用送りねじ。	工作機械の数値制御による位置決めなどにも用いる。
	静圧ねじ	油や空気の静圧を用いた移動用送りねじ、摩擦は極めて小さく、精度も高い。	精密位置決めなどに用いる。

　第3部では、呼び径1mm〜64mmの範囲で、一般の工業用ねじ部品として選択した呼び径に対する並目、細目のピッチについて規定している（表2-8）。
　第4部では、一般用メートルねじの呼び径1mm〜300mmの範囲におけるピッチ、有効径、めねじの内径の基準寸法について規定している（表2-9）。同じ呼び径で最大のピッチが並目ねじである。
　表2-10〜表2-15に、その他のねじの基準山形および基準寸法を示す。

表 2-6 ねじの等級の表し方

区分	ねじの種類	めねじ・おねじの例		ねじの等級の表し方の例	引用規格
ピッチをmmで表すねじ	メートルねじ	めねじ	有効径と内径の等級が同じ場合	6 H	JIS B 0209
		めねじ	有効径と外径の等級が同じ場合	6 g	
			有効径と外径の等級が異なる場合	5 g 6 g	
		めねじとおねじとを組み合わせたもの		6 H/5 g 5 H/5 g 6 g	
	ミニチュアねじ	めねじ		3 G 6	JIS B 0201
		おねじ		5 h 3	
		めねじとおねじとを組み合わせたもの		3 G 6/5 h 3	
	メートル台形ねじ	めねじ		7 H	JIS B 0217
		おねじ		7 e	
		めねじとおねじとを組み合わせたもの		7 H/7 e	
ピッチを山数で表すねじ	管用平行ねじ	おねじ		A	JIS B 0202
	ユニファイねじ	めねじ		2 B	JIS B 0210
		おねじ		2 A	JIS B 0212

表 2-8 選択した呼び径のサイズ (JIS B 0205-3:01)

(単位 mm)

呼び径 D, d		ピッチ P			呼び径 D, d		ピッチ P		
第1選択	第2選択	並目	細目		第1選択	第2選択	並目	細目	
1	—	0.25	—	—	—	18	2.5	2	1.5
1.2	—	0.25	—	—	20	—	2.5	2	1.5
—	1.4	0.3	—	—	—	22	2.5	2	1.5
1.6	—	0.35	—	—	24	—	3	2	—
—	1.8	0.35	—	—	—	27	3	2	—
2	—	0.4	—	—	30	—	3.5	2	—
2.5	—	0.45	—	—	—	33	3.5	2	—
3	—	0.5	—	—	36	—	4	3	—
—	3.5	0.6	—	—	—	39	4	3	—
4	—	0.7	—	—	42	—	4.5	3	—
5	—	0.8	—	—	—	45	4.5	3	—
6	—	1	—	—	48	—	5	3	—
—	7	1	—	—	—	52	5	4	—
8	—	1.25	1	—	56	—	5.5	4	—
10	—	1.5	1.25	1	—	60	5.5	4	—
12	—	1.75	1.5	1.25	64	—	6	4	—
—	14	2	1.5	—					
16	—	2	1.5	—					

表 2-7 基準山形の寸法 (JIS B 0205-1:01)

D：めねじ谷の径の基準寸法(呼び径)
D_1：めねじ内径の基準寸法
d：おねじ外径の基準寸法(呼び径)
d_1：おねじ谷の径の基準寸法
D_2：めねじ有効径の基準寸法
H：とがり山の高さ
d_2：おねじ有効径の基準寸法
P：ピッチ

$H = \dfrac{\sqrt{3}}{2}P = 0.866\,025\,404\,P$

$\dfrac{5}{8}H = 0.541\,265\,877\,P$

$\dfrac{3}{8}H = 0.324\,759\,526\,P$

$\dfrac{H}{4} = 0.216\,506\,351\,P$

$\dfrac{H}{8} = 0.108\,253\,175\,P$

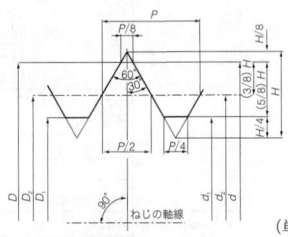

(単位 mm)

ピッチ P	H	$\dfrac{5}{8}H$	$\dfrac{3}{8}H$	$\dfrac{H}{4}$	$\dfrac{H}{8}$
0.2	0.173 205	0.108 253	0.064 952	0.043 301	0.021 651
0.25	0.216 506	0.135 316	0.081 190	0.054 127	0.027 063
0.3	0.259 808	0.162 380	0.097 428	0.064 952	0.032 476
0.35	0.303 109	0.189 443	0.113 666	0.075 777	0.037 889
0.4	0.346 410	0.216 506	0.129 904	0.086 603	0.043 301
0.45	0.389 711	0.243 570	0.146 142	0.097 428	0.048 714
0.5	0.433 013	0.270 633	0.162 380	0.108 253	0.054 127
0.6	0.519 615	0.324 760	0.194 856	0.129 904	0.064 952
0.7	0.606 218	0.378 886	0.227 332	0.151 554	0.075 777
0.75	0.649 519	0.405 949	0.243 570	0.162 380	0.081 190
0.8	0.692 820	0.433 013	0.259 808	0.173 205	0.086 603
1	0.866 025	0.541 266	0.324 760	0.216 506	0.108 253
1.25	1.082 532	0.676 582	0.405 949	0.270 633	0.135 316
1.5	1.299 038	0.811 899	0.487 139	0.324 760	0.162 380
1.75	1.515 544	0.947 215	0.568 329	0.378 886	0.189 443
2	1.732 051	1.082 532	0.649 519	0.433 013	0.216 506
2.5	2.165 063	1.353 165	0.811 899	0.541 266	0.270 633
3	2.598 076	1.623 798	0.974 279	0.649 519	0.324 760
3.5	3.031 089	1.894 431	1.136 658	0.757 772	0.378 886
4	3.464 102	2.165 063	1.299 038	0.866 025	0.433 013
4.5	3.897 114	2.435 696	1.461 418	0.974 279	0.487 139
5	4.330 127	2.706 329	1.623 798	1.082 532	0.541 266
5.5	4.763 140	2.976 962	1.786 177	1.190 785	0.595 392
6	5.196 152	3.247 595	1.948 557	1.299 038	0.649 519
8	6.928 203	4.330 127	2.598 076	1.732 051	0.866 025

表 2-9　一般用メートルねじの基準寸法(JIS B 0205-4：01)

D：めねじ谷の径の基準寸法(呼び径)　　　d：おねじ外径の基準寸法(呼び径)
D_2：めねじ有効径の基準寸法　　　　　　d_2：おねじ有効径の基準寸法
D_1：めねじ内径の基準寸法　　　　　　　d_1：おねじ谷の径の基準寸法
H：とがり山の高さ　　　　　　　　　　　P：ピッチ

$$D_2 = D - 2 \times \frac{3}{8}H = D - 0.6495P$$

$$D_1 = D - 2 \times \frac{5}{8}H = D - 1.0825P$$

$$d_2 = d - 2 \times \frac{3}{8}H = d - 0.6495P$$

$$d_1 = d - 2 \times \frac{5}{8}H = d - 1.0825P$$

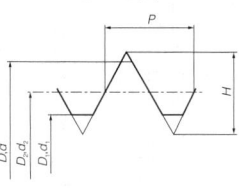

(単位 mm)

呼び径=おねじ外径 d	ピッチ P	有効径 D_2, d_2	めねじ内径 D_1	呼び径=おねじ外径 d	ピッチ P	有効径 D_2, d_2	めねじ内径 D_1
1	0.25	0.838	0.729	3.5	0.6	3.110	2.850
	0.2	0.870	0.783		0.35	3.273	3.121
1.1	0.25	0.938	0.829	4	0.7	3.545	3.242
	0.2	0.970	0.883		0.5	3.675	3.459
1.2	0.25	1.038	0.929	4.5	0.75	4.013	3.688
	0.2	1.070	0.983		0.5	4.175	3.959
1.4	0.3	1.205	1.075	5	0.8	4.480	4.134
	0.2	1.270	1.183		0.5	4.675	4.459
1.6	0.35	1.373	1.221	5.5	0.5	5.175	4.959
	0.2	1.470	1.383	6	1	5.350	4.917
1.8	0.35	1.573	1.421		0.75	5.513	5.188
	0.2	1.670	1.583	7	1	6.350	5.917
2	0.4	1.740	1.567		0.75	6.513	6.188
	0.25	1.838	1.729	8	1.25	7.188	6.647
2.2	0.45	1.908	1.713		1	7.350	6.917
	0.25	2.038	1.929		0.75	7.513	7.188
2.5	0.45	2.208	2.013	9	1.25	8.188	7.647
	0.35	2.273	2.121		1	8.350	7.917
3	0.5	2.675	2.459		0.75	8.513	8.188
	0.35	2.773	2.621				

表 2-9（つづき 1） 一般用メートルねじの基準寸法 （単位 mm）

呼び径=おねじ外径 d	ピッチ P	有効径 D_2, d_2	めねじ内径 D_1	呼び径=おねじ外径 d	ピッチ P	有効径 D_2, d_2	めねじ内径 D_1
10	1.5	9.026	8.376	28	2	26.701	25.835
	1.25	9.188	8.647		1.5	27.026	26.376
	1	9.350	8.917		1	27.350	26.917
	0.75	9.513	9.188	30	3.5	27.727	26.211
11	1.5	10.026	9.376		3	28.051	26.752
	1	10.350	9.917		2	28.701	27.835
	0.75	10.513	10.188		1.5	29.026	28.376
12	1.75	10.863	10.106		1	29.350	28.917
	1.5	11.026	10.376	32	2	30.701	29.835
	1.25	11.188	10.647		1.5	31.026	30.376
	1	11.350	10.917	33	3.5	30.727	29.211
14	2	12.701	11.835		3	31.051	29.752
	1.5	13.026	12.376		2	31.701	30.835
	1.25	13.188	12.647		1.5	32.026	31.376
	1	13.350	12.917	35	1.5	34.026	33.376
15	1.5	14.026	13.376	36	4	33.402	31.670
	1	14.350	13.917		3	34.051	32.752
16	2	14.701	13.835		2	34.701	33.835
	1.5	15.026	14.376		1.5	35.026	34.376
	1	15.350	14.917	38	1.5	37.026	36.376
17	1.5	16.026	15.376	39	4	36.402	34.670
	1	16.350	15.917		3	37.051	35.752
18	2.5	16.376	15.294		2	37.701	36.835
	2	16.701	15.835		1.5	38.026	37.376
	1.5	17.026	16.376	40	3	38.051	36.752
	1	17.350	16.917		2	38.701	37.835
20	2.5	18.376	17.294		1.5	39.026	38.376
	2	18.701	17.835	42	4.5	39.077	37.129
	1.5	19.026	18.376		4	39.402	37.670
	1	19.350	18.917		3	40.051	38.752
22	2.5	20.376	19.294		2	40.701	39.835
	2	20.701	19.835		1.5	41.026	40.376
	1.5	21.026	20.376	45	4.5	42.077	40.129
	1	21.350	20.917		4	42.402	40.670
24	3	22.051	20.752		3	43.051	41.752
	2	22.701	21.835		2	43.701	42.835
	1.5	23.026	22.376		1.5	44.026	43.376
	1	23.350	22.917	48	5	44.752	42.587
25	2	23.701	22.835		4	45.402	43.670
	1.5	24.026	23.376		3	46.051	44.752
	1	24.350	23.917		2	46.701	45.835
26	1.5	25.026	24.376		1.5	47.026	46.376
27	3	25.051	23.752	50	3	48.051	46.752
	2	25.701	24.835		2	48.701	47.835
	1.5	26.026	25.376		1.5	49.026	48.376
	1	26.350	25.917				

表 2-9 (つづき 2)

(単位 mm)

呼び径=おねじ外径 d	ピッチ P	有効径 D_2, d_2	めねじ内径 D_1	呼び径=おねじ外径 d	ピッチ P	有効径 D_2, d_2	めねじ内径 D_1
52	5	48.752	46.587	72	6	68.103	65.505
	4	49.402	47.670		4	69.402	67.670
	3	50.051	48.752		3	70.051	68.752
	2	50.701	49.835		2	70.701	69.835
	1.5	51.026	50.376		1.5	71.026	70.376
55	4	52.402	50.670	75	4	72.402	70.670
	3	53.051	51.752		3	73.051	71.752
	2	53.701	52.835		2	73.701	72.835
	1.5	54.026	53.376		1.5	74.026	73.376
56	5.5	52.428	50.046	76	6	72.103	69.505
	4	53.402	51.670		4	73.402	71.670
	3	54.051	52.752		3	74.051	72.752
	2	54.701	53.835		2	74.701	73.835
	1.5	55.026	54.376		1.5	75.026	74.376
58	4	55.402	53.670	78	2	76.700	75.835
	3	56.051	54.752	80	6	76.103	73.505
	2	56.701	55.835		4	77.402	75.670
	1.5	57.026	56.376		3	78.051	76.752
60	5.5	56.428	54.046		2	78.701	77.835
	4	57.402	55.670		1.5	79.026	78.376
	3	58.051	56.752	82	2	80.701	79.835
	2	58.701	57.835	85	6	81.103	78.505
	1.5	59.026	58.376		4	82.402	80.670
62	4	59.402	57.670		3	83.051	81.752
	3	60.051	58.752		2	83.701	82.835
	2	60.701	59.835	90	6	86.103	83.505
	1.5	61.026	60.376		4	87.402	85.670
64	6	60.103	57.505		3	88.051	86.752
	4	61.402	59.670		2	88.701	87.835
	3	62.051	60.752	95	6	91.103	88.505
	2	62.701	61.835		4	92.402	90.670
	1.5	63.026	62.376		3	93.051	91.752
65	4	62.402	60.670		2	93.701	92.835
	3	63.051	61.752	100	6	96.103	93.505
	2	63.701	62.835		4	97.402	95.670
	1.5	64.026	63.376		3	98.051	96.752
68	6	64.103	61.505		2	98.701	97.835
	4	65.402	63.670	105	6	101.103	98.505
	3	66.051	64.752		4	102.402	100.670
	2	66.701	65.835		3	103.051	101.752
	1.5	67.026	66.376		2	103.701	102.835
70	6	66.103	63.505	110	6	106.103	103.505
	4	67.402	65.670		4	107.402	105.670
	3	68.051	66.752		3	108.051	106.752
	2	68.701	67.835		2	108.701	107.835
	1.5	69.026	68.376				

表 2-10 ミニチュアねじの基準山形および基準寸法 (JIS B 0201：73)

(単位 mm)

基準寸法算出の公式

$H = 0.866025P$
$H_1 = 0.48P$
$d_2 = d - 0.649519P$
$d_1 = d - 0.96P$
$D = d$
$D_2 = d_2$
$D_1 = d_1$

ねじの呼び(2)		ピッチ	ひっかかりの高さ	めねじ		
1	2	P	H_1	谷の径 D	有効径 D_2	内径 D_1
				おねじ		
				外径 d	有効径 d_2	谷の径 d_1
S0.3		0.08	0.0384	0.300	0.248	0.223
	S0.35	0.09	0.0432	0.350	0.292	0.264
S0.4		0.1	0.0480	0.400	0.335	0.304
	S0.45	0.1	0.0480	0.450	0.385	0.354
S0.5		0.125	0.0600	0.500	0.419	0.380
	S0.55	0.125	0.0600	0.550	0.469	0.430
S0.6		0.15	0.0720	0.600	0.503	0.456
	S0.7	0.175	0.0840	0.700	0.586	0.532
S0.8		0.2	0.0960	0.800	0.670	0.608
	S0.9	0.225	0.1080	0.900	0.754	0.684
S1		0.25	0.1200	1.000	0.838	0.760
	S1.1	0.25	0.1200	1.100	0.938	0.860
S1.2		0.25	0.1200	1.200	1.038	0.960
	S1.4	0.3	0.1440	1.400	1.205	1.112

注 (1) この数値は、0.320744H を丸めたものである。
 (2) ねじの呼びは、1欄のものを優先的に、必要に応じて2欄のものを選ぶ。
備 考 等級は付表による。

付表 ミニチュアねじの等級

めねじ・おねじの別	等　級
め ね じ	3G5
	3G6
	4H5
	4H6
お ね じ	5h3

注 (1) 等級の第1位の数字は、めねじの有効径 (D_2) またはおねじの有効径 (d_2) の公差精度を表わす数字。
 (2) 等級の下2位の文字は、めねじの有効径 (D_2) またはおねじの有効径 (d_2) の公差位置を表わす数字。
 (3) 等級の下3位の数字は、内径 (D_1) または外径 (d) の公差精度を表わす数字。

表 2-11(a) メートル台形ねじの基準山形およびねじ山の寸法
(JIS B 0216 : 87)　　（単位 mm）

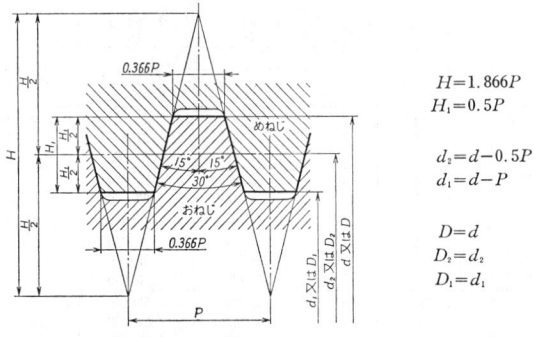

$H = 1.866P$
$H_1 = 0.5P$

$d_2 = d - 0.5P$
$d_1 = d - P$

$D = d$
$D_2 = d_2$
$D_1 = d_1$

一条ねじの呼びの表し方（呼び径40mm，ピッチ 7 mmの場合）： Tr 40×7
多条ねじの呼びの表し方（呼び径40mm，リード14mm，ピッチ 7 mmの場合）：
Tr 40×14(P 7)
左ねじの表し方（呼びの後にLHの記号を付ける）： Tr 40×7 LH，
　　　　　　　　　　　　　　　　　　　　　： Tr 40×14(P 7) LH

(注)（1）呼び径が次の大きさのものは新設計の機器などには用いない．
　　　　105, 115, 125, 135, 145, 155, 165, 175, 185, 195(mm)
　　（2）同じ呼び径に対して，ピッチが3種類(大中小)ある場合は，その中程のピッチを優先する．
　　　　2種類(大小)ある場合は，その大きい方を優先する（呼び径11mmの場合のみ，この逆とする）．

表 2-11(b) メートル台形ねじの基準寸法　　（単位 mm）

ねじの呼び	ピッチ P	ひっかかりの高さ H_1	めねじ 谷の径 D / おねじ 外径 d	めねじ 有効径 D_2 / おねじ 有効径 d_2	めねじ 内径 D_1 / おねじ 谷の径 d_1
Tr 8× 1.5	1.5	0.75	8.000	7.250	6.500
Tr 9× 2	2	1	9.000	8.000	7.000
Tr 9× 1.5	1.5	0.75	9.000	8.250	7.500
Tr 10× 2	2	1	10.000	9.000	8.000
Tr 10× 1.5	1.5	0.75	10.000	9.250	8.500
Tr 11× 3	3	1.5	11.000	9.500	8.000
Tr 11× 2	2	1	11.000	10.000	9.000
Tr 12× 3	3	1.5	12.000	10.500	9.000
Tr 12× 2	2	1	12.000	11.000	10.000
Tr 14× 3	3	1.5	14.000	12.500	11.000
Tr 14× 2	2	1	14.000	13.000	12.000
Tr 16× 4	4	2	16.000	14.000	12.000
Tr 16× 2	2	1	16.000	15.000	14.000
Tr 18× 4	4	2	18.000	16.000	14.000
Tr 18× 2	2	1	18.000	17.000	16.000
Tr 20× 4	4	2	20.000	18.000	16.000
Tr 20× 2	2	1	20.000	19.000	18.000
Tr 22× 8	8	4	22.000	18.000	14.000
Tr 22× 5	5	2.5	22.000	19.500	17.000
Tr 22× 3	3	1.5	22.000	20.500	19.000

表 2-11(b) (つづき)　　　　　(単位 mm)

ねじの呼び	ピッチ P	ひっかかりの高さ H_1	めねじ 谷の径 D / おねじ 外径 d	めねじ 有効径 D_2 / おねじ 有効径 d_2	めねじ 内径 D_1 / おねじ 谷の径 d_1
Tr 24× 8	8	4	24.000	20.000	16.000
Tr 24× 5	5	2.5	24.000	21.500	19.000
Tr 24× 3	3	1.5	24.000	22.500	21.000
Tr 26× 8	8	4	26.000	22.000	18.000
Tr 26× 5	5	2.5	26.000	23.500	21.000
Tr 26× 3	3	1.5	26.000	24.500	23.000
Tr 28× 8	8	4	28.000	24.000	20.000
Tr 28× 5	5	2.5	28.000	25.500	23.000
Tr 28× 3	3	1.5	28.000	26.500	25.000
Tr 30×10	10	5	30.000	25.000	20.000
Tr 30× 6	6	3	30.000	27.000	24.000
Tr 30× 3	3	1.5	30.000	28.500	27.000
Tr 32×10	10	5	32.000	27.000	22.000
Tr 32× 6	6	3	32.000	29.000	26.000
Tr 32× 3	3	1.5	32.000	30.500	29.000
Tr 34×10	10	5	34.000	29.000	24.000
Tr 34× 6	6	3	34.000	31.000	28.000
Tr 34× 3	3	1.5	34.000	32.500	31.000
Tr 36×10	10	5	36.000	31.000	26.000
Tr 36× 6	6	3	36.000	33.000	30.000
Tr 36× 3	3	1.5	36.000	34.500	33.000
Tr 38×10	10	5	38.000	33.000	28.000
Tr 38× 7	7	3.5	38.000	34.500	31.000
Tr 38× 3	3	1.5	38.000	36.500	35.000
Tr 40×10	10	5	40.000	35.000	30.000
Tr 40× 7	7	3.5	40.000	36.500	33.000
Tr 40× 3	3	1.5	40.000	38.500	37.000
Tr 42×10	10	5	42.000	37.000	32.000
Tr 42× 7	7	3.5	42.000	38.500	35.000
Tr 42× 3	3	1.5	42.000	40.500	39.000
Tr 44×12	12	6	44.000	38.000	32.000
Tr 44× 7	7	3.5	44.000	40.500	37.000
Tr 44× 3	3	1.5	44.000	42.500	41.000
Tr 46×12	12	6	46.000	40.000	34.000
Tr 46× 8	8	4	46.000	42.000	38.000
Tr 46× 3	3	1.5	46.000	44.000	43.000
Tr 48×12	12	6	48.000	42.000	36.000
Tr 48× 8	8	4	48.000	44.000	40.000
Tr 48× 3	3	1.5	48.000	46.500	45.000
Tr 50×12	12	6	50.000	44.000	38.000
Tr 50× 8	8	4	50.000	46.000	42.000
Tr 50× 3	3	1.5	50.000	48.500	47.000
Tr 52×12	12	6	52.000	46.000	40.000
Tr 52× 8	8	4	52.000	48.000	44.000
Tr 52× 3	3	1.5	52.000	50.500	49.000

表2-12 管用平行ねじ (JIS B 0202:99)

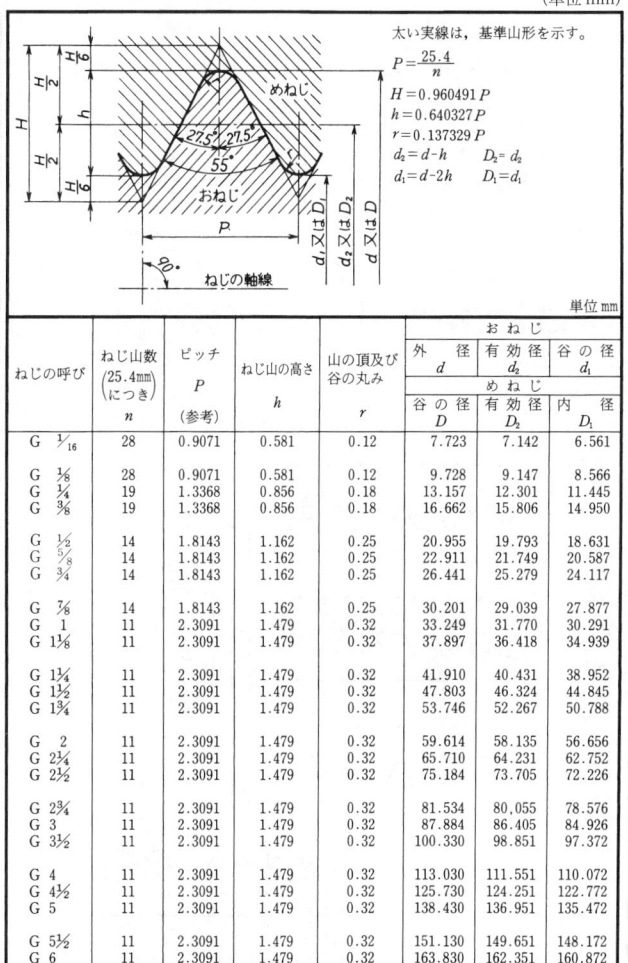

(単位 mm)

$$P = \frac{25.4}{n}$$
$H = 0.960491\,P$
$h = 0.640327\,P$
$r = 0.137329\,P$
$d_2 = d - h$, $D_2 = d_2$
$d_1 = d - 2h$, $D_1 = d_1$

太い実線は，基準山形を示す．

単位 mm

ねじの呼び	ねじ山数 (25.4mmにつき) n	ピッチ P (参考)	ねじ山の高さ h	山の頂及び谷の丸み r	おねじ 外径 d / めねじ 谷の径 D	おねじ 有効径 d_2 / めねじ 有効径 D_2	おねじ 谷の径 d_1 / めねじ 内径 D_1
G 1/16	28	0.9071	0.581	0.12	7.723	7.142	6.561
G 1/8	28	0.9071	0.581	0.12	9.728	9.147	8.566
G 1/4	19	1.3368	0.856	0.18	13.157	12.301	11.445
G 3/8	19	1.3368	0.856	0.18	16.662	15.806	14.950
G 1/2	14	1.8143	1.162	0.25	20.955	19.793	18.631
G 5/8	14	1.8143	1.162	0.25	22.911	21.749	20.587
G 3/4	14	1.8143	1.162	0.25	26.441	25.279	24.117
G 7/8	14	1.8143	1.162	0.25	30.201	29.039	27.877
G 1	11	2.3091	1.479	0.32	33.249	31.770	30.291
G 1 1/8	11	2.3091	1.479	0.32	37.897	36.418	34.939
G 1 1/4	11	2.3091	1.479	0.32	41.910	40.431	38.952
G 1 1/2	11	2.3091	1.479	0.32	47.803	46.324	44.845
G 1 3/4	11	2.3091	1.479	0.32	53.746	52.267	50.788
G 2	11	2.3091	1.479	0.32	59.614	58.135	56.656
G 2 1/4	11	2.3091	1.479	0.32	65.710	64.231	62.752
G 2 1/2	11	2.3091	1.479	0.32	75.184	73.705	72.226
G 2 3/4	11	2.3091	1.479	0.32	81.534	80.055	78.576
G 3	11	2.3091	1.479	0.32	87.884	86.405	84.926
G 3 1/2	11	2.3091	1.479	0.32	100.330	98.851	97.372
G 4	11	2.3091	1.479	0.32	113.030	111.551	110.072
G 4 1/2	11	2.3091	1.479	0.32	125.730	124.251	122.772
G 5	11	2.3091	1.479	0.32	138.430	136.951	135.472
G 5 1/2	11	2.3091	1.479	0.32	151.130	149.651	148.172
G 6	11	2.3091	1.479	0.32	163.830	162.351	160.872

表 2-13 管用テーパねじ (JIS B 0203:99)

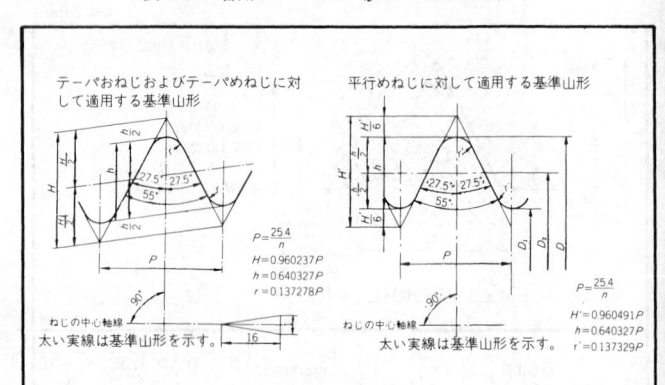

テーパおねじおよびテーパめねじに対して適用する基準山形

$P = \dfrac{25.4}{n}$
$H = 0.960237P$
$h = 0.640327P$
$r = 0.137278P$

太い実線は基準山形を示す。

平行めねじに対して適用する基準山形

$P = \dfrac{25.4}{n}$
$H' = 0.960491P$
$h = 0.640327P$
$r' = 0.137329P$

太い実線は基準山形を示す。

テーパおねじとテーパめねじまたは平行めねじのハメアイ

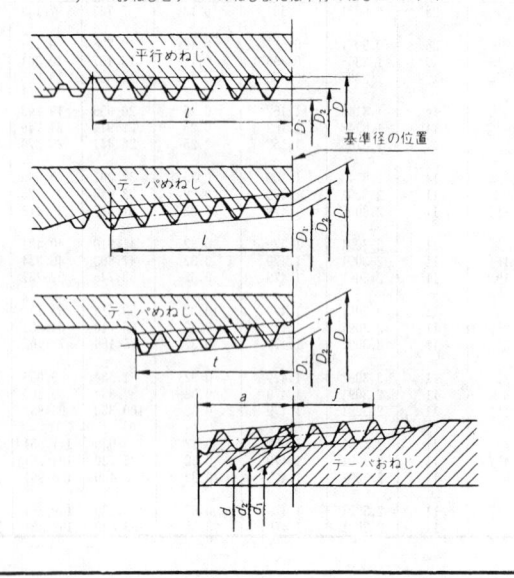

表 2-13 （つづき 1）

(単位 mm)

ねじの呼び(1)	ね じ 山 ねじ山数 (25.4mm につき) n	ピッチ P (参考)	山の高さ h	丸み r 又は r'	基 準 径 おねじ 外径 d / めねじ 谷の径 D	有効径 d_2 / 有効径 D_2	谷の径 d_1 / 内径 D_1
R 1/16	28	0.9071	0.581	0.12	7.723	7.142	6.561
R 1/8	28	0.9071	0.581	0.12	9.728	9.147	8.566
R 1/4	19	1.3368	0.856	0.18	13.157	12.301	11.445
R 3/8	19	1.3368	0.856	0.18	16.662	15.806	14.950
R 1/2	14	1.8143	1.162	0.25	20.955	19.793	18.631
R 3/4	14	1.8143	1.162	0.25	26.441	25.279	24.117
R 1	11	2.3091	1.479	0.32	33.249	31.770	30.291
R 1 1/4	11	2.3091	1.479	0.32	41.910	40.431	38.952
R 1 1/2	11	2.3091	1.479	0.32	47.803	46.324	44.845
R 2	11	2.3091	1.479	0.32	59.614	58.135	56.656
R 2 1/2	11	2.3091	1.479	0.32	75.184	73.705	72.226
R 3	11	2.3091	1.479	0.32	87.884	86.405	84.926
R 4	11	2.3091	1.479	0.32	113.030	111.551	110.072
R 5	11	2.3091	1.479	0.32	138.430	136.951	135.472
R 6	11	2.3091	1.479	0.32	163.830	162.351	160.872

注 (1) この呼びは，テーパおねじに対するもので，テーパめねじ及び平行めねじの場合は，Rの記号を R_c 又は R_p とする。

備考 1. ねじ山は中心軸線に直角とし，ピッチは中心軸線にそって測る。
2. 有効ねじ部の長さとは，完全なねじ山が切られたねじ部の長さで，最後の数山だけは，その頂に管又は管継手の面が残っていてもよい。また，管又は管継手の末端に面取りがしてあっても，この部分を有効ねじ部の長さに含める。
3. a, f 又は t がこの表の数値によりがたい場合は，別に定める部品の規格による。

表 2-13 (つづき 2)

(単位 mm)

ねじの呼び	基準径の位置 おねじ 管端から 基準の長さ a	基準径の位置 おねじ 管端から 軸線方向の許容差 $\pm b$	基準径の位置 めねじ 管端部 軸線方向の許容差 $\pm c$	有効ねじ部の長さ(最小) おねじ 基準径の位置から大径側に向かって f	有効ねじ部の長さ(最小) めねじ 不完全ねじ部がある場合 テーパめねじ 基準径の位置から小径側に向かって l	有効ねじ部の長さ(最小) めねじ 不完全ねじ部がある場合 平行めねじ 管又は管継手端から l (参考)	有効ねじ部の長さ(最小) めねじ 不完全ねじ部がない場合 テーパめねじ,平行めねじ 基準径は管・管継手端から t	配管用炭素鋼鋼管の寸法(参考) 外径	配管用炭素鋼鋼管の寸法(参考) 厚さ
R 1/16	3.97	0.91	1.13	2.5	6.2	7.4	4.4	−	−
R 1/8	3.97	0.91	1.13	2.5	6.2	7.4	4.4	10.5	2.0
R 1/4	6.01	1.34	1.67	3.7	9.4	11.0	6.7	13.8	2.3
R 3/8	6.35	1.34	1.67	3.7	9.7	11.4	7.0	17.3	2.3
R 1/2	8.16	1.81	2.27	5.0	12.7	15.0	9.1	21.7	2.8
R 3/4	9.53	1.81	2.27	5.0	14.1	16.3	10.2	27.2	2.8
R 1	10.39	2.31	2.89	6.4	16.2	19.1	11.6	34.0	3.2
R 1 1/4	12.70	2.31	2.89	6.4	18.5	21.4	13.4	42.7	3.5
R 1 1/2	12.70	2.31	2.89	6.4	18.5	21.4	13.4	48.6	3.5
R 2	15.88	2.31	2.89	7.5	22.8	25.7	16.9	60.5	3.8
R 2 1/2	17.46	3.46	3.46	9.2	26.7	30.1	18.6	76.3	4.2
R 3	20.64	3.46	3.46	9.2	29.8	33.3	21.1	89.1	4.2
R 4	25.40	3.46	3.46	10.4	35.8	39.3	25.9	114.3	4.5
R 5	28.58	3.46	3.46	11.5	40.1	43.5	29.3	139.8	4.5
R 6	28.58	3.46	3.46	11.5	40.1	43.5	29.3	165.2	5.0

表 2-14 ユニファイ並目ねじの基準山形および基準寸法
(JIS B 0206：73)　（単位 mm）

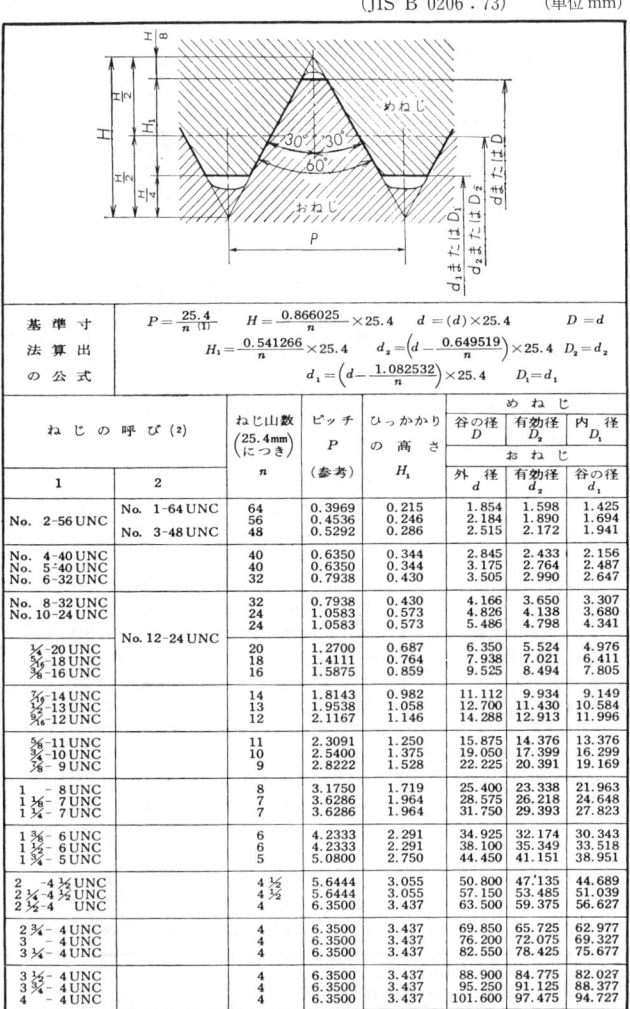

基準寸法算出の公式	$P=\dfrac{25.4}{n}$　$H=\dfrac{0.866025}{n}\times 25.4$　$d=(d)\times 25.4$　$D=d$ $H_1=\dfrac{0.541266}{n}\times 25.4$　$d_2=\left(d-\dfrac{0.649519}{n}\right)\times 25.4$　$D_2=d_2$ $d_1=\left(d-\dfrac{1.082532}{n}\right)\times 25.4$　$D_1=d_1$

ねじの呼び (2)		ねじ山数 (25.4mm) につき n	ピッチ P (参考)	ひっかかりの高さ H_1	おねじ 外径 d	めねじ 谷の径 D	有効径 d_2 / D_2	谷の径 d_1 / 内径 D_1
1	2							
No. 2-56 UNC	No. 1-64 UNC No. 3-48 UNC	64 56 48	0.3969 0.4536 0.5292	0.215 0.246 0.286	1.854 2.184 2.515		1.598 1.890 2.172	1.425 1.694 1.941
No. 4-40 UNC No. 5-40 UNC No. 6-32 UNC		40 40 32	0.6350 0.6350 0.7938	0.344 0.344 0.430	2.845 3.175 3.505		2.433 2.764 2.990	2.156 2.487 2.647
No. 8-32 UNC No. 10-24 UNC	No. 12-24 UNC	32 24 24	0.7938 1.0583 1.0583	0.430 0.573 0.573	4.166 4.826 5.486		3.650 4.138 4.798	3.307 3.680 4.341
¼ -20 UNC ⁵⁄₁₆-18 UNC ⅜ -16 UNC		20 18 16	1.2700 1.4111 1.5875	0.687 0.764 0.859	6.350 7.938 9.525		5.524 7.021 8.494	4.976 6.411 7.805
⁷⁄₁₆-14 UNC ½ -13 UNC ⁹⁄₁₆-12 UNC		14 13 12	1.8143 1.9538 2.1167	0.982 1.058 1.146	11.112 12.700 14.288		9.934 11.430 12.913	9.149 10.584 11.996
⅝-11 UNC ¾-10 UNC ⅞- 9 UNC		11 10 9	2.3091 2.5400 2.8222	1.250 1.375 1.528	15.875 19.050 22.225		14.376 17.399 20.391	13.376 16.299 19.169
1 - 8 UNC 1⅛- 7 UNC 1¼- 7 UNC		8 7 7	3.1750 3.6286 3.6286	1.719 1.964 1.964	25.400 28.575 31.750		23.338 26.218 29.393	21.963 24.648 27.823
1⅜- 6 UNC 1½- 6 UNC 1¾- 5 UNC		6 6 5	4.2333 4.2333 5.0800	2.291 2.291 2.750	34.925 38.100 44.450		32.174 35.349 41.151	30.343 33.518 38.951
2 -4½ UNC 2¼-4½ UNC 2½-4 UNC		4½ 4½ 4	5.6444 5.6444 6.3500	3.055 3.055 3.437	50.800 57.150 63.500		47.135 53.485 59.375	44.689 51.039 56.627
2¾-4 UNC 3 -4 UNC 3¼-4 UNC		4 4 4	6.3500 6.3500 6.3500	3.437 3.437 3.437	69.850 76.200 82.550		65.725 72.075 78.425	62.977 69.327 75.677
3½-4 UNC 3¾-4 UNC 4 -4 UNC		4 4 4	6.3500 6.3500 6.3500	3.437 3.437 3.437	88.900 95.250 101.600		84.775 91.125 97.475	82.027 88.377 94.727

注 (1) n は 25.4 mm についてのねじ山数　(2) 1欄を優先的に，必要に応じて2欄を選ぶ．

表 2-15 ユニファイ細目ねじの基準寸法 (JIS B 0208:73)

(単位 mm)

ねじの呼び *		ねじ山数 (25.4mm につき) n	ピッチ P (参考)	ひっかかりの高さ H_1	めねじ 谷の径 D / おねじ 外径 d	めねじ 有効径 D_2 / おねじ 有効径 d_2	めねじ 内径 D_1 / おねじ 谷の径 d_1
1	2							
No. 0-80 UNF		80	0.3175	0.172	1.524	1.318	1.181
	No. 1-72 UNF	72	0.3528	0.191	1.854	1.626	1.473
No. 2-64 UNF		64	0.3969	0.215	2.184	1.928	1.755
	No. 3-56 UNF	56	0.4536	0.246	2.515	2.220	2.024
No. 4-48 UNF		48	0.5292	0.286	2.845	2.502	2.271
No. 5-44 UNF		44	0.5773	0.312	3.175	2.799	2.550
No. 6-40 UNF		40	0.6350	0.344	3.505	3.094	2.817
No. 8-36 UNF		36	0.7056	0.382	4.166	3.708	3.401
No. 10-32 UNF		32	0.7938	0.430	4.826	4.310	3.967
	No. 12-28 UNF	28	0.9071	0.491	5.486	4.897	4.503
¼-28 UNF		28	0.9071	0.491	6.350	5.761	5.367
⁵⁄₁₆-24 UNF		24	1.0583	0.573	7.938	7.249	6.792
⅜-24 UNF		24	1.0583	0.573	9.525	8.837	8.379
⁷⁄₁₆-20 UNF		20	1.2700	0.687	11.112	10.287	9.738
½-20 UNF		20	1.2700	0.687	12.700	11.874	11.326
⁹⁄₁₆-18 UNF		18	1.4111	0.764	14.288	13.371	12.761
⅝-18 UNF		18	1.4111	0.764	15.875	14.958	14.348
¾-16 UNF		16	1.5875	0.859	19.050	18.019	17.330
⅞-14 UNF		14	1.8143	0.982	22.225	21.046	20.262
1 -12 UNF		12	2.1167	1.146	25.400	24.026	23.109
1⅛-12 UNF		12	2.1167	1.146	28.575	27.201	26.284
1¼-12 UNF		12	2.1167	1.146	31.750	30.376	29.459
1⅜-12 UNF		12	2.1167	1.146	34.925	33.551	32.634
1½-12 UNF		12	2.1167	1.146	38.100	36.726	35.809

注 * 1欄を優先的に, 必要に応じて2欄を選ぶ.
基準山形はユニファイ細目ねじ基準山形に同じ.

2.3. 六角ボルト

2.3.1. 六角ボルトの種類
六角ボルトの種類は，表 2-16 に示すように3種類ある．
(1) 呼び径六角ボルト：軸部がねじ部と円筒部とから成り，円筒部の径がほぼ呼び径のもの．
(2) 全ねじ六角ボルト：軸部全体がねじ部で円筒部がないもの．
(3) 有効径六角ボルト：軸部がねじ部と円筒部とから成り，円筒部の径がほぼ有効径のもの．

2.3.2. 六角ボルトの寸法
呼び径六角ボルト―並目ねじ―部品等級 A および B（第1選択）の寸法を表 2-17 に示す．

2.3.3. ボルト，ねじおよび植込みボルトの強度区分
表 2-18 にボルト，ねじの強度区分体系を示す．この表の横座標は呼び引張強さ R_m を示し，縦座標は最小破断伸び A_{min} を示す．強度区分を示す記号は，表中にもある2個の数字で構成する．小数点前の数字を100倍すれば，呼び引張強さ（N/mm²）となり，"小数点前の数字"と"小数点後の数字"との積を10倍した値は，呼び下降伏点または呼び耐力（N/mm²）となる．すなわち，強度区分"5.8"は，呼び引張強さ 500 N/mm²，呼び下降伏点（耐力）400 N/mm² となる．

2.3.4. ボルト，ねじおよび植込みボルトの機械的性質 （JIS B 1051）
強度区分に対する機械的性質を表 2-19 に示す．

表 2-20, 表 2-21 に，並目ねじの最小引張荷重および保証荷重を示す．

同様に，表 2-22, 表 2-23 に細目ねじの最小引張荷重および保証荷重を示す．

おねじ部品の機械的性質を調べる試験の中に保証荷重試験がある．これは，ねじ製品の軸方向に，表 2-21 または表 2-23 に示す保証荷重を15秒間負荷した後，除荷し，ねじ製品の永久伸びを調べるもので，測定誤差の許容値が±12.5 μm の範囲内で荷重負荷の前と後との長さが同一でなければならない（永久伸びが生じてはならない）．

表中のねじの有効断面積 A_s は，次の式による．

$$A_{s,\mathrm{nom}} = \frac{\pi}{4}\left(\frac{d_2+d_3}{2}\right)^2$$

ここに，d_2：おねじの有効径の基準寸法 （JIS B 0205 参照）
d_3：おねじの谷の径　　$d_3 = d_1 - H/6$
d_1：ねじの谷の径の基準寸法（JIS B 0205 参照）
H：ねじ山のとがり三角形の高さ（JIS B 0205 参照）

表 2-16 六角ボルトの種類 (JIS B 1180：04)

種類 ボルト	ねじの ピッチ	部品 等級	ねじの呼び径 d の範囲	対応国際 規格(参考)
呼び径六角ボルト	並目ねじ	A	$d=1.6\sim24$ mm。ただし，呼び長さ l が $10d$ または 150 mm(1)以下のもの。	ISO 4014 :1999
		B	$d=1.6\sim24$ mm。ただし，呼び長さ l が $10d$ または 150 mm(1)を超えるもの。	
			$d=27\sim64$ mm	
		C	$d=5\sim64$ mm	ISO 4016 :1999
	細目ねじ	A	$d=8\sim24$ mm。ただし，呼び長さ l が $10d$ または 150 mm(1)以下のもの。	ISO 8765 :1999
		B	$d=8\sim24$ mm。ただし，呼び長さ l が $10d$ または 150 mm(1)を超えるもの。	
			$d=27\sim64$ mm	
全ねじ六角ボルト	並目ねじ	A	$d=1.6\sim24$ mm。ただし，呼び長さ l が $10d$ または 150 mm(1)以下のもの。	ISO 4017 :1999
		B	$d=1.6\sim24$ mm。ただし，呼び長さ l が $10d$ または 150 mm(1)を超えるもの。	
			$d=27\sim64$ mm	
		C	$d=5\sim64$ mm	ISO 4018 :1999
	細目ねじ	A	$d=8\sim24$ mm。ただし，呼び長さ l が $10d$ または 150 mm(1)以下のもの。	ISO 8676 :1999
		B	$d=8\sim24$ mm。ただし，呼び長さ l が $10d$ または 150 mm(1)を超えるもの。	
			$d=27\sim64$ mm	
有効径六角ボルト	並目ねじ	B	$d=3\sim20$ mm	ISO 4015 :1979

注(1) いずれか短い方を適用する。

表 2-17 呼び径六角ボルト-並目ねじ-部品等級 A および B-(第 1 選択) の寸法 (JIS B 1180 : 04)

(単位 mm)

ねじの呼び (d)				M5	M6	M8	M10	M12	M16	M20	M24
ピッチ (P)				0.8	1	1.25	1.5	1.75	2	2.5	3
b (参考)	$l \leqq 125$			16	18	22	26	30	38	46	54
	$125 < l \leqq 200$			22	24	28	32	36	44	52	60
	$l > 200$			35	37	41	45	49	57	65	73
c		最	大	0.50	0.50	0.60	0.60	0.60	0.8	0.8	0.8
		最	小	0.15	0.15	0.15	0.15	0.15	0.2	0.2	0.2
d_a		最	大	5.7	6.8	9.2	11.2	13.7	17.7	22.4	26.4
d_s	基準寸法 = 最大			5.00	6.00	8.00	10.00	12.00	16.00	20.00	24.00
	部品等級	A	最小	4.82	5.82	7.78	9.78	11.73	15.73	19.67	23.67
		B		4.70	5.70	7.64	9.64	11.57	15.57	19.48	23.48

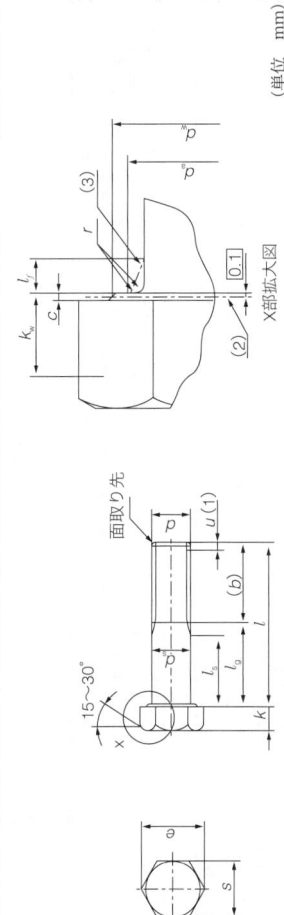

表 2-17 呼び径六角ボルト-並目ねじ-部品等級 A および B-(第1選択)の寸法 (JIS B 1180:04) (つづき)

d_w	部品等級 A	最小	6.88	8.88	11.63	14.63	16.63	22.49	28.19	33.61
	部品等級 B	最小	6.74	8.74	11.47	14.47	16.47	22	27.7	33.25
e	部品等級 A	最小	8.79	11.05	14.38	17.77	20.03	26.75	33.53	39.98
	部品等級 B	最小	8.63	10.89	14.20	17.59	19.85	26.17	32.95	39.55
l_f		最大	1.2	1.4	2	2	3	3	4	4
k		基準寸法	3.5	4	5.3	6.4	7.5	10	12.5	15
	部品等級 A	最大	3.65	4.15	5.45	6.58	7.68	10.18	12.715	15.215
		最小	3.35	3.85	5.15	6.22	7.32	9.82	12.285	14.785
	部品等級 B	最大	3.26	4.24	5.54	6.69	7.79	10.29	12.85	15.35
		最小	2.35	3.76	5.06	6.11	7.21	9.71	12.15	14.65
k_w	部品等級 A	最小	2.35	2.70	3.61	4.35	5.12	6.87	8.6	10.35
	部品等級 B	最小	2.28	2.63	3.54	4.28	5.05	6.8	8.51	10.26
r		最小	0.2	0.25	0.4	0.4	0.6	0.6	0.8	0.8
s		基準寸法 = 最大	8.00	10.00	13.00	16.00	18.00	24.00	30.00	36.00
	部品等級 A	最小	7.78	9.78	12.73	15.00	17.73	23.67	29.67	35.38
	部品等級 B	最小	7.64	9.64	12.57	15.57	17.57	23.16	29.16	35.00

備考 l：呼び長さ　k：頭部の高さ　k_w：頭部の有効高さ

注 (1) 不完全ねじ部　$u \leqq 2P$
(2) d_w に対する基準位置
(3) 首下丸み部最大

表 2-18 強度区分体系の座標表示 （JIS B 1051：00）

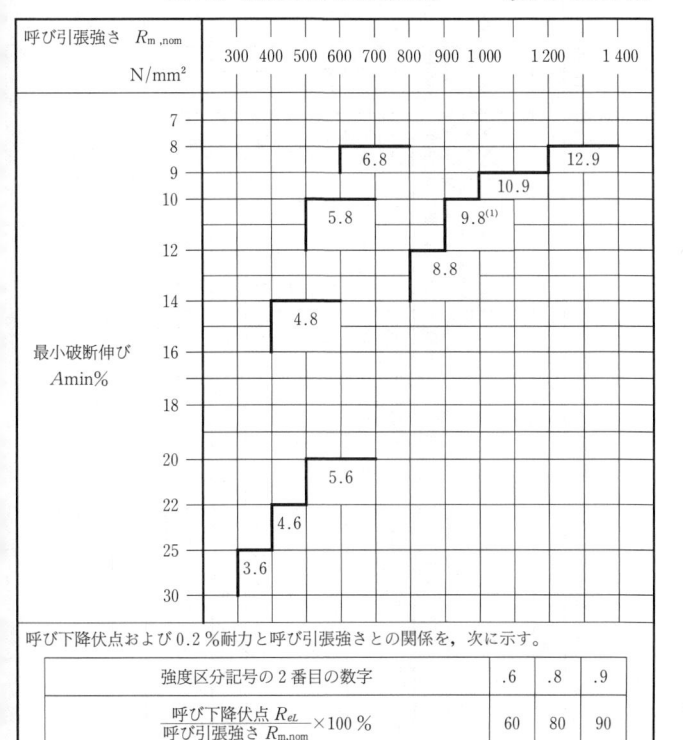

呼び引張強さ $R_{m,nom}$ N/mm²	300	400	500	600	700	800	900	1 000	1 200	1 400
最小破断伸び $A_{min}\%$				6.8の領域:7-9 5.8の領域:10 4.8の領域:14 3.6の領域:25-30 等					12.9 10.9 9.8[1] 8.8	

（座標値）
- 3.6：伸び 25–30 相当
- 4.6：伸び 22–25
- 5.6：伸び 20–22
- 4.8：伸び 14
- 5.8：伸び 10–12
- 6.8：伸び 7–9
- 8.8：伸び 12
- 9.8[1]：伸び 10
- 10.9：伸び 9
- 12.9：伸び 8

呼び下降伏点および 0.2 % 耐力と呼び引張強さとの関係を，次に示す。

強度区分記号の 2 番目の数字	.6	.8	.9
$\dfrac{\text{呼び下降伏点 } R_{eL}}{\text{呼び引張強さ } R_{m,nom}} \times 100\,\%$ または $\dfrac{\text{呼び 0.2 \% 耐力 } R_{p0.2}}{\text{呼び引張強さ } R_{m,nom}} \times 100\,\%$	60	80	90

注(1) ねじの呼び径 16 mm 以下のものに適用する。

備考 この規格では，多くの強度区分が規定されているが，このすべての強度区分が，すべてのおねじ部品に適用されることを意味するものではない。強度区分の適用基準については，この規格を引用する部品規格で決まる。規格化されていないおねじ部品に対しても，そのおねじ部品に類似の規格品が既に適用している強度区分に，できる限り近い強度区分を適用するのがよい。

表 2-19 ボルト，ねじおよび植込みボルトの機械的・物理的性質 (JIS B 1051 : 00)

機械的または物理的性質			強度区分								
			3.6	4.6	4.8	5.6	5.8	6.8	8.8 (11)		9.8 (12)	10.9	12.9
									$d≦16$ mm (13)	$d≦16$ mm (13)			
呼び引張強さ $R_{m,nom}$		N/mm²	300	400		500		600	800	800	900	1 000	1 200
最小引張強さ $R_{m,min}$(14)(15)		N/mm²	330	400	420	500	520	600	800	830	900	1 040	1 220
ビッカース硬さ HV $F≧98N$	最小		95	120	130	155	160	190	250	255	290	320	385
	最大			220 (16)				250	320	335	360	380	435
ブリネル硬さ HB $F=30D^2/0.102$	最小		90	114	124	147	152	181	238	242	276	304	366
	最大			209 (16)				238	304	318	342	361	414
ロックウェル硬さ	最小	HRB	52	67	71	79	82	89	—	—	—	—	—
		HRC	—	—	—	—	—	—	22	23	28	32	39
	最大	HRB	95.0 (16)					99.5	—	—	—	—	—
		HRC	—						32	34	37	39	44
表面硬さ HV 0.3	最大		—							(17)			

下降伏点 R_{eL} (18)	N/mm²	呼び	180	240	320	300	400	480	—	—	—	—	—
		最小	190	240	340	300	420	480	—	—	—	—	—
0.2%耐力 $R_{p0.2}$ (19)	N/mm²	呼び			—	—	—	—	640	640	720	900	1 080
		最小			—	—	—	—	640	660	720	940	1 100
保証荷重応力 S_p	S_p/R_{eL} または $S_p/R_{p0.2}$		0.94	0.94	0.91	0.93	0.90	0.92	0.91	0.91	0.90	0.88	0.88
	N/mm²		180	225	310	280	380	440	580	600	650	830	970
破壊トルク M_B	N·m	最小				—				JIS B 1058 による。			
破断伸び A	%	最小	25	22	—	20	—	—	12	12	10	9	8
絞り Z	%	最小								52	48	48	44
くさび引張りの強さ(15)						引張り強さの最小値より小さくてはならない。							
衝撃強さ KU	J	最小	—	—	—	25	—	—	30	30	25	20	15
頭部打撃強さ							破壊してはならない。						
ねじ山の非脱炭部の高さ E		最小				—				$1/2H_1$		$2/3H_1$	$3/4H_1$
完全脱炭部の深さ G	mm	最大				—				0.015			
再焼戻し後の硬さ						—				ビッカース硬さの値で20ポイント以上低下してはならない。			
表面状態							JIS B 1041 および JIS B 1043 による。						

表 2-19 注

(1) 強度区分 8.8 で $d≦16$ mm のボルトを，ボルトの保証荷重値を超えて過度に締め付けた場合には，ナットのねじ山がせん断破壊を起こす危険性がある (JIS B 1052 附属書 1 参照)．

(2) 強度区分 9.8 は，ねじの呼び径 16 mm 以下のものだけに適用する．

(3) 強度区分 8.8 の鋼構造用ボルトに対しては，ねじの呼び径 12 mm で区分する．

(4) 最小の引張強さは，呼び長さ $2.5d$ 以上のものに適用し，ねじの呼び長さ $2.5d$ 未満のものまたは引張試験ができないもの (たとえば，特殊な頭部形状のもの) には，最小の硬さを適用する．

(5) 製品の状態で行う試験の引張強さには，最小引張強さ $R_{m,min}$ を基に計算した表 6 および表 8 の値を用いる．

(6) ボルト，ねじおよび植込みボルトのねじ部先端面の硬さは，250 HV，238 HB または 99.5 HRB 以下とする．

(7) 強度区分 8.8〜12.9 の製品の表面硬さは，内部の硬さよりも，ビッカース硬さ HV 0.3 の値で 30 ポイントを超える差があってはならない．ただし，強度区分 10.9 の製品の表面硬さは，390 HV を超えてはならない．

(8) 下降伏点 R_{eL} の測定ができないものは，0.2 % 耐力 $R_{p0.2}$ による．強度区分 4.8，5.8 および 6.8 に対する R_{eL} の値は，計算のためだけのもので，試験のための値ではない．

(9) 強度区分の表し方に従う降伏応力比および最小の 0.2 % 耐力 $R_{p0.2}$ は，削出試験片による試験に適用するものであって，製品そのものによる試験で，これらの値を求めようとすると，製品の製造方法またはねじの呼び径の大きさなどが原因で，この値が変わることがある．

表 2-20 最小引張荷重―並目ねじ (JIS B 1051 : 00)

ねじの呼び(1)	有効断面積 $A_{s,nom}$ mm²	強度区分 最小引張荷重 ($A_{s,nom} \times R_{m,min}$) N									
		3.6	4.6	4.8	5.6	5.8	6.8	8.8	9.8	10.9	12.9
M3	5.03	1 660	2 010	2 110	2 510	2 620	3 020	4 020	4 530	5 230	6 140
M3.5	6.78	2 240	2 710	2 850	3 390	3 530	4 070	5 420	6 100	7 050	8 270
M4	8.78	2 900	3 510	3 690	4 390	4 570	5 270	7 020	7 900	9 130	10 700
M5	14.2	4 690	5 680	5 960	7 100	7 380	8 520	11 350	12 800	14 800	17 300
M6	20.1	6 630	8 040	8 440	10 000	10 400	12 100	16 100	18 100	20 900	24 500
M7	28.9	9 540	11 600	12 100	14 400	15 000	17 300	23 100	26 000	30 100	35 300
M8	36.6	12 100	14 600	15 400	18 300	19 000	22 000	29 200	32 900	38 100	44 600
M10	58.0	19 100	23 200	24 400	29 000	30 200	34 800	46 400	52 200	60 300	70 800
M12	84.3	27 800	33 700	35 400	42 000	43 800	50 600	67 400(2)	75 900	87 700	103 000
M14	115	38 000	46 000	48 300	57 500	59 800	69 000	92 000(2)	—	120 000	140 000
M16	157	51 800	62 800	65 900	78 500	81 600	94 000	125 000(2)	141 000	163 000	192 000
M18	192	63 400	76 800	80 600	96 000	99 800	115 000	159 000	—	200 000	234 000
M20	245	80 800	98 000	103 000	122 000	127 000	147 000	203 000	—	255 000	299 000
M22	303	100 000	121 000	127 000	152 000	158 000	182 000	252 000	—	315 000	370 000
M24	353	116 000	141 000	148 000	176 000	184 000	212 000	293 000	—	367 000	431 000
M27	459	152 000	184 000	193 000	230 000	239 000	275 000	381 000	—	477 000	560 000
M30	561	185 000	224 000	236 000	280 000	292 000	337 000	466 000	—	583 000	684 000
M33	694	229 000	278 000	292 000	347 000	361 000	416 000	576 000	—	722 000	847 000
M36	817	270 000	327 000	343 000	408 000	425 000	490 000	678 000	—	850 000	997 000
M39	976	322 000	390 000	410 000	488 000	508 000	586 000	810 000	—	1 020 000	1 200 000

注(1) ねじの呼びにピッチが示されていないものは並目ねじである。これは、JIS B 0205 による。
(2) 鋼構造用ボルトの場合には、これらの値を次のようにする。
67 400 N → 70 000 N, 92 000 N → 95 500 N, 125 000 N → 130 000 N

表 2-21 保証荷重—並目ねじ (JIS B 1051:00)

ねじの呼び(1)	有効断面積 $A_{s,nom}$ mm²	強度区分 保証荷重 ($A_{s,nom} \times S_p$)N									
		3.6	4.6	4.8	5.6	5.8	6.8	8.8	9.8	10.9	12.9
M3	5.03	910	1 130	1 560	1 410	1 910	2 210	2 920	3 270	4 180	4 880
M3.5	6.78	1 220	1 530	2 100	1 900	2 580	2 980	3 940	4 410	5 630	6 580
M4	8.78	1 580	1 980	2 720	2 460	3 340	3 860	5 100	5 710	7 290	8 520
M5	14.2	2 560	3 200	4 400	3 980	5 400	6 250	8 230	9 230	11 800	13 800
M6	20.1	3 620	4 520	6 230	5 630	7 640	8 840	11 600	13 100	16 700	19 500
M7	28.9	5 200	6 500	8 960	8 090	11 000	12 700	16 800	18 800	24 000	28 000
M8	36.6	6 590	8 240	11 400	10 200	13 900	16 100	21 200	23 800	30 400	35 500
M10	58.0	10 400	13 000	18 000	16 200	22 000	25 500	33 700	37 700	48 100	56 300
M12	84.3	15 200	19 000	26 100	23 600	32 000	37 100	48 900(32)	54 800	70 000	81 800
M14	115	20 700	25 900	35 600	32 200	43 700	50 600	66 700(32)	74 800	95 500	112 000
M16	157	28 300	35 300	48 700	44 000	59 700	69 000	91 000(32)	102 000	130 000	152 000
M18	192	34 600	43 200	59 500	53 800	73 000	84 500	115 000	—	159 000	186 000
M20	245	44 100	55 100	76 000	68 600	93 100	108 000	147 000	—	203 000	238 000
M22	303	54 500	68 200	93 900	84 800	115 000	133 000	182 000	—	252 000	294 000
M24	353	63 500	79 400	109 000	98 800	134 000	155 000	212 000	—	293 000	342 000
M27	459	82 600	103 000	142 000	128 000	174 000	202 000	275 000	—	381 000	445 000
M30	561	101 000	126 000	174 000	157 000	213 000	247 000	337 000	—	466 000	544 000
M33	694	125 000	156 000	215 000	194 000	264 000	305 000	416 000	—	576 000	673 000
M36	817	147 000	184 000	253 000	229 000	310 000	359 000	490 000	—	678 000	792 000
M39	976	176 000	220 000	303 000	273 000	371 000	429 000	586 000	—	810 000	947 000

注(1) ねじの呼びにピッチが示されていないものは並目ねじである。これは、JIS B 0205 による。
 (2) 鋼構造用ボルトの場合には、これらの値を次のようにする。
  48 900 N → 50 700 N, 66 700 N → 68 800 N, 91 000 N → 94 500 N

表 2-22 最小引張荷重―細目ねじ

(JIS B 1051 : 00)

ねじの呼び $d \times P$(३)	有効断面積 $A_{s,nom}$mm²	強度区分 最小引張荷重 $(A_{s,nom} \times R_{m,min})$N								
		3.6	4.6	4.8	5.6	5.8	6.8	8.8	9.8	10.9	12.9
M8×1	39.2	12 900	15 700	16 500	19 600	20 400	23 500	31 360	35 300	40 800	47 800
M10×1	64.5	21 300	25 800	27 100	32 300	33 500	38 700	51 600	58 100	67 100	78 700
M10×1.25	61.2	20 200	24 500	25 700	30 600	31 800	36 700	49 000	55 100	63 600	74 700
M12×1.25	92.1	30 400	36 800	38 700	46 100	47 900	55 300	73 700	82 900	95 800	112 400
M12×1.5	88.1	29 100	35 200	37 000	44 100	45 800	52 900	70 500	79 300	91 600	107 500
M14×1.5	125	41 200	50 000	52 500	62 500	65 000	75 000	100 000	112 000	130 000	152 000
M16×1.5	167	55 100	66 800	70 100	83 500	86 800	100 000	134 000	150 000	174 000	204 000
M18×1.5	216	71 300	86 400	90 700	108 000	112 000	130 000	179 000	―	225 000	264 000
M20×1.5	272	89 800	109 000	114 000	136 000	141 000	163 000	226 000	―	283 000	332 000
M22×1.5	333	110 000	133 000	140 000	166 000	173 000	200 000	276 000	―	346 000	406 000
M24×2	384	127 000	154 000	161 000	192 000	200 000	230 000	319 000	―	399 000	469 000
M27×2	496	164 000	198 000	208 000	248 000	258 000	298 000	412 000	―	516 000	605 000
M30×2	621	205 000	248 000	261 000	310 000	323 000	373 000	515 000	―	646 000	758 000
M33×2	761	251 000	304 000	320 000	380 000	396 000	457 000	632 000	―	791 000	928 000
M36×3	865	285 000	346 000	363 000	432 000	450 000	519 000	718 000	―	900 000	1055 000
M39×3	1 030	340 000	412 000	433 000	515 000	536 000	618 000	855 000	―	1 070 000	1 260 000

注(3) P : ピッチ

表 2-23 保証荷重-細目ねじ (JIS B 1051:00)

ねじの呼び $d \times P$[注]	有効断面積 $A_{s,nom} \text{mm}^2$	強度区分 保証荷重 ($A_{s,nom} \times S_p$)N									
		3.6	4.6	4.8	5.6	5.8	6.8	8.8	9.8	10.9	12.9
M8×1	39.2	7 060	8 820	12 200	11 000	14 900	17 200	22 700	25 500	32 500	38 000
M10×1	64.5	11 600	14 500	20 000	18 100	24 500	28 400	37 400	41 900	53 500	62 700
M10×1.25	61.2	11 000	13 800	19 000	17 100	23 300	26 900	35 500	39 800	50 800	59 400
M12×1.25	92.1	16 600	20 700	28 600	25 800	35 000	40 500	53 400	59 900	76 400	89 300
M12×1.5	88.1	15 900	19 800	27 300	24 700	33 500	38 800	51 100	57 300	73 100	85 500
M14×1.5	125	22 500	28 100	38 800	35 000	47 500	55 000	72 500	81 200	104 000	121 000
M16×1.5	167	30 100	37 600	51 800	46 800	63 500	73 500	96 900	109 000	139 000	162 000
M18×1.5	216	38 900	48 600	67 000	60 500	82 100	95 000	130 000	—	179 000	210 000
M20×1.5	272	49 000	61 200	84 300	76 200	103 000	120 000	163 000	—	226 000	264 000
M22×1.5	333	59 900	74 900	103 000	93 200	126 000	146 000	200 000	—	276 000	323 000
M24×2	384	69 100	86 400	119 000	108 000	146 000	169 000	230 000	—	319 000	372 000
M27×2	496	89 300	112 000	154 000	139 000	188 000	218 000	298 000	—	412 000	481 000
M30×2	621	112 000	140 000	192 000	174 000	236 000	273 000	373 000	—	515 000	602 000
M33×2	761	137 000	171 000	236 000	213 000	289 000	335 000	457 000	—	632 000	738 000
M36×3	865	156 000	195 000	268 000	242 000	329 000	381 000	519 000	—	718 000	839 000
M39×3	1 030	185 000	232 000	319 000	288 000	391 000	453 000	618 000	—	855 000	999 000

[注] P：ピッチ

2.4. 六角ナット

2.4.1. 六角ナットの種類 (5種類)
(1) 六角ナット—スタイル1 ┐ ナットの呼び高さが $0.8d$ 以上 (d：ねじの
(2) 六角ナット—スタイル2 │ 呼び径)
(3) 六角ナット—C   ┘ 通称"並高さナット"
(4) 六角低ナット—両面取り ┐ ナットの呼び高さが $0.5d$ 以上，0.8未満。
(5) 六角低ナット—面取りなし┘ 通称"低(ひく)ナット"

表 2-24 に，六角ナットの種類とねじの呼び径の範囲を示す。

2.4.2. 六角ナットの寸法
表 2-25 に，六角ナット—スタイル1—並目ねじ（第1選択）の寸法を示す。
表 2-26 に，六角ナット—スタイル2—細目ねじ（第1選択）の寸法を示す。
表 2-27 に，六角ナット—C（第1選択，第2選択）の寸法を示す。
表 2-28 に，六角低ナット—両面取り—並目ねじ（第1選択）の寸法を示す。
スタイル1とスタイル2のナットの高さの相違は，表 2-29 に示す。

2.4.3. ナットの機械的性質
呼び高さが $0.8d$ 以上のナット（並高さナット）の強度区分と，それに組み合わせるボルトについては表 2-30 に示す。

低ナットの強度区分の表し方およびその保証荷重応力を表 2-31 に示す。

表 2-32 に，ナットの保証荷重値を示す。表中のねじの有効断面積 A_s は，ボルトのときと同じ式を用いる（2.3.4.参照）。

表 2-33 に，細目ねじナットの保証荷重値を示す。

保証荷重試験は，規定の硬さとねじ精度をもつ試験用マンドレルに，ナットをはめ合わせて行う。保証荷重が軸方向に働くように装着して，表に示す保証荷重を15秒間負荷する。そのとき，ナットのねじれがせん断破壊したり，ナットが破断してはならない。さらに，試験荷重を取り除いた後，ナットが指の力で試験用マンドレルから取りはずすことができなければならない。

表 2-31 低ナットの強度区分の表し方およびその保証荷重応力(JIS B 1052 : 98)

ナットの強度区分	呼び保証荷重応力 N/mm²	実保証荷重応力 N/mm²
04	400	380
05	500	500

表 2-24 六角ナットの種類とねじの呼び径の範囲

(JIS B 1181 : 04)

種 類	ねじのピッチ	部品等級	ねじの呼び径 d の範囲 (mm)	対応国際規格 (参考)
六角ナット―スタイル 1	並目ねじ	A	1.6～16	ISO 4032 : 1999
		B	18 ～64	ISO 8673 : 1999
	細目ねじ	A	8 ～16	
		B	18 ～64	
六角ナット―スタイル 2	並目ねじ	A	5 ～16	ISO 4033 : 1999
		B	20 ～36	ISO 8674 : 1999
	細目ねじ	A	8 ～16	
		B	18 ～36	
六角ナット―C	並目ねじ	C	5 ～64	ISO 4034 : 1999
六角低ナット―両面取り	並目ねじ	A	1.6～16	ISO 4035 : 1999
		B	18 ～64	ISO 8675 : 1999
	細目ねじ	A	8 ～16	
		B	18 ～64	
六角低ナット―面取りなし	並目ねじ	B	1.6～10	ISO 4036 : 1999

表 2-25 六角ナット—スタイル1—並目ねじ（第1選択）の寸法
(JIS B 1181：04)

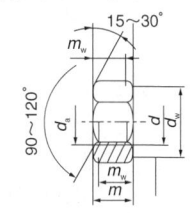

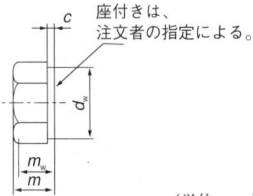

(単位 mm)

ねじの呼び(d)		M5	M6	M8	M10	M12	M16	M20	M24
ねじのピッチ(P)		0.8	1	1.25	1.5	1.75	2	2.5	3
c	最大	0.50	0.50	0.60	0.60	0.60	0.8	0.8	0.8
	最小	0.15	0.15	0.15	0.15	0.15	0.2	0.2	0.2
d_a	最大	5.75	6.75	8.75	10.8	13	17.3	21.6	25.9
	最小	5.00	6.00	8.00	10.0	12	16.0	20.0	24.0
d_w	最小	6.9	8.9	11.6	14.6	16.6	22.5	27.7	33.3
e	最小	8.79	11.05	14.38	17.77	20.03	26.75	32.95	39.55
m	最大	4.7	5.2	6.80	8.40	10.80	14.8	18.0	21.5
	最小	4.4	4.9	6.44	8.04	10.37	14.1	16.9	20.2
m_w	最小	3.5	3.9	5.2	6.4	8.3	11.3	13.5	16.2
s	基準寸法=最大	8.00	10.00	13.00	16.00	18.00	24.00	30.00	36
	最小	7.78	9.78	12.73	15.73	17.73	23.67	29.16	35

表 2-26 六角ナット—スタイル2—細目ねじ（第1選択）の寸法
(JIS B 1181：04)(単位 mm)

ねじの呼び($d \times P$)		M8 ×1	M10 ×1	M12 ×1.5	M16 ×1.5	M20 ×1.5	M24 ×2	M30 ×2	M36 ×3
c	最大	0.60	0.60	0.60	0.8	0.8	0.8	0.8	0.8
	最小	0.15	0.15	0.15	0.2	0.2	0.2	0.2	0.2
d_a	最大	8.75	10.8	13	17.3	21.6	25.9	32.4	38.9
	最小	8.00	10.0	12	16.0	20.0	24.0	30.0	36.0
d_w	最小	11.63	14.63	16.63	22.49	27.7	33.25	42.75	51.11
e	最小	14.38	17.77	20.03	26.75	32.95	39.55	50.85	60.79
m	最大	7.50	9.30	12.00	16.4	20.3	23.9	28.6	34.7
	最小	7.14	8.94	11.57	15.7	19.0	22.6	27.3	33.1
m_w	最小	5.71	7.15	9.26	12.56	15.2	18.08	21.84	26.48
s	基準寸法=最大	13.00	16.00	18.00	24.00	30.00	36	46	55.0
	最小	12.73	15.73	17.73	23.67	29.16	35	45	53.8

表 2-27 六角ナット－C（第1選択，第2選択）の寸法
(JIS B 1181：04)

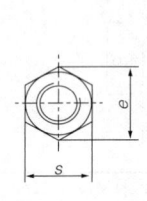

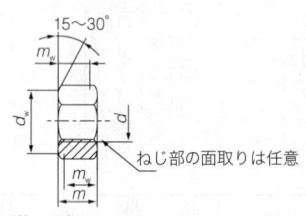

(第1選択)

(単位 mm)

ねじの呼び(d)		M5	M6	M8	M10	M12	M16	M20
ねじのピッチ(P)		0.8	1	1.25	1.5	1.75	2	2.5
d_w	最小	6.7	8.7	11.5	14.5	16.5	22	27.7
e	最小	8.63	10.89	14.2	17.59	19.85	26.17	32.95
m	最大	5.6	6.4	7.9	9.5	12.2	15.9	19.0
	最小	4.4	4.9	6.4	8.0	10.4	14.1	16.9
m_w	最小	3.5	3.7	5.1	6.4	8.3	11.3	13.5
s	基準寸法＝最大	8.00	10.00	13.00	16.00	18.00	24.00	30.00
	最小	7.64	9.64	12.57	15.57	17.57	23.16	29.16

(第2選択)

(単位 mm)

ねじの呼び(d)		M14	M18	M22	M27	M33	M39	M45	M52	M60
ねじのピッチ(P)		2	2.5	2.5	3	3.5	4	4.5	5	5.5
d_w	最小	19.2	24.9	31.4	38	46.6	55.9	64.7	74.2	83.4
e	最小	22.78	29.56	37.29	45.2	55.37	66.44	76.95	88.25	99.21
m	最大	13.9	16.9	20.2	24.7	29.5	34.3	36.9	42.9	48.9
	最小	12.1	15.1	18.1	22.6	27.4	31.8	34.4	40.4	46.4
m_w	最小	9.7	12.1	14.5	18.1	21.9	25.4	27.5	32.3	37.1
s	基準寸法＝最大	21.00	27.00	34	41	50	60.0	70.0	80.0	90.0
	最小	20.16	26.16	33	40	49	58.8	68.1	78.1	87.8

表 2-28 六角低ナット―両面取り―並目ねじ（第1選択）の寸法
(JIS B 1181：04)

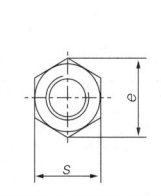

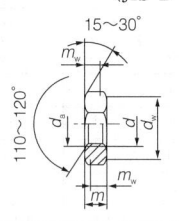

(単位 mm)

ねじの呼び(d)		M1.6	M2	M2.5	M3	M4	M5	M6	M8	M10
ねじのピッチ(P)		0.35	0.4	0.45	0.5	0.7	0.8	1	1.25	1.5
d_a	最大	1.84	2.3	2.9	3.45	4.6	5.75	6.75	8.75	10.8
	最小	1.60	2.0	2.5	3.00	4.0	5.00	6.00	8.00	10.0
d_w	最小	2.4	3.1	4.1	4.6	5.9	6.9	8.9	11.6	14.6
e	最小	3.41	4.32	5.45	6.01	7.66	8.79	11.05	14.38	17.77
m	最大	1.00	1.20	1.60	1.80	2.20	2.70	3.2	4.0	5.0
	最小	0.75	0.95	1.35	1.55	1.95	2.45	2.9	3.7	4.7
m_w	最小	0.6	0.8	1.1	1.2	1.6	2	2.3	3	3.8
s	基準寸法＝最大	3.20	4.00	5.00	5.50	7.00	8.00	10.00	13.00	16.00
	最小	3.02	3.82	4.82	5.32	6.78	7.78	9.78	12.73	15.73

d		M12	M16	M20	M24	M30	M36	M42	M48	M56	M64
P		1.75	2	2.5	3	3.5	4	4.5	5	5.5	6
d_a	最大	13	17.3	21.6	25.9	32.4	38.9	45.4	51.8	60.5	69.1
	最小	12	16.0	20.0	24.0	30.0	36.0	42.0	48.0	56.0	64.0
d_w	最小	16.6	22.5	27.7	33.2	42.8	51.1	60	69.5	78.7	88.2
e	最小	20.03	26.75	32.95	39.55	50.85	60.79	71.3	82.6	93.56	104.86
m	最大	6.0	8.00	10.0	12.0	15.0	18.0	21.0	24.0	28.0	32.0
	最小	5.7	7.42	9.1	10.9	13.9	16.9	19.7	22.7	26.7	30.4
m_w	最小	4.6	5.9	7.3	8.7	11.1	13.5	15.8	18.2	21.4	24.3
s	最大	18.00	24.00	30.00	36	46	55.0	65.0	75.0	85.0	95.0
	最小	17.73	23.67	29.16	35	45	53.8	63.1	73.1	82.8	92.8

表 2-29 六角ナットの高さ (JIS B 1052：98) (付属書)

ねじの呼び	二面幅 mm	ナットの高さ スタイル1 最小 mm	最大 mm	m/D	スタイル2 最小 mm	最大 mm	m/D
M5	8	4.4	4.7	0.94	4.8	5.1	1.02
M6	10	4.9	5.2	0.87	5.4	5.7	0.95
M7	11	6.14	6.50	0.93	6.84	7.20	1.03
M8	13	6.44	6.80	0.85	7.14	7.50	0.94
M10	16	8.04	8.40	0.84	8.94	9.30	0.93
M12	18	10.37	10.80	0.90	11.57	12.00	1.00
M14	21	12.1	12.8	0.91	13.4	14.1	1.01
M16	24	14.1	14.8	0.92	15.7	16.4	1.02
M18	27	15.1	15.8	0.88	16.9	17.6	0.98
M20	30	16.9	18.0	0.90	19.0	20.3	1.02
M22	34	18.1	19.4	0.88	20.5	21.8	0.99
M24	36	20.2	21.5	0.90	22.6	23.9	1.00
M27	41	22.5	23.8	0.88	25.4	26.7	0.99
M30	46	24.3	25.6	0.85	27.3	28.6	0.95
M33	50	27.4	28.7	0.87	30.9	32.5	0.98
M36	55	29.4	31.0	0.86	33.1	34.7	0.96
M39	60	31.8	33.4	0.86	35.9	37.5	0.96

参考 m/Dは，表の最大値をねじの呼び径で除したものである。

表 2-30 呼び高さが $0.8d$ 以上のナットの強度区分およびそれと組み合わせるボルト (JIS B 1052：98) (付属書)

ナットの強度区分	組み合わせるボルト 強度区分	ねじの呼び範囲	ナット スタイル1 ねじの呼び範囲	スタイル2 ねじの呼び範囲	ナットの強度区分	組み合わせるボルト 強度区分	ねじの呼び範囲	ナット スタイル1 ねじの呼び範囲	スタイル2 ねじの呼び範囲
4	3.6, 4.6, 4.8	>M16	>M16	—	8	8.8	≦M39	≦M39	>M16 ≦M39
5	3.6, 4.6, 4.8	≦M16	≦M39	—	9	9.8	≦M16	—	≦M16
	5.6, 5.8	≦M39			10	10.9	≦M39	≦M39	—
6	6.8	≦M39	≦M39		12	12.9	≦M39	≦M16	≦M39

備考 一般に，高い強度区分に属するナットは，それより低い強度区分のナットの代わりに使用することができる。ボルトの降伏応力又は保証荷重応力を超えるようなボルト・ナットの締結には，この表の組合せより高い強度区分のナットの使用を推奨する。

表 2-55 ノットの保証荷重値 (JIS B 1052 : 98)

ねじの呼び	ピッチ	ねじの有効断面積 A_s	強度区分										
			04	05	4	5	6	8	9	10	12		
						保証荷重値 $(A_s \times S_p)$ N							
			低形	低形	スタイル1	スタイル1	スタイル1	スタイル1	スタイル2	スタイル1	スタイル2	スタイル1	スタイル1	スタイル2
	mm	mm²												
M3	0.5	5.03	1 910	2 500	—	2 600	3 000	4 000	—	4 500	5 200	5 700	5 800
M3.5	0.6	6.78	2 580	3 400	—	3 550	4 050	5 400	—	6 100	7 050	7 700	7 800
M4	0.7	8.78	3 340	4 400	—	4 550	5 250	7 000	—	7 900	9 150	10 000	10 100
M5	0.8	14.2	5 400	7 100	—	8 250	9 500	12 140	—	13 000	14 800	16 200	16 300
M6	1	20.1	7 640	10 000	—	11 700	13 500	17 200	—	18 400	20 900	22 900	23 100
M7	1	28.9	11 000	14 500	—	16 800	19 400	24 700	—	26 400	30 100	32 900	33 200
M8	1.25	36.6	13 900	18 300	—	21 600	24 900	31 800	—	34 400	38 100	41 700	42 500
M10	1.5	58	22 000	29 000	—	34 200	39 400	50 500	—	54 500	60 300	66 100	67 300
M12	1.75	84.3	32 000	42 200	—	51 400	59 000	74 200	—	80 100	88 500	98 600	100 300
M14	2	115	43 700	57 500	—	70 200	80 500	101 200	—	109 300	120 800	134 600	136 900
M16	2	157	59 700	78 500	—	95 800	109 900	138 200	—	149 200	164 900	183 700	186 800
M18	2.5	192	73 000	96 000	97 900	121 000	138 200	176 600	170 900	176 600	203 500	—	230 400
M20	2.5	245	93 100	122 500	125 000	154 400	176 400	225 400	218 100	225 400	259 700	—	294 000
M22	2.5	303	115 100	151 500	154 500	190 900	218 200	278 800	269 700	278 800	321 200	—	363 600
M24	3	353	134 100	176 500	180 000	222 400	254 200	324 800	314 200	324 800	374 200	—	423 600
M27	3	459	174 400	229 500	234 100	289 200	330 500	422 300	408 500	422 300	486 500	—	550 800
M30	3.5	561	213 200	280 500	286 100	353 400	403 900	516 100	499 300	516 100	594 700	—	673 200
M33	3.5	694	263 700	347 000	353 900	437 200	499 700	638 500	617 700	638 500	735 600	—	832 800
M36	4	817	310 500	408 500	416 700	514 700	588 200	751 600	727 100	751 600	866 000	—	980 400
M39	4	976	370 900	488 000	497 800	614 900	702 700	897 900	868 600	897 900	1 035 000	—	1 171 000

表 2·33 ナットの保証荷重値（細目ねじ） (JIS B 1052 : 98)

ねじの呼び $d \times P$	ねじの有効断面積 A_s mm²	強度区分 保証荷重値 ($A_s \times S_p$) N									
		04 低形	05 低形	5 スタイル1	6 スタイル1	8 スタイル1	8 スタイル2	10 スタイル1	10 スタイル2	12 スタイル2
M8×1	39.2	14 900	19 600	27 000	30 200	37 400	34 900	43 100	41 400	47 000
M10×1	64.5	24 500	32 200	44 500	49 700	61 600	57 400	71 000	68 000	77 400
M10×1.25	61.2	23 300	30 600	44 200	47 100	58 400	54 500	67 300	64 600	73 400
M12×1.25	92.1	35 000	46 000	63 500	71 800	88 000	82 000	102 200	97 200	110 500
M12×1.5	88.1	33 500	44 000	60 800	68 700	84 100	78 400	97 800	92 900	105 700
M14×1.5	125	47 500	62 500	86 300	97 500	119 400	111 200	138 800	131 900	150 000
M16×1.5	167	63 500	83 500	115 200	130 300	159 500	148 600	185 400	176 200	200 400
M18×1.5	216	82 100	108 000	155 500	187 900	222 500	—	—	233 300	—
M18×2	204	77 500	102 000	146 900	177 500	210 100	—	—	220 300	—
M20×1.5	272	103 400	136 000	195 800	236 600	280 200	—	—	293 800	—
M20×2	258	98 000	129 000	185 800	224 500	265 700	—	—	278 600	—
M22×1.5	333	126 500	166 500	239 800	289 700	343 000	—	—	359 600	—
M22×2	318	120 800	159 000	229 000	276 700	327 500	—	—	343 400	—
M24×2	384	145 900	192 000	276 500	334 100	395 500	—	—	414 700	—
M27×2	496	188 500	248 000	351 100	431 500	510 900	—	—	535 700	—
M30×2	621	236 000	310 500	447 100	540 300	639 600	—	—	670 700	—
M33×2	761	289 200	380 500	547 900	662 100	783 800	—	—	821 900	—
M36×3	865	328 700	432 500	622 800	804 400	942 800	—	—	934 200	—
M39×3	1 030	391 400	515 000	741 600	957 900	1 123 000	—	—	1 112 000	—

2.4.4. ナットのゆるみ止め

ナットのゆるみを防ぐ方法には次のようなものがある。

(1) 止めナットを用いる方法（図 2-8a）

(2) ばね座金のような弾力のある座金を用いる場合（同図 b）

(3) 小ねじ・止めねじによる方法（同図 c, d）

(4) テーパピン・割ピンを用いる方法（同図 e, f）

(5) ナットの一部を変形しておく方法（同図 g）

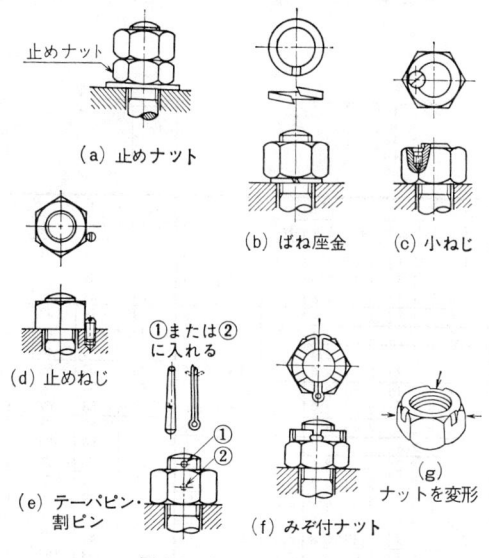

図 2-8 ナットのゆるみ止め

2.4.5. ボルト穴径と座金

(1) ボルト穴径　ボルトを通すボルト穴の径は，ねじの呼びと使用部品の精度に応じて，表 2-34 ボルト穴径の寸法 に示す値を用いるとよい。必要に応じ面取りをする。

また，ボルトやナットの座面が締め付ける面に密着する必要のあるときは，ざぐりをする。ざぐりの径は，表 2-34 ざぐり径の寸法 によるとよい。

(2) 座金　ボルト穴の径がボルトに対し大きすぎるとき，座面が粗いとき，またアルミニウム・木材・ゴムなどのように座面が弱いときに，また振動によってナットのゆるみを防ぐときに特殊な座金を用いる。

一般には平座金（JIS B 1256：98）が用いられ（表 2-35，表 2-36），ゆるみ止めにはばね座金（JIS B 1251：01）などが用いられる（表 2-37〜表 2-39）。

表 2-34 ボルト穴径およびざぐり径の寸法 (JIS B 1001：85)

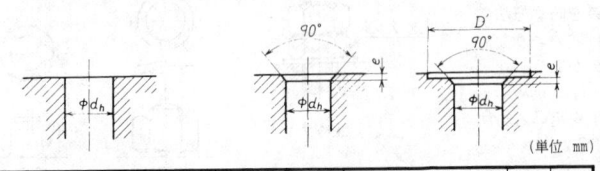

(単位 mm)

ねじの呼び径	ボルト穴径 d_h 1級	2級	3級	4級[1]	面取り e	ざぐり径 D'	ねじの呼び径	ボルト穴径 d_h 1級	2級	3級	4級[1]	面取り e	ざぐり径 D'
1	1.1	1.2	1.3	—	0.2	3	30	31	33	35	36	1.7	62
1.2	1.3	1.4	1.5	—	0.2	4	33	34	36	38	40	1.7	66
1.4	1.5	1.6	1.8	—	0.2	4	36	37	39	42	43	1.7	72
1.6	1.7	1.8	2	—	0.2	5	39	40	42	45	46	1.7	76
※1.7	1.8	2	2.1	—	0.2	5	42	43	45	48	—	1.8	82
1.8	2.0	2.1	2.2	—	0.2	5	45	46	48	52	—	1.8	87
2	2.2	2.4	2.6	—	0.3	7	48	50	52	56	—	2.3	93
2.2	2.4	2.6	2.8	—	0.3	8	52	54	56	62	—	2.3	100
※2.3	2.5	2.7	2.9	—	0.3	8	56	58	62	66	—	3.5	110
2.5	2.7	2.9	3.1	—	0.3	8	60	62	66	70	—	3.5	115
※2.6	2.8	3	3.2	—	0.3	8	64	66	70	74	—	3.5	122
3	3.2	3.4	3.6	—	0.3	9	68	70	74	78	—	3.5	127
3.5	3.7	3.9	4.2	—	0.3	10	72	74	78	82	—	3.5	133
4	4.3	4.5	4.8	5.5	0.4	11	76	78	82	86	—	3.5	143
4.5	4.8	5	5.3	6	0.4	13	80	82	86	91	—	3.5	148
5	5.3	5.5	5.8	6.5	0.4	13	85	87	91	96		—	—
6	6.4	6.6	7	7.8	0.4	15	90	93	96	101		—	—
7	7.4	7.6	8		0.4	18	95	98	101	107		—	—
8	8.4	9	10	10	0.6	20	100	104	107	112		—	—
10	10.5	11	12	13	0.6	24	105	109	112	117		—	—
12	13	13.5	14.5	15	1.1	28	110	114	117	122		—	—
14	15	15.5	16.5	17	1.1	32	115	119	122	127		—	—
16	17	17.5	18.5	20	1.1	35	120	124	127	132		—	—
18	19	20	21	22	1.1	39	125	129	132	137		—	—
20	21	22	24	25	1.2	43	130	134	137	144		—	—
22	23	24	26	27	1.2	46	140	144	147	155		—	—
24	25	26	28	29	1.2	50	150	155	158	165		—	—
27	28	30	32	33	1.7	55	(参考) d_hの許容差[2]	H12	H13	H14	—	—	—

注[1] 4級は、主として鋳抜き穴に適用する。
[2] 参考として示したものであるが、寸法許容差の記号に対する数値は、JIS B 0401(寸法公差およびはめあい)による。

備考 1. この表で規定するねじの呼び径およびボルト穴径のうち、☐内のものは、ISO 273に規定されているものである。
2. ねじの呼び径に※印を付けたものは、ISO 261に規定されていないものである。
3. 穴の面取りは、必要に応じて行い、その角度は原則として90度とする。
4. あるねじの呼び径に対して、この表のざぐり径よりも小さいもの又は大きいものを必要とする場合は、なるべくこの表のざぐり径系列から数値を選ぶのがよい。
5. ざぐり面は、穴の中心線に対して直角となるようにし、ざぐりの深さは、一般に黒皮がとれる程度とする。

表2-35 平座金の種類 (JIS B 1256:98)

種類	適用するのに望ましいねじ部品例	呼び径範囲
小形-部品等級A	JIS B 1101の本体のチーズ頭の小ねじ JIS B 1176の六角穴付きボルト	1.6～36 mm
並形-部品等級A	JIS B 1002による二面幅をもつ六角ボルト、及び六角ナット JIS B 1101及びJIS B 1111の小ねじ JIS B 1176の六角穴付きボルト	1.6～36 mm
並形面取り-部品等級		5～36 mm
並形-部品等級C		5～36 mm
大形-部品等級A又はC		3～36 mm
特大形-部品等級C		5～36 mm

表2-36 平座金の基準寸法 (JIS B 1256:98) (単位 mm)

座金の呼び径(ねじの呼び d)	内径 d_1 部品等級 A[1]	内径 d_1 部品等級 C	小形系列 外径 d_2	小形系列 厚さ h	並形系列 外径 d_2	並形系列 厚さ h	中形系列 外径 d_2	中形系列 厚さ h	大形系列 外径 d_2	大形系列 厚さ h	特大形系列 外径 d_2	特大形系列 厚さ h
1.6	1.7	1.8	3.5	0.3	4	0.3						
2	2.2	2.4	4.5	0.3	5	0.3						
2.5	2.7	2.9	5	0.5	6	0.5						
3	3.2	3.4	6	0.5	7	0.5			9	0.8		
3.5	3.7	3.9	7	0.5	8	0.5	9	0.5	11	0.8		
4	4.3	4.3	8	0.5	9	0.8	10	0.8	12	1		
4.5	4.8	5	9	0.8	10	0.8	—	—	15	1		
5	5.3	5.5	9	1	10	1	12	1	15	1.2	18	2
6	6.4	6.6	11	1.6	12	1.6	15	1.2	18	1.6	22	2
7	7.4	7.6	12	1.6	14	1.6	—	—	22	2	24	2
8	8.4	9	15	1.6	16	1.6	20	1.6	24	2	28	2.5
10	10.5	11	18	1.6	20	2	24	2	30	2.5	34	3
12	13	13.5	20	2	24	2.5	30	2.5	37	3	44	4
14	15	15.5	24	2.5	28	2.5	—	—	44	3	50	4
16	17	17.5	28	2.5	30	3	39	3	50	3	56	5
20	21	22	34	3	37	3	50	3	60	4	72	6
24	25	25	39	4	44	4			72	5	85	6
30	31	33	55	4	56	4			92	6	105	6
36	37	39	60	5	66	5			110	8	125	8
39		42			72	6			120	8	140	10
42		45			78	6			125	10		

注(1) 厚さが6mm以上の部品等級Aの内径基準寸法は、JIS B 1001のボルト穴径2級の値とする。備考1. この表は、ISO 887:1983に一致している。

表 2-37 座金の種類 (JIS B 1251:01)

座金	種類		記号	適用ねじ部品	備考
ばね座金	一般用		2号	一般用のボルト,小ねじ,ナット	付表1
	重荷重用		3号	一般用のボルト,ナット	付表2
皿ばね座金	1種	軽荷重用	1L	一般用のボルト,小ねじ,ナット	付表3
		重荷重用	1H		
	2種	軽荷重用	2L	六角穴付きボルト	付表4
		重荷重用	2H		
歯付き座金	内歯形		A	一般用のボルト,小ねじ,ナット	付表5
	外歯形		B		
	皿形		C	皿小ねじ	付表6
	内外歯形		AB	一般用のボルト,小ねじ,ナット	付表7
波形ばね座金	重荷重用(1)		3号	一般用のボルト,小ねじ,ナット	付表8

注(1) 波形ばね座金3号の使用限度は,強度区分8.8の鋼ボルトまでとする。

表 2-39 皿ばね座金1種の形状・寸法 (JIS B 1251:01)(単位 mm)

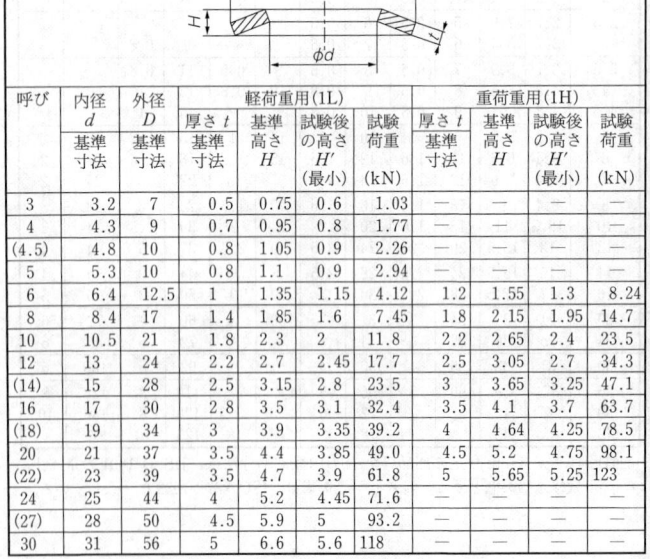

呼び	内径 d 基準寸法	外径 D 基準寸法	軽荷重用(1L) 厚さ t 基準寸法	基準高さ H	試験後の高さ H' (最小)	試験荷重 (kN)	重荷重用(1H) 厚さ t 基準寸法	基準高さ H	試験後の高さ H' (最小)	試験荷重 (kN)
3	3.2	7	0.5	0.75	0.6	1.03	—	—	—	—
4	4.3	9	0.7	0.95	0.8	1.77	—	—	—	—
(4.5)	4.8	10	0.8	1.05	0.9	2.26	—	—	—	—
5	5.3	10	0.8	1.1	0.9	2.94	—	—	—	—
6	6.4	12.5	1	1.35	1.15	4.12	1.2	1.55	1.3	8.24
8	8.4	17	1.4	1.85	1.6	7.45	1.8	2.15	1.95	14.7
10	10.5	21	1.8	2.3	2	11.8	2.2	2.65	2.4	23.5
12	13	24	2.2	2.7	2.45	17.7	2.5	3.05	2.7	34.3
(14)	15	28	2.5	3.15	2.8	23.5	3	3.65	3.25	47.1
16	17	30	2.8	3.5	3.1	32.4	3.5	4.1	3.7	63.7
(18)	19	34	3	3.9	3.35	39.2	4	4.64	4.25	78.5
20	21	37	3.5	4.4	3.85	49.0	4.5	5.2	4.75	98.1
(22)	23	39	3.5	4.7	3.9	61.8	5	5.65	5.25	123
24	25	44	4	5.2	4.45	71.6	—	—	—	—
(27)	28	50	4.5	5.9	5	93.2	—	—	—	—
30	31	56	5	6.6	5.6	118	—	—	—	—

備考 1. 呼びに括弧を付けたものは,なるべく用いない。
　　 2. 内径 d の基準寸法は,JIS B 1001 の1級と一致する。

表 2-38 ばね座金一般用の形状・寸法　　（JIS B 1251 : 01）

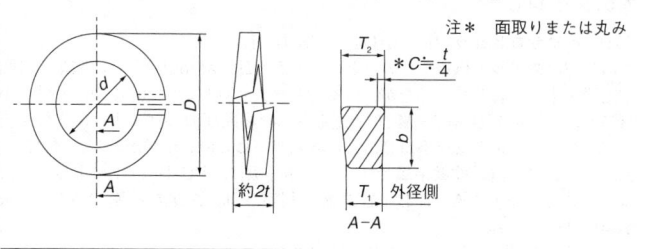

注*　面取りまたは丸み

呼び	内径 d 基準寸法	内径 d 許容差	断面寸法(最小) 幅 b	断面寸法(最小) 厚さ t (1)	外径 D	試験後の自由高さ（最小）	試験荷重 (kN)
2	2.1	+0.25 / 0	0.9	0.5	4.4	0.85	0.42
2.5	2.6	+0.3 / 0	1	0.6	5.2	1	0.69
3	3.1		1.1	0.7	5.9	1.2	1.03
(3.5)	3.6		1.2	0.8	6.6	1.35	1.37
4	4.1	+0.4 / 0	1.4	1	7.6	1.7	1.77
(4.5)	4.6		1.5	1.2	8.3	2	2.26
5	5.1		1.7	1.3	9.2	2.2	2.94
6	6.1		2.7	1.5	12.2	2.5	4.12
(7)	7.1		2.8	1.6	13.4	2.7	5.88
8	8.2	+0.5 / 0	3.2	2	15.4	3.35	7.45
10	10.2		3.7	2.5	18.4	4.2	11.8
12	12.2	+0.6 / 0	4.2	3	21.5	5	17.7
(14)	14.2		4.7	3.5	24.5	5.85	23.5
16	16.2	+0.8 / 0	5.2	4	28	6.7	32.4
(18)	18.2		5.7	4.6	31	7.7	39.2
20	20.2		6.1	5.1	33.8	8.5	49.0
(22)	22.5	+1.0 / 0	6.8	5.6	37.7	9.35	61.8
24	24.5		7.1	5.9	40.3	9.85	71.6
(27)	27.5	+1.2 / 0	7.9	6.8	45.3	11.3	93.2
30	30.5		8.7	7.5	49.9	12.5	118
(33)	33.5	+1.4 / 0	9.5	8.2	54.7	13.7	147
36	36.5		10.2	9	59.1	15	167
(39)	39.5		10.7	9.5	63.1	15.8	197

注(1)　$t=(T_1+T_2)_2$ この場合、T_2-T_1 は、$0.064b$ 以下でなければならない。ただし、b はこの表で規定する最小値とする。
備考　呼びに括弧を付けたものは、なるべく用いない。

2.5. 小ねじ

(1) ヘクサロビュラ穴付き小ねじ (JIS B 1107:04)

ねじ部品のトルク伝達形状のひとつである"Hexalobular"は，欧米の自動車工業を中心に普及してきたが，日本でもヘクサロビュラ（6片の）穴付き小ねじが，ねじの呼びM2～M10で規定された．頭部の形状により，穴付きチーズ小ねじ，穴付きなべ小ねじ，穴付き丸皿小ねじの3種類がある．材料は，鋼，ステンレス鋼，非鉄金属であり，部品等級は，JIS B 1021によって，公差の大きさに応じ，A，BおよびC級が規定され，A級が精密であり，C級が粗い精度である．

(2) 十字穴付き小ねじ (JIS B 1111:96)

小ねじの頭部に十字穴を付けたもので，十字穴の形状は，JIS B 1012で規定されている．頭部の形状により，十字穴付きなべ小ねじ，同皿小ねじ，同丸皿小ねじに分類され，ねじの呼びは，M1.6～M10である．JISの附属書には，上記3種類の小ねじのほか，トラス小ねじ，バインド小ねじ，丸小ねじの3種類がある（丸小ねじは，なるべく用いない）．

(3) すりわり付き小ねじ (JIS B 1101:96)

鋼製，ステンレス鋼製，非鉄金属製があり，頭部の形状によって，すりわり付きチーズ小ねじ，なべ小ねじ，皿小ねじ，丸皿小ねじがあり，ねじの呼びはM1.6～M10がある．

(4) 精密機器用すりわり付き小ねじ (JIS B 1116:80)

光学機器・計測機器など精密機器に使用するすりわり付きの小ねじで，頭の形状により平（1種・2種・3種）・丸平（1種・2種・3種）・皿（1種・3種）・丸皿（1種・3種）の4種類がある．ねじはメートル並目ねじの公差 (JIS B 0209:01) の6g，6hとする．

(5) 植込みボルト (JIS B 1173:95)

棒の両端にねじがあって，一方のねじを機械の本体に植え込んで用いるものを植込みボルトという（図2-7参照）．植込み側のねじの長さ b_m に1種・2種・3種があり，1種は $1.25d$，2種は $1.5d$，3種は $2d$ に等しいか，これに近い値を示す．1種・2種は鋳鋼・鋳鉄に，3種は軟合金に植え込む場合を対象とする．また，めねじの穴の深さは $f=b_m+(2\sim10)$ mm とする（表2-40参照）．

そのほか，JISによる特殊ねじ部品の名称と用途を表2-41に示す．

2章 ねじおよびボルト・ナット

表2-40 植込みボルトの形状・寸法（JIS B 1173：95）

(単位 mm)

呼び径 (d)		4	5	6	8	10	12	(14)	16	(18)	20
ピッチ P	並目ねじ	0.7	0.8	1	1.25	1.5	1.75	2	2	2.5	2.5
	細目ねじ	—	—	—	—	1.25	1.25	1.5	1.5	1.5	1.5
d_s	基準寸法	4	5	6	8	10	12	14	16	18	20
b	基準寸法	14	16	18	22	26	30	34	38	42	46
b_m 1種	基準寸法	—	—	—	—	12	15	18	20	22	25
b_m 2種	基準寸法	6	7	8	11	15	18	21	24	27	30
b_m 3種	基準寸法	8	10	12	16	20	24	28	32	36	40
r_e	(約)	5.6	7	8.4	11	14	17	20	22	25	28

呼び長さ l		4	5	6	8	10	12	(14)	16	(18)	20
12	±0.35	12	12	12	12						
14		14	14	14	14						
16		16	16	16	16	16					
18		18	18	18	18	18					
20	±0.42	20	20	20	20	20	20				
22		22	22	22	22	22	22				
25		25	25	25	25	25	25	25			
28		28	28	28	28	28	28	28			
30		30	30	30	30	30	30	30			
32	±0.5	32	32	32	32	32	32	32	32	32	32
35		35	35	35	35	35	35	35	35	35	35
38		38	38	38	38	38	38	38	38	38	38
40		40	40	40	40	40	40	40	40	40	40
45			45	45	45	45	45	45	45	45	45
50				50	50	50	50	50	50	50	50
55	±0.6				55	55	55	55	55	55	55
60						60	60	60	60	60	60
65						65	65	65	65	65	65
70						70	70	70	70	70	70
80						80	80	80	80	80	80
90	±0.7					90	90	90	90	90	90
100						100	100	100	100	100	100
110										110	110
120										120	120
140	±0.8									140	140
160										160	160

備考
1. 呼び径に括弧を付けたものは，なるべく用いない。
2. x及びuは，不完全ねじ部の長さで，2ピッチ以下とする。
3. 各呼び径に対しlは推奨する長さを示す。
4. bは，ナット側のねじ部の長さで，lが表中の太線より短い場合は，次表のl_aの値を標準長さとする円筒部を残してねじを加工する。

呼び径(d)	4	5	6	8	10	12	14	16	18	20
l_a	1		2		2.5		3		4	

5. 植込み側のねじ先は面取り先，ナット側は丸先とする。
6. 植込み側の長さb_mは，1種，2種，3種のうち，いずれかを注文者が指定する。

表 2-41 特殊ねじ部品の名称と用途

名称 (規格番号)	形状	摘要
六角穴付きボルト (JIS B 1176:00)		頭部に六角の穴のあるボルトで、六角断面のスパナを用いて締め付ける。
基礎ボルト (JIS B 1178:94)	基礎ボルトL形／基礎ボルトJ形	機械構造物などをすえ付けるときに用いる。形状によりL形とJ形、LA形とJA形の4種類がある。
みぞ付き六角ナット (JIS B 1170:94)		ナットの上部に回り止めに割ピンをさし込むみぞを付けたもの。
六角穴付き止めねじ (JIS B 1177:97)	きり底　丸底　円すい底 平先 棒先　とがり先　くぼみ先	頭部に六角の穴のある止めねじで、ねじの先端を利用して機械部品間の相互の動きを止めるもの。 (M1.6～M24)
六角袋ナット (JIS B 1183:00)		めねじの穴のつき抜けていないもので、流体がねじを伝って外部に漏れるのを防ぐ場合に用いる。
すりわり付き タッピンねじ (JIS B 1115:96) (付属書)	(なべ)　(さら)　(丸さら) ねじ1種　ねじ2種　ねじ3種 (C形)　(F形)	下穴にねじ立てをしないで、ねじ込んで用いるねじ。頭の形状にすりわり付き(なべ・さら・丸さら)と十字穴付き(なべ・さら・丸さら・トラス・バインド・ブレジャ)の種類がある。またねじ部の形状により1種・2種・3種・4種の区別がある。
ばね板ナット		スピードナットともいわれ、板物を締め付けるために用いる。

2.6. 中心距離の許容差

中心距離の許容差（以下許容差）は，機械部分の次に示す中心距離について規定されている。

(1) 二つの穴の中心距離
(2) 二つの軸の中心距離
(3) 加工された二つのみぞの中心距離
(4) 穴と軸，穴とみぞまたは軸とみぞの中心距離

（備考）

(i) 中心距離は，穴，軸またはみぞの中心線に直角な断面内における中心から中心までの距離とする。

(ii) ここにいう穴，軸およびみぞは，それらの中心線が互いに平行で，穴および軸は円形断面でテーパがなく，みぞは両側面が平行なものとする。

(iii) 許容差の等級は，1級から4級までの4等級とする（0級は参考, 表2-42）。

表 2-42 中心距離の許容差
(JIS B 0613：76)　　（単位 μm）

中心距離の区分(mm) を超え	以 下	0級 (参考)	1級	2級	3級	4級 (mm)
−	3	± 2	± 3	± 7	± 20	±0.05
3	6	± 3	± 4	± 9	± 24	±0.06
6	10	± 3	± 5	± 11	± 29	±0.08
10	18	± 4	± 6	± 14	± 35	±0.09
18	30	± 5	± 7	± 17	± 42	±0.11
30	50	± 6	± 8	± 20	± 50	±0.13
50	80	± 7	±10	± 23	± 60	±0.15
80	120	± 8	±11	± 27	± 70	±0.18
120	180	± 9	±13	± 32	± 80	±0.2
180	250	±10	±15	± 36	± 93	±0.23
250	315	±12	±16	± 41	±105	±0.26
315	400	±13	±18	± 45	±115	±0.29
400	500	±14	±20	± 49	±125	±0.32
500	630	−	±22	± 55	±140	±0.35
630	800	−	±25	± 63	±160	±0.4
800	1000	−	±28	± 70	±180	±0.45
1000	1250	−	±33	± 83	±210	±0.53
1250	1600	−	±39	± 98	±250	±0.63
1600	2000	−	±46	±120	±300	±0.75
2000	2500	−	±55	±140	±350	±0.88
2500	3150	−	±68	±170	±430	±1.05

2.7. ボールねじ

(1) ボールねじの効率

ボールねじは焼入れ硬化されたねじ溝面上を鋼球が転動するもので，従来の滑りねじと異なり，ねじ軸とナットは鋼球を介しているので回転が滑らかで，非常に高い伝達効率が得られ（図 2-9），直線運動から回転運動への変換も容易に行える。これらは JIS B 1192：97（ボールねじ）によって規定されてい

る。精密ボールねじは工作機械などに用いられる。

(a) 回転運動→直線運動

効率 $\eta_1 = \dfrac{1-\mu\tan\beta}{1+\mu/\tan\beta}$

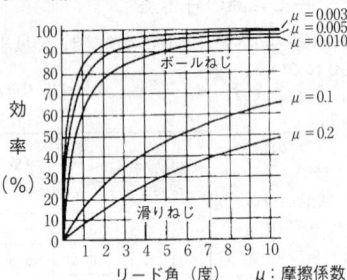

(b) 直線運動→回転運動

効率 $\eta_2 = \dfrac{1-\mu/\tan\beta}{1+\mu\tan\beta}$

図 2-9 ボールねじと滑りねじの効率の比較

(2) ボールねじの表し方

規格番号	ねじみぞのねじれ方向	ねじみぞの条数	ねじの呼び
規格名称または略号 (BS)	右ねじの場合は付けない 左ねじの場合は左またはL	2条,3条または2N,3N 1条ねじの場合は付けない	外径,リードねじ部有効長さ

ねじの種類及び等級
精密ボールねじ C1,C3,C5
一般ボールねじ C7(上級) C10(並級)

(例) JIS B 1192　L　2N　40×20×805－C$_p$1　　C：位置決め用(JIS)
　　　ボールねじ　左　2条　80×20×950－C$_t$3　　C$_p$：位置決め用(ISO)
　　　BS　　　　　L　3N　50×8×620－C5　　　　C$_t$：搬送用(ISO)

(3) 予圧の加え方

軸方向弾性変位量を小さくし，位置決めを正確にするために，2個のナットの間に予圧を与えてナットの剛性を高める方法として，図 2-10 のように，ナット間に予圧量だけ厚い間座を挿入して予圧を加える。過大な予圧量は，寿命と発熱など悪影響を及ぼすので，最大予圧量を基本動定格荷重の 10 % としている。

(4) ボールねじの寸法

表 2-43 にボールねじの各部寸法を示す。

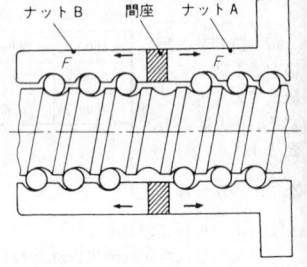

図 2-10　予圧ダブルナット

2章 ねじおよびボルト・ナット

表 2-43 ボールねじの寸法
（チューブ式，片フランジ，シグナルナット）

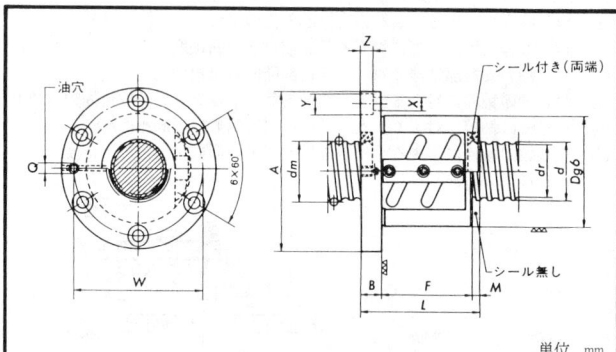

単位 mm

ねじ軸外径 d	リード l	鋼対径 Da	谷径 dr	基本定格荷重10N 動定格 Ca	基本定格荷重10N 静定格 Coa	剛性 MPa Kn	ナットの寸法 D	ナットの寸法 A	ナットの寸法 B	ナットの寸法 F
12	4*	2.381	9.8	375	775	120	32	52	10	31
16	4*	2.381	13.8	430	1050	150	36	59	11	45
	5*	3.175	13.2	735	1650	180	40	63	11	38
20	4	2.381	17.8	680	2190	280	40	63	11	35
	5	3.175	17.2	1180	3500	340	44	67	11	42
	6*	3.969	16.4	1100	2580	220	48	71	11	42
25	4	2.381	22.8	755	2780	340	46	69	11	34
	5	3.175	22.2	1310	4460	410	50	73	11	41
	6	3.969	21.4	1760	5460	420	53	76	11	48
	8*	4.762	20.5	1580	3880	270	58	85	13	51
	10*	4.762	20.5	1580	3880	270	58	85	15	58
32	4	2.381	29.8	830	3580	420	54	81	12	34
	5	3.175	29.2	1450	5720	500	58	85	12	41
	6	3.969	28.4	1940	7080	510	62	89	12	48
	8	4.762	27.5	2500	8360	520	66	100	15	62
	10	6.350	26.4	3650	11000	550	74	108	15	78
40	5	3.175	37.2	1590	7200	600	67	101	15	41
	6	3.969	36.4	2180	8930	610	70	104	15	48
	8	4.762	35.5	2750	10500	620	74	108	15	62
	10	6.350	34.4	4100	14000	660	82	124	18	78
	12	7.144	34.1	4810	15800	660	86	128	18	90
50	5*	3.175	47.2	1220	5360	450	80	114	15	40
	6	3.969	46.4	2380	11100	730	84	118	15	50
	8	4.762	45.5	3050	13400	750	87	129	18	62
	10	6.350	44.4	4550	17800	800	93	135	18	78
	12	7.938	43.2	6120	21900	800	100	146	22	93
	16	7.938	43.2	6120	21900	800	100	146	22	116

注 ＊：回路数　1.5巻×2列
　　他は2.5巻×2列

(NSKカタログより抜粋)

(5) ボールねじの取付部精度

ボールねじの取付部精度は図 2-11 のように各基準面に対して許容差が JIS B 1192 に定められている。

(1) ねじ溝面に対するねじ軸の支持部外径の振れ
(2) ねじ軸の支持部軸線に対する部品取付部の同軸度
(3) ねじ軸の支持部軸線に対する支持部端面の直角度
(4) ねじ軸の軸線に対するナット基準端面またはフランジ取付面の直角度
(5) ねじ軸の軸線に対するナット外周面(円筒形)の同軸度
(6) ねじ軸の軸線に対するナット外周面(平面形取付面)の平行度
(7) ねじ軸軸心の振れ

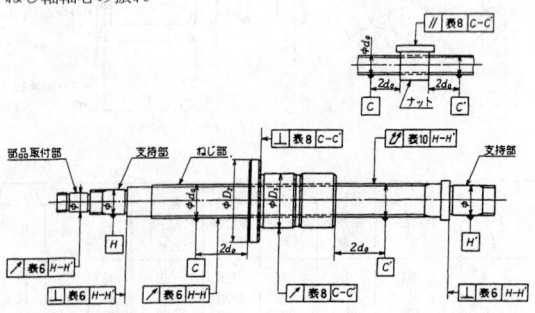

図 2-11 C系列ボールねじの各部精度(例)

(6) ボールねじの寿命

ボールねじの寿命時間の計算は次式による。

$$L_h = 500 \times \frac{33.3}{N_m}\left(\frac{C_a}{F_m \cdot f_w}\right)^3$$

ただし,

L_h:寿命時間(時間)　　　N_m:平均回転数(1/min)
C_a:基本動定格荷重(N)　　f_w:運転係数
F_m:軸方向平均荷重(N)　〔静かな運転 (1.0)〜衝撃をともなう運転 (2.5)〕

寿命時間は使用される機種,使用条件などによって一般的には次のとおりである。

工作機械　　2×10^4時間　　　自動制御装置　1.5×10^4時間
産業機械　　1×10^4時間　　　計測装置　　　1.5×10^4時間

3章　リベット継手

3.1. リベット

　リベットは2枚の板を永久に締め合わすときに用いる。鋼材の結合にはリベット用圧延鋼材（JIS G 3104 : 76）のリベットを用い，アルミニウム・ジュラルミン・銅・黄銅などの締め合わせには同種の材料のリベットを用いるのが普通である。

　リベット打ちは径25 mmまでは手打ちでできるが，それより大きな径になればリベット締め機を用いる。リベット打ちの際に頭をつくるためには，図3-1のようにリベットの径を d とすれば，リベットの長さは次式で求められる。

　　リベットの長さ L ＝（締め合わす板の
　　　　　　　　　　厚さの合計）＋$(1.3～1.6)\,d$

図 3-1　リベットの長さ

　気密を必要とするときには図3-2のようにリベット締めする板の端に $\frac{1}{3}～\frac{1}{4}$ の傾斜をつけておき，相手方の板にみぞ状の傷をつけないようにコーキン（かしめ）をする。また5 mm以下の薄い板では間に油紙その他のパッキンをはさみ，コーキンをしないのが普通である。

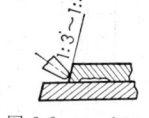

図 3-2　コーキン

　リベットの形状は図3-3に，寸法は表3-1に示す。

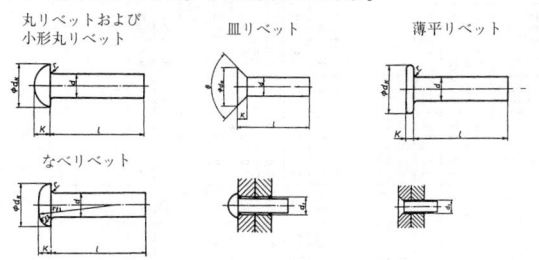

丸リベットおよび
小形丸リベット　　　　皿リベット　　　　薄平リベット

なべリベット

図 3-3　リベットの形状

3.2. リベット継手

　リベット継手は目的によって次の3種に分かれる。
（1）ボイラなどのように流体の高い圧力に耐え，気密を必要とする場合
（2）流体の圧力が低くて気密でだけあればよい場合
（3）橋や建物のように強さだけが十分であればよい場合
また，次のように継手の形式によって分けることもできる。

表 3-1 冷間成形リベットの寸法 (JIS B 1213 : 95)

(単位 mm)

呼び径	1 欄[1]																				
	2 欄[1]																				
	3 欄[1]																				
		1	1.2	1.4	1.6		2		2.5		3		4		5	6	8	10	12		16		20		
						1.7		2.3		2.6		3.5		4.5						13		14		18	19		22
軸径 (d)		1	1.2	1.4	1.6	1.7	2	2.3	2.5	2.6	3	3.5	4	4.5	5	6	8	10	12	13	14	16	18	19	20	22
穴の径 (参考)		1.1	1.3	1.5	1.7	1.8	2.1	2.4	2.7	2.8	3.2	3.7	4.2	4.7	5.3	6.3	8.4	10.6	12.8	13.8	15	17	19.5	20.5	21.5	23.5
丸リベット 3～22mm	d_K	1.8	2.2	2.5	3	—	3.5	—	4.5	—	5.7	6.7	7.2	8.1	9	10	13.3	16	19	21	22	26	29	30	32	35
	K	0.6	0.7	0.8	1	—	1.2	—	1.6	—	2.1	2.5	2.8	3.2	3.5	4.2	5.6	7	8	9	10	11	12.5	13.5	14	15.5
	r[2]	0.05	0.06	0.07	0.09	—	0.1	—	0.13	—	0.15	0.18	0.2	0.23	0.25	0.3	0.4	0.5	0.6	0.65	0.7	0.8	0.9	0.95	1.0	1.1
小丸リベット 1～5 mm	d_K	1.8	2.2	2.5	3	—	3.5	—	4.5	—	5.2	6.2	7	—	8.8	—	—	—	—	—	—	—	—	—	—	—
	K	0.6	0.7	0.8	1	—	1.2	—	1.6	—	1.8	2.1	2.4	—	3	—	—	—	—	—	—	—	—	—	—	—
	r[2]	0.05	0.06	0.07	0.09	—	0.1	—	0.13	—	0.15	0.18	0.2	—	0.25	—	—	—	—	—	—	—	—	—	—	—
さらリベット 1～14mm	d_K	2	2.4	2.8	3.2	—	4	—	5.0	—	6	7	8	9	10	12	16	—	—	—	—	—	—	—	—	—
	K (約)	0.5	0.6	0.7	0.8	—	0.9	—	1.3	—	1.5	1.8	2	2.3	2.5	3	4	—	—	—	—	—	—	—	—	—
	θ	$90^{+2°}_{0}$															$75^{+2°}_{0}$									
薄平リベット 2～6 mm	d_K	—	—	—	—	—	4	—	4.6	—	6	7	8	9	10	12	—	—	—	—	—	—	—	—	—	—
	K	—	—	—	—	—	0.7	—	0.8	—	1	1.1	1.3	1.5	1.6	2	—	—	—	—	—	—	—	—	—	—
	r	—	—	—	—	—	0.1	—	0.12	—	0.15	0.18	0.2	0.23	0.25	0.3	—	—	—	—	—	—	—	—	—	—
なべリベット 3～6 mm	d_K	—	—	—	—	—	—	—	—	—	6	7	8	9.5	10.8	—	—	—	—	—	—	—	—	—	—	—
	K	—	—	—	—	—	—	—	—	—	1.7	1.9	2.2	2.5	2.8	3.3	—	—	—	—	—	—	—	—	—	—
	R_1 (約)	—	—	—	—	—	—	—	—	—	10.5	12.3	14	17.5	21	—	—	—	—	—	—	—	—	—	—	—
	R_2 (約)	—	—	—	—	—	—	—	—	—	1.5	1.8	2	2.7	3.2	—	—	—	—	—	—	—	—	—	—	—

注 (1) 1 欄を優先的に, 必要に応じて 2 · 3 欄の順に選ぶ.
(2) 首下の丸み (r) は最大値で, 首にはすみ丸みをつける.

3章 リベット継手

(i) 重ね継手と突合せ継手（目板を用いる場合）
(ii) リベット列の数により1列・2列・3列
(iii) リベットの配置により平行および千鳥型

3.3. リベット継手の強さ・効率

リベット継手した部の強さとリベット穴をあけない板の強さとの比をリベット継手の効率という。リベット継手したものの破壊状態は最も破壊しやすい所で起こる。次に最も簡単な1列リベット重ね継手につき種々の破壊状態を考察する。t：板の厚さ (mm)，p：リベットの最大ピッチ (mm)，d：リベット穴の径 (mm)，σ_t：板の引張強さ (N/mm²)，τ：リベットのせん断強さ (N/mm²)，σ_b：板の曲げ強さ (N/mm²)，τ'：板のせん断強さ (N/mm²) とおけば、リベット継手の破壊する状態と、その強さおよび効率は表 3-2 のとおりとなる。

表 3-2 リベット継手の効率

番号	破壊の状態	リベット継手の強さ	効　率
1	板がピッチに沿って切断する場合	$P_1 = (p-d)t\sigma_t$	$\eta_1 = \dfrac{P_1}{P} = \dfrac{p-d}{p}$
2	リベットがせん断する場合	$P_2 = \dfrac{1}{4}\pi d^2 \tau$	$\eta_2 = \dfrac{P_2}{P} = \dfrac{\pi d^2 \tau}{4pt\sigma_t}$
3	リベットの前の板の部分が裂ける場合	$P_3 = \dfrac{\dfrac{4}{3}\left(e-\dfrac{d}{2}\right)^2 t\sigma_b}{d}$ $e = 1.5d$	$\eta_3 = \dfrac{P_3}{P} = \dfrac{(2e-d)^2}{3pd}$ ただし　$\sigma_b = \sigma_t$
4	板がせん断する場合	$P_4 = 2et\tau'$	$\eta_4 = \dfrac{P_4}{P} = \dfrac{2e\tau'}{p\sigma_t}$
5	リベットまたは板が圧縮破壊する場合	$P_5 = td\sigma_c$	$\eta_5 = \dfrac{P_5}{P} = \dfrac{d\sigma_c}{p\sigma_t}$

注　P：1ピッチ幅の板の引張強さ $= pt\sigma_t$

4章　軸および軸継手

4.1. 軸の種類

軸は機械要素として機械の主要部分であり，軸受に支持され，回転運動により動力を他に伝達するものであるが，直線運動を行うものもある。軸は作用する荷重や形状によって次のように分類される。

(1) 車軸 (axle アクスル)：主として曲げ荷重を受ける回転軸または静止軸（自動車，鉄道車両の車軸）

(2) 伝動軸 (shaft)：主として曲げとねじり荷重を受け，動力を伝えるのを主目的とする回転軸（歯車軸など）

(3) スピンドル (spindle)：主としてねじりと曲げ荷重を受けるが，形状や寸法精度が高く，荷重による変形量が少ないことが必要な短い精密軸（モータ軸，工作機械の主軸）

(4) プロペラ軸 (propeller shaft)：圧縮または引張りとねじりを受ける軸（船の推進軸など）

(注)　形状によっては，①直線軸（丸軸，角軸，スプライン軸，テーパ軸，段付軸），②曲線軸（クランク軸），断面によっては，①中実丸軸，②中空丸軸がある。

4.2. 軸の材料

用途によって，表 4-1 のような炭素鋼や合金鋼を用いる。

4.3. 軸の設計上の注意

(1) 強さ (strength)：軸には曲げモーメント，ねじりモーメント，引張荷重，圧縮荷重，せん断力が，単独または組み合わさって作用する。これらの荷重に対し破損しない強さが必要。とくに，キーみぞや段付軸には応力集中が生じる。また，軸に作用する荷重は，静荷重や動荷重（繰返し荷重，衝撃荷重）が加わるので，材料の疲れや衝撃に対する考慮が必要である。

(2) 剛さ (stiffness)：軸が曲げ荷重やねじり荷重を受ける場合，強さは十分であっても，たわみやねじれ角が限度を超えると，歯車のかみあい不良，軸受圧力の不均等などが生じる。よって十分な剛性が必要である。たわみは，それぞれの場合について制限が設けられるが，ねじれ角についても，一応の目安として，軸の長さ 1 m につき，1/4° (0.00436 rad) 以内になるように設計する。

(3) 振動 (vibration)：曲げ振動，ねじり振動により軸が破壊されたり，運転の安定を欠くことがある。高速回転軸に対しては十分な注意を必要とし，振動防止の対策をたてる。危険速度から十分離れた状態で使用する。

(4) そのほか，腐食に対する予防法，熱応力，熱膨張などに注意すべきである。

表 4-1 軸の材料（機械構造用炭素鋼や合金鋼）

鋼　種	記　号	用　途　例
機械構造用炭素鋼 (JIS G 4051)	S 10 C～S 25 C	小物軸，モータ軸
	S 35 C～S 40 C	車軸，一般軸
	S 45 C	クランク軸，高周波焼入れ軸
	S 15 CK	カム軸，ピストン軸
ニッケルクロム鋼 (JIS G 4102)	SNC 236, 415	小物軸，ピストンピン
	SNC 631, 815, 836	クランク軸，カム軸，推進軸，一般軸
ニッケルクロム モリブデン鋼 (JIS G 4103)	SNCM 220, 240	小形軸，中形軸
	SNCM 415, 420	一般軸
	SNCM 431, 439, 447, 625, 630, 815	クランク軸，大形軸，ピストンピン
クロム鋼 (JIS G 4104)	SCr 415, 420	カム軸，スプライン軸
	SCr 430, 435, 440, 445	中形，大形一般軸
クロム モリブデン鋼 (JIS G 4105)	SCM 415	ピストンピン
	SCM 420, 421	一般軸，ピストンピン
	SCM 430, 432, 435, 440	クランク軸，車軸，各種軸
	SCM 445	大形軸

機械工学便覧（日本機械学会）

4.4. 軸の強さ

表 4-2 に軸の強さの計算式を示す。

段付軸の応力集中は，「3編　材料力学　1.9.応力集中」に，また，材料の疲れについては，同じく「1.12.3.疲れ強さ」に記述してある。

軸径 d を求める式中において，定数部分は

$$\sqrt[3]{\frac{16}{\pi}} \fallingdotseq 1.72, \quad \sqrt[3]{\frac{32}{\pi}} \fallingdotseq 2.17$$

となる。

伝達動力 L (kW) と，ねじりモーメント T (N·mm)，毎分回転数 n (min^{-1}) との関係は

$$L = \frac{2\pi T n}{1000 \times 60 \times 1000} \text{ (kW)},$$

表 4-2 軸 の 計 算 式

番号	外力が作用する状態	中 実 軸 d=外径(mm)	中 空 軸 d_1=内径(mm) d_2=外径(mm)
1	ねじりモーメントが作用する場合	$d^3 = \dfrac{16T}{\pi \tau} \fallingdotseq \dfrac{5T}{\tau}$	$\dfrac{d_2^4 - d_1^4}{d_2} = \dfrac{16T}{\pi \tau} \fallingdotseq \dfrac{5T}{\tau}$
2	曲げモーメントが作用する場合	$d^3 = \dfrac{32M}{\pi \sigma} \fallingdotseq \dfrac{10M}{\sigma}$	$\dfrac{d_2^4 - d_1^4}{d_2} = \dfrac{32M}{\pi \sigma} \fallingdotseq \dfrac{10M}{\sigma}$
3	ねじりモーメントと曲げモーメントが作用する場合（中実軸）	$d^3 = \dfrac{32M_e}{\pi \sigma}$,　　$M_e = \dfrac{1}{2}(M + \sqrt{M^2 + T^2})$ （相当曲げモーメント） あるいは $d^3 = \dfrac{16T_e}{\pi \tau}$,　　$T_e = \sqrt{M^2 + T^2}$ （相当ねじりモーメント）	

T：ねじりモーメント (N·mm), 　　M：曲げモーメント (N·mm)
τ：許容せん断応力 (N/mm^2), 　　σ：許容引張応力 (N/mm^2)

$$T = 9\,549\,300 \dfrac{L}{n} \fallingdotseq 9.55 \times 10^6 \dfrac{L}{n} \text{ (N·mm)}$$

1kW=10^3 N·m/s より，許容せん断応力 τ を用いて

$$\text{軸径}\quad d \fallingdotseq 365 \sqrt[3]{\dfrac{L}{\tau n}} \text{ (mm)}$$

となる。

　伝動軸はねじりモーメントのほかに，軸自身の重量，ベルト車およびベルトの引張力や継手等による曲げモーメントが働く。ねじりモーメントと曲げモーメントを同時に受ける軸では，相当（等価）曲げモーメント M_e から軸径 d を計算する。軸材料が鋼など延性材料の場合は，最大せん断応力説により，$T_e = \sqrt{M^2 + T^2}$ とする。

　この場合，せん断強さは，引張強さの 1/2 として決定する。(3編　材料力学　1.12.材料の強さ，5.3.ねじりと曲げを同時に受ける軸　を参照。)

　またキー溝の切込み等の影響があるから，相当ねじりモーメントまたは相当曲げモーメントを求めて軸径を定めることは困難で，一般に低い許容せん断応力をとって計算を行う。

　伝達動力 L (kW)，回転数 n (min^{-1}) に対する軸径 d (mm) は次式で表される。

$$d = \sqrt[3]{\dfrac{16}{\tau \pi} T} = \sqrt[3]{\dfrac{16}{\tau \pi} \times 9.55 \times 10^6 \dfrac{L}{n}}$$

$$= k \sqrt[3]{\dfrac{L}{n}}$$

表 4-3 に k の値を示す。軟鋼類は普通 $\tau = 20$ N/mm^2 を用いる。

　図 4-1 は，横軸に L/n および T をとり，許容せん断応力 τ をパラメータとして，縦軸に d (mm) を示したものである。

4章 軸および軸継手

表 4-3 k の 値

τ の値 N/mm²	12	16	20	25	30	40	50	80
k の 値	160	145	135	125	118	107	100	85

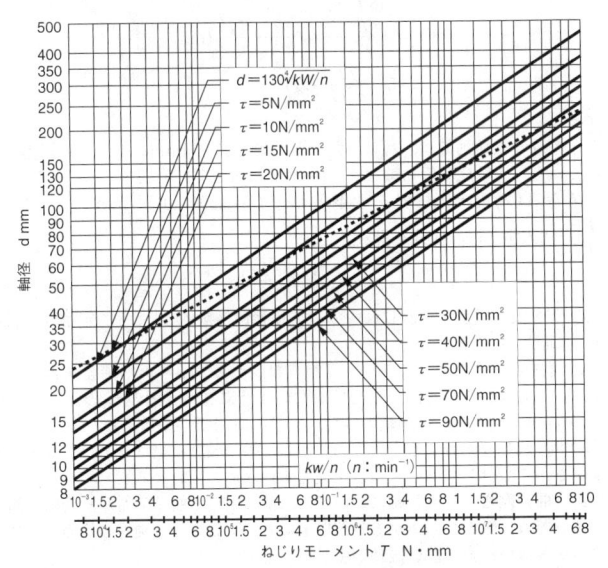

図 4-1 L/n, T, τ と軸径 d の関係

また，舶用機関のプロペラ軸や削岩機軸のようにねじりモーメントと圧縮力とを同時に受ける場合は，軸の座屈を考えなくてよい短軸では，圧縮応力 σ_c と，ねじりモーメントによるせん断応力 τ から，これらを最大主応力説に従って組合せ応力 $\sigma_{\max}$ を求める。W を軸方向圧縮力とすると，次のようになる。

$$\sigma_c = \frac{W}{\frac{\pi}{4}d^2} = \frac{4W}{\pi d^2}, \quad \tau = \frac{16T}{\pi d^3}, \quad \sigma_{\max} = \frac{\sigma_c}{2} + \frac{1}{2}\sqrt{\sigma_c^2 + 4\tau^2}$$

長軸の場合は，座屈強度をオイラーの式（102ページ）で求め，短軸の場合の式に従って組合せ応力を計算する。

4.5. 軸の剛さ

4.5.1. ねじり剛さ　丸棒の端にねじりモーメント（トルク）T を作用させると，「3編　材料力学　表5-1」に示すように単位長さのねじれ角 θ は，せん断（横）弾性係数を G とすれば

$$\theta = \frac{\frac{16T}{\pi d^3}}{rG} = \frac{32}{\pi d^4} \cdot \frac{T}{G} \text{ (rad)}$$

となり,軸の長さを l とすれば,全ねじれ角 θ_l は,

$$\theta_l = \frac{\frac{16T}{\pi d^3} \cdot l}{rG} = \frac{32}{\pi d^4} \cdot \frac{Tl}{G} \text{ (rad)}$$

$$= 584 \frac{Tl}{d^4 G} \text{ (度)}$$

となる.

工作機械の駆動軸では,ねじれ角 θ は,軸の長さ1mに対し1/4°以内に制限している.一般機械伝動軸では, $l=20d$ に対して, $\theta \leq 1°$ としている.
式に $\theta/l = 1/4°/\text{m}$ と,材料を軟鋼として $G = 8.30 \times 10^4 \text{ N/mm}^2$, $T = 9.55 \times 10^6 \frac{L}{n}$ を代入すれば,次式を得る.

$$d \fallingdotseq 130 \sqrt[4]{\frac{L}{n}}$$

上の θ を表す式より,ねじれ角 θ は,横弾性係数 G によって定まり,材料の強さに無関係である.

G は鋼材の種類によってあまり変わらないから,剛さから軸径を定めるときには,高価な特殊鋼を用いる必要がないことになる.鋼の G の値は $80 \sim 90 \times 10^3 \text{ N/mm}^2$ である.軟鋼軸の場合,一般の使用条件では,ねじり剛さの十分な軸は,ねじり強さにも十分であるから,軸の設計に当たっては,まず,ねじり剛さから設計し,次いで強さを検討すればよいといえる.

4.5.2. 曲げ剛さ　回転軸においては,軸に生じる曲げ応力が許容応力値以下であっても,軸のたわみがある値以上に大きくなると,軸受の片当たりや,歯車のかみあい不良,曲げ振動が生じる.

一般の伝動軸では,軸のたわみ δ は,軸の長さ1mにつき,0.8 mm以内,軸の最大のたわみ角(傾斜角) i は 1/1000 (rad) 以内になるようにする.

δ や i の計算は「3編　材力学　3章付表1はりの図表」を参考にするとよい.

4.6. 回転軸の危険速度

回転軸は弾性体であるから,たわみまたはねじれに対し,それを回復しようとするエネルギが生じる.この場合,軸の回転数が軸のたわみまたはねじれの固有振動数と一致するときには,軸は共振を起こして振幅は著しく増大し,軸は弾性限度を超えて破損する.この回転数を危険速度 (critical speed) という.

高速回転軸の設計に際しては,危険速度を考慮して,軸径,軸の長さ(軸受の間隔)などを決めるようにするが,軸の常用回転数は危険速度より少なくも ±20% 以上離して設定する.

4章 軸および軸継手

回転軸の危険速度については「2編 力学 10.5.回転軸の横振動」にも記述されている。

(1) レイリー (Rayleigh) 法

回転軸に荷重 W $(=mg)$ が加わり，その荷重点の静たわみを δ とし，運動エネルギ＝変形エネルギ $(mv^2/2=W\delta/2)$ とした場合，軸の固有振動数（回転角速度：ω）および危険速度 N_{cr} $(\min^{-1})$ が求まる。

$$\omega=\sqrt{\frac{g}{\delta}}, \quad N_{cr}=\frac{30}{\pi}\sqrt{\frac{g}{\delta}}$$

(2) ダンカレー (Dunkerley) の式

回転体に多くの荷重が加わる場合，各荷重による危険速度を求めてから，全体の危険速度を求める方法である。

$$\frac{1}{N_{cr}^2}=\frac{1}{N_0^2}+\frac{1}{N_1^2}+\frac{1}{N_2^2}+\cdots$$

N_0：軸の自重による危険速度 $(\min^{-1})$，$N_1, N_2, \cdots$：各回転体がそれぞれ単独で軸に取り付けられた場合の危険速度$(\min^{-1})$

計算例

(1) たわみ $\delta=1$mm$=1/1000$ m の場合

$$N_{cr}=\frac{30}{\pi}\sqrt{\frac{g}{\delta}}=\frac{30}{\pi}\sqrt{\frac{9.8}{\left(\frac{1}{1000}\right)}}\fallingdotseq 10\sqrt{10^4}=1000 \ (\min^{-1})$$

注 $30/\pi\fallingdotseq 10$，$9.8\fallingdotseq 10$ とすれば計算が容易になる。

(2) $\delta=5$mm$=5/1000$ m の場合

$$N_{cr}=\frac{30}{\pi}\sqrt{\frac{9.8}{\left(\frac{5}{1000}\right)}}\fallingdotseq 10\sqrt{2000}\fallingdotseq 450 \ (\min^{-1})$$

表 4-4　回転軸の径の寸法系列 (JIS B 0901：77)　(単位 mm)

4	10	22	40	65	100	220	400
				70	105		
7							
7.1	11	22.4	42	71	110	224	420
		24		75		240	440
4.5	8	11.2	25	80	112	250	450
		12		85	120	260	460
	9		28	48	90		280	480
5		12.5	30	95	125	300	500
			31.5		130	315	530
			32	55		320	
5.6	14		56		140	340	560
	15	35			150		
6	16	35.5	60		160	355	600
	17				170	360	
6.3	18	38	63		180	380	630
	19				190		
	20				200		

4.7. 回転軸の直径の寸法

JIS B 0901:77 には，一般に用いられる円筒軸のはめあい部分の直径の値として，表4-4 に示す値が規定されている。ただし，回転軸の径は 4 mm 未満および 630 mm を超えるものは除いている。

表 4-5　回転軸の高さ h（JIS B 0902:01）

(単位 mm)

系列				系列				系列			
I	II	III	IV	I	II	III	IV	I	II	III	IV
25	25	25	25	100	100	100	100	400	400	400	400
			26				106				425
		28	28			112	112			450	450
			30				118				475
	32	32	32		125	125	125		500	500	500
			34				132				530
		36	36			140	140			560	560
			38				150				600
40	40	40	40	160	160	160	160	630	630	630	630
			42				170				670
		45	45			180	180			710	710
			48				190				750
	50	50	50		200	200	200		800	800	800
			53				212				850
		56	56			225	225			900	900
			60				236				950
63	63	63	63	250	250	250	250	1000	1000	1000	1000
			67				265				1060
		71	71			280	280			1120	1120
			75				300				1180
	80	80	80		315	315	315		1250	1250	1220
			85				335				1320
		90	90			355	355			1400	1400
			95				375				1500
								1600	1600	1600	1600

備考　(1)　第 I 系列—第 IV 系列の数値は，個々に標準数 R 5, R 10, R 20, R 40 の数値を丸めたものである。
　　　(2)　数値 225 は，標準数 224 からはずれている。
　　　(3)　1600 を超える場合には，標準数から選定する。

4.8. 軸受間距離

伝動軸の軸受間距離は，強さと剛さから考慮する必要がある．強さから考慮する軸受間距離は，軸を連続はりとみなし，自重および支持物の重量から曲げモーメントを求め，許容曲げ応力から正確に求めることができる．しかし，大略次式から求めてもよい．

$$l = K_1 \sqrt{d}$$

ここに l：軸受間距離 (cm)，d：軸径 (cm)，K_1：負荷状態，許容応力の状態から決めるが，次に大略の値を示す．

① 軸の自重のみ（中間軸）　$K_1 = 90 \sim 120$
② 2〜3個のベルト車・歯車をもつ軸（原軸）　$K_1 = 80 \sim 88$
③ 紡績などの製造工場の作動軸　$K_1 = 64 \sim 72$

4.9. 回転軸の高さ

一般に用いられている機械の，機械自体の取付面からその駆動・被駆動回転軸の中心までの距離（回転軸の高さ）は，原則として表 4-5(JIS B 0902：01) による．

なお，回転軸の高さの許容差および回転軸の平行度の許容値は表 4-6 による．

表 4-6　寸法許容差（単位 mm）

回転軸の高さ h の区分	回転電動機械，被駆動機，減速機，船舶プロペラ軸用駆動機 上	下	電動機および船舶プロペラ軸用駆動機を除く駆動機 上	下
25以上50以下	0	-0.4	$+0.4$	0
50を超え250以下	0	-0.5	$+0.5$	0
250を超え630以下	0	-1.0	$+1.0$	0
630を超え1000以下	0	-1.5	$+1.5$	0
1000を超えるもの	0	-2.0	$+2.0$	0

回転軸の高さ h の区分	平行度の許容値　回転軸の両端間の長さ l の区分		
	$2.5h > l$	$2.5h \leqq l \leqq 4h$	$l > 4h$
25以上50以下	0.2	0.3	0.4
50を超え250以下	0.25	0.4	0.5
250を超え630以下	0.5	0.75	1.0
630を超え1000以下	0.75	1.0	1.5
1000を超えるもの	1.0	1.5	2.0

注　機械自体の取付面に対する回転軸中心線の両端における高さの差を回転軸の平行度という．

備考　回転軸中心線の両端で測れない場合は，回転軸上に適切な2点を選び，この点における高さの差を，回転軸の両端における値に換算して表すことができる．

4.10. 軸継手

二つの回転軸を連結するのに軸継手またはクラッチを用いる。軸継手はなるべく軸受に近い所に設ける。クラッチは2軸の回転を自由に継続できる。

軸継手には次の種類がある。

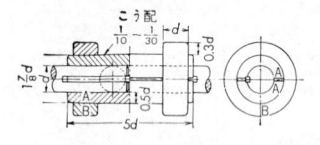

図 4-2 摩擦筒形継手

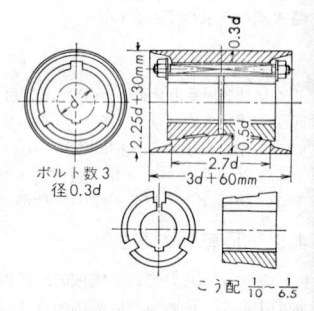

図 4-3 セラー式円すい継手

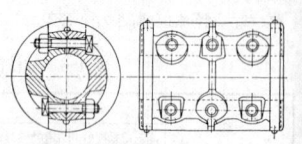

図 4-4 合成箱形継手

(1) 筒形継手（図 4-2）

伝動軸に用いられ、振動あるいは衝撃のある場所には用いない。

(2) セラー式円すい継手（図 4-3）

筒形継手の逆になったものである。鋳鉄製で円すい部のこう配を利用し、キーは平キーを用いる。

(3) 合成箱形継手（図 4-4）

二つに割られた鋳鉄製円筒で2軸を抱かせて、ボルトで締め付けて用いる。

(4) フランジ形軸継手

この軸継手は最も広く用いられ、工場用伝動軸・直結機械等に用いられる。鋳鉄製のボスを2軸にはめ込み、一方に凹部、他方に凸部を作り、両軸の心合せを正しくすると同時にボルトで締め、密着させて摩擦抵抗を増すようにしてある。ボスを軸にはめるには打ち込んでからキーで止めるのが普通で、ときには焼きばめ、圧入等の方法が用いられる。ボルトの頭が出ていると危険なのでフランジを付けてある。大きな軸径のもの、たとえば、船舶用プロペラ軸等では軸を鍛造して作る場合、フランジを軸の一部として作り出す。

JIS B 1451:91でフランジ形固定軸継手の形状と寸法が規定されている。表4-7にその形状と寸法、表4-8に継手用ボルトの寸法をかかげる。継手の呼び方は規格番号または名称、継手外径×軸穴直径および本体材料による。

例 JIS B 1451　140×35 (FC 200)

(5) フランジ形たわみ軸継手

2軸を一直線に取り付けにくい場合に用いられる。皮革・ゴム・金属薄板・木材等の弾性体を中間に入れて結合するもので、軸受に無理が起こらず、回転力が不均等または衝撃的であっても、弾性的結合部分によってよく緩和できる（図4-5,6）。

JIS B 1452:91で、フランジ形たわみ軸継手の形状および寸法が規定されている。表4-9にその形状と寸法、表4-10に継手ボルトの寸法を示す。

表4-7 フランジ形固定軸継手 (JIS B 1451:91)　(単位 mm)

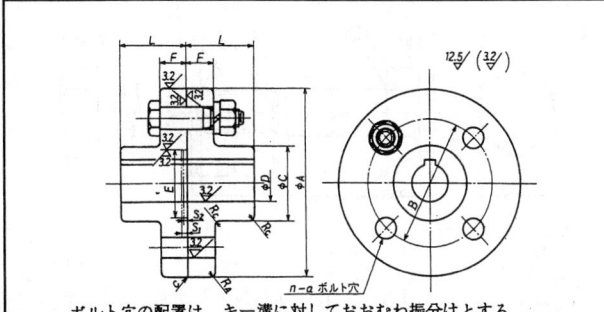

ボルト穴の配置は，キー溝に対しておおむね振分けとする。

継手外径 A	最大軸穴直径	(参考)最小軸穴直径	L	C	B	F	n (個)	a	E	S_2	S_1	R_C (約)	R_A (約)	c (約)	ボルト抜きしろ
112	28	16	40	50	75	16	4	10	40	2	3	2	1	1	70
125	32	18	45	56	85	18	4	14	45	2	3	2	1	1	81
140	38	20	50	71	100	18	6	14	56	2	3	2	1	1	81
160	45	25	56	80	115	18	8	14	71	3	3	3	1	1	81
180	50	28	63	90	132	18	8	14	80	3	3	3	1	1	81
200	56	32	71	100	145	22.4	8	16	90	3	4	3	2	1	103
224	63	35	80	112	170	22.4	8	16	100	3	4	3	2	1	103
250	71	40	90	125	180	28	8	20	112	4	4	4	2	1	126
280	80	50	100	140	200	28	8	20	125	4	4	4	2	1	126
315	90	63	112	160	236	28	10	20	140	4	4	4	2	1	126
355	100	71	125	180	260	35.5	8	25	160	4	5	4	2	1	157

備　考　1. ボルト抜きしろは，軸端からの寸法を示す。
　　　　2. 継手を軸から抜きやすくするためのねじ穴は，適宜設けてさしつかえない。

継手各部の寸法公差			継手各部の材料	
継手軸穴	H7	—	継手本体	FC 200, SC 410, SF 440 A, S 25 C
継手外径	—	g7	ボルト	SS 400
はめ込み部	(H7	g7)	ナット	SS 400
ボルト穴とボルト	H7	h7	ばね座金	SWRH 62(A, B)

表 4-8 フランジ形固定軸継手用ボルト (JIS B 1451：91)　(単位 mm)

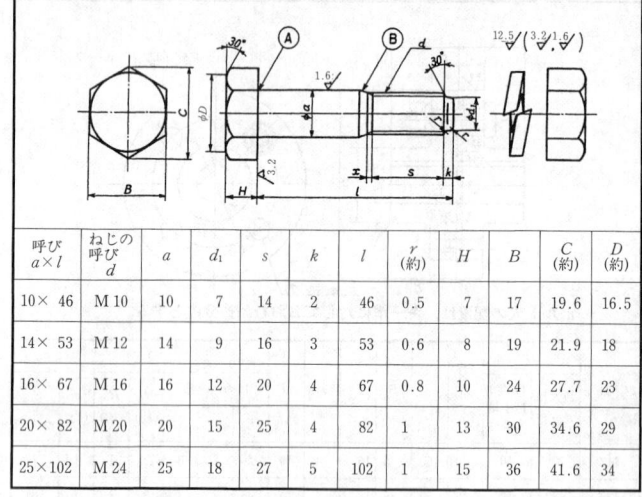

呼び $a \times l$	ねじの呼び d	a	d_1	s	k	l	r (約)	H	B	C (約)	D (約)
10× 46	M 10	10	7	14	2	46	0.5	7	17	19.6	16.5
14× 53	M 12	14	9	16	3	53	0.6	8	19	21.9	18
16× 67	M 16	16	12	20	4	67	0.8	10	24	27.7	23
20× 82	M 20	20	15	24	5	82	1	13	30	34.6	29
25×102	M 24	25	18	27	5	102	1	15	36	41.6	34

備　考　1.　六角ナットは，JIS B 1181 のスタイル 1 (部品等級 A) のもので，強度区分は 6，ねじ精度は 6 H とする.
　　　　　 2.　ばね座金は，JIS B 1251 の 2 号 S による.
　　　　　 3.　二面幅の寸法は JIS B 1002 による.
　　　　　 4.　ねじの形状・寸法は，JIS B 1003 の半棒先よっている.
　　　　　 5.　ねじ部の精度は，JIS B 0209 の 6g による.
　　　　　 6.　Ⓐ部には研削用逃げを施してもよい．Ⓑ部はテーパでも段付きでもよい.
　　　　　 7.　x は不完全ねじ部でも，ねじ切り用逃げでもよい．ただし不完全ねじ部のときは，その長さを約 2 山とする.

参　考　伝達トルクと最高回転数　フランジ形固定軸継手には，一般に曲げとねじりが同時に作用するが，運転条件によって複雑であるから，ここに参考としてねじりのみの強さを条件として計算した応力と最高回転数をかかげる.

外径 A (mm)	最大軸径 D (mm)	トルク T (N·m)	軸せん断応力 τ (N/cm²)	最高回転速度 FC 200 r/min	m/s*	外径 A (mm)	最大軸径 D (mm)	トルク T (N·m)	軸せん断応力 τ (N/cm²)	最高回転速度 FC 200 r/min	m/s*
112	25	309	1009	1000	5.9	224	63	490	1000	800	9.4
125	28	44	1029	1000	6.6	250	71	696	990	700	9.3
140	35	88	1009	1000	7.3	280	80	980	980	630	9.3
160	45	176	990	1000	8.4	315	90	1372	960	560	9.3
180	50	245	1000	950	9.0	335	100	1960	1000	500	9.3
200	56	348	1009	880	9.2						

*　最高回転速度 m/s は外径 A (表 4-7) の最高周速度を示す.

4章 軸および軸継手

表 4-9 フランジ形たわみ軸継手（JIS B 1452：91） （単位 mm）

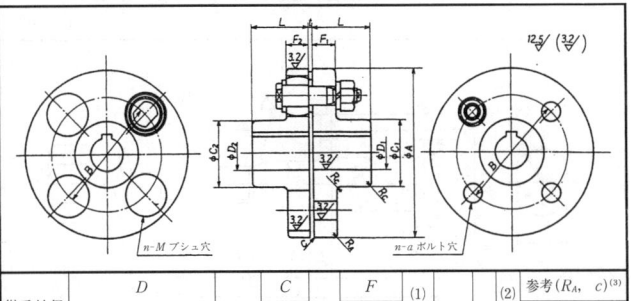

継手外径 A	D 最大軸穴直径 D_1	D_2	（参考）最小軸穴直径	L	C C_1	C_2	B	F F_1	F_2	(1) n（個）	a	M	(2) t	参考(R_A, c)[3] R_C	ボルト抜きしろ
90	20	—	—	28	35.5		60	14		4	8	19	3	2	50
100	25	—	—	35.5	42.5		67	16		4	10	23	3	2	56
112	28		16	40	50		75	16		4	10	23	3	2	56
125	32	28	18	45	56	50	85	18		4	14	32	3	2	64
140	38	35	20	50	71	63	100	18		6	14	32	3	2	64
160	45		25	56	80		115	18		8	14	32	3	2	64
180	50		28	63	90		132	18		8	14	32	3	2	64
200	56		32	71	100		145	22.4		8	20	41	4	3	85
224	63		35	80	112		170	22.4		8	20	41	4	3	85
250	71		40	90	125		180	28		8	25	51	4	4	100
280	80		50	100	140		200	28	40	8	28	57	4	4	116
315	90		63	112	160		236	28	40	10	28	57	4	4	116
355	100		71	125	180		260	35.5	56	8	35.5	72	5	5	150
400	110		80	125	200		300	35.5	56	10	35.5	72	5	5	150
450	125		90	140	224		355	35.5	56	12	35.5	72	5	5	150
560	140		100	160	250		450	35.5	56	14	35.5	72	5	6	150
630	160		110	180	280		530	35.5	56	18	35.5	72	5	6	150

注 (1) nはブシュ穴またはボルト穴の数をいう。
(2) tは組立てたときの継手本体のすきまであって，継手ボルトの座金の厚さに相当する。
(3) R_Aは，ϕA が180以下では約1mm，200以上では約2mmとする。
面取りcはすべて1mmとする。

備 考 1. ボルト抜きしろは，軸端からの寸法を示す。
2. 継手を軸から抜きやすくするためのねじ穴は，適宜設けてもさしつかえない。

表 **4-10** フランジ形たわみ軸継手用継手ボルト（JIS B 1452：91）

（単位 mm）

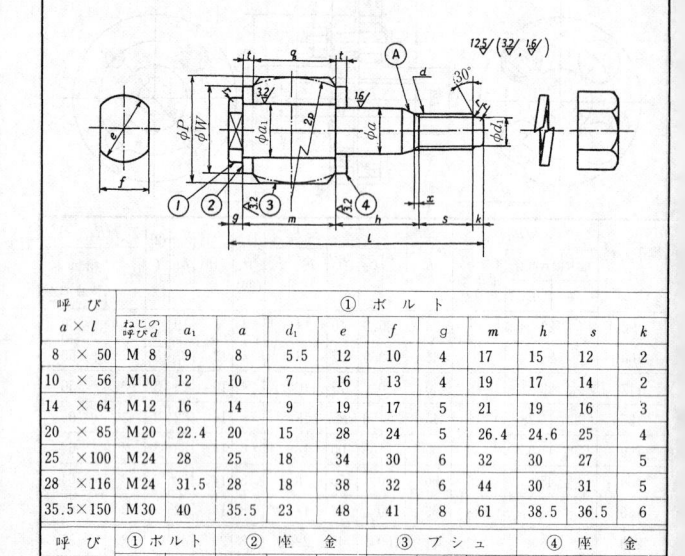

呼び	① ボルト									
$a \times l$	ねじの呼び d	a_1	a	d_1	e	f	g	m	h	s	k
8 × 50	M 8	9	8	5.5	12	10	4	17	15	12	2
10 × 56	M10	12	10	7	16	13	4	19	17	14	2
14 × 64	M12	16	14	8	19	17	5	21	19	16	3
20 × 85	M20	22.4	20	15	28	24	5	26.4	24.6	25	4
25 ×100	M24	28	25	18	34	30	6	32	30	27	5
28 ×116	M24	31.5	28	18	38	32	6	44	30	31.5	5
35.5×150	M30	40	35.5	23	48	41	8	61	38.5	36.5	6

呼び	① ボルト		② 座金			③ ブシュ			④ 座金		
$a \times l$	l	r (約)	a_1	w	t	a_1	p	q	a	w	t
8 × 50	50	0.4	9	14	3	9	18	14	8	14	3
10 × 56	56	0.5	12	18	3	12	22	16	10	18	3
14 × 64	64	0.6	16	25	3	16	31	18	14	25	3
20 × 85	85	1	22.4	32	4	22.4	40	22.4	20	32	4
25 ×100	100	1	28	40	4	28	50	28	25	40	4
28 ×116	116	1	31.5	45	4	31.5	56	40	28	45	4
35.5×150	150	1.2	40	56	5	40	71	56	35.5	56	5

備 考　1.　六角ナットは，JIS B 1181 のスタイル 1（部品等級 A）のもので，強度区分は 6，ねじ精度は 6H とする。
　　　2.　ばね座金は，JIS B 1251 の 2 号 S による。
　　　3.　二面幅の寸法は，JIS B 1002 によっている。
　　　4.　ねじ先の形状・寸法は，JIS B 1003 の半棒先による。
　　　5.　ねじ部の精度は，JIS B 0209 の 6g による。
　　　6.　Ⓐ部はテーパでも段付きでもよい。
　　　7.　x は，不完全ねじ部でもねじ切り用逃げでもよい。ただし不完全ねじ部のときは，その長さを約 2 山とする。
　　　8.　ブシュは，円筒形でも球形でもよい。円筒形の場合には，外周の両端部に面取りを施す。
　　　9.　ブシュは金属ライナをもったものでもよい。

また，表 4-11 に振れの公差，表 4-12 に寸法の公差，表 4-13 に寸法の許容差，表 4-14 に継手各部の材料を示す。(JIS B 1452：91)

表 4-11 振れの公差 (単位 mm)

ピッチ円直径	ピッチ円直径及びピッチの許容差	ピッチ円直径振れの公差	軸穴の中心に対する継手外径の振れ及び外径付近における継手面の振れの公差
60～75	±0.16	0.12	0.03
85～145	±0.20	0.14	
170～236	±0.26	0.18	
200～530	±0.32	0.22	

表 4-12 寸法の公差 (単位 mm)

継手軸穴 D	H7	—
継手外径 A	—	g7
ボルト穴とボルト a	H7	g7
④座金内径[(1)] a	—	+0.4 / 0
ブシュ内径及びボルトのブシュ挿入部の直径 a_1	+0.4 / 0	e9
ブシュ挿入穴 M	H8	—
ブシュ外径 p	—	0 / −0.4
ボルトのブシュ挿入部の長さ m	—	K12

表 4-14 継手各部の材料

本 体	FC 200, SC 410, SF 440 A, S 25 C
(継手ボルト)	
ボルト	SS 400
ナット	SS 400
座 金	SS 400
ばね座金	SWRH 62(A, B)
ブシュ	JIS K 6386 の B(12)-J₁a₁ (耐油性の加硫ゴム)

注(1) 基準寸法が 8 のものは，$^{+0.2}_{\ 0}$ とする。

表 4-13 寸法の許容差

ブシュ幅 q		②座金厚さ t	
基準寸法	許容差	基準寸法	許容差
14, 16, 18	±0.3	3	+0.03 / −0.43
22.4, 28, 40	+0.1 / −0.5	4	±0.29
56	+0.2 / −0.6	5	±0.40

(6) 歯車形軸継手

一般にギヤカップリングと呼ばれるもので，図 4-7 に示すような構造をもち，図 4-8 に示すように軸心に狂いを生じても，歯部に無理が起こらない。普通両中心線が 1.5° まで傾くものが用いられる。

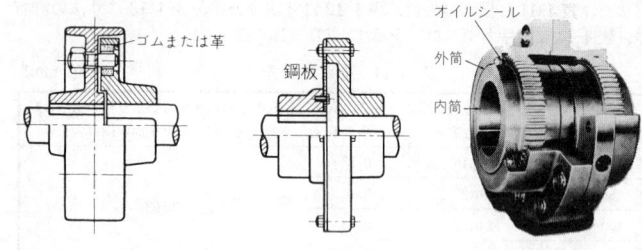

図 4-5 たわみ軸継手(1)　図 4-6 たわみ軸継手(2)　図 4-7 歯車形軸継手

形式には SS 形（両並形），SM 形（並・ミルモータ形），SE 形（並・延長軸形），CC 形（両サイドカバー形），CE 形（サイドカバー・延長軸形）の 5 種類がある。

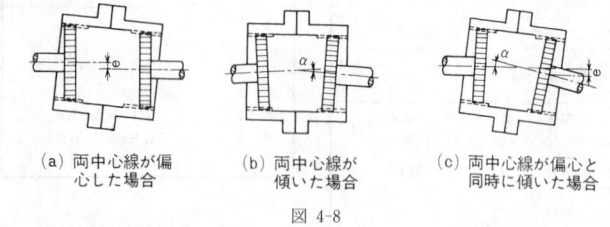

(a) 両中心線が偏心した場合　(b) 両中心線が傾いた場合　(c) 両中心線が偏心と同時に傾いた場合

図 4-8

(7) フックの自在軸継手

2 軸が同一平面にあって中心線がある角度で交わる場合，回転運動を伝達するのに適する。

主動軸の速度が一定でも従動軸の速度は，2 軸の傾き α の大きさによって変わる。すなわち ω_a, ω_b を主軸および従軸の角速度とすれば

$$\frac{\omega_b}{\omega_a} = \frac{\cos \alpha}{1 - \sin^2 \theta \sin^2 \alpha}$$

θ は主軸の回転角で従軸が 1/4 回転する間に角速度比は $\cos \alpha$ から $1/\cos \alpha$ の間を変動する。α は 25° 以内を限度とされている。図 4-9 は ω_b/ω_a の角速度比の変化を示す。

また，過大な変化を望まないときは α を 5° 以下にとり，両軸の回転を同一にする場合には，図 4-10 のように同一平面に配列すればよい。

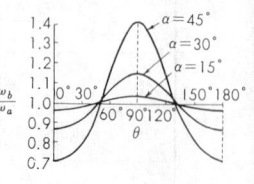

図 4-9 自在継手における角速度比 $\frac{\omega_b}{\omega_a}$ の変化

図 4-11 はこの継手の構造を示す。

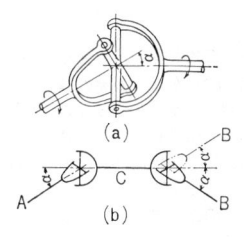

図 4-10 自在継手の2軸の傾き 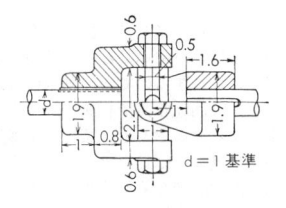　　図 4-11 自在継手の構造

4.11. かみあいクラッチ

かみあいクラッチはつめクラッチともいい，原軸と従軸とを連結するとき，従軸側のクラッチは，従軸の滑りキー上を移動して，かみあいまたは取りはずしをする。表 4-15 はかみあいクラッチのつめの形状と特性を示す。表 4-16 にかみあいクラッチの形状と寸法を示す。

表 4-15　かみあいクラッチの特性　(単位 mm)

形 状	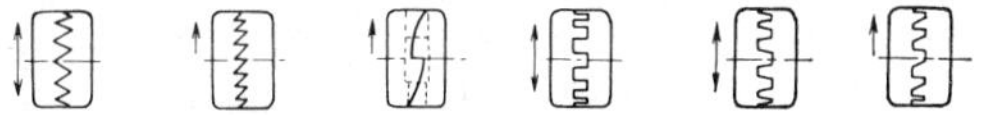					
着 脱	運転中着脱可能 (比較的低速時)			かみあわせは停止中，取りはずしは運転中も可能	着脱は左のものより容易	
荷 重	比較的軽荷重		比較的重荷重	重 荷 重		超重荷重
回転方向	回転方向の変化するものに用いられる		回転方向一定	回転方向の変化するものに用いられる。		回転方向一定

注 左を原軸側，右を従軸側とする。

表 4-16　かみあいクラッチの形状・寸法の例　(単位 mm)

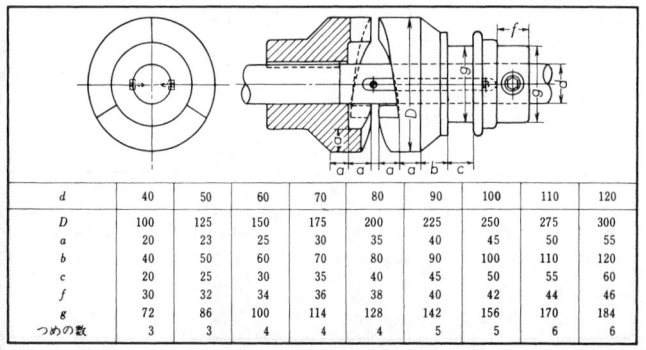

d	40	50	60	70	80	90	100	110	120
D	100	125	150	175	200	225	250	275	300
a	20	23	25	30	35	40	45	50	55
b	40	50	60	70	80	90	100	110	120
c	20	25	30	35	40	45	50	55	60
f	30	32	34	36	38	40	42	44	46
g	72	86	100	114	128	142	156	170	184
つめの数	3	3	4	4	4	5	5	6	6

4.12. 摩擦継手

摩擦継手は回転中に原軸と従軸とを回転に打撃なく断続させるのが目的である。この継手はかみあいのはじめはいくぶん滑るが，その際の摩擦力によって従軸を徐々に加速するので，従軸側には急激に荷重がかからない。しばらくして一体となって回転し，滑りなく静止摩擦力で密着して，大きいねじりモーメントを伝達するものである。摩耗と摩擦熱の発生とは避けがたいが，摩擦面の材料を適当に選び，摩耗をできるだけ少なくして，摩擦熱の除去に注意する。また伝動が衝撃的でなく断続するときに，そのたびに力を加えなくてもよいようにされている。摩擦面の材料としては摩擦係数の大きいもの，摩耗の少ないもの，摩擦熱に耐え，長時間使用できるものなどの点から，次のものが普通に用いられている。

① 木材　かしのような堅木
② 皮革　牛皮をひまし油または牛脂等に浸したもの
③ 金属・非金属材料と接触するものには普通，鋳鉄・鋳鋼・軟鋼または青銅が用いられ，金属対金属には多くは異なった金属を用いる。摩耗した際一方だけを修理すればよく，また組合せを適当にすれば摩耗度が少なくなる。金属どうしのときは普通滑油を用いる。

鋳鉄 —— 鋳鉄，鋳鉄 —— 鋼，鋳鉄 —— 黄銅
または　青銅，鋼 —— 黄銅または青銅

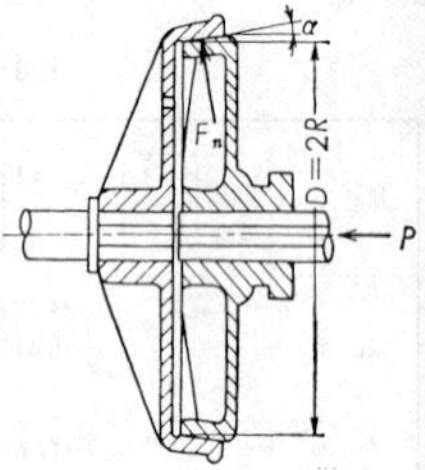

図 4-12 の摩擦継手は円すい面を動力伝達用の摩擦面に利用したもので，T：伝動トルク，μ：摩擦係数，R：摩擦面の平均半径，F_n：摩擦面に加わる直圧力とすると　　$F_n \geqq \dfrac{T}{\mu R}$

図 4-12　円すい継手

摩擦車をかみわあせるための軸方向の力を P とすると　　$P \geqq \dfrac{T}{\mu R}(\sin \alpha + \mu \cos \alpha)$

α は摩擦面の傾斜角で 4°〜10° を普通とする。
軸の直径を d とすれば　$R = 2d \sim 5d$　平均　$3.25d$
摩擦面の幅を l とすれば　$l = d \sim 1.1d$

摩擦面の許容面圧は使用状態で異なるが，一般に定数と考えられ，木・コルク・革等で 5〜10 N/cm² とされ，鋳鉄どうしでは 50〜100 N/cm² にとられる。
表 4-17 は各種材料間の摩擦係数を示す。

表 4-17　各種材料間の摩擦係数

	乾　　燥	グリースを与えた場合	油を与えた場合
鋳　鉄　と　鋳　鉄	0.15〜0.2	0.05〜0.1	0.02〜0.1
かしの木と鋳鉄	0.2 〜0.25	0.1	—
コルクと金属	0.35	0.32	—
皮　と　金　属	0.3 〜0.6	0.25	0.15

5章 キーとピン

5.1. キー（図5-1）

キーは，軸に歯車やプーリなどの回転体を取り付けるのに用いられ，その形状によって，表5-1に示す6種類がある（JIS B 1301:96）。

平行キーはあらかじめキーを軸のキー溝にあてはめてから，後でボス（ハブ，軸穴）を押し込む。こう配キーは，ボスを軸にはめてから，後でキーを溝に打ち込む。規格外ではあるが，平キー，くらキーは，摩擦力のみを利用するので，いずれも伝達トルクが小さい場合に用いられる。軸とボス穴とが相対的に軸方向に滑って動くことが可能な滑動キーは，フェザーキーと呼ばれる。キーは，キー溝にねじなどで植え込む。ま

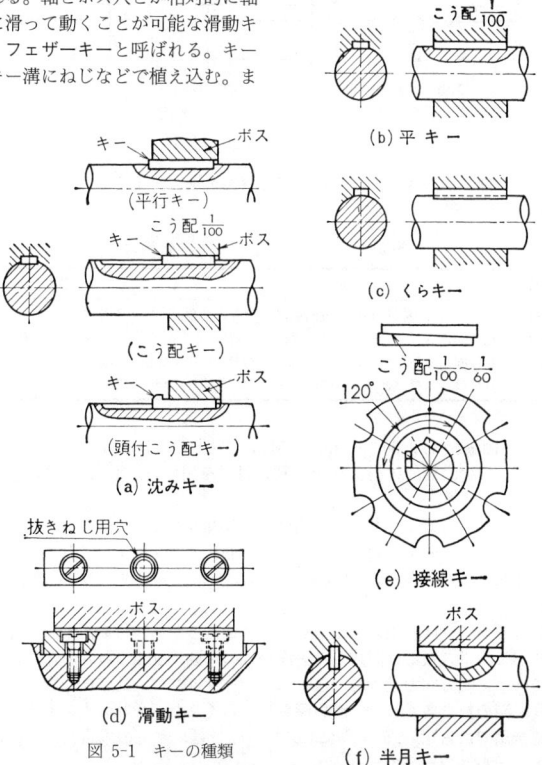

図 5-1 キーの種類

た，接線キーは，軸が正逆2方向に回転する場合や，回転振動が大きいときに用いる。半月キーは，ウッドラフキーともいい，半月形の板状キーであるから，キーおよびキー溝の加工が容易で，キーの傾きが自動的に調整できるから，軸にキーをはめた後にボスを押し込める利点がある。

表5-1 キーの種類および記号

形状		記号
平行キー	ねじ用穴なし	P
	ねじ用穴付き	PS
こう配キー	頭なし	T
	頭付き	TG
半月キー	丸底	WA
	平底	WB

平行キーの端部は，その形状によって3種類がある（図5-2）。とくに指定がない場合には両角形とする。

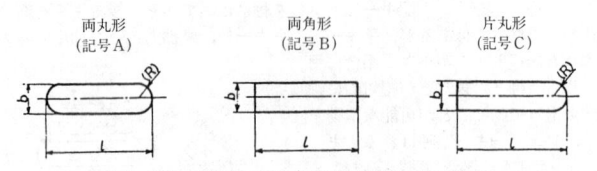

両丸形 (記号A) 両角形 (記号B) 片丸形 (記号C)

備考 丸形の端部は，受渡し当事者間の協定によって大きい面取りとしてもよい。

図 5-2 キーの端部

キーは，軸とボス穴のキー溝の寸法許容差を選択することによって，表5-2に示す3種類の結合に用いる。

表5-2 キーによる軸・ハブの結合

形式	説明	適用するキー
滑動形	軸とハブとが相対的に軸方向に滑動できる結合	平行キー
普通形	軸に固定されたキーにハブをはめ込む結合[1]	平行キー，半月キー
締込み形	軸に固定されたキーにハブを締め込む結合[1]，又は組み付けられた軸とハブとの間にキーを打ち込む結合	平行キー，こう配キー，半月キー

注 (1) 選択はめあいが必要である。

キーの引張強さは，600 N/mm² (MPa) 以上でなければならない。キーの材料は，一般に，軸の材料よりやや硬い材料を用いる。通常，S 35 C，S 45 C などが用いられる。

キー溝には応力集中を考えて，隅に適当な丸みをつける。

平行キー，こう配キーおよび半月キーの形状・寸法およびこれらのキー溝の形状・寸法について表5-3～表5-8に示す。また，半月キーの適応軸径を表5-9に示す。

角形スプラインは，軸の回転力を十分に伝えるため，軸の周囲に多くのキーを削り出し，ボス穴には同数のキー溝が穴の周囲に加工されたものであり，トルクのほかに軸方向の動きもできる（セレーションは，比較的小径のものに用いられ，溝の数を多くし，溝の深さを小さくした三角状のものもあり，軸と穴の結合用である）。このように，スプラインは，キーの場合よりも，はるかに大きなトルクを伝達できる。

表5-3 平行キーの形状および寸法 (JIS B 1301:96)　（単位 mm）

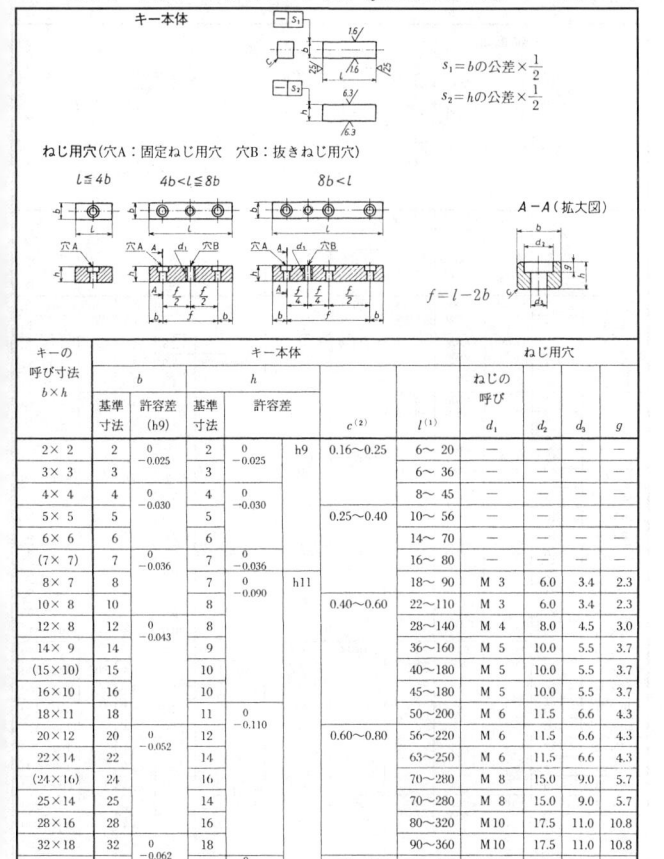

$s_1 = b の公差 \times \dfrac{1}{2}$

$s_2 = h の公差 \times \dfrac{1}{2}$

ねじ用穴(穴A：固定ねじ用穴　穴B：抜きねじ用穴)

$l \leq 4b$ 　　 $4b < l \leq 8b$ 　　 $8b < l$

$f = l - 2b$

A－A（拡大図）

キーの呼び寸法 $b \times h$	キー本体					$c^{(2)}$	$l^{(1)}$	ねじ用穴			
	b		h					ねじの呼び	d_1	d_2	d_3	g
	基準寸法	許容差(h9)	基準寸法	許容差							
2× 2	2	0 −0.025	2	0 −0.025	h9	0.16～0.25	6～ 20	—	—	—	—
3× 3	3		3				6～ 36	—	—	—	—
4× 4	4	0 −0.030	4	0 −0.030			8～ 45	—	—	—	—
5× 5	5		5			0.25～0.40	10～ 56	—	—	—	—
6× 6	6		6				14～ 70	—	—	—	—
(7× 7)	7	0 −0.036	7	0 −0.036			16～ 80	—	—	—	—
8× 7	8		7	0 −0.090	h11		18～ 90	M 3	6.0	3.4	2.3
10× 8	10		8			0.40～0.60	22～110	M 3	6.0	3.4	2.3
12× 8	12	0 −0.043	8				28～140	M 4	8.0	4.5	3.0
14× 9	14		9				36～160	M 5	10.0	5.5	3.7
(15×10)	15		10				40～180	M 5	10.0	5.5	3.7
16×10	16		10				45～180	M 5	10.0	5.5	3.7
18×11	18		11	0 −0.110			50～200	M 6	11.5	6.6	4.3
20×12	20	0 −0.052	12			0.60～0.80	56～220	M 6	11.5	6.6	4.3
22×14	22		14				63～250	M 6	11.5	6.6	4.3
(24×16)	24		16				70～280	M 8	15.0	9.0	5.7
25×14	25		14				70～280	M 8	15.0	9.0	5.7
28×16	28		16				80～320	M10	17.5	11.0	10.8
32×18	32	0 −0.062	18				90～360	M10	17.5	11.0	10.8
(35×22)	35		22	0 −0.130		1.00～1.20	100～400	M10	17.5	11.0	10.8

(以下省略)

注 （1） l は，表の範囲内で，次の中から選ぶのがよい．なお，l の寸法許容差は，h12 とする．
6，8，10，12，14，16，18，20，22，25，28，32，36，40，45，50，56，63，70，80，90，100，110，125，140，160，180，200，220，250，280，320，360，400
（2） 45°面取り(c の代わりに丸み(r) でもよい．

備考　括弧を付けた呼び寸法のものは，対応国際規格に規定されていないので，新設計には使用しない．

参考　表に規定するキーの許容差よりも公差の小さいキーが必要な場合には，キーの幅 b に対する許容差を h7 とする．この場合の高さ h の許容差は，キーの呼び寸法 7×7 以下は h7，キーの呼び寸法 8×7 以上は h11 とする．

表5-4 平行キー用のキー溝の形状および寸法 (JIS B 1301：96) (単位 mm)

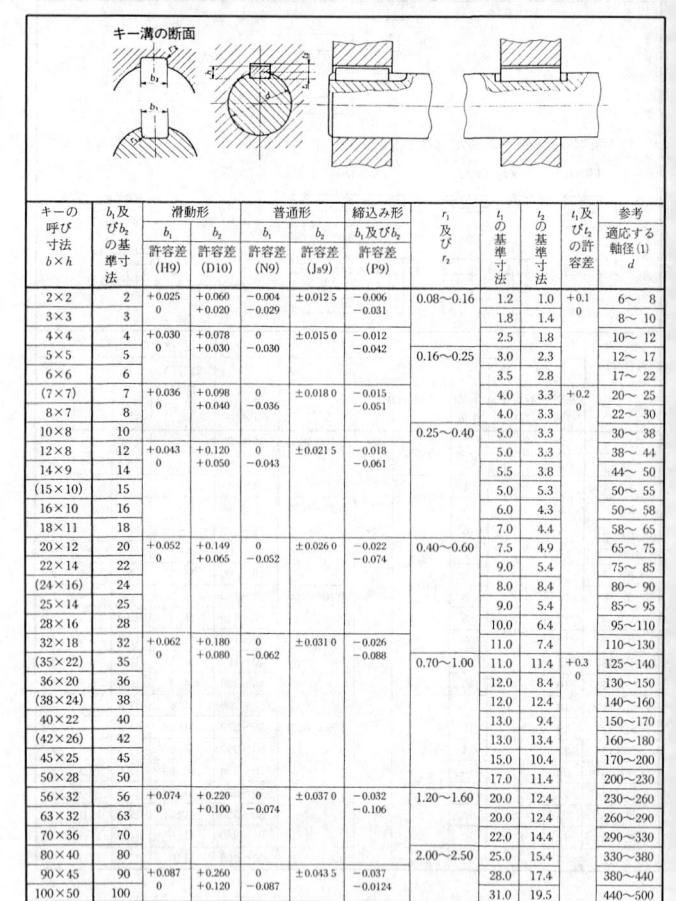

キー溝の断面

キーの呼び寸法 $b \times h$	b_1及びb_2の基準寸法	滑動形 b_1 許容差(H9)	滑動形 b_2 許容差(D10)	普通形 b_1 許容差(N9)	普通形 b_2 許容差(Js9)	締込み形 b_1及びb_2 許容差(P9)	r_1及びr_2	t_1の基準寸法	t_2の基準寸法	t_1及びt_2の許容差	参考 適応する軸径(1) d
2×2	2	+0.025 0	+0.060 +0.020	-0.004 -0.029	±0.012 5	-0.006 -0.031	0.08~0.16	1.2	1.0	+0.1 0	6~ 8
3×3	3							1.8	1.4		8~ 10
4×4	4	+0.030 0	+0.078 +0.030	0 -0.030	±0.015 0	-0.012 -0.042		2.5	1.8		10~ 12
5×5	5						0.16~0.25	3.0	2.3		12~ 17
6×6	6							3.5	2.8		17~ 22
(7×7)	7	+0.036 0	+0.098 +0.040	0 -0.036	±0.018 0	-0.015 -0.051		4.0	3.3	+0.2 0	20~ 25
8×7	8							4.0	3.3		22~ 30
10×8	10						0.25~0.40	5.0	3.3		30~ 38
12×8	12	+0.043 0	+0.120 +0.050	0 -0.043	±0.021 5	-0.018 -0.061		5.0	3.3		38~ 44
14×9	14							5.5	3.8		44~ 50
(15×10)	15							5.0	5.3		50~ 55
16×10	16							6.0	4.3		50~ 58
18×11	18							7.0	4.4		58~ 65
20×12	20	+0.052 0	+0.149 +0.065	0 -0.052	±0.026 0	-0.022 -0.074	0.40~0.60	7.5	4.9		65~ 75
22×14	22							9.0	5.4		75~ 85
(24×16)	24							8.0	8.4		80~ 90
25×14	25							9.0	5.4		85~ 95
28×16	28							10.0	6.4		95~110
32×18	32	+0.062 0	+0.180 +0.080	0 -0.062	±0.031 0	-0.026 -0.088		11.0	7.4		110~130
(35×22)	35						0.70~1.00	11.0	11.4	+0.3 0	125~140
36×20	36							12.0	8.4		130~150
(38×24)	38							12.0	12.4		140~160
40×22	40							13.0	9.4		150~170
(42×26)	42							13.0	13.4		160~180
45×25	45							15.0	10.4		170~200
50×28	50							17.0	11.4		200~230
56×32	56	+0.074 0	+0.220 +0.100	0 -0.074	±0.037 0	-0.032 -0.106	1.20~1.60	20.0	12.4		230~260
63×32	63							20.0	12.4		260~290
70×36	70							22.0	14.4		290~330
80×40	80						2.00~2.50	25.0	15.4		330~380
90×45	90	+0.087 0	+0.260 +0.120	0 -0.087	±0.043 5	-0.037 -0.0124		28.0	17.4		380~440
100×50	100							31.0	19.5		440~500

注(1) 適応する軸径は、キーの強さに対応するトルクから求められるものであって、一般用途の目安として示す。キーの大きさが伝達するトルクに対して適切な場合には、適応する軸径より太い軸を用いてもよい。その場合には、キーの側面が、軸及びハブに均等に当たるようにt_1及びt_2を修正するのがよい。適応する軸径より細い軸には用いないほうがよい。

備考 括弧を付けた呼び寸法のものは、対応国際規格には規定されていないので、新設計には使用しない。

表5-5 こう配キーの形状および寸法 (JIS B 1301：96) (単位 mm)

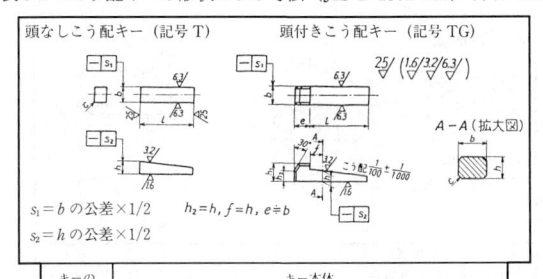

頭なしこう配キー (記号T)　　頭付きこう配キー (記号TG)

$s_1 = b$ の公差 × 1/2
$s_2 = h$ の公差 × 1/2
$h_2 = h, f = h, e \fallingdotseq b$

キーの呼び寸法 $b \times h$	キー本体					
	b 基準寸法	許容差(h9)	h 基準寸法	許容差	h_1	c [2]	l [1]
2× 2	2	0 −0.025	2	0 −0.025	h9	—	0.16～0.25	6～ 30
3× 3	3		3			—		6～ 36
4× 4	4	0 −0.030	4	0 −0.030		7		8～ 45
5× 5	5		5			8	0.25～0.40	10～ 56
6× 6	6		6			10		14～ 70
(7× 7)	7	0 −0.036	7.2	0 −0.036		10		16～ 80
8× 7	8		7	0 −0.090	h11	11		18～ 90
10× 8	10		8			12	0.40～0.60	22～110
12× 8	12	0 −0.043	8			12		28～140
14× 9	14		9			14		36～160
(15×10)	15		10.2	0 −0.070	h10	15		40～180
16×10	16		10	0 −0.090	h11	16		45～180
18×11	18		11	0 −0.110		18		50～200
20×12	20	0 −0.052	12			20	0.60～0.80	56～220
22×14	22		14			22		63～250
(24×16)	24		16.2	0 −0.070	h10	24		70～280
25×14	25		14	0 −0.110	h11	22		70～280
28×16	28		16			25		80～320
32×18	32	0 −0.062	18			28		90～360
(35×22)	35		22.3	0 −0.084	h10	32	1.00～1.20	100～400

(以下省略)

備考 括弧を付けた呼び寸法のものは、対応国際規格には規定されていないので、新設計には使用しない。

表 5-6 こう配キー用のキー溝の形状および寸法(JIS B 1301：96)(単位 mm)

キー溝の断面

キーの呼び寸法 $b \times h$	b_1及びb_2 基準寸法	許容差(D10)	r_1及びr_2	t_1の基準寸法	t_2の基準寸法	t_1及びt_2の許容差	参考 適応する軸径 d
2×2	2	+0.060 +0.020	0.08～0.16	1.2	0.5	+0.05 0	6～8
3×3	3			1.8	0.9		8～10
4×4	4	+0.078 +0.030		2.5	1.2	+0.1 0	10～12
5×5	5		0.16～0.25	3.0	1.7		12～17
6×6	6			3.5	2.2		17～22
(7×7)	7	+0.098 +0.040		4.0	3.0		20～25
8×7	8			4.0	2.4	+0.2 0	22～30
10×8	10		0.25～0.40	5.0	2.4		30～38
12×8	12	+0.120 +0.050		5.0	2.4		38～44
14×9	14			5.5	2.9		44～50
(15×10)	15			5.0	5.0	+0.1 0	50～55
16×10	16			6.0	3.4	+0.2 0	50～58
18×11	18			7.0	3.4		58～65
20×12	20	+0.149 +0.065	0.40～0.60	7.5	3.9		65～75
22×14	22			9.0	4.4		75～85
(24×16)	24			8.0	8.0	+0.1 0	80～90
25×14	25			9.0	4.4	+0.2 0	85～95
28×16	28			10.0	5.4		95～110
32×18	32	+0.180 +0.080		11.0	6.4		110～130
(35×22)	35		0.70～1.00	11.0	11.0	+0.15 0	125～140
36×20	36			12.0	7.1	+0.3 0	130～150
(38×24)	38			12.0	12.0	+0.15 0	140～160
40×22	40			13.0	8.1	+0.3 0	150～170
(42×26)	42			13.0	13.0	+0.15 0	160～180
45×25	45			15.0	9.1	+0.3 0	170～200
50×28	50			17.0	10.1		200～230
56×32	56	+0.220 +0.100	1.20～1.60	20.0	11.1		230～260
63×32	63			20.0	11.1		260～290
70×36	70			22.0	13.1		290～330
80×40	80		2.00～2.50	25.0	14.1		330～380
90×45	90	+0.260 +0.120		28.0	16.1		380～440
100×50	100			31.0	18.1		440～500

備考 括弧を付けた呼び寸法のものは, 対応国際規格には規定されていないので, 新設計には使用しない。

表5-7 半月キーの形状および寸法 (JIS B 1301：96) (単位 mm)

丸底 (記号WA)　　平底 (記号WB)　　A-A

備考　表面粗さは両側面は1.6 μmR_aとし，その他は6.3 μmR_aとする。

キーの呼び寸法 $b \times d_0$	b 基準寸法	b 許容差(h9)	d_0 基準寸法	d_0 許容差	h 基準寸法	h 許容差(h11)	h_1 基準寸法	h_1 許容差	c	参考 l (計算値)
1× 4	1	0 −0.025	4	0 −0.120	1.4	0 −0.060	1.1	±0.1	0.16〜0.25	—
1.5× 7	1.5		7	0 −0.150	2.6		2.1			—
2× 7	2		7		2.6		2.1			—
2×10			10		3.7	0 −0.075	3.0			—
2.5×10	2.5		10		3.7		3.0			9.6
(3×10)	3		10	0 −0.180	3.7		3.55			9.6
3×13			13		5.0		4.0	±0.2		12.6
3×16			16		6.5	0 −0.090	5.2			15.7
(4×13)	4	0 −0.030	13	0 −0.1	5.0	0 −0.075	4.75			12.6
4×16			16	0 −0.180	6.5	0 −0.090	5.2		0.25〜0.40	15.7
4×19			19	0 −0.210	7.5		6.0			18.5
5×16	5		16	0 −0.180	6.5		5.2			15.7
5×19			19	0 −0.210	7.5		6.0			18.5
5×22			22		9.0		7.2			21.6
6×22	6		22		9.0		7.2			21.6
6×25			25		10.0		8.0			24.4
(6×28)			28	0 −0.2	11.0	0 −0.110	10.6			27.3
(6×32)			32		13.0		12.5			31.4
(7×22)	7	0 −0.036	22	0 −0.1	9.0	0 −0.090	8.5			21.6
(7×25)			25	0 −0.2	10.0		9.5			24.4
(7×28)			28		11.0	0 −0.110	10.6			27.3
(7×32)			32		13.0		12.5			31.4
(7×38)			38		15.0		14.0			37.1
(7×45)			45		16.0		15.0			43.0
(8×25)	8		25		10.0	0 −0.090	9.5			24.4
8×28			28	0 −0.210	11.0	0 −0.110	8.8		0.40〜0.60	27.3
(8×32)			32		13.0		12.5		0.25〜0.40	31.4
(8×38)			38		15.0		14.0			37.1
10×32	10		32	0 −0.250	13.0		10.4		0.40〜0.60	31.4
(10×45)			45	0 −0.2	16.0		15.0			43.0
(10×55)			55		17.0		16.0			50.8
(10×65)			65		19.0	0 −0.130	18.0	±0.3		59.0
(12×65)	12	0 −0.043	65		19.0		18.0			59.0
(12×80)			80		24.0		22.4			73.3

備考　括弧を付けた呼び寸法のものは，対応国際規格には規定されていないので，新設計には使用しない。

表5-8 半月キー用のキー溝の形状および寸法 (JIS B 1301:96) (単位 mm)

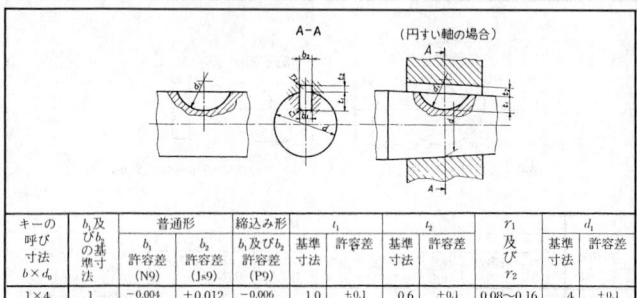

キーの呼び寸法 $b \times d_0$	b_1及びb_2の基準寸法	普通形 b_1許容差 (N9)	普通形 b_2許容差 (Js9)	締込み形 b_1及びb_2許容差 (P9)	t_1 基準寸法	t_1 許容差	t_2 基準寸法	t_2 許容差	r_1及びr_2	d_1 基準寸法	d_1 許容差
1×4	1	$-0.004 \\ -0.029$	±0.012	$-0.006 \\ -0.031$	1.0	+0.1 / 0	0.6	+0.1 / 0	0.08〜0.16	4	+0.1 / 0
1.5×7	1.5				2.0		0.8			7	
2×7	2				1.8		1.0			7	
2×10					2.9					10	+0.2 / 0
2.5×10	2.5				2.7		1.2			10	
(3×10)	3				2.5		1.4			10	
3×13					3.8					13	
3×16					5.3					16	
(4×13)	4	$0 \\ -0.030$	±0.015	$-0.012 \\ -0.042$	3.5	+0.1 / 0	1.7			13	
4×16					5.0	+0.2 / 0	1.8		0.16〜0.25	16	
4×19					6.0					19	+0.3 / 0
5×16	5				4.5		2.3			16	+0.2 / 0
5×19					5.5					19	+0.3 / 0
5×22					7.0	+0.3 / 0				22	
6×22	6				6.5		2.8			22	
6×25					7.5			+0.2 / 0		25	
(6×28)					8.6	+0.1 / 0	2.6	+0.1 / 0		28	
(6×32)					10.6					32	
(7×22)	7	$0 \\ -0.036$	±0.018	$-0.015 \\ -0.051$	6.4		2.8			22	
(7×25)					7.4					25	
(7×28)					8.4					28	
(7×32)					10.4					32	
(7×38)					12.4					38	
(7×45)					13.4					45	
(8×25)	8				7.2		3.0			25	
8×28					8.0	+0.3 / 0	3.3	+0.2 / 0	0.25〜0.40	28	
(8×32)					10.2	+0.1 / 0	3.0	+0.1 / 0	0.16〜0.25	32	
(8×38)					12.2					38	
10×32	10				10.0	+0.3 / 0	3.3	+0.2 / 0	0.25〜0.40	32	
(10×45)					12.8	+0.1 / 0	3.4	+0.1 / 0		45	
(10×55)					13.8					55	
(10×65)					15.8					65	+0.5 / 0
(12×65)	12	$0 \\ -0.043$	±0.022	$-0.018 \\ -0.061$	15.2		4.0			65	
(12×80)					20.2					80	

備考
1. 括弧を付けた呼び寸法のものは, 対応国際規格には規定されていないので, 新設計には使用しない。
2. 適応する軸径については, 表5-9参照。

表5-9 半月キーに適応する軸径 (JIS B 1301：96)　　(単位 mm)

キーの呼び寸法	系列1	系列2	系列3	せん断断面積 (mm^2)
1× 4	3～ 4	3～ 4	—	—
1.5× 7	4～ 5	4～ 6	—	—
2× 7	5～ 6	6～ 8	—	—
2×10	6～ 7	8～10	—	—
2.5×10	7～ 8	10～12	7～12	21
(3×10)	—	—	8～14	26
3×13	8～10	12～15	9～16	35
3×16	10～12	15～18	11～18	45
(4×13)	—	—	11～18	46
4×16	12～14	18～20	12～20	57
4×19	14～16	20～22	14～22	70
5×16	16～18	22～25	14～22	72
5×19	18～20	25～28	15～24	86
5×22	20～22	28～32	17～26	102
6×22	22～25	32～36	19～28	121
6×25	25～28	36～40	20～30	141
(6×28)			22～32	155
(6×32)	—	—	24～34	180
(7×22)	—	—	20～29	139
(7×25)	—	—	22～32	159
(7×28)	—	—	24～34	179
(7×32)	—	—	26～37	209
(7×38)	—	—	29～41	249
(7×45)	—	—	31～45	288
(8×25)	—	—	24～34	181
8×28	28～32	40～ —	26～37	203
(8×32)	—	—	28～40	239
(8×38)	—	—	30～44	283
10×32	32～38	—	31～46	295
(10×45)	—	—	38～54	406
(10×55)	—	—	42～60	477
(10×65)	—	—	46～65	558
(12×65)	—	—	50～73	660
(12×80)	—	—	58～82	834

表 5-9 （つづき）

> 備考 1．括弧を付けた呼び寸法のものは，対応国際規格には規定されていないので，新設計には使用しない。
> 備考 2．系列 1 および系列 2 は，対応する国際規格に掲げられた軸径であって，次による。
> 　　系列 1：キーによってトルクを伝達する結合に適応する。
> 　　系列 2：キーによって位置決めをする場合，たとえば，軸とハブとか"しまりばめ"ではめあい，キーによってトルクを伝達しない場合に適応する。
> 備考 3．系列 3 は，表に示すせん断面積でのキーのせん断強さに対応する。このせん断面積は，キーがキー溝に完全に沈んでいるときのせん断を受ける部分の計算値である。

スプラインは，工作機械，自動車などの速度変換歯車軸，車輛などに用いられている。

5.2. ボールスプライン（図 5-3，図 5-4）

ボールスプライン（JIS B 1193：04）は，軸と穴とを結合して動力を伝達する一種の継手であり，従来の角形スプラインに対して，スプライン軸と外筒の両者の溝の間に鋼球を介在させるため，トルクの伝達のほか，軸方向の移動が極めて滑らかであり，また，プリロード（予圧）を加えれば，回転する際のガタを除くことができる。表 5-10 にボールスプラインの種類および記号を示す。

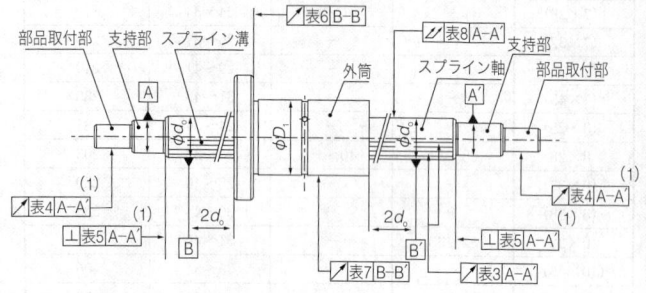

表 5-10 ボールスプラインの種類および記号

名称	種類	外筒のフランジの有無	シールの有無	
ボールスプライン	A I 形	なし	なし	
	A II 形		あり	片側(U)
	R 形			両側(UU)
		あり(F)	なし	
	A II 形		あり	片側(U)
	R 形			両側(UU)

備考　表中の括弧内文字はシールの有無を示す表示記号である。なしは無記入。

図 5-3　ボールスプラインの各部精度

注 (1) 支持部および部品取付部のないものには，適用しない。
備考 1．支持部は，軸受などを取り付け，スプライン軸を支持する部分をいう。
　　 2．部品取付部は，歯車など他の機械要素を取り付ける部分をいう。
　　 3．この図は，一例として A I 形の例を示す。
　　 4．C_1 C_3 C_5 の 3 等級による公差は JIS B 1139 を参照のこと。

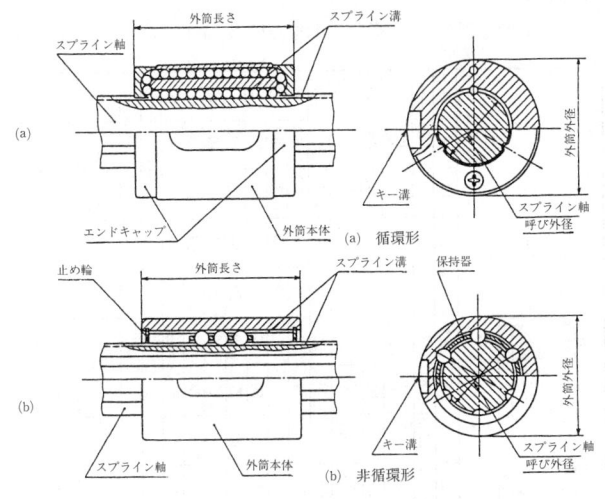

図 5-4 ボールスプラインの各部名称

(a) 循環形
(b) 非循環形

5.3. ピン

ピンには平行ピン・テーパピン・割りピンおよび先割りテーパピンなどがある。平行ピンはときどき取りはずすことのある二つの物体を取り付けるときの位置を定めるのに用い（たとえば中間歯車の軸座の決定など　図 **5-5**），テーパピンは二つの物体を固定する際打ち込んでから締めるときなど（図 **5-6**）に用いられる。割りピンはナットのゆるみ止めなど（2章図 **2-8e, f**），その用途はすこぶる広い。表 **5-11** に割りピン（JIS B 1351：87），表 **5-12** にテーパピン（JIS B 1352：88），表 **5-13** に平行ピン（JIS B 1354：88）の寸法を示す。

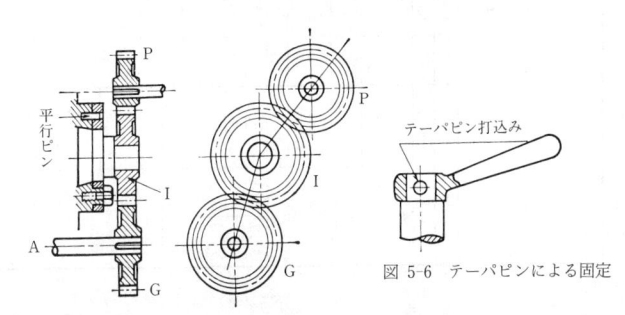

図 5-5 平行ピンを用いた位置決め

図 5-6 テーパピンによる固定

表5-11 割りピンの形状・寸法 (JIS B 1351：87)　　(単位 mm)

呼び径 d		0.6	0.8	1.2	1.6	2	2.5	3.2	4	5	6.3	8	10	13	16	20
d	基準寸法	0.5	0.7	0.9	1	1.4	1.8	2.3	2.9	3.7	4.6	5.9	7.5	9.5	12.4	15.4	19.3
	許容寸差	$\begin{array}{c}0\\-0.1\end{array}$				$\begin{array}{c}0\\-0.2\end{array}$				$\begin{array}{c}0\\-0.3\end{array}$							
c	基準寸法	1	1.4	1.8	2	2.8	3.6	4.6	5.8	7.4	9.2	11.8	15	19	24.8	30.8	38.6
	許容寸差	$\begin{array}{c}0\\-0.1\end{array}$	$\begin{array}{c}0\\-0.2\end{array}$		$\begin{array}{c}0\\-0.3\end{array}$		$\begin{array}{c}0\\-0.4\end{array}$		$\begin{array}{c}0\\-0.7\end{array}$	$\begin{array}{c}0\\-0.9\end{array}$	$\begin{array}{c}0\\-1.2\end{array}$	$\begin{array}{c}0\\-1.5\end{array}$	$\begin{array}{c}0\\-1.9\end{array}$	$\begin{array}{c}0\\-2.4\end{array}$	$\begin{array}{c}0\\-3.1\end{array}$	$\begin{array}{c}0\\-3.8\end{array}$	$\begin{array}{c}0\\-4.8\end{array}$
b 約		2	2.4	3	3	3.2	4	5	6.4	8	10	12.6	16	20	26	32	40
a 最大		1.6	1.6	1.6	2.5	2.5	2.5	3.2	3.2	4	4	4	4	4	6.3	6.3	6.3
	最小	0.8	0.8	0.8	1.2	1.2	1.2	1.6	1.6	2	2	2	2	2	3.2	3.2	3.2
適用するボルト及びピンのどちらか小径	を超え	–	2.5	3.5	4.5	5.5	7	9	11	14	20	27	39	56	80	120	170
	以下	2.5	3.5	4.5	5.5	7	9	11	14	20	27	39	56	80	120	170	–
	を超え	–	2	3	4	5	6	8	9	12	17	23	29	44	69	110	160
	以下	2	3	4	5	6	8	9	12	17	23	29	44	69	110	160	–
ピン穴径 (参考)		0.6	0.8	1.2	1.6	2	2.5	3.2	4	5	6.3	8	10	13	16	20
ℓ	4	±0.5															
	5																
	6		±0.5														
	8																
	10			±0.5													
	12				±0.8												
	14					±0.8											
	16						±0.8	±0.8									

表 5-12 テーパピンの形状・寸法 (JIS B 1352：88)　　(単位 mm)

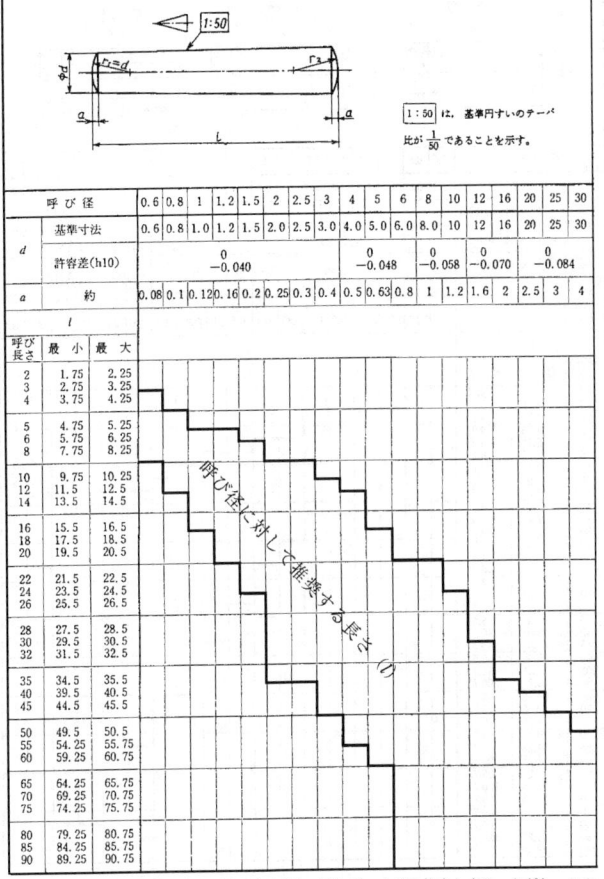

呼び径		0.6	0.8	1	1.2	1.5	2	2.5	3	4	5	6	8	10	12	16	20	25	30
d	基準寸法	0.6	0.8	1.0	1.2	1.5	2.0	2.5	3.0	4.0	5.0	6.0	8.0	10	12	16	20	25	30
	許容差(h10)	\multicolumn{5}{c	}{0 / −0.040}				\multicolumn{3}{c	}{0 / −0.048}			\multicolumn{2}{c	}{0 / −0.058}		\multicolumn{2}{c	}{0 / −0.070}		\multicolumn{2}{c}{0 / −0.084}		
a	約	0.08	0.1	0.12	0.16	0.2	0.25	0.3	0.4	0.5	0.63	0.8	1	1.2	1.6	2	2.5	3	4

呼び長さ	l 最小	l 最大
2	1.75	2.25
3	2.75	3.25
4	3.75	4.25
5	4.75	5.25
6	5.75	6.25
8	7.75	8.25
10	9.75	10.25
12	11.5	12.5
14	13.5	14.5
16	15.5	16.5
18	17.5	18.5
20	19.5	20.5
22	21.5	22.5
24	23.5	24.5
26	25.5	26.5
28	27.5	28.5
30	29.5	30.5
32	31.5	32.5
35	34.5	35.5
40	39.5	40.5
45	44.5	45.5
50	49.5	50.5
55	54.25	55.75
60	59.25	60.75
65	64.25	65.75
70	69.25	70.75
75	74.25	75.75
80	79.25	80.75
85	84.25	85.75
90	89.25	90.75

（呼び径に対して推奨する長さ l）

備考　1. ピンの呼び径に対して推奨する長さ (l) は，太線の枠内とする。ただし，この表以外の l を必要とする場合は，注文者が指定する。なお，200mm を超える呼び長さは，20mm とびとするのがよい。
　　　2. 小端側の径 (d) に対して，h10 以外の許容差を必要とする場合は，注文者が指定する。ただし，その許容差は，JIS B 0401 によるものとする。
　　　3. テーパ部の許容限界は，d に与えた許容差とテーパ 1/50 の基準円すい及び長さ (l) によって決まる幾何学的に正しい二つの円すいによる（図参照）。
　　　4. この表の許容差は，表面処理を施す前のものに適用する。

表5-13　平行ピンの形状・寸法 (JIS B 1354：88)　(単位 mm)

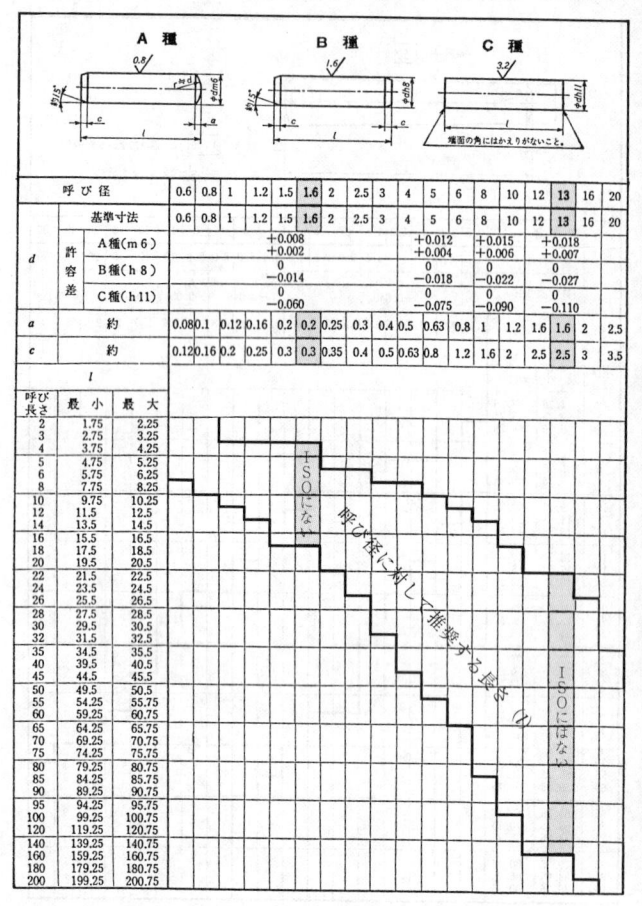

呼び径			0.6	0.8	1	1.2	1.5	1.6	2	2.5	3	4	5	6	8	10	12	13	16	20
d	基準寸法		0.6	0.8	1	1.2	1.5	1.6	2	2.5	3	4	5	6	8	10	12	13	16	20
	許容差	A種(m6)						+0.008 +0.002				+0.012 +0.004		+0.015 +0.006		+0.018 +0.007				
		B種(h8)						0 −0.014				0 −0.018		0 −0.022		0 −0.027				
		C種(h11)						0 −0.060				0 −0.075		0 −0.090		0 −0.110				
a	約		0.08	0.1	0.12	0.16	0.2	0.2	0.25	0.3	0.4	0.5	0.63	0.8	1	1.2	1.6	1.6	2	2.5
c	約		0.12	0.16	0.2	0.25	0.3	0.3	0.35	0.4	0.5	0.63	0.8	1.2	1.6	2	2.5	2.5	3	3.5

呼び長さ	l 最小	l 最大
2	1.75	2.25
3	2.75	3.25
4	3.75	4.25
5	4.75	5.25
6	5.75	6.25
8	7.75	8.25
10	9.75	10.25
12	11.5	12.5
14	13.5	14.5
16	15.5	16.5
18	17.5	18.5
20	19.5	20.5
22	21.5	22.5
24	23.5	24.5
26	25.5	26.5
28	27.5	28.5
30	29.5	30.5
32	31.5	32.5
35	34.5	35.5
40	39.5	40.5
45	44.5	45.5
50	49.5	50.5
55	54.25	55.75
60	59.25	60.75
65	64.25	65.75
70	69.25	70.75
75	74.25	75.75
80	79.25	80.75
85	84.25	85.75
90	89.25	90.75
95	94.25	95.75
100	99.25	100.75
120	119.25	120.75
140	139.25	140.75
160	159.25	160.75
180	179.25	180.75
200	199.25	200.75

備　考　1.　ピンの呼び径に対して推奨する長さ (l) は，太線の枠内とする。ただし，この表以外の l を必要とする場合は，注文者が指定する。あみかけをした部分はISOにない。なお，200 mmを超える呼び長さは，20 mmとびとするのがよい。
2.　この表の許容量は，表面処理を施す前のものに適用する。

6章　ジャーナルと軸受

6.1. ジャーナルの種類

回転軸の支持される部分をジャーナルといい，これを支持する機械部分を軸受という。

ジャーナルは荷重の作用する状態により，次のように分けられる。

(1) ラジアルジャーナル

荷重が回転軸に直角に作用するもの

a) 端ジャーナル　軸の一端にあるもの（図 6-1）

b) 中間ジャーナル　軸の中間にあるもの（図 6-2）

(2) スラストジャーナル

荷重が回転軸の軸方向に作用するもの

a) ピボットジャーナル（図 6-3）

b) つばジャーナル　軸につばがあるもの（図 6-4）

図 6-1 端ジャーナル

図 6-2 中間ジャーナル

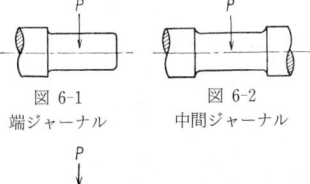

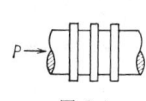

図 6-3 ピボットジャーナル

図 6-4 つばジャーナル

6.2. ラジアルジャーナルの計算

ジャーナルの計算には次の事項に注意する。
(1) 破壊に対する抵抗力があること
(2) 過度のひずみを生じないように剛性があること
(3) 摩擦が少なく，補正が容易なこと
(4) 潤滑油をよく保持すること
(5) 摩擦熱をよく放散すること

6.2.1. 強さ

(1) 端ジャーナルの場合（図 6-5）

全荷重がジャーナルの全長にわたり一様に分布するものとし，P：全荷重 (N)，$\sigma=$許容応力 (N/mm²=MPa)，l：ジャーナルの長さ (mm)，d：ジャーナルの直径 (mm) とすれば，片持はりとし（3編3章付表3(2)6参照）

$$\frac{Pl}{2}=\frac{pl^2d}{2}=\frac{\pi d^3}{32}\sigma \doteqdot \frac{d^3}{10}\sigma$$

あるいは

$$\frac{l}{d}\doteqdot\sqrt{0.2\frac{\sigma}{p}}, \quad \text{ここに} \quad p=\frac{P}{ld}$$

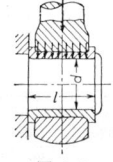

図 6-5 端ジャーナル

表 6-1 軸端の寸法 (JIS B 0903：01)

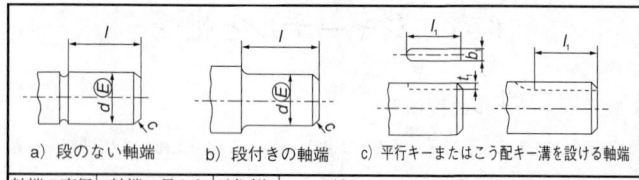

a) 段のない軸端 b) 段付きの軸端 c) 平行キーまたはこう配キー溝を設ける軸端

軸端の直径 d	軸端の長さ l 短軸端	軸端の長さ l 長軸端	(参考)端部の面取り c	b_1	t_1	l_1 (参考) 短軸端用	l_1 (参考) 長軸端用	キーの呼び寸法 $b \times h$
6	—	16	0.5	—	—	—	—	—
7	—	16	0.5	—	—	—	—	—
8	—	20	0.5	—	—	—	—	—
9	—	20	0.5	—	—	—	—	—
10	20	23	0.5	3	1.8	—	20	3× 3
11	20	23	0.5	4	2.5	—	20	4× 4
12	25	30	0.5	4	2.5	—	20	4× 4
14	25	30	0.5	5	3.0	—	25	5× 5
16	28	40	0.5	5	3.0	25	36	5× 5
18	28	40	0.5	6	3.5	25	36	6× 6
19	28	40	0.5	6	3.5	25	36	6× 6
20	36	50	0.5	6	3.5	32	45	6× 6
22	36	50	0.5	6	3.5	32	45	6× 6
24	36	50	0.5	8	4.0	32	45	8× 7
25	42	60	0.5	8	4.0	36	50	8× 7
28	42	60	1	8	4.0	36	50	8× 7
30	58	80	1	8	4.0	50	70	8× 7
32	58	80	1	10	5.0	50	70	10× 8
35	58	80	1	10	5.0	50	70	10× 8
38	58	80	1	10	5.0	50	70	10× 8
40	82	110	1	12	5.0	70	90	12× 8
42	82	110	1	12	5.0	70	90	12× 8
45	82	110	1	14	5.5	70	90	14× 9
48	82	110	1	14	5.5	70	90	14× 9
50	82	110	1	14	5.5	70	90	14× 9
55	82	110	1	16	6.0	70	90	16×10
56	82	110	1	16	6.0	70	90	16×10
60	105	140	1	18	7.0	90	110	18×11
63	105	140	1	18	7.0	90	110	18×11
65	105	140	1	18	7.0	90	110	18×11
70	105	140	1	20	7.5	90	110	20×12
71	105	140	1	20	7.5	90	110	20×12
75	105	140	1	20	7.5	90	110	20×12

注 $d = 80 \sim 630$ は省略
備考 1. l の寸法許容差は，JIS B 0405 の m とする。
 2. b_1，t_1，b および h の寸法許容差は，JIS B 1301 による。
 3. 参考で示した t_1 の寸法許容差は，JIS B 0405 の m によるのがよい。
参考 直径 d に対する寸法許容差は，JIS B 0401-1 の数値から選ぶのがよい。

6章 ジャーナルと軸受

JIS B 0903：01軸端（円筒形）では，軸の直径 $d=6 \sim 630\,\mathrm{mm}$ の場合について，軸端の寸法は表6-1に示すように規定されている。

(2) 中間ジャーナルの場合（図6-6）

l および l_1 の部分に荷重が均一に分布するものとして，$L=1.5l$ とすれば，M_{max} は中央より

$$l/d=\sqrt{8\pi\sigma/(1.5\times 32p)}=\sqrt{0.52\sigma/p}$$

6.2.2. 軸受圧力，l と d との比および摩擦熱

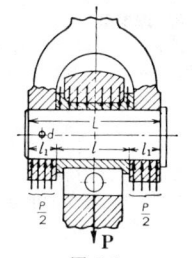

図6-6 中間ジャーナル

(1) 軸受圧力

軸受圧力は，軸受に加わる荷重を P とすれば，ジャーナルの投影面積 $dl(\mathrm{mm}^2)$ の単位面積当たり荷重すなわち $p=P/dl(\mathrm{N/mm}^2)$ で示される。この場合ジャーナルが過熱しないように計算し，さらに軸受圧力が制限を超えないようにする。参考として表6-2に許容軸受圧力を示す。

表6-2 軸と軸受材料の許容軸受圧力 （単位 N/mm²）

軸 と 軸 受 材 料	標準	最大	軸 と 軸 受 材 料	標準	最大
鋼と鋳鉄	3	6	鋼とSn基ホワイトメタル	6	10
鋼と青銅または黄銅*	7	20	焼入れ鋼とAl系軸受合金	5	10
鋼とりん青銅	15	60	焼入れ鋼とケルメット*	15	30
焼入れ鋼と焼入れしない鋼	3	10	鋼とリグナムバイタまたはベークライト	2.5	30
焼入れ鋼と焼入れ鋼*	7	20			
鋼とPb基ホワイトメタル	3.5	5	鋼と含油軸受	3	8

注 ＊印は衝撃荷重に適する。

(2) l と d との比

摩擦の仕事をなるべく減少し，材料を経済的にするためにジャーナルの強さおよび剛さにさしつかえない程度にその直径を小さくする。しかし，適当な軸受圧力を受けるようにするためには，長さと直径との関係を適当に考慮しなければならない。表6-3にその一例を示す。

表6-3 ジャーナルの長さと直径の比

機 械 の 種 類	l/d	機 械 の 種 類	l/d
自動車機関主軸受	0.8～1.8	車 両 軸 受	1.8～2.0
〃 クランクピン	0.7～1.4	伝動軸（自動調心軸受）	2.5～4.0
ディーゼル機関主軸受	0.6～2.0	工作機械主軸受	1.0～4.0
〃 クランクピン	0.6～1.5	減速歯車軸受	2.0～4.0
蒸気タービン主軸受	1.0～2.0	電気機械回転子軸受	1.0～2.0

(3) 摩擦熱

ジャーナル軸受では,軸受面は摩擦力 $F(\mathrm{N})$ に打ち勝って周速度 $V(\mathrm{m/s})$ で滑るから,摩擦仕事のための摩擦熱を発生する。単位時間の摩擦仕事 A_f は次式で示される。

$$A_f = FV = \mu PV = \mu P \frac{\pi dN}{1000 \times 60}$$

ここに,P:荷重(N),μ:摩擦係数,d:径(mm),N:回転数($\min^{-1}$)。したがって,単位面積当たりの摩擦仕事は次式で示される。

$$a_f = \frac{A_f}{dl} = \frac{\mu PV}{dl} = \mu pV$$

上式で μ の値は次式で計算できる。

$$\mu = 9.5\sqrt{\eta N/p} \qquad \text{ここに } \eta:\text{粘度(cP)(6.4.参照)}$$

ジャーナル軸受の設計では pV 値と $\eta N/p$ 値は基準となるもので,ある値を超えてはならない。表 6-4 に各種機械・軸受の経験値をかかげる。

6.3. 軸受の種類

軸受は次のように分類される。

(1) 滑り軸受

ジャーナルと滑り接触するもの(図 6-7)

 (a) ラジアル軸受:ラジアルジャーナルに用いる。

 (b) スラスト軸受:スラストを受ける軸に用いる。

 (i) ピボット軸受:ピボットジャーナルを支持するもの

 (ii) つば軸受:つばジャーナルを支持するもの

(2) 転がり軸受

ジャーナルと転がり接触するもの

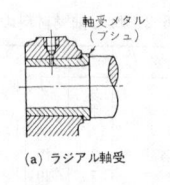

 (a) 玉軸受:ジャーナルが球と接触するもの

 (b) ころ軸受:ジャーナルがころ(円筒ころ,円すいころ)と接触するもの

(3) 静圧空気軸受

外部からの空気圧を用いて,その静圧力によってジャーナルを浮き上がらせるもの。空気の絞りの形式によって次のように分類される。

 ① 毛細管絞り ② オリフィス絞り ③ 自成絞り ④ 多孔質絞り

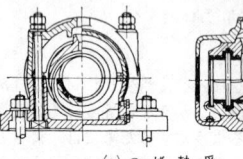

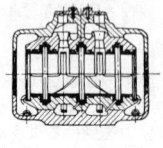

図 6-7 滑り軸受

表 6-4 滑り軸受の設計資料

機 械 名	軸 受	最大許容圧力 P MPa	最大許容圧力速度係数 PV MPa·m/s	適正粘度 μ mPa·s	最大許容 $\mu N/P^*$ $\times 10^{-12}$	標準すきま比 C/R	標準幅径比 L/D
自動車用 ガソリン機関	主軸受 クランクピン ピストンピン	6†~25 △ 10†~35 △ 15†~40 △	400 400 —	7~8	3.4 2.4 1.7	0.001 0.001 <0.001	0.8~1.8 0.7~1.4 1.5~2.2
往復ポンプ 圧縮機	主軸受 クランクピン ピストンピン	2× 4× 7×†	2~3 3~4 —	30~80	6.8 4.8 2.4	0.001 <0.001 <0.001	1.0~2.2 0.9~2.0 1.5~2.0
車 両	軸	3.5	10~15	100	11.2	0.001	1.8~2.0
蒸気タービン	主軸受	1×~2 △	40	2~16	26	0.001	0.5~2.0
発電機、電動機、遠心ポンプ	回転子軸受	1×~1.5×	2~3	25	43	0.0013	0.5~2.0
伝動軸	軽荷重 自動調心 重荷重	0.2× 1× 1×	1~2	25~60	24 6.8 6.8	0.001 0.001 0.001	2.0~3.0 2.5~4.0 2.0~3.0
工作機械	主軸受	0.5~2	0.5~1	40	0.26	<0.001	1.0~4.0
打抜き機、シャー	主軸受 クランクピン	28× 55×	—	100 100	— —	0.001 0.001	1.0~2.0 1.0~2.0
圧延機	主軸受	20	50~80	50	2.4	0.0015	1.1~1.5
減速歯車	軸受	0.5~2	5~10	30~50	8.5	0.001	2.0~4.0

注 *設計の基準に用いるときは安全のためこの値の (2~3) 倍をとる。
×満卜または はねかけ給油、†はリング給油、△強制給油。

(日本機械学会 機械実用便覧)

6.4. ジャーナル滑り軸受の負荷特性

(1) ゾンマーフェルト数

滑り軸受の性能は，(1)軸受寸法（直径×長さ），(2)荷重の大きさ，(3)回転数，(4)潤滑油の粘度，(5)軸受すきま，などの要因が影響する。

軸受性能を論じる場合，次に示すゾンマーフェルト（Sommerfeld）数 S がよく用いられる（S は無次元数）。

$$S=\frac{\eta N}{p}\left(\frac{r}{c}\right)^2=\frac{(2+\varepsilon^2)\sqrt{1-\varepsilon^2}}{12\pi^2\varepsilon}$$

上式で，
r：軸半径（cm または mm），（軸径 $d=2r$）
c：軸受半径すきま（cm または mm）
N：回転数（min^{-1} または s^{-1}）　　　η：油の粘度（cP　センチポアズ）
p：軸受投影面積に働く圧力〔荷重/（直径 d×長さ l）〕（N/cm^2 または N/mm^2）
ε：偏心率（e/c，e：軸の偏心）

ここで，　　　　　$1cP=10^{-3}N/m^2\cdot s=10^{-7}N/cm^2\cdot s$

（注）ゾンマーフェルト数 S は無次元数であるから，粘度 η の単位が〔$N/cm^2\cdot s$〕であるときは，回転数 N は〔s^{-1}〕としなければならない。また，長さも〔cm〕か〔mm〕に統一する。

図 6-8 は，ゾンマーフェルト数 S と偏心率 ε との関係を示したもので，ε がわかれば最小油膜厚さ h_{min} も求められる。

$$h_{min}==c(1-\varepsilon)$$

S をさらに簡単化した無次元数 $\eta N/p$ は軸受定数と呼ばれ，軸受性能の重要な一つの値である摩擦係数 μ との関係を示した図 6-9 のような特性曲線がよく用いられる。

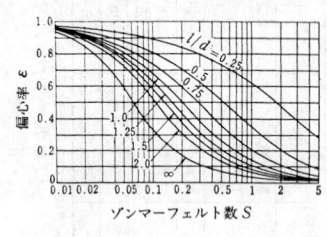

図 6-8　ジャーナル軸受の S と偏心率

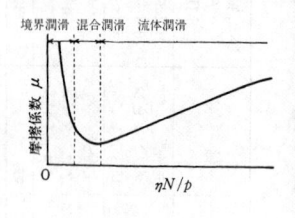

図 6-9　軸受特性曲線

6.5. 軸受材料

滑り軸受材料として重要な事項は，①焼けつきにくいこと，②なじみやすいこと，③耐食性があること，④疲れに対し強いこと，⑤摩耗しにくいことである。

(1) 鋳鉄，黄銅，青銅　耐耗性が高く衝撃にも強いが，高速で焼けつきやすい。中速軸受に用いられる。

(2) ホワイトメタル　なじみやすく，焼けつきにくく，摩耗性が高いが疲れおよび圧縮強さに劣る。内燃機関，各種機械の軸受に最も広く用いられる。(JIS H 5401 : 58 参照)

(3) アルミニウム合金　なじみがよく，耐摩耗性も高く，ホワイトメタルの代用にもされたが，高速・重荷重のものには適さない(JIS H 5402 は 63 年廃止された)。

(4) 銅鉛合金(ケルメット合金)　疲れ強さと耐熱性が高く，高荷重の内燃機関軸受に用いられた(JIS H 5403 は 63 年廃止された)。

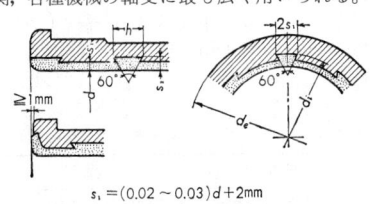

$s_1 = (0.02 \sim 0.03)d + 2\text{mm}$
$h = 3s_1, \quad s_2 = (1.5 \sim 1.6)s_1$
$d_e = 1.22 d_i$

図 6-10　ホワイトメタルを裏張りした軸受メタル

軸受メタルは通常二つ割りとし，材料は鋳鉄，青銅(低速度)，黄銅(高速度)を用い，その内面にはホワイトメタルを裏張りして油溝をつくってジャーナルの全面に給油する。図 6-10 にホワイトメタルを裏張りした軸受メタルの形状，表 6-5 に軸受メタルの標準厚さを示す。

表 6-5　軸受メタルの標準厚さ　　　　(単位 mm)

ホワイトメタルを裏張りしない 青銅軸受メタル		ホワイトメタルを裏張りした 軸受メタル	
直径の大きいもの	$0.05d + 5$	鋳鉄に対し	$0.12d + 12$
直径の小さいもの	$0.1d + 5$	鋼または鋳鉄に対し	$0.09d + 9$
		青銅に対し	$0.08d + 8$

注　ホワイトメタルの厚さは $(0.02 \sim 0.03)d + 2\text{mm}$ で 16mm 以下に止める。

JIS H 5401 : 58 に規定されているホワイトメタルの種類(記号)は，1 種(WJ 1)～10 種(WJ 10)まであるが，1 種は高速・高荷重の軸受用で，10 種は中速小荷重用である。1 種，2 種は Sn(すず)を主体に Sb(アンチモン)と Cu(銅)を加えた合金でバビットメタルといわれ，他のホワイトメタルのいずれよりも優れている。

6.6. 滑り軸受用ブシュ (JIS B 1582:96)

簡単な場合には滑り軸受用ブシュを用いる。ブシュの種類および記号は、構造によって表6-6のように4種類に区分する。

ブシュの構造を図6-11に示す。表6-7に1種、2種の形状・寸法、表6-8に3種、4種の形状・寸法および許容差を示す。ブシュの長さ (L) は受渡当事者間の協定による。

焼結含油軸受は、銅系、鉄系の金属粉末を主成分とし、これに黒鉛、すず、鉛などを少量加えて焼結した多孔性の軸受材に潤滑剤を吸収させた軸受で、温度の上昇とともに油は軸受から一様にしみ出て潤滑するもので、注油の困難な場所に適し、家庭用電気機器、音響用機器、事務用機械、自動車などに用いられる。

表6-6 ブシュの種類および記号

種類	構　　造	記号
1種	軸受合金鋳物によって作られたもの	1A
2種	鋼管を裏金として軸受合金を付けたもの	2B
3種	軸受合金板を巻いたもの	3A
4種	鋼板を裏金として軸受合金を付けて巻いたもの	4B

備考　内径仕上げ済みのものを記号F、内径仕上げ代付きのものを記号Sで表す。

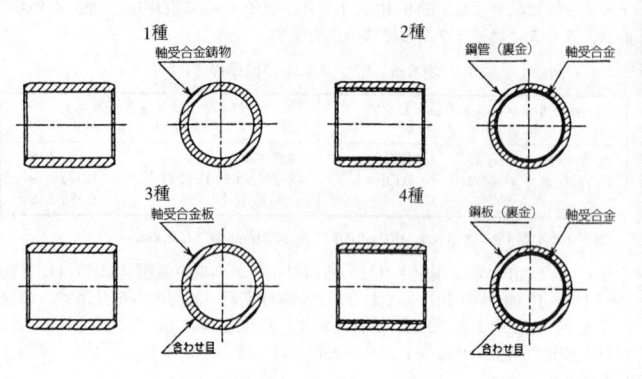

図 6-11 ブシュの構造 (1種～4種)

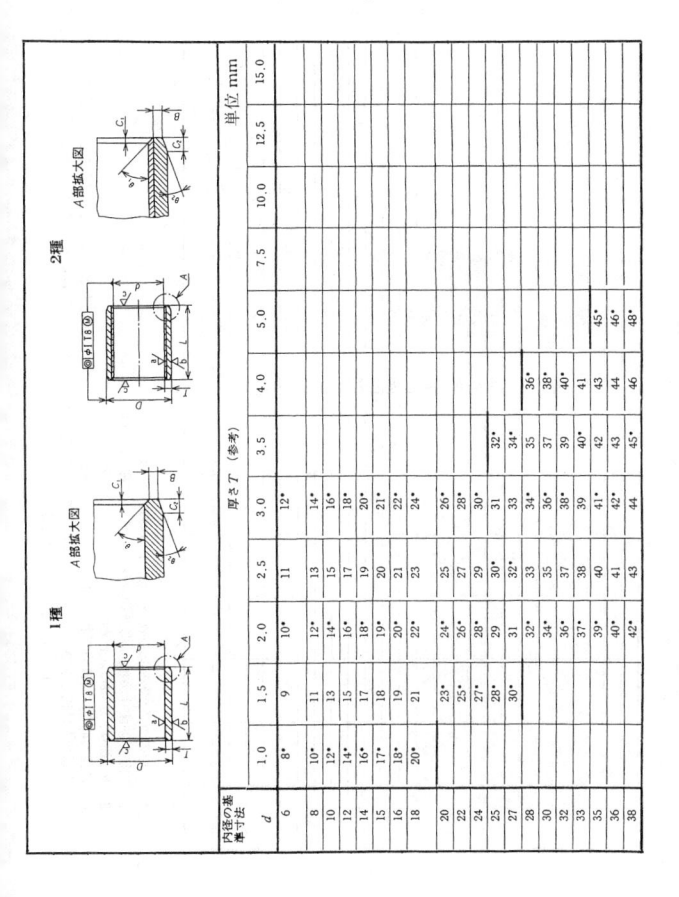

表6-7 滑り軸受用ブシュ (1種, 2種) の形状・寸法 (JIS B 1582:96)

単位 mm

内径の基準寸法 d	厚さT (参考) 1.0	1.5	2.0	2.5	3.0	3.5	4.0	5.0	7.5	10.0	12.5	15.0
6	8*	9	10*	11	12*							
8	10*	11	12*	13	14*							
10	12*	13	14*	15	16*							
12	14*	15	16*	17	18*							
14	16*	17	18*	19	20*							
15	17*	18	19*	20	21*							
16	18*	19	20*	21	22*							
18	20*	21	22*	23	24*							
20		23*	24*	25	26*							
22		25*	26*	27	28*							
24		27*	28*	29	30*							
25		28*	29	30*	31	32*						
27		30*	31	32*	33	34*						
28			32*	33	34*	35	36*					
30			34*	35	36*	37	38*					
32			36*	37	38*	39	40*					
33			37*	38	39	40*	41					
35			39*	40	41*	42	43	45*				
36			40*	41	42*	43	44	46*				
38			42*	43	44	45*	46	48*				

表 6-7（つづき）　滑り軸受用ブシュ（1種，2種）

40	44*	45	46	47	48	50*							
42	46*	47	49	50	50	52*							
45		50*	51	52	53*	55*							
48		53*	54	55	56*	58*							
50		55*	56	57	58*	60*							
55		60*	61	62	63*	65*							
60		65*	66	67	68	70*	75*						
65		70*	71	72	73	75*	80*						
70		75*	76	77	78	80*	85*						
75		80*	81	82	83	85*	90*						
80		85*	86	87	88	90*	95*						
85		90*	91	92	93	95*	100*						
90			96	97	98	100*	105*	110*					
95			101	102	103	105*	110*	115*					
100			106	107	108	110*	115*	120*					
105			111	112	113	115*	120*	125*					
110				117	118	120*	125*	130*					
120				127	128	130*	135*	140*					
130				137	138	140*	145*	150*					
140					148	150*	155*	160*					
150					158	160*	165*	170*					
160						170*	175	180*	185*				
170						180*	185	190*	195*				
180						190*	195	200*	205	210*			
190						200*	205	210*	215	220*			
200						210*	215	220*	225	230*			

備考 1. ＊印のついた外径の基準寸法は，ISO 4379と一致している。
2. 内径の基準寸法18mm以下の寸法は，ブシュ2種には適用しない。
3. B寸法は，0.3mm以下の受渡当事者間の協定によって厚さTの$\frac{1}{4}$以上とする。
4. 外径面取りは受渡当事者間の協定によって，θを45±5°として内径面取りと同じ寸法とすることができる。
5. 内径仕上げ付きのブシュ（ブシュS）の内径許容差及び同軸度は，受渡当事者間の協定による。
6. ブシュの長さ（L）は受渡当事者間の協定による。

表6-8 滑り軸受用ブシュ（3種，4種）の形状・寸法（JIS B 1582：96）　（単位 mm）

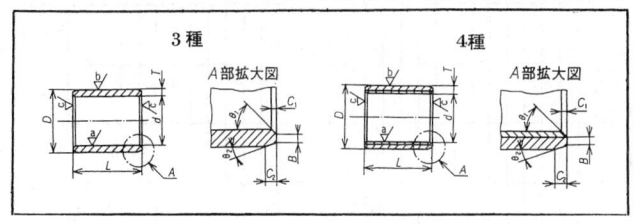

外径の基準寸法 D	外径の公差 巻いたままの場合	外径の公差 研削などの場合	0.75	1	1.5	2	2.5	3	3.5	4	5
			呼び厚さ T ─ 各基準厚さに対する内径の寸法 d（参考）									
6	0.035	0.020	4.5	4							
7			5.5	5							
8			6.5	6							
9			7.5	7							
10			8.5	8							
11			9.5	9							
12			10.5	10							
13			11.5	11							
14			12.5	12							
15				13	12						
16				14	13						
17				15	14						
18				16	15						
19	0.040	0.025		17	16						
20				18	17						
21				19	18						
22				20	19						
23				21	20						
24				22	21						
25				23	22						
26					23	22					
27					24	23					
28					25	24					
30					27	26					

表6-8（つづき）　滑り軸受用ブシュ（3種，4種）

																																	120 130
																																122	132 142
																						78	83	88	93	98	103	108	113	118	123	133	143
														49	50	51	54	57	59	61	64	65	69	74	79	84	89	94	99	104	109	114	119	124	134	144
								40	43	45	47	48	50	51	52	55	58	60	62	65	66	70	75	80	85	90	95	100	105	110	115	120
28	30	32	34	35	36	38	40	41	44	46	48	49	51	52	53	56	59	61	63	66	67	71	76
29	31	33	35	36	37	39	41	42	45	47	49	50	52	53	54	57	60	62	64	67	68	72	77

0.030			0.035			0.040			0.055
0.050			0.060			0.070			0.080

| 32 | 34 | 36 | 38 | 39 | 40 | 42 | 44 | 45 | 48 | 50 | 53 | 55 | 56 | 57 | 60 | 63 | 65 | 67 | 70 | 71 | 75 | 80 | 85 | 90 | 95 | 100 | 105 | 110 | 115 | 120 | 125 | 130 | 140 | 150 |

備考1. 呼び厚さ（mm）の0.75, 1, 1.5, 2, 2.5, 3, 3.5および4は，ISO 3547と一致している。
2. 呼び厚さ0.75mmのブシュ及び外径の基準寸法10mm未満のブシュの面取りは行わないが，有害なばりがあってはならない。
3. B寸法は，0.3mm以上又は厚さTの$\frac{1}{4}$以上とする。
4. 内径仕上げ代付きのブシュ（ブシュS）の厚さの公差は，受渡当事者間の協定による。
5. ブシュの長さ（L）は受渡当事者間の協定による。

6.7. 潤滑剤

6.7.1. 潤滑剤の機能
潤滑剤の機能は，主として次の二つである。
(1) 減摩作用　互いに接触する二つの摩擦面に生じる摩擦抵抗や摩耗を減らし，機械の精度を保ち，耐用年数を長くする。
(2) 冷却作用　固体摩擦を境界摩擦に置き換えて，摩擦面に生じる熱をもち去り，接触面の焼けつきを防ぎ，冷却剤としての役目を果たす。
このほかに付帯的な目的として，次の三つがある。
(3) 密封作用　たとえば，シリンダとピストンリングとの間を密封して漏れなどを防ぐ。
(4) 清浄作用　機械の運転中に生成する摩耗粉や，外部からのごみなどの固形物を分散保持する。
(5) さび止め作用　機械部分のさびを防ぎ，機械の寿命をのばす。
潤滑剤は，正しい潤滑法を用いることによって，はじめて潤滑の目的を達することができる。

6.7.2. 潤滑剤の種類
潤滑剤には，液体潤滑剤（潤滑油），半固体潤滑剤（グリース），固体潤滑剤（黒鉛，二硫化モリブデン，金属せっけん）がある。
表 6-9 にグリースと潤滑油の特性の比較を示す。また表 6-10 に潤滑油の種別による主な用途を，表 6-11 には潤滑油の種別と性状を示す。

表 6-9　潤滑剤の特性比較

	グリース	潤滑油
回転速度	中・低速用	中・高速用
回転抵抗	比較的大	小
冷却効果	小	大
漏れ	小	大
密封装置	簡単	複雑
循環給油	困難	簡単
ごみのろ過	困難	簡単

6.8. 転がり軸受

転がり軸受（図 6-12）は，滑り軸受に比して，
① 摩擦係数は小，始動抵抗が少なく，動力が節約できる。
② 高速回転ができ，過熱の危険がない。
③ 軸受の長さが短く，機械を小形にすることができる。
④ 摩滅が少なく，軸心の狂いが小さい。
⑤ 潤滑料費が少なく，給油の手数が省かれ，維持費が節約できる。

表 6-10 潤滑油の種類と主な用途

名称	種類	主な用途
旧規格を統合 旧規格 ┌スピンドル油(2210) 　　　│ダイナモ油(2212) 　　　│マシン油(2214) 　　　└シリンダ油(2217) これより2つに分かれる	─────→ ─────→ ─────→ ─────→	軽荷重高速機械の潤滑 発電機または電動機用 一般機械および車輌用 シリンダの潤滑
新規格 ┌マシン油(K2238:93) 　　　│(無添加のもの)	ISO VG 2～ISO VG 1500 (18種類)	各種機械の潤滑
└軸受油(K2239:93) (添加物を加えたもの)	ISO VG 2～ISO VG 460 (15種類)	各種機械の潤滑
冷凍機油 (K2211:92)	1種～5種 ISO VG 10～ISO VG 320	冷凍圧縮機の潤滑
タービン油 (K2213:83)	1種(無添加) ISO VG (32, 46, 68)	タービンなどの圧縮機 ころ軸受,玉軸受の潤滑
	2種(添加) 同上	過酷な条件の場合に用いる
ギヤ油 (K2219:93) 工業用	1種 ISO VG(32～460) (8種類)	一般機械の軽荷重の密閉ギヤに用いる
	2種 ISO VG(68～680) (7種類)	一般機械・圧延機などの中・重荷重の密閉ギヤ用
ギヤ油 自動車用	1種 SAE(75 W～85 W)	中程度の速度・荷重のギヤ用
	2種 SAE(75 W～85 W)	速度・低トルク、または低速・低トルク
	3種 SAE(75 W～85 W)	高速・衝撃荷重,高速・低トルクまたは,低速・高トルク

備考(1) ISO VG は Viscosity Grade (粘性グレード) の略
(2) $1\,\text{mm}^2/\text{s} = 1\,\text{cSt}$ (センチストークス)
(3) 添加剤は潤滑油の性質を改善するもので,たとえば,温度による粘度変化を小さくしたり,摩耗・焼付きや,腐食の防止などがある。

表 6-11 潤滑油の性状

名 称	種類 (ISO 省略)		動粘度 mm²/s(cSt)(1) (40℃)	引火点 ℃	流動点 ℃
マシン油 (K2238:93)		VG 2	1.98 以上 2.42 以下	80 以上	− 5 以下
		VG 10	9.00 以上 11.0 以下	130 以上	− 5 以下
		VG 22	19.8 以上 24.2 以下	150 以上	− 5 以下
		VG 46	41.4 以上 50.6 以下	160 以上	0 以下
		VG 100	90.0 以上 110 以下	180 以上	0 以下
		VG 1000	900 以上 1100 以下	200 以上	+10 以下
		VG 1500	1350 以上 1650 以下	200 以上	+10 以下
軸受油 (K2239:93)		VG 2	1.98 以上 2.42 以下	80 以上	−7.5 以下
		VG 15	13.5 以上 16.5 以下	150 以上	−5 以下
		VG 46	41.4 以上 50.6 以下	180 以上	−5 以下
		VG 100	90.0 以上 110 以下	200 以上	−5 以下
		VG 460	414 以上 506 以下	200 以上	−5 以下
冷凍機油 (K2211:92)	1種	VG 10	9.00 以上 11.0 以下	140 以上	−27.5 以下
	2種	VG 100	90.0 以上 110 以下	180 以上	
	3種	VG 22	19.8 以上 24.2 以下	155 以上	
	4種	VG 32	28.8 以上 35.2 以下	160 以上	
	5種	VG 68	61.2 以上 74.8 以下	165 以上	
タービン油 (K2213:83)	1種 (無添加)	VG 32	(40℃)では2種と同じ (100℃)では1級のみ 4.2 以上	180 以上	−7.5 以下
		VG 46	5.0 以上	185 以上	−5 以下
		VG 68	7.0 以上	190 以上	−5 以下
	2種 (添加)	VG 32	28.8 以上 35.2 以下	190 以上	−10 以下
		VG 46	41.4 以上 50.6 以下	200 以上	−7.5 以下
		VG 68	61.2 以上 74.8 以下	200 以上	−7.5 以下
ギヤ油 (K2219:93)	工業用 1種	VG 32	28.8 以上 35.2 以下	170 以上	−10 以下
	工業用 2種	VG 680	612 以上 748 以下	200 以上	− 5 以下
	自動車用 1種	SAE 75	4.1 以上	170 以上	−25 以下
	自動車用 2種	SAE 85	11.0 以上	175 以上	−15 以下
	自動車用 3種	140	24.0 以上 41.0 未満	180 以上	− 5 以下

備考 VG は Viscosity Grade（粘性グレード）の略
(注) (1) 1 mm²/s＝1 cSt(センチストークス)

転がり軸受はこれに加わる荷重の方向により

(i) ラジアル軸受 軸に直角に荷重が作用するもの

(ii) スラスト軸受 軸に平行に荷重が作用するもの

に大別される。

転がり軸受には図6-12のような種類がある。

(1) 玉軸受

(a) ラジアル玉軸受（図6-12a, b, c, d）

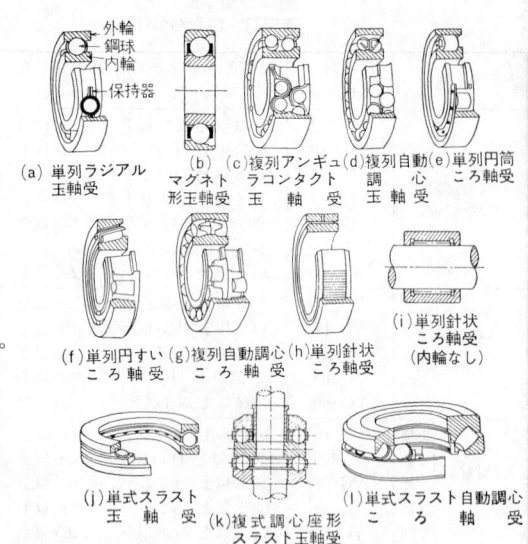

図6-12 転がり軸受の種類

(a) 単列ラジアル玉軸受　(b) マグネット形玉軸受　(c) 複列アンギュラコンタクト玉軸受　(d) 複列自動調心玉軸受　(e) 単列円筒ころ軸受　(f) 単列円すいころ軸受　(g) 複列自動調心ころ軸受　(h) 単列針状ころ軸受　(i) 単列針状ころ軸受（内輪なし）　(j) 単式スラスト玉軸受　(k) 複式調心座形スラスト玉軸受　(l) 単式スラスト自動調心ころ軸受

内輪・外輪・鋼球および保持器から成る。鋼球の配列には単列と複列がある。

(b) スラスト玉軸受（同図j, k）

2個の円輪，鋼球・保持器から成立し，円輪には平面座と球面座があり，後者は自動調心作用を行う。

(2) ころ軸受

ころ軸受は低速，重荷重の場合に用いる。

(a) 円筒ころ軸受（同図e）

軸に直角に荷重が作用する場合に用い，短いころ，内輪，外輪，保持器の主要部から成立する。玉軸受は点接触であるが，ころ軸受は線接触で圧力を受けるから大きい荷重，衝撃，一時的過負荷に対して大きい負荷能力をもつ。スラスト軸受もする（同図l）。

(b) 円すいころ軸受（同図f）

半径方向と軸方向の合成負荷の鉄道車両に用い，また精度の高いものは工作機械の主軸に用いられる。

(c) 自動調心ころ軸受（同図g）

自動調心作用をもち，荷重の大きな場合，使用状態の過酷な場合に用いる。また，一般機械・電車・飛行機・鉄道車両・圧延機にも用いる。

(d) 針状ころ軸受（同図h, i）

球やころの代わりに針状ころ（ニードル）を用いて軸受外径を小さくしたもの。

転がり軸受は転動体・列数・形式などによって表6-12のように分類される。

表 6-12 軸受系列記号 (JIS B 1513 : 95)

軸受の形式		断面図	形式記号	寸法系列記号	軸受系列記号
深溝玉軸受	単列 入れ溝なし 非分離形		6	17 18 19 10 02 03 04	67 68 69 60 62 63 64
アンギュラ玉軸受	単列 非分離形		7	19 10 02 03 04	79 70 72 73 74
自動調心玉軸受	複列 非分離形 外輪軌道球面		1	02 03 22 23	12 13 22 23
円筒ころ軸受	単列 外輪両つば付き 内輪つばなし		NU	10 02 22 03 23 04	NU 10 NU 2 NU 22 NU 3 NU 23 NU 4
	単列 外輪両つば付き 内輪片つばなし		NJ	02 22 03 23 04	NJ 2 NJ 22 NJ 3 NJ 23 NJ 4
	単列 外輪両つば付き 内輪片つば付き 内輪つば輪付き		NUP	02 22 03 23 04	NUP 2 NUP 22 NUP 3 NUP 23 NUP 4

表 6-12 (つづき 1)

軸受の形式		断面図	形式記号	寸法系列記号	軸受系列記号
円筒ころ軸受	単列 外輪両つば付き 内輪片つば付き L形両つば付き		NH	02 22 03 23 04	NH 2 NH 22 NH 3 NH 23 NH 4
	単列 外輪つばなし 内輪両つば付き		N	10 02 22 03 23 04	N 10 N 2 N 22 N 3 N 23 N 4
	単列 外輪片つば付き 内輪両つば付き		NF	10 02 22 03 23 04	NF 10 NF 2 NF 22 NF 3 NF 23 NF 4
	複列 外輪両つば付き 内輪つばなし		NNU	49	NNU 49
	複列 外輪つばなし 内輪両つば付き		NN	30	NN 30
ソリッド形針状ころ軸受	内輪付き 内輪両つば付き		NA	48 49 59 69	NA 48 NA 49 NA 59 NA 69
	内輪なし 外輪両つば付き		RNA	—	RNA 48 (2) RNA 49 (2) RNA 59 (2) RNA 69 (2)

注 (2) 軸受系列 NA 48, NA 49, NA 59 および NA 69 の軸受から内輪を除いたサブユニットの系列記号である。

表 6-12 (つづき 2)

軸受の形式		断面図	形式記号	寸法系列記号	軸受系列記号
円すいころ軸受	単列 分離形		3	29 20 30 31 02 22 22 C 32 03 03 D 13 23 23 C	329 320 330 331 302 322 322 C 332 303 303 D 313 323 323 C
自動調心ころ軸受	複列 非分離形 外輪軌道球面		2	39 30 40 41 31 22 32 03 23	239 230 340 341 231 222 232 213(3) 223
単式玉スラスト軸受	平面座形 分離形		5	11 12 13 14	511 512 513 514
複式玉スラスト軸受	平面座形 分離形		5	22 23 24	522 523 524
調心ころスラスト自動軸受	平面座形 単式 分離形 ハウジング軌道盤軌道球面		2	92 93 94	292 293 294

(3) 寸法系列からは，203 となるが，慣習的に 213 となっている．

6.9. 転がり軸受の主要寸法および呼び番号

6.9.1. 軸受の主要寸法 軸受の主要寸法は JIS B 1512：00 で規定されている。直径系列ごとに寸法系列に分けて，呼び軸受内径 (d)，呼び軸受外径 (D)，呼び軸受幅 (B) または呼び高さ (T)，内輪および外輪の面取り寸法 (r) を規定して，軸およびハウジングに取り付けるときの必要な寸法を定めている（表 6-19〜6-21 参照）。

6.9.2. 軸受の呼び番号 JIS B 1513：95 で呼び番号が規定され，基本番号（軸受系列記号，内径番号および接触角記号）と補助記号（保持器記号，シール記号またはシールド記号，軌道輪形状記号，組合せ記号，すきま記号，等級記号）とから成っている。

基本番号のうち，
(1) 軸受系列記号は，軸受の形式と寸法系列を示す（表 6-12 参照）。
(2) 内径番号は内径を表す記号（表 6-13）で，接触角は表 6-14 の記号による。

表 6-14 接触角記号

軸受の形式	呼び接触角	接触角記号
単列アンギュラ玉軸受	10°を超え 22°以下	C
	22°を超え 32°以下	A（省略してもよい）
	32°を超え 45°以下	B
円すいころ軸受	17°を超え 24°以下	C
	24°を超え 32°以下	D

呼び番号の例を以下に示す（補助記号は表 6-15 による）。

(a) 6203ZZ

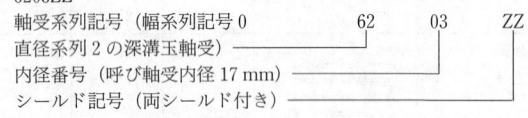

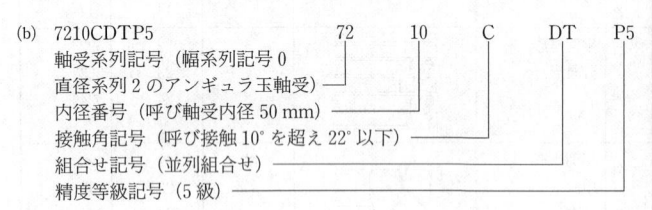

          62 03 ZZ
 軸受系列記号（幅系列記号 0
 直径系列 2 の深溝玉軸受）
 内径番号（呼び軸受内径 17 mm）
 シールド記号（両シールド付き）

(b) 7210CDTP5

         72 10 C DT P5
 軸受系列記号（幅系列記号 0
 直径系列 2 のアンギュラ玉軸受）
 内径番号（呼び軸受内径 50 mm）
 接触角記号（呼び接触 10°を超え 22°以下）
 組合せ記号（並列組合せ）
 精度等級記号（5 級）

表 6-13 内径番号

呼び軸受内径(mm)	内径番号	呼び軸受内径(mm)	内径番号	呼び軸受内径(mm)	内径番号
0.6	/0.6 (4)	75	15	480	96
1	1	80	16	500	/500
1.5	/1.5 (4)	85	17	530	/530
2	2	90	18	560	/560
2.5	/2.5 (4)	95	19	600	/600
3	3	100	20	630	/630
4	4	105	21	670	/670
5	5	110	22	710	/710
6	6	120	24	750	/750
7	7	130	26	800	/800
8	8	140	28	850	/850
9	9	150	30	900	/900
10	00	160	32	950	/950
12	01	170	34	1 000	/1000
15	02	180	36	1 060	/1060
17	03	190	38	1 120	/1120
20	04	200	40	1 180	/1180
22	/22	220	44	1 250	/1250
25	05	240	48	1 320	/1320
28	/28	260	52	1 400	/1400
30	06	280	56	1 500	/1500
32	/32	300	60	1 600	/1600
35	07	320	64	1 700	/1700
40	08	340	68	1 800	/1800
45	09	360	72	1 900	/1900
50	10	380	76	2 000	/2000
55	11	400	80	2 120	/2120
60	12	420	84	2 240	/2240
65	13	440	88	2 360	/2360
70	14	460	92	2 500	/2500

注 (4) 他の記号を用いることができる。

表6-15 補助記号

保持器記号		シール記号または シールド記号		軌道輪形状記号		組合わせ 記号		すきま記号		等級記号	
記号	内容	記号	内容	記号	内容	記号	内容	記号	内容	記号	内容
V	保持器なし	UU(1)	両シール	K	内輪テーパ穴 基準テーパ1/12	DB	背面組合わせ	C1	C2より小	無記号	0級
^	^	^	^	^	^	^	^	C2	普通すきまより小	^	^
^	^	U(1)	片シール	N	輪みぞ付き	DF	正面組合わせ	無記号	普通すきま	P6	6級
^	^	ZZ	両シールド	^	^	^	^	C3	普通すきまより大	P5	5級
^	^	Z	片シールド	NR	止め輪付き	DT	並列組合わせ	C4	C3より大	P4	4級
^	^	^	^	^	^	^	^	C5	C4より大	^	^

注 (1) シール軸受の機能，構造によって，他の異なるシール記号を用いることができる。

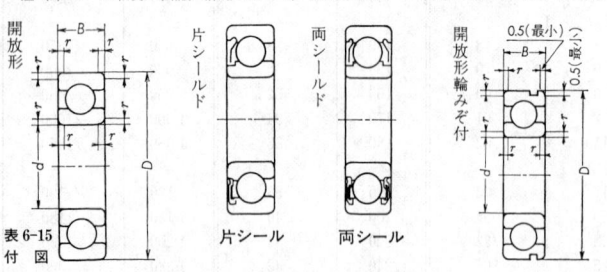

表6-15 付図

開放形　片シールド　両シールド　片シール　両シール　開放形輪みぞ付

6.10. 転がり軸受の寿命と基本定格荷重

6.10.1. 転がり軸受の寿命

(1) 寿命

転がり軸受の寿命とは，個々の軸受を運転したときに軌道輪（内輪，外輪）あるいは転動体（玉またはころ等）のうち，いずれかに最初に材料の破損（はく離）が起こるまでに回転した総回転数（あるいは一定回転では時間）をいう。

(2) 基本定格寿命

個々の軸受または一群の同じ軸受を同じ条件で運転したときの信頼度90％の寿命をいう。しかし，信頼度が90％以外の場合，材料や使用条件が特別な場合には，補正定格寿命になる。

6.10.2. 基本定格荷重

(1) 基本動定格荷重

外輪を静止して内輪を回転させた条件で，一群の同じ軸受を個々に運転したとき，定格寿命が100万回転になるような，方向と大きさの変動しない荷重（たとえばラジアル軸受ではラジアル荷重，スラスト軸受では中心軸に一致した方向で大きさ一定のスラスト荷重）を基本動定格荷重という。

基本動定格荷重は次式から求める。

i）玉の直径が 25.4 mm 以下の場合

$$C_r = f_c b_m (i \cos \alpha)^{0.7} z^{2/3} D_w^{1.8}$$

ii）玉の直径が 25.4 mm を超える場合

$$C_r = 3.647 f_c (i \cos \alpha)^{0.7} z^{2/3} D_w^{1.4}$$

ここに C_r：基本動定格荷重（N），i：1個の玉軸受内の玉の列数，α：呼び接触角，z：1列に含まれる玉の数，D_w：玉の直径（mm），f_c：軸受各部の形状・加工精度および材料によって定まる定数（**表 6-16**），b_m：定格係数（一般に 1.3 の値）

表 6-16 ラジアル玉軸受の係数 f_c（抜粋）（JIS B 1518：92）

$\dfrac{D_w \cos \alpha}{D_{pw}}$	単列深溝玉軸受 単列・複列 アンギュラ玉軸受	複列深溝玉軸受	自動調心玉軸受	マグネト玉軸受
0.05	46.7	44.2	17.3	16.2
0.06	49.1	46.5	18.6	17.4
0.07	51.1	48.4	19.9	18.5
0.08	52.8	50.0	21.1	19.5
0.09	54.3	51.4	22.3	20.6
0.10	55.5	52.6	23.4	21.5
0.12	57.5	54.5	25.6	23.4
0.14	58.8	55.7	27.7	25.3
0.16	59.6	56.5	29.7	27.1
0.18	59.9	56.8	31.7	28.8
0.20	59.9	56.8	33.5	30.5
0.22	59.6	56.5	35.2	32.1
0.24	59.0	55.9	36.8	33.7
0.26	58.2	55.1	38.2	35.2
0.28	57.1	54.1	39.4	36.6
0.30	56.0	53.0	40.3	37.8
0.32	54.6	51.8	40.9	38.9
0.34	53.2	50.4	41.2	39.8
0.36	51.7	48.9	41.3	40.4
0.38	50.0	47.4	41.0	40.8
0.40	48.4	45.8	40.4	40.9

備　考　表に示されていない $\dfrac{D_w \cos \alpha}{D_{pw}}$ に対する f_c の値は一次補間法によって求める。

（D_{pw}：転動体のピッチ円径 mm）

(2) 基本静定格荷重

軸受内の最大応力を受けている接触部において，転動体の永久変形量と軌道輪の永久変形量との和（総永久変形量）が転動体の直径の1万分の1になるような静止荷重を基本静定格荷重という．

(3) 動等価ラジアル荷重

方向と大きさが変動しないラジアル荷重（F_r）とアキシアル荷重（スラスト荷重）（F_a）とを同時に受ける場合の動等価ラジアル荷重（P_r）は，次式より求める（ラジアル係数X，スラスト係数Yは表 6-18 による）．

$$P_r = XF_r + YF_a$$

6.10.3. 寿命計算式

ラジアル玉軸受の基本定格寿命（L_{10}）は次式により求める．

$$L_{10} = a_1 a_2 a_3 \left(\frac{C_r}{P_r}\right)^3 \times 10^6 \quad (\text{回転})$$

寿命時間は，$L_{10} \div 60n$（時間）（n：毎分回転数）

ここで a_1：信頼度係数（90%以外の信頼度に対する寿命補正係数，表 6-17）
a_2：軸受特性係数（材料の種類，品質，製造工程などによる寿命補正係数）
a_3：使用条件係数（使用条件，潤滑状態などによる寿命補正係数）

であり，C_r：ラジアル軸受の基本動定格荷重（N）（表 6-19～21 参照）
P_r：動等価ラジアル荷重（N）

である．

なお，ラジアルころ軸受の場合は $(C_r/P_r)^{\frac{10}{3}}$ となる．

表 6-17 信頼度係数 a_1

L_n	L_{10}	L_5	L_4	L_3	L_2	L_1
信頼度 %	90	95	96	97	98	99
a_1	1	0.62	0.53	0.44	0.33	0.21

6.10.4. 許容回転数（dn 値）

転がり軸受を高速度に回転させると焼きつきを起こすので，経験的に dn 値（d：軸内径 mm，n：毎分回転数 min^{-1}）によって，各軸受形式について限界値を定めている．潤滑方式により異なるが，およそ 200,000～500,000 程度である．

6.11. 転がり軸受と滑り軸受との比較

表 6-22 に転がり軸受と滑り軸受の比較を示す．

表 6-18 ラジアル玉軸受の係数 X および Y (JIS B 1518:92)

軸受の形式		アキシアル荷重比(1)		単列軸受				複列軸受				e	
				$\frac{F_a}{F_r} \leq e$		$\frac{F_a}{F_r} > e$		$\frac{F_a}{F_r} \leq e$		$\frac{F_a}{F_r} > e$			
				X	Y	X	Y	X	Y	X	Y		
深溝玉軸受		$\frac{F_a}{C_{0r}}$	$\frac{F_a}{iZD_w^2}$	1	0	0.56		1	0	0.56			
		0.014	0.172				2.30				2.30	0.19	
		0.028	0.345				1.99				1.99	0.22	
		0.056	0.689				1.71				1.71	0.26	
		0.084	1.03				1.55				1.55	0.28	
		0.11	1.38				1.45				1.45	0.30	
		0.17	2.07				1.31				1.31	0.34	
		0.28	3.45				1.15				1.15	0.38	
		0.42	5.17				1.04				1.04	0.42	
		0.56	6.89				1.00				1.00	0.44	
	α	$\frac{iF_a}{C_{0r}}$	$\frac{F_a}{ZD_w^2}$									単列	複列
アンギュラ玉軸受	5°	0.014	0.172	1	0	0.56	2.30	1	2.78	0.78	3.74	0.19	0.23
		0.028	0.345				1.99		2.40		3.23	0.22	0.26
		0.056	0.689				1.71		2.07		2.78	0.26	0.30
		0.085	1.03				1.55		1.87		2.52	0.28	0.34
		0.11	1.38				1.45		1.75		2.36	0.30	0.36
		0.17	2.07				1.31		1.58		2.13	0.34	0.40
		0.28	3.45				1.15		1.39		1.87	0.38	0.45
		0.42	5.17				1.04		1.26		1.69	0.42	0.50
		0.56	6.89				1.00		1.21		1.63	0.44	0.52
	10°	0.014	0.172	1	0	0.46	1.88	1	2.18	0.75	3.06		0.29
		0.029	0.345				1.71		1.98		2.78		0.32
		0.057	0.689				1.52		1.76		2.47		0.36
		0.086	1.03				1.41		1.63		2.29		0.38
		0.11	1.38				1.34		1.55		2.18		0.40
		0.17	2.07				1.23		1.42		2.00		0.44
		0.29	3.45				1.10		1.27		1.79		0.49
		0.43	5.17				1.01		1.17		1.64		0.54
		0.57	6.89				1.00		1.16		1.63		0.54
	15°	0.015	0.172	1	0	0.44	1.47	1	1.65	0.72	2.39		0.38
		0.029	0.345				1.40		1.57		2.28		0.40
		0.058	0.689				1.30		1.46		2.11		0.43
		0.087	1.03				1.23		1.38		2.00		0.46
		0.12	1.38				1.19		1.34		1.93		0.47
		0.17	2.07				1.12		1.26		1.82		0.50
		0.29	3.45				1.02		1.14		1.66		0.55
		0.44	5.17				1.00		1.12		1.63		0.56
		0.58	6.89				1.00		1.12		1.63		0.56
	20°	—	—	1	0	0.43	1.00	1	1.09	0.70	1.63		0.57
	25°	—	—			0.41	0.87		0.92	0.67	1.41		0.68
	30°	—	—			0.39	0.76		0.78	0.63	1.24		0.80
	35°	—	—			0.37	0.66		0.66	0.60	1.07		0.95
	40°	—	—			0.35	0.57		0.55	0.57	0.93		1.14
	45°	—	—			0.33	0.50		0.47	0.54	0.81		1.34
自動調心玉軸受				1	0	0.40	$0.4\cot\alpha$	1	$0.42\cot\alpha$	0.65	$0.65\cot\alpha$	$1.5\tan\alpha$	
マグネト玉軸受				1	0	0.5	2.5	—	—	—	—	0.2	

注 (1) 許容最大値は, 軸受の設計(内部すきまおよび溝の深さ)によって異なる。

備考 表に示されていない $\frac{F_a}{C_{0r}}$, $\frac{iF_a}{C_{0r}}$, $\frac{F_a}{iZD_w^2}$, $\frac{F_a}{ZD_w^2}$ または α に対する X, Y および e の値は, 一次補間法によって求める。

表 6-19 単列深溝玉軸受の主要寸法と基本定格荷重

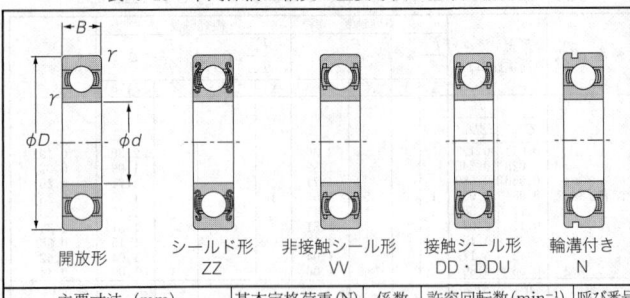

形式	
開放形	
シールド形 ZZ	
非接触シール形 VV	
接触シール形 DD・DDU	
輪溝付き N	

主要寸法 (mm)				基本定格荷重(N)		係数	許容回転数(min⁻¹)			呼び番号
							グリース潤滑	油潤滑		
d	D	B	r (最小)	C_r	C_{0r}	f_0	開放形 Z・ZZ形 V・W形	開放形 Z形		開放形
10	19	5	0.3	1 720	840	14.8	34 000	40 000		6800
	22	6	0.3	2 700	1 270	14.0	32 000	38 000		6900
	26	8	0.3	4 550	1 970	12.4	30 000	36 000		6000
	30	9	0.6	5 100	2 390	13.2	24 000	30 000		6200
	35	11	0.6	8 100	3 450	11.2	22 000	26 000		6300
12	21	5	0.3	1 920	1 040	15.3	32 000	38 000		6801
	24	6	0.3	2 890	1 460	14.5	30 000	36 000		6901
	28	7	0.3	5 100	2 370	13.0	28 000	32 000		16001
	28	8	0.3	5 100	2 370	13.0	28 000	32 000		6001
	32	10	0.6	6 800	3 050	12.3	22 000	28 000		6201
	37	12	1	9 700	4 200	11.1	20 000	24 000		6301
15	24	5	0.3	2 070	1 260	15.8	28 000	34 000		6802
	28	7	0.3	4 350	2 260	14.3	26 000	30 000		6902
	32	8	0.3	5 600	2 830	13.9	24 000	28 000		16002
	32	9	0.3	5 600	2 830	13.9	24 000	28 000		6002
	35	11	0.6	7 650	3 750	13.2	20 000	24 000		6202
	42	13	1	11 400	5 450	12.3	17 000	20 000		6302
17	26	5	0.3	2 630	1 570	15.7	26 000	30 000		6803
	30	7	0.3	4 600	2 550	14.7	24 000	28 000		6903
	35	8	0.3	6 000	3 250	14.4	22 000	26 000		16003
	35	10	0.3	6 000	3 250	14.4	22 000	26 000		6003
	40	12	0.6	9 550	4 800	13.2	17 000	20 000		6203
	47	14	1	13 600	6 650	12.4	15 000	18 000		6303
20	32	7	0.3	4 000	2 470	15.5	22 000	26 000		6804
	37	9	0.3	6 400	3 700	14.7	19 000	22 000		6904
	42	8	0.3	7 900	4 450	14.5	18 000	20 000		16004
	42	12	0.6	9 400	5 000	13.8	18 000	20 000		6004
	47	14	1	12 800	6 600	13.1	15 000	18 000		6204
	52	15	1.1	15 900	7 900	12.4	14 000	17 000		6304
22	44	12	0.6	9 400	5 050	14.0	17 000	20 000		60/22
	50	14	1	12 900	6 800	13.5	14 000	16 000		62/22
	56	16	1.1	18 400	9 250	12.4	13 000	16 000		63/22

表 6-19 (つづき)

主要寸法 (mm)				基本定格荷重(N)		係数	許容回転数(min^{-1})		呼び番号
d	D	B	r (最小)	C_r	C_{0r}	f_0	グリース潤滑 開放形 Z・ZZ形 V・W形	油潤滑 開放形 Z形	開放形
25	37	7	0.3	4 500	3 150	16.1	18 000	22 000	6805
	42	9	0.3	7 050	4 550	15.4	16 000	19 000	6905
	47	8	0.3	8 850	5 600	15.1	15 000	18 000	16005
	47	12	0.6	10 100	5 850	14.5	15 000	18 000	6005
	52	15	1	14 000	7 850	13.9	13 000	15 000	6205
	62	17	1.1	20 600	11 200	13.2	11 000	13 000	6305
28	52	12	0.6	12 500	7 400	14.5	14 000	16 000	60/28
	58	16	1	16 600	9 500	13.9	12 000	14 000	62/28
	68	18	1.1	26 700	14 000	12.4	10 000	13 000	63/28
30	42	7	0.3	4 700	3 650	16.4	15 000	18 000	6806
	47	9	0.3	7 250	5 000	15.8	14 000	17 000	6906
	55	9	0.3	11 200	7 350	15.2	13 000	15 000	16006
	55	13	1	13 200	8 300	14.7	13 000	15 000	6006
	62	16	1	19 500	11 300	13.8	11 000	13 000	6206
	72	19	1.1	26 700	15 000	13.3	9 500	12 000	6306
32	58	13	1	15 100	9 150	14.5	12 000	14 000	60/32
	65	17	1	20 700	11 600	13.6	10 000	12 000	62/32
	75	20	1.1	29 900	17 000	13.2	9 000	11 000	63/32
35	47	7	0.3	4 900	4 100	16.7	14 000	16 000	6807
	55	10	0.6	10 600	7 250	15.5	12 000	15 000	6907
	62	9	0.3	11 700	8 200	15.6	11 000	13 000	16007
	62	14	1	16 000	10 300	14.8	11 000	13 000	6007
	72	17	1.1	25 700	15 300	13.8	9 500	11 000	6207
	80	21	1.5	33 500	19 200	13.2	8 500	9 500	6307
40	52	7	0.3	6 350	5 550	17.0	12 000	14 000	6808
	62	12	0.6	13 700	10 000	15.7	11 000	13 000	6908
	68	9	0.3	12 600	9 650	16.0	10 000	12 000	16008
	68	15	1	16 800	11 500	15.3	10 000	12 000	6008
	80	18	1.1	29 100	17 900	14.0	8 500	10 000	6208
	90	23	1.5	40 500	24 000	13.2	7 500	9 000	6308
45	58	7	0.3	6 600	6 150	17.2	11 000	13 000	6809
	68	12	0.6	14 100	10 900	15.9	9 500	12 000	6909
	75	10	0.6	14 900	11 400	15.9	9 000	11 000	16009
	75	16	1	20 900	15 200	15.3	9 000	11 000	6009
	85	19	1.1	31 500	20 400	14.4	7 500	9 000	6209
	100	25	1.5	53 000	32 000	13.1	6 700	8 000	6309
50	65	7	0.3	6 400	6 200	17.2	9 500	11 000	6810
	72	12	0.6	14 500	11 700	16.1	9 000	11 000	6910
	80	10	0.6	15 400	12 400	16.1	8 500	10 000	16010
	80	16	1	21 800	16 600	15.6	8 500	10 000	6010
	90	20	1.1	35 000	23 200	14.4	7 100	8 500	6210
	110	27	2	62 000	38 500	13.2	6 000	7 500	6310
55	72	9	0.3	8 800	8 500	17.0	8 500	10 000	6811
	80	13	1	16 000	13 300	16.2	8 000	9 500	6911
	90	11	0.6	19 400	16 300	16.2	7 500	9 000	16011
	90	18	1.1	28 300	21 200	15.3	7 500	9 000	6011
	100	21	1.5	43 500	29 300	14.3	6 300	7 500	6211
	120	29	2	71 500	44 500	13.1	5 600	6 700	6311

(NSK カタログ)

表 6-20 アンギュラ玉軸受の主要寸法と基本定格荷重

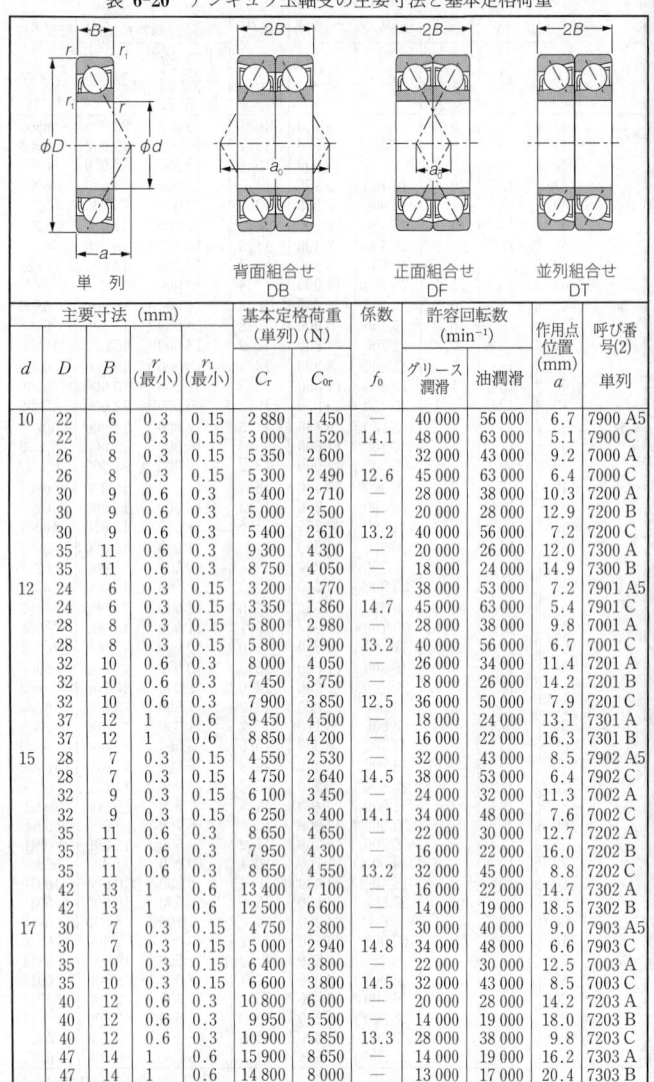

単列 / 背面組合せ DB / 正面組合せ DF / 並列組合せ DT

主要寸法 (mm)					基本定格荷重 (単列) (N)		係数	許容回転数 (min⁻¹)		作用点位置 (mm)	呼び番号(2)
d	D	B	r (最小)	r_1 (最小)	C_r	C_{or}	f_0	グリース潤滑	油潤滑	a	単列
10	22	6	0.3	0.15	2 880	1 450	—	40 000	56 000	6.7	7900 A5
	22	6	0.3	0.15	3 000	1 520	14.1	48 000	63 000	5.1	7900 C
	26	8	0.3	0.15	5 350	2 600	—	32 000	43 000	9.2	7000 A
	26	8	0.3	0.15	5 300	2 490	12.6	45 000	63 000	6.4	7000 C
	30	9	0.6	0.3	5 400	2 710	—	28 000	38 000	10.3	7200 A
	30	9	0.6	0.3	5 000	2 500	—	20 000	28 000	12.9	7200 B
	30	9	0.6	0.3	5 400	2 610	13.2	40 000	56 000	7.2	7200 C
	35	11	0.6	0.3	9 300	4 300	—	20 000	26 000	12.0	7300 A
	35	11	0.6	0.3	8 750	4 050	—	18 000	24 000	14.9	7300 B
12	24	6	0.3	0.15	3 200	1 770	—	38 000	53 000	7.2	7901 A5
	24	6	0.3	0.15	3 350	1 860	14.7	45 000	63 000	5.4	7901 C
	28	8	0.3	0.15	5 800	2 980	—	28 000	38 000	9.8	7001 A
	28	8	0.3	0.15	5 800	2 900	13.2	40 000	56 000	6.7	7001 C
	32	10	0.6	0.3	8 000	4 050	—	26 000	34 000	11.4	7201 A
	32	10	0.6	0.3	7 450	3 750	—	18 000	26 000	14.2	7201 B
	32	10	0.6	0.3	7 900	3 850	12.5	36 000	50 000	7.9	7201 C
	37	12	1	0.6	9 450	4 500	—	18 000	24 000	13.1	7301 A
	37	12	1	0.6	8 850	4 200	—	16 000	22 000	16.3	7301 B
15	28	7	0.3	0.15	4 550	2 530	—	32 000	43 000	8.5	7902 A5
	28	7	0.3	0.15	4 750	2 640	14.5	38 000	53 000	6.4	7902 C
	32	9	0.3	0.15	6 100	3 450	—	24 000	32 000	11.3	7002 A
	32	9	0.3	0.15	6 250	3 400	14.1	34 000	48 000	7.6	7002 C
	35	11	0.6	0.3	8 650	4 650	—	22 000	30 000	12.7	7202 A
	35	11	0.6	0.3	7 950	4 300	—	16 000	22 000	16.0	7202 B
	35	11	0.6	0.3	8 650	4 550	13.2	32 000	45 000	8.8	7202 C
	42	13	1	0.6	13 400	7 100	—	16 000	22 000	14.7	7302 A
	42	13	1	0.6	12 500	6 600	—	14 000	19 000	18.5	7302 B
17	30	7	0.3	0.15	4 750	2 800	—	30 000	40 000	9.0	7903 A5
	30	7	0.3	0.15	5 000	2 940	14.8	34 000	48 000	6.6	7903 C
	35	10	0.3	0.15	6 400	3 800	—	22 000	30 000	12.5	7003 A
	35	10	0.3	0.15	6 600	3 800	14.5	32 000	43 000	8.5	7003 C
	40	12	0.6	0.3	10 800	6 000	—	20 000	28 000	14.2	7203 A
	40	12	0.6	0.3	9 950	5 500	—	14 000	19 000	18.0	7203 B
	40	12	0.6	0.3	10 900	5 850	13.3	28 000	38 000	9.8	7203 C
	47	14	1	0.6	14 900	8 650	—	14 000	19 000	16.2	7303 A
	47	14	1	0.6	14 800	8 150	—	13 000	17 000	20.4	7303 B

表 6-20 (つづき)

主要寸法 (mm)					基本定格荷重 (単列) (N)		係数	許容回転数 (min⁻¹)		作用点位置 (mm)	呼び番号(2)
d	D	B	r (最小)	r_1 (最小)	C_r	C_{0r}	f_0	グリース潤滑	油潤滑	a	単列
20	37	9	0.3	0.15	6 600	4 050	—	24 000	32 000	11.1	7904 A5
	37	9	0.3	0.15	6 950	4 250	14.9	28 000	38 000	8.3	7904 C
	42	12	0.6	0.3	10 800	6 600	—	18 000	24 000	14.9	7004 A
	42	12	0.6	0.3	11 100	6 550	14.0	26 000	36 000	10.1	7004 C
	47	14	1	0.6	14 500	8 300	—	17 000	22 000	16.7	7204 A
	47	14	1	0.6	13 300	7 650	—	12 000	16 000	21.1	7204 B
	47	14	1	0.6	14 600	8 050	13.3	24 000	34 000	11.5	7204 C
	52	15	1.1	0.6	18 700	10 500	—	13 000	17 000	17.9	7304 A
	52	15	1.1	0.6	17 300	9 650	—	11 000	15 000	22.6	7304 B
25	42	9	0.3	0.15	7 450	5 150	—	20 000	28 000	12.3	7905 A5
	42	9	0.3	0.15	7 850	5 400	15.5	24 000	34 000	9.0	7905 C
	47	12	0.6	0.3	11 300	7 400	—	16 000	22 000	16.4	7005 A
	47	12	0.6	0.3	11 700	7 400	14.7	22 000	30 000	10.8	7005 C
	52	15	1	0.6	16 200	10 300	—	15 000	20 000	18.6	7205 A
	52	15	1	0.6	14 800	9 400	—	10 000	14 000	23.7	7205 B
	52	15	1	0.6	16 600	10 200	14.4	22 000	28 000	12.7	7205 C
	62	17	1.1	0.6	26 400	15 800	—	10 000	14 000	21.1	7305 A
	62	17	1.1	0.6	24 400	14 600	—	9 000	13 000	26.7	7305 B
30	47	9	0.3	0.15	7 850	5 950	—	18 000	24 000	13.5	7906 A5
	47	9	0.3	0.15	8 330	6 250	15.9	22 000	28 000	9.7	7906 C
	55	13	1	0.6	14 500	10 100	—	13 000	18 000	18.8	7006 A
	55	13	1	0.6	15 100	10 300	14.9	19 000	26 000	12.2	7006 C
	62	16	1	0.6	22 500	14 800	—	12 000	17 000	21.3	7206 A
	62	16	1	0.6	20 500	13 500	—	8 500	12 000	27.3	7206 B
	62	16	1	0.6	23 000	14 700	13.9	18 000	24 000	14.2	7206 C
	72	19	1.1	0.6	33 500	20 900	—	9 000	12 000	24.2	7306 A
	72	19	1.1	0.6	31 000	19 300	—	8 000	11 000	30.9	7306 B
35	55	10	0.6	0.3	11 400	8 700	—	15 000	20 000	15.5	7907 A5
	55	10	0.6	0.3	12 100	9 150	15.7	18 000	24 000	11.0	7907 C
	62	14	1	0.6	18 300	13 400	—	12 000	16 000	21.0	7007 A
	62	14	1	0.6	19 100	13 700	15.0	17 000	22 000	13.5	7007 C
	72	17	1.1	0.6	29 700	20 100	—	10 000	14 000	23.9	7207 A
	72	17	1.1	0.6	27 100	18 400	—	7500	10 000	30.9	7207 B
	72	17	1.1	0.6	30 500	19 900	13.9	15 000	20 000	15.7	7207 C
	80	21	1.5	1	40 000	26 300	—	8 000	10 000	27.1	7307 A
	80	21	1.5	1	36 500	24 200	—	7 100	9 500	34.6	7307 B
40	62	12	0.6	0.3	14 300	11 200	—	14 000	18 000	17.9	7908 A5
	62	12	0.6	0.3	15 100	11 750	15.7	16 000	22 000	12.8	7908 C
	68	15	1	0.6	19 500	15 400	—	10 000	14 000	23.1	7008 A
	68	15	1	0.6	20 600	15 900	15.4	15 000	20 000	14.7	7008 C
	80	18	1.1	0.6	35 500	25 100	—	9 500	13 000	26.3	7208 A
	80	18	1.1	0.6	32 000	23 000	—	6 700	9 000	34.2	7208 B
	80	18	1.1	0.6	36 500	25 200	14.1	14 000	19 000	17.0	7208 C
	90	23	1.5	1	49 000	33 000	—	7 100	9 000	30.3	7308 A
	90	23	1.5	1	45 000	30 500	—	6 300	8 500	38.8	7308 B

備考(2) 呼び番号の A, A5, B および C は, 呼び接触角がそれぞれ 30°, 25°, 40° および 15° であることを表す.

(NSK カタログ)

表 6-21 単式スラスト玉軸受の主要寸法と基本定格荷重

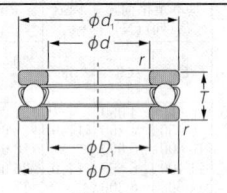

平面座形

主要寸法 (mm)				基本定格荷重(N)		許容回転数(min^{-1})		
d	D	T	r(最小)	C_a	C_{0a}	グリース潤滑	油潤滑	平面座形
10	24	9	0.3	10 100	14 000	6 700	10 000	51100
	26	11	0.6	12 800	17 100	6 000	9 000	51200
12	26	9	0.3	10 400	15 400	6 700	10 000	51101
	28	11	0.6	13 300	19 000	5 600	8 500	51201
15	28	9	0.3	10 600	16 800	6 300	9 500	52202
	32	12	0.6	16 700	24 800	5 000	7 500	51202
17	30	9	0.3	11 400	19 500	6 000	9 000	51103
	35	12	0.6	17 300	27 300	4 800	7 500	51203
20	35	10	0.3	15 100	26 600	5 300	8 000	51104
	40	14	0.6	22 500	37 500	4 300	6 300	51204
25	42	11	0.6	19 700	37 000	4 800	7 100	51105
	47	15	0.6	28 000	50 500	3 800	5 600	51205
	52	18	1	36 000	61 500	3 200	5 000	51305
	60	24	1	56 000	89 500	2 600	4 000	51405
30	47	11	0.6	20 600	42 000	4 300	6 700	51106
	52	16	0.6	29 500	58 000	3 400	5 300	51206
	60	21	1	43 000	78 500	2 800	4 300	51306
	70	28	1	73 000	126 000	2 200	3 400	51406
35	52	12	0.6	22 100	49 500	4 000	6 000	51107
	62	18	1	39 500	78 000	3 000	4 500	51207
	68	24	1	56 000	105 000	2 400	3 800	51307
	80	32	1.1	87 500	155 000	2 000	3 000	51407
40	60	13	0.6	27 100	63 000	3 600	5 300	51108
	68	19	1	47 500	98 500	2 800	4 300	51208
	78	26	1	70 000	135 000	2 200	3 400	51308
	90	36	1.1	103 000	188 000	1 700	2 600	51408
45	65	14	0.6	28 100	69 000	3 400	5 000	51109
	73	20	1	48 000	105 000	2 600	4 000	51209
	85	28	1	80 500	163 000	2 000	3 000	51309
	100	39	1.1	128 000	246 000	1 600	2 400	51409
50	70	14	0.6	29 000	75 500	3 200	4 800	51110
	78	22	1	49 000	111 000	2 400	3 600	51210
	95	31	1.1	97 500	202 000	1 800	2 800	51310
	110	43	1.5	147 000	288 000	1 400	2 200	51410

(NSK カタログ)

表 6-22 転がり軸受と滑り軸受との比較

	転がり軸受	滑り軸受
(1) 高速回転の可能性	高速回転になると，転動体（球やころ）の遠心力が増大し，外輪の軌道面に大きな力が作用し，寿命を縮める。このため質量の小さいセラミックス球などが用いられる。	高速回転になると，潤滑油の粘性抵抗が生じる。このため空気軸受などの静圧軸受や，磁気軸受が用いられる。
(2) 軸受剛性	ラジアル荷重に対して，軸心がどのくらい変位するのかの特性であり，旋盤の主軸受などで重要な問題となる。このため，負のすきま（余圧）を与える。大きな荷重にはころ軸受を用いる。 (例：新幹線の軸受は複列ころ軸受)	正のすきまが必要。理論上，ゾンマーフェルト数を大きくして，変心率を小さくする。このため，軸すきまや平均軸受圧力を考慮する。
(3) 軸受許容荷重	玉軸受は点接触に近いので大きな荷重には適さない。軸径が大きな場合は，ころ軸受を用いる。寿命時間と関係има。	軸受投影面積が大きいので有利。焼きつき限界荷重による。高速高荷重では滑り軸受が優る。
(4) 軸受寿命	静荷重下でも起動面は繰り返し応力を受けるので，必ず一定の全回転数後には寿命は到来する。接触部ではヘルツ圧力が作用するので，軌道面に疲れはく離（フレーキング）が生じる。	流体潤滑状態では油膜が介在し，軸受投影面積も大きいので，静荷重下では寿命は極めて長い。衝撃荷重が加わっても減衰されて伝わるので，有利である。
(5) 実用性	①潤滑が容易（グリース封入，高速にはオイルミストにより冷却する。） ②軸受の交換性 ③スラスト荷重も受けられる。* ④転がるための起動摩擦は小さい。 ⑤回転精度が高い。 ⑥価格も安い（高級滑り軸受より）	①焼結含油軸受は給油の要なし。高級軸受は圧力給油が必要。 ②ブシュ軸受は JIS の規格品。 ③スラスト荷重は別。 ④動摩擦は転がりと変わらない。 ⑤荷重による偏心率は小さい。 ⑥軸受ブシュはサイズが豊富。
(6) このほかの長短	①転動体があるため外径が大きい。** ②組付けが容易。 ③高速になると騒音が気になる。	①外径が小でも長さが大きい。 ②材料はいろいろ選択できる。 ③高速でも騒音は気にならない。

備考　＊　ころ軸受やニードル軸受は例外。
　　　＊＊　ニードル軸受でこの欠点を補う。

6.12. 密封装置（シール）

シールは漏れと有害な異物の侵入を防ぐ目的で使用され，グリースなどは簡単なシールでよいが，気体，液体などはシールの選択が重要である。密封部の相対運動の有無により，静止用をガスケット，運動用をパッキンという。密封物として合成ゴム・金属のほかフェルト・皮・コルクなどが用いられる。完成品として O リング・オイルシールがある。

6.12.1. O リング（JIS B 2401：05）

静止用（固定用）および往復運動用（回転には不適）として優秀なシールである。断面円形の弾性材料を密封部の溝にはめ，圧力がかかるとすきまをふさ

ぐものである。表6-23にOリングの種類を示す。材料別に4種に分かれ，用途別に運動用，固定内，真空用がある。

表6-24にISO一般工業用Oリングの内径，太さおよび許容値を示す。

表6-25～29に，これらOリングおよび溝部の形状・寸法を示す。

表 6-23 Oリングの種類 (JIS B 2401:05)

種類		材料・用途の記号	備　考	参　考
材料別	1種A	1A	耐鉱物油用でタイプAデュロメータ硬さA70のもの	ニトリルゴム(NBR)相当
	1種B	1B	耐鉱物油用でタイプAデュロメータ硬さA90のもの	ニトリルゴム(NBR)相当
	2種	2	耐ガソリン用	ニトリルゴム相当
	3種	3	耐動植物油用	スチレンブタジエンゴム(SBR)またはエチレンプロピレンゴム(EPDM)相当
	4種C	4C	耐熱用	シリコーンゴム(VMQ)相当
	4種D	4D	耐熱用	ふっ素ゴム(FKM)相当
用途別	運動用Oリング	P		—
	固定用Oリング	G		
	真空用フランジ用	V		
ISO一般工業用 ISO精密機器用		シリーズG シリーズA	耐鉱物油用でタイプAデュロメータ硬さA70のもので，材料別の種類は1種Aを適用し，形状・寸法はISO3601-1による。	ニトリルゴム相当

表 6-24 ISO一般工業用Oリングの内径，太さおよび許容差
(シリーズGに適用)　(JIS B 2401:05)(単位 mm)

内径 d_1		太さ d_2 の基準寸法と許容差		内径 d_1		太さ d_2 の基準寸法と許容差			
基準寸法	許容差±	1.8 ±0.08	2.65 ±0.09	基準寸法	許容差	1.8 ±0.08	2.65 ±0.09	3.55 ±0.1	5.3 ±0.13
1.8	0.13	×		17	0.24		×	×	
2		×		18	0.25		×	×	
2.24		×		19			×	×	
2.5		×		20	0.26		×	×	
2.8		×		20.6			×	×	
3.15	0.14	×		21.2	0.27		×	×	
3.55		×		22.4	0.28		×	×	
3.75		×		23	0.29		×	×	
4		×		23.6			×	×	
4.5	0.15	×		24.3	0.30		×	×	
4.75		×		25			×	×	
4.87		×		25.8	0.31		×	×	
5		×		26.5			×	×	
5.15		×		27.3	0.32		×	×	
5.3		×		28			×	×	

表 6-24（つづき）

内径 d_1		太さ d_2 の基準寸法と許容差		内径 d_1		太さ d_2 の基準寸法と許容差			
基準寸法	許容差±	1.8 ±0.08	2.65 ±0.09	基準寸法	許容差	1.8 ±0.08	2.65 ±0.09	3.55 ±0.1	5.3 ±0.13
5.6	0.16	×		29	0.33	×	×	×	
6		×		30	0.34	×	×	×	
6.3		×		31.5	0.35	×	×	×	
6.7		×		32.5	0.36	×	×	×	
6.9		×		33.5		×	×	×	
7.1		×		34.5	0.37	×	×	×	
7.5	0.17	×		35.5	0.38	×	×	×	
8		×		36.5		×	×	×	
8.5	0.18	×		37.5	0.39	×	×	×	
8.75		×		38.7	0.40	×	×	×	
9		×		40	0.41	×	×	×	×
9.5		×		41.2	0.42	×	×	×	×
9.75		×		42.5	0.43	×	×	×	×
10	0.19	×		43.7	0.44	×	×	×	×
10.6		×		45		×	×	×	×
11.2	0.20	×		46.2	0.45	×	×	×	×
11.6		×		47.5	0.46	×	×	×	×
11.8		×		48.7	0.47	×	×	×	×
12.1	0.21	×		50	0.48	×	×	×	×
12.5		×		51.5	0.49	×	×	×	×
12.8		×		53	0.50	×	×	×	×
13.2		×		54.5	0.51	×	×	×	×
14	0.22	×	×	56	0.52	×	×	×	×
14.5		×	×	58	0.54	×	×	×	×
15		×	×	60	0.55	×	×	×	×
15.5	0.23	×	×	61.5	0.56	×	×	×	×
16		×	×	63	0.57	×	×	×	×

備考 ×は，適用寸法を示す．材料4種の d_1 の許容差は，4Cについては上記許容差の1.5倍，4Dについては上記許容差の1.2倍とする．

表 6-25　運動用Oリングの形状・寸法　　　（単位 mm）

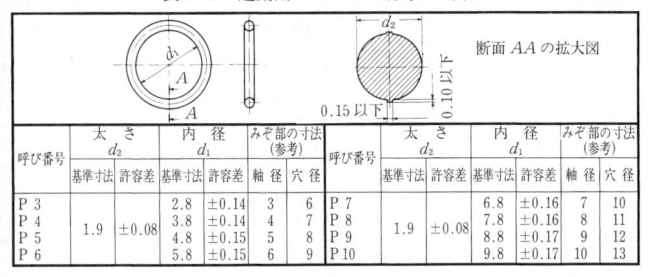

呼び番号	太さ d_2		内径 d_1		みぞ部の寸法 (参考)		呼び番号	太さ d_2		内径 d_1		みぞ部の寸法 (参考)	
	基準寸法	許容差	基準寸法	許容差	軸径	穴径		基準寸法	許容差	基準寸法	許容差	軸径	穴径
P 3	1.9	±0.08	2.8	±0.14	3	6	P 7	1.9	±0.08	6.8	±0.16	7	10
P 4			3.8	±0.14	4	7	P 8			7.8	±0.16	8	11
P 5			4.8	±0.15	5	8	P 9			8.8	±0.17	9	12
P 6			5.8	±0.15	6	9	P 10			9.8	±0.17	10	13

表 6-25 (つづき)

呼び番号	太さ d_2 基準寸法	許容差	内径 d_1 基準寸法	許容差	みぞ部の寸法(参考) 軸径	穴径	呼び番号	太さ d_2 基準寸法	許容差	内径 d_1 基準寸法	許容差	みぞ部の寸法(参考) 軸径	穴径
P 10A	2.4	±0.09	9.8	±0.17	10	14	P 58	5.7	±0.13	57.6	±0.52	58	68
P 11			10.8	±0.18	11	15	P 60			59.6	±0.53	60	70
P 11.2			11.0	±0.18	11.2	15.2	P 62			61.6	±0.55	62	72
P 12			11.8	±0.19	12	16	P 63			62.6	±0.56	63	73
P 12.5			12.3	±0.19	12.5	16.5	P 65			64.6	±0.57	65	75
P 14			13.8	±0.19	14	18	P 67			66.6	±0.59	67	77
P 15			14.8	±0.20	15	19	P 70			69.6	±0.61	70	80
P 16			15.8	±0.20	16	20	P 71			70.6	±0.62	71	81
P 18			17.8	±0.21	18	22	P 75			74.6	±0.65	75	85
P 20			19.8	±0.22	20	24	P 80			79.6	±0.69	80	90
P 21			20.8	±0.23	21	25	P 85			84.6	±0.73	85	95
P 22			21.8	±0.24	22	26	P 90			89.6	±0.77	90	100
P 22A	3.5	±0.10	21.7	±0.24	22	28	P 95	5.7	±0.13	94.6	±0.81	95	105
P 22.4			22.1	±0.24	22.4	28.4	P100			99.6	±0.84	100	110
P 24			23.7	±0.24	24	30	P102			101.6	±0.85	102	112
P 25			24.7	±0.25	25	31	P105			104.6	±0.87	105	115
P 25.5			25.2	±0.25	25.5	31.5	P110			109.6	±0.91	110	120
P 26			25.7	±0.26	26	32	P112			111.6	±0.92	112	122
P 28			27.7	±0.28	28	34	P115			114.6	±0.94	115	125
P 29			28.7	±0.29	29	35	P120			119.6	±0.98	120	130
P 29.5			29.2	±0.29	29.5	35.5	P125			124.6	±1.01	125	135
P 30			29.7	±0.29	30	36	P130			129.6	±1.05	130	140
P 31			30.7	±0.30	31	37	P132			131.6	±1.06	132	142
P 31.5			31.2	±0.31	31.5	37.5	P135			134.6	±1.09	135	145
P 32			31.7	±0.31	32	38	P140			139.6	±1.12	140	150
P 34			33.7	±0.33	34	40	P145			144.6	±1.16	145	155
P 35			34.7	±0.34	35	41	P150			149.6	±1.19	150	160
P 35.5	3.5	±0.10	35.2	±0.34	35.5	41.5	P150A	8.4	±0.15	149.5	±1.19	150	165
P 36			35.7	±0.34	36	42	P155			154.5	±1.23	155	170
P 38			37.7	±0.37	38	44	P160			159.5	±1.26	160	175
P 39			38.7	±0.37	39	45	P165			164.5	±1.30	165	180
P 40			39.7	±0.37	40	46	P170			169.5	±1.33	170	185
P 41			40.7	±0.38	41	47	P175			174.5	±1.37	175	190
P 42			41.7	±0.39	42	48	P180			179.5	±1.40	180	195
P 44			43.7	±0.41	44	50	P185			184.5	±1.44	185	200
P 45			44.7	±0.41	45	51	P190			189.5	±1.48	190	205
P 46			45.7	±0.42	46	52	P195			194.5	±1.51	195	210
P 48			47.7	±0.44	48	54	P200			199.5	±1.55	200	215
P 49			48.7	±0.45	49	55	P205			204.5	±1.58	205	220
P 50			49.7	±0.45	50	56	P209			208.5	±1.61	209	224
P 48A	5.7	±0.13	47.6	±0.44	48	58	P210			209.5	±1.62	210	225
P 50A			49.6	±0.45	50	60	P215			214.5	±1.65	215	230
P 52			51.6	±0.47	52	62	P220			219.5	±1.68	220	235
P 53			52.6	±0.48	53	63	P225			224.5	±1.71	225	240
P 55			54.6	±0.49	55	65	P230			229.5	±1.75	230	245
P 56			55.6	±0.50	56	66	P235			234.5	±1.78	235	250

備　考　4種の d_1 の許容差は，4Cについては上記許容差の1.5倍，4Dについては，上記許容差の1.2倍とする．以下G，Vについても同様である．

6章　ジャーナルと軸受

表 6-26　固定用 O リングの形状・寸法　　（単位 mm）

呼び番号	太さ d_2 基準寸法	太さ d_2 許容差	内径 d_1 基準寸法	内径 d_1 許容差	みぞ部の寸法(参考) 軸径	みぞ部の寸法(参考) 穴径	呼び番号	太さ d_2 基準寸法	太さ d_2 許容差	内径 d_1 基準寸法	内径 d_1 許容差	みぞ部の寸法(参考) 軸径	みぞ部の寸法(参考) 穴径
G 25	3.1	±0.10	24.4	±0.25	25	30	G140	3.1	±0.10	139.4	±1.12	140	145
G 30			29.4	±0.29	30	35	G145			144.4	±1.16	145	150
G 35			34.4	±0.33	35	40	G150	5.7	±0.13	149.3	±1.19	150	160
G 40			39.4	±0.37	40	45	G155			154.3	±1.23	155	165
G 45			44.4	±0.41	45	50	G160			159.3	±1.26	160	170
G 50			49.4	±0.45	50	55	G165			164.3	±1.30	165	175
G 55			54.4	±0.49	55	60	G170			169.3	±1.33	170	180
G 60			59.4	±0.53	60	65	G175			174.3	±1.37	175	185
G 65			64.4	±0.57	65	70	G180			179.3	±1.40	180	190
G 70			69.4	±0.61	70	75	G185			184.3	±1.44	185	195
G 75			74.4	±0.65	75	80	G190			189.3	±1.47	190	200
G 80			79.4	±0.69	80	85	G195			194.3	±1.51	195	205
G 85			84.4	±0.73	85	90	G200			199.3	±1.55	200	210
G 90			89.4	±0.77	90	95	G210			209.3	±1.61	210	220
G 95			94.4	±0.81	95	100	G220			219.3	±1.68	220	230
G100			99.4	±0.85	100	105	G230			229.3	±1.73	230	240
G105			104.4	±0.87	105	110	G240			239.3	±1.81	240	250
G110			109.4	±0.91	110	115	G250			249.3	±1.88	250	260
G115			114.4	±0.94	115	120	G260			259.3	±1.94	260	270
G120			119.4	±0.98	120	125	G270			269.3	±2.01	270	280
G125			124.4	±1.01	125	130	G280			279.3	±2.07	280	290
G130			129.4	±1.05	130	135	G290			289.3	±2.14	290	300
G135			134.4	±1.08	135	140	G300			299.3	±2.20	300	310

表 6-27　真空フランジ用 O リングの形状・寸法　　（単位 mm）

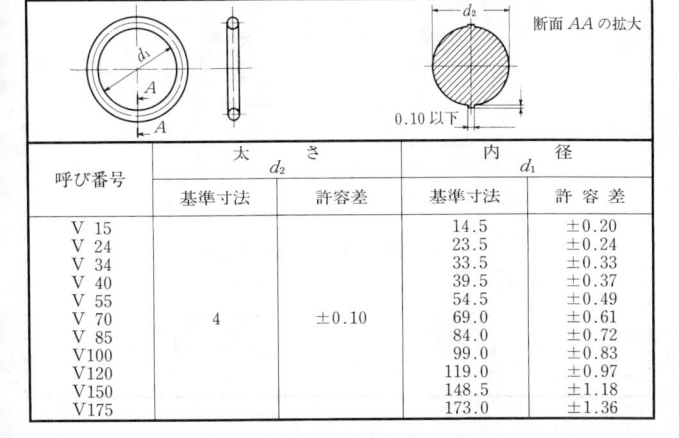

呼び番号	太さ d_2 基準寸法	太さ d_2 許容差	内径 d_1 基準寸法	内径 d_1 許容差
V 15	4	±0.10	14.5	±0.20
V 24			23.5	±0.24
V 34			33.5	±0.33
V 40			39.5	±0.37
V 55			54.5	±0.49
V 70			69.0	±0.61
V 85			84.0	±0.72
V100			99.0	±0.83
V120			119.0	±0.97
V150			148.5	±1.18
V175			173.0	±1.36

表 6-27 (つづき)

呼び番号	太さ d_2 基準寸法	許容差	内径 d_1 基準寸法	許容差
V 225			222.5	±1.70
V 275			272.0	±2.02
V 325	6	±0.15	321.5	±2.34
V 380			376.0	±2.68
V 430			425.5	±2.99
V 480			475.0	±3.30
V 530			524.5	±3.60
V 585			579.0	±3.92
V 640			633.5	±4.24
V 690			683.5	±4.54
V 740	10	±0.30	732.5	±4.83
V 790			782.0	±5.12
V 845			836.5	±5.44
V 950			940.5	±6.06
V1055			1044.0	±6.67

表 6-28 運動用および固定用（円筒面）の溝部の形状・寸法
(JIS B 2406 : 91) (単位 mm)

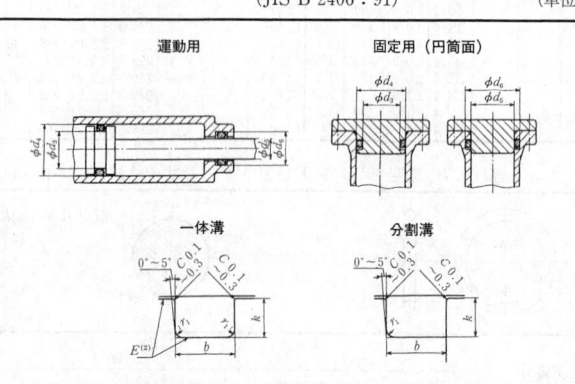

運動用　　　**固定用（円筒面）**

一体溝　　　**分割溝**

注(2) E は，寸法 K の最大値と最小値の差を意味し，同軸度の2倍となっている。

例　バックアップリングを使用する場合

バックアップリング1個の場合　　バックアップリング2個の場合

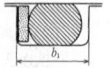

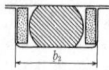

6章 ジャーナルと軸受

表 6-28（つづき）

Oリングの呼び番号	溝部の寸法							参考				
	d_3, d_5	d_4, d_6	b ±0.25 0			r_1 (最大) E (最大)	バックアップリングの厚さ			つぶし代	
				b_1	b_2		四ふっ化エチレン樹脂				
			バックアップリングなし	バックアップリング1個	バックアップリング2個		スパイラル	バイアスカット	エンドレス	最大	最小
P 3	3	6	2.5	3.9	5.4	0.4	0.7	1.25	1.25	0.48	0.27
P 4	4 0 −0.05	7 +0.05 0				0.05	±0.05	±0.1	±0.1		
P 5	5	8									
P 6	6	9									
P 7	7	10									
P 8	8	11									
P 9	9	12									
P 10	10	13									
P 10 A	10	14	3.2	4.4	6.0	0.4	0.7	1.25	1.25	0.49	0.25
P 11	11 0 −0.06	15 +0.06 0				0.05	±0.05	±0.1	±0.1		
P 11.2	11.2	15.2									
P 12	12	16									
P 12.5	12.5	16.5									
P 14	14	18									
P 15	15	19									
P 16	16	20									
P 18	18	22									
P 20	20	24									
P 21	21	25									
P 22	22	26									

備考 JIS B 2401のP 3～P 400は，運動用，固定用に使用するが，G 25～G 300は固定用にだけ使用し，運動用には使用しない。

ただし，P 3～P 400でも4種Cのような機械的強度の小さい材料は，運動用に使用しないことが望ましい。

表 6-29 固定用（平面）の溝部の形状・寸法　　（JIS B 2406：91）
(単位 mm)

注(1) 固定用(平面)では，内圧のかかる場合には，Oリングの外周が溝の外壁に密着するように設計し，外圧がかかる場合には反対にOリングの内周が溝の内壁に密着するように設計する。

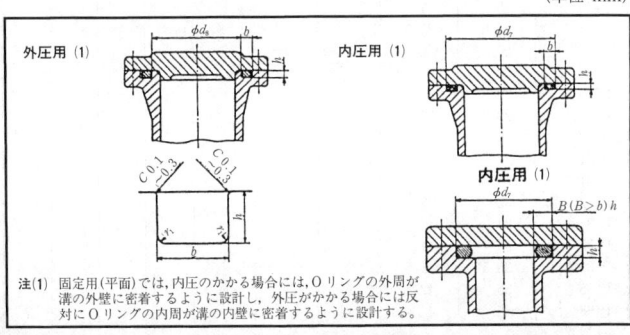

表 6-29 (つづき)

Oリングの呼び番号	溝部の寸法 d_8 (外圧用)	d_7 (内圧用)	b ±0.250	h ±0.05	r_1 (最大)	番号 つぶし代 最大	最小	(%) 最大	最小
P 3	3	6.2	2.5	1.4	0.4	0.63	0.37	31.8	20.3
P 4	4	7.2							
P 5	5	8.2							
P 6	6	9.2							
P 7	7	10.2							
P 8	8	11.2							
P 9	9	12.2							
P 10	10	13.2							
P 10 A	10	14	3.2	1.8	0.4	0.74	0.46	29.7	19.9
P 11	11	15							
P 11.2	11.2	15.2							
P 12	12	16							
P 12.5	12.5	16.5							
P 14	14	18							
P 15	15	19							
P 16	16	20							
P 18	18	22							
P 20	20	24							
P 21	21	25							
P 22	22	26							
P 22 A	22	28	4.7	2.7	0.8	0.95	0.65	26.4	19.1
P 22.4	22.4	28.4							
P 24	24	30							
P 25	25	31							
P 25.5	25.5	31.5							
P 26	26	32							
P 28	28	34							
P 29	29	35							
P 29.5	29.5	35.5							
P 30	30	36							
P 31	31	37							
P 31.5	31.5	37.5							
P 32	32	38							
P 34	34	40							
P 35	35	41							
P 35.5	35.5	41.5							
P 36	36	42							
P 38	38	44							

6.12.2. オイルシール (JIS B 2402-1:02)

回転軸の周囲から油，またはグリースの漏れを防止するために使用するもので，軸径6～500 mmまで規定されている。

オイルシールのリップは，図 6-13 のように，常に回転軸と接触して油漏れを防ぐが，リップ材料としては，ニトリルゴムまたはアクリルゴム相当の弾性体が使用され，また弾性を補うために，ばねを併用したものも多い。そして，漏れ止めとちりよけの両方の目的で二つのリップをもつ形式もある。ばねありオイルシールの性能は表 6-30 による。

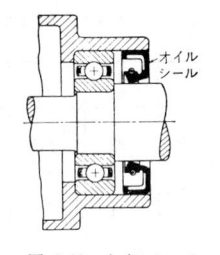

図 6-13 オイルシール

表 6-30 ばねありオイルシールの性能

区 分	性　　能
1 種	油漏れがないこと。
2 種	6個の供試オイルシールの合計油漏れ量は最大12gとし，かつ，1個のオイルシールの最大漏れ量は3gとする。(JIS B 2402-4:02 による)

オイルシールは，構造によって6種類に分けられる（図 6-14）。

軸径の許容差は $h11$ とし，軸の仕上げは，送りをかけないプランジ研削が望ましい。表面粗さは $(0.63～0.2)\ \mu m\ R_a$ または $(2.5～0.8)\ \mu m\ R_y$ とする。軸の材料は，機械構造用炭素鋼（例：0.45Cなど）または低合金鋼を使用し，軸の硬さは30 HRCが望ましい。軸振れは，軸を回転させたときの最大値と最小値の差が0.25 mm以下が望ましい。

ハウジング穴径の許容差は H8 とし，穴の表面状態は機械加工をしたままでよく，表面粗さは $(3.2～0.4)\ \mu m\ R_a$ または $(12.5～1.6)\mu m\ R_y$ とする。外周金属オイルシールを使用する場合には，表面粗さは上記の値より小さくする場合がある。

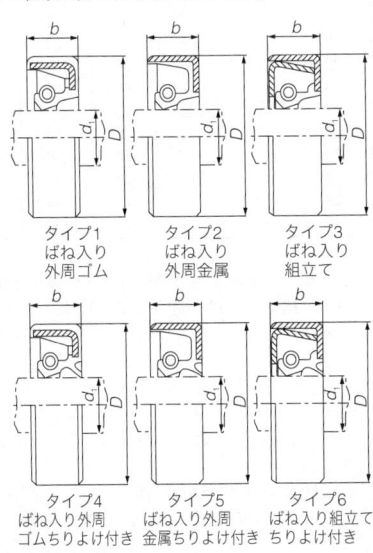

タイプ1 ばね入り外周ゴム
タイプ2 ばね入り外周金属
タイプ3 ばね入り組立て
タイプ4 ばね入り外周ゴムちりよけ付き
タイプ5 ばね入り外周金属ちりよけ付き
タイプ6 ばね入り組立てちりよけ付き

図 6-14 オイルシールのタイプの代表例

表 6-31 オイルシールの呼び寸法 (JIS B 2402-1：02)

(単位 mm)

内径 d_1	外径 D	幅 b	内径 d_1	外径 D	幅 b	内径 d_1	外径 D	幅 b
6	16	7	30	47	7	80	100	10
6	22	7	30	52	8	80	110	10
7	22	7	32	45	8	85	110	12
8	22	7	32	47	8	85	120	12
8	24	7	32	52	8	90	120	12
9	22	7	35	50	8	95	120	12
10	22	7	35	52	8	100	125	12
10	25	7	35	55	8	110	140	12
12	24	7	38	55	8	120	150	12
12	25	7	38	58	8	130	160	12
12	30	7	38	62	8	140	170	15
15	26	7	40	55	8	150	180	15
15	30	7	40	62	8	160	190	15
15	35	7	42	55	8	170	200	15
16	30	7	42	62	8	180	210	15
18	30	7	45	62	8	190	220	15
18	35	7	45	65	8	200	230	15
20	35	7	50	68	8	220	250	15
20	40	7	50	72	8	240	270	15
22	35	7	55	72	8	260	300	20
22	40	7	55	80	8	280	320	20
22	47	7	60	80	8	300	340	20
25	40	7	60	85	8	320	360	20
25	47	7	65	85	10	340	380	20
25	52	7	65	90	10	360	400	20
28	40	7	70	90	10	380	420	20
28	47	7	70	95	10	400	440	20
28	52	7	75	95	10	450	500	25
30	42	7	75	100	10	480	530	25

オイルシールの製品の呼び方は次の順序とする。

(1) 規格番号 (2) 種類の記号 (3) 呼び内径記号 (3 けたの数字) (4) 呼び外径記号 (3 けたの数字) (5) 呼び幅記号 (2 けたの数字) (6) ゴム材料記号[1] (7) シール外径の許容値の種類 (8) ばねありオイルシールの性能の記号 (1種の場合は省略，2種のみ)

注[1] ゴム材料の種類：A, B (ニトリルゴム相当), C (アクリルゴム相当) A, B, C それぞれの試験温度は, 順に 100℃, 120℃, 150℃ の相違がある。

(例) JIS B 2402[1] SM[2] 040[3] 062[4] 08[5] C[6] −1[7] −2[8]

オイルシールの主要寸法を表 6-31, 表 6-32 に示す。

表 6-32　ばねなしオイルシールの呼び寸法（JIS B 2402-1：02）

（単位 mm）

内径 d_1	外径 D	幅 b	内径 d_1	外径 D	幅 b	内径 d_1	外径 D	幅 b
7	18	4	26	42	8	63	75	6
	20	7	28	40	5		85	12
8	18	4		45	8	65	80	6
	22	7	30	42	5		90	13
9	20	4		45	8	68	82	6
	22	7	32	45	5		95	13
10	20	4		52	11	70	85	6
	25	7	35	48	5		95	13
11	22	4		55	11	75	90	6
	25	7	38	50	5		100	13
12	22	4		58	11	80	95	6
	25	7	40	52	5		105	13
13	25	4		62	11	85	100	6
	28	7	42	55	6		110	13
14	25	4		65	12	90	105	6
	28	7	45	60	6		115	13
15	25	4		68	12	95	110	6
	30	7	48	62	6		120	13
16	28	4		70	12	100	115	6
	30	7	50	65	6		125	13
17	30	5		72	12	105	120	7
	32	8	52	65	6		135	14
18	30	5		75	12	110	125	7
	35	8	55	70	6		140	14
20	32	5		78	12	115	130	7
	35	8	56	70	6		145	14
22	35	5		78	12	120	135	7
	38	8	58	72	6		150	14
24	38	5		80	12	125	140	7
	40	8	60	75	6		155	14
25	38	5		82	12	130	145	7
	40	8	62	75	6		160	14
26	38	5		85	12			

備考　GA は，なるべく使用しない。

7章 歯車伝動装置

7.1. 歯車一般

歯車は歯と歯との直接滑り接触により回転と動力を伝達するもので，
1. 摩擦車，ベルト車などと異なり確実に回転と動力を伝える，
2. 速度比が一定である，
3. 比較的大きい減速ができる，
4. 比較的大きい動力の伝達ができる，
5. 耐久度が大きい，

などの特長から最も広く用いられる伝動装置である。

7.1.1. 歯車の機構学

図 7-1 で，両歯車が回転中，両歯形曲線 xx, yy が c 点で接するとき，互いに離れず，また食い込まないためには，共通法線方向の分速度が等しくなければならない。すなわち v_1, v_2 を中心 o_1, o_2 に関する c 点の周速度とすれば，

$$v_1 \cos \alpha_1 = v_2 \cos \alpha_2, \quad v_1 = \overline{o_1c} \times \omega_1, \quad v_2 = \overline{o_2c} \times \omega_2$$
$$\overline{o_1c} \times \omega_1 \cos \alpha_1 = \overline{o_2c} \times \omega_2 \cos \alpha_2$$
$$\overline{o_1c} \times \cos \alpha_1 = \overline{o_1k_1}, \quad \overline{o_2c} \times \cos \alpha_2 = \overline{o_2k_2}$$
$$i = \frac{\omega_2}{\omega_1} = \frac{\overline{o_1k_1}}{\overline{o_2k_2}} = \frac{\overline{o_1p}}{\overline{o_2p}}$$

角速度比 i が一定のときは p は定点となる。これをピッチ点という。次に o_1, o_2 を中心として回転すると，p は o_1, o_2 の平面上に半径 $\overline{o_1p}$, $\overline{o_2p}$ の円を描く。この円をピッチ円という。すなわち歯車の両歯形曲線 $\overparen{xx}$, $\overparen{yy}$ の共通法線はピッチ点を通過する。

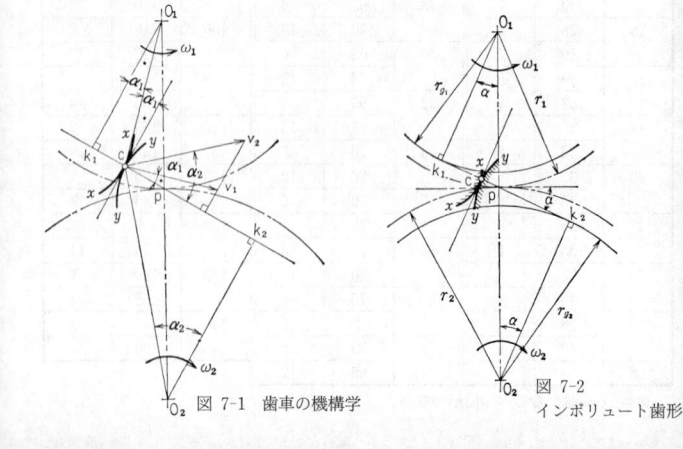

図 7-1 歯車の機構学

図 7-2 インボリュート歯形

7章 歯車伝動装置

次に接点cは回転中一つの軌跡を描く。この接点軌跡の曲線の種類によりいろいろな歯形曲線ができる。

7.1.2. インボリュート歯車歯形

接点軌跡が法線に一致するとき歯形曲線は，$\overline{o_1k_1}$, $\overline{o_2k_2}$ を半径とする円を基礎円とするインボリュート曲線となる（図 7-2）。

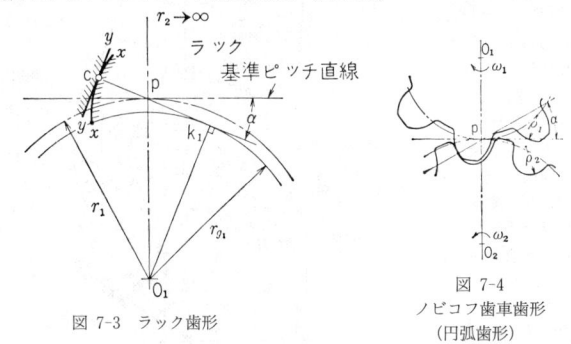

図 7-3 ラック歯形

図 7-4 ノビコフ歯車歯形（円弧歯形）

両ピッチ円の共通接線と歯形曲線の共通法線とのなす角 α を圧力角という。標準歯車の歯車歯形として JIS B 1701：99 インボリュート歯車歯形は 20° を，**ASA**（アメリカ規格）では 20°，14.5°，**BS**（イギリス規格），**DIN**（ドイツ規格）では 20° を採用している。歯車のピッチ円の半径が無限大となればピッチ円は直線となる。これをラックといい，歯形は直線となる（図 7-3 参照）。

このほか接点軌跡が円の場合は，歯形曲線はこの円をころがり円とするエピサイクロイドとハイポサイクロイドとを組み合わせたものとなる。

また，円弧を歯形曲線に用いたノビコフ歯車がある（図 7-4）。

7.2. 歯車の種類

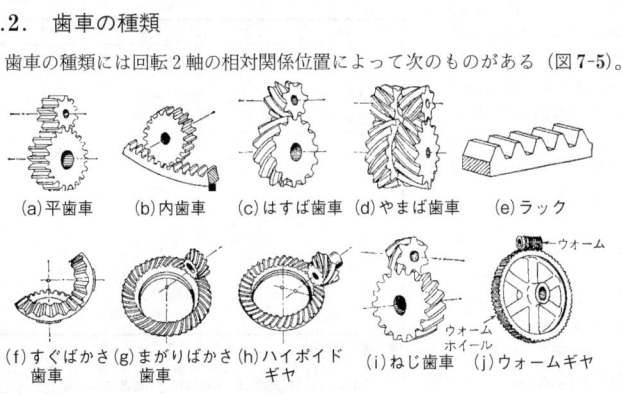

歯車の種類には回転2軸の相対関係位置によって次のものがある（図 7-5）。

(a) 平歯車　(b) 内歯車　(c) はすば歯車　(d) やまば歯車　(e) ラック

(f) すぐばかさ歯車　(g) まがりばかさ歯車　(h) ハイポイドギヤ　(i) ねじ歯車　(j) ウォームギヤ

図 7-5 歯車の種類

(1) 2軸が平行の場合：平歯車・内歯車・はすば歯車・やまば歯車・ラック
(2) 2軸が交わる場合：すぐばかさ歯車・まがりばかさ歯車
(3) 2軸が非平行で交わらぬ場合：ハイポイドギヤ・ねじ歯車・ウォームギヤ

7.3. 標準歯車の各部の名称

歯形の各部の名称を図 7-6 に示す。

1) 基準円（ピッチ円）：歯車の基準となる円，2) 円弧歯厚：ピッチ円周で測った歯の厚さ，3) 歯みぞの幅：ピッチ円周で測った歯のすきまの長さ，4) バックラッシ：歯みぞと歯の厚さの差，5) 歯先円：歯の先端を連ねた円（この直径を歯先円直径または外径という）6) 歯底円（歯元円）：歯の根元を通る円，7) 歯末のたけ：ピッチ円と歯先円との距離，8) 歯元のたけ：ピッチ円と歯底円との距離，9) 全歯たけ：歯末のたけと歯元のたけとの和，すなわち歯の全体の高さ，10) 頂げき：歯車のかみ合っているとき，一方の歯車の歯先円と他の歯車の歯元円とのすきま，11) 歯末の面：ピッチ円から外側の歯のかみ合う面，12) 歯元の面：ピッチ円から内側の歯のかみ合う面

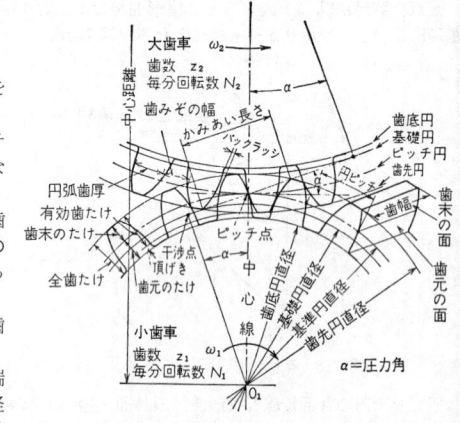

図 7-6 歯車の各部の名称（インボリュート歯形）

JIS B 0121：99 には，歯車に関する用語の重要な記号が規定されている。これらは国際的な記号表記である（表 7-2，7-3，7-4）。また，附属書には，歯車用語の記号がアルファベット順に並べられている（表 7-5，7-6）。これらの記号は，ローマ字とギリシャ文字のイタリ

表 7-1 モジュール m の標準値（JIS B 1701：99）
$(m=1〜50)$　　　　（単位 mm）

I 列	II 列	I 列	II 列
0.1	0.15	4	3.5
0.2	0.25	5	4.5
0.3	0.35	6	5.5
0.4	0.45		(6.5)
0.5			7
0.6	0.7	8	
0.8	0.75	10	11
	0.9	12	14
1	1.125	16	18
1.25	1.375	20	22
1.5	1.75	25	28
2	2.25	32	36
2.5	2.75	40	45
3	2.75	50	

備考 I 列のモジュールを用いることが望ましい。モジュール 6.5 はなるべく用いない。0.1〜0.9 は ISO，JIS 1702 には規定されていない。付属書にのみ示されている。

7章 歯車伝動装置

表7-2 記号の意味および単位 (JIS B 0121:99)

記号	意味	単位
c_p	頂げき：標準基準ラックの歯底と相手標準基準ラック歯先とのすきま	mm
e_p	歯溝の幅：データム線上での歯溝の幅	mm
h_{ap}	歯末のたけ：データム線から歯先線までの距離	mm
h_{tp}	歯元のたけ：データム線から歯底線までの距離	mm
h_{Fp}	歯元のかみ合い歯たけ：相手標準基準ラック歯形の歯末のたけに等しい	mm
h_p	歯たけ：歯末のたけと歯元のたけとを加えたもの	mm
h_{wp}	かみ合い歯たけ：相手標準基準ラック歯形とかみ合う直線歯形部分の歯のたけ	mm
m	モジュール：基準ピッチを π で除した値（表7-1）	mm
p	ピッチ：$p = \pi m$	mm
s_p	歯厚：データム線上での歯の厚さ	mm
U_{Fp}	切り下げ量	mm
α_{Fp}	切り下げ角度	度(°)
α_p	圧力角	度(°)
ρ_{tp}	基準ラックの歯底すみ肉部曲率半径	mm

表7-3 主要な記号[1] (JIS B 0121:99)

番号	用語	記号	番号	用語	記号
1	中心距離	a	22	歯末のたけ	h_a
2	軸角	Σ	23	歯元のたけ	h_t
3	線速度	v	24[3]	歯末角	θ_a
4	角速度	ω	25[3]	歯元角	θ_t
5	回転数	n	26	ねじれ角	β
6	歯数比	u	27	進み角	γ
7	速比	i	28	リード	p_z
8	歯数	z	29	インボリュート α	inv α
9	歯幅	b	30	歯形の曲率半径	ρ
10	円すい距離	R	31	圧力角	α
11	半角	r	32	ピッチ	p
12	直径	d	33	モジュール	m
13	基準円直径	d	34	ダイヤメトラルピッチ	P
14[2]	かみ合いピッチ円直径	d'	35	冠歯車の角ピッチ	τ
15	歯先円直径	d_a	36	歯厚	s
16	歯底円直径	d_t	37	歯溝	e
17	基準円すい角	δ	38	歯厚の半角	ψ
18[2]	ピッチ円すい角	δ'	39	歯溝の半角	η
19	歯先円すい角	δ_a	40	弦歯厚	$\bar{s}$
20	歯底円すい角	δ_t	41	弦歯たけ	$\bar{h}_a$
21	歯たけ	h	42	一定弦歯厚	$\bar{s}_c$

表7-3 (つづき)

番号	用語	記号
43	一定弦歯たけ	$\bar{h}_c$
44	またぎ歯厚	W
45	頂げき	c
46	円周方向バックラッシ	j_t
47	法線方向バックラッシ	j_n
48	転位係数	x
49	中心距離修整係数	y
50	近寄りかみ合い長さ	g_f
51	遠のきかみ合い長さ	g_a

番号	用語	記号
52	かみ合い長さ	g_α
53	重なりかみ合い長さ	g_β
54	正面接触角	ζ_α
55	重なり角	ζ_β
56	全接触角	ζ_γ
57	正面かみ合い率	ε_α
58	重なりかみ合い率	ε_β
59	全かみ合い率	ε_γ

注(1) 必要があれば**表7-4**からの付加的な添字又は記号によって完全にする。
(2) アポストロフィは，添字wに置き換えてもよい。
(3) 小文字体シータは，θ 又は ϑ と書いてもよい。

表7-4 付加的な添字または記号 (JIS B 0121：99)

番号	用語	添字又は記号
添字		
1	歯先	a
2	歯底及び歯元	f
3	軸直角，正面	t
4	歯直角	n
5	軸方向，軸断面	x
6	半径方向	r
7	接線方向	t
8	平均	m
9	基礎円	b
10	任意の円すい又は円筒上	y
11	背面円すい上 (相当円筒歯車上)	v
12	外	e
13	内	i
14	右ねじれ，右	R

番号	用語	添字又は記号
15	左ねじれ，左	L
16	近寄りに関して	f
17	遠のきに関して	a
18	正面かみ合いに関して	α
19	重なり	β
20	全かみ合い	γ
21	工具に関するもの	0
22	小歯車に関するもの	1
23	大歯車に関するもの	2
他の記号		
24	基準	(記号なし)
25(1)	かみ合い	'(アポストロフィ)
26	係数 (転位係数，中心距離修整係数以外の寸法に関する係数)	*(アステリスク)

注(1) アポストロフィは，添字wに置き換えてもよい。

表7-5 基本的なイタリック文字 (附属書A)

ローマ字アルファベット

記号	用語
小文字体	
a	中心距離
b	歯幅
c	頂げき
d	直径
e	歯溝
g	長さ (接触点の軌跡，重なりなどの)

記号	用語
小文字体	
h	歯末か歯元の歯たけ
i	速度比
j	バックラッシ
m	モジュール
n	回転数
p	ピッチ

表 7-5（つづき）

ローマ字アルファベット

記号	用語
小文字体	
r	半径
s	歯厚
u	歯数比
v	線速度
x	転位係数
y	中心距離修整係数
z	歯数
inv α	インボリュート α
大文字体	
P	ダイヤメトラルピッチ
R	円すい距離
W	またぎ歯厚

ギリシャ文字アルファベット

記号	用語
小文字体	
α	圧力角
β	ねじれ角
γ	進み角
δ	円すい角
ε	率（かみ合い，重なりなど）
η	歯溝の半角
θ [1]	角（歯末角，歯元角）
ρ	歯形の曲率半径
τ	冠歯車の角ピッチ
ζ	角（伝達，重なりなど）
ψ	歯厚の半角
ω	角速度
大文字体	
Σ	軸角

注[1] 小文字シータは，θ 又は ϑ と書いてもよい。

表 7-6 添字および記号（附属書 A）

ローマ字アルファベット

添字又は記号	用語
小文字体	
a	歯先，遠のきに関して
b	基礎
c	一定弦歯厚に関するもの
e	外
f	歯底，近寄りに関して
i	内
m	平均
n	歯直角
r	半径
t	正面，接線
v	背面円すい（又は相当円筒歯車）上
(w)	かみあい [1]
x	軸方向
y	任意の円すい，又は円筒上
z	つるまき線に関して（p_z＝リード）
大文字体	
L	左ねじれ，左
R	右ねじれ，右

添字又は記号	用語
小文字体	
α	正面かみ合いに関して
β	重なり
γ	全かみ合い
数字	
0	工具に関係するもの
1	小歯車に関係するもの
2	大歯車に関係するもの
種々の記号	
＊（アステリスク）	係数（転位係数又は中心距離修整係数以外の寸法に関する係数）
‾（上線）	弦に関係するもの（例 $\bar{s}$）
’（アポストロフィ）	かみ合い
添字もなく記号もない	
（記号なし）	基準

注[1] (w)の添字は，作用を示す "'"（アポストロフィ）に置き換えてもよい。

7.4. 標準モジュール値

ピッチ円の直径 d_0 を歯数 z で除したものをモジュール（記号に m を用いる）といい，すべて歯車歯形の大きさを定める基準となる。

$m = d_0/z$

このほか，歯数 z をピッチ円の直径 $d_0(in)$ で除したものをダイヤメトラルピッチ（記号に P を用いる）といい，アメリカ，イギリスなどで歯形の基準に用いている。

$P = 25.4 z/d_0 = 25.4/m$

表 7-1（432 ページ）に JIS B 1701：99 に規定されたモジュールの標準値を示したが，表 7-7 にダイヤメトラルピッチの標準値を参考に示す。

表 7-7 ダイヤメトラルピッチの標準値

ダイヤメトラルピッチ P	モジュール $m=25.4/P$	ダイヤメトラルピッチ P	モジュール $m=25.4/P$
24	1.0583	4 ½	5.6444
22	1.1546	4	6.3500
20	1.2700	3 ½	7.2571
18	1.4111	3	8.4667
16	1.5875	2 ¾	9.2364
14	1.8143	2 ½	10.1600
12	2.1167	2 ¼	11.2889
10	2.5400	2	12.7000
9	2.8222	1 ¾	14.5143
8	3.1750	1 ½	16.9333
7	3.6286	1 ¼	20.3200
6	4.2333	1	25.4000
5	5.0800		

7.5. 標準ラックの歯形

歯車歯形はすべてラックを基準とする。図 7-7，表 7-8 に JIS B 1701：99 に規定された基準ラックの歯形の形状と各部の割合を示す。

旧来の JIS では全歯たけは $2.157m$ 以上であったが現在では $2.25m$ 以上に改められた。切削歯車では $2.25m$ が適当と考えられるが，研削およびシェーピング歯形には，これより大きい値をとるなど，とくに規格では推奨値を挙げていない。実際の歯底すみ肉形状は，工具および加

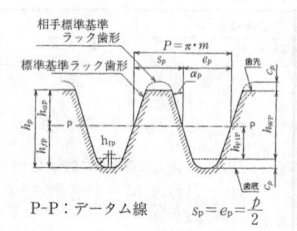

P-P：データム線　　$s_p = e_p = \dfrac{p}{2}$

図 7-7 標準基準ラック歯形
（JIS B 1701：99）

表 7-8 標準基準ラックの寸法

項目	標準基準ラックの寸法
$α_p$	20°
h_{ap}	$1.00m$
c_p	$0.25m$
h_{fp}	$1.25m$
$ρ_{fp}$	$0.38m$

表 7-9 基準ラック歯形の形式（附属書表 A）

項目	基準ラック歯形のタイプ			
	A形	B形	C形	D形
$α_p$	20°	20°	20°	20°
h_{ap}	$1.00m$	$1.00m$	$1.00m$	$1.00m$
c_p	$0.25m$	$0.25m$	$0.25m$	$0.40m$
h_{fp}	$1.25m$	$1.25m$	$1.25m$	$1.40m$
$ρ_{fp}$	$0.38m$	$0.30m$	$0.25m$	$0.39m$

表7-10 モジュール基準の歯の寸法

(単位 mm)

モジュール m	ピッチ $t=\pi m$	歯の厚さ $\dfrac{t}{2}$	歯末のたけ $h_a=m$	歯元のたけ $h_f=1.25\,m$	全歯たけ $h=2.25\,m$
0.1	0.314	0.157	0.100	0.125	0.225
0.15	0.471	0.236	0.150	0.188	0.338
0.2	0.628	0.314	0.200	0.250	0.450
0.25	0.785	0.393	0.250	0.313	0.563
0.3	0.942	0.471	0.300	0.375	0.675
0.35	1.100	0.550	0.350	0.438	0.788
0.4	1.257	0.629	0.400	0.500	0.900
0.45	1.414	0.707	0.450	0.565	1.010
0.5	1.571	0.785	0.500	0.645	1.145
0.55	1.728	0.864	0.550	0.688	1.238
0.6	1.885	0.943	0.600	0.750	1.350
0.65	2.042	1.021	0.650	0.813	1.463
0.7	2.199	1.099	0.700	0.875	1.575
0.75	2.356	1.178	0.750	0.938	1.680
0.8	2.513	1.257	0.800	1.000	1.800
0.9	2.827	1.414	0.900	1.125	2.025
1	3.142	1.571	1.000	1.250	2.250
1.25	3.927	1.964	1.250	1.563	2.813
1.5	4.712	2.356	1.500	1.875	3.375
1.75	5.498	2.749	1.750	2.180	3.930
2	6.283	3.142	2.000	2.500	4.500
2.25	7.069	3.534	2.250	2.813	5.063
2.5	7.854	3.927	2.500	3.125	5.625
2.75	8.639	4.320	2.750	3.438	6.188
3	9.425	4.712	3.000	4.750	6.750
3.25	10.210	5.105	3.250	4.063	7.313
3.5	10.996	5.498	3.500	4.375	7.875
3.75	11.781	5.891	3.750	4.688	8.438
4	12.566	6.283	4.000	5.000	9.000
4.5	14.137	7.069	4.500	5.625	10.125
5	15.708	7.854	5.000	6.450	11.450
5.5	17.279	8.639	5.500	6.875	12.375
6	18.850	9.425	6.000	7.500	13.500
6.5	20.420	10.210	6.500	8.125	14.625
7	21.991	10.996	7.000	8.750	15.750
8	25.133	12.566	8.000	10.000	18.000
9	28.274	14.137	9.000	11.250	20.250
10	31.416	15.708	10.000	12.500	22.500
11	34.558	17.279	11.000	13.750	24.750
12	37.699	18.850	12.000	15.000	27.000
14	43.982	21.991	14.000	17.500	31.500
16	50.266	25.133	16.000	20.000	36.000
18	56.549	28.274	18.000	22.500	40.500
20	62.832	31.416	20.000	25.000	45.000
22	69.115	34.556	22.000	27.500	49.500
25	78.540	39.270	25.000	31.250	56.250
28	87.965	43.982	28.000	35.000	63.000
32	100.531	50.265	32.000	40.000	72.000
36	113.097	56.549	36.000	45.000	81.000
40	125.664	62.832	40.000	50.000	90.000
45	141.372	70.686	45.000	56.250	101.250
50	157.080	78.540	50.000	62.500	112.500

工方法,歯形の転位,歯数などの影響によって変化する。

JIS B 1701-1 の附属書 A (参考)には,基準ラックの歯形および用途が示されている。表7-9において,基準ラック歯形 A 形は,高トルク伝達用歯車に使用することを推奨され,B 形および C 形は,標準ホブによる製造に適し,D 形は,研削またはシェービング仕上げの歯面をもつ高精度,高トルク伝達用歯車に使用することが推奨されている。表7-10にモジュール基準の歯の寸法を示す。

7.6. 標準平歯車の寸法

表7-11 は標準平歯車の設計および工作に関する寸法を示す。

例題 $z=30$, $m=5$ mm の平歯車の大きさを求めよ。

解 $d=5\times30=150$ (mm)　$d_a=(30+2)\times5=160$ (mm)
$b=(8\sim15)\times5=40\sim75$ (mm)

表7-11　標準平歯車の寸法

各 部 の 名 称	小　歯　車	大　歯　車
基 準 円 直 径　(d)	$d_1=z_1m$	$d_2=z_2m$
歯 先 円 直 径　(d_a)	$d_{a1}=(z_1+2)m$	$d_{a2}=(z_2+2)m$
基 礎 円 直 径　(d_b)	$d_{b1}=z_1m\cos\alpha$	$d_{b2}=z_2m\cos\alpha$
中 心 距 離　(a)	$a=\frac{1}{2}(z_1+z_2)m$	
ピ ッ チ　(p)	$p=\pi m$	
法 線 ピ ッ チ　(p_t)	$p_t=\pi m\cos\alpha$	
歯 た け　(h)	$h=(2+c)m$　$c\geq0.25$	
歯 幅　(b)	$b=(8\sim15)m$	

注　z_1：小歯車の歯数　　z_2：大歯車の歯数

平歯車は,歯車のうちで最も多く用いられるもので,旧規格では一般用平歯車の形状および寸法(JIS B 1721：73)が制定されている。この規格は,

(1) 一般に用いるモジュール 1.5～6 mm の平歯車の形状および寸法について規定する。

(2) 形状として,OA形,OB形,OC形,IA形,IB形および IC形の6種類がある(図7-8参照)。

(3) 歯形はインボリュート歯形で,圧力角20°,歯末のたけがモジュール,歯元のたけがモジュールの1.25倍に等しいもの。

(4) モジュールは,1.5 mm,2 mm,2.5 mm,3 mm,4 mm,5 mm,6 mm

表7-12　歯　幅

歯　数	歯　幅　(mm)									
32 以上	10	12	16	20	25	32	36	40	50	60
30 以下	12	14	18	22	28	35	40	45	55	65

7章　歯車伝動装置

表7-13　歯　数

14	15	16	17	18	19	20	21	22	24	25
26	28	30	32	34	36	38	40	42	45	48
50	52	55	58	60	65	70	75	80	90	100

表7-14　歯数範囲

| 種　類 | 歯　幅 N並, W広 | モ ジ ュ ー ル （mm） ||||||
		1.5	2	2.5	3	4	5	6
OA	N	20～50	16～45	15～45	15～36	14～30	14～30	14～30
	W	20～50	18～45	18～45	18～36	16～30	14～30	14～30
OB, OC	N	25～50	19～45	18～45	17～36	17～30	16～30	16～30
	W	25～50	20～45	20～45	20～36	18～30	16～30	16～30
IA	N	—	48～60	48～60	38～60	32～55	32～48	32～48
	W	—	48～80	48～60	38～60	32～55	32～48	32～48
IB, IC	N	52～60	48～60	48～60	38～60	32～55	32～48	32～48
	W	52～80	48～100	48～80	38～100	32～100	32～80	32～65

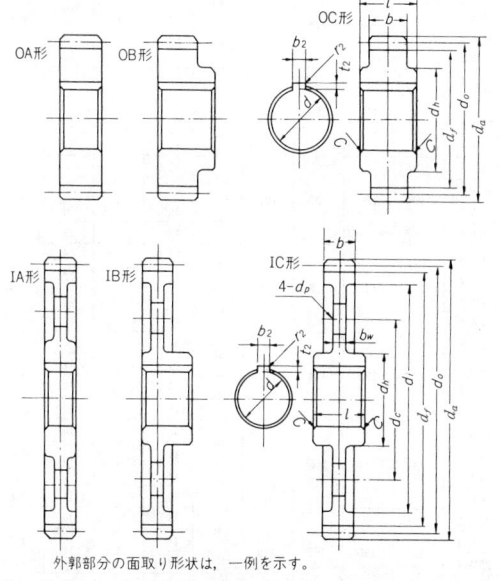

外郭部分の面取り形状は，一例を示す。

図 7-8　歯車の形状

表 7-15 モジュール 6 mm, OA 形歯車の寸法
(旧 JIS B 1721:73) (単位 mm)

記 号		歯数 z	ピッチ円直径 d_0	歯先円直径 d_a	歯底円直径 d_f	歯幅 b	穴径 d	面取り C	キーみぞ b_2	t_2	r_2
OA6-	14N1	14	84	96	69	40	28	1	8	3.3	0.16~0.25
	14N2						35		10		0.25~0.40
	14W1					65	31.5		8		0.16~0.25
	15N1	15	90	102	75	40	28	1	8	3.3	0.16~0.25
	15N2						35		10		0.25~0.40
	15W1					65	31.5		8		0.16~0.25
	15W2						42		12		0.25~0.40
	16N1	16	96	108	81	40	28	1	8	3.3	0.16~0.25
	16N2						35		10		0.25~0.40
	16W1					65	35		10		0.25~0.40
	16W2						45		12		
	17N1	17	102	114	87	40	31.5	1	8	3.3	0.16~0.25
	17N2						42		12		0.25~0.40
	17W1					65	35		10		0.25~0.40
	17W2						45		12		
	18N1	18	108	120	93	40	31.5	1	8	3.3	0.16~0.25
	18N2						42		12		0.25~0.40
	18W1					65	35		10		0.25~0.40
	18W2						45		12		
	19N1	19	114	126	99	40	31.5	1	8	3.3	0.16~0.25
	19N2						42		12		0.25~0.40
	19W1					65	35		10		0.25~0.40
	19W2						45		12		
	20N1	20	120	132	105	40	31.5	1	8	3.3	0.16~0.25
	20N2						42		12		0.25~0.40
	20W1					65	35		10		0.25~0.40
	20W2						45		12		
	21N1	21	126	138	111	40	31.5	1	8	3.3	0.16~0.25
	21N2						42		12		0.25~0.40
	21W1					65	35		10		0.25~0.40
	21W2						45		12		
	22N1	22	132	144	117	40	31.5	1	8	3.3	0.16~0.25
	22N2						42		12		0.25~0.40
	22W1					65	35		10		0.25~0.40
	22W2						45		12		
	24N1	24	144	156	129	40	35	1	10	3.3	0.25~0.40
	24N2						45		12		
	24W1					65	42		12	3.3	
	24W2						50		14	3.8	
	25N1	25	150	162	135	40	35	1	10	3.3	0.25~0.40
	25N3						45		12		
	25W1					65	42		12	3.3	
	25W2						50		14	3.8	

の6種類のもの。

(5) 歯幅は，並幅（記号 N）および広幅（記号 W）の2種類で，表 **7-12** による。

(6) 歯数は表 **7-13** による。また歯数範囲は，モジュール，種類および歯幅に応じて，表 **7-14** の範囲とする。

(7) 各部の寸法〔歯数 z, ピッチ円直径 d_0, 歯先円直径 d_k, 歯底円直径 d_r, 歯幅 b, 穴径 d, 面取り C, ハブ外径 d_h, ハブ長さ l, キーみぞの寸法（幅 b_2, みぞの深さ t_2, およびすみの丸み r_2), リム内径 d_i, ウェブ厚さ b_w, 抜き穴直径 d_p および抜き穴中心直径 d_c）が各モジュール，歯数に応じて決められている〔表 **7-15** モジュール 6 mm, OA 形歯車の各部の寸法参照〕。ただし，抜き穴の数は4個とする。

なお，穴径 d は JIS B 0901 : 97（軸の直径），面取り C は JIS B 0701 : 87（機械部分の丸みおよび面取り），キーみぞの寸法は JIS B 1301 : 96 によっている。

(8) 呼び方は，規格番号[1] または規格名称・種類を表す記号[2]・モジュール[3]・歯数[4]・歯幅[5]（並幅は N, 広幅は W), 穴径[6]（対応する歯幅に対して1種類のときは1，2種類あるときは小さい方を1，大きい方を2で表す）。

例：JIS B 1721[1] ・OA[2] ・3[3] ・25[4] ・N[5] ・1[6]

なお，JIS B 1722 : 74 には，一般用はすば歯車の形状および寸法についても規定されている（現在廃止）。

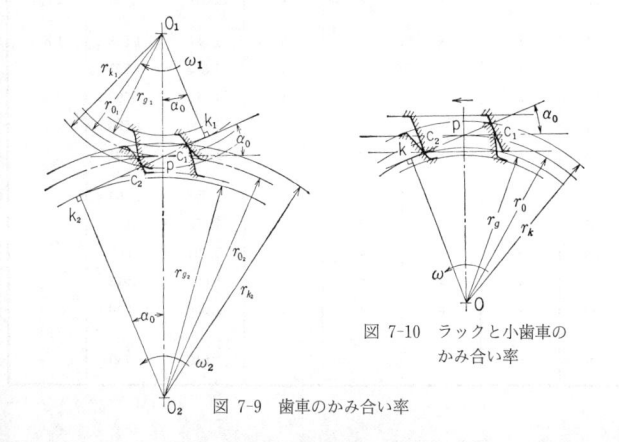

7.7. 標準歯車のかみ合い率

(1) インボリュート歯形の一組のかみ合いで，c_1 を歯のかみ合いの始まり，c_2 を終りとすれば（図 **7-9**),

$$\varepsilon = \overline{c_1 c_2}/t_0 \cos\alpha \quad (t_0 \cos\alpha : 法線ピッチ)$$

をかみあい率といい，次式で示される。（表 **7-16** 参照）

図 7-9 歯車のかみ合い率

図 7-10 ラックと小歯車のかみ合い率

表 7-16 20°標準歯車のかみ合い率の値

z_2 \ z_1	12	13	14	15	16	17	∞
12	1.049						1.235
13	1.141	1.232					1.337
14	1.232	1.324	1.415				1.439
15	1.235	1.337	1.439	1.481			1.540
16	〃	〃	〃	1.490	1.499		1.640
17	〃	〃	〃	1.498	1.507	1.515	1.739
18	〃	〃	〃	1.506	1.514	1.522	1.755
19	〃	〃	〃	1.513	1.521	1.529	1.762
20	〃	〃	〃	1.519	1.528	1.536	1.769
21	〃	〃	〃	1.525	1.534	1.542	1.775
22	〃	〃	〃	1.531	1.540	1.548	1.781
23	〃	〃	〃	1.536	1.545	1.553	1.786
24	〃	〃	〃	1.540	1.550	1.558	1.791
25	〃	〃	〃	〃	1.555	1.563	1.796
26	〃	〃	〃	〃	1.560	1.568	1.801
27	〃	〃	〃	〃	1.564	1.572	1.805
28	〃	〃	〃	〃	1.568	1.576	1.809
29	〃	〃	〃	〃	1.572	1.580	1.813
30	〃	〃	〃	〃	1.576	1.584	1.817
31	〃	〃	〃	〃	1.580	1.588	1.821
32	〃	〃	〃	〃	1.583	1.591	
33	〃	〃	〃	〃	1.587	1.595	
34	〃	〃	〃	〃	1.590	1.598	
35	〃	〃	〃	〃	1.593	1.601	
36	〃	〃	〃	〃	1.596	1.604	
37	〃	〃	〃	〃	1.598	1.606	
38	〃	〃	〃	〃	1.601	1.609	
39	〃	〃	〃	〃	1.604	1.612	
40	〃	〃	〃	〃	1.606	1.640	
∞	〃	〃	〃	〃	1.640	1.739	

$$\varepsilon = \frac{1}{2\pi}\left[\sqrt{\left(\frac{z_1+2}{\cos\alpha_0}\right)^2 - z_1^2} + \sqrt{\left(\frac{z_2+2}{\cos\alpha_0}\right)^2 - z_2^2} - (z_1+z_2)\tan\alpha_0\right]$$

例題 $z_1=36$, $z_2=108$, $\alpha_0=20°$, $m=8$ の平歯車のかみ合い率を求めよ.

解
$$\varepsilon = \frac{1}{2\pi}\left[\sqrt{\left(\frac{36+2}{0.9397}\right)^2 - 36^2} + \sqrt{\left(\frac{108+2}{0.9397}\right)^2 - 108^2} \right.$$
$$\left. -(36+108)\times 0.3640\right] = \frac{1}{2\pi}(18.35+45.2-52.45) = 1.785$$

注 かみ合い始めと,終りでは2枚かみ合いになり,ピッチ点付近では1枚かみ合いをする.歯車の1回転中では79%が2枚かみ合いになる.

(2) ラックと小歯車のかみあい率 (図 **7-10**)

$$\varepsilon = \frac{\overline{c_1 c_2}}{t\cos\alpha} \geq 1$$

$$\varepsilon = \frac{1}{2\pi}\left[\sqrt{\left(\frac{z_1+2}{\cos\alpha_0}\right)^2 - z_1^2} - z_1\tan\alpha_0 + \frac{2}{\sin\alpha_0\cos\alpha_0}\right]$$

7.8. 転位歯車

7.8.1. 歯の切下げ

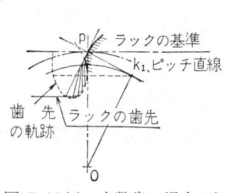

ラック形工具で歯切りする場合,平歯車の歯数がある限界を超えて少なくなると,工具の歯先は歯元の一部を図 **7-11** に示すように切り込む.これを歯の切下げ(アンダーカット,under cut)という.切下げを起こさない最小歯数は $z_0 = 2/\sin^2\alpha$ から求められる.

図 7-11(a) 小数歯の場合の切下げ

図 7-11(b) 歯のアンダーカット

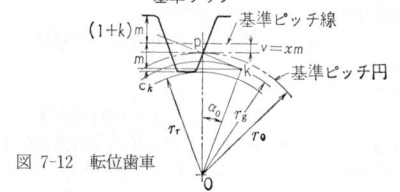

図 7-12 転位歯車

(a) 切下げられた歯形

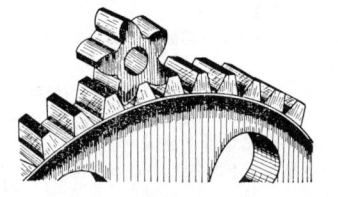

(b) 転位歯形

図 7-13 転位歯車とのかみ合い

切下げを生じない最小歯数の歯車を限界歯車という。

7.8.2. 転位係数

歯車を切下げなしにラック形工具で切削するには，ラック形工具の基準ピッチ線を素材歯車のピッチ円から適当量 v（転位量という）だけ遠ざけて取り付けて切削する（図7-12）。この場合の歯車を転位歯車という。図7-13は切下げられた歯車と転位歯車との歯形の比較を示す。この場合 v の最小値は次式で示される。

$$v = \left(1 - \frac{z}{2}\sin^2\alpha\right)m$$

次に z_0（限界歯車の歯数）$= \dfrac{2}{\sin^2\alpha}$ を上式の z に代入すれば

$$v = \frac{z_0 - z}{z_0} m$$

$v = xm$ とおけば，$x = \dfrac{z_0 - z}{z_0}$ となり，x を転位係数という。

$\alpha_0 = 14.5°$ の場合

$$z_0 = 32, \quad x = \frac{32-z}{32} \text{（理論式）}, \quad x = \frac{26-z}{32} \text{（実用式）}$$

$\alpha_0 = 20°$ の場合

$$z_0 = 17, \quad x = \frac{17-z}{17} \text{（理論式）}, \quad x = \frac{14-z}{17} \text{（実用式）}$$

BS 436（イギリス規格）による転位方式は実用性があり，ここに説明する。

(1) $\alpha_0 = 20°$ の場合

(a) $z_1 + z_2 \geq 60$

$$x_1 = 0.4(1 - z_1/z_2), \quad x_2 = 0.02(30 - z_1)$$

のうちいずれか大きい方の値を採用する。

$x_2 = -x_1$，したがって $y(=x_1+x_2)=0$ であれば中心距離は標準歯車の場合に等しい。

(b) $z_1 + z_2 < 60$

$$x_1 = 0.02(30-z_1), \quad x_2 = 0.02(30-z_2)$$

ここに $y \neq 0$，すなわち中心距離は標準歯車の値と異なる。

(2) $\alpha_0 = 14.5°$ の場合は上式の 60，30 の値を 80，40 に変える。

7.8.3. インボリュート関数

転位歯車の設計にインボリュート関数が必要であるが，次のように定義する。

図7-14で，インボリュート曲線上の点をPとすれば，$\overline{PT} = \overparen{QT}$ から

$$r\tan\phi = r(\theta + \phi) \quad \text{あるいは} \quad \theta = \tan\phi - \phi$$

となる。これをインボリュート関数といい $inv\,\phi$ と書く。

表7-17(1), (2)は ϕ を角度で与えた場合の θ の値を示したインボリュート関数表である。

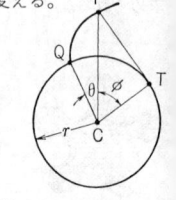

図 7-14 インボリュート曲線上の r と θ，ϕ の関係

7章 歯車伝動装置

表 7-17(1) インボリュート関数表

ϕ	0.0	0.1	0.2	0.3	0.4
10°	0.001794	0.001849	0.001905	0.001962	0.002020
11	0.002394	0.002461	0.002528	0.002598	0.002668
12	0.003117	0.003197	0.003277	0.003360	0.003443
13	0.003975	0.004069	0.004164	0.004261	0.004359
14	0.004982	0.005091	0.005202	0.005315	0.005429
15	0.006150	0.006276	0.006404	0.006534	0.006665
16	0.007493	0.007637	0.007784	0.007932	0.008082
17	0.009025	0.009189	0.009355	0.009523	0.009694
18	0.010760	0.010946	0.011133	0.011323	0.011515
19	0.012715	0.012923	0.013134	0.013346	0.013562
20	0.014904	0.015137	0.015372	0.015609	0.015850
21	0.017345	0.017603	0.017865	0.018129	0.018395
22	0.020054	0.020340	0.020629	0.020921	0.021217
23	0.023049	0.023365	0.023684	0.024006	0.024332
24	0.026350	0.026697	0.027048	0.027402	0.027760
25	0.029975	0.030357	0.030741	0.031130	0.031521
26	0.033947	0.034364	0.034785	0.035209	0.035637
27	0.038287	0.038742	0.039201	0.039664	0.040131
28	0.043017	0.043513	0.044012	0.044516	0.045024
29	0.048164	0.048702	0.049245	0.049792	0.050344
30	0.053751	0.054336	0.054924	0.055518	0.056116
31	0.059809	0.060441	0.061079	0.061721	0.062369
32	0.066364	0.067048	0.067738	0.068432	0.069133
33	0.073449	0.074188	0.074932	0.075683	0.076439
34	0.081097	0.081894	0.082697	0.083506	0.084321
35	0.089342	0.090201	0.091067	0.091938	0.092816
36	0.098224	0.099149	0.100080	0.101019	0.101964
37	0.107782	0.108777	0.109779	0.110788	0.111805
38	0.118061	0.119130	0.120207	0.121291	0.122384
39	0.129106	0.130254	0.131411	0.132576	0.133750
40	0.140968	0.142201	0.143443	0.144694	0.145954
41	0.153702	0.155025	0.156358	0.157701	0.159052
42	0.167366	0.168786	0.170216	0.171656	0.173106
43	0.182024	0.183547	0.185080	0.186625	0.188180
44	0.197744	0.199377	0.201022	0.202678	0.204346
45	0.214602	0.216353	0.218117	0.219893	0.221682
46	0.232679	0.234557	0.236448	0.238353	0.240271
47	0.252064	0.254078	0.256106	0.258149	0.260206
48	0.272855	0.275015	0.277190	0.279381	0.281588
49	0.295157	0.297475	0.299809	0.302160	0.304527
50	0.319089	0.321577	0.324082	0.326605	0.329146
51	0.344779	0.347450	0.350141	0.352850	0.355579
52	0.372370	0.375240	0.378130	0.381042	0.383974
53	0.402020	0.405105	0.408212	0.411342	0.414495
54	0.433904	0.437223	0.440566	0.443934	0.447326
55	0.468217	0.471790	0.475390	0.479016	0.482670
56	0.505177	0.509027	0.512907	0.516816	0.520755
57	0.545027	0.549182	0.553368	0.557586	0.561837
58	0.588044	0.592537	0.597053	0.601611	0.606205
59	0.634535	0.639389	0.644281	0.649212	0.654182
60	0.684853				

表 7-17(2) インボリュート関数表

ϕ	0.5	0.6	0.7	0.8	0.9
10°	0.002079	0.002140	0.002202	0.002265	0.002329
11	0.002739	0.002812	0.002887	0.002962	0.003039
12	0.003529	0.003615	0.003703	0.003792	0.003883
13	0.004459	0.004561	0.004664	0.004768	0.004874
14	0.005545	0.005662	0.005782	0.005903	0.006025
15	0.006799	0.006934	0.007071	0.007209	0.007350
16	0.008234	0.008388	0.008544	0.008702	0.008863
17	0.009866	0.010041	0.010217	0.010392	0.010577
18	0.011709	0.011906	0.012105	0.012306	0.012509
19	0.013779	0.013999	0.014222	0.014447	0.014674
20	0.016092	0.016337	0.016585	0.016836	0.017089
21	0.018665	0.018937	0.019212	0.019490	0.019770
22	0.021514	0.021815	0.022119	0.022426	0.022736
23	0.024660	0.024992	0.025326	0.025664	0.026005
24	0.028121	0.028485	0.028852	0.029223	0.029598
25	0.031917	0.032315	0.032718	0.033124	0.033534
26	0.036069	0.036505	0.036945	0.037388	0.037835
27	0.040602	0.041076	0.041556	0.042039	0.042526
28	0.045537	0.046054	0.046575	0.047100	0.047630
29	0.050901	0.051462	0.052027	0.052597	0.053172
30	0.056720	0.057328	0.057940	0.058558	0.059181
31	0.063022	0.063680	0.064343	0.065012	0.065685
32	0.069838	0.070549	0.071266	0.071988	0.072716
33	0.077200	0.077968	0.078741	0.079520	0.080306
34	0.085142	0.085970	0.086804	0.087644	0.088490
35	0.093701	0.094592	0.095490	0.096395	0.097306
36	0.102916	0.103875	0.104841	0.105814	0.106795
37	0.112829	0.113860	0.114899	0.115945	0.116999
38	0.123484	0.124592	0.125709	0.126833	0.127965
39	0.134931	0.136122	0.137320	0.138528	0.139743
40	0.147222	0.148500	0.149787	0.151083	0.152388
41	0.160414	0.161785	0.163165	0.164556	0.165956
42	0.174566	0.176037	0.177518	0.179009	0.180511
43	0.189746	0.191324	0.192912	0.194511	0.196122
44	0.206026	0.207717	0.209420	0.211135	0.212863
45	0.223483	0.225296	0.227123	0.228962	0.230714
46	0.242202	0.244147	0.246106	0.248078	0.250064
47	0.262277	0.264363	0.266464	0.268579	0.270709
48	0.283810	0.286047	0.288301	0.290570	0.292856
49	0.306912	0.309313	0.311731	0.314166	0.316619
50	0.331706	0.334283	0.336879	0.339494	0.342127
51	0.358328	0.361096	0.363884	0.366693	0.369521
52	0.386928	0.389903	0.392899	0.395918	0.398958
53	0.417671	0.420871	0.424093	0.427340	0.430610
54	0.450744	0.454187	0.457656	0.461150	0.464670
55	0.486351	0.490060	0.493797	0.497562	0.501355
56	0.524724	0.528723	0.532753	0.536813	0.540905
57	0.566121	0.570438	0.574789	0.579173	0.583591
58	0.610834	0.615500	0.620203	0.624943	0.629720
59	0.659192	0.664243	0.669333	0.674465	0.679638

7.8.4. 転位平歯車公式

標準歯形をもつラック形工具で創成される転位歯車では次の関数が成立する。バックラッシを0として,z_1, z_2:歯数, x_1, x_2:転位係数, 歯先のすきまを標準工具のそれに等しくなるように外径を選べば,

$$a \text{(転位歯車の中心距離)} = a_0 + ym$$

ただし
$$a_0 \text{(標準歯車の中心距離)} = \frac{1}{2}(z_1+z_2)m$$

$$y \text{(中心距離修整係数)} = \frac{1}{2}(z_1+z_2)\left\{\frac{\cos \alpha_0}{\cos \alpha} - 1\right\}$$

ここに α_0:工具の圧力角, α:転位歯車の圧力角を示し, 次式から求める。

$$inv\ \alpha = 2\tan\alpha_0 \frac{x_1+x_2}{z_1+z_2} + inv\ \alpha_0$$

外径
$$d_{a1} = (z_1+2)m + 2(y-x_2)m$$
$$d_{a2} = (z_2+2)m + 2(y-x_1)m$$

次に一例についてその計算を示す。

計算例　$m=4$, $z_1=18$, $z_2=36$, $\alpha_0=20°$ の場合

$$z_1+z_2 = 18+36 = 54 < 60\ \text{から}$$
$$x_1 = 0.02(30-z_1) = 0.02(30-18) = 0.24,$$
$$x_2 = 0.02(30-z_2) = 0.02(30-36) = -0.12$$

かみ合い圧力角 (α)　　$inv\ \alpha = 2\tan\alpha_0 \frac{x_1+x_2}{z_1+z_2} + inv\ \alpha_0$

$$= 2\tan 20° \times \frac{0.24-0.12}{18+36} + inv\ 20°$$

$$= 2 \times 0.363\,97 \times \frac{0.12}{54} + 0.014\,904$$

$$= 0.727\,94 \times 0.002\,4 + 0.014\,904 = 0.016\,65,\ \alpha = 20.7°$$

中心距離修整係数 (y)　　$y = \frac{1}{2}(z_1+z_2)\left(\frac{\cos\alpha_0}{\cos\alpha} - 1\right)$

$$= \frac{1}{2} \times 54 \times \left(\frac{0.939\,69}{0.935\,44} - 1\right) = 27 \times (1.004\,54 - 1) = 0.123$$

中心距離 (a)　　$a = \frac{1}{2}(z_1+z_2)m + ym = \frac{1}{2}(18+36) \times 4 + 0.123 \times 4$

$$= 108 + 0.492 \fallingdotseq 108.49$$

小歯車の歯先円直径 (d_{a1})　　$d_{a1} = (z_1+2)m + 2(y-x_2)m$
$$= 80 + 2 \times (0.123+0.12) \times 4$$
$$= 80 + 1.94 = 81.94$$

大歯車の歯先円直径 (d_{a2})　　$d_{a2} = (z_2+2)m + 2(y-x_1)m$
$$= 152 + 2(0.123-0.24) \times 4$$
$$= 152 - 0.912 \fallingdotseq 151.09$$

小歯車のかみ合いピッチ円直径　　$d_{o1}' = 2az_1/(z_1+z_2)$
$$= (2 \times 108.49 \times 18)/54 = 72.31$$

歯たけ (標準切込み深さ)　　$h = (2+c)m + (x_1+x_2-y)m$
$$= 2.25 \times 4 + (0.24-0.12-0.123) \times 4$$
$$= 9 + 0.003 \times 4 \fallingdotseq 8.99\ (c=0.25)$$

7.9. 歯車各部の寸法割合

歯車は，歯・リム・アーム・ボスから成り立っている．図7-15に各部の寸法割合を示す．

7.10. 歯車の強さおよび伝達動力

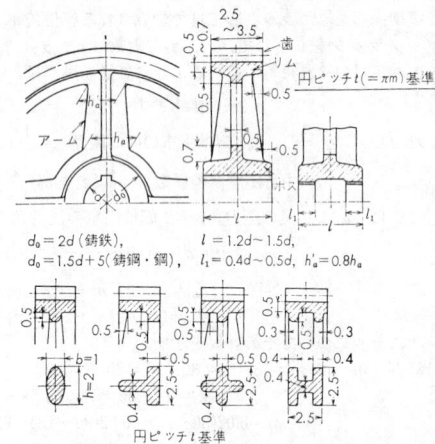

$d_0 = 2d$(鋳鉄)， $l = 1.2d \sim 1.5d$，
$d_0 = 1.5d + 5$(鋳鋼・鋼)， $l_1 = 0.4d \sim 0.5d$， $h'_a = 0.8h_a$

(a) 軽荷重用 (b) 中荷重用 (c) 中荷重用 (d) 重荷重用

図 7-15 歯車各部の寸法割合

歯車の歯の強さを計算するには**ルイスの式**が広く用いられている．ルイスの式は，ピッチ円の接線方向に作用する伝達力 F は1枚の歯先にかかり，しかも歯幅全体に一様に作用するものとして，次の式で示される．

$$F = \sigma_b b p y$$

ただし F：ピッチ円周上の許容接線力 (N)，b：歯幅 (mm)，p：ピッチ (πm)，σ_b：歯車材料の曲げ強さ (N/mm²)，y：歯形係数

許容曲げ強さ σ_b の値は材質および周速度に関係し，v をピッチ円の周速度 (m/s)，σ_o を材料の許容曲げ応力 (N/mm²，表7-19参照)とすれば $\sigma_b = f_v \sigma_o$ で示される．f_v を速度係数といい，**バースの式**（表7-18参照）が多く用いられている．

表7-18 速度係数 f_v（バースの式）

速度 v の範囲 (m/s)	f_v の式	備　　考
低 速 度 0.5〜10	$\dfrac{3}{3+v}$	機械仕上げをしないもの，またはあらい機械仕上．適用例：クレーン・巻上機．
中 速 度 5〜20	$\dfrac{6}{6+v}$	機械仕上げしたもの．適用例：電動機，一般機械．
高 速 度 20〜50	$\dfrac{5.5}{5.5+\sqrt{v}}$	精密な機械仕上げ，シェービング，研磨，ラップ仕上げしたもの．適用例：蒸気タービン，送風機．
非金属材料	$\dfrac{0.75}{1+v} + 0.25$	適用例：電動機用小歯車．

表 7-19 歯車材料の許容曲げ応力 (σ_b)

種　　　　別	記　　号	引張強さ σ (N/mm²)	かたさ (ブリネル) (HB)	許　容 曲げ応力 σ_b (N/mm²)
ね ず み 鋳 鉄	FC 150 FC 200 FC 250 FC 300	150 以上 200 以上 250 以上 300 以上	212 以下 223 以下 241 以下 262 以下	70 90 110 130
鋳　　　　鋼	SC 410 SC 460 SC 490	410 以上 460 以上 490 以上	140 160 190	120 190 200
機械構造用炭素鋼	S 25 C S 35 C S 45 C	450 以上 520 以上 580 以上	123～183 149～207 167～229	210 260 300
は だ 焼 鋼	S15CK SNC415 SNC815	490 以上 785 以上 980 以上	油焼入れ 400 水焼入れ 600	300 350～400 400～550
ニッケルクロム鋼	SNC236 SNC631 SNC836	740 以上 830 以上 930 以上	212～255 248～302 269～321	350～400 400～600 400～600
青銅鋳物 2 種 りん青銅鋳物 2 種B アルミニウム青銅鋳物 1 種	CAC 402 CAC 502B CAC 701	245以上 295以上 440以上	― 80以上 80以上	
フェノール樹脂	PF	60 (23℃)		30～50

備考　1 N/mm² = 1 MPa

表 7-20 平歯車の歯形係数 (y)

歯　数	圧力角 $\alpha = 14.5°$	圧力角 $\alpha = 20°$	圧力角 $\alpha = 20°$ 低歯	内　歯　車 平小歯車	内　歯　車
12	0.067	0.078	0.099	0.104	
13	0.071	0.083	0.103	0.104	
14	0.075	0.088	0.108	0.105	
15	0.078	0.092	0.111	0.105	
16	0.081	0.094	0.115	0.106	
17	0.084	0.096	0.117	0.109	
18	0.086	0.098	0.120	0.111	
19	0.088	0.100	0.123	0.114	
20	0.090	0.102	0.125	0.116	
21	0.092	0.104	0.127	0.118	
22	0.093	0.105	0.129	0.119	
24	0.095	0.107	0.132	0.122	
26	0.098	0.110	0.135	0.125	
28	0.100	0.112	0.137	0.127	0.220
30	0.101	0.114	0.139	0.129	0.216
34	0.104	0.118	0.142	0.132	0.210
38	0.106	0.122	0.145	0.135	0.205
43	0.108	0.126	0.147	0.137	0.200
50	0.110	0.130	0.151	0.139	0.195
60	0.113	0.134	0.154	0.142	0.190
75	0.115	0.138	0.158	0.144	0.185
100	0.117	0.142	0.161	0.147	0.180
150	0.119	0.146	0.165	0.149	0.175
300	0.122	0.150	0.170	0.152	0.170
ラック	0.124	0.154	0.175	―	―

(日本機械学会編「機械設計」)

歯形係数 y の値は歯車の歯数,圧力角によって決まる値で,表7-20に示す。したがって,ルイスの式 F を用いて,歯車の伝達動力 $L(\mathrm{kW})$ は次式から求められる。

$$L=\frac{Fv}{1000}(\mathrm{kW})$$

7.11. 面圧強さ

歯車は曲げ強さのほかに,歯車の歯面間の接触圧力が問題となる。接触圧力

表7-21 歯車材料の接触面応力係数 k

歯 車 材 料		k (N/mm² = MPa)	
小 歯 車 (かたさHB)	大 歯 車 (かたさHB)	圧 力 角 14.5°	圧 力 角 20°
鋼　　(150)	鋼　　(150)	0.20	0.27
〃　　(200)	〃　　(150)	0.29	0.39
〃　　(250)	〃　　(150)	0.40	0.53
鋼　　(200)	鋼　　(200)	0.40	0.53
〃　　(250)	〃　　(200)	0.52	0.69
〃　　(300)	〃　　(200)	0.66	0.86
鋼　　(250)	鋼　　(250)	0.66	0.86
〃　　(300)	〃　　(250)	0.81	1.07
〃　　(350)	〃　　(250)	0.98	1.30
鋼　　(300)	鋼　　(300)	0.98	1.30
〃　　(350)	〃　　(300)	1.16	1.54
〃　　(400)	〃　　(300)	1.27	1.68
鋼　　(350)	鋼　　(350)	1.37	1.82
〃　　(400)	〃　　(350)	1.59	2.10
〃　　(500)	〃　　(350)	1.70	2.26
鋼　　(400)	鋼　　(400)	2.34	3.11
〃　　(500)	〃　　(400)	2.48	3.29
〃　　(600)	〃　　(400)	2.62	3.48
鋼　　(500)	鋼　　(500)	2.93	3.89
〃　　(600)	〃　　(600)	4.30	5.69
鋼　　(150)	鋳　　鉄	0.30	0.39
〃　　(200)	〃	0.59	0.79
〃　　(250)	〃	0.98	1.30
〃　　(300)	〃	1.05	1.39
鋼　　(150)	り ん 青 銅	0.31	0.41
〃　　(200)	〃	0.62	0.82
〃　　(250)	〃	0.92	1.35
鋳　　鉄	鋳　　鉄	1.32	1.88
ニッケル鋳鉄	ニッケル鋳鉄	0.40	1.86
ニッケル鋳鉄	り ん 青 銅	1.16	1.55

7章 歯車伝動装置

が高いと，回転とともに摩擦を起こし，また疲れ破損のために点腐食を起こし，歯面に損傷を生じるから，面圧を考慮する必要がある。面圧強さは次式で示される。

$$F = f_v k d_1 b \frac{2z_2}{z_1 + z_2}$$

ここに，d_1：小歯車のピッチ円直径（mm），b：歯幅（mm），z_1，z_2：小歯車，大歯車のそれぞれの歯数，f_v：速度係数（表 7-18 参照），k：接触面応力係数（N/mm²）（表 7-21）。

7.12. はすば歯車

平行2軸間において滑らかなトルクの伝達が必要なとき，はすば歯車が用いられる。はすば歯車は歯車の軸線に対し歯を斜めにしたもので，歯の接触が連続的となり，かみ合いは円滑で騒音が小さく，歯の強度は大となり，最近自動車の変速歯車などに盛んに用いられている。図7-16で β を**ねじれ角**といい，15°〜30°ぐらいとする。

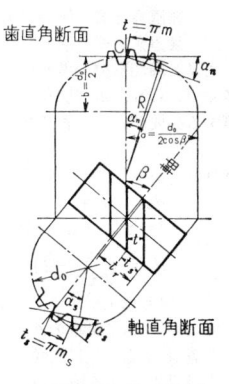

図 7-16 はすば歯車

表 7-22 歯直角方式による軸直角断面の歯形の計算式
（図 7-16 参照）

各部の名称	軸　直　角	歯　直　角
モジュール 圧力角	正面モジュール： 　　$m_s = m/\cos\beta$ 正面圧力角： 　　$\tan\alpha_s = \tan\alpha_n/\cos\beta$	歯直角モジュール：m 歯直角圧力角：α_n
基準ピッチ円直径	$d_0 = z m_s$	$d_0 = zm/\cos\beta$
基礎円直径	$d_g = z m_s \cos\alpha_s$	$d_g = zm\dfrac{\cos\alpha_n}{\cos\beta}$
歯先円直径	$d_a = d_0 + 2m$	$d_a = \left(\dfrac{z}{\cos\beta} + 2\right)m$
リード 歯たけ	$l = \pi d_0 \cot\beta$ $h = (2+c)m,\quad k \geqq 0.25$	
ねじれ角 / 基準ピッチ円筒上 β	$\sin\beta = \dfrac{\sin\beta_g}{\cos\alpha_n},\quad \cos\alpha_s = \dfrac{\cos\beta}{\cos\beta_g}\cos\alpha_n$ $\sin\alpha_s = \dfrac{\sin\alpha_n}{\cos\beta_g}$	
ねじれ角 / 基礎円筒上 β_g	$\tan\beta_g = \tan\beta \cos\alpha_s$	

備考　z：歯数

7.12.1. はすば歯車の歯形

はすば歯車の歯形曲線は，正面（軸直角断面）でインボリュート曲線とし，その歯形は次の2方式で表している。

(1) **軸直角方式** 軸に直角な断面の歯形を基準ラックの歯形で表すもの。
(2) **歯直角方式** 歯に直角な断面の歯形を基準ラックの歯形で表すもの。

工具と歯切機械の種類によっていずれかに分かれるが，一般に歯直角方式が多く用いられ，ホブ切りはこれによる。この場合には，軸直角断面の寸法を計算する必要がある。表7-22に歯直角方式による軸直角断面の歯形の計算式を示す。

計算例 $m=4$, $\alpha_n=20°$, $z=19$, $\beta=26.7°$ 左 $=26°42'$ 左 （表7-34付図参照）

$d_0 = zm_s = zm/\cos\beta = 19 \times 4 \times 1.119\,355 = 85.071$

$l = \pi d_0 \cot\beta = 3.141\,59 \times 85.071 \times 1.988\,279 = 531.385$

$d_a = \left(\dfrac{z}{\cos\beta}+2\right)m = (19 \times 1.119\,355 + 2) \times 4 = 23.268 \times 4 = 93.07$

$h = (2+c)m = (2+0.25) \times 4 = 9.00$ ただし $c=0.25$

7.12.2. 相当平歯車の歯数

図7-16で歯すじに直角な基準ピッチ円筒の断面（だ円）の頂点上の曲率半径 R を半径とする円を仮想し，この円をピッチ円とする平歯車をはすば歯車の相当平歯車，この平歯車の歯数を相当平歯車の歯数といい，はすば歯車の計算に用いる。z：はすば歯車の歯数，z_v：相当平歯車の歯数，β：ねじれ角とすれば $z_v = z/\cos^3\beta$ で示される。

7.12.3. 転位はすば歯車
歯直角方式による転位はすば歯車の近似公式を次に示す（表7-23）。

表7-23 転位はすば歯車の公式

名　称	公　式
相当平歯車の歯数 (z_v)	$z_{v1}=z_1/\cos^3\beta$, $z_{v2}=z_2/\cos^3\beta$
かみ合い圧力角 (α_b)	$\mathrm{inv}\,\alpha_b = 2\tan\alpha_n \dfrac{x_1+x_2}{z_{v1}+z_{v2}} + \mathrm{inv}\,\alpha_n$
中心距離 (a)	$a = \dfrac{z_1+z_2}{2\cos\beta}m + ym$
中心距離修整係数 (y)	$y = \dfrac{z_{v1}+z_{v2}}{2}\left(\dfrac{\cos\alpha_n}{\cos\alpha_b}-1\right)$
歯先円直径 (d_a)	$d_{a1} = \left\{\dfrac{z_1}{\cos\beta}+2+2(y-x_2)\right\}m$ $d_{a2} = \left\{\dfrac{z_2}{\cos\beta}+2+2(y-x_1)\right\}m$

注 はすば歯車の転位係数（実用式）は次式から求める。

$\alpha_n = 14.5°$ の場合　$x = \dfrac{26 - z/\cos^3\beta}{32}$

$\alpha_n = 20°$ の場合　$x = \dfrac{14 - z/\cos^3\beta}{17}$

この歯車は軸方向にスラストを生じるからスラスト軸受を付けなければならない。

このスラストを消去するためにやまば歯車が用いられる。図 **7-17** はやまば歯車の山形部の形状と名称を示す。

7.13. 平歯車およびはすば歯車の歯厚

平歯車で歯厚を指定しておくと，所要寸法の歯車の工作上極めて好都合である。

歯厚の指定方法には，またぎ歯厚法・オーバピン（玉）法・弦歯厚法の3種類があるが，ここではまたぎ歯厚法について説明する。

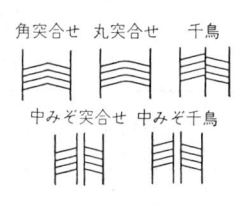

図 7-17　やまば歯車の山形部の形状と名称

歯厚マイクロメータで図 **7-18** に示すように，平行測定片で n 枚の歯をはさんで測定した値 s_{mo} は，標準平歯車では工具の圧力角 α_0，歯数 z，モジュール m との間に次式で示す関係がある。

$$s_{mo} = \cos \alpha_0 \{z\ inv\ \alpha_0 + \pi(n-0.5)\}m$$

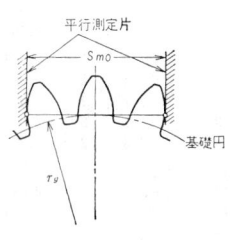

図 7-18　またぎ歯厚法

$\alpha_0 = 14.5°$ の場合は，$(s_{mo})_{14.5} = (0.005\ 368\ 22z + 3.041\ 52n - 1.520\ 76)m$
$\alpha_0 = 20°$ の場合は，$(s_{mo})_{20} = (0.014\ 005\ 54z + 2.952\ 13n - 1.476\ 06)m$

表 **7-24** に s_{mo}/m の値をかかげる。

転位平歯車の場合は，　　$s_m = s_{mo} + 2\sin \alpha_0 \cdot xm$
　$\alpha = 14.5°$ の場合は，　　$(s_m)_{14.5°} = (s_{mo}) + 0.500\ 76xm$
　$\alpha = 20°$ の場合は，　　$(s_m)_{20°} = s_{mo} + 0.684\ 040xm$

はすば歯車では

$$s_m = \cos \alpha_0 \{z\ inv\ \alpha_{so} + \pi(n-0.5)\}m + 2\sin \alpha_0 xm$$

　ここに　　$\tan \alpha_{so} = \tan \alpha_0 / \cos \beta$

7.14. 円筒歯車—精度等級 （JIS B 1702-1：98）

精度等級は，0 等級が最も高精度で，12 等級が最も低等級とする 13 精度等級から成る。歯車では用途により精度に等級（表 **7-25** 参照）がある。また，工作法の相違により等級（表 7-25 付表参照）がある。通常歯車は，工作上次に示す誤差を生じる。

(1) **単一ピッチ誤差**　隣り合った歯のピッチ円上における実際のピッチと，その正しいピッチとの差

(2) **隣接ピッチ誤差**　ピッチ円上の隣り合った二つのピッチの差

(3) **累積ピッチ誤差**　任意の二つの歯の間のピッチ円上における実際のピッチの和と，その正しい値との差

(4) **法線ピッチ誤差**　正面法線ピッチの実際寸法と理論値（$= \pi m \cos \alpha_0$）との差

表7-24 またぎ歯厚の値

$$(S_{mo}/m) = \{z \operatorname{inv} \alpha_o + (n-0.5)\pi\} \cos \alpha_o$$

z	$\alpha_o = 14.5°$	n	$\alpha_o = 20°$	n	z	$\alpha_o = 14.5°$	n	$\alpha_o = 20°$	n
5	4.589 1	2	4.498 2	2	45	10.889 9	4	16.866 9	6
6	4.594 5	2	4.512 2	2	46	10.892 3	4	16.881 0	6
7	4.599 9	2	4.526 3	2	47	10.897 7	4	16.895 0	6
8	4.605 2	2	4.540 3	2	48	13.944 5	5	16.909 0	6
9	4.610 6	2	4.554 3	2	49	13.949 9	5	16.923 0	6
10	4.616 0	2	4.568 3	2	50	13.955 3	5	16.937 0	6
11	4.621 4	2	4.582 3	2	51	13.960 7	5	16.951 0	6
12	4.626 7	2	4.596 3	2	52	13.966 0	5	19.917 0	7
13	4.632 1	2	4.610 3	2	53	13.971 4	5	19.931 1	7
14	4.637 4	2	4.624 3	2	54	13.976 8	5	19.945 1	7
15	4.642 8	2	4.638 3	2	55	13.982 1	5	19.959 2	7
16	4.648 2	2	4.652 3	2	56	13.987 5	5	19.973 2	7
17	4.653 4	2	7.618 4	3	57	13.992 9	5	19.987 2	7
18	4.658 9	2	7.632 4	3	58	13.998 2	5	20.001 2	7
19	4.664 3	2	7.646 4	3	59	14.003 6	5	20.015 2	7
20	4.669 7	2	7.660 5	3	60	17.050 5	6	20.029 2	7
21	4.675 0	2	7.674 5	3	61	17.055 9	6	22.995 3	8
22	4.680 4	2	7.688 5	3	62	17.061 2	6	23.009 3	8
23	4.685 8	2	7.702 5	3	63	17.066 6	6	23.023 3	8
24	7.732 7	3	7.716 5	3	64	17.072 0	6	23.037 3	8
25	7.738 0	3	7.730 5	3	65	17.077 3	6	23.051 3	8
26	7.743 4	3	10.696 6	4	66	17.082 7	6	23.065 4	8
27	7.748 8	3	10.710 6	4	67	17.088 1	6	23.079 4	8
28	7.754 1	3	10.724 6	4	68	17.093 5	6	23.093 4	8
29	7.759 5	3	10.738 6	4	69	17.098 8	6	23.107 4	8
30	7.764 9	3	10.752 6	4	70	17.104 2	6	26.073 5	9
31	7.770 2	3	10.766 6	4	71	17.109 5	6	26.087 5	9
32	7.775 6	3	10.780 6	4	72	20.156 4	7	26.101 5	9
33	7.781 0	3	10.794 6	4	73	20.161 8	7	26.115 5	9
34	7.786 4	3	10.808 6	4	74	20.167 2	7	26.129 5	9
35	7.791 7	3	13.774 8	5	75	20.172 5	7	26.143 5	9
36	10.838 6	4	13.788 8	5	76	20.177 9	7	26.157 5	9
37	10.843 9	4	13.802 8	5	77	20.183 3	7	26.171 5	9
38	10.849 3	4	13.816 3	5	78	20.188 6	7	29.137 7	10
39	10.854 7	4	13.830 8	5	79	20.194 0	7	29.151 7	10
40	10.860 1	4	13.844 8	5	80	20.199 4	7	29.165 7	10
41	10.865 5	4	13.858 8	5					
42	10.870 8	4	13.872 8	5					
43	10.876 2	4	13.886 8	5					
44	10.881 6	4	16.853 0	6					

7章 歯車伝動装置

表 7-25 使用歯車の等級の範囲

使用歯車 \ 等級	0	1	2	3	4	5	6	7	8
検査用親歯車	←→								
計測機器用歯車	←―――――――→							
高速減速機用歯車		←―→							
増速機用歯車		←―→							
航空機用歯車		←―→							
映画機械用歯車		←―――→						
印刷機械用歯車		←―――――→						
鉄道車両用歯車			←―――→					
工作機械用歯車			←―――→					
写真機用歯車				←―→					
自動車用歯車				←―→					
歯車式ポンプ用歯車				←―→					
変速機用歯車					←―→				
圧延機用歯車					←―→				
汎用減速機用歯車					←―→				
巻上機用歯車					←―→				
起重機用歯車					←―→				
製紙機械用歯車					←―→				
粉砕機用大型歯車						←―→			
農機具用歯車						←―→			
繊維機械用歯車						←―→			
回転および旋回用大型歯車							←―→		
カムワルツ用歯車							←―→		
手動用歯車								←―→	
内歯車（大型を除く）					←―――→				
大型内歯車								←―→	

注 付表は参考までに経済的に製作される歯車の工作法の相違による精度等級のおおよその見当を示す。

付表

加工法および熱処理別 \ 等級	0	1	2	3	4	5	6	7	8
シェービング 切削 / 非焼入		←―――――→							
				←―――――→					
シェービング 切削 / 焼入				←―――――→					
					←―――――→				
研削	←―――――――――→								

(5) **歯形誤差** 実際の軸直角歯形とピッチ円との交点を通る正しいインボリュートを基準とし，これに垂直に測って歯形検査範囲（原則として相手歯車とかみ合う歯形曲線の範囲，歯形修正範囲の歯形を除く）内における正側誤差および負側誤差の和，ただし正側の誤差は0級で許容値の1/3，1級，2級，3級では1/2を超えてはならない。（図 **7-19** 参照）

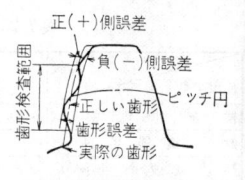

図 7-19 歯形誤差

(6) **歯みぞのふれ** 玉あるいはピンなどの接触片を，歯みぞの両側歯面にピッチ円付近で接触させたときの，半径方向位置の最大差。

(7) **歯すじ方向誤差** ピッチ円筒上において必要な検査範囲内の歯幅に対して，インボリュート歯車およびはすば歯車の対応する実際の歯すじ曲線と理論上の曲線との差で，ピッチ円周上の寸法によって表す（図 **7-20** 参照）。

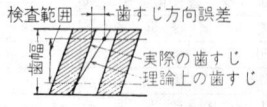

図 7-20 歯すじ方向誤差

旧 JIS B 1702:76 には正面モジュール m_s=0.2～25，ピッチ円直径 d_0=1.5～3000 の歯車の各等級に対する許容値が示されている。表 **7-26** に誤差の許容値の計算表をかかげる。（現在は，JIS B 1702-1:98 がある。）

表 7-26 誤差の許容値の計算式 （単位 μm）

等級	単一ピッチ誤差	累積ピッチ誤差	法線ピッチ誤差	歯 形 誤 差	歯みぞのふれ	歯すじ方向誤差
0	0.5W + 1.4	2.0W + 5.6	0.9W' + 1.4	0.71m + 2.24	1.4W + 4.0	0.63(0.16 + 10)
1	0.71W + 2.0	2.8W + 8.0	1.25W' + 2.0	1.0m + 3.15	2.0W + 5.6	0.71(0.16 + 10)
2	1.0W + 2.8	4.0W + 11.2	1.80W' + 2.8	1.4m + 4.5	2.8W + 8.0	0.80(0.16 + 10)
3	1.4W + 4.0	5.6W + 16.0	2.5W' + 4.0	2.0m + 6.3	4.0W + 11.2	1.00(0.16 + 10)
4	2.0W + 5.6	8.0W + 22.4	4.0W' + 6.3	2.8m + 9.0	5.6W + 16.0	1.25(0.16 + 10)
5	2.8W + 8.0	11.2W + 31.5	6.3W' + 10.0	4.0m + 12.5	8.0W + 22.4	1.60(0.16 + 10)
6	4.0W + 11.2	16.0W + 45.0	10.0W' + 16.0	5.6m + 18.0	11.2W + 31.5	2.00(0.16 + 10)
7	8.0W + 22.4	32.0W + 90.0	16.0W' + 32.0	8.0m + 25.0	22.4W + 63.0	2.50(0.16 + 10)
8	16.0W + 45.0	64.0W + 180.0	40.0W' + 64.0	11.2m + 35.5	45.0W + 125.0	3.15(0.16 + 10)

注 W（公差単位）$= \sqrt[3]{d_0} + 0.65 m_s$ （μm），$W' = 0.56W + 0.25 m_s$ （μm）

隣接ピッチ誤差の許容値は単一ピッチ誤差の許容値の k 倍とし，表 **7-27** に示すように単一ピッチ誤差の大きさによって変わる。

表 7-27 k の値

許容単一ピッチ誤差(μ)	k の値	許容単一ピッチ誤差(μ)	k の値
5 以下	1	30 をこえ 50 以下	1.25
5 をこえ 10 以下	1.06	50 をこえ 70 以下	1.32
10 をこえ 20 以下	1.12	70 をこえ 100 以下	1.40
20 をこえ 30 以下	1.18	100 をこえ 150 以下	1.50

7.15. かさ歯車

かさ歯車は，互いに交わる2軸間に回転を伝達する場合に用いられる。

7.15.1. かさ歯車のピッチ円すい角

かさ歯車で z_1, z_2：歯数，n_1, n_2：毎分の回転数，δ_{o1}, δ_{o2}：ピッチ円すい角，Σ：両軸のなす軸角とすれば（図 **7-21**）

$$\tan \delta_{o1} = \frac{\sin \Sigma}{z_2/z_1 + \cos \Sigma}$$

$$\tan \delta_{o2} = \frac{\sin \Sigma}{z_1/z_2 + \cos \Sigma}$$

$\Sigma = 90°$ のとき $\delta_{o1} = z_1/z_2$, $\delta_{o2} = z_2/z_1$, $\delta_{o1} = \delta_{o2} = 45°$ のときこれを**マイター歯車**, $\delta_{o2} = 90°$ のときこれを**冠（クラウン）歯車**という（平歯車のラックに相当）。

7.15.2. 相当平歯車

歯形は，ピッチ円すい面に垂直な直線が中心線と交わる点 O を中心とし，半径 R で円を描き，これをピッチ円として平歯車とまったく同様に描く。

このピッチ円をかさ歯車の「相当平歯車のピッチ円」，このときの歯数を相当平歯車の歯数といい，その歯数は次式で示される。

$$z_0 = z/\cos \delta_0$$

これは歯の強度計算における歯形係数の決定，歯切りカッタの選定などに用いられる。表 **7-28** にすぐばかさ歯車（$\Sigma = 90°$ の場合）の計算式を示す。

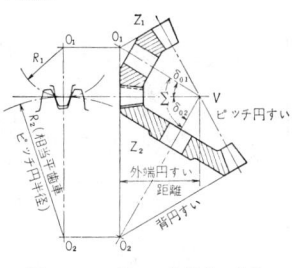

図 7-21 一組のかさ歯車の軸角

計算例 $\Sigma = 90°$，$z_1 = 25$，$z_2 = 36$，$m = 4$ である一組のかさ歯車の各部の寸法を求めよ。

解

1. $d_{o1} = m z_1 = 4 \times 25 = 100$ mm, $d_{o2} = m z_2 = 4 \times 36 = 144$ mm
2. ピッチ円すい角 $\tan \delta_{o1} = z_1/z_2 = 25/36 = 0.694$,
   $\therefore \delta_{o1} = 34°46'$, $\delta_{o2} = 90° - 34°46' = 55°14'$
3. 歯末および歯元のたけ $h_k = 4$ mm, $h_f = 4.628$ mm
4. 外端歯先円直径 $d_{k1} = 100 + 2 \times 4 \cos 34°46' = 106.6$ mm
   $d_{k2} = 144 + 2 \times 4 \cos 55°14' = 148.6$ mm
5. 外端円すい距離 $R_x = \dfrac{25 \times 4}{2 \times \sin 34°46'} = 87.7$ mm
6. 歯末角 $\tan \theta_k = 4/87.7 = 0.0456$ $\therefore \theta_k = 2°57'$
7. 歯元角 $\tan \theta_f = \dfrac{4.628}{87.7} = 0.0528$ $\therefore \theta_f = 3°2'$
8. 歯先円すい $\delta_{k1} = 34°46' + 2°57' = 37°43'$
   $\delta_{k2} = 55°14' + 2°57' = 58°11'$

表 7-28 すぐばかさ歯車の計算式

(単位 mm)

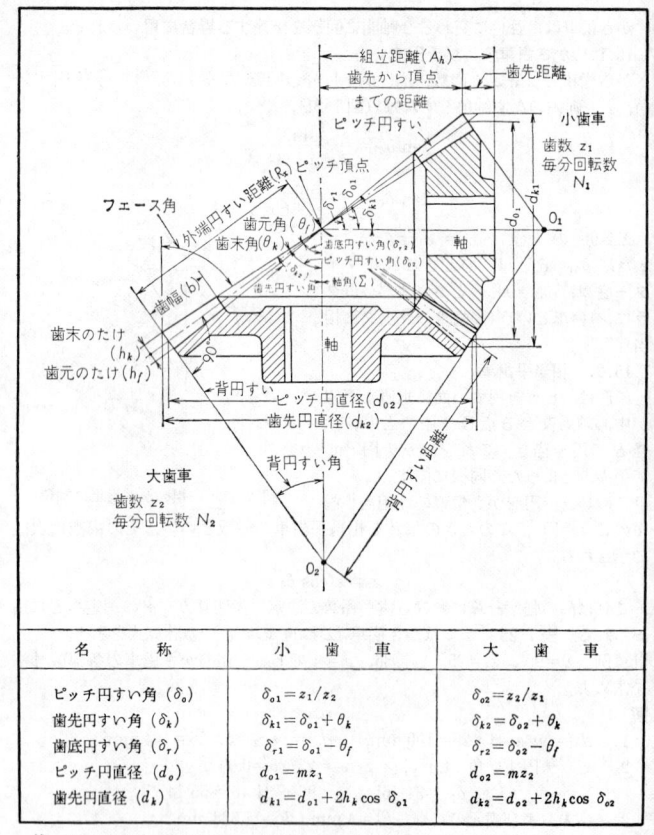

名　　称	小　歯　車	大　歯　車
ピッチ円すい角 (δ_o)	$\delta_{o1} = z_1/z_2$	$\delta_{o2} = z_2/z_1$
歯先円すい角 (δ_k)	$\delta_{k1} = \delta_{o1} + \theta_k$	$\delta_{k2} = \delta_{o2} + \theta_k$
歯底円すい角 (δ_r)	$\delta_{r1} = \delta_{o1} - \theta_f$	$\delta_{r2} = \delta_{o2} - \theta_f$
ピッチ円直径 (d_o)	$d_{o1} = mz_1$	$d_{o2} = mz_2$
歯先円直径 (d_k)	$d_{k1} = d_{o1} + 2h_k \cos \delta_{o1}$	$d_{k2} = d_{o2} + 2h_k \cos \delta_{o2}$

注　R_x(外端円すい距離)$=\frac{1}{2}z_1 m/\sin\delta_{o1}=\frac{1}{2}z_2 m/\sin\delta_{o2}$
　　θ_k(歯末角)$=h_k/R_x$,　θ_f(歯元角)$=h_f/R_x$

9. 歯底円すい角　$\delta_{r1} = 34°46' - 3°2' = 31°44'$
　　　　　　　　$\delta_{r2} = 55°14' - 3°2' = 52°12'$

10. 相当平歯車の歯数　$z_{v1} = \dfrac{25}{\cos 34°46'} \fallingdotseq 33$

　　　　　　　　　　$z_{v2} = \dfrac{36}{\cos 55°14'} \fallingdotseq 63$

7.16. ウォームギヤ

2軸が直角で交わらない場合, 大きな速度比 (減速) で回転運動を伝達する場合にウォームギヤが用いられる。ウォームギヤは普通ウォームからウォームホイールに伝えられ, またその性質上摩擦は相当に大きい。計算式を表 7-29 に示す。

一般にウォームギヤでは歯形は正確に仕上げ, かつ十分に潤滑を行うことが必要であり, ウォームのピッチ円周速度はあまり高くとってはならない。圧力角は 14.5°, 20° である。

表 7-29 ウォームギヤの計算式

(単位 mm)

ウォーム (z_1:条数)		ウォームホィール (z_2:歯数)	
軸直角モジュール	m	ピッチ円直径	$d_{o2}=mz_2$
軸方向ピッチ	$t=\pi m$	のどの径	$d_t=d_{o2}+2h_k$
ピッチ円直径	軸付きの場合 $d_{o1}=2t+12.7$ 穴あきの場合 $d_{o1}=2.4t+28$	外 径	$d_{k2}=d_t+2h_i$ $z_1=1,2$ の場合 $h_i=0.75h_k$ $z_1=3,4$ の場合 $\alpha<20°$ $h_i=0.5h_k$ $\alpha>20°$ $h_i=0.375h_k$ ここに α:圧力角
外 径	$d_{k1}=d_{o1}+2h_k$	歯先の半径	$R=d_{o1}/2-h_k$
歯末のたけ	$z_1=1,2$ の場合 $h_k=m$ $z_1=3,4$ の場合 $h_k=0.9m$	歯 幅	$z_1=1,2$ の場合 $b=2.4t+6$ $z_1=3,4$ の場合 $b=2.15t+5$
全歯たけ	$z_1=1,2$ の場合 $h=2.157m$ $z_1=3,4$ の場合 $h=1.957m$	歯角の丸み	$r=0.25t$
リード	$l=tz_1$	リムの厚さ	$z_1=1,2$ の場合 $s=0.632t$ $z_2=3,4$ の場合 $s=0.563t$
長 さ	$L=(4.5+0.02z_2)t$		
進み角	$\tan\gamma=l/\pi d_{o1}$	頂 角	$\theta=60°\sim80°$

ウォームギヤの計算には一般に円ピッチを用い，ねじれ角が $10°$ 以下の場合にはウォームのピッチとウォームホイールのピッチとは等しいと考えてさしつかえない。

ウォームは旋盤で工作し，ウォームホイールはホブ盤で切削する。

計算例 $m=2.5$, $z_1=1$(右), $z_2=80$ のウォームギヤを計算せよ。

$t = \pi m = \pi \times 2.5 = 7.854$ mm

$d_{o1} = 2t + 12.7 = 2 \times 7.854 + 12.7 = 28.4 \fallingdotseq 30$ mm

$d_{o2} = mz_2 = 2.5 \times 80 = 200$ mm

a (中心距離) $= \dfrac{1}{2}(d_{o1}+d_{o2}) = \dfrac{1}{2}(30+200) = 115$ mm

$h_k = m = 2.5$ mm

$h = 2.157m = 2.157 \times 2.5 = 5.393$ mm

(1) ウォームの寸法

$d_{k1} = d_{o1} + 2h_k = 30 + 2 \times 2.5 = 35$ mm

$l = tz_1 = 7.854 \times 1 = 7.854$ mm

$L = (4.5 + 0.02z_2)t = (4.5 + 0.02 \times 80) \times 7.854 = 47.9 \fallingdotseq 48$ mm

$\tan \gamma = l/\pi d_{o1} = 7.854/\pi \times 30 = 0.0833$ ∴ $\gamma = 4°46'$

(2) ウォームホイールの寸法

$d_t = d_{o2} + 2h_k = 200 + 2 \times 2.5 = 205$ mm

$h_i = 0.75 h_k = 0.75 \times 2.5 = 1.875$ mm

$d_{k2} = d_t + 2h_i = 205 + 2 \times 1.875 = 208.75$ mm

$R = \dfrac{1}{2}d_{o1} - h_k = \dfrac{1}{2} \times 30 - 2.5 = 12.5$ mm

$b = 2.4t + 6 = 2.4 \times 7.854 + 6 = 24.8 \fallingdotseq 25$ mm

$r = 0.25t = 0.25 \times 7.854 = 1.96 \fallingdotseq 2$ mm

$s = 0.632t = 0.632 \times 7.854 = 4.96 \fallingdotseq 5$ mm

$\theta = 60°$

7.17. ねじ歯車

平行でなく交差しない2軸間にはねじ歯車が用いられる。ねじ歯車はウォームの条数が多くなり，リードが大となったものと考えられるが，その外形ははすば歯車と同じである。

ただし，かみ合う二つのはすば歯車では，ねじれ角の大きさ等しく方向反対であるのに対して，ねじ歯車では全然その趣を異にする。

すなわち，軸のなす角を θ，ねじ歯車のねじれ角を α および β とすれば

$$\alpha + \beta = \theta$$

の関係があり，これによってねじれ角をそれぞれ決定する。歯車の各部の寸法の計算式は，はすば歯車とまったく同様である。

7.18. 遊星歯車装置

たとえば，図7-22で内歯車s_2を固定し，中心o_2のまわりに回転する歯車s_1と，そのまわりに同様に回転する腕aで支持されて移動する中心o_1のまわりを回転する歯車pとから成る歯車装置を遊星歯車装置という。ここにs_1，s_2を太陽歯車，pを遊星歯車という。

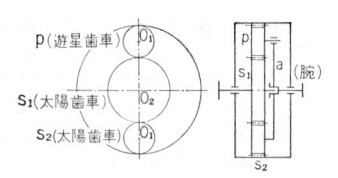

図 7-22 遊星歯車装置

次にn_{a1}，n_{a2}，n_p，n_aを歯車s_1，s_2，pおよび腕aの回転数，z_{s1}，z_{s2}，z_pを歯車s_1，s_2，pの歯数とすれば，s_2を固定し，腕aを1回転する場合，s_1の回転数n_{s1}は次の順で求める。

① s_1，s_2，p，aを一体として+1回転（右回転を+とする）すると

$$n_{s1}' = n_{s2}' = n_p' = +1$$

② 次に腕の回転$n_a''=0$として，s_2の回転$n_{s2}=0$になるように$n_{s2}''=-1$回転すれば，

$$n_{s1}'' = z_{s2}/z_{s1}$$

となる。

③ ①，②を組み合わせると

$$n_a = n_a' + n_a'' = 1, \qquad n_{a1} = n_{s1}' + n_{s1}'' = 1 + z_{s2}/z_{s1}$$

となる。

これを一括して表7-30に示す。さらにs_1，s_2のいずれかを固定し，他の歯車または腕を回転するときの遊星歯車の回転状態を同様に求め，表7-31に示す。

表 7-30

順序	n_{s2}	n_a	n_{s1}
①	+1	+1	+1
②	-1	0	z_{s2}/z_{s1}
③	0	+1	$1 + z_{s2}/z_{s1}$

表 7-31

固定歯車	原動歯車	従動歯車	n_{s1}	n_{s2}	n_a
s_2	a	s_1	$1 + z_{s2}/z_{s1}$	0	1
s_1	a	s_2	0	$1 + z_{s1}/z_{s2}$	1
s_2	s_1	a	1	0	$1/(1+z_{s2}/z_{s1})$
s_1	s_2	a	0	1	$1/(1+z_{s1}/z_{s2})$

7.19. 差動歯車装置

図 7-23 において，歯車 A のまわりに歯車 B が腕 C とともに回転するときは，歯車 B の回転は歯車 A と腕 C との回転の影響を受けて複雑となる。このような装置を差動歯車装置という。回転状態は遊星歯車装置と同様に求める。表 7-32 に基本的差動歯車装置を示す。

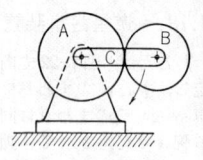

図 7-23 差動歯車

表 7-32 基本的差動歯車装置

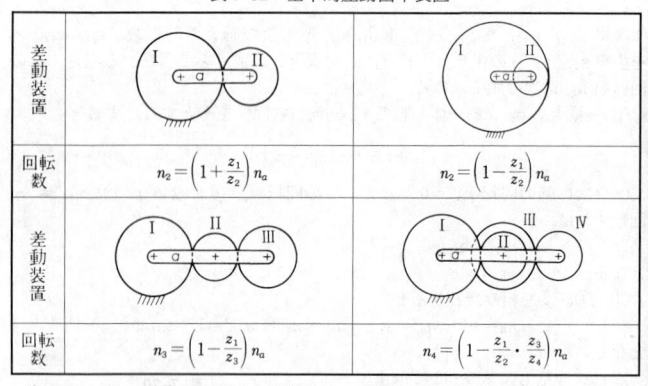

差動装置	（図）	（図）
回転数	$n_2 = \left(1 + \dfrac{z_1}{z_2}\right) n_a$	$n_2 = \left(1 - \dfrac{z_1}{z_2}\right) n_a$
差動装置	（図）	（図）
回転数	$n_3 = \left(1 - \dfrac{z_1}{z_3}\right) n_a$	$n_4 = \left(1 - \dfrac{z_1}{z_2} \cdot \dfrac{z_3}{z_4}\right) n_a$

注 ここにすべて歯車 I は固定して回転しない。n_a は腕 a の回転数を示す。

7.20. 歯車製図

JIS B 0003:89 では，平歯車（表 7-33），はすば歯車（表 7-34），やまば歯車（表 7-35），ウォーム（表 7-36），すぐばかさ歯車（表 7-37），ウォームホイール（表 7-38）およびハイポイドギヤ（表 7-39）の 7 種のインボリュート歯車として取り扱われるものの記入例について規定されている。

7章 歯車伝動装置

表 7-33 平歯車（記入例）
（単位 mm）

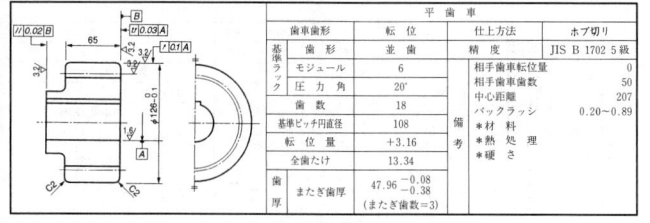

平歯車				
歯車歯形	転 位		仕上方法	ホブ切り
基準ラック	歯形	並歯	精度	JIS B 1702 5級
	モジュール	6	相手歯車転位量	0
	圧力角	20°	相手歯車数	50
歯数		18	中心距離	207
基準ピッチ円直径		108	バックラッシ	0.20～0.89
転位量		+3.16	備考 *材料 *熱処理 *硬さ	
全歯たけ		13.34		
歯厚	またぎ歯厚	47.96 $^{-0.08}_{-0.38}$ （またぎ歯数=3）		

表 7-34 はすば歯車（記入例）
（単位 mm）

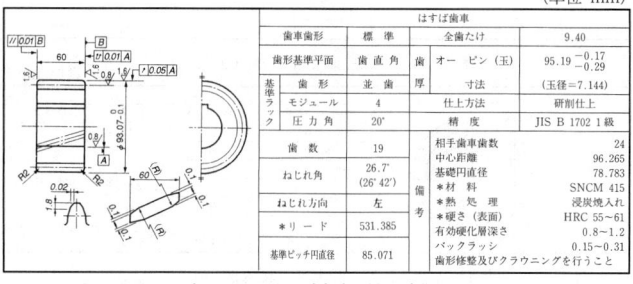

はすば歯車				
歯車歯形	標準		全歯たけ	9.40
歯形基準平面	歯直角		歯厚 オーバーピン（玉）寸法	95.19 $^{-0.17}_{-0.29}$ （玉径=7.144）
基準ラック	歯形	並歯	仕上方法	研削仕上
	モジュール	4	精度	JIS B 1702 1級
	圧力角	20°	相手歯車歯数	24
歯数		19	中心距離	96.265
ねじれ角		26.7° (26°42′)	基礎円直径	78.783
ねじれ方向		左	備考 *材料 *熱処理 *硬さ（表面） 有効硬化層深さ バックラッシ 歯形修整及びクラウニングを行うこと	SNCM 415 浸炭焼入れ HRC 55～61 0.8～1.2 0.15～0.31
*リード		531.385		
基準ピッチ円直径		85.071		

表 7-35 やまば歯車（記入例）
（単位 mm）

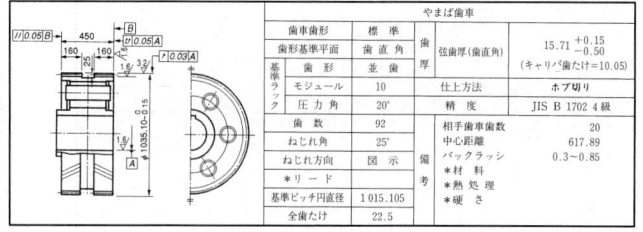

やまば歯車				
歯車歯形	標準		歯厚 弦歯厚(歯直角)	15.71 $^{+0.15}_{-0.50}$ （キャリパ歯たけ=10.05）
歯形基準平面	歯直角			
基準ラック	歯形	並歯	仕上方法	ホブ切り
	モジュール	10	精度	JIS B 1702 4級
	圧力角	20°	相手歯車歯数	20
歯数		92	中心距離	617.89
ねじれ角		25°	バックラッシ	0.3～0.85
ねじれ方向		図示	備考 *材料 *熱処理 *硬さ	
*リード					
基準ピッチ円直径		1 015.105		
全歯たけ		22.5		

表 7-36 ウォーム（記入例）
（単位 mm）

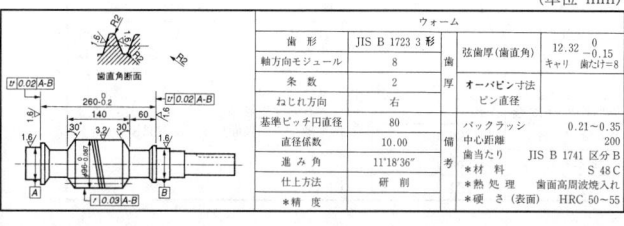

ウォーム		
歯形	JIS B 1723 3形	
軸方向モジュール	8	歯厚 弦歯厚(歯直角) 12.32 $^{0}_{-0.15}$ キャリパ歯たけ=8
条数	2	
ねじれ方向	右	オーバーピン寸法 ピン直径
基準ピッチ円直径	80	バックラッシ 0.21～0.35
直径係数	10.00	中心距離 200
進み角	11°18′36″	備考 *材料 JIS B 1741 区分B S 48 C
仕上方法	研削	*熱処理 歯面高周波焼入れ
*精度		*硬さ（表面） HRC 50～55

表7-37 すぐばかさ歯車（記入例）

(単位 mm)

すぐばかさ歯車			
区 別	大歯車 (小歯車)	区 別	大歯車 (小歯車)
歯 形	グリーソン式	基準ピッチ円すい角	60°39′ (29°21′)
モジュール	6	歯底円すい角	57°32′
圧力角	20°	歯先円すい角	62°28′
歯 数	48 (27)	測定位置	外端歯先円部
軸 角	90°	歯厚 弦歯厚(歯直角)	8.08 −0.10/−0.15 キャリパ4.14
基準ピッチ円直径	288 (162)	仕上方法	切 削
歯たけ	13.13	精 度	JIS B 1704 4級
歯末のたけ	4.11	備考 バックラッシ	0.2〜0.5
歯元のたけ	9.02	歯当たり	JIS B 1741 区分B
円い距離	165.22	*材 料	SCM 420 H
		*熱 処 理	
		*有効硬化層深さ	0.9〜1.4
		*硬 さ(表面)	HRC 60±3

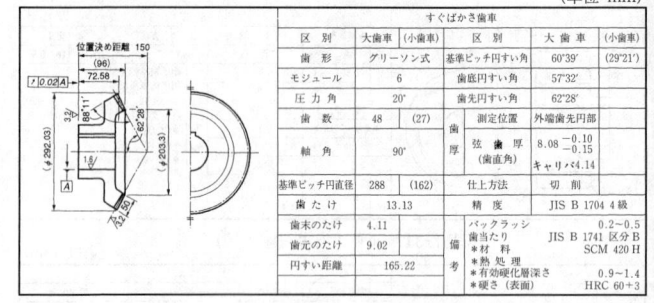

表7-38 ウォームホイール（記入例）

(単位 mm)

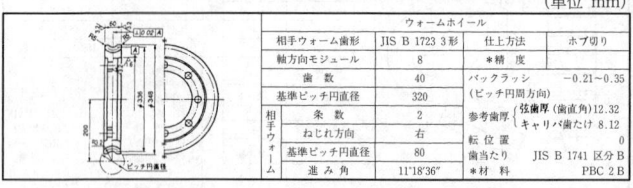

	ウォームホイール	
相手ウォーム歯形	JIS B 1723 3形	仕上方法 ホブ切り
軸方向モジュール	8	*精 度
歯 数	40	バックラッシ −0.21〜0.35
基準ピッチ円直径	320	(ピッチ円周方向)
相手ウォーム 条 数	2	参考歯厚 弦歯厚(歯直角)12.32 キャリパ歯たけ 8.12
ねじれ方向	右	転位量 0
基準ピッチ円直径	80	歯当たり JIS B 1741 区分B
進み角	11°18′36″	*材 料 PBC 2 B

表7-39 ハイポイドギヤ（記入例）

(単位 mm)

ハイポイドギヤ			
区 別	大歯車 (小歯車)	区 別	大歯車 (小歯車)
歯 形	グリーソン式	円すい距離	108.85
歯切方法	成形歯切法	基準ピッチ円すい角	74°43′
カッタ直径	228.6	歯底円すい角	68°25′
モジュール	5.12	歯先円すい角	76°0′
平均圧力角	21.15°	測定位置	外端歯先円部から 16 mm
歯 数	41	歯厚 弦歯厚(歯直角)	4.148 キャリパ=1.298
軸 角	90°	仕上方法	ラッピング仕上
ねじれ角	26°25′ (50°0′)	精 度	JIS B 1704 3級
ねじれ方向	右	備考 バックラッシ	0.15〜0.25
オフセット量	38	歯当たり	JIS B 1741 区分B
オフセット方向	下	*材 料	SCM 420 H
基準ピッチ円直径	210	*熱 処 理	浸炭焼入焼戻し
歯たけ	10.886	*有効硬化層深さ	0.8〜1.3
歯末のたけ	1.655	*硬 さ(表面)	HRC 60±3
歯元のたけ	9.231		

歯車の部品図には，図および表を併用し，歯切り・組立て・検査などに必要な事項を記入する。歯車の部品図では，歯先円は太い実線，ピッチ円は細い一点鎖線，歯底円は細い実線で描くか省略してもよい。断面で図示するときは，歯底の線は太い実線で表す。組立図などで歯車を図示するには省略図（図7-24）を描く。省略程度は，その目的によって異なる。

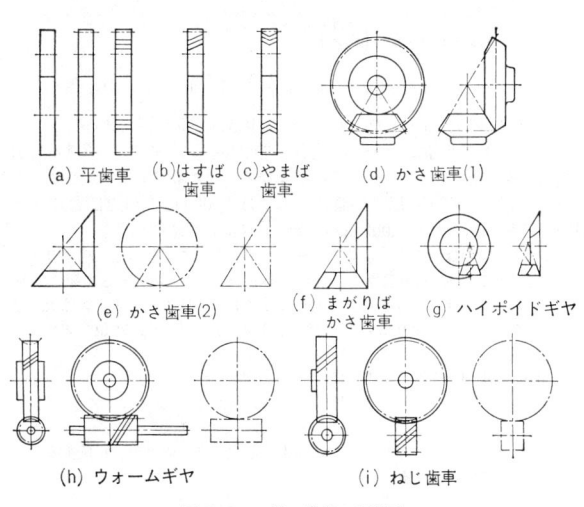

(a) 平歯車　(b) はすば歯車　(c) やまば歯車　(d) かさ歯車(1)
(e) かさ歯車(2)　(f) まがりばかさ歯車　(g) ハイポイドギヤ
(h) ウォームギヤ　(i) ねじ歯車

図 7-24　一組の歯車の省略図

7.21. 歯車の騒音

7.21.1. 騒音の大きさ

(1) 音圧レベルと音響パワーレベル

音圧レベル (sound pressure level) L_p および音響パワーレベル (sound power level) L_w は，次式で示される。

$$L_p = 20 \log_{10}\left(\frac{p}{p_0}\right) \ \text{[dB]}$$

p：音圧実効値
p_0：基準音圧 ($20\mu\text{Pa}$)
　　　($1\mu\text{Pa} = 10^{-6}\text{N/m}^2$)

$$L_w = 10 \log_{10}\left(\frac{P}{P_0}\right) \ \text{[dB]}$$

P：測定音源から放射される音響パワー（単位 W）

注　音響パワー (P) と音圧 (p) との間には $P \propto p^2$ の関係がある。

P_0：基準音の音響パワー (10^{-12}W)
　　　(1p（ピコ）W $= 10^{-12}$W)

騒音レベル L_{PA} は次式で示される。

$$L_{PA} = 10 \log_{10} \frac{p_A{}^2}{p_0{}^2} \quad [\mathrm{dB}]$$
$$= 20 \log_{10} \left(\frac{p_A}{p_0}\right) \quad [\mathrm{dB}]$$

p_A：A 特性で重み付けされた音圧の実効値
p_0：基準音圧 (20μPa)

これより，ある機械の出す音が 80 dB であるとき，同じ機械を 2 台並べて運転する場合は，

$$L_w = 10 \times \log_{10}\left(\frac{2P}{P_0}\right)$$
$$= 10 \log_{10} 2 + 10 \log_{10}\left(\frac{P}{P_0}\right) \fallingdotseq 3 + 80 = 83 \quad [\mathrm{dB}]$$

となり，3 dB 増加する。また，3 台並べた場合は約 5 dB 増加する。

音の大きさは，正常な耳が外部の音響刺激に対して知覚する感覚量で表す。この場合，振動数などによって感じが異なる。ホンは 1,000 Hz ではその音圧レベルをいい，1,000 Hz 以外の音については 1,000 Hz の音と聞き比べて大きさが等しいと判断される 1,000 Hz の音圧レベルの数値をいう。

注 (a) 耳が傷むほどの大きな音の音圧は，やっと聞こえるほどの音の 100 万倍の大きさであり，日常会話でも 100〜5,000 倍くらいその大きさの範囲は広い。

よって，音の大きさを直線的な尺度で表しては不便であり，また，実感としても，かけはなれているので，音の強さを，デシベル単位で表すことになった。よって，

0 dB を基準にして　　10 dB　は　その　10 倍
　　　　　　　　　　20 dB　は　その　100 倍
　　　　　　　　　　30 dB　は　その　1,000 倍

となり，音の強さのレベルをこのような表し方で表せば，広範囲な音を表示するのに便利になる。

(b) デシベル単位：
  (i) エネルギ量の大きさがもとの大きさの n 倍になったとき，n の常用対数をとって，それを 10 倍したものを〔dB〕という。
  (ii) 次のように考えてもよい。エネルギ量の大きさが，もとの大きさの 10^x であるとき，$10x$ をデシベルという。

(c) 音についての単位：
  音の強さの単位：W/m^2　音の圧力の単位：Pa　音の強さのレベル：dB　音圧レベル：dB　人が感じる音の大きさを表す単位：ホン

(d) 音の強さ：物理的強さ（音波のエネルギ），音波の振幅が大きいと音は強い（大きい）。
  音の高さ：感覚上の強さ，音波の周波数が多いと音は高い。
  この両者の関係は複雑で，人間の聴覚は音の強弱には鈍いが，音の高低には敏感なところもある。また，人工音には敏感である。

(2) 点音源からの距離減衰

自由空間にある点音源から放射される音は，音源を中心とした半径 r の球面上に拡散する。すなわち，音響出力 P（ワット）の点音源から，球面上の単位面積当たりを 1 秒間に通過する音のエネルギ（面密度）が音響パワー I であるから，

$$I = \frac{P}{4\pi r^2}$$

となる。これを音響パワーレベルで表すなら，両辺を基準音の音響パワー P_0 (10^{-12}W) で割って対数をとり，10倍すればよい。

$$10 \log \frac{I}{10^{-12}}$$

$$= 10 \log \frac{P}{10^{-12}}$$

$$-10 \log 4\pi - 20 \log r$$

(対数の底 10 を省略)

そこで，L_w を音響パワーレベルとすると，

$$L_s = L_w - 11 - 20 \log r \quad [\text{dB}]$$

もし，路(地)面上の場合は，地上の半球の面上に広がる。すなわち，半自由空間では次式となる。

図 7-25 に，音源からの距離と音の減衰

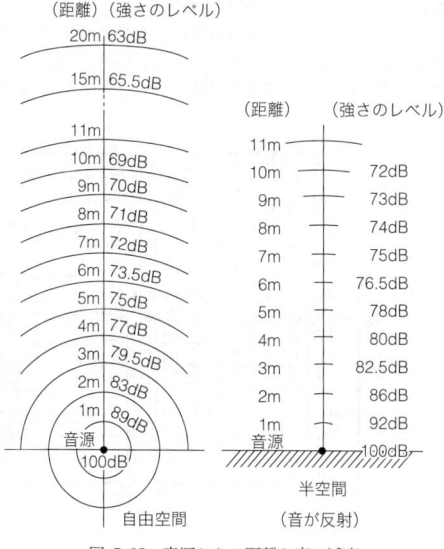

(距離)（強さのレベル）
- 20m 63dB
- 15m 65.5dB
- 11m
- 10m 69dB
- 9m 70dB
- 8m 71dB
- 7m 72dB
- 6m 73.5dB
- 5m 75dB
- 4m 77dB
- 3m 79.5dB
- 2m 83dB
- 1m 89dB
- 音源 100dB

自由空間

(距離)（強さのレベル）
- 11m
- 10m 72dB
- 9m 73dB
- 8m 74dB
- 7m 75dB
- 6m 76.5dB
- 5m 78dB
- 4m 80dB
- 3m 82.5dB
- 2m 86dB
- 1m 92dB
- 音源 100dB

半空間（音が反射）

図 7-25 音源からの距離と音の減衰

$$L_s = L_w - 8 - 20 \log r \quad [\text{dB}]$$

上式から，距離が 2 倍になると，音響パワーレベルは 6 dB ずつ減衰することがわかる。

図 **7-25** に，音響の強さと距離の関係を示す。

以上のことより，音の強さが 2 倍になれば，音響パワーレベルは，およそ 3 dB 大きくなることがわかる。

(3) われわれの周囲における騒音レベル

騒音レベルはおよそ次の値になる。

飛行機のエンジン	120～140（ホン）
けたたましい警笛（自動車）	110～120
電車が通るときのガード下	100
騒々しい工場，地下鉄車内	90
繁華街，電車内	80
静かな工場，騒々しい事務所（電話）	70
普通の会話，静かな乗用車	60
こおろぎの鳴き声，静かな住宅	40
ささやき声，木の葉のそよぎ	30
蛍光灯のうなり	20
やっと聞こえる音	0

難聴が起こる

睡眠可能

7.21.2. 音の大きさの等感度曲線

FletcherやRobinsonらは多数の人間の協力を得て,いろいろな振動数の音について,強さと大きさとの関係を測定した結果,ちょうど地図の等高線と同じように,等しい大きさの感覚を与える音を線で結んだ等感度曲線をつくった (図 7-26)。

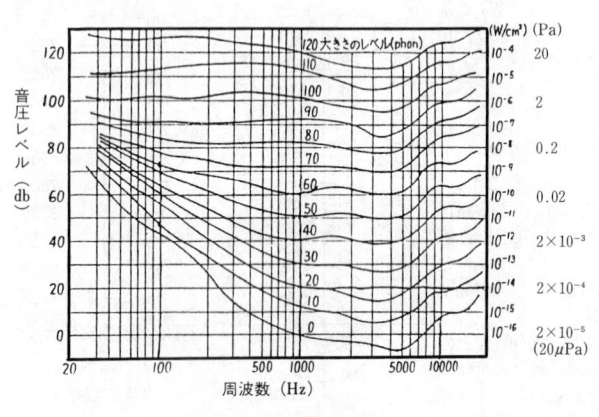

図 7-26 等感度曲線

曲線上の数字は振動数 1,000 Hz の音の強さのレベルを示す。1,000 Hz で強さが 60 dB の音と同じ感覚を与えるには 100 Hz の音では 70 dB の強さが必要であり,1,000 Hz,10 dB の音と 100 Hz,50 dB の音とは感覚上では大きさは同じである。70 ホンの音とは,1,000 Hz,70 dB の音と同じ大きさの感覚を与える音のことである。

7.21.3. 歯車の騒音

機械の静かな運転,この要求はとくに難しい問題である。もし,機械のフレーム,運動部分,軸受,軸について設計する際に十分な注意を払わないと,歯車が騒音の主な原因になってしまう。転がり軸受も高速回転の場合には騒音の原因になる。

(1) 騒音の発生

(a) 歯車の騒音は,その歯車のかみ合い周波数と固有振動数とから成り立っている。

歯車の固有振動数は,歯車の外径が増すとともに増加し,また,歯幅が増すと増加する。そして,固有振動数は材質によっても変わるが,これは縦弾性係数の値に関係するもので,縦弾性係数の値の 1/2 乗に比例する。

各種鋼材について,縦弾性係数の値はおよそ 206 GPa であり,ほぼ同じような値であるから,固有振動数の値もほとんど差がない。しかし,材質が鋳鉄材の場合は,縦弾性係数の値は (88～137) GPa であるので,鋼の場合よりも 65～80 % くらい低い振動数となる。

また，熱処理による縦弾性係数の変化はほとんどないので，固有振動数にはあまり影響がない。しかし，熱処理をすると，高い音が発生するので，固有振動数が大きくなったように思われるが，これは減衰性が低下したためであり，騒音にとっては大きな欠点となり，およそ3dBくらいの差が生じる。よって，強度や摩耗などを考えなくてもよい歯車には焼入れはしないで，そのまま用いたほうがよい。

焼結金属歯車の騒音レベルは，ホブ切り歯車（S 35 C）よりおよそ8dB程度小さくなるが，これは多孔質材料のためである。また鋳鉄材が鋼材よりも騒音が低いのも減衰性が数倍もよいからである。よって，自己減衰性のよい材料を用いれば，騒音は低くなるが，これらの材料は強度上問題がある。たとえば，ナイロン歯車は，大きな荷重が加わらない複写機や小形音響機器などに用いられる。

(b) JISによる圧力角20°の平歯車では，通常，かみ合い率は整数1と2の間であるので，歯1枚で荷重を受ける場合と，歯2枚で受ける場合とが連続して行われる。

このため，歯のばね剛さの変動によって生じる振動や，歯のたわみによって生じる法線ピッチ誤差によって，当初から誤差のある歯車と同様な歯どうしの衝突が生じ，大きな音が発生する。そこで歯形修整などを行う。

(c) 歯の曲げ強さは，モジュールに比例するから，モジュールを大きくして，歯を強くすることが考えられる。しかし，歯のたわみにはあまり関係のない軽荷重運転の場合は，たわみよりも誤差のほうが重要であり，モジュールは小さいほうが高精度が得られるなどの利点がある。

一般に，騒音は振動源のエネルギでその大きさが決まるものではなく，その放射面の大きさによることが多い。同じ歯数の場合，モジュールが大きいと直径も大きくなり，また，滑り率も大きく，歯面仕上げが悪いと歯面どうしがこすれ合うため騒音は急激に大きくなる。よって，歯の強さが許容されるならば，モジュールを小さく，直径も小さくすべきであり，材料を変えたりするなどの考慮が必要である。

(d) 歯の曲げ強さや，面圧強さの計算式からもわかるように，歯幅と歯の強さは比例するので，歯のたわみを考えると，歯幅を2倍にすれば歯のたわみは1/2になる。歯幅が大きくなると騒音が小さくなるのは，歯のたわみのほかに，歯幅が大きくなったための減衰性の増加が大きな要因と考えられる。

(e) 騒音を小さくするため，転位歯車を考える場合もある。正転位すれば，まず歯のばね剛さが増して歯のたわみを小さくでき，また，かみ合い率を調整できる。しかし，正転位が増すにつれてかみ合い率は減少していく。

転位歯車の利点は，歯を強くすることと，歯面の曲率半径を増加させることにより，ピッチング強度を増加させることである。

(f) いずれにせよ回転数やトルクが大きくなれば，騒音は必然的に増大する。また歯面の滑り摩擦力とその変動によっても振動が起こり，騒音となる。これらは図7-27のようにして伝わる。また，これらが共振するとさらに大きな振動になる。

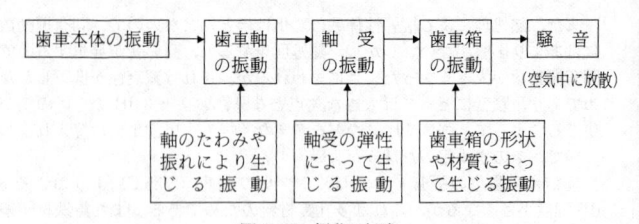

図 7-27 振動の伝達

(2) 騒音の発生原因

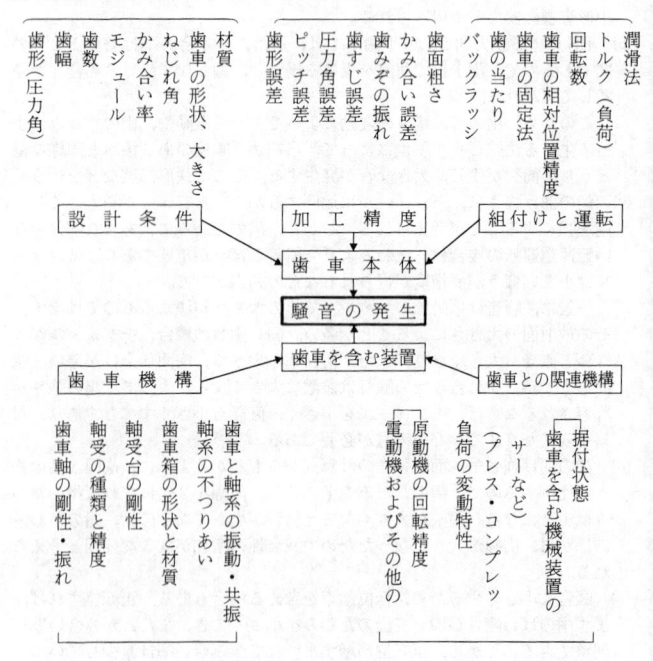

設計条件:
- 材質
- 歯車の形状，大きさ
- ねじれ角
- かみ合い率
- モジュール
- 歯数
- 歯幅
- 歯形(圧力角)

加工精度:
- 歯形誤差
- ピッチ誤差
- 圧力角誤差
- 歯すじ誤差
- 歯みぞの振れ
- かみ合い誤差
- 歯面粗さ

組付けと運転:
- バックラッシ
- 歯の当たり
- 歯の固定法
- 歯車の相対位置精度
- 回転数
- トルク(負荷)
- 潤滑法

↓

歯車本体

↓

騒音の発生

↑

歯車を含む装置

歯車機構:
- 歯車軸の剛性・振れ
- 軸受の種類と精度
- 軸受台の剛性
- 歯車箱の形状と材質
- 軸系の不つりあい
- 歯車と軸系の振動・共振

歯車との関連機構:
- 電動機およびその他の原動機の回転精度
- 負荷の変動特性(プレス・コンプレッサーなど)
- 歯車を含む機械装置の据付状態

7.22. プラスチック歯車

7.22.1. 沿革および最近の動向

戦前，熱硬化性の綿布強化フェノール樹脂積層板（ベークライト板）を歯切りして，産業機械の動力伝達時の防振・防音や，木工機械のびびり切削（ギヤマーク）防止を目的に，グリース潤滑開放歯車（オープンギヤ）に用いたのが

始まりである。

戦後，液状ナイロン6を注型・硬化したキャストナイロン（MC）の棒材が発売されるや，中小形の切削歯車に進出し，現在も標準歯車が市販されている。これらの歯切歯車は，昇温と摩耗を避けるため，熱伝導が良い鋼歯車と組み合わせ，グリース潤滑で用いる。

一方，熱変形温度（荷重たわみ温度 HDT と略）が高く，自己潤滑性があるナイロン（PA）66，次いでアセタール樹脂（POM）が，射出成形可能なエンプラとして発売され，スクリュー式射出成形機の発明と相まって，前者は欧州，後者は，日本および米国で小型歯車に適用され，一度に完成品が得られる利点（低価格・量産性）を活かし，時計・OA機器・AV機器・光学機器・家電・自動車補機などに広く使われるようになった。1980年代に発売された高耐熱のスーパーエンプラは，特殊用途に用いられ始めた。参考文献 1) 2)

時計や，グリースの汚染を嫌うテープ用機器などでは，無潤滑で用いられるが，動力伝達用は，摩擦昇温を少なくするため，グリース潤滑に頼るのが実情である。

7.22.2. 歯車の分類

用途面から，回転伝達用（時計・デジタル制御機器）と動力伝達用（産業機械）に区分され，前者は射出成形歯車，後者は歯切歯車とされてきたが，カラーコピー機など，装置の高速化・高精度化から，精度と強度の両立を要求され，両者の差は無くなった。大きさから，射出成形小形歯車，押出成形や注型で作った丸棒を切削した中小形の切削歯車，積層板から切出した大形平（はすば）歯車の3製作法に分類される。

歯車対の構成から，プラ/プラ歯車と，鋼/プラ歯車に分けられ，前者は主に小形歯車，後者は減速比が大きい歯車や，中・大形歯車に用いられる。参考文献 1)

歯車の形状としては，製作容易な平歯車，低騒音で回転精度が良く，カラーコピー機・AV機器に多用されるはすば歯車やねじ歯車，自動車ワイパーなどに用いるウオームギヤ，金属軸やねじ金具などを内挿成形したインサート歯車，複数の歯車・カム・レバーなどを一体成形した複合歯車，非円形などの特殊歯車に分けられる。自販機などの揚重機構に用いるウオームギヤは，セルフロックが必要なので，プラスチック歯車の苦手とする用途である。参考文献 1) 2) 7)

7.22.3. 歯車材への適性と主用されるエンプラ（表7-40）

片振パルス荷重を受け，滑り接触する歯車に必要な物性と，エンプラの適性は次のとおりである。

(1) 疲労強さ：歯車設計に必要なのは，繰り返し数 $10^6 \sim 10^7$ の片振パルス荷重に対する疲労強度であるが，ASTMやJIS規格で測定したカタログ値は，両振正弦波に対するSN曲線で示される。両振データでも適性を判断できるが，SN曲線の傾斜は，両振と片振では異なるので，低サイクル疲労の推測には適しない。SN曲線の傾斜は，結晶性樹脂では緩やかで，非晶性樹脂では急降下する。ポリカーボネート（PC）など非晶性樹脂の衝撃値は高いが，高サイクル疲労強度は低く，歯車に不向きである。参考文献 6) 7)

表 7-40 プラスチック歯車に使用するエンプラ

材料名	略号	引張強さ (23°C) MPa	疲労強度 (20°C) MPa	ヤング率 (23°C) MPa	HDT 1.8 MPa °C	線膨張係数 10^{-5}/°C	適 用
ポリアセタール	POM	61	80	2,600	100	10.0	小形・OA用
油入アセタール	油入POM	52	68	2,400	100	10.0	低摩擦・OA用
低摩アセタール	低摩POM	57	75	2,500	115	10.0	低摩擦・OA用
ナイロン66	PA66	78	88	2,900	79	8.0	高温・油潤滑
ナイロンポリエチアロイ	PA/PE	69	62	2,600	69	8.2	低摩擦・AV用
GF強化ナイロン	PA-GF	120	88	4,900	255	6.0	高温・高強度
GF強化ナイロンアロイ	PA/PE-GF	106	88	4,500	266	6.2	高寿命
キャストナイロン	MC	83	21	3,000	80	8.0	歯切・中形
ポリエーテルエーテルケトン	PEEK	97	120	3,500	152	5.0	耐熱・高寿命
強化ポリフェニレンスルフィド	PPS-GF	149	40	4,200	262	1.0	耐熱・OA用
ポリエチレンテレフタレート	PET	88	80	2,800	98	6.0	高寿命
ポリプチレンテレフタレート	PBT	65	60	2,300	68	9.0	水中
フェノール樹脂		60	40	8,000	160	2.0	大形平歯車
アセタール/ナイロン	POM/PA					9	低摩耗・低騒音

(2) 残留応力：成形品の実強度は，樹脂本来の強度から残留応力を差し引いた強度になる。アニールしない POM 成形品の残留応力は，アニールしない PA 成形品よりはるかに大きく，非アニール POM 歯車の寿命は PA 成形歯車に劣る。融点直下の温度でアニールすれば，残留応力はなくなるが，つづみ形（中凹み）になる。長期荷重での変形や割れを避けるため，アニールせずに用いる家具・建具類には，PA 66 成形品が用いられつつある。参考文献6) 7)

非晶性樹脂成形品の残留応力は大きく，繰返し衝撃性能も低い。とくに，インサート品の残留応力の除去は困難なので，この点でも歯車材に適しない。

(3) 低摩擦・耐摩耗性・潤滑：単一樹脂の摩擦係数は，熱依存性があり昇温につれ増加するが，加熱によって水分などの含有液体が表面をうるおし，再び摩擦係数が下がる自己潤滑性樹脂（POM やキャストナイロンなど）は，無潤滑歯車の適性がある。不活性油やポリエチレン（PE）など高温で液状である低融点樹脂を混入すれば，さらに低摩擦になる。この技術を応用した低摩擦樹脂も市販され，無潤滑歯車に用いられている。（テフロン微粒子・二硫化モリブデンは，液状にならず，低摩擦効果は少ない。）

グリース潤滑した樹脂の摩擦係数は 0.05 ～ 0.08 で，油潤滑金属なみになるので，POM 歯車もグリース潤滑する例が多い。異種樹脂（PA/POM）で歯車対を構成すれば，低摩擦と耐摩耗を解決できるうえ，共振騒音も低下するので，POM/PA 12 の組合せを音響機器に使った例もある。PE を添加した低摩擦 PA 66（商品名 A 3 R）は，30 年以上前 BASF 社が発売したが，PE と相溶(接着)せず，期待ほどでなかったので姿を消したが，相溶化したアロイ品は，油入 POM を上回る耐摩耗性を示し，AV ヘッド駆動用に用いられている。複写機の定着ロール駆動歯車など，グリース潤滑が使えない高温用途には，強化 PA 66 や強化 PPS，テフロン粉混入 PEEK などが用いられる。

特殊樹脂の成功例は，企業秘密に属し，公表されないことが多い。参考文献 2) 3) 5) 6) 7)

(4) 耐熱性：耐熱性は，曲げ応力 1.82 MPa での弾性係数が著しく低下する熱変形（荷重たわみ）温度（HDT と略），および固体でなくなる融点または 0.45 MPa の HDT で評価される。前者は実用使用限界で，後者は高温環境に対する安全設計の参照値である。PA 66 は，POM より前者で 20°C 劣るが，後者では約 100°C 優れるので，エンジンの回転数を取り出すため，高油温のミッションに組み込まれるねじ歯車に採用されている。

無機質短繊維を混入した繊維強化熱可塑性プラスチック（長繊維補強積層材と区別するため，FRTP と略）の HDT は，融点直下まで向上する。高温での変形が少ないので，強化 PA 66 や強化 PPS の歯車は，複写機の定着ロール駆動に適用される。FRTP は，グリースや潤滑油で繊維が母材と分離し，摩耗が大きくなる欠点がある。

脂肪族プラスチックの熱膨張は，鋼の約 10 倍も大きいので，摩擦熱でバックラッシが消滅し，摩耗や折損の要因になる。鋼歯車と組み合わせ，昇温と熱膨張を抑制するのがよい。芳香族プラスチック（スーパーエンプラ）の線膨張係数は脂肪族より小さいので，高温用に有効である。昇温が大きいウオームギヤに PET を適用した例もある。参考文献 2) 5) 7)

(5) 吸水(湿)性：吸水して膨潤すると，寸法が変わり，強度が低下する。ポリアミド系に著しく，屋外使用の自動車ワイパーにさえ使えない。POM の吸湿性はやや少ないので，グリース潤滑して，ワイパーや洗濯機に使っている。有効なのは芳香族オレフィン（PBT や，PET）で，PET を薬液潤滑歯車に適用した例が報告されている。参考文献 7)

(6) 劣化性：長期使用時の難点は，雰囲気中でのぜい化である。水滴と大気で加水分解する酸化劣化や，高温での結晶成長がある。自動車ミッションに使う PA 66 歯車は，結晶成長で引張強さは増すのに，衝撃性能が悪化するので，熱安定剤を増量している。アーレニウスの式で計算した熱劣化時間は，安定剤を増量した市販樹脂には適用できない。長期の実機的試験で評価するしか確実な方法はない。参考文献 6)

(7) 成形性・異方性・成形欠陥：キャビティ（型空間）の精密転写には，流動性が望まれる一方，離型後の変形を小さくするため，低ソリ性も要求される。キャビティ内の空気や熱分解ガスの脱気が悪いと，欠損製品や気泡入りになる。圧縮された空気は，樹脂流の接合面（ウエルドライン：WL と称す）を酸化

し,著しく強度を下げる。FRTP では,樹脂流で配向した繊維と直角方向の強度は無添加(ナチュラル)並みになるが,WL の強度はさらに低下する。インサート品の離型後の割れの防止には,予備加熱したインサートを用いる。寸法精度の向上は,射出圧縮やガス射出中空品などの成形機技術,WL レス成形はフィルムゲートなど型技術で解決する。参考文献 2) 5) 7)

7.22.4. 歯車の強度

縦弾性係数(ヤング率)が低いプラスチック歯車には,面圧破壊(ピッチング)は極めて少なく,曲げ破壊・凝着破壊(摩耗・もぎ取り)がほとんどである。参考文献 3) 6)

前者は疲労折損で,後者はバックラッシ喪失が引き金になる。グリース潤滑・低摩擦材の採用や,歯数を多くして滑り速度を小さくするなど昇温抑制対策が必要になる。

平歯車の曲げ強度を古典的なルイス式で計算すると安全すぎるし,傾斜が緩やかな両振 SN 特性で低サイクル疲労寿命を予測すると,短命に計算される。昇温による強度低下・残留応力や異方性など成形欠陥を考慮したプラスチック歯車ならではの強度計算式による設計が必要である。参考文献 6)

1981 年,機械学会が主催したシンポジウムで,平歯車に限られるが,YELLE は,荷重時の実かみ合い率が 2 以上に増し,法線力も山形分布になること,昇温による疲労強度の低下は引張強さの低下と比例することを示した。同じく FAURE は,かみ合い率係数を導入した曲げ応力式(JGWA 401 に相当)に片振 SN を適用することで,平歯車の疲労寿命を計算できることを示した。参考文献 4)

これらには,温度影響係数,成形欠陥係数,運転条件係数などが付加されている。

鋼歯車は,$N \geq 3 \times 10^6$ を超えると許容曲げ応力が一定になるので,保証寿命を $N \times 10^7$ に伸ばしても,設計を変える必要はないが,プラスチック歯車の許容曲げ応力は,$N > 10^6$ でも低下し続けるので,保証寿命に応じ,曲げ応力 ≤ 許容曲げ応力になるよう設計値を変更する必要がある。参考文献 6) 7)

平歯車だけでなく,ウオームギヤにも適用し,諸係数の求め方およびトルク・回転数・材料・バックラッシを与えて,諸元を自動的に計算する手法が発表されている。参考文献 7)

はすば歯車は,歯幅を大幅に増したり,ねじれ角を大きくすると,歯すじ全体の歯当たりを得られないので,強度向上に対する寄与は,期待薄である。参考文献 6)

7.22.5. 歯車の精度と大きさ

初期の射出成形プラスチック歯車は,3 点ピンゲート型で作られたのでおむすび形になり,騒音の原因になったが,多点ピンゲート・フィルムゲートの型技術および射出圧縮法など成形機技術で,市販品の多くは JIS 規格(B 1702-1)の 2~3 級になった。モジュール 1 mm 以下では 0 級さえ試作に成功している。時計など計測器用にモジュール 0.1 mm 以下の超小形歯車の量産も成功しているが,モジュール 3 mm・直径 100 mm・歯厚 10 mm を超す歯車の射出成形は,依然として困難である。参考文献 1) 2) 5)

7.22.6. 歯車の騒音

初期にはPOM歯車を無潤滑で使うと,激しい鳴音(泣き)を生じるので,POM歯車は,鋼歯車やPA歯車などと組み合わせる必要があった。現在,泣きは止まったようであるが,騒音対策は,グリース潤滑・低摩擦材・はすば歯車が有効である。

騒音の原因は,以下が挙げられる。

(1) 摩擦音:摩擦係数だけでなく,歯面の粗さ・歯面の凝着も騒音の要因になる。前者は相手が鋼歯車,後者は同一樹脂歯車(POMなど)に多い。高周期の騒音になる。

(2) 衝撃音:ピッチ誤差が大きい歯車など,不円滑なかみ合いで起こる。高負荷で歯がたわむと,次の歯のかみ合い始まりが作用線外になるのも要因である。き裂が入ると,10dBくらい騒音が増す。ヤング率が大きいFRTP歯車のほうが騒音は少ない。

(3) 干渉音:熱膨張でバックラッシが無くなると,歯車軸系が振動して発生する。

(4) うなり音(共振音):かみ合い時の強制振動によることが多い。歯すじの誤差など,成形時の変形・不均一収縮も原因になる。

かみ合いの円滑と騒音抑制のため,はすば歯車にし,割り切れない歯数にする方法は,OA機器の高速化・高精度に寄与した。標準歯車対に対し,駆動・被動ともに1枚ずつ減らす方法,または片方だけ1枚減らす方法が代表的である。

参考文献:

1) 精密工学会:成形プラスチック歯車ハンドブック シグマ出版 (1995)
2) 精密工学会:最新成形プラスチック歯車技術―この10年の歩み
3) 精密工学会:成形プラスチック歯車 歯車損傷事例集 (2003)
4) 日本機械学会:歯車及び動力伝動に関するシンポジウム講演論文集2 (1981)
5) 日本機械学会:MPT 2004講演論文集 (2004)
6) 村田昌爾:プラスチック歯車の強度計算と寿命予測,機械の研究 (2004. 3〜7)
7) 村田昌爾:プラスチック円筒歯車の自動設計と特殊成形法,機械の研究 (2006. 2〜4)

8章 ベルト伝動装置

8.1. 巻掛け伝動装置

　動力を伝える場合,駆動軸と従動軸の距離が大きいときは,歯車や摩擦車のように直接に回転を伝えることができない。この場合は,両軸にプーリを取り付け,プーリからプーリへベルト(ベルト伝動),ロープ(ロープ伝動),チェーン(チェーン伝動)を掛け渡して動力を伝達する。このような装置を巻掛け伝動装置という。ベルトやロープのように,プーリとの接触面での摩擦力を利用するものは,滑りが生じる場合もあるので,歯付ベルトや,チェーンのように歯とのかみ合わせによるものなどがある。表 8-1 に巻掛け伝動装置の種類と適用範囲を示す。

表 8-1　巻掛け伝動装置の種類と適用範囲

種類	軸間距離 [m]	速度 [m/s]	使用上の問題点	限界伝達動力
平ベルト	10以下	10〜30 (最大60)	軸間距離が長くとれる。ベルトとプーリとの摩擦力のみで動力を伝えるので,ベルト張力が大きく軸受荷重も大きくなる。	ベルトとプーリとの巻掛け角と摩擦係数により定まる。
Vベルト	5以下	15〜20 (最大30)	ベルトとV溝プーリとのくさび作用により,平ベルトよりベルト張力が小さくてすむ。ベルトはエンドレスで長さはJISにより各種ある。	くさび作用のため,見掛けの摩擦係数が,およそ1.7〜2倍大きくなる。
ローラチェーン	4以下	〜4 (最大8)	摩擦を利用せず,初期張力を必要としないので,軸受荷重が小さい。摩耗を防ぐため潤滑が必要。多軸伝動が可能。	チェーンの破断荷重のおよそ1/10程度の張力で用いる。
ワイヤロープ	長距離		軸間距離が長くとれる。ロープ径とシーブ(綱車)径との比を 20〜25 程度としてロープの寿命を長くする。ロープにねじれが生じる。	多数のロープを掛ければ大きな動力の伝達が可能。主にクレーン,巻上機など重量物運搬用。

8.2. ベルト伝動

8.2.1. ベルトの種類
表8-2 にベルトの種類と形状および特長を示す。

8.2.2. ベルトの長さ (図8-1)

(1) オープンベルト(平行掛け)の場合

　ベルトの長さを L とすると

$$L = 2(\overparen{rs} + \overline{st} + \overparen{tv}) = \frac{1}{2}\pi(d_a + d_b) + \phi(d_a - d_b) + 2a\cos\phi$$

8章 ベルト伝動装置

表 8-2 ベルトの種類と形状および特長

ベルトの種類	形 状	特　　　長
Vベルト		断面は台形で，その寸法によりM, A, B, C, D, Eの6種類あり，エンドレスベルトなので長さが調節できず，各種の長さのものが作られている。
細幅Vベルト		断面寸法により3V, 5V, 8Vの3種類あり，ベルト幅が細いので，何本もベルトを並べるのに適する。大動力の伝達用ベルトは側面を凹面にしたものもある。
歯付ベルト		シンクロまたはタイミングベルトという。摩擦伝動ではないので，滑りのない高精度な回転を伝える。OA機器，精密機械などに用いる。
平ベルト		薄くて継ぎ目のない織物平ベルトは，心線にグラスファイバーコードを用いているので，軽く，強度が大きく，屈曲性，柔軟性に富み高速伝動が可能である。薄いもので厚さが0.22～1.5 mm, 幅3～300 mm などが作られている。高荷重用も帆布を積層した高プライがある。
Vリブドベルト		平ベルトの内面にV形のリブ突起を定ピッチで設けて，平ベルトとVベルトの長所を取り入れたもので，米国で開発された。プーリの最小直径20 mm もあり，ベルト速度も30 m/s までは可能。
六角ベルト		断面形状が六角形，背面でも動力伝達が可能。軽荷重，多軸伝動用。
丸ベルト		軽負荷用，材質が熱可塑性ポリウレタンのものは，適当な長さに切り，熱融着により強固な接合が可能。断面直径2～5 mm, ベルト長さは100～460 mm が作られている。

(a) オープンベルト　　　(b) クロスベルト

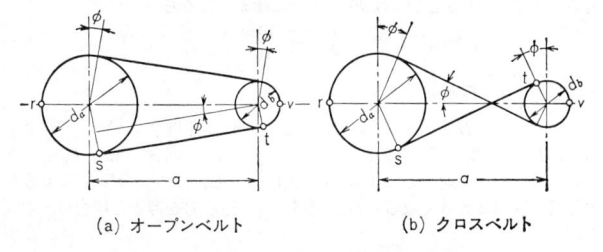

図 8-1 ベルトの長さ

$$\fallingdotseq 2a+\frac{1}{2}\pi(d_a+d_b)+\frac{(d_a-d_b)^2}{2a} \quad (\phi \text{が小さいとき})$$

(2) クロスベルト（十字掛け）の場合（主として平ベルト，丸ベルト）

$$L=2(\widehat{\mathrm{rs}}+\overline{\mathrm{st}}+\widehat{\mathrm{tv}})=\frac{1}{2}\pi(d_a+d_b)+\phi(d_a+d_b)+2a\cos\phi$$

$$\fallingdotseq 2a+\frac{1}{2}\pi(d_a+d_b)+\frac{(d_a+d_b)^2}{2a} \quad (\phi \text{が小さいとき})$$

8.2.3. ベルトの巻掛け角

巻掛け角 θ は，ベルトとプーリが接している部分の角度で，動力伝達では大小プーリのうち小プーリの巻掛け角が重要になる。図8-1において，オープン，クロス両ベルトの巻掛け角 θ は次式により求める。

$$\text{オープンベルト} \quad \theta=180°-2\phi=180°-2\sin^{-1}\left(\frac{d_a-d_b}{2a}\right)$$

$$\text{クロスベルト} \quad \theta=180°+2\phi=180°+2\sin^{-1}\left(\frac{d_a+d_b}{2a}\right)$$

クロスベルトの場合は，大小プーリの θ は同じになり，巻掛け角は大きくなるが，回転方向は逆になり，ベルトどうしの摩擦が生じてしまう。オープンベルトの場合は，両プーリの中心距離が小さくその直径比が大きいと，小プーリの巻掛け角は小さくなり，スリップしやすくなるので，小プーリ近くのゆるみ側にテンションプーリ（張り車）を付ける。また，図8-1のオープンベルトのような水平掛けの場合は，ベルトの張り側を下側に，ゆるみ側を上側にして，ベルトのたわみによる巻掛け角を増すようにする。

8.3. 平ベルトの伝達動力

平ベルトの伝達動力 H は次式により表される。

F_1：ベルトの張り側張力(N)，F_2：ゆるみ側張力(N)，μ：ベルトとプーリとの摩擦係数，θ：ベルトの巻掛け角（両プーリの小さい方，ラジアン），v：ベルト速度(m/s)とすると，運転中のベルトの張り側とゆるみ側の張力の比と摩擦との関係は $\frac{F_1}{F_2}=e^{\mu\theta}$ で，有効張力は $F_e=F_1-F_2$ であるから，ベルトの許容張力を F_1 とすると（F_e は F_1 に十分に耐えねばならない）

$$H=\frac{F_e v}{10^3}=\frac{(F_1-F_2)v}{10^3}=\frac{F_1 v}{10^3}\cdot\frac{e^{\mu\theta}-1}{e^{\mu\theta}} \ [\text{kW}]$$

表8-3に $\frac{e^{\mu\theta}-1}{e^{\mu\theta}}$ の値を示す。

上式において，H が一定の場合，F_e と v とは反比例するから，v が2倍になると，F_e は1/2でよいことになるので，v をなるべく速くして F_e を小さくする。しかし，v を速くして15m/s以上にすると，ベルトの質量による遠心力の影響が次第に大きくなるから限度がある。遠心力を考えた場合は，次式となる。

m：ベルトの単位長さの質量 [kg/m] とすると

$$H=\frac{(F_1-mv^2)v}{10^3}\cdot\frac{e^{\mu\theta}-1}{e^{\mu\theta}}=\frac{F_1 v}{10^3}\left(1-\frac{mv^2}{F_1}\right)\frac{e^{\mu\theta}-1}{e^{\mu\theta}} \ [\text{kW}]$$

表 8-3 $(e^{\mu\theta}-1)/e^{\mu\theta}$ の値

θ [度]	$\mu=0.1$	$\mu=0.2$	$\mu=0.3$	$\mu=0.4$	$\mu=0.5$	$\mu=0.55$
90	0.145	0.270	0.376	0.467	0.544	0.579
100	0.160	0.295	0.408	0.502	0.582	0.617
110	0.175	0.319	0.438	0.536	0.617	0.652
120	0.189	0.342	0.467	0.567	0.649	0.684
130	0.203	0.365	0.494	0.596	0.678	0.713
140	0.217	0.386	0.520	0.624	0.705	0.739
150	0.230	0.406	0.544	0.649	0.730	0.763
160	0.244	0.428	0.567	0.673	0.752	0.785
170	0.257	0.448	0.589	0.695	0.773	0.804
180	0.270	0.467	0.610	0.715	0.792	0.822

ベルト伝動において，ベルト速度と伝達動力との関係をみるため，上式を v で微分すると

$$\frac{dH}{dv} = \frac{1}{10^3}\left(\frac{e^{\mu\theta}-1}{e^{\mu\theta}}\right)(F_1 - 3mv^2)$$

$$\frac{dH}{dv} = 0 \text{ より } F_1 = 3mv^2 \text{ または } v = \sqrt{\frac{F_1}{3m}}$$

これより，最大伝達動力が得られるベルト速度は，遠心力が張り側張力の 1/3 になるときである．この場合，摩擦係数 μ が速度に無関係であると仮定しているが，実際には μ は変化することが考えられる．

表 8-4 に JIS に規定された平プーリの呼び径，クラウンの値を示す．

8.4. V ベルトの伝達動力

8.4.1. 見かけの摩擦係数 図 8-2 に示すように，V ベルトを P の力で V プーリの溝の中に押し付けると，くさび作用によって，P と P_n とは次式のようにつりあう．

$$P = 2P_n(\sin\alpha + \mu\cos\alpha)$$

ベルトが V プーリを回そうとする回転力 F は，V プーリの接線方向の摩擦力であるから，接触面の摩擦係数を μ とすると，次式で表せる．

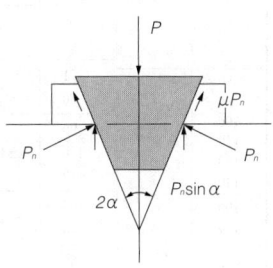

図 8-2 V ベルトの P に対する力のつりあい

$$F = 2\mu P_n = \frac{\mu}{\sin\alpha + \mu\cos\alpha}P = \mu' P$$

$$\therefore \mu' = \frac{\mu}{\sin\alpha + \mu\cos\alpha}$$

$\mu' > \mu$ であるから，V ベルトのほうが平ベルトより大きな摩擦力が得られる（平ベルトの場合は $F = \mu P$）．いま，$2\alpha = 40°$，$\mu = 0.25$ とすると $\mu' = 1.73\mu$，$\mu = 0.15$ とすると $\mu' = 2.1\mu$ となる．

表8-4 平プーリの呼び幅と呼び径および許容差（JIS B 1852：80）

(単位mm)

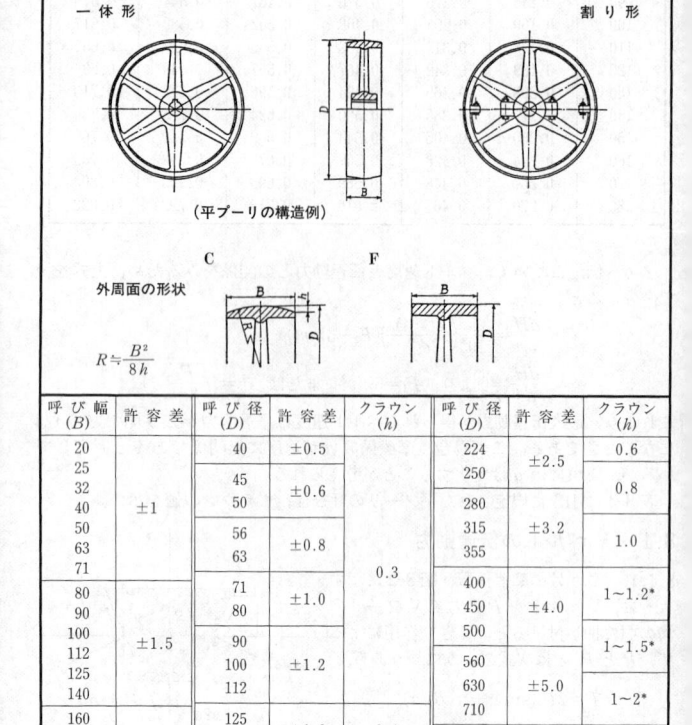

一体形　　　　　　　　　　　　　　　**割り形**

（平プーリの構造例）

外周面の形状　　C　　F

$$R \fallingdotseq \frac{B^2}{8h}$$

呼び幅 (B)	許容差	呼び径 (D)	許容差	クラウン (h)	呼び径 (D)	許容差	クラウン (h)
20		40	±0.5		224	±2.5	0.6
25					250		
32		45	±0.6		280		0.8
40	±1	50					
50		56	±0.8		315	±3.2	
63		63			355		1.0
71				0.3			
80		71	±1.0		400		1～1.2*
90		80			450	±4.0	
100					500		
112	±1.5	90					1～1.5*
125		100	±1.2		560		
140		112			630	±5.0	
					710		1～2*
160		125			800		
180		140	±1.6	0.4			1～2.5*
200	±2				900	±6.3	
224		160			1000		1～3*
250		180	±2.0	0.5			
280		200		0.6	D=1120～2000 は省略		

*呼び幅（B）に応じて増加，B≦125 では1

備考 1. 平プーリの外周面の仕上げは，原則として，表面粗さ 12.5 Rz とし，端部には適当な面取りを施す．
　　　2. アームの形状，寸法ならびに数は適宜に決める．

注 1. 平プーリの種類は，構造によって一体形と割り形とし，外周面の形状によってCとFに区分する
　　　2. 呼び方 平プーリの呼び方は，名称・種類・呼び径×呼び幅及び材料による．
　　　　例：平プーリ・一体形C・125×25・鋳鉄
　　　　　　平プーリ・割り形F・125×25・鋳鋼

8.4.2. 伝達動力　Vベルトの伝達動力は，平ベルトの場合の式で，μの代わりにμ'とすればよいから，ベルトの遠心力を考慮した場合，次式となる。

$$H = \frac{F_1 v}{10^3}\left(1 - \frac{mv^2}{F_1}\right)\frac{e^{\mu'\theta}-1}{e^{\mu'\theta}} \ [\mathrm{kW}]$$

表8-5にVベルトの断面形状と引張強さ，および伸びその他の値を示す。また，表8-6にVベルトの長さを示す。Vベルトの長さは，ベルトの厚さの中央を通る円周長さで表す。呼び番号は，これをインチ単位（1インチ＝25.4 mm）としたものである。

表8-5　Vベルトの断面形状と引張強さおよび伸び（JIS K 6323:95）

形	b_t mm	h mm	引張強さ(kN/本)	伸び (%)	質量 (kg/m)
M	10.0	5.5	1.2以上	7以下	0.06
A	12.5	9.0	2.4以上	7以下	0.12
B	16.5	11.0	3.5以上	7以下	0.20
C	22.0	14.0	5.9以上	8以下	0.36
D	31.5	19.0	10.8以上	8以下	0.66
E	38.0	24.0	14.7以上	8以下	1.02

8.4.3. Vベルトの選定

(1) Vベルトの種類の選定：設計動力および小Vプーリの回転数によって選定する。
(2) Vベルトの長さの決定：Vベルトの長さおよび軸間距離を決定する。
(3) Vベルトの本数の決定：
　(a) 1本当たりのVベルトの伝動容量を算出する。
　(b) 設計動力と使用条件とからVベルトの本数を決定する。

Vベルトの種類の選定は，次に示す設計動力および小Vプーリの回転数に

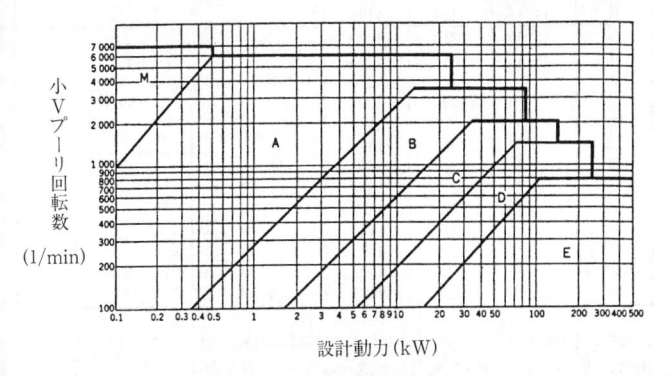

図 8-3　Vベルトの種類の選定図

表 8-6　V ベルトの長さおよびその許容差（JIS K 6323：95）

(単位 mm)

呼び番号	長さ M	A	B	C	D	E	許容差
20	506	508	—	—	—	—	＋ 8
21	533	533	—	—	—	—	－16
22	559	559	—	—	—	—	
23	584	584	—	—	—	—	
24	610	610	—	—	—	—	＋ 9
25	635	635	635	—	—	—	－18
26	660	660	660	—	—	—	
27	686	686	686	—	—	—	
28	711	711	711	—	—	—	
29	737	737	737	—	—	—	
30	762	762	762	—	—	—	＋10
31	787	787	787	—	—	—	－20
32	813	813	813	—	—	—	
33	838	838	838	—	—	—	
34	864	864	864	—	—	—	
35	889	889	889	—	—	—	
36	914	914	914	—	—	—	＋11
37	940	940	940	—	—	—	－22
38	965	965	965	—	—	—	
39	991	991	991	—	—	—	
40	1016	1016	1016	—	—	—	
41	1041	1041	1041	—	—	—	
42	1067	1067	1067	—	—	—	
43	1092	1092	1092	—	—	—	
44	1118	1118	1118	—	—	—	
45	1143	1143	1143	1143	—	—	
46	1168	1168	1168	—	—	—	
47	1194	1194	1194	—	—	—	
48	1219	1219	1219	1219	—	—	＋12
49	1245	1245	1245	—	—	—	－24
50	1270	1270	1270	1270	—	—	
51	—	1295	1295	—	—	—	
52	—	1321	1321	1321	—	—	
53	—	1346	1346	—	—	—	
54	—	1372	1372	1372	—	—	
55	—	1397	1397	1397	—	—	
56	—	1422	1422	—	—	—	
57	—	1448	1448	—	—	—	
58	—	1473	1473	1473	—	—	
59	—	1499	1499	—	—	—	
60	—	1524	1524	1524	—	—	

呼び番号	
M	20－50
A	20－180
B	25－210
C	45－270
D	100－360
E	180－420

よって，図 8-3 から選定する．もし，2 種類の境界線近くになった場合には，両方の V ベルトについて検討し，適正な V ベルトを選ぶ．

8.4.4. 一般用 V プーリ

V プーリは,外周(リム)に V 溝を付けたほかは平プーリと変わらない(表8-7)。V ベルトの側面の角度は 40° であるが,ベルトがプーリの溝に沿って屈曲すると,外周は伸びてベルト幅は縮小し,内周は圧縮されてベルト幅は広くなる。このため,ベルト側面の角は 40° より小さくなる。よって,プーリの直径が小さいほど,溝の角度も小さくする。V プーリの溝は,十分深くして,ベルトが溝底に触れないようにする。溝の外周の幅はベルト幅と等しくし,ベルトが外周より出過ぎることも,入り過ぎることもないようにする。しかし,V ベルトは,使用するにつれて摩耗し,しだいに細くなることを考え,最初は若干はみ出るようにすることもある。

V プーリの形状には 1, 2, 3, 4, 5 形の 5 種類があり,それぞれ平板形と

表 8-7 V リーブの溝部の形状および寸法(JIS B 1854:87)(単位 mm)

V ベルトの種類	呼び径 (d_n)	α(°)	l_0	k	k_0	e	f	r_1	r_2	r_3	(参考)Vベルトの厚さ
M	50以上 71以下 71をこえ 90以下 90をこえるもの	34 36 38	8.0	2.7	6.3	— *	9.5	0.2~0.5	0.5~1.0	1~2	5.5
A	71以上 100以下 100をこえ 125以下 125をこえるもの	34 36 38	9.2	4.5	8.0	15.0	10.0	0.2~0.5	0.5~1.0	1~2	9
B	125以上 160以下 160をこえ 200以下 200をこえるもの	34 36 38	12.5	5.5	9.5	19.0	12.5	0.2~0.5	0.5~1.0	1~2	11
C	200以上 250以下 250をこえ 315以下 315をこえるもの	34 36 38	16.9	7.0	12.0	25.5	17.0	0.2~0.5	1.0~1.6	2~3	14
D	355以上 450以下 450をこえるもの	36 38	24.6	9.5	15.5	37.0	24.0	0.2~0.5	1.6~2.0	3~4	19
E	500以上 630以下 630をこえるもの	36 38	28.7	12.7	19.3	44.5	29.0	0.2~0.5	1.6~2.0	4~5	25.5

注 M 形は,原則として1本掛けとする。

アーム形の区別がある（図 8-4）．溝部を除く各部の寸法およびアームの寸法は，JIS B 1854:87 に詳細に示されている．

8.4.5. Vプーリの呼び方

規格番号または規格名称，呼び径，種類およびボスの位置の区別（図 8-4）による．なお，軸穴加工を指定する場合は，穴の基準寸法，種類および等級を示す．

例1：JIS B 1854 250 A 1-2 形
例2：一般用Vプーリ　250 B 3-2 形-40 H 8

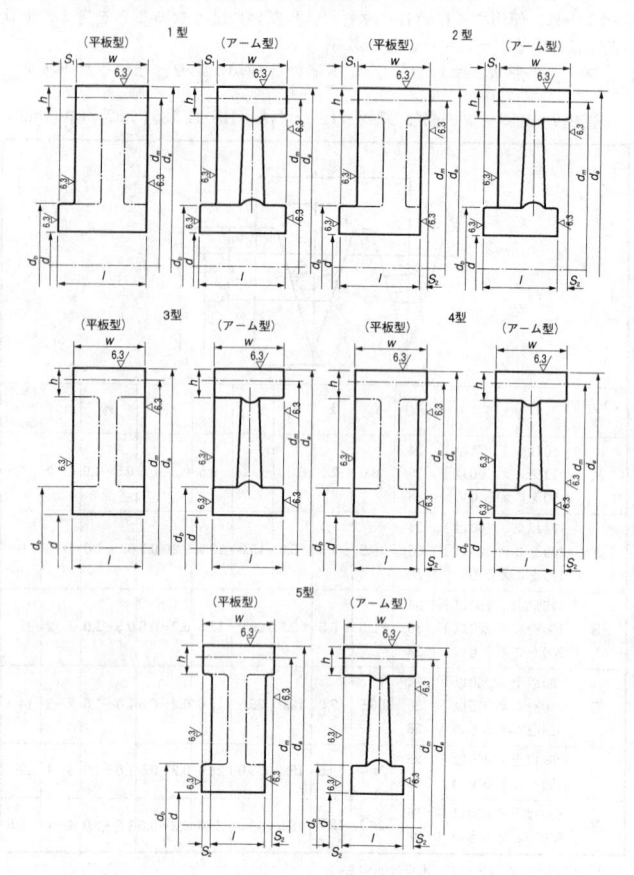

図 8-4　Vプーリの形状および寸法（溝部を除く）

8.5. 細幅 V ベルト

細幅 V ベルトは，その断面寸法により，3V，5V，8V の 3 種類に分ける。表 8-8 に V ベルトの断面および引張強さ，表 8-9 に V ベルトの長さを示す。

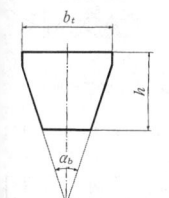

表 8-8 細幅 V ベルトの断面および引張強さ

種類	b_t (mm)	h (mm)	a_b (度)	引張強さ (kN/本)	伸び (%)
3V	9.5	8.0	40	2.3 以上	4 以下
5V	16.0	13.5		5.4 以上	
8V	25.5	23.0		12.7 以上	

表 8-9 細幅 V ベルトの長さ (JIS K 6368:99)　(単位 mm)

呼び番号	有効周長さ 3V	有効周長さ 5V	有効周長さ 8V	許容差	一組内の長さの差 (最大)	呼び番号	有効周長さ 3V	有効周長さ 5V	有効周長さ 8V	許容差	一組内の長さの差 (最大)
250	635		—	±8	3.0	1060	2692	2692	2692	±15	7.5
265	673					1120	2845	2845	2845		
280	711					1180	2997	2997	2997		
300	762					1250	3175	3175	3175		
315	800					1320	3353	3353	3353		
335	851				4.0	1400	3556	3556	3556		
355	902					1500	—	3810	3810	±20	10.0
375	953					1600		4064	4064		
400	1016					1700		4318	4318		
425	1080					1800		4572	4572		
450	1143					1900		4826	4826		
475	1207					2000		5080	5080		
500	1270	1270				2120		5385	5385		
530	1346	1346	—	±10	5.0	2240		5690	5690		
560	1422	1422				2360		5994	5994		
600	1524	1524				2500		6350	6350		
630	1600	1600				2650		6731	6731		
670	1702	1702				2800		7112	7112		
710	1803	1803				3000		7620	7620		
750	1905	1905				3150	—	8001	8001	±25	12.5
800	2032	2032				3350		8509	8509		
850	2159	2159		±13	6.5	3550		9017	9017		
900	2286	2286				3750			9525		
950	2413	2413				4000			10160		
1000	2540	2540	2540			4250	—	—	10795	±30	15.0
						4500			11430		
						4750			12065		
						5000			12700		

注 (1) V ベルトの長さは，V ベルトの有効外周で表す。
　(2) 1 組内の長さの差とは，多本掛けの場合のベルトの長さの差をいい，組差ともいう。

8.6. Vリブドベルト

Vリブドベルトは，平ベルトの柔軟性とVベルトのくさび効果の両者の長所を取り入れたベルトである。これは平ベルトの内面にV形のリブ突起を設けた高伝動ベルト（図8-5）で，これまで欠点であった蛇行が防止できる。米国が規格化したが，ベルトの心体にナイロンコードを使用するなど，高速運転に耐えられるようになった。JISでは，ベルト，プーリは7種類あるが，表8-10に主要な5種類の寸法を示す。リブ数は3～12のものがつくられている。ベルトの呼称は，リブ数，種類および有効ベルト長さ（mm）の順としている（例：10 PM 254）。

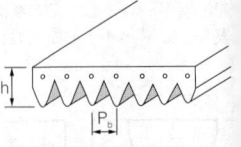

図 8-5　Vリブドベルト

表 8-10　一般用Vリブドベルト・プーリ寸法
(JIS B 1858:05)（単位 mm）

種類	PH	PJ	PK	PL	PM
リブピッチの基準値 P_b	1.6	2.34	3.56	4.7	9.4
ベルト厚さ h（参考）	3	4	6	10	17
プーリの最小有効直径 d_e	13	20	45	75	180

8.7. 一般用歯付ベルト

歯付ベルトはその歯形寸法によって，5種類（XL, L, H, XH, XXH）

表 8-11　歯付ベルトの寸法と機械的性質（JIS K 6372:95）

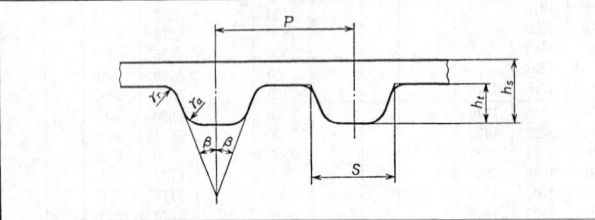

記号			種類				
			XL	L	H	XH	XXH
寸法	P	(mm)	5.080	9.525	12.700	22.225	31.750
	2β	(°)	50	40	40	40	40
	S	(mm)	2.57	4.65	6.12	12.57	19.05
	h_t	(mm)	1.27	1.91	2.29	6.35	9.53
	h_s	(mm)	2.3	3.6	4.3	11.2	15.7
	r_r	(mm)	0.38	0.51	1.02	1.57	2.29
	r_a	(mm)	0.38	0.51	1.02	1.19	1.52
引張強さ kN/25.4 mm			2.0以上	2.7以上	6.8以上	9.4以上	10.8以上
伸び率 ％			4.0以下				

注　P の数値は基準寸法である。

に分ける。表 8-11 に歯付ベルトの寸法と機械的性質，表 8-12 にベルト長さと歯数，表 8-13 にベルト幅を示す。

表 8-12 歯付ベルトの長さと歯数 (JIS K 6372：95)

呼び長さ	ベルト長さ [mm]	XL 歯数	L 歯数	H 歯数	XH 歯数	呼び長さ	ベルト長さ [mm]	XL 歯数	L 歯数	H 歯数	XH 歯数
60	152.40	30	—	—	—	250	635.00	125	—	—	—
70	177.80	35	—	—	—	255	647.70	—	68	—	—
80	203.20	40	—	—	—	260	660.40	130	—	—	—
90	228.60	45	—	—	—	270	685.80	—	72	54	—
100	254.00	50	—	—	—	285	723.90	—	76	—	—
110	279.40	55	—	—	—	300	762.00	—	80	60	—
120	304.80	60	—	—	—	322	819.15	—	86	—	—
124	314.32	—	33	—	—	330	838.20	—	—	66	—
130	330.20	65	—	—	—	345	876.30	—	92	—	—
140	355.60	70	—	—	—	360	914.40	—	—	72	—
150	381.00	75	40	—	—	367	933.45	—	98	—	—
160	406.40	80	—	—	—	390	990.60	—	104	78	—
170	431.80	85	—	—	—	420	1066.60	—	112	84	—
180	457.20	90	—	—	—	450	1143.00	—	120	90	—
187	476.25	—	50	—	—	480	1219.20	—	128	96	—
190	482.60	95	—	—	—	507	1289.05	—	—	—	58
200	508.00	100	—	—	—	510	1295.40	—	136	102	—
210	533.40	105	56	—	—	540	1371.60	—	144	108	—
220	558.80	110	—	—	—	560	1422.40	—	—	—	58
225	571.50	—	60	—	—	570	1447.80	—	—	114	—
230	584.20	115	—	—	—	600	1524.00	—	160	120	—
240	609.60	120	64	48	—	(以下略)					

表 8-13 ベルト幅 (JIS K 6372：95)

種類	ベルト呼び幅	ベルト幅 [mm]	種類	ベルト呼び幅	ベルト幅 [mm]	種類	ベルト呼び幅	ベルト幅 [mm]
XL	025	6.4	H	075	19.1	XH	300	76.2
	031	7.9		100	25.4		400	101.6
	037	9.5		150	38.1	XXH	200	50.8
L	050	12.7		200	50.8		300	76.2
	075	19.1		300	76.2		400	101.6
	100	25.4	XH	200	50.8		500	127.0

9章　チェーン伝動装置

9.1. チェーン伝動

伝動用チェーンとしてはローラチェーンが最も多く用いられる。このチェーンの特徴としては
(1) 歯車と同様に伝動が確実である。
(2) 中心距離を大きくとることができる。
(3) 多くの歯が同時に力を伝えるから，歯車より小さい歯のスプロケットで大きい動力を伝えることができる。
(4) チェーンの長さはリンクの増減によって自由に伸縮ができる。
(5) 動力伝達は滑らかである。
(6) 速度比を大きくとれる。

ただ比較的高価で，速度をベルトや歯車ほど大きくすることができないこと，部品および重量が増加することが欠点である。

9.2. ローラチェーン

ローラチェーンは，図 9-1 に示すように，2種の鋼板製のリンクを2本のピンで固定したピンリンクと，ローラをはめた2本のブシュで固定したローラリンクを交互につないだもので，首尾両端は取りはずし可能なピンをつけた継手用ピンリンクでつないで環状にしたものである。

図 9-1　ローラチェーン

もし全体のリンク数が奇数のときは，接合部にオフセットリンクを用いる。

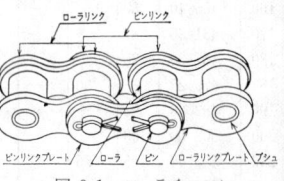

9.3. ローラチェーンの呼び番号

表 9-1 にローラチェーンの呼び番号およびピッチの大きさを示し，表 9-2 にリンクの形式を示す。

ローラチェーンの呼び方は，規格番号または規格の名称[1]，呼び番号[2]，列数[3]，外リンクの形式[4]，およびリンクの総数[5]で表す。

注＊規格の名称を"伝動用ローラチェーン"と略してもよい。
　＊チェーンの列数は，2列以上のものに適用し，1列は省略する。
　＊リンクの総数が奇数リンクの場合は，次のいずれかを注記する。
　　・オフセットリンク付き　・両端内リンク　・両端継手リンク

(1) ローラチェーンの場合（A系1種）
　例1. JIS B 1801[1]　100[2] − 2[3]　CP[4]　95 L[5]　（両端内リンク）
　　　規格番号　　　呼び　列数　外リンク　リンク　奇数リンク
　　　（規格名称）　番号　　　　の形式　　の総数　の注記
　　　　　　　　　　　　　　　（割りピン形）

9章　チェーン伝動装置

例2. <u>JIS B 1801</u>[(1)] <u>35</u>[(2)]
<u>RP</u>[(4)] <u>160 L</u>[(5)]

例3. JIS B 1801　120　CP
　　　80 L

例4. JIS B 1801　80
　　　RP　43 L（オフセットリンク付き）

(2) リンクの場合（A系1種）

例1. <u>JIS B 1801</u>　<u>120</u>-
　　　規格番号　　呼び
　　　(規格名称)　番号

<u>2</u>　<u>CP</u>　継手リンク
列数　[継手リンクの形式]　リンクの名称
　　　（割りピン形）

例2. <u>JIS B 1801</u>　<u>100</u>
　　　規格番号　　呼び
　　　(規格名称)　番号
<u>1ピッチ形</u>　オフセット
[オフセットリンクの形式]　リンクの名称

トリンク

表 9-1　ローラチェーンの呼び番号
(JIS B 1801：97)

ピッチ (基準値) mm	呼び番号 A系ローラチェーン 1種	2種	B系ローラチェーン	チェーンの形式
6.35	25	04 C	—	ブシュチェーン
9.525	35	06 C	—	
8	—	—	05 B	ローラチェーン
9.525	—	—	06 B	
12.7	—	—	081	
12.7	—	—	083	
12.7	—	—	084	
12.7	41	085		
12.7	40	08 A	08 B	
15.875	50	10 A	10 B	
19.05	60	12 A	12 B	
25.4	80	16 A	16 B	
31.75	100	20 A	20 B	
38.1	120	24 A	24 B	
44.45	140	28 A	28 B	
50.8	160	32 A	32 B	
57.15	180	36 A	—	
63.5	200	40 A	40 B	
76.2	240	48 A	48 B	
88.9	—	—	56 B	
101.6	—	—	64 B	
114.3	—	—	72 B	

注 A系の2種およびB系は、ISO 606 および 1395 の呼び番号に一致している。
なお ISO 1395 は、ブシュチェーンの2品種だけである。

表 9-3、表 9-4 にローラチェーンの基準寸法を示す。もし、強力な動力伝達を行う場合は、2列，3列チェーンなど何列にも並べて長いピンを通した多列ローラチェーンを使用する。

表 9-2　リンクの形式（JIS B 1801：97）

区分	形式	記号	内　　容
内リンク	ローラ形	RL	ローラのあるもの。
	ブシュ形	BL	ローラのないもの。
外リンク	リベット形	RP	ピンの両端をかしめた形式のもの。
	割りピン形	CP	ピンの一端を割りピン又はその他のピンで止めた形式のもの。
継手リンク	クリップ形	CL	継手にプレートをスプリングクリップで止めた形式のもので、一般に、ピッチが 19.05 mm 以下のものに用いる。
	割りピン形	CP	継手プレートを割りピン又はその他のピンで止めた形式のもので、一般にピッチが 25.4 mm 以上のものに用いる。
オフセットリンク	1ピッチ形	1 POL	奇数リンク用として、一般にオフセットリンク1個を用いる。
	2ピッチ形	2 POL	奇数リンク用として、1個のオフセットリンクと1個の内リンクをリベット形ピンで連結したもの。

備考 1ピッチ形のオフセットリンクの記号は、必要に応じて "OL" としてもよい。

表9-3 A系ローラチェーンの形状および寸法
(JIS B 1801:97)

(単位 mm)

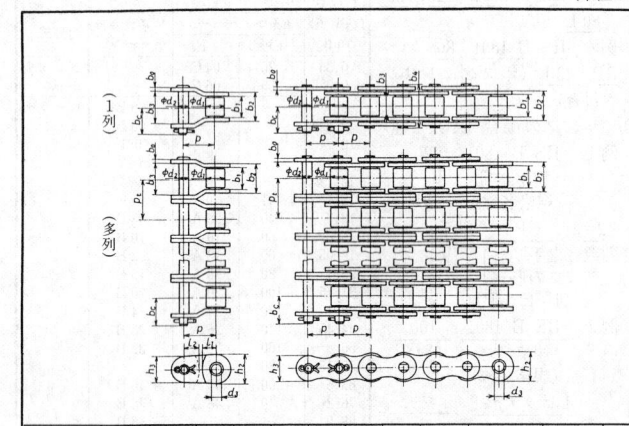

呼び番号 1種	呼び番号 2種	ピッチ p (基準値)	ローラ外径 d_1 (最大)	内リンク内幅 b_1 (最小)	内リンク外幅 b_2 (最大)	外リンク内幅 b_3 (最小)	ピン外径 d_2 (最大)	ブシュ内径 d_3 (最小)	内プレート高さ h_2 (最大)	外プレート・中間プレート高さ h_3 (最大)	オフセットプレート l_1 (最小)	オフセットプレート l_2 (最小)	横ピッチ p_t (多列の場合) (基準値)	プレートの厚さ b_5 (参考値)
25	04C	6.35	3.3(2)	3.1	4.8	4.86	2.31	2.33	6.1	5.3	2.6	3.0	6.4	0.75
35	06C	9.525	5.08(2)	4.68	7.47	7.52	3.59	3.61	9.1	7.8	3.9	4.6	10.1	1.25
41	085(1)	12.7	7.77	6.25	9.07	9.12	3.58	3.63	10	10	5.2	6.1	—	1.25
40	08A	12.7	7.92	7.85	11.18	11.23	3.98	4	12.1	10.5	5.2	6.1	14.4	1.5
50	10A	15.875	10.16	9.4	13.84	13.89	5.09	5.12	15.1	13.1	6.6	7.6	18.1	2
60	12A	19.05	11.91	12.57	17.75	17.81	5.96	5.98	18.1	15.7	7.9	9.1	22.8	2.4
80	16A	25.4	15.88	15.75	22.61	22.66	7.94	7.96	24.2	20.9	10.5	12.1	29.3	3.2
100	20A	31.75	19.05	18.9	27.46	27.51	9.54	9.56	30.2	26.1	13.1	15.2	35.8	4
120	24A	38.1	22.23	25.22	35.46	35.51	11.11	11.14	36.2	31.3	15.8	18.2	45.4	4.8
140	28A	44.45	25.4	25.22	37.19	37.24	12.71	12.74	42.3	36.5	18.4	21.3	48.9	5.6
160	32A	50.8	28.58	31.55	45.21	45.26	14.29	14.31	48.3	41.7	21	24.3	58.5	6.4
180	36A	57.15	35.71	35.48	50.85	50.98	17.46	17.49	54.4	46.9	23.6	27.3	65.8	7.1
200	40A	63.5	39.68	37.85	54.89	54.94	19.85	19.87	60.4	52.1	26.2	30.3	71.6	8
240	48A	76.2	47.63	47.35	67.82	67.87	23.81	23.84	72.4	62.5	31.4	36.4	87.8	9.5

注(1) 呼び番号41および085は,1列だけとする.
(2) この場合の d_1 は,ブシュ外径を示す.

ローラチェーンの引張強さは,有効部分が5リンク以上のローラチェーンの両端を徐々に引張り,その破断に至るまでの最大引張力(kN)で示される(表9-5).

9章 チェーン伝動装置

表9-4 B系ローラチェーンの形状および寸法（形状および寸法箇所は表9-3の図参照）(JIS B 1801：97)　　(単位 mm)

呼び番号	ピッチ p (基準値)	ローラ外径 d_1 (最大)	内リンク内幅 b_1 (最小)	内リンク外幅 b_2 (最大)	外リンク内幅 b_3 (最小)	ピン外径 d_2 (最大)	ブシュ内径 d_3 (最小)	内プレート高さ h_2 (最大)	外プレート・中間プレート高さ h_3 (最大)	オフセットプレート l_1 (最小)	オフセットプレート l_2 (最小)	横ピッチ p_t (多列の場合) (基準値)	プレートの厚さ 外プレート b_0 (参考値)	プレートの厚さ 内プレート b_0 (参考値)
05B	8	5	3	4.77	4.9	2.31	2.36	7.11	7.11	3.71	3.71	5.64	0.75	0.75
06B	9.525	6.35	5.72	8.53	8.66	3.28	3.33	8.26	8.26	4.32	4.32	10.24	1	1.3
081(1)	12.7	7.75	3.5	5.8	5.93	3.66	3.68	9.91	9.91	5.36	5.36	—	1	1
083(1)	12.7	7.75	4.88	7.9	8.03	4.09	4.14	10.3	10.3	5.36	5.36	—	1.3	1.3
084(1)	12.7	7.75	4.88	8.8	8.93	4.09	4.14	11.15	11.15	5.77	5.77	—	1.5	1.9
08B	12.7	8.51	7.75	11.3	11.43	4.45	4.5	11.81	10.92	5.66	6.12	13.92	1.5	1.5
10B	15.875	10.16	9.65	13.28	13.41	5.08	5.13	14.73	13.72	7.11	7.62	16.59	1.5	1.5
12B	19.05	12.07	11.68	15.62	15.75	5.72	5.77	16.13	16.13	8.33	8.33	19.46	1.7	1.7
16B	25.4	15.88	17.02	25.45	25.58	8.28	8.33	21.08	21.08	11.15	11.15	31.88	3.2	4
20B	31.75	19.05	19.56	29.01	29.14	10.19	10.24	26.42	26.42	13.89	13.89	36.45	3.5	4.5
24B	38.1	25.4	25.4	37.92	38.05	14.63	14.68	33.4	33.4	17.55	17.55	48.36	5.2	6
28B	44.45	27.94	30.99	46.58	46.71	15.9	15.95	37.08	37.08	19.51	19.51	59.56	6.3	7.5
32B	50.8	29.21	30.99	45.57	45.7	17.81	17.86	42.29	42.29	22.2	22.2	58.55	6.3	7
40B	63.5	39.37	38.1	55.75	55.88	22.89	22.94	52.96	52.96	27.76	27.76	72.29	8	8.5
48B	76.2	48.26	45.72	70.56	70.69	29.24	29.29	63.88	63.88	33.45	33.45	91.21	10	12.1
56B	88.9	53.98	53.34	81.33	81.46	34.32	34.37	77.85	77.85	40.61	40.61	106.6	12.3	13.6
64B	101.6	63.5	60.96	92.02	92.15	39.4	39.45	90.17	90.17	47.07	47.07	119.89	13.6	15.2
72B	114.3	72.39	68.58	103.81	103.94	44.48	44.53	103.63	103.63	53.37	53.37	136.27	15.7	17.4

注 (1) 1列だけとする。

表9-5 引張強さ (JIS B 1801：97)　　(単位 kN)

A系ローラチェーン 1種 呼び番号	1列	2列	3列	A系ローラチェーン 2種 呼び番号	1列	2列	3列	B系ローラチェーン 呼び番号	1列	2列	3列
25	3.6	7.2	10.8	04C	3.5	7	10.5	—	—	—	—
35	8.7	17.4	26.1	06C	7.9	15.8	23.7	—	—	—	—
								05B	4.4	7.8	11.1
								06B	8.9	16.9	24.9
								081	8		
								083	11.6		
								084	15.6		
41	6.7			085	6.7						
40	15.2	30.4	45.6	08A	13.8	27.6	41.4	08B	17.8	31.1	44.5
50	24	48	72	10A	21.8	43.6	65.4	10B	22.2	44.5	66.7
60	34.2	68.4	102.6	12A	31.1	62.3	93.4	12B	28.9	57.8	86.7
80	61.2	122.4	183.6	16A	55.6	111.2	166.8	16B	60	106	160
100	95.4	190.8	286.2	20A	86.7	173.5	260.2	20B	95	170	250
120	137.1	274.2	411.3	24A	124.6	249.1	373.7	24B	160	280	425
140	185.9	371.8	557.7	28A	169	338.1	507.1	28B	200	360	530
160	244.6	489.2	733.8	32A	222.4	444.4	667.2	32B	250	450	670
180	308.2	616.4	924.6	36A	280.2	560.5	840.7	—	—	—	—
200	381.7	763.4	1 145.1	40A	347	693.9	1 040.9	40B	355	630	950
240	550.4	1 100.8	1 651.2	48A	500.4	1 000.8	1 501.3	48B	560	1 000	1 500
								56B	850	1 600	2 240
								64B	1 120	2 000	3 000
								72B	1 400	2 500	3 750

備考 A系2種の引張強さはISO 606および1395に，B系の引張強さはISO 606による。

9.4. スプロケット

動力用ローラチェーンに用いるスプロケットの歯形と計算を表 9-6 に示す。

表 9-6 スプロケットの歯形と計算式 (JIS B 1801：97) (附属書)

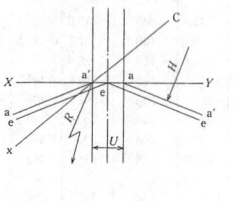

項目	計算式
d_s	$d_s = 2R \doteqdot 1.005 d_1 + 0.076$
U	$U = 0.07(P - d_1) + 0.051$,　S 歯形 $U = 0$
R	$R = d_s/2 \doteqdot 0.5025 d_1 + 0.038$
A	$A = 35° + 60°/z$
B	$B = 18° - 56°/z$
ac	$\mathrm{ac} = 0.8 d_1$
Q	$Q = 0.8 d_1 \cos(35° + 60°/z)$
T	$T = 0.8 d_1 \sin(35° + 60°/z)$
E	$E = \mathrm{cy} = 1.3025 d_1 + 0.038$
xy	$\mathrm{xy} = (2.605 d_1 + 0.076) \sin(9° - 28°/z)$
yw	$\mathrm{yw} = d_1 [1.4 \sin(17° - 64°/z) - 0.8 \sin(18° - 56°/z)]$
G	$G = \mathrm{ab} = 1.4 d_1$　点 b は線 XY 上の a 点より線 XY と $180°/z$ の角をなす線上にある
K	$K = 1.4 d_1 \cos 180°/z$
V	$V = 1.4 d_1 \sin 180°/z$
F	$F = d_1 [0.8 \cos(18° - 56°/z) + 1.4 \cos(17° - 64°/z) - 1.3025] - 0.038$
H	$H = \sqrt{F^2 - \left(1.4 d_1 - \dfrac{p_a}{2} + \dfrac{U}{2} \cos 180°/z\right)^2} + \dfrac{U}{2} \sin 180°/z$,　S 歯形 $U = 0$
S	$S = \dfrac{p_a}{2} \cos 180°/z + H \sin 180°/z$
歯の先がとがるときの外径	$= p_a \cot 180°/z + 2H$
最大圧力角	$\mathrm{xab} = 35° - 120°/z$
最小圧力角	$\mathrm{xab} - B = 17° - 64°/z$
平均圧力角	$26° - 92°/z$

z：歯数,　d_1：ローラ外径,　d：ピッチ円直径,
p：チェーンピッチ,　p_a：歯形ピッチ
(S 歯形の a–a, U 歯形の e–e)
$p_a = p \left(1 + \dfrac{d_s - d_1}{d}\right)$

S 歯形及び U 歯形の歯形図

S 歯形

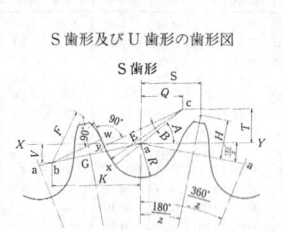

U 歯形

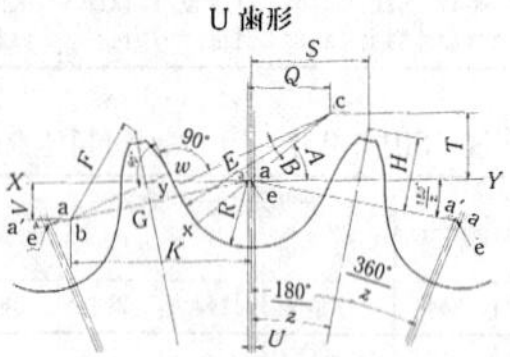

U 歯形 e 点部分の拡大図

スプロケットの基準歯形にS歯形，U歯形およびISO歯形の3種類がある。U歯形はS歯形にピッチ円方向のすきまUを付加し，歯の厚みをそれだけ薄くした歯形であって，その他はすべてS歯形と同じである。スプロケットの基準寸法の計算式は表 **9-7** に示す。また，横歯形の形状と寸法を表 **9-8** に示す。JISにはチェーン呼び番号について，歯数11〜120枚までの各部の計算寸法が詳細にかかげてある。スプロケットの歯数はローラチェーンの運動の円滑，摩擦を少なくすることを考えて，17枚未満は避けたほうがよい。材質が鉄鋼以外のナイロン製も使用されている。

スプロケットの種類は，形状によってA形〜D形の4種類に区分される（図 **9-2** 参照）。スプロケットの製図法は図 **9-3** に示す。

スプロケットの呼び方は，名称，呼び番号，歯数および歯形で表す。

例1．(1列の場合) 呼び番号40, 歯数30枚, S歯形の場合
　　　スプロケット40, N 30 S
例2．(2列の場合) 呼び番号60-2, 歯数20枚, U歯形の場合
　　　スプロケット60-2, N 20 U

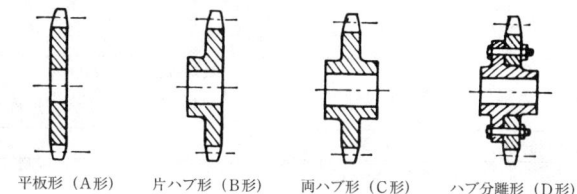

平板形（A形）　片ハブ形（B形）　両ハブ形（C形）　ハブ分離形（D形）

図 9-2　スプロケットの種類

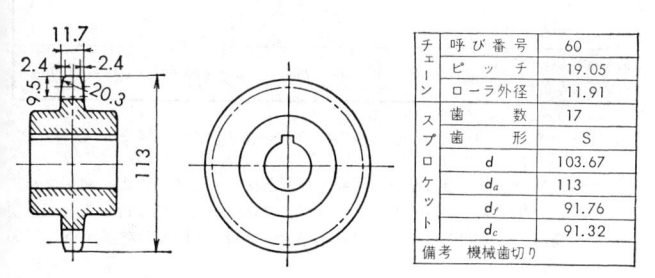

チェーン	呼び番号	60
	ピッチ	19.05
	ローラ外径	11.91
スプロケット	歯　数	17
	歯　形	S
	d	103.67
	d_a	113
	d_f	91.76
	d_c	91.32
備考	機械歯切り	

図 9-3　スプロケットの製図法

9.5. 注油方法

適切に選定されたローラチェーンでも，摩耗によってピッチが伸びてしまっては，かみ合いが悪くなり騒音を発するようになる。このようにローラチェーンの耐久性は，ピンとブシュとの間の摩耗に著しく影響されるので，注油には

表9-7 スプロケットの基準寸法計算式 (JIS B 1801：97) (単位 mm)

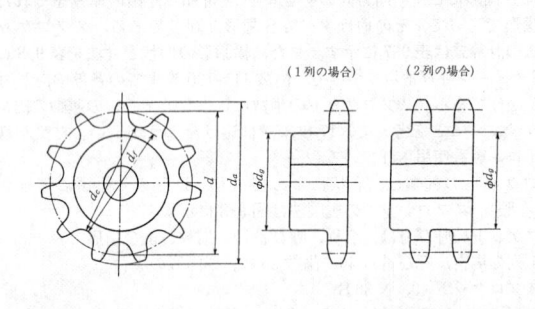

項目	S歯形, U歯形基本寸法計算式	ISO歯形基本寸法計算式
ピッチ円直径 (d)	$d = \dfrac{p}{\sin\dfrac{180°}{z}}$	
外径 (d_a)	$d_a = p\left(0.6 + \cot\dfrac{180°}{z}\right)$	最大 $d_a = d + 1.25p - d_1$ 最小 $d_a = d + p\left(1 - \dfrac{1.6}{z}\right) - d_1$
歯底円直径 (d_f)	$d_f = d - d_1$	
歯底距離 (d_c)	偶数歯 $d_c = d_f$ 奇数歯 $d_c = d\cos\dfrac{90°}{z} - d_1$ $= \dfrac{1}{2\sin\dfrac{180°}{2z}} - d_1$	
最大ハブ直径 及び最大溝直径 (d_g)	$d_g = p\left(\cot\dfrac{180°}{z} - 1\right) - 0.76$	$d_g = p\cot\dfrac{180°}{z} - 1.04h_2 - 0.76$

p：ローラチェーンのピッチ　　z：歯数
d_1：ローラチェーンのローラ外径　　h_2：ローラチェーンの内プレート高さ

とくに注意しなければならない．注油はピンとブシュとの間によく油がまわるように，ピンリンクプレートとローラリンクプレートとの間に行うことが必要である．潤滑油は周囲温度が 0〜40°C の場合，SAE 30 程度の粘度が適当である．

9.6. チェーン速度と伝達動力

v ：チェーン速度 (m/s)
n_A, n_B ：スプロケットの回転数 (1/min)

表 9-8 横歯形の計算式（JIS B 1801：97） （単位 mm）

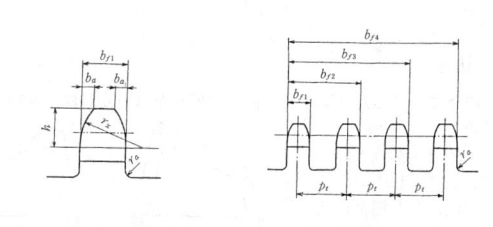

項　目	計　算　式		
歯幅 b_{f1}（最大）	ピッチ 12.7 mm 以下の場合	単列	$b_{f1}=0.93b_1$
		2，3列	$b_{f1}=0.91b_1$
		4列以上	$b_{f1}=0.89b_1$（参考）
	ピッチ 12.7 mm を超える場合	単列	$b_{f1}=0.95b_1$
		2，3列	$b_{f1}=0.93b_1$
		4列以上	$b_{f1}=0.91b_1$（参考）
全歯幅 b_{fn}	b_{f1}, b_{f2}, $b_{f3}\cdots$, $b_{fn}=p_t(n-1)+b_{f1}$		
面取り幅 b_a（約）	ローラチェーンの呼び番号 081，083，084，085 及び 41 の場合　　$b_a=0.06p$ その他のチェーンの場合　　$b_a=0.13p$		
面取り深さ h　（参考）	$h=0.5p$		
面取り半径 r_x（最小）	$r_x=p$		
丸み r_a　　（最大）	$r_a=0.04p$		

p：ローラチェーンのピッチ　n：ローラチェーンの列数
p_t：多列ローラチェーンの横ピッチ　b_1：ローラチェーン内リンク内幅の最小値

Z_A, Z_B　：スプロケットの歯数
　p　　　：チェーンのピッチ（mm）
　F　　　：チェーンの許容荷重（**N**）
　H　　　：伝達動力（kW）
とすると

$$v=\frac{n_A \cdot p \cdot Z_A}{60\times 1000}=\frac{n_B \cdot p \cdot Z_B}{60\times 1000}$$

$$H=\frac{Fv}{1000}(\text{kW})$$

10章 リンク装置

10.1. リンク

細長い剛体でつくったリンクを，回り対偶または滑り対偶で連結した機構をリンク装置という。

リンク装置は4個以上のリンクから成り，図**10-1**のようにリンクの一つを固定した場合は他のリンクはすべて定まった運動をするので，これを限定リンク装置といい，図**10-2**のようなものを不限定リンク装置という。一般機械部分として用いられるのは限定リンク装置であって，(1)製作の容易なこと，(2)伝動の確実なこと，(3)逆転が自由なことなどから非常に広く使用されている。

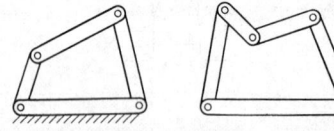

図 10-1 限定リンク　　図 10-2 不限定リンク

10.2. 四節回転機構

四節回転機構の運動は各リンクA，B，C，D（図**10-3**）の長さの関係によって3種の機構が得られる。

(1) てこクランク機構　リンクBの回転に対しリンクCが往復運動をする場合。（図**10-4**(a)）
(2) 両クランク機構　リンクAの回転に対しリンクDも回転する場合。（図**10-4**(b)）
(3) 両てこ機構　リンクAの往復運動に対しリンクDも往復運動をする場合。（図**10-4**(c)）

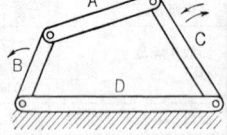

図 10-3 四節回転機構

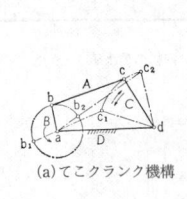

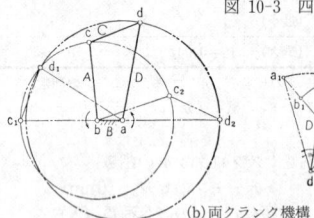

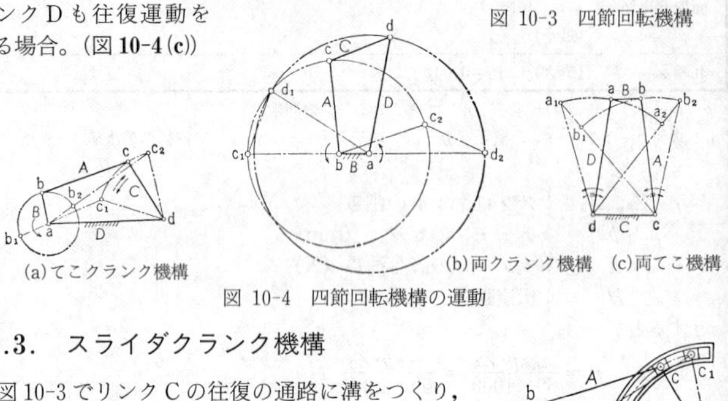

(a)てこクランク機構　　(b)両クランク機構　(c)両てこ機構

図 10-4 四節回転機構の運動

10.3. スライダクランク機構

図**10-3**でリンクCの往復の通路に溝をつくり，スライダを入れれば図**10-5**のような機構ができる。これをスライダクランク機構という。この場合リンクCの長さを極めて大きくすれば，C_1C_2は直線となり図**10-6**に示すような機構が得られ

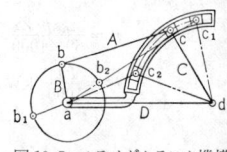

図 10-5 スライダクランク機構

10章 リンク装置

る。これを往復スライダクランク機構という。往復スライダクランク機構は蒸気機関・内燃機関などで往復運動を回転運動に変える機構で，非常に用途が広い。

10.4. 往復スライダクランク機構

往復スライダクランク機構（図10-6）で
R：クランク半径(m)，θ：クランク角（度），ω：クランクの角速度(rad/s)，l：連結棒Aの長さ (m)，S：ピストンPの変位 (m)，L：行程 (m)，$n=l/R$，v：ピストンPの速度(m/s)，α：ピストンPの加速度 (m/s²)

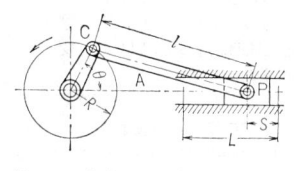

図10-6 往復スライダクランク機構

とおけば

$$S \fallingdotseq R\left(1+\frac{1}{4n}-\cos\theta-\frac{\cos 2\theta}{4n}\right)=RX \tag{1}$$

$$v \fallingdotseq R\omega\left(\sin\theta+\frac{\sin 2\theta}{2n}\right)=R\omega Y \tag{2}$$

$$\alpha \fallingdotseq R\omega^2\left(\cos\theta+\frac{\cos 2\theta}{n}\right)=R\omega^2 Z \tag{3}$$

前記中 $n=3\sim5$ が最も多く，内燃機関などでは $n=4$ が最も多い。S，v，α は，$n=4$ の場合，図10-7のとおりになる。

計算例 $R=150$ mm, $l=600$ mm, 回転数 300 min⁻¹ の往復スライダクランク機構で，クランクの角速度 ω およびクランク角度 $\theta=30°$ の位置における滑り子の行程の端からの変位 S，速度 v，加速度 α を求めよ。

解 $\omega=\dfrac{2\pi\times 300}{600}$
$=31.5$ rad/s

$n=\dfrac{l}{R}=4$ により $\theta=30°$ の場合，

図10-7 θに対するS, v, αの値($n=4$)

上式(1), (2), (3)から
$\qquad X=0.166\,22, \quad Y=0.608\,13, \quad Z=0.991\,03$

ゆえに $S=\dfrac{R}{1000}X=0.15\times 0.166\,22\fallingdotseq 0.025$ m $\fallingdotseq 25$ mm

$\qquad v=\dfrac{R}{1000}\omega Y=0.15\times 31.5\times 0.608\,13\fallingdotseq 2.87$ m/s

$\qquad \alpha=\dfrac{R}{1000}\omega^2 Z=0.15\times 31.5^2\times 0.991\,03\fallingdotseq 148$ m/s²

10.5. 早戻り機構

リンク装置による早戻り機構は図 10-8, 図 10-9 に示すものが多く用いられる。いずれも oa の O を中心とする等速回転に対し b は早戻り変速運動をする。

l および oa の長さを変えると早戻りの比は変わる。

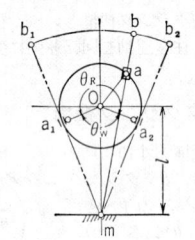

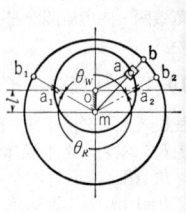

図 10-8 形削り盤用　　図 10-9 立て削り盤用

図 10-8 は形削り盤, 図 10-9 は立て削り盤などに用いる。早戻りの比 q は

$$q = \angle \theta_R / \angle \theta_W$$

となり,

$$\cos \frac{\theta_W}{2} = \frac{oa}{l} \quad (図 10\text{-}8), \qquad \tan \frac{\theta_W}{2} = \frac{oa}{l} \quad (図 10\text{-}9)$$

10.6. 平行運動機構

図 10-10 に示すように, 四節回転機構のうち対辺が互いに平行な場合, すなわち A=D, B=C のとき, これを平行クランク機構という。たとえばリンク D を固定すれば, B, C はともにクランクとなり, リンク A は常に固定リンク D に平行を保ちながら動く。すなわち $A \| A_1 \| A_2 \cdots$ となる。平行クランク機構を応用した例はかなり多く, ここに応用例について説明する。

(1) 万能製図機械 (図 10-11) 平行クランク機構を組み合わせたものであるが, A, D' は直交するようにする。いま①の位置から②の位置に移動すれば, $R_1 \| A \| D$, $R_1' \| A' \| D$, $R_2 \perp A \| D$, $R_2' \perp A' \| D$ となり, 定規 R_1, R_2 は常に直交を保ちつつ図面上を互いに平行に移動する。また, ねじ S をゆるめ, 定規に所要の傾きを与えれば, また互いに平行な傾きを保って動く。

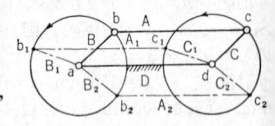

図 10-10 平行クランク

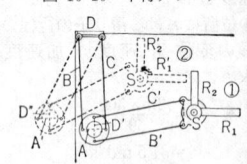

図 10-11 平行定規

(2) パンタグラフ 簡単な図を縮小または拡大するために用いられるもので, 平行クランク機構の応用の一つである。図 10-12 はその原理を示す。O を固定してパンタグラフを動かせば, abcd は常に平行四辺形を保ち, O, Q, P を常に一直線にあるように保つ。たとえば Oa/Od=r とし, P を原図に沿って動かせば, Q は 1/r に縮小され, 逆に Q を原図に沿って動かせば P は r 倍に拡大される。

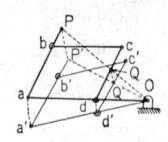

図 10-12 パンタグラフ

11章　カム

11.1. カム一般

カムは，原軸の等速回転運動を上下または左右の往復運動に変えるのに最も多く用いられる。

その種類は極めて多いが，普通は特殊な輪郭をもった板状のものに従節を接触させる。構造が簡単な割に複雑な運動が得られ，その応用範囲は非常に広い。

高速度のものではカムの面に，はだ焼入れを行い，接触子には焼入れした平面を用いるか，または，ころを入れる。

給油については常に十分に注意しなければならない。

11.2. カムの種類

カムはその作動方法により，また，その形状によって次のように分類する。

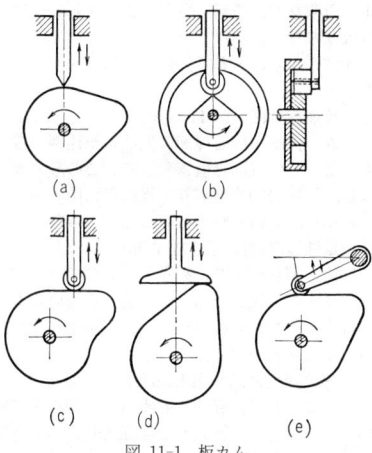

図 11-1　板カム

(1) 回転カム　カムが回転運動をして，従節に複雑な運動を伝えるもの。これに属するものが最も多く，さらに次のように分かれる。

　a. 板カム（図 11-1a, b, c, d, e）
　b. 円筒カム（図 11-2）　　*c*. 円すいカム（図 11-3）
　d. 球面カム　カムの実体が球形で，これに溝をつけたもの。

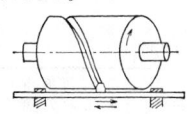

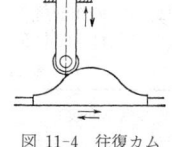

図 11-2　円筒カム　　図 11-3　円すいカム　　図 11-4　往復カム

(2) 振動カム　カムがある角度だけ振動運動をし，従節に往復運動を与えるもの。
(3) 往復カム　カムが往復運動をするもの。（図 11-4）
(4) 逆さ（反対）カム　カムが従節になるもの。
（図 11-5）

図 11-5　逆さカム

11.3. カムの変位線図

 板カムなどの回転に対して従節の変位を示す線図をカムの変位線図という。この変位線図は従節の運動を考慮して適当に定めねばならない。
 一般に従節がカムの接触面と離れないよう，また急激な変位を起こさないよう注意しなければならない。
 通常用いられる基本変位線図には次の三つがある。

(1) 等速度線図（図 11-6 (a)）
 カムの回転角度と従節の変位とが比例するもので，変位線図は直線となる。この形のカムは，行程の初めと終りで従動子に衝撃を与えるから，高速回転のものには用いられない。

(2) 単弦速度線図（図 11-6 (b)）
 従節の運動が単弦運動をするもので，変位線図は正弦曲線となる。この曲線を用いるカムは行程の初めと終りにほとんど衝撃がなく，滑らかな運動をする。

(3) 等加速度線図（図 11-6 (c)）

 さらに高速回転をするカムには等加速度線図が用いられる。この曲線を用いたカムは極めて滑らかな回転をし，かつ従節の加速度を容易に知ることができる便利がある。この線図においてはリフトの半分は等加速，残り半分は等減速運動をする。
 図 11-6 で $n\theta$ はカムの作動角度で，この角度で所要のリフト L を与えるものとする。
 カムの工作では，行程の初めと終りの点をとくに注意して仕上げなければならない。
 いま，30°の作動角度で L mm のリフトを与えるカムの従節の変位を示すと**表 11-1** のとおりである。

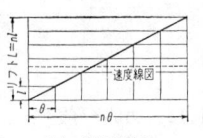

(a) 等速度線図

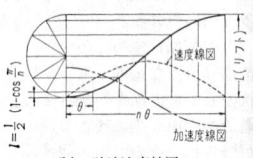

(b) 単弦速度線図

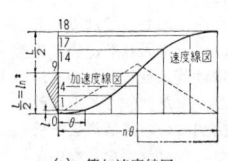

(c) 等加速度線図

図 11-6 カムの基本変位線図

表 11-1 カムの作動角度と従節の変位

カムの回転角度	等速度線図を用いた場合	単弦速度線図を用いた場合	等加速度線図を用いた場合
0°	0	0	0
5°	0.167L	0.067L	0.056L
10°	0.333L	0.250L	0.223L
15°	0.500L	0.500L	0.500L
20°	0.667L	0.750L	0.777L
25°	0.833L	0.933L	0.944L
30°	L	L	L

11.4. 板カムの解法

板カムの形を定めるには，カムの回転に対する従動子の変位線図をカムの全円周にわたって定め，次に始動・停止・逆転などの際に円滑な作用を与えるようにすればよい。そしてカムの接触面は

(1) カムを固定し従節がカム軸のまわりをカムの回転方向と逆に回るものと仮定し，従節の接触面を順々に回して各位置に描く。

(2) 各位置における従節の接触面に接する線を描けば，カムの作動曲面が描かれる。

この作動曲面は，接触面の形状（ころであるか，平面であるかなど）により，また従節の運動の中心線の位置によって非常に異なるものとなる。

ゆえに一般にカムの曲線は作図によって求める。次にその解法のいくつかを説明する。

まず図 **11-7** に示すような変位線図が与えられたものとする。

すなわち，カムの作動角度 48° で最大リフト L に達し，そのままの状態で 24° 間を保ち，さらに，48° 間で下降し，以下 120° はそのままの状態を続ける。

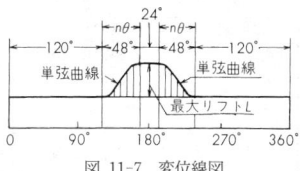

図 11-7 変位線図

この変位を与えるカムの作動曲面は，図 **11-8**，図 **11-9** に示すように作図して求めることができる。

図 11-8 は接触子がころで，接触子の運動の中心線がカム軸の中心を通る場合であり，図 11-9 はころの運動の中心線がカム軸と a だけ離れている場合を示す。これをオフセット（かたより）カムといい，従節に等加速度運動を与えるので，衝撃を減少させ，高速度運転に用いる。

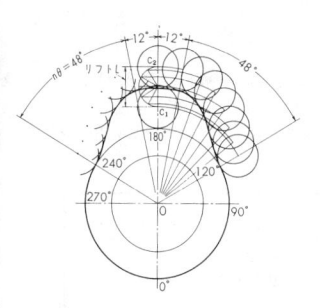

図 11-8 接触子がころ
（かたよりなし）

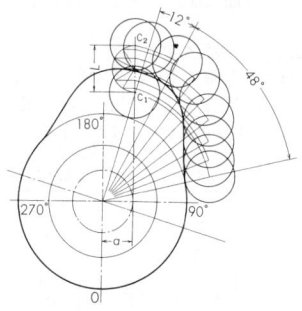

図 11-9 オフセットカム
（かたよりが a）

12章 ばねおよびブレーキ

12.1. 円筒コイルばね

機械部品で最も多く用いられるものは，円筒コイルばねである．ここに JIS B 2704：00 に規定された設計基準について説明する．

12.1.1. コイルばねの材料と用途

表 12-1 に主なばねの材料と用途を示す．

表 12-1 主なばねの材料と用途（JIS B 2704：00）

材料の種類	記号	用途（参考）	規格(JIS)	横弾性係数 G(N/mm²)
ばね鋼鋼材	SUP 6	一般用，耐疲労	G 4801	7.85×10⁴
硬鋼線	SW-B, SW-C	一般用	G 3521	
ピアノ線	SWP	一般用，耐疲労	G 3522	
ばね用オイルテンパー線	SWO	一般用	G 3560	
弁ばね用オイルテンパー線	SWOSC-V	耐熱，耐疲労	G 3561	
ばね用ステンレス鋼線	SUS 302	一般用，耐熱，耐食	G 4314	6.85×10⁴
黄銅線	C 2600 W	導線，非磁，耐食	H 3260	3.90×10⁴
洋白線	C 7521 W	導線，非磁，耐食	H 3720	
りん青銅線	C 5102 W			4.20×10⁴
ベリリウム線	C 1720 W			4.40×10⁴

備考　ばね鋼鋼材：主として熱間成形ばねに用いる．
　　　硬鋼線ほか：主として冷間成形ばねに用いる．

12.1.2. 設計の基本式

ばねの計算に用いる基本式を表 12-2 に示す．一般に，P, δ, D, τ, G を与えて，d，N_a を求めることが多い．図 12-1 は，$\kappa c^3 = \tau \pi D^2/8P$ を与えて c^4，さらに c^4 より c（または $1/c$）を求める曲線を示し，ばねの計算に用いる．

表 12-2 ばねの基本式

名　称	記号	基　本　式
1. ばねのたわみ	δ	$\delta = 8N_a D^3 P/(Gd^4)$
2. ばね定数	k	$k = P/\delta = Gd^4/(8N_a D^3)$
3. ねじり応力	τ_0	$\tau_0 = 8DP/(\pi d^3)$
4. ねじり修正応力	τ	$\tau = \kappa \tau_0 = (1.1 \sim 1.6) \tau_0$
5. 応力修正係数	κ	$\{(4c-1)/(4c-4)\} + 0.651/c$
6. 有効巻数	N_a	$N_a = GD\delta/(8c^4 P)$
7. ばね指数	c	$c = D/d$

注　P：軸方向荷重，d：材料の直径(mm)，D：コイルの平均径 $[=\frac{1}{2}(D_i+D_o)]$，
　　D_i：コイル内径(mm)，D_o：コイル外径(mm)，c の値は 4～10 の間，N_a は 3 以上にとる．

12章　ばねおよびブレーキ

計算例　$P=2600$ N，$\delta=26$ mm，$D=55$ mm，$\tau=500$ N/mm^2，$G=8\times10^4$ N/mm^2 が与えられたとき，材料の直径と有効巻数を求める。

解　$\kappa c^3 = \dfrac{\tau\pi D^2}{8P} = \dfrac{500\pi\times 55^2}{8\times 2600} = 228.5$

図 **12-1**（次頁）から $c^4=1010$，$c=5.64$，したがって，
$d=D/c=55/5.64=\underline{9.76 \text{ mm}}$,
$d=10$ mm とすると　$c=D/d=55/10=5.5$，よって

$$N_a = \dfrac{GD\delta}{8c^4P} = \dfrac{80000\times 55\times 26}{8\times 5.5^4\times 2600} = \underline{6}\text{（巻）}$$

12.1.3.　有効巻数
(a) 圧縮ばねの場合
ばねとして有効なのは接触部を除いた部分の有効巻数である。

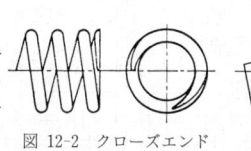

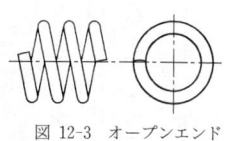

図 12-2　クローズエンド　　　図 12-3　オープンエンド

$$N_a = N_t - (X_1 + X_2)$$

ここに，N_t：総巻数，X_1, X_2：コイル両端部の座巻数（表 **12-3** 参照）

(b) 引張ばねの場合
　　　$N_a = N_t$　　　ただし，フック部を除く。

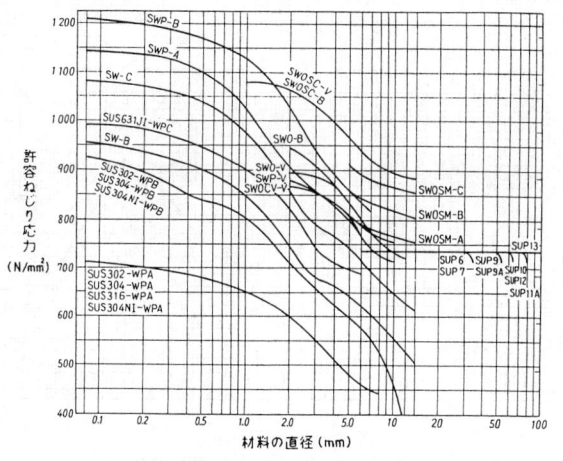

図 12-4　圧縮ばねの許容ねじり応力（JIS B 2704：00）

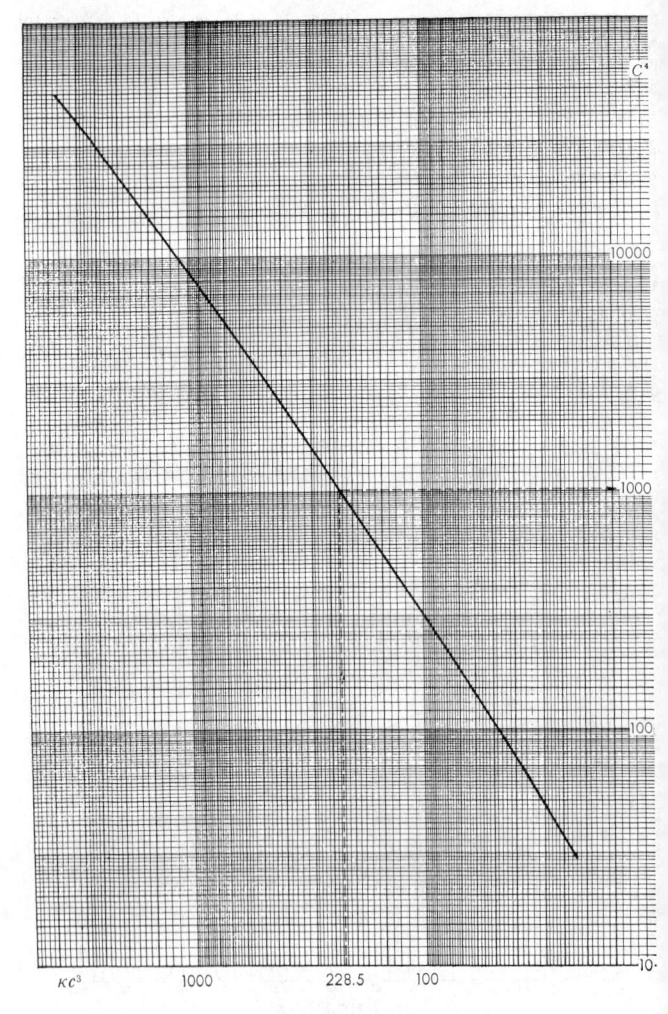

図 12-1(1) κc^3 より c^4 を求める曲線

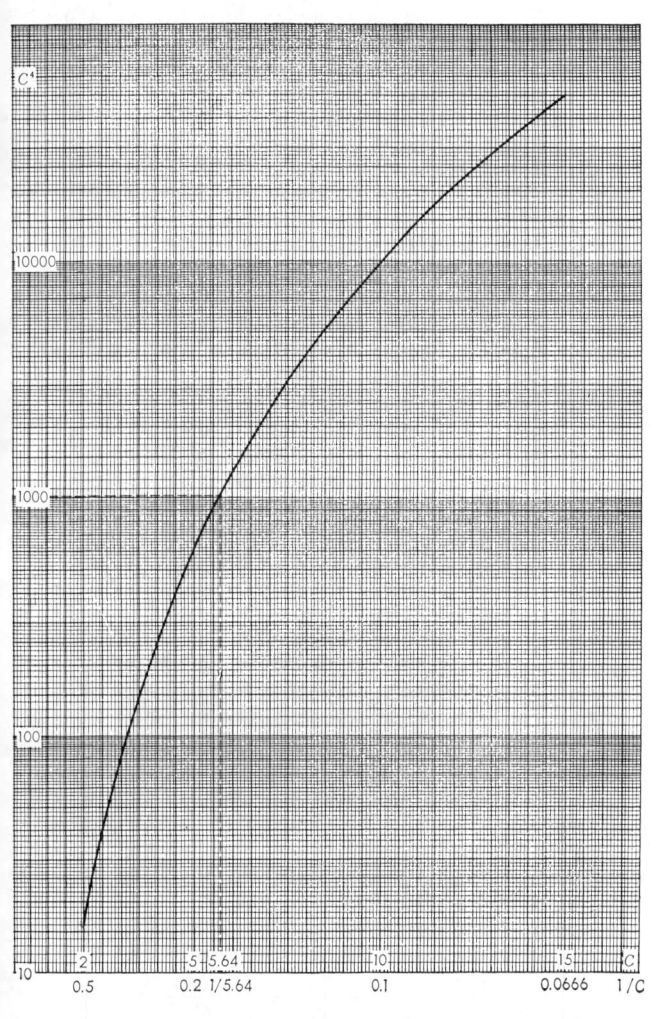

図 12-1(2)　さらに c^4 より c（または $\frac{1}{c}$）を求める曲線

表 12-3　X_1, X_2 の値

端部の条件	X_1, X_2 の値	N_a の式
コイルの先端のみが次の自由コイルに接しているとき　　　　　　　　　（図 12-2）	$X_1=X_2=1$	$N_a=N_t-2$
コイルの先端が，次のコイルに接しなくて，座巻部の長さの¾巻のもの　　（図 12-3）	$X_1=X_2=0.75$	$N_a=N_t-1.5$

12.1.4. 設計応力

静荷重の場合は次式で計算する。

$$\tau_0 = 8DP/\pi d^3$$

圧縮ばねの各種材料の線径に対する最大許容ねじり応力は図 12-4 の値による。引張ばねの場合は，この値の 80% にとる。常用応力を考えるときは，それぞれ値の 80% 以下にとり，したがって引張ばねの常用応力は，図の値の 64% 以下となる。

12.1.5. ばね製図

JIS B 2704：00 にはばね製図を規定しているが，図 12-5，図 12-6 に円筒コイルばねの一例を示す。

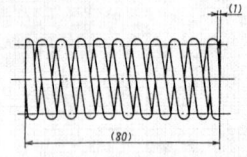

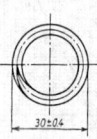

要目表

材料		SWOSC-V
材料の直径	mm	4
コイル平均径	mm	26
コイル外径	mm	30±0.4
総巻数		11.5
座巻数		各1
有効巻数		9.5
巻方向		右
自由高さ	mm	(80)
ばね定数	N/mm	15.0
指定	高さ mm	70
	高さ時の荷重 N	150±10%
	応力 N/mm²	191
最大圧縮	高さ mm	55
	高さ時の荷重 N	375
	応力 N/mm²	477

図 12-5　仕様書の記載例（冷間成形圧縮コイルばね）

12章 ばねおよびブレーキ

図12-5 要目表 つづき

材　料		SWOSC-V
密着高さ　　　　　　　mm		(44)
コイル外側面の傾き　　mm		4以下
コイル部端の形状		クローズエンド(研削)
表面処理	成形後の表面加工	ショットピーニング
	防せい処理	防せい油塗布

備考1. その他の要求項目：セッチングを行う。
　　2. 用途又は使用条件：常温，繰返し荷重

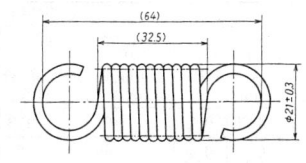

要目表

材　料		SW-C
材料の直径	mm	2.6
コイル平均径	mm	18.4
コイル外径	mm	21±0.3
総巻数		11.5
巻方向		右
自由長さ	mm	(64)
ばね定数	N/mm	6.28
初張力	N	(26.8)
指定	長さ　　　　　　mm	86
	長さ時の荷重　　N	165±10%
	応力　　　　N/mm²	532
最大許容引張長さ	mm	92
フックの形状		丸フック
表面処理	成形後の表面加工	―
	防せい処理	防せい油塗布

備考1. その他の要求項目：なし　　2. 用途又は使用条件：屋内，常温

図12-6　仕様書の記載例（冷間成形引張コイルばね）

12.2. 皿ばね（3編 材料力学　7章7.6.参照）

軽荷重用（記号はL）と重荷重用（記号はH）の2種類がある（表12-4）。厚さが1.2 mm未満をグループ1，1.2 mm以上6.0 mm以下をグループ2，6.0 mmを超えたものをグループ3としている。

表 12-4(1)　軽荷重用皿ばね (L)　(JIS B 2706：01)

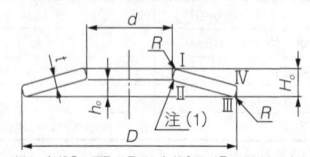

注(1) 角部Ⅲの面取り量は，角部Ⅰ及びⅡのR以上とする。

呼び	寸　法						荷重特性		
	外径 D mm	内径 d mm	厚さ t mm	自由高さ H_0 mm	全たわみ量 h_0 mm	面取り量(参考) R mm	荷重(参考) P $\delta=0.5h_0$ 時 N	荷重 P $\delta=0.75h_0$ 時 N	最大応力 σ_I $\delta=0.75h_0$ 時 N/mm²
8	8	4.2	0.3	0.55	0.25	0.1	97	128	-2 322
10	10	5.2	0.4	0.7	0.3	0.1	166	223	-2 299
12.5	12.5	6.2	0.5	0.85	0.35	0.1	266	308	-2 093
14	14	7.2	0.5	0.9	0.4	0.1	220	292	-1 990
16	16	8.2	0.6	1.05	0.45	0.1	316	426	-2 016
18	18	9.2	0.7	1.2	0.5	0.1	431	586	-2 035
20	20	10.2	0.8	1.35	0.55	0.1	564	772	-2 050
22.5	22.5	11.2	0.8	1.45	0.65	0.1	548	727	-2 006
25	25	12.2	0.9	1.6	0.7	0.1	660	883	-1 940
28	28	14.2	1	1.8	0.8	0.1	851	1 132	-1 986
31.5	31.5	16.3	1.2	2.1	0.9	0.1	1 289	1 738	-2 083
35.5	35.5	18.3	1.2	2.2	1	0.1	1 168	1 541	-1 881
40	40	20.4	1.6	2.75	1.15	0.2	2 392	3 249	-2 170
45	45	22.4	1.8	3.1	1.3	0.2	2 991	4 058	-2 179
50	50	25.4	2	3.4	1.4	0.2	3 578	4 881	-2 097
56	56	28.5	2	3.6	1.6	0.2	3 410	4 537	-1 987
63	63	31	2.5	4.25	1.75	0.3	5 422	7 397	-2 059
71	71	36	2.5	4.5	2	0.3	5 188	6 903	-1 931
80	80	41	3	5.3	2.3	0.3	8 023	10 770	-2 074
90	90	46	3.5	6	2.5	0.3	10 630	14 460	-2 035
100	100	51	3.5	6.3	2.8	0.3	10 010	13 310	-1 909
112	112	57	4	7.2	3.2	0.5	13 720	18 250	-1 987
125	125	64	5	8.5	3.5	0.5	22 480	30 660	-2 099
140	140	72	5	8	4	0.5	21 460	28 550	-1 990

備考　(1)　呼び 160〜250 は省略
　　　(2)　最大圧縮応力 (σ_I) は位置Ⅰで発生，最大引張応力 (σ_II) は位置Ⅱまたは Ⅲで発生する。$\sigma_\mathrm{I}/\sigma_\mathrm{II}$ の絶対値は 1.8〜1.9 の範囲にある。

表12-4(2) 重荷重用皿ばね (H) (JIS B 2706：01)

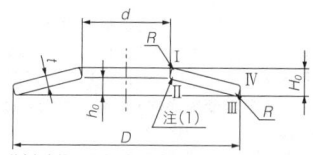

注(1) 角部Ⅱの面取り量は、角部Ⅰ及びⅢのR以上とする。

呼び	寸法						荷重特性		
	外径 D mm	内径 d mm	厚さ t mm	自由高さ H_0 mm	全たわみ量 h_0 mm	面取り量(参考) R mm	荷重(参考) P $\delta=0.5h_0$時 N	荷重 P $\delta=0.75h_0$時 N	最大応力 σ_I $\delta=0.75h_0$時 N/mm²
8	8	4.2	0.4	0.6	0.2	0.1	160	228	−2 162
10	10	5.2	0.5	0.75	0.25	0.1	244	347	−2 159
12.5	12.5	6.2	0.7	1	0.3	0.1	480	693	−2 240
14	14	7.2	0.8	1.1	0.3	0.1	573	834	−1 997
16	16	8.2	0.9	1.25	0.35	0.1	725	1 053	−2 019
18	18	9.2	1	1.4	0.4	0.1	895	1 298	−2 035
20	20	10.2	1.1	1.55	0.45	0.1	1 083	1 569	−2 048
22.5	22.5	11.2	1.2	1.7	0.5	0.1	1 215	1 757	−1 965
25	25	12.2	1.6	2.15	0.55	0.2	2 541	3 716	−2 257
28	28	14.2	1.6	2.25	0.65	0.2	2 479	3 592	−2 192
31.5	31.5	16.3	1.8	2.5	0.7	0.2	3 014	4 380	−2 086
35.5	35.5	18.3	2	2.8	0.8	0.2	3 705	5 374	−2 095
40	40	20.4	2.2	3.1	0.9	0.2	4 333	6 275	−2 048
45	45	22.4	2.5	3.5	1	0.3	5 540	8 036	−2 031
50	50	25.4	3	4.1	1.1	0.3	8 526	12 430	−2 142
56	56	28.5	3	4.3	1.3	0.3	8 162	11 770	−2 080
63	63	31	3.5	4.9	1.4	0.3	10 660	15 460	−2 030
71	71	36	4	5.6	1.6	0.5	14 790	21 450	−2 091
80	80	41	5	6.7	1.7	0.5	23 850	34 900	−2 130
90	90	46	5	7	2	0.5	22 380	32 460	−2 035
100	100	51	6	8.2	2	0.5	33 980	49 540	−2 143
112	112	57	6	8.5	2.5	0.5	31 060	44 930	−1 985
125	125	64	8	10.6	2.6	1	61 620	90 370	−2 120
140	140	72	8	11.2	3.2	1	61 490	89 190	−2 155

備考 (1) 呼び160〜250は省略
(2) 最大圧縮応力 (σ_I) は位置Ⅰで発生、最大引張応力 (σ_II) は位置ⅡまたはⅢで発生する。$\sigma_\mathrm{I}/\sigma_\mathrm{II}$ の絶対値は1.4〜1.8の範囲にある。

12.3. ブレーキ

一般に動力吸収式ブレーキを用いる。この形式のブレーキではブレーキドラムには鋳鉄または鋳鋼を用い，ブレーキ片には鋳鉄片・鋼帯などを用いる。ブレーキドラムの摩擦面は適当に仕上げをし，使用中は通常少量の油を注ぐ。ブレーキドラムとブレーキ片との摩擦係数・許容圧力などはだいたい表 12-5 のとおりである。

表 12-5 ブレーキ材料の摩擦係数

使用材料	許容圧力 N/cm²	摩擦係数	備　考
鋳鉄と鋳鉄	100	0.1 ～0.2 0.08～0.12	無　潤　滑 油　が　付　着
鋼 と 鋳鉄	100	0.3 0.1	無　潤　滑 油　が　付　着
鋼 と 青銅	40～80	0.2 0.1	無　潤　滑 油　が　付　着

ブレーキドラムの幅および直径は，許容圧力およびブレーキドラムの速度，ブレーキドラムの冷却方式を考えて定める。いま

　　p：許容圧力(N/cm²)　　v：ブレーキドラムの周速度(m/s)

とすれば，自然冷却式のブレーキでは

　　　　使用の激しいもの　　　　$\mu pv = 60$ N·m/cm²·s
　　　　使用の軽いもの　　　　　$\mu pv = 100$ N·m/cm²·s

ぐらいとする。μpv をブレーキ容量という。

12.4. 単ブロックブレーキ

最も簡単な機構で，機械の回転軸に取り付けられたブレーキドラムの外周に1個のブレーキ片を半径方向に押し付け，その摩擦力により制動するものである。ブレーキレバーの支点の位置により3形式がある。

　　Q：ブレーキ片を押しつける力 (N)
　　μ：摩擦係数，　　r：ブレーキドラムの半径 (cm)
　　T：ブレーキトルク (N·cm)
　　F：ブレーキレバー操作力 (N)

とすれば，表 12-6 のとおりになる（図中 c が摩擦面より外，内，0 となる）。

ブレーキレバーの寸法は $b/a = 1/3 \sim 1/6$ にとり，手動の場合 F は $100 \sim 150 N$ として設計する。

図 12-7 にブロック片の接触角度 θ を示す。摩擦力でエネルギを吸収するものであるから，θ が大きいと圧力は不均一となり，熱による変形などにより摩擦係数が変動し，制動トルクも不定になる。一般に，$\theta = 50° \sim 70°$ にとる。

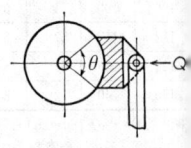

図 12-7　ブレーキ片の接触角度

表 12-6 単ブロックブレーキ

単ブロックブレーキの形式	数　式
第一形式	$\dfrac{T}{r}=\mu Q$ A.　時計と同方向回転のとき 　　$F=\dfrac{Q(b+\mu c)}{a}$ B.　時計と反対方向回転のとき 　　$F=\dfrac{Q(b-\mu c)}{a}$
第二形式	A.　時計と同方向回転のとき 　　$F=\dfrac{Q(b-\mu c)}{a}$ B　時計と反対方向回転のとき 　　$F=\dfrac{Q(b+\mu c)}{a}$
第三形式	回転方向のいかんにかかわらず $F=Q\dfrac{b}{a}$

12.5. 複ブロックブレーキ

ブレーキ片が1個の場合は、ブレーキレバー操作力 F を大きくすると、ブレーキドラムの軸に加わる曲げモーメントが大きくなってしまう。よってブレーキドラムの両側に対称にブレーキ片を二つおいて、ブレーキ片の圧力をつりあわせるものを複ブロックブレーキといい、図 12-8 は、$c=0$ で単ブロックの第三形式に相当し、ブレーキは2倍となる。軸に曲げモーメントを与えないから回転力の大きい車両などに用いられる。

図 12-9 は、複ブロックブレーキのブレーキ片を内側にしたもので、内側ブレーキという。ブレーキ片は支点のまわりに油圧またはカムによって開くようになっている。このブレーキは自動車用に多く用いられる。

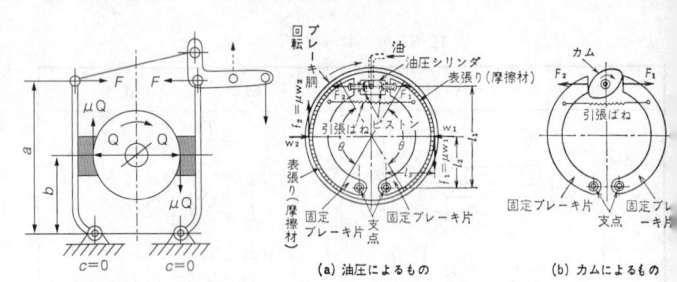

図 12-8 複ブロックブレーキ　　　　図 12-9 内側ブレーキ

(a) 油圧によるもの　　(b) カムによるもの

12.6. 帯ブレーキ (band brake)

ブレーキ片が帯状になった場合は，
図 12-10 において
P：ブレーキドラムの周囲でブレーキする力 (N)
F_1, F_2：帯の張力 (N)
α：ブレーキドラムと帯との接触角度 (ラジアン)
θ：α に相当する角度 (表 12-7)

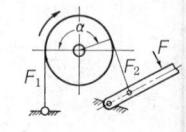

図 12-10 帯ブレーキ

とすれば　　　$F_1 - F_2 = P$,　$F_1 = F_2 e^{\mu\alpha}$　(8章 平ベルト参照)

$$\therefore\ F_1 = \frac{P e^{\mu\alpha}}{e^{\mu\alpha} - 1} \quad \cdots\cdots\cdots\cdots\cdots\cdots\cdots\cdots\cdots\cdots\cdots (1)$$

$$F_2 = \frac{P}{e^{\mu\alpha} - 1} \quad \cdots\cdots\cdots\cdots\cdots\cdots\cdots\cdots\cdots\cdots\cdots (2)$$

μ の値は鋼帯の場合　$\mu = 0.15 \sim 0.2$ である。低速，高荷重用に適する。

表 12-7 $e^{\mu\alpha}$ の値

$\dfrac{\theta}{2\pi}$	$\theta°$	\multicolumn{9}{c}{μ}
		0.10	0.15	0.20	0.25	0.30	0.35	0.40	0.45	0.50
0.1	36°	1.06	1.10	1.13	1.17	1.21	1.25	1.29	1.33	1.37
0.2	72	1.13	1.21	1.29	1.37	1.46	1.55	1.65	1.76	1.87
0.3	108	1.21	1.32	1.45	1.50	1.76	1.93	2.13	2.44	2.57
0.4	144	1.29	1.46	1.68	1.87	2.12	2.41	2.73	3.10	3.51
0.5	180	1.37	1.60	1.87	2.19	2.57	3.00	3.51	4.11	4.81
0.6	216	1.46	1.76	2.13	2.57	3.10	3.74	4.52	5.45	6.59
0.7	252	1.52	1.93	2.41	3.00	3.74	4.66	5.81	7.24	9.02
0.8	288	1.65	2.13	2.73	3.51	4.52	5.81	7.48	9.60	12.35
0.9	324	1.76	2.34	3.10	4.11	5.45	7.24	9.60	12.74	16.90
1.0	360	1.87	2.57	3.51	4.81	6.59	9.02	12.35	16.90	23.14

$\dfrac{\theta}{2\pi}$ は接触角度の全円周に対する場合を示す。一般に $\theta = 180° \sim 270°$

鋼帯の幅　　　　$b = 15\text{ cm}$ 以下　　　　鋼帯の厚さ　$t = 0.2 \sim 0.4\text{ cm}$
鋼帯の引張強さ　$\sigma = 5000 \sim 6000\text{ N/cm}^2$

12.7. 帯ブレーキのレバーに働く力

帯ブレーキのレバーに働く力 F は手動の場合は $100 \sim 150\,\mathrm{N}$ とする。レバーの長さは表 12-8 に示す式で算出する（形式は、a が支点に対し F の側か、反対側か、または、a, b が支点の両側か、ともに反対側か、に大別できる）。

表 12-8 帯ブレーキ

帯ブレーキの種類	計　算　式
(a)	A. 時計と反対方向回転のとき $Fl = F_2 a, \quad F = P\dfrac{a}{l}\dfrac{1}{e^{\mu\alpha}-1}$ B. 時計と同方向回転のとき $Fl = F_1 a, \quad F = P\dfrac{a}{l}\dfrac{e^{\mu\alpha}}{e^{\mu\alpha}-1}$
(b)	A. 時計と反対方向回転のとき $Fl = F_1 a, \quad F = P\dfrac{a}{l}\dfrac{e^{\mu\alpha}}{e^{\mu\alpha}-1}$ B. 時計と同方向回転のとき $Fl = F_2 a, \quad F = P\dfrac{a}{l}\dfrac{1}{e^{\mu\alpha}-1}$
(c)	A. 時計と反対方向回転のとき $Fl = F_2 a - F_1 b, \quad F = \dfrac{P}{l}\dfrac{a-be^{\mu\alpha}}{e^{\mu\alpha}-1}$ B. 時計と同方向回転のとき $Fl = F_1 a - F_2 b, \quad F = \dfrac{P}{l}\dfrac{ae^{\mu\alpha}-b}{e^{\mu\alpha}-1}$
(d)	A. 時計と反対方向回転のとき $Fl = F_1 b + F_2 a, \quad F = \dfrac{P}{l}\dfrac{a+be^{\mu\alpha}}{e^{\mu\alpha}-1}$ B. 時計と同方向回転のとき $Fl = F_1 a + F_2 b, \quad F = \dfrac{P}{l}\dfrac{b+ae^{\mu\alpha}}{e^{\mu\alpha}-1}$
使用中常に回転方向が変化する場合には (c) 図において $a=b$ とする	回転方向のいかんにかかわらず $Fl = a(F_1 + F_2), \quad F = \dfrac{a}{l}\dfrac{e^{\mu\alpha}+1}{e^{\mu\alpha}-1}$

13章 管および管継手

13.1. 鋼管の種類と用途例

表 13-1 鋼管の種類

規格番号	種類	記号	引張強さ N/mm²	伸び(%) 縦方向	伸び(%) 横方向	適用範囲
JIS G 3452 :04	配管用炭素鋼鋼管	SGP	290以上	30以上	25以上	圧力の比較的低い蒸気・水・油・ガスおよび空気などの配管用（除上水道）
JIS G 3454 :05	圧力配管用炭素鋼鋼管	STPG 370 STPG 410	370以上 410以上	30以上 25以上	25以上 20以上	350℃程度以下で使用する圧力配管に用いる。
JIS G 3455 :05	高圧配管用炭素鋼鋼管	STS 370 STS 410 STS 480	370以上 410以上 480以上	30以上 25以上 20以上	25以上 20以上 20以上	350℃程度以下で使用圧力が高い高圧配管に用いる。
JIS G 3456 :04	高温配管用炭素鋼鋼管	STPT 370 STPT 410 STPT 480	370以上 410以上 480以上	30以上 25以上 25以上	25以上 20以上 20以上	350℃を超える温度の配管に用いる。
JIS G 3457 :05	配管用アーク溶接炭素鋼鋼管	STPY 400	400以上	—	18以上	使用圧力の比較的低い蒸気・水・ガス・空気などの配管用。
JIS G 3458 :05	配管用合金鋼鋼管　モリブデン鋼鋼管	STPA 12	380以上	30以上	25以上	主として高温度の配管に用いる。
	クロムモリブデン鋼鋼管	STPA 20 STPA 22 STPA 23 STPA 24 STPA 25 STPA 26	410以上 410以上 410以上 410以上 410以上 410以上	30以上 30以上 30以上 30以上 30以上 30以上	25以上 25以上 25以上 25以上 25以上 25以上	
JIS G 3459 :04	配管用ステンレス鋼管（オーステナイト系）省略 SUS 836 LTP SUS 890 LTP SUS 321 TP SUS 347 HTP SUS 347 TP SUS 347 HPT	SUS 304 TP SUS 304 HTP SUS 304 LTP SUS 309 TP SUS 309 STP SUS 310 TP SUS 310 STP SUS 316 TP SUS 316 HTP SUS 316 LTP SUS 316 TiTP SUS 317 TP SUS 317 LTP	520以上 520以上 480以上 520以上 520以上 520以上 520以上 520以上 520以上 480以上 520以上 520以上 480以上	35以上 35以上 35以上 35以上 35以上 35以上 35以上 35以上 35以上 35以上 35以上 35以上 35以上	25以上 25以上 25以上 25以上 25以上 25以上 25以上 25以上 25以上 25以上 25以上 25以上 25以上	耐食用、低温用および高温用の配管に用いる。

表13-1 （つづき）

規格番号	種類	記号	引張強さ N/mm²	伸び(%) 縦方向	伸び(%) 横方向	適用範囲
JIS G 3460 :06	低温配管用鋼管	STPL 380 STPL 450 STPL 690	380 以上 450 以上 690 以上	35 以上 30 以上 21 以上	25 以上 20 以上 15 以上	氷点以下の特に低い温度の配管に用いる。
JIS G 3461 :05	ボイラ・熱交換器用炭素鋼鋼管	STB 340 STB 410 STB 510	340 以上 410 以上 510 以上	D≧20 35 以上 25 以上 25 以上	20>D≧10 30 以上 20 以上 20 以上	ボイラの水管・煙管・過熱管・空年予熱管など，化学工業・石油工業の熱交換器管・コンデンサ管用。
JIS G 3462 :04	ボイラ・熱交換器用合金鋼鋼管（モリブデン鋼鋼管／クロムモリブデン鋼鋼管）	STBA 12 STBA 13 STBA 20 STBA 22 STBA 23 STBA 24 STBA 25 STBA 26	380 以上 410 以上 410 以上 410 以上 410 以上 410 以上 410 以上 410 以上	30 以上 30 以上 30 以上 30 以上 30 以上 30 以上 30 以上 30 以上	25 以上 25 以上 25 以上 25 以上 25 以上 25 以上 25 以上 25 以上	管の内外で熱の授受を目的に使用。たとえばボイラの水管・煙管・過熱器管・空気予熱管など，化学工業・石油工業などの熱交換機器・コンデンサ管用。
JIS G 3463 :06	ボイラ・熱交換器用ステンレス鋼鋼管（抜粋）（オーステナイト系）	SUS 304 TB SUS 304 HTB SUS 304 LTB SUS 309 TB SUS 309 STB SUS 310 TB SUS 310 STB SUS 316 TB SUS 316 HTB SUS 316 LTB SUS 316 TITB SUS 317 TB SUS 317 LTB SUS 836 LTB SUS 890 LTB	502 以上 520 以上 480 以上 520 以上 520 以上 520 以上 520 以上 520 以上 520 以上 480 以上 520 以上 520 以上 480 以上 520 以上 490 以上	35 以上 35 以上 35 以上 35 以上 35 以上 35 以上 35 以上 35 以上 35 以上 35 以上 35 以上 35 以上 35 以上 35 以上 35 以上	30 以上 30 以上 30 以上 30 以上 30 以上 30 以上 30 以上 30 以上 30 以上 30 以上 30 以上 30 以上 30 以上 30 以上 35 以上	管の内外で熱の授受を行うことを目的とするとで，たとえばボイラの過熱器管，化学工業，石油工業などの熱交換器管・コンデンサ管・触媒管など。
JIS G 3464 :06	低温熱交換器用鋼管	STBL 380 STBL 450 STBL 690	380 以上 450 以上 690 以上	35 以上 30 以上 21 以上	30 以上 20 以上 16 以上	氷点以下の特に低い温度で管の内外で熱の授受を行う目的用。

備 考　水圧試験　注文書が指定する場合は，指定水圧を加えても，これに耐え，漏れがあってはならない。ただし，指定圧力が次の式で算出される P を超えるときは P で試験し，注文書からとくに P を超える指定水圧を要求されたときの水圧試験圧力は，注文者と製造業者との協定による。

$$P=\frac{200st}{D}$$

ここに　P：試験圧力（N/cm²）　t：管の厚さ（mm），D：管の外径（mm），
　s：管の種類による規定された降伏点または耐力の最低値の60%（N/mm²）
　　（詳細は各 JIS 参照）

13.2. 配管用炭素鋼鋼管の寸法

　従来ガス管と呼ばれ，ガス・水・蒸気・油・空気などの配管に用いられる継目無鋼管である。管は黒管（亜鉛めっきなし）と白管（亜鉛めっき）に区分する。

　炭素鋼管は，平炉・純酸素転炉または電気炉による鋼塊から熱間あるいは冷間加工により継目なしに製造するか，帯鋼から鍛接ないし電気抵抗溶接によって製造する。冷間加工による管は，製造後焼なましを施すほか，高温・低温に用いる場合は所定の熱処理を施すが，その他のものは製造したままのものを使用する。

表 13-2　配管用炭素鋼鋼管の寸法（JIS G 3452：04）

管の呼び方 (A)	(B)	外径 mm	厚さ mm	ソケットを含まない質量 kg/m	管の呼び方 (A)	(B)	外径 mm	厚さ mm	ソケットを含まない質量 kg/m
6	⅛	10.5	2.0	0.419	100	4	114.3	4.5	12.2
8	¼	13.8	2.3	0.652	125	5	139.8	4.5	15.0
10	⅜	17.3	2.3	0.851	150	6	165.2	5.0	19.8
15	½	21.7	2.8	1.31	175	7	190.7	5.3	24.2
20	¾	27.2	2.8	1.68	200	8	216.3	5.8	30.1
25	1	34.0	3.2	2.43	225	9	241.8	6.2	36.0
32	1¼	42.7	3.5	3.38	250	10	267.4	6.6	42.4
40	1½	48.6	3.5	3.89	300	12	318.5	6.9	53.0
50	2	60.5	3.8	5.31	350	14	355.6	7.9	67.7
65	2½	76.3	4.2	7.47	400	16	406.4	7.9	77.6
80	3	89.1	4.2	8.79	450	18	457.2	7.9	87.5
90	3½	101.6	4.2	10.1	500	20	508.0	7.9	97.4

備　考　1.　管の呼び方は(A)及び(B)のいずれかを用いる。Aによる場合にはA，Bによる場合にはBの符号を，それぞれの数字のあとにつけて区分する。
　　　　2.　質量は 1 cm³ を 7.85 g とし $W = 0.02466(D-t)t$ により計算する。
　　　　ここに W：管の単位質量 (kg/m), D：管の外径 (mm), t：管の厚さ (mm)

13.3. 非鉄金属管 （JIS H 3300:97 銅管, JIS H 4080:99 アルミニウム管）

13.4. たわみ管（メタルホース）

　鋼・銅・銅合金またはアルミニウムの薄板をらせん状に組み合わせた管を作り，接合部にゴムのガスケットをそう入して気密にしたもので，高温ガス・蒸気・水・油などの配管用に使用される。管は内径によって表す。圧力が比較的高い場合（150 N/cm² 程度）は二重管を用いる。

13.5. 合成樹脂管

　塩化ビニルおよびポリエチレンを主体として作られ，強さは大きくないが，耐酸性・耐アルカリ・耐油・耐食性に優れ，電気絶縁性が良くて成形・機械加工・接着が容易である。使用温度は 10℃～40℃の範囲が適当である。

鉛管・鋼管に代わって化学工業・食品工業・ガス・水道用に用いられる。詳細については JIS K 6741 硬質塩化ビニル管・JIS K 6771 軟質ビニル管・JIS K 6761 一般用ポリエチレン管を参照。

13.6. 管継手

管と管との接続や管の方向を変えるときなど，管と付属部品との接合に用いられるものが管継手（くだつぎて）であり，次のような種類がある。

13.6.1. ねじ込み式管継手

可鍛鋳鉄製（JIS B 2301）が多く，ガス管継手と呼ばれ，呼び圧力 10 N/cm² 以下に使用される。ねじは管用テーパねじが用いられる。同径の管どうしのつなぎのほか，異径のつなぎに用いられる（図 13-1）。

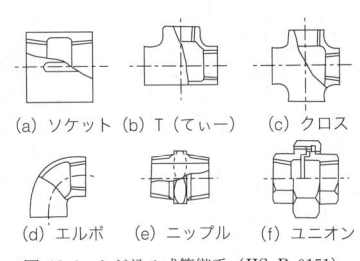

(a) ソケット (b) T（てぃー） (c) クロス
(d) エルボ (e) ニップル (f) ユニオン

図 13-1 ねじ込み式管継手（JIS B 0151）

13.6.2. フランジ式管継手

フランジ式管継手は，管径が大きい場合や，流体圧力の高い場合または取りはずしの多い箇所に用いられる。

また，温度変化による管の伸縮に適合するようベローズ形伸縮管継手（JIS B 2352：05）もある。

14章　各種形鋼の標準断面寸法と断面特性

表 14-1〜表 14-4 に形鋼の標準断面寸法，断面積，単位質量および断面特性を示す。標準長さは，6 m から 1m 間隔で 15 mm まで 10 種類ある。

なお，参考として機械要素設計に関連のある各材料の JIS 番号を示す。
(1) 硬鋼線の種類，記号及び適用線径，引張強さ：JIS G 3521：91
(2) 熱間圧延鋼とバーインコイルの形状及び寸法，質量：JIS G 3191：02
(3) 熱間圧延鋼の形状，寸法，質量(丸鋼の径，単位質量)：JIS G 3192：05
(4) 熱間圧延鋼板及び鋼帯の形状(標準厚さ，幅，長さ)：JIS G 3193：05

表 14-1 等辺山形鋼の標準断面寸法，断面積，単位質量および断面特性　　　(JIS G 3192：05)

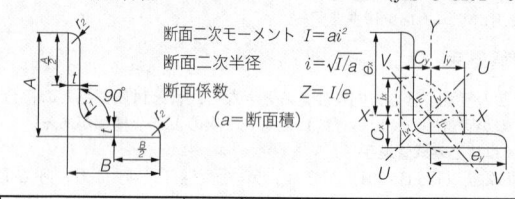

断面二次モーメント $I=ai^2$
断面二次半径 $i=\sqrt{I/a}$
断面係数 $Z=I/e$
($a=$ 断面積)

標準断面寸法 mm				断面積 cm²	単位質量 kg/m	参考			
$A\times B$	t	r_1	r_2			重心の位置 cm		断面係数 cm³	
						C_x	C_y	Z_x	Z_y
25×25	3	4	2	1.427	1.12	0.719	0.719	0.448	0.448
30×30	3	4	2	1.727	1.36	0.844	0.844	0.661	0.661
40×40	3	4.5	2	2.336	1.83	1.09	1.09	1.21	1.21
40×40	5	4.5	3	3.755	2.95	1.17	1.17	1.91	1.91
45×45	4	6.5	3	3.492	2.74	1.24	1.24	2.00	2.00
45×45	5	6.5	3	4.302	3.38	1.28	1.28	2.46	2.46
50×50	4	6.5	3	3.892	3.06	1.37	1.37	2.49	2.49
50×50	5	6.5	3	4.802	3.77	1.41	1.41	3.08	3.08
50×50	6	6.5	4.5	5.644	4.43	1.44	1.44	3.55	3.55
60×60	4	6.5	3	4.692	3.68	1.61	1.61	3.66	3.66
60×60	5	6.5	3	5.802	4.55	1.66	1.66	4.52	4.52
65×65	5	8.5	3	6.367	5.00	1.77	1.77	5.35	5.35
65×65	6	8.5	4	7.527	5.91	1.81	1.81	6.26	6.26
65×65	8	8.5	6	9.761	7.66	1.88	1.88	7.96	7.96
70×70	6	8.5	4	8.127	6.38	1.93	1.93	7.33	7.33
75×75	6	8.5	4	8.727	6.85	2.06	2.06	8.47	8.47
75×75	9	8.5	6	12.69	9.96	2.17	2.17	12.1	12.1
75×75	12	8.5	6	16.56	13.0	2.29	2.29	15.7	15.7

＊　80×80～250×250　省略

表 14-2 溝形鋼の標準断面寸法,断面積,単位質量および断面特性
(JIS G 3192：05)

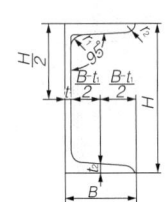

断面二次モーメント $I = ai^2$
断面二次半径 $i = \sqrt{I/a}$
断面係数 $Z = I/e$
（$a=$ 断面積）

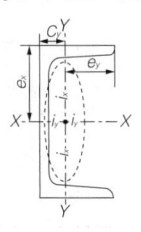

標準断面寸法 mm					断面積	単位質量	参考			
$H \times B$	t_1	t_2	r_1	r_2	cm²	kg/m	重心の位置 cm		断面係数 cm³	
							C_x	C_y	Z_x	Z_y
75× 40	5	7	8	4	8.818	6.92	0	1.28	20.1	4.47
100× 50	5	7.5	8	4	11.92	9.36	0	1.54	37.6	7.52
125× 65	6	8	8	4	17.11	13.4	0	1.90	67.8	13.4
150× 75	6.5	10	10	5	23.71	18.6	0	2.28	115	22.4
150× 75	9	12.5	15	7.5	30.59	24.0	0	2.31	140	28.3
180× 75	7	10.5	11	5.5	27.20	21.4	0	2.13	153	24.3
200× 80	7.5	11	12	6	31.33	24.6	0	2.21	195	29.1
200× 90	8	13.5	14	7	38.65	30.3	0	2.74	249	44.2
250× 90	9	13	14	7	44.07	34.6	0	2.40	334	44.5
250× 90	11	14.5	17	8.5	51.17	40.2	0	2.40	374	49.9
300× 90	9	13	14	7	48.57	38.1	0	2.22	429	45.7
300× 90	10	15.5	19	9.5	55.74	43.8	0	2.34	494	54.1
300× 90	12	16	19	9.5	61.90	48.6	0	2.28	525	56.4
380×100	10.5	16	18	9	69.39	54.5	0	2.41	763	70.5
380×100	13	16.5	18	9	78.96	62.0	0	2.33	823	73.6
380×100	13	20	24	12	85.71	67.3	0	2.54	926	87.8

表 14-3 I形鋼の標準断面寸法，断面積，単位質量および断面特性
(JIS G 3192：05)

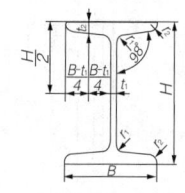

断面二次モーメント $I = ai^2$
断面二次半径 $i = \sqrt{I/a}$
断面係数 $Z = I/e$
(a=断面積)

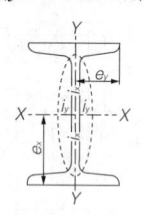

標準断面寸法 mm						断面積 cm^2	単位質量 kg/m	参考			
$H \times B$	t_1	t_2	r_1	r_2				重心の位置 cm		断面係数 cm^3	
								C_x	C_y	Z_x	Z_y
100× 75	5	8	7	3.5			16.43	12.9	0	0	56.2	12.6
125× 75	5.5	9.5	9	4.5			20.45	16.1	0	0	86.0	15.3
150× 75	5.5	9.5	9	4.5			21.83	17.1	0	0	109	15.3
150×125	8.5	14	13	6.5			46.15	36.2	0	0	235	61.6
180×100	6	10	10	5			30.06	23.6	0	0	186	27.5
200×100	7	10	10	5			33.06	26.0	0	0	217	27.7
200×150	9	16	15	7.5			64.16	50.4	0	0	446	100
250×125	7.5	12.5	12	6			48.79	38.3	0	0	414	53.9
250×125	10	19	21	10.5			70.73	55.5	0	0	585	86.0
300×150	8	13	12	6			61.58	48.3	0	0	632	78.4
300×150	10	18.5	19	9.5			83.47	65.5	0	0	849	118
300×150	11.5	22	23	11.5			97.88	76.8	0	0	978	143
350×150	9	15	13	6.5			74.58	58.5	0	0	870	93.5
350×150	12	24	25	12.5			111.1	87.2	0	0	1 280	158
400×150	10	18	17	8.5			91.73	72.0	0	0	1 200	115
400×150	12.5	25	27	13.5			122.1	95.8	0	0	1 580	165
450×175	11	20	19	9.5			116.8	91.7	0	0	1 740	173
450×175	13	26	27	13.5			146.1	115	0	0	2 170	231
600×190	13	25	25	12.5			169.4	133	0	0	3 280	259
600×190	16	35	38	19			224.5	176	0	0	4 330	373

14章 各種形鋼の標準断面寸法と断面特性

表 14-4 H形鋼の標準断面寸法，断面積，単位質量および断面特性
(JIS G 3192：05)

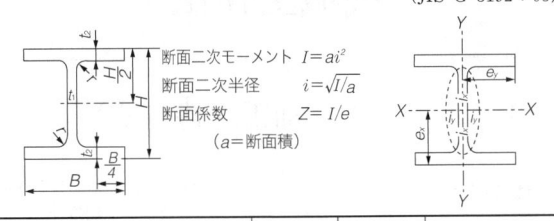

断面二次モーメント $I=ai^2$
断面二次半径 $i=\sqrt{I/a}$
断面係数 $Z=I/e$
($a=$断面積)

標準断面寸法 mm					断面積 cm²	単位質量 kg/m	参考 断面係数 cm³	
呼称寸法 (高さ×辺)	$H \times B$	t_1	t_2	r			Z_x	Z_y
100× 50	100× 50	5	7	8	11.85	9.30	37.5	5.91
100×100	100×100	6	8	8	21.59	16.9	75.6	26.7
125× 60	125× 60	6	8	8	16.69	13.1	65.5	9.71
125×125	125×125	6.5	9	8	30.00	23.6	134	46.9
150× 75	150× 75	5	7	8	17.85	14.0	88.8	13.2
150×100	148×100	6	9	8	26.35	20.7	135	30.1
150×150	150×150	7	10	8	39.65	31.1	216	75.1
175× 90	175× 90	5	8	8	22.90	18.0	138	21.7
175×175	175×175	7.5	11	13	51.42	40.4	331	112
200×100	*198× 99	4.5	7	8	22.69	17.8	156	22.9
	200×100	5.5	8	8	26.67	20.9	181	26.7
200×150	194×150	6	9	8	38.11	29.9	271	67.6
200×200	200×200	8	12	13	63.53	49.9	472	160
250×125	*248×124	5	8	8	31.99	25.1	278	41.1
	250×125	6	9	8	36.97	29.0	317	47.0
250×175	244×175	7	11	13	55.49	43.6	495	112
250×250	250×250	9	14	13	91.43	71.8	860	292
300×150	*298×149	5.5	8	13	40.80	32.0	424	59.3
	300×150	6.5	9	13	46.78	36.7	481	67.7

(高さ×辺)300×200〜900×300 省略

備考 1. 呼称方法の同一枠内に属するものは，内のり高さが一定である。
 2. ＊印以外の寸法は，はん(汎)用品を示す。

6編 機械工作法

1章 成形加工（鋳造法）

1.1. 鋳造概説

原型と同じ模型から作られた鋳型に，溶解した金属を注入し，凝固させて原型と同じ形の鋳物を製造する方法を鋳造法という。鋳物を作るには，模型と鋳型の製作，金属の溶解と注湯などの作業を必要とする。

1.1.1. 鋳物の設計 鋳物の特徴は，複雑な形状の製品が作れることである。しかし，鋳物の設計に当たっては，鋳造法について，熟知していなければならない。鋳物の設計に際して，基本となる項目は，

(1) 外部の形状 鋳型を製作する過程で，鋳型から模型をはずし，中子を取り付ける作業がある。そのために，表面（とくに側面）に凹凸のある製品は，複雑な作業を必要とするのでできるだけ避け，模型には，容易に取りはずしできるように適切な抜け勾配を設ける必要がある（表1-1（JIS B 0403：95から抜粋））。

(2) 最小肉厚 鋳物の肉厚は，薄くし過ぎると鋳物の湯回りが悪くなる。薄肉ほど早く固化し硬くなるチル化が生じやすい

表1-1 鋳鉄品および鋳鋼品の抜けこう配の普通（JIS B 0403：95）

（単位 mm）

寸法区分 l		寸法 A
を超え	以下	（最大）
	16	1
16	40	1.5
40	100	2
100	160	2.5
160	250	3.5
250	400	4.5
400	630	6
630	1 000	9

備考 l は図の l_1, l_2 を意味する。
A は，図の A_1, A_2 を意味する。

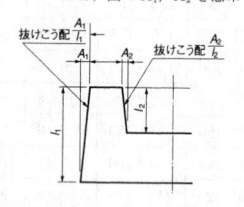

表 1-2(a) 鋳物の最小肉厚

（単位 mm）

種 類	記号・種別	鋳物の大きさ						
		<100	100〜200	200〜400	400〜800	800〜1 250	1 250〜2 000	2 000〜3 200
ねずみ鋳鉄	FC 100, FC 150	3	4	5	6	8		
	FC 200, FC 250	4	5	6	8	10		
	FC 300, FC 350	5	6	8	10	12		
球状黒鉛鋳鉄	FCD 400, FCD 450, FCD 500, FCD 600, FCD 700	5	6	8	10	12	16	
		6	8	10	12	16	20	

1章　成形加工（鋳造法）

表1-2(b)　球状黒鉛鋳鉄品の最小肉厚
（単位 mm）

種　別	記号	鋳物の大きさ					
		<200	200〜400	400〜800	800〜1250	1250〜2000	2000〜3200
球状黒鉛鋳鉄品	FCD 400		6	8	10	12	16
	FCD 450		6	8	10	12	16
	FCD 500		6	8	10	12	16
	FCD 600		8	10	12	16	20
	FCD 700		8	10	12	16	20

表1-2(c)　鋳鋼品の最小肉厚
（単位 mm）

種　別		鋳物の大きさ					
		<200	200〜400	400〜800	800〜1250	1250〜2000	2000〜3200
炭　　素　　鋼		5	6	8	12	16	20
低　合　金　鋼		6	8	12	16	20	25
高マンガン鋼		8	10	12	16	20	25
ステンレス鋼	Cr系	10	12	16	20	25	—
	Cr-Ni, Ni系	8	10	12	16	20	—
耐　熱　鋼	Cr系	10	12	16	20	25	—
	Cr-Ni系	8	10	12	16	20	—

ので，とくに高級鋳物では，チルテストにより確認する必要がある。引け巣，き裂，残留応力などの欠陥を生じさせないために，肉厚を均一化し，局部肥大を避けねばならない。表1-2に鋳物の最小肉厚を示す。肉厚に関する許容差は，JIS B 0403：95 に規定している。

(3)　部分的形状　　鋳物は固化するときに収縮するので，その量を考慮して縮みしろを用意する。また，鋳物の隅角部，肉厚の急変する部分ではき裂が生じやすく，この欠陥が生じない形状に設計しなければならない。機械加工を必要とする箇所には，適当な削りしろ（代）をつける。

1.2.　模型製作法

鋳造に用いる模型の材料は，木材・金属・石こう・ろうなどであり，それぞれ目的に適したものを用いる。

1.2.1.　木型用木材の種類　　主として次の木材を使用する。

(1)　ヒノキ　　加工が容易で粘性とじん性をもち，狂いが少なく，木型材料として最上であるが，値段が高い。

(2)　スギ　　組織が粗大で柔らかく，加工が容易であるが，狂いやすく，精密な木型を作るには適しない。したがって，大型，あるいは骨として使用する。

(3)　ホオ　　質がち密で粘性に富み，小さな部品，たとえば歯形を作る場合に最適である。加工は柔らかいわりにむずかしい。

(4)　マツ　　アカマツとヒメコマツが最も多く用いられ，加工・狂い・値段

などの点が優れているので，一般に常用される。

1.2.2. 木型用木材の処理　木型用木材は，狂い・割れ・腐敗などを防ぐために天然乾燥・人工乾燥を行う。天然乾燥は，容易に行いうる方法で，製材を風通しのよいところに6か月ないし2か年程度放置して乾燥する方法である。人工乾燥は，水・蒸気・熱風・煙を用いて人工的に乾燥させる方法で，短時間に乾燥できる特徴をもつ。水を用いる水中乾燥は，水中に木材を2～3週間浸して樹液と水とを置換した後，天然乾燥する方法で，天然乾燥の場合よりも短時間に乾燥することができる。蒸気乾燥は，50°C程度の温度を保ちつつ1時間くらいで乾燥する方法で，熱風乾燥は，木材を密室に入れ熱風を送り樹液を出す方法であるが，高温にすぎると割れを生じる。

1.2.3. 木材の狂い　木型に用いる木材は十分乾燥させて用いるが，使用する際の水の使用や，自然の吸湿のために型が狂いやすい。したがって，防湿のためにラッカを塗る。乾燥時の木材の収縮は，図1-1に示すように年輪の方向に少なく，木目の方向に多い。この狂いを防ぐために，積木法のように木目を直交してはり合わせ，狂いを防ぐ必要がある。表1-3および表1-4に生木から乾燥させた場合の収縮率を示す。

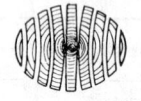

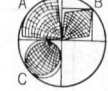

図 1-1

表1-3
板の厚さと乾燥日数
(天然乾燥)

板の厚さ(分)	所要日数
4～6	20
8～10	40
12～15	60
30～35	120
40～50	180

表1-4
木型用木材の比重ならびに収縮率
(蒸気乾燥による)

木材の種類	比重	収縮率(%)
ヒノキ	0.46	2.26
スギ	0.41	2.82
ホオ	0.49	3.10
アカマツ	0.57	3.45
ヒメコマツ	0.50	3.63

1.2.4. 木型製作用工具　木型製作には仕事台・木工用工具，尺度，木工機械を用いる。

木工機械の主なものは，帯のこ盤，丸のこ盤，平削りかんな盤，木工旋盤（図1-2)，四方削りかんな盤，手押し盤，単・複軸面取り盤，角のみ盤，ほぞ取り盤などがある。木工機械はすべて高速度である。このほかに必要なものは，やすり，といし，ねじ回し，墨つぼ，にかわつぼなどである。

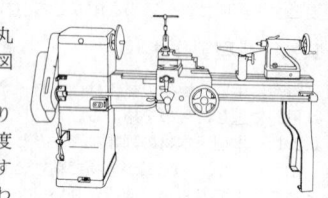

図 1-2　木工旋盤

1.2.5. 木型の原図　鋳物の性質上，木型を作る際に考えねばならないいろいろな事柄がある。

(1) 縮みしろ　溶けた金属が常温にまで冷却し凝固すると，金属は収縮する。この収縮量は，金属の種類により異なる。鋳鉄の収縮率は約0.8％，可鍛

鋳鉄は約 1.6 %，銅は約 2.0 %，銅合金は約 1.5 %，アルミニウムは約 1.6 %，アルミニウム合金は約 1.3 %である。したがって木型を作るとき，この収縮する寸法を加えておく必要があり，この寸法を縮みしろという。

(2) 延び尺　標準尺にこの縮みしろを考慮して，同一寸法に分割したものを延び尺という。この延び尺は一般に鋳鉄用・鋳鋼用および銅合金用の 3 種類で十分であろう。

(3) 抜けこう配（抜けしろ）　砂型をくずさずに木型を取り出すために，木型から型抜きする方向の面にこう配をつける。これを抜けこう配という。その大きさは，1/100〜5/100 である（表 1-1 参照）。

表 1-5　鋳造品の仕上げしろ

(a) 外面あるいは基準面からの長さに対する仕上げしろ　　　　　　　　　　（単位 mm）

区分	長さ（加工面基準からの距離）				
	<200	200〜400	400〜700	700〜1100	1100〜1600
鋳鉄品	3	4	5	6	7
鋳鋼品	4	5	6	7	9

(b) 穴径あるいは内径の仕上げしろ　　　　　　　　　　（単位 mm）

区分	穴径あるいは内径				
	<100	100〜200	200〜300	300〜400	400〜800
鋳鉄品	3	4	4	5	7
鋳鋼品	4	4	5	6	7

(4) 仕上げしろ　鋳物の種類，大きさおよび仕上げの程度によって，適当に仕上げしろをとらねばならない。その大きさを表 1-5 に示す。また，隅部の丸みの最小値を表 1-6 に示す。

表 1-6　隅部の丸みの最小値

材　質	最小値 mm
ねずみ鋳鉄	5
可 鍛 鋳 鉄	5
球状黒鉛鋳鉄	8
鋳　　　鋼	10

1.2.6. 鋳物質量の算出　鋳物の質量を知りたい場合，木型の質量を測定して，型材料および鋳物材料の密度から算出できる。金属および木型の密度をそれぞれ ρ_m および ρ_w，金属の収縮率を S mm/m，木型およびこれと同体積の鋳物の質量を M_w，と M_m とすれば

$$\frac{M_w}{M_m} = \frac{\rho_w}{\rho_m}\left(1 - \frac{S}{1000}\right)^3 = k$$

この定数 k の値を表 1-7 に示す。

1.2.7. 木型の種類　木型に限らず，模型はその構造から次のように分類することができる。すなわち，

(1) 立体型
　a．単体型（図 1-3(1)）　レバー，ハンドルなど
　b．割り型（図 1-3(2)）　一般の鋳物

表 1-7 模型の質量から鋳物質量を求める係数 k の値

木型用材 種類 (ρ_w)	鋳 鉄 ($S=10.4$) ($\rho_m=7.0$)	鋳 鋼 ($S=20.9$) ($\rho_m=7.8$)	砲 金 ($S=15.6$) ($\rho_m=8.7$)	軽合金 ($S=39.1$) ($\rho_m=2.6$)
朝鮮姫小松 (0.618)	10.9	11.3	13.4	4.16
内地姫小松 (0.537)	12.6	13.6	15.4	4.79
鴨緑江松 (0.400)	16.9	18.3	20.7	6.42
杉 (0.302)	22.4	24.3	27.4	8.52
檜 (0.425)	15.9	17.4	19.5	6.04
椹(サワラ) (0.350)	19.3	21.0	28.4	7.38
朴(ホオ) (0.537)	12.6	13.7	15.4	4.79
桜 (0.603)	11.2	12.2	13.7	4.28
マホガニー (0.700)	9.7	10.5	11.8	3.69
チ ー ク (0.770)	8.8	9.5	10.8	3.34

c. 骨組型 (図 1-3(3)) 曲がり管など
d. 分離型 (図 1-3(4)) 歯車など
(2) 板型
a. かき型 (図 1-4(1)) 曲がり管など
b. 引き型 (回し型) (図 1-4(2)) 円筒や回転体など

1.2.8. その他の模型材料 木材以外の模型材料には,次のものがある.

(1) 金属模型材料 同じ模型を何回も使用する場合に用いる.最も広く用いられるものは,アルミニウム合金である.

(2) 石こう模型材料 模型の作成が容易であり,細かい細工を施すことができるが,弱く,吸湿性をもつことが欠点である.

(3) ろう模型材料 模型の焼流性を利用するもので,インベストメント鋳造法,ロストワックス鋳造法などに利用する.

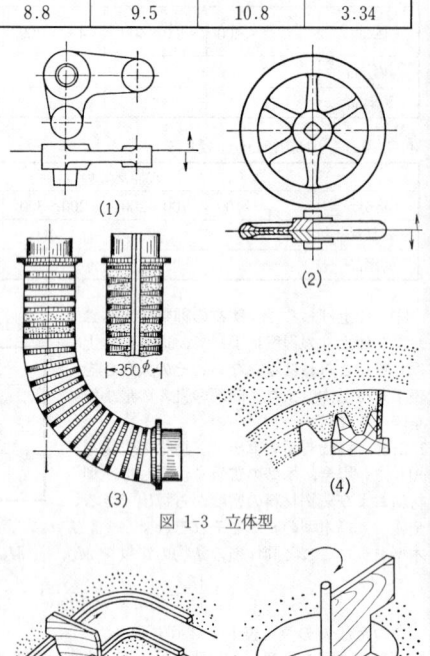

図 1-3 立体型

図 1-4 板型

(4) プラスチック模型材料　　吸湿性がなく，軽く，摩耗に対しても強いので，長く保存する模型あるいは造型機の模型に適している。
(5) 発泡ポリスチレン模型材料　　フルモールド法として用いられる。

1.3. 鋳型の種類および製作法

1.3.1.　鋳型用材料　　鋳型は高温の溶解金属（これを湯という）を注入して凝固させるため，高い強度が必要であると同時に，耐熱性と凝固の際に発生するガスが十分逃げられるように，通気性に富んでいなければならない。この条件に適する代表的なものは，砂による鋳型である。

1.3.2.　鋳物砂の種類　　鋳物砂には，川砂・浜砂・海砂・山砂などがあり，けい酸分を主体とする粒状物質である。けい砂（銀砂ともいう）も鋳物砂になる。一般に山砂は砂粒の中に粘土質が混入しているので，そのまま鋳物砂になるけれども，このほかの砂には適当な粘結剤を混入している。

一般に，砂粒のけい酸分は鋳鉄で90％以上，鋳鋼で96％以上が必要である。

1.3.3.　添加剤
(1) 粘土　　鋳物砂の結合材として広く用いられる。
(2) 石炭粉末　　砂離れをよくし，鋳はだを美しくするために用いる。
(3) 糖蜜，穀粉など　　鋳鋼用鋳物砂，中子用鋳物砂およびはだ砂の粘結剤として用いる。

1.3.4.　塗型剤
(1) 黒味　　鋳型に用いた砂と溶解した金属とを絶縁して焼き付きを防ぎ，金属が鋳型の中に溶け込むことを防ぐために用いる。黒味の材料にはカーボンブラックと純粋の黒鉛が最も良い。
(2) 白味　　非鉄金属用の鋳型と中子に用いる。

1.3.5.　鋳物砂の配合　　鋳物砂には，生砂・乾燥砂・まね土・中子砂・しきり砂などがある。繰り返し用いられる砂を床砂あるいは古砂という。これらの砂を適当に混合して各種金属用の鋳物砂とする。その成分を表1-8，表1-9お

表1-8　鋳鉄用生砂配合例（％）

	小　物	一般の物 (厚さ12～32mm)	平滑な物	一般のはだ砂	表面乾燥 するはだ砂
床　　　　砂	80	59	57	55	20
新　　　　砂	13	30	23	34	23
石 炭 粉 末	7	11	8.6	11	4.7
黒　　　　鉛	－	－	8.6	－	－
滑　　　　石	－	－	2.8	－	－
小　　　　麦	－	－	－	－	2.3

表1-9　鋳鉄の乾燥配合例（％）

	外型 お よ び 中子			小物耐熱 用中子
	小　物	中　物	大　物	
川　　　　砂	50	60	70	44
粘　　　　土	10	10	10	少量
コークス粉末	40	30	20	40
珪　　　　砂	－	－	－	15

表 1-10 鋳鉄の鋳物砂配合例(%)

	外 型 用			中子用	小物肌砂	塗型
	大 物	中 物	小 物			
天 然 銀 砂	80.8(8)	87.5(10)	87.5(14)	—	87.0(14)	—
人 造 銀 砂	—	—	—	92.0(14)	—	8.7(14)
シャモット粉	8.0(6)	—	—	—	—	—
木 節 粘 土	10.6	11.5	11.8	7.0	12.0	8.0
糖 蜜	0.6	0.7	0.7	1.0	1.0	5.0
水 分	6.0	6.0	2.0	5.0	4.0	—

注 ただし ( ) 内は粒度のメッシュを示す。

よび**表 1-10** に示す。

このほかに精密鋳造に用いる鋳型用の材料がある。

1.3.6. 鋳型製作用工具 鋳型を作るための手作業用工具として,砂を突き固める"突き棒","スタンプ",大量の砂を突き固めるための"サンドランマー",砂の面を繕い,仕上げたりする"へら","すわり"や"こて",さらに中子を砂型の中で支持したり中子と砂型とを一定の間隔で支持する"型持ち"(またはけれん)などがある。

このほかに,砂型を作るために"鋳わく"を用いる(**図 1-5**)。これは鋳型が変形せず,くずれないように丈夫な構造で,軽く十分耐久性をもっていなければならない。鋳鉄製または鋼板製の鋳わくが一般的であり,木製の鋳わくも用いられる。

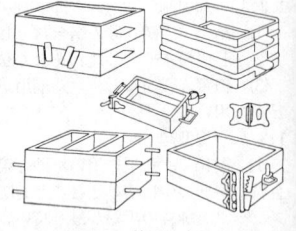

図 1-5 鋳型の金わく

1.3.7. 各種造型機 手作業による鋳型製作のほかに,機械による鋳型製作がある。その主な造型機を次に示す。多量生産には模型板を用いる。

造形機械は,型込め機構によって次の 3 種類に分けられる。

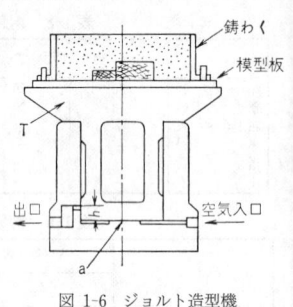

(1) ジョルト造型機(**図 1-6**)
(2) ジョルト・スクィーズ造型機(**図 1-7**)
(3) スクィーズ造型機(**図 1-8**)

このほかに,型抜き機械,中子砂吹込機,サンドスリンガなどがある。

図 1-6 ジョルト造型機

1.3.8. 鋳型製作要領(鋳造方案)

(1) 砂突き固め 鋳物砂は湯の圧力で破壊しないように木型のまわりに突き固めなければならない。砂固めがかたいと通気性が悪くなる。通気性を

1章　成形加工（鋳造法）

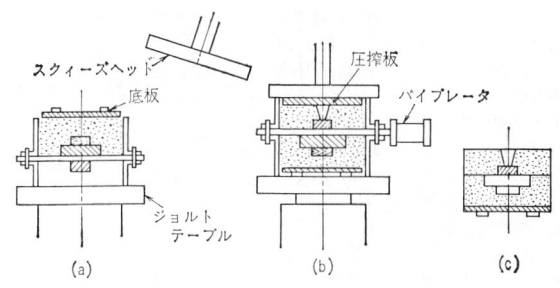

図 1-7　ジョルト・スクィーズ造型機

良くするために，気抜き針でガス抜きを作る場合がある。

(2) ガス抜き　生砂は乾燥砂よりもガス抜きを良くする必要がある。上型の場合は木型の表面近くまで鋳型外から径2〜3mmの気抜き針を用いてガス抜きを作る。大型の鋳型を用いて鋳物場で鋳込むときには，ガス抜きのためにガス床を作りこれにガス抜き管を設けるなど，特別のガス抜き用の溝を設ける。

図 1-8　スクィーズ造型機

(3) 湯口　湯口の名称を図1-9に示す。湯口を作る際には次の各項が満足されるように作らなければならない。

a) 湯が適当な温度で鋳型の各部に同時にすみやかに満たされること。

b) うず流が起きないような湯流れにすること。

c) 鋳物の組織を損なわないように凝固の進行を制御できるような温度こう配を鋳物に与えるようにすること。

1. 湯溜
2. 湯口
3. 湯道
4. せき
5. 鋳込口
6. 揚り，押湯口

図 1-9　湯口の名称

d) スラグやごみが取りやすいような湯口であること。

湯口には構造上から落し湯口，押上げ湯口（図1-10）および段湯口がある。

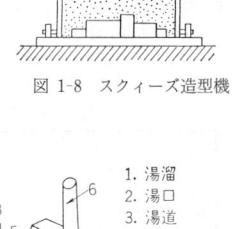

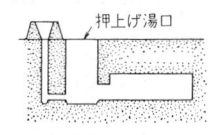

図 1-10　押上げ湯口

(4) 押湯口　不純物の除去，ガス抜き，湯圧の増加により鋳物を均等ち密にする目的で設ける。とくに収縮率の大きい材料には必ず用意しなければならない。

(5) 冷し金　押湯口を設けることのできない箇所で，しかも均等ち密な鋳物を作るために，冷し金を用いる。

(6) 中子　中子は、中抜きの鋳物を作るときに必要な鋳型である。図1-11のように、抜くべき形状に作られた中子を、鋳型の中の必要な箇所に固定するので、中子は耐火性、通気性、強さに優れなければならない。また、鋳込み中に移動しないように適切に取り付ける必要がある。一般には乾燥型にするが、生中子もある。鋳物の設計に当たり、中子を使用しない形状にすることが必要である。

1.3.9. 鋳物の仮処理　鋳造作業が終り、鋳型を壊して鋳物を取り出した後、次の仮処理を行う。

(1) 湯口、押湯口および鋳ばりを取り除く。

(2) 砂落しを行う。砂落しは、小型の鋳物ではタンブラまたはサンドブラストを、比較的大型の鋳物では、ショットブラストまたはハイドロブラストを行う。

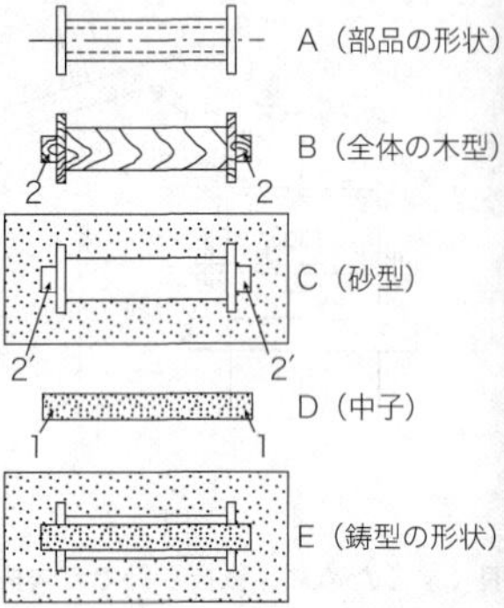

(3) 残留応力を除去する。これは、長時間空気中に放置するか、短時間の焼きなましによって行う。その作業の大まかな条件を表1-11に示す。

図 1-11　中子およびはばき

1, 2, 2′をはばきといい、中子を支持する部分と支持される部分をいう。

表1-11　典型的な残留応力除去温度と時間

金　属	温度°F（℃）	時間 h
ねずみ鋳鉄	800(427)～1,100(593)	5～1/2
炭　素　鋼	1,100(593)～1,250(677)	1
C-Mo 鋼　(C<0.2%)	1,100(593)～1,250(677)	2
〃　　　(0.2%<C<0.35%)	1,250(677)～1,400(760)	3～2
Cr-Mo 鋼　(2% Cr, 0.5% Mo)	1,325(718)～1,375(746)	2
〃　　　(9% Cr, 1% Mo)	1,375(746)～1,425(774)	3
Cr ステンレス鋼	1,425(774)～1,475(802)	2
Cr-Ni ステンレス鋼 (316)	1,500(816)	2
〃　　　　　　(310)	1,600(871)	2
銅合金 (Cu)	300(149)	1/2
〃　(80 Cu-20 Zn, 70 Cu-30 Zn)	500(260)	1
〃　(60 Cu-40 Zn)	375(191)	1
〃　(64 Cu-18 Zn-18 Ni)	475(246)	1
ニッケル及びモネルタメル	525(274)～600(316)	3～1

1.4. 鋳物用材料

1.4.1 鋳造用金属材料の必要条件　鋳物にする金属は次の条件を必要とする。

(1) 溶解性　鋳物は金属を溶解するので、できるだけ容易に溶解できるこ

とが必要である。

(2) 溶解点　　高温で溶ける金属は燃料その他の設備が大変であるから，できれば溶解点の低いことが必要である。

(3) 流動性　　溶解した金属を型に流し込むので，よく流れることが必要である。

(4) 収縮性　　収縮ができるだけ少ないことが良い。

(5) 気泡　　気泡は鋳物の巣の原因になることから，できるだけ気泡を生じないものが良い。

1.4.2. 鋳造用金属材料　　4編　機械用工業材料2章2.4.鋳鉄を参照のこと。

1.5. 溶解と鋳造法

1.5.1. キュポラと溶解法

(1) キュポラ　　キュポラには，こしき炉，前炉なしキュポラおよび前炉つきキュポラの3種類がある。キュポラは1時間当たりの溶解質量により容量を示す。キュポラは一時に多量の銑鉄を溶解する場合に用いる。キュポラの名称は図1-12に示す。

(2) 溶解法　　コークスを羽口から投入点火後，コークス，銑鉄，古鋳鉄および石灰石を交互に充てんし，風を送って次第に温度を上

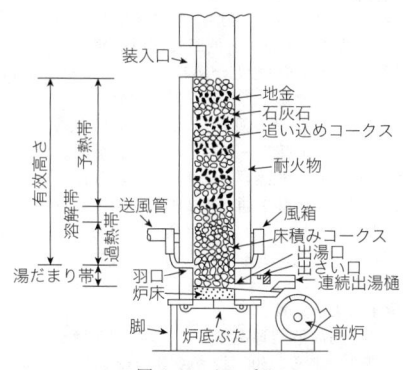

図 1-12　キュポラ

げていく。温度が上がると，銑鉄および古鋳鉄は次第に溶解して炉底にたまる。石灰石はコークスの灰分と化合してスラグ（ノロ）となり溶鉄の上にたまる。スラグ流出口以上にたまれば，これを流し出す。溶鉄が適量たまれば，流出する。キュポラの容量は，1時間当たりの出湯量を kg (ton) で表す。また，炉の内径で大きさを表す場合もある。

キュポラの操業において，送風は操業状況を左右する重要な要素である。図**1-13**に風量とコークス量とが出湯温度および溶解温度にどのように影響するかを示した。風量を増やすといずれも上昇する。自動制御の進歩により，炉内の変化に対応して風量・圧力を調整し燃焼を一定にコントロールする方法もとられる。

炉内の耐火材料の進歩もあり，長時間連続給湯が可能になった。

1.5.2. るつぼ炉　　るつぼ炉は，外周をコークス，重油，ガスまたは電熱によって加熱して金属を溶解する炉である。そのため，有害なガスの吸収，酸化が防止でき，含有成分を正確に制御できるので，優秀な製品ができる。しかし，熱効率が悪く経済的ではない。したがって，とくに高級な鋳物に用いる。

るつぼは黒鉛るつぼおよび白るつぼがあり，それぞれ黒鉛と耐火粘土の混合物，マグネシアまたはけい砂と耐火粘土の混合物を焼結して作ったものである．アルミニウムやマグネシウム合金用るつぼには，鋳鉄または鋼板製のるつぼに内張りをして用いる．

るつぼの大きさは，1回に溶解できる質量を kg で表す．

1.5.3. 電気炉と熔解法　電気炉は鋳鋼，非鉄合金の溶解，あるいは特殊鉄合金の溶解に用いるもので，その構造によって，アーク炉，誘導電気炉（高周波誘導電気炉と低周波誘導電気炉），抵抗電気炉などがある．

(1) アーク炉　現在一般に用いられるアーク炉は，図 1-14 に示すエルー式アーク炉（直接アーク炉）である．炉底の種類により，酸性炉と塩基性炉とに分けられる．炉の天井を通して2本または3本の炭素電極を炉内に入れ，電極と挿入物との間のアーク熱によって挿入物を溶解する方式である．アーク炉の大きさは，1回の溶解量によって表す．

(2) 高周波誘導電気炉　図 1-15 がその構造である．500 Hz から 3 kHz までの高周波電流を用い，外側の一次コイルと内部の装入物との間に生じる誘導電流により，装入物を高速で加熱溶解する方式である．そのため，合金元素の酸化がほとんどなく，有害な元素の侵入による汚染がないので，高級鋳物の溶解に用いる．

(3) 低周波誘導電気炉　図 1-16 は内部構造である．原理的には高周波誘導炉とほとんど同じであるが，使用する周波数が 50〜60 Hz の商用周波数を用い，電力を効果的に使用する点では理想的な方法である．比較的小さな容量のるつぼ（25〜600 kg）を用いる場合が多く，主に非鉄合金の溶解に用いる．

(4) 抵抗電気炉　るつぼ型電気抵

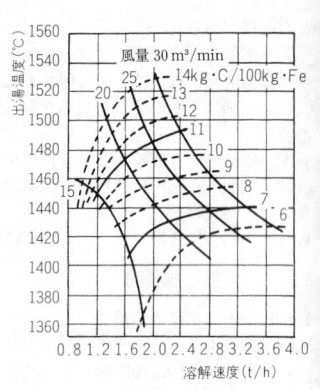

図 1-13　出湯温度，溶解速度，風量，コークス比の関係

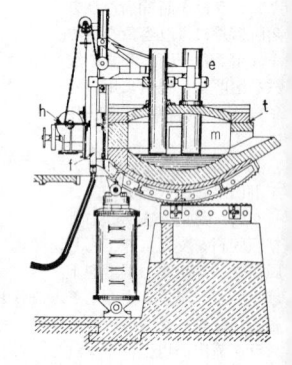

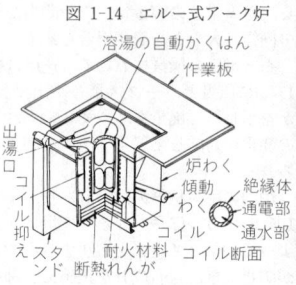

図 1-14　エルー式アーク炉

図 1-15　高周波誘導電気炉

1章 成形加工（鋳造法）

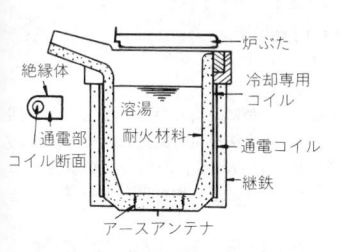

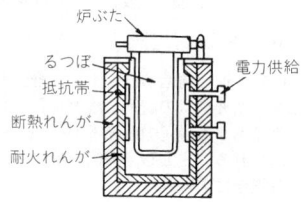

図 1-16 無心型低周波誘導電気炉

図 1-17 るつぼ型電気抵抗炉

抗炉は，るつぼの周囲から電気抵抗加熱により材料を溶解する方法で（図1-17），比較的小規模な溶解に用いる。最近では高温発熱体を用いるようになり，かなり高温の溶解ができるようになった。

(5) 溶解温度と鋳込み温度　合金の溶解に際して，溶融点の相違による溶離，凝固点の相違による凝離などが発生しないように注意するとともに，溶解温度，鋳込み温度などは金属により適切に決めなければならない。また，酸化を防止するために，適切な炉の選定，わら灰などの適切なもので湯の表面をおおうことも必要である。表1-12に代表的な金属の溶解温度および鋳込み温度を示す。

表1-12　各種材料の鋳込温度

種　　　類	溶解温度(℃)	鋳込温度(℃) 薄物の場合	鋳込温度(℃) 厚物の場合
銅系合金　黄銅鋳物	1150	1150	950～980
普通青銅	1250～1300	1250	1150
マンガン青銅	1150～1170	1150	980
ニッケル青銅	1350	1350	1250～1300
燐青銅	1250～1300	1250	1150
シルジン青銅	1100	1100	950
鉄系合金　鋳鉄	1400	1350	1300
鋳鋼	1600～1700	1600	1500
アルミニウム系合金 シルミンなど	800～740	720	690
マグネシウム系合金	450～650	670～840	

1.5.4. 鋳込み法

(1) とりべ　鋳型に湯を注入するために用いる容器であり，移動には手動式のもの，機械式（クレーンあるいはトラックによる）のものがある。

(2) 注湯法　温度を少し下げてガスを放出し，表面の酸化を防ぐために，湯は湯口を満たしておく。鋳込み温度は薄肉鋳物では高く，厚肉鋳物では低くするのが普通である。

(3) 鋳込み後の注意　鋳物内のガスが完全に放出できるように，絶えず押湯口やガス抜き口でガスの点火を助けるようにす

表1-13　鋳鉄の鋳型に放置する時間

鋳物の大きさ	型内に放置する時間 h
小物　（100kg以内）	3～10
中物　（1,000kg以内）	24
大物　（1,000kg以上）	48

る。鋳物を鋳型内に放置する時間を表 1-13 に示す。

1.6. 特殊鋳造法

1.6.1. 遠心鋳造法　水平，垂直またはわずかに傾斜した回転軸とともに回転する所要形状の鋳型に溶解金属を注入する鋳造法を遠心鋳造法といい，遠心鋳造法および遠心加圧鋳造法（図1-18）に分けられる。鉄鋼のほか鉄合金に応用される。主として円筒形状部品，またはこれに近い形状部品を多量に鋳造する場合に限られる。

鋳型材料には鋳鉄・炭素鋼のほか高級耐熱鋼を用いる。また，鋼板の鋳わくに鋳物砂を裏張りにしたものもある。鋳型には水冷または空冷式および余熱式がある。

(1) 遠心鋳造法の利点
(a) 中子をほとんど利用しない。
(b) 湯口，押湯を要しないから歩留まりが良い。
(c) 仕上げしろが少なくなる。
(d) 鋳縮みの大きい金属でも鋳造できる。
(e) 製品の材質が良い（表1-14）。
(f) 大量生産ができる。
(2) 遠心鋳造法の欠点
(a) 設備費が高い。
(b) 鋳物の種類に制限がある。
(c) 軽量鋳物に限られる。
(3) 主要な製品
(a) 鋳鉄製品　　鉄管，ピストンリング，制動輪
(b) 鋳鉄製品　　鋼管
(c) 非鉄合金　　管，プロペラ軸，ポンプライナ，水圧機ライナ，歯車

図 1-18　遠心加圧鋳造法

表 1-14　遠心鋳鉄管と普通鋳鉄管との強度比較

直　径　(cm)	遠 心 鋳 造 法	普 通 鋳 造 法
6	20.1	11.6
8	21.0	14.0
10	21.3	15.0
12	21.2	12.6

1.6.2. ダイカスト鋳造法　溶解金属を精密な金型に加圧注入して鋳物を製作する方法をダイカスト法といい，金型を用いる精密鋳造法である。ダイカスト法の特徴などを以下に示す。

(1) ダイカスト法の特徴
(a) 精密な鋳型中に高圧で湯を圧入するから，できあがった部品の精度は高く，機械加工を要しない。このように素形材加工で最終製品近くまで仕上がることを Near Net Shape という。最近ではさらに高精度になり，まったく後加工を要しない Net Shape といわれる製品まで作るようになった。ダ

1章　成形加工（鋳造法）

表 1-15　ダイカストの寸法の許容差　　　（単位 mm）

寸法の区分	固定型および可動型によって作る部分			可動中子によって作る部分 l_3	
	型分割面に平行方向 l_1	型分割面に直角方向(1) l_2		可動中子の移動方向に直角な鋳物の部分の投影面積 cm²	
		型分割面に直角方向の鋳物の投影面積(2) cm²				
		600 以下	600 を超え 2 400 以下	150 以下	150 を超え 600 以下
30 以下	±0.25	±0.5	±0.6	±0.5	±0.6
30 を超え　50 以下	±0.3	±0.5	±0.6	±0.5	±0.6
50 を超え　80 以下	±0.35	±0.6	±0.6	±0.6	±0.6
80 を超え　120 以下	±0.45	±0.7	±0.7	±0.7	±0.7
120 を超え　180 以下	±0.5	±0.8	±0.8	±0.8	±0.8
180 を超え　250 以下	±0.55	±0.9	±0.9	±0.9	±0.9
250 を超え　315 以下	±0.6	±1	±1	±1	±1

イカストの普通寸法公差は，JIS B 0403：95 で規定している（**表 1-15**）。
(b) 表面は美しく，めっきあるいは塗装を行う際に表面研削の工程が削減できる。
(c) 同一規格の部品の多量生産に適し，生産費が極めて廉価になる。
(2) ダイカストの材料
(a) 鉛，錫などの低温溶解金属には，低炭素鋼
(b) 亜鉛合金には，クロムバナジウム鋼
(c) アルミニウムには，高クロムバナジウム鋼，クロムタングステン鋼
　ダイカスト用合金には，銅・アルミニウム・マグネシウム・錫・亜鉛・鉛などの鋳物用合金を用いるが，そのうち広く用いられるダイカスト用合金の組成を次に示す（単位は％）。
錫合金：錫 85.0，銅 7.5，アンチモン 7.5
鉛合金：鉛 85.0，錫 5.0，アンチモン 10.0
亜鉛合金：亜鉛 92.9，JIS H 5301：90 参照
アルミニウム合金：JIS H 5202：99，JIS H 5302：00 参照
マグネシウム合金：JIS H 5203：00，JIS H 5303：00 参照
銅合金：銅 60.0，亜鉛 40.0（JIS H 5120：97）
(3) ダイカストに用いる機械　　ダイカスト機械は，ホットチャンバ型（潜入プランジャ型）およびコールドチャンバ型（直圧プランジャ型）に分けられる。ホットチャンバ型ダイカスト機は，溶湯保持炉が機械に組み込まれ，溶湯は直接金型に送り込まれる（**図 1-19(a)**）。コールドチャンバ型ダイカスト機は，別置の溶解炉から自動供湯装置などで溶湯を供給する（**図 1-19(b)**）。ダイカスト機は大型になり自動制御され，型締め力はコールドチャンバ型で 300 kN～40 000 kN，ホットチャンバ型で 80 kN～20 000 kN である。

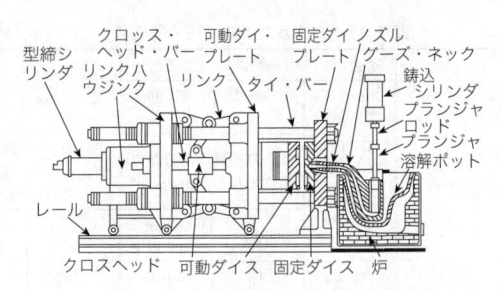

図 1-19(a) ホットチャンバ式ダイカスト機

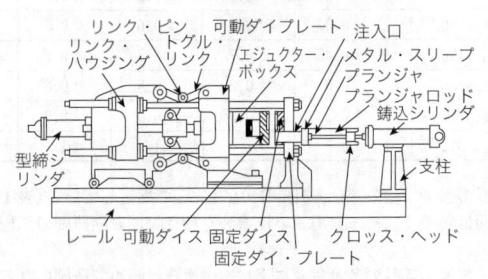

図 1-19(b) コールドチャンバ式ダイカスト機

1.6.3. 真空鋳造 金属を溶解する際に生じる酸化,外部の不純ガスの吸収およびスラグとの化学反応による水素の増減を防ぐために,真空中で溶解する方法を考案した。この方法により,溶解中に発生する不純ガスを除去し,酸化を防ぎ,スラグとの化学作用もないため,良質の鋳物ができる。この方法は,とくに酸化またはガスを吸収しやすい金属を含む合金の溶解,鋳造に適する。耐熱鋼や耐熱合金などがその例である。一般には $10^{-1} \sim 10^{-2}$ Pa 程度の真空度を必要とする。

このように真空で溶解し鋳造する方法のほかに,普通の方法で溶解して金属の脱ガスを行う方法もある。これは,鋳型を排気室に入れ,気密を保ちながら湯を注入して脱ガスを図るもので,湯を注入してから凝固するまで排気を続ける必要がある。

1.6.4. フルモールド法 発泡ポリスチレン樹脂で模型を作り,造形後,鋳型に埋め込んだまま注湯する。樹脂が燃えて代わりに製品ができる。鋳型のガス抜きに注意し,下注ぎ方式を用いる。表面を平滑にするために,模型表面に塗型材料を用い,型の変形防止に自硬性砂型を用いる。

1.6.5. 連続鋳造法 一定の断面をもつ鋳物を注湯しながら引き抜いて作る方法である。銅,アルミニウム以外の鋳鋼にまでもこの方法が利用できるようになった。図 1-20 に示すように,冷却した鋳型(ダイス)に直接湯を注入し凝固させて連続的に鋳造する。鋳込み温度,鋳込み速度および冷却が重要であ

り，適正であれば偏析の少ない均質な，また結晶組織も細かい製品ができる。垂直連続鋳造法，湾曲連続鋳造法，水平連続鋳造法などがある。

1.7. 精密鋳造法

1.7.1. シェルモールド鋳造法　純粋な100～200メッシュのけい砂と6～15％の熱可塑性樹脂を混ぜ合わせた造形材料を，200℃から300℃の温度に加熱した金属模型（鋳鉄，軟鋼およびアルミニウム合金製の金属模型）の表面にかぶせ，10～30秒後7～10mmの厚さにした膜を作る。これを200℃～300℃で2分から3分加熱して固化させ，

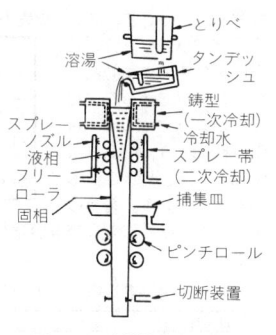

図 1-20　連続鋳造法の原理

模型から離して鋳型とする。この鋳型をシェルモールドといい，非常に通気性が良く，そのために作られた鋳物は鋳巣がほとんどなく，鋳はだが滑らかで（表面粗さが約12.5 S），しかも寸法精度の高い（±0.1～0.5 mm）のが特徴である。したがって，鋳造後の機械加工の必要はなく，精密部品の鋳造に利用する。

1.7.2. インベストメント鋳造法　ロストワックス鋳造法ともいう。ソリッドモデル法は，ろう模型またはプラスチック模型に耐火物の膜をかぶせ，それを耐火物のわく中に埋め込んで鋳型とする。鋳型内の模型は加熱して溶解，燃焼させて取り除いて鋳型にする方法で，その後高温で耐火膜を焼結した後，湯を重力，真空あるいは遠心力で注入凝固させる方法である。

セラミックシェルモールド法は，ろう模型のまわりに5～10回のコーティング・サンディングを行い，6～7 mmのシェルモールドを作り，十分乾燥させて脱ろうし，焼成して鋳型とする。急速加熱できるので量産向きである。

このほかに，ショープロセスといわれるゴム状に固化する材料で鋳型を作る方法，石こう鋳造法といわれる石こうを用いる方法などがある。この方法による鋳物は，寸法精度が非常に高く，しかも機械加工が不必要なほどに鋳はだが滑らかになるので，仕上げ加工の不可能な超硬合金の鋳物に最も適している。

1.8. 鋳物の精度および欠陥とその対策

1.8.1. 鋳物の精度

鋳物は冷却のときに収縮するので，材料ごとに収縮の大きさを考慮した鋳物尺を用いて鋳型を製作する。しかし，鋳造のときの条件により，予想通りの収縮が行われないことがある。このため，鋳物の寸法はある程度の許

表 1-16　鋳鉄品の普通寸法公差（JIS B 0403：95）
(a) 長さの許容差　　　　　　　　　　（単位 mm）

寸法の区分	ねずみ鋳鉄品 精級	ねずみ鋳鉄品 並級	球状黒鉛鋳鉄品 精級	球状黒鉛鋳鉄品 並級
120 以下	±1	±1.5	±1.5	±2
120 を超え 250 以下	±1.5	±2	±2	±2.5
250 を超え 400 以下	±2	±3	±2.5	±3.5
400 を超え 800 以下	±3	±4	±4	±5
800 を超え 1600 以下	±4	±6	±5	±7
1600 を超え 3150 以下	—	±10	—	±10

容差を設けている。この許容差が小さければ、仕上げずにそのまま製品にすることができる。先に示したように Near Net Shape あるいは Net Shape な製品ができあがることになる。鋳物の長さと肉厚の寸法および許容差は表 1-16 に，精密鋳造法における鋳造限界を表 1-17 に示す。

表 1-16 (b) 肉厚の許容差 (単位 mm)

寸法の区分		ねずみ鋳鉄品		球状黒鉛鋳鉄品	
		精級	並級	精級	並級
	10 以下	±1	±1.5	±1.2	±2
10 を超え	18 以下	±1.5	±2	±1.5	±2.5
18 を超え	30 以下	±2	±3	±2	±3
30 を超え	50 以下	±2	±3.5	±2.5	±4

表 1-17 精密鋳造の設計ガイド (Tool & Manufacturing Engineers Handbook より)

(1) 直線公差

寸　法	一　般	経済的
～16	±0.08	±0.25
16～25.4	±0.13	±0.25
25.4～50.8	±0.25	±0.51
50.8～76.2	±0.38	±0.76
76.2～101.6	±0.51	±1.02

(2) 真直度

長　さ	(鋳ばなし)	(処理)
～50.8	0.25	0.13
50.8～101.6	0.38	0.25
101.6～152.4	0.51	0.25
152.4～	0.76	0.38

(3) 平面度

長　さ	(鋳ばなし)	(処理)
25.4	±0.20	±0.10
50.8	±0.41	±0.15
76.2	±0.64	±0.25
101.6	±0.76	±0.38

(4) 平行度

長　さ	鋳ばなし	処　理
1.59	±0.08	±0.08
3.18	±0.08	±0.08
6.35	±0.08	±0.08
12.7	±0.13	±0.08
19.05	±0.15	±0.08
25.4	±0.18	±0.13
38.1	±0.25	±0.18

1.8.2. 表面に現れる欠陥

(1) 荒はだ　鋳物砂が粗い場合，湯の注入温度が高すぎる場合に生じる。

対策　はだ砂に細かい砂を用いる。還元性材料（炭素など）を加える。

(2) あばたはだ　鋳型の砂やとりべから流入したスラグなど非金属介在物から不規則な小穴，湯がうず巻く部分であばた状の穴が生じる。

対策　金属の流れを層流にする。湯が鋳型に衝突しないように湯口を設計する。とりべの下にストレーナを設け，あかをこして湯を注入する。

(3) すくい　鋳はだに生じる，えぐったようなくぼみ。砂をはさんで金属がおおっている場合もある。

対策　高温塑性の高い砂，膨張の小さな砂（シャモット）または木粉など膨張緩和剤をはだ砂に混合させて用いる。金属をすみやかに満たすこと。

(4) その他　砂かみ，のろかみ，外ひけ，焼付き，湯境など。

1.8.3. 鋳物内の拘束力から生じる欠陥

(1) き裂　外部熱間割れ：肉厚の急に変わるところに，凝固直後に生じる。

　　　　　　低温割れ：冷却中または熱処理中に生じる。
　　対策　　鋳型の抵抗を少なくする。そのため，鋳物砂の成分を調整し崩壊性を増す。き裂発生時に厚肉部分の砂を取り除き，早く冷却させる。
(2) ひずみと残留応力　　鋳物の冷却速度が一様でないために生じる収縮応力によって起きる。
　　対策　　薄肉の力骨またはリブで補強する。鋳物の厚さを一様にする。
1.8.4. 不完全な押湯によって生じる欠陥
(1) 引け巣　金属の凝固収縮が大きいため，外部が凝固した後内部が凝固すると，収縮が大きく，引け巣と称する空洞が生じる。
　　対策　　凝固収縮にともなう金属の補給，すなわち押湯を完全にする。冷却速度を冷し金によって調節する。鋳物の厚さを均一に，押湯口の設計を変える。
1.8.5. その他の欠陥　　気泡，ピンホール，冷し金による欠陥など。

2 章 成形加工（鍛造）

2.1. 鍛造概説

鍛造加工は，再結晶温度以上に加熱した加工材料に外力を加え，塑性変形を与え所要の形に成形する加工方法であり，材料の結晶を微細化し組織を均等にすることにより，材料を強くする目的も含まれる。したがって，この中には鍛造機械による型鍛造のほかに，圧延，引抜きなどの加工も含まれるが，ここではその中の型鍛造を取り扱う。

2.2. 材料の変形

2.2.1. 自由鍛造の場合 型と材料との間の摩擦，冷却速度の違いによって，図 2-1 に示すような形状になる。(a)は丸材を，(b)，(c)は角材をそれぞれ自由鍛造した場合である。なお，自由鍛造品の種類については，表 2-1 のように分類される。これらの形状の鍛造品に関する黒皮寸法は，JIS B 0418：99（自由鍛造品の取りしろ）に規定している。

図 2-1 自由鍛造における変形

2.2.2. 型鍛造の場合 型彫りをした上型と下型の間で材料を成形する半密閉型（図 2-2）の場合，型の各部に材料が満たされ，残りの材料は，"flash" といわれる "ばり" となってフラッシュ部に拡がる。ここが薄いために急冷されると，抵抗力が大きくなり，型内の材料の流れにくい部分までも材料が流れて完全に形成される。しかし，鍛造型に過大な応力が発生する。これを押さえる目的で，ガッター (gutter) を用意している。この鋳ばりの形状や厚さは製品の良否を決める重要な部分である。このほかに開放型，完全密封型がある。

鋼の熱間型鍛造品の公差は，ハンマおよびプレス加工の場合は JIS B 0145：75 に，アプセッタ加工の場合は JIS B 148：75 に，それぞれ規定している。

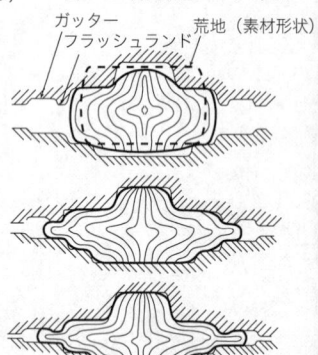

図 2-2 半密閉型による仕上げ鍛造過程

2.2.3. すえ込み鍛造の場合 径の細い棒材を，軸に直角な方向に押しつぶして種々の形状に成型する方法で，強度の大きな製品が得られる。図 2-3 に変

2章　成形加工（鍛造）

表 2-1　鍛造品の種類

名称	形状および寸法	適用寸法の範囲
丸棒		円形断面の段が付かない棒。長さ L は，直径 D 以上，50倍以下。 　$D \leq L \leq 50D$
角棒		正方形断面の段が付かない角棒。長さ L は，対辺距離 S 以上，50倍以下。 　$S \leq L \leq 50S$
段付軸		円形断面の段が2か所以上付いた軸。長さ L は，直径 D 以上，50倍以下。直径 D は，他の直径 d_1, d_2, d_3, ……を超える。 　$D \leq L \leq 50D$　$d_1, d_2, d_3, \cdots\cdots < D$
片つば付軸		円形断面の片端につばが付いた軸。長さ L は，直径 D 以上，50倍以下。つばは，その直径 d が直径 D の1.3倍以上で，長さが直径の1/2以下の突起部分をいう。 　$D \leq L \leq 50D$, $1.3D \leq d$, $l \leq \dfrac{d}{2}$
円板		直径 D は，高さ H を超え，12倍以下。 　$H < D \leq 12H$
リング		外径 D は，高さ H を超え，12倍以下。外径と内径 d との差 $D-d$ は，外径 D の $\dfrac{1}{10}$ 以上，かつ，$\dfrac{1}{2}$ 以下。 　$H < D \leq 12H$, $\dfrac{D}{10} \leq (D-d) \leq \dfrac{D}{2}$

形過程を示す。この場合，棒材の直径とすえ込み長さとはおのずと規定される。すなわち，

(1) 一打ですえ込む場合は，すえ込み長さ l は素材直径 d の3倍以内とする。$l \leq 3d$

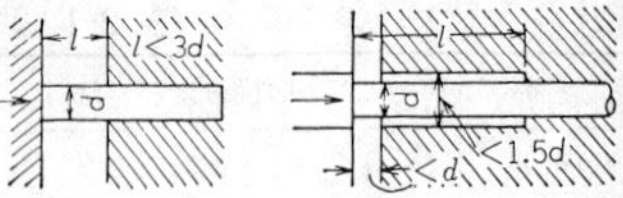

図 2-3 すえ込みの3原則

(2) すえ込み後の直径 D が，材料直径 d の1.5倍の場合は，1打ですえ込むことができる。この場合，l は $(3〜6)d$ とすることができる。($D<1.5d$, $l \leq 6d$)

(3) $D=1.5d$, $l<3d$ の場合は，工具とダイスとの隙間は，d を超えてはいけない。

2.3. 鍛造の条件

2.3.1. 鍛造温度
材料の加熱温度は，高いほど鍛造作業は容易である。しかし，金属の固相線によって，材料の鍛造温度に上限がある。加工終了時の温度，すなわち仕上げ温度は低いほど結晶が細かくなり製品の性質は良くなるが，一定温度以下では，加工の際にひずみを受けて材質を悪くする。そのため，材料の加熱温度と仕上げ温度に限度がある。各材料についての加熱温度を表 2-2 に示す。

表 2-2 熱間鍛造素材材料と鍛造温度範囲

材 質	温度範囲 ℃
純 Al	340～ 480
鍛造用 Al 合金	330～ 450
プレス用 Mg	240～ 400
Cu	800～1 050
鍛造用黄銅	640～ 880
低炭素鋼	900～1 250
中炭素鋼	850～1 200
高炭素鋼	800～1 150
Mn 鋼	850～1 200
Ni 鋼	850～1 150
Ni-Cr 鋼	870～1 150
Cr 鋼	870～1 150
ステンレス鋼 (18-8)	750～1 150
Ni	850～1 250
モネルメタル	960～1 170
Ti	750～ 950

2.3.2. 鍛錬成形比 (JIS G 0701 : 57)
鍛造加工は，材料を鍛錬することによって結晶粒を微細化し，均一な組織にして強くする加工法であるため，ある鍛錬度以上に鍛造しなければならない。変形程度を表す鍛錬成形比は，鍛造比（素材断面積／鍛造後の断面積），すえ込み比（はじめの高さ／すえ込み後の高さ），断面減少率（変形した断面積／はじめの断面積）があり，鍛造比は炭素鋼で5，特殊鋼で8とする。

2.3.3. 材料取り
型鍛造において，材料の質量を決定するには，次の条件を考えねばならない。

(1) 製品質量　部分図によって計算する。また，自由鍛造品の基準取りしろは，JIS B 0418 : 99 に規定している。

(2) 鋳ばり質量　製品の形状によって異なるが，鋳ばりの幅と厚さは鍛造品の質量によっても異なる。一般に，鋳ばりを大きく取ったほうが有利である。

鍛造品質量と鋳ばりの幅と厚さの大略を表2-3に示す。

表2-3　鋳ばり最大厚さ

鍛造品正味質量 kg	鋳ばり厚さ mm 熱間トリム	冷間トリム
0 ～ 2.3	3.2	1.6
2.3 ～ 4.5	4.0	2.4
4.5 ～ 6.8	5.0	3.2
6.8 ～ 11.5	5.5	4.0
11.5 ～ 22.7	6.4	4.8
22.7 ～ 45.5	8.0	6.5

(3) スケール損失
加熱炉中で材料の表面にスケールが生じる。その量は材料の表面積，加熱温度，時間などによって異なるが，一般に4.5 kg以下の鍛造品では正味質量の7.5 %，4.5 kg～11 kgでは6 %，11 kg以上は5 %に見積もる。

(4) つかみしろ　約13 mm程度を見込む。

(5) 切断による損失　切断による損失は，表2-4に示す。

表2-4　材料の切断による損失

材料直径 (mm)	切断損失 (%)
0～50	3
50～75	4
75～102	5
102以上	6

2.4. 鍛造用工具

2.4.1. 鍛型用材料　型は鍛造加工中加熱されて温度が上がる。さらに加工が進むにつれて素材の変形抵抗が増し，型の摩耗が生じる。また，潤滑油と素材との間で相当な圧力が加わるので，鍛型用材料は，耐熱性，耐摩耗性，耐圧性を具備したものでなければならない。このため，主に，ニッケルクロムモリブデン鋼やクロムモリブデン鋼を用いる。詳しくは，4編機械用工業材料2章2.3.特殊鋼　を参照のこと。

2.4.2. 鍛型各部の名称　図2-4に各部の名称を示す。

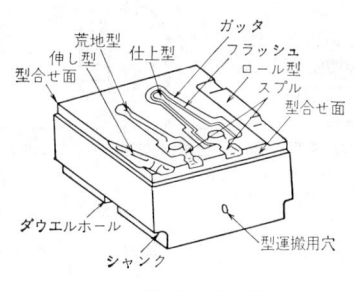

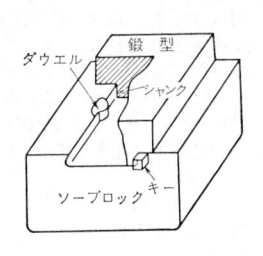

図 2-4

(1) 鍛型各部の名称　　(2) 鍛型の取付方法

2.4.3. 鍛型の設計　鍛型の設計に当たり，一般的な注意事項を挙げておく。なお，鋼の熱間型鍛造品の公差は，JIS B 0415：75（ハンマおよびプレス加工）およびB 0416：75（アップセッタ加工）に規定している。

(1) 型鍛造部品はできる限り左右対称の形にする。
(2) できる限り円形断面を用いる。
(3) 鋭い角,急な断面変化を避ける。
(4) 一つの部品について,最大と最小との肉厚差を小さくする。
(5) 薄肉の広い断面は避ける。
(6) 型の分割面はなるべく一平面にする。

2.4.4. 鍛型使用,取扱い上の注意 鍛型の摩耗,破損を避けるために,次の点に注意する必要がある。
(1) 鍛造温度と仕上げ温度に十分注意し,最適温度で作業する。
(2) 作業中,鍛造時間をできるだけ短くして鍛型温度の上昇を避ける。
(3) 鍛型を急に加熱することを避けるため,鍛型を作業前に予熱する。
(4) 加熱材料に付着するスケールを少なくする。
(5) 適当な工程を定める。
(6) 一度に多量の鍛造はしない。

2.4.5. 鍛造用工具
(1) 金敷 鋳鋼製の成型用台であって,呼び方はその質量によって表す。普通 100〜150 kg 程度のものを用いる。
(2) 蜂の巣床 厚さ 10〜12 mm,縦横ともに 20 cm の鋳鉄製あるいは鋳鋼製の多くの溝をもつ台であって,溝の中に工作物を入れ,その型に応じて曲げ型を作るのに用いる。
(3) ハンマ 焼入れした鋳鉄製あるいは鍛造製の頭と木製の柄から成り,頭の形によって種々の名称がある。その呼び方は質量で表す。片手ハンマは 0.2〜0.5 kg 程度,柄の長さ 35 cm 程度で,両手ハンマは 2〜5.5 kg,柄の長さ 1 m 程度である。
(4) タップ 種々の形を作るために上下に分かれた型であって,下タップを金敷きに当て,その中に加熱材料を入れて上タップを置いて,ハンマでたたいて成形するものである。
(5) へし 赤熱した鋼材の平面,端面,側面,穴の周囲,丸隅などを整えるものである。
(6) はし ヤットコと称するもので,鍛造のとき,加工物を保持するのに用いる。加工物の形に応じて先端を異にし,平,丸,角などの種類がある。

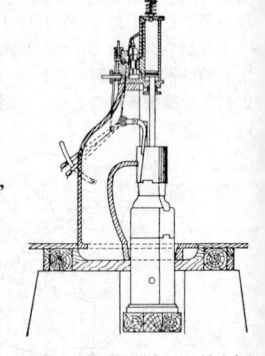

図 2-5 鍛造用蒸気(圧縮空気)ハンマ(単式フレーム)

(7) このほかに,パス,薬研台(V ブロック),直角定規,のみ,せぎり,ポンチなどの工具がある。

2.5. 鍛造用機械

2.5.1. 鍛造用鍛造ハンマ
(1) 蒸気ハンマ 図 2-5 は,蒸気ハンマの全体図である。片柱型の機械で

2章　成形加工（鍛造）

ハンマの質量は 270〜2270 kg，使用する蒸気圧はだいたい 0.7〜0.8 MPa である。

(2) **空気ハンマ**　蒸気ハンマとほとんど同じで，空気圧縮装置を取り付けている点が異なる。

(3) **ばねハンマ**　動力をハンマのベルト車に伝え，クランク軸とハンマを支えるばねとを利用して打撃を与えるもので，小さい作業，コイニングなどに主として用いる（図 2-6）。

図 2-6　ばねハンマ

2.5.2. 型鍛造用ハンマ

(1) **ドロップハンマ**　ハンマ頭を機械的に一定の高さまで持ち上げた後，自由落下させる形式で，ハンマ頭を引き上げるのにベルトを用いるものと，板を用いるものとがある。ベルトドロップハンマは，ベルトの先にハンマ頭を取り付け，ベルトを引いてハンマ頭を一定の高さまで引き上げ，そこからハンマ頭を落下させる。板ドロップハンマは，ハンマ頭を板（カシ，ケヤキ，ヒノキおよびスギ）の先に取り付け，電動機で駆動する 2 個のローラの間に挟んだ板を摩擦力により一定の高さに引き上げ，そこからハンマ頭を落下させる。図 2-7 に全体図を示す。板ドロップハンマのハンマ質量は，約 270 から 1350 kg である。

図 2-7　ドロップハンマ

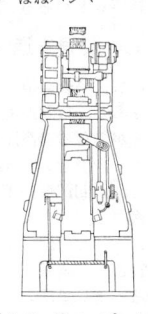

(2) **蒸気ドロップハンマ**　摩擦によってハンマ頭を引き上げる場合，その質量は，約 3000 kg までである。より重いハンマ頭を引き上げるのに蒸気の力を借りる。作動方法は，蒸気ハンマと同じである。引き上げる質量は，450〜6800 kg である。

2.5.3. プレス鍛造機

(1) **クランクプレス**　回転力をはずみ車に蓄え，そのエネルギをクランク機構によって上下運動としてハンマ頭に与えて加工する方法である。構造が簡単で，ストロークの回転が多いので，多量生産に適している。

(2) **水圧鍛造機**　大型の鋼材加工に用いる大能力の機械である。水圧プレスは，プレス速度が非常に遅いために工作物が冷却して変形抵抗が大きくなるので，熱伝導の高い材料には用いられない。

2.6. 加熱炉

(1) **火炉**　小物火造りに用い，"ほど"と称される。火炉に用いる燃料は，石炭，コークスおよび木炭である。木炭，コークスなどは硬鋼を熱するために用いる。燃料の消費量は，石炭では加熱する金属の重さの 60〜80 %，木炭では 50〜70 % である。

(2) 重油炉　設置面積が小さく，燃料が安価で貯蔵しやすいなど多くの利点をもっているので，広く利用される。この炉にはバッチ式（図2-8）と連続式の2形式がある。

(3) ガス炉　温度調節が容易で加熱速度も速く，材料にも悪い影響を与えないなど多くの利点があるが，燃料費が高い。

(4) 電気炉　高速加熱が必要な場合，よくこの炉を用いる。この炉には抵抗式と誘導式とがある。

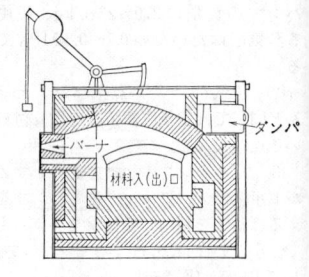

図 2-8　バッチ式重油炉

2.7. 特殊鍛造

2.7.1. 高速鍛造
ハンマ鍛造の打撃エネルギは，ハンマ速度の2乗に比例するので，打撃速度を上げれば，小さな装置で大きなエネルギを素材に加えることができる。高圧の窒素ガスを利用してハンマ速度を15～30 m/sにし，打撃エネルギを20～340 kJにした機械がある。加工時間が0.01～0.001秒と短いので，熱間鍛造の工程中，素材の冷却がなく，薄い部品，精密部品などの鍛造に適する。

ガソリンの爆発を利用したペトロフォージング法は，高速鍛造の一種である。

2.7.2. 溶湯鍛造
金型に溶湯を注入し，高圧を加えながら凝固させ製品を作る加圧凝固法の一種である。均一な組織をもち，機械的性質の良好な高精度の部品が得られる。加圧力は50 MPa（非鉄金属），98 MPa（鋼）以上にする。加工機械として液圧プレスを用いる。この鍛造方式は，量産にも対応できる。

2.7.3. 粉末鍛造
粉末冶金による焼結だけでなく，圧粉体を不活性雰囲気炉内で焼結し熱間鍛造する焼結体鍛造と，圧粉体をそのまま適当な温度に加熱し鍛造する粉体鍛造とに分けられる。粉末冶金による焼結成型品と熱間鍛造品との長所を合わせもつ部品が得られる。

複雑形状部品あるいは難加工材料に高速鍛造法が有利である。これらの特殊鍛造は，いろいろな材料の活用ができ，各種部品に応用される。

2.8. その他の鍛造法

2.8.1. 冷間鍛造法
常温あるいは金属の再結晶温度以下で鍛造する方法で，通常常温で行われる。変形抵抗が大きく，変形量の大きな，あるいは複雑形状部品の鍛造には不向きである。表面仕上げおよび寸法精度の良好な部品が得られるので，完成品に近い寸法形状に鍛造でき，切削などの後工程を必要としない。しかし，冷間鍛造に向く部品形状があるため，部品の設計変更を必要とする場合がある。

冷間鍛造では，型材料，加工の際の潤滑が重要な要素である。

2.8.2. 温間鍛造法 熱間鍛造と冷間鍛造の欠点を補い，長所を活かそうとする鍛造法で，加工硬化は起きるが，スケールが生じない温度範囲で鍛造する。予熱温度の選択と温度管理が重要である。また，冷間鍛造と同様に加工の際の潤滑が必要である。

2.8.3. その他 超塑性鍛造は，鍛造しにくい材料の鍛造作業に有効な方法で，最近よく利用されるようになった。

2.9. 鍛造処理後の工作物形状の精度

自由鍛造および型鍛造後の部品形状については，JIS B 0418：99 で自由鍛造後の必要な取りしろを規定し，JIS B 0145：75 にはハンマおよびプレス加工による熱間型鍛造部品の変形と局部的変形について，JIS B 0146：75 ではアプセッタ加工による熱間すえ込み鍛造部品の変形と局部的変形について，公差および許容値を規定している。

3章　成形加工（プレス加工）

3.1. プレス加工の特徴と分類

3.1.1. プレス加工の特徴　金属板を分離，成形し所要の製品を作る技術で，自動車，航空機，電機産業の発達とともに成長した。板金プレス加工の主な長所は，(a)高速多量生産に適した加工法で自動化が容易であること，(b)均一な製品ができること，(c)素材は良好な機械的性質をもっているので，軽量で強度のある製品ができること，(d)材料歩留まりを良くできること，(e)生産量に見合った加工設備を選ぶことができることなどである。複雑な形状にするためには，多くの工程を要し，また溶接などほかの作業との組合せも必要であるが，最近では，金型設計技術の向上で，かなり複雑な形状も少ない工程で加工できるようになっている。設備費がかなり高額であり，騒音，振動の公害源になる場合もあり，注意を要する。

3.1.2. プレス加工の分類　プレス加工を分類すると，せん断加工および成形加工に大別でき，接合加工およびきょう正を目的とした加工も加えられる。成形加工はさらに，曲げ，深絞り，張り出しなどに分けられる。

3.2. せん断加工

3.2.1. せん断加工の種類（図 3-1）

(1) 打抜き　図 3-1(a)のように板状の材料から必要な形の製品を抜き取る作業で，下型（ダイス）の形状に打抜かれるので，型を正確に作らねばならない。上型（ポンチ）は，下型との間に適当なすきまをとり，その分小さく作る。

(2) 穴あけ　図 3-1(b)のように打抜きとは逆に穴があいて残った方が製品になる。そのためポンチを正確な形状に作る必要がある。普通は，板厚よりも小さい径の穴あけは行わない。

(3) せん断　板材を必要な大きさの板に切断する作業である（図 1-3(c)）。切断の場合の抵抗を小さくするため，上下の切刃を互いに傾ける。この傾き角をシャ角といい，実用上12°以下にする。

(4) 縁取り　絞り製品の耳取りや，型打鍛造によってできたばりを切り落とす作業のことで，打抜きと

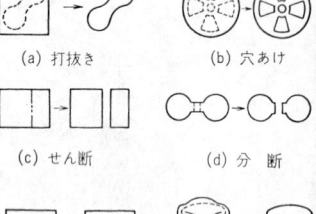

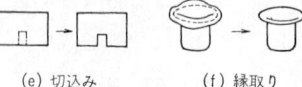

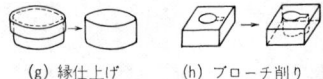

図 3-1　せん断加工の各種
（a）打抜き　（b）穴あけ　（c）せん断　（d）分断　（e）切込み　（f）縁取り　（g）縁仕上げ　（h）ブローチ削り

まったく同じである(図3-1(f))。ただ，製品を1個ずつ取り扱わなければならない点が異なる。

(5) 仕上げ抜き　比較的厚い板を抜くときには，ポンチとダイスとの間にかなりのすきまをつけなければならないので，打抜かれた板の端は粗くなる。この粗い面を平滑にするため，すきまを非常に小さくしたポンチとダイスを用いて再度打抜き，周囲の粗い面を削り取る加工法を仕上げ抜きという（図3-1(g)）。これは塑性加工よりブローチ加工に近い切削加工である（図3-1(h)）。

(6) 精密せん断法　せん断面を製品とする高精度で後加工の不要な加工法。精密打抜き法（図3-2），対向ダイスせん断法（図3-3）などがある。

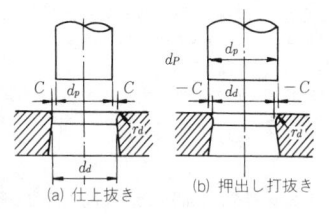

図 3-2　仕上抜きと押出し打抜き

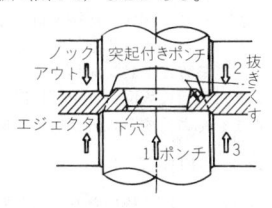

図 3-3　対向ダイスせん断法（穴あけの場合）

3.2.2. せん断面形状とすきま（クリアランス）

ポンチとダイスとのすきま（クリアランス）は，製品の目的，材質などにより適切に決めなければならない（表3-1）。標準的なすきまをもつポンチとダイスによるせん断面の形状は，せん断面，だれ，破断面，かえりから成る（図3-4）。だれ，破断面，かえりという好ましくない面の比率は，材質，工具形状，すきま，潤滑，加工速度などにより異なる。

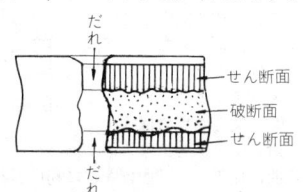

図 3-4　上下抜加工法によるせん断切口

表 3-1　各種金属材料のせん断抵抗と作業用適正すきま

材　　料	せん断抵抗(MPa)	引張強さ(MPa)	すきま
純　　　鉄	245〜313		6〜 9％ t
軟　　　鋼	313〜392	392〜 490	6〜 9％ t
硬　　　鋼	539〜882	588〜1 078	8〜12％ t
け い 素 鋼	441〜548	約558	7〜11％ t
ステンレス鋼	509〜548	637〜 686	7〜11％ t
銅　　　　（硬質）	245〜294	294〜 392	6〜10％ t
銅　　　　（軟質）	176〜215	215〜 274	6〜10％ t
黄　　　銅（硬質）	343〜392	392〜 588	6〜10％ t
黄　　　銅（軟質）	215〜294	294〜 343	6〜10％ t
アルミニウム（硬質）	127〜176	166〜 215	6〜10％ t
アルミニウム（軟質）	68〜107	78〜 117	5〜 8％ t
鉛	19〜 29	24〜 39	6〜 9％ t

せん断加工における加工力 P は $P=A\tau_s$ (N)で表され，A はせん断面積（＝板厚×せん断輪郭長さ (mm^2)），τ_s は材料のせん断抵抗（MPa(N/mm^2)）である。加工力を小さくするためにシヤ角をつけることがあるが，製品の平面度を悪くすることがある。

3.2.3. せん断工具　抜型には，打抜型と順送り抜型，多列打抜型，総抜型，仕上げ抜型などがある。打抜型はすべての型のうちで最も簡単な型で，薄板材料から目的の製品を打ち抜く。順送り抜型は，たとえば座金のように製品の中に小さい穴をもったものを打ち抜く場合に用いる。この型では精度の高い製品は望めない。多列打抜型は量産を必要とする場合に用い，一回の打ち抜きで数個の製品を作り出す。総抜型は上下にそれぞれ対応した上型と下型をもっていて，それぞれがポンチとダイスの役目をする。この型では，製品精度の高い加工ができるガイドピンを用いた型を作ることが可能である。仕上げ抜型とバニシングはともに表面の仕上げ精度を良好にするため，ポンチとダイスとの間のすきまを小さくする以外は抜型と同じである。

3.3. 曲げ加工

あらかじめ打ち抜いたり切断したりした材料を，熱間または冷間で目的の形に曲げる作業である。

3.3.1. 板の曲げ加工の様式（図 3-5）

(1) 折り曲げの様式
材料の一辺を固定して他辺を折り曲げるもので，万能折曲げ機または曲げ型を用いて加工する。

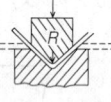

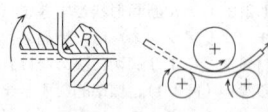

(2) 突き曲げの様式
一対のポンチとダイスによる曲げ加工。V 型曲げなどに利用される。これには機械プレスやプレスブレーキを用いる。

図 3-5　曲げ加工様式　(i) 突き曲げ　(ii) 巻付け曲げ　(iii) 送り曲げ

(3) 連続的に曲げる様式　材料が一組の工具の中を連続して通過する間に工具によって曲げられる方法であり，ロールによる方法，成形されたロールを用いる方法などがある。

3.3.2. 加工上の問題点

(1) 最小曲げ半径　各種材料に対しては曲げ試験を行う。一般には，最小曲げ半径を $R_{\min}$ とすれば，極軟鋼では $R_{\min}=0.5t$（t は板厚），炭素鋼，軽合金では $R_{\min}=2.0$ にとる。この大きさを表 3-2 に示す。このほか，板はロールによって圧延されるので，異方性をもっている。たいていの場合は，曲げ軸を圧延方向に直角にとるが，とれないときでも 45°以上にとるようにする。

(2) スプリングバック（跳ね返り）　曲げ加工後に荷重を除去すると，弾性ひずみのためにわずかながら板の変形が戻り，目的の形と一致しなくなる。このことをスプリングバックという。その大きさは加工の種類，材質，形状によって異なるが，表 3-3 にその一例を示す。この対策として，スプリングバックの量を見込んで曲げ角を大きくとる，曲げ部分を強圧して十分塑性変形を与え

3章 成形加工（プレス加工）

表 3-2 曲げ加工の丸み（JIS B 0702：77 より） (単位 mm)

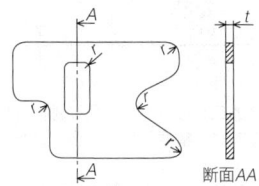

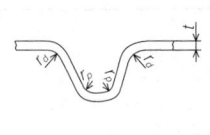

	打抜き加工品の丸み	曲げ加工品の丸み	絞り加工品の丸み	ビード加工品およびエンボス加工品の丸み	バーリング加工品および穴フランジ加工品の丸み
r	$\geq 0.4t$				
r_p		$\geq t$	$\geq 4t$*	$\geq 2t$	
r_d		$\geq t$	$\geq 4t$*	$\geq 2t$	$\geq 0.5t$
r_c			$\geq 6.3t$	$\geq 2t$	
	図1	図2	図3	図4	図5

注 * 絞り加工品の丸み r_p および r_d は，しわの発生などの不良現象が起こることがあるので，$8t$ を超えないことが望ましい．

図 1 打抜き加工品の丸み

図 2 曲げ加工品の丸み

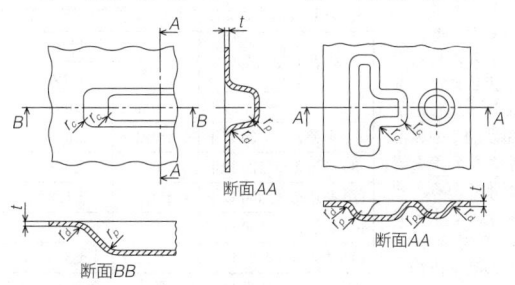

図 4 ビード加工品の丸みおよびエンボス加工品の丸み

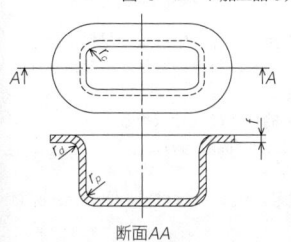

図 3 絞り加工品の丸み

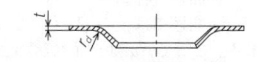

図 5 バーリング加工品および穴フランジ加工品の丸み

表 3-3 スプリングバックの例 (曲げ角 90°)

材　質	板厚 (mm)	曲げ半径	スプリングバック (度)
低炭素鋼	6〜25	鋭	1〜2
炭素鋼 (0.5% C)			3〜4
ばね鋼			10〜15
軟鋼	0.8 以下	1.0 以下	4
黄銅（軟質）		1.0〜5.0	5
アルミニウム		5.0 以上	6
亜鉛	2.0 以上	1.0 以下	0
		1.0〜5.0	1
		5.0 以上	2
鋼	0.8〜2.0	1.0 以下	4
		1.0〜5.0	5
		5.0 以上	7

るなどの方法がある。

(3) 曲げによって生じるそり　曲げ加工を行った後，曲げ線の外側にそり，くら形になる。その大きさはわずかであるが，精度が高い場合，適当なきょう正法を必要とする。

(4) 製品の形状と製作公差　製品形状は，加工中材料に回転モーメントや推力が生じても材料がずれないもの，形がくずれないもの，材料の動きが阻止されないものが望ましい。したがって，曲げ加工の場合，あまり小さな公差を望むのは困難である。寸法の許容差は，JIS B 0408：91 で規定している。その値を抜粋して表 3-4 に示す。

表 3-4 曲げおよび絞りの普通寸法許容差 (単位 mm)

基準寸法の区分	等級		
	A 級	B 級	C 級
6 以下	±0.1	±0.3	±0.5
6 を超え　30 以下	±0.2	±0.5	±1
30 を超え　120 以下	±0.3	±0.8	±1.5
120 を超え　400 以下	±0.5	±1.2	±2.5
400 を超え　1000 以下	±0.8	±2	±4
1000 を超え　2000 以下	±1.2	±3	±6

備考　A 級，B 級および C 級は，それぞれ JIS B 0405 の公差等級中級，粗級および極粗級に相当する。

(5) 作業上の注意

曲げ作業は危険であるから，確実な機械を用い，作業中は型や材料には手を触れないように注意する。また曲げ工程を検討し，材料の質量，精度，生産量にあった付帯設備を整えることが大切である。

(6) 曲げに要する力　曲げ荷重は，実験的に次の式で求める。

V 曲げ（自由曲げ）では　　$P=(1.1〜1.5)bt^2\sigma_B/a$ (N)，

U 曲げでは　　$P=(1〜2)bt\sigma_B$ (N)

である。ここで，a はダイス肩幅 mm，t は板厚 mm，b は材料の幅 mm，σ_B は材料の引張強さ MPa (N/mm²) を表す。

3.3.3. 管，形材の曲げ加工

管や形材を曲げる場合，図 3-6 に示すように，

(a) 不良な管の曲げ　　　**(b) 形材の断面形状のくずれ**

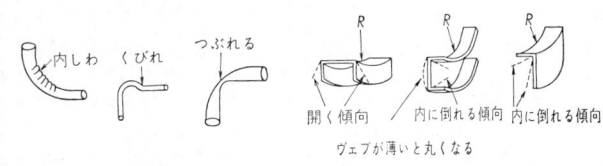

図 3-6 曲げによる変形

割れや座屈，ネッキングなどを生じ，荷重を除くとスプリングバックにより曲げ半径が大きく，曲げ角が小さくなる。このような断面の形をくずさないように曲げるために，できるだけ材料の内外面を均一に押さえて曲げなければならない。この曲げ加工には次の5種類の方式があり，一部を図3-7に示す。

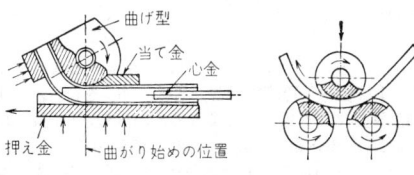

(a) ロータリベンダ　　(b) ロールベンダ

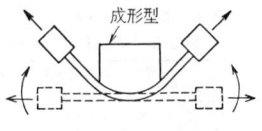

(c) ストレッチベンダ

図 3-7

(1) ロータリベンダ　心金を用い，曲げられる材料に合った形のダイスを用いて曲げる方式。

(2) ワイパベンダ　曲げ形を固定し，押え金を用いて型に沿って曲げる方式。

(3) ロールベンダ　3本のロールに管や形材に合った溝をつけ，形がくずれないように曲げる方式。

(4) ラムベンダ　材料の外形に合った上型と2個の下型との間で成形する方式。

(5) ストレッチベンダ　材料の両端を引っ張り成形型に沿って曲げる方式で，スプリングバックの非常に少ない精度の高い製品ができる。

3.4. 絞り加工

絞りとは平板（ブランク）から継目のない底付き筒形の製品を作る作業をいう。したがって，加工法にはつちを用いて成形する方法，旋盤に適当な形をつけそれに板金を押しつける方法（へら絞り），さらに機械プレスによる方法などが考えら

$r_p < d_p$ 平底ポンチ，$r_p = \frac{1}{2} d_p$ 球頭ポンチ

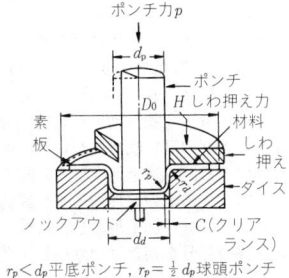

図 3-8 絞り型の基本構成と主要諸元

3.4.1. ポンチとダイスによる深絞り加工

図3-8に,基本的な円筒容器の深絞り用プレス型を示す。直径 d_d をもつダイス上に,外径 D の円形ブランクを置き,しわ押えを行いながら直径 d_p のポンチを押し込む。ダイス肩およびポンチの先端に,それぞれ半径 r_d および r_p の面取りがある。

(1) ブランクの決め方　ブランクと製品の表面積を等しくとる。製品の直径 d, 深さ h, 底の丸み半径 r_p の底付き円筒に対し,ブランクの直径 D は

$$D \fallingdotseq \sqrt{d^2 + 4dh - 1.72 dr_p}$$

底の角の鋭い場合

$$D \fallingdotseq \sqrt{d^2 + 4dh}$$

(2) 絞り率　絞り率 m は, $m = d/D$ となり,表3-5により工程数を決める。1工程で不可能な場合,再絞り加工を行う。普通,2工程以上の絞り率は,加工硬化により絞りにくくなるが,一般には同じ値をとる。そこで絞り工程 n では, $m = m_1 m_2 .. m_n$ で, $m_1 = 0.55 \sim 0.60$, $m_2 .. m_n = 0.75 \sim 0.80$ 程度であるので,全体の絞り率 m が与えられれば,工程数 n を決めることができる。

最近,サーボ技術を駆使した新しいサーボプレスが開発され,1ストロークで深絞りができるようになった。

表3-5　実用限界絞り率

材　料	深絞りの限界絞り率 (m_1)	再絞りの限界絞り率 (m_2)
深絞り鋼板	0.55～0.60	0.75～0.80
ステンレス鋼板	0.50～0.55	0.80～0.85
めっき鋼板	0.58～0.65	0.88
銅	0.55～0.60	0.85
黄銅	0.50～0.55	0.75～0.80
亜鉛	0.65～0.70	0.85～0.90
アルミニウム	0.53～0.60	0.80
ジュラルミン	0.55～0.60	0.90

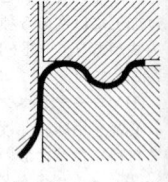

図 3-9　ビードの例

(3) しわ押え力　比較的厚い板 ($t/D > 0.04 \sim 0.05$) あるいは比較的浅い形状の絞り加工では,しわ押えを必要としない。薄板の深絞りの場合,しわを発生させない限りしわ押え力はできるだけ小さく,1～2 MPa にとる。複雑な形状の部品を絞るときは,図3-9のように押え板とダイスに凹凸の溝(ビード)をつける。

(4) ポンチとダイスのすきま　すきまは普通,板厚の1.4～1.5倍程度にする。しかし,製品の精度を出すためにしごきを行う場合,1.1～1.2倍程度にするが,この場合,絞りに必要な動力は大きくなる。

(5) 潤滑　潤滑効果は絞り動力の低下,工具摩耗の減少などに現れ,絞り性から粘度の高い潤滑油が良く,黒鉛,二硫化モリブデンなどの固体潤滑剤も有効である。ポンチと素材との間の潤滑は避けた方がよい。

3.4.2. その他の成形加工

絞り加工には,張り出し加工,へら絞り加工,絞りスピニング加工があり,特殊な加工として,フランジをつけるフランジング,縁の部分を巻き込むカーリングなどがある。

3.5. プレス機械およびプレス用金型

3.5.1. 機械プレス
プレス作業に用いる機械プレスは，回転運動を直線運動に変え圧縮力を生じさせる機械で，駆動方法によって，クランク機構，カム機構，ねじ機構および流体機構がある。この中でカムによるものはせん断機やしわ押え機構に，流体によるものは鍛造プレスに用いられる。機械プレスの用語は，JIS B 0111：97 に定められている。

(1) クランクプレス　クランク機構によって作業を行う機械であり，単動式と複動式がある。単動式は打ち抜き，浅い絞りまたは曲げに用い，複動式はその他の絞りに用いる（図 **3-10**）。

(2) フリクションプレス　ねじ機構により，はずみ車のもつエネルギを全部 1 回の加工に用いる方法で，構造上，型打ち作業に適している。

(3) ナックル（トッグル）プレス　駆動方式にトッグル機構を利用したもので，このプレスは深絞り用と同時に，加工工程の終期において強い力を必要とする型打ちに適している。

図 3-10 複動式クランクプレス (Shuler)

(4) サーボ機構の応用　機械プレスのストロークを，サーボ機構を用いて任意に変えることができる，サーボプレスが登場している。仕事中のストロークを，早くあるいは遅くして，しわの発生しない深絞りを一段のストロークで処理できる機械プレスである。有効に利用するには，金型の設計および作業手順を決めることが重要である。図 **3-11** は，サーボプレスの一例および工程を示す。

(5) 機械プレスの精度　機械プレスの精度規格は，JIS B 6402：97 に規定している。精度検査の中で一例として，スライド上

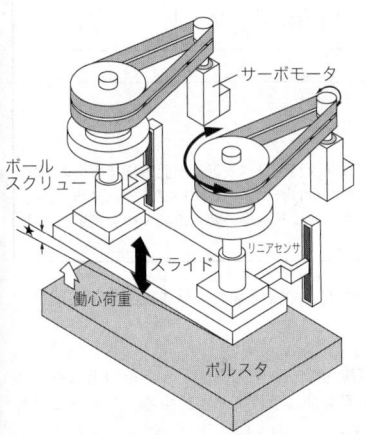

図 3-11(a)　サーボプレスの構造図

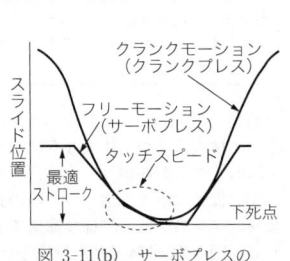

図 3-11(b)　サーボプレスのストローク

表 3-6(a)　機械プレスの精度検査

(JIS B 6402：02 より抜粋)

検査項目
スライドの上下運動とボルスタ（又はベッド）上面との直角度

測定法方図

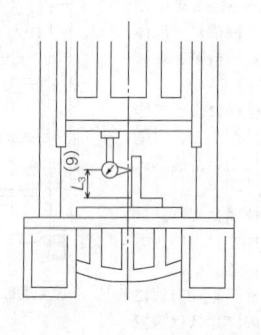

注　測定長さの最小値は，呼び能力 630 kN 以下の場合，特級及び 1 級では 20 mm，2 級では 65 mm とし，呼び能力 630 kN を超え 2 500 kN 以下の場合，特級及び 1 級では 25 mm，2 級では 100 mm とする。

許容値

呼び能力 (Kn)	等　級		
	特級	1級	2級
630 以下	$0.008 + \dfrac{0.013}{200}L_3$	$0.008 + \dfrac{0.038}{200}L_3$	$\dfrac{0.060}{200}L_3$
630 を超え 2 500 以下	$0.015 + \dfrac{0.015}{300}L_3$	$0.025 + \dfrac{0.045}{300}L_\times$	$\dfrac{0.120}{300}L_3$

備考及び JIS B 6191：99 の参照
　5.52　及び　5.522

ボルスタ（又はベッド）上に，又はボルスタ（又はベッド）上面のほぼ中央の直定規上に，直角定規を立て，スライドに取り付けたダイヤルゲージをこれに当て，スライドを上下に移動させ，そのときのダイヤルゲージの読みの最大差を測定値とする。

下運動とボルスタ（またはベッド）上面との直角度および連結部上下の総合すきまの検査法について表 3-6 に示す。

3.5.2.　その他の機械

(1) 板せん断加工機　　2 枚の直線刃のうち下刃を固定し，その上に置いた板を，プレス機械と同様な機構で上刃を押し下げてせん断する。シャーといわれる。図 3-12 は直刃せん断機を示す。

表3-6(b) 機械プレスの精度検査

(JIS B 6402:02 より抜粋)

検査項目
連結部上下の総合すきまの精度検査

測定法方図

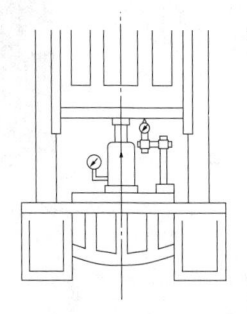

許容値

形 態	等 級		
	特級	1級	2級
クランク形	$0.1+\dfrac{2\sqrt{p/10}}{100}$	$0.20+\dfrac{3\sqrt{p/10}}{100}$	$0.40+\dfrac{4\sqrt{p/10}}{100}$
クランクレス形	$0.40+\dfrac{6\sqrt{p/10}}{100}$	$0.80+\dfrac{8\sqrt{p/10}}{100}$	$1.60+\dfrac{10\sqrt{p/10}}{100}$

備考
　スライドをストロークの上限又は下限に定置し，ボルスタのほぼ中央に所定の負荷[10]を加え，各支持点の下で測定し[11]，加圧前後のダイヤルゲージの読みの差を測定値とする。
測定はギブセットの状態で行う。

注[10]　呼び能力の約5％とする。
　[11]　支持点の下にジャッキを掛けなければならない場合は，測定点は支持点の下でなくてもよい。

(2) 曲げ加工機械　曲げ加工に用いる機械に，3本ローラ，成型ローラ，万能折曲げ機，プレスブレーキ（図3-13）およびプレスなどがある。
(3) トランスファプレス　1台のプレスに1列に金型を並べて取り付け，各金型に順次に加工物を送り込む機構（トランスファ機構）を備えたプレスである。図3-14はこれを並べて自動化を図ったものである。

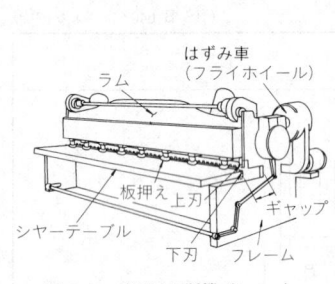

図 3-12 直刃せん断機（シャー）

図 3-13 プレスブレーキ

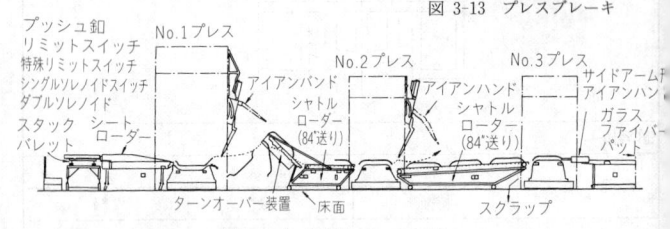

図 3-14 自動化プレスライン

3.5.3. プレス工具

(1) 工具材料　工具材料としては, 安価で加工が容易な鋳鉄が一般によく用いられる。ダイス鋼, ニッケルクロム鋼, 高速度鋼, これらの中間的な炭素工具鋼, 長期の生産に用いることのできる超硬合金, その他のアルミニウム青銅, 亜鉛合金が型材料に用いられる（4編機械用工業材料2章2.2.4.および2.3.2.を参照）。プレス型に用いる使用区分と適当な硬さを表3-7に示す。

(2) プレス型の種類

(a) プレス抜型　プレス抜型には, 単一抜型（図3-15）, 順送り抜型（図3-16）, 総抜型（図3-17）などがある。

(b) 曲げ型　代表的な曲げ型は, V形曲げと直角曲げとである。図3-18はV形曲げ型を示す。

(c) 絞り型　絞り型にはブランクを単に絞るだけのものと, 大きなブランクから抜いて絞る抜き絞り型とがある（図3-19）。

(3) ダイセット　精密なプレス作業を行うには, このダイセットと案内ポスト（ガイドポスト）とを用いることが非常に有効である。ダイセットを用いると, 機械プレスと型とに起因する角度不良を除くことができる。ダイセットは図3-20に示すように, 各部に名称がついている。ダイセットにはまた各種の形式があり, JIS B 5060:95では大きく4種類, たとえば2本ガイドのセンターポスト形, バックポスト形と対抗ポスト形および4本ガイド形に分類され

表 3-7 鋼材の種類の記号および用途例

区 分	種類の記号	焼入れ焼戻し硬さ(HRC)	用 途 例 (参考)
一般工具用鋼材	SK 120 (SK2)	62 以上	小形ポンチ
	SK 105 (SK3)	61 以上	プレス型
	SK 95 (SK4)	61 以上	プレス型
	SK 90 (TC90)	60 以上	プレス型
	SK 85 (SK5)	59 以上	刻印, プレス型
	SK 80 (SK5)	58 以上	刻印, プレス型
	SK 75 (SK6)	57 以上	刻印, プレス型
	SK 70 (TC70)	57 以上	刻印, プレス型
	SK 65 (SK7)	56 以上	刻印, プレス型
	SK 60	55 以上	刻印, プレス型
切削工具鋼	SKS 11	62 以上	冷間引抜きダイス
	SKS 2	61 以上	プレス型,
	SKS 21	61 以上	ねじ切りダイス
耐衝撃工具鋼	SKS 4	56 以上	シャー刃
	SKS 41	53 以上	
	SKS 43	63 以上	ヘッディングダイス
	SKS 44	60 以上	
冷間金型用	SKS 3	60 以上	シャー刃, プレス型
	SKS 31	61 以上	プレス型
	SKS 93	63 以上	シャー刃, プレス型
	SKS 94	61 以上	
	SKS 95	59 以上	
	SKD 1	62 以上	綿引ダイス, プレス型, 粉末成形型
	SKD 2	62 以上	
	SKD 10	61 以上	
	SKD 11	58 以上	ねじ転造ダイス, ホーミングロールプレス型
	SKD 12	60 以上	
熱間金型用	SKD 4	42 以上	プレス型, ダイカスト型押出し工具, シャーブレード
	SKD 5	48 以上	
	SKD 6	48 以上	
	SKD 61	50 以上	
	SKD 62	48 以上	プレス型, 押出し工具
	SKD 7	46 以上	
	SKD 8	48 以上	プレス型, ダイカスト型, 押出し工具, 鍛造型, プレス型, 押出し工具
	SKT 3	42 以上	
	SKT 4	42 以上	
	SKT 6	52 以上	

備考 括弧書き (SKxx) は旧 JIS 記号, (TCxx) は ISO/FDIS 4957：98 の記号を示す。

560　　　　　　　　　　6編　機械工作法

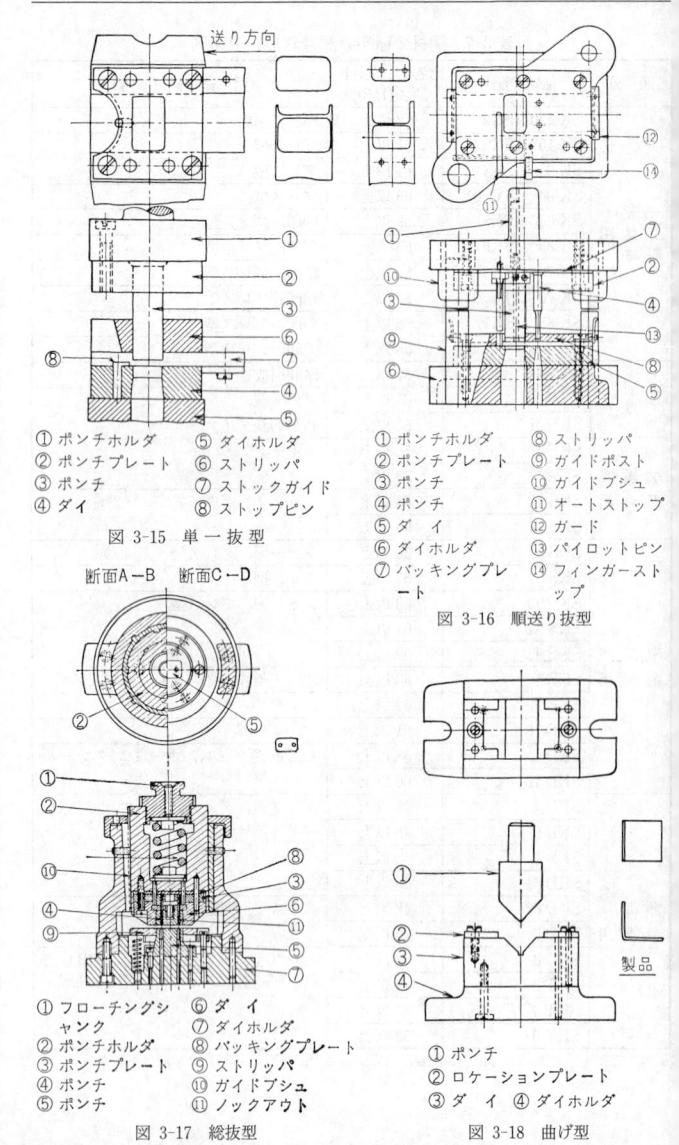

送り方向

① ポンチホルダ　　⑤ ダイホルダ
② ポンチプレート　⑥ ストリッパ
③ ポンチ　　　　　⑦ ストックガイド
④ ダイ　　　　　　⑧ ストップピン

図 3-15　単一抜型

① ポンチホルダ　　⑧ ストリッパ
② ポンチプレート　⑨ ガイドポスト
③ ポンチ　　　　　⑩ ガイドブシュ
④ ポンチ　　　　　⑪ オートストップ
⑤ ダイ　　　　　　⑫ ガード
⑥ ダイホルダ　　　⑬ パイロットピン
⑦ バッキングプレート　⑭ フィンガーストップ

図 3-16　順送り抜型

断面A-B　　断面C-D

① フローチングシャンク　⑥ ダイ
② ポンチホルダ　⑦ ダイホルダ
③ ポンチプレート　⑧ バッキングプレート
④ ポンチ　　　　⑨ ストリッパ
⑤ ポンチ　　　　⑩ ガイドブシュ
　　　　　　　　⑪ ノックアウト

図 3-17　総抜型

製品

① ポンチ
② ロケーションプレート
③ ダイ　④ ダイホルダ

図 3-18　曲げ型

3章 成形加工（プレス加工）

表3-8 プレス型用ダイセット―精度および測定方法（JIS B 5031：03）

番号	検査事項	測定方法	測定方法図	許容値 mm	
1	ダイホルダ 上面及び下面の平行度	定盤上にダイホルダを置き，その上面に測定器を当てて呼び寸法の範囲内を前後左右に移動させ，その読みの最大差を測定値とする。	精密定盤	呼び寸法[1]（プレートの長辺の長さ）	許容値
				160まで	0.012
				160を超え250まで	0.015
2	パンチホルダ 上面及び下面の平行度	定盤上にパンチホルダを置き，その上面に測定器を当てて呼び寸法の範囲内を前後左右に移動させ，その読みの最大差を測定値とする。	精密定盤	250を超え400まで	0.020
				400を超え630まで	0.030
				630を超え800まで	0.040
3	部分組立 ガイドポストとガイドブシュとのクリアランス	ガイドポストのはめあい部最大径と，パンチホルダに組み付けたガイドブシュ穴の最小径及びボール径を測定し，その差を測定値とする。クリアランス＝ガイドポストの最大径－ガイドブシュの最小径		ポスト径	クリアランス[2]
				20	0.003〜0.007
				25	
				32	0.006〜0.010
				40	0.010〜0.014
				50	
4	部分組立 プリロード量	ガイドポストのはめあい部最大径と，パンチホルダに組み付けたガイドブシュ穴の最小径及びボール径を測定し，プリロード量＝（ガイドポストの最大径）－（ガイドブシュ穴の最小径）を測定値とする。		ポスト径	プリロード量[2]
				20	0.020〜0.024
				25	
				32	0.026〜0.030
				40	0.032〜0.036
				50	

表 3-8 プレス型用ダイセット—精度および測定方法（つづき）

番号	検査事項		測定方法	測定方法図	許容値 mm
5	部分組立	ダイホルダ下面とガイドポストとの直角度	ガイドポストを組み付けたダイホルダを定盤上に置き，直角測定器によってガイドポストの周囲180度について直角度を測り，その読みの最大値を測定値とする。	精密定盤	測定長100について0.02以下
6	部分組立	シャンクの直角度	パンチホルダの上面に置いた直角測定器をシャンクに当て，その周囲180度について直角度を測り，その読みの最大値を測定値とする。		全長について0.02以下
7	組立	組み立てたダイセットにおけるパンチホルダ上面とダイホルダ下面との平行度	組み立てたダイセットを定盤上に置き，ダイホルダ呼び寸法のほぼ中央位置に支持ブロックを置いてパンチホルダを挟む。そしてパンチホルダ上面に測定器を当てて呼び寸法の範囲内を前後左右に移動させ，その読みの最大差を測定値とする。ただし，支持ブロックは一端を球面，他端を平面とした十分な剛性をもつものとする。また，パンチホルダの自重によるたわみが最小になるように同じ高さの2個の支持ブロックを使用してもよい。	精密定盤	呼び寸法[1]（プレートの長辺の長さ） / 許容値 160まで / 0.020 160を超え250まで / 0.025 250を超え400まで / 0.035 400を超え630まで / 0.045 630を超え800まで / 0.060

注(1) 呼び寸法・（プレートの長辺の長さ）は，JIS B 5060による。
(2) クリアランスおよびプリロード量は，参考値とする。
備考　ガイドポストおよびガイドブシュの精度は，JIS B 5007による。

3章　成形加工（プレス加工）

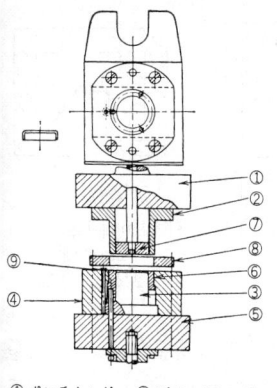

① ポンチホルダ　② ポンチプレート　③ ポンチ
④ ストリッパ　⑤ ガイドブシュ　⑥ ガイドポスト
⑦ 加工される材料　⑧ ダイ　⑨ ダイホルダ

図 3-20　ダイセット

① ポンチホルダ　⑥ ブランクホルダ
② ポンチ　　　　⑦ ノックアウト
③ ポンチ　　　　⑧ ストリッパ
④ ダイ　　　　　⑨ ストップピン
⑤ ダイホルダ

図 3-19　抜き絞り型

ている。ダイセットの検査方法は，JIS B 5031：97で規定している（表3-8）。

このダイセットと一緒に用いるガイドブシュとガイドポストも，それぞれ JIS B 5007：98 に規定している。

(4) プレス型設計上の注意事項　一般的に次の諸点に注意すべきである。
(a) 寸法精度に注意する。
(b) 適当な材料を使用する。
(c) 作業能率と，材料取りの良い設計にする。できるだけ標準部品を用いる。
(d) 機械プレスに適した型にする。
(e) 取付け，取はずしおよび保守の容易な型にする。

3.6.　特殊加工（単一型による加工）

3.6.1.　バルジ法（張り出し法）　図 3-21 のように，入口よりも胴体の方が大きい容器を作る場合に用いる。ポンチの代わりに液やゴムを用いる。

3.6.2.　型張り出し加工法　板をダイス周辺に固定し，ポンチを押しつけて，その中央部のみをある深さまで張り出してポンチに沿った形にする加工法である。

3.6.3.　引張りプレス法　素材の両端を固定し，図 3-22 のように金型 D を矢印の方向に押しつけて成形する方法および素材に張力を加えて，固定した型に沿わせて成形する方法がある。

3.6.4.　ゲーリン法（ゴムプレス法）　図 3-23 のようにダイスの上に製品内側に合わせた型または抜き穴をもった型を置き，それに薄板をのせ保持わく内に入っているゴムを押し付けて成形またはせん断する加工法である。

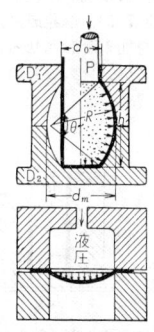

図 3-21　バルジ法

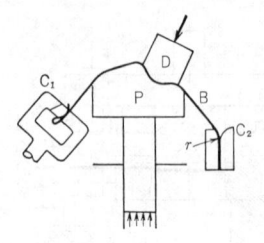

図 3-22 引張りプレス法

図 3-23 ゲーリン法
(上) 曲げ絞り
(下) せん断

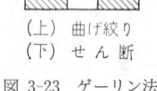

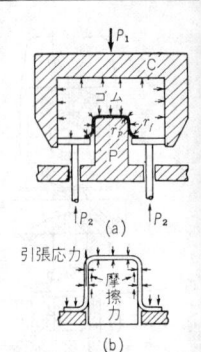

図 3-24 マーフォーム法

3.6.4. マーフォーム法
図 3-24 のようにポンチとダイスの代わりになるゴムクッションを保持わくの中に入れ、しわ押え力を適当に加えながらポンチの形に成形する加工法で、ゲーリン法の進んだ方法である。

3.6.6. ハイドロフォーム法
図 3-25 のように表面をゴム膜で密閉し、液体の入ったダイスの中に圧力を加えながらポンチを押し込む加工法である。

3.6.7. その他の方法
へら絞り加工法、ゲーリン法の変形であるホイローン法などがある。

3.7. 高エネルギ速度加工

高エネルギ速度加工とは、変形速度あるいはひずみ速度が極めて高く、高いエネルギで衝撃的に加工する方法である。この方法は、加工の困難な材料の成形、複雑な形状、大きな形状寸法をもつ製品の成形に用いる。

図 3-25 ハイドロフォーム法

3.7.1. 爆発成形法
爆薬の爆発力を利用し板材に直接または間接的に加工を加え変形させる方法（図 3-26）。大形の製品の成形、難加工材のチタン合金、ステンレスなどの成形ができる。成形型1個ですみ、型代が安くすむ。しかし、

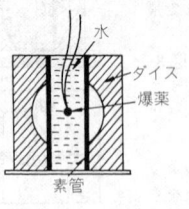

図 3-26 管のバルジ加工

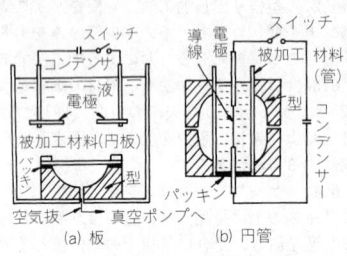

図 3-27 液中放電による成形
(a) 板
(b) 円管

作動エネルギの細かい調整ができない欠点がある。

3.7.2. 放電成形法 コンデンサに蓄えた電気エネルギを液中で放電したとき発生する衝撃波により変形させる方法(図3-27)。パイプのバルジ加工のように、細い導線を用い、細線を気化させて圧力を発生させる方法もある。圧力の大きさは電気的に制御できること、局部的に大きな圧力が得られることなどの利点がある。

3.7.3. 電磁成形法 コンデンサに蓄えた電気エネルギを短時間(数マイクロ秒)コイルに通じることで過渡的強磁場をつくり、磁場内の材料を電磁力により成形する方法(図3-28)。コイルの形および置き方により、いろいろな形状の加工ができる(図3-29)。高エネルギ加工中最も作業音が小さく、加工個数も多く多量生産に適している。

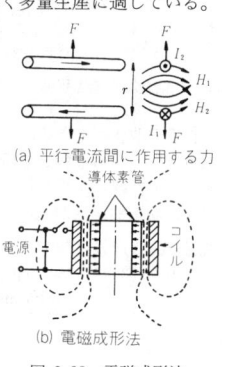

図 3-28 電磁成形法

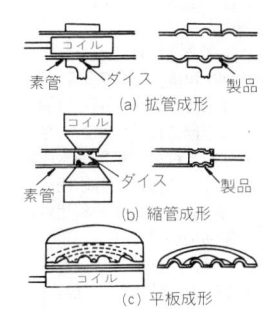

図 3-29 電磁成形における素材、コイルおよびダイスの位置関係

3.8. 粉末や(冶)金

粉末や(冶)金は、金属粉あるいは合金粉の製造と、これら金属粉末を成形型に入れて加圧成形し、溶融温度以下の温度で焼結して製品を得る技術である。加圧と加熱を同時に行う場合もある。

粉末や(冶)金は、次の特徴がある。(1) 高融点金属材料の利用、(2) 高純度金属の製造、(3) 金属あるいは非金属を含む2種以上の材料による複合材料の製造、(4) 多孔質材料(含油金属など)の製造、(5) 硬くもろい金属材料の製造、(6) 歩留まりがよく、寸法精度も高い、などである。このため、新材料を利用した新しい分野における製品の成形に広がりつつある。

なお、JIS Z 2500：00には粉末や(冶)金用語が規定されている。

3.8.1. 粉末 原料粉末は、機械的、化学的あるいは物理化学的方法によりつくられる。粉末の形状は粉末や(冶)金の製品の機械的性質に影響するので、良質の粉末をつくることが大切である。原料として、鉄粉が主体であるが、銅合金、すず、ニッケルなどを用いる。

3.8.2. 製造工程

粉体成形工程を図3-30に示す。粉末の圧縮は，機械プレスあるいは液圧プレスにより行い，成形圧力は300〜700MPaである。金型はダイス鋼が，多量生産には超硬合金が用いられる。焼結は，通常雰囲気調整を行った連続焼結炉で行われる。焼結温度は鉄系で1100〜1200℃，銅系で750〜800℃である。一般に焼結温度は，融点の3/5前後とする。

コイニングあるいはサイジングは，焼結材を再度金型に入れ再圧縮あるいは単にダイスを通し目的の寸法に仕上げる作業である。さらに後工程により材質の改善ができる。

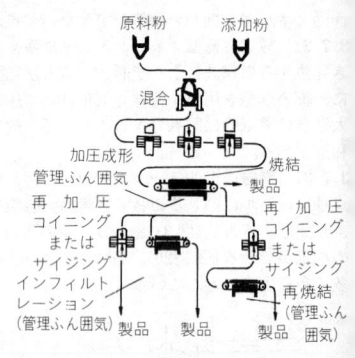

図 3-30 焼結金属製造工程図

最近の製造工程に，熱間静水圧プレス(HIP)がある。いろいろな種類の粉末金属を成形し，高温，高静水圧の下で焼結成形する方法で，難加工性材料による高強度部品の製造によく利用される。このほかにも，粉末鍛造法がある。

3.8.3. 製品の分野

製品の分野は，表3-9(次ページ)に示す。粉末や(冶)金でなければできない分野だけではなく，一般の他の加工法でもできる分野に広く利用されるようになった。

3.8.4. 金属焼結部品の精度

金属焼結法によりつくられる焼結機械部品および焼結合油軸受の加工寸法の普通許容差について，JIS B 0411：78(表3-10に抜粋)に規定している。これには，金属焼結法による加工のみを対象としており，切削加工法による工作物の許容差については除くことになっている。

表 3-10 金属焼結品普通許容差
(JIS B 0411：78より抜粋)

(a) 幅の許容差 (単位mm)

寸法の区分 等級	精級	中級	並級
6以下	±0.05	±0.1	±0.2
6を超え 30以下	±0.1	±0.2	±0.5
30を超え 120以下	±0.015	±0.3	±0.8
120を超え 315以下	±0.2	±0.5	±1.2

(b) 高さの許容差 (単位mm)

寸法の区分 等級	精級	中級	並級
6以下	±0.1	±0.2	±0.6
6を超え 30以下	±0.2	±0.5	±1
30を超え 120以下	±0.3	±0.8	±1.8

3章 成形加工（プレス加工）

表 3-9 粉末や(冶)金の応用分野

応 用 分 野		合 金 例
機械部品 (含自動車部品)	カム，ギヤ，スプロケット，バルブプレート，ブラケット類，ノズル，シート類	Fe, Fe-C, Fe-Cu, Fe-C-Cu, Fe-C-Ni-Mo, Fe-C-Ni-Mn, Fe-Cr-Ni(オーステナイト系SUS), Fe-C-Cr(マルテンサイト系SUS), Fe-C-Cu-Ni, Cu-Sn
多孔質製品	含油軸受	Cu-Sn, Cu-Sn-Pb, Fe-C, Fe-Cu, Fe-C-Cu, Al-Cu
	フィルタ，熱交換器	Cu, Cu-Sn, Fe-Cr-Ni(オーステナイト系SUS), Ni, Ti, Pt
	焼結電極	Ni, Ta
超硬合金	切削工具，耐摩耗工具	WC-Co, WC-TaC-Co, WC-TiC-Co, WC-TiC-Ta(Nb)C-Co, WC-Ni
複合合金	電気接点	Ag-W, Cu-W, Ag-WC, Cu-WC, Ag-Mo, Ag-Ni, Ag-CdO
	集電すり板	Cu-Sn-Fe-C, Cu-Sn-P-Cr-C, Fe-Cu-Pb
	クラッチ，ブレーキなどの摩擦材料	Cu-Sn-Pb-C, Cu-Sn-Pb-SiO-C, Fe-Cu-C, Fe-C-SiC
	ダイヤモンド砥石，ドレッサ	D-Cu, D-Fe, D-Ni, D-WC-Co (Dはダイヤモンド)
高融点金属	管球用材料，電極，超耐熱材料，熱電対	W, Mo, Ta, Nb, Re, それらの合金
サーメット	超耐熱材料，切削工具	TiC-Mo-Ni, TiC-TiN(TaN)-Mo-Ni, TiC-Mo$_2$C-Ni(Co), TiC-Mo$_2$C-TiN-Ni(Co), Cr$_3$C$_2$-Ni, Al$_2$O$_3$-Cr, Al$_2$O$_3$-Fe
分散形複合材料	耐クリープ材料	Al-Al$_2$O$_3$, Cu-Al$_2$O$_3$, Ni-ThO$_2$
磁性材料	焼結金属磁石	Al-Ni-Co-Cu, Fe-Ni-Al

4章 その他の成形加工

4.1. 圧延加工

金属や合金を常温(冷間)または高温(熱間)で,回転するロールの間を通して成形する方法であり,組織をち密にし,均質で一定厚さの材料が得られ,しかも生産性が高い加工法である。

4.1.1. 圧延作業工程　圧延作業は,高温の材料をそのまま圧延する熱間圧延と低い温度で加工する冷間圧延とに大別される。

(1) 分塊圧延　大きな鋼塊を熱間で圧延し,次の圧延加工の素材にする。

(2) 型材および線材圧延　ビレットを,穴型をもつロール間で数回圧延し製品にする。

(3) 板材熱間圧延　厚板や中厚板の熱間圧延,さらにシートバーを重ねて薄板を作る。

(4) 板材冷間圧延　熱間圧延材を冷間圧延し,その後焼きなまして製品にする。

(5) 整直　板材などは,ローラ整直機などにかけて整直する。

4.1.2. 圧延機の形式　圧延機にはいろいろな形があり,図 4-1 に示すように,ロールの数と配置によって機能が異なる場合もある。

2段圧延機は,板厚の厚いものや圧延ロールに溝をつけて型材の圧延に使われるが,往復して交互に圧延できる3段圧延機とともに,一般的な圧延機である。

4段圧延機は,板材の熱間および冷間圧延の主力機であり,2本の駆動ロールをそれよりも大きな径のロールで支持したものである。それ以上の本数の圧延機は,主に冷間圧延に用いる。可逆式4段圧延機は,普通の4段圧延機に巻取り装置を結合したもので,前後方向に張力を加えて圧下できるので,極めて有効で広く用いられる。連続式4段圧延機は,4段圧延機のロール部分を2～4基連続して設置したものであり,1回の通過で製品ができあがり,冷間圧延にはよく用いられる。6段圧延機は,とくに薄板の圧延に使われる。

Y型圧延機は,4段圧延ロールの上のロールを細くして2対のロールでささえたものであり,構造上強固につくられるので硬質材の圧延や精密で薄い板の圧延に用いる。

センジミヤ多段圧延機は,多段圧延機よりさらに径を小さくしかつ本体を強固にして,精密な圧延ができるようにしたものである。

プラネタリ圧延機は,大径の支持ロールの周囲に,多数の公転および自転する小径の作動ロールを配置して圧延する方式であり,1パスで大きな圧下率が得られる。材料をかみこむ機能がないので,材料送り込みロールが必要である

4.1.3. ロールと軸受の種類　ロール材質の分類を表 4-1 に示す。また,軸受の種類を表 4-2 に示す。

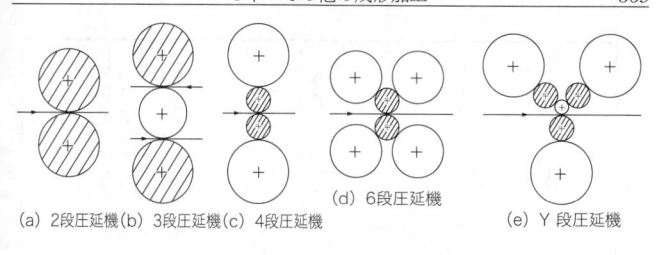

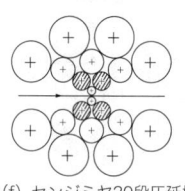

(a) 2段圧延機 (b) 3段圧延機 (c) 4段圧延機 (d) 6段圧延機 (e) Y段圧延機

(f) センジミヤ20段圧延機 (g) C.B.S.圧延機

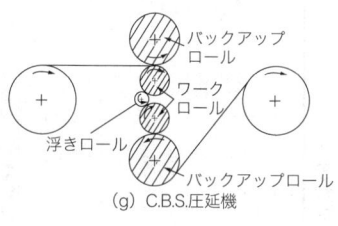

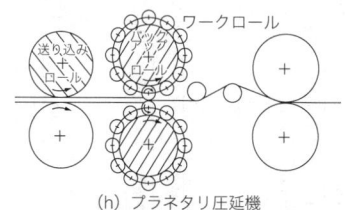

(h) プラネタリ圧延機

図 4-1 各種圧延機のロール配置（ハッチングしたものは駆動ロールを示す）

表 4-2 軸受の種類

種　　類	用　　　　途	潤　　　滑
砲 金 軸 受	2段ロールないし4段圧延機用 軽荷重用	冷圧にはグリース 熱圧にはホットネックグリース
合 成 樹 脂 軸 受	2段および3段ロール熱間圧延機用 軽荷重用	水
こ ろ 軸 受	4段冷間圧延機用 重荷重用	グリース
モーゴイル軸受	広幅帯板冷間圧延機用 重荷重用	潤滑油

4.2. 引抜き加工

ダイスを通して，線および棒をその直径より小さな直径に引き抜く加工法である。

4.2.1. 引抜き作業

(1) 鋼線の場合

表 4-1 ロールの種類および用途例

名称	胴部表面かたさ H_s	主要標準成分 % C	Si	Ni	Cr	Mo	用途別
中質チルドロール	50〜65	2.6〜3.3	−0.60〜	—	—	<0.3	厚中板仕上、薄板ぶりきの粗および仕上、中、小形仕上鋼管
硬質チルドロール	65〜70	3.3〜3.7	−0.50〜	—	—	<0.3	各種薄板仕上
低合金チルドロール	65〜75	3.0〜3.8	<1.0	<2.5	0.3〜1.0	<0.5	帯鋼小形線材仕上、高級仕上鋼板、冷間、薄板冷間
高合金チルドロール	75〜95	3.0〜3.8	<1.0	2.0〜6.0	0.5〜1.5	<0.5	ぶりきや薬鋼板、ストリップ仕上
低合金グレーンロール	40〜65	2.0〜3.5	1.0〜2.4	<2.0	0.5〜1.5	<0.5	大中小形粗中間および仕上
高合金グレーンロール	57〜90	3.0〜3.5	<1.5	2.0〜1.0	0.5〜1.5	<0.5	中、小形仕上ホットストリップ鋼管
普通 2C ロール	40〜50	1.5〜2.3	<0.5	—	—	—	大中小形中間および仕上
合金 2C ロール	40〜50	1.3〜2.6	<1.0	<1.0	<1.5	—	同上
粗立て鋳鉄ロール	60〜85	外部:チルドまたはグレーン、または熱処理した特殊鋼 内部:鋼					ストリップ上下ロール各種きょう正用鋼管
中抜ロール	75〜95	外部:高合金チルドまたはグレーン 内部:強じん鋼					各種薄板冷間
普通鋳鋼ロール a	30〜35	0.4〜0.65					分塊、鋼片、大形鋼
〃 b	32〜45	0.6〜1.0					鋼片、分塊、大形条鋼、バックアップロール
特殊鋳鋼ロール (2C ロール) c	35〜40	1.3		0.6	1.0	0.4	ビルガー
〃	40〜45	1.5〜1.8		0.6	1.1		鋼片、レール、型鋼、線材
普通鍛鋼ロール a	35〜40	0.4〜0.6					分塊、非鉄熱間マンネスマン
特殊鍛鋼ロール b	35〜80	0.4〜0.6			1.0	0.3	非鉄熱間、冷間、冷間バックアップロール、小形粗中間仕上
鍛鋼焼入ロール a	90以上	0.7〜1.2			1.2〜2.0	<0.2 V<0.2	冷間ワークロール、きょう正用ビルガー、センジミヤー
〃 b	90以上	1.5〜2.0	外ゴくは低 Ni-Cr-Mo (焼入れ焼もどし) 内部は特殊鋳鋼または特殊鍛鋼		12.0		
粗立鋼ロール	60位 (内部40位)						大形冷間、熱間バックアップロール

(a) 素線を熱処理して塑性変形性能を向上させる。
(b) 酸洗いをする。
(c) その後表面処理をして潤滑膜の皮膜を作る。
(d) 引抜き作業を行う。1回ごとの断面減少率は，低炭素鋼では40％以下，高炭素鋼では35％以下を標準にする。
(2) 銅線の場合
(a) 粗銅を熱間圧延する。
(b) 酸洗いをする。
(c) 潤滑剤を用いて引抜き作業を行う。1回の断面減少率は20～35％が普通である。

4.2.2. ダイス

(1) 超硬合金ダイス　WCを主成分とする超硬合金ダイスは，HRA 90前後でダイヤモンドについで硬く，800℃でも硬さが下がらない上に，優秀な耐摩耗性をもつ。そのため製品の直径が正しく，仕上げ面の美しい線が得られるので，最近では硬質線のみではなく，軟質線の伸線にも利用されるようになった。図4-2に超硬コニカルダイス（線引き用）を示す。表4-3にはダイス角2αの目安を示す。また，表4-4には合金ダイスの寿命を示す。

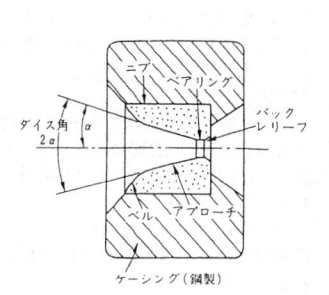

図4-2 超硬コニカルダイス(線引き用)

表4-3 最適なダイス角2α　〔単位：度〕

1回のレダクション[%]	純鉄	軟鋼	硬鋼	アルミニウム	銅	黄銅
10	5	3	—	7	5	4
15	7	5	4	11	8	6
20	9	7	6	16	11	9
25	12	9	8	21	15	12
30	15	12	10	26	18	15
35	19	15	12	32	22	18
40	23	18	15	—	—	—

田中浩：非鉄金属の塑性加工（日刊工業新聞社）による

(2) 鋼ダイス　クロムまたはタングステンを含む高炭素鋼が一般に用いられる。その寿命は超硬合金ダイスより著しく劣るので，次第に超硬ダイスに置き換わっている。

表4-4 合金ダイスの寿命

最初の寸法 (mm)	一穴修正までの伸線量　(kg)	ダイス消耗までの伸線量　(kg)
4.0	3 500	55 000
2.4	2 500	45 000
1.3	1 500	27 000

(3) ダイヤモンドダイス　線径が非常に細くなると耐

摩耗性の優れたダイヤモンドダイスを用いる方が経済的である。ダイヤモンド線引きダイスについては，JIS B 4132：83（ダイヤモンド線引きダイス）および JIS B 4133：83（ダイヤモンド焼結体線引きダイス）に規定している。

4.2.3. 引抜き用機械

(1) 単式伸線機　連続式伸線機の中で，太線や異形線の伸線に多く用いられる。

(2) 連続伸線機　各種の形式があり，大別してスリップ式とノンスリップ式がある。

(3) 逆張力伸線機　逆張力は引抜き力に大きく影響し，一般に逆張力を増すと引抜き力も倍加するが，ダイスに作用する力は小さくなる。そのため，ダイスの寿命は増し，同時に逆張力仕事を回収して引抜き仕事にまわして動力の節約を図ることができる。この逆張力を利用した逆張力伸線機が用いられる。

4.3. 転造加工

素材を熱間または冷間で転造工具に押しつけるか，逆に工具を素材に押しつけるかして，工具の形を素材に写すように回転させて成形する加工法を，転造加工といい，歯車転造，ねじ転造などがある。

4.3.1. 歯車転造

(1) 特色　a)加工時間が短く，能率的。b)材料に無駄がない。c)丈夫な歯車が得られる。

(2) 転造法の種類　a)ラック型工具による方法。b)ピニオン型工具による方法（図4-3）。c)インターナル工具による方法。d)ねじ型工具による方法。

図 4-3 ピニオン型工具による転造法

4.3.2. 歯車の熱間転造

冷間転造には，材料，大きさなどにある程度制限があるが，熱間転造では，大きなモジュールの歯車，高炭素鋼・特殊鋼などの硬い材料の歯車でも無理なく作ることができ，しかも強度の高い歯車ができる。またその精度は，ホブ切りした歯車に匹敵し，転造した歯車をそのまま実用に供することができるなど，いろいろな利点をもっている。

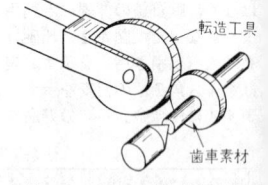

4.3.3. ねじ転造（表4-5）

ねじの転造は，おねじの加工に用いられ，めねじの加工には用いられない。

(1) 特質　a)切削ねじと比較すると引張強さ，疲労強度は向上する。b) 比較的高い精度のねじが得られる。c)製品の品質は極めて均一に保たれる。d)材料が切削ねじに比較して15〜20％の節約になる。e)量産ができる。

(2) ねじ転造機　表4-5にしたがい，下記のいろいろなねじ転造機が製造されている。

　　a) 単丸ダイス式ねじ転造装置　　b) 丸ダイス式ねじ転造装置
　　c) ねじ転造ヘッド　d) 同速2丸ダイス式ねじ転造装置
　　e) 異速2丸ダイス式ねじ転造装置　　f) 3丸ダイス式ねじ転造装置
　　g) 平形ダイス式ねじ転造装置

表 4-5 ねじ転造の諸形式

種類	形 状	適用機械	ダイス(素材)駆動方法	押込み方法
2平ダイス	素材	平ダイス転造盤	ダイス往復運動	ダイス形状
1丸ダイス	素材	ローリングヘッド付き旋盤	素材回転運動	ダイス支持具の接近
2丸ダイス	素材	固定軸移動軸2ダイス転造盤	ダイス回転運動	油圧式またはカム式ダイス接近
		両ダイス軸固定差速転造盤	ダイス回転運動	支持円盤により素材押込み
		ローリングヘッド付き旋盤	素材回転運動	ダイス支持具の接近
3丸ダイス	ロール	3軸移動転造盤	ダイス回転運動	油圧式またはカム式ダイス接近
	ロール	ローリングヘッド付き旋盤	素材またはダイス回転運動	軸方向にダイス支持具の接近
セグメント・ロータリダイス	素材 ロール 製品 素材 固定ダイス	プラネタリ転造盤	セグメントダイス固定ロータリ・ダイス回転	ダイス形状

4.4. 管材加工

　管材圧延と伸管加工とがある。中実素材から継ぎ目なし管を熱間圧延で作る方法を図 4-4 に示す。傾いたロールを通る中実素材の中心にマンドレルがあり，圧縮によって素材中心が破壊し空洞が生じる。その空洞にマンドレルを押し込むことによって管を作る。できあがった管を圧延し適当なサイズに仕上げる。
　ダイスを通して引き抜くことによって，管の外径を縮め長さを伸ばす加工を伸管加工という（図 4-5）。管の肉厚は，プラグとダイスのすきまで決まる。

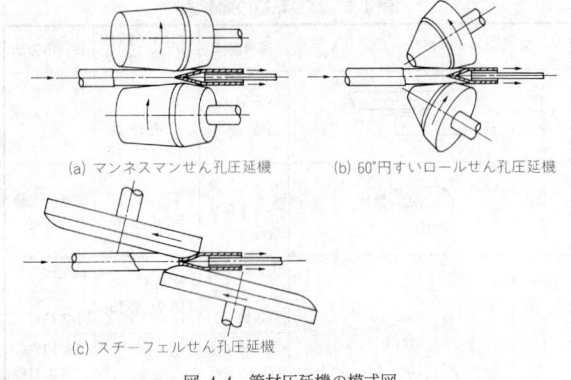

(a) マンネスマンせん孔圧延機　　(b) 60°円すいロールせん孔圧延機

(c) スチーフェルせん孔圧延機

図 4-4　管材圧延機の模式図

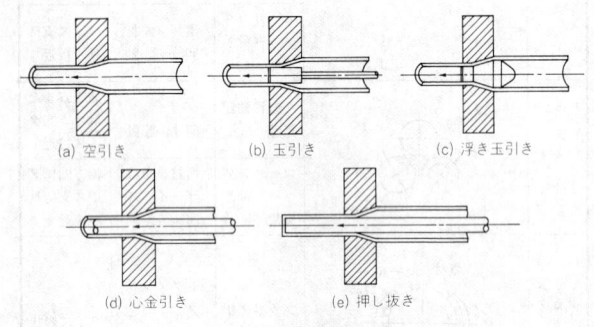

(a) 空引き　　(b) 玉引き　　(c) 浮き玉引き

(d) 心金引き　　(e) 押し抜き

図 4-5　各種伸管加工法

5章　付加加工（溶接）

5.1.　付加加工

付加加工は，同じあるいは異なる性質をもつ物体や物質を接合，結合あるいは付加する加工法をいう．付加加工法には，機械的な結合法，金属組織的な接合法，物理的，化学的あるいは電気化学的な接合法などがある．

5.1.1.　機械的な接合法　この分類には，ねじによる締結法，リベットによる締結法などがあり，ねじ継手あるいはリベット継手として，「5編　機械の要素」のそれぞれの箇所に記載されているので，この章では取り扱わない．

5.1.2.　金属組織的な接合法　材料を加熱溶融して接合する技術を溶接といい，母材を溶融させて接合するので，溶融手段によっていろいろに分類できる．表5-1は，各種溶接の応用分野を示す．この分類の代表的な例として，溶接接合法がある．この章では，主に，融接による溶接法について取り扱い，かなりの加圧力を必要とする抵抗溶接は圧接として，そのほかに，融接として固相接合についても次章で取り上げる．

5.2.3.　その他の接合法　接合剤などを用いた接着接合，たとえば，ろう付けや接着剤を用いた接合については，次章で取り上げる．蒸着などについては特殊加工において取り上げる．

5.2.　溶融接合（ガス溶接）

5.2.1.　ガス溶接の分類　ガス溶接は燃焼ガスの種類により，酸素アセチレン溶接，空気アセチレン溶接，酸素水素ガス溶接，酸素プロパンガス溶接などがあり，酸素アセチレンガス溶接が取り扱いやすさ，材料費などの点から主に用いられる．

5.2.2.　溶接装置　アセチレン発生器，清浄器，ガス計量タンク，安全器，導管，吹管，酸素ボンベから成る．アセチレン発生器の代わりに溶解アセチレンを使用することもある．

発生器の形式には投入式（図5-1(a)），注水式（図5-1(b)）がある．カーバイド（CaC_2）と水との反応式は次の通りで，CaC_2 1 kgに水約600 mlを要する．

$$CaC_2 + 2H_2O \rightarrow Ca(OH)_2 + C_2H_2$$

これには移動式と定置式とがある．移動式は，カーバイドの収容量10 kg以上で，アセチレン発生量最大時600 l/h，発生ガス圧力が7 kPa以下のものである．定置式は多量のアセチレンを発生し，低圧式（7 kPa），中圧式（7～

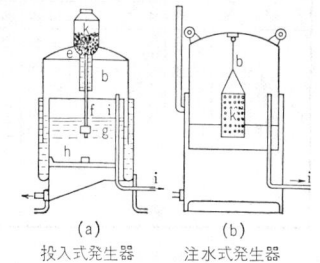

(a) 投入式発生器　　(b) 注水式発生器
b 気鐘　e 円すい弁　k カーバイド
g おもり　i 清浄器→安全器→吹管

図 5-1　発生器

表 5-1 各種溶接法の応用分野

溶接法	材料 鉄鋼	非鉄	継手形式 突合せ	T形	重ね	板厚* 薄板	厚板	超厚板	建築	機械	車輛	構造物 船舶	橋梁	圧力容器	原子炉	自動車	航空機	家庭電器	費用 設備費	溶接費	備考
融接 被覆アーク溶接	A	B	A	A	A	B	A	A	A	A	A	A	A	A	A	B	B	B	少	中	万能、もっとも広い用途溶接
スタッド溶接	B	C	A	C	C	B	A	A	A	A	A	A	A	A	A	B	B	B	少	中	
サブマージアーク溶接	A	B	A	A	D	C	A	A	A	A	A	A	A	A	A	C	B	C	中	少	厚板向、中厚板向、流行中
CO_2アーク溶接	A	D	A	A	A	C	A	B	A	A	A	A	A	A	A	A	B	C	中	少	
MIG溶接	B	A	A	A	A	B	A	C	A	A	A	A	A	B	A	A	B	B	中	中	非鉄金属とステンレス鋼向
TIG溶接	B	A	A	A	A	A	C	D	A	A	A	A	A	B	A	A	A	B	中	中	
ガス溶接	A	A	A	A	A	A	C	D	A	A	A	A	A	B	A	A	A	A	少	多	薄板を除き不適
テルミット溶接	A	D	A	D	D	D	A	A	A	A	A	B	B	B	B	D	D	D	少	少	特殊用途
エレクトロスラグ溶接	A	D	A	D	D	D	D	A	A	A	A	B	B	B	B	D	D	D	大	少	超厚板向
テルミット溶接	A	D	A	D	D	D	A	A	A	A	B	B	B	B	B	D	D	D	大	少	薄板、特殊向
ガス圧接	A	C	A	D	D	D	D	D	A	A	A	A	A	B	B	A	D	D	大	少	}レール、棒など向
圧接 点溶接	A	A	D	C	A	A	C	D	A	A	A	A	A	B	B	A	A	A	大	少	薄板、量産向
縫合せ溶接	A	A	D	C	A	A	D	D	A	A	A	A	A	B	B	A	A	A	大	少	
突起溶接	A	A	D	A	A	A	D	D	A	A	A	A	A	B	B	A	A	A	大	少	量産向、品質良好
火花突合せ溶接	A	A	A	D	D	C	A	A	A	A	A	A	A	B	B	A	B	B	中	中	量産向、品質やや劣る
アプセット溶接	A	A	A	D	D	C	C	D	A	A	A	A	A	B	B	A	B	B	中	中	
ガス圧接	A	C	A	D	D	D	D	D	A	A	A	A	A	B	B	A	D	D	中	中	薄板、電気向
冷間圧接	B	A	A	D	A	A	D	D	A	A	A	A	A	B	B	A	C	C	中	中	薄板、異材接合向
超音波溶接	B	A	A	D	A	A	D	D	A	A	A	A	A	B	B	A	C	C	中	中	
ろう付け	A	A	A	A	A	A	C	D	A	A	A	A	A	B	B	A	A	A	少	中	薄板、万能、強さ劣る

A：最適、B：適当、C：かなり不適当、D：まったく不適当。
* 薄板……厚さ3mm未満、厚板……厚さ3mm以上、超厚板……厚さ約50mm以上。
溶接技術解説壁(1)、鍛接と融断（日刊工業新聞社）による。

40 kPa)，高圧式(40 kPa)がある。

酸素は35℃において，約15 MPa で酸素ボンベに圧入されている（JIS K 1101：82参照）。酸素ボンベの容量は30 l〜50 l である。

安全器は，アセチレンガスの圧力よりも酸素の圧力のほうが高いために，アセチレン発生器内へのさか火を防ぐためカーバイド発生器と吹管の途中を水で

5章 付加加工（溶接）

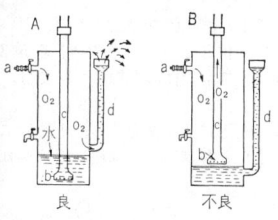

図 5-2 安全器

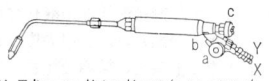

Y 黒色のゴム管を取付け酸素びんの減圧弁へ
X 赤色のゴム管を取付けアセチレン発生器へ
a,b コック　c 酸素調整節ナット

図 5-3 吹管

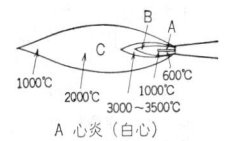

遮断し，ガス爆発を防ぐ（図 5-2）。

吹管（トーチ）はアセチレンガスと酸素を混合し点火して高温を出す装置で，アセチレンガスの圧力によって高圧，中圧，低圧の3種類に分かれる（図 5-3，JIS B 6801：91 手動ガス溶接器参照）。

A 心炎（白心）
B 還元炎
C 外炎

図 5-4 ガス火炎の構成

表 5-2 にガス溶接炎による用途を示す。図 5-4 は最も適当な火炎の構成を示す。アセチレンが過剰なときは，炎心がくずれ揺らめき，C 部が輝く。酸素が過剰なとき，炎心は短く青みを帯び，C 部が紫色となる。

溶接棒は溶接部分の地金の不足を補うのに用いる棒で，溶接物によって種々

表 5-2　ガス溶接炎とその用途

炎　名	標　準　炎	アセチレン過剰炎	酸素過剰炎
用　途	軟鋼・硬鋼・銅・青銅・アルミニウム・亜鉛・鉛	ステンレス鋼ニッケルクローム鋼	黄　銅

表 5-3　溶接棒と溶接剤

溶接材名	溶接棒の材質	溶　接　剤	溶接材名	溶接棒の材質	溶　接　剤
鋳　鉄	けい素鉄に炭素を配合	重炭酸ソーダと炭酸ソーダを同量混入	鋳　鋼	ニッケル棒	焼きほう砂
錬鉄・軟　鋼	スウェーデン木炭，練鉄	不　要	銅	銅　線	焼きほう砂
			銅合金	マンガン青銅	焼きほう砂
特殊鋼	溶接材と同じ合金の棒	塩化アンモニウムとほう砂を 1：12 の割合に混合	アルミニウム板	引抜きアルミニウム棒または針金	塩化リチウム・塩化カリウム・カリウムソーダの混合物

異なる。溶接剤は溶接部の酸化作用によってできた酸化膜を除去するのに用いる。溶接棒の太さは、材料の厚さにしたがって変化させねばならない。表5-3に溶接棒と溶接剤の概略を示す。なお、軟鋼用ガス溶接棒の心線については、JIS Z 3201 : 90 に規定している。

5.2.3. 溶接法 溶接するには右手で吹管、左手に溶接棒を持ち、千鳥形に動かす。吹管の進行方向により右進法（後退法）と左進法（前進法）に分かれ、多く左進法によるが、3mm以下の薄板には比較的有効である（図5-5）。

右進法はその作業方式から、比較的良い溶接が得られるので、厚板の溶接にはこの方法によるほうがよい。

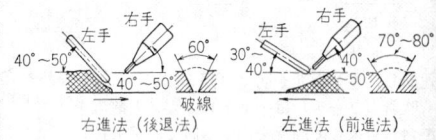

図 5-5 溶接法

5.3. 溶融接合（テルミット溶接）

テルミット溶接は、アルミニウムと酸化鉄(Fe_2O_3)の粉末の混合物（テルミット剤）に酸化バリウムを用い点火すれば、還元作用により高熱を発し、同量の溶鉄とアルミナ（Al_2O_3）とに分かれる性質を利用して鉄鋼を溶接するもので、テルミットを3000°Cの高温で燃焼させ、テルミットの溶解鉄を溶接部に注入して接合する方法である。

5.3.1. テルミット溶接の種類

(1) テルミット溶接法 図5-6はレールの溶接の状態を示す。

(2) 加圧テルミット溶接 これは鉄管などの溶接に用い、接合部がテルミットの高温によって溶解状態になったときに圧力を加えて接合する。

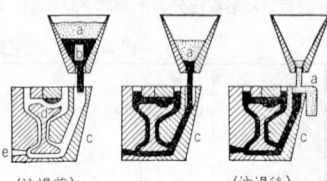

a アルミナ b 溶 鉄 c 乾燥砂型
d レール e 予熱口

図 5-6 レールのテルミット溶接

5.4. 溶融接合（アーク溶接）

溶接すべき金属を陽極（＋）に、溶接棒を陰極（－）とし、両者が触れるときに発生するアークによって溶接する方法である（図5-7）。

5.4.1. アーク アークの強烈な光の大部分は紫外線で、このほかに可視光線、赤外線が含まれる。普通、遮光ガラスで紫外線や可視光線を吸収できるが、赤外線はとくに優秀なものでないと吸収されず、長時間この赤外線を受けると失明するおそれがあるから注意を要する（図5-8）。

アークの温度は3000～4000°Cと推定される。直流アークでは、全発熱量の60～75％は陽極側に発生するため、一般に母材を十分に溶融させるように母材を陽極側にする陽極性溶接を用いる。

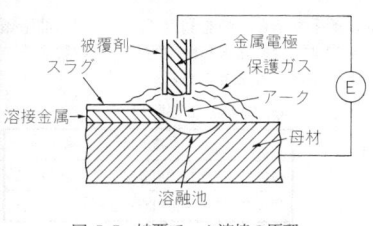

図 5-7 被覆アーク溶接の原理　　　　図 5-8 アークの構造図

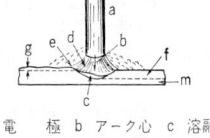

a 電極　b アーク心　c 溶融池
d アーク流　e アーク炎　f 溶込み
g 溶着金属　m 母材

5.4.2. 被膜アーク溶接（表 5-4）

(1) **直流アーク溶接機**　安定したアークを必要とする薄物，非鉄金属，ステンレス鋼などの溶接に用いる。整流式直流アーク溶接機が多い。

(2) **交流アーク溶接機**　被膜の作用で比較的安定したアークが発生できるので，交流アーク溶接機がよく用いられる。電流調整の方法により，可動鉄心型，可動線輪型，過飽和リアクタンス型があるが，可動鉄心型アーク溶接機が最も多く用いられる。

表 5-4　直流溶接機と交流溶接機の特性の比較

項　目	直流溶接機	交流溶接機
無負荷電圧	やや低い	少し高い
アークの安定	良好	やや劣る
極性選択	可能	不可能
磁気吹き	起こりやすい	あまり起こらない
電解腐食	ある	ない
電撃の危険	やや少ない	多い
力率	良好	劣る
構造	複雑	簡単
故障	回転機では多い	少ない
騒音	回転機では大	静か
価格	高価	安価

5.4.3. 溶接棒および被覆剤

溶接棒はほとんど工作物と同成分のもので，被覆剤を塗ったものを用いる。被覆溶接棒はアークが安定し熱が集中すると同時に，溶鉄の酸化・急冷を防ぎ，材質を改善し巣が入るのを防ぐ利点がある。

今日一般に使用している溶接棒心線の太さは，1.4〜8.0 mm であるが，3.2〜6.0 mm のものが多く用いられる。JIS G 3523：91 に被覆アーク溶接棒用心線について（表 5-5），JIS Z 3211：91 に軟鋼用被覆アーク溶接棒について（表 5-6）規定しているが，その他各種材料用の被覆アーク溶接棒について JIS 規格の中で詳細に規定している。

5.4.4. アーク溶接作業

(1) **仮付け**　材料を正確に切断し組み合わさなければ，強度の十分な継手は得られず，大きなひずみが生じる。そのため作業の前に組み合わせた材料を仮付けしてのち本溶接することが望ましい。

(2) **溶接用ジグ**　組立て用ジグとポジショナーとがある。

(3) **作業上の注意**　作業の前に継手寸法と図面を調べる。継手部の油脂類，さびやガス切断のスケールなど不純物は完全に除去し，災害防止に留意する。その他の重要なことは身体障害に十分注意することである。

表 5-5　被覆アーク溶接棒用心線
（JIS G 3523：91）

(a) 種類および記号

種　　類	記　号
被覆アーク溶接棒用心線1種	SWY 11
被覆アーク溶接棒用心線2種	SWY 21

(b) 化学成分

記　号	化学成分 %					
	C	Si	Mn	P	S	Cu
SWY 11	0.09以下	0.03以下	0.35～0.65	0.020以下	0.023以下	0.20以下
SWY 21	0.10～0.15	0.03以下	0.35～0.65	0.020以下	0.023以下	0.20以下

表 5-6　軟鋼用被覆アーク溶接棒(JIS Z 3211：91)
(1) 溶接棒の種類

種　類	被覆剤の系統	溶接姿勢	電流の種類
D 4301	イルミナイト系	F, V, O, H	AC 又は DC (±)
D 4303	ライムチタニヤ系	F, V, O, H	AC 又は DC (±)
D 4311	高セルロース系	F, V, O, H	AC 又は DC (±)
D 4313	高酸化チタン系	F, V, O, H	AC 又は DC (−)
D 4316	低水素系	F, V, O, H	AC 又は DC (+)
D 4324	鉄粉酸化チタン系	F, H	AC 又は DC (±)
D 4326	鉄粉低水素系	F, H	AC 又は DC (+)
D 4327	鉄粉酸化鉄系	F, H	F では AC 又は DC(±)，H では AC 又は DC(−)
D 4340	特殊系	F, V, O, H 又はいずれかの姿勢	AC 又は DC (±)

備考1. 種類の記号の付け方は，次の例による。
　　例　D 4 3 16
　　　　　　　　└─ 被覆剤の系統
　　　　　　└─── 溶着金属の最小引張強さの水準
　　　　└────── 被覆アーク溶接棒
2. 溶接姿勢に用いた記号は，次のことを意味する。
　　F：下向，V：立向，O：上向，H：横向又は水平すみ肉
　　ただし，表に示す溶接姿勢のうちV及びOは，原則として心線の直径（以下，棒径という）5.0mmを超えるものには適用しない。D 4324, D 4326 及び D 4327 の溶接姿勢は，主として水平すみ肉とする。
3. 電流の種類に用いた記号は，次のことを意味する。
　　AC：交流，DC (±)：直流 (棒プラス及び棒マイナス)，
　　DC (−)：直流 (棒マイナス)，DC (+)：直流 (棒プラス)

表5-6 (2) 溶着金属の機械的性質

種類	引張試験			衝撃試験	
	引張強さ N/mm²	降伏点又は0.2%耐力([1]) N/mm²	伸び %	試験温度 ℃	シャルピー吸収エネルギー J
D4301	420以上	345以上	22以上	0	47以上
D4303	420以上	345以上	22以上	0	27以上
D4311	420以上	345以上	22以上	0	27以上
D4313	420以上	345以上	17以上	—	—
D4316	420以上	345以上	25以上	0	47以上
D4324	420以上	345以上	17以上	0	—
D4326	420以上	345以上	25以上	0	47以上
D4327	420以上	345以上	25以上	0	27以上
D4340	420以上	345以上	22以上	0	27以上

注([1]) 降伏点か,0.2％耐力かを明記する.

(4) 溶接棒の選択　溶接棒の種類は性質に応じて選択する必要がある.選択の決定事項は,a)継手の形式,b)溶接姿勢,c)継手の機械的特性,d)開先のすきまの状態などである.

表5-7　溶接姿勢の定義(旧 JIS Z 3003)(現在廃止)

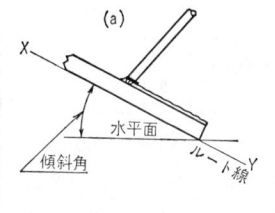

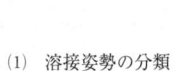

(1) 溶接姿勢の分類

溶接姿勢の分類		記号
基本姿勢	下　　向	F
	立　　向	V
	水平(横向)	H
	上　　向	O
中間姿勢	下　　向	IF
	立　　向	IV
	水平(横向)	IH
	上　　向	IO

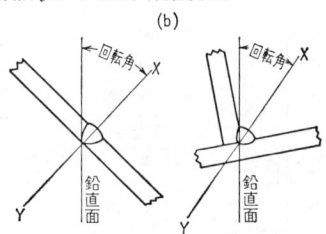

(2) 基本姿勢の範囲

姿勢の種類	突合せ溶接		すみ肉溶接	
	回転角	傾斜角	回転角	傾斜角
下　　向	0-10°	0-50°	0-10°	0-5°
立　　向	0-180°	80-90°	0-180°	80-90°
水平(横向)	70-90°	0-5°	30-55°	0-5°
上　　向	165-180°	0-15°	115-180°	0-15°

表 5-8 溶接作業標準

(a) 下向き姿勢 突合せ継手

板厚 mm	溶接法	層数	電流 A	溶接棒径 mm
3.2		1	80～120	3
4		2	90～150	3～5
4		2	90～150	3～4
6		2	120～170	4
8		3	120～180	4
4		1	120～150	4
6		2	120～170	4
8		2	120～180	4
10		3	130～230	4～5
12		4	150～250	5
16		4～6	150～300	5～6
16		4	180～250	5
19		5	180～250	5
25		8	180～300	5～6

(b) 下向き姿勢 水平すみ肉継手

板厚 mm	溶接法	層数	電流 A	溶接棒径 mm
3.2		1	80～120	3
4		1	120～160	4
6		1	130～170	4
8		2	160～200	4
10		2	170～230	5
12		3	180～230	5
16		6	200～300	5～6
19		9	200～300	5～6

(c) 立て向き姿勢 突合せ継手

板厚 mm	溶接法	層数	電流 A	溶接棒径 mm
3.2		1	80～120	3
4		2	90～150	3～5
4		1	90～150	3～4
6		2	100～150	4
8		2	100～150	4
10		3	120～160	4
12		3	150～200	5
16		5	150～200	5
16		4	150～200	5
19		6	150～200	5

(d) 立て向き姿勢 すみ肉継手

板厚 mm	溶接法	層数	電流 A	溶接棒径 mm
3.2		1	80～120	3
4		1	90～150	3～4
6		2	100～150	4
8		2	100～150	4
10		3	120～160	4
12		3	150～200	5
16		4	150～200	5
19		6	150～200	5

(e) 上向き姿勢 突合せ継手

板厚 mm	溶接法	層数	電流 A	溶接棒径 mm
3.2		1	90～120	3
4		1	90～150	3～4
4		1	90～150	3～4
6		2	120～150	4
8		2	120～180	4
10		3	120～180	4
12		4	150～220	5
16		6	150～230	5
12		6	150～230	5
19		9	150～230	5

(f) 上向き姿勢 すみ肉継手

板厚 mm	溶接法	層数	電流 A	溶接棒径 mm
3.2		1	90～120	3
4		1	90～150	3～4
6		2	120～170	4
8		2	120～170	4
10		3	120～180	4
12		4	150～220	5
16		7	150～220	5
19		10	150～230	5

(5) 溶接作業標準　表 5-7 に示す溶接棒の運動は、やはり溶接結果に影響を及ぼす。なお、表 5-8 は溶接作業標準を示す。この作業標準については、新しい JIS から削除されたが、一応の目安として表示した。

(6) 溶接の良否　図 5-9 は溶け込みの良否を示す。

5.4.5. その他のアーク溶接法

(1) サブマージアーク溶接法　潜弧溶接ともいわれ (図 5-10)、多量のフラックスの中に心線を突っ込み、比較的大きな電流を用いてアーク溶接を行う方法。ユニオンメルト溶接ともいわれ、自動溶接を可能にした。

(2) イナートガス溶接法　被覆アーク溶接では酸化されやすい材料に対し、アルゴン、ヘリウムなど不活性ガス (イナートガス) を用いて溶融金属をシールドし溶接する方法 (図 5-11) である。電極に溶接母材とは別のタングステンを用い、溶加材に母材と同じ材料を用いて溶接する方法 (TIG 溶接) および電極に溶接母材と同じ材料を用いて溶加材とする方法 (MIG 溶接) がある。

(3) 炭酸ガスアーク溶接法　MIG 溶接法は被覆アーク溶接法に比較して溶け込みが深く溶接速度は大きい。サブマージアーク溶接法に比較するとアークを見ながら溶接できる利点をもつ。しかし、イナートガスは高価であるので、これに代わり炭酸ガス (二酸化炭素) あるいは炭酸ガスとイナートガスとの混合ガスを用いる方法がある。しかし、炭酸ガスを用いると炭酸ガス熱により分解し、酸素が溶融鉄に吸収され欠陥となる。そ

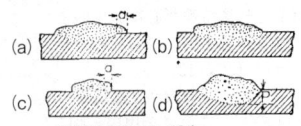

a 溶接速度のおそい場合
b 溶接速度が速すぎるかアークの長すぎる場合
c アークの低すぎる場合　d 適当な場合

図 5-9　溶接の良否

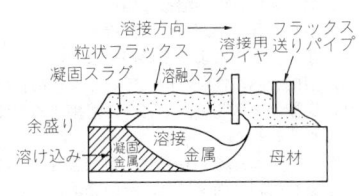

図 5-10　サブマージアーク溶接の原理

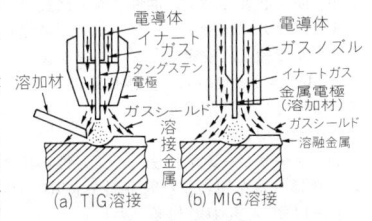

図 5-11　イナートガスアーク溶接の二形成

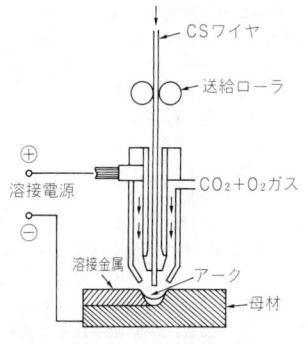

図 5-12　炭酸ガスアーク溶接の原理

の対策として特殊な心線を用いることで良好な結果が得られるようになった（図5-12）。

(4) エレクトロスラグ溶接法　通電性のあるスラグを用い，図5-13に示すように裸の電極を溶融したスラグの中に連続して突っ込み，これらの間を流れる電流によるジュール熱を利用して溶接する方法で，厚い鋼板の溶接に用いる。厚板の立向き溶接ができ，溶接速度は速い。溶接による変形が少な

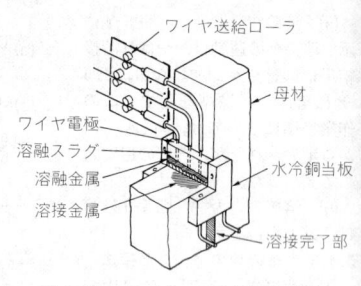

図 5-13　エレクトロスラグ溶接の原理

い，溶接金属の性質が優れているなどの特徴がある。エレクトロスラグの代わりに炭酸ガス雰囲気内でアーク溶接する方法があり，エレクトロガス溶接法と呼ばれる。

(5) 電子ビーム溶接法　高真空中において 10～30 kV で加速した高速の電子線を材料に衝突させ，その発熱により溶接する方法である。高いパワー密度により深い溶け込みが可能で，溶接ひずみが少ない。開先をとる必要がなく，添加金属も必要とせず，活性金属の溶接が可能であるなどの利点がある。

(6) プラズマ溶接法　アークとガス流とによってつくられるプラズマを水冷ノズルで絞り，安定したプラズマジェット流を熱源にして溶接する方法である。TIG溶接と比較して，溶け込みが深く，熱影響が少ないなどの利点がある。薄板では精密溶接として，ステンレス鋼，アルミニウム，チタンなどの高能率溶接に用いる。

(7) レーザビーム溶接法　集光性が非常によく，高エネルギー密度をもつレーザビームを用い，照射金属を大気中で溶融させて接合する溶接法である（図5-14）。大気中で処理できるので，真空中で処理する電子ビーム溶接法と異なる利点をもつ。発信源により，個体レーザ，液体レーザおよび気体レーザがある。一般的には，固体レーザであるヤグ（YAG）レーザ，気体レーザとして炭酸ガスレーザを溶接にはよく利用する。最近新しいレ

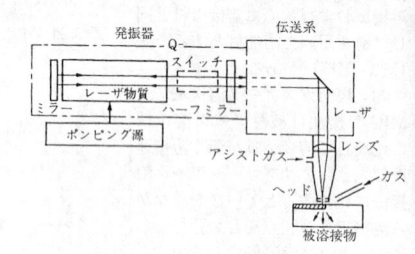

図 5-14　溶接用レーザ装置原理図

ーザ光が用途により開発されている。炭酸ガスレーザは 10～20 kW の出力があり，YAGレーザは 1 kW 程度以下の出力をもち，被溶接材によりまた厚さなどにより使い分けている。将来的には，マイクロレーザビーム溶接法など，新しい分野の溶接法が開発されるであろう。

5.5. 溶接記号

溶接記号は，JIS Z 3021:00 において規定している．溶接の種類による溶接記号は表 5-9(1)に，溶接補助記号を表 5-9(2)に示す．次に記載方法を示す．

5.5.1. 説明線 説明線は，溶接部を記号表示するために用いるもので，基線，矢および尾で構成され，尾は必要なければ省略してもよい．基線は通常，水平線とし，基線の一端に矢をつける．矢は溶接部を指示するもので，基線に対してなるべく60°の直線とする．ただし，レ形，K形，J形および両面 J 形において開先をとる部材の面を，またフレアレ形およびフレア K 形においてフレアのある部材の面を指示する必要がある場合は，矢を折れ線として，開先をとる面またはフレアのある面に矢の先端を向ける．矢は必要があれば基線の一端から 2 本以上つけることができる．ただし，基線の両端に矢をつけることはできない．

5.5.2. 基本記号の記載方法 基本記号の記載方法は，溶接する側が矢の側または手前側のときは基線の下側に，矢の反対側または向こう側のときは基線の上側に密着して記載する（基線を水平にできない場合は，JIS Z 3021:87 を参考のこと）．

5.5.3. 補助記号などの記載方法 補助記号，寸法，強さなどの溶接施工内容の記載方法は，基線に対し基本記号と同じ側に記載する（図 5-15 参照）．

(a) 溶接する側が矢の側又は手前側のとき

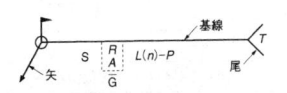

(b) 溶接する側が矢の反対側又は向こう側のとき

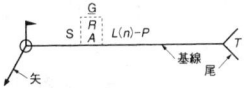

溶接施工内容の記号例示

☐：基本記号
S：溶接部の断面寸法又は強さ
　（開先深さ，すみ肉の脚長，プラグ穴の直径，スロット溝の幅，シームの幅，スポット溶接のナゲットの直径又は単点の強さなど）
R：ルート間隔
A：開先角度
L：断続すみ肉溶接の溶接長さ，スロット溶接の溝の長さ又は必要な場合は溶接長さ
n：断続すみ肉溶接，プラグ溶接，スロット溶接，スポット溶接などの数
P：断続すみ肉溶接，プラグ溶接，スロット溶接，スポット溶接などのピッチ
T：特別指示事項（J形・U形等のルート半径，溶接方法，非破壊試験の補助記号，その他）
－：表面形状の補助記号　　　G：仕上方法の補助記号
⌐：全周現場溶接の補助記号　　○：全周溶接の補助記号

(c) 重ね継手部の抵抗溶接（スポット溶接など）のとき

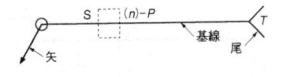

図 5-15　溶接施工内容の記載方法

表 5-9 (1) 溶接種類の基本記号

溶接部の形状	基本記号	備考
両フランジ形	八	—
片フランジ形	八	—
I 形	‖	アプセット溶接, フラッシュ溶接, 摩擦溶接などを含む。
V形, X形(両面V形)	∨	X形は説明線の基線(以下, 基線という)に対称にこの記号を記載する。アプセット溶接, フラッシュ溶接, 摩擦溶接などを含む。
レ形, K形(両面レ形)	レ	K形は基線に対称にこの記号を記載する。記号の縦の線は左側に書く。アプセット溶接, フラッシュ溶接, 摩擦溶接などを含む。
J形, 両面J形	μ	両面J形は基線に対称にこの記号を記載する。記号の縦の線は左側に書く。
U形, H形(両面U形)	Y	H形は基線に対称にこの記号を記載する。
フレア V 形 フレア X 形	Υ	フレアX形は基線に対称にこの記号を記載する。
フレア レ 形 フレア K 形	Ir	フレアK形は基線に対称にこの記号を記載する。記号の縦の線は左側に書く。
すみ肉	△	記号の縦の線は左側に書く。 並列継続すみ肉溶接の場合は基線に対称にこの記号を記載する。 ただし, 千鳥継続すみ肉溶接の場合は, 右の記号を用いることができる。
プラグ, スロット	⊓	
ビード肉盛	⌒	肉盛溶接の場合は, この記号を二つ並べて記載する。
スポット, プロジェクション, シーム	✳	重ね継手の抵抗溶接, アーク溶接, 電子ビーム溶接等による溶接部を表す。ただし, すみ肉溶接を除く。 シーム溶接の場合は, この記号を二つ並べて記載する。

(2) 溶接補助記号

区分		補助記号	備考
溶接部の表面形状	平ら	—	
	凸	⌒	基線の外に向かって凸とする。
	へこみ	⌣	基線の外に向かってへこみとする。
溶接部の仕上方法	チッピング	C	
	研削	G	グラインダ仕上げの場合。
	切削	M	機械仕上げの場合。
	指定せず	F	仕上方法を指定しない場合。
現場溶接 全周溶接 全周現場溶接		▶ ○ ⌾	全周溶接が明らかなときは省略してもよい。

表 5-9(2) (つづき)

区 分		補助記号	備 考
非破壊試験方法	放射線透過試験 一 般 　　　　　　　　二重壁撮影	RT RT-W	一般は溶接部に放射線透過試験など各試験の方法を示すだけで内容を表示しない場合。 各記号以外の試験については，必要に応じ適宜な表示を行うことができる。 (例) 　漏れ試験　LT 　ひずみ測定試験　ST 　目視試験　VT 　アコースティックエミッション試験　AET 　渦流探傷試験　ET
	超音波探傷試験 一 般 　　　　　　　　垂直探傷 　　　　　　　　斜角探傷	UT UT-N UT-A	
	磁粉探傷試験 一 般 　　　　　　　蛍光探傷	MT MT-F	
	浸透探傷試験 一 般 　　　　　　　蛍光探傷 　　　　　　　非蛍光探傷	PT PT-F PT-D	
全域試験		○	各試験の記号の後に付ける。
部分試験（抜取試験）		△	

(1) 表面形状および仕上げ方法の補助記号は，溶接部の形状記号の表面に接近して記載する。

(2) 現場溶接，全周溶接などの補助記号は，基線と矢印の交点に記載する。

(3) 非破壊試験の補助記号は，尾の横に記載する。

(4) 基本記号は必要な場合，組み合わせて使用することができる。

(5) 開先溶接の断面寸法は，とくに指示のない限り，Sは，開先深さSで完全溶け込み開先溶接，⑤は，開先深さSで部分溶け込み開先溶接を示す。なお，Sを指示しない場合は，完全溶け込み開先溶接とする。

(6) すみ肉溶接の断面寸法は脚長とする。

(7) その他のプラグ溶接，スロット溶接などは，JIS Z 3021：00 を参照のこと。

(8) 基線の上下の両端に記載する寸法が同じ場合，上側だけに記載する。

(9) 溶接方法などとくに指示する必要がある事項は，尾の部分に記載する。

5.5.4. 各種の記載例（JISより抜粋）　記載例を表 5-10 に示す。詳細は JIS Z 3021：00 を参照のこと。

5.6 溶接部の性質

5.6.1. 残留応力と変形　溶接により材料の溶融および凝固が急激に行われ，溶接部分の材料が収縮し，変形と応力が残る。応力は残留応力と呼ばれ，溶接部が周囲から強い拘束を受けたときに大きくなり，溶接割れの発生，ぜい性破壊の原因にもなる。図 5-16 は突合せ溶接の際に生じる応力状態を示す。

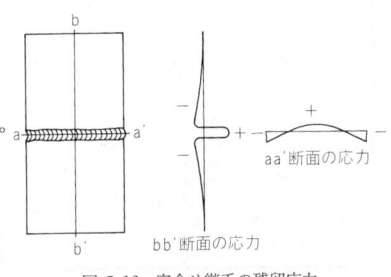

図 5-16　突合せ継手の残留応力

溶接部の残留応力を緩和するには，溶接施工上から発生を少なくする方法および加熱あるいは機械的な処理により緩和する方法がある。

(1) 加工法による方法

(a) 開先の形状を適正にして，溶着金属の量をできるだけ少なくする。

(b) 収縮量の大きな箇所から溶接を始め，十分収縮したあとに次の作業を始めるなど溶接順序を適当に選ぶ。

(c) 十分予熱し，冷却速度を遅くする。

(2) 溶接後の緩和法

(a) 応力除去の焼きなましを行う。焼きなまし温度は材料により異なる（表5-11）。

(b) 低温応力緩和法を利用する。溶接線の両側を幅約 150 mm にわたり 150〜200℃に加熱して急冷する方法である。

(c) 機械的な応力緩和法を利用する。荷重を加え塑性変形を与える方法である。

表5-10 溶接記号の記載例（JIS Z 3021：00）

溶 接 部		実 形	図 示
両フランジ形溶接	矢の側または手前側		
片フランジ形溶接	矢の反対側または向側		
I 形溶接	ルート間隔 2 mm の場合		
V 形溶接	開先深さ 16mm 開先角度 60° ルート間隔 2 mm の場合		
X 形溶接	開先深さ 矢の側 16mm 　　　　 矢の反対側 9 mm 開先角度 矢の側 60° 　　　　 矢の反対側 90° ルート間隔 3 mm の場合		

5章 付加加工（溶接）

表 5-10 （つづき）

溶 接 部		実 形	図 示
U 形 溶 接	部分溶込み溶接 開先深さ　27 mm の場合		
H 形 溶 接	部分溶込み溶接 開先深さ　25 mm 開先角度　25° ルート半径　6 mm ルート間隔　0 mm の場合		
レ 形 溶 接	T継手，裏当て金使用 開先角度　45° ルート間隔　6.4 mm の場合		
K 形 溶 接	矢の側 　開先深さ　16 mm 　開先角度　45° 矢の反対側 　開先深さ　9 mm 　開先角度　45° ルート間隔　2 mm の場合		
J 形 溶 接	矢　の　側 または 手　前　側		
両面 J 形 溶 接	開先深さ　24 mm 開先角度　35° ルート半径　13 mm ルート間隔　3 mm の場合		
フレア X 形 溶 接	両　側		
フレア レ 形 溶 接	矢の反対側 または 向　側		

表 5-10 （つづき）

溶　接　部		実　形　図　示
すみ肉溶接（連続）	脚長 6mm の場合	
すみ肉溶接（千鳥）	千鳥溶接 両側脚長 6mm 溶接長さ 50mm 溶接数　矢の側3 　　　　矢の反対側2 ピッチ 300mm	

			実　形　図　示
溶接部の表面形状	突合せ溶接	平らの場合	
		とつの場合	
	すみ肉溶接	平らの場合	
		とつの場合	
		へこみの場合	
溶接部の仕上方法		突合せ溶接部をチッピング仕上する場合	
		不等脚すみ肉溶接部研削仕上で 2mm のへこみをつける場合	
		円管の突合せ溶接部を切削仕上する場合，全周溶接であるが補助記号を省略した例	

表 5-10　（つづき）

	実　形　図　示
現　場　溶　接 (連続すみ肉溶接の場合)	
全　周　溶　接 (連続すみ肉溶接円管の場合)	
全　周　現　場　溶　接 (連続すみ肉溶接の場合)	

表 5-11　各種金属の応力除去焼なましにおける最高加熱温度およひ加熱時間

材　　　　料	加熱温度 (℃)	加熱時間 (h) (板厚25mm当たり)
炭　　素　　鋼	600〜680	1
1/2% Mo　　鋼	650〜720	2
1% Cr-1/2% Mo　鋼	680〜730	2
2% Cr-1/2% Mo　鋼	700〜750	2
2¼% Cr-1% Mo　鋼	720〜760	2
5% Cr-1/2% Mo　鋼	730〜760	2
9% Cr-1% Mo　鋼	750〜775	3
12% Cr　　鋼	730〜760	3
15% Cr　　鋼	760〜790	4
オーステナイト Mn　鋼	1040〜1100 (空冷)	1
オーステナイト Cr-Ni　鋼	850〜900	2
低合金 Cr-Ni-Mo　鋼	600〜680	1
2.5% Ni　　鋼	600〜620	1
9% Ni　　鋼	540〜600	2
モ ネ ル メ タ ル	600〜680	1
イ ン コ ネ ル	600〜680	1
ニ ッ ケ ル	600〜680	1

(d) 機械的な処理を行う。ピーニング法ともいわれ,溶接金属をハンマなどで打ちのばし収縮ひずみを少なくする方法である。小さな球を打ちつける方法もある(ショットピーニング法)。

5.6.2. 溶接部の組織および欠陥　溶接部は母材,溶融状態から急冷された鋳造組織である溶接金属部,溶接熱により材質的に変化を受けた熱影響部に分けられ,これらが機械的性質の差となって現れる。

溶接部の欠陥には,変形のほかに,高温・低温割れといわれる割れが溶接部に生じる。また,銀点,線状組織といわれる欠陥が生じ延性の低下を招く。

表 5-12 にいろいろな欠陥の例を示す。

5.6.3. 溶接設計　溶接は軽量化,継手の信頼性などの面で多くの利点をもつが,それには溶接継手の設計が重要である。継手の種類(図 5-17)を決め,それに対応する溶接法(JIS Z 3021:00)を定めねばならない。開先溶接であれば開先の形状寸法を定める。

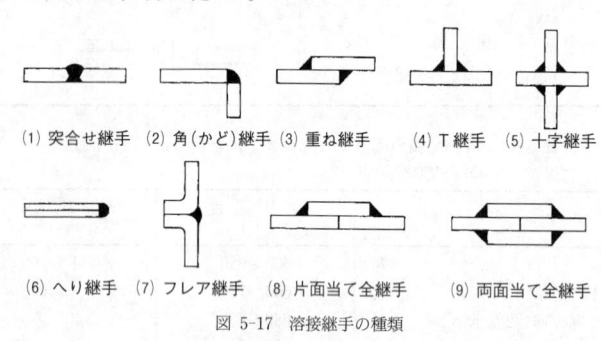

(1) 突合せ継手　(2) 角(かど)継手　(3) 重ね継手　(4) T継手　(5) 十字継手

(6) へり継手　(7) フレア継手　(8) 片面当て全継手　(9) 両面当て全継手

図 5-17　溶接継手の種類

溶接継手の特性を示す応力に関する計算式を表 5-13 に示す。材料の強さと許容応力との比を安全率といい,安全率として静荷重の場合は 3～4,動荷重の場合は 6～8,振動荷重のときは 9～13 とする。許容応力が降伏しない程度にとる場合と,降伏が生じてもそれ以上に進行しない程度にとる場合とがあり,それぞれ弾性設計および塑性設計と呼ばれる。

5.7. 溶接継手の検査および試験法

5.7.1. 溶接部の性質に有害な影響を及ぼす要素　有害な影響を及ぼす要素として,次のものがある。

(1) 溶着鋼中の酸素　酸素は溶着鋼中にわずかに固溶するが,大部分は酸化物として存在する。これらはもろさを増し,割れの原因になり,有害な作用をする。

(2) 溶着鋼中の窒素　窒素は鉄と作用して針状の窒化鉄をつくり溶着鋼をもろくする。しかも時効が生じだんだんもろくなるので,窒素の混入に注意する必要がある。

5章 付加加工（溶接）

表 5-12 溶接部の欠陥の種類

溶着金属の割れ	割れ	ビードの割れ	1. 縦割れ 2. 横割れ 3. 弧状割れ 4. サルファクラック
		クレータの割れ	5. 星割れ 6. 縦割れ 7. 横割れ
割れ以外の欠陥	変質部		8. ルート割れ 9. ビード下割れ 10. 止端割れ（トウクラック）
	溶着金属内部の欠陥		11. 柱状組織 12. 気孔（ブローホール） 13. スラグ巻込み 14. 融合不良 15. 溶込み不良 16. 銀点 17. 線状組織
	表面の欠陥		18. オーバラップ 19. アンダカット 20. ビード波形の不整 21. 表面の気孔

(1) サルファクラックは硫黄偏析の著しい鋼板に自動溶接を使用する場合に起こりやすい。
(2) ビード下割れには水素が大きな役割を演じている。
(3) ルート割れや止端割れ（トウクラック）は硬化、水素および拘束の三つが主因である。
(4) 銀点は水素が主原因となって発生するものであるので。
(5) 線状組織は水素、急速な冷却、非金属介在物などの原因によって生ずる。

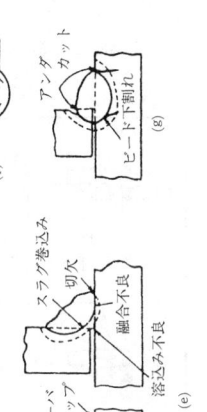

表 5-13 溶接継手の応力計算式

σ：垂直応力 MPa(N/mm^2)，τ：せん断応力 MPa，M：曲げモーメント N·mm，P：荷重 N，L：荷重点までの距離 mm，h：溶接の長さ mm，l：溶接寸法 mm

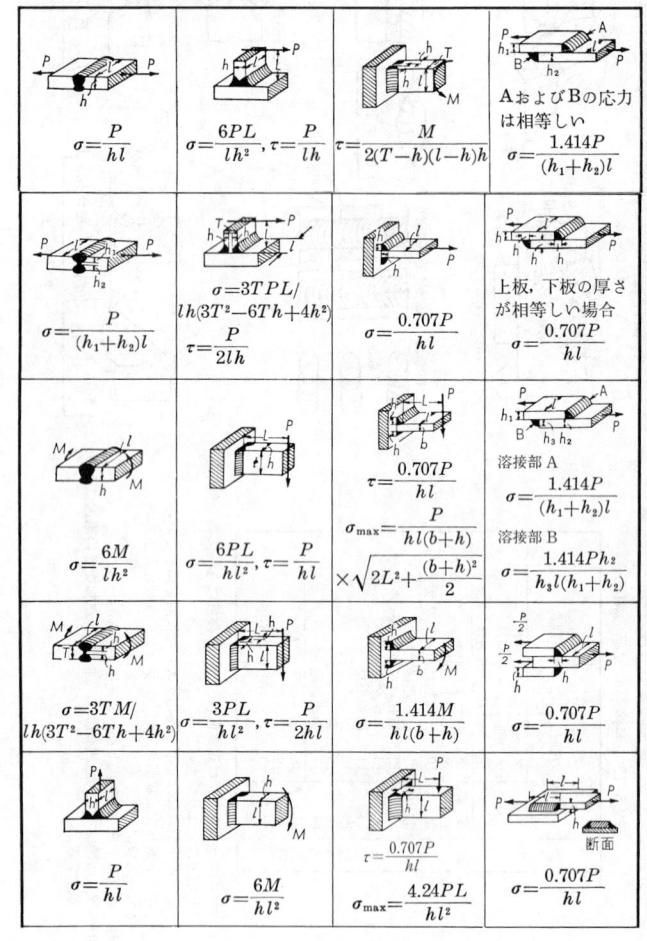

$\sigma=\dfrac{P}{hl}$	$\sigma=\dfrac{6PL}{lh^2}, \tau=\dfrac{P}{lh}$	$\tau=\dfrac{M}{2(T-h)(l-h)h}$	AおよびBの応力は相等しい $\sigma=\dfrac{1.414P}{(h_1+h_2)l}$
$\sigma=\dfrac{P}{(h_1+h_2)l}$	$\sigma=3TPL/lh(3T^2-6Th+4h^2)$ $\tau=\dfrac{P}{2lh}$	$\sigma=\dfrac{0.707P}{hl}$	上板，下板の厚さが相等しい場合 $\sigma=\dfrac{0.707P}{hl}$
$\sigma=\dfrac{6M}{lh^2}$	$\sigma=\dfrac{6PL}{hl^2}, \tau=\dfrac{P}{hl}$	$\tau=\dfrac{0.707P}{hl}$ $\sigma_{max}=\dfrac{P}{hl(b+h)}\times\sqrt{2L^2+\dfrac{(b+h)^2}{2}}$	溶接部 A $\sigma=\dfrac{1.414P}{(h_1+h_2)l}$ 溶接部 B $\sigma=\dfrac{1.414Ph_2}{h_3l(h_1+h_2)}$
$\sigma=3TM/lh(3T^2-6Th+4h^2)$	$\sigma=\dfrac{3PL}{hl^2}, \tau=\dfrac{P}{2hl}$	$\sigma=\dfrac{1.414M}{hl(b+h)}$	$\sigma=\dfrac{0.707P}{hl}$
$\sigma=\dfrac{P}{hl}$	$\sigma=\dfrac{6M}{hl^2}$	$\tau=\dfrac{0.707P}{hl}$ $\sigma_{max}=\dfrac{4.24PL}{hl^2}$	$\sigma=\dfrac{0.707P}{hl}$

表 5-13　（つづき）

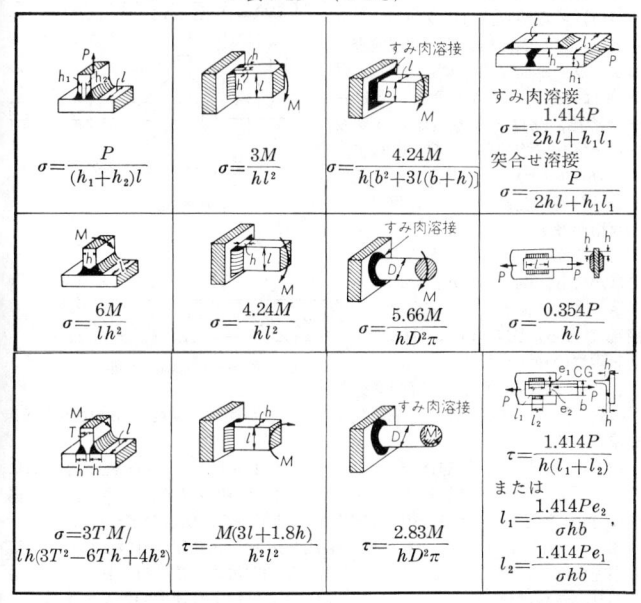

$\sigma=\dfrac{P}{(h_1+h_2)l}$	$\sigma=\dfrac{3M}{hl^2}$	$\sigma=\dfrac{4.24M}{h(b^2+3l(b+h))}$	すみ肉溶接 $\sigma=\dfrac{1.414P}{2hl+h_1l_1}$ 突合せ溶接 $\sigma=\dfrac{P}{2hl+h_1l_1}$
$\sigma=\dfrac{6M}{lh^2}$	$\sigma=\dfrac{4.24M}{hl^2}$	すみ肉溶接 $\sigma=\dfrac{5.66M}{hD^2\pi}$	$\sigma=\dfrac{0.354P}{hl}$
$\sigma=3TM/lh(3T^2-6Th+4h^2)$	$\tau=\dfrac{M(3l+1.8h)}{h^2l^2}$	すみ肉溶接 $\tau=\dfrac{2.83M}{hD^2\pi}$	$\tau=\dfrac{1.414P}{h(l_1+l_2)}$ または $l_1=\dfrac{1.414Pe_2}{\sigma hb},$ $l_2=\dfrac{1.414Pe_1}{\sigma hb}$

(3) **溶着鋼中の水素**　凝固過程に放出される水素は，微少な気泡や非金属介在物などに析出され，溶着鋼をもろくし，低温割れの主な原因になる．高炭素鋼や合金鋼などの溶接部に隣接する母材中に生じるビート下割れは，この水素の析出が原因であると考えられる．

(4) **その他の有害成分および不純物**　この中に高温のもろさの原因になる硫黄，高温割れ・冷間のもろさの原因になるりん，さらに銅がある．

(5) **銀点**　溶融鋼中に吸収された原子状水素が，気泡や非金属介在物などの部分に集まるためぜい性化する．その部分は銀白色を呈し，銀点（fish eye）と呼ばれ，有害な作用を及ぼす．

5.7.2. 検査法　良好な溶接を得るために，溶接作業前の準備状態，溶接作業中の条件の適否の検査と作業終了後の検査をすることが望ましい．

(1) **検査の内容**　検査の内容は，
(a) 溶接作業前の検査　　母材の寸法，材質，清浄度などの検査
(b) 溶接作業中の検査　　溶接棒の径の適否，電流・電圧の適否など
(c) 溶接部の検査　　非破壊検査，破壊検査など
である．

溶接部分の検査について，いくつかの例を示す．

(2) **非破壊検査法**

(2-1) **外観検査法**(JIS Z 3090：05)
この内容は，表面検査法，寸法検査法およびひずみ検査法に大別できる。図 **5-18** は外観上の欠陥を示し，(a)は良好な溶接，(b)は重なり（オーバラップ）と称して溶け込み不良，(c)はアンダーカットといい，溶け込みが過大あるいは溶接速度過大なために母材断面積が減少したものである。いずれも不完全な溶接部である。このほかにも，融合不良か溶け込み不足（図 5-9 参照）も不完全な溶接部である。図 **5-19** は，JIS による観察の範囲を示す。

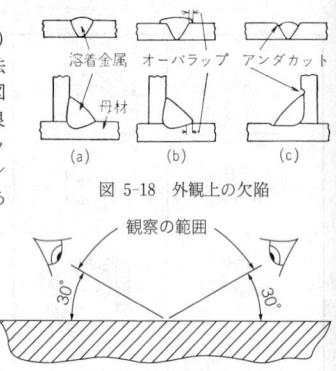

図 5-18 外観上の欠陥

図 5-19 試験面の観察

(2-2) **耐圧検査法** 溶接継手の耐圧試験であり，水圧，油圧などの圧力をかけて，破壊，漏れなどの有無を検査する。

(2-3) **浸透探傷法**（JIS Z 2343-1,-2,-3,-4：01） 浸透液を溶接部にかけ，不完全な部分にしみ込ませた後，それを着色させるか（染色浸透探傷法），蛍光を発する物質を塗りつけて調べる蛍光浸透探傷法などがある。

(2-4) **磁気探傷法** 主に磁粉探傷法と磁気テープとが用いられる。溶接の不完全部分に磁束が集まり，そのために磁粉が付着する性質を利用する方法であり，磁粉の代わりに磁気テープを用いることにより連続探傷ができる。

(2-5) **X線探傷法**（JIS Z 3104：95参照） 物質の密度の相違によりX線の透過度が異なる性質を利用した検査法である。JIS Z 3104 には鋼材，Z 3106：01 にはステンレス鋼，Z 3107：93 にはチタン材の試験方法を規定している。

(2-6) **超音波探傷法** 超音波を試験体中に伝えたときに，試験体が示す音響的性質を利用して，試験体の内部欠陥，材質の変化などを調べる方法である。超音波の反射時間を調べることにより，傷の深さを知ることができる（JIS Z 2344：93，Z 2355：94 など参照）。

(3) **破壊検査法** 破壊検査法の中には，金属の組織を調べる金属組織検査法および材料の成分を調べる分析検査法がある。そのほかに，機械的な強さを調べるいろいろな試験方法（JIS Z 3111：05 溶着金属の引張および衝撃試験方法，Z 3114：90 溶着金属の硬さ試験方法，Z 3122：90 突合せ溶接継手の曲げ試験方法，Z 3140：89 スポット溶接継手の試験方法，Z 2248：96 金属材料曲げ試験方法など）が規定されている。

これらの JIS 規格を含め，その他の規格は，ISO 規格が整いしだい整合を図るために改訂されつつある。

6章　付加加工（固相接合ほか）

6.1. 抵抗溶接（圧接）

　金属と金属との接触面に低圧で大量の電流が通じるときは，両金属間の電気抵抗によりジュール熱が生じる。このジュール熱により，接触面は金属の溶解温度以上に加熱される。このとき，圧力を加えて接合する方法である。

　電気溶接のしやすさ（溶接性）W は，$W \propto \rho/Fk$ で表す。F は溶融点，ρ は比抵抗，k は熱伝導率である。溶接のしやすさの目安を図 6-1 に示す。

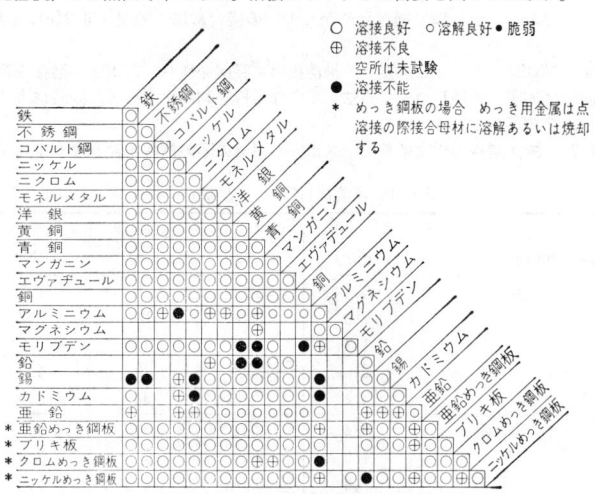

図 6-1　溶接可能金属組合せ

○ 溶接良好　◎ 溶解良好 ● 脆弱
⊕ 溶接不良
　空所は未試験
● 溶接不能
* めっき鋼板の場合　めっき用金属は点溶接の際接合母材に溶解あるいは焼却する

6.1.1. 抵抗溶接の種類
この溶接には次の種類がある。

(1) **突合せ溶接**　これは材料をはじめ相当に強い力で接触させ通電して溶接するアップセット法と，単に両端を突き合わせて通電し，接触部に火花を発生させて溶接温度に達したときに加圧して溶接するフラッシュ法がある。鋼管および銅管，鉄筋コンクリート用鉄筋，電線，バイトの刃先などの溶接に用いる（図 6-2(a)）。

　このほかに電縫管の製造に用いるバットシーム法（図 6-3）がある。

(2) **スポット溶接（点溶接）**　突き出した二つの電極間に溶接すべき材料をはさみ，材料の厚さに応じて電流を加減して溶接する方法である。鋼鉄家具，荷造り用鋼管の溶接に用いる（図 6-2(b)）。

(3) **シーム溶接**　スポット溶接を連続的に行うために，電極をローラにし

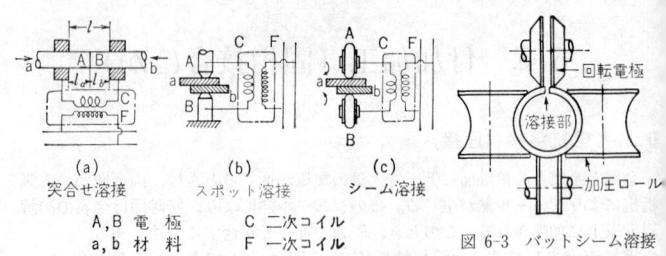

(a) 突合せ溶接　A,B 電極　a,b 材料
(b) スポット溶接　C 二次コイル　F 一次コイル
(c) シーム溶接

図 6-2　抵抗溶接

図 6-3　バットシーム溶接による鋼管の製造

たものである。かん類の継ぎ目やかんの口の接合に用いる（図 **6-2(c)**, 図 6-3）。

(4) プロジェクション溶接　被溶接板に突起を作り，スポット溶接を行うと同時に加圧して押しつぶす方法。平らな電極を利用するので，同時に多くの点の溶接が可能である。

6.1.2. 抵抗溶接の作業条件　スポット溶接の際の溶接条件を表 **6-1** に示す。

表 6-1　点溶接（スポット溶接）条件

母材の種類	溶接条件 板厚(mm)	電流(A)	通電時間(∽)	電極加圧力(kN)
軟鋼	0.4	5200	5	1.0
	1.0	8800	10	2.2
	1.4	10600	14	3.0
	2.0	13300	20	4.6
	3.2	17400	32	8.0
ステンレス鋼	0.4	3000	4	1.5
	1.0	7600	7	3.9
	1.4	10200	10	5.9
	2.0	13500	14	8.8
	2.4	15500	16	10.8
アルミニウム合金	0.4	14000	4	0.9〜1.8
	0.8	18000	8	1.8〜2.6
	1.0	20000	8	1.8〜2.6
	1.6	24000	10	2.3〜3.1
	2.0	28000	12	2.6〜3.5
	3.2	35000	15	3.5〜5.4

6.1.3. 抵抗溶接機　抵抗溶接機については，JIS C 9305：93（抵抗溶接機通則），JIS C 9303：93（単相交流式定置形スポット溶接機），JIS C 9317：95（ポータブル・スポット溶接機用溶接変圧器）などを参照されたい。

6.2. 固相接合（鍛接法）

鍛接法は，溶解前の分子流動性が高く，付着力をもちかつ高温度においても酸化されることの少ない鋼，錬鉄などを接合する方法で，鋳鉄，黄銅は接合が困難である。

6.2.1. 鍛接の種類 鍛接が容易な材料は低炭素鋼(0.2 %以下)および錬鉄(高純度の鉄とけい酸鉄から成る)である。鍛接には次の種類がある。

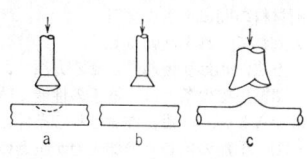

(1) バット継ぎ（いも継ぎ） 材料の両端に丸みをつけ，これを密着させてハンマ打ちし接合する方法である（図 **6-4(a)**）。

図 6-4 鍛接法の種類　　図 6-5 鍛接の応用例

(2) あいかぎ継ぎ（投げ継ぎ） 材料の両端を斜めに切断し，これを重ねハンマ打ちして接合する方法である（図 **6-4(b)**）。

(3) 割継ぎ（矢はず継ぎ） 図のように接合部を矢の形に作り，これをハンマ打ちして接合する方法である（図 **6-4(c)**）。

鍛接法には，ハンマ打ちによるハンマ鍛接法，ダイスを通して鍛接するダイス圧接法およびロールを通して圧着させるロール圧接法などがある。鍛接法の応用例を図 **6-5** に示す。

6.2.2. 鍛接温度 鍛接の際の加熱温度は

 軟鋼の場合　　　　　約 1200°C
 錬鉄の場合　　　　　約 1400°C
 アルミニウムの場合　約 420°C

が適当である。

6.2.3. 鍛接剤 鍛接するために加熱する場合，表面が酸化して密着を害するから，酸化膜を除去する目的のためにほう砂，青化カリ，マンガンなどを主成分とする鍛接剤を用いる。

6.2.4. 鍛接効果 鍛接前の材料の引張強さと鍛接後の鍛接部の引張強さの比の百分率をいう。すなわち

 鍛接効果＝(鍛接部の引張強さ／材料の引張強さ)×100 (%)

鍛接効果の一例は，

 錬鉄　80 %，極軟鋼　70 %，軟鋼　60 %

である。

6.3. 固相接合（摩擦圧接法）

最近よく利用される摩擦圧接法は，被圧接材を突き合わせて軸方向に圧力を加えながら相対運動させることによって，接触面に摩擦熱を発生させ，圧接に十分な状態に達したとき相対運動を止めて圧接する方法である。摩擦熱を発生させて相対運動を止めるまでの工程を予熱工程，圧接力を加える工程をアップセット工程という。

摩擦圧接の基本的な方法を図 6-6 に示す。(a)は素材の一方を回転させる方法, (b)は素材を互いに反対方向に回転させる方法, (c)は長い素材の場合, 両材料の間に小さな材料を入れてこれを回転させる方法, (d)は往復運動させる方法である。

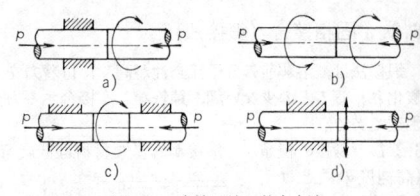

図 6-6 摩擦圧接の基本方法

摩擦圧接の条件は, 継手の性能に関係するので, 適切な条件を選定しなければならない。一般に推奨される条件は,

(1) 予熱のはじめの加圧力が小さい場合, アップセット工程で大きな加圧力を必要とする。

(2) 加圧力の大きさは 25 MPa (軽金属または軟鋼の場合) ～250 MPa (硬鋼および特殊鋼の場合) の範囲である。

(3) 相対回転速度は $ND = (1.2～6.0) \times 10^4$, 軟鋼の場合 $ND = 2.5 \times 10^4$ である。ここで, N は1分間当たりの回転数, D は直径(mm)を示す。

6.4. その他の固相接合

6.4.1. 拡散接合 (diffusion bonding)
平滑な面を高温下で接触させ, 接触面の原子相互の拡散現象により接合する方法。この方法は, 原子の拡散係数が大きいほど, 再結晶温度が低い材料ほど接合しやすく, 接合を促進させるために接合面の間にインサート材を入れる場合がある。変形が少なく, 異種金属の接合ができるなどの特徴がある。

6.4.2. 常温圧接 (cold pressure welding)
平滑な面を常温で圧力を加えて塑性変形を起こさせ接合する方法。安価であるが, 平面の清浄度 (表面処理) が重要である。塑性変形による加工硬化が生じることもある。

6.4.3. 爆発圧接 (explosive welding)
平面を重ね, 爆発の衝撃で圧接する方法 (図 6-7)。溶接が瞬間的に行われるので, もろい金属間化合物が生成しやすい金属の組合せに適している。

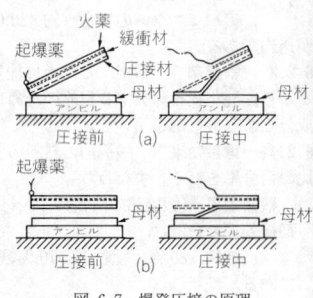

図 6-7 爆発圧接の原理

6.5. ろう付け

ろう付けとは, 母材より融点の低い溶融した金属を継手に満たし, 固化することにより接合する方法である。ろう付けに用いる材料をろう材 (またはろう) といい, 軟ろう, 硬ろう (銀ろう, 黄銅ろう, アルミニウムろう, りん銅

表 6-2 各種金属用軟ろうの成分とその溶剤

ろう付けされる金属	溶 剤	成　分　％		
		錫	鉛	その他
アルミニウム	ステアリン	70	—	銅　　　　20 アルミニウム 30 亜　鉛　　50
黄　　銅 砲　　金 銅 鉛	塩化亜鉛・樹脂あるいは塩化アンモニウム	66 63 60 33	34 37 40 67	— — — —
錫　塊	塩　化　亜　鉛	99	1	—
錫きせ鋼	塩化亜鉛あるいは樹脂	64	36	—
電気めっき鋼	塩　　　　　酸	58	42	—
亜　　鉛	塩　　　　　酸	55	45	—
白　ろ　う	ガ　リ　ポ　リ　油	25	25	ビスマス 50
鉄および鋼	塩化アンモニウム	50	50	—
金	塩　化　亜　鉛	67	33	—
銀	塩　化　亜　鉛	67	33	—
ビスマス	塩　化　亜　鉛	33	33	ビスマス 34

ろう)がある。

6.5.1. 軟ろう(はんだ) 　主成分は鉛およびすず(錫)で,すず66％までは溶解点が下がるが,それ以上になると上昇する。表 6-2 に各種金属用軟ろうの成分とその溶剤を示す。

ろう付けは材料の接合部を清浄にして,かつ十分密着させるために溶剤を用いる。金属の種類によって,多少その配合および溶剤を異にする。

6.5.2. 硬ろう 　金,銀,鋼,洋銀,砲金などを強固に接合するのに用いるもので,軟ろうに対して硬ろうといわれる。

硬ろうには,銀ろう(JIS Z 3261：98),銅および銅合金ろう(JIS Z 3262：98),りん銅ろう(JIS Z 3264：98),ニッケルろう(JIS Z 3265：98),金ろう(JIS Z 3266：98)などがある。

6.5.3. アルミニウム合金ろうおよびはんだ 　軽合金(アルミニウム,マグネシウム,ジュラルミン)の接合に用いるものに,アルミニウム合金ろうおよびブレージングシート(JIS Z 3263：92)とアルミニウム用はんだ(JIS Z 3281：96)があり,はんだの化学成分および形状は,JIS Z 3282：99 に規定している。

6.5.4. 使用上の注意 　はんだには一般に鉛(Pb)が含まれている。現在,安全性に問題があるとして鉛の使用を避けるようになっているので,鉛を含有するはんだの使用に当たっては,包装に記載されている注意事項をよく読んで使用する必要がある。

6.6. 接着剤による接合

接合剤の進歩により,接着による構造設計が行われるようになった。構造用接着剤は,高い接着力が要求されるとともに,いろいろな外乱に対して十分な

表 6-3　接着剤選定早見表

被着材B ＼ 被着材A	金属	木材・ハードボード	紙布	皮革	コンクリート	塩化ビニル	フェノール・メラミン	ABS・FRP	アクリル・ポリカーボネート	ポリエステル	ウレタンフォーム	スチレンフォーム	ポリエチレンフォーム	ポリプロピレンフォーム	合成ゴム	天然ゴム
天然ゴム	18,19,25,28,29	18,19,25	2,18,19,25	18,19,25	18,19,25	25,28	19,25,28	19,25,28	25,28	2,28	18,19,25	18,25	25	25	18,19,25,28,29	18,19,25,28,29
合成ゴム	19,20,21,25,28,29	19,20,21,25	2,19,20,21,23,25	19,21,25	19,23,22,25	20,25,28	19,20,25,28	19,20,25,28	25,28	2,10,28	19,25	23,24,25	10,25	10,25	19,20,21,25,28,29	
ポリプロピレンフォーム	2,25	2,3,5,25	2,3,25	2,3,25	2,3,25	2,25	2,25	2,10,25	2,25	2,25	2,25	2,25	2,25	2,25		
ポリエチレンフォーム	2,25	2,3,5,25	2,3,25	2,3,25	2,3,25	2,25	2,25	2,10,11,25	2,25	2,25	2,25	2,25	2,25			
スチレンフォーム	2,23,24	2,5,23,24,26	2,5,23,24,26	2,5,24,26	2,24,26	2,3	2,3	2,3	2,3	2,3	2,23,24,26	2,23,24,26				
ウレタンフォーム	10,11,16,19,21,25	5,11,19,21,25,26	5,11,19,21,25,26	11,19,21,25,26	5,11,19,21,25,26	11,20,21,25	11,19,21,25	11,19,21,25	11,19,21,25	10,11,2,25	5,11,19,21,25,26					
ポリエステル	2,10,25,28	2,10,25	2,10,25	2,10,25	2,10,25	2,10,25,28	2,10,25,28	2,10,25,28	2,10,25,28	2,10,25,28						
アクリル・ポリカーボネート	2,16,25,28	2,25	2,25	2,25	2,25	2,25,28	25,28	25,28	25,28							
ABS・FRP	7,11,16,19,20,28,29	5,6,11,19,16,20,25	2,5,11,19,25	2,5,11,19,25	2,5,16	2,5,20,28	2,5,16,19,28,29	2,20,16,28,29								
フェノール・メラミン	7,11,16,19,28,29,35	6,11,16,19,25	2,6,19,25	2,6,19,25	16,25	6,11,20,28	6,16,28									
塩化ビニル	2,10,11,20,21	2,5,11,20,25	2,3,10,11	2,3,10,11,25	4,5,16,25	2,4,10,11										
コンクリート	16,25	16,25,26	2,3,19,22,24,25	2,3,19,25	16											
皮革	10,11,19,25	10,11,19,25	2,3,11,19,25	10,11,19,25												
紙布	2,3,10,19	2,3,10,19	1,2,3,5,9													
木材・ハードボード	16,19,25	12~15,19,1,5,26,27														
金属	7,16,17,28~36															

接着剤（主成分別）

No.	接着剤
1	酢酸ビニル樹脂
2	アクリル樹脂
3	酢ビ・アクリル樹脂
4	酢ビ・塩ビ樹脂
5	エチレン・酢ビ樹脂
6	エチレン・アクリル樹脂
7	ポリアミド樹脂
8	ポリビニルアセタール樹脂
9	ポリビニルアルコール
10	ポリエステル樹脂
11	ポリウレタン樹脂
12	ユリア樹脂
13	メラミン樹脂
14	フェノール樹脂
15	レゾルシノール樹脂
16	エポキシ樹脂
17	ポリイミド樹脂
18	天然ゴム
19	クロロプレンゴム
20	ニトリルゴム
21	ウレタンゴム
22	SBR
23	再生ゴム
24	ブチルゴム
25	SBS・SIS
26	水性ビニルウレタン
27	α-オレフィン
28	シアノアクリレート
29	変性アクリル樹脂(SGA)
30	〃 (マイクロカプセル)
31	〃 (嫌気性)
32	〃 (湿気硬化形)
33	〃 (UV 硬化形)
34	エポキシフェノール
35	ブチラール・フェノール
36	ニトリル・フェノール

接着の技術，No. 1 (1981) より

耐久性をもたねばならない。表6-3はいろいろな接着剤の選定早見表を示す。多くの種類が用意されており，用途に適した接着剤を選ぶことが大切である。

接着剤は，あらゆる部品に応用されており，とくに安全衛生上の観点からいろいろな法律も定められている。

接着剤の特殊な用途として，
(1) FRP（繊維強化プラスティック）の接着：異種材料間を接合する接着
(2) タイヤの接着：ゴムと繊維の接着
(3) 制振材料：アルミニウム板あるいは鋼板などの金属間にプラスティック，ゴムなどのサンドイッチの積層板の接着
(4) フラッシュパネル：合板の接着
(5) 光学レンズ：複数枚のレンズの接着（接着剤には光学的に問題のないことが要求される）
(6) 人工の歯：人工歯と金属製インレーなどとの接合
などがあり，このほかにもいろいろな部分で接合剤が利用される。

接着試験は接着剤の接着強さ試験方法通則（JIS K 6848：99）など，各種の試験方法に対応してJIS規格が用意されている。

7章 切断

7.1. ガス切断

7.1.1. ガス切断の原理 鉄および鋼は吹管を用いて切断する。まず吹管の炎で切断部を高温（約1350℃）に加熱し，純度の高い高圧の酸素を吹きつけると，鉄は酸化鉄となり，溶解点が母材より低くなるから，酸素気流で吹き飛ばされて溝ができて切断される。鋳鉄の切断は困難である。

7.1.2. 切断作業 まず加熱炎だけで鉄を白熱化し，火花を発する状態にしたら酸素吹管を開く。図 7-1 は切断吹管(JIS B 6801：03 手動ガス溶接器，切断器および加熱器参照)を示す。切断には酸素アセチレン炎および酸水素炎を用いる。表 7-1 に酸素アセチレン切断の条件を示す。

V 加熱用吹管の火口， S 放射用酸素の火口
M 材料   ピロコック式

図 7-1 切断吹管

7.1.3. 粉末切断 純鉄粉あるいはこれにアルミニウム粉末を切断酸素中に連続的に混入させ，反応熱を利用して切断する方法で，ガス切断のできにくい材料（非鉄金属，コンクリートなど）に用いる。ナトリウムの炭酸塩などを混入する方法もある。

表 7-1 手動酸素アセチレン切断

板厚 mm	火口の径 mm	火口の酸素圧力 MPa	切断面積1cm²に対する 酸素消費量 l	アセチレン消費量 l	切断時間 min/m
5	1.0	0.15	1.1	0.22	3.5
10	1.0	0.15	1.1	0.20	3.5
15	1.0	0.20	1.1	0.20	4.0
20	1.0	0.20	1.1	0.20	4.5
25	1.5	0.25	1.2	0.18	4.5
30	1.5	0.29	1.2	0.17	5.5
50	2.0	0.34	1.2	0.16	6.0
100	2.0	0.39	1.3	0.16	8.0
150	2.5	0.44	1.5	0.16	12.0
200	2.5	0.54	1.5	0.15	18.0
300	3.0	0.64	1.8	0.18	21.0
400	3.5	0.74	2.1	0.20	25.0
500	4.0	0.83	2.4	0.20	30.0
600	4.5	1.18	3.0	0.25	45.0

7.2. アーク切断

7.2.1. 酸素アーク切断 中空の被覆アーク溶接棒と切断すべき材料との間にアークをとばして局部的に加熱し，高温度に保ちながら中心部の小孔から酸素を吹きつける方法であり，この方法によりステンレス鋼や鋳鋼，各種非鉄金属の切断ができる。図 7-2 は切断のようすを示し，表 7-2 は酸素アーク切断の切断条件を示す。

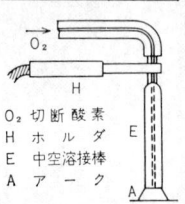

O₂ 切断酸素
H ホルダ
E 中空溶接棒
A アーク

図 7-2 切断のようす

表 7-2 各種金属の酸素アーク接断

板厚 mm	クロム、ニッケル モネルメタル 圧力 kPa	電流 A	銅, 黄銅, 青銅 圧力 kPa	電流 A	鋳 鉄 圧力 kPa	電流 A	アルミニウム 圧力 kPa	電流 A	低合金鋼 圧力 kPa	電流 A
6.5	6.9～13.7	170	69～103	180	412	180	206	200	206～235	175
12.0	〃	〃	69～103	185	〃	〃	〃	200	235～274	180
19.0	〃	〃	103～137	190	〃	〃	〃	200	274～304	190
25.0	〃	〃	137～167	200	〃	〃	〃	200	304～343	200
32.0	〃	〃	167～206	210	〃	〃	265	200	372～372	205
36.0	〃	〃	206～235	215	〃	〃	235	200	372～412	210
45.0	〃	〃	235～274	220	〃	〃	274	200	412～441	215
50.0	〃	〃	274～304	225	〃	〃	〃	200	441～480	220
55.0	〃	〃	304～343	225	〃	〃	304	175	480～510	225
60.0	〃	〃	343～372	230	〃	〃	〃	175	510	225
70.0	〃	〃	372	230	〃	〃	〃	175	〃	230
75.0	〃	〃	〃	235	〃	〃	〃	175	〃	230

7.2.2. 炭素アーク切断 酸素アーク切断の際に溶接棒の代わりに炭素電極を用いたもので,外から酸素を吹きつけるか,炭素棒の中の細い孔から吹きつけるかして切断する方法である。

7.2.3. プラズマジェット切断 アークを絞って非常に高い温度にしたプラズマジェットを利用して,金属,非金属材料をすみやかに切断する方法である。

7.2.4. レーザ切断 アークに代わり,CO_2ガスレーザなどレーザ光を用いて切断する方法である。数 100 W 程度の CO_2 ガスレーザにより,各種の金属,セラミックス,ガラス,プラスティックスさらに布地など,一般に切断しにくい材料の切断を可能にした。鋼などの金属の切断には,空気,酸素などの補助ガスを用いると効率が上がる。最近,航空機に用いる複合材料のトリミング加工に,レーザ切断を応用している。

パルスレーザを用い,半導体に用いる素子のトリミング,スクライビングにも応用している。また,医用としてレーザメスが開発され,とくに細かい部分の切開に用いられ,同時に止血効果もあるなど多くの利点がある。

7.3. その他の切断方法

材料の切断には,機械的な方法も用いられる。一般の材料には,プレス機械を用いる場合,のこぎりを用いる場合,といし(砥石)を用いる場合などがある。半導体部品のスライシングには,ダイヤモンドと(砥)粒による精密スライシングマシンが,電子部品の成長とともによく用いられる。

8章 除去加工(切削・研削加工)の基礎

8.1. 除去加工とは

金属などの素材から不要な部分を,工具などによって除去して所定の形状を作り出す加工方法をいう。一般には,バイトなど切れ刃をもつ工具を用いた切削加工,といし(砥石)あるいはと(砥)粒を工具とする研削・研磨加工,電気化学的,物理化学的あるいは光学的な手段を用いて不要な部分を除去する特殊加工(現在では,特殊加工ではないという議論がある)などを含む。

以下の章では,除去加工とは呼ばずに,一般的な呼び方を用いる。

8.2. 切削加工

8.2.1. 切削の現象

切削する際に生じる切りくずの形に,裂断形切りくず,せん断形切りくず,流れ形切りくずなどがある。

(1) 流れ形切りくず(図8-1(a)) 刃先から連続的にせん断ひずみが生成し切りくずが生じる。切削抵抗や切削温度の脈動は少なく,仕上げ面も良好である。

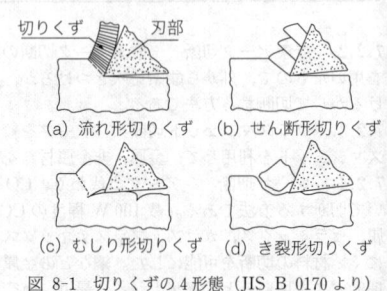

図 8-1 切りくずの4形態(JIS B 0170 より)

(2) せん断形切りくず(図8-1(b)) 裂断形切りくずと流れ形切りくずとの中間の形であり,切削抵抗や切削温度の脈動は減少するが,仕上げ面状態は多少悪い。

(3) 裂断形切りくず(図8-1(c)(d)) 刃物の前に強く圧縮され,工作物から刃先前方にき裂状の切りくずが次々に生じせん断する。この場合,切削抵抗や切削温度の脈動が大きく,仕上げ面粗さを悪くする。

このように,工作物は,図8-2のように刃先を押し込むことで,刃先と接触する被削材内部に発生するせん断応力により,被削材は変形して切りくずとなって除去されるが,切りくずの形は,工具のすくい角(図8-2参照),切削速度,工作物材料などによって変わる。一般に,すくい角や切削速度が大きくなるにしたがい,また切り込み深さが小さくなるにしたがって裂断形か

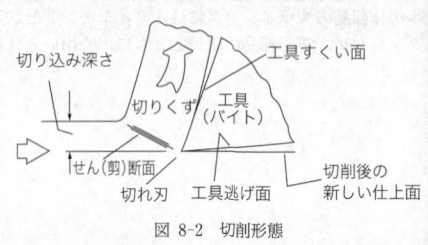

図 8-2 切削形態

ら流れ形に変わる。また，切りくずと工具のすくい面との間に生じる摩擦熱などの影響により，工具刃先に構成刃先（図8-3）が発生して工具を損ない，仕上げ面粗さを悪くすることがある。構成刃先の生成は，切削条件を変える，適当な切削剤を供給するなどにより防ぐことができる。

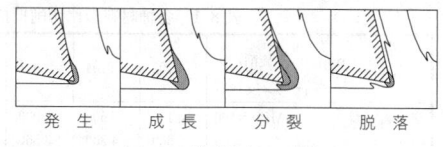

図 8-3 構成刃先の一周期

8.2.2. 切れ刃の形状

切削工具の主要部および工具（バイト）刃先各部の名称を図 8-4（JIS B 0107：94 を参照）に示す。工具（または工作物）が進む方向（切削の方向）に対して工作物と工具が接触する部分を主切れ刃といい，工具の上側をすくい面，切削方向に対して工具の前面を主逃げ面という。すくい面が水平面（基準面）となす角をすくい角（γ）といい，主切れ刃に直角な面内のすくい面と水平面とのなす角を垂直すくい角（γ_0），主逃げ面と垂直面とのなす角を垂直逃げ角（α_0），すくい面と主逃げ面とのなす角を垂直刃物角（β_0）という。主切れ刃と副切れ刃の工作物に対する傾きを切込み角（κ）および副切込み角（κ'），主切れ刃と副切れ刃のなす角を刃先角（ε）という。これらの切れ刃の主要形状を，工作物の材質により適当に定めることが重要である。

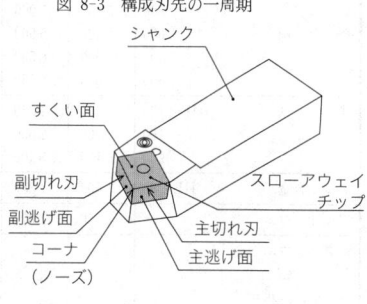

図 8-4 切削工具（バイト）の主要形状

8.2.3. 切削抵抗

切削の際に生じる抵抗力を切削抵抗という。切削抵抗は図 8-5 に示すように，主切削力，送り分力および背分力の 3 分力に分けて考え，比率はおおよそ 5：2：1 である。しかし，一般に切削抵抗とは最も大きな抵抗力を生じる主切削力を称している。切削抵抗は実験的に求めることができる。いま，切削抵抗を F (N)，切りくず面積を A (mm²)，比切削抵抗を f (N/mm²) とすると，$F=fA$ で示される。比切削抵抗は切りくず面積，被削材種などにより求められる定数である。ちなみに，すくい角 0°，

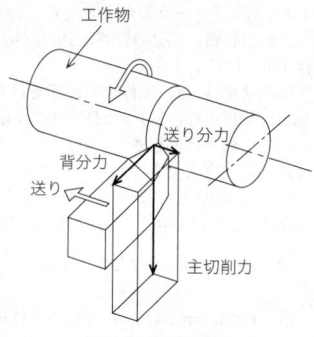

図 8-5 切削 3 分力

横切れ刃角 0°をもつ直線切れ刃工具によるいくつかの被削材に対する比切削抵抗を表 8-1 に示す。この場合の必要動力 H (W) は，切削速度を V (m/s)

表 8-1　各種材料の比切削抵抗

切削厚さ t_1 mm 送り f mm/rev (旋削) 1刃の送り S_z mm/刃 (フライス)	0.02	0.04	0.1	0.2	0.4	1.0
炭素鋼　σ_B MPa=400	4 100	3 500	2 900	2 500	2 120	1 730
600	5 000	4 300	3 560	3 000	2 550	2 120
800	5 800	5 000	4 100	3 500	3 000	2 450
合金鋼　　　　1 000	6 400	5 500	4 500	3 850	3 300	2 700
1 400	7 600	6 500	5 300	4 600	3 950	3 200
1 800	10 000	8 550	7 000	6 000	5 100	4 200
鋳　鉄　　HB=120	2 250	1 850	1 420	1 180	970	750
160	3 160	2 600	2 000	1 660	1 370	1 050
200	4 100	3 400	2 600	2 150	1 780	1 370
アルミ合金　HB=80	1 600	1 380	1 150	970	830	680
アルミニウム	1 250	1 070	890	750	650	530
マグネシウム合金				4 000		
黄　銅				1 100		
ベーク，エボナイト				350		
硬質紙				280		

(益子ら，精密工作法と切削理論による)

とすれば，

$$H = FV/\eta$$

である。ここで，η は機械効率を示し，0.7〜0.9 である。

8.2.4. 切削速度と工具寿命　切削速度は，工具の寿命や仕上げ面粗さに影響するので，上手に選ばねばならない。切削速度の増大とともに寿命は短くなり，その代わり仕上げ面が良くなる。工具寿命を T，切削速度を V とすると，$VT^n = C_t$（テーラの寿命方程式という）の関係がある。ここで C_t は工作物と工具の材質，切込み深さ，送り，切削剤などから定まる定数であり，普通 n は 1/5〜1/10 にとる。

切削速度 V は，工作物の直径を D (mm)，工作物または工具の回転数を N (min^{-1}) とすると，$V = \pi DN/1000$ (m/min) になる。

8.2.5. 仕上げ面粗さ　計算により求めることができる理論粗さ（一般的にはほとんど実現できない）を次に示す。

(1) 旋削加工の場合　送り量を s (mm/rev)，刃先のコーナ半径を r_e (mm)，副切込み角を κ' とすると，理論粗さ $R_{\max}$ (μm) は，

1) $s < 2r_e \sin \kappa'$ のとき　　$R_{\max} \fallingdotseq \dfrac{s^2}{8 r_e} \times 1000$

2) $s \geqq 2r_e \sin \kappa'$ のとき　$R_{\max} \fallingdotseq r_e(1 - \cos \kappa' + T \cos \kappa' - \sin \kappa' \sqrt{2T - T^2}) \times 1000$

　　　　　　　ここで　$T = (s/r_e) \sin \kappa'$

3) $r_e = 0$ の場合　　$R_{\max} = \dfrac{s}{\tan \psi + \cot \kappa'} \times 1000$

ここで，ϕ はアプローチ角（副切れ刃角）
である。

(2) フライス削りの場合　　1刃当たりの送りを S_z (mm)，フライスの半径を R (mm)，フライスの刃数を Z，下向き削りのときを＋，上向き削りのときを－とすると，表面粗さ $R_{max}(\mu m)$ は，

$$R_{max} = \frac{S_z^2}{8\left(R \pm \dfrac{S_z \cdot Z}{\pi}\right)} \times 1000$$

である。実際の仕上げ面粗さは，機械の精度，工具の剛性，摩耗などによりかなり大きくなる。

8.2.6. 被削性　　被削材の削りやすさを示す指標であり，切削しやすい硫黄快削鋼の切削条件を100として，他の被削材の切削条件との比を被削制指数という。被削性指数の高い材料は削りやすく，低い材料は削りにくいことを示す。使用する工具材種により異なる。ステンレス鋼では20〜30，超合金では10以下の材料もある。

8.3. 研削加工

8.3.1. 研削の現象　　研削加工は，高速で回転するといし車で工作物を削り取っていく加工法であり，仕上がりの寸法精度が高い。一般のバイトによる加工と比較すると，現象としては基本的には同じ除去方法であるが，詳細には，次の相違がある。

(1) 非常に硬い材料の除去ができる。
(2) 切込み深さは比較的浅い。
(3) 切削（研削）速度は非常に速い。
(4) 切れ刃の自生作用（自生発刃）により，いろいろな硬い材料が削れる。
(5) 仕上げ面が良好で，寸法精度は高い。

8.3.2. 研削加工の分類　　研削加工は，切込み方法に二通りの方法がある。切削加工と同じ一定の深さに切り込む強制切込み方法と，研削加工に特有なといしに一定の圧力を加える定圧研削方法とであり，表面を平滑にするときに用いる。

作業方法によって分類すると，円筒研削，内面研削，平面研削，心なし研削などがあり，工作物に対応して，歯車研削，ねじ研削，工具研削などがある。とくに円筒研削では，図 8-6 に示すといし幅より小さい工作物に用いるプランジ研削（切込み運動のみ），工作物回転軸に垂直な面を研削するアンギュラ研削および工作物の長さがといし幅より長い工作物に対応するトラバ

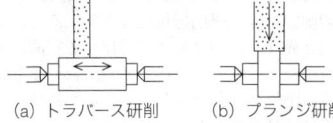

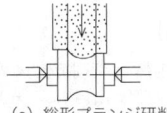

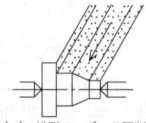

(a) トラバース研削　(b) プランジ研削

(c) 総形プランジ研削　(d) 総形アンギュラ研削

図 8-6　円筒外面研削作業の方式

ース研削がある。といし外周を所定の形状に成形して研削する総形プランジ研削もある。

8.3.3. 研削の理論

(1) **切込み深さ** と(砥)粒の切込み深さの計算式は、と(砥)粒切込み深さを g, 平均と(砥)粒間隔を a, 加工物周速を v, といし周速を V, といし直径を D, 加工物の直径を d, といしの切込み深さを t とすると,

$$g = 2 \cdot a \cdot \frac{v}{V} \sqrt{\left(\frac{1}{D} \pm \frac{1}{d} t\right)}$$

ここに、＋は外研、－は内研の場合である。

(2) **といしの作用面** といしの研削面は、研削前に加工目的に合わせた目直し（ドレッシング）および形直し（ツルーイング）を行う。とくに、といしの目詰まりを補修して切れ味をよくするために、図 8-7 に示すいずれかの方法で目直しを行わねばならない。しかし、と(砥)粒は結合剤の摩滅によりといしから脱落する。この結果、中から新しいと(砥)粒が現れ、といしとして仕事を始める。このことを自生発刃作用と呼んでいる。

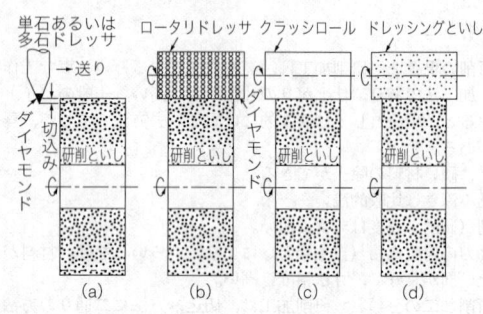

図 8-7 研削といしの目直し方法

(3) **研削抵抗** と(砥)粒の切れ刃は、一般に負のすくい角をもち、切削工具の切れ刃よりも大きい。したがって、一般に背分力は大きくなり、背分力／主切削力を表す研削抵抗比は 1.5～2.5 で、切削加工の 0.3 より大きい。また、切削と異なり、切りくずを排出する空間は非常に小さいので、切りくずの排出はむずかしくなる。このために、目詰まりが生じやすく、切り残し、上滑りによる研削焼けなどが発生する。研削抵抗を理論的に求めるのは困難であり、実験的に研削抵抗を測定することが多い。研削抵抗は、また研削温度を評価する場合にも有用である。

8.4. 切削・研削剤

切削する場合に、切削熱 ∝ 切削抵抗 × 摩擦速度 の関係によって切削熱が生じる。この切削熱の一部は工作物に、一部は刃物および切りくずに分かれて放熱される。しかし、刃物に伝わる熱が多いと、刃先が速く摩耗して工具寿命を短くし、仕上げ面粗さを悪くする。そこで、切削熱を強制的に取り除くため

8章 除去加工（切削・研削加工）の基礎

に，切削剤を用いる。切削剤は刃物を冷却するほかに，減摩効果もある。

金属切削および研削加工に用いる切削油剤の種類および成分は，JIS K 2241：97 に規定している。**表 8-2** に一般使用条件における適用作業例を示す。

表 8-2 切削油剤の適用作業例（旧 JIS K 2241 解説より）

加工法および工具		被削材 炭素鋼 C：0.3%以下	高合金鋼	ステンレス鋼 耐熱鋼および チタン合金	アルミニウム および アルミニウム合金
旋削	シングルポイントバイト TC	①-6 W 1-1 ②-5 W 2-1	1-6	2-5 ②-15	①-1 W 1-3 W 2-3
	シングルポイントバイト SKH	1-6 W 1-1 ②-5 W 2-1	②-5 W 1-1 W 2-2	2-6 W 1-2 ②-15 W 2-2	①-1 W 1-3 W 2-3
	突切りバイト TC	①-6 W 1-1 W 1-2	1-6	2-5 ②-15	①-1 W 1-3 W 2-3
	突切りバイト SKH	1-6 W 1-1 ②-5 W 2-1	②-5 W 1-1 W 2-2	2-6 W 1-2 ②-15 W 2-2	①-1 W 1-3 W 2-3
フライス加工	正面フライス TC	①-6 W 1-1 ②-5 W 2-1	1-6	2-5 ②-15	①-1 W 1-3 W 2-3
	正面フライス SKH	1-6 W 1-1 ②-5 W 2-1		②-6 W 1-2 ②-15 W 2-2	①-1 W 1-3 W 2-3
	エンドミル TC	②-5			
	エンドミル SKH	2-2 ②-5	②-5 W 1-1 2-15 W 2-1	②-6 ②-14	W 2-3
穴加工	ツイストドリル TC		W 1-2 W 2-2	②-6 ②-15	
	ツイストドリル SKH	2-5 W 1-1 W 2-1	②-1 W 1-1 ②-6 W 2-1 ②-16	②-6 ②-15	①-1 W 1-2,3 W 2-2,3
	BAT, ガンドリル TC	②-13 ②-15	②-13 ②-15	②-13 2-2 ②-15 2-12	②-1
リーマ加工	TC	2-3 ②-15	②-15	②-6 2-12	①-1 W 1-3 W 2-3
	SKH	2-3 ②-15, 16	②-15	①-1 2-1 2-12	①-1 W 1-3 W 2-3
ブローチ加工	SKH	②-16	2-12 ②-16	②-12 2-16	W 1-3 W 2-2
ホブ切り加工	SKH	2-3 W 1-2 ②-6 W 2-1	②-6	②-6 ②-15	
タップ加工	SKH	②-16 ②-17	②-16 ②-17	②-16 2-17	②-3 W 1-2 W 2-2

種類：
- 不水溶性切削油剤 1種：1号, 2号, 3号, 4号, 5号, 6号
- 不水溶性切削油剤 2種：6号, 11号, 12号, 13号, 14号, 15号, 16号, 17号
- 水溶性切削油剤 W1種：1号, 2号, 3号
- 水溶性切削油剤 W2種：1号, 2号, 3号

（備考）　1-1：不水溶性切削油剤 1種 1号を示す。
　　　　　W 1-1：水溶性切削油剤 1種 1号を示す。
　　　　　◯印は最適油剤を示す。

8.5. 切削の標準作業条件

工作物を切削する場合，材料および工具の種類により最適な切削条件がある。最適切削条件により加工すると，工作物の仕上げ，経済性などがよくなる。そこで，最適加工条件をそれぞれの切削の場合に応じて定めておくと好都合である。**表 8-3** に，切削速度などの目安になる条件を示す。

表 8-3 旋削加工条件の目安

(1) 18-4-1形高速度鋼, (2) 超硬合金　単位　削り速度 m/min, 切込み mm, 送り mm/rev

加工物材料	SAE鋼材番号その他	刃物材料	切込み 0.13-0.38 送り 0.051-0.13	切込み 0.38-2.4 送り 0.13-0.38	切込み 2.4-4.7 送り 0.38-0.76	切込み 4.7-9.5 送り 0.76-1.3	切込を 9.5-19 送り 1.3-2.3
快 削 鋼	1112(SUM10), X1112, 1120(SUM31), 1315 等	(1) (2)	230-460	75-105 185-230	55-75 135-185	25-45 105-135	16-20 55-105
低炭素鋼 低合金鋼	1010 (S10C) 1025 (S25C)	(1) (2)	215-365	70-90 165-215	45-60 120-165	20-40 90-120	13-20 45-90
中級炭素	1030 (S30C) 1050 (S50C)	(1) (2)	185-300	70-90 135-185	40-55 95-135	20-35 75-105	10-20 40-75
高 炭 素	1060 (SL8C), 1096 1350	(1) (2)	150-230	55-75 120-150	40-55 90-120	20-30 60-90	10-15 30-90
ニッケル鋼	2330 2350	(1) (2)	165-245	60-85 130-165	40-55 100-130	20-35 70-100	13-20 60-70
クロム鋼 ニッケルクロム鋼	3120, 3450 5140 (SCr440), 52100 (SUJ2)	(1) (2)	130-165	45-60 100-130	30-40 75-100	15-20 55-75	9-15 20-55
モリブデン鋼	4130 (SCM 430) 4615	(1) (2)	145-200	50-65 105-145	35-45 85-105	20-25 60-85	10-15 30-60
ステンレス鋼	6120 6150 (SUP10) 6195	(1) (2)	115-150	30-45 90-115	25-30 75-90	15-20 55-75	9-15 20-55
タングステン鋼	7260 焼なまし	(1) (2)	100-120	25-30 75-100	20-35 60-75	15-20 45-60	7-12 15-45
特殊な鋼材	12-14%マンガン鋼 けい素鋼板鋼塊など	(1) (1) (2)	300-370	60-75 120-150 245-30	40-60 90-125 185-245	20-40 60-90 150-185	15-20 45-60
鋳　　　鉄	軟質鋳鉄 中質鋳鉄, 可鍛鋳鉄 超硬合金鋳鉄 チルド鎌鉄	(1) (2) (1) (2) (1) (2) (1) (2)	135-185 105-135 75-90 3-5 9-15	35-45 105-135 35-45 75-105 25-40 45-75 3-9	25-35 75-105 25-35 60-75 18-25 30-45	20-25 60-75 20-25 45-60 12-20 20-30	10-20 30-60 9-20 20-45 6-12 15-20
銅合金	快削鉛黄銅および青銅 黄銅および青銅 高すず青銅, マンガン青銅 その他	(1) (2) (1) (2) (1) (2)	300-380 215-245 150-180	90-120 245-305 85-105 185-215 30-45 120-150	70-90 200-245 70-85 150-185 20-30 90-120	45-75 155-200 45-70 120-150 15-20 60-90	30-45 90-150 20-45 60-120 10-15 30-60
軽合金	マグネシウム アルミニウム	(1) (2) (1) (2)	150-230 380-610 105-150 215-305	105-150 245-380 70-105 135-215	85-105 185-245 45-70 90-135	60-85 150-185 30-45 60-90	40-60 90-150 15-30 30-60
プラスチックス	熱可塑性, 熱硬化性など	(1) (2)	200-300	120-200	75-120	45-75	

( ) はSAE規格に近いJIS規格鋼材を示す。

8.6. 加工面性状 (Surface Integrity) (表8-4)

機械加工後の表面は，加えられたエネルギの大きさによりいろいろな状態をみせる。その一つが加工変質層で，表層部が母材と異なる変質した層，変形を受けた層などを総称する（図8-8）。加工変質層の厚さは，加工工具形状と刃先の状態，切削条件，切削剤などにより異なる。とくに加工に敏感な材料ほど大きい。加工変質層には，残留応力が生じ変形あるいは腐食の原因になる。このために，加工変質層を発生させない加工法，残留応力に対しては，自然あるいは人工の枯らしを行う。最近，高度化の進む金型部品，超精密部品あるいは微細加工の部品，耐熱部品などに対して問題視され，一層重要な課題になっている。

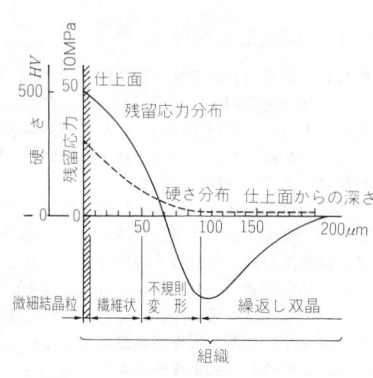

図8-8 軟鋼切削後の表面性状の典型例

表8-4 加工条件と加工変質層の諸量の変化

加工条件				残留応力分布	加工硬化層	組織変化
切削条件	影響の大きさ 大〜小	切削速度	小さいと	圧縮	加工硬化 小	組織変化 小
			大きいと	引張り	大	大
		送り	小さいと	圧縮	小	小
			大きいと	引張り	大	大
		切込み	小さいと	圧縮	小	小
			大きいと	引張り	大	大
被削材	影響の大きさ 延性／ぜい性	加工硬化係数 (H')	小さいと	変化 小	変化 小	変化 小
			大きいと	変化 大	変化 大	変化 大
工具	影響の大きさ 大〜小 炭素工具鋼 高速度鋼 超硬 セラミックス ボラゾン ダイヤモンド	コーナ半径 逃げ面摩耗幅 刃先力	小さいと	変化 小	変化 小	変化 小
			大きいと	変化 大	変化 大	変化 大
		すくい角	正	大きいほど変化 小	大きいほど変化 小	大きいほど変化 小
			負	大きいほど変化 大	大きいほど変化 大	大きいほど変化 大
切削液	影響の大きさ 大〜小	冷却効果 潤滑効果 極圧性	小さいと	引張り	加工硬化 大	組織変化 大
			大きいと	圧縮	小	小

9章　切削・研削加工用工具

9.1. 切削工具材料

9.1.1. 工具材料の種類（JIS B 0170：93 参照）

(1) **炭素工具鋼**　炭素鋼の工具は古くから用いられてきたが，工作機械の発達とともに切削能率が向上した結果，特殊鋼，超硬材料などの工具が用いられるようになった。しかし，価格の安い点，熱処理が簡単なことから，炭素工具鋼はいまでも利用している。

(2) **特殊工具鋼**　炭素工具鋼に特殊元素として，Cr, W, Ni, Co, Mo, V などを1種または2種，あるいはそれ以上の元素を合金化した特殊工具鋼で，炭素工具鋼に優る多くの性能をもつので用途は広い。

(3) **高速度鋼**　テーラが 1900 年に開発した高速度鋼は，適当な熱処理を施すことによって著しく硬くなり，しかも高い耐摩耗性をもつ。とくに金属材料を高速度で切削し刃先が高温になっても，切れ味が変わらない優秀な性質をもつ。この優れた切削性能により，工具材料として最も広く使用されている。

(4) **ステライト**　Co, Cr および W を主成分とするステライトは，超硬合金と高速度鋼の中間の性能を示すが，腐食をともなう場合や被削部分が加熱状態のときには，ステライトの高い耐熱性により特別な性能を示す。

(5) **ダイヤモンド**　ダイヤモンドのもつ優秀な性能によって，硬い材料はほとんどダイヤモンドで切削加工できる。しかし，それぞれの材料に対して最高の結果を得るために切削条件をそれぞれに適応させる必要が

表 9-1　ダイヤモンドバイトの適用材料

(1) 金属材料

類　別	金　属　の　名　称
軽　金　属	アルミニウム，マグネシウム合金，ジュラルミン等
軟　質　金　属	銅，真鍮，亜鉛合金等
軸　受　金　属	バビットメタル，青銅等
貴　金　属	銀，金，白金等
鋳鉄および鋼	特別の場合

(2) 非金属材料

類　別	非　金　属　の　名　称
軟　質　ゴ　ム	印刷機のローラ等
硬　質　ゴ　ム	エボナイト
合　成　樹　脂	石炭酸樹脂，尿素樹脂，酢酸繊維素等
圧縮されたグラファイト	エレクトロード等

表 9-2　ダイヤモンドバイトに対する推奨値

被　削　材	切込み (mm)	送り (mm/rev)	切削速度 (m/min)
アルミニウム	0.076～0.254	0.020～0.125	150 ～ 1000
黄銅および青銅類	0.076～0.254	0.020～0.125	140 ～ 450
マグネシウム	0.125～0.254	0.020～0.125	300 ～ 900
鋼	0.076～0.254	0.050	140 ～ 750
硬質ゴム	0.125～0.760	0.125 (手動)	360 ～ 1000

ある。ただし，ダイヤモンドの原料である炭素と親和性の高い被削材の切削には一般には不適である。ダイヤモンドの分類は，JIS B 4053：98 で規定している。

表 9-1 はダイヤモンドバイトの切削に適する材料の大要を示す。切削条件として，経済的な切削速度は 200～300 m/min，送りは 0.02～0.1 mm/rev，切込み深さは 0.2～0.6 mm とされている。表 9-2 はダイヤモンドバイトに対する推奨値である。ダイヤモンドバイトは，鋭い切れ刃を創成できるので，とくに超精密部品の切削に多く用いられる。

(6) 超硬質合金　　JIS B 4053：98 に超硬質合金材料の使用分類などを規定している。超硬質合金は 4 種類に分類され（表 9-3），これらには，一般の超硬質合金（HW），サーメット（HT），超微粒子超硬質合金（HF）およびコーティング超硬質合金（HC）などがある。サーメットが主成分を WC（炭化タングステン）ではなく TiC（炭化チタン）にした合金である以外は，他の超硬質合金は炭化タングステンを主成分とした金属化合物である。最近では，超硬質合金にいろいろな成分を多層にコーティングして，必要な機能を付加した工具が使用されるようになった。

表 9-3　超硬質合金（JIS B 4053：98 より）

材料記号	超硬質合金の分類
HW	金属及び硬質の金属化合物から成り，その硬質相中の主成分が炭化タングステンであるものとする。一般に超硬合金という。
HT	金属及び硬質の金属化合物から成り，その硬質相中の主成分がチタン，タンタル（ニオブ）の，炭化物，炭窒化物及び窒化物であって，炭化タングステンの成分が少ないものとする。一般にサーメットという。
HF	金属及び硬質の金属化合物から成り，その硬質相中の主成分が炭化タングステンであり，硬質相粒の平均粒径が 1 μm 以下であるものとする。一般に超微粒子超硬合金という。
HC	上記超硬質合金の表面に炭化物，窒化物，炭窒化物（炭化チタン・窒化チタンなど），酸化物（酸化アルミニウムなど）などを，1 層又は多層に化学的又は物理的に密着させたものとする。

Co，W，C などを焼結してつくった超硬質合金は，その名のとおり非常に硬く，切削工具としてとくに優れている。超硬質工具材料は，被削材から排出される切りくず形状により表 9-4 に示すように分類している。連続形切りくずの出る鉄系金属は P，連続もしくは非連続形切りくずの出る鉄系金属または非鉄金属は M，非連続形切りくずの出る鉄系金属，非鉄金属または非金属は K に分類されている。材料に適した超硬質工具を選び出すことが必要である。

超硬チップは，シャンクに固定して用いる。固定方法には，機械的にチップを押さえる方法とろう付けによる方法とがある。また，ろう付けバイトはダイヤモンドといしによって研磨できる。超硬チップを用いる場合，高速で切削することが多く，切りくず処理の方法を十分検討し，その性質上，正しい切削条件を選択する必要がある。

超硬工具は広い範囲にわたって使用され，それぞれ JIS B 4107：98 超硬質

表 9-4(1) 切削用超硬質工具材料の分類(JIS B 4053)

切りくず形状による大分類		使用分類				特性の向上方向			
大分類	被削材の大分類	使用分類記号	被削材	切削方式	作業条件	切削特性		材料特性	
						切削速度	送り量	耐摩耗性	じん性
P	連続形切りくずの出る鉄系金属	P01	鋼, 鋳鋼	旋削中ぐり	高速で小切削面積のとき, 又は加工品の寸法精度及び表面の仕上げ程度が良好なことを望むとき。ただし, 振動がない作業条件のとき。	高速		高い	
		P10	鋼, 鋳鋼	旋削ねじ切りフライス削り	高〜中速で小〜中切削面積のとき, 又は作業条件が比較的よいとき。	↑		↑	
		P20	鋼, 鋳鋼特殊鋳鉄(1)(連続形切りくずが出る場合)	旋削フライス削り平削り	中速で中切削面積のとき, 又はP系列中最も一般的な作業のとき。平削りでは小切削面積のとき。				
		P30	鋼, 鋳鋼特殊鋳鉄(1)(連続形切りくずが出る場合)	旋削フライス削り平削り	低〜中速で中〜大切削面積のとき, 又はあまり好ましくない作業条件(7)のとき。				
		P40	鋼鋳鋼(砂かみや巣がある場合)	旋削平削りフライス削り溝フライス	低速で大切削面積のとき, P30より一層好ましくない作業条件のとき。小形の自動旋盤作業の一部, 又は大きなすくい角を使用したいとき。				
		P50	鋼鋳鋼(低〜中引張強度で砂かみや巣がある場合)	旋削平削りフライス削り溝フライス	低速で大切削面積のとき, 最も好ましくない作業条件のとき。小形の自動旋盤作業の一部, 又は大きなすくい角を使用したいとき。		高送り		高い
M	連続形,非連続形切りくずの出る鉄系金属又は非鉄金属	M10	鋼, 鋳鋼, マンガン鋼, 鋳鉄及び特殊鋳鉄	旋削フライス削り	中〜高速で小〜中切削面積のとき, 又は鋼・鋳鋼に対し共用したいときで, 比較的作業条件のよいとき。	高速		高い	
		M20	鋼, 鋳鋼, マンガン鋼, 耐熱合金(2), 鋳鉄及び特殊鋳鉄, ステンレス鋼	旋削フライス削り	中速で中切削面積のとき, 又は鋼・鋳鋼に対し共用したいときで, あまり好ましくない作業条件(7)のとき。	↑		↑	
		M30	鋼, 鋳鋼, マンガン鋼, 耐熱合金(2), 鋳鉄及び特殊鋳鉄, ステンレス鋼	旋削フライス削り平削り	中速で中〜大切削面積のとき, 又はM20より悪い作業条件のとき。				
		M40	快削鋼鋼(低引張強度)非鉄金属	旋削突っ切り	低速のとき, 大きなすくい角や複雑な切刃形状を与えたいとき, 又はM30より悪い作業条件のとき。小形の自動旋盤作業。		高送り		高い

ろう付け側フライス, JIS B 4114：98 超硬質合金ろう付けストレートシャンクエンドミル, JIS B 4116：98 超硬質合金ソリッドストレートシャンクエンドミル, JIS B 4117：98 超硬質合金ソリッドストレートシャンクタブドリルとして主要寸法が規定されている。

表 9-4(2) 切削用超硬質工具材料の分類（つづき）

切りくず形状による大分類		使用分類			特性の向上方向			
大分類	被削材の大分類	使用分類記号	被削材	切削方式	作業条件	切削特性		材料特性	
						切削速度	送り量	耐摩耗性	じん性
K	非連続形切りくずの出る鉄系金属,非鉄金属又は非金属	K01	鋳鉄	旋削 中ぐり フライス削り	高速で小切削面積のとき、又は振動のない作業条件のとき。	高速 ↑	↑	高い ↑	↑
			高硬度鋼 硬質鋳鉄（チルド鋳鉄を含む）	旋削	極低速で小切削面積のとき、又は振動のない作業条件のとき。				
			非金属材料(3) 高シリコンアルミニウム鋳物(4)	旋削	振動のない作業条件のとき。				
		K10	鋳鉄及び特殊鋳鉄(1)（非連続形切りくずが出る場合）	旋削 フライス削り 中ぐり	中速で小～中切削面積のとき、又はK系列中の一般的作業のとき。				
			高硬度鋼	旋削	低速で小切削面積のとき、又は振動のない作業条件のとき。				
			非鉄金属(5) 非金属材料(3) 複合材料(6)	旋削 フライス削り	比較的振動がない作業条件のとき。				
			耐熱合金(2) チタン及びチタン合金	旋削 フライス削り					
		K20	鋳鉄	旋削 フライス削り 中ぐり	中速で中～大切削面積のとき、又はじん性を要求される作業条件のとき。				
			非鉄金属(5) 非金属材料(3) 複合材料(6)		大きなじん性を要求される作業条件のとき。				
			耐熱合金(2) チタン及びチタン合金	旋削 フライス削り					
		K30	引張強さの低い鋼 低硬度の鋳鉄 非金属(5)	旋削 フライス削り	低速で大切削面積のとき、あまり好ましくない作業条件(7)のとき、又は大きなすくい角を使用したいとき。				
		K40	軟質，硬質木材 非金属(5)	旋削 フライス削り 平削り	低速で大切削面積のとき、K30より一層好ましくない作業条件のとき、又は大きなすくい角を使用したいとき。	↓ 高送り			↓ 高い

注(1) 球状黒鉛鋳鉄 (FCD)，合金鋳鉄など。
 (2) 耐熱鋼 (SUH 660 など)，Ni 基超合金 (NCF など)，Co 基超合金など。
 (3) プラスチック，木材，ゴム，ガラス，耐火物など。
 (4) アルミニウム合金鋳物9種（AC 9 A 及び AC 9 B）など。
 (5) 銅及び銅合金，アルミニウム及びアルミニウム合金など。
 (6) 2種類以上の素材を複合して新しい機能を生みだした材料。例えば、繊維強化プラスチックなど。
 (7) 被削材の表面状態からいえば、被削材に鋳造肌があり、硬さ及び硬度が変わり、切削が断続となる場合をいい、剛性の点からいえば工作機械，切削工具及び被削材のたわみ又は振動が多い場合など。
備考 この表の切削方式及び作業条件は、旋削及びフライス加工を主体に記載した。

(7) セラミックス　JIS B 4053:98 に分類されるセラミックス工具は，酸化アルミニウム（Al_2O_3）などセラミックスを主成分として，1600℃以上で焼結してつくる焼結材である。超硬質合金よりも硬く高温でもその硬さを失わない。したがって，高速で切削する場合，超硬質合金より硬い材料の切削に優れている。もろいので，じん性の高い材料の切削には適さない。セラミック工具の主な用途を表 9-5 に示す。超硬質合金はろう付けバイトとして用いるが，セラミックスは廃棄形チップ（スローアウェーチップ）として，クランプ型ホルダに取り付けて使用することが多く，経済的である。

表 9-5　セラミック工具の主用途

工具材の種類	被削材	切削方式	備考
アルミナ系 (含アルミナ-ジルコニア系)	鋼	高速仕上げ旋削	
	鋳鉄	高速仕上げ旋削	
アルミナ-炭化チタン系 (含アルミナ-炭窒化チタン系)	鋼	一般旋削，中ぐり加工	
	鋳鉄	一般旋削	
		高速フライス仕上げ切削	
	高硬度材	中高速仕上げ旋削	H_RC60以下
アルミナ-炭化けい素ウィスカ系	耐熱合金	高速旋削	長寿命
窒化けい素系 (含サイアロン系)	鋳鉄	高速高送り切削(旋, 転)，湿式切削	
	耐熱合金	高速旋削	
	ダクタイル鋳鉄	一般旋削	

(8) CBN 工具（cubic boron nitride 立方晶窒化ほう素）　CBN 工具は，JIS B 4053:98 によると BN で表され，主成分が多結晶性窒化ほう素であるものと決められている。粉末を工具形状に焼結して使用するが，非常に硬く，切削性および耐摩耗性に優れ，工具寿命の長い加工を可能にしている。切削工具および研削といしに用いられる。

(9) その他の工具　その他の工具には，サーメットをはじめ新しい材料を用いた工具，粉末ハイスといわれる焼結工具，さらに表面にコーティングを施したコーティング工具などがあり，いろいろな用途に応じて用意されている。

9.2. 切削工具 （JIS B 0170:93 は切削工具用語の全般を規定する。）

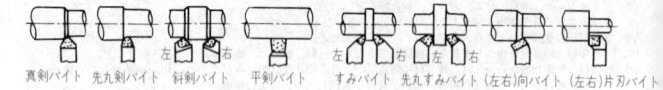

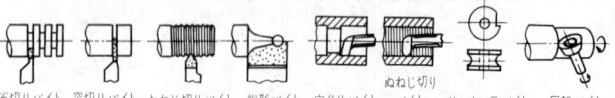

図 9-1　作業別バイトの種類

表 9-6 超硬質合金工具の各種被削材に対する切削条件の目安

被削材	材料の引張強さまたは硬さ (MPa)	0.05~0.2 mm/rev JIS記号	刃先形状 γ_n	γ_i	λ	α_f	切削速度 (m/s)	0.2~0.8 mm/rev JIS記号	刃先形状 γ_n	γ_i	λ	α_f	切削速度 (m/s)	0.8 mm/rev< JIS記号	刃先形状 γ_n	γ_i	λ	α_f	切削速度 (m/s)
炭 素 鋼	490>	P 10 K 10	15	0	0	10	2.5~3.8	P 10 P 10 K 20	12	0	4	8	2.3~3.0	P 30 (K 20)	12	−4	7	6	1.3~2.5
調 質 鋼	686~1471	P 10 P 10	10	0	0	8	0.8~1.5	P 10 P 10 K 20	8	−6	0	6	0.5~1.0	P 30	6	−6	7	6	0.3~0.8
鋳 鋼	490~686	P 10	10	0	0	10	1.3~2.2	P 10 P 10 P 20	8	−4	0	6	1.0~1.5	P 30	6	−6	7	6	0.5~1.2
不銹鋼 (高Ni)	588~686	K 10 M 10	15	0	0	10	1.0~1.5	M 20 M 30	10	0	0	8	0.7~1.2	M 30	10	0	4	6	0.3~0.8
高マンガン鋼 (12% Mn)	882~1078	M 10 (P 20)	4	0	4	8	0.13~0.33	M 20	2	0	4	6	0.13~0.3						
鋳 鉄	HB 180~240	K 10	6	0	0	8	1.5~2.2	K 20	4	0	4	6	1.2~1.8	K 20	6	0	7	6	1.0~1.5
可鍛鋳鉄	HB 220>	P 10 P 20	10	0	0	10	1.3~1.8	P 20	6	0	4	6	1.2~1.5	P 30	6	−4	7	6	0.8~1.2
鋼	HB 60~80	K 10	20	0	0	10	10~13.3	K 10 K 20	15	0	0	10	7.5~10.0	K 20	12	0	0	8	5.8~10.0
黄銅鋳物	HB 50~80	K 10	12	0	0	10	10.8~15	K 10 K 20	10	0	0	8	9.2~11.7	K 20	8	0	4	8	4.5~10.0
青銅鋳物	HB 60~100	K 10	12	0	0	10	5.0~8.3	K 10 K 20	10	0	0	8	3.3~6.7	K 20	8	0	4	8	2.5~5.0
アルミニ合金	HB 60~100	K 10	20	0	0	10	5.0~20	K 10 K 20	15	0	0	10	10.0~15.0	K 20	15	0	4	8	6.7~11.7
アルミニ合金 (9~13% Si)	HB 90~120	K 01	20	0	0	10	5.0~7.5	K 10	15	0	0	8	3.3~6.7	K 10	15	0	0	8	2.5~5.0
マグネシウム合金	HB 30>	K 10	25	0	0	12	58>	K 10	20	0	0	10	50.0>	K 10 M 10	20	0	0	10	42>
チタン (純)	HB 200>	K 10	10	0	0	10	1.5~2.0	K 10	6	0	0	4	1.2~1.7	K 10 (M 10)	6	−4	7	6	0.8~1.3

注 1) 切削速度はバイト寿命時間 $T=60$ 分に対するもの (V_{60}) である。 2) γ_n ははすくい面のランド角を示す。

9.2.1. バイト

旋削用バイトの実用例を図9-1に示す。このほかに，仕上げ面を良くするためにばね作用を利用するヘールバイトがある（図9-2）。バイトの刃先角度は図9-3に，その推奨数値を表9-6に示す。

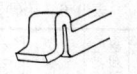

図9-2 ヘールバイト

センタ仕事の場合，センタ穴ドリル（JIS B 4304：98）を用いてセンタ穴をうがつ。なお，バイトに関する用語はJIS B 0107：91に規定している。

- κ：切込み角 cutting edge angle
- κ'：副切込み角 minor cutting edge angle
- ψ：アプローチ角 approach(land) angle
- ε：刃先角 included angle
- λ：切れ刃傾き角 cutting edge inclination
- γ：すくい角 rake angle, rake
- γ_n：直角すくい角 nomal rake (angle)
- γ_o：垂直すくい角 orthogonal rake (angle)
- γ_f：サイドすくい角 side rake (angle)
- γ_p：バックすくい角 back rake (angle)
- α：逃げ角 clearance angle
- α_n：直角逃げ角 nomal clearance (angle)
- α_o：垂直逃げ角 orthogonal clearance (angle)
- α_f：サイド逃げ角 side clearance (angle)
- α_p：バック逃げ角 back clearance (angle)
- β：刃物角 wedge angle
- β_n：直角刃物角 nomal wedge angle
- β_o：垂直刃物角 orthogonal wedge angle
- β_f：サイド刃物角 side wedge angle
- β_p：バック刃物角 back wedge angle

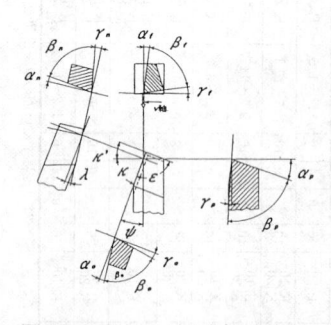

図 9-3 工具（バイト）刃先各部の名称

9.2.2. フライス工具（JIS B 0172：93 フライス用語）

フライス工具の代表的な例を図9-4に，刃先を図9-5と表9-7に示す。

(1) 平フライス
円筒形で外周のみに切刃をもつ。ねじれ角は並刃フライスでは20°～25°，荒刃フライスでは25°～30°である。

(2) 側フライス
円盤形で，外周と側面に切刃をもち，みぞ切り作業，側面削り作業に主として用いられる。

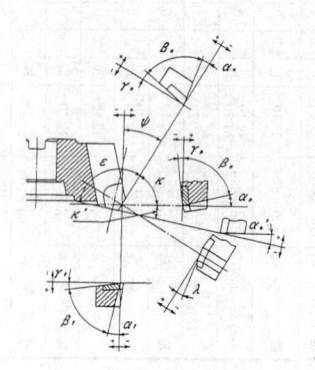

- γ：すくい角
- γ_o：垂直すくい角
- γ_r：ラジアルレーキ
- γ_f：外周すくい角
- γ_p：アキシャルレーキ
- α：逃げ角
- α_o：垂直逃げ角
- α_f：サイド逃げ角
- α_r：外周逃げ角
- α_o'：副切れ刃逃げ角
- α_p：バック逃げ角
- α_F：底刃逃げ角
- α_F'：側刃逃げ角
- κ：切込み角
- κ'：副切込み角
- κ''：すかし角
- ψ：アプローチ角
- ε：刃先角
- β：刃物角
- β_n：直角刃物角
- β_o：垂直刃物角
- β_f：サイド刃物角
- β_p：バック刃物角
- ω：溝分割角

図 9-5 フライス（正面）の刃先各部の名称

(3) メタルソー　平フライスの変形で，刃幅を狭くし，側面を皿状に研磨して側逃げ角を与えたものである。

(4) エンドミル　外周と端面とに切れ刃をもつ棒状のもので，並刃には12°〜18°，荒刃には20°〜25°のねじれ角を与える。

(5) 正面フライス　一端面と外周面に切れ刃をもち，主として立フライス盤で平面切削に用いるフライスで，フェースミルとも呼ばれる。

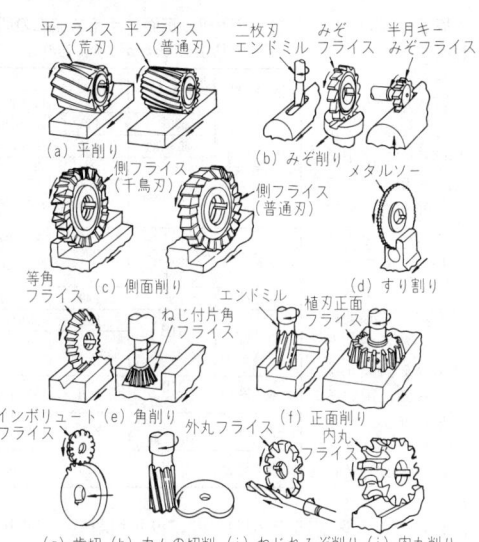

図 9-4　フライス削りとフライスの形状

表 9-7　フライスの標準角度

	高速度鋼フライス										超硬正面フライス		
	平フライス		面削り平フライス		側フライス(千鳥刃)		エンドミル		正面フライス		半径方向すくい角	半径方向逃げ角	軸方向すくい角
	逃げ角	すくい角	逃げ角	すくい角	逃げ角	すくい角	逃げ角	すくい角	逃げ角	すくい角			
鋳　　　鉄　(軟)	6	12	6	12	6	12	7	12	6	15	12	5	0
鋳　　　鉄　(硬)	4	8	3	6	3	6	4	8	3	8	8	3	− 5
可　鍛　鋳　鉄	5	12	5	12	5	12	6	12	5	12	10	4	+ 5
鋳　　　　　鋼	5	12	5	10	5	10	6	10	5	10	10	4	+ 5
鋼　　60kg/mm²	7	15	7	15	7	15	8	15	7	15	15	6	+10
鋼　　90kg/mm²	6	12	6	12	6	12	7	10	6	15	10	5	+ 5
鋼　 110kg/mm²	5	8	5	8	5	8	5	7	5	8	6	3	+ 5
黄　　　　　銅	6	15	6	12	6	12	6	12	6	15	15	5	+12
銅	6	20	6	15	6	15	6	12	6	25	15	6	+20
青　　　　　銅	5	12	5	12	5	12	6	10	5	15	10	3	− 5
アルミニウム	8	25	8	25	8	25	10	25	8	25	25	8	+30
エレクトロン	8	25	8	25	8	25	10	25	8	30	25	8	+30
プラスチックス	8	15	8	15	8	15	8	15	8	15	15	8	+30
プラスチックス(積層材)	8	25	8	25	8	25	10	25	8	25	25	8	+30
フ　ァ　イ　バ	8	25	8	25	8	25	10	20	8	25	25	8	+30

外周面と端面に切れ刃をもち,ボディーをシャンクに差し込んで用いるシェルエンドミルも平面加工に用いる。表9-8にフライス削りの一刃当たりの送りを示す。

(6) 角度フライス　フライス軸線に対して必要に応じてある角度だけ傾いた斜面を切削するのに用いる。

そのほか,いろいろなフライス工具が用意されている。

表9-8 正面フライス加工の切削速度と送り
（切削速度はm/min, 送りは1刃当たりmm）

被削材	抗張力または硬さMPa	工具材種	荒削り 切削速度	荒削り 送り	仕上削り 切削速度	仕上削り 送り
鋼	500〉	P25	100〜160	0.3〜0.5	120〜180	0.1
鋼	500〜700	P25	80〜120	0.3〜0.4	100〜120	0.1
鋼	700〜1000	P40	60〜100	0.15〜0.4	80〜100	0.1
鋼	700〜1000	サーメット	100〜200	0.15〜0.4	150〜250	0.05〜0.1
調質鋼	700〜1000	P40	60〜100	0.15〜0.4	80〜100	0.1
調質鋼	1000〜1500	P40	30〜60	0.1〜0.3	45〜80	0.1
鋳鋼	700	P40	70〜100	0.15〜0.4	100〜120	0.1
鋳鉄	HB 200〜300	K20	60〜90	0.3〜0.5	60〜90	0.1
鋳鉄	HB 200〜300	セラミック	—	—	300〜500	0.05〜0.1
黄銅	HB 80〜120	K20	150〜220	0.15〜0.4	170〜300	0.1
青銅	HB 80〜120	K20	100〜180	0.15〜0.4	140〜250	0.1
アルミ合金	HB 60〜100	K20	300〜600	0.15〜0.4	500〜800	0.1

9.2.3. ドリル (JIS B 0171 : 97 ドリル用語)

ドリルは機械加工の中で最も多く利用される工具である。図9-6は一般用ドリルの各部名称を示す。柔らかい金属を高速で穴あけするときにはみぞのねじれ角を大きくし,摩耗作用の大きい非金属材料の穴あけではドリルの刃先角を60°〜90°にとることがある。各材料に関するドリルの各部角度の推奨値を表9-9に,超硬ドリルによる作業条件の目安を表9-10に示す。このほかに,深穴ドリル,センタ穴ドリルなどがある。

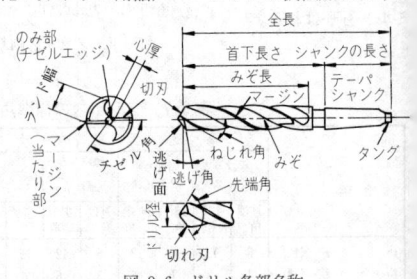

図 9-6 ドリル各部名称

表9-9 ドリルの刃先角度

工作物材質	先端角	逃げ角	のみ刃角	ねじれ角
標準形ドリル（一般作業,炭素鋼,鋳鋼,鋳鉄等）	118	12〜15	125〜135	20〜32
Mn 鋼	150	10	115〜125	20〜32
Ni 鋼,窒化鋼	130〜150	5〜7	115〜125	20〜32
鋳　　　鉄	90〜118	12〜15	125〜135	20〜32
黄銅,青銅(軟)	118	12〜15	125〜135	10〜30
銅,銅合金	110〜130	10〜15	125〜135	30〜40
積層プラスチック	90〜118	12〜15	125〜135	10〜20
硬質ゴム	60〜90	12〜15	125〜135	10〜20

9.2.4. リーマ

正確な直径の穴,滑らかな面の穴を加工する際,ドリル加工後,リーマ

表 9-10 超硬ドリルの標準的な切削条件(金属類)

被削材			切削速度(m/s)		送り量(mm/rev)		
種 類	抗張力 N/mm² (MPa)	硬さ HB	φ5〜10	φ11〜30	φ5〜10	φ11〜30	切削油剤
工具鋼	980	300	0.58〜0.67	0.67〜0.75	0.08〜0.12	0.12〜0.2	不水溶性
	1765〜1863	500	0.13〜0.18	0.18〜0.23	0.04〜0.15	0.05〜0.08	〃
	2255	575	0.1以下	0.12〜0.17	0.02以下	0.03以下	〃
ニッケルクロム鋼	980	300	0.58〜0.67	0.67〜0.75	0.08〜0.12	0.12〜0.2	〃
	1372	420	0.25〜0.33	0.33〜0.42	0.04〜0.05	0.05〜0.08	〃
ステンレス鋼	—	—	0.42〜0.45	0.45〜0.58	0.08〜0.12	0.12〜0.2	〃
鋳 鋼	490〜588	—	0.58〜0.63	0.63〜0.67	0.08〜0.12	0.12〜0.2	〃
鋳 鉄	—	200	0.67〜0.75	0.75〜1.00	0.2〜0.3	0.3〜0.5	乾または水溶性
	—	350	0.41〜0.45	0.50〜0.58	0.06〜0.15	0.15〜0.3	〃
	—	400	0.22〜0.37	0.37〜0.45	0.08〜0.08	0.08〜0.2	〃
	—	500	0.13〜0.15	0.15〜0.20	0.03〜0.04	0.04〜0.1	〃
可鍛鋳鉄	—	—	0.58〜0.63	0.63〜0.67	0.15〜0.2	0.2〜0.4	〃
高力可鍛鋳鉄	—	—	同上	同上	0.08〜0.12	0.12〜0.2	〃
燐青銅	—	—	0.83〜1.42	1.33〜1.42	0.15〜0.2	0.2〜0.4	乾
シルミン	—	—	2.08〜4.50	2.17〜2.33	0.2〜0.6	0.2〜0.6	乾または軽油
アルミニウム	—	—	4.17〜4.50	4.50〜5.00	0.15〜0.3	0.3〜0.8	〃
12〜13%マンガン鋼	—	—	0.17〜0.18	0.18〜0.25	0.02〜0.05	0.03〜0.08	乾
耐熱鋼	—	—	0.05〜0.1	0.08〜0.13	0.01〜0.05	0.05〜0.1	不水溶性

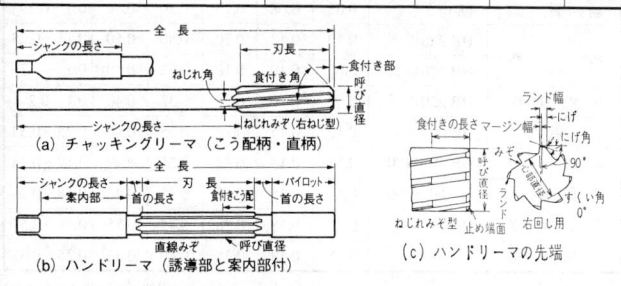

図 9-7 リーマの形状と各部名称

を用いる。リーマには、ソリッドリーマ、超硬リーマ、アジャスタブルリーマに大別され、JIS B 0173:91にリーマ用語、JIS B 4401:98ほかに、各種リ

表 9-11 (1) 高速度工具鋼リーマの切削条件

被削材		切削速度 (m/s)	送り量 (mm/rev) リーマ直径 (mm)			
			φ5以下	φ5～20	φ21～50	φ50以上
特殊鋼 鋳鋼	軟	0.05～0.1	0.2～0.3	0.3～0.5	0.5～0.6	0.6～1.2
	硬	0.03～0.07				
特殊合金	軟	0.05～0.07	0.1～0.2	0.2～0.4	0.4～0.5	0.5～0.8
	硬	0.03～0.05				
鋳　　鉄	軟	0.07～0.1	0.3～0.5	0.5～1	1 ～0.5	1.5～3
	硬	0.05～0.07				
可鍛鋳鉄 青　　銅	軟	0.07～0.1	0.2～0.3	0.3～0.5	0.5～0.6	0.6～1.2
	硬	0.05～0.07				
黄　　銅		0.13～0.23	0.3～0.5	0.5～1	1 ～1.5	1.5～3
アルミニウム アルミニウム合金	軟	0.2～0.33	0.3～0.5	0.5～1	1 ～1.5	1.5～3
	硬	0.1～0.2				
マグネシウム合金		0.5以下	0.4～0.5	0.5～1.2	1.2～2	2 ～3

(2) 超硬リーマの切削条件

被削材		切削条件					
材料	抗張力 N/mm²(MPa) または硬さ	送り量 (mm/rev)					切削速度 (m/s)
		φ5以下	φ5～10	φ10～20	φ20～30	φ30～40	
鋼	755以下	0.07	0.09	0.16	0.25	0.35	0.2～0.33
	686～980	0.05	0.08	0.15	0.26	0.30	0.17～0.25
調質鋼	980～1471	0.05	0.08	0.15	0.26	0.30	0.1～0.2
鋳鉄	HB 220以下	0.10	0.12	0.20	0.40	0.50	0.13～0.25
	HB 220以上	0.07	0.10	0.18	0.32	0.40	0.1～0.17
可鍛鋳鉄	HB 220以下	0.07	0.10	0.18	0.32	0.40	0.1～0.2
銅	HB 60～80	0.12	0.15	0.22	0.35	0.40	0.25～0.33
黄銅	HB 50～120	0.12	0.15	0.22	0.35	0.40	0.17～0.25
青銅鋳物	HB 60～100	0.12	0.15	0.22	0.35	0.40	0.13～0.25
アルミニウム合金	HB 90～120	0.15	0.18	0.28	0.45	0.55	0.33～0.5
合成樹脂		0.15	0.18	0.28	0.40	0.45	0.25～0.67

(穴加工ハンドブックより)

ーマに関する規格が整っている。リーマ各部の名称を図 9-7 に，切削する際の作業条件を表 9-11 に示す。

9章 切削・研削加工用工具

表 9-12 リーマ下穴の下の寸法差

前加工工具	ねじれきり	3 刃きり	中ぐり	中ぐり
穴の直径(mm)	荒リーマ通しおよび仕上リーマ通し			仕上リーマ通し
0.8～1.2	0.05			
1.2～1.6	0.1			
1.6～3	0.15			
3～5	0.2			
6～10	0.3			
10～18	0.3	0.3		0.2
18～30	0.4	0.4	0.3	0.2
30～50	0.5	0.5	0.4	0.2
50～80	0.5	0.5	0.4	0.2
80～110	0.5	0.5	0.6	0.2

またリーマ加工の際の下穴寸法は，表 9-12 に示す。

9.2.5. タップ（JIS B 0176：96 ねじ加工工具用語） タップは，下穴にねじ込みながらめねじを切る工具で，ねじ部と柄部の2部分から成る。ねじ部には軸と平行にみぞが切られ，このみぞで切断されたねじ山の断面が刃部になる。タップの形状と名称は図 9-8 に示す。タップのすくい角とランド逃げ角は表 9-13 に示す。手回しタップには，一番，二番および三番（仕上げ）があり，工具の寿命や精度の上から順次使用（普通めねじ用）して仕上げることが大切である。

このほかに，マシンナットタップとして，テーパタップ，ベントタップなどがある。

表 9-13 タップのすくい角，ランド逃げ角

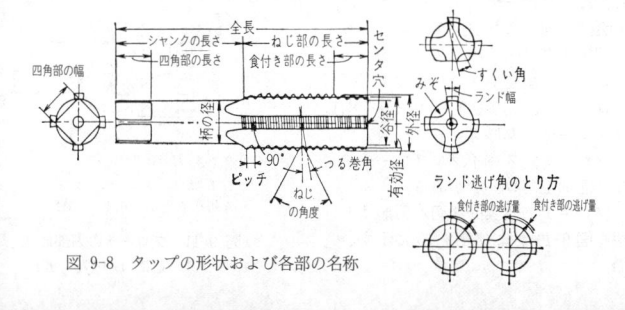

被加工物材料	すくい角	被加工物材質	食付部ランド逃げ角
アルミニウム	15～18°	硬質材	4～6°
黄銅	3～5°	中質材	6～8°
鋳鉄	0～5°	軟質材	8～12°
軟鋼	3～8°		
ステンレス鋼	12°		

図 9-8 タップの形状および各部の名称

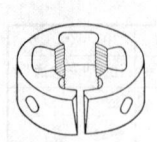

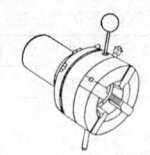

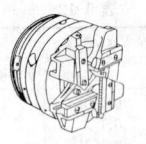

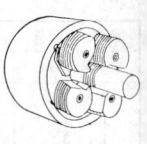

図 9-9 ダイス　　図 9-10　自動開閉ダイスヘッドの種類（左から順にラジアル，タンゼンシャル，サーキュラチェーザ）

表 9-14　ダイスのすくい角，逃げ角

被加工物材料	すくい角	被加工物材料	逃げ角
黄　　　銅	0～2°	黄　　　銅	15°
鋳　　　鉄	0～2°	鋼	5～6°
可 鍛 鋳 鉄	5～7°		
軟　　　鋼	7～9°		
硬　　　鋼	5～7°		

表 9-15　ラジアルおよび接線（タンゼンシャル）チェーザのすくい角

被加工物材料		ラジアルチェーザすくい角	接線チェーザすくい角
黄　　　銅	引　抜	4°	10°
	鋳　物	-7°	-5°～0
アルミニウム	引　抜	10～13°	28～33°
	鋳　物	7～10°	10°
鋳　　　鉄		0	15°
合　金　鋼	焼なまし	7～10°	25°
	熱処理	5～7°	18～22°

9.2.6. ダイス　おねじを切る工具で，めねじを分割するように軸方向にみぞを切って切れ刃としている（図 9-9）。ダイスのすくい角と逃げ角を表 9-14 に示す。ダイスには固定ダイスのほかに，チェーザと呼ばれる自動開閉ダイス（図 9-10）があり，それぞれのすくい角を表 9-15 に示す。

9.2.7. ブローチ　ブローチには，(1)駆動方向により引抜きブローチおよび押抜きブローチが，(2)構造的に一体ブローチ，組立てブローチおよび植刃ブローチが，(3)形状的にキーみぞ引抜きブローチ，丸形ブローチ，スプラインブローチ，スパイラルブローチおよび外面加工ブローチがある。

ブローチの代表的な切れ刃形状と寸法を図 9-11 および表 9-16 に示す。

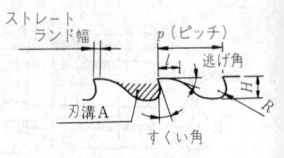

刃溝深さ　$H = 0.3～0.4p$
ランド幅 $l = 0.25～0.3p$
刃溝丸み半径 $R = 0.4～0.6H$

図 9-11　ブローチの刃部形状
(JIS B 0175 : 96)

9.3. 研削といし

研削といしは研削加工，ホーニング加工，超仕上げなどに用いる工具である。

9.3.1. 研削といしの基礎

研削といしは，図9-12のように(1)と(砥)粒, (2)結合剤, (3)気孔の3要素から成り立っている。

(1) と(砥)粒　と(砥)粒の種類とその用途を表9-17に示す。粒度によって(a)荒仕上げ, (b)中仕上げ, (c)仕上げに分けられる。その分類を表9-18に示す。

(2) 結合剤　結合剤の種類によって，製と法が異なる。といしの種類と記号，主成分を表9-19に示す。

(3) 結合度　結合の度合を示し，結合度によってといしの性質が異なる。結合力の弱いAから結合力の最も強いZまで分類している。

表9-16 ブローチの刃部標準寸法

工作物材料		すくい角	逃げ角	1刃の切込み mm 内面ブローチ	1刃の切込み mm 外面ブローチ
鋼	低抗張力	13°〜20°	内面ブローチ 1°〜1.5° (荒刃, 仕上刃とも)	0.02〜0.15	0.05〜0.5
鋼	中抗張力	10°〜15°	内面ブローチ 1°〜1.5° (荒刃, 仕上刃とも)	0.02〜0.15	0.05〜0.5
鋼	高抗張力	10°〜13°	内面ブローチ 1°〜1.5° (荒刃, 仕上刃とも)	0.02〜0.15	0.05〜0.5
鋳鉄・可鍛鋳鉄		8°〜10°	外面ブローチ 1°〜2° (荒刃, 仕上刃とも)	0.03〜0.2	0.05〜0.8
青銅・黄銅		3°〜5°	外面ブローチ 1°〜2° (荒刃, 仕上刃とも)	0.05〜0.2	0.05〜0.8
アルミ合金		15°〜20°	外面ブローチ 1°〜2° (荒刃, 仕上刃とも)	0.02〜0.15	0.05〜0.3

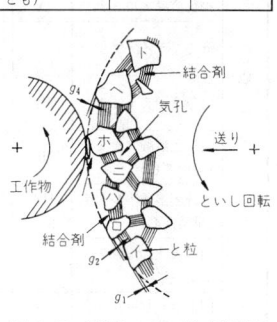

図 9-12 研削といしの模式的説明

表 9-17 (2) 超と粒の区分 (JIS B 4131 より)

JISによる砥粒の種類	JIS記号	属する市販砥粒の種類, 色調, 特性
天然ダイヤモンド	D	レンジ用, ビトリファイド用, 灰色, 形状シャープ, 耐熱性良好 メタルボンド用, ソー用, 白色〜灰色, 形状不規則〜ブロッキ
合成ダイヤモンド	SD	レジボンド用　黒色, 暗色　破砕性大, 耐熱性小 ビトリファイド用　黒色, 暗色, 黄緑色　破砕性比較的大 電着用　黄緑色　靭性中〜大, 電鍍性良好 メタルボンド用　黄緑色　靭性中〜大, 耐熱性良好 ソー用　黄緑色〜黄色　ブロッキ, 靭性大, 耐熱性良好
金属を被覆した合成ダイヤモンド	SDC	破砕性大の砥粒に Ni 55%被覆　湿式研削用 Cu 50%被覆　乾式研削用 破砕性中程度の砥粒にNi 55%被覆　湿式, 同時研削用
立方晶窒化ほう素	CBN	黒色, 破砕性大　レジンボンド用, ビトリファイド用, 焼結用 黒色, 標準的靭性　ビトリファイド用, 電着用 茶褐色, 靭性やや大　電着用, メタルボンド用 微細結晶集合体 (焼結タイプ) 暗色, ビトリファイド用, メタルボンド用
金属を被覆した立方晶窒化ほう素	CBNC	標準的靭性のものにNiまたはCoを60%被覆したもの：一般レジン用 靭性が高目のものにNiまたはCoを60%被覆したもの：重研削レジン用

表 9-17(1)　人造と粒の区分（JIS R 6111 による）

区分	種　類	JIS記号	ヌープ硬さ HK	内　　　容
焼結アルミナ	ミクロン粒子形	—	1370～1540 1980	塊状，円柱状 超重研削用
	サブミクロン粒子形	—	2220	精密研削用
溶融ジルコルアニミナ	40 形	AZ	1460	超重研削（粗粒#8～#20）
	25 形		1720	オフセット，
	10 形		1950	切断砥石用として混合使用
	人造エメリー	AE	1870	研磨用　つや出し用
溶融アルミナ	褐色溶融アルミナ	A	1980	一般研削用（主として自由研削用）
	セミフライアブル	—	2100	灰色（TiD_2 の多いものは褐色） 精密研削用
	白色溶融アルミナ	WA	2080	精密研削用，硬脆材料用（ビトリファイド，レジノイド用）
	淡紅色溶融アルミナ （ローズ色）	HPA	2090	精密研削用（ビトリファイド用）
	解砕形溶融アルミナ （単結晶形）	HA (MA)	2270～2360	精密研削用（ビトリファイド，レジノイド用）オフセット，切断砥石用として混合
	固溶硬化形溶融アルミナ（VA）	—	2270	精密研削用 破砕性大
	同上（ルビー）	—	2330	精密研削用（セミ難削金属用）
炭化けい素	黒色炭化けい素	C	2580	鋳鉄用，非鉄金属用，各種非金属用（ゴム・石材など）
	緑色炭化けい素	GC	2760	超硬研削用，各種硬脆材料用 ラップ用

(4) 組織　研削といしの組織は表 9-20 に示す。ビトリファイド研削といし（JIS R 6210 : 99)，レジノイド研削といし（JIS R 6212 : 99）などがある。

表 9-18

仕上の種類	といし粒度	といし結合度
極　荒　仕　上	80～120	K～N
荒　　仕　　上	120～180	J～L
中　　仕　　上	220～400	H～J
仕　　　　　上	500～600	G～I

(5) 形状　といしはいろいろな形状に作られるが，標準形を図 9-13 に示す。

(6) 作業条件　といしの標準的な常用周速度を，表 9-21 に示す。平面研削の際に，リング形，あるいはカップ形を使用する場合，1500 m/min が安全である。なお，研削といしの最高使用周速度は，JIS R 6241 : 99 に規定している。

研削といしは加工される材料によって適切に選択しなければならない。選択の基準を表 9-22 にあげる（JIS B 4051 : 88）。といしの試験法については JIS

表 9-19　各種結合剤と用途

結合剤	分類		主成分	用途および特徴
ビトリファイド (V)	一般		長石, 陶石 耐火粘土など	精密研削剤一般およびベンチグラインダ, 軸付砥石などの自由研削, 高精度研削可, ツルーイングドレッシングが容易。
	低温焼成			同上, 砥粒本来の性能が発揮できる。
レジノイド (B)	ベークライト	コールド	液状ベークライト被覆, 粉末ベークライト	機械的・熱的衝撃に強い。高周速, 重研削が可能。自由研削用。ドレス間隔を長くする精密研削（ダブルディスクグラインダ, センタレス研削)にも利用。
		ホット	同上 (処理法が異なる)	各種充てん剤の添加で強度, 切味, 耐久性を調整。補強材を積層して強度向上。
	エポキシ		液状エポキシ樹脂, アミン又は酸無水物	耐水性に富む, 弾性があり, 仕上げ面良好。研削比が高い。
	ポリウレタン		液状の硬化ポリウレタン樹脂	強度抜群。研削盤の高馬力が必要。研削焼けが少ない。
	ポリイミド			高価であるが, 超砥粒用に用いる。耐熱性に富むため重研削に好適。
	PVA		ポリビニル樹脂	非鉄, 石材などの研削用。光沢出し, 砥石の減耗大。
シェラック (E)	シェラック		シェラック虫の遺がい他	光沢出し。
ゴ ム (R)	天然ゴム		天然ゴム, 硫黄,	強じんで弾性に富む。切断砥石やコントロール砥石用。
	人造ゴム			耐熱性良好, 切れ味は天然より良好。軸受研削用。
セメント (MG)	オキシクロライド		MgO, MgCl$_2$	切込み能力大, 研削焼け防止用。強度や耐水性が劣る。さび発生が欠点。
金 属 (M)	メタル		銅, ニッケル, すず, 鉛など	切断用, 粗研削用, 各種ドレッサ用。
	電着		ニッケルなどで電気と装	切断用, 内面研削(小物)用, 特殊形状用。単一砥粒層が欠点。切れ味良好。

R 6240：01）に規定している。

(7) 研削といしの試験方法　構造の安全性に関する条項の改正にともない，安全度の衝撃試験に関する取付け方法および取付け時の寸法を見直した。この詳細は，JIS R 6240：01 に示してある。また，研削といしの最高使用周速度に関しても見直され，速度表示も m/min から m/s に改め，JIS R 6241：01 に規定している。

表 9-20　研削といしの組織（JIS R 6210：99）

組織	といし粒率(±1.5%)	組織	といし粒率(±1.5%)
0	62	8	46
1	60	9	44
2	58	10	42
3	56	11	40
4	54	12	38
5	52	13	36
6	50	14	34
7	49		

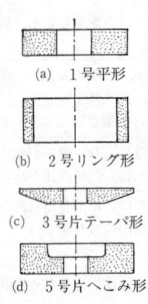

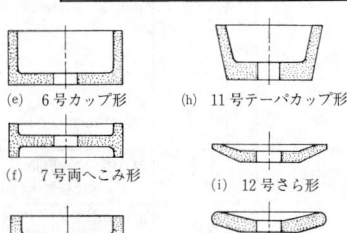

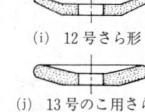

(a) 1号平形
(b) 2号リング形
(c) 3号片テーパ形
(d) 5号片へこみ形
(e) 6号カップ形
(f) 7号両へこみ形
(g) 9号両カップ形
(h) 11号テーパカップ形
(i) 12号さら形
(j) 13号のこ用さら形
(k) 39号ドビテール形

図 9-13　といし車形状（JIS R 6242：03 から抜粋）

表 9-21　(a) ビトリファイド研削といしの標準周速度(m/min)

作 業 区 分	といし周速度	作 業 区 分	といし周速度
円　筒　研　削	1700〜2000	心　な　し　研　削	1600〜2000
平 面 研 削（横軸）	1500〜1800	工　具　研　削	1400〜1800
平 面 研 削（立て軸）	1000〜1600	刃物(ナイフ，包丁など)研削	1000〜1400
内　面　研　削	600〜1800	超　硬　合　金　研　削	900〜1400

(b) 標準工作物速度(m/min)

作　業　区　分		軟 鋼	焼入鋼工具鋼	鋳 鋼	銅合金	アルミニウム合金
円 筒 研 削	粗研削	10〜20	15〜20	10〜18	20〜30	25〜40
	仕上げ	6〜14	6〜16	6〜15	14〜20	18〜30
	精仕上げ	5〜 8	5〜 8	5〜 8		
内 面 研 削	仕上げ	20〜40	16〜50	20〜50	40〜60	40〜70
心 な し 研 削	仕上げ	11〜20	21〜40			
平面研削（横軸）	仕上げ	16〜20	6〜15	16〜20		
平 面 研 削（立て軸）	仕上げ	といしと工作物の接触面積，といし切込み量の大小によって 3〜25。重研削では 3 以下。				

9章　切削・研削加工用工具

表 9-22　一般の金属材料に対する選択標準（JIS B 4051：88 による）

被削材			JIS番号
鋼	普通炭素鋼	一般構造用圧延鋼材（SS） 機械構造用炭素鋼鋼材（S-C,S-CK） 一般構造用炭素鋼鋼管（STK） 機械構造用炭素鋼鋼管（STKM） 炭素鋼鍛鋼品（SF） 炭素鋼鋳鋼品（SC）	G3101 G4051 G3444 G3445 G3201 G5101
	合金鋼	ニッケルクロム鋼鋼材（SNC） ニッケルクロムモリブデン鋼鋼材（SNCM） クロム鋼鋼材（SCr） クロムモリブデン鋼鋼材（SCM） アルミニウムクロムモリブデン鋼鋼材（SACM） 高炭素クロム軸受鋼鋼材（SUJ） 構造用高張力炭素鋼及び低合金鋳鋼品 （SCC, SCMn, SCSiMn, SCMnCr, SCMnM, SCCrM, SCMnCrM, SCNCrM） 炭素工具鋼鋼材（SK）	G4102 G4103 G4104 G4105 G4202 G4805 G5111 G4401
	(2) 工具鋼	高速度工具鋼鋼材（SKH） 合金工具鋼鋼材（SKS, SKD, SKT）	G4403 G4404
	ステンレス	ステンレス鋼棒（SUS 410, 403, 420 J2, 430） 耐熱鋼棒（SUH1, SUH3）	G4403 G4411
	ステンレス鋼	ステンレス鋼棒（SUS 304, 304L, 316, 316 JI, 316JIL, 321） 耐熱鋼棒（SUH31, SUH310）	G4403 G4311
	永久磁石材料（MC）		H5203
鋳鉄	普通鋳鉄	ねずみ鋳鉄品1～6種（FC）	G5501
	球状黒鉛鋳鉄品0～6種（FCD）		G5502
	可鍛鋳鉄	パーライト可鍛鋳鉄品1～5種（FCMP） 黒心可鍛鋳鉄品（FCMB） 白心可鍛鋳鉄品（FCMW）	G5704 G5702 G5703
	特殊鋳鉄（3）		—
非鉄金属	黄　銅（C-）		H3100 H3250
	青銅鋳物（BC）		H5111
	アルミニウム合金（A-）		H4000 H4040
	超硬合金（S-, G-, D-）		H5501

注 (1) 硬さは，といしの使用現状を考慮して，普通炭素鋼で HRC 25，合金鋼で HRC 55，及び工具鋼で HRC 60 に区分した。
(2) 工具鋼のうち炭素工具鋼は，といしの使用現状を考慮して合金工具鋼の分類に入れた。

表 9-22 (つづき1)

研削方式	円筒研削				心無研削	横軸 (5)	
といし外径 (mm)	355以下	355を超え 455以下	455を超え 610以下	610を超え 915以下	—	205以下	205を超え 355以下
硬さ(1)	小←→大				—	小←→大	
HRC25以下	A 60 M	A 54 M	A 46 M	A 46 L	A 60 M	WA 46 K A 46 K	WA 46 J A 46 J
HRC25を超えるもの	WA 60 L	WA 54 L	WA 46 L	WA 46 K	WA 60 L	WA 46 J	WA 46 I
HRC55以下	WA 60 L	WA 54 L	WA 46 L	WA 46 L	WA 60 L	WA 46 J	WA 46 I
HRC55を超えるもの	WA 60 K	WA 54 K	WA 46 K	WA 46 J	WA 60 K WA 60 L	WA 46 I	WA 46 H
HRC60以下	WA 60 K	WA 54 K	WA 46 K	WA 46 J	WA 60 K WA 60 L	WA 46 I	WA 46 H
HRC60を超えるもの	WA 60 J	WA 54 J	WA 46 J	WA 46 I	WA 60 K	WA 46 H	WA 46 G
—	WA 60 K	WA 54 K	WA 46 K	WA 46 J	WA 60 K WA 60 L	WA 46 I	WA 46 H
—			WA 46 L	WA 36 L		WA 54 L	WA 36 L	WA 30 J
—			WA 46 J	WA 46 K		WA 60 K	WA 46 J	WA 46 I
—	C 60 J	C 54 K	C 46 K	C 36 K	C 60 L	C 46 J	C 46 I
—	A 60 M	A 54 M	WA 46 M	A 46 L	A 60 M	WA 46 K A 46 K	WA 46 J A 46 J
—	GC60 I	CG 54 J	CG 46 J	CG 36 J	CG 60 K	CG 46 I	CG 46 H
—			C 46 J	C 36 J		C 46 K	C 30 J	C 30 I
—			A 54 L	A 36 L		A 60 M	A 46 K	A 46 J
—			C 46 J	C 36 J		C 46 K	C 30 J	C 30 I
—			GC 80 I	GC 60 I D100 (4)		—	GC 60〜100 h GC 60〜100 I D 100〜220 (4)	

注 (3) 特殊鋳鉄には,熱処理で抗張力を高くしたもの及びチル化した鋳鉄,合金鋳鉄を含む。
(4) ダイヤモンドといしについては,普通研削程度以上の仕上げをも考慮したもので,粒度だけ示す。

9章　切削・研削加工用工具

表 9-22　（つづき 2）

平面研削	立　軸 (6)		内面研削				
	一　般	セグメント					
355を超え 510以下	—	—	16以下	16を超え 32以下	32を超え 50以下	50を超え 75以下	75を超え 125以下
			小 ← → 大				
WA 36 J A 36 J	WA 30 J A 30 J	WA 24 K A 24 K	A 80 M	A 60 L	A 54 K	A 46 K	A 46 J
WA 36 I	WA 36 I	WA 30 J	WA 80 L WA 80 M	WA 60 K WA 60 L	WA 54 J WA 54 K	WA 46 J WA 46 K	WA 46 J WA 46 J
WA 36 I	WA 30 I	WA 24 J	WA 80 L WA 80 M	WA 60 K WA 60 L	WA 54 J WA 54 K	WA 46 J WA 46 K	WA 46 J WA 46 J
WA 36 H	WA 36 H	WA 30 I	WA 80 L	WA 60 K	WA 54 J	WA 46 J	WA 46 I
WA36 H	WA 36 H	WA 30 I	WA 80 L	WA 60 K	WA 54 J	WA 46 J	WA 46 I
WA 36 G	WA 36 G	WA 30 H	WA 80 K	WA 60 J	WA 54 I	WA 46 I	WA 46 H
WA 36 H	WA 36 H	WA 30 I	WA 80 L	WA 60 K	WA 54 J	WA 46 J	WA 46 I
WA 30 I	WA 30 I	WA 24 I		C 54 K　C 36 K			
WA 36 I	WA 36 H	—	—				
C 36 I	C 36 I	C 24 J	C 80 K	C 60 J	C 54 I	C 46 I	C 36 I
WA 36 J A 36 J	WA 36 J A 36 J	WA 24 K A 24 K	WA 80 M A 80 M	WA 60 L A 60 L	WA 54 K A 54 K	WA 46 K A 46 K	WA 46 J A 46 J
GC 36 H	GC 36 H	CG 24 I	CG 80 J	CG 60 I	CG 54 H	CG 46 H	CG 36 H
C 30 H	C 30 H	C 24 I	C 36 I				
A 36 J	A 36 J	A 24 J	A 60 L　A 46 K				
C 30 H	C 30 H	C 24 I	—				
—	C 60 G		D 150 K (4)				

注 (5) 平面研削（横軸）とは，といしの外周面を使用して，主として横軸の研削盤による平面研削．
　　(6) 平面研削（立軸）とは，といしの端面を使用して，主として立軸の研削盤による平面研削．

表 9-23 切込み量(mm)

作業の種類 \ 粒度	100, 120 メッシュ	150～220 メッシュ	240 メッシュ以下
カッタ研削	0.012 以下	0.006 以下	0.006
平面研削	0.025 以下	0.012 以下	
円筒研削 荒仕上		0.012 以下	
仕 上		0.006 以下	

表 9-24 ダイヤモンドといし選択表

被研削物の材質	作業方法	と粒	粒度	結合度	組織	ボンド剤
ボロンカーバイド	円外周 荒削り	D	100	L	100	V
	中仕上	D	220	J	100	B
		D	320	J	100	B
	仕 上	D	400	J	100	B
	切 断	D	100	N	100	B
	内面 荒削り	D	100S	L	100	V
	仕 上	D	320	N	100	B
	手とぎ 荒削り	D	100	J	100	B
	仕 上	D	320	J	100	B
	平面 荒削り	D	100	J	100	B
	仕 上	D	320	J	100	B
超硬質合金	荒削り（湿式）	D	100	L	100	V
	仕 上（〃）	D	320	P	100	V
	コンビネーション（〃）	D	150	P	100	V
	チップブレーカ研摩 といしはみ¾"以下	D	120～150	N	100	B
	といしはみ¾"以上	D	150～220	N	100	V
	カッタリーマ等の二番削り 荒削り	D	100	L	100	B
	仕 上	D	180	L	100	B
	平 面 荒削り（湿式）	D	100 120	R L	100 100	B V
	仕上（〃）	D	150, 180 400, 400	R, L R, L	100, 100 100, 100	B, V B, V
	円外周 荒削り（湿式）	D	100	L, N	100	B
	仕 上（〃）	D	150 400	N N	100 100	B B
	内面 （乾，温） （湿 式）	D	120～150 150～220	N N	100 100	B B
	手仕上	D	320			V
	ラッピング （湿式）	D	400	J	50	V
	切 断	D	100S	N	100	B

9章 切削・研削加工用工具

9.3.2. ダイヤモンドといし (JIS B 4130:98, B 4131:98)

ダイヤモンドといしは研削といしと同じように，と(砥)粒，結合剤および気孔から成る。しかし，ダイヤモンドといしの粒度は非常に小さく製造方法が異なっているので気孔は少なく，したがって，一般の研削といしと同じ方法で加工すると，といしの寿命を縮め仕上げ面を悪くする。

といしは，a)メタルボンドといし，b)レジノイドボンドといし，c)ビトリファイドボンドといしに分類される。

といしの形状は主として，ストレートホイール，プレンカップホイール，フラーリングカップホイール，カットオフホイール，ダブルカップホイールなどがある。

ダイヤモンドといしの作業条件は，結合剤の種類によって異なるが，といし回転数は 1000～2000 m/min，切込み量は**表 9-23** に示す。また，**表 9-24** に示すように，加工方法に応じて粒度を変える。

9.3.3. CBN といし (JIS B 4130:98, B 4131:98)

超高圧高温合成法により窒化ほう素を焼結した素材を用いた工具を BN 工具と呼ぶ。その中の立方晶窒化ほう素 (CBN) は，ダイヤモンドに次ぐ硬さをもち，ダイヤモンドと(砥)粒とともに，超と(砥)粒といわれている。微粒化し焼成した CBN といしは，ダイヤモンドのもつ熱的不安定さ，特定材料との親和性などの性質をもたないので，耐摩耗性が非常に高く，とくに高硬度材料の研削加工に適し，長寿命を保つといしとして利用される。できれば不水溶性研削液の使用が望ましい。一般的には，セグメントといしあるいは電着といしとして使用される。CBN といしの研削条件（目安）を**表 9-25** に示す。表中の CBN といしに関する仕様の表示方法は，**図 9-14** (JIS B 4131:98) に示してある。CBN といし以外のといしに関する一般的な表示方法は，**図 9-15** (JIS R 6242:03) に示す。

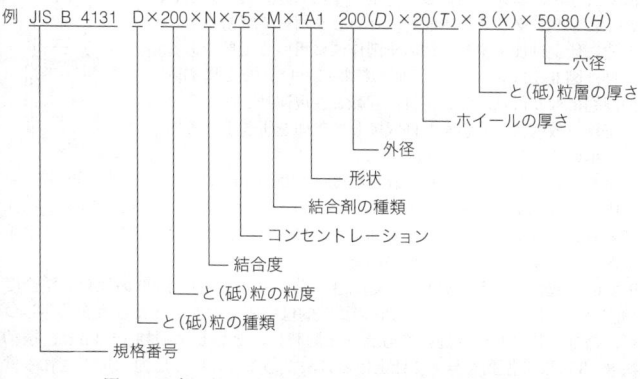

例　JIS B 4131　D×200×N×75×M×1A1　200(D)×20(T)×3(X)×50.80(H)

- 規格番号
- と(砥)粒の種類
- と(砥)粒の粒度
- 結合度
- コンセントレーション
- 結合剤の種類
- 形状
- 外径
- ホイールの厚さ
- と(砥)粒層の厚さ
- 穴径

図 9-14　超と粒といしの表示方法 (JIS B 4131:98 より)

表示の順序	0	1	2	3	4	5	6	7
	研削材の細分記号*	研削材の種類	粒度	結合度	組織	結合剤の種類	結合剤の細分記号*	最高使用周速度
例	51	A	36	L	5	V	23	50

注* 任意記号であるので，製造業独自の記号でよい。

表示例　　　　　　　　平形といし　JIS R 6211-1 1N-300 ×50×76.2-51A 36 L 5 V 23 50m/s
結合研削材といしの呼び ─────────┘
規格番号 ────────────────┘
形状 ──────────────────┘
縁形 ──────────────────┘
外径 ──────────────────┘
厚さ ──────────────────┘
孔径 ──────────────────┘
研削材の細分記号 ───────────┘
研削材の種類 ────────────┘
研磨材の粒度 ────────────┘
結合度 ─────────────┘
組織 ─────────────┘
結合剤の種類 ──────────┘
結合剤の細分記号 ───────┘
最高使用周速度 ────────┘

図 9-15　一般といしの表示方法（JIS B 6242：03 より）

9.3.4. ダイヤモンド／CBN工具の安全　　JIS B 4142：02 に，研削盤および切断機に取り付けて使用するダイヤモンドおよびCBNといしに関する安全要求事項が決められた。安全規格では，リスクアセスメントを行うことが決められており，アセスメントの結果に基づいて，十分な安全対策を施さねばならない。

9.3.5. ホーニングといし　　金属または非金属の表面を，とくにシリンダなどの内面を，といしを用いて精密かつじん速に仕上げ加工する一種の研削作業に用いる工具である。工具は図 9-16 のように，数個の棒状のといしを工具本体の周囲に取り付け，この工具に回転と往復運動とを与えつつ工具を放射状に拡張または収縮して表面を研ぎ上げる加工に用いる。

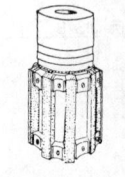

図 9-16　ホーン

ホーニングといしに使用される粒度は#100～400 で，この中で，荒加工用ホーニングは#100～180，仕上げ用ホーニングは#300～400 である。結合剤は研削といしと同じく，ビトリファイドボンド，レジノイドボンド，メタルボンドなどの種類がある。

9.3.6. 超仕上げ用といし　　超仕上げは，粒度#400～1000 の比較的結合度の弱いといしを，0.01～0.3 MPa の比較的低い圧力で加工される表面に押しつけ，被加工物に必要な運動を与えると同時に，といしに振幅 1～4 mm，振動数 8～35 Hz の振動を与えて仕上げる方法である。といし圧力は加工される材料によって異なる。

表 9-25　CBN といしの使用の目安

加工物	研削方式	CBNホイール仕様	研削条件 ホイール周速度 (m/s)	研削条件 研削油剤
工具鋼SKH SKD	平面,円筒,センタレス	BNC140〜170-75〜100-B	23〜40	水溶性または不水溶性
	内面	BN(C)140〜230-75〜125-V(B)	20〜40	水溶性または不水溶性
	溝	BNC140〜230-100〜125-B	23〜40	水溶性または不水溶性
	刃付け	BNC140〜200-100〜125-B	23〜40	乾性または不水溶性
	倣い	BNC140〜230-100〜125-B	20〜40	乾性または不水溶性
工具鋼SKS SK	平面,円筒,センタレス	BN140〜230-75〜150-V	23〜40	水溶性または不水溶性
	内面	BN140〜230-100〜125-V	20〜40	水溶性または不水溶性
	溝	BN140〜230-100〜150-V	23〜40	水溶性または不水溶性
構造用鋼 耐蝕・耐熱鋼	平面,円筒,センタレス	BN140〜230-75〜150-V	23〜40	水溶性または不水溶性
	内面	BN140〜230-100〜125-V	23〜40	水溶性または不水溶性
	溝	BN140〜230-100〜150-V	23〜40	水溶性または不水溶性
	総形	BN170〜230-100〜150-V	23〜40	水溶性または不水溶性
超合金	平面,円筒	BNC140〜170-100〜B	23〜40	水溶性または不水溶性
	内面	BNC140〜230-100〜125-V	23〜40	水溶性または不水溶性
	溝	BNC140〜170-100〜125-B	23〜40	水溶性または不水溶性
	総形	BNC140〜230-100〜150-V	23〜40	水溶性または不水溶性
磁性材料	平面	BN140〜170-100-B	23〜40	水溶性または不水溶性
	総形	BN170〜325-100〜125-B	23〜40	水溶性または不水溶性
	切断	BN140〜170-100-B	23〜40	水溶性または不水溶性

9.4. ツーリングシステム

NC工作機械を有効に使用するための重要なシステムに,ツーリングシステムがある。とくに最近マシニングセンタをはじめ,FMSあるいはFMCに用いる工具は,決まったツーリングシステムにしたがって用意してはじめて活きた使い方ができる。これは,多種多様な工具を自動交換装置(ATC)により,加工目的に適した工具を自動的に交換して加工する必要があるので,工具の標準化が必要になる。この結果,システムとして標準的な工具を用いることによって,どの機械にも使用できる工具システムができた。表9-26は,その中の代表的なシステムを示す。工具(ドリル,フライス,リーマなど)だけではなく,工具ホルダ,カッタアーバなども含まれる。

表9-26 ツーリングシステムの構成(MAS 412-1986より抜粋)

大分類	中分類	記号頁	分類	記号頁	適用工具又は内容
コレットチャックホルダ	コレットチャックホルダ(1形) BT 40-CT1- ⑩-⑩	CT1 31	テーパコレット(1形) ST 1-⑩-⑩ ストレートコレット SS 1-⑩-⑩ SS 2-⑩-⑩	ST1 35 SS⑩ 36 Ma⑩ 37	すべりねじによるコレットチャック方式 コレットサイズ 3〜32 (ストレートシャンク工具用) モールステーパ付工具用 MT1-3
	コレットチャックホルダ(2形) BT 40-CT2- ⑩-⑩	CT2 32	モールステーパアダプタ MA⑩-⑩-MT_No	ST1 35 SS⑩ 36 Ma⑩ 37	ボールねじによるコレットチャック方式 コレットサイズ 6〜32 (ストレートシャンク工具用) モールステーパ付工具用 MT1〜3
	コレットチャックホルダ(3形) BT 40-CT3- ⑩-⑩	CT3 33	ストレートコレット SS 1-⑩-⑩ SS 2-⑩-⑩	SS⑩ 36 Ma⑩ 37	シングルロールロック方式 コレットサイズ 6〜25 (ストレートシャンク工具用) モールステーパ付工具用 MT1〜3
	コレットチャックホルダ(4形) BT 40-CT4- ⑩-⑩	CT4 34	モールステーパアダプタ MA⑩-⑩-MT_No	SS⑩ 36 Ma⑩ 37	ダブルロールロック方式 コレットサイズ 6〜25 (ストレートシャンク工具用) モールステーパ付工具用 MT1〜3

10章　工作機械一般

10.1. 工作機械の概説

10.1.1. 工作機械の基本要素　　工作機械は，工作物を必要な形状に加工する機械を総称し，狭義には切りくずを出して加工（除去加工）する機械をいう。工作機械は次の3機能をもつことが必要である。(1)切削運動（主運動）をする，(2)送り運動の機構をもつ，および(3)位置決め運動の機構をもつ。表10-1に代表的な創成運動とその適用例を示す。

表10-1　主要な運動と加工例

	回転切削運動	直線切削運動	回転送り運動	直線送り運動	適用例
回転面加工	工作物 工具 工具 工具		 工作物	工具 工具あるいは工作物 工具 	旋削加工（旋盤） 中ぐり加工（中ぐり盤） 穴あけ加工（ボール盤） 円筒研削加工（研削盤）
非回転面加工	工具 工具 	 工具 工作物		工具あるいは工作物 工作物 工作物 工具	立てフライス加工（フライス盤） 横フライス加工（フライス盤），平面研削加工（研削盤） 形削り加工（形削盤），ブローチ加工（ブローチ盤） 平削り加工（形削盤），ブローチ加工（ブローチ盤）

10.1.2. 工作機械の種類　　工作機械は性能から，(1)広い範囲に利用できるはん用工作機械，(2)加工できる種類を限定した単能工作機械，(3)はん用工作機械にいろいろな付属装置を取り付けた万能工作機械，(4)1種または数種の加工の最産に適した専用工作機械に大別できる。それぞれにNC（数値制御）装置を取り付けたNC工作機械がよく用いられる。

10.2. 工作機械の駆動機構

10.2.1. 運転方式　　一群の工作機械に一箇所の原動機から伝動軸などを介して駆動力を伝える集合運転が行われていたが，いまでは，個々の工作機械を個々の電動機で駆動する個別駆動が行われている。さらに，それぞれの軸の運動をそれぞれの電動機で駆動する方法が採られるようになっている。

10.2.2. 速度列　　工作物の加工には，工作物の材質，寸法および刃物の種類に合わせて適切な切削速度を選ぶ必要がある。いま，切削速度（m/min）の最大値をv_{max}，最小値をv_{min}とし，工作物直径（mm）の最大および最小をd_{max}とd_{min}とすれば，主軸の回転数（min^{-1}）はそれぞれ

$$n_{min} = \frac{1000\, v_{min}}{\pi d_{max}}, \quad n_{max} = \frac{1000\, v_{max}}{\pi d_{min}}$$

となる。回転数域比R_{MA}を

$R_{MA} = \dfrac{n_{\max}}{n_{\min}}$

とすれば、この回転数域を確保して最適な回転数を得るには、切削速度が自由に変換できる機構を必要とする。このため NC 工作機械では、無段階速度変換機構を用いる。一般のはん用工作機械では段階的速度変換機構を用いる。その段階的速度列には、(a)等差級数的速度列、(b)等比級数的速度列、(c)対数級数的速度列があり、一般には等比級数的速度列をよく利用する。その公比は**表 10-2** に示すように、$\sqrt[n]{10}$ が多く用いられる。回転数のようすを知り、経済的な回転数を得るために、**図 10-1** に示した、のこ歯状線図がよく利用される。

表 10-2 (1) 回転数規格の 6 種の公比

数値	1.06	1.12	1.26	1.41	1.58	2.00
公比	$\sqrt[40]{10}$	$\sqrt[20]{10}$	$\sqrt[10]{10}$		$\sqrt[5]{10}$	
	$\sqrt[12]{2}$	$\sqrt[6]{2}$	$\sqrt[3]{2}$	$\sqrt{2}$		2
速度低下率 $A\%$	$\cong 5$	$\cong 10$	$\cong 20$	$\cong 30$	$\cong 40$	$\cong 50$

(2) 速度比

速度比

1.06	1.12	1.26	1.58	1.41	2.0
118	118	118	118		
125					
132	132	…	…	132	
140					
150	150	150			
160					
170	170				
180					
190	190	190	190	190	190
200					
212	212				
224					
236	236	236			
250					
265	265	…	…	265	
280					
310	300	300	300		
315					
335	335				
355					
375	375	375	…	375	375
400					
425	425				
450					
475	475	475	475		
500					
530	530	…	…	530	
560					
600	600	600			
630					
670	670				
710					
750	750	750	750	750	750
800					
850	850				
900					
950	950	950			
1 000					
1 060	1 060	…	…	1 060	
1 120					

10.2.3. 機械的変換機構

(1) **段階的変速機構** 動力を伝達する場合に、ベルトと段車および歯車と歯車により伝達する場合、変速は段階的に変換することになる。その速度比を前項の系列に従うよう設計するが、その誤差は、Schlesinger の著書により 3 % までは認められていた。

ベルトと段車による方法は、高速で振動の少ない加工を必要とするダイヤモンド旋盤や小径ドリルによる加工に用いられる。歯車による方法は、一般にクラッチ機構と組み合わせて用い、伝導効率が高く大きな動力を伝えるので、広く利用される。代表例を図 **10-2** に示す。

(2) **無段変速機構** 工作物の材質、直径および切削条件が異なる場合、無

段変速機構を用いて最適な切削速度が選択できるのが望ましい。

機械的無段変速機構には，(1)ローラと円板による方法，(2)円板と円すい円板による方法，(3)Vベルトと対抗円すい車による方法，(4)Vベルトの代わりにチェーンを用いる方法，(5)円すい車とリングによる方法などがある。いずれも摩擦伝動機構を主体にしているので，大きな動力を伝えるのは比較的困難である。PIV機構はとくにチェーンを溝に入れて駆動するので安定した伝動が可能である。

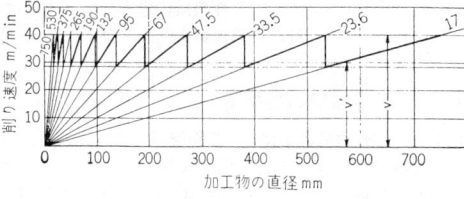

図 10-1　等比級数的速度列ののこ歯状線図

図 10-2　6段の変速機構

10.2.4. 電気的変速機構

(1) **界磁制御法**　直流分巻電動機の界磁電流を変化させることによって，連続的無段階に速度が制御できる。定電圧の直流電源が得られるところで用いると非常に有利である。

(2) **電動発電機による制御法（ワードレオナード法）**　直流発電機の電圧を可変にして，直流電動機の電気子電圧を加減して速度の制御を行う。広い範囲にわたって制御でき，速度変動が少なく，工作機械の速度制御には好適である。

(3) **整流器による制御法**　交流を直流にするため整流器を用いて直流可変電圧を出し，直流電動機の制御を行う。

(4) **交流電動機による制御法**　交流電動機による速度制御には，三相分巻き整流子電動機のように整流子を用いて制御する方法，誘導電動機の周波数を制御して速度を制御する方法などがある。

10.2.5. 流体変速機構
流体による無段変速機構は，ポンプと原動機とから成る。流体的変速機構は任意の負荷のもとに容易に確実に変速できる。運転が円滑で，低速でも十分なトルクをもつなどの利点がある反面，効率が低く，高価である，小容量の場合は不利であるなどの欠点をもっている。

ポンプには，歯車ポンプ，羽根ポンプおよびピストンポンプがある。これに流量や圧力を制御する制御バルブで制御回路が構成される。

10.3. 工作機械の切削仕事と効率

工作機械の切削仕事率 N は，空転仕事率 N_R，正味切削仕事率 N_C，送り機構などに費やされる仕事率 N_F とから成る。すなわち
$$N = N_R + N_C + N_F$$
である。また，$N_C = R_1 V$ (kW) （R_1：主切削抵抗，V：切削速度）である。

送り仕事は小さいので，工作機械の効率を η とすれば，$N_C = \eta$ と考えられる。工作機械効率 η は工作機械により異なるが，ほぼ $(1/2〜2/2)$ 負荷で 0.7〜0.9 と考えられる。

10.4. 工作機械の各要素

10.4.1. 工作機械の本体　工作機械の本体とは，旋盤におけるベッド，フライス盤のコラムとニー，平削り盤のベッドとコラムなど，工作機械を構成する主要な骨組みである。この部分は，切削抵抗あるいは工作物などを含む他の要素の荷重をささえ，工作精度に影響を及ぼす重要な部分であるので，設計に当たり，曲げおよびねじりに関する静的なこわさに配慮し，動的(振動)なこわさに対してもいっそう配慮するとともに，熱に対するこわさについても十分考慮する必要がある。

本体の構造材料は，大部分が鋳鉄鋳物を用いるが，鉄板溶接構造，セメント，セラミックスなどもベッド材料として用いられる。構造用鋳鉄として，ミーハナイト系，ノジュラー系などの特殊強じん鋳鉄が広く用いられる。鋳造ベッドは一般に鋳造後に枯らしを行って鋳造応力を除く。この枯らしは，鋳造後に1年以上自然に放置するなどして自然枯らしすることが最高であるが，人工枯らしが多く用いられる。

10.4.2. 主軸　主軸系は駆動装置からの回転運動を工作物あるいは工具に確実に伝える重要な役目をもち，まさに真円に回転し，切削力に十分耐えうる剛性をもたねばならない。工作機械の主軸系は，静的，動的に作用する力に対する十分な剛性を確保し，回転中の発熱を抑え，必要な回転精度を長時間保ち，安定に作業できることを確保しなければならない。一般に主軸系には，回転精度が良く振動の少ない良好な仕上げが得られる高速型主軸と，高いねじり剛性をもち高いトルクに耐える高トルク型主軸があるが，いまでは，両者の特性を併せもつ主軸が多くなっている。

(1) **静剛性**　静剛性とは，主軸系全体の外力に対する変形抵抗で，たわみとねじりに対する変形をできるだけ小さくすることである。図 **10-3** の主軸に取り付けた工作物先端に作用する力に対する変形の大きさであり，力に対する変形は，

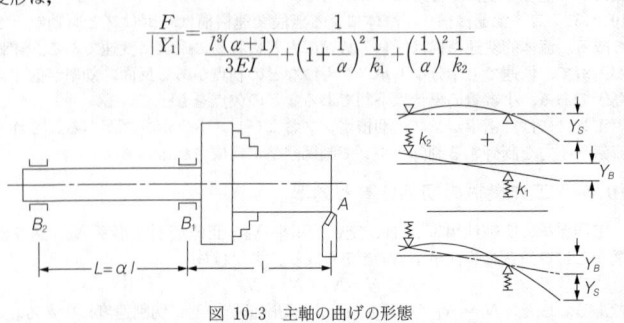

$$\frac{F}{|Y_l|} = \frac{1}{\frac{l^3(\alpha+1)}{3EI} + \left(1+\frac{1}{\alpha}\right)^2 \frac{1}{k_1} + \left(\frac{1}{\alpha}\right)^2 \frac{1}{k_2}}$$

図 10-3　主軸の曲げの形態

で与えられる。$Y_1 = Y_S + Y_B$ であり、E と I はヤング率と断面二次モーメントである。この式から、前部の軸受の影響が大きく剛性に影響することがわかり、主軸系の剛性を高めるには、前部の軸受の剛性を高くする必要がある。また、最適な軸受間隔も、$\partial Y_1/\partial \alpha$ から求めることができる。同様にねじりについては、図 **10-4** により、切削力によるトルクとねじりの比は、次式で与えられる。

$$\frac{F}{|Y_2|} = \frac{4I_0 G}{D^2(\beta+1)l}$$

G：横弾性係数,
I_0：断面二次モーメント

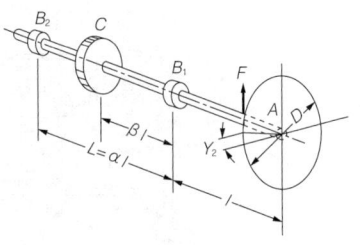

図 10-4 ねじりによる主軸系張出し端の変位の形態

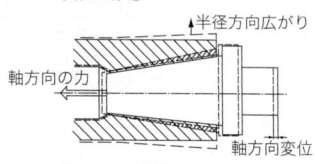

これらの式から、切削力によるトルクを一定とすれば、張り出し長さをできるだけ小さく、回転力を伝えるフェース歯車をできるだけ全部軸受近くに取り付けるとよい。これらを考慮した主軸系の最適な設計として、前部軸受からの張り出しをできるだけ少なく、十分太い主軸をできるだけ短い間隔でささえることである。軸受間隔を短くできない場合は、中間軸受からの張り出し部分をささえるだけの軸受を用意した3点支持方式を用いるとよい。

図 10-5 高回転にともなう主軸端（テーパ部）の広がり

(2) **動剛性** 動剛性は、現在ではコンピュータによる解析が可能であり、静剛性の計算とともに、いろいろなソフトウェアが用意されている。

(3) **主軸先端の設計** 主軸先端には、工作物あるいは工具を取り付けるチャックを用意する。旋盤主軸端などには、一般に 7/24 テーパが用意されている。図 **10-5** は、回転にともなうテーパ部の広がりを示している。この工作物の軸方向変位が、軸方向誤差の原因になる。図 **10-6** は NC 旋盤に用いる油圧チャックの回転による把握力の推移を測定した結果であり、高速回転の範囲でなくともかなりの把握力低下があることを示している。現在、とくに高速回転で用いる回転工具を取り付けるために、高速用チャックの開発が進んでいる。

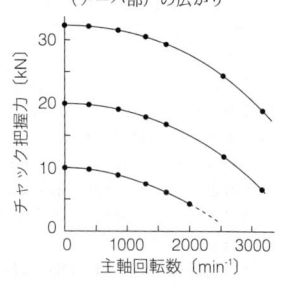

図 10-6 回転による油圧チャックの把握力の変化

10.4.3. 主軸用軸受 工作機械の用いる軸受は、主軸受以外はほとんど転がり軸受（玉軸受が多い）で、主軸受には、転がり軸受、滑り軸受および静圧

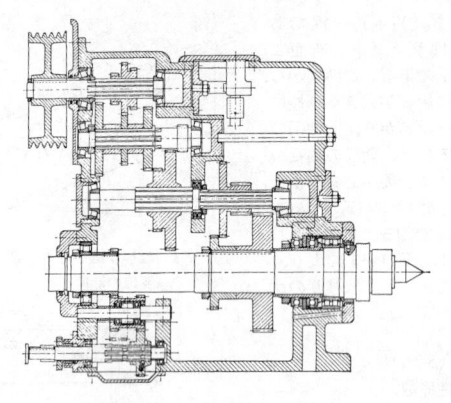

図 10-7 旋盤主軸台

軸受を用いる。

(1) 主軸受用転がり軸受　主軸受には，円すいころ軸受，複列円筒ころ軸受とアンギュラコンタクト玉軸受の組合せなどを用いる。回転数や用途に応じて，適当に使い分けている。図 **10-7** は円筒ころ軸受を用いた例である。

(2) 滑り軸受　工作機械の主軸受には古くから滑り軸受が用いられ，その形は単純であるが，内容は複雑で，すきまの調整は，軸受の外側に作られたこう配を用いて行われる。軸受内の潤滑油の循環を良くし，油膜を保つために軸受面(メタル面)に油みぞを設けることもある。

(3) 特殊軸受　滑り軸受は転がり軸受に比較して高い精度の軸受ができる代わりに，高速で回転することが困難であった。

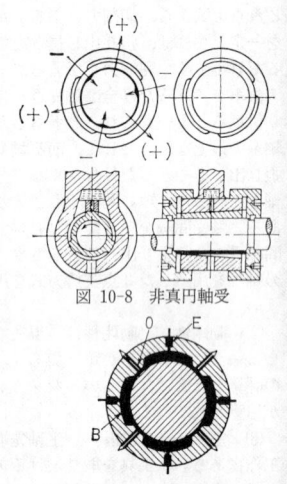

図 10-8 非真円軸受

図 10-9 流体軸受

その欠点を除くために，非真円軸受（たとえばマッケンゼン軸受（図 **10-8**)，静圧軸受（図 **10-9**) が考案され，優秀な成績を上げている。非真円軸受は，主軸が回転することによって主軸をささえる油膜圧力が自動的に発生し，静圧軸受は外から圧油を供給して主軸をささえる。圧縮空気を供給した空気静圧軸受もある。

(4) 軸受の潤滑

(a) 転がり軸受の潤滑　潤滑油とグリースによる潤滑法があり，グリースは密封式とグリースカップから充てんする方法とがある。密封式では空間

1/3程度のグリースを封入する。油潤滑には浸し給油，リング給油，はねかけ給油および強制給油があり，このほかにとくに高い回転数の場合は，噴霧給油法など，新しい方式が考案されている。

(b) 滑り軸受の潤滑　油潤滑とグリース潤滑とがあり，グリース潤滑はグリースカップによる給油方法が多く，油潤滑では境界潤滑と流体潤滑とがあるが，工作機械の主軸受では焼付きを防ぐために，できるだけ流体潤滑にする。

表10-3　モールステーパ (JIS B 4003:99)

モールス テーパ 番号	テーパ		テーパ角度 α
0	$\frac{1}{19.212}$	0.05205	1°29′27″
1	$\frac{1}{20.047}$	0.04988	1°25′43″
2	$\frac{1}{20.020}$	0.04995	1°25′50″
3	$\frac{1}{19.922}$	0.05020	1°26′16″
4	$\frac{1}{19.254}$	0.05194	1°29′15″
5	$\frac{1}{19.002}$	0.05263	1°30′26″
6	$\frac{1}{19.180}$	0.05214	1°29′36″

10.4.4. テーパとテーパ角度

工作機械には，多くのテーパ部分がある。たとえば工作機械の主軸先端のテーパ穴，工具取付けに用いるテーパ穴とシャンクなどである。テーパにはいろいろな形式があるが，国内ではJISによる形式がよく用いられる。モールステーパについては表10-3に，マシニングセンタなど工作機械主軸(端)に用いる7/24テーパを表10-4(647ページ)に示す。また，一般のテーパとテーパ角度は，JIS B 0612:02に詳細に規定している。その抜粋を表10-5に示す。

10.4.5. 案内面　工作機械には直線運動や回転運動をする部分(たとえばベッド滑り面とテーブル)があり，運動を正確に規制するために案内面を用いる(母性原則という)。案内面には滑り対偶を用いる滑り案内面，転がり対偶を用いる転がり案内面，そして接触面を加圧した空気あるいは潤滑油を介して浮かせた静圧案内面がある。滑り案内面の面圧は，0.03 MPa程度が望ましい。

また，案内面形状は，(a)工作しやすく修理が容易なこと，(b)滑り案内面の間で生じる回転モーメントの影響を少なくすること，(c)滑り面相互間のすきまが調節できることなどにより決めなければならない。

(1) 直線運動案内面　工作機械には，直線運動する部分が多い。案内面の断面形状には，(a)V形案内面，(b)逆V形案内面，(c)平形案内面などが多く，それぞれ組み合わせて用いる(図10-10)。案内面の運動を正しく行わせるためにくさびを入れて運動を調節する方法があるが，各部品の仕上げ精度が良くなったので，くさびによる調整を行わない場合もある。

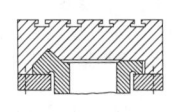

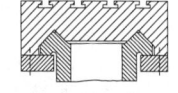

一般に，テーブルの直線運動を規制する両案内面の間隔は，狭い方が望ましい。いわゆるナローガ

図10-10　V形と平形案内面の組合せの方法

表 10-5　一般用途のテーパ角度およびテーパ比に関する諸数値
(JIS B 0612:02 から抜粋)

基準値	換算値				備考
	テーパ角度 α			テーパ比 C	(実例)
	rad	度・分・秒	度		
120°	2.094 395 10	—	—	$\dfrac{1}{0.288\,675}$	
90°	1.570 796 33	—	—	$\dfrac{1}{0.500\,000}$	センター, さら小ねじ, リベット
60°	1.047 197 55	—	—	$\dfrac{1}{0.866\,025}$	センター, さらボルト, リベット
45°	0.785 398 16	—	—	$\dfrac{1}{1.207\,107}$	
30°	0.523 598 78	—	—	$\dfrac{1}{1.866\,025}$	コレットチャック
$\dfrac{1}{3}$	0.330 297 35	18° 55′ 28.7″	18.924 644°	—	
$\dfrac{1}{5}$	0.199 337 30	11° 25′ 16.3″	11.421 186°	—	
$\dfrac{1}{10}$	0.099 916 79	5° 43′ 29.3″	5.724 810°	—	テーパ軸端調整軸受ブシュ
$\dfrac{1}{20}$	0.049 989 59	2° 51′ 51.1″	2.864 192°	—	工具シャンク, ソケット
$\dfrac{1}{50}$	0.019 999 33	1° 8′ 45.2″	1.145 877°	—	テーパピン
$\dfrac{1}{100}$	0.009 999 92	34′ 22.6″	0.572 953°	—	
$\dfrac{1}{200}$	0.004 999 99	17′ 11.3″	0.286 478°	—	
$\dfrac{1}{500}$	0.002 000 00	6′ 52.5″	0.114 592°	—	

注　基準値は JIS B 0612:02 の 1 欄のみを示す.

イドといわれる原則である（図 **10-11**, 649 ページ。11 章図 11-8 参照）。V 型あるいは逆 V 型案内面は，それ自身で直線運動を規制している。この場合，テーブルを運動させる駆動点を，運動を規制する案内面近くにとることが大切である。

　直線運動案内面に用いる転がり案内面の構造は図 **10-12** に示す。この案内面は工具研削盤，平面研削盤などに用いる。また，空気および潤滑油で案内面を浮かして高い位置決め精度を保証でき，摩耗が極めて少ない静圧案内面は，とくに高い精度を必要とする工作機械に用いられる。

　(2) **回転運動案内面**　回転運動をささえる案内面には，種々の形式がある。滑り案内面のほかに，転がり軸受でささえられた回転テーブルもあり，静圧案内面も導入されている。

　(3) **案内面の材質**　一般に用いられるのは，高級鋳鉄（ベッド本体）で，これを火焰焼入れしたもの，焼入れ硬化した鋼板をはったもの，プラスチックス（ターカイトといわれる）をはったもの（図 **10-13**）などがある。

表 10-4 マシニングセンタの主軸端 (JIS B 6340 : 92 より)

単位 mm

	呼び番号		BT30	BT35	BT40	BT45	BT50	BT55	BT60
テーパ部	D_1	基準寸法 (1)	31.750	38.100	44.450	57.150	69.850	88.900	107.950
	l_1	(最大)	47.4	55.4	64.4	81.8	100.8	125.8	160.8
	Z	(最大) (2)				0.2			
	$\frac{7}{24}$テーパ角度の許容差	AT_D (3)	0 −0.003 8	0 −0.004 4	0 −0.004 1	0 −0.005 2	0 −0.005 0	0 −0.006 3	0 −0.006 4
	参考	d_1	17.925	21.942	25.667	33.292	40.450	52.208	61.050
キー部	b	寸法	15.9	15.9	19	19	25.4	25.4	
		許容差 h5		0 −0.008				0 −0.009	
	b_1	寸法	15.9	15.9	19	19	25.4	25.4	
		許容差 M6		−0.004 −0.015			−0.004 −0.017		
	c	(最小)	8	8		9.5		12.5	
	d_4		11	11		14		20	
	d_5 (4)		6.6	6.6		9		13.5	
	e	±0.2	25	29	33	39.7	49.5	59.5	74.5

表 10-4（つづき）

		M 6	M 8	M 12
g_2 (5)		16	19	25
h	(最大)	16.5	19.5	26.5
k	(最大)	18	12	18
l_6		9	9.5	12.5
n	(最大)	8		
$\dfrac{O}{2}$	(最小)	16.5	23	29.7	36	46	61
q		20		13
		7		
r	(最大)	1.6		2
s	(最小) (6)	1.6		2
v		0.06		0.08
参考 端面部	D_2	69.832	79.357	88.882	101.600	128.570	152.400	180.000
	m	12.5	14	16	19

注 (1) D_1 は，基準寸法であり，ゲージ面における直径である。　(2) Z は，ゲージ面からのテーパ大端面の片寄りの最大値をいう。
(3) $\dfrac{7}{24}$ テーパ角度の許容差は，$-AT4 \atop 0$ (JIS B 0614 に規定する等級 AT4) による。
(4) d_6 は，JIS B 1001 に規定する 2 級とする。
(5) ねじは，JIS B 0205 によって，その精度は JIS B 0209 に規定する 6H とする。　(6) 逃げを設けてもよい。

備考 1. 寸法規定がない部分の形状は，参考としてある。
2. 特に規定のない部分の寸法許容差は，JIS B 0405 に規定する公差等級 m (中級) とする。
3. $= v \perp A$ および $\text{//} \boxed{0.01} A$ は，JIS B 0021 による。

10章 工作機械一般

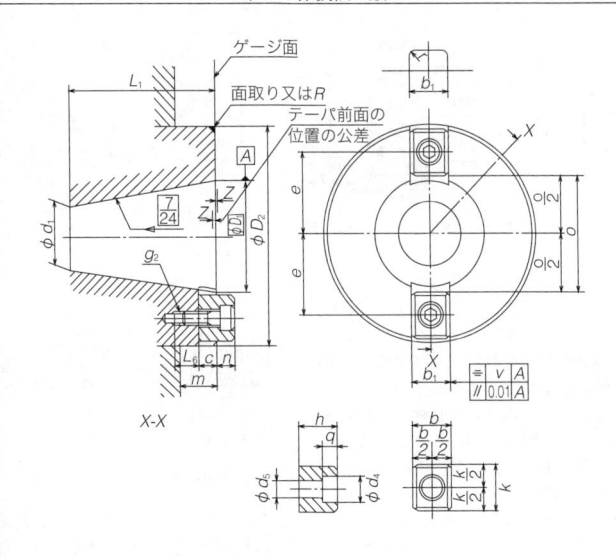

表 10-4 の付図　マシニングセンタの主軸端

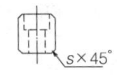

(4) 案内面の潤滑　滑り案内面の働きを円滑にするために適当な潤滑油を用いる。給油法に，手差しによる方法，圧力給油を行う方法，油だまりを設ける方法などがある。この潤滑油を滑り面に均一に分布させるために，適当な油みぞを設ける。

10.4.6. ねじ　回転運動を直線運動に変えて，工作機械のテーブルを駆動する要素として，ねじ駆動機構がある。ねじおよびナットによるが，最近の NC 工作機械では，ボールねじおよびナットによる方法（図 **10-14**）が主に用いられる。静圧軸受の考え方を応用した静圧ねじも開発さ

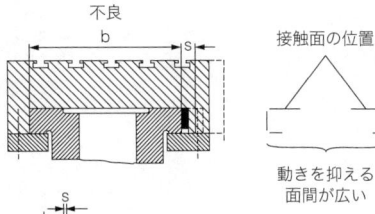

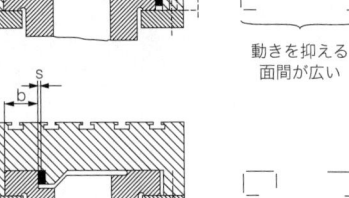

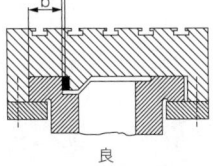

図 10-11　ナローガイドの案内面構造
s：あそび（すきま）
b：駆動軸とあそびとの距離

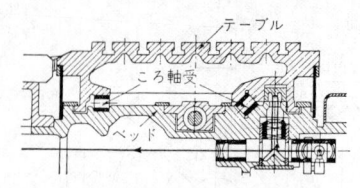

図 10-12 ころ軸受を用いたベッド滑り面

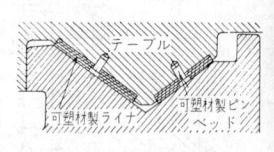

図 10-13 可塑材ライナ

れた。また超精密工作機械のように，とくに高い精度の加工を要する工作機械のテーブル駆動に，リニアモータ駆動機構が開発された。リニアモータ駆動機構はまた高速送りにも応用されている。ボールねじのねじ軸に冷却穴を設け，ねじ軸を冷却することにより，軸の熱膨張を制御して精度向上を図る方法も採用されている。

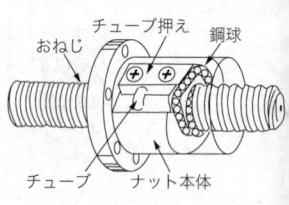

図 10-14 ボールねじの構造

10.4.7. ジグおよび取付け具 ジグおよび取付け具は，工作機械に工具あるいは工作物を正しく固定するものであり，加工の精度が確保できるように加工工具を加工位置に正確に導く工具である。旋盤用つめチャック，コレットチャック，さらにマシニングセンタにおける工具ホルダおよびパレット，位置決めジグなどがある。

11章　工作機械各論

11.1. 工作機械の基本

　工作機械は，工具と工作物との間の相対運動により，所定の形状部品を削り出す。創成運動は回転運動および直線運動が基本であり，それぞれを適当に組み合わせて創成運動として工具あるいは工作物に与える。表11-1は，主運動および送り運動の組合せによる工作機械の種類を示す。また，図11-1は切削・研削加工例を示す。代表的な機種と機械の大きさの表し方および工作精度を表11-2に示す。

　各種の加工方法（切削および研削）に対して，最終仕上げに至る前加工で残すべき仕上げしろがそれぞれ決められている。切削加工の最終仕上げしろはJIS B 0712：69に，最終仕上げに必要な機械加工で残すべき研削しろはJIS B 0711：76に規定している。それぞれに関して抜粋を表11-3に示すが，ここに示した数値は，工作機械の剛性など工作機械の特性をはじめ，工具，作業条件などの影響により変わるので，目安として参考にするとよい。

表11-1　工作物加工形状と工作機械

工作物形状		切削加工	研削加工	特殊加工
円筒外面 円筒内面		旋盤 旋盤，ボール盤，中ぐり盤， ブローチ盤	円筒研削盤，心なし研削盤 内面研削盤，ホーニング盤	放電加工機，電解加工機 レーザ加工機
平面		フライス盤，平削り盤， 形削り盤，マシニングセンタ	平面研削盤，ラップ盤	放電加工機，電解加工機 レーザ加工機，超音波加工機
曲面 曲内面		ならい(NC)フライス盤， マシニングセンタ ブローチ盤，立て削り盤	ならい(NC)フライス盤 ジグ研削盤	(放電加工機，電解加工機)
特殊な面	ねじ面 歯車面	ねじ切り旋盤，ねじフライス盤 ホブ盤，歯車形削り盤， 歯車シェービング， かさ歯車歯切り盤	ねじ研削盤 歯車研削盤，歯車ホーニング盤 かさ歯車研削盤	放電加工機

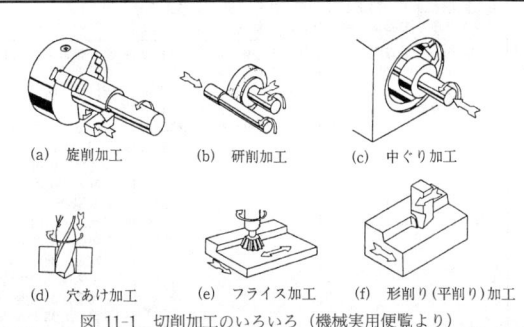

(a) 旋削加工　　(b) 研削加工　　(c) 中ぐり加工

(d) 穴あけ加工　(e) フライス加工　(f) 形削り(平削り)加工

図 11-1　切削加工のいろいろ（機械実用便覧より）

表 11-2 工作機械の種類と工作精度

名称	機械の説明	機械の大きさの表し方	工作精度 mm (JIS工作精度検査から)
旋盤	主として工作物を回転させ、バイトなど使用して、外丸削り、中ぐり、突切り、正面削り、ねじ切りなどの加工を行う工作機械。		
普通旋盤	基本的なもので、ベッド、主軸台、心押台、往復台、送り機構などから成る旋盤。	ベッド上の振り mm センタ間距離 mm 往復台上の振り mm	外丸削りの場合 　真円度　0.017～0.02 　円筒度　0.02～0.04 面削りの場合 　平面度　直径300に対して 　　　　　0.015～0.025
立て旋盤	工作物を水平面内で回転するテーブルに取り付け、刃物台をコラムまたはクロスレールに沿って送って切削する旋盤。	加工できる最大直径 mm テーブル上面からクロスレール下面までの距離 mm 刃物台の移動量 mm 中ぐり棒の移動量 mm	外丸削りの場合 　真円度　0.005～0.015 　円筒度　0.01 平面削りの場合 　平面度　0.01～0.03 （高さ補正装置付き）
ボール盤	主としてドリルを使用して工作物に穴をあける工作機械。ドリルは主軸とともに回転し、軸方向に送られる。		
直立ボール盤	主軸が垂直になっている立て形のボール盤。コラム、主軸頭、ベースなどから成る。	振りまたは テーブルの大きさ 　　　　mm×mm テーブルまたはベース上面から主軸端面までの距離 mm 主軸穴のモールステーパ番号　穴あけできる最大直径 mm	
ラジアルボール盤	直立したコラムを中心に旋回できるアーム上を、主軸頭が水平に移動する構造のボール盤。	コラムスリーブ表面から主軸中心線までの距離 mm ベース上面から主軸端面までの距離 mm 主軸穴のモールステーパ番号　ベース作業面の大きさ 　　　　mm×mm	
中ぐり盤	主軸に取り付けた中ぐりバイトを使用し、主軸を繰り出して中ぐり加工を行う工作機械。バイトは主軸とともに回転し、工作物またはバイトに送り運動を与える。フライス削りの機構を備えたものが多い。		
テーブル型中ぐり盤	主軸に対して軸方向およびこれと直角方向に移動することのできるテーブルをもつ横中ぐり盤。テーブルで送りを与えることもできる。	中ぐり主軸の直径 mm テーブルの大きさ 　　　　mm×mm テーブルの移動量 mm 中ぐり主軸の軸方向移動量 mm	中ぐり軸による加工穴の 　真円度　0.0075～0.01 　円筒度　0.01～0.015 旋削による外円筒面の 　真円度　0.01～0.015 内外円筒面の 　同心度　0.025 　同軸度　0.04 面削り場合 　平面度　0.015 　直角度　0.025 （穴と平面との） フライス削りの場合 　平面度、直角度　0.02 　段差　0.03

11章 工作機械各論

表 11-2 (つづき 1)

名称	機械の説明	機械の大きさの表し方	工作精度 mm (JIS工作精度検査から)
ジグ中ぐり盤	工作物に対する主軸の位置を高精度に位置決めする装置を備え、主としてジグの穴あけおよび中ぐりを行う中ぐり盤。主軸が水平の横形、垂直の立て形がある。	テーブルの大きさ mm×mm 主軸頭およびテーブルの移動量 mm テーブル上面から主軸端面までの距離 mm 工作物許容質量 kg	中ぐり加工の場合 真円度 0.003 中ぐりによる位置決め加工の場合 精度 0.006 (現在のJISには規定はない)
フライス盤	フライスを使用して、平面削り、溝削りなどの加工を行う工作機械。フライスは主軸とともに回転し、工作物に送り運動を与える。		
ひざ形フライス盤	コラムに沿って上下するニーをもち、テーブルはニーの上のサドルを介して乗り、前後、左右に運動する構造のフライス盤。ラムに取り付けた主軸頭が前後するもの(ラム形)もある。主軸が水平のものをひざ形横フライス、主軸が垂直のものをひざ形立てフライス盤という。 ひざ形立てフライス盤には、主軸が旋回または上下運動できるものもある。	テーブルの大きさ mm×mm テーブルの左右・前後・上下の移動量 mm テーブル上面から主軸端面までの距離 mm	横フライス盤 側面削りの場合 平面度 0.02 上面・前後面削りの場合 直角度 0.02 (100について) 段差 0.03 立てフライス盤 平面削りの場合 平面度 0.02 側面削り 段差 0.03 直角度 0.02 (100について)
ベッド形フライス盤	テーブルを直接ベッドに乗せ、切り込み運動をコラムまたは主軸頭で行う構造のフライス盤。機能を単純化し自動化したものを、とくに生産フライス盤という。主軸が水平のものをベッド形横フライス盤、主軸が垂直のものをベッド形立てフライス盤という。	テーブルの大きさ mm×mm テーブルの左右移動量 mm 主軸またはクイルの移動量 mm 主軸頭の前後移動量 mm テーブル上面から主軸端面までの距離 mm	横フライス盤 側面削りの場合 平面度 0.02 上面・前後面削りの場合 直角度 0.02 (100について) 段差 0.03 立てフライス盤 上面削りの場合 平面度 0.02 側面・前後面削りの場合 段差 0.03 直角度 0.02 (100について)
プラノミラー	クロスレールまたはコラムに沿って移動する主軸頭をもち、ベッド上を長手方向に移動するテーブル上に工作物を取り付けて加工するフライス盤。主軸頭が旋回するものもある。一つのコラムでクロスレールを支えているものを片持形、二つのコラムをもつものを門形、コラムが長手方向に移動するものをガントリー形という。	コラム間距離 mm テーブル上面から主軸端面または主軸中心線までの距離 mm テーブル移動量 mm 工作物許容質量 kg	門形プラノミラー 平フライス削りの場合 上面の平面度 0.02 段差 2000以下 0.03 5000以下 0.05 10000以下 0.08 側面フライス削りの場合 直角度 0.02/300 ガントリー形プラノミラー 上面の平面度 0.02 段差 5000以下 0.05 10000以下 0.08 15000以下 0.1 直角度 0.02/300

表 11-2 (つづき 2)

名称	機械の説明	機械の大きさの表し方	工作精度 mm (JIS 工作精度検査から)
研削盤	といし車を使用して工作物を研削する工作機械。		
円筒研削盤	主として円筒形工作物の外面を研削する研削盤。主軸台，心押台，ベッド，テーブル，といし台などから成る。といし台の案内面をテーブル案内面に対してある角度に設定し，工作物の円筒面および端面とを同時に研削するアンギュラスライド研削盤，といし台および主軸台が水平面内で旋回できる構造の円筒研削盤で，一般には穴の内面を研削できる装置を備えた万能研削盤などがある。	テーブル上の振り　mm センタ間距離　mm 研削できる外径　mm といし車の大きさ　mm	両センタに取り付けた場合 真円度 0.003 長さ≦630 　　　　0.005 長さ>630 直径の一様性 　　　　0.003〜0.015 チャックに取り付けた場合 真円度 0.003 　　　（センタ間距離≦1500) 　　　　0.004 （直径 100 について） 　　　（センタ間距離>1500）
内面研削盤	工作物の穴の内面を研削する研削盤。穴の軸心に直角な端面を研削する装置を備えたものもある。	テーブル上の振りまたは取り付けることのできる工作物の最大直径　mm 研削できる穴径の範囲 mm 研削できる穴の長さ　mm	面版を使用した内面研削加工 真円度　0.003 直径の一様性 　　　　0.005〜0.015 端面研削加工 平面度 直径 300 について 0.01
平面研削盤	主として工作物の平面を研削する研削盤。往復運動をする角テーブルをもつ角テーブル形平面研削盤で，といし軸が水平の横軸形，垂直の立て軸形などがあり，回転運動をする円形のテーブルをもつ回転テーブル形平面研削盤で，といし軸が水平の横軸形，垂直のたて軸形などがある。	横軸角テーブルの場合 テーブルの大きさ　mm テーブルまたはといし頭の移動量　mm テーブル上面からといし車下面までの距離　mm 立て軸回転テーブル形の場合 電磁チャックの有効直径 チャック上面からといし車下面までの距離　mm といし車の大きさ　mm	工作物の厚さの均一さ 研削長さ≦1000 　0.005(300 について) 研削長さ>1000 　0.05 (最大許容値) 真直度 　0.005 (300 について) 　0.03 (最大許容値) 工作物の厚さの均一さ D≦1000 に対し 　0.005 1000<D≦2000 に対し 　0.01 D：回転テーブル直径
平削り盤	テーブルを水平往復運動させ，バイトをテーブルの運動方向と直角方向に間欠的に送って，主として平面削りを行う工作機械。		
門形平削り盤	ベッドの両側に立てたコラムをトップビームで結び，クロスレールおよびコラムに沿って移動する刃物台をもつ構造の平削り盤。コラム，トップビーム，クロスレール，刃物台，駆動機構などから成る。	切削できる大きさ 　　　　mm×mm×mm テーブルの大きさ 　　　　mm×mm 工具送り台移動量 　正面刃物台　　mm 　横刃物台　　　mm	
形削り盤	テーブルをラムの運動と直角方向に間欠的に送り，往復運動するラムに取り付けたバイトを使用して，主として溝削り加工を行う工作機械。	ラムの行程　　　mm テーブルの移動量　mm ラム下面からテーブル上面までの距離　　mm	

11章 工作機械各論

表 11-2 （つづき 3）

名称	機械の説明	機械の大きさの表し方	工作精度 mm （JIS工作精度検査から）
数値制御工作機械	工具と工作物の相対運動を，位置，速度などの数値情報によって制御し，加工にかかわる一連の動作をプログラムした指令によって実行する工作機械。		
数値制御旋盤	刃物と工作物との相対運動を，位置，速度などの数値情報によって制御し，加工にかかわる一連の動作をプログラムした指令によって実行する旋盤。	旋盤に従う。	数値制御による外丸削りおよび内丸削り センタ作業の場合 　真円度　0.010～0.018 　直径精度±0.018～0.028 　および±0.023～0.033 Z軸方向の面間寸法 　　±0.027～±0.036 チャック作業の場合 　真円度　0.012～0.018 　直径精度±0.020～0.028 　および±0.025～0.033 Z軸方向の面間寸法 　　±0.030～±0.030 　および±0.020～±0.020
ターニングセンタ	主として工作物を回転させ，工具の自動交換機能（タレット形を含む）を備え，工作物の取り付け替えなしに，旋回加工のほか多種類の加工を行う数値制御工作機械。		
マシニングセンタ	主として回転工具を使用し，工具の自動交換機能（タレット形を含む）を備え，工作物の取り付け替えなしに，多種類の加工を行う数値制御工作機械。機械の構造によって，主軸が水平の横形，垂直の立て形，門形構造のコラムをもつ門形のマシニングセンタなどがある。		
横形マシニングセンタ	マシニングセンタのうち，水平の主軸構造をもつマシニングセンタ。	X,Y,Z軸方向移動量　mm テーブル上面から主軸中心線までの距離　mm テーブル中心線から主軸端面までの距離　mm 作業面の大きさ　mm×mm 工作許容質量　kg 工具収納本数	呼び寸法320の場合 中心穴0.015 円筒度 基準面との直角度ϕ0.015 正方形 各側面の直角度　0.015 隣り合う側面間の基準面Bに対する直角度 向かい合う側面間の基準面Bに対する平行度 　　　　0.020 ひし形 各側面の直角度　0.015 基準面に対する75°の角度精度 円（円削り） 真円度　　　　　0.020 中心穴と円との同心度　　ϕ0.025 傾斜面 各面の真直度　　0.015 基準面Bに対する角度の精度　　0.020 四つの中ぐり穴 中心穴に対する穴の位置度 　　　　　　ϕ0.05 大きい穴の穴Dに対する小さい穴の同心度 　　　　　　ϕ0.02

付図　呼び寸法 320mm の輪郭加工用工作物

備考　固定用ボルト穴は，M16の六角穴付きボルトに対応している。

表 11-3　各種加工法による仕上げしろの目安
(JIS B 0712：69，JIS B 0711：76 より抜粋)

(a) 切削加工について

加工方法	仕上げしろ (mm)	仕上げしろに影響する事項	
^	^	固 有 事 項	共通事項
旋　削	0.1～0.5 (直径に対し)	(1) 端面および内面切削では，仕上げしろは小さめとする。 (2) 仕上げにヘールバイトを使用する場合は，特に 0.05～0.15 mm とする。 (3) 仕上げにダイヤモンドバイトを使用する場合は，特に 0.05～0.2 mm とする。	(1) 工作機械の剛性 (2) 切削工具の切れ味 (3) 切削工具の取付け剛性 (4) 被削材の材質 (5) 被削材の形状および寸法 (6) 被削材の取付け換え (7) 被削材の取付け剛性 (8) 寸法公差の等級 (9) 仕上げ面のあらさ (10) 切削速度 (11) 切削油剤
中ぐり	0.05～0.4 (直径に対し)	(1) 中ぐり棒が片持ちの場合は，切削抵抗によりたわむことがあるので，仕上げしろは小さめとする。 (2) 両端支持の場合は，(1)の場合より大きめにすることができる。 (3) 両刃を使用する場合には，0.1～0.15 mm とする。	^
フライス削り	0.1～0.3	(1) 仕上げにエンドミルを使用する場合は，0.05 mm とする場合もある。 (2) 上向き削りの場合は，切り始めにおいて切れ刃が上すべりし，所定の切り込みが得られないことがあるので注意を要する。 (3) 正面フライス削りの場合は，仕上げしろを大きめとする。	^
リーマ仕上げ	仕上げ穴径 mm / 仕上げしろ (直径に対し) をこえ｜以下 —｜10｜0.1～0.5 10｜20｜0.2～0.7 20｜—｜0.2～1.0	(1) 良い仕上面および精度を得るためには，小さめの仕上げしろで切削することがのぞましい。 (2) 鋳鉄および切りくずはけの良い軟金属の場合の仕上げしろは，鋼の場合よりも大きめにできる。 (3) 多みぞぎりや下リーマなどによる前加工を施すことにより，仕上げしろは，左の表の数値の約 1/2 程度にできる。 (4) 直径に比して長さが大きい穴の場合は，仕上げしろは大きめにとる。	^

このように，運動の組合せによりいろいろな工作機械が生まれる。これら工作機械に対して JIS B 0105：93 に名称に関する用語が定義され，そのほか各工作機械の検査法なども JIS 規格に規定している。

11.2. 旋盤

旋盤は工作機械の代表的機種の一つであり，主軸に取り付けた工作物を回転させ，(1)外丸削り，(2)中ぐり，(3)突切り，(4)正面削り，(5)ねじ切りなどの加工を行う（図 11-2）。

11章　工作機械各論

表 11-3　(b)　各研削加工について（前加工後焼入れ・焼もどしするもの）

(i) 円筒研削の例（直径当たり）

(単位 mm)

直径 D ＼ 端面からの距離 l	16以下	16を超え25以下	25を超え40以下	40を超え63以下	63を超え100以下	100を超え160以下	160を超え250以下	250を超え400以下
6を超え　10以下	0.2	0.2	0.2	0.3	0.5	—	—	—
10を超え　18以下	0.2	0.2	0.3	0.4	0.5	—	—	—
18を超え　30以下	0.2	0.3	0.3	0.3	0.4	0.6	—	—
30を超え　50以下	0.2	0.3	0.3	0.3	0.3	0.5	0.5	—
50を超え　80以下	0.3	0.3	0.3	0.3	0.4	0.5	0.6	0.6
80を超え120以下	0.3	0.3	0.3	0.3	0.3	0.5	0.5	0.5
120を超え180以下	0.3	0.3	0.3	0.3	0.3	0.3	0.5	0.5
180を超え250以下	0.3	0.3	0.3	0.3	0.3	0.3	0.4	0.4

備考　1. 前加工寸法の許容差は，次による。

　　研削しろ 0.2 mm 以下の場合±0.05 mm，0.3 mm 以上の場合±0.1 mm

　2. D は，研削面の直径の仕上げ基準寸法とする。l は，研削面が軸方向の中央にまたがるときは全長の 1/2 を l とし，その他の場合は，近い方の軸端から測った最大長さを l とする。

(ii) 平面研削の例

(単位 mm)

幅 W ＼ 長さ L	40以下	40を超え63以下	63を超え100以下	100を超え160以下	160を超え250以下	250を超え400以下	400を超え630以下	630を超え1000以下
20以下	0.3	0.3	0.4	0.4	0.5	0.5	—	—
20を超え　36以下	0.3	0.3	0.4	0.4	0.5	0.5	0.6	—
36を超え　60以下	0.4	0.4	0.4	0.4	0.5	0.5	0.6	0.7
60を超え100以下	—	—	—	—	—	—	—	—
100を超え160以下	—	—	—	0.5	0.5	0.5	0.6	0.7
160を超え240以下	—	—	—	—	0.6	0.6	0.6	0.7
240を超え360以下	—	—	—	—	0.7	0.7	0.7	0.8
360を超え500以下	—	—	—	—	—	0.8	0.8	0.8

備考　1. 前加工寸法の許容差は，次による。

　　研削しろ 0.2 mm の場合±0.05 mm，0.3 mm 以上の場合±0.1 mm

　2. W は，工作物の幅の基準寸法とする。L は，工作物の全長とする。

旋盤の大きさは加工できる最大の工作物の寸法で表し，種類は JIS B 0105：93 に規定するように，作業内容あるいは構造によりいろいろと分類している。

11.2.1.　普通旋盤　旋盤の構造は図 11-3 のように，ベッド，主軸および主軸台，往復台および送り機構から成る。普通旋盤の大きさは，ベッド上の振り，両センタ間の距離および往復台上の振りによって表す。また，能力に応じた主軸系，主軸駆動装置，速度変換装置，送り駆動装置などを備える。

(1) 主軸台　　主軸台は主軸と主軸受とから成る主軸系がある。主軸は一般

図 11-2 旋削加工の例

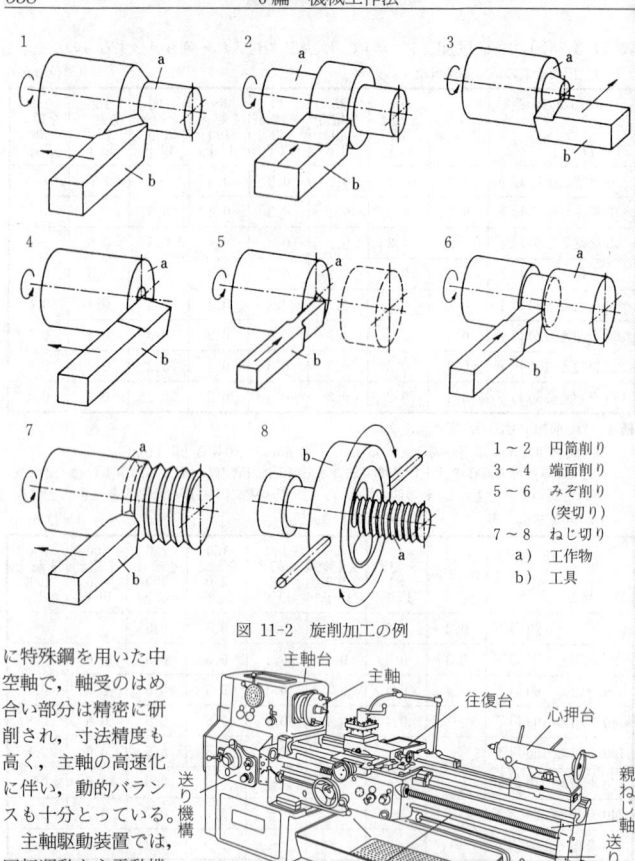

1～2 円筒削り
3～4 端面削り
5～6 みぞ削り（突切り）
7～8 ねじ切り
a) 工作物
b) 工具

図 11-3 普通旋盤の構造

に特殊鋼を用いた中空軸で，軸受のはめ合い部分は精密に研削され，寸法精度も高く，主軸の高速化に伴い，動的バランスも十分とっている。

主軸駆動装置では，回転運動を主電動機からクラッチを介して速度変換装置に伝え，必要な回転数に変換して主軸に伝えている。速度変換装置は加工条件を定める重要な装置であり，主軸の回転速度を無段階に変換できることが望ましい。NC旋盤ではサーボモータにより自由に変速できるようになっている。しかし，価格の点および変換効率の高さから，歯車による段階的変速装置が多く使用されるが，円滑な伝達が可能なベルトによる方式は，とくに振動を嫌うダイヤモンド精密旋盤によく利用される。

このほかに，旋盤は他の工作機械に比べて主軸の起動，停止，逆転などが多

いので，ブレーキを用いたものもある。

主軸受は，滑り軸受と転がり軸受とを，用途に応じて用いている。

(2) 心押台　センタ作業の場合，心押台センタで工作物をささえるほか，穴あけ作業にも用いる。その構造を図11-4に示す。心押軸はねじ軸により出し入れし，偏心カム方式によりクランプする。心押台も，偏心カム，ねじとナットなどにより固定する。また，中心線は微細調整装置により調節でき，テーパ削りに利用する。センタには，固定センタと回転センタ（図11-5）とがある。

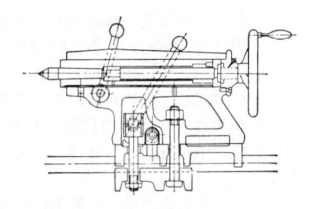

図 11-4　旋盤心押台

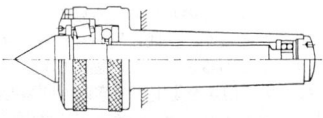

図 11-5　回転センタ

(3) 往復台およびエプロン

往復台はベッドの滑り面上を縦方向（主軸中心線と平行）に移動する。その上に旋回台をもつ横送り台が横方向（主軸中心線と直角方向）に移動し，これらの動きを組み合わせて所要の工作物を削り出す。これらの動きの方向を図11-6に示す。一般の切削送りには送り軸が，ねじ切りには位置決め機構をもつ親ねじ軸が使用される。バイト（刃物）を固定する刃物台にはいろいろな形式があり，ならい削りのための油圧ならい機構を装備した刃物台もある。NC旋盤では，送りにはボールねじおよびナットを用い，位置決め用センサにはエンコーダあるいはインダクトシンなどが用いられる。

エプロンには，往復台を動かすための装置がある。すなわち，(a)自動送り掛けはずし，(b)方向変換，(c)縦横送り選択，(d)ねじ切りなどの装置である。送りは，送り軸の回転はクラッチを用いて往復台に伝え，ねじ切り送りは親ねじに割りナットをかけてねじ送りを行う。

(4) 送りおよびねじ切り装置　往復台に送りを与えるのは送り軸である。送り軸に伝える回転運動は，主軸系から適当な変換歯車を介し，さらにノルト

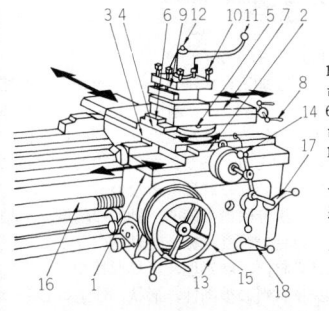

1. サドル　2. ありみぞ案内面　3. 横送り台　4. 旋回台　5. 4を固定するナット　6. 旋回台上面のありみぞ案内面　7. 複式刃物台　8. 7を動かすハンドル　9. 刃物台　10. バイト締付けボルト　11. 刃物台締付けレバー　12. 11のはまっているねじ　13. エプロン　14. 横手送り用ハンドル　15. 親手送り用ハンドル　16. 親ねじ　17. 半割りナット掛けはずしレバー　18. 自動送り掛けはずしレバー

図 11-6　往復台の構成要素と動き

ン機構といわれる歯車機構を介して伝えられる。

ねじ切りは，精密に作られた親ねじを用いた主軸の回転数に対して一定の精密な送りを与える。送り軸および工作主軸の回転数は，それぞれのピッチあるいはねじ山により求められ，換え歯車機構の各歯車を交換することにより求めることができる。正確な位置決めができる NC 旋盤により，ねじのピッチに合わせて主軸回転数，工具送りなど，適切な条件を求めてねじを切ることができる。

(5) ベッドおよび脚　旋盤のベッドは，十分な剛性をもつ構造で，しかも案内面は十分な耐摩耗性をもっていなければならない。

ベッドは，そのためにいろいろリブ（つなぎ骨）があるが，一般に用いられるのは，ジグザグ骨である。ベッド断面の構造は図11-7に示す。動きを規定する案内面間隔を狭くすることにより，ナローガイドの原則に基づく案内面が作られており，その構造を図11-8（10章図10-4も参照のこと）に示す。案内面を含むベッドの断面構造は，垂直荷重による曲がりのみならず，ねじれに対しても強くなるように設計されている。図11-7のベッドは二条案内面の形式で，ほかにも大型の旋盤の場合，三条，四条の案内面もある。

11.2.2. 旋削加工法　旋盤を用いて作業する工作法を旋削加工法という。

(1) 旋削作業　旋削作業を分類すると，

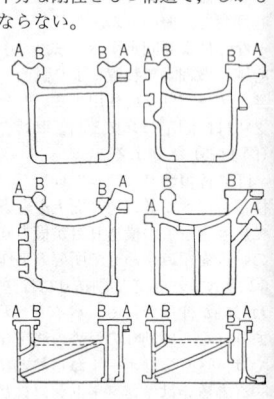

図 11-7　二条案内面の断面

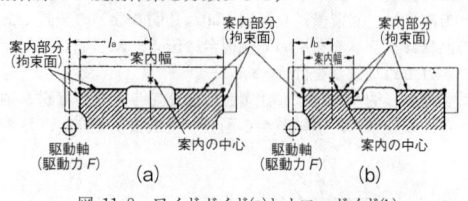

図 11-8　ワイドガイド(a)とナローガイド(b)

(a)荒削り加工，(b)中削り加工，(c)仕上げ削り加工に大別される。それぞれの加工条件については，表8-3 (612ページ) を参考にして適切な条件を決める必要がある。荒削り加工および中削り加工における寸法精度と仕上げ面粗さは，仕上げ削りの前の状態が重要であるという考え方があり，切削後の面の状態に作用すると思われる種々の要件について考慮しなければならない。すなわち

(a) 使用する工作機械に関するもの　工作機械の静的，動的な精度，主軸台，主軸，ベッドなどの剛性，歯車のかみ合い精度，据え付け精度など

(b) 工具用材料に関するもの　工具の材質，熱処理，工具形状など

(c) 工作物材料に関するもの　工具物材料の被削性，形状，仕上げしろなど

(d) 切削条件

などで，これらは互いに関連し合って仕上げ面が作られる。

(2) 作業用具

(a) 取付け具

旋盤作業の場合，取付け具によって被削物を安定した状態に取り付けなければならない。この場合，(i)主軸，心押軸の両センタでささえる方法，(ii)被削材の一端だけで取り付ける方法，(iii)被削材の主軸側を固定し，他端を心押軸センタで押すか，中間を振れ止めでささえる方法がある。工作物に設けるセンタ穴は，JIS B 1011：87に規定している。センタの種類を図11-9に示す。最近は，回転センタがよく用いられる。

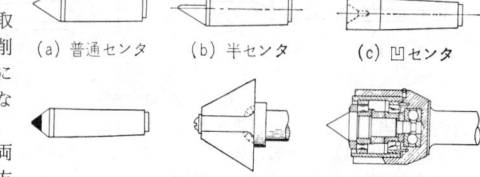

図 11-9 センタの種類
(a) 普通センタ (b) 半センタ (c) 凹センタ
(d) 超硬センタ (e) パイプセンタ (f) 回転センタ

工作物を保持するために，つめチャックおよびコレットチャックを主に使用する。つめチャックは，一般に手締めチャックであり，スクロールにより自動調心性をもつ3個のつめを同時に締める三つづめスクロールチャックおよび個々のつめを別々に動かし，異形物も取り付けられる四つづめ単動チャックを用いる。図11-10は，

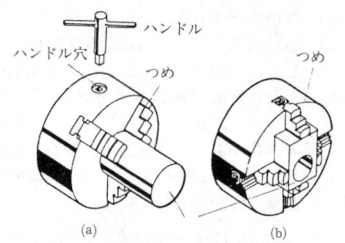

図 11-10 手締めチャック (a)三つづめスクロールチャック (b)四つづめ単動チャック

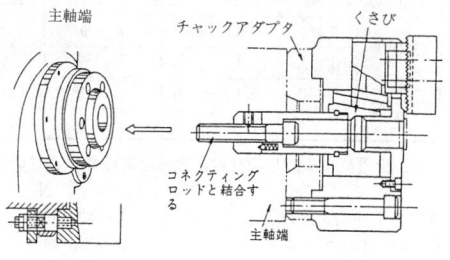

図 11-11 主軸系におけるインターフェースとしてのパワーチャック（ウェッジタイプ）

手締めチャックの例を示す。NC旋盤には，パワーチャックを用いる。パワーチャックは油圧により把握力を出す方式で，クランク式，レバー式，くさび（ウェッジ）式（図11-11）などがある。

コレットチャックは，工作物あるいは工具を把握するコレットと本体から成る（図11-12）。テーパコレットおよびストレートコレットがあり，把握部分には適当な割りが設けてあり，ばねの作用をする。それぞれ使い方が異なるの

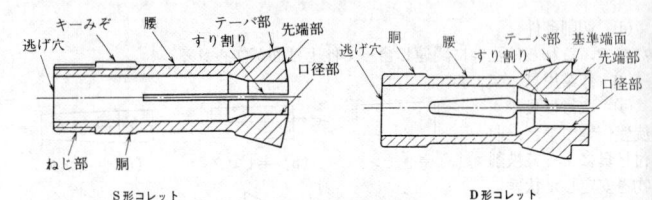

図 11-12 コレット

で,使用に当たり注意する必要がある。

そのほか,いろいろな形のチャックが考案されている。たとえば,ドリルチャックは JIS B 4634:98 に規定している。

(b) 測定工具　ものさし,ブロックゲージ,ノギス,マイクロメータ,コンパレータ,限界ゲージ,ダイヤルゲージなどが使用される(14章測定法参照)。

(3) 各種の作業方法

(a) ねじ切り作業　ねじ切り作業は,切削するねじに合わせて換え歯車をセットし,ねじ切りバイトにより切削加工を行う。数回の切込みが必要で,その目安となる数値を表 11-4 に示す。普通旋盤で切削できるねじの種類には,(i)メートルねじ,(ii)インチねじ,(iii)モジュールねじ,(iv)ダイヤメトラルピッチねじの4種類がある。各旋盤は,親ねじの種類および付属掛換え歯車の種類により,切削できる範囲が異なる。掛換え歯車の組合せは,それぞれの機械に付属した歯車表に記載されている。

表 11-4　切削回数の切込みの深さ(メートルねじの例)

ピッチ mm		1	2	3	4	5	6
山の高 mm		0.690	1.299	1.949	2.598	3.248	4.167
切削回数	荒削り	5	9	9	11	13	15
	仕上	4	4	5	5	6	6
一回ごとの切込みの深さ(mm)	荒削り	0.1	0.12	0.18	0.2	0.2	0.22
	仕上	0.05	0.08	0.1	0.12	0.14	0.14

NC旋盤によるねじ削りは,数値制御仕様にねじ切り作業の仕様が決められているので,その方法により処理すればよい。NC旋盤の工作物支持の主軸および刃物台送り軸の回転は,いずれもサーボモータによっているので,ねじ切りという NC 指令により動作することになる。

その他の方法として,ねじ切り装置(たとえば外径ねじにダイヘッドあるいはチェーザが,内径ねじにタッピングヘッド)を用いてねじ切りを行う。

ねじ切りバイトは,荒削りバイトと仕上げ削りバイトを別に用意し,前者はすくい角を大きく,切込みを大にして用い,後者はすくい角を0°として形状を正しく研磨する必要がある。バイトの取り付け

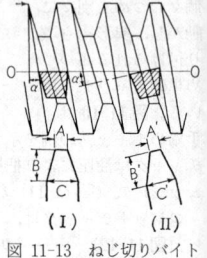

図 11-13　ねじ切りバイトの形状

には，センターゲージ，ねじ切りバイト検査器を用いる。

ピッチのあらいねじの切削は，横逃げ角が左右不同となり好ましくない。したがって，バイト上面をねじれ角 α に等しく傾斜させて成形するが，このときのバイトの形状は平面に投影させたときに正しいねじ形を示すように成形しなければならない（図 **11-13**）。

(b) こう配削り作業　こう配削りは，普通次の方法で行われる。

1）心押台の位置を横に移動して被削材の中心線を軸線に対して傾けて支持する方法（図 **11-14**）。

2）工具台が垂直軸を中心にして旋回できれば，上部工具台を主軸中心線に対して所定の角度に傾けてこう配削りを行う方法。

3）こう配削り装置による方法（図 **11-15**）。ならい削りの方法もある。

4）NC 装置を用いて傾斜削りを行うことができる。

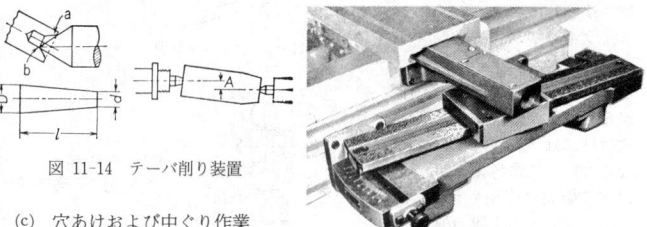

図 11-14　テーパ削り装置

図 11-15

(c) 穴あけおよび中ぐり作業　穴あけ作業は，心押軸穴にドリルを取り付けて加工するか，刃物台にホルダを取り付け，そこにドリルを取り付けて加工する。中ぐり作業は，一般に刃物台に中ぐりバイトを取り付けて加工する。

(d) 突切り作業　突切り作業はその特殊性から，幅の細い工具で加工するから，工具は弱く，また機械の剛性が直接作用するため，問題の多い切削加工である。突切り工具は，JIS B 4152：88 に規定してあり，先端の形状を図 **11-16** に示す。

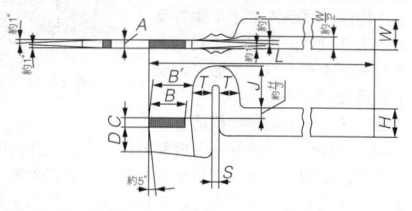

図 11-16　32 形ヘール突切りバイト（JIS B 4152：88）
（各寸法は上記の JIS による）

(4) 旋削加工条件　旋削加工における最適な切削条件を定めることは困難であり，いろいろな推奨値は目安にすぎないことを知って使用するべきである（612 ページ表 8-3 参照）。

11.2.3. タレット旋盤

タレット旋盤は，図 **11-17** に示すように，特殊な工具保持器を備え，精度の高い工作物の多量または中量生産に適している。

タレット旋盤は，工具保持器すなわちタレット頭の構造により，水平型（ラム型，サドル型など）およびドラム型に分類される。一般に，ラム型，サドル

普通旋盤と異なる特質は，

a) 工作物を完成するに必要な工具をすべて取り付け，工具を取りかえない。

b) 切削に当たり，あらかじめ工具の切削位置を決定しておき，メモリやパスは使用しない。

このため，同じ高精度の工作物が多量に生産できるが，工具の取付けには十分注意しなければならない。この考え方が，現代の NC 旋盤に応用されている。

型が多く用いられる。

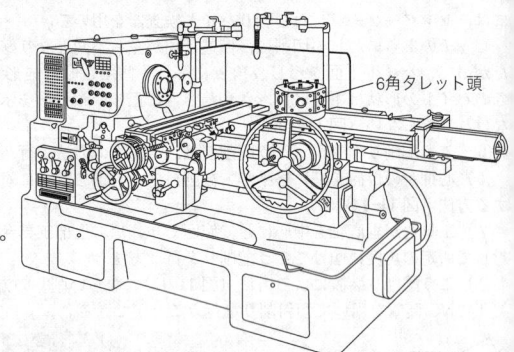

図 11-17 タレット旋盤

(1) タレット旋盤の種類

数本の工具を取り付けたタレット頭をのせたラムが移動するラム型タレット旋盤（図 11-17），タレット台が直接ベッドに沿って移動する大型のサドル型タレット旋盤，コラムに上下するラムを取り付け，水平面で回転するテーブルをもつ立て形タレット旋盤などがある。

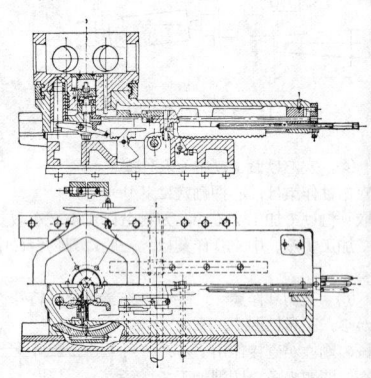

図 11-18 ラム形六角タレットの構造

(2) タレット旋盤の構造

(a) 主軸台　タレット旋盤の構造上，工作物の片持ちで加工することが多いので，主軸とチャックは十分な強さが必要である。また，主軸は普通旋盤の主軸に比較して，少し太く，主軸回転数の範囲が狭いが，いろいろの形状の工具を用いるため，速度交換が滑らかに行えるプリセレクタがよく用いられる。

チャックには連動チャックが多く用いられ，空気・油圧および電動チャックが多い。

(b) タレット台　タレット台は，図 11-18 に示すように，ラム形の場合，ラムの上に六角または丸形のタレット頭が付いている。6個の刃物を取り付けることができる。タレット頭の旋回（割り出し）は，1工程ごと1面ずつ自動的に割り出しするような機構になっている。

(c) 補助往復台　簡単なラム形タレット旋盤の場合，手送りによる突切り

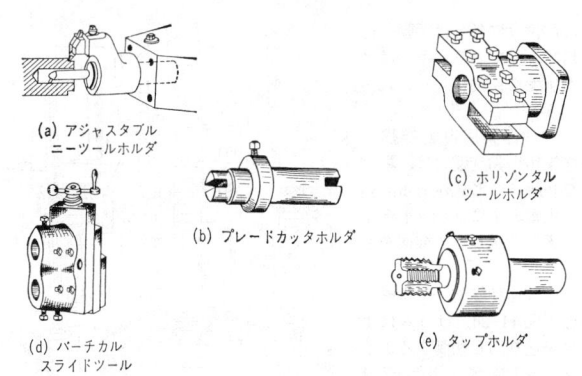

(a) アジャスタブル
　ニーツールホルダ

(b) ブレードカッタホルダ

(c) ホリゾンタル
　ツールホルダ

(d) バーチカル
　スライドツール

(e) タップホルダ

図 11-19　タレット頭の工具保持器

作業などに用いる補助往復台が付いている。

(3) タレット旋削作業　タレット旋削作業は，棒材作業とチャック作業の二つに分類される。いずれもタレット頭に多くの刃物を取り付け，能率よく作業できる。

タレット頭に工具を取り付ける保持器には，図 **11-19** のようにいろいろな種類がある。これらの工具を用いて，一般の旋削作業の，外丸削り，穴あけ，中ぐり，リーマ通し，ねじ切りなどの作業を組み合わせて行うことができる。

11.2.4. 自動旋盤　　自動旋盤は，センタ作業によって行われる半自動旋盤と，すべての動作を自動化した自動旋盤とがある。ここでは，チャック作業，バー作業を中心にした自動旋盤を取り上げる。また，主軸の本数によって，単軸自動旋盤と多軸自動旋盤とに区別される。

(1) チャック作業用自動旋盤　　チャックに素材を固定して自動的に加工し，

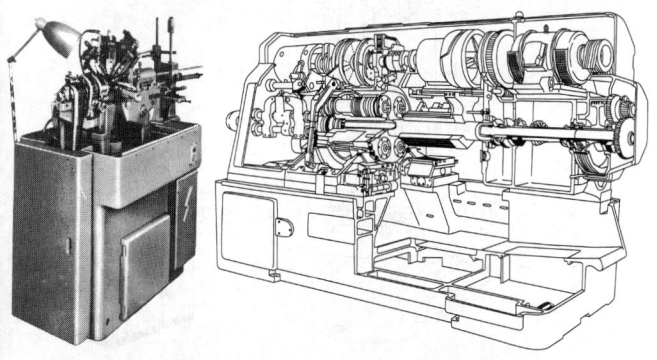

図 11-20　単軸自動旋盤

図 11-21　多軸自動旋盤

素材の取付け取外しは手動で行う半自動旋盤であり、多くはタレット旋盤を自動化した形式が多い。

(2) バー作業用自動旋盤
バー作業用自動旋盤には、単軸および多軸の2形式がある。いずれも主軸の中にコレットチャックと素材を送り出す機構をもつ。

(a) 単軸自動旋盤　単軸自動旋盤（図11-20）はカムにより工具を送り出し切削するように、タレット旋盤の当該の部分をカムによって自動化したものが多い。

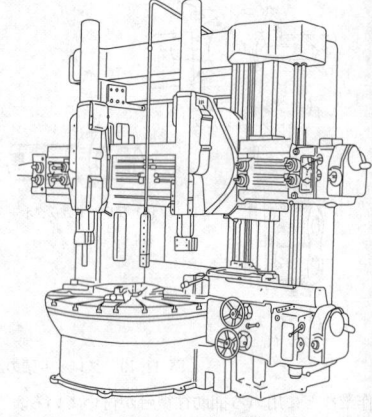

(b) 多軸自動旋盤　多軸自動旋盤（図11-21）は、1軸で1回または数回の加工を行い、軸全体が1回転すると製品が完成するようになっている。チャック作業に棒材の自動供給装置を加えた方式が多い。

図 11-22　立て旋盤

11.2.5. 立て旋盤（図11-22）　重量のある回転形状部品の切削に用いる。この目的のために、テーブルは強く、ベッド上面の広い受圧面とテーブル中心軸とによって案内され回転する。

立てタレット旋盤（図11-23）は、基本的には立て旋盤と同じであるが、往

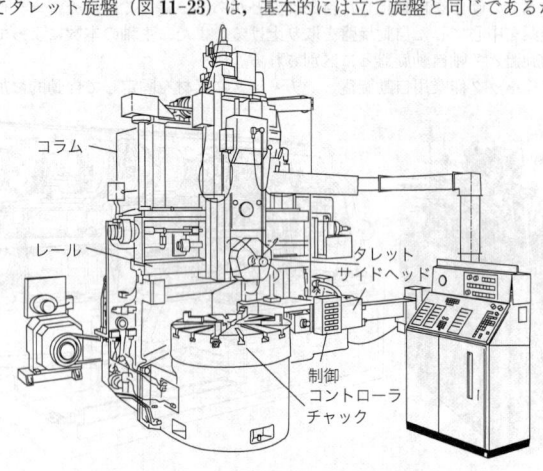

図 11-23　立てタレット旋盤

復台にタレット台を備え，より生産的である。タレット台はラム形四角または五角タレットが普通である。この機種はタレット旋盤と立て旋盤の長所を兼ね備え，大物の加工に有効である。これらの機械の大きさは，振り，テーブルの直径などで示す。

11.2.6. その他の在来形の旋盤

(1) 卓上旋盤　作業台上に据え付けて使用する小形の普通旋盤を総称する。

(2) ならい旋盤　型板にならって刃物台が自動的に切込みおよび送り運動を行い，型板と相似の輪郭を削り出す旋盤と定義される。この旋盤は，同一の形式のものを多量に削り出す場合，非常に能率的であり，普通旋盤にならい装置を取り付けてこの種の作業を行わす場合もある。自動ならい装置には，油圧式（図 11-24），空気圧式，電気式，電気油圧式などがある。

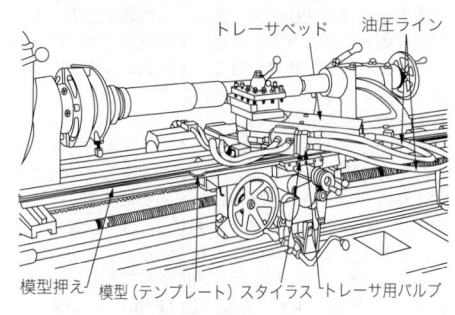

図 11-24　自動ならい旋盤のならい部

(3) ダイヤモンド旋盤　主にダイヤモンド工具またはラップされた切刃をもつ超硬工具を用いて，仕上げ面の良好な切削を行うための旋盤である。そのため機械の各部は振動のないよう入念な工作を施す必要がある。

(4) 工具旋盤　主として，刃物または工具の加工に使用する精度の高い旋盤である。構造は普通旋盤と同じである。

(5) 二番取旋盤　総形フライス，ホブなどの工具の二番取りに用い，刃物台がカムやリンクにより往復運動する旋盤である。

(6) 正面旋盤　小形の正面旋盤は，普通旋盤のベッドを短くして心押台を除いたもので，一般には丈夫な主軸台に大きな面板を備え，往復台は，主軸中心線と直角に長い案内面をもつベッドの上にある。直径の大きな工作物の加工に用いられる。

(7) 車輪旋盤　鉄道車両用の車輪を軸心に合わせて切削する旋盤。

(8) 親ねじ旋盤　工作機械のねじ切り用親ねじを切削するために用いる。

(9) カム軸旋盤　カム軸を切削するために用いる旋盤。

(10) 多刃旋盤　刃物台上に取り付けられた全部またはいくつかの刃物が同時に切削を行う旋盤。

11.3. ボール盤

ボール盤は，工作機械の中で代表的な機種の一つであり，各種の工作物に主としてドリルを用いて穴あけ加工を施す工作機械である。ドリルは主軸とともに回転し，軸方向に送られる。

11.3.1. 卓上ボール盤
作業台上に据え付けて使用するもので,極めて小さいボール盤。

11.3.2. 直立ボール盤(図11-25)
直立ボール盤はその名のとおり,主軸が垂直になっている立て形のボール盤であり,コラム,主軸頭,ベース,テーブルおよび主軸駆動装置から成る。

主軸頭をささえる直立したコラムの上部に主軸駆動装置および速度変換装置を備え,主軸頭を上下(テーブルは固定)させるとともに,主軸自身も上下に送ることにより穴あけ作業を行う。主軸端にコッタ穴つきテーパ穴があり,ドリルを直接あるいはソケットを介してその穴に取り付ける。

工作物は,水平方向に動かせるテーブル上に取り付け,穴の位置を合わせてテーブルを固定して,穴あけ加工を行う。このテーブルには,円形と角形の2種類があり,いずれもコラムを中心にして回転でき,しかも上下に助かすこともできる。したがって比較的小形の工作物を扱うのに便利である。

図 11-25 直立ボール盤

11.3.3. ラジアルボール盤(図11-26)
剛性の高いベース上に直立するコラムがあり,これに沿って上下して旋回する腕を取り付け,腕の上に水平に移動できる主軸頭がある構造のボール盤で,コラム,腕,主軸頭およびベースから成る。したがって,作業範囲は非常に広く,転がり軸受の採用により動きやすくなり,作業能率は高い。ベースあるいはテーブルベッド上に工作物を固定し,主軸頭を自由に移動させて軸中心を穴の中心に合わせられるので,比較的大きな工作物の加工に適している。

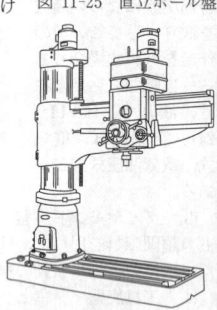

図 11-26 ラジアルボール盤

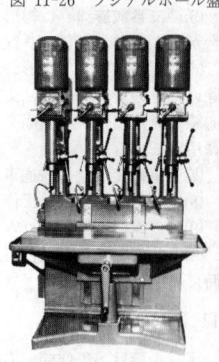

11.3.4. 多軸ボール盤
一つの機械に多数の主軸があり,同時に多くの穴あけができ,非常に能率的である。この種のボール盤は専用機としてよく使用される。

11.3.5. その他のボール盤
同じ性能をもつ直立ボール盤の主軸部分を一つの台に並べて取り付けた多頭ボール盤(図11-27),比較的深い穴をあける深穴ボール盤などがある。

11.3.6. 穴加工法
穴加工は一般に能率の悪い加工とされている。したがって,最も能率良く加工できるようにドリルを設計し,ドリルの寿命を知っておく必要がある。

各種材料に対する高速度鋼ドリルの標準的な削

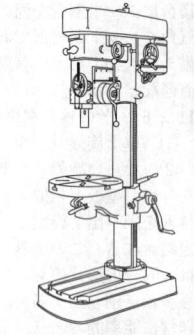

図 11-27 多頭形直立ボール盤

表 11-5 高速度鋼ドリルの作業条件（V：切削速度 m/s, f：送り mm/rev）

ドリルの直径 mm	鋼 $\sigma_B \geq 500$ MPa V	f	鋼 $\sigma_B \geq 500 \sim 700$ MPa V	f	鋼 $\sigma_B \geq 700 \sim 900$ MPa V	f	鋼 $\sigma_B \geq 900 \sim 1100$ MPa V	f
2〜5	0.3〜0.4	0.1	0.3〜0.4	0.1	0.25〜0.3	0.05	0.2	0.05
6〜11	0.3〜0.4	0.2	0.3〜0.4	0.2	0.25〜0.3	0.1	0.2	0.1
12〜18	0.5〜0.6	0.25	0.3〜0.4	0.25	0.3〜0.4	0.2	0.2〜0.3	0.15
19〜25	0.5〜0.6	0.3	0.4〜0.5	0.3	0.3〜0.4	0.3	0.25〜0.3	0.2
26〜50	0.4〜0.5	0.4	0.4	0.4	0.25〜0.3	0.35	0.2〜0.25	0.3

ドリルの直径 mm	鋳鉄 $\sigma_B = 120 \sim 180$ MPa V	f	鋳鉄 $\sigma_B = 180 \sim 300$ MPa V	f	黄銅，青銅（軟） V	f	青銅（硬） V	f
2〜5	0.4〜0.5	0.1	0.2〜0.3	0.1		0.05		0.05
6〜11	0.5〜0.7	0.2	0.2〜0.3	0.15		0.15		0.1
12〜18	0.4〜0.5	0.35	0.3	0.2	≦0.8	0.3	≦0.6	0.2
19〜25	0.3	0.6	0.3	0.3		0.45		0.35
26〜50	0.3	1.0	0.3	0.3		―		―

り速度と送りを表 11-5 に示す。ドリルの刃先形状も加工する材料によって適当に定めねばならない。

リーマ加工は，ドリル加工後の穴を仕上げる重要な作業で，穴の寸法精度を高めるための加工法である。作業条件は表 9-11（624 ページ）に示す。

11.4. 中ぐり盤

主として中ぐりバイトを使用して，工作物に中ぐり加工を施す工作機械で，バイトは主軸とともに回転し，工作物またはバイトに送り運動を与える。なお，面削りおよびフライス削りを行うことができる。中ぐり盤の大きさは，JIS B 0105：93 に規定している。

11.4.1. 横中ぐり盤（図 11-28）

横中ぐり盤は主軸が水平の中ぐり盤を称し，コラム，主軸頭，ベッド，サドル，テーブルおよび中ぐり棒ささえから成る。また，サドルおよびテーブルがないものもある。構造的に，テーブル形，床上形およびプレーナ形がある。

(1) テーブル形　ベッドに固定したコラムの側面を上下に移動する主軸頭をもち，ベッド上を水平に移動するサドルの上に工作物を取り付けるテーブルを載せた構造である（図 11-28 参照）。テーブルを越えたベッドの反対側に中ぐり棒ささえの副コラムをもつ。主軸先端には，ドリル，フライス，中ぐりなどの工具を取り付けることができ，多様な加工を可能にする。

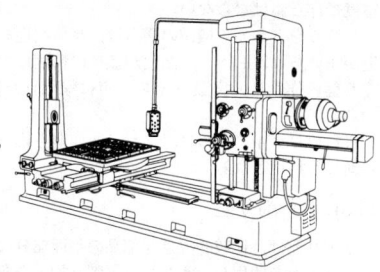

図 11-28 テーブル形中ぐり盤

(2) 床上形　工作物が大きく，テーブルには載らないものを扱う場合に用いる。

ベッド上あるいは所定の位置に固定された工作物に対し，ベッド上を左右方向に移動するコラム側面に，上下方向に移動する主軸頭サドルを備えた構造である。主軸頭に前後方向に動く主軸を備えている。加工に必要なすべての動きをコラム側に装備させた構造の横中ぐり盤である。

(3) プレーナ形　主軸に対して直角方向に大きな行程をもつテーブルを備えた横中ぐり盤である。

11.4.2. 精密中ぐり盤　ダイヤモンドあるいは超硬合金バイトを用いて，円筒内面を小さい切込みおよび送りで高精度高速中ぐり加工を行う中ぐり盤を称し，立て形と横形とがある。一般には立て形が多く用いられ，シリンダ，軸受ブシュ，ライナーなどの仕上げによく利用される。

11.4.3. ジグ中ぐり盤 (図 11-29)
穴の仕上げ精度と同時に穴の関係位置を極めて高い精度で作らねばならない工作物，たとえば，工作ジグのようなものの穴あけまたは中ぐりに使用する中ぐり盤で，主軸に取り付けた工具の位置と工作物の加工位置を高精度に位置決めする装置を備えている。

位置決めを正確に行うために，(a)ピッチ補正装置付き親ねじ，(b)標準バーゲージとダイヤルゲージまたは電気測微計，(c)光学的標準尺，(d)レーザ測長器などを用いる。これらの位置決め精度は，$2\mu m$ 以下である。したがって，主軸をはじめとする構造部材は，この精度に見合う高精度で作らねばならない。

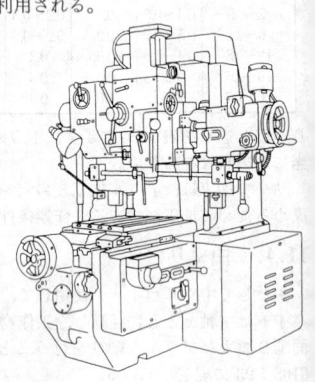

図 11-29 ジグ中ぐり盤 (門形)

これらをささえる機械の構造は，高い剛性を必要とする。一般には門形の構造が用いられ，しかも，温度が機械の精度に大きな影響を及ぼすので，ジグ中ぐり盤の作業は，室温 20°C に一定に保たれた恒温室の中で行われるのが普通である。

最近のジグ中ぐり盤は，フライス作業も行うことができるので，精密部品の生産にも利用される。

11.5. 平削り盤

平削り盤は，比較的大きな部品の平面部分の切削加工に用いる。各種の工作物にバイトを使用し，主として平削り加工を施す機械をいい，工作物はテーブル上に取り付けて水平往復運動を行い，バイトは工作物の運動方向と直角方向に間けつ的に送られて平面削りを行う。

最近は，高い面精度を出し，能率良く加工するために，高速重切削，自動化などによる生産性の向上を図り，しかも機械各部は高い精度と同時に，剛性を

あげるようになっている。

平削り盤は、コラムの形状から門形と片持ち形の2種類があり、それぞれテーブルの大きさ、切削できる最大幅および最大高により機械の大きさを表す（表11-2参照）。

11.5.1. 門形平削り盤（図11-30）

門形平削り盤はその名のように、コラムがベッドの両側に立ち、トップビームとともに門形になった構造で、コラム前面には上下に動くことのできるクロスビームをもち、その上に左右に動く刃物台が1個または2個付いている。コラム側面には横刃物台を設け、工作物の側面削りを行う。

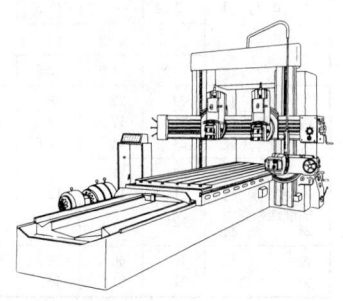

テーブルはベッドの案内面によって往復運動をする。この運動は古くはベルト式のものがあったが、最近では、ワードレオナード方式による直結電動機による方法が多く用いられている。また、油圧機構を用いたテーブル駆動装置もある。いずれの方法でも、テーブル運動は、切削運動と戻り運動とから成り、戻り運動は早戻り運動をする。また、往復両方向ともに切削運動を行う方式のものもある。刃物台は、戻り運動中には刃物が工作物に当たら

図 11-30 門形平削り盤

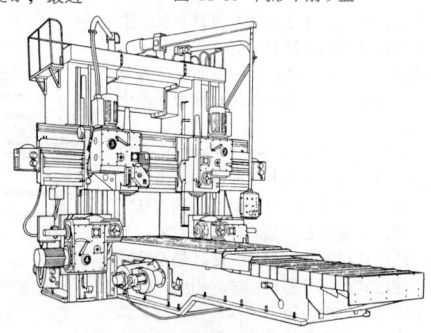

図 11-31 プラノミラー

ないように、そして刃先が摩耗しないように刃先を持ち上げる機構をもつ。

この門形平削り盤の工具台に、フライス頭を取り付けることで、加工能力はさらに大きくなる。この機械をプラノミラー（図11-31）という。

11.5.2. 片持ち平削り盤

コラムがベッドの片側に立ち、クロスレールが片持ちになった構造の平削り盤である。したがって、構造上弱くなるが、大きな工作物が加工でき、作業者の工作物に対する作業が容易になるなどの利点がある。

11.5.3. 平削り加工

平削り加工の切削条件の目安を表11-6に示す。

11.6. 形削り盤および立て削り盤

11.6.1. 形削り盤

形削り盤は各種の工作物にバイトを使用し、主として小さな面の平削り加工を行う機械で、バイトはラムに取り付けられて往復運動

表 11-6 切削条件の目安

工作材料	高速度鋼バイト				超硬合金バイト			
	切 込 み mm							
	3.2	6.5	12.5	25	1.6	5.0	9.5	19
	送 り mm/rev							
	0.8	1.6	2.5	3.2	0.8	0.8	1.6	1.6
鋳鉄 軟	29	23	18	15	92	73	59	50
鋳鉄 中	21	17	14	11	73	59	49	40
鋳鉄 硬	24	11	7.6	—	50	40	32	—
快削鋼	27	21	17	12	107	82	64	47
一般鋼材	21	17	12	9.2	92	69	53	—
切削性の悪い鋼材	12	9.2	7.6	—	66	49	38	31
青銅	46	46	38	—	*	*	*	*
アルミニウム	61	61	46	—	*	*	*	*

＊印はテーブルの最高速度とする。

をし，テーブル上に取り付けられた工作物は横方向に間けつ的に送られる。機械は，フレーム，テーブル，ラムなどから成り，ラムは水平に往復運動する。

工作物の送りは一般にテーブルを用いて行う。切削送りはラムの往復運動によって行うが，クランクと細窓リンク式，ラックと小歯車によるものおよび油圧式がある。図 11-32 は最も普通の油圧式形削り盤を示す。円盤上のクランクピンの位置，すなわちクランク半径の大きさを変えることによって行程が調節できる。戻り行程には早戻り機構が用意される。

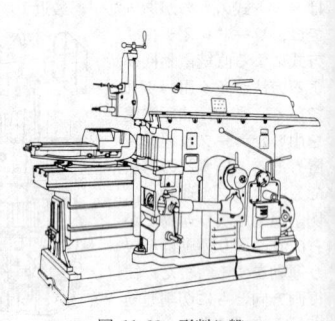

図 11-32 形削り盤

11.6.2. 立て削り盤（図 11-33）

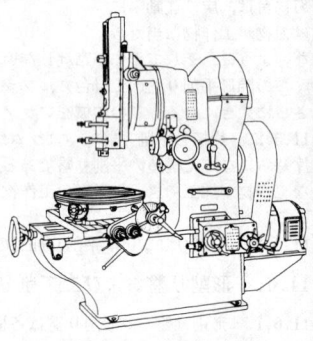

立て削り盤は，各種の工作物にバイトを用いて，主として垂直方向にみぞ削り加工を施す工作機械で，垂直運動を行うラムにバイトを取り付け，工作物は水平方向に送られる。立て削り盤は，コラム，ラム，ベッドおよび円テーブルから成り，ラムが垂直方向に往復運動する構造である。

機械の大きさは，行程，テーブルの大きさ，テーブルの移動距離および円

図 11-33 立て削り盤

テーブルの直径で定める。

ラムは,一般にクランクと早戻り機構によるものが多い(5編10章10.5.参照)。テーブルには,左右,前後の両方向送りと回転運動を与えることができる。

11.7. フライス盤

フライス盤は,各種の工作物に,主としてフライスを用いて平面削り,みぞ削りなどの加工を施す工作機械で,フライスは主軸とともに回転し,工作物には送り運動を与える。

フライス盤は,いろいろな種類の切削工具(621ページ,図9-4参照)を用いて,平面削り,不規則・複雑な面の切削,ねじ・歯車などの切削もできる万能な工作機械であり,形削り盤,立て削り盤,平削り盤の領域に食い込むようになっている。しかも,フライス盤の高速化,高馬力化が進み,超硬フライス工具を用いるようになって利用範囲はさらに広くなってきた。フライス盤の種類と大きさはJIS B 0105：93による。

11.7.1. 横フライス盤(図11-34) 主軸が水平のフライス盤で,コラム,ニー,テーブル,オーバアームから成る。コラム内部に組み込まれた電動機から主軸変速部を介してオーバアームにささえられた主軸に回転が伝わる。コラム前面の滑り面上をニーが上下して垂直方向の運動を行う。ニーの代わりに,ベッド構造になったベッド形横フライス盤(図11-35)があり,生産フライス盤として用いられる。

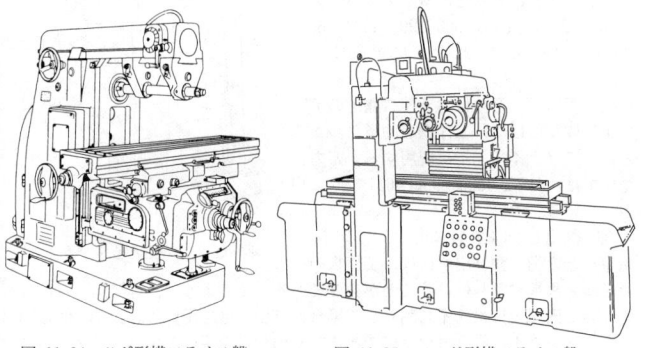

図 11-34 ひざ形横フライス盤　　図 11-35 ベッド形横フライス盤

11.7.2. 万能フライス盤 万能フライス盤は,テーブルが水平面内で旋回できる横フライス盤であり,二重旋回できる主軸頭をもつ機種もある(図11-36)。テーブル上に割出し台や心押台を取り付けて使用することにより,工作物を任意の角度に分割して割出しを行い,一定の回転角度を必要とする,いろいろな種類の工具類,歯車などの切削を行うことができる。

11.7.3. 立てフライス盤(図11-37) 立てフライス盤は,主軸が垂直のフライス盤で,コラム,ニーおよびテーブルから成る。なお,旋回または上下移

動のできる主軸頭をもつ機種もある。主軸に正面フライス，エンドミルを取り付けて，平面削りや，みぞ削り・側面輪郭削りなどを行い，金型加工によく利用される。

11.7.4. 特殊フライス盤　上記のほかに特殊な用途に用いられる。工具フライス盤，形彫り盤，ねじフライス盤，スプラインフライス盤，カムフライス盤などがある。

ならい装置を取り付けたならいフライス盤，数値制御装置を付けた数値制御（NC）フライス盤などもある。

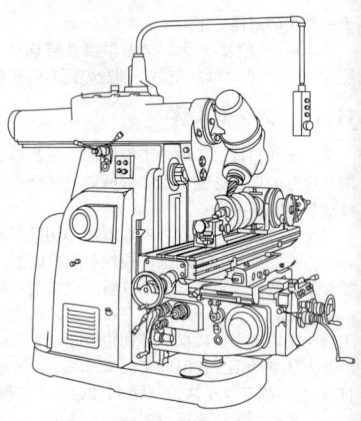

11.7.5. フライス盤用の付属品および取付具

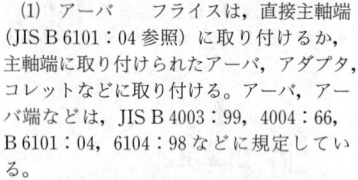

(1) アーバ　フライスは，直接主軸端（JIS B 6101 : 04 参照）に取り付けるか，主軸端に取り付けられたアーバ，アダプタ，コレットなどに取り付ける。アーバ，アーバ端などは，JIS B 4003 : 99，4004 : 66，B 6101 : 04，6104 : 98 などに規定している。

図 11-36　万能フライス盤（旋回主軸頭付き）

(2) 万力　万力はフライス盤上のテーブルに取り付けて，工作物を簡単につかみ固定してフライス加工に使用する。万力については，JIS B 4620 : 95，4621 : 95 に規定している。

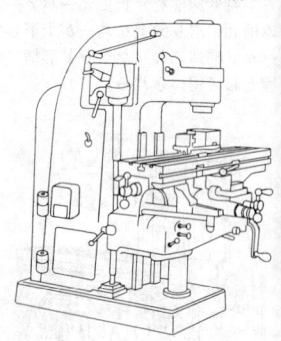

(3) 割出し台（図**11-38**）　フライス，歯車などの歯を割り出すには，工作物の円

図 11-37　ひざ形立てフライス盤

周を所要歯数に割り付けることが必要である。このように，等間隔あるいは不等間隔で円周上にフライス削りする場合に割出し台を用いる。図**11-39**は割出し台をテーブルに取り付けた例である。割出し台を用いる場合，ウォームおよびウォームホィールの歯数あるいは組み合わせた歯数により，割出しのための分割を考える必要がある。一般には表示されている。

このほかに，光学式割出し台もある。

(4) 円テーブル　工作物の回転運動が必要なとき，円テーブルを用いる。テーブル上に取り付け，手動あるいは送り軸により回転する。したがって，円周削り，円板の割出し加工，小物の連続削り，カム，ウォームホィール，扇形のみぞ入れなどに利用できる。

11.7.6. ねじれフライス作業　テーブルから歯車列を経て割出し台の主軸

図 11-38　割出し台

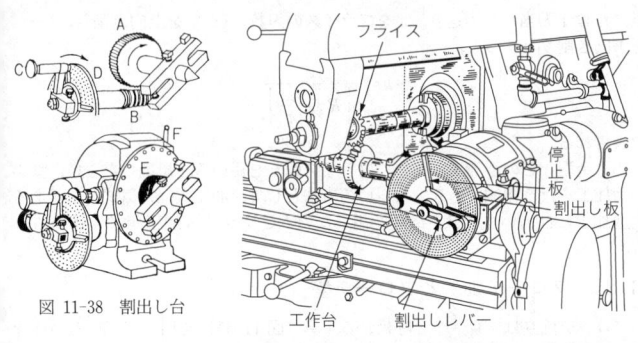

図 11-39　割出し台により歯車を割出して切削している例

に回転を伝え、テーブルの進みに対してわずかずつ回転させて、ねじれフライス、ドリルのみぞ、はす歯歯車の切削を行う。この場合、万能フライス盤を用い、テーブルには、次式で示されるねじれ角 α に相当する傾斜を与えておかねばならない。

$$\tan \alpha = \frac{\pi D}{L}$$

D は工作物の直径または歯車のピッチ円の径、L はリードである。

11.7.7. フライス加工

(1) 切削速度 v(m/s)、送り f(mm/min) は次のようにして求める。

$$v = \frac{\pi D n}{1000 \times 60} \qquad f = n f_r = z n f_t$$

ここに、D はフライスの直径 (mm)、n はフライスの回転数 (min^{-1})、f_r は1回転送り (mm)、z は刃数、f_t は1刃当たりの送り (mm/1刃) である。なお、正面フライス加工の切削条件は表 9-8（622 ページ）を参照のこと。

(2) フライス削りには、フライスの回転方向とテーブルの送り方向とにより、図 11-40 のように、刃先が工作物に薄く切り込み厚く出る上向き削りと、厚く切り込み薄く出る下向き削りがある。上向き削りはよく用いられるが、フライスの摩耗（寿命）、工作物の取付け、表面粗さ、動力などの点で下向き削りが有利である。しかし、反面工作機械にガタなどの不良（とくに送りねじのバックラッシ）があるときに問題があるので、機械の剛性を高める必要がある。このため、バックラッシ除去装置を用いることもある。

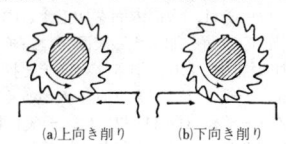

図 11-40　フライスの回転と送り方向の関係

最近のフライス盤は高剛性化が図られ、上向きおよび下向きのいずれの削り方にも十分対応できるようになっている。

(3) フライス削りによる表面粗さは、h を刃跡の高さ、R をフライスの半

径，f_t は1刃当たりの送り，z をフライスの刃数，(+) を上向き削り，(−) を下向き削りとすると，

$$h=\frac{f_t{}^2}{8\left[R\pm\dfrac{f_t z}{\pi}\right]}$$

で表される。

(4) 金型などの加工にならいフライス削りを用いる。母型にならい，型の自動加工を行う機械であり，ならいの方法として，油圧式，電気式などがある。金型加工には，いまでは，母型を用いない NC フライス加工が多く用いられる。

11.8. ブローチ加工とブローチ盤

ブローチ削りはブローチと呼ばれる工具（図 **11-41**）を用いて，いろいろな形の部品を能率良く互換性をもたせて加工する方法である。ブローチは，1本の工具により，荒削りから仕上げ削りまでのすべての切削行程を完了させる生産性の高い加工法であり，いろいろな分野で利用している。ブローチ加工の特性は，(1)種々の形状に対してすべての切削工程が1回の行程で完了する。(2)ブローチの耐久寿命が長いから高精度で等しい製品が得られる。(3)良好な仕上げ，

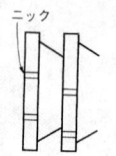

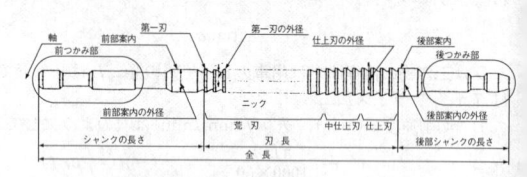

図 11-41 ブローチの名称

高能率でしかも互換性のある部品，複雑な形状の部品を生産できる。(4)良好な表面仕上げ加工が可能である。

ブローチは，穴の内面を加工する内面ブローチと工作物の表面を加工する表面ブローチがある。また，運動の種類により，引きブローチと押しブローチがある。一般には，引きブローチが多く用いられる。

ブローチ盤（図 **11-42**）は，一般に横型と立て型に大別され，それぞれ引抜き，押抜きおよび連続式に区別される。

11.9. 歯切り盤

11.9.1. 歯切り法　平歯車およびはす歯車の歯切り法には，ホブ，ピニオンカッタおよびラックカッタを用いる創成法と，シングルカッタ（フライスカッタ）による成形法とがある。現在は，ほとん

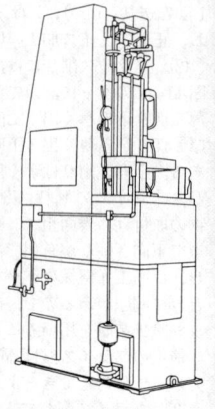

図 11-42 内面ブローチ盤

ど創成法による加工が行われている。

(1) ホブによる創成歯切り法　歯形には使用目的により，(a)インボリュート歯形，(b)サイクロイド歯形，(c)円弧歯形，(d)その他の二次曲線歯形などを用いる。一般には，特殊な用途を除いてインボリュート歯形を用いる。

インボリュート歯形を切削するホブの基準歯形を図 11-43 に，また，図中の重要な要素の値を表 11-7 に示す。

ホブの外径，長さなどの寸法は JIS B 4354：98，精度は JIS B 4355：98 に規定している。形状・寸法の一部を表 11-8 に示す。

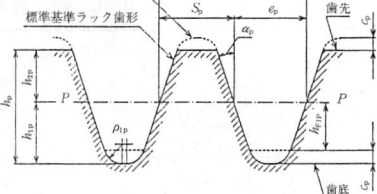

図 11-43　標準基準ラック歯形および相手標準基準ラック歯形

表 11-7　基準ラック歯形の形式

項目	基準ラック歯形のタイプ			
	A 形	B 形	C 形	D 形
α_p	20°	20°	20°	20°
h_{ap}	$1.00m$	$1.00m$	$1.00m$	$1.00m$
c_p	$0.25m$	$0.25m$	$0.25m$	$0.40m$
h_{fp}	$1.25m$	$1.25m$	$1.25m$	$1.40m$
ρ_{fp}	$0.38m$	$0.30m$	$0.25m$	$0.39m$

(2) ピニオンカッタによる創成歯切り法　この方法は，カッタに往復運動を与えることがホブによる方法と異なる。もっぱら内歯車や段付き歯車などの歯切りに用いる。

A 形：標準歯形（高トルク）
B 形，C 形：基準歯形
D 形：高精度歯形（研削，シェービング仕上げ）

ピニオンカッタの寸法を表 11-9 (JIS B 4356：96) に示す。

インボリュート歯車切削用ピニオンカッタは，正しいインボリュート歯形を切るためには修正しなければならない。すなわち図 11-44 のようにピニオンカッタの逃げ角 δ は，とぎ直しも考えて，

$$\tan \delta = \cot \alpha \cdot \tan \beta$$

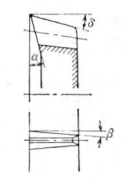

図 11-44　ピニオンカッタの逃げ角

の関係をもたねばならない。いま α（圧力角）$=20°$，$\beta=2°$ とすれば，$\delta=5°29'$ になる。

ピニオンカッタの精度の一部を表 11-10 に示す。

(3) ラックカッタによる創成歯切り法　カッタに往復運動を与えて歯車を創成する方法で，ラックカッタを使用する機械は歯車形削り盤と呼ばれる。

(4) ウォームの切削　これには旋盤による方法とウォームフライス盤による方法の 2 種に大別される。図 11-45 は旋盤による方法を示している。①は直線の切刃をもったバイトで切削し，ねじウォームと呼ばれる。②，③および④で

表 11-8　J形歯車用ホブの形状および寸法
（JIS B 4356：96から抜粋）

(単位 mm)

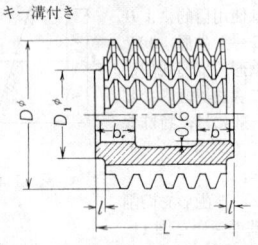

モジュール m			外径 D	全長		穴径 d		ボス長さ l_1	溝数 N	参考	
系列				L	L_0	A式	B式			ボス径 d_1	軸受部長さ b
1	2	3									
1			50	50	65	22	22.225	4	12	34	12
1.25											
1.5			55	55	70					36	14
	1.75										
2			60	60	75				10	38	15
	2.25										
2.5			65	65	80						16
	2.75										
3			70	70	85	27	26.988			42	18
		3.25									
	3.5		75	75	90					45	20
		3.75	80								
4				85	80	95				50	
	4.5		90	85	100						22
5			95	90	105						

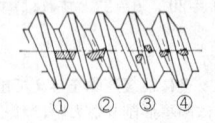

図 11-45　バイトによるウォームの旋盤

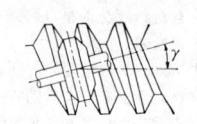

図 11-46　ウォームフライス盤によるウォームの切削

表 11-9 ピニオンカッタ(ディスク形)規格 (JIS B 4356：96 より抜粋)

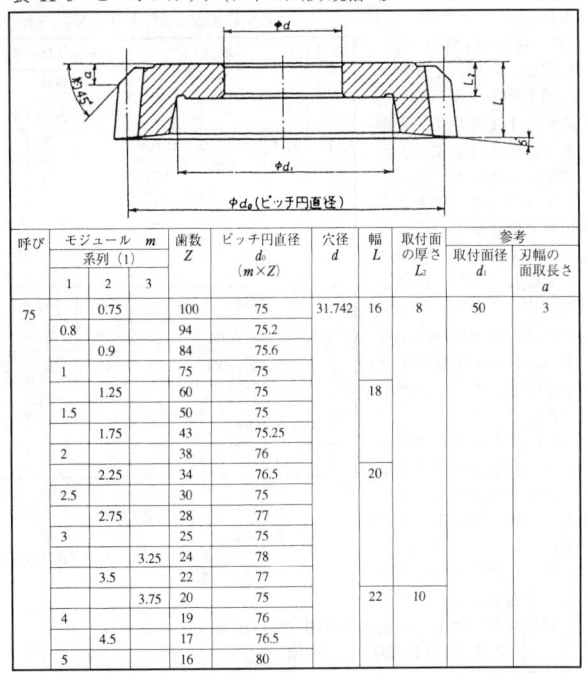

| 呼び | モジュール m 系列 (1) ||| 歯数 Z | ピッチ円直径 d_0 ($m \times Z$) | 穴径 d | 幅 L | 取付面 の厚さ L_2 | 参考 ||
	1	2	3						取付面径 d_1	刃幅の面取長さ a
75		0.75		100	75	31.742	16	8	50	3
	0.8			94	75.2					
		0.9		84	75.6					
	1			75	75					
		1.25		60	75		18			
	1.5			50	75					
		1.75		43	75.25					
	2			38	76					
		2.25		34	76.5		20			
	2.5			30	75					
		2.75		28	77					
	3			25	75					
			3.25	24	78					
		3.5		22	77					
			3.75	20	75		22	10		
	4			19	76					
		4.5		17	76.5					
	5			16	80					

は歯面直角断面で台形の歯形をもったウォームができる。

ウォームフライス歯によって切削する方法は量産に適し，図 **11-46** のように進み角だけ傾けて切削する。この場合，カッタの取り付け誤差が被削ウォームの歯形に影響する。

ウォームホィールを切削するには，通常，(a)ホブを半径方向に送って切削する方法，(b)テーパホブを接線方向に送って切削する方法，(c)舞いカッタを接線方向に送って切削する方法がある。(a)の方法ではホブを正確にウォームと同じ形にすることが理想である。(b)の方法の概要を図 **11-47** に示す。(c)の方法は広く用いられ，少量生産の

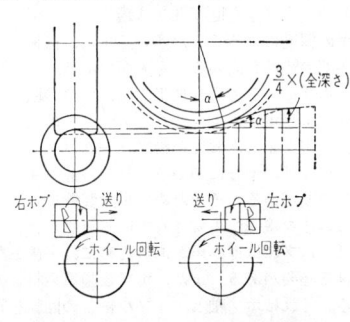

図 11-47 テーパホブによる装置概要

ホィールではこの方法がよく用いられる。

11.9.2. 歯切り機械一般

歯切り盤は，各種の工作物に，歯切り用刃物を使用して主として歯切り加工を施す工作機械である。歯切り盤には，ホブを使用するホブ盤，ピニオンカッタまたはラックカッタを使用する歯車形削り盤，総形フライスを使用して歯車を1枚1枚割出して削る歯割り盤などいろいろある。

歯車の歯面を研削加工する工作機械に歯車研削盤があり，平歯車研削盤，かさ歯車研削盤が含まれる。

歯切り加工を施した歯車の歯面にさらに仕上げ加工を施す歯車仕上げ盤があり，ラップ加工を施す平歯車ラップ盤，かさ歯車ラップ盤，シェービングカッタを用いて歯面を仕上げる歯車シェービング盤，面取り丸め付け加工を施す歯車面取り盤がある。

表 11-10 ピニオンカッタの精度 (JIS B 4356:96 より抜粋) (単位 μm)

番号	項目		公差値又は許容差		
			等級		
			AA級	A級	B級
1	穴径 d	基準寸法 (mm) 19.050	$^{+4}_{0}$	$^{+6}_{0}$	$^{+9}_{0}$
		31.742		$^{+7}_{0}$	$^{+11}_{0}$
		44.450			
	シャンクの振れ		3	4	5
2	外周の振れ		7	10	15
3	底面の振れ		3	4	6
4	取付面の振れ		5	5	7
5	すくい面の振れ		10	16	25
6	すくい角(分) γ		±10	±14	±20
7	側逃げ角(分) θ_P				
8	外周逃げ角(分) θ				

備考 1. 番号1は，ディスク形及びベル形の場合には穴径を，シャンク形の場合にはシャンクの振れを適用する。
2. 番号3及び番号4は，ディスク形及びベル形の場合だけに適用する。

11.9.3. ホブ盤（図11-48）

平歯車，はす歯歯車，ウォームホィールなどの歯切りができる歯切り盤で，歯形の良否はホブの精度に，ピッチの良否はホブ盤のテーブルを回転させる親ウォーム歯車の精度によることが多い。また，機械各部の剛性が高いことも大切である。

ホブによる歯切り加工では，ホブの回転およびホブの上下送り，テーブルの回転（親ウォームおよび親ウォームホィール）などが十分に同期をとりつつ運動する必要がある。そのために駆動装置にいろいろな機構が用意されている。たとえば，ホブには進み角があるために，平歯車などを切削する際には，ホブ軸を傾ける必要がある。また，ホブと歯車素材との回転を正確な関係に保つ必要がある。それはホブ軸とテーブル軸との回転を同期させることであり，差動引換え歯車装置を用い，一定の関係を保つように換え歯車を交換する。はす歯歯車の

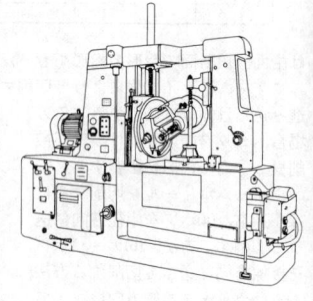

図 11-48 ホブ盤

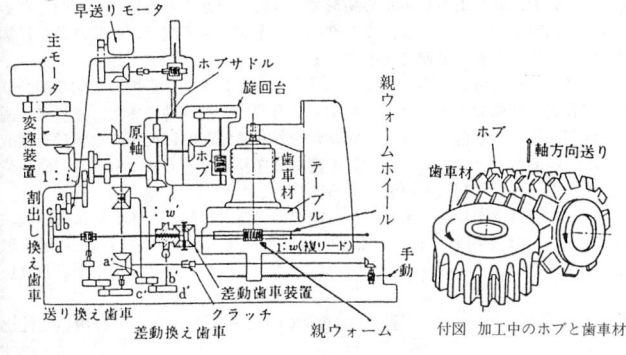

図 11-49 ホブ盤の歯車系統図ほか

ホブによる切削においては，ホブ軸の角度および送りに複雑な動きが必要になるが，そのために上記の装置とともに，旋回台なども利用する。このほかに，割出し換え歯車も必要であり，正確な歯形をもつ歯車を削り出すために，ホブ盤ではいろいろな機構が用意されている（図 11-49 参照）。

NC ホブ盤が製造されるようになり，運動がサーボモータにより行われ，これらの装置の削減が図られている。最近では，NC ホブ盤による高精度の歯切りが可能になった。

11.9.4. 歯車形削り盤（図 11-50）

(1) マーグ歯切り盤　ラックカッタを用いる歯車歯切り盤の代表的な機械である。立て削り盤と同じような形であり，コラム前に上下に滑るカッタヘッドをもち，ラックの形をした工具が上下の往復運動を行い，工作物を加工する。この創成原理を図 11-51 に示す。ラック形刃物を

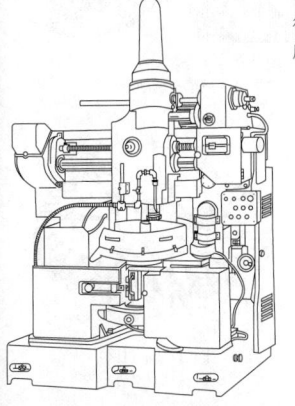

図 11-50 歯車形削り盤

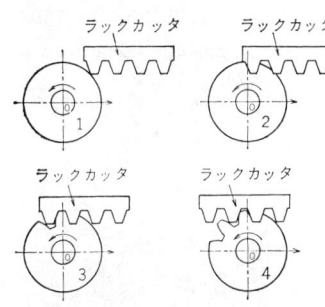

図 11-51 ラックカッタによる歯形創成の原理（矢印は運動の方向を示す）

使用するので，同じモジュールの歯形であれば，いかなる歯数でも切削できる
　はす歯歯車を切削するには，カッタヘッドを切られる歯車のねじれ角だけ傾ければ，平歯車と同じ要領で切削できる。
　(2)　フェロース歯切り盤　比較的小径のピニオンカッタを用いる歯車形削り盤の代表的な機種である。カッタを歯すじ方向に往復運動をさせ，カッタと歯車素材が正しくかみ合うように回転運動をさせて仮想的に理想的な歯形を創成して，干渉部をカッタにより切削して歯車を作り上げる方法である。内歯車や段付き歯車の歯切り加工も可能である。
　(3)　かさ歯車歯切り盤　すぐ歯かさ歯車の場合，形削りバイトによる創成法（図 11-52）がよく用いられる。まがり歯かさ歯車の場合，図 11-53 に示す環状フライス削り法といわれる方法がよく用いられる（グリーソン社，図 11-54）。

11.9.5.　歯車シェービング盤　　歯車形のシェービングカッタを用いて仕上

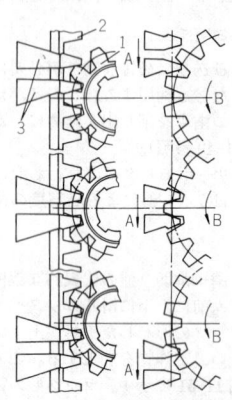

A.B.C 運動方向
　1．被加工物
　2．駆動用平歯車
　3．刃物(バイト)

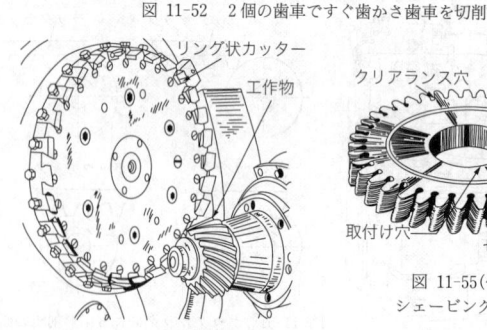

図 11-52　2個の歯車ですぐ歯かさ歯車を切削

図 11-53　まがり歯かさ歯車の歯切り工具

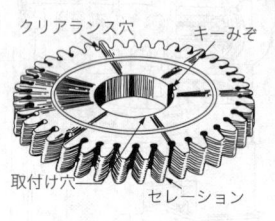

図 11-55（付図）シェービングカッタ

げようとする歯車とかみ合わせて回転させ（図11-55），歯面の切削痕や小さい突起を取り去って滑らかな表面に仕上げる機械で，研削加工に劣らない高い加工精度の歯車を得ることができる。しかし，カッタの形状が直接加工される歯車に現れるので，カッタの形状は正しく作らねばならない。シェービング加工の効果としては，精度の向上，加工時間の短縮，特殊な歯形修正ができるなどがある。

11.9.6. 歯車研削盤 高速・高荷重に歯車が耐えるために，歯面を焼き入れ硬化した歯車が用いられる。

この歯車を仕上げる機械が歯車研削盤である。この研削盤には創成研削法が用いられ，ライスハウワー式とマーグ式がある。

(1) **ライスハウワー式研削盤** ホブ盤で切削する場合と同じように，ホブの形をしたといしを作り，ホブと同じように動かすことによって歯車をインボリュート歯形に研削創成することができる。したがって，といしのドレッシングを正確に行わねばならない。この機械で研削できる歯形の大きさの最小限は，モジュール0.5から0.8程度である。

(2) **マーグ式研削盤** 歯車研削盤として最も広く利用されている研削盤である。図11-56のような2枚の皿形をしたといしの間に歯車の歯をはさんでといしの内側で研削する。このといしの軸心を傾けることにより創成法の違った研削法が得

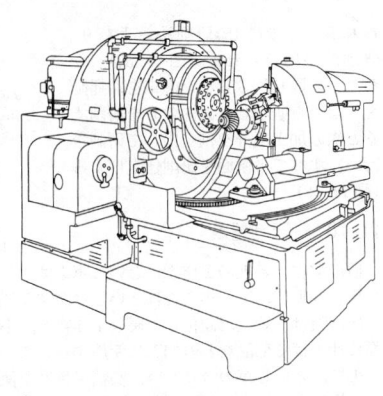

図 11-54 まがり歯かさ歯車歯切盤

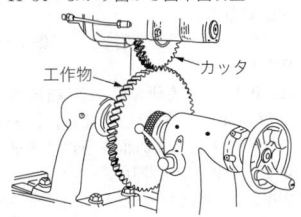

図 11-55 歯車シェービング装置

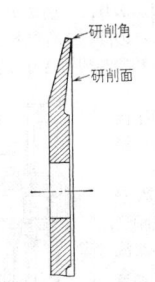

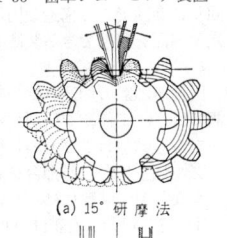

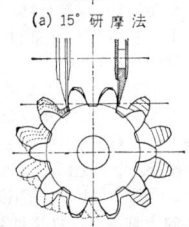

図 11-56 マーグ式歯車研削盤といし断面

図 11-57 研削法
(a) 15°研摩法
(b) 0°研摩法

られる。一般に15°研削法および0°研削法が用いられる（図 **11-57**）。転がり台に取り付けられた歯車を，揺動させながら研削し，歯幅の分を研削すると次の加工部分を割り出して研削を行い，すべての歯面を研削仕上げする（図 **11-58**）。

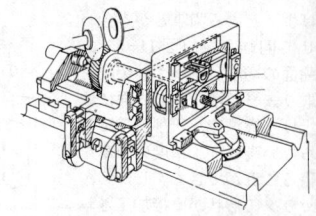

図 11-58　歯車の転がり往復運動機構

11.10. 研削盤

研削盤は，各種の工作物にといし車を使用して研削加工を施す機械で，といし車は回転し，工作物またはといし台が送り運動する。

研削盤は，焼入れ硬化した硬い工作物を，小さな寸法公差で，良好な仕上げ面に仕上げる部品などの加工に使用する。このように，精密仕上げを必要とするので，といし車のつりあい，高精密軸受を使用した高い回転精度をもつ主軸系，機械の小さな熱膨張，高い剛性などいろいろな面から高い精度をもつ工作機械である。

研削盤は，用途に応じて，JIS B 0105：93にあるようにいろいろな機種が用意されている。

11.10.1. 円筒研削盤と万能研削盤

（図 **11-59**）　円筒研削盤は，円筒形工作物の主として外面を研削する研削盤で，主軸台，心押台，ベッド，テーブル，といし台から成る。万能研削盤は，といし台および主軸台が垂直軸の回りに旋回できる構造の円筒研削盤で，穴の内面を研削できる装置を備えている。

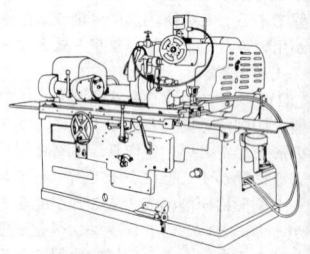

円筒研削盤の切込みは一般にといし側で行う。工作物を研削する際に，テーブル移動型およびといし移動型があり，一般にテーブル移動型を用いる。テーブルは主軸台と心押台をもち，その間に工作物をささえて研削する。長いロールなどの研削盤には，といし移動型が利用される。

図 11-59　円筒研削盤

(1) といし台（図 **11-60**）　といし軸はニッケルクロム鋼などで精密仕上げを施す。といし軸受けは研削作業の良否を決定する重要な要素であり，種々の工夫がされている。高精度な滑り軸受，たとえばマッケンゼン式軸受，非真円軸受などや，静圧を利用した流体静圧軸受（これには空気軸受を含む）などがある。転がり軸受は，アンギュラコンタクト玉軸受などを組み合

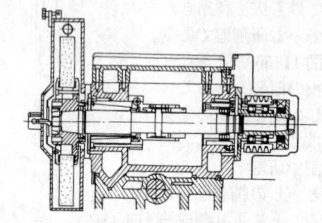

図 11-60　といし台（液通し研削といし）

わせた形式が多く利用される。といし台は，油圧装置を用いた早戻り機構をもつ。

(2) 主軸台　単独のモータから無段変速機構を介して，回転軸に回転を伝える。万能研削盤の場合，内研用のチャックを取り付けられる構造になっている。

(3) 送り機構　テーブル送りは，油圧式，電動式などがあり，油圧式が多く利用されたが，最近では電動式が利用されるようになった。テーブルの往復行程の終りに方向を変換するのに要する時間（タリー時間）が任意に調節できる。

(4) 心押台　テーブル上を自由に移動でき，任意の位置に固定できる。工作物をささえるセンタに，ばねや油圧を用いて圧力を加えている。

(5) ベッド　研削盤のベッドは，研削力による変形に対してだけではなくて，

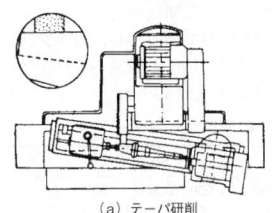

(a) テーパ研削
外径テーパの長手研削，ワークヘッドと心押し台の位置をかえるとテーブルの回転角は大きくなる

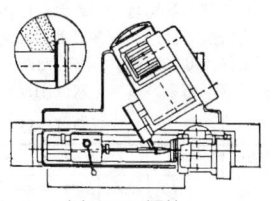

(b) ショルダ研削
といし頭を旋回し，ワークヘッドを右手においてショルダの研削

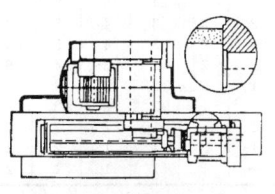

(c) 端面研削
工作物を電磁チャックに取付け，研削ヘッド90°旋回して端面研削（小径のといし使用）

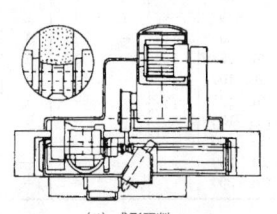

(d) 成形研削
成形といしでフランジカット，といしは，ならいドレッシング装置でドレスされる

図 11-61　万能研削盤による加工例

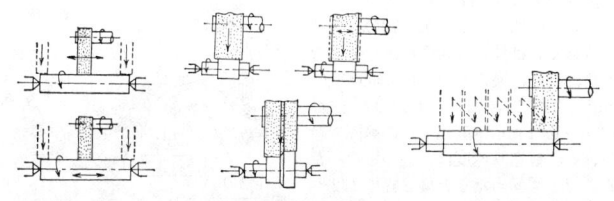

図 11-62　(a)縦送り研削　　(b)切込み研削　　(c)切込み研削
　　　　　　（トラバース研削）　（プランジ研削）　　　による荒取り

自重によるたわみを少なくする構造である。多くは箱形にし，剛性を高くしている。最近では，ベッド内に油圧タンクや油圧モータを備えずに，ベッド外に出して熱変形対策を施した構造も多く用いられる。

図 11-61 に加工例を示す。

サイクル研削盤は，工作物に応じて研削条件を変える工程をあらかじめ調整しておくと，レバー操作することで，何回でも同じ作動を行うことのできる研削盤であり，同じ工作精度と高い能率が得られる。

11.10.2. 円筒研削加工　円筒研削加工は，といしと工作物との相関運動から，縦送り研削(トラバース研削)と，切込み研削(プランジ研削)とに大別される。図 11-62 (a)は縦送り研削を，(b)は切込み研削を示す。長い工作物で多くの研削しろがある場合，(c)のように切込み研削による荒削りを行うこともある。

円筒研削では，センタによるセンタ仕事が大部分であるため，センタ穴の良否が工作精度に影響する。したがって，センタ穴の加工と取扱いには十分注意する必要がある。センタ穴は JIS B 1011:87 に規定している。

表 11-11 振れ止めの使用数

被加工物の外径 (mm)	被加工物の長さ (mm)										
	150	300	450	600	750	900	1 050	1 200	1 500	1 800	2 100
12〜19	1	2	3	4	5	7	8	—	—	—	—
20〜25	—	1	2	3	4	5	6	7	—	—	—
26〜35	—	1	2	2	3	4	5	5	7	—	—
36〜49	—	1	1	2	2	3	4	4	5	7	—
50〜60	—	—	1	1	2	2	3	3	4	5	6
61〜75	—	—	1	1	2	2	3	3	4	5	5
76〜100	—	—	1	1	1	2	2	2	3	4	5
101〜125	—	—	—	1	1	1	2	2	3	3	4
126〜150	—	—	—	—	1	1	1	2	2	3	3
151〜200	—	—	—	—	—	1	1	1	2	2	3
201〜250	—	—	—	—	—	—	1	1	1	2	2
251〜300	—	—	—	—	—	—	—	1	1	1	2

(「金属切削・研削技術と材料および設計」より)

工作物がとくに長いときは，工作物の回転中の振れを抑える目的で振れ止め(図 11-63)を使用する。振れ止めの使用数を表 11-11 に示す。

といしの切込みは，工作物の材質や形状あるいは仕上げ状態によって異なるが，普通，縦送り方式で0.005〜0.05 mm (直径で)，切込み方式のときは，0.001〜0.01 mm (直径で)の範囲で行われる。縦送り速度は，鋼の場合，荒研削で1回転当たり幅の 1/2〜3/4，仕上げ研削のときは，といし幅の 1/8〜1/3 またはそれ以下にする。

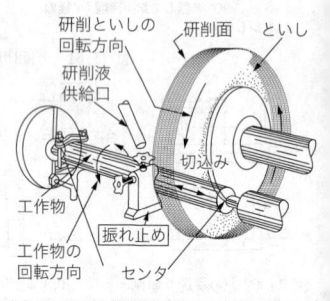

図 11-63　円筒研削における振れ止めの例

表 11-12

(a) といし切込みの標準値

材料	切込 (mm)	
	荒研削	仕上研削
鋼	0.02～0.05	0.005～0.01
鋳鉄	0.08～0.15	0.02～0.05

(b) 工作物周速度の標準値

材料	工作物の周速度の(m/s)	
	荒研削	仕上研削
鋳鉄	0.20～0.25	0.17～0.20
軟鉄	0.16～0.20	0.13～0.17
焼入鋼	0.20～0.25	0.17～0.20
黄銅	0.25～0.30	0.20～0.25
軽合金	0.50～0.67	0.33～0.50

工作物の回転は，といしの回転数の 1/100 くらいで，表 11-12 に切込みおよび工作物周速度の目安を示す。といしドレッシングの送り速度は，荒研削の場合約 4.2～8.3 mm/s，仕上げ研削の場合は 1.7～3.3 mm/s，ダイヤモンドの送込み量は 0.005～0.05 mm を目安とする。また，最近では連続ドレッシングによる研削加工も行われている。

なお，円筒研削のときの欠陥の原因と対策を表 11-13 に示す。

11.10.3. 内面研削盤（図 11-64）

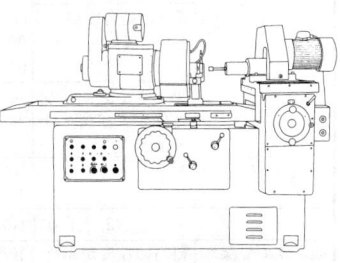

内面研削盤は，工作物穴の内面を研削する研削盤で，軸に直角な端面を平面研削することのできる装置を備えているものもある。使用するといしは，穴の内径よりも大きくできないので，外面研削に比較してといしの摩耗が多く，また，必要な研削速度にするために，回転数はとくに高くしなければならない。したがって，特殊な主軸受に適当な予圧を加え，すきまを小さくして精度を高くしている。駆動は，ベルト式が多いが，小さな内径の研削には，とくに高速回転を必要とするので，空気タービン式，高周波モータ式などを用い，最近では軸受に磁気軸受を使用することもある。

図 11-64 内面研削盤

穴の内径が小さい場合，といし軸も細くなり研削力などにより穴の中でたわみが生じ，その結果穴の精度が悪くなる。この欠陥を除く特殊な研削法（コントロールフォースト研削法）が考えられるなど，対策が講じられている。一般には，内径加工後に内径寸法を自動測定する。この方法に，限界ゲージを用いるゲージマチック法あるいは内径を自動測定するサイズマチック法がある。

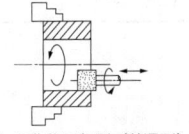

(a) 工作物回転形（普通形）　　(b) プラネタリ形

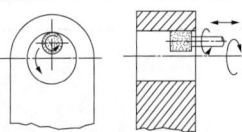

図 11-65 内面研削（精密工学会編研削工学より）

表 11-13 研削作業に生ずる欠陥の原因とその対策
(Tool Engineers Handbook)

状　　況	原　　因	対　　策
(1) ビビリ		
仕上面にいろいろな形状のビビリが現われる	砥石車の不平衡	(a) 砥石だけの平衡を十分にとり直す。 (b) 形直しを行なったあと平衡をとり直す。 (c) 工作液を加えず砥石を運転して、その中に含まれた工作液をふり飛ばす。 (d) 砥石を取りはずしたとき平らに置く。立てて置くと工作液が一方に集まって平衡を悪くする。
	砥石が真円でない	(a) 平衡をとる前とあとに形直しを行なう。 (b) 砥石の両側面も形直しを行なう。
	砥石の結合度が硬すぎる	(a) 結合度の軟らかい砥石を選ぶ。 (b) 粒度の粗い砥石を選ぶ。 (c) 組織の粗い砥石を選ぶ。
	センタやレストの不備および潤滑の不適当	(a) センタやレストの取付けを調べる。 (b) つねに十分な潤滑を行なう。
	形直し	(a) 鋭いダイヤモンドを使う。 (b) ダイヤモンドの保持を確実にする。
(2) 工作物の条痕		
幅が狭くて深く規則正しい条痕	砥石の粒度が粗い	粒度の細かい砥石を使う。
幅の広いいろいろな深さの不規則な条痕	砥石の結合度が軟らかい	結合度の硬い砥石を使う。
広い分布の斑点	油による斑点または砥石の目つぶれ	(a) 砥石の平衡をとり, 形直しを行なえ。 (b) 砥石面に付着した油を除け。
細いネジ状の条	形直しの不良	(a) 欠けたダイヤモンドを取り換える。 (b) ドレッサの送りを細かくする。 (c) ドレッサは下向きに5°, 横向きに30°に取り付ける。

状　　況	原　　因	対　　策
細いネジ状の条痕	形直しの不良	(d) 3回形直しを行なえばダイヤモンドの向きを変える。 (e) ダイヤモンドまたはホールダの取り付けを確実にする。 (f) ダイヤモンドの切込を浅くする。 (g) ホールダを砥石に触れさせない。 (h) 砥石面の中途から目直しを始めない。必ず一端から始める。 (i) 目直しの最後の送りは研削のときの送りと反対方向に行なう。 (j) ダイヤモンドの送りは一様にする。 (k) 砥石の端面を丸くする。面取り程度では不十分。
	研削作業の不良	(a) 砥石面と工作物が平行になるようによく形直しを行ない，研削にあたって片あたりをすることを避ける。 (b) 砥石圧力を減らす。 (c) 停止レストを付ける。 (d) 工作物1回転当りの砥石の送りを小さくする。 (e) 仕上送りをするときは送り速度を少しずつ変えて行なう。
うねった送りの縞	砥石端面のあたり	砥石端面を丸める。
所々にある深いキズ	目直しの不良	(a) 鋭いダイヤモンドを使う。 (b) 目直し後ブラシで砥石面をはらう。剛毛のブラシがよい。
	粗い砥粒や異物の混入	目直しによって取り除く。
	結合剤が分解して砥粒が飛散する	有機質結合剤に対して工作液が作用する。 液中のソーダ分を減らす。
不規則なキズ	塵埃	清浄にする。
いろいろな長さや幅の不規則なキズ（魚の尾の形をしたキズ）	よごれた工作液	(a) タンクをつねにきれいにする。 (b) 安全カバーなどをきれいにする。とくに目直しのあとあるいは細かい粒度の砥石に変えたとき。
深い不規則なキズ	砥石のフランジのゆるみ	吸取紙を用いてフランジを締める。

表 11-13 (つづき1)

状　況	原　因	対　策
砥粒のキズ	粒度が粗いか結合度が軟らかい	細かい粒度か硬い結合度の砥石を使う。
	粗研削と仕上研削で粒度に差がありすぎる	(a) 粗研削にもっと細かい粒度の砥石を使う。 (b) 仕上研削の砥石の粒度をもっと粗くしてていねいに仕上げる。
	目直しが粗すぎる	ドレッサの切込と送りを細かくする。
	仕上砥石の操作不良	(a) 最初は工作物送りや砥石送りを速くして粗研削のキズをとる。 (b) 最後にそれらを遅くしてていねいに仕上げる。
(3) 工作物に残るら旋縞		
送りに相当するら旋縞 (送りマーク)	心合わせ不良	(a) 工作物センタの心合わせを調べよ。 (b) 砥石軸と工作物との心合わせを調べよ。
	形直し不良	(a) ダイヤモンドを水平より5°下向きに取り付ける。 (b) 砥石の端面を丸める。
(4) 砥石の結合度の不適当		
切れ味が悪い, 目つぶれ, 目づまり, 仕上面の焼け, ビビリ	砥石の結合度が硬すぎる	(a) 工作物周速度, 砥石送り, および砥石圧力を増す。 (b) 砥石回転数, 砥石の直径および幅を減らす。 (c) 鋭いドレッサで目直しを行なう。 (d) 薄い工作液を用いる。 (e) テーブル送りの停止点で長く止めない。 (f) 粘着性の工作液を用いない。 (g) 粗い粒度または軟らかい結合度の砥石を使う。
砥石キズ, 砥石の損耗大, 切れない工作物がテーパになる	砥石の結合度が軟らかすぎる	(a) 工作物周速度, 砥石送りおよび砥石圧力を減らす。 (b) 砥石回転数, 砥石の直径および幅を増す。 (c) 目直しのときドレッサの切込, 送りを小さくする。 (d) 粘い工作液を使う。 (e) テーブルの往復のとき砥石を工作物からはずさない。
(5) 砥石の目づまり		

状　況	原　　因	対　　　　策
切くずが砥粒間隙につまる	砥石の不適当	(a) 粗い粒度または粗な組織の砥石を使う。 (b) 工作液を多量に注ぐ。
	目直し不適当	(a) もっと鋭いダイヤモンドを使う。 (b) ドレッサの送りを速くする。 (c) 目直し後砥石面をきれいにする。
	工作液の不適当	清浄な薄い工作液を多量に使う。
	研削作業の不適当	(a) 巧妙な操作で砥石を軟らかく作用させる。 (b) 切込を小さくする。
(6) 砥石の目つぶれ		
砥石面が光沢をもち滑らかになる	砥石の不適当	(a) 粗い粒度または軟らかい結合度の砥石を使う。 (b) 工作液を多量に使う。
	目直し不適当	(a) 鋭いドレッサでつねに目直しする。 (b) ドレッサの送りを速くする。 (c) ドレッサの切込を大きくする。
	工作液の不適当	(a) 粘度の少ない工作液を使用する。 (b) もっと多量に用いる。
	粘い工作液	(a) 水が硬すぎれば（硬水）ソーダ分を増す。 (b) 硬水には水溶性油を用いない。
	研削作業の不適当	切込を大きくする
(7) 工作物の精度不良		
工作物の真円度不良，両面不平行，テーパ	センタまたはレストの心合わせ不良	(a) センタまたはレストの取付けを調べる。 (b) 給油を十分に行なう。 (c) 適当な停止レストを使う。
	目直し不良	機械を研削のときと同じ状態にしておいて目直しする。
工作物の真円度不良，両面不平行，テーパ	研削作業の不適当	(a) 送りの両端で砥石を工作物から放さない。工作物の両端がテーパになる。 (b) 圧力を減らす。 (c) 結合度の硬い砥石を使う。
	工作物の膨張	工作液を多量に用い，切込を小さくして工作物の温度を下げる。

表 11-13 (つづき 2)

状 況	原 因	対 策
(8) 仕上面の格子縞模様		
工作物に格子縞模様が出る	砥石の操作不良	(a) 砥石が軟らかく作用するようにする。 (b) 砥石を工作物に強く押し付けない。 (c) 多量の工作液を平均にかける。
(9) 仕上面の焼け		
仕上面が色付く	砥石の不適当	(a) 軟らかい結合度の砥石を使い,または軟らかく作用させる。 (b) 目づまりや目つぶれを防ぐ。 (c) 工作液を多量に用いる。
	研削作業の不適当	(a) 砥石をゆっくり工作物にあてる。 (b) 送り込みを少なくする。 (c) 砥石と接触させたまま工作物を止めない。

表 11-14 内面研削の直径当たりの研削しろ (JIS B 0711:76)
(前加工後焼入れ・焼戻しするもの) (単位 mm)

長さ L 直径 D	10以下	10を超え16以下	16を超え25以下	25を超え40以下	40を超え63以下	63を超え100以下	100を超え160以下	160を超え250以下	250を超え400以下	400を超え630以下	630を超え1000以下
6を超え 10以下	0.2	0.2	0.2	—	—	—	—	—	—	—	—
10を超え 18以下	0.2	0.2	0.3	0.3	—	—	—	—	—	—	—
18を超え 30以下	0.3	0.3	0.3	0.3	0.3	—	—	—	—	—	—
30を超え 50以下	0.3	0.3	0.3	0.3	0.3	0.4	—	—	—	—	—
50を超え 80以下	0.4	0.4	0.4	0.4	0.4	0.4	0.4	—	—	—	—
80を超え 120以下	0.4	0.4	0.4	0.4	0.4	0.4	0.5	—	—	—	—
120を超え 180以下	0.5	0.5	0.5	0.5	0.5	0.5	0.5	0.6	—	—	—
180を超え 250以下	—	0.5	0.5	0.5	0.5	0.5	0.5	0.6	0.7	—	—
250を超え 315以下	—	0.6	0.6	0.6	0.6	0.6	0.6	0.6	0.7	0.8	—
315を超え 400以下	—	0.6	0.6	0.6	0.6	0.6	0.6	0.6	0.7	0.8	—
400を超え 500以下	—	—	0.7	0.7	0.7	0.7	0.7	0.7	0.7	0.8	0.8

備 考 1. 前加工寸法の許容差は,次による。
   研削しろ 0.2 mm 以下の場合±0.05 mm, 0.3 mm 以上の場合±0.1 mm
2. D は,研削面の直径の仕上げ基準寸法とする。L は,研削面の全長とする。

11.10.4. 内面研削加工　内面研削加工は,工作物を取り付けた回転軸を回転させながら穴の内面を研削する方法が多く,工作物が大きい場合などは,工作物を固定し,といしを高速回転させながら惑星運動をさせて穴の内面を研削する方法 (図 11-65) がある。前者の場合,工作物を回転させるのに,3個の回転するロールまたは2個のシューで抑えて外周に回転を与える方法がある。

内面研削の場合の研削しろを,表 11-14 (JIS B 0711:76) に示す。切込み

量は，穴の直径，研削しろ，といしの種類，材質，機械の能力などにより異なるが，30 mmの穴に対して荒研削で 0.1 mm，仕上げ研削で 0.02 mm を目安とする。

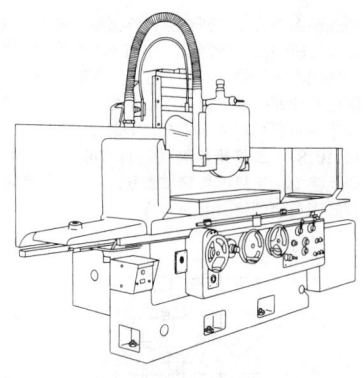

11.10.5. 平面研削盤（図 11-66） 平面研削盤は，工作物の平面を研削する。平面研削盤は，コラム，といし頭，テーブルから成り，テーブルには，一般に電磁チャックを備え工作物を取り付ける。また，テーブルが長方形で直線運動を行う角テーブル形と，テーブルが円形で垂直軸のまわりに回転運動を行う円テーブル形とがある。また，工作機械ベッドの案内面を研削する大きなベッドウェイ研削盤がある。

図 11-66 平面研削盤

といしの総形成形装置が発達し，総形研削が行われる。

11.10.6. 平面研削加工 平面研削法には，円板形といしの外周あるいは側面を用いて作業する方法と，椀形といし（カップといし）の側面を用いて作業する方法とがある（図 **11**-67）。

最近はセラミックスをはじめ難削材の平面研削加工に切込みを大きく，送りを小さくしたクリープフィード研削法が用いられる。

11.10.7. 心なし研削盤 心なし研削法は，図 **11**-68 に示すように，研削といしと工作物を送る調整といしとの間に工作物を入れて受板でささえつつ，外周研削をする方法であり，通し送り研削法，送り込み研削法および接線送り研

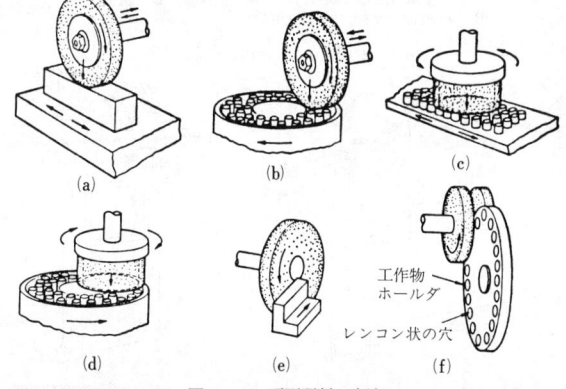

図 11-67 平面研削の方法

削法がある。この研削を行う機械を心なし研削盤といい，例を図 11-69 に示す。心なし研削法の特徴は，(1)高能率作業ができる。(2)取付け誤差が少なく，細長い形状の工作物も研削できる。(3)高い精度に調整できる。(4)加工精度も機械の精度も比較的高く保つことができる。(5)未熟練者でも取扱いが容易である。(6)テーパ研削ができるなどである。

11.10.8. 工具研削盤（図 11-70） 工具研削盤は，特定の工具を研削する研削盤で，工具の種類により，バイト研削盤，カッタ研削盤，ドリル研削盤，万能工具研削盤などがある。

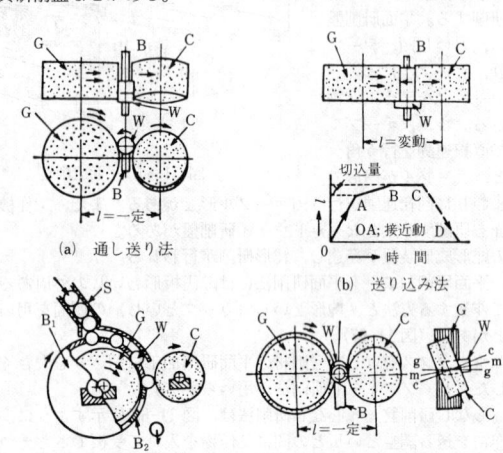

(a) 通し送り法
(b) 送り込み法
(c) 接線送り法
(d) ねじ研削（通し送り法）

G：研削砥石，C：調整砥石，W：工作物，B：受板，
B_1：受板付マガジン（接線送り用）

図 11-68 心なし研削作業方法

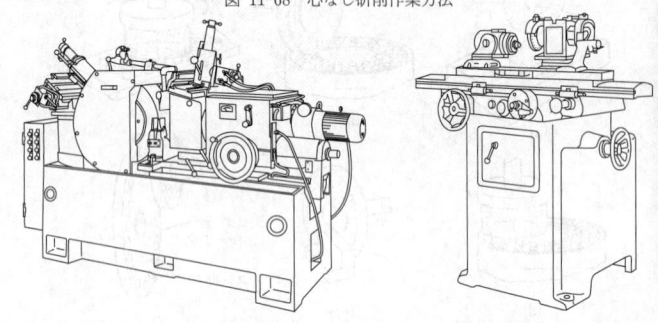

図 11-69 心なし研削盤

図 11-70 工具研削盤

(a) バイト研削盤は，バイトのすくい面および逃げ面を研削するもので，構造は比較的簡単である。

(b) カッタ研削盤は，主にフライスを研削するもので，通常二番面のほか，すくい面の研削ができ，ねじれみぞをもつフライスのすくい面やドリルのねじれみぞの研削もできる。

(c) ドリル研削盤は，ドリルの二番取りされた面を研削するのに用い，図 11-71 のような構造をもっている。

(d) 万能工具研削盤は，万能研削盤の機能範囲をさらに広げたもので，高い精度が要求される。

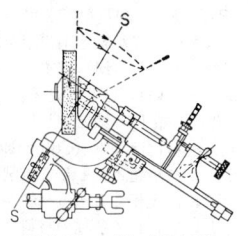

SS：ドリル取付台の回転中心線

図 11-71 ドリル研削盤

11.10.9. その他の特殊研削盤

(a) スプライン軸研削盤は，スプラインを研削する研削盤で，単車法と三車法とがある（図 11-72）。

(b) ジグ研削盤は，主として穴あけジグの穴内面の研削仕上げに使用する研削盤で，といし軸に対して工作物を高精度に位置決めできる装置を備えている（図 11-73）。穴あけジグとは，一定の寸法の穴を多くあけるときに，ドリルの位置を正確に決めるため，一定の厚さをもつ平板の穴あけする位置に正確にほぼ同じ寸法で穴をあけたもので，ドリルをガイドするために用いる。

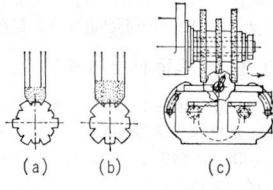

図 11-72 スプライン軸研削盤

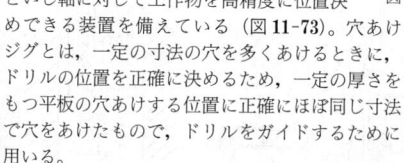

(c) ねじ研削盤は，ねじを研削する研削盤で，精密なねじの研削に用いる。ねじ研削に，1条山型といしを用いるものと，多条山型といしを用いるものとがある。

(d) そのほかに用途に応じて，ウォーム研削盤，クランク軸研削盤，クランクピン研削盤，カム研削盤などがある。

11.10.10. ダイヤモンド，窒化ほう素といしによる研削加工と超精密研削

(1) ダイヤモンドといしによる研削加工　非常に硬いダイヤモンドをと粒にすることで，一般の研削といしでは研削が困難な材料（超硬合金，光学ガラス，セラミックスなど）の研削加工に用いられる。また，ダイヤモンドといしにより研削仕上げされた工具は，切刃が鋭くなり，仕上げ面も滑らかであるため，切削性がよいといわれる。

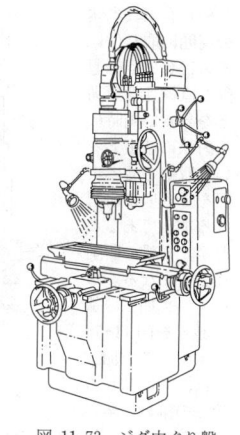

図 11-73 ジグ中ぐり盤

結合剤に樹脂を用い，と粒と混ぜて加工加熱硬化したレジノイドといし

(B),長石,陶石などを用いて焼き固めたビトリファイドといし (V),ブロンズ系のメタル結合剤粉末を用いてと粒と混合して加圧成型,凝結したメタルボンドといし (M) が主に用いられる。と粒を電着法で基材に固定しためっきボンドといし (P) もある。

(2) 窒化ほう素といしによる研削加工　超高圧高温合成により製造された立方晶窒化ほう素 (Cubic Boron Nitride) は,ダイヤモンドに次ぐ硬さをもつ。これが超と粒として難削材料の研削加工用といしに用いられる。ダイヤモンドには親和性のある材料があるが,CBN にはそれが少なく,耐摩耗性のあるといしとして各種の材料に適用される。

(3) 超精密研削　鏡面研削が多くの分野で用いられるようになり,均質なといしをバランスのよくとれたといし軸に取り付け,微小切り込みのできる高い精度,剛性のある研削盤の必要性が高まっている。この研削盤により,サブミクロン以下の仕上げ面粗さの研削が可能になっている。

11.11. 表面仕上げ加工

11.11.1. ホーニング

ホーニング加工は,金属または非金属の表面を,ホーンと呼ばれるといしを用いて精密かつじん速に仕上げる一種の研削作業である。しかし,数個の棒状のといしを工具本体の周囲に取り付け,この工具に回転運動と直線往復運動とを与えて同時に放射状に拡張あるいは収縮させて表面をきれいに研磨する加工であることが,一般の研削加工と異なる。ホーニング加工の基本形式を図 11-74 に示す。この加工法は,(a)取りしろ除去の割合は早いが,熱の発生と加工ひずみは小さい。(b)前加工によって生じた誤差を正しい幾何学的精度に直す。(c)任意の粗さの仕上げ面をつくることができ,方向性が強い。(d)小さい公差内に仕上げることができる機能をもつ。

図 11-75　ホーニング盤

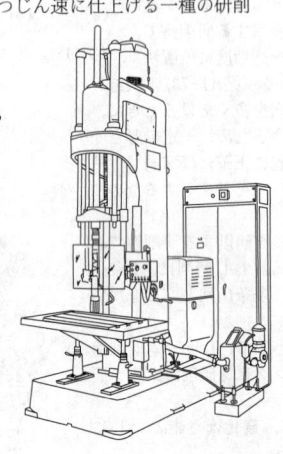

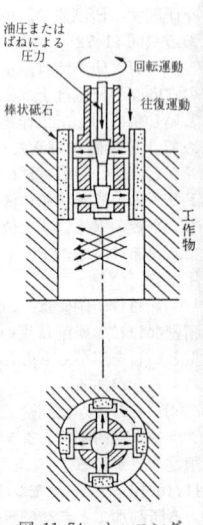

図 11-74　ホーニング

したがって,精密中ぐり盤や研削盤などで仕上げた穴の内面(シリンダ内面など),円筒外面,平面などを平滑に高い精度で仕上げることができる加工法である。しかし,穴の形状精度は向上するが,寸法の変化には十分対応できない。

11章 工作機械各論

このような加工に用いる機械をホーニング盤という。図 11-75 は一般によく用いられる立て形単軸ホーニング盤の例である。

11.11.2. 超仕上げ 超仕上げは粒度の細かい軟らかいといしを，割合に低い圧力で工作物表面に押しつけ，工作物に所要の運動を与えながらといしに振動を与えて表面を仕上げる方法である。

円筒外面の超仕上げ加工法の概要を図 11-76 に示す。とくに軸受転走面の超仕上げに用いる。

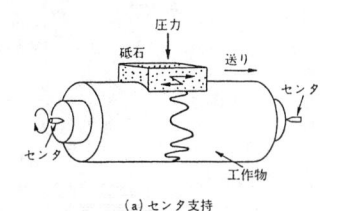

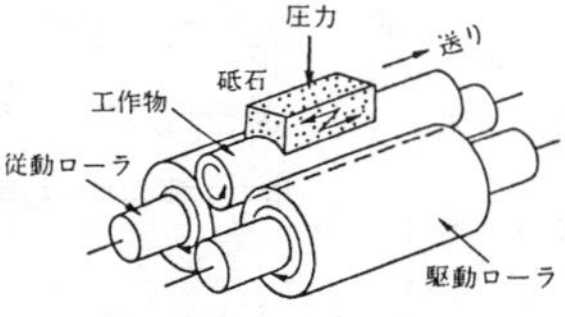

11.11.3. ラッピングおよびラップ盤 研削加工により精密に仕上げられた加工面をさらに平滑にし，寸法精度を高くするのに用いる。適当な材質（鋳鉄，黄銅，銅など）のラップ工具を用い，工作物との間にラップ剤を入れて，相対滑り運動を行わせ，工作物の表面から微小な突起を切りくずとして削り取り，滑らかな面を作り出す加工法をラッピングという。

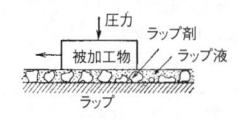

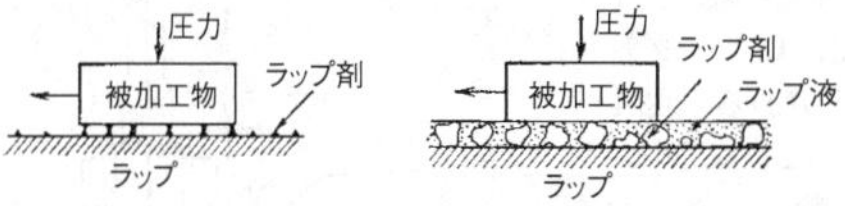

ラッピングには，図 11-77 に示すように，乾式と湿式とがあり，それぞれ表 11-15 のように比較される。ラップ剤は，仕上げ程度により表 11-16 に示す粒度のと粒を用いる。ラップ仕上げ面の不良として，きず，食込み，ラッ

図 11-76 超仕上げ加工法

図 11-77 ラッピングの概念

表 11-15 湿式および乾式ラッピングの比較

	湿 式 法	乾 式 法
仕 上 機 構	主に遊離と粒のころがりによる切削が行われる	主に埋め込みと粒との間のすべりによる切削が行われる
工 作 液	使用する	使用しない
仕 上 量	大きい	きわめて小さい
仕 上 面	無光沢梨地の粗面	光沢のある滑面
適 用 範 囲	一般部品のラッピング，特殊精密部品の荒および中仕上	特殊精密部品の精密仕上

表 11-16 ラップ剤粒度の適用範囲

作 業	粒度（メッシュ）
荒ラップ仕上	180～320
中ラップ仕上	400～600
精密ラップ仕上	800～1500
鏡面ラップ仕上	酸化クロム

プ焼け，だれなどがあり，それぞれラップ剤の量の多少と硬さ，圧力の過多，さらに取付けの不良などが原因になる。この作業は，表面粗さの改善に有効であるが，形状精度の改善は困難である。

ラップ盤は，工作物の形状によって，内面ラップ盤，外面ラップ盤，歯車ラップ盤，球ラップ盤などがある。図11-78は立て形ラップ盤の一例を示す。

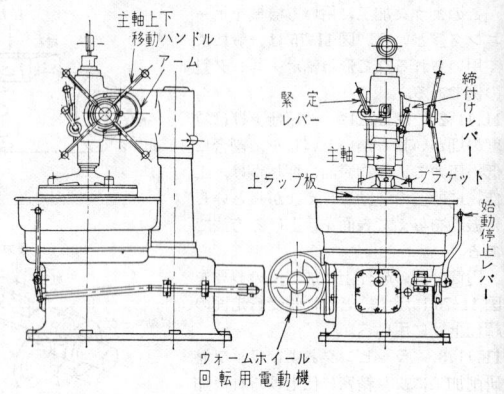

図 11-78 立て形ラップ盤

11.11.4. ポリシング ポリシングは，ラッピングよりも微細な砥粒を使用した，ラッピングより軟質なポリシャ（ラップ

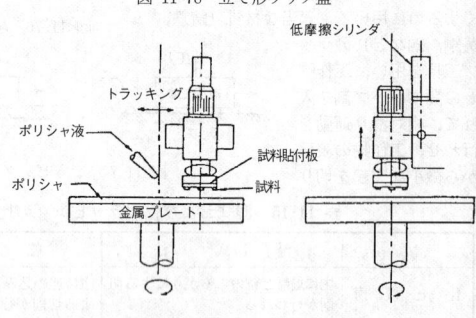

図 11-79 ポリシング装置の構成

表 11-17 ポリシング定盤（ポリシャ）の種類

分 類	ポリシャ材料	適用例
軟質金属	Pb, Sn, In, はんだ	セラミックス加工
天然樹脂	ピッチ，木タール，蜜ろう，パラフィン，松膜，セラック	ガラス鏡面加工
合成樹脂	アクリル，塩ビ，ポリカーボネート，テフロン，ウレタンゴム	ガラス鏡面加工
天然皮革	鹿皮	水溶性結晶の鏡面加工
人工皮革	ポリテックス，シュプリーム，クラリーノ	Siウェハの鏡面加工
織　維	不織布(フェルトなど)，織布	金相学的ポリシング

(精密工作便覧より)

表 11-18 ポリシングに用いられると粒の種類

名　称	化学式	結晶系	色	モース硬さ	比重	融点(℃)
アルミナ(α晶)	α-Al_2O_3	六方	白～褐	9.2～9.6	3.94	2040
アルミナ(γ晶)	γ-Al_2O_3	等軸	白	8	3.4	2040
ダイヤモンド	C	等軸	白	10	3.4～3.5	(3600)
ベ ン ガ ラ	Fe_2O_3	六方	赤褐	6	5.2	1550
酸 化 ク ロ ム	Cr_2O_3	六方	緑	6～7	5.2	1990
酸化セリウム	CeO_2	等軸	淡黄	6	7.3	1950
酸化ジルコニウム	ZrO_2	単斜	白	6～6.5	5.7	2700
二 酸 化 チ タ ン	TiO_2	正方	白	5.5～6	3.8	1855
酸 化 ケ イ 素	SiO_2	六方	白	7	2.64	1610
酸化マグネシウム	MgO	等軸	白	6.5	3.2～3.7	2800
酸　化　錫	SnO_2	正方	白	6～6.5	6.9	1850

(精密工作便覧より)

に代わる)を用いて被削材表面を仕上げる研磨法である。ポリシング装置を図 **11-79** に示す。代表的なポリシャおよびポリシング用と粒を，表 **11-17** および表 **11-18** に示す。ポリシャ液には，水，純水，軽油のほかに化学反応を促進する加工液も利用され，ケミカルポリシングあるいはメカノケミカルポリシングといわれ，単結晶シリコンなどの超精密表面仕上げに利用される。また，ポリシングは，製品の性能に悪い影響を与える加工表面の加工変質層といわれる微少な表面層を除去する機能をもつことが知られており，高品質な表面を得る加工法としてよく利用される。

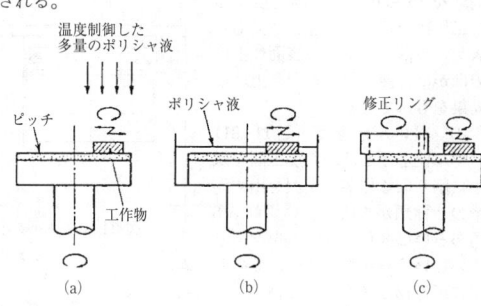

ポリシングには，微粒のダイヤモンドをポリシャに用いるダイヤモンドポリシングがあり，研磨機能の高い，研磨面が均一な，と粒の摩耗が少ない良好なポリシングを可能にする。また，ピ

図 11-80　ピッチポリシング

ッチングといわれるポリシャにアスファルトなどのピッチを用い，精密光学部品の研磨に用いる方法もある(図 **11-80**)。

このように，ポリシングは，部品の最終仕上げ加工法として，広く利用される重要な遊離と粒による加工法である。

11.11.5. その他の表面仕上げ加工　　表面仕上げには，これらのほかに，バフ仕上げ，液体ホーニング，ショットピーニング，バレル仕上げなどがある。

(1) **バフ仕上げ**　　バフ仕上げとは，ある周速度で回転する軸に取り付けた

表 11-19 と粒とその適用

と 粒	産出	成分	適 用
炭 化 珪 素	人造	SiC	鋳鉄,非鉄金属の荒および中仕上
アルミナ	人造	Al_2O_3	鉄鋼の荒および中仕上
コランダム	天然	Al_2O_3	鉄鋼の荒仕上
酸 化 鉄	人造	Fe_2O_3	つや出し仕上
酸化クローム	人造	Cr_2O_3	鉄鋼のつや出し仕上
石 英	天然	SiO_2	軟質材の荒および中仕上
トリポリ	天然	SiO_2	軟質材の中仕上
ラ イ ム	人造	CaO, MgO	軟質材の中仕上
珪 藻 土	天然	SiO_2	軟質材の精密仕上

適当な大きさのバフ質(布や皮より成る)でできたバフの円周または側面に,必要な研磨剤を付着させ,その面に工作物を圧接させて研磨する方法であり,金属や非金属のつや出し加工あるいはめっきの前処理として用いられる(表 11-19)。

(2) 液体ホーニング　液体ホーニングとは,水などの液体中に均一に混合した研磨剤を,圧縮空気によって吹き付けて表面を仕上げる加工法であり,無方向性の研磨ができ,無光沢梨地仕上げ,凹凸面の均一研磨,表面粗さを小さくするなど,クリーニングの効果をもつ仕上方法である。

(3) ショットピーニング　ショットピーニングとは,直径 0.7〜0.9 mm の鋼球を 40〜50 m/s の高速度にして工作物を軽打する加工法であり,スケール落としなどの表面仕上げのほかに,疲れ限度を引き上げる効果をもっている。

(4) バレル仕上げ(図 11-81)　バレル仕上げとは,前加工面を微小に削り取る作業と光沢を出す作業の 2 種類から成る。いずれも 6 角あるいは 8 角のドラムを水平あるいはいくらか傾斜させ,そのドラムの中に工作物とメディアと称する研磨石とを適当な配分で入れ,水に適当な量のコンパウンドを加えた挿入液とともに約 20 min^{-1} で回転させて仕上げる方法である。

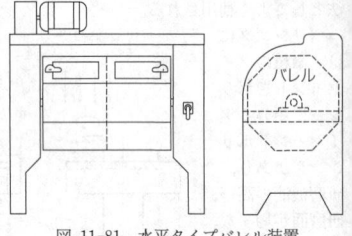

図 11-81　水平タイプバレル装置

(5) ベルト研削　研磨紙または研磨布をベルト状にした研磨ベルトを用いて工作物を研磨する加工法。研磨ベルトの速度を 17〜33 m/s に保ち,そこに工作

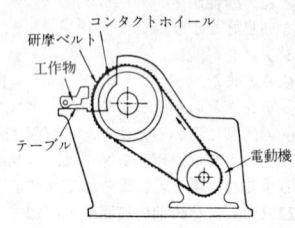

図 11-82　コンタクトホイール式ベルト研削盤

表 11-20 ベルト研削の加工条件

工作物材料	と粒	粒度番号 荒仕上	粒度番号 精密仕上	速度 m/min	圧力 MPa
銅合金	SiC	36～80	120～180	1500～1700	新ベルト 0.05
鋳鉄	SiC	24～36	60～80	800	
軟鋼	Al$_2$O$_3$	36～60	120～180	800～1000	古ベルト 0.15
硬鋼	Al$_2$O$_3$	60～80	80<	1000	

物を押しつけて加工する方法で，加工機構は研削と同様である。曲面加工にも対応でき，加工能率が高いなどの利点をもち，とくに金型の仕上げ加工として用いるようになった。表 11-20 はベルト研削の加工条件を示す。図 11-82 はベルト研削盤の一例を示す。

11.12. 特殊工作機械（ユニット工作機械も含む）

11.12.1. 組合せ工作機械
組み合わせて一つの機械にまとめた工作機械をいう。船舶や鉱山のように多くの機械を備え付けることの困難な場合に，比較的狭い場所でしかも多くの機能を装備した工作機械が必要になり，このような工作機械が考案された。

11.2.2. 単能工作機械
単能工作機械はただ一つの加工能力をもち，しかも部品のある一定の加工を行うようになっているため，自動車部品や軸受部品などの多量生産に適している工作機械である。

さらに，加工目的に合った最適な設計と，より効率的な冶工具を用いることで，単能工作機械というより，専用工作機械として加工能力がさらに大きくなった。

11.12.3. 複合工作機械
組合せ工作機械は旋削，中ぐり，形削り，フライス削

旋盤，ボール盤，フライス盤および形削り盤を

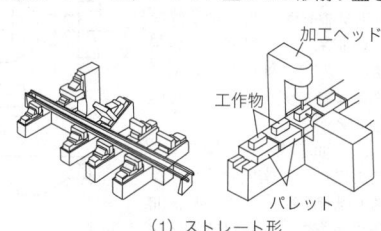

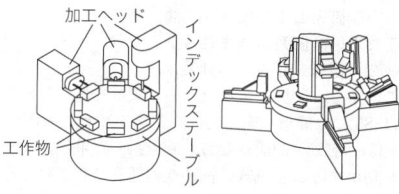

(1) ストレート形

(2) ロータリインデックス形

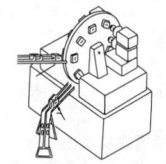

(3) トラニオン形

図 11-83 トランスファマシンの形式

りの機構を1台の機械の中に組み合わせたものであるが，高精度化や量産化には不適当である。そこで，1台の機械で，しかも形態はそのままで各種の加工能力をもたせることを考えて作られたのがこの工作機械である。主軸部分にいろいろな工具を取り替えるだけで，高い精度を保持したまま，いろいろな加工を可能にした。

11.12.4. トランスファマシン　トランスファマシンは，多数の加工工程を一つのラインに組み，自動的に製品を作り出す一連の機械である。したがって，トランスファマシンは，自動化された工作機械と自動化された運搬機械との二つの部分から成る。ここに，穴あけ，フライス削りなどの加工ユニット（パワーユニット）が用いられる。

トランスファマシンは，ストレート形，ロータリ形，インデックス形，トラニオン形および連合型に大別される（図11-83）。自動車工場などに用いられるトランスファマシンは，一般にストレート形が多い。

11.13. 工作機械の自動化

11.13.1. ならい制御機構
ならい制御系には，油圧式ならい制御系，電気式ならい制御系，空気―油圧ならい制御系および電気―油圧式ならい制御系がある。

(1) 油圧式ならい制御系　この系には，案内弁式油圧ならい制御系（図11-84），油圧ポテンショメータ式油圧ならい制御系および絞り弁式油圧ならい制御系が含まれる。

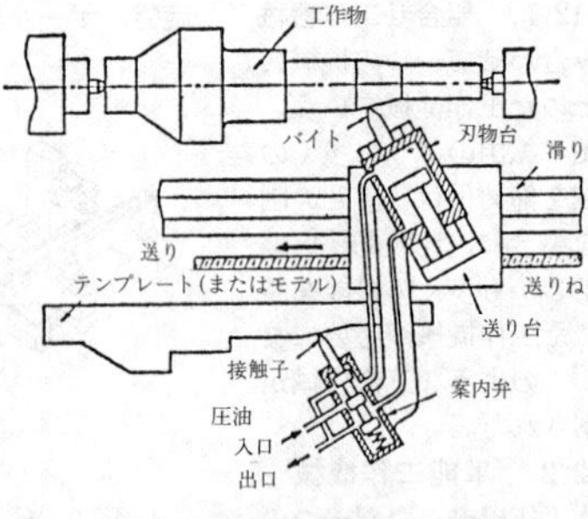

(2) 電気式ならい制御系

図 11-84　油圧式ならい装置

この系は，制御系に電気サーボ機構を応用したもので，多くの形式がある。図11-85には簡単な概念を(a)に，スタイラスの例を(b)に示す。

(3) 空気―油圧式ならい制御系　油圧式ならい制御系において，スプールを動かすのに空気式の補助増幅器をつけて動きをよくする方式であり，図11-86にこの代表例を示す。

(4) 電気―油圧式ならい制御系　電気式ならい制御系における利点と油圧式ならい制御系の利点を取り入れ，非常に速い速度で制御でき，遠隔操作ができる。図11-87は，この方式の一例を示す。この電気―油圧式ならい制御系は，現在の制御系の中ではよい特性をもつので，この機構がますます利用されるであろう。

11.13.2. 位置決め機構

(1) 定寸機構　工作物を必要とする寸法まで加工すると，機械の運動が自動的に停止して，一定の寸法の工作物を能率よく生産するための機構である。定寸機構は3種類に分類できる。

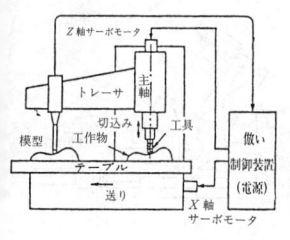

図 11-85 (a)フライス盤の電気式
　　　　　ならい制御

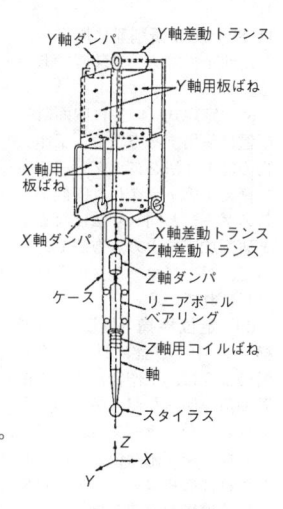

(a) 計測式　工作物を加工している間，測微計で直接工作物の寸法を自動的に計測してあらかじめ定められた寸法に達すると，この測微計から機械に運動停止の指示を与える方法であって，その代表例を図 **11-88** に示す．

(b) 定位置式　工作物の仕上げ寸法と，そのときの工具の位置をあらかじめ定め，その位置に工具が達したとき，機械に運動停止の指令を出すようにした定寸機構をいい，一般にサイズマチックの名で知られている．図

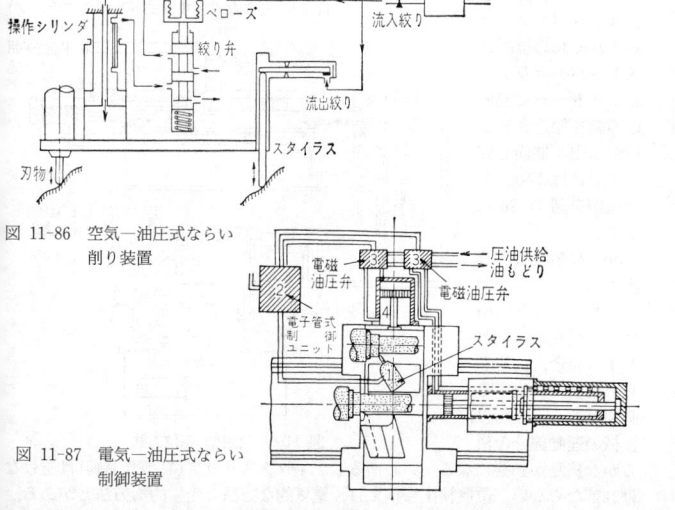

(b)差動トランスを用いた
ならい用トレーサの例

図 11-86　空気―油圧式ならい
　　　　　削り装置

図 11-87　電気―油圧式ならい
　　　　　制御装置

11-89 は歯車研削盤に用いられたサイズマチック装置である。

(c) 定規式　主に内面研削盤に使用する方法で，工作物の加工寸法をプラグゲージで絶えずチェックし，内径がこのゲージと同一寸法になると研削加工を止める方法であって，ゲージマチックの名称で呼ばれている。

(2) 定位機構(位置決め機構)　中ぐり盤，ジグ中ぐり盤のように，工作物に正確な位置関係を保ちながら多くの穴をあける場合，テーブル，サドル，主軸などを正確な位置に設定しなければならない。この場合に用いる機構を定位機構，一般には位置決め機構といい，広義の定寸機構とも考えられる。

(a) ストッパの組合せによるもの　定位置に停止させる数のストッパをそろえ，停止させるそれぞれの位置にストッパをセットする。ストッパに機械の運動を停止させる指令を出す機構を備えておけばよい。その一例を図 11-90 に示す。

(b) 高精度な位置決め機構　ジグ中ぐり盤のような高精度の位置決めを必要とする場合，位置を高い精度で検出する必要がある。さらに，機械の運動部分の滑

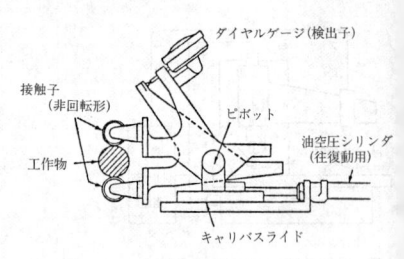

図 11-88　定寸装置の基本構成 (Tipton による)

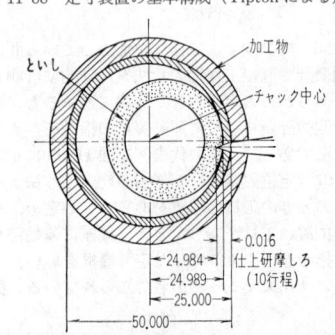

図 11-89　定位置式定寸方法 (サイズマチック)

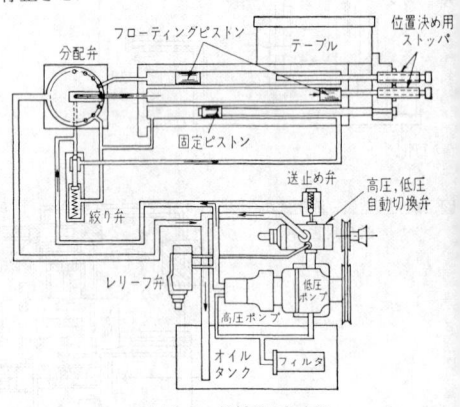

図 11-90　機械的定位方法

らかな移動が必要になる。いわゆるスティックスリップ(息つき運動)は避けなければならない。位置検出機構には，電気的な方法と光学的な方法とがある。

図 11-91 インダクトシン

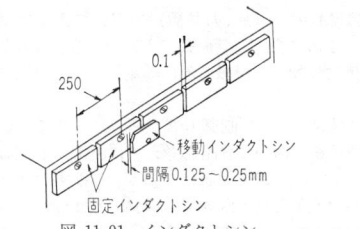

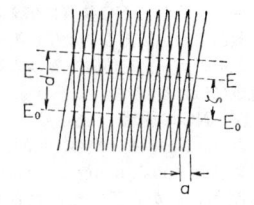

図 11-92 モアレ縞

電気的な方法の一例として，図 **11-91** にあげるインダクトシンによる方法がある。インダクトシンとは，ガラス板上に銀めっきを施し，くし歯状の電気回路を設けてインダクタンスとしたもので，固定尺と移動尺とから成り，移動尺が移動する際に誘起される電圧を測定して位置を知る方法である。

光学的方法には，モアレ縞が用いられる。図 **11-92** のように，移動格子と固定格子をわずかの角度で交差させて重ねたもので，これで粗い横縞が見え，これを移動させると粗い縞が移動し，その移動量で測定する方法である。このほかに，光学格子による方法がある。

11.14. 数値制御工作機械

11.14.1. 数値制御　数値制御（Numerical Control, NC と略す）は，工作機械に対する工具の位置を数値情報により指令する制御を意味し，数値情報が工具の位置および移動速度の情報を与える。NC 装置全体の構成を図 **11-93** に示す。プログラムに含まれる数値情報を，いろいろな媒体にのせてインタフ

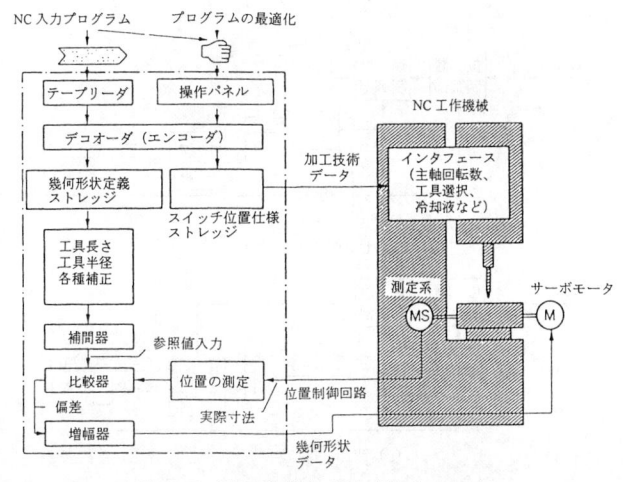

図 11-93　NC 工作機械の構成（Weak による）

ェースを介してNC装置に伝える。MDI（手動入力装置）を用いて人手により数値情報を伝えることもできる。この場合，対話形式で入力できる装置もある。そのデータを位置あるいは速度に変換し，機械各部の運動情報として工作機械に伝える。

(1) NCの種類　NCは，主に機能上および制御方式から分類することができる。NC機能上から，目的の位置まで途中の経路を考えずに制御する位置決め制御（positioning control），途中の経路を問題にするが，1軸ずつ速度を制御しながら工具を移動させる位置決め・直線切削制御（line motion control），2軸以上が同時にある指定された経路に沿って指定された速度で連続的に移動する，連続切削制御あるいは輪郭制御（continuous path control, contouring control）がある。それぞれ穴あけ加工，旋削加工および曲面切削加工（フライス削りが多い）に応用される。

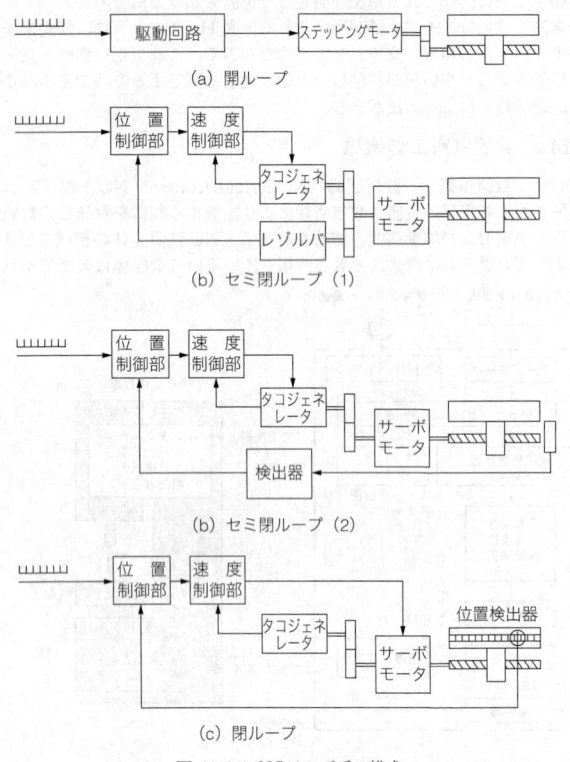

(a) 開ループ

(b) セミ閉ループ (1)

(b) セミ閉ループ (2)

(c) 閉ループ

図 11-94　NCサーボ系の構成

NC機構には，入力情報と出力情報との偏差をできるだけ少なくするフィードバック機構が含まれる。フィードバックをどこからとるかによって制御方式が異なる。制御量を直接検出し，目標値との偏差を少なくする方法をとる閉ループ制御（closed-loop control），制御量を間接的に検出して，直接検出した結果に代わってフィードバックをとるセミ閉ループ制御（semi closed-loop control），制御量は検出せず，一般にパルス量として入力，出力

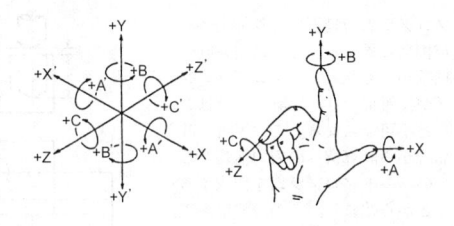

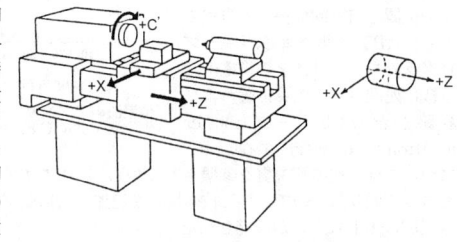

図 11-95　NC工作機械の直線運動および旋回運動の指示並びに表示

情報を利用しない開ループ制御（open-loop control）とがある（図 **11-94**）。制御の精度がそれぞれ異なるが，一般に，セミ閉ループ制御が多い。

(2) NCプログラミング　　NCでは，工作物の図面情報をすべて数値情報に変換しなければならない。その作業をプログラミングという。プログラミングを行う前に，工作機械の動きも一定の規則により情報化しなければならない。図 **11-95**（JIS B 6310：03）は，NC工作機械および工作物の動きの方向を定義したものである。それぞれ，X，Y，Z軸，A，B，C軸などと呼ぶ。軸の動きの方向で正負を決める。

プログラミングには，プログラマの手計算による方法と，電子計算機を用いた自動プログラミングとがある。手計算によるプログラミング（図 **11-96**）は，図面から加工順序に従ってプロセスシートを作り，パンチテープを作成する。

N	G	X	Y	Z	F	M	EOB	説　　　　明
N 001	G 90　G 00			Z 200		M 03	＊	アブソリュート，Z＝2 mmへ早送，主軸正転
N 002	G 81	X 2700	Y 3000	Z -1500	F 230		＊	固定サイク　a点穴あけ
N 003		X 4000	Y 5000				＊	ル指定　　　b点
N 004		X 6000					＊	c点
N 005		X 7000	Y 3500				＊	d点
N 006		X 5000	Y 4000				＊	e点
N 007	G 80	X 0	Y 0			M 05	＊	固定サイクルキャンセル原点へ早送り
N 008	G 00			Z 15000			＊	工具引上げ

図 11-96　板の穴あけ

プログラムの良否により加工時間が相当に異なる。とくに同時制御軸数が多くなると，プログラミングが複雑になり，手計算ではほとんど不可能になる。この場合，部品図から計算機への入力情報としてのパートプログラムを作成することから始まる。この方法に，広く用いられる APT (Automatic Programmed Tools) がある。工具位置を自動的に決める方式であり，APT 言語によるパートプログラムをつくり，その後電子計算機に処理させ，工具位置および経路を含む CL テープ (cutter location tape) を作成する (APT

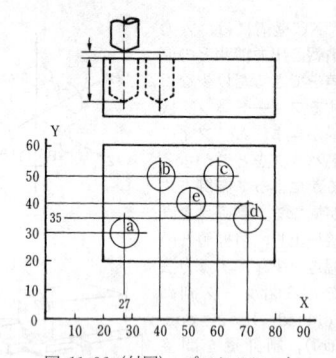

図 11-96（付図） プロセスシート
（位置決めアブソリュート座標，同時2軸制御 固定サイクル G 81 使用）

については，他の解説書を参照されたい）。このプログラムは，工具経路の情報のみを取り扱うので，加工技術情報を追加した自動プログラミングのシステム (EXAPT など) が開発された。

(3) NC 加工　NC プログラムを用いて加工する方法を NC 加工という。NC 加工の代表的な例は，位置決め制御が主に行われる NC 穴あけ加工 (NC ボール盤による)，位置決め直線切削制御および連続切削制御が用いられる NC 旋削加工 (NC 旋盤による)，位置決め直線切削制御の活躍する NC 中ぐり加工 (NC 中ぐり盤による)，輪郭制御が得意な NC フライス加工 (NC フライス盤による) などである。さらに中ぐりフライス，穴あけなど複合加工が可能な NC 工作機械の代表的な機種であるマシニングセンタおよび旋削を中心に複合化が進んだターニングセンタによる加工と，いろいろな加工が NC によって行われ，自動化が進んだ。

NC 加工のメリットは，複雑な形状の加工ができる，中少量ロットの生産に適している，加工の種類の多い多品種加工，同じ加工の繰り返しの多い部品の加工に適しているなどである。このためには，工具の標準化を含め，いろいろな面での標準化が必要になる。

11.14.2. NC 旋盤（ターニングセンタ）とマシニングセンタ　NC による代表的な加工が丸物加工と箱物加工であり，これらは NC 旋盤とマシニングセンタが主役である。NC 工作機械の大部分はこの 2 機種により占められる。

(1) NC 旋盤（ターニングセンタ）　NC 旋盤は，ならい旋盤，プログラムコントロール旋盤などを基礎にして，工具位置情報を数値情報に置き換えて制御する旋盤であり，プログラムに従って工具位置を自由に変えることができ，いろいろな形状の加工が可能になる。したがって，ねじ切りから複雑な形状の旋削加工に応用されるようになった。いまでは，フライス削りもできる工具交換装置を備えたターニングセンタ（図 11-97）として使われるようになっている。

ターニングセンタは，JIS B 0105：02 によると，主として工作物を回転させ，工具の自動交換機能（タレットを含む）を備え，工作物の取付け替えなしに，旋削加工のほかに多種類の加工を行う数値制御工作機械と定義される。

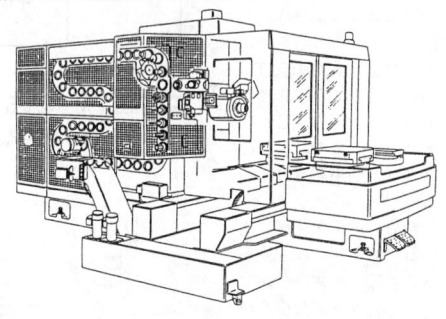

(2) マシニングセンタ　マシニングセンタは，JIS B 0105：02 によると，フライス削り，

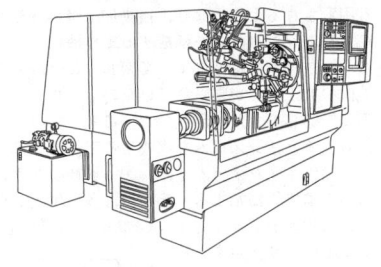

図 11-97　ターニングセンタ

穴あけ加工など旋削および研削に加え，一部特殊な切削加工を除くほとんどの切削加工が可能な多機能工作機械である。自動工具交換装置（ATC）を備え，工具マガジンから加工要求に応じて所定の工具を取り出して切削加工する，無人加工を目指した工作機械であると定義されている。

マシニングセンタには，横中ぐり盤などから変化した横形マシニングセンタ，立てフライス盤，ジグ中ぐり盤などから変化した立て形マシニングセンタ，プラノミラ形に ATC を備えた門形マシニングセンタがある。図 **11-98** は代表的な横形マシニングセンタの例であり，多面加工ができることからマシニングセンタの主流であった。その後，金型加工を主体に垂直主軸をもつ立て形マシニングセンタがつくられ，いろいろなアタッチメントが用意されるようになって，マシニングセンタの主流になっている。門形マシニングセンタ（図 **11-99**）は，とくに大形部品の加工に用いられる。工具マガジンの収納

図 11-98　横形マシニングセンタ

図 11-99　門型マシニングセンタ

本数は，一般に 20～30 本が主流を占めるが，300 本以上の工具マガジンを別置したマシニングセンタも開発されている。さらに，アタッチメントの自動交換装置（AAC），工作物を自動交換するパレット自動交換装置（APC）など

も用意されるようになり，自動加工がいっそう進んでいる。

11.14.3. システムを構成する工作機械 生産システムを構成する工作機械は，システムの特性によって変わることがある。在来型の工作機械では，工作機械の加工方法が限られていたので，レイアウトを変えることでいろいろな加工に対応してきた。現在でも，この方式のシステムは多い。しかし，自動化が進展すると，システムを構成する工作機械の姿も変わりつつある。

自動化生産システムは，フォード社のトランスファラインによる生産システムから本格的に始まる。その後，多量生産からしだいに中少量生産の自動化のための生産システムとして，フレキシブル生産システム（FMS）が構築されるようになり，生産方式が生産形態に適した構成になってきた（図11-100）。

量産に用いるトランスファ生産システムには，一般にユニット構成工作機械が用いられる。ユニットは標準化され図11-101に示すように，ベッドユニットから加工ヘッドユニットまで，各種のユニットが用意されている。

一方，中少量生産に用いるフレキシブル生産システムでは，大部分がマシニングセンタを中心機種とする構成である。マシニングセンタのもつ多機能性を十分利用した生産システムといえよう。図11-102に示す代表的なFMSでは，角物の工作物（鋳物部品が多い）が加工されるので，フレキシブル加工システムともいえよう。このほかに，大物の加工用FMS（門形マシニングセンタ），軸物加工用FMS（部品供給用ロボット付きNC旋盤）などがある。

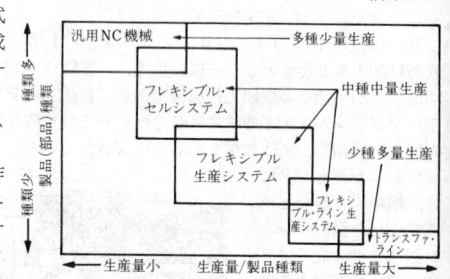

図 11-100 製品の種類と量に基づく生産形態の分類（工作機械による製品生産の例）

図 11-101 モジュラユニット

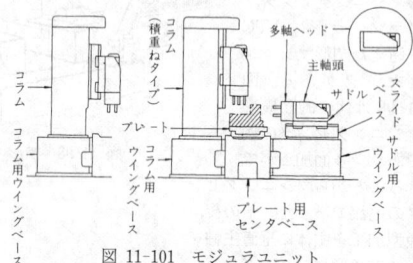

図 11-102 FMSの例

システムに適合した工作機械として，フレキシブル加工セル（FMC）が注目されている。1台のマシニングセンタに工作物の自動交換装置を備え，工具自動交換装置とともに無人加工を可能にした工作機械である。FMC を有機的に結合（コンベア，台車などで）し，一つの生産システムとすることが可能であり，発展性のあるシステムを構成することができる。スタンドアロンでも使えるので，中小規模工場では有効な工作機械である。

これらの中間を考えて，量産にも多様化にも対応できるシステムとして，フレキシブルトランスファライン（FTL）が開発された。多様化には少し劣るが，生産性は一段と向上するので，導入が進められている。最近では，コンパクトな逆さ方式の主軸をもつターニングセンタが，生産システムに利用されるようになった。

11.15. 基礎と据え付け

工作機械が高い精度を要求するようになるにしたがい，工作機械を据え付けるための基礎が重要になる。

11.15.1. 機械の据え付け法 工作機械の据え付け場所は，基礎が強固な恒温恒湿の部屋が望ましいが，その使用目的に応じて，それ相当の条件の下に，据え付け場所を決定することが大切である。

(1) 温度変化　温度変化がある程度許容しうるような工作機械もあるけれども，とくに高精度を要求する場合，なるべく温度変化の少ない場所に機械を据え付けることが必要である。

(2) 振動　外部からの振動を防ぐために，起重機その他の振動源となるものからなるべく離れた場所に据え付けることが必要である。とくに高精度を要求する場合，道路あるいは鉄路から遠く離して工作機械を設置することもある。

11.15.2. 基礎 工作機械の基礎に必要な項目は，

(a) 機械の精度および機能の保持に十分なものであること。

(b) 長期間にわたり，沈下や傾斜などが起きないこと。

(c) 機械の作動による浮動性をもたないこと。

(d) 十分な耐圧強度をもち，破損しないこと。

(e) 外部振動に絶縁されたものであること。

(f) 工作機械の据え付け，管理，保守作業が容易で安全であること。

(g) 施工が容易であること。

据え付け部品として基礎ボルト，図 11-103 のレベリングブロックが用いられる。

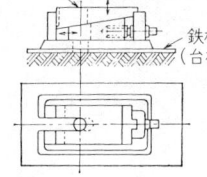

図 11-103　レベリングブロック

11.15.3. 据え付け法 据え付け要領（図 11-104）は，

(a) ベッドを基礎の上に置き，豆ジャッキで数箇所ささえて心出しし，水平調整を行う。

(b) ベッドの基礎ボルト穴に心出しブシュを入れ，基礎部分にモルタルを埋める。

(c) その上に台板とレベリングブロックを入れる。

(d) 台板のすみに軟木製くさびを打ち込み，台板のまわりにモルタルを詰める。

(e) 数時間後，レベリングブロックをきかせる。

(f) 心出しブシュを取り除き，基礎ボルトを少し締め，豆ジャッキを取り除く。

(g) ベッドの水平を点検し，基礎ボルトを締める。

据え付け高さは，工作機械の種類によって異なる。

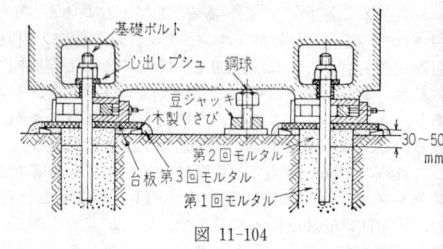

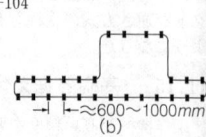

図 11-104

図 11-105 工作機械の支持方法
(a) 三点支持方式 (b) 多点支持方式

とくに超精密工作機械では，空気ばね方式の支持を用い，3点支持とし，支持点を切削面近くにする，いわゆるアッベの原理を応用した方法が採られている。これらにより，ローリング振動などの影響を少なくしている。図 11-105 は，精密工作機械を3点支持方式でささえる基礎の位置を示している。この場合の精密工作機械のベッドは，支点のないベッド部分の変形を極力抑えるような十分な剛性をもたなければならない。ベッドの剛性が得られない長い構造の場合は，3点支持を基本にして，単に支持のみを行わせる多点支持方式を採用している。

12章　特殊加工

従来の加工は，力学的エネルギを用いた加工であるが，電気エネルギ，化学エネルギ，電気化学エネルギ，熱エネルギなどを加工源として加工することを特殊加工と呼び，Non-traditional Machining という。しかし，現在は特殊という呼び名を変えようとする動きもある。表 12-1 はこの中に含まれる加工方法（除去加工）を示す。

12.1. 放電加工（EDM, electrical discharge machining）

絶縁性の加工液（一般には灯油が多い）中で被加工物と成形用電極との数ミクロンの間に，繰り返し絶縁破壊によるアーク放電を起こさせ，被加工物を除去する加工法である（図 12-1）。放電の原理を応用しているので，高い硬度や強じんな金属材料に対して，電極の成形ができれば複雑な形状でも除去加工ができる。加工時に働く力が小さい，自動化がしやすいことなどの利点があるが，反面，電極の消耗がある，加工速度が遅い，材料によって熱的ダメージを受けやすいなどの欠点がある。

加工電極として，銅合金（黄銅が多い）あるいはグラファイトを多く用いるが，一部には AgW あるいは CuW の焼結金属を用いることもある。

放電加工には，特定の形状の電極を用いないワイヤ放電加工(wire-EDM)がある。0.02～0.35 mm の細い金属線を電極とし，加工形状に沿って移動しながら放電加工を行う。電極は常に新しく供給することにより高い精度を確保している。NC を取り入れ，複雑な形状の加工も可能になった。ただ，加工液には多くの処理材が残るので，常に加

表 12-1　特殊加工法の分類（除去加工）

加工エネルギ	加 工 法 名 称
電　　気	放電加工 電子ビーム加工 イオンビーム加工* プラズマ加工 マイクロ波加工
光	レーザビーム加工 （光ビーム加工）
電 気 化 学	電解加工 電解研削 電解研磨 Electro-stream 加工
化　　学	化学研磨 フォトエッチング ケミカルミーリング メカノケミカルポリシング
力　　学	液体ジェット加工 静水圧利用加工

*を除き熱利用加工という分類もある。

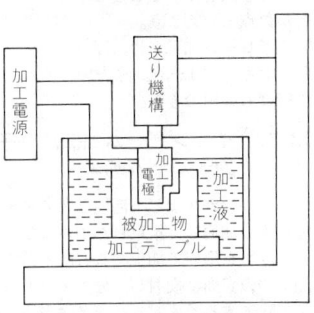

図 12-1　放電加工機の基礎構成図

工液から加工くずを除去する必要がある。形彫り放電加工機とともにワイヤ放電加工機についても JIS B 6360：99 に試験法などを規定している。

放電加工は，金型加工に用いられるが，難削材の穴あけ加工にもよく利用される。しかし，加工液中の残りかす処理が必要である。

12.2. 電子ビーム加工 (EBM, electron beam machining)

電子銃から真空中に放射された電子ビームが，被加工物と衝突するときに生じる熱エネルギにより局部的に除去する加工法である（図 12-2）。電子ビーム加工の特長は，微細加工ができる（エレクトロンリソグラフィとして応用される），高い融点をもつ材料の加工ができる，加工中に被加工物に力が加わらない，工具の損耗に無関係であることなどである。一方，熱加工であるために，加工変質層ができやすい，蒸気圧力の高い金属が含まれる合金の場合，その成分だけが除去されやすい，真空中の加工であるなどのために，チャンバの制限を受けることなどが欠点といえよう。

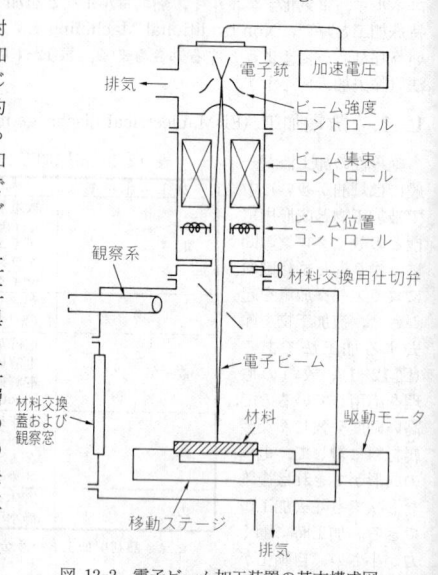

図 12-2 電子ビーム加工装置の基本構成図

電子ビーム加工には，高パワー密度および低パワー密度の加工があり，様式が異なる（図 12-3）。除去加工のみならず，溶接にも応用できる。

12.3. イオンビーム加工，分子・原子ビーム加工

アルゴンガスなど不活性ガスのイオンを電気的に加速し，集束したイオンビームのエネルギを用いて加工する方法である。被加工物の表面に投射し，分子・原子のオーダで除去するイオンスパッタ除去加工法である。除去以外に，イオンを注入する方法もあり，将来的な加工方法である。イオンを付着させるいわゆるモレキュラビーム工

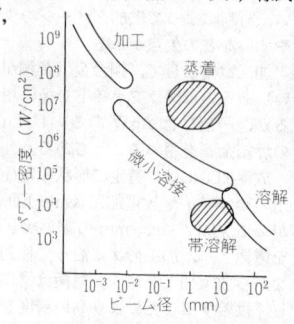

図 12-3 電子ビームの応用分野

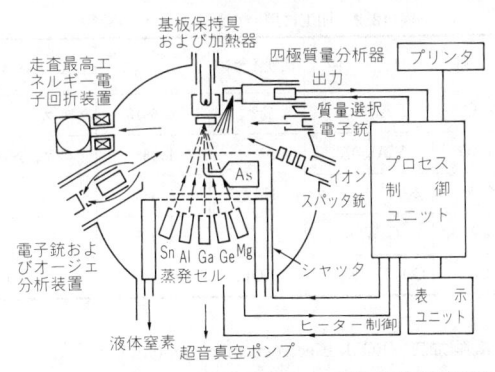

図 12-4 コンピュータ制御の分子線による結晶成長装置概略図

ピタキシャル結晶成長法は,分子・原子ビーム加工の中の一つである(図 **12-4**)。

12.4. レーザビーム加工

単色性,指向性,コヒーレント性など,いろいろな特長をもつレーザ光が開発された。これらの優れた特性を活かし,平行性のよい高いパワーのレーザ光を,いろいろな光学系を用いて被加工面に集光させ,加工する方法が,レーザビーム加工法である(図 **12-5**)。レーザビーム源としては表 **12-2** に示すように,固体レーザおよびガスレーザが主要なものである。

この中で,固体レーザではルビーおよび YAG(Yttrium Aluminum Garnet) が,気体レーザでは CO_2 ガスレーザが主力である。固体レーザは出力は比較的小さいが,波長が短いので,小さな部分の加工に適しており,微小な穴あけ,あるいは溶接に用いられる。CO_2 ガスレーザは大出力であるが,波長が長いので小さな部分の加工には不適当である。しかし,穴あけ,溶接はもとより,熱処理にも利用できるので,広く応用されている。

電子ビーム加工に比較してビームが絞りにくく,ビームの制御性も良くないけれども,真空を必要としないので,多くの材料,いろいろな形状・大きさの部品の切断と加工に用いられる。ただ,レーザ光を反射あるいは透過する材料の加工には適しない。

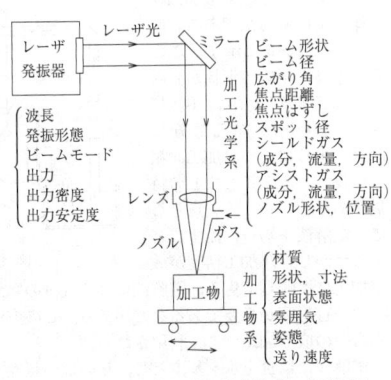

図 12-5 レーザ加工機の基本構成と条件因子

表 12-2 加工に用いられるレーザの種類

種類		母体	活性イオン	レーザ光波長 (μm)	発振形式
固体	ルビー	Al_2O_3	Cr^{3+}	0.6913	パルス
	YAG	$Y_3Al_5O_{12}$	Nd^{3+}	1.065	パルス，連続 (CW)
	ガラス	ガラス		1.065	〃　〃
	$CaWO_4$	$CaWO_4$		1.065	〃　〃
気体	CO_2	CO_2-He-N_2	CO_2	10.63	連続 (CW)

12.5. 電解加工 (ECM, Electrochemical machining)

電気めっきの際に生じる陽極金属の溶解現象を応用したもので，被加工物を陽極，工具を陰極として，その間げきに電解液を速い速度で流すことにより溶解した金属を除去することで，電極に応じた形状に被加工物を作り上げる方法である。原理図を図 12-6 に示す。この方法では，電極の消耗が少ない，加工量が大きい（数 10 〜 200 g/min），加工部分に変質が生じにくい，加工面粗さが良好であることなどの特長がある。しかし，欠点として，電解液を均一に流すことがむずかしい，加工精度が放電加工に比較して劣る，電解液による機械の腐食対策が必要である，電解析出物の公害対策が必要であるなどがある。この方法はとくに，航空機部品の強じん合金の成形加工によく利用される。

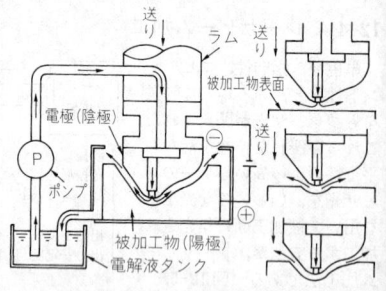

図 12-6 電解加工の原理

電解液には食塩水を基本とし，そのほか苛性ソーダ，硝酸ソーダなどを添加する。電極には黄銅や銅を用いる。通電性のあるといしを電極として用いる電解研削法も利用され，超硬工具の成形に利用される。

12.6. 化学的加工 (Chemical machining)

化学的加工方法には，化学研磨，フォトエッチング，ケミカルミリングなどが含まれる。

化学研磨は，被加工物の表面における微小な突起を選択的に除去し平滑な面を得る加工法である。加工変質層を除去するときに用いられる。しかし，浴温度および時間の管理を十分に行う必要がある。

フォトエッチングは，写真原板とフォトレジストを用い，局部的に被覆され

た被加工物表面の被覆されない部分をエッチングにより除去する加工法である。精密電子部品の加工に広く利用される。

ケミカルミリングは、被加工金属表面を耐薬品塗膜でおおい、加工液中に浸して塗膜のない部分を溶解除去する加工法である。複雑な形状の加工ができることから、航空機部品の外板の加工によく利用される。

12.7. その他の加工法

その他の加工法には、マイクロ波加工法、とくに細穴加工に有効なエレクトロストリーム加工法、液体のジェット圧で加工する液体ジェット加工法などがあり、この分野の加工法は、さらに進展すると思われる。

ウオータジェット加工法は、JIS B 0105：02 によると、水を高圧でノズルから噴射させて加工を行う工作機械（図 12-7）と定義している。水に研磨剤を混入して行うアブレッシブジェット加工機もある。ウオータジェット加工では、木材の切断やルータに代わり型抜きも行う。またアブレッシブジェット加工機では、鉄板の切断や型抜きを行う。

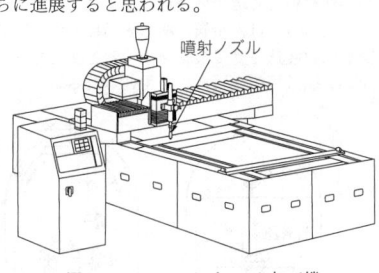

図 12-7 ウォータジェット加工機

12.8. 光造形法

Desk top manufacturing といわれる造形法が開発された。一般的な加工方法は、光造形法といわれ、液状の光硬化性樹脂の必要な部分に紫外線を照射して、その部分を硬化させて製品を作り出す方法である。NC 技術を応用して、製品の等高線に沿って紫外線を照射しつつ順次硬化積層させることにより、いろいろな形状の製品を積層造形する方法である（図 12-8）。商品開発におけるプロトタイプの作成や、医用（外科手術など）のいろいろな分野などで利用されている。

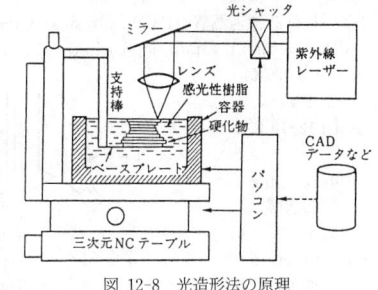

図 12-8 光造形法の原理

12.9. 表面処理

部品の寿命を支配する表面の性能に、耐摩耗性、潤滑性、耐食性、耐熱性などがある。これらの性能を部材の表面に付与する処理を表面処理という。表面

処理には，物理・化学的，電気的あるいは機械的な方法がある。

12.9.1. 金属皮膜処理

めっき処理としてよく知られ，電気めっき，溶融めっき，拡散めっき，蒸着めっき，溶射などが含まれる。

電気めっきは，電解質水溶液中で電解反応を利用し，金属あるいは非金属面に金属被膜を析出させる方法である。析出させる金属は，貴金属，亜鉛，カドミウム，すず，銅，ニッケル，クロムなどがある。

溶融めっきは，比較的融点の低い金属の溶融状態の中に，素材を浸漬させて金属被膜を付着させ，凝固させる方法であり，すず，亜鉛，アルミニウムなどが被覆材料として用いられる。

拡散めっきは，金属素材の表面に，他金属の粉末あるいは溶融塩中でその金属を拡散浸透させて被膜をつくる方法である。クロム，アルミニウム，ほう素などが拡散用の金属として用いられる。

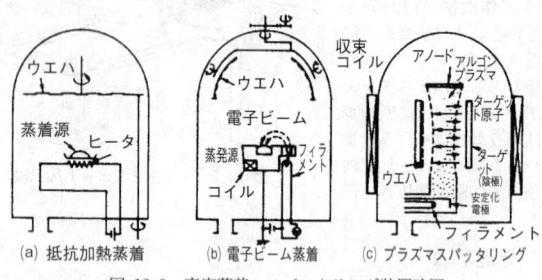

図 12-9 真空蒸着，スパッタリング装置略図

蒸着めっきには，真空蒸着，スパッタ蒸着（図 **12-9**），イオンプレーティングといわれる物理蒸着（PVD, physical vapor deposition）および化学蒸着（CVD, chemical vapor deposition）が含まれる。拡散めっきは，化学蒸着法の一種である。レーザ PVD の一例を図 **12-10** に示す。

溶射は，加熱により溶融状態にした溶射用材料（粉末あるいは粒子）を，被加工物に吹き付け表面被膜をつくる処理方法である。ガス溶射法，アーク溶射法，プラズマ溶射法など

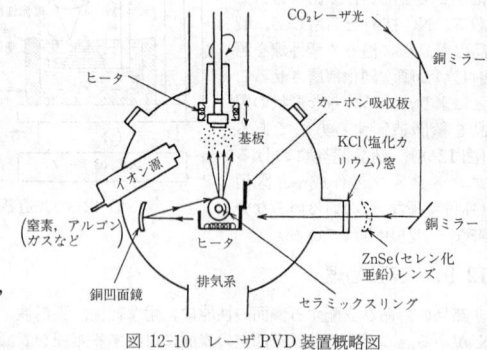

図 12-10 レーザ PVD 装置概略図

があり，耐食，耐熱覆膜，潤滑性覆膜など，いろいろな機能をもつ覆膜をつくることができる．

無電解めっきは，化学めっきともいい，溶液中の金属イオンを化学的に還元して表面にめっき覆膜をつくる方法である．

12.9.2. 化成処理

金属の表面を化学的に処理することにより酸化被膜，無機塩類の被膜をつくることをいう．

鉄鋼の黒染は，酸化促進剤を加えたアルカリ溶液を沸騰させ，その中に鉄鋼を入れると表面に Fe_3O_4 が生成し，安定した皮膜をつくる処理をいう．

アルミニウムの陽極酸化は，適当な電解液中に浸漬させたアルミニウムを陽極として電解酸化させ，表面に酸化被膜をつくる処理をいう．

りん酸塩被膜は，水溶性の第一りん酸塩溶液を加熱し，その中に鉄鋼素材を浸漬し，表面に不溶性のりん酸塩を析出させて被膜をつくる処理をいう．

12.9.3. 非金属被膜処理

この中には，プラスティックコーティングおよびセラミックコーティングが含まれる．

プラスティックコーティングには，プラスティックライニングおよびゴムライニングがあり，ライニング材により表面を被覆処理する方法である．

セラミックコーティングは，各種セラミックで被膜をつくる処理であり，ほうろう，ガラスライニング，溶射法，蒸着（CVD，PVD）などがある．

12.9.4. 機械的加工による表面処理

表面に粒子あるいは液体を噴射あるいは投射して表面を処理する方法である．

(1) グリッドブラスト仕上げ（またはサンドブラスト仕上げ）　石英砂を高圧空気により表面に噴射させ仕上げる方法で，サンドブラスト仕上げといわれる．砂の代わりにグリッド（ショットを粉砕したもの）を用いたグリッドブラスト仕上げも用いる．この方法により，表面処理，ばり取りのほかに穴あけ，みぞ切り，切断などができる．

(2) ショットピーニング　砂，グリッドの代わりに硬化された鉄の小球を用いる処理法である．表面を平滑にするとともに，表面の疲労強度および他の機械的性質を向上させる．このときに用いる鉄の小球はショットと呼ばれる．表 12-3 にショットピーニングによる効果を示す．

表 12-3　ショットピーニングによる効果例

機械部品	疲労限の向上 (%)
クランク軸	900
板バネ	600
コイルバネ	1370
歯車	1500

(3) 液体ホーニング　と粒を工作液とともにノズルから高速度で工作物に噴射させ，平滑な表面を得る方法である．この方法は，寸法精度よりも滑らかな表面を得るために用い，他の方法では工作しにくい複雑形状をもつ表面の加工に適している．

(4) その他　表面処理技術には，一般の焼入れ法のほかにイオン注入法など，多くの新しい技術が開発されている．

13章　工作機械の試験方法および検査

13.1. 試験・検査法の概要

　工作物を必要な精度に作り出し，加工された表面に必要な粗さを与えるために，工作機械は正確に動かなければならない。したがって，工作機械には，単に寸法や形態上の静的精度が確保できるのみならず，運動の平滑，平衡，正確さの動的精度が保証されねばならない。工作機械の幾何形状と工作精度を調べる方法は，JIS B 6191：99 に規定されており，各機種についてもそれぞれ精度検査規格がある。NC工作機械に関しても機種ごとに規格があるが，NC特有な機能については別に定められている（例 JIS B 6192：99 など）。

13.2. 試験・検査方法の考え方

　工作機械の試験方法には，加工能力に関する試験，工作精度に関する試験，運動の正確さに関する試験，熱変形試験などがある。これらは，JIS規格に取り入れられている。一方，試験・検査の性質から，分析・解析的な試験・検査 (Analytical)，分析・評価のための試験・検査 (Assessment)，受取り試験・検査 (Acceptance) がある。JIS規格に基づくいろいろな試験は，工作機械の機能を調べる試験，許容値からの偏差を調べる試験・検査で，受取り検査のための試験・検査といわれていた。しかし，現在では受取り検査とともに，分析・評価のための試験・検査になりつつある。ただ，工作機械の各性能と加工性能との定量的な関連が，十分明らかになっていないので，これからの研究に待つところが多い。

　工作機械の性能評価には，
　　作業の面から　　　操作法，安全性など
　　精度の面から　　　寸法精度，形状精度，仕上げ面粗さなど
　　能率の面から　　　高速性能，強力性能，移動速度と精度，耐荷重など
　　機械本体の面から　耐久性，耐振性，熱安定性，耐摩耗性，保守性など
　　その他　　　　　　工具の把握性能，工作物の把握性能，加工性能など

が必要であり，これらの評価項目を十分評価できる規格でなければならない。

13.3. 受取り検査（工作機械の評価法）

　受取り検査の一つの形態として，実削試験がある。実削試験には，用いる試験片の設定が重要である。

　英国の MTIRA では図 13-1 のような試験片を旋削加工用に，Birmingham（バーミンガム）大学では図 13-2 のような試験片をフライス削り用に提案している。JIS規格では，数値制御旋盤やマシニングセンタには，工作精度試験として ISO 国際規格と整合する方向で規定している。

13.3.1. 試験検査通則　試験検査方法には，工作機械の構成部分の関連精度を調べる静的精度試験，運動にともなう精度を調べる試験および工作機械の

切削による精度を調べる工作精度試験がある。機械が据え付けられ，無負荷で静止している状態で検査する精度検査および実際に切削して工作物の精度を調べる工作精度試験を規定した，JIS B 6191：99静的精度試験方法および工作精度試験方法，さらに実際に運動させて振動および騒音の測定法を規定している JIS B 6003：93振動測定法および JIS B 6004：80騒音レベル測定法，テーブル運動の正確さを調べる数値制御による位置決め精度試験方法通則（JIS B 6192：99）および円運動精度試験方法通則（JIS B 6194：97）などがある。

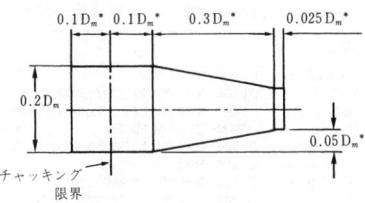

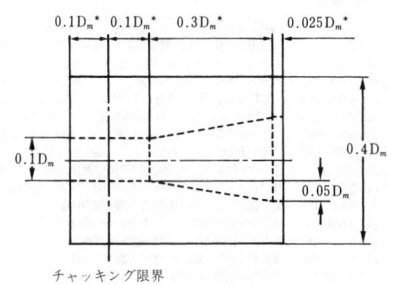

図 13-1 MTIRA 提唱のテーパ形試験片の形状

13.3.2. 運転試験 工作機械の使用状態における各種の機能を試験・検査することを目的とする試験・検査法で，JIS B 6201：93 に規定している。その内容は，機能の試験（数値制御によらない），無負荷運転試験，負荷運転試験およびバックラッシ試験である。数値制御による場合は，精度試験の項で挙げた位置決め精度試験，繰り返し性試験および円運動精度試験である。

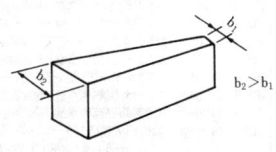

図 13-2 フライス加工用 (U.Birmingham)

13.3.3. 工作精度試験 工作機械の試験法は，工作機械が，求める部品を必要な形状・精度で作り出しうる能力を試験する方法である。そのために，工作し終った部品のもつ精度を直接測定すれば，工作機械の能力を直接評価できる。しかし，この方法では一般性に欠けるので，工作機械の工作精度（機械自身が作り出す能力）を評価する場合，寸法・精度などを含む一定の形状に作り上げた部品を測定する方法がとられる。この方法は，工作精度試験として，JIS B 6191：99 に試験で用いる測定機器も規定しており，一般的な方法については，各種機械で個々に規定している。もちろん標準的な試験片に代わり，各企業が必要に応じて試験片を決めることができる。

13.3.4. 各種工作機械の試験および検査方法 JIS 国内規格では，表 **13-1** に示すように，工作機械ごとに試験および検査法を決めている。いくつかの例を規格から抜粋して示しておく。

13.3.5. 数値制御旋盤の試験および検査方法 工作機械の試験および検査

表 13-1 精度検査規格一覧（2007 年 JIS ハンドブックより）

通則

JIS B 6003:93	工作機械—振動測定方法
JIS B 6191:99	工作機械—静的精度試験方法及び工作精度試験方法通則　ISO 230-1:96(MOD)
JIS B 6192:99	工作機械—数値制御による位置決め精度試験方法通則　ISO 230-2:97(MOD)
JIS B 6193:03	工作機械—熱変形試験方法通則　ISO 230-3:01(IDT)
JIS B 6194:97	工作機械—数値制御による円運動精度試験方法　ISO 230-4:96(IDT)
JIS B 6195:03	工作機械—騒音放射試験方法通則　ISO 230-5:00(IDT)
JIS B 6196:06	工作機械—対角位置決め精度試験方法　ISO 230-6:02(IDT)
JIS B 6201:93	工作機械—運転試験方法及び剛性試験方法通則

精度検査

JIS B 6202:98	普通旋盤—精度検査　ISO 1708:89(MOD)
JIS B 6203:98	ひざ形横フライス盤—精度検査　ISO 1701-2:97(MOD)
JIS B 6204:98	ひざ形立てフライス盤—精度検査　ISO 1701-3:97(MOD)
JIS B 6208:98	ラジアルボール盤—精度検査　ISO 2423:82(MOD)
JIS B 6209-1:98	角コラム形直立ボール盤—精度検査　ISO 2772-1:73, -2:74(MOD)
JIS B 6209-2:98	丸コラム形直立ボール盤—精度検査　ISO 2773-1:73, -2:73(MOD)
JIS B 6210:98	テーブル形中ぐり盤—精度検査　ISO 3070-0:82, -2:97(MOD)
JIS B 6211:06	横軸内面研削盤—精度検査　ISO 2407:97(IDT)
JIS B 6212:06	テーブル移動形円筒研削盤及び万能研削盤の検査条件—精度検査　ISO 2433:99(IDT)
JIS B 6213:06	横軸角テール形平面研削盤—精度検査　ISO 1986-1:01(IDT)
JIS B 6214:96	立て軸回転テーブル形平面研削盤—精度検査
JIS B 6216:98	ホブ盤—精度検査　ISO 6545:92(MOD)
JIS B 6217:98	タレット旋盤及び単軸自動旋盤—精度検査　ISO 6155:98(MOD)
JIS B 6218:90	主軸台移動形単軸自動旋盤の試験及び検査方法
JIS B 6220:99	心なし研削盤—精度検査　ISO 3875:90(MOD)
JIS B 6222:98	床上形横中ぐり盤—精度検査　ISO 3070-0:82, -3:97(MOD)
JIS B 6223:98	立て旋盤—精度検査　ISO 3655:86(MOD)
JIS B 6225:06	ベッド形立てフライス盤—精度検査　ISO 1984-2:01(IDT)
JIS B 6226:06	ベッド形横フライス盤—精度検査　ISO 1984-1:01(IDT)
JIS B 6227:98	立て形内面ブローチ盤—精度検査　ISO 6779:81(MOD)
JIS B 6228:03	門形プラノミラー—精度検査(解説収録)　ISO 8636-1:00(MOD)
JIS B 6230:98	ガントリ形プラノミラー—精度検査　ISO 8636-2:88(MOD)
JIS B 6251:04	立て軸角テーブル形平面研削盤—精度検査(解説収録)　ISO 1985:98(MOD)
JIS B 6252:04	プレーナ形中ぐり盤—精度検査(解説収録)　ISO 3070-4:98(MOD)
JIS B 6331:86	数値制御旋盤の試験及び検査方法
JIS B 6331-1:06	数値制御旋盤及びターニングセンタ検査条件
	—第1部：水平工作主軸を持つ機械の静的精度　ISO 13041-1:04(IDT)
JIS B 6331-4:06	—第4部：直進及び回転運動軸の位置決め精度　ISO 13041-4:04(IDT)
JIS B 6331-6:06	—第6部：工作精度検査　ISO 13041-6:05(IDT)
JIS B 6331-7:06	—第7部：座標平面内における輪郭性能の評価　ISO 13041-7:04(IDT)
JIS B 6331-8:06	—第8部：熱変形試験　ISO 13041-8:04(IDT)
JIS B 6332:86	数値制御立て形ボール盤の試験及び検査方法
JIS B 6333:86	数値制御立てフライス盤の試験及び検査方法
JIS B 6336-1:00	マシニングセンタ検査条件
	—第1部：横形及び万能主軸頭を持つ機械の静的精度(水平Z軸)　ISO 10791-1:98(IDT)
JIS B 6336-2:02	—第2部：立て形及び万能主軸頭を持つ機械の静的精度(垂直Z軸)　ISO 10791-2:01(IDT)
JIS B 6336-3:02	—第3部：固定又は連続割出し万能主軸頭を持つ機械の静的精度(垂直Z軸)　ISO 10791-3:98(IDT)
JIS B 6338-4:00	—第4部：直進及び回転運動軸の位置決め精度　ISO 10791-4:98(IDT)
JIS B 6336-5:00	—第5部：パレットの位置決め精度　ISO 10791-5:98(IDT)
JIS B 6336-6:00	—第6部：送り速度、主軸速度及び補間運動の精度　ISO 10791-6:98(IDT)
JIS B 6336-7:00	—第7部：工作精度　ISO 10791-7:98(IDT)
JIS B 6336-8:02	—第8部：直交3平面内での輪郭運動性能の評価　ISO 10791-8:01(IDT)
JIS B 6336-9:02	—第9部：工具交換及びパレット交換時間の評価　ISO 10791-9:01(IDT)
JIS B 6360:06	ワイヤ放電加工機—精度検査　ISO 14137:00(MOD)
JIS B 6361-1:99	シングルコラム形彫り込み放電加工機—精度検査　ISO 11090-1:98(MOD)
JIS B 6361-2:99	門形形彫り放電加工機—精度検査　ISO 11090-2:98(MOD)

表 13-2 剛性試験方法

番号	試験事項		測定方法	測定方法図	参考 JIS B 6201 の 3.6 対応番号
1	主軸系の曲げ剛性		(1) 原則として直径 $\frac{D}{4}$ の工作物をチャックに取付け，チャックのつめの面から 20mm のところに X 軸方向荷重 (P) を加えたときの主軸の X 方向の変化を測定する。 (2) 変化の測定位置は，チャック外周の往復台側の端とし，ベッドを基準として測定する。 (3) 荷重 (P) は，次の式で定める。 $$P = \frac{D^2}{1000} (\text{kgf}) \text{又は} \left\{ P = \frac{9.8 D^2}{1000} (N) \right\}$$		
2	心押軸系の曲げ剛性		(1) 心押軸が最も引込んだ位置から心押軸を原則として $\frac{D}{4}$ だけ出し，番号 1 の (3) に規定する X 軸方向荷重 (P) を加えたとき，その点の X 軸方向の変位を測定する。 (2) 変位は，ベッドを基準として測定する。 (3) 心押台及び心押軸は，締付けた状態とする。		
3	刃物台系の剛性	四角刃物台	(1) 原則として刃物台に断面 $\frac{D}{15}$ 角の棒鋼を刃物台から $\frac{D}{10}$ だけ出して取付け，その先端が主軸中心線から X 軸方向に $\frac{D}{4}$ の所にあるように横送り台を定置して，棒鋼の先端に番号 1 の (3) に規定する荷重 (P) をそれぞれ Z 軸及び X 軸の正の向きに加え，そのときの刃物台の Z 軸方向及び X 軸方向の変位を測定する。 (2) 変位はそれぞれ測定方法図の位置でベッドを基準として測定する。 (3) 往復台が移動しないように送り装置又は締付装置を用いる。		5.11
		タレット又はドラム	(1) タレット又はドラムを割り出して締付け，タレット又はドラムに直径 $\frac{D}{8}$ の棒鋼を刃物台から $100 + \frac{D}{4}$ だけ突出して取付け，棒鋼の先端に番号 1 の (3) に規定する荷重 (P) をそれぞれ X 軸及び Z 軸の正の向きに加え，そのときのタレット又はドラムの X 軸方向及び Z 軸方向の変位を測定する。 (2) 変位はそれぞれ測定方法図の位置でベッドを基準として測定する。 (3) 往復台が移動しないように送り装置又は締付装置を用いる。		

備考 1. D はベッド上の振り (mm) を示す。
2. 同一設計の機械の剛性試験は，代表的な 1 台について行った試験結果で代表させ，他のものについては省略してもよい。

表 13-3 静的精度検査

(単位 mm)

番号	検査事項		測定方法	測定方法図	許容値 ベッド上の振り			参考 JIS B 6201の 4.の 対応番号
					500 以下	500 を超え 1000 以下	1000 を超え 2000 以下	
1	ベッド 滑り面 の真直 度[13]	a Z軸方向(垂直面内)	精密水準器をベッド滑り面又は滑り面にまたがせた直定規の上に置き、それぞれ少なくとも中央及び両端の3箇所における精密水準器の読みの最大差を測定値とする。	(a) (b)	0.04/m	0.05/m	0.06/m ベッドは中低であってならない。	6-11
		b X軸方向(垂直面内)	上記の方法によりがたい場合は、精密水準器を往復台上に定置し、往復台を少なくともその動きの中央及び両端の3箇所に置いたときの精密水準器の読みの最大差を測定値とする。		0.04/m	0.05/m	0.06/m	7-41
		c X軸方向(水平面内)	ベッドの振りが500を超える場合は鋼線をベッド滑り面上に真上に張り、これを真上から観測できるように測微顕微鏡を定置して(例えば往復台上に)その全移動距離内における測微顕微鏡の読みの最大差を測定値とする[14][15]。 ベッド上の振りが500以下の場合は、テストバーをセンタ間に取付け、往復台上に定置したテストインジケータをこれに当てて往復台を移動させ、テストインジケータの読みの		センタ間の距離 1000以下の場合 0.01 | 0.01 | 0.02 センタ間の距離 1000を超え 2000以下の場合 0.02 | 0.02 | 0.03 センタ間の距離 2000を超える場合 0.04 | 0.04 | 0.05 ただし、任意の2000で 0.02 | 0.02 | 0.03			6-24 6-23

注 [13] この検査事項はベッド滑り面が水平な構造のものだけに適用する。
 [14] 鋼線の取付け位置は、必ずしも主軸中心線になくてもよい。
 [15] 鋼線は、その測定の両端における測微顕微鏡の読みが一致するように調整する。

13章 工作機械の試験方法および検査

(単位 mm)

番号	検査事項	測定方法	測定方法図	許容値 ベッド上の振り 500以下	500を超え1000以下	1000を超え2000以下	参考 JIS B 6201の 4.の対応番号
		最大差を測定値とする([16])。					
2	ベッド滑り面の平行度	往復台上に定置したテストインジケータを他の滑り面(例えば心押台滑り面)に当てて往復の全移動距離内におけるテストインジケータの読みの最大差を測定値とする。		0.02	0.02	0.03	7-52
3	主軸の振れ	主軸の面板・チャックなどの取付部にテストインジケータを当てて、主軸回転中の読みの最大差を測定値とする。		0.01	0.02	0.02	10-11
4	主軸穴の振れ	主軸穴がテーパのもの	主軸穴にテストバーをはめ、その口元及び先端にテストインジケータを当てて、主軸回転中のテストインジケータの読みの最大差を測定値とする。		テストバーの口元で 0.01 / 0.02 / 0.03 300の位置で 0.02 / 0.03 / 0.04			10-32
		主軸穴が円筒なもの	主軸穴にテストインジケータを当てて、主軸回転中の読みの最大差を測定値とする。		0.01	0.02	0.02	10-31
5	主軸中心線と往復台のZ軸方向の運動との平行度	a 垂直面内([17])で	主軸穴にテストバーを取付け、往復台上に定置したテストインジケータをこれに当てて往復台を移動させ、テストインジケータの読みの最大差を測定値とする([18])		300について 0.01 / 0.02 / 0.03 テストバーは先下りしてはならない。			7-61
		b 水平面内([17])で			300について 0.01 / 0.02 / 0.02 テストバーはX軸の負の向きへ傾いてはならない。			

注 ([16]) テストバーは、その測定の両端におけるテストインジケータの読みが一致するように調整する。
([17]) 垂直面内とはY, Z平面に平行な面内、水平面内とはX, Z平面に平行な面内をいう。
([18]) この測定では、テストバーを主軸に取付けたまま回転し、その全長にわたり測定方向におけるテストインジケータの読みが、その振れのほぼ中央値を示す回転位置を求め、これを基準として測定を行う。

表 13-3 （つづき 1）

(単位 mm)

番号	検査事項	測定方法	測定方法図	許容値 ベッド上の振り 500以下	許容値 500を超え1000以下	許容値 1000を超え2000以下	参考 JIS B 6201の4.の対応番号
6	主軸中心線と工具送り台([⁵])のZ軸方向の運動との平行度（垂直面内([¹⁷])で）	主軸穴にテストバーをはめ，工具送り台上に定置したテストインジケータをこれに当てて工具送り台を移動させテストインジケータの読みの最大差を測定値とする([¹⁸])([¹⁹])。		150について 0.01	0.02	0.02	7-61
7	主軸フランジ端面の振れ	主軸フランジ端面の外周の近くにテストインジケータを当てて，主軸回転中のテストインジケータの読みの最大差を求める。次にテストインジケータを主軸中心線に対し反対側に移して同様の測定を行い，読みの最大差の大きい方を測定値とする。		0.015	0.02	0.02	11-21
8	センタの振れ	主軸穴又はブシュ穴にセンタをはめ，センタの円すい面に直角にテストインジケータを当てて，主軸回転中のテストインジケータの読みの最大差を測定値とする。この事項は，主軸用センタ及び心押用回転センタについて行う。		0.015	0.02	0.03	10-21
9	往復台のZ軸方向の運動と心押軸([⁵])中心線との	a 垂直面内([¹⁷])で	往復台上にテストインジケータを定置して往復台を移動させ，心押軸を引き入れた場合と押出した場合における心押軸の先端に当てたテストインジケータの読		150について 0.02 | 0.03 | 0.03 心押軸は先下りしてはならない。 150について 0.01 | 0.015 | 0.015		7-71
		b 水平面内([¹⁷])					

注 ([¹⁹]) 水平面内([¹⁷])において，テストバーの口元及び先端におけるテストインジケータの読みがほぼ等しくなるように工具送り台を調整する。

13章 工作機械の試験方法および検査

(単位 mm)

番号	検査事項	測定方法	測定方法図	許容値 ベッド上の振り 500以下 / 500を超え1000以下 / 1000を超え2000以下	参考 JIS B 6201の 4.の対応番号
	平行度	ての差を測定値とする[20]。		心押軸はX軸の負の向きへ傾いてはならない。	
10	往復台のZ軸方向の運動と心押軸穴[1]の中心線との平行度	a 垂直面内[17]で b 水平面内[17]で	心押軸穴にテストバーをはめ、往復台上に定置したテストインジケータをこれに当てて往復台を移動させ、テストインジケータの読みの最大差を測定値とする。		300について 0.02 / 0.03 / 0.03 テストバーは先下りしてはならない。 300について 0.02 / 0.03 / 0.03 テストバーはX軸の負の向きへ傾いてはならない。	7-61
11	主軸台と心押台との両心の高さの差	主軸及び心押軸間にセンタでテストバーを支え、往復台上に取付けたテストインジケータをこれに当てて、テストバーの両端におけるテストインジケータの読みの差を測定値とする[20][21]。		0.02 / 0.03 / 0.05 心押台側が低くてはならない。	7-81
12	横送り台の運動と主軸中心線との直角度	主軸に面板又は回し板を取付け、横送り台にテストインジケータを取付けて、主軸中心線を含む水平面内[17]において、中心から一定距離におけるテストインジケータの読みと、面板又は回し板を180度回し、横送り台を移動させて、最初にテストインジケータを当てた点と同一点にテストインジケータを当てたときとの読みの差を測定値とする。		300について 0.02 / 0.03 / 0.04 横送り台がX軸の負の向きへ移動するとき、主軸台が遠ざかってはならない。	9-42

注 [20] 測定の際は、心押台及び心押軸は、それぞれ固く締める。
 [21] 測定の際は、テストバーは測定の方向において、センタの振れの中央値を示す位置で支える。

表 13-3 （つづき 2）

(単位 mm)

番号	検査事項		測定方法	測定方法図	許容値 ベッド上の振り 500以下	500を超え1000以下	1000を超え2000以下	参考 JIS B 6201の4.の対応番号
13	主軸中心線とタレット又はドラム(^{1})の工具取付け穴中心線との片寄り程度	a 垂直面内(^{17})で	主軸に取付けたテストインジケータを工具取付け穴に当てて回し、テストインジケータの読みの差の$\frac{1}{2}$を測定値とする(^{22})。	タレット形 ドラム形	0.03	0.05	0.03	12-11
		b 水平面内(^{17})で			0.03	0.05	0.05	
14	主軸中心線とタレット又はドラム(^{1})の工具取付け案内穴中心線との片寄り程度	a 垂直面内(^{17})で	主軸に取付けたテストインジケータを工具取付け案内穴に当てて回し、テストインジケータの読みの差の$\frac{1}{2}$を測定値とする(^{22})。		0.03	0.05	0.08	12-11
		b 水平面内(^{17})で			0.03	0.05	0.05	
15	主軸中心線とタレット又はドラム(^{1})の工具取付け面との直角度	a 垂直面内(^{17})で	主軸に取付けたテストインジケータをタレット又はドラムの工具取付け面に当てて振回し、テストインジケータの読みの最大差を測定値とする(^{22})。		直径100について 0.02	0.02	0.03	9-21
		b 水平面内(^{17})で						

注 (^{22}) 測定の際は、始めに任意の一つの工具取付穴について、水平面内(^{17})の両端におけるテストインジケータの読みが一致するように横送り台の位置を調整する。検査は、横送り台の位置をそのままにして、タレット又はドラムのそれぞれの割出し位置について行う。

備考 最大差とは、指定された測定方法によって得られた最大値と最小値との差をいう。

13章 工作機械の試験方法および検査

表 13-4 位置決め精度検査(一方向位置決め精度検査参照)

(単位 mm)

番号	検査事項	測定方法	測定方法図	測定距離	許容値[23] ベッド上の振り 500以下	500を超え1000以下	1000を超え2000以下	参考 JIS B 6330 参照
1	位置決め精度 X軸方向	往復台,刃物台などのそれぞれについて,下表に示す測定場所においてあらかじめ正(又は負)の向きに移動して停止させ,その位置を基準にして同じ向きに原則として早送りで,測定距離だけ移動させ位置決めを行い,移動すべき距離と実際に移動した距離との差を測定[24]し,その最大値を測定値とする。 表		100	0.015	0.020	0.025	3.8
	Z軸方向	移動量 / 測定場所 1000以下 / 両端の2箇所 1000を超え2000以下 / 中央及び両端の3箇所 2000を超え10000以下 / 両端を含む4箇所又は5箇所		300	0.025	0.030	0.035	

注 [23] この許容値は,最小移動単位0.01mm以下のものについて適用する。
[24] 測定器具は,ブロックゲージとテストインジケータ,又はこれと同等以上の性能を持つものとする。
備考 ピッチ誤差補正装置,バックラッシ補正装置などを具備するものはこれを使用して行う。

表 13-5　工作精度検査

(単位 mm)

番号	検査事項	測定方法	測定方法図	工作物の寸法(約) ベッド上の振り(D)	d	l	l_0	許容値 真円度	許容値 円筒度	参考 JIS B 6330 参照
1	外丸削り精度	工作物をチャックに取付け、往復台を送って仕上げ削りを行い、軸を含み約45度の角間隔をなす4平面内において両端のa,c及び中央のbの3箇所(^{27})における直径を測定し、各箇所における4直径の最大差を求め、その最大値を真円度の測定値とする。また各同一平面内における3直径の最大差を求め、その最大のものを、円筒度の測定値とする。	(図)	500以下	60〜100	150	15	0.010	0.015	5.4 5.5
				500を超え750以下	90〜150	225	15	0.012	0.018	
				750を超え1000以下	120〜200	300	20	0.014	0.020	
				1000を超え1500以下	180〜300	450	20	0.016	0.023	
				1500を超え2000以下	250〜400	500	25	0.018	0.025	

注 (^{27}) 測定点は、だれのない箇所を選ぶ。
(^{28}) g は、なるべく小さくとる。

備考 1. 最大差とは、指定された測定方法によって得られた最大値と最小値との差をいう。
2. 使用工具、工作物の材料及び切削条件は、適当に定める。ただし、最終仕上げの切込み深さは0.2 mm以下とする。

(単位 mm)

番号	検査事項	測定方法	測定方法図	工作物の寸法(約) ベッド上の振り(D)	d	許容値 平面度(^{30})	参考 JIS B 6330 参照
2	面削り精度	工作物をチャック又は面板に取付け、横送り台を送って仕上げ削りを行い、仕上げ面上において互いに直角な2方向について仕上げ面と基準面(例えば直定規)との距離の最大差を求め、その大きな方の値を用いて、工作物端面の中心点に換算(^{29})した値を平面度の測定値とする。	(図) $d_0 ≒ \dfrac{d}{2}$	500以下	$\dfrac{2}{3}D〜250$	直径に対し0.02	5.3
				500を超え750以下	300	直径に対し0.02	
				750を超え1000以下	400	直径に対し0.02	
				1000を超え1500以下	500	直径に対し0.03	
				1500を超え2000以下	500	直径に対し0.03	

注 (^{29}) 換算値は、次による。換算値 $= \dfrac{d}{d-d_0} \times$ (距離の最大差)　(^{30}) 中高であってはならない。

備考 1. 最大差とは、指定された測定方法によって得られた最大値と最小値との差をいう。
2. 使用工具、工作物の材料及び切削条件は、適当に定める。ただし、最終仕上げの切込み深さは0.2mm以下とする。

13章 工作機械の試験方法および検査

(単位 mm)

番号	検査事項	測定方法	測定方法図	機種	ベッド上の振り (D)	許容値[22] 真円度	直径精度	Z軸方向面間寸法精度		参考 JIS B 6330 参照
3	数値制御による外丸及び内丸削りの精度	工作物をセンタ間(センタ作業用)又はチャック(チャック作業用)に取付け、それぞれ付図1及び付図2に示す工作物の仕上削りを行い次の各項を測定する。 (1) 真円度は付図1のd_5又は付図2のd_2 ([27]) の軸を含み約45度の角度間隔をなす4直径を測定し、その最大差を測定値とする。 (2) 直径精度は付図1のd_1, d_2, d_3, d_4, d_5及びd_6又は付図2のd_1, d_2, d_3及びd_4寸法をそれぞれ互いに直角をなす2直径について測定し、各直径に対する指令値([21])との差をとり、差の大きい方を各位置に対する測定値とする。 なお付図1のd_6又は付図2のd_4について仕上前寸法を測定し、その値で工具位置のオフセットを行い、その他のZ方向の位置では工具位置オフセットは行わないものとする。 (3) Z軸方向面間寸法精度は付図1のl_1又は付図2のl_1及びl_2の長さを互いに90度をなす四つの母線に沿って測定し、各測定値との最大差をそれぞれ測定値とする。	センタ作業用は付図1 チャック作業用は付図2による。	センタ作業の場合	500以下	d_5 0.010	d_2, d_3, d_6 ±0.018	d_1, d_4 ±0.023	l ±0.027		
					500を超え750以下	0.012	±0.020	±0.025	±0.032		
					750を超え1000以下	0.014	±0.023	±0.028	±0.036		
					1000を超え1500以下	0.016	±0.026	±0.031	±0.036		5.4
					1500を超え2000以下	0.018	±0.028	±0.033	±0.036		5.9
				チャック作業の場合	750以下	d_4 0.012	d_2, d_3 ±0.020	d_1, d_3 ±0.025	l_1 ±0.030	l_2 ±0.020	
					750を超え1250以下	0.014	±0.023	±0.028	±0.030	±0.020	
					1250を超え2000以下	0.018	±0.028	±0.033	±0.030	±0.020	

注 ([21]) この検査における指令値とは、加工しようとする直径又は長さをいう。

備考　1. 最大差とは、指定された測定方法によって得られた最大値と最小値の差をいう。
　　　2. 使用工具及び切削条件は適当に定める。ただし、工作物は最終仕上げのときののりしろが0.5mm以下になるような寸法に最終仕上げと同じ切削条件で仕上げたものを使用する。
　　　3. 工作物の材料は、原則としてJIS G 4051に規定するS 45Cとし、形状及び寸法はセンタ作業用の場合は付図1、チャック作業用の場合は付図2による。
　　　4. 使用工具の取付け誤差は、あらかじめ補正した後に行う。
　　　5. ピッチ誤差補正装置、バックラッシ補正装置を具備するものはこれを使用して行う。
　　　6. 切削方向は付図1及び付図2の矢印による。ただし、位置決めは切削送りとする。
　　　7. 数値制御装置が付図1, 付図2の形状の軌跡を描く能力を持たない場合は、できるだけこの形状に類似したものによる。

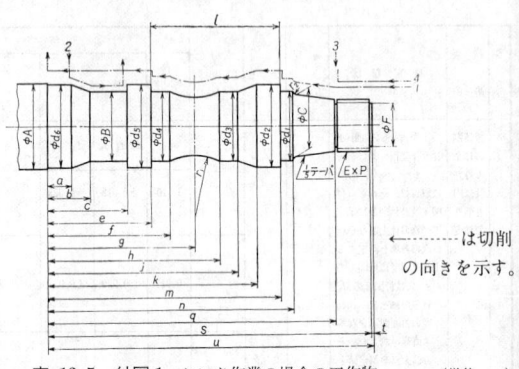

表 13-5 付図1 センタ作業の場合の工作物 (単位 mm)

	ベッド上の振り				
	500以下	500を超え 750以下	750を超え 1000以下	1000を超え 1500以下	1500を超え 2000以下
A	67	95	150	200	320
d_2, d_5, d_6	65	90	145	195	315
B	55	70	125	175	295
d_1, d_3, d_4	55	75	130	180	295
C	48	65	120	170	260
E	42	48	80	120	200
F	34	40	80	130	220
P	1.5	1.5	2.0	2.0	3.0
a	20	30	30	30	30
b	35	70	70	70	70
c	65	130	130	130	130
e	85	150	150	150	150
f	100	165	180	180	180
g	120	195	210	210	210
h	140	225	240	240	240
j	155	240	270	270	270
k	170	270	300	300	300
m	190	290	320	320	320
n	200	305	335	335	335
q	235	380	410	410	410
s	253	438	468	468	468
t	2	2	2	2	2
u	255	440	470	470	470
r_1	50	70	70	70	70
r_2	3	3	3	3	5
$l\ (=m-e)$	105	140	177	170	170

方法の一例として，数値制御旋盤（NC旋盤）を取り上げる（JIS B 6331:86 参照）。取り上げた項目に示す試験検査表は，実際に用いる試験検査表の抜粋である。

(1) 運転試験方法　運転試験方法は，機能試験，無負荷運転試験，連続無負荷運転試験，負荷運転試験（切削動力試験，びびり試験および切削トルク試験），バックラッシ試験を含む。

(2) 剛性試験　剛性試験の内容は，表13-2に示す。

(3) 機械精度試験および検査　機械精度試験および検査には，工作機械を正しく据え付けたのちに，工作機械の各部の形状，運動の正しさなどを測定し許容値と比較する静的精度検査（表13-3），表13-4に示す工作機械の移動の正確さを検査する位置決め精度試験および検査（一方向位置決め精度検査，繰返し位置決め精度検査，最小設定単位送り試験，反転位置決め精度試験すなわちロストモーション試験），工作物を実際に切削し，工作物の寸法精度から工作機械の工作精度を調べる工作機械検査方法（表13-5）がある。この中には，数値制御による切削試験も含む。現在，数値制御旋盤に関する

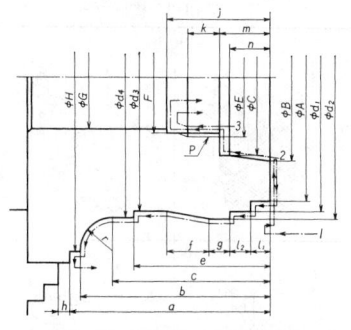

備考　(1) h はなるべく小さくとる。
　　　(2) ---←--- は切削の向きを示す。

付図2　チャック作業の場合の工作物

（単位　mm）

	ベッド上の振りD		
	750以下	750を超え1250以下	1250を超え2000以下
A	110	175	335
B	74	141	250
C	70	135	240
d_1	120	185	345
d_2	125	190	350
d_3	120	185	345
d_4	125	190	350
E	40	115	220
F	48.38	112.84	216.75
G	45	100	200
H	155	220	390
P	1.5	2.0	3.0
a	95	135	200
b	90	130	190
c	75	115	170
e	65	95	140
f	20	20	30
g	10	20	30
j	50	70	100
k	15	20	30
l_1	10	20	30
l_2	10	20	30
m	25	40	50
n	20	30	40
r	15	15	20

表 13-6 横形マシニングセンタの形態

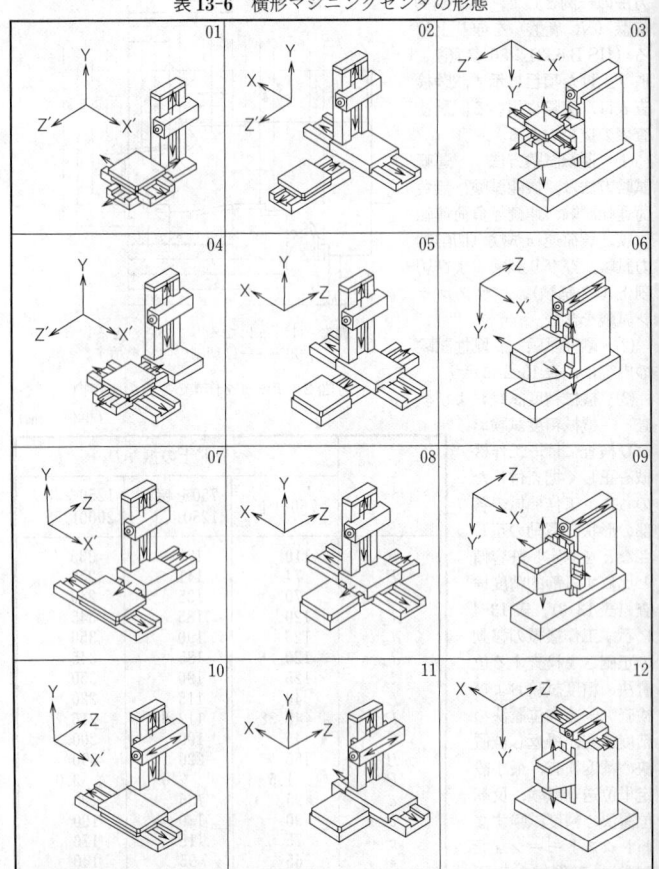

国際規格の制定が計画されており,新たに「ターニングセンタおよび数値制御旋盤」として用意される予定である。この規格体系は,マシニングセンタの規格体系とほぼ同じである。

13.3.6. マシニングセンタの試験および検査方法 マシニングセンタに関する規格番号は,表 13-1 に示すように,JIS B 6336：00 である。新しい規格は,1 項目 1 ページで記述しているので,規格は膨大である。したがって,取り上げた 9 項目については,規格の抜粋であり,詳細については,それぞれの規格を参照されたい。

表 13-7 静的精度検査の一部（項目 G8）

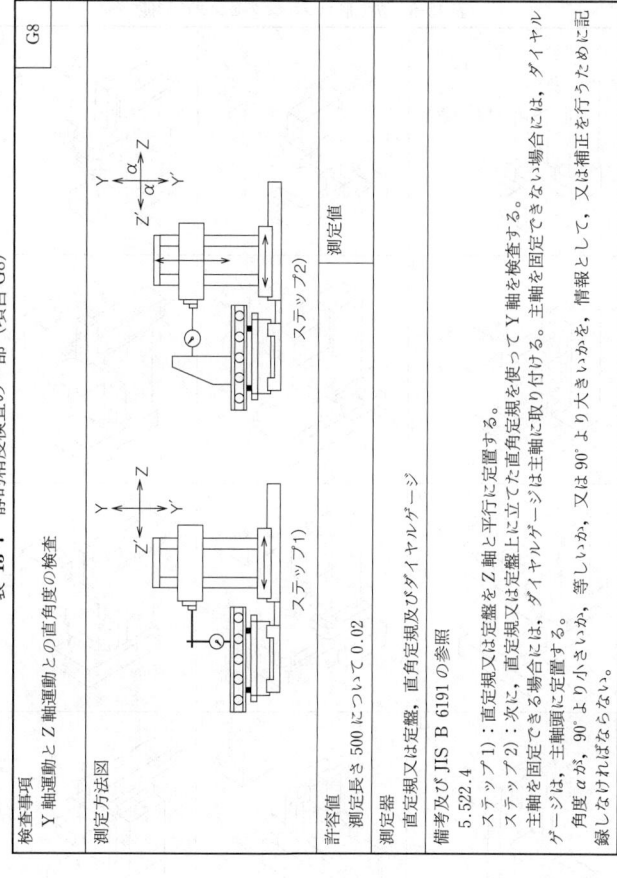

	G8
検査事項	Y軸運動とZ軸運動との直角度の検査
測定方法図	ステップ1／ステップ2（図） 測定値
許容値	測定長さ 500 につついて 0.02
測定器	直定規又は定盤，直角定規及びダイヤルゲージ
備考及び JIS B 6191 の参照	5.522.4 ステップ1）：直定規又は定盤をZ軸と平行に定置する。 ステップ2）：次に，直定規又は定盤上に立てて直角定規を使ってY軸を検査する。主軸を固定できる場合には，ダイヤルゲージは主軸頭に取り付ける。主軸を固定できない場合には，ダイヤルゲージは，ダイヤルゲージできる場合には，ダイヤルゲージは主軸頭に定置する。 検査表の一例として直進運動の直角度検査表を，表 13-7 に示す。角度 α が，90°より小さいか，等しいか，又は 90°より大きいかを，情報として，又は補正を行うために記録しなければならない。

(1) JIS B 6336-1 第 1 部：横形および万能主軸頭をもつ機械の静的精度（水平 Z 軸）　この規格は，JIS B 6191 に基づいて，横形（すなわち水平 Z 軸）マシニングセンタ（または数値制御フライス盤，数値制御中ぐり盤などの適用できるもの）の静的精度の検査条件について規定する。この機種の形態を，表 13-6 に示す。検査表の一例として直進運動の直角度検査表を，表 13-7 に示す。このような検査表に基づき，個々の項目について検査する。

(2) JIS B 6336-2 第 2 部：立て形および万能主軸頭をもつ機械の静的精度（垂直 Z 軸）　この規格は，JIS B 6191 に基づいて，立て形（すなわち垂直 Z

表13-8 立て形マシニングセンタの形態

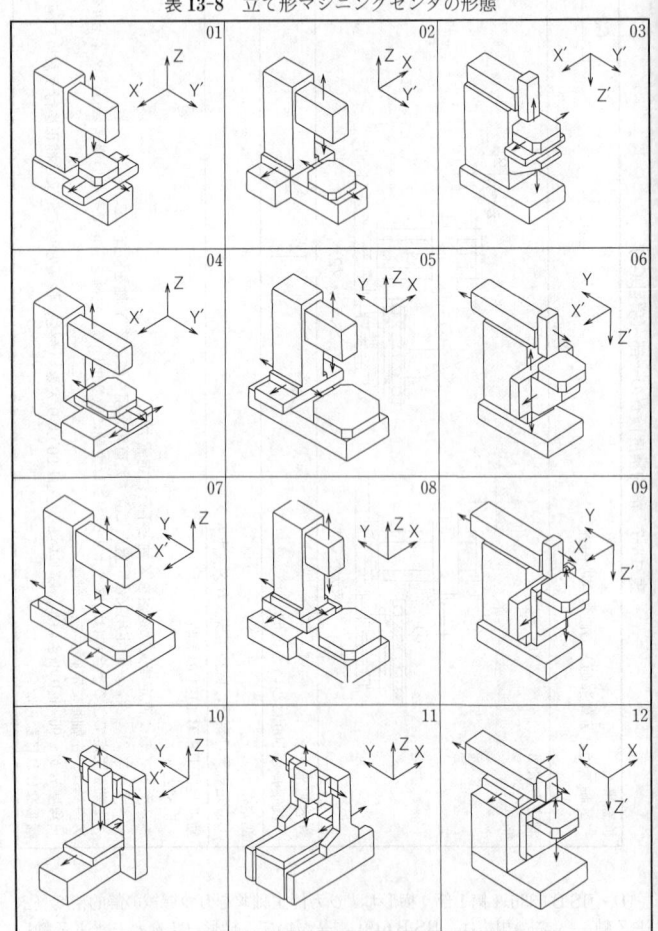

軸）マシニングセンタ（または数値制御フライス盤，数値制御中ぐり盤などの適用できるもの）の静的精度の検査条件について規定する。この機種の形態を，表 13-8 に示す。検査表の一例として直進運動の直角度検査表を，表 13-9 に示す。このような検査表に基づき，個々の項目について検査する。

(3) JIS B 6336-3 第 3 部：固定または連続割出万能主軸頭をもつ機械の静的

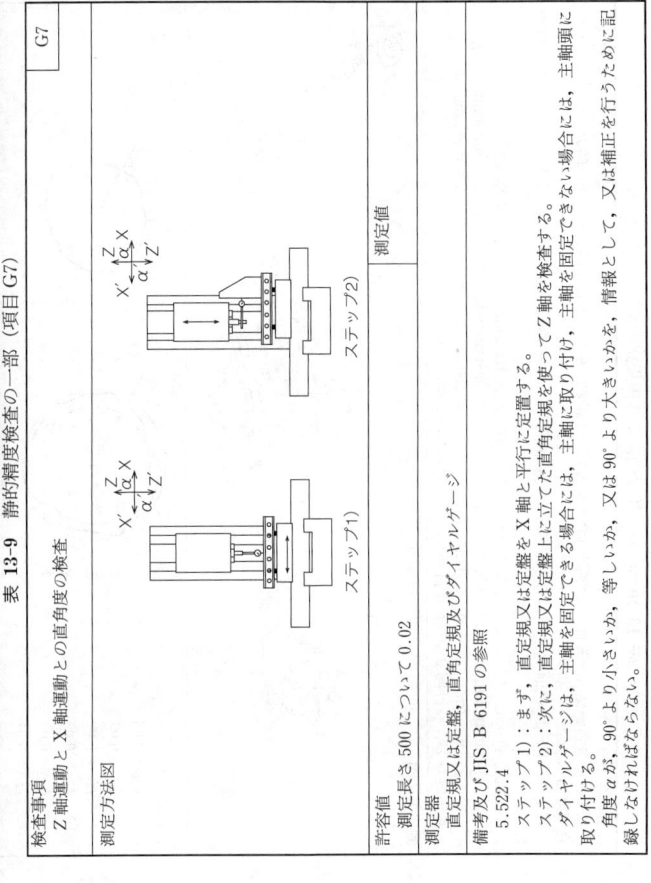

表 13-9 静的精度検査の一部（項目 G7）

	G7
検査事項	Z軸運動とX軸運動との直角度の検査
測定方法図	ステップ1／ステップ2（図） 測定値
許容値	測定長さ 500 について 0.02
測定器	直定規又は定盤，直角定規及びダイヤルゲージ
備考及び JIS B 6191 の参照	5.522.4 ステップ1）：まず，直定規又は定盤をX軸と平行に定置する。 ステップ2）：次に，直定規又は定盤上に立てた直角定規を使ってZ軸を検査する。 ダイヤルゲージは，主軸に取り付け，主軸を固定できる場合には，主軸に取り付け，主軸を固定できない場合には，主軸補正を行うために記録しなければならない。 角度 α が，90°より小さいか，等しいか，又は90°より大きいかを，情報として，又は補正を行うために記録しなければならない。

精度（垂直 Z 軸）　この規格は，JIS B 6191 に基づいて，固定または連続割出万能主軸頭（垂直 Z 軸）をもつマシニングセンタ（または数値制御フライス盤，数値制御中ぐり盤などの適用できるもの）の静的精度の検査条件について規定する。この機種の形態をはじめ，個々の検査項目に関しては，前記の項目と同じように，規格で規定している。

(4) JIS B 6336-4 第 4 部：直進および回転運動軸の位置決め精度　この規格は，JIS B 6191 および JIS B 6192 に基づいて，マシニングセンタの長さ 2000 mm 以下の直進運動軸または回転運動軸の位置決め精度検査を適用する許容値

表 13-10 円弧補間運動による円経路の検査（項目 K4）

K4

検査事項及び条件
二つの直進運動軸（一般に XY 平面内で）を円弧補間運動させたときに生成される円経路の真円度 G 及びヒステリシス H

測定は，JIS B 6194 に基づいて 360° 以上の円弧補間を，次の直径の中から一つを選び，二つの送り速度で行う。

1) 直径 40 mm
   a) 100 mm/min
   b) 250 mm/min
2) 直径 80 mm
   a) 140 mm/min
   b) 350 mm/min
3) 直径 160 mm
   a) 200 mm/min
   b) 500 mm/min
4) 直径 320 mm
   a) 280 mm/min
   b) 700 mm/min

真円度 G は，時計回り及び反時計回りの円運動について検査する。

測定方法図

許容値
a) $G_{YX} = 0.03$
   $G_{YX} = 0.03$
   $H_{XY} = 0.02$
b) $G_{XY} = 0.05$
   $G_{YX} = 0.05$
   $H_{XY} = 0.04$

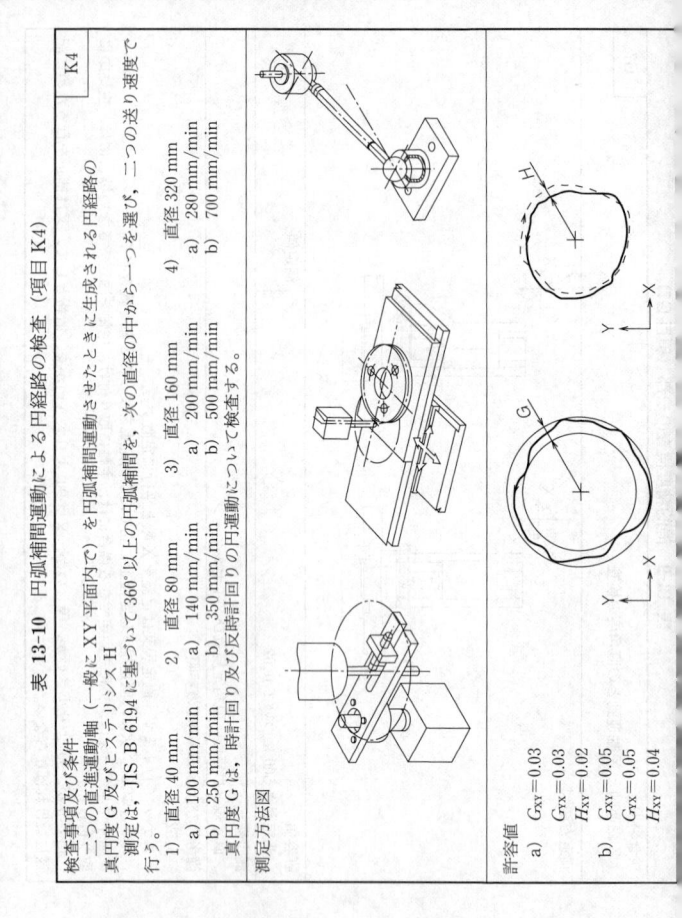

について規定する。位置決めに関する測定の方法も規定する。

(5) JIS B 6336-5 第 5 部：パレットの位置決め精度　　この規格は，JIS B 6191 および JIS B 6192 に基づいて，1 台のマシニングセンタで使用する個々のパレットの位置決めの繰り返し性およびパレット相互の位置決め正確さの評価方法について規定する。

(6) JIS B 6336-6 第 6 部：送り速度，主軸速度および補間運動の精度　　この規格は，JIS B 6191 および JIS B 6192 に基づいて，マシニングセンタの運動学的精度の検査条件，すなわち主軸速度，個々の数値制御軸の直進送りおよ

測定値 　a) 送り速度＝…… 　　　G_{xx}＝…… 　　　G_{yx}＝…… 　　　H_{xy}＝…… 　b) 送り速度＝…… 　　　G_{xx}＝…… 　　　G_{yx}＝…… 　　　H_{xy}＝……	設定経路の直径…… 測定器の位置…… 　　―円の中心位置 (X/Y/Z)…… 　　―工具基準までのオフセット…… 　　―工作物基準までのオフセット…… データの収集方法…… 　　―始点…… 　　―測定点の数…… 　　―データ平滑化処理の有無…… 使用した補正機能…… 試験していない軸の位置……
測定器 一次元変位計及び基準円筒，二次元変位計及び基準円盤，又はボールバー	
備考及び JIS B 6194 の参照 測定直径は，規定した値と最大で25％違っていてもよいが，そのような場合には，送り速度を JIS B 6194 の附属書Cに基づいて調整しなければならない。 基準円筒が回転軸の回転中心上又は二次変位計の測定子が基準円盤の中心になるように軸を合わせる。 4象限のうちの一つから補間運動を始めるが，できればこれらの四つの象限切替え点から運動の性能を見逃さないために，象限切替え点でない位置から始める。 一次元変位計を使って得られた偏差を図示した場合には，波長360°の曲線になるが，その影響を小さくするには，装置の位置をよりよく合わせるか，又は軸をよりよい位置に再取付けする。	

び二つ以上の数値制御による直進運動および/または回転軸の同時制御によって描かれた軌跡の精度の検査条件について規定する。表13-10に検査項目と検査条件の一例を示す。

(7) JIS B 6336-7 第7部：工作精度　この規格は，JIS B 6191 に基づいて，標準の工作物を用いて仕上げ条件下で行う工作精度検査，すなわち，仕上げられた工作物の幾何学的精度の検査項目について規定する。この規格は，工作機械の工作精度を評価するための必要最小限の条件を提供することを目的としている。受渡し当事者間の協定に基づいて，これとは別に，より厳しく，また，

表 13-11 マシニングセンタの工作精度検査表
（表 3 輪郭加工用工作物の精度検査）
（単位 mm）

検査事項	許容値 呼び寸法 320	許容値 呼び寸法 160	測定器
中心穴			
a) 円筒度	0.015	0.010	CMM (1)
b) 穴中心線と基準面Aとの直角度	φ0.015 (2)	φ0.010 (2)	CMM
正方形			
c) 各側面の真直度	0.015	0.010	CMM，又は直定規及びダイヤルゲージ
d) 隣り合う側面間の基準面Bに対する直角度	0.020	0.010	CMM，又は直定規及びダイヤルゲージ
e) 向かい合う側面間の基準面Bに対する平行度	0.020	0.010	CMM，ハイトゲージ又はダイヤルゲージ
ひし形			
f) 各側面の真直度	0.015	0.010	CMM，又は直定規及びダイヤルゲージ
g) 基準面Bに対する75°の角度精度	0.020	0.010	CMM，又はサインバー及びダイヤルゲージ
円			
h) 真円度	0.020	0.015	CMM，ダイヤルゲージ又は真円度測定器
i) 中心穴Cと円との同心度	φ0.025 (2)	φ0.025 (2)	CMM，ダイヤルゲージ又は真円度測定器
緩斜面			
j) 各面の真直度	0.015	0.010	CMM，又は直定規及びダイヤルゲージ
k) 基準面Bに対する角度の精度	0.020	0.010	CMM，又はサインバー及びダイヤルゲージ
四つの中ぐり穴			
n) 中心穴Cに対する穴の位置度	φ0.05 (2)	φ0.05 (2)	CMM
o) 大きい方の穴Dに対する小さい穴の同心度	φ0.02 (2)	φ0.02 (2)	CMM，ダイヤルゲージ又は真円度測定器

注 (1) 三次元座標測定機
　(2) ISO 10791-7 では，この許容値に"φ"を付けていないが，JIS B 0021 の表示方法に従って付いた。

備考 1. できれば，三次元座標測定機（CMM）に工作物を持って行き，必要な測定を行う。
　　 2. 真直な側面（正方形，ひし形及び緩斜面の）については，真直度，直角度及び平行度の偏差を測定するために，少なくとも10点で測定子を被測定面に当てる。
　　 3. 真円度（又は円筒度）については，測定が連続的でなければ，（各測定平面内における円筒度に対して）少なくとも15点で測定する。真円度については，フィルタを通さないで，連続測定することを推薦する。

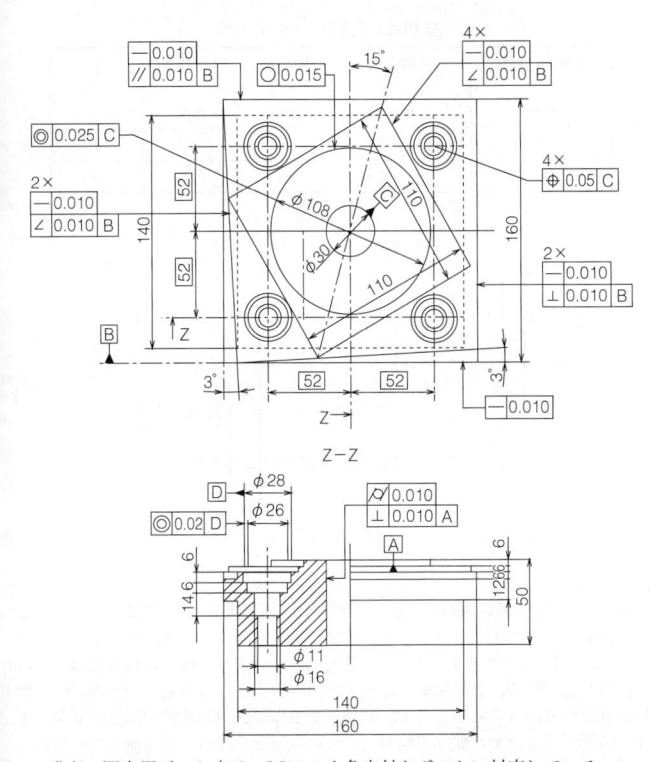

備考　固定用ボルト穴は，M10 の六角穴付きボルトに対応している。
表 **13-11**　付図 1　呼び寸法 160mm の輪郭加工用工作物

費用のかかる検査を行ってもよい。この検査の一部を**表 13-11** に示す。

(8) JIS B 6336-8 第 8 部：直交 3 平面内での輪郭運動性能の評価　　この規格は，直交 3 平面（XY，YZ および ZX 平面）で円運動を行い，半径偏差および真円度を評価することによって，マシニングセンタ（または数値制御フライス盤などの適用できるもの）の輪郭性能を検査する方法を規定する。

(9) JIS B 6336-9 第 9 部：工具交換及びパレット交換時間の評価　　この規格は，自動工具交換および自動パレットを交換したときの動作時間の長さを評価するための標準的な検査条件について規定する。

13.3.7. JIS 国内規格の今後　　現在，いろいろな国内規格の制定を急いでいる。ISO 国際規格の制定作業とともに，新しい機種としてのターニングセンタをはじめ，数値制御工作機械の標準的な評価基準を決めるべく，制定作業を

表 13-11 付表 1 切削条件

切削面の幅 W mm	切削面の長さ L mm	切削幅 w mm	工具直径 mm	刃数
80	100〜130	40	50	4
160	200〜250	80	100	8

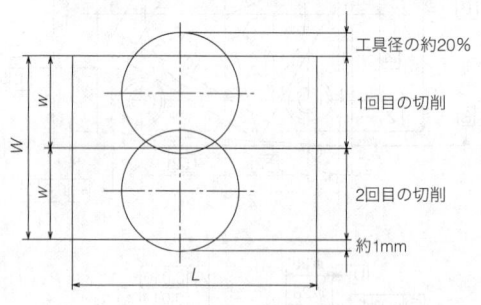

表 13-11 付図 2

進めている。

13.3.8. 工作機械の取扱い　工作機械は，在来機においては，作業者の細心の注意による加工によりかなり高精度の加工が可能である。しかし，そのためには工作機械の保守点検（とくに潤滑油について）を確実に行わねばならない。自動化が進み，数値制御工作機械を用いるようになると，一定の品質の製品を常に作り出すことができる。数値制御工作機械自身の精度向上が必要であり，精度保持のための保守点検は，さらにいっそう注意して実施しなければならない。

このように，工作機械は取扱いに十分注意しなければ，所定の精度は確保できない。そのために十分な保守点検とともに，作業者の訓練が必要である。表 13-12 に工作機械の取扱いの禁則を示した。

13.4. 日本工業規格（JIS）の今後

世界的な商取引における国内規格による貿易障害を避けるために，各国において国内規格と国際規格との整合化を図るべく努力が払われている。日本においても，新しい規格制定，また規格改訂の際に国際規格（ISO）との整合化を進めている。同時に，日本工業規格（JIS）の国際規格化も行いつつある。表 13-1 に示す規格表のなかで，1990 年以降に制定された規格の大部分は，ISO の新しい規格表に従って制定あるいは改訂されたものである。

表 13-12 工作機械取扱い上の禁則

(1) 据付け，取付け

取付け上のゆるみまたは据付け上のがたは大禁物，基礎ボルトを締めすぎるな
据付けは水平を正しくすることを忘れるな
工作物の取付けに無理をするな
工作物の取付けにはバランスを忘れるな
横げたの締付けを忘れるな（中ぐり盤）
チャック類を締めるに過度の力を加えるな

(2) 注　油

すべり面に給油を怠るな
センタの給油を怠るな
油つぼや油だめ箇所にふたを忘れるな
油をささずに仕事にかかるな
油のめぐりに注意を怠るな
指定以外の油を使うな
よごれた油を差すな
流れ出るほど給油をするな
回転がおそいとて給油を怠るな

(3) 手　入　れ

みだりに分解手入れをするな
作業がすんだら後かたづけを忘れるな
運転中あぶない箇所の手入れをするな
歯車に切りくずは禁物，すべり面の掃除・手入れを怠るな
親ねじおよびハーフナットの掃除を怠るな
センタ穴の掃除を怠るな
すべり面をきずつけるな
機械および付属品の掃除・手入れを怠るな
研削切りくずの掃除を怠るな

(4) 運　転

ベルトを強く張りすぎるな
送りを掛けたまま機械を止めるな
使用法をのみこまずに機械を使うな
機械のむだまわしは禁物
停電の時主開閉器を開くことを忘れるな

摩擦継手は取手をいっぱいにとることを怠るな
点検せずに運転するな

(5) 工　具　関　係

切込みのままで機械を止めるな
工具の取換え無精をするな
バイトの頭を長く出すな
心押し台のスリーブは長く出すな
黒皮物に浅くかけるな

(6) ド　リ　ル

ドリル抜きを使わずドリルを抜くな
ボール盤のテーブルにドリルの先端をもみこむな

(7) と　い　し

保証速度を超過させるな（といし）
といしの目直し・形直しを怠るな
使う前にといしをたたいてみるのを忘れるな
といしのフランジ受の厚紙を取り去るな
といしの荷札を失うな
水といしの浸し放しは禁物
といし車は回らぬうちに注水するな
まず空転せずにといしを使うな
丸といしの側面でとぐな
といしと研削台のすきを大きく取るな
ダイヤモンド-ツールは堅く取りつけることを怠るな

(8) 付　属　具

他機の付属品を混用するな
機械を金敷かわりに使うな
機械ベッド上に直接道具を置くな
安全装置はゆえなく取りはずすな
掛換え歯車のかみあわせは深すぎるな浅すぎるな
スパナをハンマのかわりに使うな
スパナにパイプをはめて使用するな

14章 測定法

14.1. 測定の基礎知識

14.1.1. 測定誤差と精度　測定に当たり、誤差は避けることはできない。誤差とは測定値から真の値を差し引いた値である。しかし、真の値を知ることはできない。誤差の小さな測定ほど精度の良い測定であるが、誤差自身の大きさは特定できないので、測定の精度は一般に百分率（パーセント）で表す。

14.1.2. 誤差の種類　誤差には、原因のわかっている誤差、すなわち、温度とか弾性変形によって生じる補正できる誤差である定誤差と、測定中に過失によって生じる過失誤差およびそれ以外に各種の影響による偶然誤差とがある。このように誤差は3種類に分けられるが、一般に誤差とは偶然誤差を表す。

偶然に生じる誤差をもつ測定値から真の値に近い最確値を求めるために、一般に測定値の算術平均をとる。現在、ISO では新しい誤差の概念が導入された。

14.1.3. 測定誤差の補正

(1) **温度の影響**　工業上では、気圧 0.10 MPa (760 mmHg) のもとで 20°C を標準温度としている。したがって、20°C 以外の状態で長さを測定する場合には、熱膨張を考慮して 20°C における長さに換算しなければならない。

いま、目盛尺と製品の熱膨張率をそれぞれ α_s, α_w とし、測定時の温度を t、測定した長さを l とすると、20°C における長さ l_0 は

$$l_0 \fallingdotseq \{1+(\alpha_s-\alpha_w)(t-20)\}l$$

になる。上式から、$\alpha_s = \alpha_w$ ならば、$l \fallingdotseq l_0$ となる。したがって、尺度は製品と同じ材質で作ることが望ましい。

(2) **弾性変形の影響**　測定するもの、測定されるもの、いずれも弾性体であるので、測定する場合には必ず弾性による変形を考慮しなければならない。

表 14-1　Hertz の法則による近接量

(単位 mm)

形　　状	近　接　量（鋼）　μ
P — D_1 D_2 — P $\left(\dfrac{D_1+D_2}{2}-\delta_1\right)$	2 球 接 触 $\delta_1 = 0.41 \times \sqrt[3]{P^2\left(\dfrac{1}{D_1}+\dfrac{1}{D_2}\right)}$ P：N
P — D — P $(D-\delta_2)$	2 平 面 間 に 球 $\delta_2 = 0.82 \times \sqrt[3]{P^2/D}$
P/L — D — P/L $(D-\delta_3)$	2 平面間に円筒（L：接触長） $\delta_3 = 0.094 \times \dfrac{P}{L} \times \sqrt[3]{\dfrac{1}{D}}$

たとえば，二つの球が一定の力で接触する場合，2平面間に球を入れて一定の力を加えた場合，または2平面間に円筒を入れて一定の力を加えた場合に，それぞれHerlzの法則によって変形する（表14-1）。

一方，スタンドのアームに測定器を取り付けて測定する場合にも，測定器の測定圧によって，あるいは測定器の重さによってスタンドは変形する。スタンドのアームを全部引き出して，その先に測定器を取り付けた場合と，アームを1/2引き出して同じ測定をした場合は，測定値が1/4も異なって表れる場合もある。したがって，スタンドを用いて測定する場合，アームをできるだけ短くして測定する必要がある。

14.2. 長さの測定

14.2.1. 長さの基準

(1) 線度器

(a) メートル原器　　パリの近くセーブルにある国際度量衡局に保管する国際メートル原器（白金90％，イリジウム10％）（図14-1）の任意の温度のときの長さは

$$L=1\,(\mathrm{m})+(8.621\,T+0.0018\,T^2)\,(\mu\mathrm{m})$$

である。ここに，$T=$ 水素ガス温度計による温度(°C)，$\mu\mathrm{m}=1/1000$ mmである。わが国にある写し番号No. 22の長さは

$$L=1\,(\mathrm{m})+(-0.78+8.621\,T+0.00180\,T^2)\,(\mu\mathrm{m})$$

である。

(b) 光の波長によるメートルの定義　　光の速度の測定精度が向上したことにより，現在では"1メートルは，1/(299 792 458)秒の時間に光が真空中を伝わる行程の長さ"と決められており，原器より正確になった。

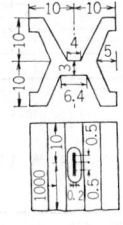

図14-1　国際メートル原器

(2) 端面基準（端度器）

端度器とは，2端面間の距離で規定の長さを表す物差しであり，これにはブロックゲージ，棒ゲージ，限界ゲージなどがあり，精密測定には欠くことのできないものである。

(a) ブロックゲージ　　ブロックゲージは，耐久性のある材料で作られ，長方形断面で平行な二つの測定面をもつ端度器をいう。呼び寸法の種類と組合せの例を表14-2に示す。精度は，JIS B 7506：04に規定している。ブロックゲージの測定面は，互いに完全に密着できるように仕上げられねばならない。寸法精度はK，0，1および2級に分かれる。それぞれの精度を表14-3に示す。ブロックゲージは，非常に高い精度をもっているので，測定する際には，温度管理に十分注意しなければならない。測定温度範囲は20°C±(0.2

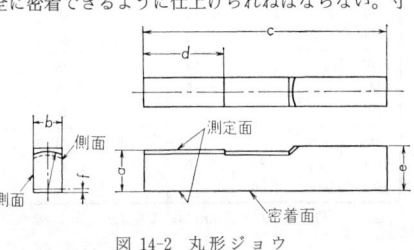

図14-2　丸形ジョウ

表 14-2 ブロックゲージの主なセットの種類（JIS B 7506：04 参考より）

寸法段階(mm)	0.001	0.01	0.1	0.5	1	—									25	—	100	総個数
寸法範囲(mm)	0.991~0.999 1.001~1.009	1.01~1.09	1.01~1.49	1.1~1.9	0.5~9.5 0.5~24.5	1~9 1~24	1.0005	1.005	10	20	25	30	40	50	60	75	100	125~200 250	300~500	
セット記号						個　数													
S 112[(1)]		9		49		49		1			1			1		1	1	1		112
S 103			49		49			1			1			1		1	1	1		103
S 76			49		19				1	1	1		1	1	1	1	1	1		76
S 47		9				24			1		1			1		1	1	1		47
S 32		9			9						1				1[(2)]					32
S 18	9	9																		18
S 9(+)		9																		9
S 9(−)	9																			9
S 8																		4	1 3	8

注 (1) S 112 の 1.005 を除いて S 111（111 個組）としてもよい。
　(2) 60 mm の代わりに 50 mm にしてもよい。

表 14-3 ブロックゲージの寸法公差および許容寸法偏差
　　　　（JIS B 7506：04 より）

(単位 μm)

呼び寸法(mm)		K 級		0 級		1 級		2 級	
を超え	以下	寸法公差 t_e (±)	許容寸法偏差 t_v	寸法公差 t_e (±)	許容寸法偏差 t_v	寸法公差 t_e (±)	許容寸法偏差 t_v	寸法公差 t_e (±)	許容寸法偏差 t_v
0.5[(1)]	10	0.20	0.05	0.12	0.10	0.20	0.16	0.45	0.30
10	25	0.30	0.05	0.14	0.10	0.30	0.16	0.60	0.30
25	50	0.40	0.06	0.20	0.10	0.40	0.18	0.80	0.30
50	75	0.50	0.06	0.25	0.12	0.50	0.18	1.00	0.35
75	100	0.60	0.07	0.30	0.12	0.60	0.20	1.20	0.35
100	150	0.80	0.08	0.40	0.14	0.80	0.20	1.60	0.40
150	200	1.00	0.09	0.50	0.16	1.00	0.25	2.00	0.40
200	250	1.20	0.10	0.60	0.16	1.20	0.25	2.40	0.45
250	300	1.40	0.10	0.70	0.18	1.40	0.25	2.80	0.50
300	400	1.80	0.12	0.90	0.20	1.80	0.30	3.60	0.50
400	500	2.20	0.14	1.10	0.25	2.20	0.35	4.40	0.60
500	600	2.60	0.16	1.30	0.25	2.60	0.40	5.00	0.70
600	700	3.00	0.18	1.50	0.30	3.00	0.45	6.00	0.70
700	800	3.40	0.20	1.70	0.30	3.40	0.50	6.50	0.80
800	900	3.80	0.20	1.90	0.35	3.80	0.50	7.50	0.90
900	1000	4.20	0.25	2.00	0.40	4.20	0.60	8.00	1.00

注 (1) 呼び寸法の 0.5 mm は，この寸法区分に含まれる。

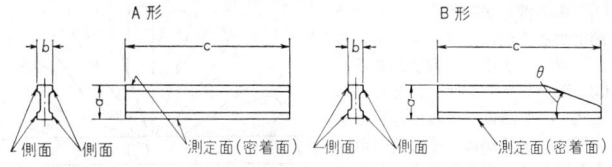

図 14-3 平形ジョウ

〜1)で等級により決まっている。熱膨張係数は，原則として$(11.5 \pm 1.0) \times 10^{-6} \mathrm{K}^{-1}$の範囲にあるものと規定されている（JIS B 7506 : 04）。

ブロックゲージを単体で密着させて用いる場合と，いろいろな付属品とともに用いる場合とがある。付属品には，丸形ジョウ（図14-2），平形ジョウ（図14-3），スクライパポイント（図14-4），センタポイント（図14-5），ホルダ（図14-6），ベースブロック（図14-7）があり，これらの附属品の詳細寸法は，JIS B 7506 : 04の附属書1（規定）に定められている。

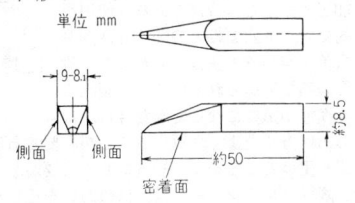

図 14-4 スクライパポイント

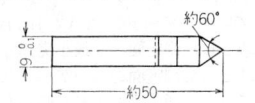

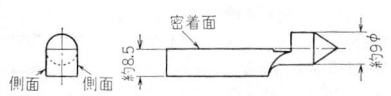

図 14-5 センタポイント

(b) 棒ゲージ

多角形あるいは円柱の両端面間の長さが定規の寸法になっているゲージで，マイクロメータの基準寸法の検定に用いる場合もある。端面は平面のものと棒の長さを直径とした球面をもっているものとがある。

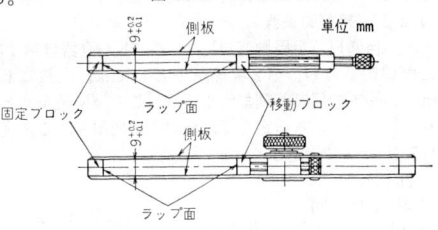

図 14-6 ホルダ

(c) すきまゲージ

うすいすきま間を測定するゲージで，図14-8に示す。詳細は，JIS B 7524 : 92で規定している。

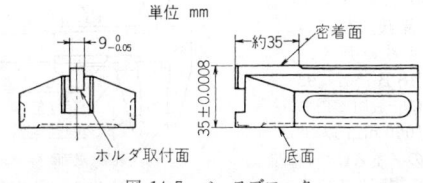

図 14-7 ベースブロック

(d) その他のゲージ　テーパ角を測定する方法に，ボールを用いる方法，ローラを用いる方法がある。

(3) 限界プレーンゲージとはめあい方式　製品に対する製作誤差をどの程度にするかは，その使用目的により異なり，不必要に高い精度で加工することはむだである。使用目的に対して穴と軸との間の寸法差や公差を定める方法はむずかしく，設計の項で述べられているが，製品の互換性が重要になってきた今日，はめあい方式をよく理解することが必要である。この目的に，限界プレーンゲージを用いることを十分知っておく必要がある（5編機械要素設計 1.11.参照）。

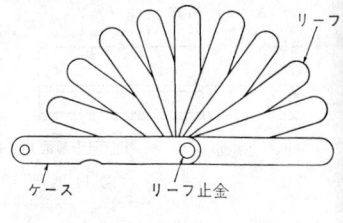

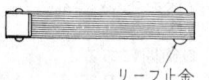

図 14-8　すきまゲージ

限界プレーンゲージは，はめあいを正しく検査するために，有効なゲージである。限界プレーンゲージには穴用限界ゲージと軸用限界ゲージとがある。限界プレーンゲージについて JIS B 7420：97 に，穴または軸の最大実体寸法を基準とした測定面と，最小実体寸法を基準とした測定面をもつゲージと規定している。通り側と止まり側があり，この間が測定する箇所の寸法になる。限界プレーンゲージの使用例について，図 14-9 に示す。なお，限界プレーンゲージの公差，寸法許容差および摩耗しろについても同じ規格に規定している。

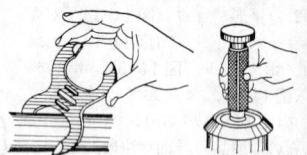

図 14-9　限界ゲージの使用例

14.2.2. 絶対測長器

(1) 目盛尺（金属製直尺）　メートル原器は第1次線基準として両端だけに標線があるが，第2次線基準としては，全長にわたり 1 mm あるいは 0.5 mm の間隔で目盛が刻まれている。この標準尺をもとにして，各種の物差を作り，計算法による検定を受けたのちに使用される。金属製直尺については JIS B 7516：87 に規定している。

(2) ノギス

ノギスは，図 14-10 に示すように，バーニヤ（副尺）をもつはさみ尺で，JIS B 7507：93 に一般用で長さ 1000 mm 以下のノギスについて規定している。

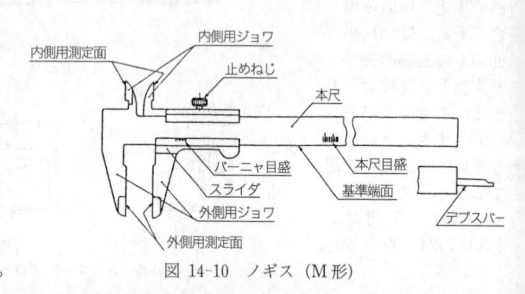

図 14-10　ノギス（M形）

本尺の最小目盛が 0.5 mm の場合は,最小読取り値は 0.02 mm,1 mm の場合は 0.05 mm で,総合精度は 0.02～0.07(1 級),0.04～0.14(2 級)などがある。

(3) マイクロメータ　マイクロメータは,最も広く用いられる精密測定器の一つである。マイクロメータには,外側マイクロメータ,内側マイクロメータ,差動マイクロメータなどがある。

図 **14-11** は外側マイクロメータ(JIS B 7502 : 94)を示す。測定圧を一定に保つために,フリクションストップ機能またはラチェットストップ機能をもつ。指示マイクロメータ(図 **14-12**,JIS B 7520 : 81)は指針を 0 にすれば絶えず一定の圧力がかかる。測定範囲は,0～15,0～25,25～50 のように 500 mm まで 25 mm の間隔で揃っている。最小目盛は一般には 0.01 mm であるが,

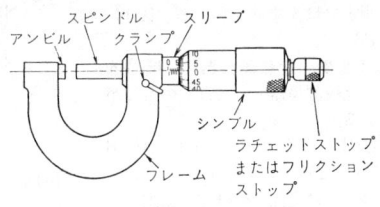

図 14-11　マイクロメータ(外側用)

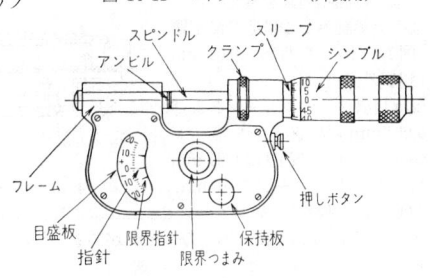

図 14-12　指示マイクロメータ

ミクロンマイクロメータでは 0.001 mm まで測定できる。指示マイクロメータは 100 mm までで,指針の最小目盛は 0.002 mm 以下と定められている。

図 **14-13** にマイクロメータによる測定方法を示す。

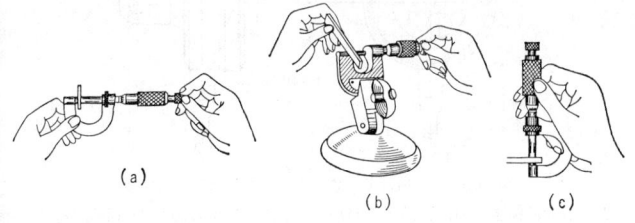

図 14-13　マイクロメータの使用例

(4) 測長器　図 **14-14** はアッベ(Abbe)の原理を応用した測長器の一つの形式を示す。アッベの原理とは,測定台などの傾きの誤差を少なくするために,測定線と標準尺目盛面とを同一直線上に配置することをいう。細長いまっすぐなベッドの一端にマイクロメータあるいはその他の精密測定器を備え,これに向かい合って一つの滑り台を置き,その間に試験片をはさみ,ベッド上に備えた基準尺によって 1 mm ごとの読みを,それ以下の細かい読みをマイクロ

メータその他の装置によって読みとる。アッベの原理を追求すると装置が大きくなるので，長尺物の測定には光学式を用いる（図14-15）。

14.2.3. 比較測長器 機械的な比較測長器としては次のものがある。

(1) ダイヤルゲージ（JIS B 7503：97） ダイヤルゲージは，直線変位を機械的に拡大して指針に回転運動を与え，目盛板の上で読みとる構造の測定器（図14-16）である。0.01 mm目盛ダイヤルゲージ，0.002 mm目盛ダイヤルゲージおよび0.001 mm目盛ダイヤルゲージがある。測定範囲は0.01 mm目盛ダイヤルゲージで10 mm，

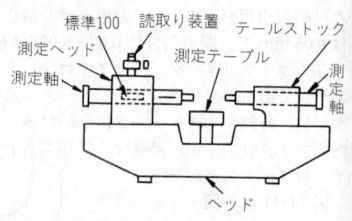

図 14-14 横形測長器の一例

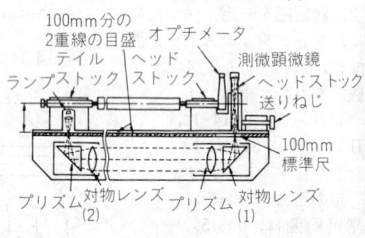

図 14-15 光学的測長器（Zeiss製1m）

0.002 mm目盛ダイヤルゲージで2 mmおよび5 mm，0.001 mm目盛ダイヤルゲージで1 mm，2 mmおよび5 mmがある。精度はそれぞれ上記規格に定められている。

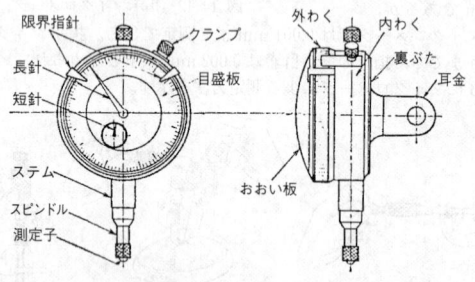

図 14-16 0.01 mm目盛ダイヤルゲージ（てこ式ダイヤルゲージ）

(2) 指針測微器（JIS B 7519：94） スピンドルのわずかな直線運動を特殊なレバー仕掛けによって回転運動に変え，指針によって100～1000倍に拡大する測定器である。測定範囲は，拡大率100～200倍のもので0.6 mm～0.3 mm，500～1000倍のもので0.12 mm～0.06 mm，精度はそれぞれ±1 μm および±0.4 μm 程度である（図14-17）。

14.2.4 光学的測定器

(1) ミクロルックス 図14-18に示すようにわずかな直線運動をレバー仕掛けによって拡大し，さらに光学的に拡大したもので，拡大率は1000倍，測

定範囲は 0.2 mm, 最小目盛 0.001 mm, 精度 ±1 μm 程度である.

(2) オプチメータ　光学的にわずかな動きを拡大するもので, 図 **14-19** のように, 光てこの原理を応用して, 試験片1に接するスピンドルの上下の動きを倍増して, ガラス板6の尺度の上に結ぶ像を接眼鏡によって読みとる. 測定範囲 0.2 mm, 最小目盛 0.001 mm, 精度 ±0.25 μm である.

(3) その他　基準スケールとヘアラインを顕微鏡で拡大して測定する測微顕微鏡, 光の干渉を利用して測定する光波干渉計, 回折縞を利用した回折マイクロメータなどがある. 最近の測定法については別項で示す.

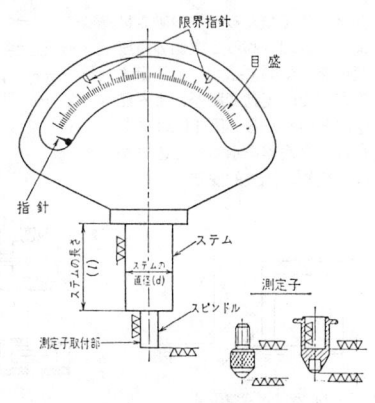

図 14-17　指針測微器

14.2.5. 電気的測定 (9編2章2.2.参照)

最近, 電気回路部品の展開にともない, 非常に有効な測定法になった.

(1) 抵抗変化による測定　抵抗線の長さが変化することで, その電気抵抗値が変わる性質を利用して, 長さ, 圧力その他の機械量を電気的に変換する方法で, 抵抗線ひずみゲージを用いた測定方法である. 図 **14-20** にその原理を示す. 最近, さらに高感度な半導体を用いたゲージ, 温度変化に対して補償を行ったゲージもある.

(2) 静電容量の変化による測定　2枚の平行電極間の容量が, 2枚の電極間距離を動かすことによって変化する. その変化を電気的に拡大して測定する方法が, 微少容量変化による測定法である. 図 **14-21** に原理図を示す. この方法は, 測定物と直接接触する必要がないので, 振動の測定に利用できる. しかし, 回路上安定するまでかなりの時間を必要とする欠点がある.

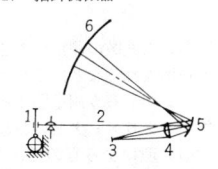

図 14-18　ミクロルックス

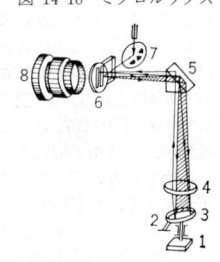

図 14-19　オプチメータ

(3) 電磁誘導形の測定　図 **14-22** のように, 一般的なトランスの原理を応用して,

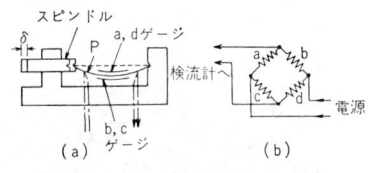

図 14-20　ストレンゲージを用いた測定器

トランスをつくる一片の動きによって誘起される2次側の電圧変化を電気的に拡大して測定する方法で，差動変圧器による測定法といわれる。図 14-23 にそれらの変換器を示す。この方法は電気的に比較的安定で，しか

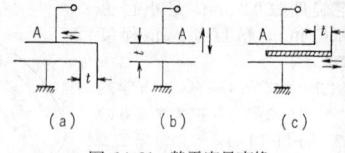

図 14-21 静電容量変換

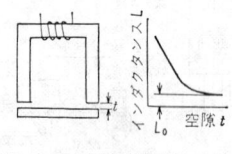

図 14-22 可変空隙型トランス

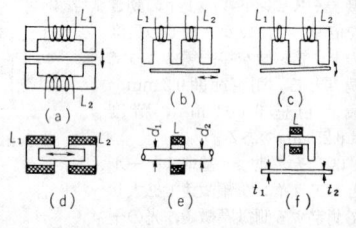

図 14-23 インダクタンス変換器

も高い周波数の測定ができ，振動測定にも利用されるなど，これからもよく利用されるであろう測定器である。最近の電気マイクロメータといわれる測定器は，この原理によるもので，0.1 μm（1μm = 0.001 mm）の測定ができるものもある（JIS B 7536：82）。図 14-24 は電気マイクロメータとして用いる検出器である。

14.2.6. その他の測定法 流体変換による測定法として，空気マイクロメータがある（JIS B 7535：82）。空気マイクロメータは，ノズルから出る空気の流量が，ノズルと相対する測定物との間の間げきの変化によって変化することを利用したもので，その変化量を背圧の変化に変えて測定する，流量変化を直接測定する，などの方法がある。図 14-25 に背圧式，図 14-26 に流量式の空気マイクロメータを示す。空気マイクロメータの特長は，精度が高く，倍率が高い，測定圧が小さく対象を変形させない，ゲージの摩耗が少ないなどで，自動

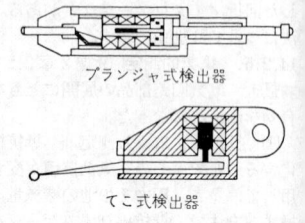

図 14-24 てこ式検出器

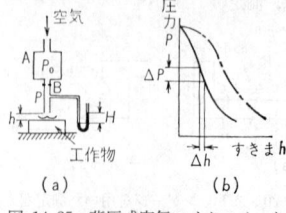

図 14-25 背圧式空気マイクロメータ

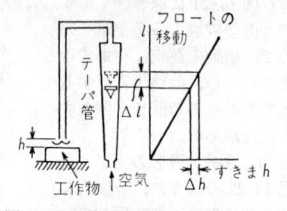

図 14-26 流量式空気マイクロメータ

(a)

(b)

(c)

(d)

(e)

(f)

単一ノズル測定

多数ノズル測定

(a) (b) (c) (d)

対向ノズル測定

図 14-27

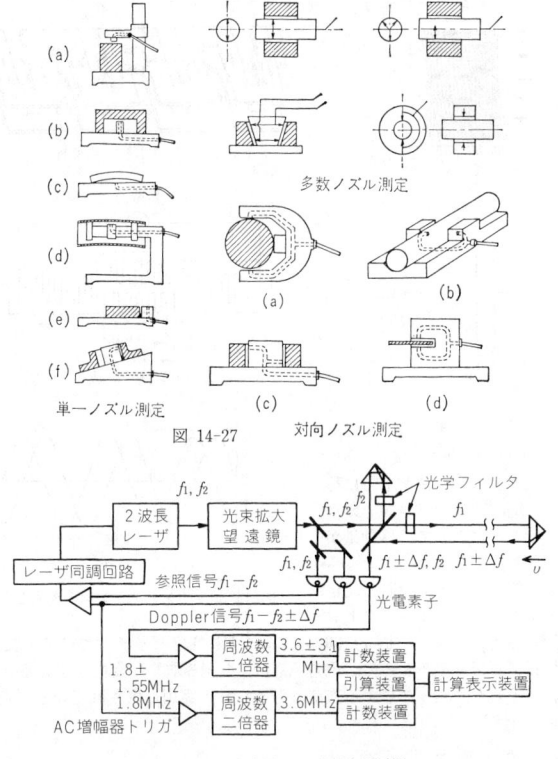

図 14-28 2波長レーザ干渉測長器

制御系および自動選別に用いられる。図 **14-27** はその測定例を示す。

14.2.7. 新しい長さの測定法 長さの測定に，光の波長を基準にして測定する方法が考えられた。コヒーレンス（干渉性）の高いレーザ光を利用する測長器である。レーザ光のもつ優れた干渉性，単色性，直進性を利用して，干渉による測長ができるようになった。長さ，変位の測定に，2波長レーザ干渉計が主に用いられる（図 **14-28**）。2波長 f_1, f_2 のレーザ光のうち一つの波長の移動するプリズムからの反射によるドップラ効果を応用し，差 Δf を反射プリズムの移動期間で積分することにより，移動距離を求める。カウンタの数値の差を N，移動距離を D，波長を λ とすると，$N=2D/\lambda$ から移動距離を求めることができる。

モアレ縞を用いる方法もある（図 **14-29**）。二つの格子の傾きを θ，格子のピッチを d とすると，モアレ縞の間隔は d/θ になる。Bの格子が矢印の方向

(a) 原理図

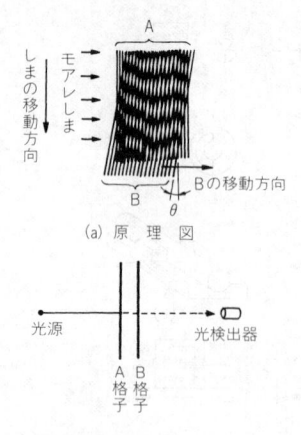

(b) 検出光学系

図 14-29 モアレ縞

に移動するとモアレ縞が下方に移動する。縞の移動のパルスをカウントすることによって，移動量が測定できる。

電気パルスによって位置の変化を測定する方法が，インダクトシンを用いる方法である（図 **14-30**）。スライダに 1/2 ピッチずつずらして設けられたジグザグコイルからの起電力 E_A，E_B を読み取り，変位を求める方法である。パルスも光パルスによる方法も考えられ，実用に供されている（光スケールレコーダ）。

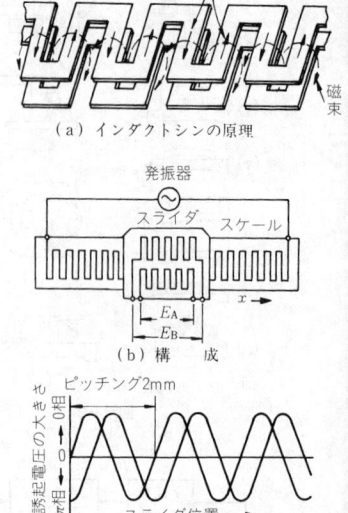

(a) インダクトシンの原理

(b) 構成

(c) 出力

図 14-30 インダクトシンの構成と出力

14.3. 角の測定

(a) (b) (c) Johansson 式 角度ゲージ

角度ゲージ使用例

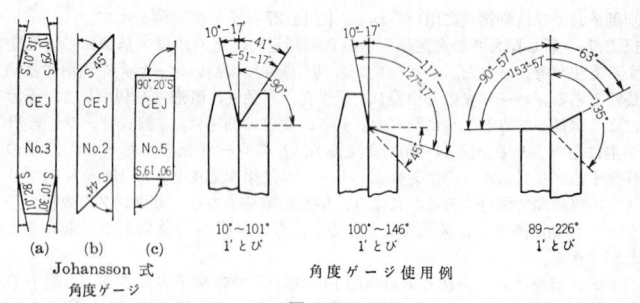

図 14-31

14.3.1. 角の基準

(1) **角度ゲージ** ブロックゲージに相当する角度ゲージがある。50 mm×20 mm×1.5 mm の焼入鋼板で，組み合わせることによっていろいろの角を ±12 秒の精度で作り出すことができる。図 **14-31** はゲージと組合せの例を示す。

(2) **直角定規（ゲージ）** 図 **14-32** は，直角定規の一例である。直角定規には標準用の刃形直角定規，I形直角定規，一般用の平形および台付き直角定規がある。それぞれ JIS B 7526：95 に規定している。

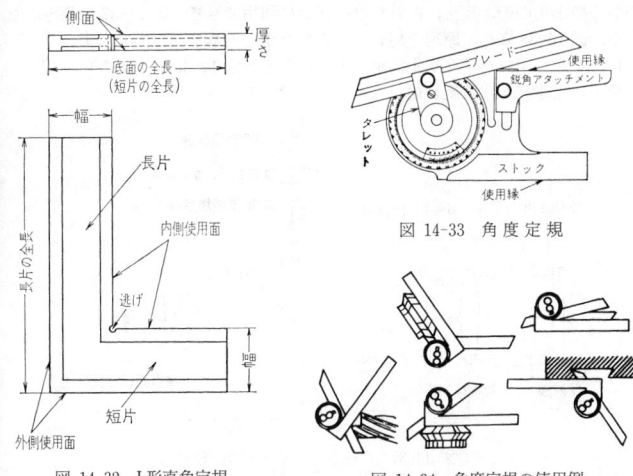

図 14-32　I形直角定規

図 14-33　角度定規

図 14-34　角度定規の使用例

14.3.2. 角度定規

図 **14-33** に角度定規を示す。これは母尺の目盛が 1° で，副尺により 5″ が測定できるようになっている。図 **14-34** は使用例を示す。

14.3.3. 水準器

水準器は，一般に気泡管を用いて，水平面からの傾きを測定するもので，気泡管式の水準器については JIS B 7510：93 に定められている。その感度は 0.02 mm/1 m，0.05 mm/1 m および 0.1 mm/1 mm となっている。

このほかに，角度を電気的に変換して測定する電気式水準器もある。

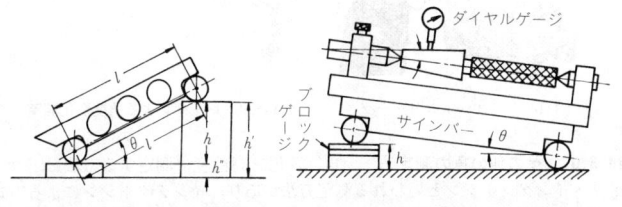

図 14-35　サインバーの原理

図 14-36　測　定　例

14.3.4. サインバー（JIS B 7523：77）　長さを測定して三角法の計算を行い，角を測定するものにサインバーがある（図 14-35）。ブロックゲージとの組合せで任意の角が得られる。すなわち，

$$\sin \theta = (h' - h'') / l$$

であり，図 14-36 はテーパプラグの測定にサインバーを応用した例である。

14.3.5. 光学的角度測定法（JIS B 7538：92）　オートコリメーションの原理を応用した光学的角度測定法があり，真直度，平行度，平面度，直角度，その他の微小角の差，変化，振れなどの測定に利用できる。図 14-37 に測定の原理を，図 14-38 にその原理を用いて作られたオートコリメータを示す。

レーザ光を用いた角度変化測定の方法がある（図 14-39）。2 本のレーザビームを用い光路差から角度変化を求める方法である。

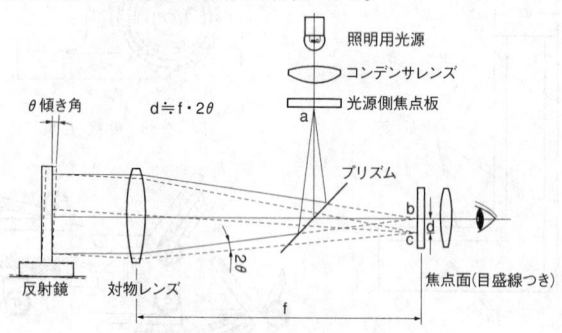

図 14-37　オートコリメータの原理

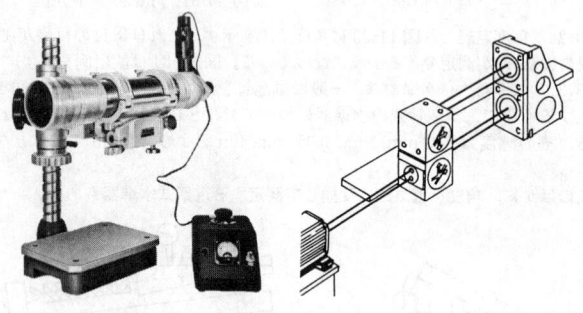

図 14-38　オートコリメータ　　図 14-39　レーザによる角度変化測定

14.3.6. その他の角の測定法　角度変化を高精度に測定する方法に，ロータリ・インダクトシンといわれる測定方法があり，インダクトシンによる方式を円形に変えた方法である。

14.4. 面の測定

14.4.1. 表面粗さ

(1) 表面粗さの表示
(JIS B 0601：01)

機械加工部品として，互換性に関係する形状精度とともに，表面を評価する表面特性（Surface Texture）が重要な意味をもつ。表面粗さは表面特性を評価するパラメータの一つであり，輪郭曲線の測定面に垂直に切断した，実表面の断面曲線の中で，短波長成分として評価することになっている。これには，輪郭曲線の最大山高さ，最大谷深さ，最大高さ，曲線要素の平均高さ，そして最大断面高さである。これらを図14-40に示す。また，高さ方向の平均として，算術平均高さ，二乗平均平方根高さなどがある。また，輪郭曲線の負荷曲線（アッボトの負荷曲線）によっても評価できる。その計算方法は，上記規格に示されている。
たとえば，

(a) 平均高さ
$$R_c = \frac{1}{m}\sum_{i=1}^{m} Zt_i$$

(b) 算術平均高さ
$$R_a = \frac{1}{l}\int_0^l |Z(x)|\,dx$$

(c) 二乗平均平方根高さ
$$R_q = \sqrt{\frac{1}{l^2}\int_0^l Z^2(x)\,dx}$$

などである。粗さの表示には，公比2の標準数列の使用が望まれる。

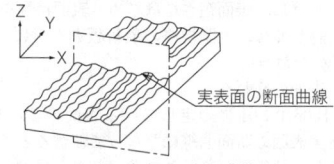

(a) 実表面の断面曲線

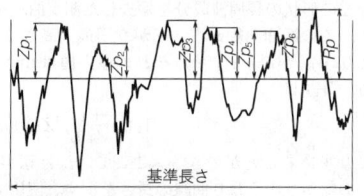

(b) 輪郭曲線の最大山高さ（粗さ曲線の例）R_P で表す。

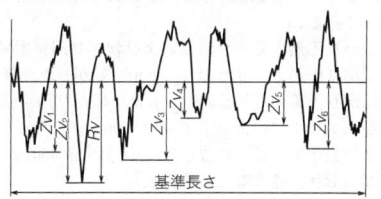

(c) 輪郭曲線の最大谷深さ（粗さ曲線の例）R_V で表す。

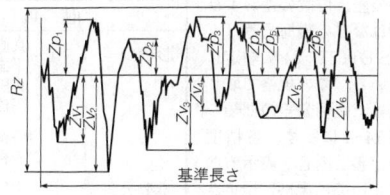

(d) 輪郭曲線の最大高さ（粗さ曲線の例）R_Z で表す。

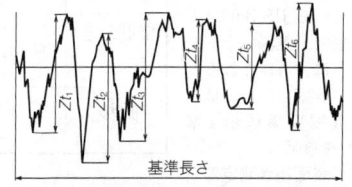

(e) 輪郭曲線要素の平均高さ（粗さ曲線の例）

図 14-40 表面粗さ曲線の例

このように，表面粗さをはじめ，表面特性を表す方法がかなり変化しているので，詳しくは，上記規格の最新版を参考にするとよい（5編機械要素設計1章 1.12. を参照）。

(2) 表面のうねり

JIS B 0610：01 に規定している表面のうねりは，一定半径の円（あるいは球）が実表面の断面曲線にならって転がるときの円の中心の軌跡で表し，転がり円うねり曲線という。この曲線から，最適化された最小二乗法によって，円弧などの形状の長周波成分を除去した測定曲線を，転がり円うねり断面曲線という。この断面曲線から，転がり円最大高さうねり W_{EM}，転がり円算術平均うねり W_{EA} が得られ，それぞれの最大値は max を付して示す。単位は μm である。W_{EA} は

$$W_{EA} = \frac{1}{l_n} \int_0^{l_n} |Z(x)| dx$$

により求めることができる。ここで，l_n は転がり円算術平均うねりを求めるための転がり円うねり曲線の長さを示す。使用する基準円半径は，0.08, 0.25, 0.8, 2.5, 8, 25 mm，うねりを求める基準長さは，0.25, 0.8, 2.5, 8, 25, 80 mm である。

転がり円最大高さうねりおよび転がり円算術平均うねりの表示は，たとえば
- 転がり円最大高さうねり__μm　転がり円半径__mm　　基準長さ__mm
- 転がり円算術平均うねり__μm　転がり円半径__mm

高域フィルタのカットオフ値__mm

により表示することになっている（JIS B 0601：01 参照）。

(3) 形状，運動などの幾何公差

対象物の形状公差，姿勢公差，位置公差および振れなどの幾何公差は，JIS B 0621：84 に規定している。この規格で取り上げた幾何公差の種類を，**表 14-4** に示す。各精度の定義と内容，表示方法については規格に規定されており，図示方法を規定している JIS B 0021：98（幾何公差表示方法）とともに参考にされるとよい（詳細については，5編機械要素設計1章 1.13. を参照）。

表 14-4 幾何公差の種類

種類		通用する形体
形状公差	真直度 平面度 真円度 円筒度	単独形体
	線の輪郭度 面の輪郭度	単独形体又は関連形体
姿勢公差	平行度 直角度 傾斜度	関連形体
位置公差	位置度 同軸度及び同心度 対称度	
振れ	円周振れ 全振れ	

(4) 表面粗さ測定器

(a) 触針式表面粗さ測定器（JIS B 0651：01）　測定する表面上を触針が運動して表面の輪郭形状の公差を測定し，パラメータを計算し，輪郭形状を記

録することができる測定器と定義されている。輪郭形状のほかに、表面粗さ、うねりなどを出力できる。この測定器の縦倍率（触針の送り方向に垂直な方向の変位に対する記録図形の拡大倍率）の呼び値は、たとえば100, 200, 500, 1000, 2000, 5000, 10000, 20000, 50000, 100000などである。横倍率（触針の送り方向の変位に対する記録図形の拡大倍率）の呼び値は、たとえば10, 20, 50, 100, 200, 500, 1000, 2000, 5000などである。

(b) 光波干渉式表面粗さ測定器（JIS B 0652：73）　標準反射面と被測定面との間に生じる光波干渉縞を、顕微鏡によって拡大して観察または撮影し、表面状態を測定するものである。

なお、表面粗さ標準片は、JIS B 0659-1：02に規定されている。

(5) その他の粗さ測定器

表面の粗さは、一般に触針式を用いるが、光を用いた方法もある。半導体レーザを用いた、nmオーダの粗さが測定できる新しい測定器が開発された（図 14-41）。これは、レーザ光の反射臨界角の性質を利用して感度を上げている。この測定器により、非接触でサブミクロンのオーダで表面粗さの測定を可能にしている。

14.4.2. 平面の測定

(1) オプチカルフラット（JIS B 7430：77）　ラップ仕上げの比較的小さい平面の平面度を測定するには、オプチカルフラットを使用する。天然水晶をみがいた直径30〜60 mm、厚さ10〜25 mmの正確な平行平面定盤である。平面の精度は、±0.1 μm程度である。オプチカルフラットを平面上に重ね、平面に直角に光線を送って得られる干渉縞で簡単に判定できる。平面が正しくオプチカルフラットに密着

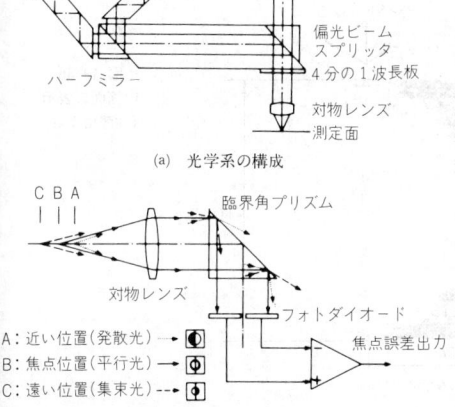

(a) 光学系の構成

(b) 臨界角法の原理

図 14-41　ハイポス粗さ計の原理図

図 14-42　オプティカルフラットによる干渉縞

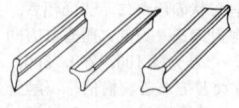

図 14-43 直 定 規

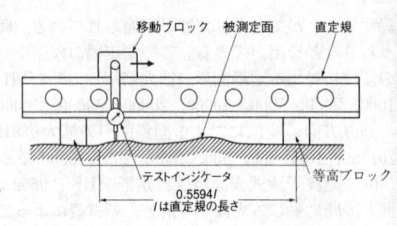

図 14-44 直定規による真直度の測定法

すると干渉縞が消滅するので，ブロックゲージ，はさみゲージ，マイクロメータの測定面の平らかさを簡単に検査できる。図 **14-42** は，オプチカルフラットを測定面に対してわずかに傾斜させ，くさび状の空気層をつくって単色光を投射したときの干渉縞を示す。

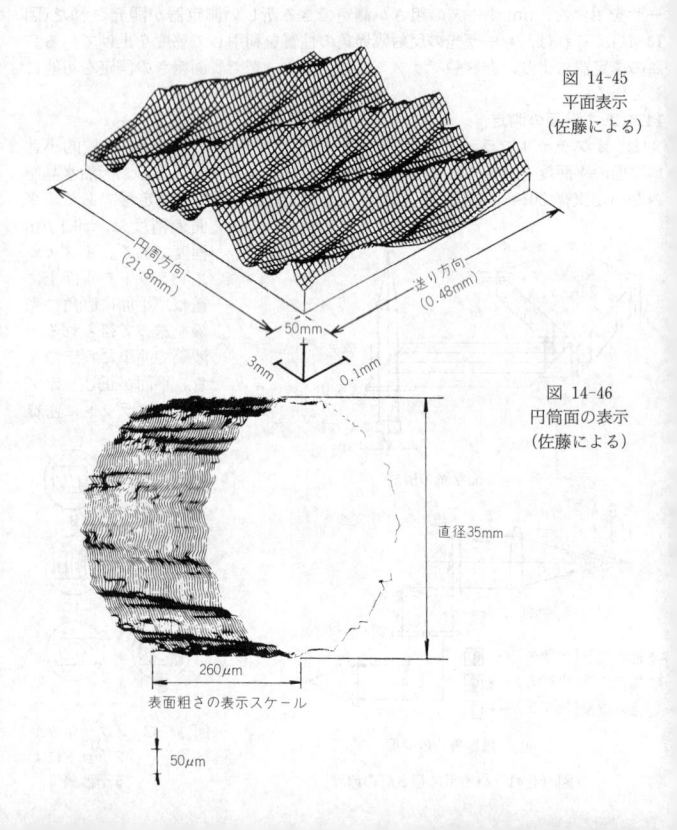

図 14-45
平面表示
（佐藤による）

図 14-46
円筒面の表示
（佐藤による）

表面粗さの表示スケール

(2) **直定規（ストレートエッジ）** 比較的小さい面の平面度を検査するために使用する直定規（JIS B 7514：77）である。たとえば，図 **14-43** のようなナイフ形あるいは三角形の直定規を測定する面に当て，明るい方に向かって透かして見ると，すきまがあるときはそのすきまから反対側の光が見えるので簡単に測定できる。普通 $3\mu m$ 以上のすきまがあると，日光が見えるが，それ以下になると色づき，$0.5\mu m$ 以下になると光は通過しない。

広い面の平面度を検査するには，上下に平行平面をもつ直定規をペッセル点でささえ，移動ブロックとテストインジケータとにより表面の真直度を測定する（図 **14-44**）。直定規とこれに直角方向に配置した 2 個の直定規の上を，移動ブロックとテストインジケータを移動して測定することにより測定平面の平面度が測定できる。

(3) **その他** 精密水準器を用いて平面のうねりを求める方法，オートコリメータにより平面度を測定する方法などがある。

14.4.3. 円筒面の測定 円筒面の測定には，一般に触針式を用いる。触針の動きを拡大する場合，光学式と電気式とがあり，それぞれいろいろな方法で記録できるようになっている。

14.4.4. 面の表示法 面を表示するために電子計算機を用いる方法が開発された。いままで数値情報としてとらえられていた面の状態を，ビジュアルに表すために電子計算機が用いられる。図 **14-45** で平面を，図 **14-46** で円筒面をそれぞれ示した。電子計算機により面の情報を示す技術が，現在多くの分野で応用されている。

14.5. ねじの測定

14.5.1. 有効径の測定

(1) **ねじマイクロメータによる方法**
図 **14-47** に示す原理によりねじの有効径 d_2 は，次の式で求めることができる。

$$d_2 = A - B$$

(2) **三針法による方法** 高い精度の測定には三針法が用いられる。d を針金の直径とし，図 **14-48** に示すように d_0 が測定されたとすれば，有効径 d_2 は次式で求められる。

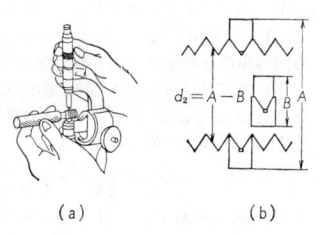

図 14-47 ねじマイクロメータによる有効径の測定

$$d_2 = d_0 - d\left\{1 + \frac{1}{\sin(\alpha/2)}\right\} + \frac{p}{2} \cdot \frac{1}{\tan(\alpha/2)}$$

$\alpha = 60°$ （メートルねじ，ユニファイねじ）のとき
$$d_2 = d_0 + 0.866025\,p - 3d$$

$\alpha = 55°$ （ウイットねじ）のとき
$$d_2 = d_0 + 0.96049\,p - 3.16568d$$

ねじ測定用三針の呼び径は，JIS B 0271：04 に規定している。

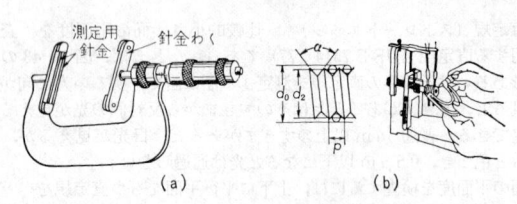

図 14-48 三針法による有効径の測定

14.5.2. その他の測定
ねじのその他の測定には、ピッチの測定と山の角度の測定とがある。ピッチについては、図 **14-49** のような簡単な測定方法があり、山の角度については光学的に測定する方法がよく用いられる。

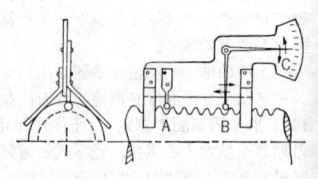

図 14-49 レバー式ピッチ検査機

14.5.3. ねじ用限界ゲージ
軸や穴の限界ゲージと同様に、ねじについてもメートルねじ用限界ゲージ (JIS B 0251:98)、ユニファイねじ用限界ゲージ (JIS B 0255:98)、管用テーパねじゲージ (JIS B 0253:85)、管用平行ねじゲージ (JIS B 0254:85) がある。

14.6. 平歯車の測定

14.6.1. 歯厚の測定

(1) 歯厚ノギスによる方法　歯厚ノギスの詳細について、JIS B 7531:82 に規定している。平歯車のピッチ円上の円弧歯厚を測定する最も簡単な方法である。図 **14-50** のように歯先円からピッチ円までの歯の高さを h、ノギスの深さを h' とし、ピッチ円上の弦歯厚 s を測定する。h' は歯先円が正確なものと仮定して

$$h' = h + r = m\left[1 + \frac{z}{2}\left(1 - \cos\frac{\varphi}{2}\right)\right]$$

として求められる。m はモジュール、z は歯数である。一方

$$\bar{s} = 2R_0 \sin\frac{\varphi}{2}, \qquad \tilde{s} = 2R_0 \frac{\varphi}{2}$$

で $\bar{s}$ および $\tilde{s}$ が求められる。この値と実測値とを比較することにより誤差が求められる。この場合、歯先円が正しく仕上げられていること、角度 φ が理想的に正しく仕上がっていることを前提にしているので、実測値の精度はあまり高くないことに注意しなければならない。

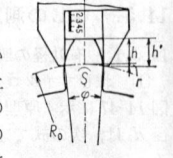

図 14-50 歯厚ノギスによる方法

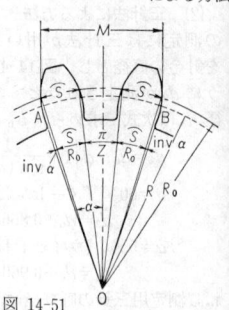

図 14-51 歯厚マイクロメータによる方法

(2) **歯厚マイクロメータ（JIS B 7502:94）による方法** 図 **14-51** のように，一度に数枚の歯をまたがってその平行接線の長さを測定することにより，円弧歯厚 $\bar{s}$ を求める方法である。いま測定値を M，基礎円の半径を R，ピッチ円の半径を R_0 とし，歯と歯の間の数を N とすれば（N は 3 枚の歯をまたいで測定する場合 $3-1=2$ となり，n 枚の場合，$N=n-1$ となる），図から，

$$\bar{s} = \frac{1}{N+1}\left[\frac{M}{\cos\alpha} - R_0\left(\frac{N\pi}{z} + 2\operatorname{inv}\alpha\right)\right]$$

になる。N と M から $\bar{s}$ を求めることができる。歯厚マイクロメータは，JIS B 7502:94 に規定している。

(3) **オーバピンによる方法** 半径 r の一組のピンを歯車の対称点の歯みぞにはさみ，その距離 M をマイクロメータで読みとると，図 **14-52** から，

歯数 z が偶数ならば $\quad M = 2(R_1 + r)$

奇数ならば $\quad M = 2\left(R_1 \cos\dfrac{90°}{z} + r\right)$

となる。したがって，M を測定すれば R_1 が計算でき，

$$R_1 = \frac{R_0 \cos\alpha}{\cos\alpha_1}$$

から α_1 が計算できる。したがって

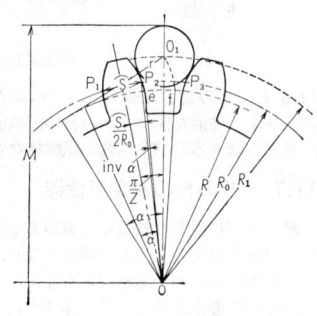

図 14-52 オーバピンによる方法

$$\bar{s} = mz(\operatorname{inv}\alpha - \operatorname{inv}\alpha_1) + \frac{2r}{\cos\alpha}$$

から $\bar{s}$ が求められ，前の計算式で求めた $\bar{s}$ と比較することにより誤差を求めることができる。

14.6.2. 歯形誤差の測定 歯形が正しいインボリュート歯形かどうかを検査する方法である。図 **14-53** は歯形試験機（Maag 歯形試験機）の原理の一例である。A は測定される歯車の基礎円と同じ直径の円板で，滑り片 B が動かされると摩擦によって A も滑りなく回転するようになっている。そのときの接触子 C_1 の動きは D のペンによって記録紙 E の上に記入され，同時に滑り片の動きが F によって記録されるようになっている。この記録の結果から，歯形の誤差（歯面の凹凸）を知ることができる。

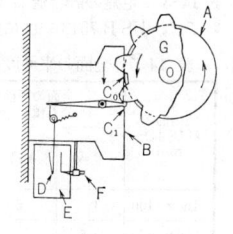

図 14-53 インボリュート歯形試験機

このほかに，Genevoise 歯形試験機，Zeiss 歯形試験機などがある。

14.6.3. ピッチ誤差，偏心の測定 図 **14-54** は Wickman の歯形試験機といい，測定針の振れによって，偏心とピッチ誤差を測定するようになっている。

ピッチ誤差を測定する Zeiss の歯車試験機がある。ピッチ誤差には，法線ピッチ誤差，平均ピッチ誤差，単一ピッチ誤差，累積ピッチ誤差などいろいろの誤差がある（JIS B 1702-1-2:98 円筒歯車—精度等級参照）。

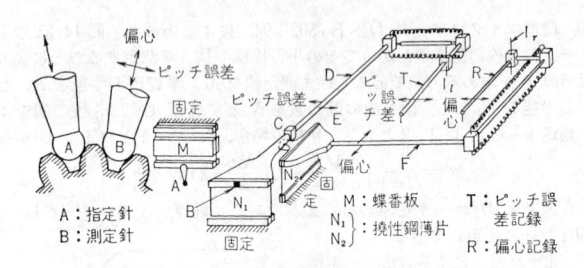

図 14-54　ピッチ誤差と偏心の測定（Wickman歯車試験機）

A：指定針
B：測定針
M：蝶番板
N_1, N_2：撓性鋼薄片
T：ピッチ誤差記録
R：偏心記録

14.6.4. その他の試験機
そのほか，総合的に歯車の性能を調べるかみ合い試験機，動的な性能を調べる動的かみ合い試験機などがある。

14.7. その他の測定用機器

精密測定に重要な機器に定盤がある。定盤はいろいろな測定のための基準面となり，一方では平面加工のための基準面にもなる。定盤は完全な平面を要求されるので，作り方に十分注意しなければならない。一般に3枚すり合わせ法により3枚の平面を同時に作り出す方法がとられている。

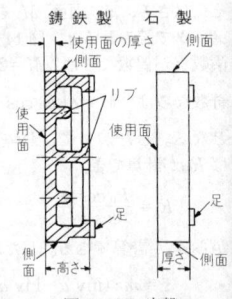

図 14-55　定盤

定盤には，鋳鉄製と石製があり，用途により使い分けられる（図 14-55）。表 14-5 に定盤の許容値および寸法を示す。なお，測定方法および検査法については，JIS B 7513：92 に規定している。

表 14-5　全面の平面度の公差値，定盤の高さ，厚さおよび質量（抜粋）

使用面の呼び寸法 mm	全面の平面度の公差値[1][2] μm 0級	1級	2級	周辺部分の除外幅 mm	鋳鉄製 高さmm（参考）	質量kg（参考）	石製 最小厚さmm（参考）	質量kg（参考）
160× 100	3	6	12	2	—	—	—	—
250× 160	3.5	7	14	3	—	—	—	—
400× 250	4	8	16	5	100	25	50	15
630× 400	5	10	20	8	150	90	70	50
1000× 630	6	12	24	13	200	300	100	180
1600×1000	8	16	33	20	250	900	160	720
2000×1000	9.5	19	38	20	280	1350	200	1120

注　(1) 温度20℃湿度58%におけるものとする。
　　(2) 計算式を参考1に示す。（JIS B 7513を参照）

7編

流体力学および流体機械

1章　流体力学の基礎

1.1.　圧力と密度

　一般に物体の中で任意に一つの面を考えると，その面の両側にある物体の部分は互いに力を及ぼし合っている。これを応力という。静止の状態にある水では，応力はいま考えている面に常に垂直に働き，しかも互いに押し合う方向に働く。

　いま微小面積 ΔA を考え，ΔA に働く力を ΔP とすると，この位置の単位面積当たりの力の大きさは

$$p = \lim_{\Delta A \to 0} \frac{\Delta P}{\Delta A}$$

で示され，この p を圧力という。圧力の単位として Pa が用いられる。

　密度は単位体積当たりの質量である。一般に液体は非圧縮性流体と考え，水の密度 ρ は，常温では，$1\,\mathrm{g/cm^3}\,(=1000\,\mathrm{kg/m^3})$ で一定とみなしてよい。

1.2.　水の圧力

　水面下深さ z のところの一点では，水の圧力 p は

$$p = p_0 + \gamma z$$

ここに大気圧 p_0 を基準とすれば $p = \gamma z$ となり，圧力は水面からの深さに比例する。水面下 1 m の深さでは，圧力は 9.8 kPa $(0.1\,\mathrm{kgf/cm^2})$，10 m では 98 kPa を示す。

1.3.　圧力の伝達

　密閉した容器内にある液体の一部を，たとえばピストンで加圧し，圧力を Δp だけ高めると容器内のすべての点の圧力は一様に Δp だけ高まり，圧力は任意の点からすべての点に一様に伝わる（パスカルの原理）。図 1-1 の水圧機はこの原理を応用したものである。O 点を支点とするレバーの一端に力 P を加え，面積 a の小ピストンを押し液内の圧力を Δp だけ高めると，この圧力は弁 V を押し上げて面積 A の大ピストンの下端に伝達され荷重 W を押し上げる。摩擦を無視すると，P と W の間には，$W = (l/l')(A/a)P$ の関係がある。

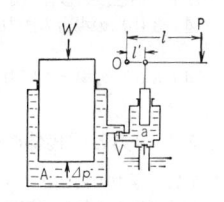

図 1-1　水圧機

1.4. 圧力計

 液体の圧力を測る計器を一般に圧力計という。圧力計は，普通測定しようとする圧力と大気圧との差を指示する。
 大気圧を基準にして測った圧力をゲージ圧といい，完全真空を基準にして測ったものを絶対圧という。したがって

ゲージ圧＝絶対圧－大気圧

1.4.1. ブルドン管圧力計 (図 1-2) (JIS B 7505：99)

 工業上最も広く使用されているもので，Bに示す中空だ円形の断面をもつ円弧状の金属管Aの一端Kをふさぎ，他端を固定してここから内部に液体圧力を加えると，管Aの弾性によりK点は圧力に比例して変位する。
 この変位はリンクDをへてMを軸とする扇形歯車Eに伝えられ，これとかみ合う小歯車Fを回し，これとともに回転する指針Gにより圧力を読む。このほか，ダイアフラムやベローズを使用した精密圧力計がある。

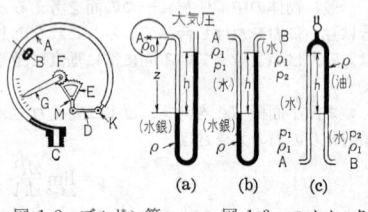

図 1-2 ブルドン管　　図 1-3 マノメータ

1.4.2. 液柱計 (マノメータ)

 (a) 通常液柱計 (図 1-3 (a))
 U字管の低部には水，水銀などの液体，上部には圧力を測定すべき気体または液体を入れる。A点の圧力（ゲージ圧）$=\rho gh-\rho_0 gz$　ただし g は重力加速度
 (b) 示差圧力計 (図 1-3 (b)，(c))
 2点A，B間の圧力差を測定するために使用される。図 1-3 (b) はU字管が上向きに，図 1-3 (c) は下向きに取り付けられている。前者は被測定液体の密度より大きい密度の液体（たとえば水に対して水銀）をU字管内に，後者では小さい密度の液体（水に対して油）を封入する。
 図 1-3 (b) の場合の圧力差は

$$p_1-p_2=(\rho-\rho_1)gh$$

 図 1-3 (c) の場合の圧力差は

$$p_1-p_2=(\rho_1-\rho)gh$$

1.5. 浮力と浮揚体の安定

1.5.1. 浮力の大きさ

 流体中にある物体は流体による圧力のために，物体が排除した体積の流体の重量に等しい力を鉛直上方に受ける。この力を浮力という。
 ρ を流体の密度 (kg/m³)，V を物体が排除した体積 (m³) とすれば浮力の大きさは $B=\rho g V$ (N) である。換言すれば，流体中にある物体は浮力の大きさに等しい重量だけ軽くなる。浮力の大きさは排除した体積に比例し，物体の

種類，液体中の位置には無関係である。これをアルキメデスの原理という。

物体が水面上に浮かんでいる場合，浮力の大きさは水中に沈んでいる部分の体積の水の重量に等しく，これが物体の重量とつりあって，浮力の作用線と重量の作用線は一致する。これを浮揚軸という。Bを浮力の大きさ，Wを物体の重量とすれば，(1) $W>B$ の場合は物体は水中に沈み，(2) $W<B$ の場合は物体は水面に浮き上がる。

1.5.2. メタセンタ

水面に浮かんで静止している物体を傾けた場合，移動した浮力の作用線が浮揚軸を切る点 M をメタセンタといい（図1-4），物体の重心 G からメタセンタまでの長さ GM をメタセンタの高さという。

(1) **安定の場合**　メタセンタ M が重心 G より上にある場合（正）は，ここに復元偶力を生じ物体は旧の位置に戻ろうとする。その効果は GM の長さが長いほど大きい。(図1-4 (a))

(2) **中立の場合**　球が水面に浮かんでいる場合は，メタセンタの高さは 0 で，偶力を生じないから，物体は傾いたままの状態でもとへ戻らない。(図1-4 (b))

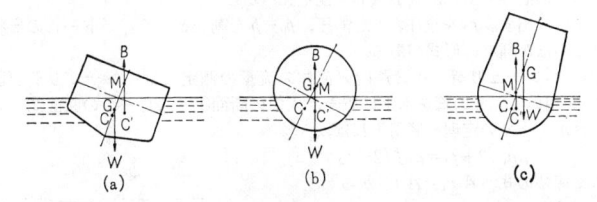

(3) **不安定の場合**　メタセンタ M が重心 G の下にある場合（負）は，W と B とは増変偶力となり，少し傾くと物体はますます傾き転覆する。(図1-4 (c))

図 1-4　浮揚体の安定度

1.6.　流体の流れ

1.6.1.　連続の原理

図1-5 に示す流管において，入口 A_1 および出口 A_2 の断面積を a_1, a_2，流速を v_1, v_2，流体の密度を ρ とすれば，非圧縮性流体の定常流の場合は，入口および出口における流量は等しく，これを連続の原理という。

体積流量　$Q = a_1 v_1 = a_2 v_2 = 一定$

質量流量　$G = \rho a_1 v_1 = \rho a_2 v_2$

1.6.2.　ベルヌーイの定理

エネルギ保存の法則を定常流の流体に適用した式である。任意の水平面 OO を基準面にとり，z_1, z_2：基準面から A_1, A_2 までの高さ，p_1, p_2：A_1, A_2 における圧力，g：重力の加速度とすれば，

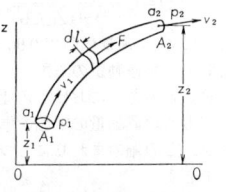

図 1-5　連続の原理

$$\frac{\rho v_1^2}{2}+p_1+\rho g z_1=\frac{\rho v_2^2}{2}+p_2+\rho g z_2=一定$$

の関係があり,全エネルギが常に一定であることを示す。これをベルヌーイの定理という。ここに実用上 $\frac{\rho v^2}{2}$ を動圧,p を静圧,$\rho g z$ を水頭圧という。なお,$\frac{v^2}{2g}$ を速度ヘッド,$\frac{p}{\rho g}$ を圧力ヘッド,z を位置ヘッドと呼ぶ場合もある。

(1) **ピトー管** ピトー管(図1-6)はベルヌーイの定理を応用したもので,流れの中の流速の測定に用いる。ピトー管の上流で管より十分離れたところの流れの速度を v,その圧力を p とし,他方ピトー管の先端の穴 A のところを考えると,その点では流体は止まり,速度は 0 となる。この点の圧力を p_0 とし,この2点の間にベルヌーイの式を適用すれば,$p_0=p+\rho v^2/2$。この式を修正して

$$v=C_v\sqrt{\frac{2}{\rho}(p_0-p)}$$

ここに C_v はピトー管係数で 1〜0.97,p の測定は管の軸に沿ってあけた穴 B(静圧測定孔)から圧力を取り出す。p_0 を全圧,p を静圧,p_0-p を動圧という。ピトー管の形状にはこのほか種々の形式がある。

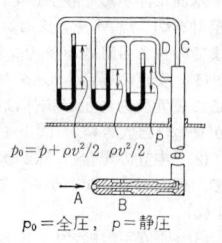

図 1-6 ピトー管
$p_0=p+\rho v^2/2\ \ \rho v^2/2$
$p_0=$全圧, $p=$静圧

(2) **ベンチュリ管** 管路内の流体の流量の測定にはベンチュリ管(図1-7)を用いる。その管を水平に置き,入口の断面①とスロートの断面②との間にベルヌーイの定理を適用すれば,

$$\rho v_1^2/2+p_1=\rho v_2^2/2+p_2$$

さらに連続の式 $A_1v_1=A_2v_2$ から v_1 を消去して

$$v_2=\frac{1}{\sqrt{1-(A_2/A_1)^2}}\sqrt{2\frac{p_1-p_2}{\rho}}$$

となり,流量 $Q=A_2v_2$ に代入し,さらに本式を修正して

$$Q=C_q\frac{A_2}{\sqrt{1-(A_2/A_1)^2}}\sqrt{2\frac{p_1-p_2}{\rho}}$$

図 1-7 ベンチュリ管

ここに C_q:流量係数で 0.96〜0.99

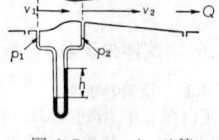

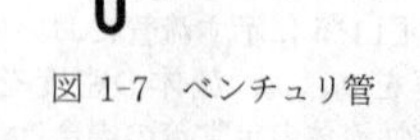

1.6.3 角運動量の法則

質点系の力学における角運動量の定理(質点系が任意の固定軸のまわりに対してもつ角運動量の総和の単位時間当たりの変化は,この質点系に作用する外力が,この軸のまわりにもつモーメントの総和に等しい)は流体の場合にも適用できる。

本法則の応用の例について説明する。

(1) **うず巻ポンプの場合(図1-8)** うず巻ポンプで,羽根車が回転して水が中心部から外方に流出する際に,羽根車には同一の形状でかつ厚さのない羽

1章 流体力学の基礎

根 AB が無限に多く同じ状態に取り付けてあり、また流体摩擦もないと仮定する。

次に流体の流れは回転軸に垂直な平面内で軸対称の流れであると考えると、羽根車の回転軸に加えるべきトルク T は次式で示される。

$$T = \rho Q(r_2 v_{t_2} - r_1 v_{t_1})$$
$$= \rho Q(r_2 v_2 \cos \alpha_2 - r_1 v_1 \cos \alpha_1)$$

ここに、ρ は流体の密度で、そのほかの量は、Q：流量、r_1, r_2：羽根車の入口および出口の半径、v_1, v_2：流体の絶対速度、v_{t_1}, v_{t_2}：入口と出口における流体の絶対速度の周方向の分速度、α_1, α_2：v_1, v_2 が接線方向となす角を示す。

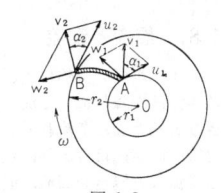

図 1-8 羽根車速度線図（ポンプ）

(2) 水力タービンの場合（図 1-9） 水の流入、流出はうず巻ポンプと逆となり、外周から中心方向に流入し、水が羽根車に与えるトルク T は、次式で示される。

$$T = \rho Q(r_1 v_{t_1} - r_2 v_{t_2})$$
$$= \rho Q(r_1 v_1 \cos \alpha_1 - r_2 v_2 \cos \alpha_2)$$

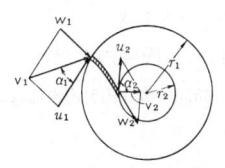

図 1-9 羽根車速度線

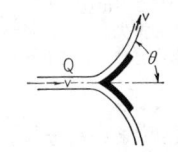

(3) ジェット（噴流）（図 1-10） ジェットが静止壁に衝突して生じる力は、次式で示される。

$$F = \rho Q v(1 - \cos \theta)$$

上式で $\theta = 90°$ のとき $F = \rho Q v$ となる。

図 1-10 ジェット

1.7. 流体の粘性

実在する流体はすべて粘性をもっている。流体は変形を受けるとき、その変形の速さに比例して抵抗を生じる。この抵抗は単位面積当たりのせん断応力 τ で示す。このせん断応力を摩擦応力ともいう。τ の大きさは速度こう配 dv/dy に比例し、$\tau = \mu(dv/dy)$ で示される。ここに μ を流体の粘度または粘性係数といい、流体の種類と温度によって変化する。次に粘度 μ を流体の密度 ρ で割ったもの、すなわち $\nu = \mu/\rho$ を流体の動粘度または動粘性係数という。表 1-1 に水および空気の粘度および密度を示した。

表 1-1 0.1 MPa における水および乾燥空気の密度 $\rho(\mathrm{kg/m^3})$、粘度 $\mu(\mathrm{Pa \cdot s})$ と水の飽和蒸気圧 $p_s(\mathrm{Pa})$

温度 °C		0	5	10	20	40	60	80	100
水	ρ	999.8	999.9	999.7	998.2	992.2	983.2	971.8	959.1
	μ	1.792×10^{-3}	1.520	1.307	1.002	0.653	0.467	0.355	0.282
	p_s	611	874	1227	2337	7375	19920	47360	101330
空気	ρ	1.293	1.270	1.247	1.205	1.128	1.060	0.999	0.946
	μ	17.1×10^{-6}	17.35	17.59	18.08	19.00			

1.8. 層流と乱流

レイノルズの実験によれば、細長いガラス管に水を流して、さらにその中に色素溶液を線状にして流すと、流速が小さいときは、色素は管軸に平行にはっきりと線となって流れる。流速を速くしていくとき、流速がある大きさになると管内の状態は変わり、色素溶液は周囲の水と混合して流れる。水が線状となって流れる場合を層流、混合して流れる場合を乱流という。層流から乱流への遷移は、平均流速 v、流体の動粘度 ν、管の内径 d によって異なり、レイノルズ数 $R_e = v\,d/\nu$（無次元数）によって決まる。このときの R_e をとくに臨界レイノルズ数という。

1.9. 円管内の流れ

断面一様な円管内を流れる流体が管との摩擦で失なう損失ヘッド h (m) は

$$h = \lambda \frac{l}{d} \frac{v^2}{2g}$$

で示される。

ここに d：管の内径 (m)、v：管の平均流速 (m/s)、λ：管摩擦係数、l：管の長さ (m)。

この損失ヘッドのほかに流れの断面が変化する場合、流れの方向が変化する場合などにおいてもヘッドの損失を生じる。この損失ヘッド h_x は、

$$h_x = f_x v^2 / 2g$$

で示される。

上式において、f_x は、無次元の損失係数であって、流路の形状、レイノルズ数、壁面の粗さにより変化し、実験によって決まる（表1-3参照）。

実用される管摩擦係数については多くの実験式があるが、内面の粗さの影響を取り入れた実験式にミーゼスの式がある。ただし水は常温とする。

$$\lambda = 0.0096 + 5.7\sqrt{k/d} + \sqrt{2.88/R_e}$$

ここに k の値は表1-2による。

表 1-2 ミーゼスの式の k の値

管の種類	k (cm)
ガス管、溶接または引抜鋼管	20～50
アスファルト塗り鉄管	30～60
セメント管	
滑らかなもの	7.5～15
粗雑なもの	20～40
木　　管	
よく削ったもの	25～50
普通のもの	50～100
粗雑なもの	200～400
鋳　鉄　管	
新しいもの	100～200
さびたもの	250～500
あかの付いたもの	250～500

1.10. 落差および揚程

1.10.1. 落差

水車に利用されるヘッド（水頭ともいう）H_T（図1-11、これを落差という）は次式で示される。

$$H_T = H_0 - \frac{v_1^2 - v_2^2}{2g} - \sum_A^B \lambda \frac{l}{d} \frac{v^2}{2g} - \sum_A^B f_x \frac{v^2}{2g}$$

表1-3　各種損失係数

抵抗損失水頭　$h_x = f_x \dfrac{v^2}{2g}$ (m)

$v^2/2g : v$ はすべて小径側のものをとる。

状　態	f_x
鋭 端	3～1.3
鈍 端	0.56
角 端	0.5
面取り	0.25
丸味付き	0.06～0.005
ベルマウス	0.01～0.06
エルボ	ワイズバッハの式　$f_x = 0.9457 \sin^2 \dfrac{\theta}{2} + 2.047 \sin^4 \dfrac{\theta}{2}$
ベンド	付表参照
ガス管エルボ	0.75
T継手	1.5
断面漸拡	キング式により一例を示せば $L = 2d$, $D = 1.25d$, $\theta = 7°$のとき　$f_x \fallingdotseq 0.03$ ギブソンによれば、$\theta \fallingdotseq 5°30'$のとき f_x は最小
断面急拡	$v = 2.0$ m/s のとき
断面急縮	$v = 2.0$ m/s のとき（キング式）
フート弁（ストレーナ付）	1.5（大形）～2.0（小形）
玉 形 弁	全開：3.4
チェック弁	1.5
逆流防止弁	0.5
蝶 形 弁	全開：0.3
スルース弁	全開：0.05（大型）～0.2（小型）

エルボ:

θ (度)	15	30	45	60	90
f_x	0.042	0.13	0.236	0.471	1.129

断面急拡:

D/d	1.2	1.4	1.6	1.8	2.0	3.0	5.0	10.0	∞
f_x	0.1	0.24	0.36	0.46	0.54	0.75	0.88	0.96	1.0

断面急縮:

D/d	1.2	1.4	1.6	1.8	2.0	3.0	5.0	10.0	∞
f_x	0.07	0.17	0.26	0.34	0.37	0.43	0.46	0.47	0.5

表 1-3 各種損失係数の付表　ベンドの損失係数

$\theta°$ \ R/D	1	2	4	6	10
15°	0.03	0.03	0.03	0.03	0.03
22.5°	0.045	0.045	0.045	0.045	0.045
45°	0.14	0.09	0.08	0.08	0.07
60°	0.19	0.12	0.095	0.085	0.07
90°	0.21	0.135	0.10	0.085	0.105

上式において $v_1 \approx v_2$ とすれば，

$$H_T = H_0 - \sum_A^B \left(\lambda \frac{l}{d} + f_x \right) \frac{v^2}{2g}$$

上式は，落差は両水槽間の水面の水頭差 H_0 より管路の総損失水頭だけ少ないことを示す。

1.10.2. 揚程　ポンプが水に与える水頭（これを揚程という）H_p（図1-11）は次式で示される。

$$H_p = H_0 + \sum_A^B \left(\lambda \frac{l}{d} + f_x \right) \frac{v^2}{2g}$$

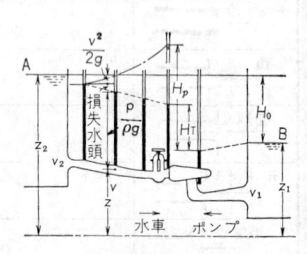

図 1-11　水車の落差・ポンプの揚程に関する説明図

この場合揚程は，両水槽の水面の水頭差 H_0 に管路内の総損失水頭を余分に与えてやらねばならない。

1.11. 管内の圧力の伝播と水撃作用

　管内の水の流れが弁の閉鎖によって急に停止したり，反対に弁の開放によって急に流れはじめる場合には，管内に圧力の上昇または下降が起こり，この圧力の変化が圧力の波となって管内に伝わる。この現象を水撃作用という。
　実験の結果，圧力波の伝播速度 a は次式で示される。

$$\frac{1}{a^2} = \rho \left(\frac{1}{K} + \frac{d}{Et} \right)$$

ここに K：水の体積弾性係数 $=2.03 \times 10^9 \mathrm{N/m^2}$，$E$：管材料の縦弾性係数（鋼の場合は $E=2.1 \times 10^{11} \mathrm{N/m^2}$，鋳鉄の場合は $E=1.0 \times 10^{11} \mathrm{N/m^2}$），$t$：管の厚さ (m)，$d$：管の内径 (m)。普通の管では，圧力波の伝播速度 $a \approx 1000$ m/s である。また実際問題として最も重要なことは，水撃作用にともなう圧力上昇の大きさで，次式で示される。

$$\Delta H = \frac{a}{g}(v_0 - v) = \frac{a}{g} \Delta v$$

ここに，v_0：最初の流速，v：変化後の流速である。次に弁を急速にせき止めるとき，$v=0$ となり，管内に起こる最大圧力水頭は次式で示される。

$$\Delta H_{\max} = \frac{a}{g} v_0 \text{ (m)}$$

ポンプでは，停電によりポンプへの動力が急断されたときに大きな圧力上昇が起こり，管を破壊する場合もある。これを防止するにはサージタンク・フライホイール・水撃作用軽減弁を取り付けるか，あるいは送水管の水を逆流させる。水車では，調圧水槽・制圧機・そらせ板を設けて軽減する。

1.12. 水路の流れ

側壁の断面形が至るところ同一の水路を，水が重力の作用で流れる場合，流下によって失われる位置のエネルギがすべて流動摩擦に費やされるときには流速，したがって水深はどこでも一様となる（図 1-12）。この場合の平均流速は次式で表される。これをシェジー式という。

$$v=\sqrt{2g/f} \cdot \sqrt{mi} = C\sqrt{mi}$$

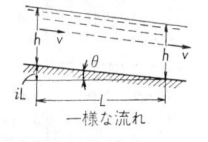

図 1-12 水路の流れ

ここに f：水路の面の粗さおよび形状で定まる値で，水路の摩擦係数といわれる。m：流体平均深さ（流れの断面積 A を断面の周囲のうちの流体に接触している部分の長さ，すなわちぬれぶち s で割ったもの，すなわち $m=A/s$）（表 1-4 参照）。

$i=\tan\theta$（ただし θ は傾斜角）：水路の勾配，C：流速係数または速度係数といい，これは主として水路の壁面状態で定まる。

1.12.1. 流速係数の実験式

ガンギエおよびクッタの式

$$C=\frac{23+(1/n)+0.00155/i}{1+(n/\sqrt{m})(23+0.00155/i)}$$

ここに n：壁面の粗さによって定まる係数（表 1-5 参照）。

表 1-4 水路の流れの形式

断面の形状	長方形	台形	円形
A	BH	$\frac{1}{2}H(B_1+B_2)$	$\frac{1}{8}D^2(\theta-\sin\theta)$
s	$B+2H$	B_2+2b	$\frac{1}{2}D\theta$
m	$\dfrac{BH}{B+2H}$	$\dfrac{H(B_1+B_2)}{2(B_2+2b)}$	$\dfrac{1}{4}D\left(1-\dfrac{\sin\theta}{\theta}\right)$

表 1-5 ガンギエおよびクッタの式の n の値

水路の種類	n の値	水路の種類	n の値
閉 管 路		粗石空積	0.025～0.035
黄 銅 管	0.009～0.013	土の開さく水路,直線状で等断面	0.017～0.025
鋳 鉄 管	0.011～0.015	土の開さく水路,だ行した鈍流	0.023～0.030
びょう(鋲)接鋼管	0.013～0.017	岩盤に開さくした水路,滑らかな場合	0.025～0.035
純セメント平滑面	0.010～0.013	岩盤に開さくした水路,粗な場合	0.035～0.045
コンクリート管	0.012～0.016	自然河川	
人 口 水 路		線形,断面とも規則正しく,水深が大	0.025～0.033
滑らかな木材	0.010～0.014	同上で河床がれき(礫),草岸のもの	0.030～0.040
コンクリート巻	0.012～0.018	だ行していて,淵瀬のあるもの	0.033～0.045
切石モルタル積	0.013～0.017	だ行していて,水深が小さいもの	0.040～0.055
粗石モルタル積	0.017～0.030	水草が多いもの	0.050～0.080

1.12.2. 開水路の流速

開水路の流速は最大流速でも壁面が洗掘されず,また最小流速のときでも土砂が沈殿しない値でなければならない。

表 1-6 に適当な流速を示す。

表 1-6 開水路の流速

壁面の種類	流速 (m/s)	壁面の種類	流速 (m/s)
細砂,砂質粘土	0.50～0.75	粗 い 砂 利	1.20～1.80
泥 土,粘 土	0.60～1.00	固 い 粘 土	1.10～1.50
細 か い 砂 利	0.75～1.50	セ メ ン ト	2～3

流路の流速は一様ではなく,流路の断面の形状によって,その分布様態は異なる。このような水路内の速度分布は流速計で測定されるが,図 1-13 に断面内の速度の等しい点を結んで得られる曲線(等速曲線)を示す。図から最高速度の部分は水面よりもいくらか下の方にあることがわかる。

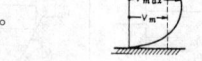

図 1-13 等速曲線

1.13. 穴,せきの流れ

1.13.1. 穴の流れ

図 1-14 に示す容器の小穴から流出する流体の流速は,容器が十分大きく,穴が比較的小さく,かつ $p=p_0$ の場合,次式で示される。

$$v = C_v \sqrt{2gh}$$

ここに C_v を穴の速度係数という。

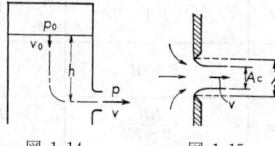

図 1-14 小穴からの流れ

図 1-15 穴の形状と流速分布

表1-7 各種穴の流量係数

$l=3\sim 5d$	l	θ	0°	$11\frac{1}{4}$°	$22\frac{1}{2}$°	45°	$67\frac{1}{2}$°	90°	θ	0°	$22\frac{1}{2}$°	45°	$67\frac{1}{2}$°	90°
$C=0.82$	$3d$	C	0.97	0.92	0.88	0.75	0.68	0.63	C	0.54	0.55	0.58	0.60	0.63
~ 0.97	$2.6d$	C	0.83	0.92	0.85	0.75	0.68	0.63						

(右端) $C = 0.96\sim 0.99$

穴の角が鋭い(図1-15)場合は,出口において流れに縮流を起こして,穴の断面より小さい断面積 A_c の噴流となって流出する。この場合の流量 Q は次式で示す。

$$Q = C_c C_v A \sqrt{2gh} = CA\sqrt{2gh}$$

ここに C:穴の流量係数,C_v:速度係数,C_c:縮流係数で,流量係数 C は穴の周辺の形状,流体の粘性に,速度係数 C_v は流体の粘性の影響を受け,縮流係数 C_c は穴の周辺の鋭さの度合いによって異なり,実験によって決める。表1-7に各種の穴の流量係数を示す。

1.13.2. 管内の穴の流れ

管内を流れる液体の流量を測定するには,ベンチュリ管のほかにノズル,オリフィスを用いる。

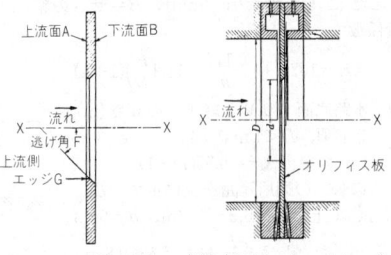

(a)オリフィス板の形状　(b)圧力取出し口(コーナタップ)

図 1-16 オリフィス

図1-16はオリフィスの構造(詳細は JIS Z 8762:95 参照)を示し,通常管内径 $D=50\sim 1000$ mm,絞り径 $\beta=0.22\sim 0.80$ に適用される。オリフィスによる体積流量 Q_v (m³/min) は次式により求める。(次ページ)

表 1-8 コーナータップの α_0 の値(抜粋)

β^4 ① \ R_{ed} ②	5×10^3	10^4	2×10^4	3×10^4	5×10^5	10^5	10^6	10^7
0.03	0.627	0.620	0.616	0.613	0.612	0.612	0.611	0.610
0.06		0.637	0.631	0.627	0.626	0.624	0.622	0.621
0.13		0.674	0.664	0.659	0.655	0.651	0.649	0.648
0.25		0.737	0.719	0.712	0.705	0.699	0.695	0.693
0.32		0.775	0.753	0.745	0.736	0.729	0.723	0.721
0.41			0.804	0.793	0.783	0.773	0.763	0.761

注 ① β はオリフィスの絞り直径比　② R_{ed} は管径に関するレイノルズ数

$$Q_v = \alpha \frac{1}{4}\pi d^2 (2\Delta p/\rho_1)^{\frac{1}{2}}$$

ここに α：流量係数，d：絞り孔径，Δp：差圧，ρ_1：密度で，流量係数 α は，$\alpha = \alpha_0 r_{Re}$ から求める．表 1-8 に α_0 の値を示す．r_{Re} は管内壁の粗さによる流量係数に関する補正係数で，管内壁の相対粗さとレイノルズ数に関係する．滑らかな鋼管や継目なしの冷間引抜きの鋼管では，管径 100 mm 以上で r_{Re} は 1 となる．

1.13.3. せきを越す流れ

せきは水路内の流れに設けて流量を測定する．せきの頂部は鋭い角縁をもち，この頂部では縮流を生じて流れる（以下 JIS B 8302 より流量を求める）．

(1) 全幅せき（側面縮流のない薄刃長方形せき）（図 1-17）

$$Q = KBh^{\frac{3}{2}}$$

ここに Q：水量(m³/min)，B：せきの幅(m)，h：せき水頭(m)，K：流量係数で，

$$K = 107.1 + \left(\frac{0.177}{h} + 14.2\frac{h}{D}\right)(1+\varepsilon)$$

D：水路底面よりせき縁までの高さ(m)，
ε：補正項，$D < 1$ m の場合は $\varepsilon = 0$，
$D > 1$ m の場合は $\varepsilon = 0.55(D-1)$．

この公式の適用範囲を次に示す．$B \geq 0.5$ m 以上，$D = 0.3 \sim 2.5$ m，$h = 0.03 \sim D$ m，ただし $h \leq \frac{B}{4}$ および $h < 0.8$ m

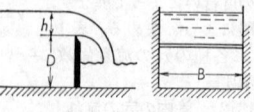

図 1-17 全幅せき

(2) 四角せき（図 1-18）

$$Q = Kbh^{\frac{3}{2}}$$

ここに Q：流量(m³/min)，b：切欠の幅(m)，h：せきの水頭(m)，K：流量係数で，

$$K = 107.1 + \frac{0.177}{h} + 14.2\frac{h}{D} - 25.7\sqrt{\frac{(B-b)h}{DB}} + 2.04\sqrt{\frac{B}{D}}$$

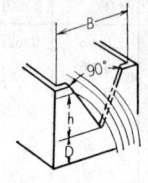

B：水路の幅(m)，D：水路の底面から切欠下縁までの高さ(m)．この公式の適用範囲を次に示す．

$B = 0.5 \sim 6.3$ m，$b = 0.15 \sim 5$ m，$D = 0.15 \sim 3.5$ m，$bD/B^2 \geq 0.06$，$h = 0.03 \sim 0.45\sqrt{b}$ m

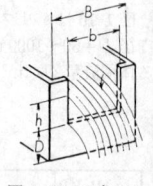

図 1-18 四角せき

(3) 三角せき（図 1-19）

$$Q = Kh^{\frac{5}{2}}$$

ここに Q：流量(m³/min)，h：せきの水頭(m)，K：流量係数で，

$$K = 81.2 + \frac{0.24}{h} + \left(8.4 + \frac{12}{\sqrt{D}}\right)\left(\frac{h}{B} - 0.09\right)^2$$

図 1-19 三角せき

B：水路の幅(m)，D：水路の底面から切欠低点までの高さ(m)。この公式の適用範囲を次に示す。

$B=0.5\sim1.2$ m，$D=0.1\sim0.75$ m，$h=0.07\sim0.26$ m，ただし $h<B/3$

1.14. 流体中の物体の抵抗

1.14.1. 物体の抵抗

流れの中で物体が静止している場合または流体中を物体が進行する場合，物体は流体から力を受ける。この力の流れ方向の成分を抵抗または抗力といい，直角方向の成分を揚力という。一般に物体の抵抗は，粘性に基づく摩擦抵抗と物体の形状に関係する形状抵抗とに分けられる。

物体の抵抗（抗力）D は一般に次の式で表される。

$$D=C_D\frac{\rho}{2}v^2S$$

ここで，ρ：流体の密度，v：流体に対する物体の速度，S：物体の流れに垂直な面に対する投影面積であり，C_D を抵抗係数（または抗力係数）という。相似な物体の抵抗係数 C_D は，非圧縮性流体の場合はレイノルズ数 R_e だけの関数であり，圧縮性流体の場合はマッハ数 M と R_e の関数となる。

1.14.2. 球の抵抗

レイノルズ数 R_e の低い範囲における球の抵抗係数 C_D としてチェスタらは

$$C_D=\frac{24}{R_e}\left\{1+\frac{3}{16}R_e+\frac{9}{160}R_e^2\left(\ln R_e+\gamma+\frac{2}{3}\ln 2-\frac{323}{360}\right)\right.$$
$$\left.+\frac{27}{640}R_e^3\ln R_e+\cdots\cdots\right\}$$

ただし，$R_e=2av/\nu$，a：半径，$\gamma=0.57721$ を得ている。かっこ内の第1項だけをとればストークスの式，第2項までとるとオゼーン式となる。

R_e の中間範囲に対する実験式もあり，R_e のやや高い範囲では抵抗は速度の2乗に比例し，R_e に無関係に約 0.44 となる。また，$R_e=(1.5\sim4)\times10^5$ 程度になると抵抗が急に減少するところがあり，このレイノルズ数を臨界レイノルズ数 R_{ec} という。図 1-20 に球の抵抗係数を示すが，参考として他の三次元物体の抵抗係数も入れてある。

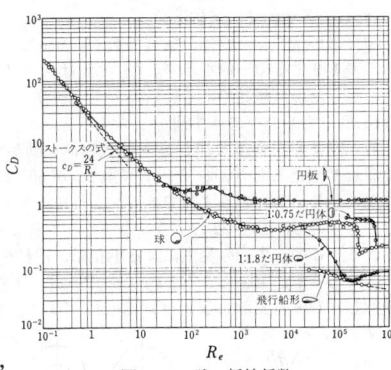

図 1-20 球の抵抗係数

1.14.3. 円柱の抵抗

円柱の抵抗係数 C_D は，レイノルズ数 R_e の低い範囲では，ラムの式

$$C_D=8\pi/R_e(2.002-\ln R_e) \qquad R_e<0.5$$

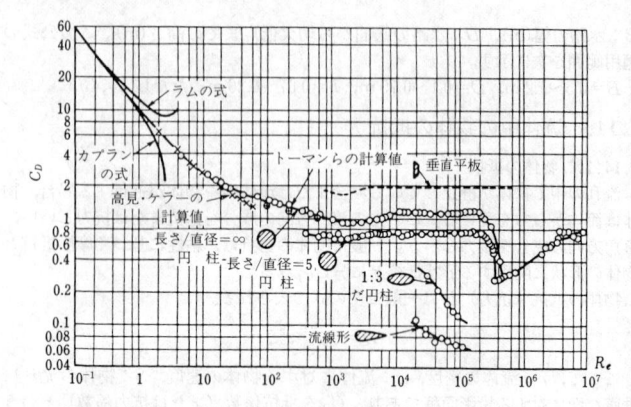

図 1-21 円柱，およびその他の球状物体の抵抗係数

$R_e=5\sim40$ の範囲では，今井の式

$$C_D=(0.707+3.42R_e^{-1/2})^2$$

などが適用される．図 1-21 に円柱の抵抗係数を示す．$R_e=2\times10^4\sim2\times10^5$ の範囲では C_D は約 1.2 とほぼ一定であり，臨界レイノルズ数に達すると，球の場合と同じように急に減少する．

1.14.4. 各種物体の抵抗係数

種々の形状をした物体の抵抗係数 C_D の値はいろいろな形で与えられているが，表 1-9 にその一例を示す．C_D の値はレイノルズ数によって変わるので，表に示したのは概数である．

1.14.5. カルマンのうず列

静止流体中を適当な速さ v で柱状物体を動かすか，または静止物体に一様な流れが当たるとき，レイノルズ数 R_e が 60〜5000 の範囲内で，物体の背後に規則正しい 2 列のうずができる．これをカルマンのうず列といい，これが安定であるのは，図 1-22 のようにうずが非対称にならび $b/a=0.281$ の場合に限られる．このうず列の発生による抵抗は，円柱の場合には計算によると $C_D=0.82$ であるが，実験によると約 0.92 である．うず列のうずは一定の速さ U で進行し，U/v は実験によればほぼ 0.14 である．また，円柱の背後に発生するうずの数を N とするとき，$S_t=Nd/v$ をストローハル数という．N が物体の固有振動数と一致すると共振が起こり，音響，振動の原因となる．

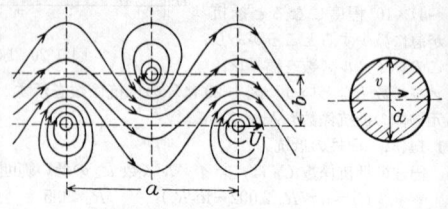

図 1-22 カルマンのうず例

表 1-9 種々の柱状物体の抵抗係数

流れの方向 →	d_0/d_1	r/d_0	C_D	適用範囲 R_e	R_{ec}
円	1	—	1.00	$10^4 \sim 2\times10^5$	4×10^5
縦長楕円	2	—	1.6	$2\times10^5 \sim 8\times10^5$	1.4×10^6
横長楕円	1/2	—	0.6	$10^4 \sim 5\times10^4$	10^5
縦長矩形	2	0.021	2.2	$2\times10^4 \sim 10^6$	—
〃	2	0.083	1.9	$1.6\times10^5 \sim 6\times10^5$	1.2×10^6
〃	2	0.250	1.6	$3\times10^4 \sim 2\times10^5$	6×10^5
正方形	1	0.021	2.0	$2\times10^4 \sim 2.8\times10^6$	—
〃	1	0.167	1.2	$3\times10^5 \sim 10^6$	1.4×10^6
〃	1	0.333	1.0	$5\times10^4 \sim 4\times10^5$	5.6×10^5
横長矩形	1/2	0.042	1.4	$1.8\times10^4 \sim 7\times10^5$	8×10^5
〃	1/2	0.167	0.7	$10^5 \sim 5\times10^5$	5×10^5
〃	1/2	0.500	0.4	$10^5 \sim 10^6$	—
ひし形	1	0.015	1.5	$2\times10^4 \sim 2\times10^6$	—
〃	1	0.118	1.5	$2\times10^5 \sim 10^6$	—
〃	1	0.235	1.5	$4\times10^4 \sim 2\times10^5$	6×10^5

1.15. 翼と翼列

1.15.1. 翼に作用する力

抗力に比べて揚力がとくに大きくなるように作った物体を翼といい，翼断面の形状を翼形という（図 1-23）。

流速 v の一様な流れが翼弦に対して迎え角 α で流れるとき，翼には力 R が働き，R は抗力 D と揚力 L とに分けられ，前縁のまわりにモーメント M が作用する。

$$D = C_D \frac{\rho}{2} v^2 S$$

$$L = C_L \frac{\rho}{2} v^2 S$$

$$M = C_M \frac{\rho}{2} v^2 S l$$

ただし,ρ：流体の密度,S：翼の最大投影面積,l：翼弦の長さ。

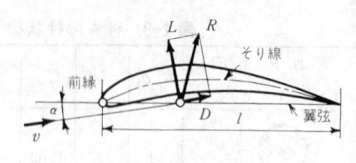

図 1-23 翼に作用する力

ここで,C_D は抗力係数,C_L は揚力係数,C_M はモーメント係数であり,これらは翼形の性能を表すのに用いられる。C_M は前縁から $l/4$ の点でのモーメント係数 $C_{M1/4}$ で表し,後縁下りを正とすることが多い。

1.15.2. 翼の性能

翼の性能の表し方の一つに,図 1-24 に示す迎え角 α に対する C_L, C_D, C_M の変化を表す方法がある。C_L は α が小さい範囲では α

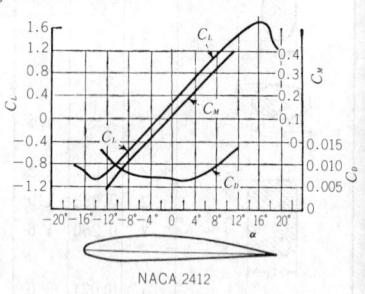

図 1-24 翼の性能曲線

とともにほぼ直線的に増加するが,α がある大きさになると翼背面で流れがはく離して C_L は減少する。この減少を失速といい,α が正負いずれの場合にも起こる。C_D は α の小さい範囲ではあまり増さないが,失速にともなって急に増加する。

1.15.3. 翼列

軸流ターボ機械の動翼列あるいは静翼列を回転軸と同心の円筒面で切断して平面に展開すると,同形の翼形を同じ姿勢で等間隔に配列したものになり,これを直線翼列という（図 1-25）。直線翼列は,その性能から動翼列あるいは静翼列の性能を近似的に求めようとするものである。

翼列では翼相互の干渉によって,単独翼の場合と流れの状態が異なってくる。翼列の場合の揚力と単独翼の場合の揚力との比を干渉係数という。干渉係数は弦節比 l/t および食い違い角（翼弦と翼列軸との角）の関数で表されるが,弦節比が 0.5 以下の場合には干渉係数の値は 1 に近い値になり,単独翼として取り扱っても大きな差異は生じない。

1.15.4. キャビテーション性能

翼が液体中にある場合,翼背面の最低圧力部分で圧力がそのときの液体の蒸気圧より低くなると,その部分で液体が気化して空洞ができる。これがキャビテーション

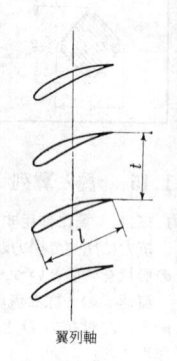

図 1-25 直線翼例

であり，気泡の発生によって翼の性能が低下し，気泡が圧力の高い部分でつぶれるための異常な高圧によって材料の浸食や振動，騒音が生じる。

キャビテーションは次の式で示されるキャビテーション係数 k_d が，その発生の目安となり，k_d の値が小さいほど起こりやすい。

$$k_d = (p - p_v) / \left(\frac{1}{2}\rho v^2\right)$$

ただし，p：一様な流れの圧力　p_v：液体の蒸気圧
　　　　ρ：液体の密度　　　　v：一様な流れの速度

空洞が大きくなると性能の低下や振動などは大きくなるが，空洞がさらに大きくなり，翼弦長のおよそ2倍以上になると，流れは安定して振動や騒音はおさまる。この状態をスーパキャビテーションといい，これを利用した翼もある。

2章 水車およびポンプ

2.1. 水力発電の設備

2.1.1. 有効落差

水車運転において，H_g：取入口と放水口の水面の標高差すなわち総落差，h_1：取入口と上水そう間の損失水頭，h_2：上水そうと水車入口間の

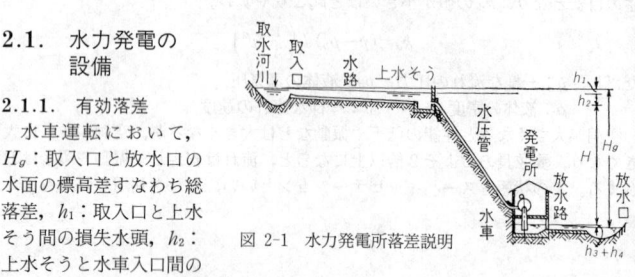

図 2-1 水力発電所落差説明

損失水頭，h_3：吸出し管出口の速度水頭，h_4：吸出し管出口と放水口の水位との高低差とすれば，有効落差 H は次式で示される。

$$H = H_g - (h_1 + h_2 + h_3 + h_4)$$

2.1.2. 理論水力，発電所出力

Q：発電所使用水量 (m³/s)，H：有効落差 (m) とすると，

理論水力 $= 9.8QH$ (kW)

発電所出力 $=$ (理論水力)$\times$(水車効率 η_1)$\times$(発電機効率 η_2)

2.1.3. 発電所の種別

(a) 水路式発電所　河川の水をせき止め，取水口，沈砂池を経て比較的長い水路を通して発電所に導き，この間の落差を利用して発電する方式である。調整池を設ける場合もある。

(b) ダム式発電所　高いダムを築いて貯水し，落差を得て発電する方法である。ダムおよび水路によって落差を得るダム水路式もある。

(c) 揚水発電所　軽負荷時の火力・原子力発電所の余剰電力を用いてポンプを運転し，下方の貯水池の水を上方の貯水池へくみ上げてたくわえ，ピーク負荷時にこれを利用して発電を行う発電所である。

2.2. 水車一般

水車は水の保有するエネルギを機械的エネルギに変換する原動機で，ポンプ水車はランナの回転方向を逆にするとポンプ運転もできるもので，揚水発電所で用いる。

2.2.1. 水車の出力

水車の出力は理論水力$=9.8QH$ (kW) に効率 η を掛けたもので，その値は水車の形式・出力・構造・形態の大小，その他により異なる。

2.2.2. 比速度（比較回転度）

水車とポンプ水車のランナの形状は，回転数，落差および水量によって異なるが，幾何学的に相似なランナはその大小に関係なくほぼ同様な特性を示す。この水車とポンプ水車の種類および特性を比較する尺度となるものが比速度

2章 水車およびポンプ

表 2-1 水車の種類と比速度

水 車 形 式	n_sの範囲(m·kW)	適用落差の範囲(m)
ペルトン水車	8～25	200～1800
フランシス水車	50～350	40～600
斜 流 水 車	100～350	50～150
プロペラ水車	200～900	80以下

n_s (m·kW) で，次式で示される。

$$n_s = nP^{\frac{1}{2}}/H^{\frac{5}{4}}$$

ここに n：回転数 (1/min)，P：ノズル1個もしくは単流ランナ1個の出力(kW)，H：有効落差 (m)。

各種類の水車の比速度 n_s と落差との関係を表 2-1 に示す。

一般に出力に比して落差が高い場合には n_s の低い水車を採用して回転数が過大になるのを防ぎ，出力の割合に落差が低い場合は n_s の高い水車を採用して回転数を高める。

2.2.3. 効率

比速度 n_s の大小によって水車の形式が決まるが，n_s とともに水車を特色づけるものは効率である。水車の効率は水車の形式によって異なるだけでなく，同一種類の水車でも n_s の高低，出力の大小により，設計の良否によって異なる。一般に効率は n_s が小さいほど負荷の変化に対して平たんな効率を示し，n_s が高くなると最高効率の点を境として急激に効率が落ちる。ただしカプラン水車では常に最高効率の点で運転できるように羽根の傾斜を調整するから，軽負荷から重負荷にわたって非常に広範囲に高い効率が得られる。図 2-2 は各種水車について落差一定で定格回転数で運転したときの出力に対する効率の変化の一例を示す。

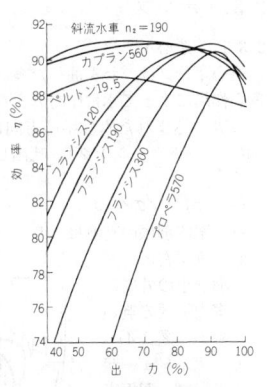

図 2-2 水車の効率

2.2.4. 水車の回転数の決定

有効落差 H と流量 Q とが与えられると出力 P が定まり，$n = n_s H^{\frac{5}{4}}/P^{\frac{1}{2}}$ より水車の回転数 n が定まる。次にこれを交流発電機の回転数 $n_g = 120f/p$ （f：周波

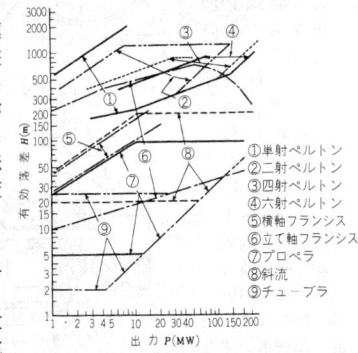

図 2-3 水車形式選定図表

数 Hz, p：発電機の極数）に合わせるため上式の値を修正する。

2.2.5. 水車の選定

水車の形式および種類を決定する主要な要素は，落差と出力とであるが，水力発電所で利用できる有効落差と総使用水量とによって，まず水車使用台数を決める。

水車の形式は，有効落差と出力とからおよそ図 2-3 の範囲にある。一般に，高落差小流量にはペルトン水車，中落差中流量にはフランシス水車，低落差大流量にはプロペラ水車を，またフランシス水車とプロペラ水車の中間には斜流水車が用いられる。ランナに対する水の作用上から(1)ペルトン水車を衝動水車，(2)フランシスおよびプロペラ水車（カプラン水車を含む）を反動水車と呼ぶことがある。

2.3. ポンプ

2.3.1. 遠心ポンプ

遠心ポンプは，わん曲した多数の羽根をもつ羽根車をケーシング内で回転し，遠心作用によって水に圧力および速度エネルギを与えるもので，羽根車の中心から吸い込まれた水は半径方向に外向きに流れ，その速度エネルギはうず室（ボリュートケーシング），吐出しノズルを通過する間に圧力エネルギに変換される。

(1) ポンプの分類

1) 案内羽根の有無により

a. うず巻ポンプ 羽根車の外周に案内羽根の無いもの（図 2-4）

b. ディフューザポンプ 羽根車の外周に案内羽根をもつもの（図 2-5）

2) 吸込みにより

a. 片吸込み 羽根車の片側から吸い込むもの（図 2-6）

b. 両吸込み 羽根車の両側から吸い込むもの（図 2-8）

3) 段数により

a. 単段ポンプ 1 台に羽根車

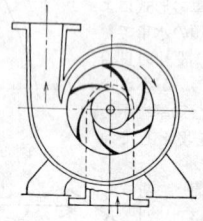

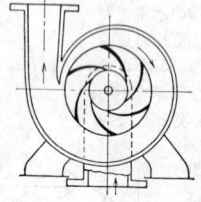

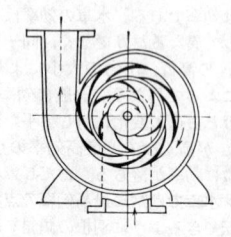

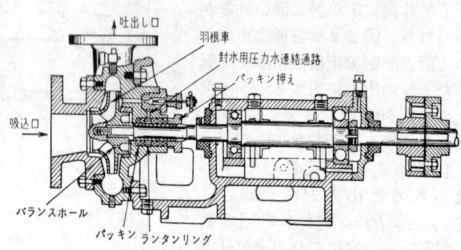

図 2-4 うず巻ポンプ　　図 2-5 ディフューザポンプ

図 2-6 片吸込みうず巻

1個をもつ

b. 多段ポンプ 1台に2個以上（2段, 3段…）の羽根車をもつ（図 2-7）

4) 羽根車の流路の形状により

a. 半径流形 流体が羽根車内を通過するとき流路がほぼ軸に垂直な平面内にあるもの

b. 混流形 流体が羽根車を通る間に流路が軸向きに近い方向から次第に半径方向に曲がるもの

5) ケーシングにより

a. 輪切り形 多くは多段ポンプに見られるもので，各段が軸に垂直な平面に分割されており，軸方向に順次組み立てるもの（図 2-7）

b. 円筒形ケーシングが一体になっており，とくに高圧のポンプではこのケーシング内に二重ケーシング（バーレル）をもつもの

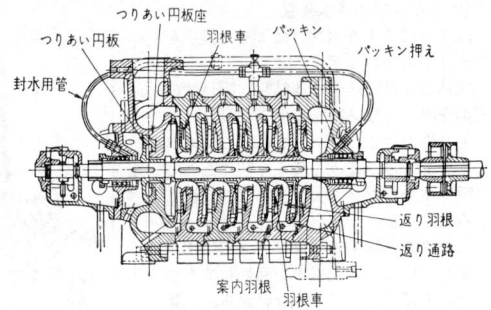

図 2-7 5段ディフューザポンプ（タービンポンプ）

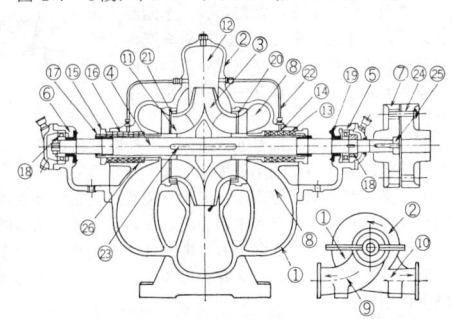

①下部ケーシング ②上部ケーシング ③羽根車 ④軸 ⑤軸受（軸継手側） ⑥軸受（軸端側） ⑦軸継手 ⑧吸込み室 ⑨吸込みノズル ⑩吐出ノズル ⑪羽根車の目玉 ⑫うず形室 ⑬パッキン ⑭ランタンリング（シールケージ） ⑮パッキン押え ⑯軸スリーブ ⑰軸スリーブナット ⑱軸受止めナット ⑲軸受水切り ⑳ケーシングリング ㉑羽根車リング ㉒封水用管 ㉓羽根車のキー ㉔軸継手ピン ㉕軸継手止めナット ㉖パッキン箱ブシュ

図 2-8 両吸込み単段ボリュートポンプ（水平割り）

c. 水平割り形（スプリット形） 軸を中心として上下二つ割になるもの。大形のものに多い（図 2-8）。

6) 軸の方向により

a. 横軸形

b. 立て軸形

(2) ポンプの揚水装置

図 2-9 はうず巻ポンプによって揚水を行う装置の一例を示す。

吸込口には吸込管を連結し，吸込管の先端を吸入（吸込み）水面下に没し，フート弁をつける。フート弁は入口にストレーナをつけ，ごみの流入を防ぐとともに呼び水をポンプおよび吸水管に充満させる役をする。

ポンプを運転する際はポンプ内に水が充満していないと羽根車を回転しても水を吸い上げることができないから，起動の際は空気抜きコックを開いて呼び水をポンプ内に注入する。ただし吸入水面がポンプより上方にあるとか，排気真空ポンプで満水を行うポンプ（だいたい口径で 300 mm 以上）ではフート弁を用いない。

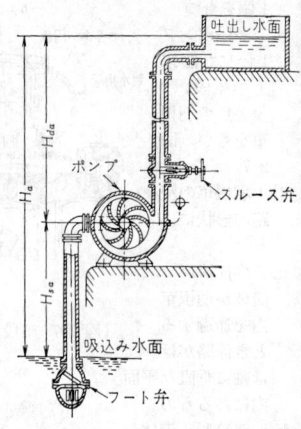

図 2-9 うず巻ポンプの揚水装置

ポンプ吐出し口には普通スルース弁を取り付ける。これはポンプ停止時の逆流を防ぎ，あるいは吐出し量を加減するためである。

モーターが運転中停電などにより突然停止したときはスルース弁をしめる時間がないから，このとき水が逆流しないように吐出し側にチェック弁をつけることがあるが，フート弁をもつ場合はフート弁がその作用を兼ねるから，揚程の低いポンプではチェック弁をはぶく。チェック弁は普通は揚程 40 m 以上の場合に用いる。

(3) 揚程

ポンプの全揚程は実際の吸込み，吐出し両水面の高低差のほかに管路の抵抗を加える（図 2-9 参照）。

H：全揚程（ポンプの発生すべき揚程）

H_a：実揚程（吸込み，吐出し両水面の高低差）

H_p：圧力水頭（吸込み，吐出し両水面に働く圧力水頭の差。大気圧の吸水面から大気圧の吐出し水面に揚水するときは 0）

H_v：吐出し管端における速度水頭 $= v^2/2g$

H_f：管の摩擦損失水頭

H_x：弁類・曲管・異形管・吸水管端における損失水頭

とすれば，全揚程は次式で示される。

$$H = H_a + H_p + H_v + H_f + H_x$$

(4) 動力と効率

1) **動力** ポンプの所要動力は次式で計算される。

$$P_w (水動力) = \rho g Q H \quad (W)$$

ここに ρ：液の密度（kg/m³），Q：吐出し量（m³/s），H：全揚程（m）。

$$P (軸動力) = P_w/\eta \qquad \eta：ポンプの効率$$

2章 水車およびポンプ

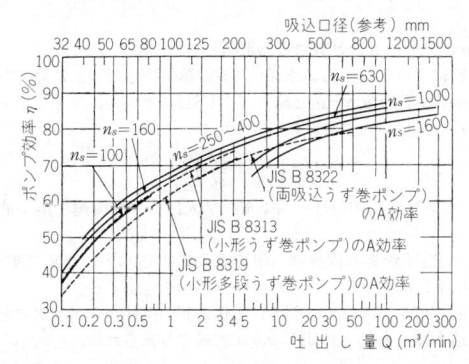

図 2-10 ポンプ最高効率の標準値

$$原動機出力 = (1.1〜1.2)×P$$

減速機・ベルト・ロープ掛けの場合はそれらの損失動力を5％前後に見込む。

2) ポンプの効率　ポンプの効率の標準値を図 **2-10** に示す。

(5) 比速度

ポンプ（遠心ポンプおよび斜流ポンプ・軸流ポンプを含む）の形状を表現する尺度として比速度を使用する。

ポンプの比速度 n_s は次式で与えられる。

$$n_s = nQ^{\frac{1}{2}}/H^{\frac{3}{4}}$$

普通 Q, H は最高効率点の値を用い，多段ポンプの場合は1段当たりの揚程，両吸込みポンプの場合は吐出し量の1/2をとる。

JISに採用されている単位は，揚程 H：m，吐出し量 Q：m³/min，回転数 n：1/min である。

ポンプの形式による n_s のおよその値を次に示す。

1. 低速度形ポンプ（半径流形羽根車）
   ディフューザポンプ $n_s = 80〜270$
   うず巻ポンプ $n_s = 80〜350$
2. 中速度形ポンプ（フランシス形混流羽根車）
   うず巻ポンプ $n_s = 310〜620$
3. 高速度形ポンプ（混流形・斜流形羽根車）
   斜流ポンプ $n_s = 600〜1300$
4. 超高速形ポンプ（軸流形羽根車）
   軸流ポンプ $n_s = 1100〜2200$

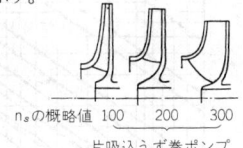

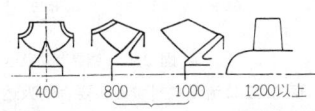

図 **2-11** に羽根車の形状と比速度との

図 2-11 羽根車断面形状と比速度の関係

(6) キャビテーションと有効吸込水頭

ポンプ入口における全圧力の水頭[1]と液の蒸気圧水頭[2]との差を有効吸込水頭（Net Positive Suction Head 略して NPSH）といい，キャビテーション発生の目安に用いている。すなわち

$$\text{NPSH} = \left(\frac{p_1}{\rho g} + \frac{v_1^2}{2g}\right)^{[1]} - \frac{p_v}{\rho g}^{[2]}$$

ここに p_1：ポンプ入口の静圧　v_1：ポンプ入口の平均流速　p_v：液の飽和蒸気圧

この場合 NPSH がある限界値（臨界有効の吸込水頭，通常必要 NPSH という）H_{sv} 以下に低下するとキャビテーションを発生する。

吸込み水面とポンプ入口との間で，吸込み側の条件からポンプに与えられている有効吸込水頭（有効 NPSH）h_{sv} が次式で与えられる。

$$h_{sv} = \left(\frac{p}{\rho g}\right) + H_s - h_l - \left(\frac{p_v}{\rho g}\right)$$

ここに p：吸込み水面の圧力，H_s：基準面の吸込み水面からの高さ（基準面より上方を正），h_l：吸込み水面からポンプ入口までの流水の全損失。ポンプを選定する場合に有効吸込水頭 h_{sv} は常に必要吸込水頭 H_{sv} より大きくしなければならない。

通常臨界有効吸込水頭（必要 NPSH）の決定にはよくトーマのキャビテーション係数 σ，または吸込比速度 S が用いられる。

$$\sigma = H_{sv} / H$$
$$S = n_s / \sigma^{\frac{3}{4}} = nQ^{\frac{1}{2}} / H_{sv}^{\frac{3}{4}}$$

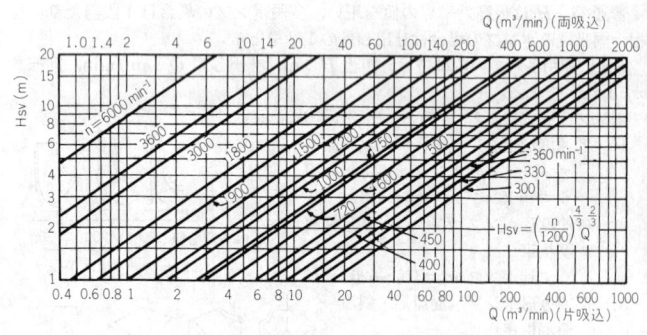

図 2-12　臨界有効吸込水頭（$S=1200$ の場合）

図 2-12 は流量に対する必要有効吸込水頭を回転数別に求めたもので，この値より低くなるように工夫する。

(7) 性能曲線

ポンプの性能を表示するために性能曲線を用いる。最も一般的に用いられる

ものは回転数一定（または，付属モーターにて一定）の場合である（図2-13参照）。

横軸にポンプ吐出し量 Q を，縦軸に全揚程 H，軸動力 P および効率 η をとる。

最も重要なのは揚程曲線 H であり，A は仕様点を示す。仕様点より揚程曲線 H が上まわっていることが必要である。

吐出し量 0 の場合の揚程を締切り揚程という。

普通仕様は揚程・吐出し量・回転数・モーター出力で与えられる。液質はもちろん，そのほか効率・吸込揚程を与える場合がある。

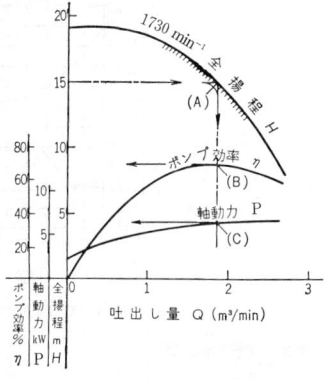

図 2-13　ポンプの性能曲線

2.3.2. 斜流ポンプ

斜流ポンプは，うず巻ポンプと軸流ポンプとの中間の性能をもち，うず巻ポンプより高速に運転できる。小形・軽量化され，軸流ポンプよりキャビテーション性能に優れ，効率のよい流量範囲が広く，軸動力が全域にわたってほぼ一定で運転できる。吐出し量は 2〜600 m³/min，全揚程は横軸形式では 3〜10 m くらい，立て軸形式では 5〜150 m くらいの範囲に用いられ，上下水道用，農業用などをはじめ一般産業用に広く用いられる。図 **2-14** に横軸形斜流ポンプの構造を示す。また図 **2-15** に斜流ポンプの性能曲線を示す。

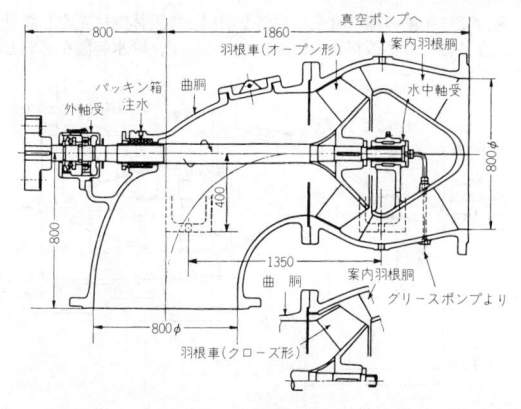

図 2-14　横軸形斜流ポンプ

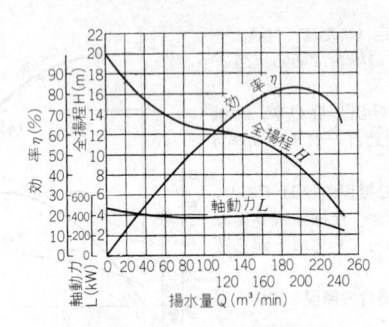

図 2-15 斜流ポンプの性能曲線

2.3.3. 軸流ポンプ

(1) 構造

軸流ポンプは比速度 n_s の高いポンプで,プロペラ形の羽根車の回転により水を軸方向に送り出すもので,うず巻ポンプより構造が簡単で形態が小さくなる。また揚程が変わっても効率の低下が少なく可変低揚程の場合に適している。

軸流ポンプは図 2-16 に示すように,軸・羽根車・案内羽根・胴体・水中軸受および外軸受から成る。さらに羽根車の運転中に羽根の角度を調整できる装置を設けたものもある。これを可動羽根軸流ポンプという。この可動羽根軸流ポンプは吐出し量の広範囲にわたって効率よく運転できる。図 2-17 は軸流ポンプの羽根の取付角度が変化した場合の特性曲線を示す。

軸流ポンプはうず巻ポンプと異なり締切り状態が最も大きい軸動力を必要とするから,うず巻ポンプでは締切り状態で始動するが,軸流ポンプでは吐出し弁全開で始動する。

横型の場合では始動の際に真空ポンプを使用して胴体内に充水しなければならないが,立て軸では羽根が水中に没しているので,呼水装置を必要としない。

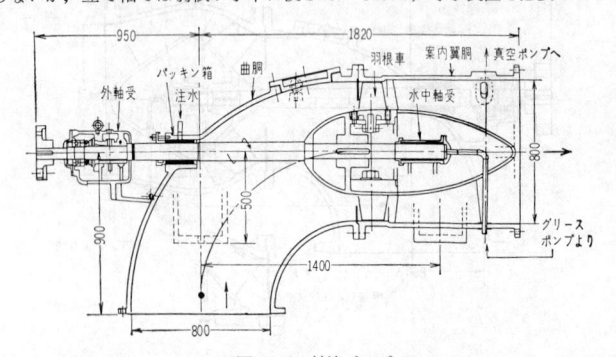

図 2-16 軸流ポンプ

バルブとしては吐出し側にバタフライバルブ, またはフラップ弁 (管末逆止弁) をつける場合が多い。

2.4. 往復ポンプおよび回転ポンプ

2.4.1. 油圧用ピストンポンプ

油圧用として用いられるピストンポンプには, ピストンの配列方式から (1) アキシアル形, (2) ラジアル形, (3) レシプロ形の3種類がある。

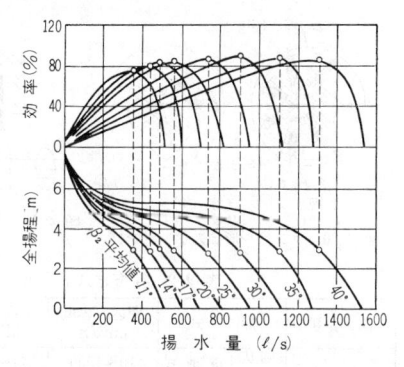

図 2-17 軸流ポンプの羽根の取付角度が変化した場合の特性曲線

(1) アキシアルピストンポンプ

アキシアル形には図 2-18 に示すように, (a) 斜軸式, (b) 斜板式, (c) 回転斜板式がある。図 2-19 はアキシアルピストンポンプの構造の一例を示す。

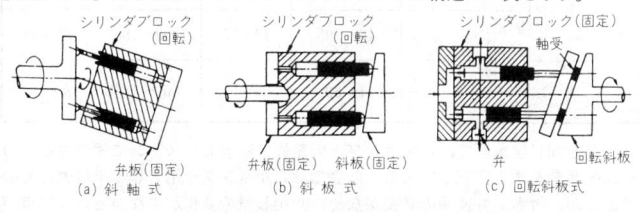

図 2-18 アキシアル形ピストンポンプ

(2) ラジアルピストンポンプ

ラジアル形は, ピストンが放射状に配列され, (a) 偏心形 (図 2-20(a)) と (b) 多行程形 (図 2-20(b)), がある。

(3) レシプロピストンポンプ

レシプロ形 (図 2-21) はシリンダが軸を含む平面内に軸に直角に配列され, ピストンは偏心カム機構またはクランクによって往復運動をする。

表 2-2 に往復ピストンポンプの性能の概略値を示す。

2.4.2. 回転ポンプ

回転ポンプは原理的には往復

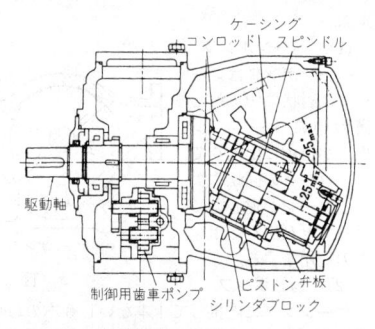

図 2-19 斜軸式アキシアルピストンポンプ (変容量形) の構造例

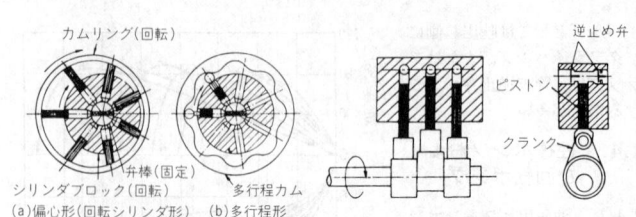

図 2-20 ラジアル形ピストンポンプ

図 2-21 レシプロピストンポンプの作動図

表 2-2 往復ピストンポンプの性能

種類	形式		押込み容積 cm³/n	最高圧力 MPa	最高回転数 1/min	最高効率 %
アキシアル ピストン ポンプ	回転シリンダ形	斜軸式	10～1000	21～45	750～3600	88～95
		斜板式	4～500	21～45	750～3600	85～92
	回転斜板式		5～300	14～60	1000～3000	85～90
ラジアル ピストン ポンプ	回転シリンダ形		6～500	14～25	1000～1800	85～92
	固定シリンダ形		10～200	14～25	1000～1800	85～92
レシプロ ピストン ポンプ	クランク形		1～80	30～50	1000～1800	85～95
	カム形					

ポンプと同じ容積形で,往復ポンプとの差異は前者のピストンに相当するものが回転運動をする回転子である。前者では弁がポンプ作用として不可欠のものであるが,後者は弁使用の必要がなく,吐出し量の変化が少ないという利点がある。また取り扱う液体の種類も多く,ガソリン・水などの粘度の低いものから油・塗料・ワニス・アスファルト・せっけん・グリースに至るまで各種類に及ぶ。

(1) ベーンポンプ (図 2-22)

ベーンポンプはロータに放射状に切られた溝の中にベーン(羽根)が自由に出入りでき,ロータの回転によってベーンが遠心力によってとび出し,ポンプの作用をする。

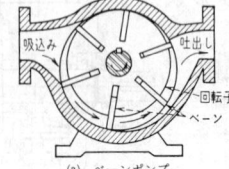

図 2-22 ベーンポンプ

(2) ねじポンプ

ケーシングに内接して1本ないし3本のねじ形回転子を回転させ,作動油はそれらのすきまを満たして軸方向に送られる。図 2-23 は3本のねじのかみ合いを利用した IMO 形ねじポンプを示す。

(3) 歯車ポンプ (図 2-24)

歯車ポンプは古くから使用されているもので，構造が簡単，部品数が少なく，高精度の加工を必要とする部品が少ない特徴がある。また小形にでき，軽量低廉である。

2.5. 流体伝動装置

2.5.1. 流体伝動装置

図 2-23 IMO 形ねじポンプ

一般に伝動装置は入力軸と出力軸および連結体から成る。流体を連結体とした伝動装置を流体伝動装置という。作動流体として一般に鉱物油などの液体が用いられるので，これを液体伝動装置ともいう。液体伝動装置は機械式伝動装置に比べて効率が低い欠点があるが，(1) 原動機の始動が容易である (2) 過負荷の状態が生じても原動機を保護する (3) 軸径のねじりの振動を緩和する 利点がある。

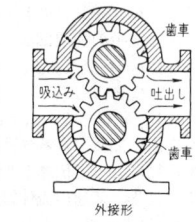

2.5.2. 分類

液体伝動装置は普通は入力軸にポンプ，出力軸にタービンまたは液圧原動機を結合したものである。液体に中間的に伝えられる動力は，ポンプ圧力 Δp と循環流量 Q との積 ΔpQ で表される。(1) Δp を小にして Q を大にする方法を動水力伝動装置といい，ターボ式のポンプとタービンが使用される。(2) Δp を大にして Q を小にする方法を静水力伝動装置といい，往復式や回転式のような押しのけ形のポンプと液圧機関が使用される。

図 2-24 歯車ポンプ

動水力伝動装置は高速回転大出力の伝動に適し，鉄道用内燃機関車・自動車に用い，静水力伝動装置は低速回転で強固な伝動に適し，工作・土木・荷役機械の主機の運動装置および船舶の補機の運転装置に用いられる。

2.5.3. 動水力伝動装置

(1) 流体継手 図 2-25 に構造と性能を示す。流体継手では，トルクを受け持つ部分がポンプとタービンであるため，入力軸トルク(ポンプトルク)と出力軸トルク(タービントルク)とは常に等しい。したがってこれは一種のクラッチで，伝動効率は入力軸回転数 n (1/min) に対する出力軸回転数 n' (1/min) の比 (n'/n) そのものとなる。

ターボ式流体継手の性質として，羽根車

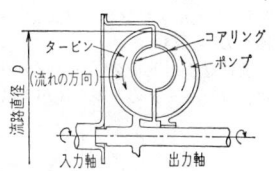

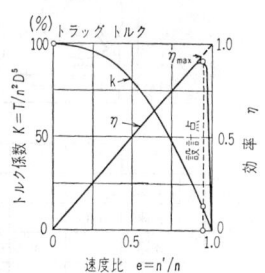

図 2-25 流体継手の構造と性能の例

内に液が充満された場合の軸トルク T は近似的に次の式で表される。

$$T = kn^2 D^5$$

ここに D：羽根車外径，k：回路部分の構造，滑り（または速度比），作動液体の種類と状態によって変化する係数。

入力軸は回転し，出力軸が静止する状態を失速状態といい，この状態におけるトルクをドラグトルクという。

流体継手の種類には

(a) 一定充てん式　一定量の液が入ったままのもの

(b) 可変充てん式　回路間の流量を自由に加減できる構造のもので，液量調節によって伝達トルクを任意に変えられる。変速用流体継手ともいう。

(2) トルクコンバータ

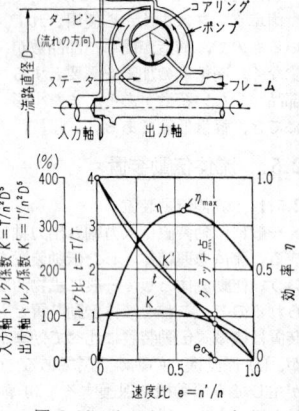

図 2-26　トルクコンバータの構造と性能の例

トルクコンバータは，回路間の流れの案内作用となる固定羽根（ステータ）をもっており，これがトルクを受け持つため，入力軸トルクと出力軸トルクは一般に等しくない。ポンプ・タービン・ステータの設計が適当であれば，広範囲の速度比にわたって出力軸トルクを入力軸トルクより大きくさせることができ，したがって伝達効率は流体継手よりそのトルクの増大率だけ高くなる（図 2-26）。トルクコンバータには，そのトルクの増大率（トルク比）に関係して種々の形式がある。

流体継手とトルクコンバータの性能を比較すれば，ある速度比以上では，トルクコンバータのトルク比が1以下になるため，この範囲では流体継手の方が

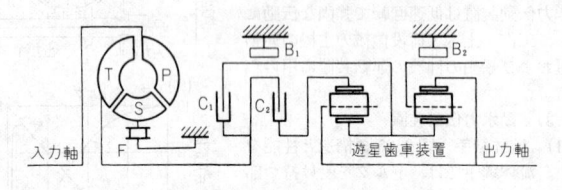

		C_1	C_2	B_1	B_2
前進	1速	off	on	off	on
	2速	off	on	on	off
	3速	on	on	off	off
後進		on	off	on	off

T：タービン
P：ポンプ
S：ステータ
C_1, C_2：摩擦クラッチ
B_1, B_2：ブレーキ

図 2-27　自動変速機の例

(3) 自動変速装置

流体継手単独では出力軸トルクを入力軸トルク以上にはできないので，流体継手と歯車装置を組み合わせ，トルク変換が可能な変速装置として自動車などに用いられる。また，トルクコンバータだけでは失速トルクが不足し，速度比の範囲が狭すぎるような場合には，トルクコンバータの出力軸に歯車装置を組み合わせて，自動車や鉄道車輌などの変速装置に使用される。これらの歯車装置は遊星歯車装置（5編 7.18.参照）が多く用いられる。図 **2-27** は，トルクコンバータと遊星歯車装置を組み合わせた自動変速機の機構模型を示す。C_1，C_2 および B_1，B_2 はそれぞれ摩擦クラッチおよび摩擦ブレーキを表し，それらの結合（on）としゃ断（off）によって変速の切替えを行うが，それは一般に油圧装置で自動的に行う。

3章 送風機および圧縮機

3.1. 空気機械

空気機械は，(1) 気体のもつエネルギを機械的エネルギに変換する原動機（風車・空気タービンなど）と (2) 原動機によって気体に機械的エネルギを与えて，その圧力・速度を高める被動機（送風機・圧縮機など）に大別される。

3.1.1. 送風機・圧縮機の分類　送風機・圧縮機は，羽根車またはロータの回転運動あるいはピストンの往復運動により，空気の圧力・速度を高める機械である。

一般に昇圧が圧力比 1.1 未満のものをファン，圧力比 1.1 以上 2.0 未満のものをブロワと呼び，これを総称して送風機という。昇圧の圧力比 2 以上または圧力上昇 0.1 MPa 以上のものを圧縮機という。送風機・圧縮機は作動原理により (a) ターボ形と (b) 容積形に分けられる。

(a) ターボ形　気体が羽根車の半径方向に通過し，主として遠心力の作用により昇圧する遠心式（ラジアルファン・ラジアルブロワ・多翼ファンなどがある），気体が羽根車の軸方向に通過して昇圧する軸流式，気体が羽根車の軸方向と傾斜して通過する斜流式などがある。

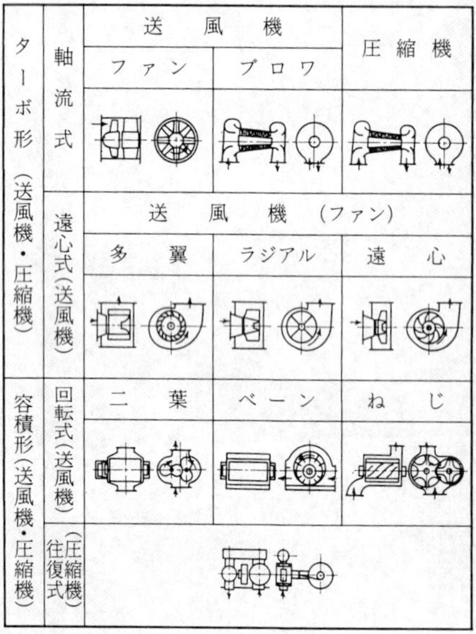

(b) 容積形　容積形は主に圧縮機に採用され，ケーシング内に設けた特殊な回転体の回転運動によって気体の圧力を昇圧する回転式（二葉ブロワおよび圧縮機，ベーン圧縮機・ねじ圧縮機などがある）とピストンの往復運動により気体の圧力を昇圧する往復式とがある。

図 3-1　送風機・圧縮機の分類

3.1.2. 比速度　比速度は送風機・圧縮機の形式を選定する際に必要な要素となるもので，次式で示される。

$$n_s = nQ^{\frac{1}{2}} / H_{ad}^{\frac{3}{4}}$$

ここに n：回転数 (1/min)，Q：ガス量 (m³/min)，H_{ad}：段の断熱ヘッド (m)

上式において，ガス量 Q は，両吸込羽根車では全ガス量の半分にとり，一段当たりの断熱ヘッド H_{ad} は次式から求める。

$$H_{ad} = \frac{\kappa}{\kappa-1} P_{t_1} v_{t_1} \times \left\{ \left(\frac{P_{t_2}}{P_{t_1}} \right)^{(k-1)/k} - 1 \right\} \times \frac{1}{g}$$

ここに $\kappa = c_p/c_v$：比熱比，P_{t_1}：吸込絶対全圧(Pa)，P_{t_2}：吐出し絶対全圧(Pa)，v_{t_1}：せき止め状態における吸込比容積(m³/kg)

次にターボ形送風機・圧縮機の主な形式の比速度の範囲を示す。

軸流圧縮機
 $n_s = 800 \sim 1500$
軸流ブロワ
 $n_s = 1000 \sim 2500$
軸流ファン
 $n_s = 1000 \sim 2500$
遠心圧縮機　$n_s = 150 \sim 400$
遠心ブロワ　$n_s = 150 \sim 400$
遠心ファン　$n_s = 300 \sim 1000$

図 3-2 に送風機および圧縮機の適用範囲を示す。

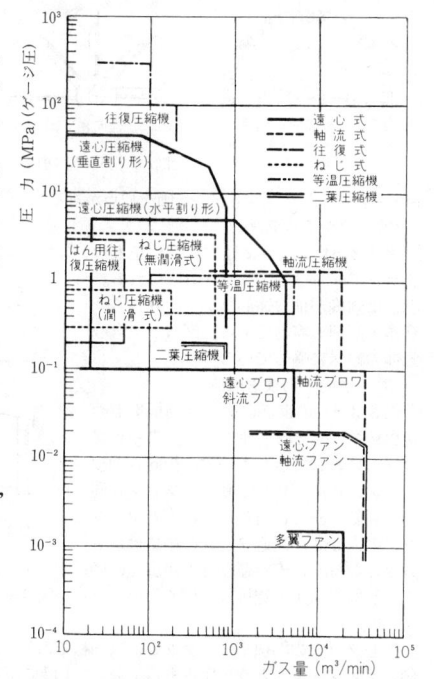

図 3-2 送風機および圧縮機の適用範囲

3.2. 遠心送風機および圧縮機

3.2.1. 送風機

(1) 多翼ファン

図 3-3 (a) のように多数 (36～64 枚) の前向き羽根をもつファンでシロッコファンとも呼ばれる。羽根車は鋼板製で，ケーシングも鋼板で長方形断面のうず巻状に作られる。同一風量・圧力に対して遠心ファンの中では羽根車径が最小であるが，羽根車の構造上高速回転には適さず，ファンの静圧は 100

(a) 前向き羽根　　(b) 径向き羽根　　(c) 後向き羽根

図 3-3　羽根車の種類

mmAq 程度までで,小形,安価な利点がある。

(2) ラジアルファン

図 3-3(b) のように径向き羽根をもつファンでプレートファンとも呼ばれる。羽根は強度が他の遠心ファンより強く,交換・修理も容易である。ダストを含む気体の輸送に適している。

(3) 後向き羽根送風機

図 3-3(c) のように後向き羽根をもつ送風機で,もとターボファン,ターボブロワといわれていたもので,後向き羽根ファン,遠心ブロワと呼ぶ。ファンは同一の風量,圧力に対して羽根車とケーシングの大きさが遠心ファンの中では最も

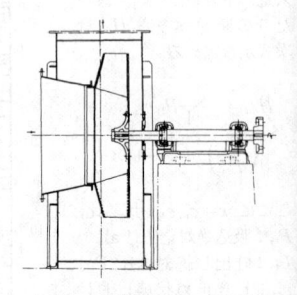

図 3-4　片吸込形ファン断面図

大きくなるが,安定運転範囲が広く,効率がよく (70〜80 %),騒音も低いので,一般産業用の送排風に広く用いられる。図 3-4 に片吸込形ファンの例を示す。

遠心ブロワの羽根車はファンとほぼ同様であるが,ケーシングは羽根の出口側にディフューザとうず室をもっている。1段で所定の圧力が出せない場合には多段形が使われる。

3.2.2. 圧縮機

羽根車は径向き羽根と後向き羽根とがあり,原理的には送風機と変わらないが,高い圧力比が得られるように設計される。一般に高速であり,圧力が高いから羽根車,ケーシングとも十分な強度をもち,気密などにも注意して設計・製作される。同じ形状の羽根車で得られる最高圧力比は風圧によって決まるので,羽根車材料の許容応力で制限されることになる。したがって,1段で所定の圧力が得られない場合は多段形にする。吐出し圧が高い場合 (普通 0.3 MPa 程度以上) には,圧縮過程を等温圧縮に近づけて所要動力を軽減するために中間冷却を行う。取扱ガスの性質などから温度制限がある場合にも中間冷却は必要になる。

遠心圧縮機は一般産業用に広く用いられる。1段で高圧比を得るために高速にするときは,強度上有利な径向き羽根のオープン羽根車が多く採用される。

3.3. 軸流送風機および圧縮機

3.3.1. 送風機

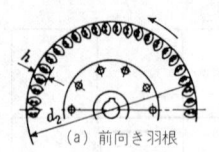

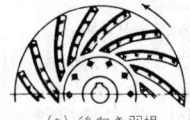

軸流送風機は効率が高く、抵抗の増減に対して風量の変化が少なく、小形軽量であり、運搬、据付け、取扱いが簡単などの特長があるが、騒音が比較的大きい。

羽根車は数枚ないし数十枚の動翼をハブに取り付けるか、またはハブと一体構造で作られる。ケーシングは円筒状で

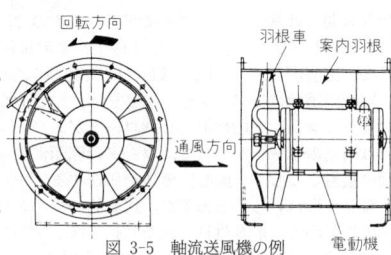

図 3-5 軸流送風機の例

鋼板製が多く、通常羽根車の後方または前方に鋼板製の静翼を取り付けるが、低圧用のファンには静翼の無いものも使われる。電動機をケーシング内に収め、その軸端に羽根車を取り付けた直管形の簡単な形式の例を図 3-5 に示す。

風量の調節は停止時に動翼または静翼の取付角を調整するものと、運転中に油圧、空気圧などで遠隔操作するものとがある。

軸流送風機は換気、空気熱交換器、ボイラ通風、化学プラントなどに多く用いられ、その使用範囲は広まりつつある。

3.3.2. 圧縮機

軸流圧縮機はガスタービン、ジェットエンジン用に多数製作され

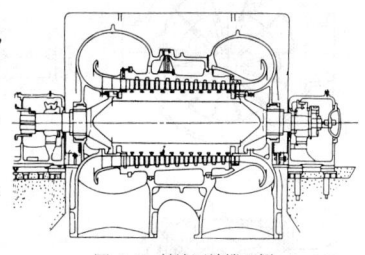

図 3-6 軸流圧縮機の例

ているが、産業用としても製鉄用の高炉送風機をはじめ酸素製造用、硫酸製造用などの原料および空気圧縮機など大風量、高風圧の分野で、遠心式に代わって用途が広まりつつある。駆動原動機には電動機、蒸気タービン、ガスタービンなどが使用される。図 3-6 に固定静翼形で二重ケーシングの圧縮機の例を示す。

3.4. 容積形送風機および圧縮機

3.4.1. 回転送風機および圧縮機

二葉形送風機は回転送風機の代表的なものでルーツブロワとも呼ばれる（図 3-7）。ケーシング内に二葉形のロータを 2 個互いに位相を 90°ずらして取り付け、同期歯車によって逆方向に回転させて気体を圧送する。ロータとケーシング、ロータ

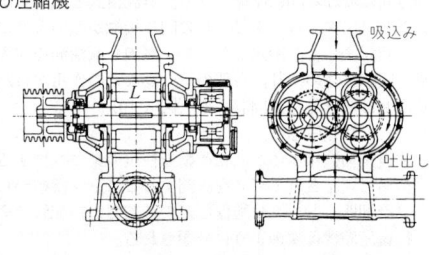

図 3-7 二葉形ブロワ

相互の間には常に一定のすきまが保たれるので，潤滑の必要はない。遠心送風機に比較して風量は少ないが，1段当たりの風圧は高い。圧力比は1段で2程度で，溶解炉などの送風に適し，内燃機関の過給にも使われる。

回転圧縮機にはベーン形，振り子形，ねじ形などがある。ベーン形は図 3-8 のようにシリンダ内に偏心したロータがあり，ロータに設けられた多条のみぞには可動のベーンがあって，ロータの回転によってベーンの先端はシリンダ内面に接触してしゅう動し，気体を圧送する。

振り子形はいろいろあるが，代表的なロタスコ形は図 3-9 のように，シリンダ内に偏心して取り付けられた回転ピストンがシリンダ内面および1枚のベーンに接触しながら回転して，圧縮作用を行う。ロタスコ形は R-12，R-22，NH_3 などの冷媒圧縮機として使用される。

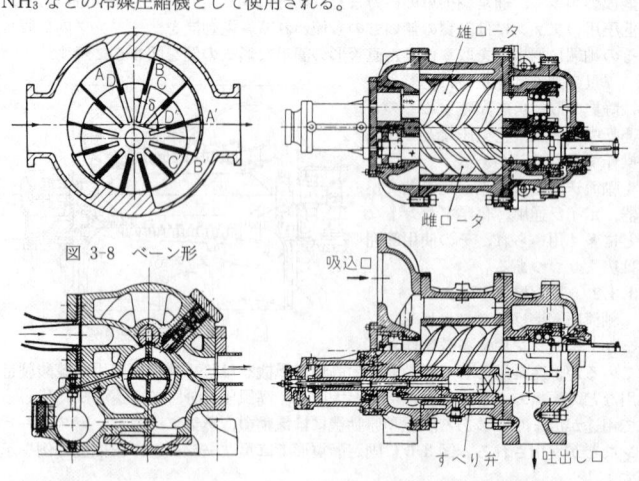

図 3-8 ベーン形

図 3-9 ロタスコ形の断面

図 3-10 油冷式ねじ形圧縮機

ねじ形は2軸形で大きなねじれ角の独特の歯形をもつロータがあり，気体は軸方向に流れる間に圧縮される。無潤滑式と油冷式がある。無潤滑式はケーシングとロータ，ロータどうしの間に接触がないように，常に微小なすきまを保って回転する。油冷式はケーシング内に潤滑油を注入するので，ロータ間の潤滑，圧縮気体の冷却，各部のシールなどの作用が行われ，高い効率が得られる。潤滑油は油分離器で回収する（図 3-10）。

3.4.2. 往復圧縮機

往復圧縮機は本体が回転運動を往復運動に変換するクランク機構と，クランク機構に連結されてガスを圧縮するピストン機構から成り，圧力脈動緩衝タンク，冷却器，ドレン分離器などの補機および配管で全体が構成される。

往復圧縮機は次のように分類される。

  シリンダ配置により   横形，立て形

シリンダ結合様式により	L形，V形，W形，X形
圧縮方式により	単動式，複動式
圧縮段数により	1段，2段，多段

　圧力比が大きい場合には多段に分けて圧縮し，各段で吐出しガスを冷却すれば，圧縮機の軸動力が軽減され，吐出しガス温度が低くなり，熱膨張，熱応力の影響も小さくなり，潤滑も容易になるなどの利点がある．各段の圧力比は小形（$0.1〜1.5\,\mathrm{m^3/min}$）では$6〜12$，中形（$1.5〜15\,\mathrm{m^3/min}$）では$5〜8$，大形（$20\,\mathrm{m^3/min}$以上）では$2〜5$くらいにする．各段の圧力比を等しくすれば，圧縮の理論動力が最小となる．図 **3-11** に多段圧縮機の形式例を示す．また，図 **3-12** に対向つりあい形2段圧縮機の例を示す．

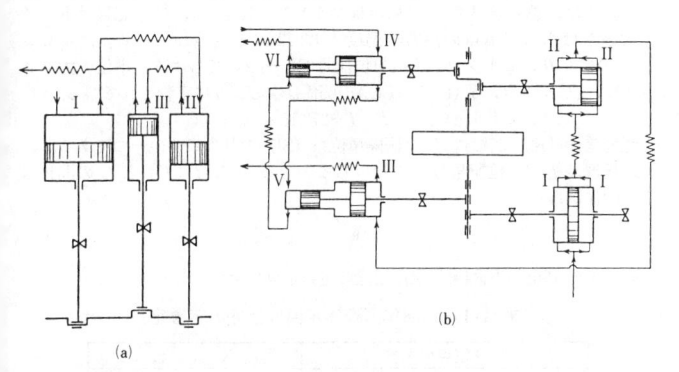

図 3-11　多段圧縮機の形式例

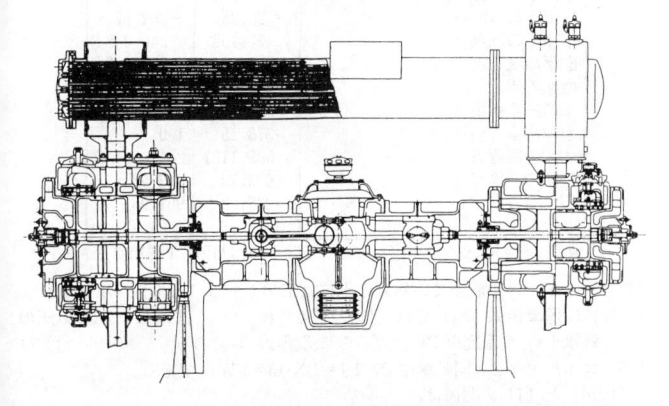

図 3-12　対向つりあい形2段圧縮機

8編

熱力学および熱エネルギ変換

1章 熱および温度

1.1. 温度と熱量の単位

温度は温冷の度合を表す尺度である。温度目盛について1968年国際実用温度目盛では，熱力学温度 T の単位はケルビン (Kelvin)，単位記号は K，その大きさは水の三重点の熱力学温度の1/273.16と定義している。ケルビン〔K〕の代わりにセルシウス度（単位記号°C）を用いてもよく，単位の大きさは $1K=1°C$ であり，$T(K)$ と $t(°C)$ の関係は次のように定義されている。

$$T = t + 273.15$$

温度差は〔K〕で表す。K は国際単位系（SI）の基本単位の一つである。

か氏温度 t_F（単位記号 °F）を用いることもあるが，t〔°C〕と t_F の間には次の関係がある。

$$t_C = \frac{5}{9}(t_F - 32) \qquad t_F = \frac{9}{5}t_C + 32$$

表1-1に1968年国際実用温度目盛の定義定点を示す。

表 1-1 1968年国際実用温度目盛の定義定点

定義定点の略称	T_{68} K	t_{68} °C
平衡水素の三重点	13.81	−259.34
平衡水素の25/76気圧の沸点	17.042	−256.108
平衡水素の沸点	20.28	−252.87
ネオンの沸点	27.102	−246.048
酸素の三重点	54.361	−218.789
酸素の沸点	90.188	−182.962
水の三重点	273.16	0.01
水の沸点	373.15	100
すずの凝固点	505.1181	231.9681
亜鉛の凝固点	692.73	419.58
銀の凝固点	1235.08	961.93
金の凝固点	1337.58	1064.43

備考　圧力はとくに指定した場合を除き101325Pa（1標準気圧）

熱はエネルギの一形態で，熱量の単位は工学上では〔kcal〕が用いられていたが，国際単位系 (SI) では〔J〕と定められている。1 kcal は標準圧のもとで純水 1 kg の温度を 1°C 上げるのに必要な熱量である。ジュール〔J〕は仕事・エネルギなどと同じ単位で，$1 J = 1 N \cdot m = 1 W \cdot s$ である。

〔kcal〕と〔J〕の関係は，

$$1 \text{ kcal} = 4186.05 \text{ J}$$

英国や米国では BTU が用いられる。1 BTU は標準気圧のもとで純水 1 lb の温度を 1°F 上げるのに必要な熱量である。

1 kcal＝3.968 BTU　　1 BTU＝0.252 kcal

1.2. 融点と沸点

種々の物質の融点と沸点および熱膨張係数を以下の表に示す。

表 1-2　元素・化合物の融点および沸点（1気圧）

物　質	融点°C	沸点°C	物　質	融点°C	沸点°C
（ 元　素 ）			（ 有 機 化 合 物 ）		
アルゴン	−189	−186	アセトン	−94	56
塩　素	−101	−35	エタノール	−117	78
酸　素	−219	−183	エチルエーテル	−116	35
水　素	−259	−253	エチルクロライド	−139	13
窒　素	−210	−196	グリセリン	19	290
ネオン	−249	−246	クロロホルム	−63	61
フッ素	−218	−187	酢酸（氷酢酸）	17	118
ヘリウム	……	−269	メタノール	−97	65
（ 無機化合物 ）			メチルクロライド	−97	−24
二酸化硫黄	−73	−10	（ 炭 化 水 素 ）		
アンモニア	−78	−33	アセチレン	−81(三重点)	−84
一酸化炭素	−207	−190	エタン	−172	−88
塩化カルシウム	782	922	エチレン	−169	−104
塩化水素	−112	−85	オクタン	−57	126
酸化窒素	−164	−152	ナフタリン	80	218(昇)
四塩化炭素	−23	77	フェノール	141	181
硝　酸	−42	86	ブタン	−135	0.5
食　塩	803	1557	プロパン	−190	−42
二酸化炭素	……	−78.5(昇)	ヘプタン	−91	98
硫化水素	−83	−62	ベンゼン	5.5	80
硫　酸	11	338	メタン	−186	−163

〔注〕　金属元素は「4編　表 1-1」を参照

表 1-3　各種固体の線膨張係数

	×10⁻⁶		×10⁻⁶		×10⁻⁶		×10⁻⁶
アルミ青銅	16	アンバー	0.9	ポリエチレン	100〜180	セメント	10〜14
黄銅	18〜23	鋼	10〜11	エボナイト	50〜80	セルロイド	10
活字合金	20	白金イリジウム	9	ガラス	9	弾性ゴム	77
コンスタンタン	15	はんだ（白ろう）	25	コンクリート	7〜13	木材（縦）	3〜5
鋳鉄	10〜12	ホワイトメタル	20	磁器	3〜6	木材（横）	35〜60
超アンバー	−0.01	洋銀	18〜21	石英ガラス	0.5	れんが	3〜9

表 1-4　液体の体膨張係数（20°Cにおいて）

	×10⁻³		×10⁻³		×10⁻³		×10⁻³
アセトン	1.487	エーテル	1.656	グリセリン	0.505	ベンゼン	1.237
エタノール	1.12	塩化カルシウム(6%水溶液)	0.25	食塩(21%水溶液)	0.41	水	0.207
メタノール	1.199	塩化カルシウム(41% 〃)	0.46	水銀	0.182	硫酸	0.56

1.3. 熱膨張係数

固体の線膨張係数 α および固体,液体,気体の体膨張係数 β は,普通次のように定義される。0°C における長さおよび体積を l_0 および V_0,t°C における長さおよび体積を l_t および V_t とすれば

$$\alpha = \frac{1}{l_0}\frac{l_t - l_0}{t} \quad \text{または} \quad l_t = l_0(1 + \alpha t)$$

$$\beta = \frac{1}{V_0}\frac{V_t - V_0}{t} \quad \text{または} \quad V_t = V_0(1 + \beta t)$$

この熱膨張係数は一般に温度の関数であって,t_1°C から t_2°C までの平均熱膨張係数 α_m および β_m は

$$\alpha_m = \frac{1}{l_0}\frac{l_2 - l_1}{t_2 - t_1}, \quad \beta_m = \frac{1}{V_0}\frac{V_2 - V_1}{t_2 - t_1}$$

等方性固体では $\beta \fallingdotseq 3\alpha(\beta_m \fallingdotseq 3\alpha_m)$ の関係がある。固体の線膨張係数(表1-3)および液体の体膨張係数(表1-4)では普通は圧力の影響を考慮しなくてもよいが,気体は圧力の影響が大きく無視できない(金属元素の線膨張係数は「4編 表1-1」を参照)。

1.4. 各種材料の熱的性質

比熱は単位質量(1 kg)の物体の温度を 1 K だけ上げるのに要する熱量で,その単位は J/kg・K である。一般に物体の比熱は温度の関数である。また比熱の値は加熱の過程によっても異なるが,最も重要なのは定圧比熱 c_p と定容比熱 c_v である。普通 $c_p > c_v$ であるが,気体以外はとくに両比熱を区別する必要はない。

質量 G (kg)の物体の温度を t_1(K)から t_2(K)まで上げるのに要する熱量 Q (J)は,比熱を c (J/kg・K)とすれば

$$Q = Gc(t_2 - t_1) \cdots\cdots c \text{ が一定の場合}$$
$$Q = G\int_{t_1}^{t_2} c\,dt \cdots\cdots c \text{ が温度の関数の場合}$$

c が温度の関数の場合も平均比熱 c_m を用いれば,前者と同じ形になる。

$$Q = Gc_m(t_2 - t_1) \quad c_m = \frac{1}{t_2 - t_1}\int_{t_1}^{t_2} c\,dt$$

各種物体の比熱の値は表1-7〜表1-10,融解および気化の潜熱は表1-5〜1-6に示す。

表1-5 各種物質の融解熱 (J/g)

亜鉛	113	氷	334	銅	209	りん(黄)	21.3
アルミニウム	399	臭素	67	ナトリウム	113	酢酸	197
アンモニア	352	食塩	486	鉛	23	ナフタリン	141
カリウム	60.3	水銀	11.3	ニッケル	300		
金	62.9	すず	59.1	白金	101		
銀	111	鉄(電解鉄)	272	マグネシウム	369		

表1-6 標準沸点における気化熱 (J/g)

アンモニア	1193	水銀	296	アセトン	524	トルエン	360
硫黄	327	水素	452	エタノール	838	ナフタリン	330
酸素	214	窒素	204	酢酸	406	メタノール	1102
臭素	182	水	2262	四塩化炭素	194		

1.5. 熱放射

1.5.1. 熱放射の基礎的事項

物体(固体,液体および一部の気体)はその温度と表面の状態に応じて,熱エネルギをいろいろな波長の電磁波の形で放出する。これを熱放射または単に放射(ふく射)という。

(1) 放射能

物体表面の単位面積から単位時間に放射する熱量を放射能といい,このうちとくにある波長の放射について考えたものを単色放射能という。また,単位時間に単位面積から単位立体角に放射される熱量を放射強度という。

ある物体表面に放射されたエネルギは,その一部は吸収され,他の一部は反射され,残りは透過する。入射エネルギのうち,それらの割合をそれぞれ吸収率,反射率および透過率といい,これらを α, ρ および τ で表すと,

$\alpha + \rho + \tau = 1$

固体および液体では実際上 $\tau = 0$ と考えてよい。入射エネルギのすべてを吸収する,すなわち $\alpha = 1$, $\rho = \tau = 0$ の物体を完全黒体または単に黒体という。

(2) 黒体の放射

黒体面からの放射エネルギは温度 T (K)と波長 λ (μm)によって変わり,プランクの法則によって単色放射能 $E_{b\lambda}$ は次の式で与えられる。

$$E_{b\lambda} = \frac{C_1}{\lambda^5 (e^{C_2/\lambda T} - 1)} \quad (\mathrm{W/m^2 \cdot \mu m})$$

ここに, $C_1 = 3.740 \times 10^{-16}$ W·m², $C_2 = 1.439 \times 10^{-2}$ m·K

これを図示すると,図1-1のようになり,放射エネルギが最大になる波長 λ_{max} は温度が高くなるほど短くなり,次の式で与えられる。これをウィーンの法則という。

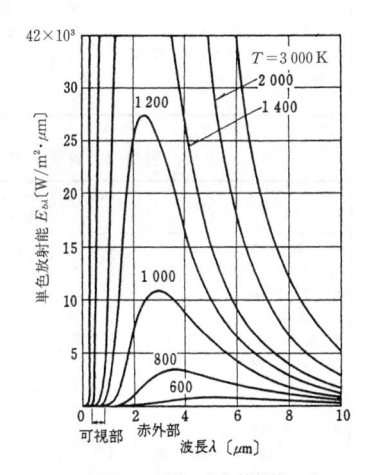

図 1-1 黒体の単色放射能

表 1-7 金属の熱的性質

物　質	温度 ℃	密　度 kg/m³	比　熱 kJ/kg·K	熱伝導率 W/m·K	温度伝導率 m²/s(×10⁻⁵)
亜鉛	20	7130	0.384	112	4.08
アルミニウム	20	2700	0.896	228	9.44
金	20	19320	0.129	311	12.5
銀	20	10490	0.234	419	16.9
すず	20	7290	0.227	64	3.89
タングステン	20	19300	0.134	163	6.39
鉄 (純)	20	7870	0.452	72.7	2.03
鋳鉄 (4℃以下)	20	7270	0.419	52.3	1.72
炭 素 鋼 (0.5%以下)	20	7830	0.465	53.5	1.47
クロム鋼 (1 Cr)	20	7870	0.461	60.5	1.67
ニッケル鋼 (10 Ni)	20	7950	0.461	25.6	0.694
クロムニッケル鋼 (18 Cr, 8 Ni)	20	7820	0.461	16.3	0.444
けい素鋼 (1 Si)	20	7770	0.461	41.9	1.17
タングステン鋼 (2 W)	20	7960	0.444	61.8	1.78
マンガン鋼 (1 Mn)	20	7870	0.461	50.0	1.39
銅	20	8960	0.333	386	11.3
黄　銅 (赤 9 Sn 6 Zn)	20	8710	0.343	25.6	0.861
コンスタンタン (40 Ni)	20	8920	0.410	22.1	0.611
鉛	20	11340	0.130	34.9	2.36
ニッケル (99.9%)	20	8900	0.421	89.6	2.39
ニクロム (90 Ni 10 Cr)	20	8670	0.461	17.4	0.444
アルメル (2 Al 2 Mg 1 Si 残 Ni)	100	8150		29.7	
クロメル A (80 Ni 20 Cr)	100	8300	0.444	13.8	0.389
モリブデン	20	10200	0.260	137	5.28

表 1-8 各種固体の熱的性質

物　質	温度 ℃	密　度 kg/m³	比　熱 kJ/kg·K	熱伝導率 W/m·K	温度伝導率 m²/s(×10⁻⁷)
雲母 (平均)	50	1900～2300	0.84	0.47～58	
花こう岩	20	2600～2900	0.754	2.91	16.4
ガラス (板)	20	2700	0.766	0.779	3.97
温度計用ガラス	20	2590	0.779	0.965	4.78
石英ガラス	20	2210	0.729	1.35	8.36
ゴ　ム (軟)	20	920～1230	1.13～2.01	0.128	
コンクリート	20	1900～2300	0.879	0.81～1.40	
石　炭	20	1200～1500	1.26	0.256	
木材すぎ (繊維に直角方向の値 繊維方向は約2倍)	30	341	1.3	0.106	2.47
もめん	30	81	1.52	0.0593	
れんが (普通, 赤)	200		0.938	0.56～1.08	3.33～5.28
けい石れんが	200	1500～1900	0.992	1.10	
〃	1000		1.21	1.67	5.56

1章 熱および温度

表 1-9　液体の熱的性質　　圧力1気圧（飽和温度以上は飽和圧力）

物　質	温度 °C	密度 kg/m³	定圧比熱 C_p kJ/kg·K	粘性係数 N·s/m²	動粘性係数 m²/s (×10⁻⁶)	熱伝導率 kJ/m·h·K	温度伝導率 m²/h (×10⁻⁴)	プラントル数 Pr
水	0	999.9	4.234	×10⁻³ 1.792	1.79	2.054	4.85	13.3
	20	998.2	4.196	1.002	1.00	2.176	5.08	7.09
	40	992.3	4.192	0.653	0.668	2.281	5.48	4.39
	60	983.2	4.200	0.467	0.480	2.360	5.72	3.02
	80	971.8	4.213	0.355	0.368	2.423	5.93	2.23
	100	958.4	4.223	0.282	0.297	2.461	6.08	1.76
アンモニア (NH3)	−50	704	4.477	×10⁻⁴ 3.06	0.406	1.751	6.27	2.60
	−30	679	4.490	2.63	0.381	1.982	6.48	2.15
	0	640	4.659	2.38	0.362	1.953	6.55	2.05
	20	612	4.813	2.20	0.349	1.882	6.39	2.02
	40	581	5.015	1.97	0.325	1.785	6.12	2.00
二酸化炭素 (CO_2)	−50	1154	1.848	×10⁻⁴ 1.37	0.119	0.3087	1.45	2.96
	−30	1074	1.974	1.25	0.117	0.4036	1.90	2.22
	0	925	2.478	1.01	0.109	0.3780	1.65	2.38
	20	770	5.04	0.71	0.091	0.3154	0.80	4.10
フロン 12 (R12) (C Cl_2 F_2)	−50	1546	0.878	×10⁻⁴ 4.56	0.295	0.350	2.58	4.12
	−30	1489	0.899	3.50	0.235	0.327	2.44	3.47
	0	1396	0.737	2.55	0.183	0.291	2.23	2.95
	20	1328	0.970	2.13	0.160	0.264	2.05	2.81
	40	1252	1.02	1.78	0.143	0.236	1.85	2.78
塩化カルシウム 29.9%溶液	−40	1315	2.646	×10⁻³ 32.9	25.0	1.499	43.2	208
	−20	1305	2.696	16.07	11.0	1.604	45.6	87.1
	0	1296	2.747	5.69	4.39	1.705	47.9	33.0
	20	1287	2.797	3.54	2.72	1.798	50.2	19.6

$$\lambda_{\max} T = 2898 \ \mu\text{m·K}$$

黒体面の全放射エネルギ E_b は $E_{b\lambda}$ を全波長にわたって積分すれば得られ，

$$E_b = \int_0^\infty E_{b\lambda} d\lambda = \sigma T^4 \quad (\text{W/m}^2)$$

これをステファン・ボルツマンの法則といい，$\sigma = 5.67 \times 10^{-8}$ W/m²·K⁴ をステファン・ボルツマン定数という。

(3) キルヒホッフの法則

一定温度ではすべての物体の放射能 E と吸収率 α との比は一定であり，その値は同じ温度における黒体面の放射能 E_b に等しい。これをキルヒホッフの法則という。また，$E/E_b = \varepsilon$ をその物体の放射率（ふく射率）という。したがって，同じ温度における物体の放射率 ε と吸収率 α は等しい。この関係は特定の波長 λ の場合についても成り立ち，$E_\lambda / E_{b\lambda} = \varepsilon_\lambda$ を単色放射率という。ε_λ が全波長にわたって一定である物体を灰色体といい，一般に実在の物体は

表 1-10 気体の熱的性質　　　圧力 1 気圧（飽和水蒸気を除き）

物質	温度 °C	密度 kg/m³	定圧比熱 C_p kJ/kg·K	粘性係数 N·s/m² ($\times 10^{-5}$)	動粘性係数 m²/s ($\times 10^{-4}$)	熱伝導率 kJ/m·h·K	温度伝導率 m²/h	プラントル数 Pr
空気	−50	1.533	1.01	1.46	0.095	0.072	0.0468	0.73
	−20	1.348	1.01	1.62	0.120	0.0811	0.0597	0.73
	0	1.251	1.01	1.72	0.138	0.0869	0.0689	0.72
	20	1.166	1.01	1.82	0.156	0.0928	0.0789	0.71
	40	1.091	1.01	1.91	0.175	0.0982	0.0892	0.71
	60	1.026	1.01	2.01	0.196	0.104	0.100	0.71
	80	0.968	1.01	2.10	0.217	0.109	0.111	0.70
	100	0.916	1.02	2.19	0.239	0.114	0.123	0.70
	200	0.722	1.03	2.59	0.358	0.139	0.188	0.69
	300	0.596	1.05	2.95	0.495	0.162	0.259	0.69
	400	0.508	1.07	3.27	0.645	0.184	0.337	0.69
	600	0.391	1.12	3.86	0.989	0.221	0.506	0.70
	800	0.319	1.16	4.38	1.37	0.256	0.693	0.71
	1000	0.265	1.20	4.84	1.83	0.290	0.913	0.72
飽和水蒸気	100	0.598	2.10	1.20	0.200	0.0869	0.0691	1.04
	120	1.121	2.19	1.28	0.115	0.0937	0.0382	1.08
	140	1.966	2.26	1.35	0.0688	0.102	0.0228	1.09
	160	3.258	2.42	1.42	0.0436	0.110	0.0139	1.13
	180	5.16	2.60	1.49	0.0289	0.119	0.00890	1.17
	200	7.86	2.80	1.56	0.0198	0.138	0.00592	1.21
	220	11.61	3.06	1.63	0.0140	0.142	0.00400	1.20
	240	16.75	3.42	1.71	0.0102	0.157	0.00274	1.26
	260	23.7	4.10	1.77	0.00749	0.174	0.00180	1.50
	300	46.2	6.01	1.77	0.00427	0.227	0.00080	1.92
二酸化炭素	0	1.912	0.832	1.38	0.072	0.0525	0.033	0.78
	50	1.616	0.878	1.62	0.100	0.0659	0.047	0.77
	100	1.400	0.924	1.83	0.131	0.0802	0.062	0.76
	200	1.103	1.000	2.30	0.209	0.110	0.101	0.74
	300	0.911	1.067	2.70	0.2	0.144	0.148	0.72
アンモニア	0	0.746	2.15	0.93	0.125	0.0790	0.049	0.91
	50	0.626	2.19	1.11	0.177	0.0987	0.072	0.89
	100	0.540	2.25	1.30	0.241	0.120	0.099	0.88
	150	0.476	2.33	1.50	0.315	0.146	0.131	0.86
	200	0.425	2.43	1.66	0.390	0.175	0.170	0.83
フロン 21	30	4.57	0.140	0.118	0.0253	0.0085	0.0133	0.68

灰色体とみなして取り扱うから，その放射能 E は

$$E = \varepsilon E_b = \varepsilon \sigma T^4$$

物体の放射率は，表面の温度や状態などで異なるが，**表 1-11** にその例を示す。

(4) ランバートの法則

黒体面の放射エネルギの強さは方向によって相違がある。図1-2のように、放射面と角 ϕ をなす受熱面が受ける放射熱量 Q は、放射面と平行な受熱面への放射熱量を Q_n とすれば、次の式が成り立つ。これをランバートの法則という。

$$Q = Q_n \cos \phi$$

1.5.2. 黒体面間の放射伝熱

図1-3のように、高温黒体面1（温度 T_1、面積 S_1）と低温黒体面2（温度 T_2、面積 S_2）が相対しているとき、面1から面2への放射伝熱量 Q は、面1から面2に入射して吸収された放射熱量 Q_{1-2} と、面2から面1に入射して吸収された放射熱量 Q_{2-1} との差になる。

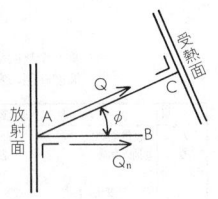

図 1-2 ランバートの法則

$$Q = Q_{1-2} - Q_{2-1}$$

Q_{1-2} は、面1の放射熱量 $Q_1 = S_1 E_{b1} = S_1 \sigma T_1^4$ のうち、面2に入射して吸収された熱量であり、

$$Q_{1-2} = S_1 E_{b1} F_{12} = S_1 \sigma T_1^4 F_{12}$$

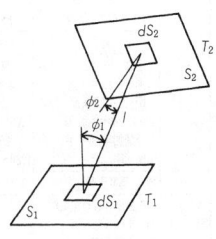

図 1-3 二面間の放射伝熱

で与えられる。ここに、F_{12} は形態係数あるいは角関係と呼ばれ、面1からあらゆる方向に放射されたもののうち、面2に直接入射する割合を示し、二つの面の大きさ・形状および相対位置の幾何学的関係によって決まる。

Q_{2-1} も同じように

$$Q_{2-1} = S_2 E_{b2} F_{21} = S_2 \sigma T_2^4 F_{21}$$

形態係数は一般的には次の式で示されるが、実際上必要な各種の面の組合せについて計算されているので、それを用いればよい。図1-5にその一例を示す。

$$F_{12} = \frac{1}{S_1} \int_{S_1} \int_{S_2} \frac{\cos \phi_1 \cos \phi_2}{\pi l^2} dS_1 dS_2$$

形態係数の間には、図1-3の場合次の関係がある。

$$S_1 F_{12} = S_2 F_{21}$$

また、n 個の黒体面から構成される閉空間における各面間の形態係数は（図1-4）

$$F_{11} + F_{12} + F_{13} + \cdots\cdots + F_{1n} = 1$$

F_{11} はその面が平面または凸面の場合は0となる。

したがって、図1-3の2黒体面間の放射伝熱量 Q は

$$\begin{aligned}Q &= Q_{1-2} - Q_{2-1} = S_1 E_{b1} F_{12} - S_2 E_{b2} F_{21} \\ &= S_1 F_{12}(E_{b1} - E_{b2}) = S_2 F_{21}(E_{b1} - E_{b2}) \\ &= S_1 F_{12} \sigma (T_1^4 - T_2^4)\end{aligned}$$

ここに、$\sigma = 5.67 \times 10^{-8}$ W/m²・K⁴

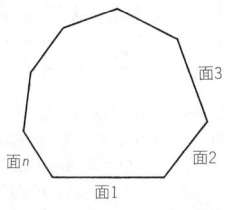

図 1-4 n 個の黒体面から構成される閉空間

表 1-11　固体の放射率

垂直全放射率（垂直方向，全波長の平均値）
温度範囲の左右端はそれぞれ放射率の左右端に対応する

金属	状態	温度範囲℃	放射率 ε
アルミニウム合金	高度研摩面(98.3%)	227～580	0.039～0.057
	普通研摩面	23	0.040
	粗面	26	0.055
	600℃で酸化した面	200～378	0.11～0.19
黄銅	高度研摩面(四六黄銅)	258～378	0.033～0.037
	圧延面あらく金剛砂かけ	22	0.20
	600℃で酸化した面	200～600	0.61～0.59
クロム	研摩面	38～1093	0.08～0.36
銅	注意して研摩した電気銅	80	0.018
	研摩面	100	0.052
	市販，光る面，鏡面でない	22	0.072
	600℃で酸化した面	200～600	0.57
	長時間加熱，厚く酸化	25	0.78
	溶融状態	1080～1275	0.16～0.13
金	純粋，高度研摩	227～628	0.018～0.035
鉄および鋼（また は薄い酸化皮膜）	高度研摩された電気鉄	177～227	0.052～0.064
	鉄：研 摩 面	100	0.066
	鉄：研 摩 面	427～1025	0.14～0.38
	鉄：あらみがき面	100	0.17
	鉄：金網掛け	20	0.24
	鋳鉄：普通研摩面	200	0.21
	鋳鉄：研 摩 面	770～1040	0.52～0.56
	鉄：平 滑 面	940～1100	0.55～0.60
鉄および鋼の酸化面	鋼板：酸洗後，赤さび	20	0.61
	鉄：暗かっ色面	100	0.74
	鋼板：圧延面	21	0.66
	鋳鉄：600℃で酸化	200～600	0.64～0.78
	鋼：600℃で酸化	200～600	0.79
	鉄：インゴット粗面	928～1118	0.82～0.95
鉛	酸化しない純金属面	127～227	0.057～0.075
	灰色に酸化した面	24	0.28
	200℃で酸化した面	200	0.63
水銀	純粋，清浄面	0～100	0.09～0.12
モリブデン	フィラメント	727～2600	0.096～0.292
モネルメタル	600℃で酸化した面	200～600	0.41～0.46
ニッケル	純粋，研摩面(98.9%)	21～371	0.045～0.087
	ワイヤ	187～1010	0.096～0.186
	600℃で酸化した面	200～600	0.37～0.48

金属	状態	温度範囲℃	放射率 ε
ニッケル合金	クロムニッケル	52～1030	0.64～0.76
	銅ニッケル研摩面	100	0.06
	ニクロム線，光輝	50～1000	0.65～0.79
	ニクロム線，酸化	50～500	0.95～0.98
白金	純粋，研摩板	227～628	0.054～0.104
	ストリップ	927～1630	0.12～0.17
	フィラメント	27～1227	0.036～0.192
	ワイヤ	227～1380	0.073～0.182
銀	純粋，研摩面	38～628	0.020～0.032
ステンレス鋼	KA-2S(8Ni,18Cr) 銀色の粗面，加熱後かっ色	216～490	0.44～0.36
	同上526℃24時間加熱後	216～527	0.62～0.73
	NCT-3(20Ni,25Cr) 使用で酸化され，かっ色のかつはん点生成	216～527	0.90～0.97
	NCT-6(60Ni,12Cr) 平滑黒色面，使用で粘着性酸化皮膜生成	271～564	0.89～0.82
タンタル	フィラメント	1330～3000	0.194～0.33
すず	光輝ある面	24	0.043～0.064
タングステン	長く使用したフィラメント	27～3320	0.032～0.39
亜鉛	市販，研摩面(99.1%)	227～327	0.045～0.053
	400℃で酸化	400	0.11
	電気めっき鉄板，光輝	28	0.23
	市販，かっ色に酸化	24	0.76
非金属Ⅰ：光沢ある黒色ラッカ，樫板材，白エナメル，しゃ紋岩，石こう，白ペイント，建築紙，石灰しっくい，つやけし黒色ワニス		21	0.87～0.91
非金属Ⅱ：上ぐすりを塗った磁器，白い紙，溶融石英，研摩した大理石，粗い赤れんが，滑らかなガラス，堅い光沢あるゴム，黒色ラッカ，水，電気鉛		21	0.92～0.96
耐火れんが：白，普通面，暗クローム色		1093	0.29, 0.57 0.75
アルミペイント：Al含有量の減少，経年とともに		100	0.27～0.67

なお，面1，2が灰色体でもそれぞれの放射率 ε_1, ε_2 が大きく1に近い場合には，近似的に次の式で計算できる。

$$Q = S_1 \varepsilon_1 \varepsilon_2 F_{12}(E_{b1} - E_{b2})$$
$$= S_2 \varepsilon_1 \varepsilon_2 F_{21}(E_{b1} - E_{b2})$$

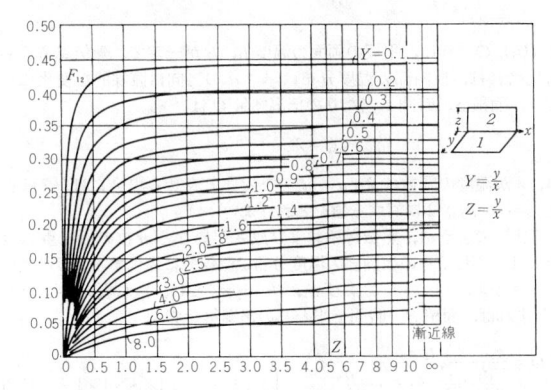

図 1-5 直交2平面の形態係数

このように，放射伝熱量の計算では形態係数を求めなければならない。

図 1-4 で構成面が黒体面でない一般の場合には，2面間の放射熱交換は他の面の吸収・反射による影響を受ける。また，空間に CO_2，H_2O などのように放射や吸収を行うガス体や火炎などが存在するときは，その影響を考えなければならない。これらについて完全に計算を行うことは極めて困難であり，実際の装置に適用できるように簡単化した場合の修正形態係数（総括吸収係数）の計算方式が考えられている。

1.6. 熱伝導

1.6.1. 熱伝導の基本式

物質はその内部に温度差があると，必ず高温部から低温部に熱が伝わる。これを熱伝導という。

固体内の任意の一点で，その単位面積を単位時間に高温部から低温部に向かって流れる熱量 q は，温度差を dt，熱の流れる方向の距離を dx とすれば，次の式で表される。

$$q = -\lambda \frac{dt}{dx}$$

これをフーリエの法則という。伝導熱量は温度こう配 dt/dx に比例し，比例定数 λ を熱伝導率といい，単位は W/m·K である。なお，熱伝導率 λ を比熱と密度の積で割ったものを温度伝導率と呼んでいる。各種物質の熱伝導率および温度伝導率の値は表 1-7～10 に示す。熱伝導率は厳密には温度の関数である。

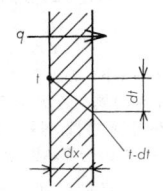

図 1-6 薄板の熱伝導

1.6.2. 定常熱伝導

熱伝導は定常熱伝導と非定常熱伝導に分けて考えるが，ここでは定常熱伝導の簡単な場合のみにとどめる。

(1) 平行平板

図 1-7(a) のように，平板の両面の温度 t_1，t_2 が一定で，熱伝導率 λ も一定である場合には，板内部の温度分布は厚さ d の方向に直線的な変化になる。このとき，面積 S，時間 τ 当たりの伝導熱量 Q は

$$Q = \lambda S \frac{t_1 - t_2}{d} \tau$$

なお，λ が温度の関数で $\lambda = a + bt$ の一次式で表せる場合には，λ は算術平均温度 $t_m = (t_1 + t_2)/2$ に対する値をとればよい。

図 1-7(b) のように，熱伝導率および厚さが異なる n 枚の板を重ね合わせた場合には，それぞれの板内部の温度分布は直線的に変化する。板の熱伝導率および厚さを $\lambda_1, \lambda_2 \cdots \lambda_n$ および $d_1, d_2 \cdots d_n$ とし，重ね板の外面の温度を t_1，t_2 とすれば，面積 S，時間 τ 当たりの伝導熱量 Q は

$$Q = S \frac{t_1 - t_2}{\dfrac{d_1}{\lambda_1} + \dfrac{d_2}{\lambda_2} + \cdots + \dfrac{d_n}{\lambda_n}} \tau$$

$$= S \frac{t_1 - t_2}{\sum_{i=1}^{n} \dfrac{d_i}{\lambda_i}} \tau$$

なお，この式では各板が平滑で完全な面接触をしていて熱抵抗が無いとしているが，実際には不完全な接触となる場合が多く，接触面に多少の熱抵抗がある。

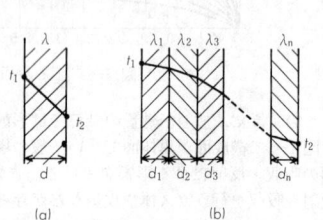

図 1-7 平行平板の熱伝導

(2) 円管

図 1-8(a) のように円管の管壁内を熱が一様に流れている場合，管の内壁および外壁の温度と半径をそれぞれ t_1, r_1 および t_2, r_2 とすれば，半径方向の温度分布は次の式で表される。

$$t = t_1 - (t_1 - t_2) \frac{\ln(r/r_1)}{\ln(r_2/r_1)}$$

したがって，円管の長さ L，時間 τ 当たりの伝導熱量 Q は

$$Q = 2\pi \lambda L \frac{t_1 - t_2}{\ln(r_2/r_1)} \tau$$

図 1-8(b) のような熱伝導率と厚さの異なる n 個の層から成る円管では，長さ L，時間 τ 当たりの伝導熱量 Q は

$$Q = 2\pi L \frac{t_1 - t_2}{\sum_{i=1}^{n} \dfrac{1}{\lambda_i} \ln \dfrac{r_{i+1}}{r_i}} \tau$$

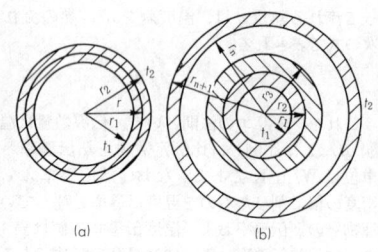

図 1-8 円管の熱伝導

1.7. 熱伝達

1.7.1. 熱伝達の基礎式

固体表面とこれに接する流体との間に温度差がある場合,流体内の伝導や対流によって高温側から低温側に熱が移動する。これを対流熱伝達または単に熱伝達という。

熱伝達によって単位時間に伝わる熱量 Q は,固体表面の温度を t_0,流体の温度を t_1,固体表面の面積を S とすれば,次の式で与えられる。

$$Q = \alpha(t_0 - t_1)S$$

比例定数 α は対流熱伝達率または単に熱伝達率といい,単位は W/m²·K である。熱伝達率 α は,物体の形状や寸法,流体の特性値や状態に関係する量である。したがって,α を求めることによって伝達熱量 Q が計算できることになる。

対流熱伝達と同時に熱放射が起こる場合がある。熱放射を考慮しなければならないときは,対流熱伝達率に準じて放射熱伝達率を定義し,対流熱伝達率と放射熱伝達率との和を総括熱伝達率と呼んでいる。

固体表面の温度や流体の温度は普通は必ずしも一様ではないから,伝達熱量 Q の計算に当たっては,熱伝達率 α が t_0, t_1 としてどのような温度を用いたかを知る必要がある。また,固体全表面の平均熱伝達率であるか,局部的な局所熱伝達率であるかも注意する必要がある。

1.7.2. 熱伝達率の無次元表示

熱伝達率 α は理論または実験によって求められるが,α に影響を及ぼす因子の数が多いので容易ではない。多数の因子の代わりに次のような比較的少数の無次元数を用い,その関係式として α が与えられる場合が多い。

ヌセルト数 $\quad N_u = \dfrac{\alpha d}{\lambda} \qquad$ レイノルズ数 $\quad R_e = \dfrac{ud}{\nu}$

グラスホフ数 $\quad G_r = \dfrac{g\beta \Delta t d^3}{\nu^2} \qquad$ プラントル数 $\quad P_r = \dfrac{\nu}{a}$

スタントン数 $\quad S = \dfrac{\alpha}{\rho c_p u} = \dfrac{N_u}{R_e P_r}$

a:熱伝導率 $\quad d$:物体の代表長さ $\quad \lambda$:流体の熱伝導率 $\quad u$:流体の代表速度 $\quad \nu$:流体の動粘性係数 $\quad g$:重力の加速度 $\quad \beta$:流体の体膨張係数 $\quad \Delta t$:固体表面と流体との温度差 $\quad a$:流体の温度伝導率 $\quad \rho$:流体の密度 $\quad c_p$:流体の定圧比熱

熱伝達が行われている物体の形状が相似であれば寸法が異なっていても,流体摩擦による発熱と流体の圧縮性が無視できる場合には,熱伝達率を与える式は一般に次のように表される。

$$N_u = f(R_e, \ G_r, \ P_r)$$
$$\alpha = \dfrac{\lambda}{d} f(R_e, \ G_r, \ P_r)$$

したがって,α を求めるには R_e, G_r, P_r などを計算して N_u を求め,それから α を換算する。

とくに自由対流熱伝達では

$$N_u = f(G_r, P_r)$$

強制対流熱伝達では

$$N_u = f(R_e, P_r)$$

物体の形状が相似でない場合には、その形状を決めるのに必要な寸法比を r_1, r_2, …… とすれば、次のような式になる。

$$N_u = f(R_e, G_r, P_r, r_1, r_2 ……)$$

1.8. 熱通過

1.8.1. 熱通過の基礎式

図 1-9 のように固体壁の両側に流体があり、その間に温度差があると、壁を通して高温流体から低温流体に熱が流れる。この伝熱を熱通過または熱貫流という。熱通過による伝熱量 Q は、固体壁の両側の液体の温度を t_1 および t_2、壁の面積を S とすれば、単位時間当たり次の式で表される。

$$Q = KS(t_1 - t_2) \quad (W)$$

ここで K (W/m²·K) は熱通過率という。

熱通過は固体壁内の熱伝導とその両側の熱伝達とから成り立つので、図 1-9 のように固体壁の厚さおよび熱伝導率を d および λ、両側の熱伝達率をそれぞれ α_1, α_2 とすれば、熱通過率 K は次の式で与えられる。

$$\frac{1}{K} = \frac{1}{\alpha_1} + \frac{d}{\lambda} + \frac{1}{\alpha_2}$$

固体壁が n 枚の平板を重ね合わせた場合は

$$\frac{1}{K} = \frac{1}{\alpha_1} + \sum_{i=1}^{n} \frac{d_i}{\lambda_i} + \frac{1}{\alpha_2}$$

固体壁が円管の場合は、管の内面および外面の半径と熱伝達率をそれぞれ r_1, α_1 および r_2, α_2、管壁の熱伝導率を λ、管の長さを L とすれば、熱通過率 K および伝熱量 Q は次の式で表される。

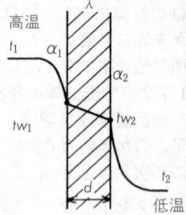

図 1-9 熱通過

$$\frac{1}{K} = \frac{1}{\alpha_1 r_1} + \frac{1}{\lambda} \ln \frac{r_2}{r_1} + \frac{1}{\alpha_2 r_2}$$

$$Q = K 2\pi L (t_1 - t_2)$$

円管が n 個の層から成るときの熱通過率 K は、管の内面および外面の半径と熱伝達率を r_1, α_1 および r_{n+1}, α_n とすれば、次の式で表される。

$$\frac{1}{K} = \frac{1}{\alpha_1 r_1} + \sum_{i=1}^{n} \frac{1}{\lambda_i} \ln \frac{r_{i+1}}{r_i} + \frac{1}{\alpha_n r_{n+1}}$$

流体の種類による熱通過率の例を表 1-12 に示す。

1.8.2. 熱交換器

熱交換器は熱交換の形式によって隔板式・蓄熱方式およびその他の形式に大別されるが、ここでは隔板式熱交換器について基礎的な伝熱量の計算式などを示す。

隔板式熱交換器は両流体の流れの関係によって、図 1-10 のような並流・向流・直交流の 3 基本形に分けられるが、実際上はこれらを組み合わせたものも多い。

表 1-12 熱通過率 K の実例（流体の種類による） (W/m²·K)

流体の種類	K	参 考 事 項
液体と液体	140～ 350	水　自然対流
	190～ 930	水　乱流
	930～1 700	水　強制対流
液体とガス体	6～ 17	空気　自然対流　温水ラジエータ
	12～ 58	空気　強制対流　エコノマイザ
	58～ 580	高圧 (300 気圧) ガス　二重管
ガスとガス体	3～ 12	自然対流
	12～ 35	強制通風　過熱蒸気管
液体と沸騰中の液体	120～ 810	アンモニア蒸発　冷凍管　強制対流
	120～ 350	水　自然対流
	290～ 870	水　強制対流
ガス体と沸騰中の液体	6～ 17	燃焼ガス　自然対流
	12～ 58	燃焼ガス　ボイラ
液体と凝縮中の蒸気	810～4 100	水と水蒸気　強制対流
	580～2 300	溶液と水蒸気　強制対流
	240～1 200	水と水蒸気　自然対流
ガス体と凝縮中の蒸気	6～ 12	自然対流　ラジエータ
	12～ 58	強制対流　空気加熱器
沸騰中の液体と凝縮中の蒸気	1 200～4 100	水と水蒸気
	1 700～7 000	水垂直管型蒸発かん

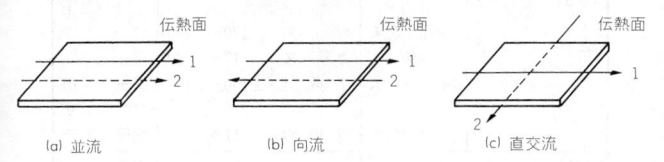

図 1-10　隔板式熱交換器の基本形式

(a) 並流　(b) 向流　(c) 直交流

図 **1-11** に並流形式と向流形式の温度分布を示す。

隔板式熱交換器では，両流体の温度が図 1-11 のように変化するので，その平均温度差を θ_m，伝熱面積を S，熱通過率を K とすれば，伝熱量 Q は次の式で表される。

$$Q = KS\theta_m$$

平均温度差 θ_m は，両流体の出入口の温度が与えられているとき，並流およ

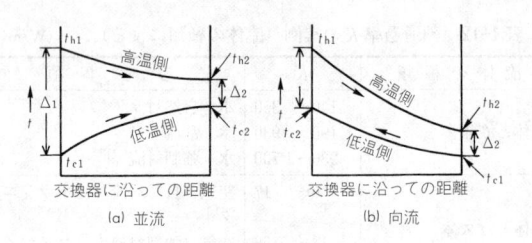

図 1-11 温度分布の例

び向流に対しては次の式に示す対数平均温度差 θ_{m1} を用いる（記号は図 1-11 による）。

$$\theta_{m1}=\frac{\Delta_1-\Delta_2}{\ln\Delta_1/\Delta_2}$$

表 1-13 熱通過率 K の実例（装置形式による） (W/m²·K)

装置の形式	流体の種類 内	流体の種類 外	K	備考
ジャケットがま（普通は二重底）内高温流体	凝縮水蒸気	沸騰水	700〜1 700	鉄板製
	〃	〃	2 200	銅板製
	〃	水	810〜1 400	〃
	冷　水	水	170〜 350	鉄板製
液中じゃ管（コイル）	凝縮水蒸気	沸騰液	1 200〜3 500	銅管
	〃	液	280〜1 400	〃
	冷　水	水	590〜1 000	〃
多管式熱交換器（シェルチューブ式）	ガ　ス	ガ　ス	6〜 35	常圧
	ガ　ス	高圧ガス	170〜 470	200〜300気圧
	高圧ガス	ガ　ス	170〜 470	〃
	液	ガ　ス	17〜 70	
	冷　水	水蒸気	1 700〜4 100	タービン用コンデンサ
	高温ガス	沸騰水	17〜 47	煙管ボイラ
二重管熱交換器	ガ　ス	ガ　ス	12〜 35	鋼管
	高圧ガス	ガ　ス	23〜 58	〃
	高圧ガス	高圧ガス	170〜 470	〃
	高圧ガス	液	230〜 580	〃
	液	液	350〜1 400	〃
平行板型熱交換器	ガ　ス	ガ　ス	12〜 35	
	ガ　ス	水	23〜 58	
	液	水	350〜1 200	

なお，算術平均温度差を $\theta_{m2}=(\Delta_1+\Delta_2)/2$ とすると，θ_{m1} と θ_{m2} との誤差は Δ_1/Δ_2 が $1<\Delta_1/\Delta_2<2$ の範囲で 4 %以内，$2<\Delta_1/\Delta_2<3$ の範囲で 10 %以内であり，実用上では Δ_1/Δ_2 が大きくない範囲では θ_{m1} の代わりに θ_{m2} を使用しても誤差が小さい場合が多い。

熱交換器の熱的性能を表すのに温度効率がよく用いられる。低温側流体の温度効率を η_c，高温側流体の温度効率を η_h とすれば，それぞれ次の式で表される（記号は図 1-11 による）。

$$\eta_c = \frac{t_{c2}-t_{c1}}{t_{h2}-t_{c1}}$$

$$\eta_h = \frac{t_{h1}-t_{h2}}{t_{h1}-t_{c1}}$$

表 1-13 に熱交換器などの形式による熱通過率の例を示す。

2章 熱力学の基本則

2.1. 熱力学第一法則

2.1.1. 熱力学第一法則

「熱と仕事はともにエネルギの一形態で,熱を仕事に変えることもその逆も可能である」ことを示し,「なんらのエネルギも消費しないで,引き続き仕事をする機械は存在しない」ことを示している。

熱量 Q と仕事 L との間には一定の数値的関係があり,

$$Q = AL \qquad L = JQ$$

熱量を kcal,仕事を kgf·m の単位で表すと

$J = 426.8$ kgf·m/kcal ≒ 427 kgf·m/kcal ·········· 熱の仕事当量

$A = 1/426.8$ kcal/kgf·m ≒ 1/427 kcal/kgf·m ·········· 仕事の熱当量

したがって 1 kW·h = 860 kcal = 1.36 PS·h

1 PS·h = 632.5 kcal = 0.7355 kW·h

以上の単位が工学単位として使われてきた。ただし,熱も仕事もエネルギの一形態であることから,どちらも SI 単位では J (1 cal = 4.2 J) で表す。

2.1.2. 内部エネルギとエンタルピ

物体の保有する総エネルギから力学的エネルギ(運動エネルギと外力による位置エネルギ)と電気的エネルギを差し引いた残りを内部エネルギという。熱力学では一般に電気的エネルギは考えなくてもよいから,静止して外力の作用を受けない物体の保有するエネルギが内部エネルギである。内部エネルギの本質は物質を構成する分子の運動エネルギと位置エネルギである。

圧力 P (Pa),比容積 v (m³/kg) の状態にある 1 kg の物体は内部エネルギ u (J) のほかに,圧力 P に逆らって比容積 v になる仕事に相当するエネルギ Pv をもっている。ゆえに,1 kg の物体のもつ全熱エネルギは $h = u + Pv$ となり,h をエンタルピという。エンタルピは熱力学上重要な状態量の一つである。状態量とは温度,圧力,容積,内部エネルギなど物体の状態を表す量をいい,これは現在の状態のみによって定まる量で,その過去の変化には無関係である。状態量の間の関係式を状態式という。

2.1.3. 第一法則の式

静止した物体に熱量 dQ を与えると,その物体の内部エネルギは dU だけ増加し,また物体は膨張して外部に対して仕事 dL を行う。したがって次式が成立する。

$$dQ = dU + dL$$

これを第一法則の式またはエネルギの式という。状態1から状態2までの変化の間に熱量 Q を受け取り,外部に対して仕事 L をした場合は

$$Q = U_2 - U_1 + L$$

外部に対してする仕事 dL は，可逆変化すなわちそれを逆に行うと完全にもとの状態に戻ることのできる変化の場合は
$$dL = PdV$$
となる。可逆変化でない変化すなわち不可逆変化の場合は
$$dL < PdV$$
したがって，可逆変化に対しては第一法則の式は次のように表される。
$$dQ = dU + PdV = G(du + Pdv)$$
あるいは
$$dQ = dH - VdP = G(dh - vdP)$$
ただし，G は作動ガスの全質量を表す。

可逆変化 1〜2 の間に気体が外部に対してする絶対仕事 L は（図 2-1）

$$L = \int_1^2 PdV = 面積(12\,ba)$$

工業仕事 L_t は $\quad L = \int_1^2 VdP = 面積(12\,dc)$

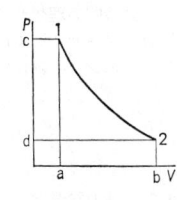

図 2-1 仕事の定義

2.2. 熱力学第二法則

2.2.1. 熱力学第二法則

第二法則は熱を仕事に変える場合，変化する温度によって一定の制限があることを示している。「熱はそれ自身では低温度の物体から高温度の物体に移り得ない。」または「熱機関で作業物が仕事をするには，常にそれより低温の物体を必要とする。」

2.2.2. サイクル

物体がある状態から出発していろいろな変化の後，再びもとの状態に戻る連続した変化をサイクルという。サイクルを構成する変化が全部可逆変化であるものを可逆サイクルといい，一部でも不可逆変化のあるものを不可逆サイクルという。

高熱源から熱量 Q_1 を受け取って外部に仕事 L をし，低熱源に熱量 Q_2 を捨ててもとの状態に戻るサイクルが熱機関のサイクルで，熱効率 η は（図 2-2）

図 2-2 サイクル

$$\eta = \frac{L}{Q_1} = \frac{Q_1 - Q_2}{Q_1}$$

逆に外部から仕事 L が与えられ，低熱源から熱量 Q_2 を吸収して高熱源に熱量 $Q_1 = L + Q_2$ を捨てるサイクルは，冷凍機やヒートポンプのサイクルである。

冷凍機の動作係数 ε_r は

$$\varepsilon_r = \frac{Q_2}{L} = \frac{Q_2}{Q_1 - Q_2}$$

ヒートポンプの動作係数 ε_h は

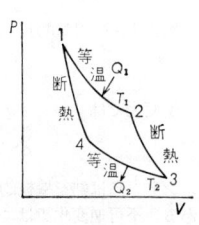

図 2-3 カルノーサイクル

$$\varepsilon_h = \frac{Q_1}{L} = \frac{Q_1}{Q_1 - Q_2}$$

カルノーサイクルは代表的な可逆サイクルで，高温 T_1 で熱量 Q_1 を得て等温膨張し，引き続き断熱膨張した後，低温 T_2 で熱量 Q_2 を捨てて等温圧縮し，さらに断熱圧縮してもとに戻る。その熱効率 η_c は（図 2-3）

$$\eta_c = \frac{Q_1 - Q_2}{Q_1} = \frac{T_1 - T_2}{T_1} = 1 - \frac{T_2}{T_1}$$

カルノーサイクルは温度 T_1 と T_2 の間に作用するサイクルの中で熱効率が最大で，熱機関の理想サイクルである。

逆カルノーサイクルは冷凍機やヒートポンプの理想サイクルで，冷凍機およびヒートポンプの動作係数 ε_{cr} および ε_{ch} は

$$\varepsilon_{cr} = \frac{Q_2}{Q_1 - Q_2} = \frac{T_2}{T_1 - T_2}$$

$$\varepsilon_{ch} = \frac{Q_1}{Q_1 - Q_2} = \frac{T_1}{T_1 - T_2}$$

2.2.3. 熱力学温度

絶対温度ともいわれ，カルノーサイクルから定義される。カルノーサイクルでは，温度 T_1 の高熱源からの受熱量 Q_1 と温度 T_2 の低熱源への放熱量 Q_2 との割合は，動作流体とは無関係に T_1 と T_2 だけで決まることになり，次の式が得られる。

$$\frac{Q_1}{Q_2} = \frac{\Theta(T_1)}{\Theta(T_2)}$$

ここで，$\Theta(T)$ は熱源温度 T のある関係であり，T_1 を基準温度にとれば，Q_1 と Q_2 を測定することによって，T_2 を求めることができる。

熱力学温度は実現性のないカルノーサイクルから定義されるが，温度計の構造などに無関係であり，絶対性をもつ温度と考えることができ，理想気体温度と完全に一致する。

2.2.4. エントロピ

エントロピは第二法則から導かれる熱力学上重要な状態量である。温度 T の物体に熱量 dQ を与えたときの物体のエントロピの変化 dS は次の式で表される。

$$dS = \frac{dQ}{T} \quad \text{あるいは} \quad dQ = TdS$$

可逆変化 1～2 では積分して

$$S_2 - S_1 = \int_1^2 \frac{dQ}{T}$$

不可逆変化では

$$dS > \frac{dQ}{T} \quad \text{あるいは} \quad dQ < TdS$$

エントロピは熱を機械的仕事に変える過程の不可逆性を表す目安となるものである。不可逆変化ではエントロピは必ず増大するものであり，自然現象はエントロピの増加する方向に起こる。

また，第二法則が示すように熱を連続的に機械的仕事に変えるには，必ず低熱源への放熱をともない，低熱源が絶対零度でない限り熱の全部を機械的仕事に変えることはできない。エントロピの変化は低熱源にむだに捨てる熱量すなわち無効エネルギに比例する。したがって，エントロピの増加は無効エネルギが増加して有効エネルギが減少することを示す。エントロピの単位は J/K (1 kg 当たりの比エントロピは J/kg·K) である。

2.3. 理想気体

2.3.1. 理想気体の状態式

ボイルの法則（等温のもとでは気体の圧力は容積に反比例する）およびシャルルの法則（等圧のもとでは気体の容積は絶対温度に比例する）にしたがう気体を理想気体または完全ガスといい，次の状態式が成り立つ。

$$PV = GRT \qquad Pv = RT$$

ここに P：圧力 (Pa)，V：容積 (m^3)，v：比容積 (m^3/kg)，G：質量 (kg)，T：温度 (K) で，R (J/kg·K) はガス定数といい，その値は気体の種類によって異なる（表 2-1）。

ガス定数 R と気体の分子量 m との積 R_0 はすべての理想気体で等しく，これを一般ガス定数という。

$$R_0 = 8.3144 \text{ J/mol·K}$$

0°C，760 mmHg の状態における完全ガス 1 mol の分子数 N と容積 V_0 は一定である。

$$N = 6.022 \times 10^{23}/\text{mol}, \qquad V_0 = 22.413 \times 10^{-3} \text{ m}^3/\text{mol}$$

実在のガスは厳密にいえば完全ガスではないが，高温低圧になるにしたがい理想気体に近くなる。

2.3.2. 理想気体の比熱，内部エネルギ，エンタルピ，エントロピ

完全ガスの比熱は一般に温度のみの関数で温度とともに増大する。そこで比熱一定の範囲の気体を狭義の理想気体，比熱が温度とともに変わる範囲の気体を半理想気体と区別する場合もある。

理想気体の定圧比熱 c_p と定容比熱 c_v の間には次の関係がある。

$$c_p - c_v = R \qquad c_p/c_v = \kappa$$
$$c_p = \frac{R\kappa}{\kappa - 1} \qquad c_v = \frac{R}{\kappa - 1}$$

κ を比熱比という。C_p，C_v をそれぞれ 1 mol 当たりのモル定圧比熱，モル定容比熱とすれば，次の関係がある。

$$C_p - C_v = R_0 = 8.3144 \text{ J/mol·K}$$

理想気体の内部エネルギは温度のみの関数で容積には無関係である。エンタルピもまた温度の関数である。

$$u = \int c_v dT + u_0, \qquad h = \int c_p dT + h_0$$

表2-1 主要な気体の分子量，ガス定数，標準密度および比熱

気体	分子式	原子数	分子量 m	ガス定数 R (kJ/kg·K)	標準密度 ρ_0 (1 atm, 0°C) (kg/m³)
ヘ リ ウ ム	He	1	4.0026	2.0772	0.17850
ア ル ゴ ン	Ar	1	39.948	0.20813	1.783771
水 素	H_2	2	2.0159	4.1244	0.089885
酸 素	O_2	2	31.9988	0.25983	1.42900
窒 素	N_2	2	28.0134	0.29680	1.25046
空 気	—	—	28.964	0.28706	1.29304
一 酸 化 炭 素	CO	2	28.0106	0.29682	1.25048
酸 化 窒 素	NO	2	30.0061	0.27709	1.3402
塩 化 水 素	HCl	2	36.4610	0.22803	1.6392
水 蒸 気	H_2O	3	18.0153	0.46151	—
二 酸 化 炭 素	CO_2	3	44.0100	0.18892	1.97700
一 酸 化 二 窒 素	N_2O	3	44.0128	0.18891	1.9804
二 酸 化 硫 黄	SO_2	3	64.0628	0.12978	2.9262
ア ン モ ニ ア	NH_3	4	17.0306	0.48820	0.77126
ア セ チ レ ン	C_2H_2	4	26.0382	0.31931	1.17910
メ タ ン	CH_4	5	16.0430	0.51825	0.7168

比熱を一定とすれば
$$u = c_v T + u_0, \qquad h = c_p T + h_0$$
u_0, h_0 は積分定数で，適当な基準状態で $u=0$ または $h=0$ になるように値を定める。

2.3.3. 理想気体の状態変化

質量 G の理想気体が始めの状態1から終りの状態2まで変化する間に外部から受ける熱量を Q，外部に対してする絶対仕事および工業仕事を L および L_t とし，状態量は添字1, 2をつけて表す。

(1) 等温変化： $T_1 = T_2 =$ 一定 $P_1 V_1 = P_2 V_2 =$ 一定

$$L = P_1 V_1 \ln \frac{V_2}{V_1} = P_1 V_1 \ln \frac{P_1}{P_2} = GRT_1 \ln \frac{P_1}{P_2} \qquad L_t = L$$

$$Q = L \qquad U_2 - U_1 = 0$$

$$S_2 - S_1 = \frac{Q}{T_1} = GR \ln \frac{V_2}{V_1}$$

(2) 等圧変化： $P_1 = P_2 =$ 一定 $\dfrac{V_1}{T_1} = \dfrac{V_2}{T_2} =$ 一定

$$L = P_1(V_2 - V_1) = GR(T_2 - T_1) \qquad L_t = 0$$

$$Q = Gc_p(T_2 - T_1) = G(h_2 - h_1) = H_2 - H_1$$

$$U_2 - U_1 = Q/\kappa$$

$$S_2 - S_1 = Gc_p \ln \frac{T_2}{T_1}$$

表 2-1 （つづき）

0℃，ゼロ圧力での比熱 J/mol·K		比熱比 $\kappa = \dfrac{C_p}{C_v}$
C_p	C_v	
21.0	12.6	1.66
21.0	12.6	1.66
28.7	20.3	1.41
29.3	21.0	1.40
29.2	20.8	1.40
29.1	20.8	1.40
29.2	20.8	1.40
30.0	21.7	1.39
29.2	20.8	1.40
—	—	—
36.1	27.8	1.30
39.2	31.3	1.27
38.9	30.6	1.27
35.0	26.7	1.31
42.4	34.1	1.26
34.7	26.3	1.32

(3) 等容変化： $V_1 = V_2 =$ 一定　$\dfrac{P_1}{T_1} = \dfrac{P_2}{T_2} =$ 一定

$L = 0$　　$L_t = V_1(P_1 - P_2)$

$Q = U_2 - U_1 = Gc_v(T_2 - T_1)$

$S_2 - S_1 = Gc_v \ln \dfrac{T_2}{T_1}$

(4) 可逆断熱変化：

$P_1 V_1^\kappa = P_2 V_2^\kappa =$ 一定　　$T_1 V_1^{\kappa-1} = T_2 V_2^{\kappa-1} =$ 一定　　$\dfrac{T_1}{P_1^{\frac{\kappa-1}{\kappa}}} = \dfrac{T_2}{P_2^{\frac{\kappa-1}{\kappa}}} =$ 一定

$$L = \dfrac{P_1 V_1}{\kappa - 1}\left\{1 - \left(\dfrac{V_1}{V_2}\right)^{\kappa-1}\right\}$$

$$= \dfrac{P_1 V_1}{\kappa - 1}\left\{1 - \left(\dfrac{P_2}{P_1}\right)^{\frac{\kappa-1}{\kappa}}\right\} = \dfrac{P_1 V_1}{\kappa - 1}\left(1 - \dfrac{T_2}{T_1}\right)$$

$$= \dfrac{P_1 V_1 - P_2 V_2}{\kappa - 1} = Gc_v(T_1 - T_2)$$

$$= G(u_1 - u_2)$$

$L_t = \kappa L$　　$Q = 0$　　$U_2 - U_1 = Gc_v(T_2 - T_1) = \dfrac{c_v}{R}(P_2 V_2 - P_1 V_1)$

$S_2 - S_1 = 0$

(5) ポリトロープ変化： $P_1 V_1^n = P_2 V_2^n =$ 一定　　$T_1 V_1^{n-1} = T_2 V_2^{n-1} =$ 一定

$$\dfrac{T_1}{P_1^{\frac{n-1}{n}}} = \dfrac{T_1}{P_2^{\frac{n-1}{n}}} =$ 一定$$

$$L = \dfrac{P_1 V_1}{n-1}\left\{1 - \left(\dfrac{V_1}{V_2}\right)^{n-1}\right\} = \dfrac{P_1 V_1}{n-1}\left\{1 - \left(\dfrac{P_2}{P_1}\right)^{\frac{n-1}{n}}\right\} = \dfrac{P_1 V_1}{n-1}\left(1 - \dfrac{T_2}{T_1}\right)$$

$$= \dfrac{P_1 V_1 - P_2 V_2}{n-1} = Gc_v \dfrac{\kappa - 1}{n-1}(T_1 - T_2) = G \dfrac{\kappa - 1}{n-1}(u_1 - u_2)$$

$L_t = nL$　　$Q = Gc_n(T_2 - T_1) = Gc_v \dfrac{n - \kappa}{n - 1}(T_2 - T_1)$

ただし，ポリトロープ変化の比熱： $c_n = c_v \dfrac{n - \kappa}{n - 1}$

$U_2 - U_1 = Q - L = Gc_v(T_2 - T_1)$

$$S_2 - S_1 = Gc_n \ln\left(\dfrac{T_2}{T_1}\right) = Gc_n \ln\left(\dfrac{P_2}{P_1}\right)^{\frac{n-1}{n}} = Gc_v \dfrac{n-\kappa}{n-1}\ln\left(\dfrac{P_2}{P_1}\right)$$

n はポリトロープ指数

(6) 不可逆断熱変化　近似的にポリトロープ変化の式で表されるが，不可逆変化であるから必ずエントロピが増加する。

(7) 絞り　不可逆変化であるが定常流れの場合は等エンタルピの変化として解く。

2.3.4. 混合気体の性質

数種類の理想気体が混合しているとき，各成分の気体の質量： G_1, G_2, G_3, ……，ガス定数： R_1, R_2, R_3, ……，成分気体の分圧： P_1, P_2, P_3, ……，成分気体が全圧 P のもとに単独に存在するときの容積： V_1, V_2, V_3, ……，

成分気体の分子量：$m_1, m_2, m_3, \cdots$ とすると，

全 圧	$P = P_1 + P_2 + P_3 + \cdots = \sum P_i$
質 量	$G = G_1 + G_2 + G_3 + \cdots = \sum G_i$
容 積	$V = V_1 + V_2 + V_3 + \cdots = \sum V_i$
質量比	$g_i = \dfrac{G_i}{G}$, 　容積比＝圧力比　$r_i = \dfrac{V_i}{V} = \dfrac{P_i}{P}$
ガス定数	$R = \sum (R_i g_i) = \dfrac{1}{\sum (r_i/R_i)}$
平均分子量	$m = \sum (m_i r_i)$
比 熱	$c_p = \sum (c_{pi} g_i)$ 　　$c_v = \sum (c_{vi} g_i)$

2.4. 蒸気

気体は凝縮や蒸発の起こる状態から相当に離れた状態をガス，そうでないものを蒸気として大別しているが，その区別は明確ではない。ガスは近似的に理想気体として取り扱い得るが，蒸気は性質が複雑で，比較的高温低圧の場合以外は簡単な状態式を満足しない。

液体を加熱すると次第に温度が高くなりわずかに膨張するが，ある温度に達すると沸騰して盛んに蒸発する。蒸発中は温度が一定で蒸発温度は圧力との間に一定の関係があり，これを飽和温度および飽和圧力といい，発生する蒸気を飽和蒸気という。また飽和温度の液体を飽和液という。飽和蒸気は細かい水分を含むものを湿り飽和蒸気，まったく水分を含まないものを乾き飽和蒸気という。1 kg の湿り飽和蒸気のうち，x kg が蒸気の状態で，$(1-x)$ kg が液体の状態であるとき，x を乾き度，$(1-x)$ を湿り度という。乾き飽和蒸気は $x=1$ である。飽和蒸気を加熱してさらに温度が高くなった蒸気を過熱蒸気という。過熱蒸気の温度とその圧力に相当する飽和温度との差を過熱度といい，過熱の程度を表す。

図 2-4 および図 2-5 は蒸気の Pv 線図および Ts 線図を示す。屈折線 $a_1b_1c_1d_1$, $a_2b_2c_2d_2$, …… は Pv 線図中で蒸気の等温変化を，Ts 線図中で蒸気の等圧変化を表す。蒸発を始める点 b_1b_2, …… を結んだ線を飽和液線，蒸発の終る点 c_1c_2, …… を結んだ線を飽和蒸気線といい，両者を併せて飽和限界

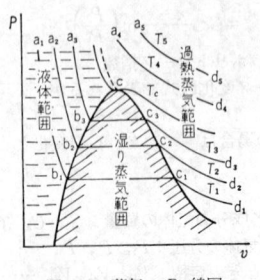

図 2-4　蒸気の Pv 線図　　　　　図 2-5　蒸気の Ts 線図

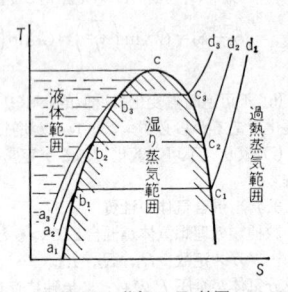

線または飽和境界線という。Ts 線図の a_1b_1, a_2b_2, …… は実際上飽和液線と一致すると考えてさしつかえない。飽和液線と飽和蒸気線の交点 c を臨界点といい，臨界点の温度，圧力，比容積をそれぞれ臨界温度，臨界圧力，臨界比容積という。臨界温度以上の温度では気体はいくら圧縮しても液化しない。

液体と過熱蒸気はその温度と圧力を与えると状態が定まり，飽和蒸気はその温度と圧力のいずれかと乾き度を与えると状態が定まる。

1 kg の液体を等圧のもとに 0°C から飽和温度まで加熱するのに要する熱量 q を液体熱，1 kg の飽和液を等圧のもとに乾き飽和蒸気にするのに要する熱量 r を蒸発熱，1 kg の乾き飽和蒸気を飽和温度から任意の温度まで過熱するのに要する熱量 q_s を過熱（の熱）という。蒸発熱は，等圧のもとに蒸発するとき内部エネルギの増加となる内部蒸発熱と，膨張によって外部に対して仕事をする外部蒸発熱との和である。また蒸発熱は図 2-6 の Ts 線図に示すように高圧になるにしたがって減少し，臨界点では 0 となる。

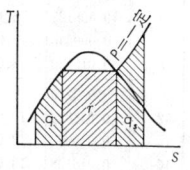

図 2-6 Ts 線図と仕事

蒸気の性質は複雑でその状態式も一般に非常に複雑な式になり，計算することは容易ではない。そこで，蒸気では実験結果に基づいて精確な状態式をつくり，その状態式から蒸気のエンタルピやエントロピなどの式を求め，これらの式から各種の温度，圧力に対して計算し，表や線図に表して必要に応じてこれを使用する。これが蒸気表および蒸気線図である。表 2-2～表 2-4 に，日本機械学会蒸気表から抜粋した水の飽和蒸気表および圧縮水と過熱水蒸気の表を示す。飽和蒸気表には飽和液と乾き飽和蒸気の性質が示されているので，湿り蒸気の場合は乾き度 x を与えると次の式で計算できる。

$$v = v' + x(v'' - v') \qquad h = h' + x(h'' - h') = h' + xr$$

$$s = s' + x(s'' - s') = s' + \frac{xr}{T}$$

ここに v, h, s：湿り蒸気の比容積，エンタルピ，エントロピであり，v', h', s' v'', h'', s''：飽和液および乾き飽和蒸気の比容積，エンタルピ，エントロピ，r は蒸発熱である。

2.5. 気体の流れ

2.5.1. 流れの一般エネルギ式

気体が管路を定常流れする場合，断面 1, 2 および途中の任意断面を通過する単位時間当たりの流体の質量 G は相等しい。

$$G = \frac{a_1 w_1}{v_1} = \frac{a_2 w_2}{v_2}$$

この式を連続の式といい，a：断面積，w：速度，v：比容積，添字は断面 1 および 2 を表す。

気体が断面 1 から 2 まで流れる間に気体

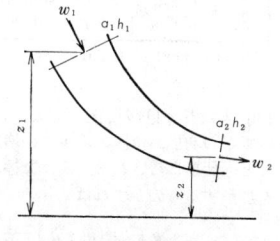

図 2-7 気体の流れ

表 2-2 温度基準飽和蒸気表 (1980 SI 日本機械学会蒸気表抜粋)

温度 t °C	飽和圧力 p bar	mmHg	比容積 m³/kg v'	v''	エンタルピ kJ/kg h'	h''	$r = h'' - h'$	エントロピ kJ/(kg·K) s'	s''
0	0.006108	4.6	0.0010002	206.3	−0.04	2501.6	2501.6	−0.0002	9.1577
0.01	0.006112	4.6	0.0010002	206.2	0.00	2501.6	2501.6	0.0000	9.1575
2	0.007055	5.3	0.0010001	179.9	8.39	2505.2	2496.8	0.0306	9.1047
4	0.008129	6.1	0.0010000	157.3	16.80	2508.9	2492.1	0.0611	9.0526
6	0.009345	7.0	0.0010000	137.8	25.21	2512.6	2487.4	0.0913	9.0015
8	0.010720	8.0	0.0010001	121.0	33.60	2516.2	2482.6	0.1213	8.9513
10	0.012270	9.2	0.0010003	106.4	41.99	2519.9	2477.9	0.1510	8.9020
12	0.014014	10.5	0.0010004	93.84	50.38	2523.6	2473.2	0.1805	8.8536
14	0.015973	12.0	0.0010007	82.90	58.75	2527.2	2468.5	0.2098	8.8060
16	0.018168	13.6	0.0010010	73.38	67.13	2530.9	2463.8	0.2388	8.7593
18	0.02062	15.5	0.0010013	65.09	75.50	2534.5	2459.0	0.2677	8.7135
20	0.02337	17.5	0.0010017	57.84	83.86	2538.2	2454.3	0.2963	8.6684
22	0.02642	19.8	0.0010022	51.49	92.23	2541.8	2449.6	0.3247	8.6125
24	0.02982	22.4	0.0010026	45.93	100.59	2545.5	2444.9	0.3530	8.5806
26	0.03360	25.2	0.0010032	41.03	108.95	2549.1	2440.2	0.3810	8.5379
28	0.03778	28.3	0.0010037	36.73	117.31	2552.7	2435.4	0.4088	8.4959
30	0.04241	31.8	0.0010043	32.93	125.66	2556.4	2430.7	0.4365	8.4546
32	0.04753	35.7	0.0010049	29.57	134.02	2560.0	2425.9	0.4940	8.4140
34	0.05318	39.9	0.0010056	26.60	142.38	2563.6	2421.2	0.4913	8.3740
36	0.05940	44.6	0.0010063	23.97	150.74	2567.2	2416.4	0.5184	8.3348
38	0.06624	49.7	0.0010070	21.63	159.09	2570.8	2411.7	0.5453	8.2962
40	0.07375	55.3	0.0010078	19.55	167.45	2574.4	2406.9	0.5721	8.2583
42	0.08198	61.1	0.0010086	17.69	175.81	2577.9	2402.1	0.5987	8.2209
44	0.09100	68.3	0.0010094	16.04	184.17	2581.5	2397.3	0.6252	8.1842
46	0.10086	75.6	0.0010103	14.56	192.53	2585.1	2392.5	0.6514	8.1481
48	0.11162	83.7	0.0010112	13.23	200.89	2588.6	2387.7	0.6776	8.1125
50	0.12335	92.5	0.0010121	12.05	209.26	2592.2	2382.9	0.7035	8.0776
55	0.15741	118.1	0.0010145	9.579	230.17	2601.0	2370.8	0.7677	7.9926
60	0.19920	149.4	0.0010171	7.679	251.09	2609.7	2358.6	0.8310	7.9108
65	0.2501	187.6	0.0010199	6.202	272.02	2618.4	2346.3	0.8933	7.8322
70	0.3116	233.7	0.0010228	5.046	292.97	2626.9	2334.0	0.9548	7.7565

圧力 1 bar=10^5Pa=0.1 MPa である。

1 kg 当たり q (J) の熱を受けると,このエネルギはエンタルピの増加,運動エネルギの増加,位置エネルギの増加,外部への仕事および流体摩擦,うず発生などの仕事に費される。流体摩擦,うず発生などの仕事は全部熱となって気体を加熱するものとすれば

$$q+f=(h_2-h_1)+\frac{1}{2}(w_2{}^2-w_1{}^2)+g(z_2-z_1)+L_t+f$$

表 2-2 温度基準飽和蒸気表（つづき）

温度 t °C	飽和圧力 p bar	mmHg	比容積 m³/kg v'	v''	エンタルピ kJ/kg h'	h''	$r = h'' - h'$	エントロピ kJ/(kg·K) s'	s''
75	0.3855	289.1	0.0010259	4.134	313.94	2635.4	2321.5	1.0154	7.6835
80	0.4736	355.2	0.0010292	3.409	334.92	2643.8	2308.8	1.0753	7.6132
85	0.5780	433.6	0.0010326	2.829	355.92	2652.0	2296.5	1.1343	7.5454
90	0.7011	525.9	0.0010361	2.361	376.94	2660.1	2283.2	1.1925	7.4799
95	0.8453	634.0	0.0010399	1.982	397.99	2668.1	2270.2	1.2501	7.4166
100	1.0133	760.0	0.0010437	1.673	419.06	2676.0	2256.9	1.3069	7.3554
105	1.2080	906.1	0.0010477	1.419	440.17	2683.7	2243.6	1.3630	7.2962
110	1.4327	1074.6	0.0010519	1.210	461.32	2691.3	2230.0	1.4185	7.2388
120	1.9854	1489.2	0.0010606	0.8915	503.72	2706.0	2202.2	1.5276	7.1293
130	2.7013	2026.2	0.0010700	0.6681	546.31	2719.9	2173.6	1.6344	7.0261
140	3.614	2710.6	0.0010801	0.5085	589.10	2733.1	2144.0	1.7390	6.9284
150	4.760		0.0010908	0.3924	632.15	2745.4	2113.2	1.8416	6.8358
160	6.181		0.0011022	0.3068	675.47	2756.7	2081.3	1.9425	6.7475
170	7.920		0.0011145	0.2426	719.12	2767.1	2047.9	2.0416	6.6630
180	10.027		0.0011275	0.1938	763.12	2776.3	2013.1	2.1393	6.5819
190	12.551		0.0011415	0.1563	807.52	2784.3	1976.7	2.2356	6.5036
200	15.549		0.0011565	0.1272	852.37	2790.9	1938.6	2.3307	6.4278
210	19.077		0.0011726	0.1042	897.74	2796.2	1898.5	2.4247	6.3539
220	23.198		0.0011900	0.08604	943.67	2799.9	1856.2	2.5178	6.2817
230	27.976		0.0012087	0.07145	990.26	2802.0	1811.7	2.6102	6.2107
240	33.478		0.0012291	0.05965	1037.6	2802.2	1764.6	2.7020	6.1406
250	39.776		0.0012513	0.05004	1085.8	2800.4	1714.6	2.7935	6.0708
260	46.943		0.0012756	0.04213	1134.9	2796.4	1661.5	2.8848	6.0010
270	55.058		0.0013025	0.03559	1185.2	2789.9	1604.6	2.9763	5.9304
280	64.202		0.0013324	0.03013	1236.8	2780.4	1543.6	3.0683	5.8586
290	74.461		0.0013659	0.02554	1290.0	2767.6	1477.6	3.1611	5.7848
300	85.927		0.0014041	0.02165	1345.0	2751.0	1406.0	3.2552	5.7081
310	98.700		0.0014480	0.01833	1402.4	2730.0	1327.6	3.3512	5.6278
320	112.89		0.0014995	0.01548	1462.6	2703.7	1241.1	3.4500	5.5423
330	128.63		0.0015615	0.01299	1526.5	2670.2	1143.6	3.5528	5.4490
340	146.05		0.0016387	0.01078	1595.5	2626.2	1030.7	3.6616	5.3427
350	165.35		0.0017411	0.008799	1671.9	2567.7	895.7	3.7800	5.2177
360	186.75		0.0018959	0.006940	1764.2	2485.4	721.3	3.9120	5.0600
370	210.54		0.0022136	0.004973	1890.2	2342.8	452.6	4.1108	4.8124
374.15	221.20		0.00317		2107.4		0.0	4.4429	

$$q = (h_2 - h_1) + \frac{1}{2}(w_2^2 - w_1^2) + g(z_2 - z_1) + L_t$$

ここに，f は流体摩擦，うず発生などの仕事である．しかるに第一法則の式によって

$$q + f = h_2 - h_1 - \int_1^2 v \, dP$$

表 2-3 圧力基準飽和蒸気表 (1980 SI 日本機械学会蒸気表抜粋)

圧力 p		温度 t ℃	比容積 m³/kg		エンタルピ kJ/kg			エントロピ kJ/(kg・K)	
bar	mmHg		v'	v''	h'	h''	$r = h'' - h'$	s'	s''
0.01	7.5	6.9828	0.0010001	129.20	29.34	2514.4	2485.0	0.1060	8.9767
0.02	15.0	17.513	0.0010012	67.01	73.46	2533.6	2460.2	0.2607	8.7246
0.04	30.0	28.983	0.0010040	34.80	121.41	2554.5	2433.1	0.4225	8.4755
0.06	45.0	36.183	0.0010064	23.74	151.50	2567.5	2416.0	0.5209	8.3312
0.08	60.0	41.534	0.0010084	18.10	173.86	2577.1	2403.2	0.5925	8.2296
0.10	75.0	45.833	0.0010102	14.67	191.83	2584.8	2392.9	0.6493	8.1511
0.2	150.0	60.086	0.0010172	7.650	251.45	2609.9	2358.4	0.8321	7.9094
0.3	225.0	69.124	0.0010223	5.229	289.30	2625.4	2336.1	0.9441	7.7695
0.4	300.0	75.886	0.0010265	3.993	317.65	2636.9	2319.2	1.0261	7.6709
0.5	375.0	81.345	0.0010301	3.240	340.56	2646.0	2305.4	1.0912	7.5947
0.6	450.0	85.954	0.0010333	2.732	359.93	2653.6	2293.6	1.1454	7.5327
0.7	525.0	89.959	0.0010361	2.365	376.77	2660.1	2283.3	1.1921	7.4804
0.8	600.0	93.512	0.0010387	2.087	391.72	2665.3	2274.0	1.2330	7.4352
0.9	675.1	96.713	0.0010412	1.869	405.21	2670.9	2265.6	1.2696	7.3954
1.0	750.1	99.632	0.0010434	1.694	417.51	2675.4	2257.9	1.3027	7.3598
1.0133	760.0	100.000	0.0010437	1.673	419.06	2676.0	2256.9	1.3069	7.3554
1.5	1125.1	111.37	0.0010530	1.159	467.13	2693.4	2226.2	1.4336	7.2234
2.0	1500.1	120.23	0.0010608	0.8854	504.70	2706.3	2201.6	1.5301	7.1268
3.0	2250.2	133.54	0.0010735	0.6056	561.43	2724.7	2163.2	1.6716	6.9909
4.0	3000.2	143.62	0.0010839	0.4622	604.67	2737.6	2133.0	1.7764	6.8943
5.0	3750.3	151.84	0.0010928	0.3747	640.12	2747.5	2107.4	1.8604	6.8192
6	4500.4	158.84	0.0011009	0.3155	670.42	2755.5	2085.0	1.9308	6.7575
7	5250.4	164.96	0.0011082	0.2727	697.06	2762.0	2064.9	1.9918	6.7052
8	6000.5	170.41	0.0011150	0.2403	720.94	2767.5	2046.5	2.0457	6.6596
9	6750.5	175.36	0.0011213	0.2148	742.64	2772.1	2029.5	2.0941	6.6192
10	7500.6	179.88	0.0011274	0.2143	762.61	2776.2	2013.6	2.1382	6.5828
11		184.07	0.0011331	0.1774	781.13	2779.7	1998.5	2.1786	6.5497
12		187.96	0.0011386	0.1632	798.43	2782.7	1984.3	2.2161	6.5194
13		191.61	0.0011438	0.1511	814.70	2785.4	1970.7	2.2510	6.4913
14		195.04	0.0011489	0.1407	830.08	2787.8	1957.7	2.2837	6.4651
15		198.29	0.0011539	0.1317	844.67	2789.9	1945.2	2.3145	6.4406

したがって
$$\frac{w_2{}^2 - w_1{}^2}{2} + g(z_2 - z_1) + L_t + f = -\int_1^2 v\, dP$$

$z_2 - z_1 = 0$ とみてよいから

$$\frac{w_2{}^2 - w_1{}^2}{2} + L_t + f = -\int_1^2 v\, dP$$

表 2-3 圧力基準飽和蒸気表（つづき）

圧力 p		温度 t	比容積 m³/kg		エンタルピ kJ/kg			エントロピ kJ/(kg K)	
bar	mmHg	℃	v'	v''	h'	h''	$r = h''-h'$	s'	s''
16		201.37	0.0011586	0.1237	858.56	2791.7	1933.2	2.3436	6.4175
18		207.11	0.0011678	0.1103	884.58	2794.8	1910.3	2.3976	6.3751
20		212.37	0.0011766	0.09954	908.59	2797.2	1888.6	2.4469	6.3367
22		217.24	0.0011850	0.09065	930.95	2799.1	1868.1	2.4922	6.3015
24		221.78	0.0011932	0.08320	951.93	2800.4	1848.5	2.5343	6.2690
26		226.04	0.0012011	0.07686	971.72	2801.4	1829.6	2.5736	6.2387
28		230.05	0.0012088	0.07139	990.48	2802.0	1811.5	2.6106	6.2104
30		233.84	0.0012163	0.06663	1008.4	2802.3	1793.9	2.6455	6.1837
32		237.45	0.0012237	0.06244	1025.4	2802.3	1776.9	2.6786	6.1585
34		240.88	0.0012310	0.05873	1041.8	2802.1	1760.3	2.7101	6.1344
36		244.16	0.0012381	0.05541	1057.6	2801.7	1744.2	2.7401	6.1115
38		247.31	0.0012451	0.05244	1072.7	2801.1	1728.4	2.7689	6.0896
40		250.33	0.0012521	0.04975	1087.4	2800.3	1712.9	2.7965	6.0685
45		257.41	0.0012691	0.04404	1122.1	2797.7	1675.6	2.8612	6.0191
50		263.91	0.0012858	0.03943	1154.5	2794.2	1639.7	2.9206	5.9735
55		269.93	0.0013023	0.03563	1184.9	2789.9	1605.0	2.9757	5.9308
60		275.55	0.0013187	0.03244	1213.7	2785.0	1571.3	3.0273	5.8908
65		280.82	0.0013350	0.02972	1241.1	2779.5	1538.4	3.0759	5.8527
70		285.79	0.0013513	0.02737	1267.4	2773.5	1506.0	3.1219	5.8162
80		294.97	0.0013842	0.02353	1317.1	2759.9	1442.8	3.2076	5.7471
90		303.31	0.0014179	0.02050	1363.7	2744.6	1380.9	3.2867	5.6820
100		310.96	0.0014526	0.01804	1408.0	2727.7	1319.7	3.3605	5.6198
110		318.05	0.0014887	0.01601	1450.6	2709.3	1258.7	3.4304	5.5595
120		324.65	0.0015268	0.01428	1491.8	2689.2	1197.4	3.4972	5.5002
130		330.83	0.0015672	0.01280	1532.0	2667.0	1135.0	3.5616	5.4408
140		336.64	0.0016106	0.01150	1571.6	2642.4	1070.7	3.6242	5.3803
150		342.13	0.0016579	0.01034	1611.0	2615.0	1004.0	3.6859	5.3178
160		347.33	0.0017103	0.009308	1650.5	2584.9	934.3	3.7471	5.2531
170		352.26	0.0017696	0.008371	1691.7	2551.6	859.9	3.8107	5.1855
180		356.96	0.0018399	0.007498	1734.8	2513.9	779.1	3.8765	5.1128
190		361.43	0.0019260	0.006678	1778.7	2470.6	692.0	3.9429	5.0332
200		365.70	0.0020370	0.005877	1826.5	2418.4	591.9	4.0149	4.9412
210		369.78	0.0022015	0.005023	1886.3	2347.6	461.3	4.1048	4.8223
220		373.69	0.0026714	0.003728	2011.1	2195.6	184.5	4.2947	4.5799
221.20		374.15	0.00317		2107.4		0.0	4.4429	

表 2-4 圧縮水と過熱蒸気の表 (1980 SI 日本機械学会蒸気表抜粋)

圧力 bar / 飽和温度 °C		温度 °C 50	60	70	80	90	100	110	120	圧力 bar
0.1 45.83	v h s	14.869 2 592.7 8.157 7	15.336 2 611.6 8.233 4	15.801 2 630.6 8.289 4	16.266 2 649.5 8.343 9	16.731 2 668.5 8.396 9	17.195 2 687.5 8.448 6	17.659 2 706.6 8.498 9	18.123 2 725.6 8.548 1	0.1
0.2 60.09	v h s	.0010121 209.3 0.703 5	.0010171 251.1 0.831 0	7.883 2 628.8 7.965 6	8.117 2 648.0 8.020 6	8.351 2 667.1 8.074 0	8.585 2 686.3 8.126 1	8.818 2 705.5 8.176 8	9.051 2 724.6 8.226 2	0.2
0.3 69.12	v h s	.0010121 209.3 0.703 5	.0010171 251.1 0.831 0	5.243 2 627.1 7.774 5	5.401 2 646.5 7.830 0	5.558 2 665.8 7.883 9	5.714 2 685.1 7.936 3	5.871 2 704.3 7.987 3	6.027 2 723.6 8.037 0	0.3
0.4 75.89	v h s	.0010121 209.3 0.703 5	.0010171 251.1 0.831 0	.0010228 293.0 0.954 8	4.042 2 644.9 7.693 7	4.161 2 664.4 7.748 1	4.279 2 683.8 7.800 9	4.397 2 703.2 7.852 3	4.515 2 722.6 7.902 3	0.4
0.5 81.35	v h s	.0010121 209.3 0.703 5	.0010171 251.1 0.831 0	.0010228 293.0 0.954 8	.0010292 334.9 1.075 3	3.323 2 663.0 7.642 1	3.418 2 682.6 7.695 3	3.513 2 702.1 7.747 0	3.607 2 721.6 7.797 2	0.5
0.6 85.95	v h s	.0010121 209.3 0.703 5	.0010171 251.1 0.831 0	.0010228 293.0 0.954 8	.0010292 334.9 1.075 2	2.764 2 661.6 7.554 9	2.844 2 681.3 7.608 5	2.923 2 701.0 7.660 5	3.002 2 720.6 7.771 1	0.6
0.8 93.51	v h s	.0010121 209.3 0.703 5	.0010171 251.1 0.831 0	.0010228 293.0 0.954 8	.0010292 334.9 1.075 2	.0010361 376.9 1.192 5	2.126 2 678.8 7.470 3	2.186 2 698.7 7.523 0	2.246 2 718.6 7.574 2	0.8
1.0 99.63	v h s	.0010121 209.3 0.703 5	.0010171 251.2 0.830 9	.0010228 293.0 0.954 8	.0010292 335.0 1.075 2	.0010361 377.0 1.192 5	1.696 2 676.2 7.361 8	1.744 2 696.4 7.415 2	1.793 2 716.5 7.467 0	1.0
1.5 111.37	v h s	.0010121 209.4 0.703 4	.0010171 251.2 0.830 9	.0010228 293.1 0.954 7	.0010291 335.0 1.075 2	.0010361 377.0 1.192 5	.0010437 419.1 1.306 8	.0010517 461.3 1.418 5	1.188 2 711.2 7.269 3	1.5
2.0 120.23	v h s	.0010120 209.4 0.703 4	.0010171 251.2 0.830 9	.0010228 293.1 0.954 7	.0010291 335.0 1.075 2	.0010361 377.0 1.192 4	.0010437 419.1 1.306 8	.0010517 461.4 1.418 4	.0010606 503.7 1.527 6	2.0
3.0 133.54	v h s	.0010120 209.5 0.703 3	.0010170 251.3 0.830 8	.0010227 293.2 0.954 6	.0010291 335.1 1.075 1	.0010361 377.1 1.192 4	.0010436 419.2 1.306 7	.0010516 461.4 1.418 4	.0010606 503.8 1.527 5	3.0
4.0 143.62	v h s	.0010119 209.6 0.703 3	.0010170 251.4 0.830 8	.0010227 293.3 0.954 6	.0010290 335.2 1.075 0	.0010360 377.2 1.192 3	.0010436 419.3 1.306 6	.0010517 461.5 1.418 3	.0010605 503.9 1.527 4	4.0
5.0 151.84	v h s	.0010119 209.7 0.703 3	.0010169 251.5 0.830 7	.0010226 293.4 0.954 5	.0010290 335.3 1.075 0	.0010359 377.3 1.192 2	.0010435 419.4 1.306 6	.0010517 461.6 1.418 2	.0010605 503.9 1.527 3	5.0
6.0 158.84	v h s	.0010119 209.8 0.703 2	.0010169 251.6 0.830 7	.0010226 293.4 0.954 5	.0010289 335.4 1.074 9	.0010359 377.3 1.192 1	.0010434 419.4 1.306 5	.0010516 461.6 1.418 1	.0010604 504.0 1.527 2	6.0
8.0 170.41	v h s	.0010118 209.9 0.703 1	.0010168 251.7 0.830 6	.0010225 293.6 0.954 4	.0010288 335.5 1.074 8	.0010358 377.5 1.192 0	.0010433 419.6 1.306 3	.0010515 461.8 1.417 9	.0010603 504.1 1.527 0	8.0
10.0 179.88	v h s	.0010117 210.1 0.703 0	.0010167 251.9 0.830 5	.0010224 293.8 0.954 2	.0010287 335.7 1.074 6	.0010357 377.7 1.191 9	.0010432 419.7 1.306 2	.0010514 461.9 1.417 8	.0010602 504.3 1.526 9	10.0
12.0 187.96	v h s	.0010116 210.3 0.703 0	.0010166 252.1 0.830 4	.0010223 293.9 0.954 1	.0010286 335.8 1.074 5	.0010356 377.8 1.191 7	.0010431 419.9 1.306 0	.0010513 462.1 1.417 6	.0010601 504.4 1.526 7	12.0
14.0 195.04	v h s	.0010115 210.5 0.702 9	.0010165 252.2 0.830 2	.0010222 294.1 0.954 0	.0010285 336.0 1.074 4	.0010355 378.0 1.191 6	.0010430 420.0 1.305 9	.0010512 462.2 1.417 5	.0010599 504.6 1.526 5	14.0

註 表中の単位は v：m³/kg, h：kJ/kg, s：kJ/(kg·K)

表 2-4 圧縮水と過熱蒸気の表（つづき 1）

圧力 bar 飽和温度 ℃		温度 ℃									圧力 bar
		130	140	150	160	180	200	220	240	260	
0.1 45.83	v h s	18.586 2 744.7 8.596 1	19.050 2 763.9 8.643 0	19.512 2 783.1 8.688 8	19.975 2 802.3 8.733 7	20.900 2 840.9 8.820 8	21.825 2 879.6 8.904 5	22.750 2 918.6 8.985 2	23.674 2 957.8 9.063 0	24.598 2 997.2 9.138 3	0.1
0.2 60.09	v h s	9.283 2 743.8 8.274 4	9.516 2 763.1 8.321 5	9.748 2 782.3 8.367 6	9.980 2 801.6 8.412 7	10.444 2 840.3 8.500 0	10.907 2 879.2 8.583 9	11.370 2 918.2 8.664 7	11.832 2 957.4 8.742 6	12.295 2 996.9 8.818 0	0.2
0.3 69.12	v h s	6.182 2 742.9 8.085 5	6.338 2 762.3 8.132 9	6.493 2 781.6 8.179 1	6.648 2 801.0 8.224 3	6.958 2 839.8 8.311 8	7.268 2 878.7 8.396 0	7.577 2 917.8 8.476 9	7.885 2 957.1 8.555 0	8.194 2 996.6 8.630 5	0.3
0.4 75.89	v h s	4.632 2 742.0 7.951 0	4.749 2 761.4 7.998 5	4.866 2 780.8 8.045 0	4.982 2 800.3 8.090 3	5.215 2 839.2 8.178 2	5.448 2 878.2 8.262 4	5.680 2 917.4 8.343 4	5.912 2 956.7 8.421 7	6.144 2 996.3 8.497 3	0.4
0.5 81.35	v h s	3.702 2 741.1 7.846 2	3.796 2 760.6 7.894 0	3.889 2 780.1 7.940 6	3.983 2 799.6 7.986 1	4.170 2 838.6 8.074 2	4.356 2 877.7 8.158 7	4.542 2 917.0 8.239 8	4.728 2 956.4 8.318 2	4.913 2 995.9 8.393 9	0.5
0.6 85.95	v h s	3.081 2 740.2 7.760 3	3.160 2 759.8 7.808 3	3.238 2 779.4 7.855 1	3.317 2 798.9 7.900 8	3.473 2 838.1 7.989.1	3.628 2 877.3 8.073 8	3.783 2 916.6 8.155 2	3.938 2 956.0 8.233 6	4.093 2 995.6 8.309 3	0.6
0.8 93.51	v h s	2.306 2 738.4 7.623 9	2.365 2 758.1 7.672 5	2.425 2 777.8 7.719 5	2.484 2 797.5 7.765 5	2.601 2 836.9 7.854 4	2.718 2 876.3 7.939 5	2.835 2 915.8 8.021 2	2.952 2 955.3 8.099 8	3.068 2 995.0 8.175 7	0.8
1.0 99.63	v h s	1.841 2 736.5 7.517 3	1.889 2 756.4 7.566 2	1.936 2 776.3 7.613 7	1.984 2 796.2 7.660 1	2.078 2 835.8 7.749 5	2.172 2 875.4 7.834 9	2.266 2 915.0 7.916 9	2.453 2 954.6 7.995 8	2.359 2 994.4 8.071 9	1.0
1.5 111.37	v h s	1.220 2 731.8 7.320 9	1.253 2 752.2 7.370 9	1.285 2 772.5 7.419 4	1.317 2 792.7 7.466 7	1.381 2 832.9 7.557 4	1.444 2 872.9 7.643 9	1.507 2 912.9 7.726 6	1.570 2 952.9 7.806 1	1.633 2 992.9 7.882 6	1.5
2.0 120.23	v h s	0.910 2 726.9 7.178 6	0.934 9 2 747.8 7.229 8	0.959 5 2 768.5 7.279 4	0.984 2 789.1 7.327 5	1.032 2 830.0 7.419 6	1.080 2 870.5 7.507 2	1.128 2 910.8 7.590 7	1.175 2 951.1 7.670 7	1.222 2 991.4 7.747 7	2.0
3.0 133.54	v h s	.0010700 546.3 1.634 5	0.616 7 2 738.8 7.025 4	0.633 7 2 760.4 7.077 1	0.650 6 2 781.8 7.127 1	0.683 7 2 824.0 7.222 7	0.716 2 865.5 7.311 9	0.748 2 906.6 7.397 1	0.780 2 947.5 7.478 3	0.812 3 2 988.2 7.556 2	3.0
4.0 143.62	v h s	.0010800 546.4 1.634 2	.0010800 589.1 1.738 9	0.470 7 2 752.0 6.928 5	0.483 7 2 774.2 6.980 5	0.509 2 817.8 7.078 8	0.534 2 860.4 7.170 8	0.558 2 902.3 7.257 8	0.583 2 943.9 7.340 2	0.607 2 985.1 7.419 0	4.0
5.0 151.84	v h s	.0010699 546.5 1.634 1	.0010800 589.2 1.738 8	.0010908 632.2 1.841 6	0.383 5 2 766.4 6.863 1	0.404 5 2 811.4 6.964 7	0.425 2 855.1 7.059 2	0.445 2 898.0 7.147 8	0.464 2 940.1 7.231 7	0.484 2 981.9 7.311 5	5.0
6.0 158.84	v h s	.0010698 546.5 1.634 0	.0010799 589.3 1.738 7	.0010907 632.2 1.841 5	0.315 5 2 758.2 6.764 0	0.334 2 804.8 6.869 1	0.352 2 849.7 6.966 2	0.369 2 893.5 7.056 7	0.385 2 936.4 7.141 9	0.402 2 978.7 7.222 8	6.0
8.0 170.41	v h s	.0010697 546.7 1.633 6	.0010798 589.4 1.738 5	.0010906 632.4 1.841 3	.0011021 675.6 1.942 3	0.249 1 2 791.1 6.712 6	0.260 8 2 839.2 6.814 8	0.274 2 884.2 6.909 0	0.286 2 929.5 6.997 6	0.299 2 972.1 7.080 7	8.0
10.0 179.88	v h s	.0010696 546.8 1.633 7	.0010796 589.5 1.738 3	.0010904 632.5 1.841 0	.0011019 675.7 1.942 0	0.194 4 2 776.5 6.583 5	0.205 9 2 826.8 6.692 5	0.216 9 2 874.6 6.791 0	0.227 6 2 920.6 6.882 5	0.237 9 2 965.2 6.968 0	10.0
12.0 187.96	v h s	.0010695 546.9 1.633 5	.0010795 589.6 1.738 1	.0010903 632.6 1.840 8	.0011018 675.8 1.941 8	.0011274 763.2 2.139 0	0.169 2 2 814.4 6.587 2	0.178 8 2 864.5 6.690 6	0.187 9 2 912.2 6.785 8	0.196 8 2 958.2 6.873 8	12.0
14.0 195.04	v h s	.0010693 547.1 1.633 3	.0010794 589.8 1.737 9	.0010902 632.7 1.840 6	.0011016 675.9 1.941 5	.0011272 763.3 2.138 8	0.142 9 2 801.4 6.494 1	0.151 5 2 854.0 6.603 0	0.159 6 2 903.6 6.701 6	0.167 4 2 951.0 6.792 2	14.0

表 2-4 圧縮水と過熱蒸気の表（つづき 2）

圧力 bar 飽和温度 ℃		温度 ℃ 280	300	320	340	360	380	400	450	500	圧力 bar
0.1 45.83	v h s	25.521 3 036.8 9.211 3	26.445 3 076.6 9.282 0	27.369 3 116.5 9.350 8	28.292 3 157.0 9.417 7	29.216 3 197.6 9.482 8	30.139 3 238.5 9.546 3	31.062 3 279.6 9.608 3	33.371 3 383.5 9.757 2	35.679 3 489.1 9.898 4	0.1
0.2 60.09	v h s	12.757 3 036.5 8.891 0	13.219 3 076.4 8.961 0	13.681 3 116.5 9.030 5	14.143 3 156.9 9.097 5	14.605 3 197.5 9.162 7	15.067 3 238.5 9.226 2	15.529 3 279.4 9.288 2	16.684 3 383.4 9.437 2	17.838 3 489.0 9.578 4	0.2
0.3 69.12	v h s	8.502 3 036.2 8.703 5	8.811 3 076.1 8.774 4	9.119 3 116.3 8.843 2	9.427 3 156.7 8.910 2	9.735 3 197.3 8.975 4	10.043 3 238.3 9.038 9	10.351 3 279.3 9.101 0	11.121 3 383.3 9.249 9	11.891 3 488.9 9.391 2	0.3
0.4 75.89	v h s	6.375 3 036.0 8.570 4	6.606 3 075.9 8.641 3	6.838 3 116.1 8.710 2	7.069 3 156.5 8.777 2	7.300 3 197.1 8.842 4	7.531 3 238.0 8.906 0	7.762 3 279.1 8.968 0	8.340 3 383.1 9.117 0	8.918 3 488.8 9.258 3	0.4
0.5 81.35	v h s	5.099 3 035.7 8.467 1	5.284 3 075.7 8.538 0	5.469 3 115.9 8.607 0	5.654 3 156.3 8.674 0	5.839 3 196.9 8.739 2	6.024 3 237.8 8.802 8	6.209 3 279.0 8.864 9	6.671 3 383.0 9.013 9	7.133 3 488.7 9.155 2	0.5
0.6 85.95	v h s	4.248 3 035.4 8.382 6	4.402 3 075.4 8.453 6	4.557 3 115.6 8.522 6	4.711 3 156.1 8.589 6	4.865 3 196.7 8.654 9	5.019 3 237.7 8.718 5	5.174 3 278.8 8.780 6	5.559 3 382.9 8.929 6	5.944 3 488.6 9.071 0	0.6
0.8 93.51	v h s	3.184 3 034.9 8.249 1	3.300 3 075.0 8.320 2	3.416 3 115.2 8.389 3	3.532 3 155.7 8.456 4	3.648 3 196.4 8.521 7	3.763 3 237.3 8.585 4	3.879 3 278.5 8.647 5	4.168 3 382.6 8.796 6	4.457 3 488.4 8.938 0	0.8
1.0 99.63	v h s	2.546 3 034.4 8.145 3	2.639 3 074.5 8.216 5	2.732 3 114.8 8.285 7	2.824 3 155.3 8.352 9	2.917 3 196.0 8.418 3	3.010 3 237.0 8.482 0	3.102 3 278.2 8.544 2	3.334 3 382.4 8.693 4	3.565 3 488.1 8.834 8	1.0
1.5 111.37	v h s	1.695 3 033.0 7.956 5	1.757 3 073.3 8.028 0	1.819 3 113.7 8.097 3	1.881 3 154.3 8.164 6	1.943 3 195.1 8.230 1	2.005 3 236.2 8.294 0	2.067 3 277.5 8.356 2	2.222 3 381.7 8.505 6	2.376 3 487.6 8.647 2	1.5
2.0 120.23	v h s	1.269 3 031.7 7.821 9	1.316 3 072.1 7.893 7	1.363 3 112.6 7.963 0	1.410 3 153.3 8.030 5	1.456 3 194.2 8.096 4	1.503 3 235.4 8.160 3	1.549 3 276.7 8.222 6	1.665 3 381.1 8.372 2	1.781 3 487.0 8.513 9	2.0
3.0 133.54	v h s	0.843 8 3 028.9 7.631 1	0.875 3 3 069.7 7.703 4	0.906 6 3 110.4 7.773 4	0.937 9 3 151.4 7.841 2	0.969 1 3 192.4 7.907 2	1.000 3 233.7 7.971 3	1.031 3 275.2 8.033 8	1.109 3 379.8 8.183 8	1.187 3 486.0 8.325 7	3.0
4.0 143.62	v h s	0.631 1 3 026.2 7.494 7	0.654 9 3 067.2 7.567 5	0.678 5 3 108.3 7.637 9	0.702 1 3 149.4 7.706 1	0.725 6 3 190.6 7.772 3	0.749 1 3 232.1 7.836 7	0.772 5 3 273.6 7.899 4	0.830 9 3 378.5 8.049 7	0.889 2 3 484.9 8.191 9	4.0
5.0 151.84	v h s	0.503 6 3 023.4 7.387 9	0.522 6 3 064.8 7.461 4	0.541 6 3 106.1 7.532 2	0.560 5 3 147.4 7.600 8	0.579 5 3 188.8 7.667 3	0.598 4 3 230.4 7.731 9	0.617 2 3 272.1 7.794 8	0.664 0 3 377.2 7.945 4	0.710 8 3 483.8 8.087 9	5.0
6.0 158.84	v h s	0.418 5 3 020.6 7.300 5	0.434 4 3 062.3 7.374 0	0.450 4 3 103.9 7.445 0	0.466 3 3 145.4 7.514 0	0.482 0 3 187.0 7.581 0	0.497 9 3 228.7 7.645 9	0.513 6 3 270.6 7.709 0	0.552 8 3 376.0 7.860 0	0.591 8 3 482.7 8.002 7	6.0
8.0 170.41	v h s	0.311 9 3 014.9 7.159 5	0.324 1 3 057.3 7.234 8	0.336 0 3 099.4 7.307 0	0.348 0 3 141.4 7.376 7	0.360 0 3 183.4 7.444 1	0.372 0 3 225.4 7.509 4	0.384 0 3 267.5 7.572 9	0.413 7 3 373.4 7.724 6	0.443 2 3 480.5 7.867 8	8.0
10.0 179.88	v h s	0.248 0 3 009.0 7.048 5	0.258 0 3 052.1 7.125 1	0.267 8 3 094.8 7.198 4	0.277 6 3 137.4 7.268 9	0.287 3 3 179.7 7.336 9	0.296 9 3 222.0 7.402 7	0.306 5 3 264.3 7.466 5	0.330 3 3 370.8 7.619 0	0.354 0 3 478.3 7.762 7	10.0
12.0 187.96	v h s	0.205 4 3 003.0 6.956 2	0.213 9 3 046.9 7.034 2	0.222 2 3 090.1 7.108 5	0.230 4 3 133.2 7.179 8	0.238 6 3 176.0 7.248 4	0.246 7 3 218.7 7.314 7	0.254 7 3 261.3 7.379 0	0.274 7 3 368.2 7.532 3	0.294 5 3 476.1 7.676 5	12.0
14.0 195.04	v h s	0.174 9 2 996.9 6.876 6	0.182 3 3 041.6 6.956 1	0.189 6 3 085.6 7.031 5	0.196 7 3 129.1 7.103 2	0.203 8 3 172.3 7.172 9	0.210 8 3 215.3 7.239 8	0.217 7 3 258.2 7.304 5	0.234 9 3 365.6 7.458 5	0.252 0 3 473.9 7.603 2	14.0

表 2-4 圧縮水と過熱蒸気の表 (つづき 3)

圧力 bar 飽和温度 ℃		180	190	200	210	220	230	240	250	260	圧力 bar
16 201.37	v h s	.0011270 763.4 2.138 5	.0011412 807.7 2.235 1	.0011564 852.4 2.330 6	0.127 1 2 816.0 6.468 2	0.131 0 2 843.1 6.523 7	0.134 7 2 869.3 6.576 3	0.138 3 2 894.7 6.626 3	0.141 9 2 919.4 6.674 0	0.145 3 2 943.6 6.719 8	16
18 207.11	v h s	.0011268 763.5 2.138 2	.0011410 807.8 2.234 8	.0011562 852.5 2.330 3	0.111 4 2 803.3 6.392 6	0.115 0 2 831.7 6.450 9	0.118 4 2 859.1 6.505 8	0.121 7 2 885.4 6.557 7	0.125 0 2 911.0 6.607 1	0.128 2 2 935.9 6.654 3	18
20 212.37	v h s	.0011267 763.6 2.137 9	.0011408 807.9 2.234 5	.0011560 852.6 2.330 0	.0011725 897.8 2.424 5	0.102 1 2 819.9 6.382 9	0.105 3 2 848.4 6.440 3	0.108 4 2 875.9 6.494 3	0.111 4 2 902.4 6.545 4	0.114 4 2 928.1 6.594 1	20
25 223.94	v h s	.0011262 763.9 2.137 2	.0011403 808.1 2.233 8	.0011555 852.8 2.329 2	.0011719 897.9 2.423 7	.0011897 943.7 2.517 5	0.081 63 2 820.1 6.292 0	0.084 36 2 850.5 6.351 7	0.086 99 2 879.5 6.407 7	0.089 51 2 907.4 6.460 5	25
30 233.84	v h s	.0011258 764.1 2.136 6	.0011399 808.3 2.233 0	.0011550 853.0 2.328 4	.0011714 898.1 2.422 8	.0011891 943.9 2.516 5	.0012084 990.3 2.609 8	0.068 16 2 822.9 6.224 1	0.070 55 2 854.8 6.285 7	0.072 83 2 885.1 6.343 2	30
40 250.33	v h s	.0011249 764.6 2.135 4	.0011389 808.8 2.231 6	.0011540 853.4 2.326 8	.0011702 898.5 2.421 1	.0011878 944.1 2.514 7	.0012070 990.5 2.607 7	.0012280 1037.7 2.700 6	.0012512 1 085.8 2.793 4	0.051 72 2 835.6 6.135 3	40
50 263.91	v h s	.0011241 765.2 2.133 9	.0011380 809.3 2.230 1	.0011530 853.8 2.325 3	.0011691 898.8 2.419 4	.0011866 944.4 2.512 9	.0012056 990.7 2.605 7	.0012264 1 037.8 2.698 4	.0012494 1 085.8 2.791 0	.0012750 1.134.9 2.884 0	50
60 275.55	v h s	.0011232 765.7 2.132 5	.0011371 809.7 2.228 7	.0011519 854.2 2.323 7	.0011680 899.2 2.417 8	.0011853 944.7 2.511 0	.0012042 990.9 2.603 8	.0012249 1 037.9 2.696 2	.0012476 1 085.8 2.788 6	.0012729 1 134.7 2.881 3	60
80 294.97	v h s	.0011216 766.7 2.129 9	.0011353 810.7 2.225 8	.0011501 855.1 2.320 6	.0011658 899.9 2.414 4	.0011829 945.3 2.507 5	.0012015 991.3 2.599 9	.0012218 1 038.1 2.691 9	.0012441 1 085.8 2.783 9	.0012687 1 134.5 2.876 1	80
100 310.96	v h s	.0011199 767.8 2.127 2	.0011335 811.6 2.223 0	.0011480 855.9 2.317 6	.0011636 900.7 2.411 2	.0011615 945.9 2.503 9	.0011988 991.8 2.596 0	.0012188 1 038.4 2.687 7	.0012406 1 085.8 2.779 2	.0012648 1 134.2 2.870 9	100
120 324.65	v h s	.0011183 768.8 2.124 5	.0011317 812.6 2.220 2	.0011461 856.8 2.314 6	.0011615 901.4 2.408 0	.0011782 946.6 2.500 4	.0011962 992.3 2.592 2	.0012158 1 038.7 2.683 6	.0012373 1 085.9 2.774 7	.0012609 1 134.1 2.865 9	120
140 336.64	v h s	.0011167 769.9 2.122 1	.0011300 813.6 2.217 5	.0011442 857.7 2.311 7	.0011595 902.2 2.404 8	.0011759 947.2 2.497 0	.0011937 992.8 2.588 5	.0012130 1 039.1 2.679 5	.0012340 1 086.1 2.770 3	.0012572 1 134.0 2.861 0	140
160 347.33	v h s	.0011151 771.0 2.119 5	.0011283 814.6 2.214 7	.0011423 858.6 2.308 7	.0011574 903.0 2.401 6	.0011736 947.9 2.493 6	.0011912 993.4 2.584 8	.0012102 1 039.4 2.675 5	.0012308 1 086.3 2.765 9	.0012535 1 133.9 2.856 1	160
180 356.96	v h s	.0011136 772.0 2.117 0	.0011266 815.6 2.212 0	.0011405 859.5 2.305 8	.0011554 903.8 2.398 5	.0011714 948.6 2.490 3	.0011887 993.9 2.581 2	.0012074 1 039.8 2.671 6	.0012278 1 086.5 2.761 6	.0012500 1 133.9 2.851 4	180
200 365.70	v h s	.0011120 773.1 2.114 5	.0011249 816.6 2.209 3	.0011387 860.4 2.303 0	.0011534 904.6 2.395 4	.0011693 949.3 2.487 0	.0011863 994.5 2.577 6	.0012047 1 040.3 2.667 7	.0012247 1 086.7 2.757 4	.0012466 1 134.0 2.846 8	200
220 373.69	v h s	.0011105 774.2 2.112 1	.0011233 817.6 2.206 7	.0011369 861.4 2.300 1	.0011515 905.5 2.392 4	.0011671 950.0 2.483 7	.0011840 995.1 2.574 1	.0012021 1 040.7 2.663 9	.0012218 1 087.0 2.753 2	.0012432 1 134.0 2.842 3	220
250 なし	v h s	.0011083 775.9 2.108 5	.0011209 819.2 2.202 8	.0011343 862.8 2.296 0	.0011487 906.8 2.387 9	.0011640 951.2 2.478 9	.0011805 996.0 2.568 9	.0011983 1 041.5 2.658 3	.0012175 1 087.5 2.747 2	.0012384 1 134.2 2.835 7	250
300 なし	v h s	.0011046 778.9 2.102 2	.0011169 821.8 2.196 3	.0011301 865.2 2.289 1	.0011440 909.0 2.380 6	.0011590 953.1 2.471 0	.0011750 997.7 2.560 5	.0011922 1 042.8 2.649 2	.0012107 1 088.4 2.737 9	.0012307 1 134.7 2.825 0	300

表 2-4 圧縮水と過熱蒸気の表 (つづき 4)

圧力 bar 飽和温度 ℃		温度 ℃ 270	280	290	300	310	320	330	340	350	圧力 bar
16 201.37	v h s	0.148 7 2,967.3 6.763 8	0.152 1 2,990.6 6.806 8	0.155 4 3,013.5 6.847 4	0.158 7 3,036.2 6.887 3	0.161 9 3,058.6 6.926 1	0.165 1 3,080.9 6.963 9	0.168 3 3,102.9 7,000 8	0.171 4 3,124.9 7.036 9	0.174 5 3,146.7 7.072 3	16
18 207.11	v h s	0.131 3 2,960.3 6.699 5	0.134 3 2,984.1 6.743 0	0.137 3 3,007.6 6.785 0	0.140 2 3,030.7 6.825 3	0.143 2 3,053.5 6.864 5	0.146 0 3,076.1 6.903 0	0.148 9 3,098.4 6.940 9	0.151 7 3,120.6 6.977 4	0.154 6 3,142.7 7.013 1	18
20 212.37	v h s	0.117 2 2,953.1 6.640 6	0.120 0 2,977.5 6.685 2	0.122 8 3,001.5 6.728 1	0.125 5 3,025.0 6.769 6	0.128 2 3,048.2 6.809 7	0.130 8 3,071.2 6.848 7	0.133 4 3,093.8 6.886 6	0.136 0 3,116.3 6.923 5	0.138 6 3,138.6 6.959 6	20
25 223.94	v h s	0.091 96 2,934.2 6.510 4	0.094 33 2,960.3 6.558 6	0.096 65 2,985.7 6.603 4	0.098 93 3,010.4 6.647 0	0.101 2 3,034.7 6.688 9	0.103 3 3,058.6 6.729 6	0.105 5 3,082.1 6.768 9	0.107 6 3,105.3 6.807 1	0.109 8 3,128.2 6.844 2	25
30 233.84	v h s	0.075 01 2,914.1 6.397 0	0.077 12 2,942.0 6.447 9	0.079 17 2,968.9 6.496 2	0.081 16 2,995.1 6.542 2	0.083 10 3,020.5 6.586 4	0.085 00 3,045.4 6.628 8	0.086 87 3,069.9 6.669 4	0.088 71 3,093.9 6.708 8	0.090 53 3,117.5 6.747 1	30
40 250.33	v h s	0.053 63 2,869.8 6.198 8	0.055 44 2,902.0 6.257 6	0.057 17 2,932.0 6.312 6	0.058 83 2,962.0 6.364 2	0.060 44 2,990.2 6.413 0	0.062 00 3,017.5 6.459 3	0.063 51 3,044.0 6.503 6	0.064 99 3,069.8 6.546 1	0.066 45 3,095.1 6.587 0	40
50 263.91	v h s	0.040 53 2,818.9 6.019 2	0.042 22 2,856.9 6.088 6	0.043 80 2,892.2 6.151 9	0.045 30 2,925.5 6.210 5	0.046 73 2,957.0 6.265 1	0.048 10 2,987.2 6.316 3	0.049 42 3,016.1 6.364 7	0.050 70 3,044.1 6.410 6	0.051 94 3,071.2 6.454 5	50
60 275.55	v h s	.0013013 1,185.1 2.974 8	0.033 17 2,804.9 5.927 0	0.034 72 2,846.7 6.001 7	0.036 14 2,885.0 6.069 2	0.037 48 2,920.7 6.131 0	0.038 74 2,954.2 6.188 0	0.039 95 2,986.1 6.241 2	0.041 11 3,016.5 6.291 3	0.042 22 3,045.8 6.338 6	60
80 294.97	v h s	.0012964 1,184.4 2.968 9	.0013277 1,236.0 3.062 9	0.013639 1,289.5 3.158 9	0.024 26 2,786.8 5.794 2	0.025 60 2,835.2 5.878 0	0.026 81 2,878.7 5.951 1	0.027 92 2,918.4 6.018 3	0.028 96 2,955.3 6.079 0	0.029 95 2,989.9 6.134 9	80
100 310.96	v h s	.0012917 1,183.9 2.963 1	.0013221 1,235.0 3.056 9	.0013570 1,287.9 3.151 2	.0013979 1,343.9 3.248 8	.0014472 1,402.2 3.350 5	0.019 26 2,783.5 5.714 2	0.020 42 2,836.5 5.803 2	0.021 47 2,883.2 5.880 3	0.022 42 2,925.8 5.948 9	100
120 324.65	v h s	.0012872 1,183.4 2.957 5	.0013167 1,234.1 3.050 9	.0013504 1,286.5 3.143 9	.0013895 1,341.2 3.240 1	.0014362 1,398.8 3.339 8	.0014941 1,460.8 3.445 3	0.015 02 2,730.2 5.568 6	0.016 19 2,794.7 5.674 7	0.017 21 2,849.7 5.763 6	120
140 336.64	v h s	.0012828 1,183.0 2.952 0	.0013115 1,233.3 3.043 8	.0013441 1,285.2 3.136 8	.0013817 1,339.2 3.231 8	.0014260 1,395.9 3.329 8	.0014801 1,456.3 3.432 7	.0015497 1,522.6 3.543 3	0.012 00 2,675.7 5.434 8	0.013 21 2,754.2 5.561 8	140
160 347.33	v h s	.0012786 1,182.6 2.946 6	.0013065 1,232.6 3.037 8	.0013381 1,284.0 3.129 9	.0013743 1,337.4 3.223 8	.0014166 1,393.2 3.320 2	.0014674 1,452.4 3.421 0	.0015313 1,516.4 3.528 0	.0016176 1,588.3 3.646 2	0.009 764 2,620.8 5.310 9	160
180 356.96	v h s	.0012745 1,182.4 2.941 4	.0013018 1,232.0 3.031 9	.0013324 1,283.0 3.123 3	.0013673 1,335.7 3.216 2	.0014077 1,390.8 3.311 1	.0014558 1,448.8 3.410 1	.0015150 1,511.1 3.514 1	.0015920 1,579.7 3.626 9	.0017043 1,659.8 3.756 6	180
200 365.70	v h s	.0012706 1,182.1 2.936 3	.0012971 1,231.4 3.026 2	.0013269 1,282.0 3.116 9	.0013606 1,334.3 3.208 8	.0013994 1,388.6 3.302 3	.0014451 1,445.6 3.399 8	.0015004 1,506.4 3.501 3	.0015704 1,572.5 3.610 0	.0016662 1,647.2 3.730 8	200
220 373.69	v h s	.0012667 1,182.0 2.931 3	.0012927 1,230.9 3.020 7	.0013216 1,281.2 3.110 7	.0013543 1,332.9 3.201 8	.0013916 1,386.6 3.294 0	.0014351 1,442.7 3.390 1	.0014872 1,502.2 3.489 5	.0015516 1,566.2 3.594 7	.0016361 1,637.2 3.709 5	220
250 なし	v h s	.0012612 1,181.8 2.924 1	.0012863 1,230.3 3.012 6	.0013141 1,280.0 3.101 7	.0013453 1,331.1 3.191 6	.0013807 1,383.9 3.282 9	.0014214 1,438.9 3.376 4	.0014694 1,496.7 3.473 0	.0015273 1,558.3 3.574 3	.0016000 1,625.1 3.682 4	250
300 なし	v h s	.0012525 1,181.8 2.912 4	.0012763 1,229.7 2.999 8	.0013025 1,278.6 3.087 5	.0013316 1,328.7 3.175 6	.0013642 1,380.3 3.264 0	.0014012 1,433.6 3.355 6	.0014438 1,489.2 3.448 5	.0014939 1,547.7 3.544 7	.0015540 1,610.0 3.645 5	300

表 2-4 圧縮水と過熱蒸気の表（つづき 5）

圧力 bar 飽和温度 ℃		温度 ℃									圧力 bar
		360	370	380	390	400	450	500	550	600	
16 201.37	v h s	0.177 7 3 168.5 7.106 9	0.180 8 3 190.2 7.140 9	0.183 8 3 211.8 7.174 3	0.186 9 3 223.4 7.207 1	0.190 0 3 255.0 7.239 4	0.205 1 3 363.0 7.394 2	0.220 2 3 471.7 7.539 5	0.235 1 3 581.4 7.677 0	0.249 9 3 692.5 7.808 0	16
18 207.11	v h s	0.157 3 3 164.7 7.048 1	0.160 1 3 186.6 7.082 4	0.162 9 3 208.4 7.116 0	0.165 6 3 230.1 7.149 1	0.168 4 3 251.9 7.181 6	0.182 0 3 360.4 7.337 2	0.195 4 3 469.5 7.483 0	0.208 7 3 579.5 7.620 9	0.221 9 3 690.9 7.752 2	18
20 212.37	v h s	0.141 1 3 160.8 6.995 0	0.143 6 3 182.9 7.029 6	0.146 1 3 204.9 7.063 5	0.148 6 3 226.8 7.096 8	0.151 1 3 248.7 7.129 5	0.163 4 3 357.8 7.285 9	0.175 6 3 467.3 7.432 3	0.187 6 3 577.6 7.570 6	0.199 5 3 689.2 7.702 2	20
25 223.94	v h s	0.111 8 3 151.0 6.880 4	0.113 9 3 173.6 6.915 8	0.116 1 3 196.1 6.950 5	0.118 1 3 218.4 6.984 4	0.120 0 3 240.7 7.017 8	0.130 0 3 351.3 7.176 3	0.139 9 3 461.7 7.324 0	0.149 6 3 572.9 7.463 3	0.159 3 3 685.1 7.595 6	25
30 233.84	v h s	0.092 32 3 140.9 6.784 4	0.094 09 3 164.1 6.820 7	0.095 84 3 187.0 6.856 1	0.097 58 3 209.8 6.890 7	0.099 31 3 232.5 6.924 6	0.107 8 3 344.6 7.085 4	0.116 1 3 456.2 7.234 5	0.124 3 3 568.1 7.374 8	0.132 3 3 681.0 7.507 9	30
40 250.33	v h s	0.067 87 3 119.9 6.626 5	0.069 27 3 144.3 6.664 7	0.070 66 3 168.4 6.701 9	0.072 02 3 192.1 6.738 0	0.073 38 3 215.7 6.773 3	0.079 96 3 331.2 6.938 8	0.086 34 3 445.0 7.090 9	0.092 60 3 558.6 7.233 3	0.098 76 3 672.8 7.368 0	40
50 263.91	v h s	0.053 16 3 097.6 6.496 5	0.054 35 3 123.4 6.537 1	0.055 51 3 148.8 6.576 2	0.056 79 3 173.7 6.614 0	0.057 79 3 198.3 6.650 8	0.063 25 3 317.5 6.821 7	0.068 49 3 433.7 6.977 0	0.073 60 3 549.0 7.121 5	0.078 62 3 664.5 7.257 8	50
60 275.55	v h s	0.043 30 3 074.0 6.383 6	0.044 36 3 101.5 6.426 7	0.045 39 3 128.3 6.468 0	0.046 39 3 154.4 6.507 7	0.047 38 3 180.1 6.546 2	0.052 10 3 303.5 6.723 0	0.056 59 3 422.2 6.881 8	0.060 94 3 539.3 7.028 5	0.065 18 3 656.2 7.166 4	60
80 294.97	v h s	0.030 88 3 022.7 6.187 2	0.031 78 3 054.0 6.236 6	0.032 65 3 084.2 6.282 8	0.033 49 3 113.3 6.327 1	0.034 31 3 141.6 6.369 4	0.038 14 3 274.3 6.559 5	0.041 70 3 398.8 6.726 2	0.045 10 3 519.7 6.877 8	0.048 39 3 639.5 7.019 1	80
100 310.96	v h s	0.023 31 2 964.8 6.011 0	0.024 14 3 001.3 6.068 2	0.024 93 3 035.7 6.121 3	0.02568 3 068.5 6.171 1	0.026 41 3 099.9 6.218 2	0.029 74 3 243.6 6.424 3	0.032 76 3 374.6 6.599 4	0.035 60 3 499.8 6.756 4	0.038 32 3 622.7 6.901 3	100
120 324.65	v h s	0.018 11 2 898.1 5.840 8	0.018 93 2 941.8 5.909 3	0.019 70 2 982.0 5.971 2	0.020 41 3 019.4 6.026 6	0.021 08 3 054.8 6.081 0	0.024 12 3 211.4 6.305 6	0.026 79 3 349.6 6.490 6	0.029 26 3 479.6 6.653 5	0.031 60 3 605.7 6.802 2	120
140 336.64	v h s	0.014 21 2 818.1 5.663 5	0.015 08 2 873.0 5.749 6	0.015 86 2 921.4 5.823 3	0.016 57 2 965.2 5.890 9	0.017 23 3 005.6 5.951 3	0.020 08 3 177.4 6.197 8	0.022 51 3 323.8 6.393 7	0.024 72 3 458.8 6.563 0	0.026 80 3 588.5 6.715 9	140
160 347.33	v h s	0.011 04 2 716.5 5.463 4	0.012 03 2 789.2 5.578 4	0.012 87 2 851.1 5.672 9	0.013 61 2 904.1 5.753 8	0.014 27 2 951.3 5.824 0	0.017 03 3 141.6 6.097 2	0.019 29 3 297.1 6.305 4	0.021 32 3 437.7 6.481 6	0.023 20 3 571.0 6.638 9	160
180 356.96	v h s	0.008104 2 560.1 5.200 2	0.009430 2 684.2 5.380 5	0.010 40 2 766.6 5.507 9	0.011 21 2 833.4 5.609 5	0.011 91 2 890.3 5.694 7	0.014 64 3 104.0 6.001 5	0.016 78 3 269.6 6.223 2	0.018 67 3 416.1 6.406 9	0.020 40 3 553.4 6.568 8	180
200 365.70	v h s	0.001827 1 742.9 3.883 5	0.006908 2 527.6 5.111 7	0.008246 2 660.2 5.316 5	0.009181 2 749.3 5.450 2	0.009947 2 820.5 5.558 5	0.012 71 3 064.3 5.908 9	0.014 77 3 241.1 6.145 6	0.016 55 3 394.1 6.337 6	0.018 16 3 535.5 6.504 3	200
220 373.69	v h s	0.001762 1 722.0 3.844 9	0.002033 1 842.3 4.033 5	0.006111 2 504.4 5.055 9	0.007377 2 645.9 5.271 1	0.008251 2 738.3 5.410 2	0.011 11 3 022.3 5.817 9	0.013 12 3 211.7 6.071 6	0.014 81 3 371.6 6.272 1	0.016 33 3 517.4 6.444 1	220
250 373.69 なし	v h s	0.001698 1 701.1 3.803 6	0.001852 1 788.8 3.941 1	0.002240 1 941.0 4.175 7	0.004609 2 391.3 4.859 9	0.006014 2 582.0 5.145 5	0.009171 2 954.3 5.682 1	0.011 13 3 165.9 5.965 5	0.012 72 3 337.0 6.180 1	0.014 13 3 489.9 6.360 4	250
300 なし	v h s	0.001628 1 678.0 3.754 1	0.001728 1 749.0 3.865 3	0.001874 1 837.7 4.002 1	0.002144 2 001.5 4.186 5	0.002831 2 161.8 4.489 5	0.006735 2 825.6 5.449 5	0.008681 3 085.0 5.797 2	0.010 17 3 277.4 6.038 6	0.011 44 3 443.0 6.234 0	300

2.5.2. 断熱の流れ

熱の出入りがなく，外部への仕事や摩擦，うずの発生もないとすれば

$$\frac{1}{2}(w_2{}^2-w_1{}^2)=-\int_1^2 v\,dP=h_1-h_2$$

となり，エンタルピの変化は運動エネルギの変化に等しい．図 2-8 の hs 線図で1は膨張前の状態を示し，エンタルピは h_1 である．断熱変化であるから $s=$ 一定の線を1から終圧 P_2 に相当する等圧線まで引き，その交点2を求めると h_2 が定まる．$H_{ad}=h_1-h_2$ を断熱熱落差という．状態2における速度 w_2 は

$$w_2=\sqrt{2(h_1-h_2)+w_1{}^2}$$

w_1 を省略すれば

$$w_2=\sqrt{2(h_1-h_2)}$$

図 2-8 膨張時のエンタルピ変化

ただし，上式は先細ノズルでは (h_1-h_2) がいかに大きい場合でも w_2 は音速以上にはならない．しかし，適当な末広ノズルを用いると w_2 は音速を超えて膨張し，(h_1-h_2) はすべて速度エネルギに変えられる．

2.5.3. ノズルからの断熱噴流

ノズル内を気体が流れるとき，その通過時間が極めて短いので断熱膨張とみなすことができる．

(1) 先細ノズル：完全ガスが理想的断熱膨張をする場合，噴出速度 w_2 は

$$w_2=\sqrt{\frac{2\kappa}{\kappa-1}P_1v_1\left\{1-\left(\frac{P_2}{P_1}\right)^{\frac{\kappa-1}{\kappa}}\right\}+w_1{}^2}$$

w_1 を省略できるときは

$$w_2=\sqrt{\frac{2\kappa}{\kappa-1}P_1v_1\left\{1-\left(\frac{P_2}{P_1}\right)^{\frac{\kappa-1}{\kappa}}\right\}}$$

質量流出 G は

$$G=a_2\sqrt{\frac{2\kappa}{\kappa-1}\frac{P_1}{v_1}\left\{\left(\frac{P_2}{P_1}\right)^{\frac{2}{\kappa}}-\left(\frac{P_2}{P_1}\right)^{\frac{\kappa+1}{\kappa}}\right\}}$$

ゆえに w_2, G とも背圧 P_2 が減少すれば増加するが，ある圧力 $P_2=P_c$ に達すると最大となり，それ以上に P_2 が減少しても w_2, G ともに一定の値を保つ．この P_c を P_1 に対する臨界圧力といい

$$P_c=P_1\left(\frac{2}{\kappa+1}\right)^{\frac{\kappa}{\kappa-1}}$$

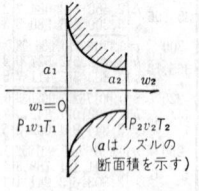

(a はノズルの断面積を示す)

図 2-9 先細ノズル

2章 熱力学の基本則

臨界圧力比 P_c/P_1 は κ の値によって

$\kappa=1.4$ 　（空気）　　　　　　　$P_c/P_1=0.528\ 3$
$\kappa=1.3$ 　（過熱蒸気）　　　　　$P_c/P_1=0.545\ 7$
$\kappa=1.135$（乾き飽和蒸気）　　$P_c/P_1=0.577\ 4$

臨界圧力における噴出速度 w_c は

$$w_c=\sqrt{\frac{2\kappa}{\kappa+1}P_1v_1}=\sqrt{\kappa P_c v_c}=\sqrt{\kappa R T_c}$$

w_c は P_c, v_c の状態における音速に等しい．このときノズルの最小断面積を a_c とすれば，質量流量 G_c は

$$G_c=a_c\sqrt{\kappa\left(\frac{2}{\kappa+1}\right)^{\frac{\kappa+1}{\kappa-1}}\frac{P_1}{v_1}}=a_c\sqrt{\kappa\frac{P_c}{v_c}}$$

(2) 末広ノズル（ラバールノズル）：背圧 P_2 が P_c 以下でも末広部で P_2 まで膨張し w_2 は w_c 以上になり，(h_1-h_2) のすべてを速度エネルギに変えられる．したがって

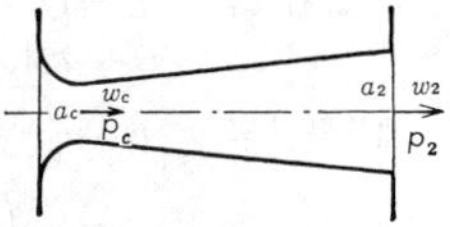

$$w_2=\sqrt{\frac{2\kappa}{\kappa-1}P_1v_1\left\{1-\left(\frac{P_2}{P_1}\right)^{\frac{\kappa-1}{\kappa}}\right\}}$$

図 2-10　末広ノズル

しかし，流量はのど部の流量によって定まり，同じのど部断面積をもつ先細ノズルと同じである．ノズル出口面積 a_2 とのど部断面積 a_c との比をノズルの断面ひろがり率といい

$$\frac{a_c}{a_2}=\left(\frac{\kappa+1}{2}\right)^{\frac{1}{\kappa-1}}\left(\frac{P_2}{P_1}\right)^{\frac{1}{\kappa}}\sqrt{\frac{\kappa+1}{\kappa-1}\left\{1-\left(\frac{P_2}{P_1}\right)^{\frac{\kappa-1}{\kappa}}\right\}}$$

(3) 摩擦がある場合：摩擦に費やされたエネルギはすべて熱になり，気体を加熱するので，図2-8のように h_2 が h_2' となる．

$$\eta=\frac{h_1-h_2'}{h_1-h_2}=\varphi^2$$

とおき，η をノズル効率，φ を速度係数という．1〜2' の変化を

$$P_1v_1{}^m=P_2v_2{}^m=\text{定数}\quad\left(m=\frac{\kappa(1+\zeta)}{1+\kappa\zeta},\ \zeta=0.05\sim0.10：摩擦損失係数\right)$$

で表せば，噴出速度 w_3 および流量 G は

$$w_3=\sqrt{\frac{2\kappa}{\kappa-1}P_1v_1\left\{1-\left(\frac{P_2}{P_1}\right)^{\frac{m-1}{m}}\right\}}=\varphi\sqrt{\frac{2\kappa}{\kappa-1}P_1v_1\left\{1-\left(\frac{P_2}{P_1}\right)^{\frac{\kappa-1}{\kappa}}\right\}}$$

$$G=\frac{a_2w_3}{v_2'}=a_2\sqrt{\frac{2\kappa}{\kappa-1}\frac{P_1}{v_1}\left\{\left(\frac{P_2}{P_1}\right)^{\frac{2}{m}}-\left(\frac{P_2}{P_1}\right)^{\frac{m+1}{m}}\right\}}$$

2.6. ガスによるサイクル

2.6.1. 定容サイクル

オットーサイクルともいわれ，ガソリン機関などの基準サイクルとされている。断熱圧縮1-2，等容加熱2-3，断熱膨張3-4，等容放熱4-1の4過程から成る。作業物に理想気体としての空気を用いた理想的なサイクル，すなわち空気標準サイクルとして動作ガス1kgについて考えると（図2-11）

受 熱 量 　$Q_1 = u_3 - u_2 = c_v(T_3 - T_2)$
放 熱 量 　$Q_2 = u_4 - u_1 = c_v(T_4 - T_1)$
有 効 仕 事　$L = Q_1 - Q_2$
　　　　　　　$= c_v\{(T_3 - T_2) - (T_4 - T_1)\}$

理論熱効率　$\eta_0 = \dfrac{L}{Q_1} = 1 - \dfrac{T_4 - T_1}{T_3 - T_2} = 1 - \dfrac{T_1}{T_2} = 1 - \dfrac{T_4}{T_3}$

$\qquad\qquad = 1 - \left(\dfrac{V_2}{V_1}\right)^{\kappa-1} = 1 - \left(\dfrac{1}{\varepsilon}\right)^{\kappa-1}$

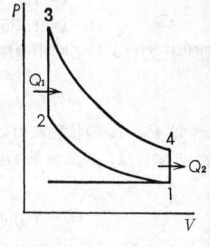

図 2-11　定容サイクル

ここに $\varepsilon = V_1/V_2$ を圧縮比といい，一般に ε が大きいほど熱効率がよくなる。

理論平均有効圧　$P_m = \dfrac{L}{(V_1 - V_2)} = \dfrac{\eta_0 Q_1}{V_1 - V_2}$

2.6.2. 定圧サイクル

ディーゼルサイクルともいわれ，低速ディーゼル機関などの基準サイクルとされている。定容サイクルの等容加熱を等圧加熱に代えたもので空気標準サイクルとすれば（図2-12）

受 熱 量 　$Q_1 = h_3 - h_2 = c_p(T_3 - T_2)$
放 熱 量 　$Q_2 = u_4 - u_1 = c_v(T_4 - T_1)$
有 効 仕 事　$L = Q_1 - Q_2$
　　　　　　　$= c_p(T_3 - T_2)$
　　　　　　　　$- c_v(T_4 - T_1)$

図 2-12　定圧サイクル

理論熱効率　$\eta_D = \dfrac{L}{Q_1} = 1 - \dfrac{c_v(T_4 - T_1)}{c_p(T_3 - T_2)} = 1 - \dfrac{T_4 - T_1}{\kappa(T_3 - T_2)}$

$\qquad\qquad = 1 - \left(\dfrac{1}{\varepsilon}\right)^{\kappa-1}\left\{\dfrac{\sigma^\kappa - 1}{\kappa(\sigma - 1)}\right\}$

ここに $\sigma = \dfrac{V_3}{V_2} = \dfrac{T_3}{T_2}$ を定圧膨張比または締切比という。

理論平均有効圧　$P_m = \dfrac{\eta_D Q_1}{V_1 - V_2}$

2.6.3. 複合サイクル

サバテサイクルともいわれ，ディーゼル機関などの基準サイクルとされている。定容サイクルと定圧サイクルの組合せで，空気標準サイクルとすれば（図 2-13）

受 熱 量　$Q_1 = Q_v + Q_p$
$= (u_{2'} - u_2) + (h_3 - h_{2'})$
$= c_v(T_{2'} - T_2) + c_p(T_3 - T_{2'})$

放 熱 量　$Q_2 = u_4 - u_1 = c_v(T_4 - T_1)$

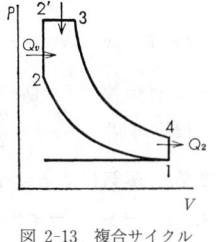

有効仕事　$L = Q_1 - Q_2$
$= \{c_v(T_{2'} - T_2) + c_p(T_3 - T_{2'})\} - c_v(T_4 - T_1)$

理論熱効率　$\eta_s = \dfrac{L}{Q_1} = 1 - \dfrac{T_4 - T_1}{(T_{2'} - T_2) + \kappa(T_3 - T_{2'})}$
$= 1 - \left(\dfrac{1}{\varepsilon}\right)^{\kappa-1} \dfrac{\sigma^\kappa a - 1}{(a-1) + \kappa a(\sigma-1)}$

図 2-13 複合サイクル

ここに $a = \dfrac{P_{2'}}{P_2} = \dfrac{T_{2'}}{T_2}$ を圧力上昇比または圧力比という。

理論平均有効圧　$P_m = \dfrac{\eta_s Q_1}{V_1 - V_2}$

2.6.4. ブレイトンサイクル

ジュールサイクルともいわれ，等圧燃焼ガスタービンの基準サイクルとされている。二つの等圧変化と二つの断熱変化から成り，空気標準サイクルとすれば（図 2-14）

受 熱 量　$Q_1 = c_p(T_3 - T_2)$
放 熱 量　$Q_2 = c_p(T_4 - T_1)$
有効仕事　$L = Q_1 - Q_2$
$= c_p\{(T_3 - T_2) - (T_4 - T_1)\}$

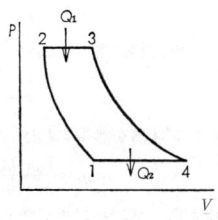

図 2-14 ブレイトンサイクル

理論熱効率　$\eta_B = \dfrac{L}{Q_1} = 1 - \dfrac{T_4 - T_1}{T_3 - T_2}$
$= 1 - \dfrac{T_1}{T_2} = 1 - \dfrac{T_4}{T_3} = 1 - \left(\dfrac{1}{\varphi}\right)^{\frac{\kappa-1}{\kappa}}$

ここに $\varphi = \dfrac{P_2}{P_1}$ を圧力比という。

2.6.5. スターリングサイクル

スターリング機関の基準サイクルで，二つの等温変化と二つの等容変化から成る。このサイクルは，二つの等容変化における加熱量 Q_{v1} と放熱量 Q_{v2} とは等しいので，放熱量の全部を加熱に利用できれば，熱効率はカルノーサイクルと等しくなる。

受 熱 量 $Q_1=Q_{v1}+Q_{t1}=c_v(T_3-T_2)+RT_3\ln(V_4/V_3)$

放 熱 量 $Q_2=Q_{v2}+Q_{t2}=c_v(T_4-T_1)+RT_1\ln(V_1/V_2)$

有効仕事 $L=Q_1-Q_2=R\ln(V_1/V_2)(T_3-T_1)$

理論熱効率 $\eta=1-\dfrac{T_1}{T_3}=1-\dfrac{T'}{T}$

図 2-15 スターリングサイクル

2.7. 蒸気によるサイクル

2.7.1. ランキンサイクル

蒸気原動所の基準サイクルである。図 **2-16** で，蒸気 1 kg 当たり

給水ポンプが消費する仕事
$$L_p=h_2-h_1=v_1'(P_2-P_1)$$

蒸気ボイラで供給される熱量
$$Q_1=h_3-h_2$$

蒸気原動機中で発生する仕事
$$L_t=h_3-h_4$$

復水器中で放出する熱量 $Q_2=h_4-h_1$

図 2-16 ランキンサイクル

1 サイクル当たり蒸気原動所から得られる仕事
$$L=Q_1-Q_2=(h_3-h_2)-(h_4-h_1)=L_t-L_p$$

理論熱効率 $\eta_R=\dfrac{L}{Q_1}=\dfrac{(h_3-h_2)-(h_4-h_1)}{h_3-h_2}=\dfrac{(h_3-h_4)-(h_2-h_1)}{(h_3-h_1)-(h_2-h_1)}$

$=\dfrac{L_t-L_p}{(h_3-h_1)-L_p}$

ポンプ仕事を無視すれば

$$\eta_e=\dfrac{h_3-h_4}{h_3-h_1}=\dfrac{L_t}{h_3-h_1}$$

ゆえに，ランキンサイクルの理論熱効率は初圧および初温が高いほど，背圧が低いほどよくなる。

2.7.2. 再熱サイクル

再熱サイクルは図 **2-17** のように，ランキンサイクルの断熱膨張過程の途中から蒸気を再熱器に導いて再熱し，再び原動機に送って断熱膨張させるサイクルである。一段再熱の場合，再熱器で供給された熱量は (h_b-h_a) であるから，ポンプ仕事を無視すると，

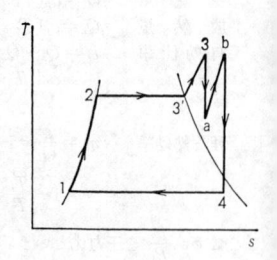

図 2-17 再熱サイクル

蒸気ボイラ，再熱器で供給された熱量 $Q=(h_3-h_1)+(h_b-h_a)$

原動機から発生する仕事 $L=(h_3-h_a)+(h_b-h_4)$

理論熱効率 $\eta=\dfrac{(h_3-h_a)+(h_b-h_4)}{(h_3-h_1)+(h_b-h_a)}$

2.7.3. 再生サイクル

ランキンサイクルでは復水器で冷却水に捨てる熱量が多い。この熱損失を軽減するために，動作蒸気の一部を膨張の途中から抽出して給水の加熱に用いるサイクルを再生サイクルまたは抽出サイクルという。蒸気の抽出は普通1〜4か所で，それぞれに加熱器を設けて給水を加熱する。図 2-18 は2か所から蒸気の抽出を行う再生サイクルの Ts 線図で，3つの状態の過熱蒸気が蒸気原動機中で断熱膨張して e_1 の状態になったときに，蒸気の一部を抽出して高温給水加熱器に送ると，給水を加熱し，復水して f_1 の状態となる。膨張蒸気の他の一部を e_2 の状態で抽出して低温給水加熱器に送ると，給水を加熱し，復水して f_2 の状態になる。残りの蒸気は終圧まで膨張して4の状態で復水器に入り復水して1の状態になる。この2段抽出再生サイクルの理論熱効率は，ポンプ仕事を無視すると次の式で表される。

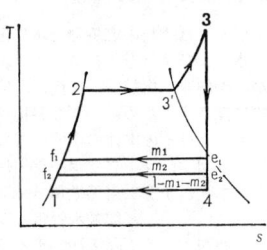

図 2-18 再生サイクル

$$\eta=\frac{(h_3-h_4)-\{m_1(h_{e_1}-h_4)+m_2(h_{e_2}-h_4)\}}{h_3-hf_1}$$

ここに m_1, m_2 は e_1 および e_2 における抽気質量割合である。

n 段抽出の再生サイクルの理論熱効率は

$$\eta=\frac{(h_3-h_4)-\sum_{i=1}^{n}m_i(h_{e_i}-h_4)}{h_3-hf_1}$$

2.7.4. 再熱再生サイクル

再熱サイクルと再生サイクルを組み合わせて熱効率の改善を図ったサイクルである。図 2-19 は一段再熱一段抽出の再熱再生サイクルの Ts 線図で，このサイクルの理論熱効率は，ポンプ仕事を無視すると

$$\eta=\frac{(h_3-h_a)+(h_b-h_4)-m(h_{e_1}-h_4)}{(h_3-hf_1)+(h_b-h_a)}$$

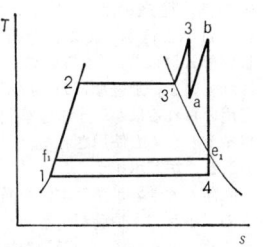

図 2-19 再熱再生サイクル

また一段再熱 n 段抽出の再熱再生サイクルも同様に

$$\eta=\frac{(h_3-h_a)+(h_b-h_4)-\{m_1(h_{e_1}-h_4)+m_2(h_{e_2}-h_4)+m_3(h_{e_3}-h_4)+\cdots\}}{(h_3-hf_1)+(h_b-h_a)}$$

3章 ボイラおよび蒸気原動機

3.1. ボイラの種類

ボイラは燃料の燃焼熱を水に伝えて蒸気を発生する装置である。その主要部は水および蒸気を入れるボイラ本体と燃料の燃焼装置および火炉から成り立つが、過熱器、再熱器、節炭器、空気予熱器などの付属装置および安全かつ経済的に操業するために必要な各種付属品がついている。

ボイラはその本体の構成形式などによって、次のように分類される。

　丸ボイラ：立てボイラ・炉筒ボイラ・煙管ボイラ・炉筒煙管ボイラ
　水管ボイラ：自然循環式水管ボイラ（直管式、曲管式、放射形）・強制循環式水管ボイラ・貫流ボイラ
　特殊ボイラ：間接加熱ボイラ・廃熱ボイラ・特殊燃料ボイラ・特殊流体ボイラ・電気ボイラ

3.2. 丸ボイラ

3.2.1. 立てボイラ

円筒形のボイラ胴が直立している形式で、構造や取扱いが簡単で安価であり、据付け面積が少なくてすむ小容量ボイラである。従来のものはボイラ効率が40～50％と低かったが、改善された新しい形式には85％くらいのものも製作されている。工場などの小形ボイラとして用いられるほか、土木建築関係の移動ボイラとしても使用される。

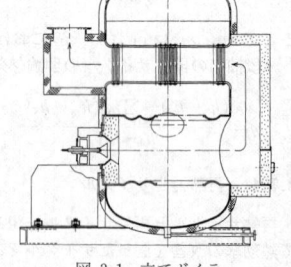

図 3-1 立てボイラ

3.2.2. 炉筒ボイラ

直径の大きいボイラ本体を横に据え付け、その内部に炉筒を貫通させた内だきのボイラで、炉筒が1本のものをコルニシュボイラ、2本のものをランカシボイラという。圧力の変動や気水共発が少なく、取扱いや掃除が容易で、給水についてもあまりやかましくないなどの特徴があり、古くから工場ボイラなどとして広く使用された。しかし、蒸発量が少なく、効率は50～60％程度と高くないので、最近効率の良い他の形式のボイラに置き換えられている。

3.2.3. 煙管ボイラ

ボイラ胴の水部に多数の煙管を配置して伝熱面積を増加させた形式で、横煙管ボイラ、機関車ボイラ、機関車形ボイラがある。ボイラ胴両端の鏡板の間に小径の煙管を多数配置しているので、大きさの割合に伝熱面積が広くなり、蒸発量が大きく、効率も60～70％と比較的良く、沸きも早い。しかし、内部の検査や掃除が困難で、やや良質の給水が必要になる。工場用、暖房用などにかなり広く用いられてきたが、最近は効率の良い他の形式のボイラに換えられている。

3.2.4. 炉筒煙管ボイラ

炉筒ボイラと煙管ボイラを組み合わせた形式のボイラである。船用丸ボイラとしてはスコッチボイラと呼ばれて以前から使われていたが、今でも補助ボイラとしてはこの形式も用いられている。

陸用の炉筒煙管ボイラは第二次大戦後広く採用されるようになった。その特徴はボイラ効率が高いこと、パッケージ形であることなどである。波形炉筒を採用し、炉筒を出た燃焼ガスは炉筒周囲に配置された煙管群を前後に2～4回通った後に煙突に排出される。したがって、伝熱面積が広く、蒸発量が大きく、効率は85％前後から90％に近い高い値になっている。パッケージ形に製作されるので、据付けに要する時間や費用が節約できる。また、自動化も取り入れられて、取扱いが簡単になっている。蒸気圧は1MPaまでが多く、蒸発量は25 t/h くらいまで製作され、わが国では立てボイラ以外の丸ボイラは大部分がこの形式になっている。

① 第1煙管群　　　② 第2煙管群　　　③ 第3煙管群
④ 前部煙室　　　　⑤ 大型の波形炉筒　⑥ 前部灰出口
⑦ 缶受台　　　　　⑧ 中部灰出口　　　⑨ 後部灰出口
⑩ 誘引排風機　　　⑪ 燃焼ガス回路の仕切　⑫ 後部煙室
⑬ 操作台と梯子　　⑭ 広い蒸気室

図 3-2　炉筒煙管ボイラ

3.3. 水管ボイラ

直径の小さい多数の水管内部を水が循環するので伝熱面積が大きく、蒸発量が大であり、ボイラ効率が高く、高圧蒸気の発生に適している。またボイラ水の循環が良く伝熱面の伝熱が良好で、たき始めから蒸気発生までの時間が短い。その反面、構造が複雑で高価であり、負荷の変動による蒸気圧の変化が大きく、純良な給水が必要である。

3.3.1. 自然循環式水管ボイラ

圧力約 15.2 MPa までは，自然循環式水管ボイラが広く採用されている。

直管式水管ボイラは水管の掃除が容易などの長所があり以前は多数製作されて普及した。組合せボイラ（セクショナルボイラ）はその代表的なもので多数の直水管の両端を管寄せに結合し，それを幾組か並べ両方の管寄せからドラムに結合している。水はドラムから下り管寄せ，水管，上り管寄せと規則正しい循環を行う。燃焼ガスは水管を3回横切るようにそらせ板を設けている。タクマボイラは国産の直管式ボイラで，わが国では工場用ボイラとして広く使用された。近年，給水処理法，水管清浄法などの進歩にともない曲管式水管ボイラが広く採用されるようになり，直管式水管ボイラは小形低圧の立て形水管ボイラのほかはほとんど使用されなくなった。

曲管式水管ボイラは水管をドラムの半径方向に取り付けるからドラムの厚さが一様でよく，水管の配置も自由にできるので効率の良い内だきボイラにできる利点がある。最近は各社が製作するボイラはその設計が大同小異で，皆だいたい似たものになっている。

火力発電用などの大形ボイラはいわゆる放射ボイラとなり，火炉の周囲に配置された水管が放射熱を吸収して蒸発作用のほとんど全部を受け持っている。ボイラ水の循環を良くするために径の大きい降水管を炉壁外に設け，過熱温度を上昇させるために過熱器を一次過熱器，二次過熱器に分け，また過熱低減器によって自動的に過熱温度の制御を行うようになり，再熱器もしだいに設けられるようになった（図 3-3）。

中形および小形のボイラも形体に比して燃焼室を大きくし，水冷炉壁を採用して放射熱の有効な利用を図り，非加熱降水管を設けるなどボイラ水の循環を確実にしている。気水ドラム1個，水ドラム1個の2胴形が多いが，気水ドラム1個，水ドラム2個の3胴形や気水ドラム1個と管寄せから成るものもある。いずれもパッケージ形に製作されるものが多くなっている。

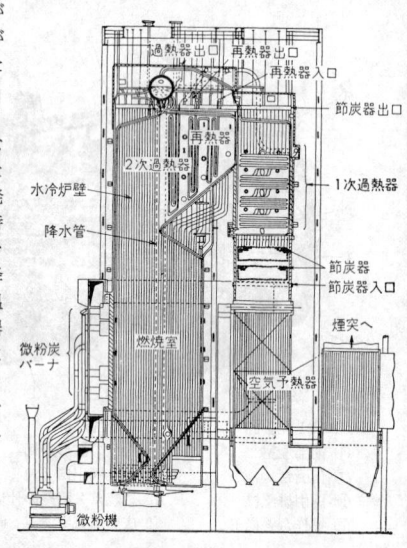

図 3-3 放射ボイラ

3.3.2. 強制循環式水管ボイラ

亜臨界圧では高圧になるにしたがって飽和水と飽和蒸気との密度差が小さくなり，ボイラ水の循環が悪くなってくる。強制循環式水管ボイラはポンプによ

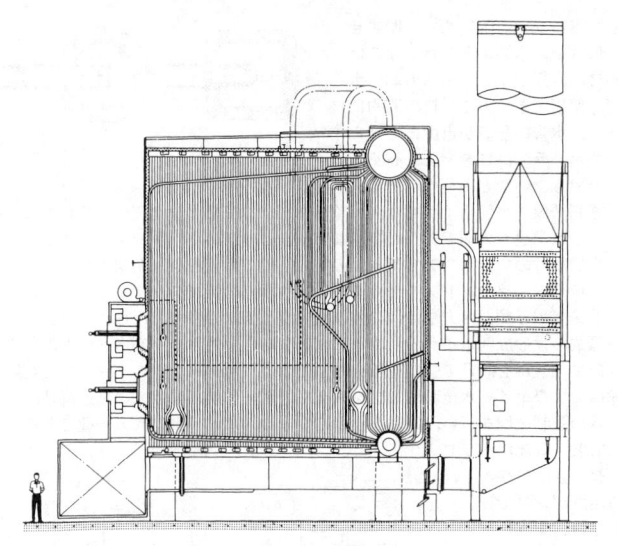

図 3-4 D形曲水管ボイラ

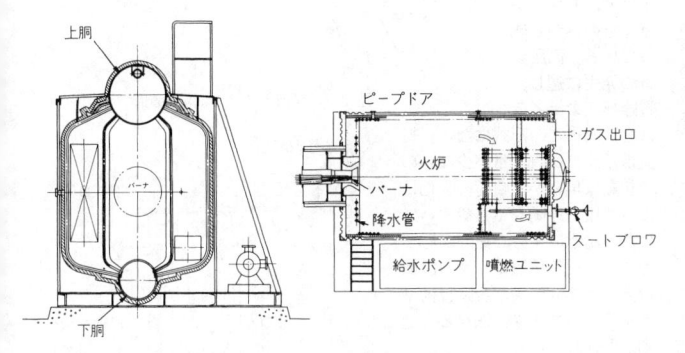

図 3-5 小容量水管ボイラ

ってボイラ水を強制的に循環させる形式で，水の循環が良くなるほかに，直径が小さい肉厚の薄い水管を使用できるので材料の節約になり，水管の配置が自由にできるのでボイラの高さをあまり高くしないでもよいなどの利点がある。

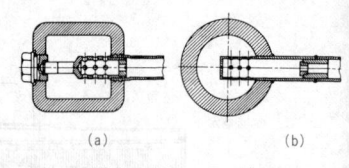

図 3-6 ラモントノズル

強制循環式水管ボイラでは，ボイラ水がすべての水管を一様に流れるようにすることが最も大切であり，特別な方法をとっている。ラモントボイラはその代表的なもので，ポンプで蒸発量の4～10倍の水量を強制循環させ，水管の入口に絞り穴（ラモントノズル）を設けて各水管の流れを一様にしている。ラモントノズルと類似の方法は他の強制循環ボイラにも多く採用されている。自然循環式の大形放射ボイラの降水管にポンプを取り付け，下部水ドラムの各水管入口にノズルを設けて強制循環式としたボイラもある。ガスタービンと空気圧縮機およびボイラ水循環ポンプを備えて，加圧燃焼，熱ガスの高速流動，ボイラ水の強制循環を行い，始動が早いベロックスボイラもこれの一種である。

3.3.3. 貫流ボイラ

長い管の一端から給水ポンプで押し込み，順次に加熱，蒸発，過熱し，他端から過熱蒸気として送り出すボイラで，ドラムが無く管のみから成っている。高圧蒸気の発生に適し，超臨界圧のボイラは必然的にこの形式になる。貫流ボイラは保有水量が少ないので起動は早いが，負荷の変化によって圧力変動を生じやすい。また，給水の十分な処理が必要であり，近年貫流ボイラの設置台数の増加は，純水製造技術やボイラ水の酸素除去法などの進歩が関係している。

図 3-7 貫流ボイラの伝熱面配置

貫流ボイラはベンソンボイラ，スルザーボイラによって代表されるが，UPボイラ，FWボイラなども開発された。また，全

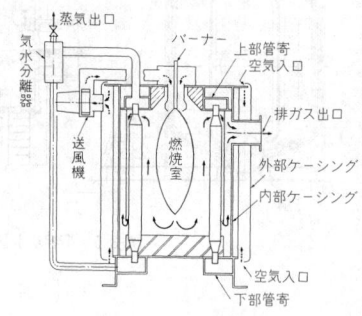

図 3-8 小形貫流ボイラ

3.4. 蒸気機関

蒸気機関は最も歴史の古い熱機関で広く使用されたが，一般に熱効率が低く出力当たり重量も大きいため，蒸気タービンや内燃機関の進歩と電動機の普及によって，その用途は著しく狭くなった．しかし，始動回転力が大きいこと，低速回転に適すること，負荷の変動による効率の低下が少ないこと，変速逆転が容易なこと，信頼性が高く耐久性があること，製作，取扱い，修理などが容易なことなどの特徴がある．

3.5. 蒸気タービンの動作方式および分類

3.5.1. 段

ノズルまたは静翼と動翼との一組を蒸気タービンの段または圧力段といい，各段ごとに1回ずつ熱エネルギを機械仕事に変える．この段は蒸気の圧力降下がノズルだけで行われる衝動段と，圧力降下がノズルと動翼の両方で行われる反動段とに大別される．図 3-9 で状態 A（圧力 P_0，エンタルピ h_0）速度 c_0 の蒸気がノズルまたは静翼で圧力 P_1 まで膨張して状態 C（エンタルピ h_1）になる．この間に流入運動エネルギと熱落差 h_0-h_1 との和を運動エネルギに変え，速度 c_1 で動翼に入る．動翼内で一般には再び膨張して状態 D（圧力 P_2，エンタルピ h_2）速度 c_2 になる．この間に c_1 に相当する運動エネルギと熱落差 h_1-h_2 の和の大部分は動翼の回転仕事に転換し，残りは c_2 に相当する運動エネルギとして捨てられる．このように一段における断熱熱落差は $h_a=\overline{\text{AB}}+\overline{\text{CH}}\fallingdotseq\overline{\text{AG}}$ である．このとき $r=\overline{\text{CH}}/h_a \fallingdotseq \overline{\text{BG}}/\overline{\text{AG}}$ を反動度という．一般に $r=0\sim1$ であり，$r=0$ は純衝動段であって $P_1=P_2$ となる．

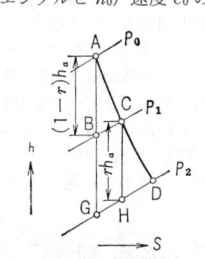

図 3-9 一段中の状態変化

3.5.2. 蒸気タービンの分類

蒸気の作用により

衝動タービン：単式タービン（ドラバルタービン），速度複式タービン（カーチスタービン），圧力複式タービン（ツェリータービンまたはラトータービン）

反動タービン：軸流反動タービン（パーソンスタービン），半径流反動タービン（ユングストロームタービン）

混式タービン：カーチス・ツェリータービン，カーチス・パーソンスタービン

蒸気の用い方により

復水タービン，背圧タービン，抽気タービン，アキュムレータタービン，排気タービン

(1) **単式衝動タービン** 1列のノズルと1列の動翼から成る簡単な構造で図 3-10 のように蒸気は1段で膨張するので,蒸気は非常な高速で動翼に入る。そのため羽根の周速が非常に高くなり,羽根出口の蒸気速度も高く流出損失が大きい。

(2) **速度複式衝動タービン** 1列のノズルと2列またはそれ以上の動翼から成るもので図 3-11 のように動翼と静翼を交互に配置する。蒸気の速度エネルギを何段かに分けて利用するので,タービンが最高効率を示す速度比が下がり,流出損失も小さくなる。

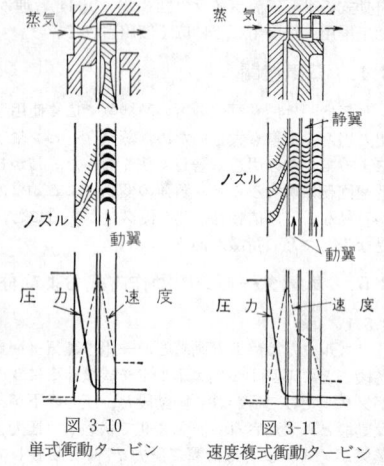

図 3-10 単式衝動タービン

図 3-11 速度複式衝動タービン

(3) **圧力複式衝動タービン** 蒸気の熱エネルギを速度エネルギに変換する過程を多数の段に分けて行うもので,各段ごとにノズルと動翼を備えている。蒸気の膨張を何段にも分けることによって,羽根入口の蒸気速度を低くし効率の良い適当な値まで下げられるので,大出力に適した形式である(図 3-12)。

(4) **軸流反動タービン** この形式の代表的なものはパーソンスタービンで,$r=0.5$ である。図 3-13 のように静翼と動翼が交互に設けられ,仕事は衝動作

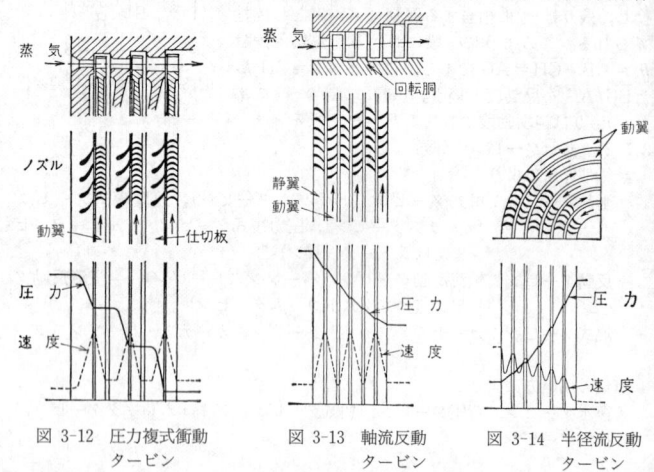

図 3-12 圧力複式衝動タービン

図 3-13 軸流反動タービン

図 3-14 半径流反動タービン

用と反動作用によって半分ずつ行われる。静翼と動翼は普通は同一断面に作られる。

(5) **半径流反動タービン** このタービンは図 3-14 のように動翼のみから成り，一つおきに反対方向に回転しながら互いに次の翼の案内翼の役目をしている。翼は翼輪に軸方向に取り付けられ，翼輪は左右の軸にそれぞれ固定されて反対方向に同一速度で回転する。

(6) **混式タービン** 反動タービンは動翼の前後に圧力差があるので翼に蒸気が充満して流れる必要がある。しかし高圧部では蒸気容積が小さいので充満して流れることが困難になる。そこで高圧部に衝動段を用いた混式タービンが広く用いられる。

(7) **復水タービン** 排気を復水器に導いて復水させる形式で，蒸気を低圧まで膨張させるので熱エネルギを最も多く仕事に変えることができ，動力発生を主目的とする大形タービンに使用される。単純復水タービン，再生タービン，再熱タービンなどがある。

(8) **背圧タービン** 動力と作業用蒸気が必要な場合，タービンの背圧を必要作業蒸気圧として排気のすべてを作業用に用いる。

(9) **抽気タービン** 動力と作業用蒸気が必要で，作業用蒸気量が比較的少なくまたその変動が著しい場合，タービンから蒸気の一部を抽気して作業用に使用し，残りは低圧まで膨張させて復水器に導く。

(10) **アキュムレータタービン** 負荷の変動が激しい場合，アキュムレータを設けて軽負荷のときに蒸気を蓄積し，ピーク負荷時にこれから蒸気を供給して負荷に応じるようにしたタービンをいう。

(11) **排気タービン** 蒸気機関，蒸気ハンマなどの排気によって動力を発生する低圧タービン。

3.6. 蒸気タービンの効率

多段蒸気タービンの中間の１段を考える。この段の初速度を c_0 とし，この段を去る蒸気の速度 c_2 のうち εc_2 が次の段の初速度として利用されるとする。ε は速度利用率と呼び，衝動段では 0.8〜0.9，反動段ではほぼ１になる。動翼を出る蒸気のもつ運動エネルギのうち，次の段の初速度に利用されないエネルギは流出速度損失 z_3 で表せ，

$$z_3 = \frac{1}{2} c_2^2 (1-\varepsilon^2)$$

となる。この段で利用できるエネルギ Δh_t （単位質量当たりのエンタルピ）は，

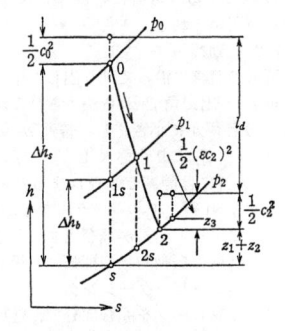

図 3-15 段における蒸気の状態変化

$$\Delta h_t = \Delta h_s + \frac{1}{2} c_0^2 - \frac{1}{2} (\varepsilon c_2)^2$$

となる。$\Delta h_s = h_0 - h_s$ は図 3-15 に示すように，この段における**断熱熱落差**である。Δh_s のうち，動翼で生じる熱落差
$$\Delta h_b = h_{1s} - h_s \doteqdot h_1 - h_{2s}$$
が占める割合 $r(=\Delta h_b/\Delta h_s)$
を**反動度**と定義する。

このとき，図 3-16 に示すノズル出口の速度 c_1 および動翼の出口の相対速度 w_2 は
$$c_1 = \varphi\sqrt{2(1-r)\Delta h_s + c_0^2}$$
$$w_2 = \Psi\sqrt{2r\Delta h_s + w_1^2}$$
となる。ここで φ はノズルの速度係数（0.94〜0.99），
Ψ は動翼の速度係数（0.8〜0.95）である。

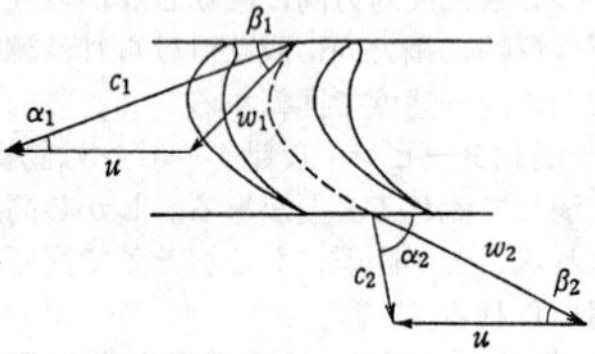

図 3-16 動翼の入口と出口における速度三角形

単位質量当たりの蒸気から得られる仕事 l_d は図 3-15 を参照して，
$$l_d = u_1 c_1 \cos \alpha_1 + u_2 c_2 \cos \alpha_2$$
となる。そして Δh_t のうち，線図仕事に変換される割合 $\eta = l_d/\Delta h_t$ をこの段の**線図効率**と呼ぶ。

3.7. 蒸気タービンの主要部

3.7.1. ノズル

ノズルの出口圧力が入口圧力の臨界圧より大きいときは先細ノズル，小さいときは末広ノズルになる。製作法によって，先細ノズルには鋳込式，組立式，溶接式などあり，末広ノズルには鋳造式，せん孔式，組立式，溶接式などがある。いずれも形状と表面の仕上げに特別な注意が必要である。ノズル出口角 α_1 は先細ノズルでは 11〜20°（低圧段では 22〜30°），末広ノズルでは 15〜25° くらいにする。材料には鋳鋼，Ni 鋼，Cr 鋼，Cr-Ni-Mo 鋼，ステンレス鋼などが用いられる。

3.7.2. 動翼

蒸気の流線に沿って削り出した削出し翼が多く使われる。翼の断面形状は入口角 β_1 と出口角 β_2 から決められるが，一般に衝動段では $\beta_1 = \beta_2$ または β_2 を β_1 よりわずかに小さくし（普通 $\beta_2 = 20 \sim 28°$，最終段では 40° くらい），反動段では β_2 を β_1 より小さくし（$\alpha_1 = \beta_2 = 14 \sim 22°$，低圧部では 30〜45°），反動度 0.5 の場合には静翼と動翼はまったく同じ形状にする。材料には 12〜13% Cr 鋼，5% Ni 鋼，モネルメタルなどが使用される。翼の先端の間隔を正しくし，遠心力によって蒸気が飛び出すことを防ぐために，シュラウドを用いる。シュラウドは翼の振動防止や補強にも役立つ。

3.7.3. タービンケーシング

タービンロータを囲む部分で，仕切板やノズルまたは静翼が取り付けられる。高圧側と低圧側に分けられ，高圧側には給気弁または調速弁，ノズル室，ノズル，調速に使う最初の段，途中の段の約半分，軸封パッキン，軸受などが，低圧側には残りの約半分の段，排気フード，復水器との連結部，軸封パッキン，

軸受などが付属するか,または取り付けられる。タービンケーシングは十分な剛性が必要であり,変形や熱応力を少なくするためにいろいろな工夫がされている。材料には鋳鋼,Ni-Cr-Mo 鋼,Cr-Mo 鋼,18-8 ステンレス鋼などが,圧力や温度に応じて使用される。

3.7.4. 仕切板

圧力複式衝動タービンで各段の間の気密を保つ役目をし,ノズルを保持する。水平面で上下に二分し,その中心は軸の中心と一致する。材料は普通鋳鉄や鋳鋼が使用される。

3.7.5. タービン円板,タービン円胴

タービン円板は1列または数列の羽根を植え付けて高速回転し,主として衝動タービンに用いられる。軸と一体に作ったもの,軸と別々に作ってはめ込んだもの,ボルトまたは溶接で組み立てたものがある。タービン円胴は多くの羽根列を植え付けたもので,主として反動タービンに用いられる。軸と一体に作ったものと軸と別々に作ったものとがある。タービン円板,タービン円胴,タービン軸などの回転部分には軟鋼,Ni 鋼,Cr-Ni 鋼が主に用いられ,高温のものには Cr-Ni-Mo 鋼が使用される。

3.7.6. 漏れ止め装置

タービン軸が車室あるいは仕切板を貫く部分およびつりあいピストンには気密保持のためにパッキンを用いる。最も広く用いられるのはラビリンスパッキンであり,炭素パッキンは小形タービンに使用され,水封じパッキンはラビリンスパッキンと組み合わせて使用されることが多い。

3.7.7. 軸受,軸継手

主軸受とスラスト軸受がある。主軸受は普通は平軸受を用い,スラスト軸受は多つば軸受やミッチェルスラスト軸受を使用する。軸継手には固定式とたわみ式があるが,最近はボルト締めの固定継手が多く使用される。

3.7.8. 調速装置

調速法には絞り調速法とノズル締切調速法がある。絞り調速法は絞り弁を加減して蒸気を絞り,熱落差と蒸気量を変えて出力を調整する。ノズル締切調速法は熱落差は一定のままでノズル数を加減し,蒸気量だけを変化させて出力を調整する。調速装置は調速機の動きから,油圧をサーボモータに働かせて加減弁を動かすのが普通である。最近は電気油圧式調速装置も採用されている。なお,タービンの回転が定格の速度を 10($\pm$1)% 超過したときに作動する非常調速機も設ける。

3.8. 復水装置

復水装置は蒸気原動機の排気を冷却復水させるもので,原動機の背圧を大気圧以下に下げることと復水の回収を目的とする。

復水器には表面復水器と混合復水器がある。混合復水器は復水を回収できないので,一般に表面復水器が使用される。

表面復水器は図 3-17 のように胴内に伝熱面となる多数の冷却管を配置し,管内を冷却水が,管外を蒸気が流れる。冷却管は良好な伝熱が行われ,また蒸気の流動抵抗が少ないように配置する必要がある。胴は軟鋼板を溶接して作り,

管板は黄銅板，冷却管は黄銅管，白銅管，チタン管などを用いる。表面復水器には器内の漏入空気を抽出する抽気ポンプ，冷却水を送る循環ポンプ，復水を取り出す復水ポンプなどが附属している。図3-18に復水装置系統図の例を示す。

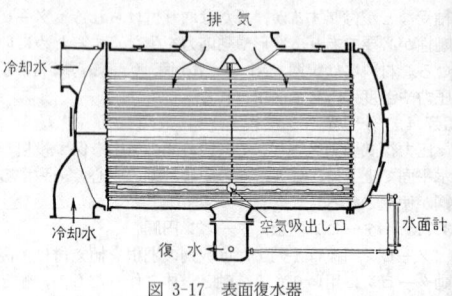

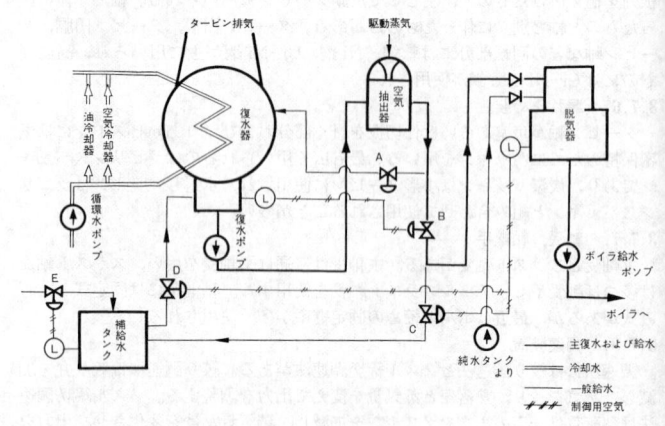

図 3-17 表面復水器

図 3-18 復水装置系統図

4章　内燃機関

4.1. 内燃機関の種類

内燃機関にはいろいろな分類方法があるが，普通次のように分類される。

- 容積形
  - 火花点火機関　　ガソリン機関，ガス機関，液化石油（LPG）機関
  - 圧縮着火機関　　ディーゼル機関
- 速度形
  - ガスタービン
  - ジェット機関
  - ロケット機関

内燃機関とは狭義には容積形機関のみを指す場合もある。容積形機関には4サイクル機関と2サイクル機関の別があり，また，往復動機関とロータリ機関とがある。

4.2. 燃料および燃焼

4.2.1. 燃料

表 4-1 に内燃機関用燃料の性質を示す。

ガソリン機関燃料には耐ノック性が大きいこと，適度の気化性があること，

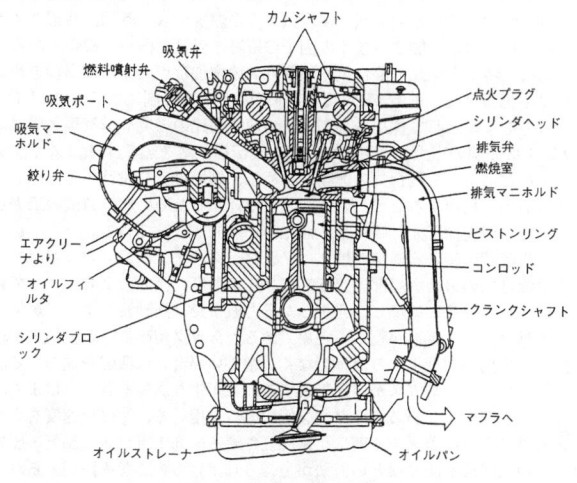

図 4-1　ガソリン機関の構造

表 4-1 液体燃料の性質

性質 燃料の種類	密度 (g/cm³)	蒸留温度 (90%点 °C)	低位 発熱量 (MJ/kg)	理論 混合比	備考
ガソリン {航空機用	0.69～0.72	190以下	～47	約14.8	オクタン価80以上 JIS K 2206
ガソリン {自動車用	0.72～0.75	200以下			オクタン価85以上 JIS K 2202 (1～2号)
燈油	0.78～0.85	320以下	～43	約14.7	JIS K 2203
ジェット燃料	0.73～0.85	290以下	～42	約14.7	JP-4
軽油	0.84～0.89	350以下	～42	約14.2	セタン価40以上 JIS K 2204 (1～3号)
重油	0.90～0.99		～42	約13.9	JIS K 2205

ディーゼル機関燃料には着火性がよいこと，適度の粘度をもつことなどが要求されるほか，発熱量が大きく，耐寒性があって腐食性が無いことなども要求される。また，排ガス対策に触媒が使われるようになって，燃料中の硫黄分の低減が行われている。

4.2.2. 火花点火機関の燃焼

燃焼室内の混合気の一部で火花放電をすると，そこにできた火炎核が成長し，火炎が全混合気中に伝播して燃焼が進み，適当なクランク角度で燃焼が終了し，燃焼による圧力上昇がピストンに作用すれば正常な運転が行われる。

火花点火から燃焼の終了までの過程や時間は，混合気の性状，点火のエネルギ・位置・時期，燃焼室の形状，混合気および燃焼ガスの流動，残留ガスの多少，運転条件その他に関する多くの因子の影響を受けて極めて複雑である。

たとえば，希薄空燃比の混合気や残留ガスの増加は点火性に悪影響を及ぼし，燃焼速度も低下する。したがって，自動車排出ガス規制によるCO，NOxの低減の有力な手段として採用されている希薄空燃比の燃焼や排気再循環には，1シリンダに2個の点火プラグをつけて火炎伝播距離を短くする，スキッシュ，スワールなどによって混合気の流動を早める，副燃焼室を設けてそこからの燃焼ガスの噴出を利用するなど，燃焼期間を短縮するための燃焼方式の工夫が行われていた。現在は三元触媒による浄化が一般的となっている。

火花点火機関に起こる異常燃焼にはノック，プリイグニションなどがある。ノックは混合気の最終燃焼部分（末端ガス）が温度，圧力の上昇によって自己着火を起こして急激に燃焼し，発生した圧力波または衝撃波によって燃焼ガスの圧力振動（ノック音）が起こる現象である。ノックが起こると熱損失が増加して出力や熱効率が低下するだけでなく，激しい場合には機関を損傷する。ノックを防ぐには，末端ガスが自己着火する前に正常な燃焼をさせればよく，①耐ノック性の高いすなわち高オクタン価の燃料を用いる，②燃焼速度を大きくして末端ガスを自己着火する前に正常燃焼させる，③末端ガスの温度・圧力を下げて，自己着火を防ぐなどの方法が考えられ，いろいろな手段がとられている。燃料のオクタン価を高くするために，かつてはアルキル鉛を添加していたが，触媒劣化が生じるため，無鉛ガソリンが使われている。

4.2.3. 圧縮着火機関の燃焼

圧縮着火機関では，圧縮行程の終りで高温高圧になった空気中に燃料を霧状に噴射し，その自己着火によって燃焼させる。燃焼経過は図 4-2 に示す着火遅れ期間 AB，予混合燃焼期間 BC，拡散燃焼期間 CD，あと燃え期間 DE の 4 期に分けることができる。

着火遅れ：噴射開始から着火までで，この期間に噴射された燃料の微粒が蒸発して可燃混合気が用意される。普通 0.7～3 ms くらいで，圧縮温度，圧縮圧力および噴射時期に関係し，同じ燃料では温度，圧力が高いほど短くなる。燃料としてはそのセタン価が重要になる。

予混合燃焼：着火から圧力急上昇の終りまでで，爆発的燃焼期間ともいわれる。着火遅れ期間に蓄積された可燃混合気が一時に燃え，熱発生率が高く圧力が急上昇する。この圧力急上昇が急激に過ぎると燃焼室内に打音が発生する。これがディーゼルノックで，騒音の原因となり，各部に過大な応力を発生させる。圧力の急上昇を避けて燃焼騒音を低くするには着火遅れ期間を短くするか，その期間の噴射量を減らせばよいが，これらの方法をとると燃料消費率と排煙濃度が増すのが普通である。

拡散燃焼：圧力急上昇の完了から噴射の終りまでで，火炎が広がって温度，圧力が高くなっているところに噴射するから，燃料は噴射後直ちに燃える形態になる。この期間の燃焼は燃料噴射率，燃料の蒸発，拡散，燃焼室に残っている酸素量に支配される。

あと燃え：噴射終了から燃焼の終りまでで，燃料が酸素と接触する速さで燃焼が進む。この期間は，高負荷ではクランク角で 50～60° にも及ぶが，最後まで酸素と接触しなかった燃料はすすとなって排出される。あと燃えの長短は熱効率などに影響するから，燃料をよく霧化，分布させ，新気との接触を図ることが大切である。

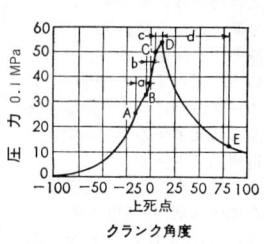

図 4-2 ディーゼル機関シリンダ内の圧力変化説明図

圧縮着火機関の燃焼では，燃料の霧化，分布，空気との混合などが重要な要件となるが，燃料噴射装置だけで満足させることは困難であり，燃焼室の形式，形状ならびにガスの流動に依存するところが大きくなる。排気ガス浄化のために，電子制御高圧燃料噴射システム，過給システム，排ガス再循環，触媒の利用が行われている。さらに微粒子を除去するために DPF（ディーゼル・パティキュレート・フィルタ）が取り付けられている。

4.3. 潤滑および冷却

4.3.1. 潤滑

簡単な機関を除いてほとんどが油ポンプによる強制給油である。図 4-3 に自動車用ガソリン機関の潤滑系統の例を示す。普通 0.3～0.5 MPa の油圧で潤滑部分に送られ，調圧弁，油ろ過器，油冷却器などを備えている。ガソリンおよびディーゼル機関はそれぞれ 4 サイクル，2 サイクル機関などの特性に応じた

潤滑方式が採られている。小形機関には主要部だけを循環式にしてはねかけ式を併用する場合も多い。潤滑油には石油系潤滑油が一般に使用される。

4.3.2. 冷却

冷却方法には液冷式および空冷式がある。液冷式には対流式と蒸発式があり，高出力小形高速機関には冷却液をポンプで循環させる強制対流方式が採用されている。図 4-4 に一般的なラジエータ冷却による自動車用機関の冷却系統の例を示す。最近自動車用機関などは，ラジエータ注水口に加圧弁を備えた加圧冷却が一般的になってきた。これはポンプの羽根部およびポンプ吸込口側管内に全般的または部分的な負圧が生じて，低温沸騰，ポンプの送水能力低下，キャビテーションなどが誘発することを防

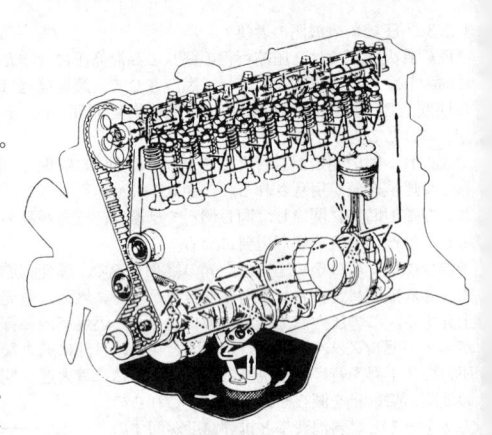

図 4-3 潤滑系統の例

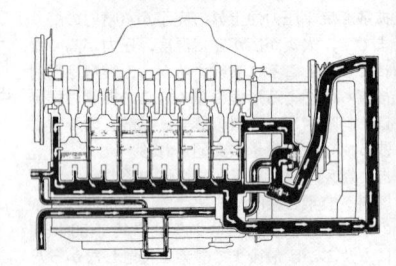

図 4-4 冷却系統の例

ぐために，冷却液を加圧する方式である。この場合使用する冷却液は，エチレングリコールを主体とする不凍液に各種の腐食防止剤や湯あか発生防止剤などを添加し，また pH 値を 8〜9 に保ってエチレングリコールの酸性化を防止している。農業用などの小形機関には一部が大気に開放されているホッパによる蒸発式が採用されている。

空冷式はシリンダ，シリンダヘッドなどに多数の冷却フィンを設け，それに空気を流して冷却する方法で，オートバイなどの小形機関に用いられる。冷却が一様になるようにそらせ板を設け，また冷却ファンを備えたものもある。

4.4. 掃気および過給

4.4.1. 掃気

2 サイクル機関の給気によって排気を追い出すと同時にシリンダ内を給気で満たす作用を掃気という。掃気はクランク角で 120〜160°の短い時間内に行わ

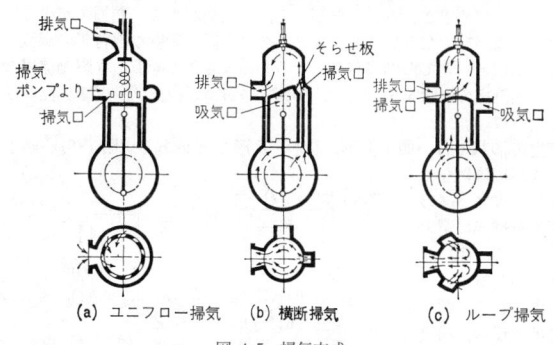

図 4-5 掃気方式

れ，その良否は2サイクル機関の大きな問題である．一般に次のような掃気方式がとられている（図 4-5）．

(a) **ユニフロー掃気** 排気，給気とも同一方向に流れる形式で，掃気効率が高く，過給にも有利である．現在，ポート排気，弁排気の形が多い．中形以上の舶用ディーゼル機関はほとんどこの方式で，熱効率は 50 % を超える．

(b) **横断掃気方式** 掃，排気口がシリンダ下部の円周上に向かい合って配置される形式で，機構が簡単になる．図に示すのは単純な形から変形された例である．

(c) **ループ掃気方式** 掃気がシリンダ内で反転して流れる形式で，掃，排気口をシリンダ下部の同じ側に 2 段に配置した MAN 形や，排気口の両側に近接して 2 組の掃気を設けたシュニューレ形などがある．小形ガソリン機関に見られる方式であるが，排出ガスが汚いので 4 サイクル機関への置換が進んでいる．

4.4.2. 過給

周囲の大気圧以上の圧力の給気を機関に供給することを過給といい，過給を行う装置を過給機という．過給を行って給気の密度を高めると，燃やしうる燃料も多くなり，平均有効圧が上昇して出力が向上する．排気タービン過給機は排気のエネルギを利用しており，出力の向上と同時に熱効率も改善されるので，現在過給機関の大部分は排気タービン過給機をつけている．排気タービンには小形のものでは半径流タービンが用いられるが，その他は軸流タービンであり，送風機は遠心式で直線羽根のものが多い．

過給はディーゼル機関には広く用いられたが，ガソリン機関にはノック，プリイグニションの原因となるので航空機用以外は用いられなかった．しかし，高効率，高性能化が要求されて自動車用機関に採用されるようになった．

4.5. ガソリン機関

4.5.1. 燃焼室

燃焼室には，ノックが起こりにくく，高い熱効率が得られ，有害排出物が少

ないことなどが要求される。したがって、表面積が小さく熱損失が少ないこと、火炎伝播時間が短くなる形状と点火プラグの位置、適度な混合気の渦流と乱れが得られること、充てん効率が良くなる弁の大きさと配置、弁駆動機構などを考慮して燃焼室の形状を決め、吸、排気弁系および点火プラグの位置を決めなければならない。

燃焼室の形状には、頭上弁形、L形、F形などがある（図4-6）。頭上弁形は弁機構が複雑になるが、弁と点火プラグの位置関係を適当に選ぶことによって、広い運転範囲にわたって高い性能が得られる。頭上弁形には半球形、湯舟形、くさび形などがある。乗用車にはくさび形が広く用いられ、1シリンダに吸気弁と排気弁を2個ずつ取り付けたものが普通になっている。

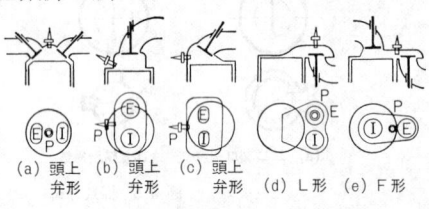

(a) 頭上弁形　(b) 頭上弁形　(c) 頭上弁形　(d) L形　(e) F形

I：吸気弁　E：排気弁　P：点火プラグ

図 4-6　ガソリン機関の燃焼室

4.5.2. 燃料供給

ガソリンの供給には、自動車用では厳しい排気ガス規制と燃費の改善のために電子制御噴射装置が用いられている。排気ガス規制の穏やかな汎用機関や二輪車の一部には気化器が用いられている。

自動車用では排気ガス浄化のために三元触媒を用いており、この浄化率を高めるために、燃料と空気の比が量論比になるよう吸入空気量と排気ガス中の酸素濃度を検出して、噴射する燃料の量をコントロールしている。噴射システムの一例を図4-7に示す。

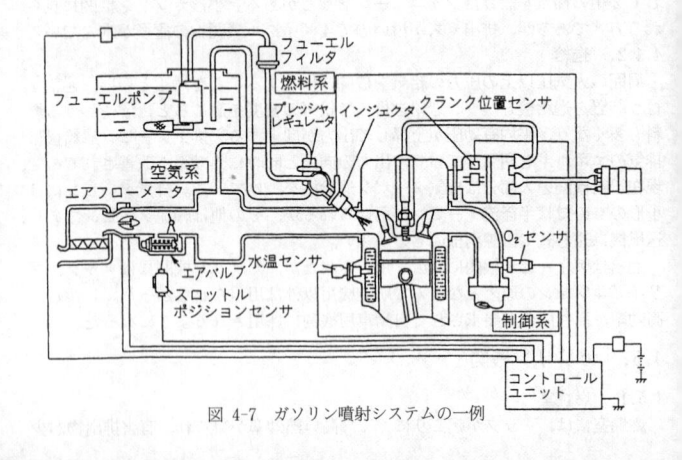

図 4-7　ガソリン噴射システムの一例

4章 内燃機関

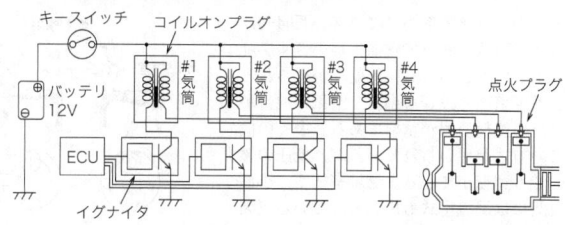

図 4-8 点火システム

4.5.3. 点火装置

燃焼室内の燃料と空気の混合気に点火するのが点火プラグであり,この点火プラグに何万ボルトもの高電圧を供給するのが点火コイル,点火コイルに発生する高電圧を制御するのがイグナイタである。点火システムには高電圧をディストリビュータとよばれる機械的な方式で配電するものと,点火プラグごとに電子配電制御する方式とがあるが,近年の乗用車では後者が用いられている(図 4-8)。

表 4-3 シリンダの配置と点火順序

	シリンダ数	シリンダ配置	点火順序
2サイクル	3	直列	1 2 3
	4	直列	1 4 2 3
	6	直列	1 5 3 4 2 6
	6	直列	1 4 5 2 3 6
4サイクル	4	直列	1 3 4 2
	6	直列	1 5 3 6 2 4
	8	直列	1 5 2 6 8 4 7 3

4.6. ディーゼル機関

4.6.1. 燃焼室

燃焼室は燃料の噴霧と空気を十分に混合させ,完全燃焼させることが必要であり,有害排出物が少なく,騒音が低いことなども要求される。単室式の直接噴射式,副室式の予燃焼室式,渦流室式がある。

シリンダヘッドとピストン頂面の凹み部から成る燃焼室に燃料を直接

I:吸気弁　E:排気弁

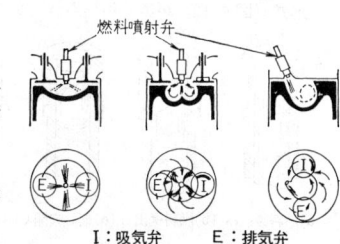

図 4-9 直接噴射式燃焼室説明図

噴射するのが直接噴射方式である（図4-9）。この方式は形状が簡単で熱損失が小さく燃焼遅れも小さいことから高い熱効率が得られる。しかし燃焼室内で良好な燃料と空気の混合が必要なため燃料噴射が重要である。多くの機関でこの方式が用いられているが、低圧の燃料噴射でも運転ができる予燃焼室式や、小形高速機関には渦流室式も用いられている（図4-10）。

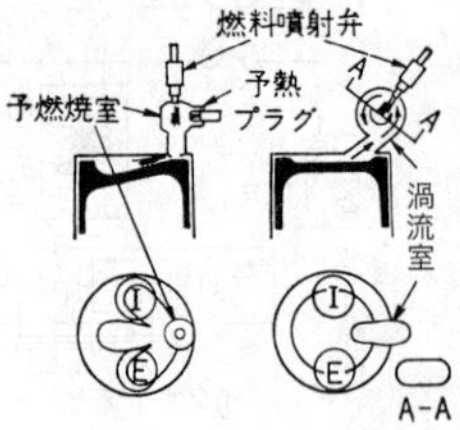

4.6.2. 燃料噴射装置

燃料噴射装置は燃料タンク，燃料供給ポンプ，燃料ろ過器，燃料噴射ポンプ，燃料噴射弁などで構成される。

図 4-10 燃焼室説明図

燃料の噴射霧化には次のことが要求される。

1) 噴霧の粒径が小さく一様であること
2) 噴霧は適度の貫通力をもち，燃焼室内に一様に分散して空気とよく混合すること
3) 噴射量と噴射時期を精確に自由に制御できること

(1) 燃料噴射ポンプ 燃料は燃料供給ポンプによって燃料ろ過器を通って噴射ポンプに送られる。噴射ポンプは一般に往復動プランジャポンプが用いられ、燃料の加圧とともに噴射量の制御を行い、噴射時期調整装置が付属している。噴射量の制御は、プランジャに切欠きを設け、プランジャを回転させてバレルの給排油ポートの開閉で吐出し量と吐出し期間を制御する方式（図4-11）、給油または排油の通路あるいは両通路に弁を設け、弁の開閉によって吐出し量と吐出し期間を変える方式，排油通路にニードル弁を設け，これで吐出し期間中の排油量を加減する方式などが用いられている。噴射時期調整装置は回転速度および負荷に応じて噴射時期を調整する。噴射はじめは直接噴射式では上死点前5〜30°、副室式では10〜30°くらいである。

最近は排気ガス対策のために，蓄圧式（コモンレール式）で噴射量やタイミングを電子制御する方法が増えている。

(2) 燃料噴射弁 燃料噴射弁には燃料の圧力によって弁を自動的に開閉する自動弁（図4-12）が広く用いられているが、最近は噴射をコントロールす

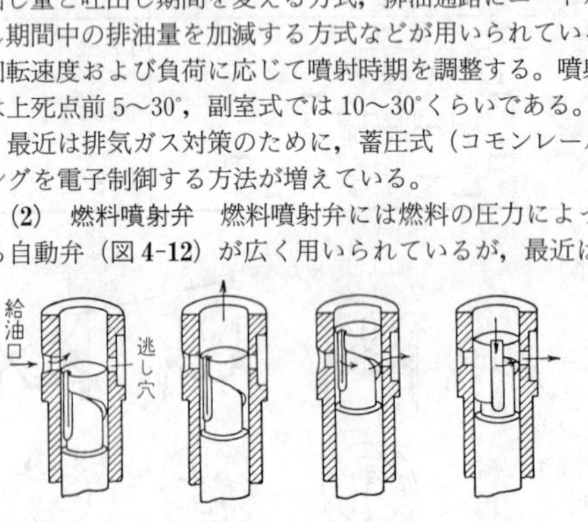

図 4-11 燃料噴射ポンプの説明図

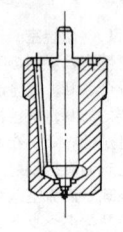

図 4-12 自 動 弁

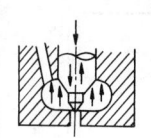

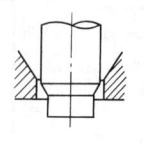

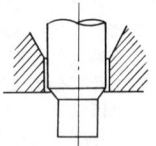

(a) 単孔ノズル　(b) 多孔ノズル　(c) ピントルノズル　(d) スロットルノズル

図 4-13　ノズルの種類

るニードル弁を強制的に電子制御することによって，より精密な噴射制御を行う方式も使われている。噴射弁の先端には噴射ノズルがあり，ノズルには単孔ノズル，多孔ノズル，ピントルノズル，スロットルノズルなどがある（図4-13）。多孔ノズルは直接噴射式機関に，ピントルノズルやスロットルノズルは副室式機関に用いられている。

4.7. 内燃機関の性能

内燃機関の基本サイクルとされる定容サイクル，定圧サイクルおよび複合サイクルについては「2.6. ガスによるサイクル」に示したが，実際のサイクルではシリンダ壁およびピストンからの冷却損失，不完全燃焼やあと燃えの損失，動作ガスのピストンからの漏れ，ポンプ損失などの各種の損失のために，図4-14のようなインジケータ線図となり，効率や出力は理論的サイクルよりはるかに低下する。インジケータ線図から求められる仕事は

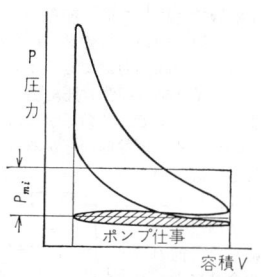

図 4-14　インジケータ線説明図

動作ガスがピストンにする仕事で図示仕事といい，これに関連して図示熱効率，図示出力などと呼ばれる。図示仕事の理論仕事に対する比を線図係数という。図示出力 N_i (kW) と図示平均有効圧 P_{mi} (kPa) との関係は

$$N_i = \frac{P_{mi}V_s na}{60 \times 100} = \frac{P_{mi}\frac{\pi}{4}D^2 szna}{60 \times 100}$$

ただし　V_s：行程容積(cm^3)，D：シリンダ径(cm)，s：行程(cm)，
　　　　z：シリンダ数，　n：回転数(1/min)，　a：4サイクル機関は1/2
　　　　　　　　　　　　　　　　　　　　　　　　　2サイクル機関は1

図示出力から摩擦損失や補機駆動仕事を引いたものが実際に利用できる正味出力である。正味出力 N_e (kW) と正味平均有効圧 P_{me} (kPa) の関係は

$$N_e = \frac{P_{me}V_s na}{60 \times 100} = \frac{P_{me}\frac{\pi}{4}D^2 szna}{60 \times 100}$$

また，
$$P_{me} = \eta_m P_{mi} \quad \text{または} \quad N_e = \eta_m N_i$$

の関係があり，η_m は機械効率である。

正味熱効率 η_e は燃料の消費量を $B(\mathrm{kg/s})$，燃料の低発熱量を $H_l(\mathrm{kJ/kg})$，燃料消費率を $b_e(\mathrm{g/kW \cdot h})$ とすれば

$$\eta_e = \frac{N_e}{BH_l} = \frac{3.6 \times 10^6}{b_e H_l}$$

図 4-15 に自動車用機関の性能の例を示す。

4.8. ガスタービン・ジェットエンジン

4.8.1. ガスタービン

ガスタービンは，気体を圧縮機で圧縮した後に加熱

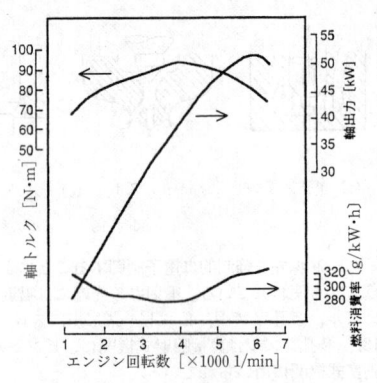

図 4-15 自動車用機関の性能例

し，高温高圧のガスでタービンを回すもので，タービン出力と圧縮機駆動動力との差が有効出力になる。ガスタービンの基本構成要素は圧縮機，燃焼器，タービンで，このほかに再生器，中間冷却器，再熱器などがある。これらの機器のガスタービンの使用目的に応じた各種の組合せによって，いろいろな広範囲にわたる特性をも

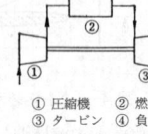

① 圧縮機　② 燃焼器
③ タービン　④ 負荷

図 4-16 開放サイクル

① 低圧圧縮機　② 中間冷却器　③ 高圧圧縮機
④ 熱交換器　⑤ 燃焼器　⑥ 高圧タービン
⑦ 再熱器　⑧ 低圧タービン　⑨ 負荷

図 4-17 中間冷却-再熱-再生サイクル

った原動機をつくることができる。

ガスタービンは定圧加熱サイクルと定積加熱サイクルに分けられるが，現在多く用いられているのは定圧加熱サイクルである。また，開放サイクルと密閉サイクルの別もある。排気を大気中に放出するのが開放サイクルで，図 4-16 は基本構成による単純サイクル，図 4-17 は中間冷却再熱再生サイクルの例を示す。密閉サイクルは動作ガスを循環させる形式で，燃焼器の代わりに加熱器（ドライボイラ）を設け，圧縮機入口には冷却器が置かれる。密閉サイクルガスタービンは圧縮機やタービンが比較的小形になり，効率も高く，燃料の選択範囲も広いが，加熱器が大きくなる（図 4-18）。また，開放サイクルと密閉サイクルを併用した形式の半密閉サイクルもある。

圧縮機は普通は遠心式と軸流式が使用される。

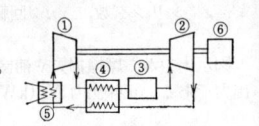

① 圧縮機　② タービン
③ 空気加熱器　④ 空気予熱器
⑤ 空気冷却器　⑥ 負荷

図 4-18 密閉サイクル

遠心圧縮機は1段当たりの圧力比が高くとれ，作動範囲もかなり広く安定していて，異物の混入に対しても割合に丈夫で，製作費も安いが，軸流式よりも効率が数%低く，小形のガスタービンに用いられる。軸流圧縮機は前面面積当たり流量が大きく，大容積の空気を処理でき，多段にして圧力比を高くしても効率が良い。しかし，構造が複雑で翼数が多く，高い工作精度が要求されるので製作費が高くなり，異物が混入すると翼が破損しやすい。航空用および陸・舶用のガスタービンに広く用いられる。

タービンは大部分が軸流タービンであるが，小形のものや特殊なものには半径流タービンも用いられる。タービンは基本的には蒸気タービンの場合と同じであるが，高温度，高速回転のために構造上，強度上いろいろ難しい問題がある。

燃焼器はドライボイラを除くと，一般に蒸気ボイラに比べて高空気圧の連続燃焼であり，作動範囲が広く燃焼負荷率も高い。開放サイクルガスタービンの燃焼器はほとんど複室燃焼器であり，かん形，円環形，環状かん形などがある。図 **4-19** は直流噴霧形燃焼器の説明図で，入口部では流入する空気の整流，減速および燃焼器ライナへの流量の配分が行われる。燃焼部は一次燃焼領域と二次燃焼領域に分けられる。一次燃焼領域では一次空気と二次空気の一部によって循環流を形成させて安定した火炎を保持し，新混合気を連続的に着火させる。この領域では空気と燃料をよく混合させ，理論混合比付近でなるべく高温で燃焼させるのがよい。二次燃焼領域は二次空気孔以降の流入空気による燃焼であ

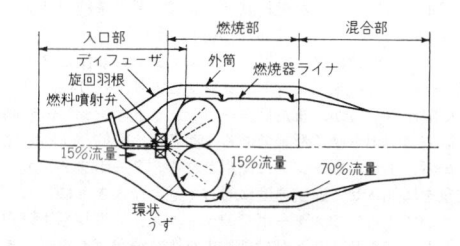

図 4-19　直流噴霧形燃焼器の説明図

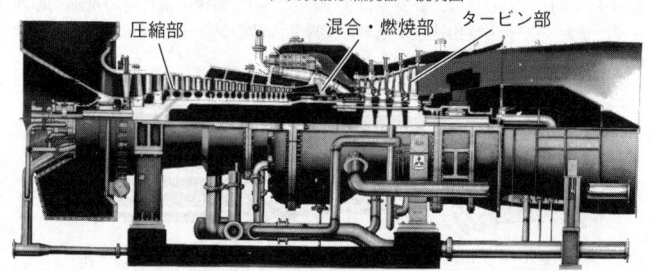

図 4-20　ガスタービンの例

る．供給空気量は一次空気と二次空気で，普通その空燃比が 18〜20 程度になるようにする．混合部は燃焼部で高温になったガスを希釈空気によって希釈し，所定のタービン入口温度にする部分である．

図 4-20 に発電用ガスタービンの例を示す．

4.8.2. ターボプロップエンジンおよびターボシャフトエンジン

ターボプロップエンジンは，開放サイクルガスタービンの軸出力でプロペラを駆動して，プロペラでスラストを発生するとともに，タービンの排気ガスを後方に噴き出してジェットによるスラストも得る形式である．主な推進力をプロペラから得るので，現在 600〜700 km/h 程度までの航空用エンジンとして用いられる．タービンの回転数は 10000〜40000 1/min であるが，プロペラの回転数は性能，強度上からおよそ 1000〜2000 1/min におさえられるので，減速比 1/10 以上の減速装置が必要になる．

ターボシャフトエンジンは，主にヘリコプタの回転翼の駆動用に用いられているガスタービンである．

4.8.3. ターボジェットエンジンおよびターボファンエンジン

ターボジェットエンジンは航空用ガスタービンで，タービンによって圧縮機と補機の駆動に必要な出力を取り出した後に，高圧燃焼ガスをジェットノズルから噴出させてスラストを得る形式である．噴出速度が大きいので機速の大きい範囲で推進効率が良く，マッハ 0.8〜3.0 程度の範囲の航空原動機として優れている．基本的な構成要素は圧縮機，燃焼器，タービンと関連する空気取入口，ジェットノズル，運転に必要な燃料制御，潤滑，電気系統の補機などである．図 4-21 にターボジェットエンジンの構造例を示す．

ターボファンエンジンはターボジェットエンジンの前側にファンを設け，その圧縮空気の一部はターボジェットエンジンに入り，残りは直接ファンノズルから大気中に噴出させるか，またはターボジェットエンジンの外側のダクトの中を通して後方に噴出させる形式である．前者は比較的バイパス比の大きいエンジンに，後者は小さいエンジンに使用される．ターボファンエンジンは，全体の空気流量を増加させて巡航速度に対して適当な大きさにジェット噴出速度を減らすことができるので，ターボジェットエンジンよりも比較的低速度の範囲でスラストを増加させることができ，また燃料消費率も改善できる．とくに高バイパス比（5〜7）のエンジンはマッハ 0.7〜0.9 前後の飛行時の推進効率が良く，またジェット噴出速度が低いので離着陸時のジェット騒音が低く，亜音速の大形旅客機などに広く用いられる．

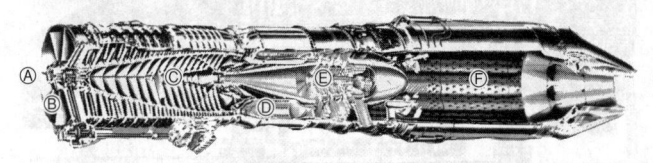

A. 空気　B. 入口案内翼　C. 圧縮機　D. 燃焼室　E. タービン　F. 排気ノズル

図 4-21　ターボジェットエンジンの構造例

5章　燃料電池

5.1. 原理と種類

燃料電池（Fuel Cell）の原理は，1839年にイギリスのグローブ卿によって発明された。原理は図5-1に示すように水の電気分解と逆の現象を用いて，水素と酸素から発電することによる。燃料電池の特徴として以下が挙げられる。

(1) 燃焼反応をともなわずに発電することができ，とくに低負荷域で高効率である。

(2) 水素だけでなくさまざまな燃料を利用することも可能である。水素だけを燃料にした場合は，生成物が水だけなので大気汚染に関与しない。

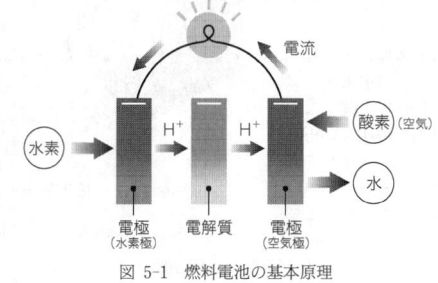

燃料電池には表5-1に示すようにいくつかの種類がある。

図 5-1　燃料電池の基本原理

表 5-1　燃料電池の種類と特徴

特徴＼種類	アルカリ型 AFC	りん酸型 PAFC	固体高分子型 PEFC(PEM)	溶融炭酸塩型 MCFC	固体電解質型 SOFC
電解質	水酸化物イオン	りん酸	高分子膜	溶融炭酸塩	イオン伝導性セラミック
作動温度	100℃以下	約200℃	100℃以下	約650℃	約1000℃
燃料	高純度水素	水素	水素	水素	水素
発電効率	60%	35〜45%	30〜40%	40〜60%	40〜65%
用途	特殊環境（宇宙，深海）	コージェネ発電（バス）	分散電源自動車	コージェネ発電（大規模）	コージェネ発電（中規模）

このうち，固体高分子型は100℃以下と比較的低温で作動するため，起動・停止やメンテナンスが容易である。家庭用，自動車用，携帯用などで急ピッチで開発が進んでおり，すでに一部商用化されている。さらに単位体積，単位質量当たりの出力が大きいため，小形・軽量化が可能である。

固体高分子型燃料電池の最小単位は図 5-2 に示すセルと呼ばれるユニットである。このセルは固体高分子膜，燃料極と空気極という 2 枚の電極とセパレータから構成されており，セルを積み重ねたものがスタック（燃料電池本体）と呼ばれる。一つのセルでは 1 ボルトに満たない小さな電圧しか得られないが，セルを数多く積み重ねる（直列につなぐ）ことで数 10 から数 100 ボルトもの高い電圧を得ることが可能になる。

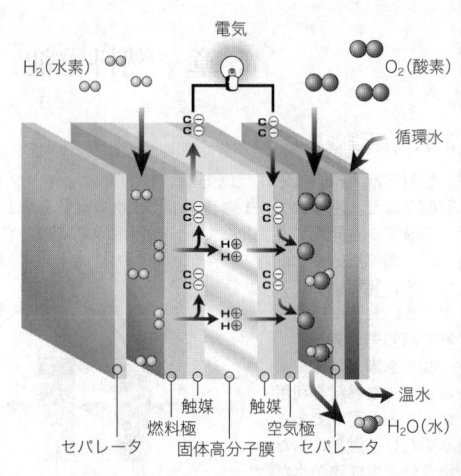

図 5-2 固体高分子型燃料電池のセル構造

5.2. 燃料電池の用途

5.2.1. 宇宙開発 燃料電池は米国の宇宙開発プログラム（ジェミニ/アポロ計画）で開発が進んだ。宇宙で燃料式を使用すると貴重な空気を汚してしまうので，排気がクリーンな燃料電池が使用された。

5.2.2. 分散型電源 次に燃料電池が実用化されたのは発電の分野である。燃料電池で発電を行うと電気と同時に反応熱が発生するため，給湯や暖房に利用したコージェネシステムが構築できる。電気と熱を同時に利用するためエネルギ効率が高く，環境負荷も小さいため，日本でも 1990 年代以降，急速に開発が進められている。

5.2.3. 自動車 近年，燃料電池が注目されている分野は自動車用動力源である。これまで，環境に優しい車として電気自動車が開発されてきたが，走行距離が短いうえ充電に時間がかかるため普及していない。走行距離を伸ばすためにはエネルギ密度の高い電池（NiMH 電池や Li 電池）を搭載したり，従来の内燃機関と組み合わせたハイブリッド方式により普及が進められている。燃料電池を使用すれば走行しながら発電するので，燃料充てん時間の短縮と走行距離の増大が可能となる。燃料電池自動車に使用される燃料電池は固体高分子型（PEM）と呼ばれるタイプで，作動温度が 80℃程度と低く小形化も可能なので開発が進められている。

燃料として水素を用いるのが効率面からは最適であるが，水素を高密度に輸送する適当な方法が実用化されるまでは，ガソリンやメタノールなどの液体燃料を使う方法も検討されている。

6章　冷凍機

6.1. 冷凍機の種類

蒸気圧縮冷凍機：1段圧縮冷凍機，多段圧縮冷凍機，多効圧縮冷凍機，
　　　　　　　二元冷凍機
噴射冷凍機
吸収冷凍機および吸着冷凍機
熱電冷凍機
空気断熱膨張冷凍機

6.2. 冷凍サイクルおよび冷凍能力

冷凍機のサイクルは熱機関のサイクルの逆で，外部仕事 L を消費して低温物体から熱量 Q_2 を吸収し，高温物体に熱量 $Q_1=Q_2+L$ を与える。このサイクルを行う動作流体を冷媒という。理想的な冷凍サイクルは逆カルノーサイクルで，低温度を T_2，高温度を T_1 とすれば動作係数 ε は

$$\varepsilon=\frac{Q_2}{L}=\frac{Q_2}{Q_1-Q_2}=\frac{T_2}{T_1-T_2}$$

実際の場合について，図 6-1 および図 6-2 に1段圧縮冷凍機の略図および冷凍サイクルを示す。低圧の冷媒蒸気は圧縮機で圧縮されて高圧となり，凝縮器で蒸発熱を放出して液化する。この液化冷媒は膨脹弁で減圧されて低温となり，蒸発器に入って周囲から熱を吸収して蒸発し，低圧蒸気となって再び圧縮機に入る。図 6-2 で 1-2 は圧縮機の断熱圧縮で圧縮機仕事は $L=h_2-h_1$，2-3 は凝縮器の等圧変化で温度 t

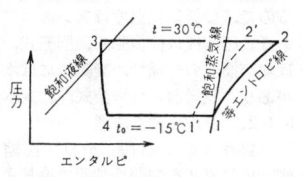

図 6-1　1段圧縮冷凍機略図　　図 6-2　1段圧縮冷凍サイクル

のもとに熱量 $Q_1=h_2-h_3$ を捨て，3-4 は膨脹弁の絞りすなわち等エンタルピ変化，4-1 は蒸発器の蒸発で低温 t_0 のもとに熱量 $Q_2=h_1-h_4$ を吸収する。したがって動作係数は

$$\varepsilon=\frac{Q_2}{L}=\frac{h_1-h_4}{h_2-h_1}$$

なお，図 6-2 で 1-2 の場合を乾き圧縮，1′-2′ の場合を湿り圧縮という。

冷凍能力は，J/h または冷凍トンで表す。1 冷凍トン（日本制）は 0℃ の水 1000 kg を 1 昼夜で 0℃ の氷にする冷凍能力で，14 MJ/h に相当する。冷凍機の能力は温度範囲によって異なるので冷凍トンの基準サイクルを定めてある。図 6-2 のサイクル 1-2-3-4 はこの基準サイクルで $t=30℃$, $t_0=-15℃$, $t_u=$

5°Cである。t_u は過冷却度で飽和液の状態以下に冷却されている温度を示す。

6.3. 冷媒

冷媒に望ましい性質は
1) 低温でも蒸発圧力は大気圧より高く，常温でも凝縮圧力は低いこと
2) 臨界温度は高く，凝固温度は低いこと
3) 蒸発熱および蒸気の比熱が大きく，液体の比熱は小さく，密度が蒸気，液ともに小さいこと
4) 不活性で安定であり毒性，腐食性，引火，爆発などの危険がないこと
5) 粘性が小さく，熱伝導率および熱伝達率が大きいこと
6) 成績係数〔必要冷却能力(kW)/冷却消費電力(kW)〕が大きいこと
7) 安価で入手しやすいこと
8) 成層圏のオゾン層を破壊せず，地球温暖化係数が低いこと

である。表 6-1 に主な冷媒の熱力学的な特性と環境影響度を示す。

R-11 などのフロンガスはオゾン層を破壊するために製造は中止され，オゾン層を破壊しない代替フロンとして R-134 a などが使用されてきたが，安定で（寿命が長い）地球温暖化係数が高いため削減対象とされている。地球温暖化係数の低い冷媒の開発が進められている。

6.4. 蒸気圧縮冷凍機

6.4.1. 1段圧縮冷凍機

最も一般的なものであるが，冷媒ガスを1段圧縮するので蒸発温度が低いときは圧縮機のガス圧縮比が大となり，ガスの吐出し温度が高くなるので，あまり蒸発温度の低い場合には適しない。普通ガスの吐出し温度は 120°C 以下とするので，最低蒸発温度はアンモニアで -35°C くらい，R-22 で -50°C くらいである。圧縮機は往復動式，回転式，遠心式などが用いられる。凝縮器や蒸発器は熱交換器の一種で，凝縮器には水冷式，空冷式，蒸発式，カスケード式などがあり，蒸発器には満液式，乾式水冷式，乾式空冷式などがある。

6.4.2. 多段圧縮冷凍機

冷媒ガスを 2〜3 段に分けて圧縮し，低圧側吐出しガスを中間冷却器で冷却するので，蒸発温度が低く，吸入ガス圧力が低い場合にも，高圧吐出し温度が高すぎることなく動力の経済になり，また各段ごとに異なった蒸発温度が得られる。図 6-3 は 2 段圧縮冷凍機の例で，液化冷媒を第 1 膨張弁で中間圧まで絞り，そのとき発生した蒸気は低圧シリンダを出た蒸気とともに高圧シリンダに送り，液体

図 6-3 2段圧縮冷凍機略図

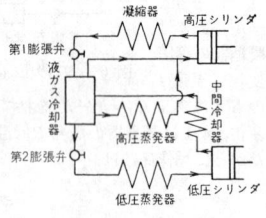

の一部は高圧蒸発器で冷凍効果を発揮させ，残りの液体は第 2 膨張弁で絞り，低圧蒸発器に送る。低圧シリンダを出た蒸気は中間冷却器で冷却後，さらに液ガス冷却器で第 1 膨張弁で膨張冷却した冷媒によって冷却する。なお，高圧蒸発器は異なる蒸発温度が必要でないときは設けないことが多い。

表 6-1 主な冷媒の熱力学的な特性と環境影響度

(1) 分類と環境影響度

分類		冷媒名称	大気中の推定寿命(年)	オゾン層破壊係数(ODP)	地球温暖化係数(GWP=100年値(20年値)	備 考
	HC系	R-290(プロパン)	短い	0	3(−)	
	〃	RC 270(シクロプロパン)	−	0	−	
	〃	R-600 a(イソブタン)	短い	0	3(−)	
	〃	R-600(ブタン)	−	0	−	
	NH			0	<1(−)	
化学冷媒	CFC	R-11	50	1.0(これが基準)	4000(−)	特定フロン1995年全廃
	〃	R-12	102	0.9	8500(7900)	同上
	HCFC	CR-123	1.4	0.020	93(−)	指定フロン2002年全廃
	〃	R-22	13.3	0.055	1700(−)	同上
	HFC	R-134 a	14	0	1300(3300)	代替フロン2004年削減開始
	〃	R-407 (HFC-32, 125d, 134 a 混合)	−	0	1610(−)	代替フロン
	〃	R-410 A (HFC-32, 125混合)	−	0	1890(−)	

(2) 熱力学的な特性

性質＼冷媒	沸点(°C)	発火点(°C)	蒸気圧(55°Cでの bar)	蒸気圧(−25°Cでの bar)	圧力比(55/−25)	エンタルピ差(kJ/kg)	冷媒流量(Q=100 W)(1/h)
R 600 a (イソブタン)	−11.7	460	7.8	0.59	13.2	269.6	988
R 600 (ブタン)	− 0.5		5.6	0.36	15.6	306	1412
R 290 (プロパン)	−42.1	460	19.1	2.0	9.55	290	346
RC 270 (シクロプロパン)	−32.8		15	1.4	10.7		
R 12 (CFC)	−29.8		13.7	1.24	11.1	120.9	495
R 134 a (HFC)	−26.2		14.8	1.06	13.9	153	540

6.4.3. 多効圧縮冷凍機

1個のシリンダで温度の異なる2種の蒸発器が得られる冷凍機である。図6-4のように液体冷媒を第1膨張弁で中間圧まで膨張させて多効分離器に送り，そこでガスを分離し液体の一部を高温蒸発器に送り，残りの液体は第2膨張弁を通して低温蒸発器に送る。圧縮機は低温蒸発器からガスを吸入し，吸入行程の最後で吸入口から分離器で分離したガスおよび高温蒸発器からのガスを吸入する。

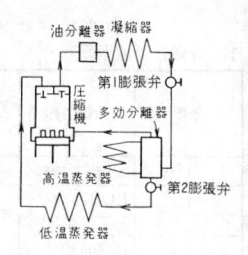

図 6-4 多効圧縮冷凍機略図

6.5. 吸収冷凍機

圧縮機で冷媒の圧力を上げる代わりに，冷媒の溶液への吸収および溶液からの放出によって圧力を上げる冷凍機である。図6-5のように，蒸発器で蒸発した冷媒ガスを吸収器中で希薄溶液に吸収させ，ガスを吸収した濃厚溶液をポンプで発生器に送ると，発生器で加熱されて吸収したガスを分離し高圧冷媒ガスができる。高圧冷媒ガスは凝縮器から膨張弁を通って蒸発器に入り，冷媒ガスを分離して希薄となった溶液は吸収器に戻され，再びガスを吸収して濃厚溶液となる。

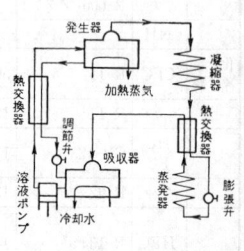

図 6-5 吸収冷凍機略図

溶液は加熱すると低沸点のものが先に蒸発し，高沸点のものの濃度が上がるので，低沸点のものが冷媒となり，高沸点のものが吸収剤になる。普通に用いられるアンモニア水溶液ではアンモニアが冷媒で水が吸収剤，リチウムブロマイド水溶液では水が冷媒でリチウムブロマイドが吸収剤である。

6.6. 空気調和

6.6.1. 空気調和

建物あるいは室内の

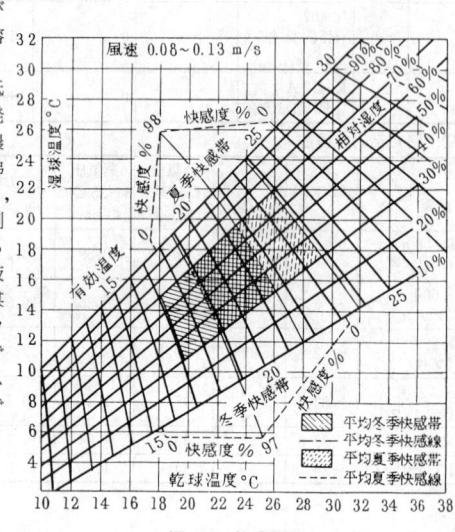

図 6-6 快感帯図

CO_2, 煙, 体臭などが許容濃度以下になるように集じん換気を行い, 必要な温度, 湿度に保つことが空気調和であり, そのために暖冷房, 除湿, 加湿, 送風, 排風などを組み合わせて行う。

表 6-2 冷房装置計画をする場合の室内空気状態の推奨値

	乾球温度 ℃	湿球温度 ℃	相対温度 (約)%
望ましい条件	22.5	18.3	50
一般の標準	26.0	19.5	55

室内空気の最適な状態は人種, 年齢, 性別, 建物, 季節, 地方などによって異なり, 保健用と産業用によっても相違がある。図 6-6 に快適帯図を示し, 表 6-2 に夏期冷房計画における室内空気の推奨値を示す。在室者に必要な外気供給量は建物や室の場所により異なるが, 1 人当たりおよそ $17 \sim 25 \, \mathrm{m}^3/\mathrm{h}$ とする。

室内空気を目標とする状態に保つため, 空気調和によって単位時間に与えるべき熱量を暖房負荷, 取り去るべき熱量を冷房負荷, 加湿または除湿に必要な調湿量を含めて空気調和負荷という。これらは建築構造を通して室内外に出入りする熱量, 室内で在室者, 電灯, 動力などから発生する熱量, 室内で在室者, 燃料の燃焼などから発生する水分蒸発量その他を各種の資料を参考に算定する。

6.6.2. 空気調和方式

空気調和には多様な方式があり, 分類の方法もいろいろある。

(1) セントラル方式 建物全体の空気調和装置を 1 か所または数か所に設け, 共通配管によって複数の空気調和機または端末ユニットと結ぶ方式。

単一ダクト方式 一つの空気調和装置から 1 本の主ダクトとその分岐ダクトによって各室に送風する単純な方式である。どの室にも同じ状態の空気を規定量送るだけで, 室ごとに負荷状態が異なる場合にはそれに対応できない。このような場合は負荷の変動が類似の室群ごとに別々の空調系統を設けてそれぞれ調整するが, このゾーンの数が多くなると設備費が高くなる。ダクトスペースを小さくするために風速を大きくした高速ダクト方式や, 送風量を加減して室内温度を調整する可変風量方式もある。

二重ダクト方式 中央の装置で冷風と温風とをつくり, 冷風ダクトと温風ダクトで各ゾーンや各室に送り, 各吹き出し口の混合ユニットで室内負荷に応じた冷風と温風の混合割合に調整して吹き出す方式。ダクトスペースを小さくし, 自動制御器を含む混合ユニットの費用を軽減するために, 大容量混合ユニットを使用するゾーン二重ダクト方式や, 調和機の出口で冷風と温風を混合して 1 本ずつのダクトで各ゾーンへ送風するマルチゾーン方式 (図 6-7) などがある。

各階ユニット方式 各階ごとに空気調和機を設ける方式で部分使用などに応じられ, 大・中規模のビルなどに採用される (図 6-8)。

ファンコイルユニット方式 空気の冷却・加熱コイルと小形電動ファンとをまとめたファンコイルユニットを多数配置し, これを中央の冷凍機やボイラから冷房には冷水, 暖房には温水を送る方式である。ユニットだけでは換気が不足するから別に外気を処理してダクトで各室に送る。冷温水の配管には 3 管式と 4 管式とがある。各室ごとの温度調節ができる。

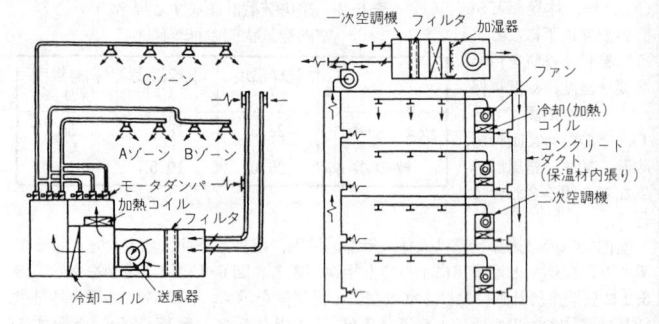

図 6-7 マルチゾーン方式　　　　　図 6-8 各階ユニット方式

誘引ユニット方式　誘引ユニットを各室に配置し，外気（一次空気）を処理して高速ダクトで送ると，誘引ユニットではこの一次空気がノズルから吹き出す際に室内空気を誘引し，冷温水コイルで温度調節されたこの室内空気（二次空気）と混合して吹き出す方式である。誘引比は一次空気1に対して二次空気3～5で，配管は普通は2管式であるが，3管式，4管式が採用されることもある。この方式も各室ごとの温度調節ができる。

(2) **セミセントラル方式**　建物内に小形空調ユニットを分散配置してこれを共通水配管または共通ダクトで連結した方式である。共通水配管によって冷房時には冷水，暖房時には温水をユニットに送る形式や，ユニットを水熱源ヒートポンプ形式にしたものなどがある。ユニットごとの運転による室温の個別制御や部分使用ができる。

(3) **ユニット方式**　空気の加熱，冷却，減湿，加湿，除じん，送風などの機能の全部または一部をまとめた独立の空調ユニットを設置する方式で，パッケージ形空調機とルームエアコンがその代表的なものである。パッケージ形空調機は冷凍機，冷却コイル，加熱コイル，空気フィルタ，送風機などをまとめてケーシングに納めたもので，電源と冷却水管および暖房用蒸気管または温水管と連結すればよい。水冷式，ヒートポンプ式など多くの種類がある。ルームエアコンは冷房主体のユニットで空冷式が多いが，ヒートポンプ式もある。

6.6.3. 空気調和機

空気調和機は，一般に空気の浄化，冷却および減湿，加熱および加湿などの機能をもつ各種の機器と送風機から構成される。

空気の浄化には粉じん除去用のエアフィルタとしてろ過式フィルタと静電式の電気集じん器を用い，汚染ガス除去用には活性炭フィルタを用いる。

空気冷却器や空気加熱器にはフィンコイル形の熱交換器が用いられる。管内を流れる熱媒によって蒸気コイル，温水コイル，冷水コイルと呼び，管内で冷媒を蒸発させるものを直接膨張コイルと呼ぶ。加湿器には低圧蒸気を空気中に吹き出す蒸気加湿器，水を細かい水滴にして噴霧し空気中で蒸発させる水加湿器，水槽の水面から蒸発させるパン形加湿器などを用いる。

9編

メカトロニクス

1章　電気・磁気の基礎

1.1. 直流回路

1.1.1. 電流　導体の中の電荷の移動が電流である。電流の大きさは，1秒間に通過する荷電粒子のもつ電気量（単位クーロン）で表し，アンペア（単位記号 A）という単位を用いる。すなわち，毎秒1クーロン（単位記号 C）の割合の電気量が通過するときの電流の大きさを1アンペアと定める。したがって，導体のある断面を $t(\mathrm{s})$ 間に $Q(\mathrm{C})$ の電気量が一様な割合で通過するとき，その断面の電流の大きさ $I(\mathrm{A})$ は，次式で表される。

$$I = \frac{Q}{t} \;(\mathrm{A})$$

また，逆に，$I(\mathrm{A})$ が $t(\mathrm{s})$ 間流れれば，通過した電気量 $Q(\mathrm{C})$ は，

$$Q = It \;(\mathrm{C})$$

1.1.2. 電圧・起電力　電荷が導体中を移動するのは，導体の両端における電位差すなわち電圧によるものと考え，この単位にボルト（単位記号 V）を用いる。すなわち，1クーロンの電気量が2点間を移動して1ジュールの仕事をするとき，この2点間の電位差を1ボルトと定める。

電池のように電位差をつくるある種の力を起電力といい，その大きさを表すには，起電力によってつくられる電位差すなわち電圧で表す。したがって，起電力は電圧と同じボルトの単位で表される。一般に，電池のように連続した起電力をもっていて電流を流すもとになるものを電源という。電源には電池のほかに発電機などがある。

1.1.3. 電気抵抗

(1) オームの法則　同一の導体中を流れる電流の大きさは，両端に加える電圧に比例する。これをオームの法則という。

図 1-1 のように，両端に加える電圧を $V(\mathrm{V})$，流れる電流を $I(\mathrm{A})$ とすれば，

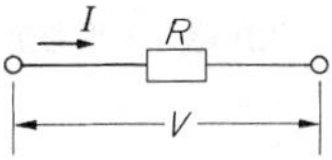

$$I = \frac{V}{R} \;(\mathrm{A}) \quad \text{あるいは} \quad R = \frac{V}{I} \;(\Omega)$$

図 1-1　電圧と電流

この比例定数 R を電気抵抗あるいは抵抗といい，単位にオーム（単位記号 Ω）を用いる。また，抵抗の逆数 $G = 1/R$ をコンダクタンスといい，電流の通りやすさを表す。単位にはジーメンス（単位記号 S）を用いる。このコンダクタンス G を用いると，オームの法則は次のようになる。

$$I = GV \;(\mathrm{A})$$

同一物質から成る導体の電気抵抗 R は，長さに比例し，断面積 S に反比例

する。すなわち,

$$R = \rho \frac{l}{S} \quad \text{あるいは} \quad \rho = R \frac{S}{l}$$

この比例定数 ρ を抵抗率といい,単位はオームメートル ($\Omega \cdot \text{m}$) である。

(2) 抵抗率の温度係数　抵抗率は,温度によって変化し,0°Cの抵抗率を ρ_0, t(°C) の抵抗率を ρ_t とすれば,近似的に次のように表される。

$$\rho_t = \rho_0 (1 + \alpha t)$$

ここで,$\alpha(1/K)$ は抵抗率の温度係数である。

(3) 合成抵抗　抵抗の接続の方法には,直列と並列があり,図1-2の接続を直列接続,図1-3の接続を並列接続という。

それぞれの場合の合成抵抗の値は図に示すとおりである。

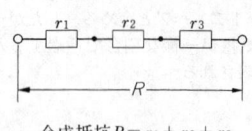

合成抵抗 $R = r_1 + r_2 + r_3$

図1-2　直列接続

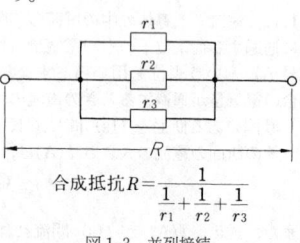

合成抵抗 $R = \dfrac{1}{\dfrac{1}{r_1} + \dfrac{1}{r_2} + \dfrac{1}{r_3}}$

図1-3　並列接続

1.1.4. ジュールの法則と電力

(1) ジュールの法則　抵抗に流れる電流によって,単位時間に発生する熱量は,電流の2乗と抵抗の積に比例する。これをジュールの法則という。このとき発生する熱量をジュール熱といい,単位はジュール (J) である。

図1-4のように,抵抗 $R(\Omega)$ に電流 $I(\text{A})$ を時間 $t(\text{s})$ 間流したときに発生するジュール熱 $H(\text{J})$ は,次式で表される。

$$H = RI^2 t = \frac{V^2}{R} t \quad (\text{J})$$

図1-4　抵抗と電流

なお,1J = 0.24 cal であるから,カロリー単位で表せば,次式となる。

$$H = 0.24 RI^2 t = 0.24 \frac{V^2}{R} t \quad (\text{cal})$$

(2) 電力・電力量　上の場合,抵抗 $R(\Omega)$ では,単位時間内に

$$P = \frac{H}{t} = \frac{RI^2 t}{t} = RI^2 \quad (\text{J/s})$$

の電気エネルギーが供給され,かつ消費される。このように単位時間あたりに消費される電気エネルギー,すなわち仕事の量を電力または消費電力という。単位にはワット (W) を用いる。1ワットは1秒あたり1ジュールの仕事をする量である。したがって,ワットはジュール毎秒 (J/s) の単位と同じである。

一般に抵抗 $R(\Omega)$ に電流 $I(\text{A})$ が流されるときの電力 $P(\text{W})$ は

$$P = I^2 R = VI = \frac{V^2}{R} \quad (\text{W})$$

1章 電気・磁気の基礎

ある電力で一定時間内にされた電気的な仕事量を電力量といい，電力と時間の積で表される。単位はジュール（J）またはワット時（Wh）を用いる。電力 P(W)，時間 t(s) とすれば，電力量 W は

$$W = Pt \quad (J)$$

導体にもわずかな抵抗があるため，ジュール熱が発生する。電流が大きくなれば導体の温度も高くなり，危険なこともある。絶縁電線に安全に流すことのできる最大電流を許容電流という。

1.2. 磁気と静電気

1.2.1. 磁気

(1) 磁界・磁力線 磁石の磁極の強弱を磁極の強さといい，記号を m で表し，単位にウェーバ（Wb）を用いる。

図1-5のように，点のように小さい磁極（点磁極）を考え，磁極の強さを m_1，m_2，磁極間の距離を r(m)，比例定数を k とすれば，磁気力 F(N) は次のように表される。

図1-5 磁気力

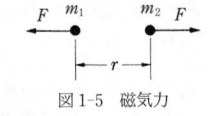

$$F = k \frac{m_1 m_2}{r^2} \quad (N)$$

k は比例定数で，真空中あるいは空気中では，$k = 1/4\pi\mu_0$（N・m²/Wb²）となる。ここに，μ_0 は真空の透磁率で，$\mu_0 = 4\pi \times 10^{-7}$（H/m）であるから，

$$F = \frac{m_1 m_2}{4\pi\mu_0 r^2} = 6.33 \times 10^4 \times \frac{m_1 m_2}{r^2} \quad (N)$$

磁気力の作用している空間を磁界または磁場といい，磁界中の任意の1点に単位正磁極（+1 Wb）をもってきたとき，これに作用する力の大きさを磁界の大きさと定め，その力の働く方向を磁界の方向と定める。この大きさと方向をもった量を磁界の強さ H という。単位にはアンペア毎メートル（A/m）を用い，次式で表す。

$$H = \frac{m}{4\pi\mu_0 r^2} = 6.33 \times 10^4 \times \frac{m}{r^2} \quad (A/m)$$

磁石のN極から出てS極で終わり，その各点での接線が磁界の向きになるような線を考え，これを磁力線という。そしてある強さの磁極からは決まった量の磁力線の束すなわち磁束が出ると考える。磁極の強さ m(Wb) から出る磁束 ϕ は m(Wb) である。単位面積あたりの磁束を磁束密度と呼ぶ。単位にはテスラ（T）を用い，磁界の強さ H と磁束密度 B の関係は次のようになる。

$$B = \frac{\phi}{S} = \frac{m}{4\pi r^2} = \mu_0 H \quad (T)$$

(2) 電流の磁気作用

磁気は磁石によるだけでなく，電流の回りにも存在する。

a．電流による磁界 図1-6のように，直線状導体に電流 I(A) を流したとき，導線から r(m) の距離の磁界の大きさは次式で表される。

$$H = \frac{I}{2\pi r} \quad (A/m)$$

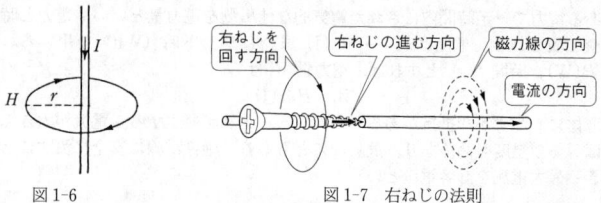

図 1-6　　　　　　　　　　　　図 1-7　右ねじの法則

b. 右ねじの法則　図 1-7 のように，電流の流れる方向に右ねじを進ませるとき，右ねじを回す方向が磁力線の方向と一致する。これを右ねじの法則という。

半径 r(m) の円形導線に電流 I(A) を流し，その方向が右ねじを回す方向とすれば，中心における磁界の大きさは

$$H = \frac{I}{4\pi r^2} \times 2\pi r = \frac{I}{2r} \text{ (A/m)}$$

で，その方向はねじの進む方向になる。

(3) **フレミングの左手の法則**　図 1-8 のように長さ l(m) の直線状の導体を磁束密度 B(T) の平等磁界中に磁界と直角の方向に置き，これに I(A) の電流を流せば，次式に示す電磁力 F を生じる。

$$F = BIl \text{ (N)}$$

B, I, F の方向はフレミングの左手の法則によれば，図 1-9 に示すようになる。

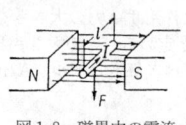

図 1-8　磁界中の電流

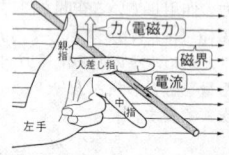

図 1-9　フレミングの左手の法則

1.2.2. 静電気

(1) **静電気に関するクーロンの法則**　静電気が帯電している付近では電荷に電気力が働く。異種の電荷は互いに吸引し，同種の電荷は互いに反発する。一様な媒質（誘電体）中で r(m) 離れた二つの点電荷を Q_1, Q_2(C) とすれば，点電荷間の力 F(N) は，点電荷を結ぶ直線上にあって，次式で示される。

$$F = \frac{Q_1 Q_2}{4\pi \varepsilon r^2} \text{ (N)}$$

この関係を静電気に関するクーロンの法則といい，この力を静電力またはクーロン力という。なお，ε は誘電体の誘電率といい，単位は (F/m) である。真空の場合には ε_0 で表し，$\varepsilon_0 = 8.853 \times 10^{-12}$ (F/m) になる。

したがって，真空中のクーロンの法則は，次式となる。

$$F = 9 \times 10^9 \times \frac{Q_1 Q_2}{r^2} \text{ (N)}$$

1章 電気・磁気の基礎

また，誘電体の誘電率 ε と真空中の誘電率 ε_0 との比を比誘電率 ε_r という。なお，空気中の比誘電率はほぼ1なので，実用上は真空中とみなしてよい。

(2) 電界の強さ 静電力のおよぶ空間を電界または電場という。電界中に微小正電荷をもってきたときに，それに作用する力の方向をその点の電界の方向とし，また，単位正電荷（+1 C）に対する力の大きさを電界の大きさとする。単位はボルト毎メートル（V/m）で表す。

ε_0 を真空中の誘電率，ε_r を比誘電率とすると，図1-10に示すように，誘電率 $\varepsilon = \varepsilon_0 \varepsilon_r$ の誘電体中に電気量 Q(C) をもった点電荷を置いた場合，これから r(m) 離れたP点の電界の強さ E は，

図1-10 電界の強さ

$$E = \frac{Q}{4\pi\varepsilon_0\varepsilon_r r^2} = 9 \times 10^9 \times \frac{Q}{\varepsilon_r r^2} \text{ (V/m)}$$

となる。

(3) 静電容量（キャパシタンス） 平行な2枚の金属板を絶縁物をはさんで相対して電池につなぐと，両金属板にそれぞれ図1-11のように正負の電気がたくわえられる。このような装置をコンデンサといい，たくわえられた電気量 Q(C) は両極間の電位差 V(V) に比例する。

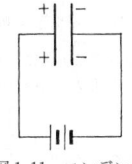

$$Q \propto V \quad \therefore \quad Q = CV \quad \text{あるいは} \quad C = \frac{Q}{V}$$

図1-11 コンデンサ

C（比例定数）を静電容量という。その単位は Q が1クーロン，V が1ボルトのときの値で，これを1ファラド（F）という。

一般に平行板コンデンサの静電容量は，誘電率を ε，両極板の有効面積を S (m^2)，両極間の距離を l(m) とすれば，

$$C = \frac{Q}{V} = \frac{\varepsilon S}{l} = \frac{\varepsilon_0 \varepsilon_r S}{l} = 8.855 \times 10^{-12} \times \frac{\varepsilon_r S}{l} \text{ (F)}$$

静電容量 C_1, C_2, C_3 のコンデンサを直列接続（図1-12）すれば，合成静電容量 C と各コンデンサの電位差 v_1, v_2, v_3 は

$$\frac{1}{C} = \frac{1}{C_1} + \frac{1}{C_2} + \frac{1}{C_3}$$

$$v_1 = \frac{C}{C_1}V, \quad v_2 = \frac{C}{C_2}V, \quad v_3 = \frac{C}{C_3}V$$

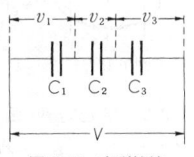

図1-12 直列接続

並列接続（図1-13）による合成静電容量 C と各コンデンサにたくわえられる電気量 q_1, q_2, q_3 は

$$C = C_1 + C_2 + C_3, \quad q_1 + q_2 + q_3 = Q$$

$$q_1 = \frac{C_1}{C}Q = \frac{C_1}{C_1 + C_2 + C_3}Q$$

$$q_2 = \frac{C_2}{C}Q = \frac{C_2}{C_1 + C_2 + C_3}Q$$

$$q_3 = \frac{C_3}{C}Q = \frac{C_3}{C_1 + C_2 + C_3}Q$$

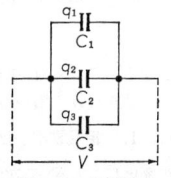

図1-13 並列接続

1.3. 電磁誘導

1.3.1. フレミングの右手の法則 磁束密度 B(T) の平等磁界中に長さ l(m) の直線導体が磁界と垂直に置かれ，導体がその長さおよび磁界おのおのの方向に直角に v(m/s) の一定の速度で直線運動すると，この導体に起電力が生じる。起電力 e(V) は，

$$e = Bvl \text{ (V)}$$

で表される。また，図 1-14 に示すように，磁束を人差し指，運動を親指に方向にとれば，起電力は中指の方向となる。この関係をフレミングの右手の法則という。

図 1-14 フレミングの右手の法則

1.3.2. ノイマンの法則 巻数 n のコイルの中で磁束が $\dfrac{d\phi}{dt}$（＝磁力線の変化の大きさ/変化に要した時間）の割合で変化したとき，コイルに起電力が生じ，その大きさは

$$e = -n \frac{d\phi}{dt} \text{ (V)}$$

となる。方向は，図 1-15 に示すように右ねじの回転方向を起電力の方向にとり，ねじの進む方向を磁束の正方向とする。これをノイマンの法則という。

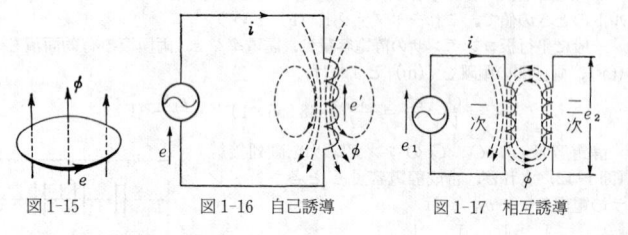

図 1-15   図 1-16 自己誘導   図 1-17 相互誘導

1.3.3. 自己誘導 図 1-16 に示すようなコイル中に，$\dfrac{di}{dt}$（＝電流の変化の大きさ/変化に要した時間）の割合で電流が変化したとき，電流の変化を妨げる方向に起電力 e' を生じ，

$$e' = -L \frac{di}{dt} \text{ (V)}$$

となる。ここに L を自己インダクタンスまたは自己誘導係数といい，単位にヘンリー(H)を用いる。

1.3.4. 相互誘導 図 1-17 に示す回路において，一次側で $\dfrac{di}{dt}$ の割合で電流が変化したとき，二次側にその変化を妨げる方向に起電力 e_2 を生じる。すなわち

$$e_2 = -M \frac{di}{dt}$$

ここに M を相互インダクタンスまたは相互誘導係数といい，単位にヘンリー（H）を用いる。

1.4. 交流回路

1.4.1. 正弦波交流 電流には，その大きさと流れる方向が常に一定な直流（DC）と，図 **1-18** に示すように，大きさと方向が規則正しく変化する交流（AC）とがある。一般に交流発電機の発生する交流は大きさが正弦波で変化するから正弦波交流という。その最大値を I_m (A)，電気角速度を ω(rad/s)，周波数を f (Hz)，時間を t(s) とすれば，$\omega = 2\pi f$ であるから，正弦波交流の電流 i は次式で表される。

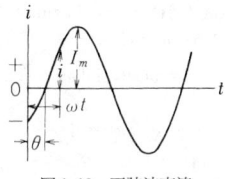

図 1-18 正弦波交流

$$i = I_m \sin(\omega t - \theta) = I_m \sin(2\pi f t - \theta)$$

1.4.2. 正弦波交流の和と差 二つの正弦波交流 $i_1 = I_{m1}\sin(\omega t - \theta_1)$，$i_2 = I_{m2}\sin(\omega t - \theta_2)$ において，$\theta_1 - \theta_2 = \phi$ の時間的なずれがあるとき ϕ を位相差という。位相差が無しすなわち $\phi = 0$ のとき，i_1, i_2 は同位相または同相という。

最大値の異なる位相差 ϕ の二つの正弦波交流 i_1, i_2 の和または差も，正弦波である。たとえば

$$i_1 + i_2 = \sqrt{I_{m1}^2 + I_{m2}^2 + 2I_{m1}I_{m2}\cos\phi} \sin(\omega t - \theta_0)$$

ただし $\quad \tan\theta_0 = \dfrac{I_{m1}\sin\theta_1 + I_{m2}\sin\theta_2}{I_{m1}\cos\theta_1 + I_{m2}\cos\theta_2}$

1.4.3. 交流の実効値 ある交流の大きさをその交流と同じ電力の消費を示す直流の値で表し，これをその交流の実効値という。交流の実効値は，交流の瞬時値の 2 乗の 1 サイクル間の平均の平方根で表される。

$$\text{電流の実効値} \quad I = \frac{I_m}{\sqrt{2}} = 0.707 I_m$$

$$\text{電圧の実効値} \quad V = \frac{V_m}{\sqrt{2}} = 0.707 V_m$$

I_m, V_m はそれぞれ正弦波交流の電流と電圧の最大値である。

1.4.4. 交流回路とインピーダンス

(1) 抵抗回路 抵抗 R に $v = V_m \sin\omega t$ の交流電圧を加えると，これに流れる電流 i は（図 **1-19**），電流の最大値を I_m，電圧の最大値を V_m とすれば，オームの法則により，

$$i = \frac{v}{R} = \frac{V_m}{R}\sin\omega t = I_m \sin\omega t, \quad I_m = \frac{V_m}{R}$$

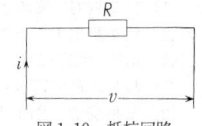

図 1-19 抵抗回路

(2) 自己インダクタンス回路 自己インダクタンス L(H) のコイル（図 **1-20**）に $v = V_m \sin\omega t$ の交流電圧を加えると，これに流れる電流 i は

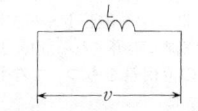

図 1-20 自己インダクタンス回路

$$i=\frac{V_m}{\omega t}\sin\left(\omega t-\frac{\pi}{2}\right), \ I_m=\frac{V_m}{\omega L}=\frac{V_m}{X_L}$$

ここに X_L を誘導リアクタンスという。

(3) 静電容量回路 静電容量 $C(F)$ のコンデンサ（図 1-21）に $v=V_m\sin\omega t$ の交流電圧を加えると、流れる電流 i は

$$i=\omega CV_m\sin\left(\omega t+\frac{\pi}{2}\right), \ I_m=\frac{V_m}{\frac{1}{\omega C}}=\frac{V_m}{X_c}$$

図 1-21 静電容量回路

ここに X_c を容量リアクタンスという。

(4) インピーダンス R, L, C の直列回路（図 1-22）において

$$Z=\sqrt{R^2+\left(\omega L-\frac{1}{\omega C}\right)^2}$$

をインピーダンスといい、R, L, C の合成交流抵抗を示す。$v=V_m\sin\omega t$ の電圧を加えるとき、これに流れる電流 i は

$$i=\frac{V_m}{Z}\sin(\omega t-\phi)$$

で表される。

図 1-22
R, L, C の直列回路

(5) アドミタンス 図 1-23 のように R, L, C の並列回路において、$\frac{1}{R}=G$ をコンダクタンス、$\frac{1}{X_L}=B_L$ を誘導サセプタンス、$\frac{1}{X_c}=B_c$ を容量サセプタンスといい、

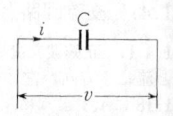

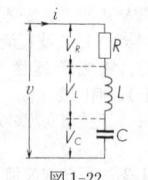

$$Y=\sqrt{G^2+(B_L-B_c)^2}$$

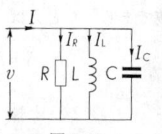

図 1-23
R, L, C の並列回路

はアドミタンスと呼ばれる。いま、$v=V_m\sin\omega t$ を加えるとき、これに流れる電流 I は次式で表される。

$$I=VY$$

1.4.5. 交流電力と三相交流

(1) 交流電力 交流回路では電圧・電流ともにその値が刻々変化するから、電力は一周期について平均値で示す（図 1-24）。

すなわち、$P=VI\cos\theta$ (W) で表される。

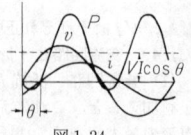

図 1-24

(2) 三相交流 図 1-25(a) に示すように電気角度で 120° ずつ隔った三組の巻線 11', 22', 33' の中を磁石 NS が左回りに回転すると、巻線に誘導される起電力は、それぞれ、120° の位相差をもつ。すなわち図 1-25(b) のように

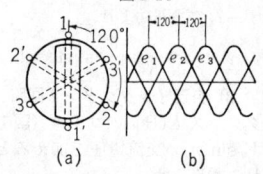

図 1-25 三相交流

$e_1 = E_m \sin\omega t$

$e_2 = E_m \sin(\omega t - 120°)$

$e_3 = E_m \sin(\omega t - 240°)$

これら一組の起電力を三相交流起電力と呼ぶ。

図 1-26 の結線を一般に星形結線，または Y（ワイ）結線という。電源の各コイルの端子電圧や負荷の各インピーダンスの端子電圧を相電圧または星形電圧といい，電線間の電圧，つまり V_{12}，V_{23}，V_{31} を線間電圧という。

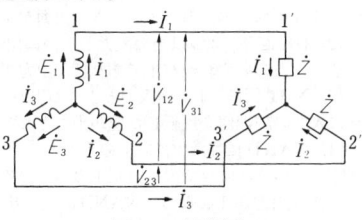

また，各線に流れる電流を線電流，各相に流れる電流を相電流という。星形結線の場合には，これらの間に次の関係がある。

図 1-26 星形結線

① 線間電圧＝$\sqrt{3}$×相電圧
② 線電流＝相電流

等しい平等三相負荷であれば，総電力 P は次のようになる。

$$P = \sqrt{3} V I \cos\theta \text{ (W)}$$

ここに，V は線間電圧，I は線電流である。

1.5. 電子回路

1.5.1. 論理回路　スイッチの ON・OFF や電圧の高・低を 2 進数の「0」と「1」に対応させ，この 2 値の信号を扱う回路を論理回路という。AND，OR，NOT などの基本論理回路があり，論理回路はこれらを組み合わせて構

表 1-1 論理回路の表現

		AND	OR	NOT	NAND	NOR
図記号	ANSI				① ②	① ②
	JIS	&	≥1	1	&	≥1
論理式		$F = A \cdot B$	$F = A + B$	$F = \overline{A}$	$F = \overline{A \cdot B}$	$F = \overline{A + B}$
真理値表		入力 出力 A B F 0 0 0 0 1 0 1 0 0 1 1 1	入力 出力 A B F 0 0 0 0 1 1 1 0 1 1 1 1	入力 出力 A F 0 1 1 0	入力 出力 A B F 0 0 1 0 1 1 1 0 1 1 1 0	入力 出力 A B F 0 0 1 0 1 0 1 0 0 1 1 0

成する。論理回路の表現方法には，図記号や論理式，入力と出力の関係を表す真理値表がある。論理式では，ANDに「・」，ORに「＋」，NOTに「 ̄」を用いて表す。

(1) **AND回路** 2つ以上の入力と1つの出力をもつ回路で，論理積回路ともいう。すべての入力が1のとき，出力が1になる回路である。

(2) **OR回路** 2つ以上の入力と1つの出力をもつ回路で，論理和回路ともいう。入力のいずれかが1であれば，出力が1になる回路である。

(3) **NOT回路** 1つの入力と1つの出力をもつ回路で，否定回路ともいう。常に入力の論理値を反転した値が出力される。

(4) **NAND回路** 2つ以上の入力と1つの出力をもつ回路で，否定論理積回路ともいう。すべての入力が1の場合のみ出力が0となり，それ以外の入力のときは出力が1となる。NAND回路の出力は，AND回路の出力を反転したものである。

(5) **NOR回路** 2つ以上の入力と1つの出力をもつ回路で，否定論理和回路ともいう。すべての入力が0の場合のみ出力が1となり，それ以外の入力のときは出力が0となる。NOR回路の出力は，OR回路の出力を反転したものである。

1.5.2. アナログとディジタルの変換

(1) **A-D変換** 連続して変化するアナログ値について，ある一定の時間ごとに所定のビット数のディジタル値で表すことをA-D（アナログ-ディジタル）変換という。

(2) **D-A変換** A-D変換とは逆に，ディジタル値を連続して変化するアナログ値にすることをD-A（ディジタル-アナログ）変換という。

2章 センサ

2.1. センサの基本と分類

JIS Z 8103：00 では「センサとは，対象の状態に関する測定量を信号に変換する系の最初の要素」と定義している。対象の状態に関する測定量には，物理量や化学量，生物量などがあり，これらの量に，対象の状態を表す情報が含まれている。これらの情報を電流または電圧の電気量に変換し，信号として発信する装置がセンサである。一般にセンサによって検出された情報は図 2-1 のように処理・加工され，制御に利用される。各種制御において，制御対象の状態を知るためにはセンサは欠かせない。

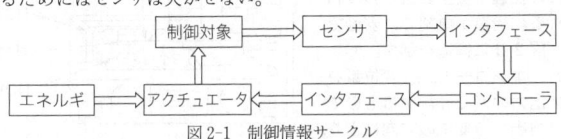

図 2-1 制御情報サークル

センサは，取得したい情報に応じて，機械量を検出するセンサ，温度を検出するセンサ，磁気を検出するセンサ，光を検出するセンサ，化学物質を検出するセンサの 5 種類に大別できる。また，センサでは，信号の検出感度や応答速度，出力信号の精度，安定性，コストなどを総合的に判断し選別・使用する必要がある。

2.2. 機械量を検出するセンサ

表 2-1 機械量を測定するセンサ

機 械 量	セ ン サ
物体の有無	マイクロスイッチ，光電スイッチ，ホール素子，近接スイッチ
位置，変位，寸法	ポテンショメータ，差動変圧器，リニアエンコーダ，マグネスケール
圧力，応力，ひずみ，トルク，重量	ひずみゲージ(金属，半導体)，感圧ダイオード，感圧トランジスタ，ロードセル，ダイヤフラム，ブルドン管，ベローズ
角 度	シンクロ，レゾルバ，ポテンショメータ，ロータリエンコーダ
速 度	超音波センサ，レーザドップラー計，速度計用発電機，弁別器，ロータリエンコーダ
加速度，震動	圧電素子，振動センサ
回 転 数	弁別器，速度計用発電機，ロータリエンコーダ

対象の力・圧力・トルク・変位・位置・速度・加速度・回転数・流量などいわゆる機械量を測定するセンサには，表2-1に示すものがある。

位置センサは，制御対象の移動量や回転角などの位置情報を検出するものである。移動量を検出するセンサとしてマイクロスイッチ，回転角を検出するセンサとしてエンコーダやポテンショメータ，並進方向の移動量を検出するセンサとしてリニアエンコーダが代表的なものである。また，位置情報を時間微分することにより，速度や加速度情報を求めることもできる。

力センサは，力・圧力・トルクを検出するもので，ひずみゲージを使用し検出する。1軸力センサから3軸，6軸力センサなどがある。

2.2.1. マイクロスイッチ スイッチのピンに物体が触れることにより接点が開閉し，電気回路のON/OFFを行う。この性質を利用し，対象の位置の把握や安全装置として利用される。構造が単純で，安価である。図2-2に構造を示す。

2.2.2. エンコーダ 変位量をパルス出力の形で計測するものである。検出する変位の方向により，直動型と回転型に分類され，さらに回転型には，1回転型，多回転型，ロータリー型がある。回転型光学式の基本構造はスリットの入った回転板を回転させ，スリットを通過した光を受光し，パルス数をカウントして回転位置を検出する。図2-3にマイクロスイッチやエンコーダを用いた例として，マウスの内部を示す。

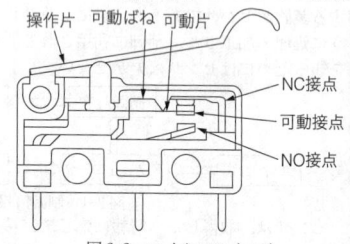

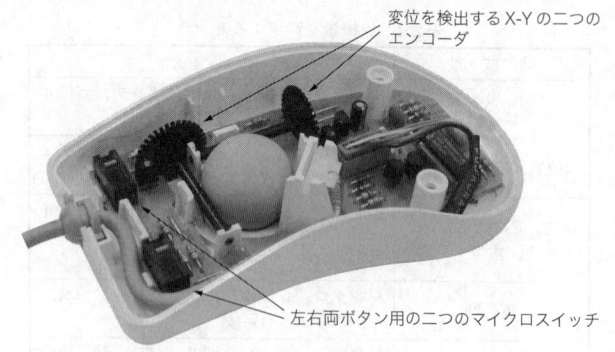

図2-2 マイクロスイッチ

図2-3 マイクロスイッチやエンコーダを用いた例

2.2.3. ポテンショメータ 回転角を測定するもので，構造は可変抵抗器と同じである。固定された抵抗の真ん中に時計のように回転する針がある。固定された抵抗と針の電圧を測定し，針が抵抗のどの位置にあるかで回転角がわか

る。全体の抵抗 R に対応した角度を有効電気角というが，有効電気角を360度とし，抵抗に電圧 V をかけたときの針の電圧が V_0 とすると，回転角 θ は

$$\theta = 360 \times \frac{V_0}{V}$$

となる。ただし，0 V 側を0度とする。

2.2.4. ひずみゲージ　材料が伸縮したときの変形量を検出するものである。ひずみゲージに電圧をかけて電流を流しておき，ひずみゲージが変形することで生じる抵抗値の変化を電圧の変化として読み取ることで，材料の変形量を検出する。図 2-4 に示すように，断面積 S，長さ l の導線の抵抗値 R は

$$R = \rho \frac{l}{S}$$

で表される。ここで，ρ は抵抗率で，材料により変わる。この導線を Δl だけ伸ばしたとき，抵抗の変化率は長さの変化率に比例し，次式が成り立つ。

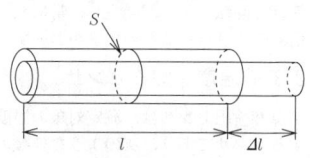

$$R + \Delta R = \frac{\rho}{S}(l + \Delta l)$$

$$\frac{\Delta R}{R} = k \frac{\Delta l}{l}$$

図 2-4 抵抗変化の概念図

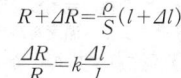

ここで，k はゲージ率という。この関係を用いて，変形量を検出する。図 2-5 に構成を示す。

2.2.5. 差動変圧器　差動変圧器は図 2-6 に示すように，一次コイル P，逆極性に接続された二次コイル S_1，S_2 および被測定物と連動して動く可動鉄心（コア）により構成される。一次コイルを一定の交流電圧で励磁すると，二次コイルに誘導起電力が発生する。このとき可動鉄心の位置により変化する誘導起電力を利用して被測定物の変位を測定する。S_1，S_2 の出力電圧をそれぞれ E_{s1}，E_{s2} とすると，出力 E_s は次式により求まる。

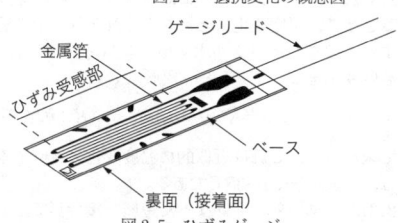

$$E_s = E_{s1} + (-E_{s2}) = E_{s1} - E_{s2}$$

図 2-5 ひずみゲージ

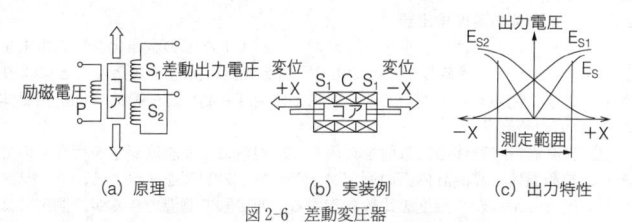

(a) 原理　　(b) 実装例　　(c) 出力特性

図 2-6 差動変圧器

2.2.6. シンクロ　シンクロは，トルク発信器とトルク受信器が対になって構成される。発信器の回転軸の角度変位を電気信号に変換して受信器に送り，

再び受信器の回転軸の機械的な角度変位に変換する。発信器と受信器は，それぞれ三相巻線をもつ固定子と励磁巻線をもつ回転子から構成され，並列に接続される。回転子を交流電源で励磁しておくと，それぞれの回転子角度に応じた交流電圧が固定子巻線に誘導される。この結果，角度に差があると固定子巻線間に電流が流れて回転トルクが発生し，常に発信器の角度に受信器の角度が追従する。図2-7にシンクロの構成を示す。

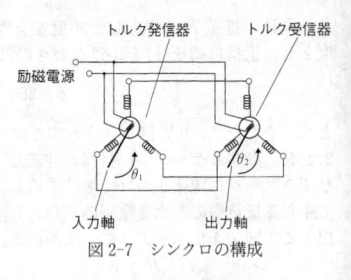

図2-7 シンクロの構成

2.3. 温度を知るセンサ

温度検出センサは，測定対象の温度を電圧や抵抗変化などの電気信号に変換するセンサであり，次のような種類のものがある。

2.3.1. バイメタルサーモセンサ 線膨張係数の異なった2枚の金属板を密着させて，温度変化にともなうそれぞれの金属板の変形量により，温度を測定するものをバイメタルという。異なる金属の線膨張係数をそれぞれ a_A, a_B，温度変化を dt とすると，変形量 δ は，

$$\delta = K(a_A - a_B)dt \quad (K: 弾性係数による定数)$$

で求められ，これは近似的に温度変化に比例する。バイメタルの適用温度範囲は，一般に $-50 \sim 35°C$ である。

2.3.2. 熱電対 異なった金属を接合して，その接合点と他端に温度差を与えると，ゼーベック効果により，温度差に比例した熱起電力が生じる。この二つの金属の組合せを熱電対という。熱電対は，応答性が低いが，広範囲にわたって良好な直線性をもつため，温度測定において広く使われている。

2.3.3. 抵抗測温体 金属線の温度による抵抗変化により温度を検出するものである。純金属の抵抗率は小さいので，細く長い線状にするため，強度的，化学的に強い金属以外のものは保護管などで保護する必要がある。代表的な金属として白金が挙げられる。

2.3.4. その他の温度検出器

(1) サーミスタ ニッケル・マンガン・コバルトなどの金属化合物の粉末を2本の導線とともに焼結したものである。合金元素の配分を変えることにより，さまざまな特性のものが製造でき，形状の自由度も高い。一般的に抵抗測温体の約10倍の感度をもつ。

(2) 光高温計 物体の熱放射を利用して，観察により温度測定を行うものである。被測温体と高温計内部の測定フィラメントの輝度を一致させ，フィラメントに流れる電流から温度を比較測定する。非接触で測温できるが，測定にはある程度の熟練を要する。

2.4. 磁気を検出するセンサ

磁気信号を検出するためのものである。磁気センサの分類を表 2-2 に示す。

表 2-2 磁気センサの分類

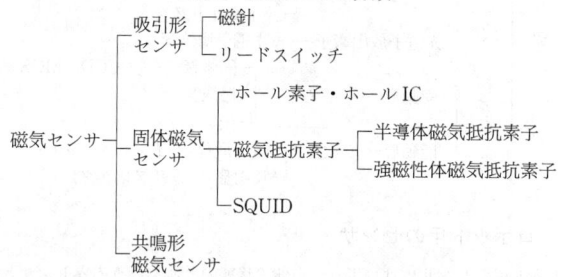

```
              ┌─ 吸引形   ┌─ 磁針
              │  センサ   └─ リードスイッチ
              │
              │           ┌─ ホール素子・ホール IC
磁気センサ ─┤  固体磁気 │                  ┌─ 半導体磁気抵抗素子
              │  センサ  ─┤─ 磁気抵抗素子 ─┤
              │           │                  └─ 強磁性体磁気抵抗素子
              │           └─ SQUID
              │
              └─ 共鳴形
                 磁気センサ
```

2.4.1. リードスイッチ
ガラス管の中に，強磁性体製の 2 本の金属片が不活性ガスとともに挿入してある。通常，接点は離れているが，外部磁界が加わるとリード片自身が磁石となり，磁力で接点が閉じる。図 2-8 に構造と原理を示す。

2.4.2. ホール素子センサ
磁界中に置かれた半導体の薄片に一定の電流を流すと，電流と磁界に垂直な方向に電位差が生じる。この電位差を計測し，磁界を検出する。図 2-9 に原理図を示す。

図 2-8 リードスイッチ

2.5. 光を検出するセンサ

光の有無や光に含まれる情報を検出するためのものである。光センサの分類を表 2-3 に示す。

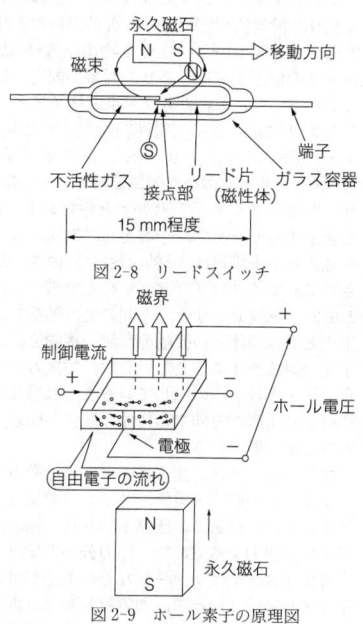

図 2-9 ホール素子の原理図

表 2-3 光センサの分類

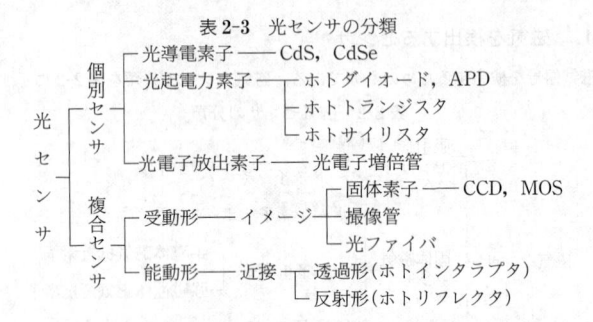

```
                    ┌─ 光導電素子 ── CdS, CdSe
          ┌ 個別 ─┤   光起電力素子 ─┬─ ホトダイオード, APD
          │ セン │                   ├─ ホトトランジスタ
          │ サ   │                   └─ ホトサイリスタ
光        │      └─ 光電子放出素子 ── 光電子増倍管
セ ───────┤
ン        │              ┌──────────────── 固体素子 ── CCD, MOS
サ        │ 複合 ┌ 受動形 ─ イメージ ─┬─ 撮像管
          │ セン │                    └─ 光ファイバ
          └ サ   └ 能動形 ─ 近接 ─┬─ 透過形(ホトインタラプタ)
                                   └─ 反射形(ホトリフレクタ)
```

2.6. ロボット用のセンサ

ロボット用のセンサにはロボット自体の状態の計測を行う内界センサと，対象物体や障害物などロボットの外部環境を計測する外界センサがある。

2.6.1. 視覚センサ　対象物の位置・形状・色合い・明暗などを検知して，ロボットの位置決めをしたり，対象の同定や認識を行うための情報を得るためのセンサであり，TV カメラ・半導体イメージセンサなどがある。半導体イメージセンサには，CCD（電荷結合素子）センサ，MOS（金属酸化膜半導体）センサ，PSD（ポジションセンシティブディテクタ）がある。CCD および MOS センサは，微小な光電変換素子を一次元または二次元に配列したもので，リニアセンサやエリアセンサと呼ばれる。PSD は光の強度に応じた微小電流を発生するセンサで，一次元と二次元のものがある。これらのセンサにより取り込まれた光情報は，電気信号に変換されたのち，処理のためにディジタル化されて，マイクロプロセッサなどで構成された画像処理装置に送られる。

2.6.2. 触覚センサ　人間の手の触覚のかわりをするセンサである。触感は，手先と対象物体との接触の有無，接触位置，接触パターンを検出する接触覚，手先が対象物体に与えている力，把握力，指面の圧力，圧力分布を検出する圧覚，腕・手首・指の出しているまたは感じている力・トルクを検出する力覚，把握面に垂直な方向での物体の変位・回転，重力によるひずみを検出する滑り覚などに分類される。

接触覚センサは，指の表面に加わる微小な圧力に反応し，2 値出力されるものが多く，対向する電極をスポンジで支持したもの，マイクロスイッチ，感圧ペイントなどがある。圧覚センサは，指の表面に加わる圧力をそのまま検出し，アナログ出力するもので，圧力分布を検出するものもある。導電性ゴム・感圧半導体・ストレインゲージなどの素子が用いられ，分布を検出する場合は，素子をアレイ状に並べる。力覚センサはロボットハンドなどで支持している物体が接触した際に加わる反力から物体の状態を識別する場合に用いられる。滑り覚センサは，任意方向の滑り変位の大きさと方向を検出するものである。大きさだけを検出するもの，一定方向のみの滑りだけを検出するもの，全方向の滑りを検出できるものがある。

3章 アクチュエータ

3.1. アクチュエータの種類と特徴

アクチュエータは，出力された情報信号をもとに対象に動きを与える機器であり，電気式と油圧・空気圧式に大別される。

電気式には，サーボモータ，ステッピングモータなどがある。直流サーボモータは永久磁石でできた固定子に対応してコイルを巻いた回転子があり，このコイルに電流を流して回転させるものである。即応性に優れ，小型軽量で大出力が得られる。交流サーボモータには誘導サーボモータと同期サーボモータがあり，いずれも保守が容易で堅牢である。

以上は回転運動を行うものであるが，直線運動を行う場合はリニア直流モータ，リニア誘導モータ，リニアパルスモータが用いられる。

油圧・空気圧式には，油圧シリンダ，油圧モータ，空気圧シリンダ，空気圧モータなどがあり，いずれも堅牢で取扱いが簡単であるため広く用いられている。

3.1.1. 機械エネルギから電気エネルギへの変換（発電機）
電気エネルギの発生源といえば，化学反応を応用した電池が身近な例として思いつく。しかし，これから大きいエネルギを長時間にわたって取り出すことはできない。工場や家庭などで大量に消費される電気エネルギを供給しているのは，発電所の発電機である。これは，フレミングの右手の法則を応用した装置であり，水車やタービンなどの原動機によって磁石を回転させ，その周囲に配置された導体（コイル）に電気エネルギを発生させる。なお，磁石を固定してコイルを回す発電機もある。

3.1.2. 電気エネルギから機械エネルギへの変換（電動機）
発電機に逆に電力を加えると回転トルクを発生する。これはフレミングの左手の法則を応用した装置で電動機（モータ）と呼んでいる。水力発電所の中には，発電機を深夜に電動機として利用してポンプを回し，水を貯水池に汲み揚げる揚水発電機もある。発電機も電動機もその構造は同じであり，これらは可逆的に電気—機械エネルギ変換器といえる。

3.1.3. 電気エネルギから電気エネルギへの変換（変圧器）
発電機に発生したエネルギを消費地まで送る際，送電線での損失を少なくするために交流電圧はできるだけ高くする。しかし，工場や家庭ではこの高電圧のままでは危険なため，逆に適当な電圧に下げなければならない。このように電圧を高めたり低めたりするための装置が変圧器である。変圧器は電柱上によく見られるし，テレビやオーディオ機器などの電源部にも使用されている。さらに，電源の周波数を変換する周波数変換装置，電圧と周波数の両方を変化できる可変電圧・可変周波数装置（VVVF）などがあり，これらはパワーエレクトロニクス技術により実現されている。

3.1.4. パワーエレクトロニクス
電力の形態には交流と直流とがある。電

力会社から送られてくる電力は交流であるため，大容量の直流を必要とする分野では，交流を直流に変換する（順変換）装置が必要となる。さらに，直流電動機を可変速運動する場合，直流電圧を自由に調整できる機能が必要となる。以前は交流電動機と直流発電機を組み合わせた電動発電機が用いられていたが，現在では，その大部分が電力用半導体整流素子を用いた整流回路で占められている。

電力用半導体整流素子にはサイリスタやパワートランジスタがあり，これらの素子を組み合わせることにより，直流から交流への変換（逆変換と呼び，その装置がインバータである）や，一定電圧から可変電圧への変換，さらには周波数変換など，あらゆる形態の電力変換が可能となった。このように半導体素子を用いて電力変換を行う分野をパワーエレクトロニクスと称し，工業用の大出力装置のみならず，家電製品にまで普及している。

3.2. 電気機器

電気機器はエネルギ変換器の一種で，ほとんどのものが電磁誘導作用や電流の磁気作用などを利用している。現在使用されている代表的な電気機器を分類すると，次のようになる。

電気機器 ┌ 回転機 ┌ 直流機……………………直流電動機・直流発電機
     │   │ 交流機 ┌ 同期機………同期電動機・同期発電機
     │   │   └ 非同期機…誘導電動機
     └ 静止器…………………………………変圧器

まず，回転部の有無で回転機と静止器とに分けられる。回転機は電気エネルギの形態により直流機と交流機に，交流機は回転速度が電源周波数に比例するか否かで同期機と非同期機に分けられる。非同期機は，さらに誘導機と整流子機に分類できるが，後者の使用実績は今日では少ない。

また，回転機全般に対して発電機と電動機（モータ）の存在が考えられるが，誘導発電機はその実用例が極めてまれである。なお，モータの呼称は一般に「サーボモータ」のように外来語の形容と結びついた際に用いられることが多い。

3.2.1. 直流機

(1) 直流電動機と直流発電機 直流電動機は，直流電力をもらって機械動力を発生する。このため交流を直流に変換する順変換装置が不可欠である。さらに，直流機は整流子という複雑な機械的接点をもった構造であるため，他の電動機に比べて高価であり，保守が面倒であり，高速化や高電圧化が困難などの欠点をもっている。それにもかかわらず，直流電動機はさまざまな分野で使用されている。これは，速度制御が容易にしかも高精度に行えるためである。

かつて可変速電動機といえば，この直流電動機が独占的であった。数千kWもの大容量機が製鉄工場における圧延用ミルを回しており，また電車用電動機のほとんどがこの直流電動機である。

また，精度が要求される工作機械や最近のロボットでは，この直流機の一種であるサーボモータが駆動部を受けもっている。

一方，直流発電機は，最も歴史が古く，かつては直流電力に発生源として使

われていた。しかし、パワーエレクトロニクスの分野でサイリスタを用いた直流電源が普及するにつれて、直流発電機の需要は急減している。

(2) 励磁方式 電磁石により磁極をつくる方法、すなわち励磁方式は鉄心に巻いた巻線の電源を、電機子回路の電源と別にとる他励式と、電機子と同一の電源からとる自励式がある。自励式はさらに、分巻式、直巻式、複巻式に分類される。直流電動機は採用される励磁方式に応じて、それぞれ他励（直流）電動機、分巻電動機、直巻電動機、複巻電動機などと呼ばれている。

(3) 直流電動機の分類

a. 直巻電動機 電流のわずかの変化に対し広範囲の負荷の変化に応ずる性質をもち、特に始動の際、強いトルクを必要とする電車・起重機・巻上機などに用いられる（図 3-1(a)）。

b. 分巻電動機 回転速度をほとんど一定に保つことができるから、この電動機は一定速度を必要とし、最初から大きな負荷を負わない工場の機械等を運転するのに適している（図 3-1(b)）。

c. 複巻電動機 直巻界磁巻線の作用が分巻界磁巻線の作用に加わるように働く和動複巻と、打ち消すように働く差動複巻との2種類がある。前者は直巻電動機・分巻電動機の中間の性質をもち、後者は負荷電流が増すと回転速度は増加する傾向がある（図 3-1(c)）。

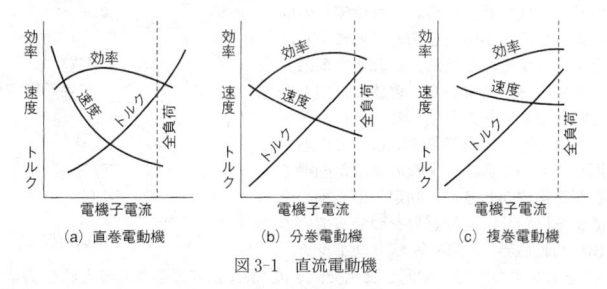

図 3-1 直流電動機

3.2.2. 同期機 同期電動機は、交流電源の周波数に比例した回転速度で回転する。

極数を P、周波数を f (Hz) とすれば、同期速度 N_S は、次式で与えられる。

$$N_S = \frac{120f}{P} \text{ (min}^{-1}\text{)}$$

したがって、50 Hz あるいは 60 Hz の商用周波数の交流を用いることで、負荷の軽重に無関係な定速電動機となる。紡績関係など一定回転を必要とする分野に用いられている。さらに、パワーエレクトロニクスによって開発が進んだ可変周波数電源を用いれば、同期電動機を可変速電動機として運動させることもできる。

発電所の発電機はほとんど同期発電機であり、数千 kVA から百万 kVA の大容量機が、交流電力を供給し続けている。

3.2.3. 誘導機

(1) 三相誘導電動機と単相誘導電動機 誘導電動機は，交流電源の相数によって，三相機と単相機に分けられる。工場のように三相交流が送られている場所では，大きな出力を得られる三相誘導電動機が用いられる。現在，数 kW から数千 kW までの電動機が生産されており，ポンプや送風機など多様な用途に使われている。その電力を総計すると他の電動機を圧倒的に引き離している。家庭やオフィスのように単相交流しか得られない場合には，単相誘導電動機を用いる。その出力は数 W からせいぜい数百 W 程度の小容量であるが，扇風機・洗濯機・冷蔵庫などの家電製品の動力源として，数多く生産されている。

この誘導電動機は丈夫で安価，高効率ではあるが，かつては速度制御の困難な電動機であった。しかし，パワーエレクトロニクスにおけるインバータの著しい発達によって可変周波数電源が普及し，誘導電動機の可変速運動が可能となった。この結果，既設の誘導電動機の省エネルギ化が進み，さらに高精度可変速ドライブの分野でも誘導電動機が直流電動機にとってかわりつつある。

(2) 誘導電動機の回転原理 図 3-2 に示すように磁石を金属円板の周辺にそって回転させると，円板もまた磁石のあとを追いつつ同じ方向に移動する。これは磁石の回転によって円板が磁束を切ることにより，円板中にうず電流が流れ，これと回転磁界との間に電磁力が働いて，導体には回転磁界と同方向に回転力が生じる。これをアラゴの円板と呼び，誘導電動機はこの原理を応用したものである。実際の誘導電動機では磁石を回すかわりに，固定子の巻線に交流電源を供給し，回転磁界をつくっている。

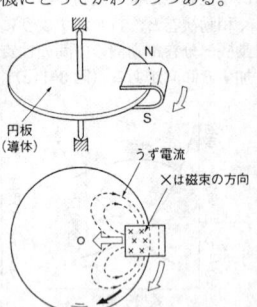

図 3-2 アラゴの円板

(3) 回転磁界 3個の等しいコイル A, B, C を 120°ずつ隔てて配列し三相交流を流すと，磁界の強さの最大値を H_m とすれば，磁界は電流と同一周期をもって回転し，その強さは $(3/2)H_m$ である。

(4) 滑り 誘導電動機の回転子の速度は回転磁界に対していくぶん遅れる。この遅れの割合を滑りという。N_S を同期速度，N を回転子速度とすれば，滑り s は，

$$s = \frac{N_S - N}{N_S} \times 100 \ (\%)$$

(5) トルク 誘導電動機においてトルク（回転力）τ は図 3-3 のように始動のとき（A；$s=100$）小さく，速度が増すに従ってトルクも大きくなり，同期速度の十数パーセント以下のあたり（B）で最大となり，さらに速度を増すと次第に減って同期速度（$s=0$）において 0 となる。

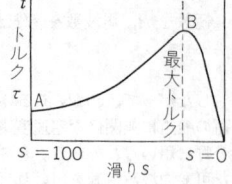

図 3-3 トルクと滑りの関係

(6) 効率　誘導電動機の効率とは、回転子軸において利用できる機械的出力と固定子に送られる電気的入力との比である。

3.2.4. 変圧器　変圧器は交流電圧を昇圧あるいは降圧でき、数千 kVA から数十 kVA が送配電系統に使用されている。さらに各種装置の電源部にも数多く組み込まれている。

(1) 変圧器の原理　図 3-4 のように、一次巻線、二次巻線には抵抗がなく、漏れ磁束もなく、さらに励磁電流も無視できるぐらい小さく、鉄損もないと仮定した変圧器を理想変圧器という。

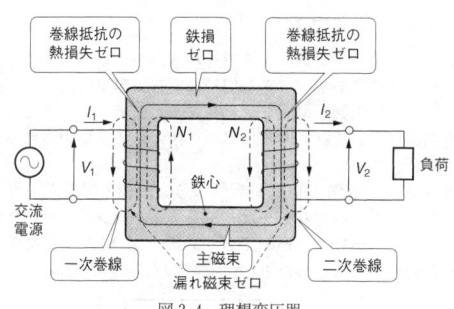

図 3-4　理想変圧器

しかし、実際の変圧器では次のような損失がある。
① 銅損 (copper loss) 各巻線の抵抗に生じるジュール熱による損失。
② 鉄損 (iron loss) 鉄心内にうず電流が流れることによって生じるいわゆるうず電流損 (eddy-current loss) と、鉄心のヒステリシス現象によるヒステリシス損 (hysteresis loss) との和。
③ 漏れ磁束による損失　一次巻線と二次巻線の漏れ磁束による両巻線間の磁気的結合の損失。

変圧器は静止機器であり、電動機に比べるとギャップがないので漏れ磁束が少ない。また、回転機器の軸受やブラシ部分などに生じる摩擦損もない。したがって、変圧器は電動機に比べて損失が少ない。

変圧器の効率は、配電用 6 kV 油入変圧器で 95～98 % である。

(2) 変圧器の構造　変圧器は基本的には、巻線と鉄心から構成される。大容量のものになると、導体、鉄心、いわゆる変圧器本体を収める外箱、引出し線を絶縁するブッシング、絶縁油および冷却装置の組合せでできている。

変圧器は鉄心と巻線の組合せ方によって、図 3-5(a) のような内鉄形と図 (b) のような外鉄形とに

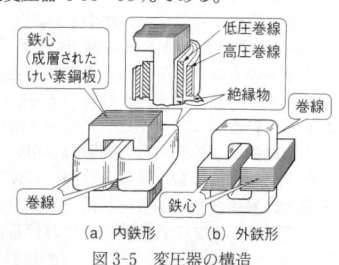

図 3-5　変圧器の構造

分けられる。一般に，高圧大容量のものは構造上，絶縁が容易な内鉄形を用い，低圧大電流の電気炉などには，外鉄形を用いる。

(3) **変圧器の定格**　電動機の定格出力は，キロワット (kW) で表すが，変圧器の定格出力は，定格二次電圧 $V(V)$ と定格二次電流 $I(A)$ の積 VI (VA)（実効値）で表す。これを皮相電力といい，単位には kVA を用いる。
なお，変圧器の銘板には定格二次電圧，定格二次電流，定格周波数および定格力率などが表示されているが，定格力率が指定されていない場合は，定格力率が 100 % とみなされる。

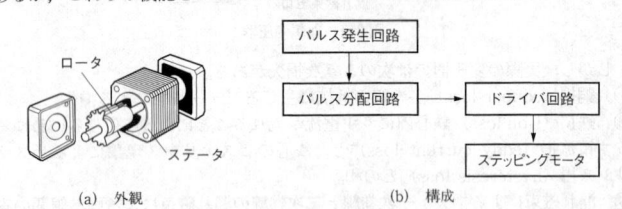

3.3. ステッピングモータ

ステッピングモータは，電気パルス信号が入力されると，決められた一定角度の回転を行うモータである。与えた信号に対して忠実に追従して動作するため，高精度の開ループ制御が可能なディジタルアクチュエータとして，位置決め制御や速度制御に用いられている。パルス信号により駆動されるため，パルスモータとも呼ばれる。

ステッピングモータは図 3-6(**a**) に示すように，出力軸をもつロータ，励磁コイルをもつステータ，ベアリングなどをもったハウジンクケースにより構成される。このモータは単独では運転できないので図(**b**)のような構成が必要であるが，これらの機能をまとめた IC を用いるのが一般的である。

(a) 外観　　　(b) 構成

図 3-6　ステッピングモータ

3.3.1. 分類
ステッピングモータは次のように分類される。
- PM 形：ロータに永久磁石を用い，ステータとの反発・吸引力を利用して回転力を得る。永久磁石の経年変化によりトルクの低下が生じる。
- VR 形：溝つきの鉄心をロータに用い，ステータを吸引して回転力を得る。PM 形に比べて発生トルクが小さい。
- HB 形：PM 形と VR 形の双方の長所を併せもった複合型のロータ。

その他の方式として，高トルクを発生できる油圧モータと組み合わせた電気－油圧ステッピングモータなどがある。

3.3.2. 特性
ステッピングモータの特性を図 3-7 に示す。
- 自起動領域：外部からの補助力を用いずに，起動・停止できる領域。
- 最大自起動周波数：無負荷状態における自起動可能な最大周波数。
- 最大応答周波数：無負荷状態で制御できる最大の周波数。
- 引き込みトルク：各負荷条件における自起動周波数の限界値。

- スルー領域：自起動領域内で起動後，適当な加減速制御運転ができる実用上の制御範囲。
- 脱出トルク：各条件における制御可能周波数の限界値。
- 脱調：トルクと周波数の組み合わせが脱出トルク曲線を超え，制御不能となること。

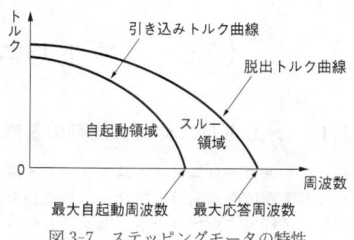

図 3-7 ステッピングモータの特性

3.4. サーボモータ

直流電動機を利用したサーボモータを DC サーボモータといい，交流電動機を利用したサーボモータを AC サーボモータという。サーボモータとは，サーボ機構に使用するモータのことをいう。それぞれの特徴として，

(1) DC サーボモータ
①制御装置が簡単である。
②可逆運動・速度制御が簡単である。
③安定性が高い。

(2) AC サーボモータ
①故障が少ない。
②過負荷に強い。
③安価である。

3.5. DD モータ

DD とは，ダイレクトドライブ（Direct Drive）の略で，モータの回転軸と動作させる機構の回転軸を減速器なしで駆動するものである。小さなトルクで高速回転させるものに向いている。

3.6. エアーシリンダ

空気を圧縮，膨張させることにより，機械を動かすものである。力制御やコンプライアンス制御に向き，操作性が良く大きな作業速度が得られる。また，空気を使用しているため清潔な環境を必要とする機器に多く用いられている。高精度の位置決めには向かず，応答性がわるい。

3.7. 油圧シリンダ

動作原理はエアーシリンダと同じである。特徴として，高圧化が容易であり，大きな力を発生できる。また，高精度の位置制御，速度制御が可能で，応答性が高い。しかし，保守面，火災の危険などの問題があり，高価である。

4章 メカトロニクスと制御

4.1. メカトロニクスと制御の基礎

4.1.1. メカトロニクスとは 電気・電子技術による制御回路と機械的部分および情報技術が密接に結合し，複雑かつ高度な制御機能をもつようにした技術を電子機械またはメカトロニクスという。メカトロニクスは主に図4-1のように機械的部分・検出部分・制御回路部・駆動部分から構成される。

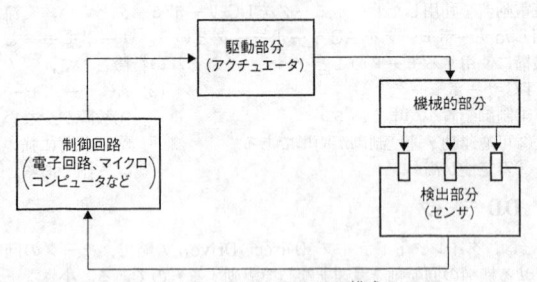

図4-1 メカトロニクスの構成

4.1.2. 制御とは 制御とはJIS Z 8116によると「ある目的に適合するように，制御対象に所要の操作を加えること」と定義されており，大きく自動制御と手動制御に分類される。このうち，自動制御は制御装置によって自動的に行われる制御をいい，フィードフォワード制御とフィードバック制御，シーケンス制御に大別される。

フィードフォワード制御は「目標値，外乱などの情報に基づいて，制御量を決定する制御」と定義され，図4-2(a)のように制御動作と出力とが全く独立した制御である。

フィードバック制御は，一般的に閉ループ制御ともよばれ「フィードバック

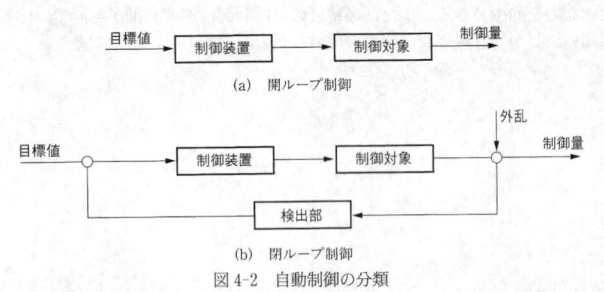

(a) 開ループ制御

(b) 閉ループ制御

図4-2 自動制御の分類

によって制御量を目標値と比較し,それらを一致させるように操作量を生成する制御」と定義されている。図 4-2(b)のように,入力に対する制御動作が何らかの形で出力に影響を与える制御である。また,フィードバック制御系において,目標値が変化し,その変化する目標値に追従させる制御系をサーボ系とよぶ。これとは対称的にフィードバックがない制御を開ループ制御といい「フィードバックループがなく,制御量を考慮せずに操作量を決定する制御」と定義されている。

4.2. シーケンス制御

4.2.1. シーケンス制御とは シーケンス制御とは「あらかじめ定められた順序,または論理にしたがって制御の各段階を逐次進めていく制御」である。

電気洗濯機,自動販売機,交通信号機,エレベータ,工作機械などは,シーケンス制御が用いられている機器の代表例である。シーケンス制御系の一般的な構成を図 4-3 に示す。各部の機能および定義は次のとおりである。

・命令処理部:作業命令,検出信号,時限信号などから制御信号をつくり,命令する部分。
・操作部:制御信号を増幅し,直接制御対象を制御できるようにする部分。
・制御対象:制御の対象となる装置全体あるいはその一部。
・検出部:制御量の値が所定の状態にあるか否かに応じた信号を発生する部分。

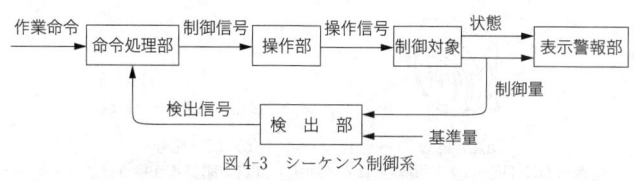

図 4-3 シーケンス制御系

4.2.2. シーケンス制御の制御方式 制御方式には,電気式,空気圧式,油圧式などに大別される(表 4-1)。制御のしやすさや応答の速さなどから電気式が多く用いられている。

表 4-1 シーケンス制御の制御方式

シーケンス制御
- 電気式
  - 有接点式……主にスイッチや電磁リレーなど,機械的接点を用いた回路による制御で,リレーシーケンス制御と呼ばれる。
  - 無接点式……トランジスタ,ダイオードや集積回路(IC)を用いた回路による制御で,無接点シーケンス制御と呼ばれる。
  - その他……マイクロコンピュータやプログラマブルコントローラ(PC)によるプログラム制御。
- 空気圧式……空気圧制御弁を用いた回路による制御。
- 油圧式……油圧制御弁を用いた回路による制御。

4.2.3. シーケンス制御用機器 シーケンス制御用機器は,大きく分けて5つに分類できる。表4-2に分類とそれぞれの機能を示す。

(1) 操作用機器 人間の意思(命令)を制御システムに伝えるもので,押しボタンスイッチや操作スイッチが用いられる。図4-4に押しボタンスイッチ,図4-5にリミットスイッチの外観・図記号・用途を示す。

表4-2 シーケンス制御用機器の分類

名称	機能	主な機器
操作用機器	制御対象の操作	押しボタンスイッチ,切換スイッチなど
制御用機器	制御対象の制御	リレー,タイマ,プログラマブルコントローラなど
駆動用機器	制御対象の駆動	電磁接触器,電磁開閉器,SSRなど
検出・保護用機器	制御対象の動作状態や異常の検出,安全のための保護	各種センサ
表示用機器	制御システムの状態や警報の表示	ランプ,発光ダイオード,ベル,ブザーなど

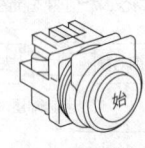

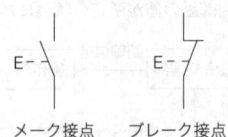

(a) 外観　　　　　　　　(b) JIS図記号

電源のON-OFFなどに用いられる。押すと接点が閉じるa接点(メーク接点)と接点が開くb接点(ブレーク接点)がある。

図4-4 押しボタンスイッチ

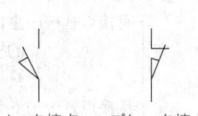

(a) 外観　　　　　　　　(b) JIS図記号

機械的動作がある限界を超えたときに動作するスイッチ。この動作を利用し,安全装置などとして利用されている。

図4-5 リミットスイッチ

(2) 制御用機器 操作用機器からの信号を受けて制御対象を目的の動作に制御するための信号を発生させるもので,リレーやタイマが使用される。リレー

は受けた信号により電磁コイルを励磁し，電磁力によって可動鉄片を吸引し，接点の開閉を行う。図 4-6 に電磁リレーの外観・図記号を示す。

タイマとは，信号を受け，あらかじめ定められた時間を経過したのち，接点の開閉を行うリレーをいう。タイマはその動作原理によって，表 4-3 に示すように，モータ式タイマ，電子式タイマ，制動式タイマに分類できる。

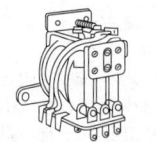

(a) 外観　　　　(b) JIS図記号

図 4-6　電磁リレー

表 4-3　主なタイマの種類

種　類	動 作 原 理
モータ式タイマ	電気的な入力信号により，電動機(モータ)を回転させ，その機械的な動きを利用して，所定の時間遅れをとり，出力接点の開閉を行うもの。
電子式タイマ	コンデンサと抵抗の組合せによる充放電特性を利用して，所定の時間遅れをとり，電磁リレーの出力接点の開閉を行うもの。
制御式タイマ (空気式タイマ)	空気，油などの液体による制動を利用して，所定の時間遅れをとり，これと電磁コイルを組み合わせて，出力接点の開閉を行うもの。

(3) **駆動用機器**　制御用機器を通ってきた信号で，制御対象を直接駆動するために電圧や電流レベルを上げる装置である。主に，電磁接触器や電磁開閉器が利用されている。

電磁接触器は電磁石の動作によって回路を頻繁に開閉する接触器で，主に電力回路の開閉に用いる。図 4-7 に電磁接触器の外観・図記号を示す。

(4) **検出・保護用機器**　制御対象の状態を検出し，制御システムに情報を伝えるもので，各種センサがそれにあたる。

(5) **表示用機器**　制御システムの状態を表示したり，警告を指示するものである。人間がシステムの異常を知るために設置させているブザーやベルがそれにあたる。

(a) 外観　　　　　　　　　(b) JIS図記号

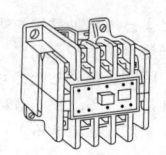

主接点　補助ブレーク接点
　　　　メーク接点

図 4-7　電磁接触器

4.2.4. シーケンス制御用図記号　　電気機器をシーケンス図に表示するためには，JIS C 0617：99 に規定された電気用図記号を用いなければならない。その目的は，電気機器の機構関係を省略し，電気回路の一部の要素を簡略化し，その動作や機能をわかりやすくするためである。シーケンス図に用いられる図記号の一覧を図 4-8，図 4-9 に示す。

接点機能	◁	負荷開閉機能	○	遅延機能	⌒
遮断機能	×	自動引外し機能	■	自動復帰機能	◁
断路機能	－	位置スイッチ機能	▽	非自動復帰（残留）機能	○

(a) 接点機能図記号（限定図記号）

手動操作（一般）	├---	ハンドル操作	⊕	カム操作	◔---
引き操作	]---	足踏みによる操作	✓---	電動機操作	Ⓜ---
ひねり操作	ƒ---	てこによる操作	⌐---	圧縮空気操作または水圧操作	⊡---
押し操作	E---	着脱可能ハンドルによる操作	◇---	電磁効果による操作または作動装置	▯---
近接操作	◇---	かぎによる操作	⌂---		
非常操作	◖---	クランク操作	⌐---	その他の方式による操作	▭---

(b) 操作機構図記号

図 4-8　接点機能と操作機構の図記号

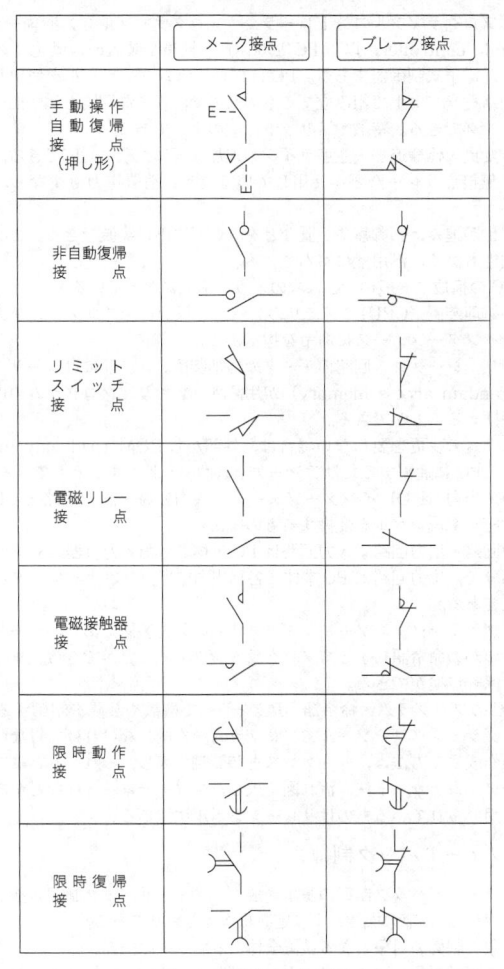

	メーク接点	ブレーク接点
手動操作 自動復帰 接　点 （押し形）		
非自動復帰 接　　点		
リミット スイッチ 接　　点		
電磁リレー 接　　点		
電磁接触器 接　　点		
限時動作 接　　点		
限時復帰 接　　点		

図 4-9　開閉接点の図記号

4.2.5. プログラマブルコントローラ　プログラマブルコントローラ（programmable controller，以下 PC と呼ぶ）は機械や装置の自動化にともない開発された電子式制御器である。PC はプログラムコンソールを使用し，シーケンス回路をソフト上で組み立てるものなので，複雑な回路も比較的簡単にプログラミングできる。特徴やメリットは次のようである。

① 設計変更・仕様追加・生産ラインの追加などに柔軟に対応できる。
② IC，無接点リレーなどを使用しているため，消費電力も少なく，発熱量も少ない。
③ 小型化が進み，制御盤や装置などをコンパクトに実装できる。
④ 信頼性も高く，汎用性に富んでいる。

(1) PC の構成　一般に PC は次のような構成になっている。

① 中央処理装置（CPU）：メモリのデータを解析し，プログラムを実行して，入・出力インターフェースに命令を指示する。
② メモリ：シーケンス回路のデータの格納装置。メモリにはユーザズメモリ RAM（randam access memory）が用意されており，プログラムの内容を簡単に書き換えることができる。

　プログラムの変更を要しない場合は，外部から ROM（read only memory）を接続し，PC に通電するだけでシーケンス回路を動かすこともできる。

③ 入力・出力（I/O）インターフェース：入力回路・出力回路と CPU 用の信号の電圧や電流レベルを変換するものである。
④ 入力回路・出力回路：入力回路は PC 本体と各種入力機器（センサ）を接続する部分で，出力回路は PC 本体と各種出力機器（アクチュエータ）を接続する部分である。
⑤ プログラミングコンソール：プログラムの入力装置であり，シーケンス回路をいくつかの命令語によってプログラミングすることができる。また，プログラムの保守点検ができる。

(2) PC のプログラム・命令語　PC を使って機械や装置を制御するためには，プログラミングコンソールでプログラムを作成しなければならない。プログラムを作成する方法は，シーケンスを時間軸で表し，それをもとにプログラムを組むタイムチャート法，流れ図で表したフローチャート法などがあるが，最も多く用いられているものはリレーシンボル法である。

4.3. フィードバック制御

4.3.1. フィードバック制御の基本構成　フィードバック制御の基本構成を図 4-10 に示す。各部の機能および定義は次のとおりである。

・制御対象：制御の対象となる装置全体あるいはその一部。
・制御量：制御対象に属する量のうち，制御することを目的とするもの。
・目標値：制御量がその値をとるように目標として外部から与える量。
・基準入力，基準入力要素：閉ループ制御系を動作させるものが基準入力で，目標値を基準入力に変換するものが基準入力要素である。
・検出部，主フィードバック信号：制御量を検出し，基準入力と比較できる量

4章 メカトロニクスと制御

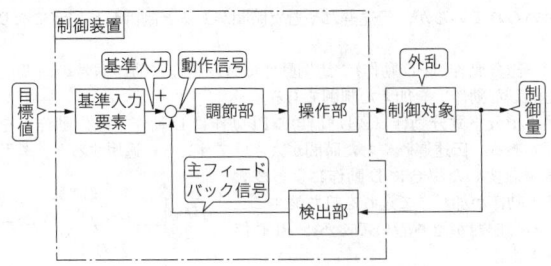

図 4-10 フィードバック制御の基本構成

に変換するものが検出部で，検出部から取り出した信号が主フィードバック信号である。

・動作信号：基準入力から主フィードバック信号を差し引いた信号で，制御系を動作させるもととなる信号（制御偏差ともいう）。
・調節部：基準入力と主フィードバック信号をもとに動作信号を作り出し，操作部に送り出す。
・外乱：制御系の状態を変えようとする外部からの要因。
・制御装置：設定された目標値に応じて制御対象の制御量を制御する装置。

4.3.2. フィードバック制御の分類 フィードバック制御は次のように分類される。

・定値制御：外乱を受ける制御対象に対して，常に設定された目標値を維持する制御方式。
・追従制御：移動する対象物に追従して目標値が常に変化する制御方式。
・オンオフ制御：上限と下限の目標値を設定して，この二値の間に目標値を維持する制御方式。
・プログラム制御：目標値の変化があらかじめ定められており，これに応じて動作する制御方式。

4.3.3. フィードバック制御の基本動作 フィードバック制御の基本動作は次のように分類される。

・比例動作（P 動作）：操作量 y が動作信号 z に対して比例する特性をもつ動作である。

$$y = K_p z$$

・比例＋積分動作（PI 動作）：比例動作に積分動作（動作信号の積分値，すなわち動作信号を縦軸，時間を横軸にとったときの面積に比例した動作）を加えた制御である。

$$y = K_p \left(z + \frac{1}{T_1} \int z \, dt \right)$$

この動作は動作信号が 0 にならない限り操作量が増加もしくは減少し続け，外乱などによる定常位置偏差（オフセット）をなくすことができるので，最も

広く用いられているが，伝達遅れやむだ時間があると制御が不安定になりやすい。

・比例＋微分動作（PD動作）：比例動作に微分動作（動作信号の時間的変化率に比例した動作）を加えた制御である。

・比例＋積分＋微分動作（PID動作）：PI動作にD動作（微分動作）を加えた制御である。伝達遅れやむだ時間が大きいプラントに適用すると，外乱などで偏差が急変した場合にD動作によって大きな修正動作が加わって遅れを打ち消すことができる。偏差が落ち着いてくるとPI動作に移行する。

4.3.4. ステップ入力に対するインディシャル応答 フィードバック制御系にステップ入力を与え，出力が安定するまでの過渡現象を示したものが，インディシャル応答である。

追従性については，出力が目標値の50％に達するまでの遅延時間 T_d，出力が目標値の10％から90％になるまでの上昇時間 T_r，出力が安定するまでの整定時間 T_s で表され，安定度は行き過ぎ量 O_s や行き過ぎ回数で表される。精度は時間が十分に経過した後の定常状態における定常偏差で表す。

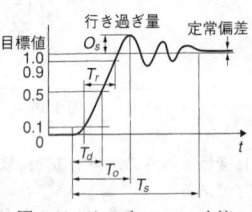

図4-11 インディシャル応答

4.3.5. 制御系のブロック線図 ブロック線図は制御系の入力と出力の間の関係を明確に記述するもので，表4-4のような伝達要素（ブロック）・分岐点・加合せ点・信号線で表し，信号線の矢印は信号の向きを示す。

伝達要素は制御系の伝達関数を $G(s)$，入力を $X(s)$，出力を $Y(s)$ とした場合 $Y(s)=G(s)\cdot X(s)$ であり，出力は入力に影響を及ぼさない。ある伝達要素の出力が何らかの経路でその入力に影響を及ぼす場合は別の伝達要素を用いて表現する。また，ブロック線図は表4-5の手順にしたがい，変換することができる。

表4-4 ブロック線図の基本要素

伝達要素（ブロック）	$X(s) \rightarrow \boxed{G(s)} \rightarrow Y(s)$	入力が $X(s)$，出力が $Y(s)$ で $Y(s)=G(s)\cdot X(s)$ $G(s)$：伝達関数
分岐点	$X(s) \rightarrow \bullet \begin{array}{c}\rightarrow X(s)\\ \rightarrow X(s)\end{array}$	信号 $X(s)$ を取り出すだけで値は同じ
加合せ点	$X_1(s) \xrightarrow{+} \bigcirc \pm \rightarrow Y(s)$ $\uparrow X_2(s)$	信号の加算 $Y(s)=X_1(s)+\{\pm X_2(s)\}$ 　　　$=X_1(s)\pm X_2(s)$
信号線	$\xrightarrow{X(s)}$	信号の流れ，矢印は信号の向き

表 4-5 ブロック線図の等価変換

直列接続	
$X(s) \to \boxed{G_1(s)} \xrightarrow{Z(s)} \boxed{G_2(s)} \to Y(s)$	$X(s) \to \boxed{G_1(s)\,G_2(s)} \to Y(s)$

並列接続	
$X(s) \to \boxed{G_1(s)} \xrightarrow{Z_1(s)} \overset{+}{\underset{\pm}{\circ}} \to Y(s)$, $\boxed{G_2(s)} \xrightarrow{Z_2(s)}$	$X(s) \to \boxed{G_1(s) \pm G_2(s)} \to Y(s)$

フィードバック制御系	
$X(s) \overset{+}{\underset{\mp}{\to}} \xrightarrow{E(s)} \boxed{G(s)} \to Y(s)$, $\boxed{H(s)} \leftarrow B(s)$	$X(s) \to \boxed{\dfrac{G(s)}{1 \pm G(s)H(s)}} \to Y(s)$

加合せ点移動	
$X(s) \to \boxed{G(s)} \overset{+}{\underset{\pm}{\to}} Y(s)$, $Z(s) \uparrow$	$X(s) \to \boxed{G(s)} \overset{+}{\underset{\pm}{\to}} Y(s)$, $\boxed{1/G(s)} \leftarrow Z(s)$

分岐点移動	
$X(s) \to \boxed{G(s)} \to Y(s) \to Y(s)$	$X(s) \to \boxed{G(s)} \to Y(s)$, $\to \boxed{G(s)} \to Y(s)$

4.3.6. ラプラス変換

(1) 制御とラプラス変換 制御対象を数学的にモデル化するためには,物理法則にもとづき微分方程式を用いる。その際,微分・積分という演算をラプラス変換により,掛け算・割り算という代数演算にすることで簡単な演算に置き換えて考えることができる。

(2) ラプラス変換の定義 $t \geq 0$ で定義された時間関数 $f(t)$ に対して

$$F(s) = \int_0^\infty f(t)\,e^{-st}dt$$

で定義される $F(s)$ を $f(t)$ のラプラス変換といい,簡単のため $F(s) = L[f(t)]$ と表す。また,s をラプラス演算子という。基本関数のラプラス変換を**表 4-6**に示す。

4.4. ロボットの分類

ロボット (robot) とは,人が行う作業を何らかの装置により代行するものや「人のような」動作・形状の装置のことである。単一の動作を行う装置や絶えず人の操作が必要な装置はロボットの範ちゅうには含まれない。

表 4-6 ラプラス変換表

関数名	時間関数 $f(t)$ $t<0$ で $f(t)=0$ とする	ラプラス変換 $F(s)$
単位インパルス関数	$\delta(t)$	1
単位ステップ関数	1	$\dfrac{1}{s}$
単位ランプ関数	t	$\dfrac{1}{s^2}$
	t^n	$\dfrac{n!}{s^{n+1}}$
指数関数	$e^{-\alpha t}$	$\dfrac{1}{s+\alpha}$
正弦関数	$\sin \omega t$	$\dfrac{\omega}{s^2+\omega^2}$
余弦関数	$\cos \omega t$	$\dfrac{s}{s^2+\omega^2}$
その他	$t^n e^{-\alpha t}$	$\dfrac{n!}{(s+\alpha)^{n+1}}$
	$e^{-\alpha t}\sin \omega t$	$\dfrac{\omega}{(s+\alpha)^2+\omega^2}$
	$e^{-\alpha t}\cos \omega t$	$\dfrac{s+\alpha}{(s+\alpha)^2+\omega^2}$

自動車の生産ラインで活躍する産業用ロボットや深海・宇宙空間・危険地帯などの人が作業を行えない場所で作業をするロボット，人や動物の外観や動作をまねた愛玩用のエンターテイメントロボットなどがある。

ロボットの動作や製作には，本体を構成するリンク機構や歯車機構の機構学，センサからの情報をもとに制御を行う計測・制御工学，情報をもとに判断や計算処理を行う情報工学，信号の増幅や駆動モータを動作させるための電気・電子工学など，多岐にわたる分野の技術が応用されている。

以下に主なロボットの分類を示す。

4.4.1. 産業用ロボット　産業用ロボットは JIS B 0134：98 で「自動制御によるマニピュレーション機能又は，移動機能をもち，各種の作業をプログラムによって実行でき，産業に使用される機械」と定義されている。

(1) 一般的分類

・シーケンスロボット：あらかじめ設定された情報（順序・条件および位置など）にしたがって動作の各段階を逐次進めていくロボット。

- プレイバックロボット：人間がロボットを動かすことによって，順序・条件・位置およびその他の情報を数値・言語などによって教示し，その情報にしたがって作業を行えるロボット。
- 数値制御ロボット：ロボットを動かすことなく，順序・条件・位置およびその他の情報を数値・言語などによって教示し，その情報にしたがって作業を行えるロボット。
- 知能ロボット：認識能力・学習能力・抽象的思考能力・環境適応能力などを人工的に実現する人工知能によって行動決定のできるロボット。
- 感覚制御ロボット：感覚情報を用いて，動作の制御を行うロボット。
- 適応制御ロボット：環境の変化などに応じて，制御などの特性を所要の条件を満たすように変化させる制御機能（適応制御）をもつロボット。
- 学習制御ロボット：作業経験などを反映させ，適切な作業を行う制御機能（学習制御）をもつロボット。
- 操縦ロボット：ロボットに行わせる作業の一部またはすべてを人間が直接操作することによって作業が行えるロボット。

(2) 制御方式による分類
- サーボ制御ロボット：サーボ機構によって制御されるロボット。
- ノンサーボ制御ロボット：サーボ機構以外の手段によって制御されるロボット。
- CP制御ロボット：全軌道または全軌跡が指定されている制御（CP制御）によって運動制御されるロボット。
- PTP制御ロボット：経路上の通過点がとびとびに指定されている制御（PTP制御）によって運動制御されるロボット。

(3) 動作機構による分類
- 直角座標系ロボット：腕の自由度が主として直角座標形式であるマニピュレータ（人間の腕や手に似た機能をもち，対象物を空間的に移動させるもの）。
- 円筒座標系ロボット：腕の自由度が主として円筒座標形式であるマニピュレータ。
- 極座標系ロボット：腕の自由度が主として極座標形式であるマニピュレータ。
- 多関節ロボット：腕の自由度が主として多関節であるマニピュレータ。

4.4.2. 家庭用ロボット 家庭内に人間のパートナーとして導入されるロボットであり，自立して二足歩行を行うヒト型ロボットや愛玩用の動物型ロボットなどが実用化されている。その他，炊事・洗濯などの家事を支援するロボットの開発も行われている。

4.4.3. サービスロボット 主にサービス業で使われるロボットのことをさし，汎用的な産業用ロボットとは区別することが多い。無人で床を清掃するロボットや，夜間に館内を警備する警備ロボットなどがある。

10 編

機械などの安全性

1 章　機械類の安全性

1.1.　安全性の基本は

世の中には、いろいろな道具類あるいは機械類が使われている。また、それらの道具類あるいは機械類をつくり出すには、工作機械など、いろいろな加工機械が必要になる。これらの工作機械のみならず、世の中で利用されるいろいろな機械類にも、安全が大きな問題になっている。もちろん、作業者に対する機械的な安全対策が多いけれども、その中には、環境に関係する安全対策も含まれている。たとえば、火災予防対策、作業者の生命に関係する雰囲気の問題など、かなり広範にわたり取り上げるようになってきた。最近、関係している機械類の安全性に関する国際規格制定の際に、安全性に関する大きな問題があった。機械類の安全性がいかに重要な課題であることを示す一例として、簡単に説明しよう。

対象になった機械は印刷機械である。枚葉輪転印刷機械といって、一枚一枚を連続して印刷できるシステムであり、印刷機は数台になることもある。そのために、制御部分が数箇所に設置される。この印刷システムの排紙部で事故が発生したのである。印刷済みの用紙が排出される排紙部装置内で発生したトラブルのために、機械が停止した。機械停止中にそのトラブルを修理するために、作業者が装置内に入っていた。そのとき、装置内の作業者が見えないところにいた別の作業者が、不注意にも、別のコントロールパネルを用いて機械を再起動させたのである。その結果稼働を始めた用紙を排出する竿が、排出装置内にいた作業者の頭部をヒットしたのである。死亡事故につながったとのことで、作業中の

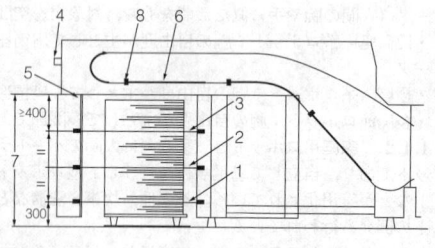

説明

1　光線1
2　光線2
3　光線3
4　リセットボタン
5　サンプル紙取出口
6　印刷紙
7　接近高さ
8　印刷紙グリッパシステム

図 1-1　排紙部の安全ガード（光線による）
（ドイツ特許資料）

1章 機械類の安全性

国際規格の中に,排紙部の安全対策を盛り込むことになったのである。

安全対策の一例を,図1-1に示す。この例は,作業者が排紙部内で安全に作業できるようにするために,給排紙部の周囲(実際には3面)に光線のセンサを張り巡らし,作業者が給排紙部に入ると光線を切断し検知して,機械を完全に停止させてしまう装置である。また,機械を始動させるためには,給排紙部の外に設置したコントロールパネル上で操作しなければならない構成になっている。

国際規格の盛り込まれたこの安全装置は,設置の費用がかなり高価であり,完全に安全が確保されるかどうかは不明である。絶対に安全なものは無いといってよい。しかし,基本的には作業者が安全管理の規則に従って作業していれば,この事故は当然避けることができた。そのために,安全に関する取扱い手順を,取扱説明書には十分明記しなければならないこと,作業管理者は,作業者に手順を十分教育しなければならないことを規定している。

この規格は,C規格といわれる個別規格の一つであるが,環境対策についても,作業者の安全のために規定しようとしている。

一方,安全に関しては,各国の法律によって規制されている。日本では,労働安全衛生法という法律が施行されている。米国にも,同様にPL法あるいはMIL規格などの法律がある。ISO規格の審議の際には,ISO規格より国内法が優先するという文言を入れようという提案があった。ただ,日本では,先の法律もISO規格に準じる方向になると聞いている。

1.2. 機械類の安全規格について

機械類の安全規格は,現在でもそれぞれの担当部署において作業が進められている。その内容について簡単に説明しよう。

1.2.1. 安全に関する基本的な規格(A規格)

安全に関する国際規格はISO規格である。実は,欧州では制定作業がすでに進められているEN規格があるが,その規格が中心となり,ANSI(米国規格)とともに,ISO規格を制定する作業が現在行われている。

安全規格の先進国であるEU連合のEN規格はかなりの範囲で整備されている。一方米国でも,先に示したいろいろな法律がある。日本はこの分野では後進国であるが,それらの規格と整合化を図り,すでに制定されたISO規格をJIS規格として取り入れる作業が行われている。

ISOにおける機械類の安全規格は,基本的な規格として

ISO 12100-1 : 2003　Safety of machinery - Basic concepts, general principles for design - Part 1 : Basic terminology, methodology

ISO 12100-2 : 2003　Safety of machinery - Basic concepts, general principles for design-Part 2 : Technical principles

があり,日本においても

JIS B 9700-1 : 2003　機械類の安全性－設計のための基本概念－一般原則 第1部 基本用語,方法論

JIS B 9700-2 : 2003　機械類の安全性－設計のための基本概念－一般原則

第 2 部　技術原則

として制定された。これらは、機械類の安全に対する用語、考え方、基本的な原則などを規定している。しかし、この規格と同様に重要な原則として、危険度の評価が必要であり、そのための方策も

ISO 14121 : 1999 Safety of machinery-Principles of risk assessment

として規格化している。日本においても

JIS B 9702 : 2000　機械類の安全性－リスクアセスメントの原則

として制定された。これは、機械類の耐用期間中の危険度を査定するための規則であり、できるだけ危険度の少ない設計あるいは対処のための手続きを作成する手順を規定している。これらの 3 規格を全体の中心的な規格として規定し、基本安全規格（A 規格）と呼んでいる。

1.2.2. 安全規格の構成とグループ安全規格（B 規格）

情報の保護のためによく利用されるシュレッダが、企業のみならず一般家庭にも使われるようになった。これが幼い子供に対して重大な凶器になっている。廃棄用紙を挿入する口から、自らの小さな手を差し込み、指先を切断したのである。このように、開口部を通して危険個所に到達する距離は、グループ安全規格（B 規格）に含まれ、

ISO 13852 : 1996 Safety of machinery - Safety distances to prevent danger zones being reached by the upper limbs

JIS B 9707 : 2002　機械類の安全性－危険区域に上肢が到達できることを防止するための安全距離

に規定している。

表 1-1 は 3 歳から 14 歳未満の場合で、リスクアセスメントを行い、開口部と安全距離がこの規則に則り設計できていれば、事故は起きなかったかもしれない。設計条件の設定が、安全に対して大きな問題になる。

このように、B 規格には、機械の電気装置、非常停止、ライトカーテン（センサとして）、リスクアセスメント B 規格、マーキング、安全に対するカバーなどが含まれる。

次に述べる C 規格といわれる個別規格を制定する際に、いろいろな内容が含まれる B 規格に基づいて寸法などを決め、機械類の安全性を確保しなければならない。

このように、安全に関する国際規格の体系は、図 1-2 に示すように三角形に体系化されている。国内規格（JIS）は、まだすべては制定されていないが、この体系に従って整備されるであろう。

1章 機械類の安全性

表 1-1 定形開口部の安全距離（3歳～14歳）
（JIS B 9007：02 による）

（単位 mm）

身体の部分	図示	開口部	安全距離 sr 長方形	正方形	円形
指先		$e \leq 4$	≥ 2	≥ 2	≥ 2
指先		$4 < e \leq 6$	≥ 20	≥ 10	≥ 10
指の関節までの指または手		$6 < e \leq 8$	≥ 40	≥ 30	≥ 20
指の関節までの指または手		$8 < e \leq 10$	≥ 80	≥ 60	≥ 60
指の関節までの指または手		$10 < e \leq 12$	≥ 100	≥ 80	≥ 80
指の関節までの指または手		$12 < e \leq 20$	≥ 900[1]	≥ 120	≥ 120
肩の基点までの腕		$20 < e \leq 30$	≥ 900	≥ 550	≥ 120
肩の基点までの腕		$30 < e \leq 100$	≥ 900	≥ 900	≥ 900

注 1) 長方形開口部の長さが 40 mm 以下なら，親指はストッパーとして働くので，安全距離は 120 mm まで減らすことができる。

開口部 e の寸法は正方形開口部の辺，円形開口部の直径および長方形開口部の最も狭い寸法に相当する。

備考　狭さく（狭）に対する子供の保護の方策はこの規格では規定しない。

```
                        ISO/IEC
                       ガイド51
         ISO：機械系              IEC：電気系
                    基本安全規格
                      A規格
```

	EN規格	国際規格	日本
機械（基本概念）	EN292-1	ISO12100-1	TR B 0008(JIS)
機械（技術設計）	EN292-2	ISO12100-2	TR B 0008(JIS)
リスクアセスメントA規格	EN1050	ISO14121	JIS B 9702

グループ安全規格：B規格

機械の電気装置	EN60204-1	IEC60204-1	JIS B 9960-1
非常停止	EN418	ISO13850	JIS B 9703
ライトカーテン	EN61496-1〜4	IEC61496-1〜4	JIS B 9704-1〜4
リスクアセスメントB規格	EN954-1	ISO13849-1	JIS B 9705-1
マーキング	EN61310-1〜3	IEC61310-1〜3	JIS B 9706-1〜3

個別の製品規格：C規格

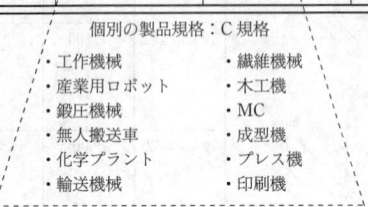

- 工作機械
- 産業用ロボット
- 鍛圧機械
- 無人搬送車
- 化学プラント
- 輸送機械
- 繊維機械
- 木工機
- MC
- 成型機
- プレス機
- 印刷機

図 1-2　機械安全国際規格の構成

1.3. 危険源の評価と個別機械の安全規格（C規格）

1.3.1. リスクアセスメントとは

リスクアセスメントは，機械類を安全に設計するために危険源からの安全性を評価するという重要な作業である。どのように使うかについては，図1-3に手順を示した。

まず，リスクアセスメントを実施する。この手順はJIS B 9702：00に示す方法によるが，製造者として使用される状況を特定し，危険源および危険状態を特定することで，危険源および危険状態のリスクを見積り，リスク低減の必要性を明確にする。リスクがあれば，安全になるように設計し，安全対策を施し，使用上の情報を整えることになる。同様に使用者として危険源情報の内容を十分検討し，作業者に安全対策に関する教育を行うことを義務づけられている。

規格で決められている危険源として，表1-2（抜粋）に示すように，機械部

1章 機械類の安全性

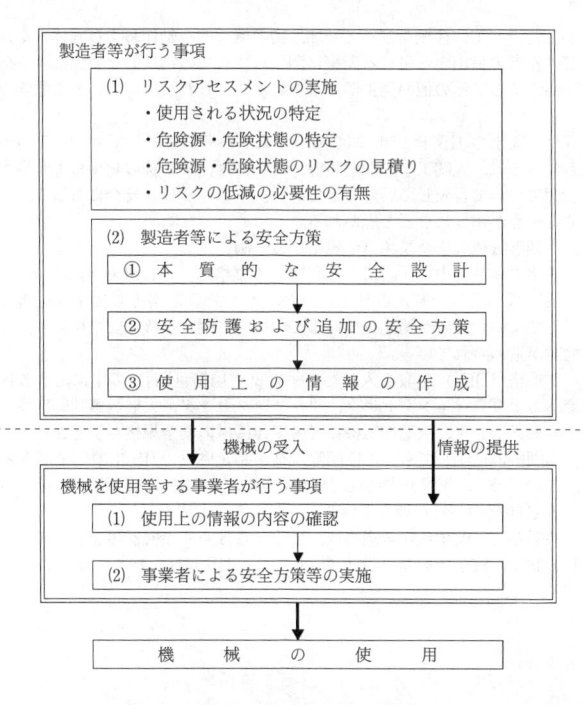

```
製造者等が行う事項
  (1) リスクアセスメントの実施
    ・使用される状況の特定
    ・危険源・危険状態の特定
    ・危険源・危険状態のリスクの見積り
    ・リスクの低減の必要性の有無
  (2) 製造者等による安全方策
    ① 本 質 的 な 安 全 設 計
    ② 安 全 防 護 お よ び 追 加 の 安 全 方 策
    ③ 使 用 上 の 情 報 の 作 成
```

機械の受入　　　　　情報の提供

```
機械を使用等する事業者が行う事項
  (1) 使用上の情報の内容の確認
  (2) 事業者による安全方策等の実施
```

機　　械　　の　　使　　用

図 1-3 機械の安全化のための手順
(機械の包括的基準に関する指針より)

表 1-2 危険源の種類 (抜粋)

機械的危険源	その他の危険源
■押しつぶし ■せん断 ■切断または切除 ■引込みまたは巻き込み ■衝突 (突き飛ばし) ■突き刺しまたはせん孔 ■こすれまたは擦りむき ■捕捉または引込み ■高圧の流体の噴出	■電気エネルギー ■静電気 ■油圧, 空圧または熱エネルギー ■火災または爆発 ■騒音または振動 ■放射からの被爆 (機械は外部からの放射に影響を受けないようにすること) ■じんあい, ガス, 蒸気流体などの放出 ■不正確な取付け ■極端な温度 ■人間工学原理の無視による機械設計

品，加工装置（工作機械など）と被加工物の機械的な動作および固体または液体などの物質の噴出から生じる障害に関するすべての物理的な要因による機械的危険源，そしてその他の発生源から生じるかもしれないいろいろな危険源がある。

詳細は，前出の JIS B 9702：00 附属書 A（参考）に示している。この中で特筆されるのは，人間工学的な危険源，たとえば，手や腕の動きにより発生する危険源について言及していることである。これからは，安全に対して，人間工学的な視点が重要になると思われる。

1.3.2. 個別機械の安全規格（C規格）の一例

国際規格の体系の中で一般によく利用する規格は，やはり C 規格であろう。現在は EN 規格として制定されているが，近く ISO 規格そして JIS 規格になると考えてよい。筆者が関連している工作機械に関する機械安全規格も，国内外で検討が進められている。

ドイツ規格（DIN）が取り入れたヨーロッパ規格（EN）の中に，小形数値制御旋盤およびターニングセンタ，マシニングセンタ，大形数値制御旋盤およびターニングセンタ，放電加工機などの工作機械の安全規格が制定されている。現在，印刷機械に関しても，ISO 国際規格が制定され，JIS 化の作業が進んでいる。このように，EN 規格から ISO 規格に，そして JIS 規格にと安全規格における C 規格の整備が進んでいる。

電子機器などに関する安全規格は，早くから数多くの機器類などに関して整備されており，電子機器類の設計に関しては，JIS 規格を参照するとよい。

2章　その他の関連法規と規格類

　安全とともに重要な問題に，環境がある．もちろん，作業者の安全を考えるときに，環境の安全があることは当然であり，加工機械から排出される有害物質防護に関する法律あるいは規格がある．よく知られるように，工作機械による切削および研削に用いる切削・研削液には，これまで有効とされていた塩素を含む溶剤は発がん物質であることから利用を禁止されている．また，いろいろな種類の揮発性の溶液の放散も，何らかの方法で防ぐように規定されている．たとえば，

　JIS B 9709-1：01　機械類の安全性－機械類から放出される危険物質による健康へのリスク低減－第1部：機械類製造者のための原則および仕様

　JIS B 9709-2：01　機械類の安全性－機械類から放出される危険物質による健康へのリスク低減－第2部：検証手順に関する方法論

などを参照してほしい．

　このような安全規格とともに，日本には労働安全衛生法という法律があるが，この国内法は，国際規格である ISO 12100-1 および ISO 12100-2 に基づき改正されるであろう（たとえば，機械安全の包括的基準など）．

　米国には，労働安全衛生法として，1970年に制定された OSHA（米国職業安全保険基準）がある．これには，定義に始まり，安全に関する一般要求事項，そしていくつかの作業機械を取り上げて安全防護などの規制を定めている．また，製造物責任といわれる PL（Product Liability）法がすでに施行されている．この規則は，日本においても，遅ればせながら1995年に施行された．この法律は，製造物によりいろいろな被害を受けたときの製造者の責任について決めた法律である．

　ヨーロッパ（EU 圏）では，1989年に EC 指令が発動され，1993年に，この指令を満足する製品には CE マークの貼付が課せられている．ただ，EC 指令の内容は実質的には EN 規格に準拠している．この指令は，機械製品の EU 圏への輸出にも関係するので，国際規格である ISO 規格が EN 規格に整合する方向で活動しているといえる．

　このような傾向を考えると，機械安全規格を含み，日本の国内規格である各 JIS 規格が，国際規格である ISO 規格と整合を図りながら制定作業を進めているのも，十分理解できよう．

　規格の世界では，安全規格のほかに，管理規格として製品の品質マネージメントシステム（ISO Q 9001 など），環境マネージメントシステム（JIS Q 14001 など）などが規格化されており，安全および環境に関するいろいろな側面から規格化が進められている．

付録　単位

1.1. 国際単位系

国際単位系（Le Système International d'Unités　略称 SI）は，1960年の第10回国際度量衡総会で採択され，その後多少の修正・拡大が行われ今日に至っている単位系である。

SI単位は，メートル単位系の絶対単位であり，MKS単位系の発展したものである。SI単位と工学（重力系）単位との併記を許容した日本工業規格において，現在はその条文を削除しており，JISにおける単位はほとんどSI単位に移行している。今後はすべての分野でSI単位による表示をすすめる。また，その他の単位系（たとえば，ヤード・ポンド単位系）でも，SI単位で表すことを奨める。

1. SI単位（JIS Z 8203 : 00）

表1　基本単位

量	単位の名称	単位記号	定　義
長さ	メートル	m	メートルは，1秒の$\frac{1}{299\ 792\ 458}$の時間に光が真空中を伝わる行程の長さ。
質量	キログラム	kg	キログラムは，質量の単位であって，それは国際キログラム原器の質量に等しい。
時間	秒	s	秒は，セシウム133の原子の基底状態の二つの超微細準位の間の遷移に対応する放射の周期の9 192 631 770倍の継続時間。
電流	アンペア	A	アンペアは，真空中に1メートルの間隔で平行に置かれた無限に小さい円形断面積をもつ無限に長い2本の直線状導体のそれぞれを流れ，これらの導体の長さ1メートルにつき2×10^{-7}ニュートンの力を及ぼし合う一定の電流。
熱力学温度[1]	ケルビン	K	ケルビンは，水の三重点の熱力学的温度の$\frac{1}{273.16}$である。
物質量	モル	mol	モルは，0.012キログラムの炭素12の中に存在する原子と同数の要素粒子を含む系の物質量である。モルを用いる場合には，要素粒子が指定されなければならないが，それは原子，分子，イオン，電子，その他の粒子またはこの種の粒子の特定の集合であってよい。
光度	カンデラ	cd	カンデラは，周波数540×10^{12}ヘルツの単色放射を放出し，所定の方向におけるその放射強度が$\frac{1}{683}$ワット毎ステラジアンである光源の，その方向における光度。

注 [1] 表4の"セルシウス温度"参照。

付録　単位

組立単位　基本単位および補助単位を用いて代数的な方法で（乗法・除法の数学記号を使って）表される単位を組立単位とする。

表2　基本単位から出発して表される組立単位の例

量	単位の名称	単位記号
面　積	平方メートル	m^2
体　積	立方メートル	m^3
速　さ	メートル毎秒	m/s
加 速 度	メートル毎秒毎秒	m/s^2
波　数	毎メートル	m^{-1}
密　度	キログラム毎立方メートル	kg/m^3
電流密度	アンペア毎平方メートル	A/m^2
磁界の強さ	アンペア毎メートル	A/m
(物質量の)濃度	モル毎立方メートル	mol/m^3
比 体 積	立方メートル毎キログラム	m^3/kg
輝　度	カンデラ毎平方メートル	cd/m^2

表3　固有の名称をもつSI組立単位

組立量	SI組立単位 固有の名称	記号	SI基本単位及びSI組立単位による表し方
平面角	ラジアン	rad	1 rad=1 m/m=1
立体角	ステラジアン	sr	1 sr=1 m^2/m^2=1
周波数	ヘルツ	Hz	1 Hz=1 s^{-1}
力	ニュートン	N	1 N=1 kg·m/s^2
圧力,応力	パスカル	Pa	1 Pa=1 N/m^2
エネルギー,仕事,熱量	ジュール	J	1 J=1 N·m
パワー,放射束	ワット	W	1 W=1 J/s
電荷,電気量	クーロン	C	1 C=1 A·s
電位,電位差,電圧,起電力	ボルト	V	1 V=1 W/A
静電容量	ファラド	F	1 F=1 C/V
電気抵抗	オーム	Ω	1 Ω=1 V/A
コンダクタンス	ジーメンス	S	1 S=1 $Ω^{-1}$
磁束	ウェーバ	Wb	1 Wb=1 V·s
磁束密度	テスラ	T	1 T=1 Wb/m^2
インダクタンス	ヘンリー	H	1 H=1 Wb/A
セルシウム温度	セルシウム度 [1]	°C	1 °C=1 K
光束	ルーメン	lm	1 lm=1 cd·sr
照度	ルクス	lx	1 lx=1 lm/m^2

注 [1] セルシウム度は、セルシウム温度の値を示すのに使う場合の単位ケルビンに代わる固有の名称である。セルシウム温度の間隔又は温度差の表示は、単位セルシウム度による表記と同様にケルビンによる表記でもよい。

表4 人の健康を守るために認められる固有の名称をもつSI組立単位

組立量	SI組立単位		
	固有の名称	記号	SI基本単位及びSI組立単位による表し方
放射能（放射性核種の）	ベクレル	Bq	1 Bq=1 s^{-1}
吸収線量，質量エネルギー分与，カーマ，吸収線量率	グレイ	Gy	Gy=1 1 J/kg
線量当量	シーベルト	Sv	1 Sv=1 J/kg

2. SIに含まれない単位の扱い

(1) 実用上の重要さから併用する単位　SIに含まれない単位であるが，実用上重要であるので，表5に示す単位はSI単位と併用する。

表5 SI単位と併用してよい単位

量	単位		
	名称	記号	定義
時間	分 時 日	min h d	1 min=60 s 1 h=60 min 1 d=24 h
平面角	度 分 秒	° ′ ″	1°= (π/180) rad 1′= (1/60) ° 1″= (1/10)′
体積	リットル	l, L (^{1})	1 l=1 dm^3
質量	トン (^{2})	t	1 t=10^3 kg

注(^{1}) リットルの二つの記号は同等である。CIPMでは，これら二つの記号の使用の経過を調査し，いずれか一つを抹消できないかどうかを検討することにしている。
(^{2}) 英語では，メートルトンとも呼ぶ。

(2) 特殊な分野での有用さから併用してよい単位　SIに含まれない単位であるが，特殊な分野での有用さから，表6に示す単位は，その特殊な分野に限りSI単位と併用してよい。

表6 SI単位と併用してよい単位で，SI単位による値が実験的に得られる単位

量	単位		
	名称	記号	定義
エネルギー	電子ボルト	eV	電子ボルトは，真空中において1ボルトの電位差を通過することによって，電子が得る運動エネルギーである。 1 eV≈1.602 177×10^{-19}J
質量	(統一)原子質量単位	u	(統一)原子質量単位は，核種^{12}Cの原子の質量の1/12に等しい。 1 u≈1.660 540×10^{-27}kg

3. 位どり接頭語

表7 SI 接頭語

大きさ	接頭語	記号	大きさ	接頭語	記号
10^{-1}	デ　　シ	d	10	デ　　カ	da
10^{-2}	セ ン チ	c	10^{2}	ヘ ク ト	h
10^{-3}	ミ　　リ	m	10^{3}	キ　　ロ	k
10^{-6}	マイクロ	μ	10^{6}	メ　ガ	M
10^{-9}	ナ ノ	n	10^{9}	ギ　ガ	G
10^{-12}	ピ　　コ	p	10^{12}	テ　ラ	T
10^{-15}	フェムト	f	10^{15}	ペ　タ	P
10^{-18}	ア　　ト	a	10^{18}	エ ク サ	E
10^{-21}	セ プ ト	z	10^{21}	ゼ　タ	Z
10^{-24}	ヨ ク ト	y	10^{24}	ヨ　タ	Y

備考　1. SI 単位における位どりは，数が 0.1 と 1000 との間に入るように表中の整数乗倍を選ぶ。
　　　　例：1.2×10^{4}N は 12 kN と書く。
　　　　　　1401 Pa は 1.401 kPa と書く。
　　　　　　3.1×10^{-8}s は 31 ns と書く。
　　2. 単位につけられる接頭語と単位の間は間隔をおかない。
　　　また接頭語を二重に付けることはしない。
　　　例：10^{-9}s は ns と表し，mμs とはしない。
　　3. 接頭語と記号の組み合わせられたものは単一の記号とみなされる。
　　　例：cm^{2}は (cm)^{2}を意味し，μs^{-1}は (μs)$^{-1}$を意味する。

1.2. 量記号・単位記号（JIS Z 8202：00 から抜粋）

表1 力学

量	量記号	SI 単位	単位記号	備　考
質　　　量	m	キログラム	kg	
密　　　度	ρ	キログラム毎立方メートル	kg/m^3	
運　動　量	p	キログラムメートル毎秒	kg·m/s	
慣性モーメント	I, J	キログラムメートル二乗	kg·m^2	
力	F	ニュートン	N	1N = 1kg·m/s^2
力のモーメント，曲げモーメント	M	ニュートンメートル	N·m	
トルク，偶力のモーメント	T	〃	〃	
圧　　　力	p	パスカル，ニュートン毎平方メートル	Pa, N/m^2	1Pa=1N/m^2
応　　　力	σ	〃　　〃	〃　〃	
粘　　　度	η, μ	パスカル秒	Pa·s	1N·s/m^2=1Pa·s = 1kg·m^{-1}·s^{-1}
動 粘 度	ν	平方メートル毎秒	m^2/s	
表 面 張 力	σ, γ	ニュートン毎メートル	N/m	
仕　　　事	A, W	ジュール	J	1J=1N·m
エネルギー	E, W	〃	〃	1W·s=1J 1kgf·m≒9.8J 1cal≒4.186J
仕事率,工率	P	ワット	W	1W=1J/s 1kgf·m/s≒9.8W 1PS≒735.5W
流　　　量	q_v, q, Q	立方メートル毎秒	m^3/s	

表2 空間および時間

量	量記号	SI単位	単位記号	備考
角度(平面角)	$\alpha, \beta, \gamma, \theta, \varphi$	ラジアン,度,分,秒	rad, °, ′, ″	1度(°) = $\frac{\pi}{180}$ rad
立 体 角	Ω	ステラジアン	sr	
長 さ	l, L	メートル	m	
面 積	$A, (S)$	平方メートル	m²	
体 積	V	立方メートル(リットル)	m³ (l, L)	
時 間	t	秒(分,時,日)	s (min, h, d)	
角 速 度	ω	ラジアン毎秒	rad/s	
角 加 速 度	α	ラジアン毎秒毎秒	rad/s²	
速度,速さ	u, v, w, c	メートル毎秒	m/s	
加 速 度	a	メートル毎秒毎秒	m/s²	
自由落下の加速度	g	〃	m/s²	

表3 周期現象および関連現象

量	量記号	SI単位	単位記号	備考
周 期	T	秒	s	
時 定 数	τ	〃	〃	
周波数,振動数	f, ν	ヘルツ	Hz	以前はc/sが用いられた
回転速度,回転数	n	毎秒	s⁻¹	
角周波数,角振動数	ω	ラジアン毎秒	rad/s	
波 長	λ	メートル	m	
減 衰 係 数	δ	毎秒	s⁻¹	
減 衰 定 数	α	毎メートル	m⁻¹	
位 相 定 数	β	〃	〃	
伝 搬 定 数	γ	〃	〃	

表4 熱

量	量記号	SI単位	単位記号	備考
熱力学温度	T, Θ	ケルビン	K	温度差 K
セルシウス温度	t, θ	セルシウス度または度	°C	温度差 K, °C
熱 量	Q	ジュール	J	
熱 容 量	C	ジュール毎ケルビン	J/K	
比 熱	c	ジュール毎キログラム毎ケルビン	J/(kg·K)	
エントロピー	S	ジュール毎ケルビン	J/K	
エンタルピー	$H, (I)$	ジュール	J	

表5 電気・磁気

量	量記号	SI単位	単位記号	備考(定義)
電 流	I	アンペア	A	アンペアは,真空中に1メートルの間隔で平行に置いた,無限に小さい円形断面積をもつ無限に長い2本の直線状導体のそれ

表5 (つづき1)

量	量記号	SI単位	単位記号	備考(定義)
				それを流れ,これらの導体の長さ1メートルにつき2×10^{-7}ニュートンの力を及ぼし合う一定の電流。
電荷,電気量	Q	クーロン	C	$1C=1A\cdot s$
電荷の体積密度,電荷密度	$\rho,(\eta)$	クーロン毎立方メートル	C/m^3	
表面電荷,電荷の表面密度	σ	クーロン毎平方メートル	C/m^2	
電界の強さ	E	ボルト毎メートル	V/m	$1V/m=1N/C$
電位	V,φ	ボルト	V	$1V=1W/A$
電位差,電圧	$U,(V)$	〃	〃	
起電力	E	〃	〃	
電束密度	D	クーロン毎平方メートル	C/m^2	
電束	Ψ	クーロン	C	
静電容量,キャパシタンス	C	ファラド	F	$1F=1C/V$
誘電率	ε	ファラド毎メートル	F/m	
比誘電率	ε_r	(無名数の1 量の値は,数値だけで表示。)		
電気分極	P	クーロン毎平方メートル	C/m^2	
電気双極子モーメント	$p,(p\rho_e)$	クーロンメートル	C·m	
電流密度	$J,(S)$	アンペア毎平方メートル	A/m^2	
磁界の強さ	H	アンペア毎メートル	A/m	
磁位差	$U_m,(U)$	アンペア	A	
起磁力	F,F_m	〃	〃	
磁束密度	B	テスラ	T	$1T=1N/(A\cdot m)$ $1T=1Wb/m^2$
磁束	Φ	ウエーバ	Wb	$1Wb=1V\cdot s$
自己インダクタンス	L	ヘンリー	H	$1H=1Wb/A$ $1H=1V\cdot s/A$
相互インダクタンス	M,L_{mn}	〃	〃	
結合係数	$k,(x)$	(無名数の1 量の値は,数値だけで表示。)		
漏れ係数	σ			
透磁率	μ	ヘンリー毎メートル	H/m	
比透磁率	μ_r	(無名数の1 量の値は,数値だけで表示。)		
磁化率	$x,(x_m)$	(無名数の1 量の値は,数値だけで表示。)		
磁気モーメント	m	アンペア平方メートル	A·m^2	
磁化	$M,(H_i)$	アンペア毎メートル	A/m	
磁気分極	$J,(B_i)$	テスラ	T	
電磁エネルギー密度	w	ジュール毎立方メートル	J/m^3	
ポインティングベクトル	S	ワット毎平方メートル	w/m^2	

表5 (つづき2)

量	量記号	SI 単位	単位記号	備考(定義)
電磁波の位相速度(位相の伝わる速さ)	c	メートル毎秒	m/s	
真空中における電磁波の速度(速さ)	c, c_0	メートル毎秒	m/s	
(直流) 抵 抗	R	オーム	Ω	$1Ω=1V/A$
(直流) コンダクタンス	G	ジーメンス	S	$1S=1Ω^{-1}$
(直流) 電 力	P	ワット	W	$1W=1V·A$
抵 抗 率	ρ	オームメートル	Ω·m	
導 電 率	γ, σ	ジーメンス毎メートル	S/m	
磁 気 抵 抗	R, R_m	毎ヘンリー	H^{-1}	
パーミアンス	$\Lambda, (P)$	ヘンリー	H	
巻線の巻数	N	(無名数の1 量の値は,数値だけで表示。)		
相 数	m			
周 波 数	f, v	ヘルツ	Hz	$1Hz=1s^{-1}$
回 転 速 度	n	毎秒	s^{-1}	
角 周 波 数	ω	ラジアン毎秒 毎秒	rad/s s^{-1}	
位 相 差	φ	ラジアン	rad	
		(無名数の1 量の値は,数値だけで表示。)		
(複素)インピーダンス	Z	オーム	Ω	
インピーダンスの大きさ	$|Z|$		〃	
(交流)抵 抗	R		〃	
リアクタンス	X		〃	
(複素)アドミタンス	Y	ジーメンス	S	
アドミタンスの大きさ	$|Y|$		〃	
(交流)コンダクタンス	G		〃	
サセプタンス	B		〃	
キ ュ ー	Q	(無名数の1 量の値は数値だけで表示。)		
損 失 率	d	(無名数の1 量の値は数値だけで表示。)		
損 失 角	δ	ラジアン	rad	
有 効 電 力	P	ワット	W	
皮 相 電 力	$S, (P_s)$	ボルトアンペア	V·A	
無 効 電 力	Q, P_q			
力 率	λ	(無名数の1 量の値は数値だけで表示。)		
有 効 電 力 量	$W, (W_P)$	ジュール ワット時	J W·h	$1kW·h=3.6MJ$

1.3. 工学単位

工学単位は，主として工学の分野で，従来かなり広く用いられているメートル系単位の一つで，長さ・力・時間の三つの量から構成されている。すなわち 1 kg の質量の物体に標準重力加速度 g (9.80665 m・s^{-2}) を与える大きさを単位として，これを重量キログラムといい，kgf (kilogram-force の略) の記号で表す。国際単位系 (SI) との関係は次の通りである。

$$1\,\text{kgf} = 9.80665\,\text{kg}\cdot\text{m}\cdot\text{s}^{-2} = 9.80665\,\text{N} \fallingdotseq 10\,\text{N}$$

個々の工学単位系から SI 単位系への換算は，

(工学単位系の値) × (表中の当該単位の SI 換算率)

により行う。

できるだけ SI 単位を用いなければならない。

1.4. メートル系単位の換算

量	単位の名称	記号	SI への換算率	SI 単位の名称	記号
角度	度 分 秒	° ′ ″	$\pi/180$ $\pi/1.08\times10^4$ $\pi/6.48\times10^5$	ラジアン	rad
長さ	メートル ミクロン オングストローム X線単位 フェルミ	m μ Å X-unit Fermi	1 10^{-6} 10^{-10} $\fallingdotseq 1.00208\times10^{-13}$ 10^{-15}	メートル	m
面積	立方メートル アール	m^2 a	1 10^2	平方メートル	m^2
体積	立方メートル リットル	m^3 l	1 10^{-3}	立方メートル	m^3
質量	キログラム トン 原子質量単位	kg t u	1 10^3 $\fallingdotseq 1.66057\times10^{-27}$	キログラム	kg
時間	秒 分 時 日	s min h d	1 60 3600 86400	秒	s
速さ	メートル毎秒 ノット	m/s kn	1 1852/3600	メートル毎秒	m/s
周波数及び振動数	サイクル	s^{-1}	1	ヘルツ	Hz
回転数	回毎分	rpm	1/60		

付録 単位

量	単位の名称	記号	SIへの換算率	SI単位の名称	記号
角速度	ラジアン毎秒	rad/s	1	ラジアン毎秒	rad/s
加速度	メートル毎秒毎秒 ジー	m/s² G	1 9.80665	メートル毎秒毎秒	m/s²
力	キログラム重 トン重 ダイン	kgf tf dyn	9.80665 9806.65 10^{-5}	ニュートン	N
力のモーメント	キログラム重メートル	kgf・m	9.80665	ニュートンメートル	N・m
応力	キログラム重毎平方メートル キログラム重毎平方センチメートル キログラム重毎平方ミリメートル	kgf/m² kgf/cm² kgf/mm²	9.80665 $9.80665×10^4$ $9.80665×10^6$	パスカル 又は ニュートン 毎平方メートル	Pa 又は N/m²
圧力	キログラム重毎平方メートル 水柱メートル 水銀柱ミリメートル トル 気圧 バール	kgf/m² mH₂O mmHg Torr atm bar	9.80665 9806.65 101325/760 101325/760 101325 10^5	パスカル	Pa
エネルギー	エルグ カロリ キログラムメートル キロワット時 (仏)馬力時 電子ボルト	erg cal kgf・m kW・h PS・h eV	10^{-7} 4.18605 9.80665 $3.600×10^6$ $≒2.64779×10^6$ $≒1.60219×10^{-19}$	ジュール	J 又は Nm
仕事率 及び 動力	ワット (仏)馬力 キロカロリ毎時	W PS kcal/h	1 735.5 1.1630	ワット	W
粘度 及び 粘性係数	ポアズ センチポアズ キログラム重秒毎平方メートル	P cP kgf・s/m²	10^{-1} 10^{-3} 9.80665	パスカル秒	Pa・s
動粘度 及び 動粘性係数	ストークス センチストークス	St cSt	10^{-4} 10^{-5}	平方メートル毎秒	m²/s
温度	度	℃	+273.15	ケルビン	K
放射能 照射線量 吸収線量	キュリー レントゲン ラド	Ci R rd	$3.7×10^{10}$ $2.58×10^{-4}$ 10^{-2}	ベクレル クーロン毎キログラム グレイ	Bq C/kg Gy
磁束	マクスウェル	Mx	10^{-8}	ウェーバ	Wb

付録 単位

量	単位の名称	記号	SIへの換算率	SI単位の名称	記号
磁束密度	ガンマ	γ	10^{-9}	テスラ	T
	ガウス	Gs	10^{-4}		
磁界の強さ	エルステッド	Oe	$10^3/4\pi$	アンペア毎メートル	A/m
電気量	クーロン	C	1	クーロン	C
電位差	ボルト	V	1	ボルト	V
静電容量	ファラド	F	1	ファラド	F
電気抵抗	オーム	Ω	1	オーム	Ω
コンダクタンス	ジーメンス	S	1	ジーメンス	S
インダクタンス	ヘンリー	H	1	ヘンリー	H
電流	アンペア	A	1	アンペア	A

1.5. ヤードポンド系単位の一例

量	名称	記号
長さ	マイル	mile
	チェーン	chain
	ヤード	yd
	フート	ft
	インチ	in
面積	平方マイル	mile²
	エーカ	acre
	平方ヤード	yd²
	平方フート	ft²
	平方インチ	in²
質量	英トン	ton
	米トン	sh.tn
	ポンド	lb
	オンス	oz
	グレーン	gr

量	名称	記号
容積	トン	T
	立方ヤード	yd³
	立方フート	ft³
	立方インチ	in³
体積	英ブッシェル	bu(UK)
英ガロン系	英ガロン	gal(UK)
	英パイント	pt(UK)
	英液用オンス	fl. oz(UK)
	英ミニム	minim(UK)
米ガロン系	米バレル	bbl(US)
	穀用バレル	dry bbl
	米ブッシェル	bu(US)
	米ガロン	gal(US)
	穀用パイント	dry pt
	米液用パイント	fl. pt(US)
	米液用オンス	fl. oz(US)
	米ミニム	minim(US)

1.6. 各種換算表

1 長さの換算表

メートル	センチメートル	インチ	フート	ヤード	キロメートル	マイル	海里
1	100	39.37	3.281	1.094		0.6214	0.5400
0.01	1	0.3937	0.03281	0.01094			0.8690
0.0254	2.540	1	0.08333	0.02778			
0.3048	30.48	12	1	0.3333			1
0.9144	91.44	36	3	1			
					1	0.6214	
					1.609	1	1.151
					1.852		

2 面積の換算表

平方メートル	平方インチ	平方フート	平方ヤード	平方キロメートル	平方マイル	エーカー	ヘクタール
1	1550	10.76	1.196				
0.0₆452*	1	0.0₆944	0.0₃7716				
0.09290	144	1	0.11111				
0.8361	1296	9	1				
				1	0.3861	247.1	100
				0.0₄4047	0.0₄1562	1	0.4047
				2.590	1	640	259.0
				0.01	0.0₂3861	2.471	1

* 0.0₆452 などは 0.0000000452 などを表す。

3 体積の換算表

立方メートル	立方インチ	立方フート	立方ヤード	立方デシメートル又はリットル	英ガロン	米ガロン	立方インチ
1	61024	35.31	1.308				61.02
0.0₄1639	1	0.0₃5787	0.0₄2143				
0.02832	1728	1	0.03704				277.4
0.7646	46656	27	1				231
				1	0.2200	0.2642	
				4.546	1	1.201	
				3.785	0.8327	1	
				0.01639	0.0₃3605	0.0₄4329	1

4 質量の換算表

キログラム	グレーン	オンス	ポンド	トン	英トン	米トン
1	15432	35.27	2.205	0.001	0.0₃9842	0.0₃1102
0.0₄6480	1	0.0₂2286	0.0₃1429	0.0₆480	0.0₆378	0.0₆7143
0.02835	437.5	1	0.0625	0.0₄2835	0.0₄2790	0.0₄3125
0.4536	7000	16	1	0.0₃4536	0.0₄4464	0.0005
1000	1.543×10⁷	35274	2205	1	0.9842	1.102
1016	1.568×10⁷	35840	2240	1.016	1	1.12
907.2	1.4×10⁷	32000	2000	0.9072	0.8929	1

5 圧力の換算表

メガパスカル	重量キログラム毎平方センチメートル	重量ポンド毎平方インチ	気圧	水銀メートル	水銀柱インチ	水柱メートル	水柱フート
1	10.20	145.0	9.869	7.501	295.3	102.0	334.6
0.09807	1	14.22	0.9678	0.7356	28.96	10	32.81
0.006895	0.07031	1	0.06805	0.05171	2.036	0.7031	2.307
0.1013	1.033	14.70	1	0.76	29.92	10.33	33.90
0.1333	1.360	19.34	1.316	1	39.37	13.60	44.60
0.003386	0.03453	0.4912	0.03342	0.0254	1	0.3453	1.133
0.009806	0.1	1.422	0.09678	0.07355	2.896	1	3.281
0.002989	0.03048	0.4335	0.02950	0.02242	0.8827	0.3048	1

6 仕事率の換算表

キロワット	仏馬力	英馬力	重量キログラムメートル毎秒	フートポンド毎秒	キロカロリ毎秒	英熱量毎秒
1	1.360	1.340	102.0	737.6	0.2389	0.9180
0.7355	1	0.9859	75	542.5	0.1757	0.6973
0.746	1.014	1	76.07	550.2	0.1782	0.7072
0.009807	0.01333	0.01315	1	7.233	0.002343	0.009297
0.001356	0.001843	0.001817	0.1383	1	0.0003239	0.001285
4.186	5.691	5.611	426.9	3087	1	3.968
1.055	1.434	1.414	107.6	778.0	0.2520	1

7 力の換算表

ニュートン	重量キログラム	重量ポンド	パウンダル
1	0.1020	0.2248	7.233
9.807	1	2.205	70.93
4.448	0.4536	1	32.17
0.1383	0.01410	0.03108	1

8 °Cと°Fの換算

$$F = \frac{9}{5}C + 32$$

$$C = \frac{5}{9}(F - 32)$$

索　引

*本索引は章・節・項の見出しを中心に作成した。

ア

- アーク切断 …………………………604
- アーク溶接 …………………………578
- アーク炉 ……………………………532
- I形鋼 ………………………………520
- IT基本公差 …………………………267
- 亜鉛 …………………………………242
- 亜鉛めっき鋼板 ……………………131
- 亜共析鋼 ……………………………124
- アクチュエータ ……………………889
- 圧延加工 ……………………………568
- 圧延機 ………………………………568
- 圧縮応力 ……………………………58
- 圧縮機 …………………796, 798, 799, 800
- 圧縮着火機関 ………………………855
- 圧縮強さ ……………………………170
- 圧縮, 引張コイルばねの仕様書例
  ……………………………506, 507
- アッペ (Abbe) の原理 ……………749
- 圧力 …………………………………765
- 圧力角 ………………………………431
- 圧力ヘッド …………………………768
- アドミタンス ………………………880
- 穴基準はめあい方式 ………………266
- 穴の流れ ……………………………774
- 油の粘度 ………………………394, 403
- アラゴの円板 ………………………892
- 粗さ曲線 ………………277, 278, 279
- アルミナ ……………………………200
- アルミニウム ………………………200
- アルミニウム合金鋳物 ……………218
- アンギュラ玉軸受 …………………404
- アンギュラ玉軸受の主要寸法と基本定格荷重 ……………………416
- アンダーカット ……………………443
- 案内面 ………………………………645

イ

- 鋳型 …………………………………527
- 鋳型製作用工具 ……………………528
- 鋳型用材料 …………………………527
- 鋳込み法 ……………………………533
- 鋳巣 …………………………………172
- 位相差 ………………………………879
- 板カム ………………………………499
- 位置決め機構 ………………………702
- 位置公差 ……………………………285
- 位置度 ………………………………285
- 位置度公差 ………………295, 296, 297
- 位置ヘッド …………………………768
- 一点鎖線 ……………………………253
- 一般ガス定数 ………………………821
- 一般構造用圧延鋼材 ………………127
- 一般用メートルねじの基準寸法
  ……………………………311～313
- イナートガス溶接法 ………………583
- 鋳物質量 ……………………………525
- 鋳物砂 ………………………………527
- 鋳わく ………………………………528
- インディシャル応答 ………………904
- インピーダンス ……………………880
- インベストメント鋳造法 …………537
- インボリュート関数 ………………444
- インボリュート関数表 ……445, 446
- インボリュート曲線 ………………431

索　引

インボリュート歯形 …………431
ウィーンの法則 ………………805
植込みボルト …………………348
植込みボルトの形状・寸法 …349
上の寸法許容差 ………………265
ウォータジェット加工 ………717
ウォーム（記入例）……………463
ウォームギヤ ……………431,459
ウォームギヤの計算式 ………459
ウォームホイール（記入例）……464
受取り検査 ……………………720
内側ブレーキ …………………511
内歯車 …………………………431
ウッドラフキー ………………376
うねり曲線 ……………………278
運転試験 ………………………721
運動用Oリングの形状・寸法 …421

●──エ

エアーシリンダ ………………895
H形鋼 …………………………521
ASA（アメリカ規格）…………431
A-D変換 ………………………882
液体潤滑剤 ……………………401
液体ホーニング ………………700
SI単位 …………………………916
X線応力測定法 …………………67
NC旋盤（ターニングセンタ）…708
NCプログラミング …………707
エネルギ保存の法則 ……………44
エプロン ………………………659
エルコン ………………………249
エレクトロスラグ溶接法 ……584
エンコーダ ……………………884
円弧歯厚 ………………………432
円弧歯形 ………………………431
円周振れ ………………………285
円周振れ公差 ………298,299,300
遠心鋳造法 ……………………534
円すいカム ……………………499
円すいころ軸受 …………404,407
円すい継手 ……………………374

エンタルピ ……………………818
円筒カム ………………………499
円筒研削盤 ……………………684
円筒ころ軸受 …………………404
円筒度 …………………………285
円筒度公差 ……………………287
エントロピ ……………………820

●──オ

オイルシール …………………427
オイルシールの製品の呼び方 …428
オイルレス-ベアリング ………199
黄銅 ……………………………185
往復カム ………………………499
往復台 …………………………659
応力拡大係数 ……………………71
応力集中 …………………………64
応力除去焼きなまし …………173
応力塗料 …………………………67
オーステナイト ………………119
オーステナイト結晶粒度　125,138
オースフォーミング ……142,157
オームの法則 …………………873
Oリングの種類 ………………420
押湯口 …………………………529
オゾン層破壊係数 ……………869
音の大きさの等感度曲線 ……468
おねじ部品の最小引張荷重
　（並目ねじ，細目ねじ）…331,333
おねじ部品の保証荷重
　（並目ねじ，細目ねじ）…332,334
おねじ部品保証荷重試験 ……323
オフセットカム ………………501
オフセットリンク ………488,489
オリフィス ……………………775
音圧実効値 ……………………465
音圧レベル ……………………465
温間鍛造法 ……………………547
音響パワーレベル ……………465
温度 ……………………………802
温度係数 ………………………874

索引

●──カ

外形線 …………………………… 254
快削鋼 …………………………… 166
階乗 ……………………………… 1
回転カム ………………………… 499
回転体のつりあい ……………… 46
回転断面線 ……………………… 254
回転投影図 ………………… 255, 256
回復 ……………………………… 118
開ループ制御 …………………… 896
化学的加工 ……………………… 716
過給 ……………………………… 857
過共析鋼 ………………………… 124
角運動量の法則 ………………… 768
角度定規 ………………………… 755
確率密度関数 …………………… 24
かくれ線 ………………………… 254
加工硬化 ………………………… 68
加工方法記号 …………………… 283
加工面性状 ……………………… 613
かさ歯車のピッチ円すい角 …… 457
かさ歯車歯切り盤 ……………… 682
過時効 ……………………… 207, 233
ガス切断 ………………………… 604
ガスタービン …………………… 862
ガス定数 ………………………… 821
ガス抜き ………………………… 529
化成処理 ………………………… 719
ガソリン機関 …………………… 857
形削り盤 ………………………… 671
型鍛造 …………………………… 540
可鍛鋳鉄 ………………………… 174
活字合金 ………………………… 245
カットオフ値 …………………… 279
過熱蒸気 ………………………… 824
加熱炉 …………………………… 545
過飽和固溶体 …………………… 205
かみ合い率 ………………… 434, 435, 441
カルマンのうず列 ……………… 778
乾き度 …………………………… 824
管材加工 ………………………… 573
管継手 …………………………… 517
管摩擦係数 ……………………… 770
管用テーパねじ ……………… 318〜320
管用平行ねじ …………………… 317

●──キ

機械構造用炭素鋼材 …………… 127
機械的変速機構 ………………… 640
機械プレス ……………………… 555
機械類の安全性 ………………… 908
幾何公差の公差域 … 284, 286〜300
木型 ……………………………… 525
木型用木材 ……………………… 523
幾何特性に用いる記号 ………… 285
貴金属 …………………………… 246
気孔 ……………………………… 627
基準音圧 ………………………… 465
基準音の音響パワー …………… 465
基準寸法 ………………………… 264
基準線 ……………………… 254, 265
基礎 ……………………………… 711
基礎ボルト ……………………… 350
起電力 …………………………… 873
基本数列 …………………… 301, 303
基本単位 ………………………… 916
基本的な規格（A規格）……… 909
キャビテーション ……………… 780
吸収率 …………………………… 805
吸収冷凍機 ……………………… 870
球状化 …………………………… 116
球状化焼なまし ………………… 124
球状黒鉛鋳鉄 …………………… 175
球面カム ………………………… 499
急冷度 …………………………… 125
キュポラ ………………………… 531
強度区分体形の座標表示
 （ボルト，ねじ）……………… 327
局部投影図 ……………………… 255
虚数 ……………………………… 2
許容限界寸法 …………………… 264
切欠き効果 ………………… 69, 170
切込み研削（プランジ研削）… 686
キルヒホッフの法則 …………… 807
金 ………………………………… 246

銀	247
金属間化合物	116
金属皮膜処理	718

●──ク

空気調和	870
空気ハンマ	545
クーロンの法則	876
駆動用機器	899
組立単位	917
くらキー	375
グラスホフ数	813
クランクプレス	555
クリープ	70
クリープ破壊強度	233
グループ安全規格（B規格）	910
クロール法	231
クロム	249

●──ケ

傾斜度	285
傾斜度公差	293, 294, 295
形状公差	285
軽量形鋼	131
結合剤	627
結晶偏析	116
ケルビン	802
ケルメット合金	391
限界プレーンゲージ	748
研削加工	609
研削抵抗	610
研削といし	627
現尺	252
減衰振動	52
減衰能	170

●──コ

コイルばねの材料と用途	502
恒温変態	126
工学単位	923
光学的角度測定法	756
光学的測定器	750
鋼管の種類	514
高級鋳鉄	173
合金工具鋼	149
合金鋳鉄	176
工具研削盤	694
工具寿命	608
公差域	284
公差記入枠	281
工作精度試験	721
公差の表示	284
高周波誘導電気炉	532
合成抵抗	874
合成箱形継手	366
構造用合金鋼	136
高速度工具鋼	152, 614
こう配キー	375, 379, 380
こう配削り作業	663
降伏点	59, 72
降伏比	145
高融点金属	247
高力アルミニウム合金	218
抗力係数	780
コーキン(かしめ)	355
黒体	805
固体高分子型燃料電池	866
固体潤滑剤	401
固定用Oリングの形状・寸法	423
個別機械の安全規格（C規格）	912
固溶体	116
転がり軸受の基本定格荷重	410
転がり軸受の基本定格寿命	410, 412
転がり軸受の許容回転数（dn値）	412
転がり軸受のシール記号	410
転がり軸受の寿命計算式	412
転がり軸受の主要寸法	408

転がり軸受の種類	404
転がり軸受の信頼度係数	412
転がり軸受の内径番号	409
転がり軸受の呼び番号	408
コンダクタンス	873, 880
コンデンサ	877

●──シ

仕上げしろ	525
シーケンス制御	897
CBN工具	618
CBNといし	635
GPゾーン	206
ジェットエンジン	864
シェルモールド鋳造法	537
磁界の強さ	875
視覚センサ	888
時期割れ	186
軸受	643
軸受圧力	391
軸受圧力およびlとdとの比	391
軸受鋼	167
軸受合金	244
軸受投影面積	394
軸受特性曲線	394
軸受の摩擦熱	392
軸受半径すきま	394
軸受メタルの標準厚さ	395
軸基準はめあい方式	267
ジグザグ線	254
軸端の寸法	390
軸直角方式	452
軸と軸受材料	391
ジグ中ぐり盤	670
軸の計算式	360
軸の偏心	394
時効硬化	205, 225, 228, 238
自硬性	147
自己潤滑性樹脂	472
自己誘導	878
姿勢公差	285
自然時効	206
自然対数	3
磁束密度	875
下の寸法許容差	265
実効値	879
実寸法	264
実線	253
質量効果	147
質量流量	767

●──サ

サーボプレス	555
サーボモータ	895
サーミスタ	886
サーメット	155
サイアロン	155
サイクル	819, 838
再結晶	118
最小許容寸法	264
最小曲げ半径	550
再生サイクル	841
最大許容寸法	264
最大主応力説	68
最大せん断応力説	68
最大高さ粗さ	279
再熱サイクル	840
再頻値	23
材料の破壊	69
逆さカム	499
座金	343, 345〜347
先細ノズル	836
先割りテーパピン	385
座屈	58, 101
差動変圧器	885
サバテサイクル	839
さび止め作用	401
サブゼロ	126
皿ばね	507, 508, 509
三角ねじ	308
算術平均粗さ (R_a)	279
三相交流	880
サンドブラスト仕上げ	719

自動制御	896
自動旋盤	665
自動調心ころ軸受	404, 407
自動調心玉軸受	404
絞り	72
絞り加工	553
絞り率	554
しまりばめ	265
しめしろ	265
湿り度	824
ジャーナル軸受の負荷特性	394
ジャーナルの長さと直径の比	391
射出成形小形歯車	471
ジャナール軸受の pV 値	392
ジャナール軸受の $\eta N/p$ 値	392
周期機	891
十字穴付き小ねじ	348
重心線	254
自由鍛造	540
ジュール熱	874
ジュールの法則	874
縮尺	252
縮流係数	775
主軸台	657
主値	6
主投影図	260
ジュメット線	239
ジュラルミン	206
準安定相	206
潤滑剤の種類	401
潤滑油の減摩作用	401
潤滑油の種類とおもな用途	402
潤滑油の性状	403
純鉄	119
ショア硬さ	74
蒸気	824
蒸気圧縮冷凍機	868
蒸気機関	847
蒸気タービン	847
蒸気ハンマ	544
焼結合油軸受	396
状態式	821
使用歯車の等級の範囲	455
正面図	255
常用する穴基準はめあい図	269
常用する軸基準はめあい図	270
常用するはめあい	267
常用対数	3
触覚センサ	888
ショットピーニング	700, 719
ジョミニー曲線	137
シルジン青銅	191
シルミン	208, 218, 223
しわ押え力	554
真円度	285
真円度公差	286, 287
心押台	659
真空鋳造法	536
真空フランジ用Oリングの形状・寸法	423
シンクロ	885
人工時効	206
浸炭法	146, 176
真直度	285
真直度公差	286
振動カム	499
心なし研削盤	693

● ── ス

水管ボイラ	843
水撃作用	772
水車	782
水準器	755
水準面線	254
水素ぜい化	182
水頭圧	768
水路	773
数値制御	705
数値制御工作機械	705
数列の記号	301
すえ込み鍛造	540
据え付け法	711
末広ノズル	837
スカラー積	34
すきま	265
すきま(クリアランス)	549
すきまばめ	265

項目	ページ
すぐばかさ歯車	431
すぐばかさ歯車（記入例）	464
筋目方向の記号	284
すず	243
スターリングサイクル	839
スタントン数	813
ステッピングモータ	894
ステファン・ボルツマンの法則	807
ステンレス鋼	155
ストレッチャーストレイン	123
ストローハル数	778
スプリングバック（跳ね返り）	550
スプロケットの基準寸法計算式	494
スプロケットの歯形と計算式	492
スプロケットの横歯形の計算式	495
滑り	892
滑り軸受の設計資料	393
スマッジング	258
スラスト軸受	404
スラストジャーナル	389
スラスト玉軸受	404
すりわり付き小ねじ	348
すりわり付きタッピンねじ	350
寸法許容差	264
寸法効果	70
寸法数字	260
寸法線	254
寸法補助線	254

●──セ

項目	ページ
静圧	768
正規分布	24
制御	896
制御用機器	898
正弦波交流	879
静止摩擦	49
清浄作用	401
製図の尺度	252
製図用文字	259
静的精度試験	720
青銅	192, 195
精度検査	720, 722
青熱ぜい性	123
性能曲線（ポンプの）	788
精密機器用すりわり付き小ねじ	348
精密鋳造法	537
せき	776
切削加工	606
切削工具	618
切削工具材料	614
切削剤	611
切削抵抗	607
接線キー	375
絶対温度	820
絶対測長器	748
切断線	254, 257
接着剤	602
セメンタイト	120
セラー式円すい継手	366
セラミックス	618
セラミックス材料	250
セルシウス度	802
セレーション	376
せん断	58
せん断加工	548
せん断工具	550
せん断弾性係数(横弾性係数)	60, 361
せん断ひずみエネルギ説	68
線度器	745
線の種類	253
線の太さ	253, 259
線の用途	253
線の輪郭度	285
全歯たけ	432
全振れ	285
全振れ公差	300

●──ソ

項目	ページ
騒音の大きさ	465
騒音の発生	468
相関係数	26
掃気	856
造型機	528

相互誘導	878
操作用機器	898
想像線	254
相当平歯車	457
送風機	796, 797, 798
層流	770
測定誤差	744
速度係数 f_v の式	448
速度ヘッド	768
そり	552
ソルバイト	121
損失ヘッド	770
ゾンマーフェルト数	394

●——タ

第一角法	251
ダイカスト鋳造法	534
ダイカスト用アルミニウム合金	223
台形ねじ	308
第三角法	251
対称図示記号	256
対称度	285
対称度公差	298
耐食アルミニウム合金	208
耐食性	171
ダイス	571, 626
体積弾性係数	60
体積流量	767
ダイセット	558, 563
代替フロン	868
耐熱鋼	162
耐摩耗性	171
ダイヤメトラルピッチの標準値	436
ダイヤモンド	614
ダイヤモンドといし	635
ダイヤルゲージ	750
卓上ボール盤	668
多軸ボール盤	668
縦送り研削(トラバース研削)	686
立て削り盤	672
立て旋盤	666
縦弾性係数	60
立てフライス盤	673
玉軸受	404, 405
タレット旋盤	663
たわみ管	516
単一ピッチ誤差	453
鍛型用材料	543
タングステン	248
単弦速度線図	500
炭酸ガスアーク溶接法	583
単式スラスト玉軸受の主要寸法と基本定格荷重	418
単振動	52
弾性限度	59
鍛造温度	542
鍛造ハンマ	544
鍛造比	123
鍛造用工具	544
炭素工具鋼	136, 614
炭素飽和度	169
タンタル	249
短柱	100
丹銅	185
断熱噴流	836
単能工作機械	701
端面基準(端度器)	745
断面曲線	277, 278, 279
断面係数	78
断面二次モーメント	78
単列深溝玉軸受の主要寸法と基本定格荷重	414
鍛錬成形比	542

●——チ

地球温暖化係数	868, 869
チタン	231
縮みしろ	524
窒化鋼	147
窒化法	147, 179
中央値	23
中間ジャーナル	391
中間ばめ	265
中心距離(両穴, 両軸)の許容差	351

項目	ページ
中心線	254
鋳造偏析	116
鋳造法	522
鋳鉄	167
鋳鉄の成長	171
頂げき	432
超硬合金	154
超硬質合金	615
超仕上げ	697
超仕上げ用といし	636
調質圧延	130
超精密研削	696
超塑性	237
長柱の座屈	101
直立ボール盤	668
直流機	890
直流電動機	890
直角度	285
直角度公差	291, 292, 293
チルド鋳物	176

●──ツ

項目	ページ
疲れ強さ	69
継手各部の材料	371
継手用ピンリンク	488
筒形継手	366
つば軸受	392

●──テ

項目	ページ
D-A 変換	882
TS 処理	228
定位機構	704
ディーゼルサイクル	838
TTT 曲線	121, 142
DD モータ	895
TIG 溶接	583
低合金高張力鋼	136
抵抗線ひずみ計	64
抵抗測温体	886
抵抗電気炉	532
抵抗溶接（圧接）	597
抵抗率	874
低周波誘導電気炉	532
低融点金属	242
低融点合金	245
DIN（ドイツ規格）	431
データム	285
データム指示	285
テーパ	645
テーパピン	385, 387
鉄鋼ミクロ腐食液	180
鉄損	893
テルミット溶接	578
転位係数	444
転位はすば歯車の公式	452
転位平歯車公式	447
転位量	444
電荷	873
電解加工	716
電界の強さ	877
点火装置	859
電気的測定	751
電気的変速機構	641
電気量	873
電源	873
電磁成形法	565
電子ビーム加工	714
電子ビーム溶接法	584
展伸アルミニウム合金	218
転造加工	572
伝達動力と軸径との関係	361
電動機	889
電熱用 Ni 合金	242

●──ト

項目	ページ
動圧	768
投影法	251
等加速度線図	500
透過率	805
導関数	10
同軸度（軸線に対して）	285, 297

索　引

項目	ページ
同軸度公差	297
同心度（中心点に対して）	285, 297
同心度公差	297
等速度線図	500
銅損	893
動粘性係数	769
等辺山形鋼	518
動摩擦	49
特殊工具鋼	614
特殊鍛造	546
特殊ねじ部品	350
度数分布	23
トラス構造	37
トランスファマシン	702
取付け具	661
と(砥)粒	627
ドリル	622
トルースタイト	121
トルク	892
トルクコンバータ	794

ナ

項目	ページ
内燃機関	853
内部エネルギ	818
内面研削盤	687
長さの基準	745
ナットの保証荷重値（並目ねじ，細目ねじ）	341, 342
ナットのゆるみ止め	343
鉛	244
並高さナット	335
ならい制御機構	702
ならい旋盤	667
ナローガイドの原則	660

ニ

項目	ページ
ニオブ	249
二項分布	24
ニッケル	237
二点鎖線	253

ヌ

項目	ページ
抜けこう配	522, 525
ヌセルト数	813

ネ

項目	ページ
ねじ	649
ねじ切り作業	662
ねじ込み式管継手	517
ねじの規格番号と名称	307
ねじの基準山形の寸法	310
ねじの等級の表し方	309
ねじの有効断面積（並目ねじ，細目ねじ）	323, 331〜334
ねじの用途	308
ねじの呼びの表し方	307
ねじ歯車	431, 460
ねじ山のとがり三角形の高さ	310, 311, 323
ねじり剛さによる軸径	362
熱間加工	118
熱交換器	814
熱通過	814
熱伝達	813
熱電対	886
熱電対用 Ni 合金	239
熱伝導	811
熱放射	805
熱膨張係数	804
熱力学第一法則	818
熱力学第二法則	819
熱量	802
粘性	769
燃料電池	865

●──ノ

項目	ページ
ノイマンの法則	878
のこ歯ねじ	308
ノビコフ歯車	431
ノビコフ歯車歯形	431
延び尺	525

●──ハ

項目	ページ
パーライト	120
配管用炭素鋼鋼管の寸法	516
倍尺	252
バイト	620
ハイドロフォーム法	564
ハイポイドギヤ	431
ハイポイドギヤ（記入例）	464
バイメタル	886
バウシンガー効果	68
歯形曲線	431
歯形誤差	456
歯形誤差の測定	763
歯切り盤	676
歯切り法	676
白銑化	174
白銅	197
爆発成形法	564
歯車形削り盤	681
歯車形軸継手	371
歯車研削盤	683
歯車材料の許容曲げ応力	449
歯車材料の接触面応力係数	450
歯車シェービング盤	682
歯車に関する用語の記号	432, 433, 434
歯車の機構学	430
歯先円	432
端ジャーナル	389
歯末のたけ	432
歯末の面	432
パスカルの原理	765
歯すじ方向誤差	456
はすば歯車	431
はすば歯車（記入例）	463
はすば歯車の歯形	452
破線	253
破損の学説	68
はだ焼鋼	146
破断線	254
破断伸び	72
歯直角方式	452
白金	247
バックラッシ	432
歯付ベルトの寸法と機械的性質	486
歯付ベルトの長さと歯数	487
歯付ベルト幅	487
ハッチング	254, 258
発電機	889
歯底円	432
バナジウム	249
ばねありオイルシールの性能	427
ばね板ナット	350
ばね鋼	162
ばね製図	506
ばねなしオイルシールの呼び寸法	429
ばねの基本式	502
ばね用銅合金	193
歯の切下げ	443
歯幅	432, 438
バフ仕上げ	699
歯みぞの幅	432
歯みぞのふれ	456
はめあい	264
はめあいの種類	265
はめあい方式	748
はめあい用語	264
歯元のたけ	432
歯元の面	432
針状ころ軸受	404
バルジ法（張り出し法）	563
バレル仕上げ	700
パワーエレクトロニクス	889
半月キー	375, 381〜383
半固体潤滑剤	401
反射率	805
パンタグラフ	498

索　引

　

万能研削盤 …………………… 684
万能フライス盤 ………………… 673

●──ヒ

BS（イギリス規格） …………… 431
比較測長器 ……………………… 750
光高温計 ………………………… 886
光造形法 ………………………… 717
光弾性法 ………………………… 67
引出線 …………………………… 254
引抜き加工 ……………………… 569
非金属被膜処理 ………………… 719
低（ひく）ナット ……………… 335
非時効性 ………………………… 218
ひずみゲージ …………………… 885
ひずみ時効 ……………………… 123
比切削抵抗 ……………………… 607
比速度 …………………………… 787
左側面図 ………………………… 255
ビッカース硬さ ………………… 73
ピッチ円 ………………………… 430
ピッチ線 ………………………… 254
ピッチ点 ………………………… 430
引張応力 ………………………… 58
引張強さ ……………………… 60, 72
ピトー管 ………………………… 768
比熱 ……………………………… 804
非破壊検査 ……………………… 179
非破壊検査法 …………………… 596
火花点火機関 …………………… 854
ピボット軸受 …………………… 392
冷し金 …………………………… 529
標準数列 ………………………… 279
標準平歯車の寸法 ……………… 438
標準偏差 ………………………… 24
表面粗さ ………………………… 757
表面粗さ測定器 ………………… 758
表面効果 ………………………… 70
表面硬化 ………………………… 176
表面処理鋼板 …………………… 131
表面性状 ………………………… 277
表面性状の図示記号 …………… 280

平キー …………………………… 375
平歯車 …………………………… 431
平歯車（記入例） ……………… 463
平歯車の測定 …………………… 762
平歯車の歯形係数 ……………… 449
平プーリの呼び幅と呼び径 …… 480
比例限度 ………………………… 59
疲労限 …………………………… 170
ピンリンク ……………………… 488

●──フ

フィードバック制御 …… 896, 902
フィードフォワード制御 ……… 896
Vプーリの溝部の形状 ………… 483
Vベルトの断面形状と引張強さ　481
Vベルトの長さ ………………… 482
フーリエの法則 ………………… 811
フェザーキー …………………… 375
フェライト ……………………… 120
深溝玉軸受 ……………………… 405
復元 ……………………………… 207
複合工作機械 …………………… 701
ふく射 …………………………… 805
腐食疲労 ………………………… 70
普通許容差 ……………………… 276
普通旋盤 ………………………… 657
普通鋳鉄 ………………………… 173
フックの自在軸継手 …………… 372
沸点 ……………………………… 803
フライス加工 …………………… 675
フライス工具 …………………… 620
プラズマ溶接法 ………………… 584
フランジ形固定軸継手 … 366, 367
フランジ形たわみ軸継手
 ………………… 366, 369, 370
フランジ式管継手 ……………… 517
プラントル数 …………………… 813
ぶりき …………………………… 131
ブリネル硬さ …………………… 72
浮力 ……………………………… 766
ブルーイング …………………… 164
ブルドン管 ……………………… 766

フ

- フルモールド法 ……………536
- ブレイトンサイクル …………839
- ブレーキ材料の摩擦係数 ………510
- フレキシブル加工セル（FMC）711
- フレキシブル生産システム（FMS）……………710
- 振れ公差 ……………285, 371
- プレス工具 ……………558
- プレス鍛造機 ……………545
- フレミングの左手の法則 ……876
- フレミングの右手の法則 ……878
- ブローチ ……………626
- ブローチ盤 ……………676
- プログラマブルコントローラ …902
- ブロックゲージ ……………745
- ブロック線図 ……………904
- 粉末や（冶）金 ……………565

ヘ

- 平均値 ……………23
- 平行キー ……………375, 377, 378
- 平行度 ……………285, 289
- 平行度公差 ……………289, 290, 291
- 平行ピン ……………385, 388
- ベイナイト ……………122
- 平面研削盤 ……………693
- 平面図 ……………255
- 平面度 ……………285, 286
- 平面度公差 ……………286
- 閉ループ制御 ……………896
- ヘクサロビュラ穴付き小ねじ …348
- ベクトル積 ……………34
- ベクトルの加法則 ……………33
- ベクトルの分解 ……………35
- ベッド ……………660
- ベリリウム銅 ……………197
- ベルト研削 ……………700
- ベルヌーイの定理 ……………767
- 変圧器 ……………889, 893
- 偏心率 ……………394
- ベンチュリ管 ……………768

ホ

- ポアソン比 ……………60
- 法線ピッチ誤差 ……………453
- 放電加工 ……………713
- 放電成形法 ……………565
- 飽和液 ……………824
- 飽和蒸気 ……………824
- ホーニング ……………696
- ホーニングといし ……………636
- ボールスプラインの種類および記号 ……………384
- ホール素子センサ ……………887
- ボールねじ ……………351～354
- 星形結線 ……………881
- 補助投影図 ……………255
- 細幅 V ベルトの断面・引張強さ 485
- 細幅 V ベルトの長さ ……………485
- ポテンショメータ ……………884
- ホブ盤 ……………680
- ポリシング ……………698
- ポリトロープ変化 ……………823
- ボルト，ねじの機械的および物理的性質 ……………328
- ボルト，ねじの呼び下降伏点と呼び引張強さとの関係 ……………327
- ボルト穴径と座金 ……………343
- ボルト穴径とざぐり径 …343, 344
- ボルトの 0.2%耐力 ……………329
- ボルトの強度と締付け力 ……304
- ボルトの保証荷重応力 ……………328
- ボルトの呼び下降伏点 ……………330
- ボルトの呼び引張強さ ……………328
- ホワイトメタル …244, 391, 395
- ポンプ ……………784

マ

- マーグ式研削盤 ……………683
- マーグ歯切り盤 ……………681
- マイクロスイッチ ……………884
- まがりばかさ歯車 ……………431

索　引

マ

マグネシウム	224
曲げ応力	77
曲げ加工	550
曲げ強さ	169
摩擦圧接法	599
摩擦継手の各種材料間の摩擦係数	374
マシニングセンタ	709
またぎ歯厚の値	454
マノメータ	766
マルテンサイト	122
丸ねじ	308
丸ボイラ	842
丸棒のねじり	104

ミ

ミーゼスの式	770
右側面図	255
右ねじの法則	876
MIG 溶接	583
溝形鋼	519
みぞ付き六角ナット	350
密度	765
密封作用	401
ミニチュアねじ	314

メ

メートル台形ねじ	315, 316
メタセンタ	767
メタルホース	516
面の輪郭度	285, 288

モ

モータ	890
モーメント係数	780
モールの応力円	61
モジュール m の標準値	432
木工機械	524
モリブデン	249
門形平削り盤	671

ヤ

焼入れ	118, 124
焼入れ性試験	136
焼入れ性倍数	125
焼なまし	116, 124
焼ならし	124
焼きばめ	107
焼戻し	118, 126
焼戻しぜい性	130, 140, 143, 145
焼割れ	125
やまば歯車	431
やまば歯車（記入例）	463

ユ

油圧シリンダ	895
有効巻数	503
有効落差	782
融点	803
誘導機	892
誘導サセプタンス	880
誘導数列	301, 303
誘導リアクタンス	880
湯口	529
ユニファイ並目ねじ	321
ユニファイ細目ねじ	322

ヨ

溶接記号の記載例	588～591
溶接種類の基本記号	586
溶接設計	592
溶接継手	592

揚程	772, 786
洋白	197
溶融接合（ガス溶接）	575
容量サセプタンス	880
容量リアクタンス	880
揚力係数	780
翼	779
横弾性係数	60
横中ぐり盤	669
横フライス盤	673

臨界直径	125
輪郭曲線	277, 278
輪郭線	251
輪郭度公差	287, 288
リンクの形式	489
隣接ピッチ誤差	453

●──ル

ルイスの式	448
累積度数分布	23
累積ピッチ誤差	453

●──ラ

ラウタル	218
落差	770
ラジアル軸受	404
ラジアルジャーナル	389
ラジアル玉軸受	404
ラジアル玉軸受の係数	411, 413
ラジアルボール盤	668
ラック	431
ラック歯形	431
ラッピング	697
ラバールノズル	837
ラプラス変換	905
ランキンサイクル	840
ランバートの法則	809
乱流	770

●──レ

冷間圧延鋼板	131
冷間加工	118
冷間成形リベットの寸法	356
冷間鍛造法	546
冷却作用	401
励磁方式	891
冷凍機	867
冷凍能力	867
レイノルズ数	770, 777
冷媒	868
レーザ切断	605
レーザビーム加工	715
レーザビーム溶接法	584
連続鋳造法	536
連続の原理	767
連続はり	79

●──リ

リードスイッチ	887
リーマ	622
リスクアセスメント	912
理想気体	821
リベット継手の効率	357
流体継手	793
流体変速機構	641
流量係数	775
理論統計分布	24
臨界圧力	836

●──ロ

ローラリンク	488
六角穴付き止めねじ	350
六角穴付きボルト	348, 350
六角ナットの種類	335
六角ナットの高さ	340

六角袋ナット …………………350	論理回路 …………………881
六角ボルトの種類, 寸法 323〜326	Y(ワイ)結線 …………………881
ロックウェル硬さ …………73	Y合金 …………………223
ロボット …………………905	割りピン …………………385, 386

●編者略歴

馬場秋次郎 東京都生まれ。東京高等工業学校（現東京工業大学）機械科卒。 元千葉大学教授。 著書『図学通論』『材料力学』など。(1899～1983)

吉田嘉太郎 東京都生まれ。千葉大学工学部機械工学科卒。通産省工技院機械技術研究所システム部長，千葉大学教授（工学部）を経て，千葉大学名誉教授。著書『工作機械-要素と制御-』『ものづくり機械工学』など。(1934～2021)

1940年 2月25日	初版発行
1954年11月20日	改訂版発行
1967年 2月20日	五訂新版発行
1986年 7月25日	第7版発行
2001年 5月 1日	第8版発行
2008年 4月 1日	第9版発行

機械工学必携
〈第9版〉
2024年 3月10日　第8刷発行

編　者　馬場秋次郎 (ばば・あきじろう)
　　　　吉田嘉太郎 (よしだ・よしたろう)
発行者　株式会社三省堂　代表者 瀧本多加志
印刷者　三省堂印刷株式会社
発行所　株式会社三省堂
　　　　〒102-8371
　　　　東京都千代田区麹町五丁目7番地2
　　　　電話　（03）3230-9411
　　　　https://www.sanseido.co.jp/

© A.Baba, Y.Yoshida 2008　Printed in Japan
落丁本・乱丁本はお取り替えいたします。

〈9版機械工学必携・960pp.〉

ISBN978-4-385-34114-9

本書を無断で複写複製することは、著作権法上の例外を除き、禁じられています。また、本書を請負業者等の第三者に依頼してスキャン等によってデジタル化することは、たとえ個人や家庭内の利用であっても一切認められておりません。

本書の内容に関するお問い合わせは、弊社ホームページの「お問い合わせ」フォーム(https://www.sanseido.co.jp/support/)にて承ります。

三省堂 新物理小事典

松田卓也／監修
三省堂編修所／編

付表：
物理定数表／周期表／電子配置表／単位／素粒子表／放射性崩壊系列／物理学史年表ほか

現在、多方面において物理学に基づく概念を習得することが求められている中、すべての社会人が手元に置いて手軽に利用できるハンディな物理学事典を目指した。タキオン、CPの破れ、ニュートリノ振動、量子テレポーテーション、散逸構造、宇宙の晴れ上がり、遺伝的アルゴリズム、原子間力顕微鏡、青色発光ダイオードなど、新しい用語も積極的に収録。総語数約 4500。468 ページ。

三省堂 新化学小事典

池田長生・小熊幸一／監修
三省堂編修所／編

付表：
SI 単位／素粒子表／周期表／電子配置表／物理定数表／化学史年表

時代が地球や環境の保全と両立できる新たな化学の進歩を求め始めている中、化学の初学者から企業人まで、多くの読者が手元に置いて手軽に利用できるハンディな化学事典を目指した。オゾンホール、温室効果、燃料電池、光分解性プラスチック、メタンハイドレート、カーボンナノチューブ、フラーレン、高温超伝導など、新しい用語も積極的に収録。総語数約 5600。520 ページ。